PART 과년도

Industrial Engineer Industrial Safety

최근 기출문제

노력하는 당신은 언제나 아름답습니다.
구민사가 **당신의 합격**을 기원합니다.

01회 2012년 산업안전 산업기사 최근 기출문제

2012년 3월 4일 시행

제1과목 • 산업재해 예방 및 안전보건교육

01 다음 중 위험예지훈련 기초 4라운드(4R)에서 라운드별 내용이 옳게 연결된 것은?

㉮ 1라운드 : 현상 파악
㉯ 2라운드 : 대책 수립
㉰ 3라운드 : 목표 설정
㉱ 4라운드 : 본질 추구

[해설] 위험예지훈련 4단계
1단계 : 현상 파악
2단계 : 요인 조사 (본질 추구)
3단계 : 대책 수립
4단계 : 행동목표 설정(합의요약)

{분석}
실기까지 중요한 내용입니다. 4단계 순서를 꼭 암기하세요.

02 다음 중 주의(attention)의 특징이 아닌 것은?

㉮ 선택성 ㉯ 양립성
㉰ 방향성 ㉱ 변동성

[해설] 인간 주의특성의 종류
① 선택성 : 사람은 한 번에 여러 종류의 자극을 지각하거나 수용하지 못하며 소수의 특정한 것으로 한정해서 선택하는 기능을 말한다.
② 방향성 : 시선에서 벗어난 부분은 무시되기 쉽다.(주시점만 응시한다)
③ 변동성 : 주의는 리듬이 있어 일정한 수순을 지키지 못한다.
④ 단속성 : 고도의 주의는 장시간 집중이 곤란하다.
⑤ 주의력의 중복집중 곤란 : 동시에 두 개 이상의 방향을 잡지 못한다.

{분석}
실기에도 간혹 출제되는 내용입니다. "해설"을 다시 확인하세요.

03 산업재해 예방의 4원칙 중 "재해 발생은 반드시 원인이 있다."라는 원칙은 무엇에 해당하는가?

㉮ 대책 선정의 원칙
㉯ 원인 연계의 원칙
㉰ 손실 우연의 원칙
㉱ 예방 가능의 원칙

[해설] 재해 발생은 원인이 있다. → 원인연계의 원칙

[참고] 산업재해 예방의 4원칙
① 예방 가능의 원칙 : 재해는 원칙적으로 원인만 제거되면 예방이 가능하다.
② 손실 우연의 원칙 : 사고의 결과 생기는 상해의 종류와 정도는 사고 발생 시 사고 대상의 조건에 따라 우연히 발생한다.
③ 대책 선정의 원칙 : 사고의 원인에 대한 적합한 대책이 선정되어야 한다.
④ 원인 연계의 원칙 : 재해는 직접원인과 간접원인이 연계되어 일어난다.

{분석}
실기에도 자주 출제되는 중요한 내용입니다. "참고"의 내용을 잘 기억하세요.

정답 01 ㉮ 02 ㉯ 03 ㉯

04 레빈(Lewin)은 인간행동과 인간의 조건 및 환경조건의 관계를 다음과 같이 표시하였다. 이 때 "f"를 설명한 것으로 옳은 것은?

$$B = f(P \cdot E)$$

㉮ 행동 ㉯ 조명
㉰ 지능 ㉱ 함수

[해설] 레윈(K. Lewin)의 법칙

$$B = f(P \cdot E)$$

여기서, B : Behavior(인간의 행동)
 f : function (함수관계)
 P : Person(개체 : 연령, 경험, 심신 상태, 성격, 지능 등)
 E : Environment(심리적 환경 : 인간관계, 작업환경 등)

{분석} 자주 출제되는 내용입니다. 잘 기억하세요.

05 산업안전보건법상 사업주는 산업재해로 사망자가 발생한 경우 해당 산업재해가 발생한 날부터 얼마 이내에 산업재해조사표를 작성하여 관할 지방고용노동청장에게 제출하여야 하는가?

㉮ 1일 ㉯ 7일
㉰ 15일 ㉱ 1개월

[해설] 산업재해 발생 보고 : 사업주는 산업재해로 사망자가 발생, 3일 이상의 휴업이 필요한 부상 또는 질병에 걸린 자가 발생 시 산업재해가 발생한 날부터 1개월 이내에 산업재해조사표를 작성, 관할 지방고용노동관서장에게 제출하여야 한다.

[참고] "중대재해"가 발생한 때는 지체 없이 다음 각 호의 사항을 관할 지방고용 노동관서의 장에게 전화 · 팩스, 또는 그 밖에 적절한 방법으로 보고하여야 한다.
- 발생 개요 및 피해 상황
- 조치 및 전망
- 그 밖의 중요한 사항
- 산업재해조사표에 근로자대표의 확인을 받아야 하며, 그 기재 내용에 대하여 근로자대표의 이견이 있는 경우에는 그 내용을 첨부하여야 한다. 다만, 근로자대표가 없는 경우에는 재해자 본인의 확인을 받아 제출할 수 있다.

{분석} 실기까지 중요한 내용입니다. "참고"의 내용과 비교하여 기억하세요.

06 어떤 사업장에서 510명 근로자가 1주일에 40시간, 연간 50주를 작업하는 중에 21건의 재해가 발생하였다. 이 근로기간 중에 근로자의 4%가 결근하였다면 도수율은 약 얼마인가?

㉮ 0.15 ㉯ 21.45
㉰ 22.80 ㉱ 41.18

[해설] 도수율 = $\dfrac{\text{재해 건수}}{\text{연 근로시간수}} \times 10^6$

도수율 = $\dfrac{21}{510 \times 40 \times 50 \times 0.96} \times 10^6$
 = 21.45

(4% 결근 → 96% 출근)

07 리더십에 있어서 권한의 역할 중 조직이 지도자에게 부여한 권한이 아닌 것은?

㉮ 보상적 권한
㉯ 강압적 권한
㉰ 합법적 권한
㉱ 전문성의 권한

정답 04 ㉱ 05 ㉱ 06 ㉯ 07 ㉱

[해설] ① 조직이 지도자에게 부여하는 권한 : 보상적 권한, 강압적 권한, 합법적 권한
② 지도자 자신이 자기에게 부여하는 권한 : 위임된 권한, 전문성의 권한

08 안전교육 3단계 중 2단계의 기능교육의 효과를 높이기 위해 가장 바람직한 교육방법은?

㉮ 토의식 ㉯ 강의식
㉰ 문답식 ㉱ 시범식

[해설] 2단계 기능교육에는 시범, 견학, 현장실습 교육 등이 적합하다.

[참고] **교육의 3단계**
① 제1단계(지식교육) : 강의 및 시청각 교육 등을 통하여 지식을 전달하는 단계
② 제2단계(기능교육) : 시범, 견학, 현장실습 교육 등을 통하여 경험을 체득하는 단계
③ 제3단계(태도교육) : 작업동작 지도 등을 통하여 안전행동을 습관화하는 단계

09 재해의 원인분석법 중 사고의 유형, 기인물 등 분류 항목을 큰 순서대로 도표화하여 문제나 목표의 이해가 편리한 것은?

㉮ 파레토도(pareto diagram)
㉯ 특성요인도(cause-reason diagram)
㉰ 클로즈 분석(close analysis)
㉱ 관리도(control chart)

[해설] **재해통계 방법**
① 파레토도 : 사고 유형, 기인물 등 데이터를 분류하여 그 항목 값이 큰 순서대로 정리하여 막대그래프로 나타낸다.
② 특성요인도 : 재해와 그 요인의 관계를 어골상으로 세분화하여 나타낸다.

③ 크로스(cross) 분석 : 2가지 또는 2개 항목 이상의 요인이 상호관계를 유지할 때 문제를 분석하는데 사용된다.
④ 관리도 : 시간경과에 따른 재해발생건수 등 대략적인 추이 파악에 사용된다.

10 다음 중 상황성 누발자 재해유발 원인과 거리가 먼 것은?

㉮ 작업이 어렵기 때문
㉯ 주의력이 산만하기 때문
㉰ 기계설비에 결함이 있기 때문
㉱ 심신에 근심이 있기 때문

[해설] ㉯ 주의력 산만 → 소질성 누발자

[참고] **재해 누발자의 유형**

미숙성 누발자	• 기능 미숙자 • 환경에 익숙하지 못한 자
상황성 누발자	• 작업에 어려움이 많은 자 • 기계 설비의 결함이 있을 때 • 심신에 근심이 있는 자 • 환경상 주의력 집중이 혼란되기 쉬울 때
소질성 누발자	• 주의력 산만 및 주의력 지속 불능 • 흥분성 • 저지능 • 비협조성 • 도덕성의 결여 • 소심한 성격 • 감각운동 부적합 등
습관성 누발자	• 재해 경험에 의해 겁쟁이가 되거나 신경과민이 된 자 • 슬럼프에 빠져있는 자

11 안전교육의 단계 중 표준작업방법의 습관화를 위한 교육은?

㉮ 태도 교육 ㉯ 지식 교육
㉰ 기능 교육 ㉱ 기술 교육

정답 08 ㉱ 09 ㉮ 10 ㉯ 11 ㉮

[해설] 교육의 3단계
① 제1단계(지식 교육) : 강의 및 시청각 교육 등을 통하여 지식을 전달하는 단계
② 제2단계(기능 교육) : 시범, 견학, 현장실습 교육 등을 통하여 경험을 체득하는 단계
③ 제3단계(태도교육) : 작업동작 지도 등을 통하여 안전행동을 습관화하는 단계

12 산업안전보건법상 사업주가 근로자에게 실시해야 하는 안전·보건교육 중 근로자 정기안전·보건교육 내용과 거리가 먼 것은?

㉮ 산업안전 및 사고 예방에 관한 사항
㉯ 산업보건 및 직업병 예방에 관한 사항
㉰ 유해·위험 작업환경 관리에 관한 사항
㉱ 작업공정의 유해·위험과 재해 예방대책에 관한 사항

[해설] 근로자 정기안전·보건교육
① 산업안전 및 사고 예방에 관한 사항
② 산업보건 및 직업병 예방에 관한 사항
③ 유해·위험 작업환경 관리에 관한 사항
④ 산업안전보건법령 및 산업재해보상보험제도에 관한 사항
⑤ 직무스트레스 예방 및 관리에 관한 사항
⑥ 직장 내 괴롭힘, 고객의 폭언 등으로 인한 건강장해 예방 및 관리에 관한 사항
⑦ 건강증진 및 질병 예방에 관한 사항
⑧ 위험성 평가에 관한 사항

공통 항목(관리감독자, 근로자)
1. 근로자는 법, 산재보상제도를 알자.
2. 근로자는 건강을 보존(산업보건)하고 직업병, 스트레스, 괴롭힘, 폭언 예방하자!
3. 근로자는 유해위험 환경을 관리해서 안전하고 사고예방하자!
4. 근로자는 위험성을 평가하자!

근로자 정기교육의 특징
1. 근로자는 건강증진하고 질병예방하자!

[참고] 1. 관리감독자 정기안전·보건교육
① 산업안전 및 사고 예방에 관한 사항
② 산업보건 및 직업병 예방에 관한 사항
③ 유해·위험 작업환경 관리에 관한 사항
④ 산업안전보건법령 및 산업재해보상보험 제도에 관한 사항
⑤ 직무스트레스 예방 및 관리에 관한 사항
⑥ 직장 내 괴롭힘, 고객의 폭언 등으로 인한 건강장해 예방 및 관리에 관한 사항
⑦ 위험성평가에 관한 사항
⑧ 작업공정의 유해·위험과 재해 예방대책에 관한 사항
⑨ 표준안전 작업방법 결정 및 지도·감독 요령에 관한 사항
⑩ 비상 시 또는 재해 발생 시 긴급조치에 관한 사항
⑪ 사업장 내 안전보건관리체제 및 안전·보건조치 현황에 관한 사항
⑫ 현장근로자와의 의사소통능력 및 강의능력 등 안전보건교육 능력 배양에 관한 사항
⑬ 그 밖의 관리감독자의 직무에 관한 사항

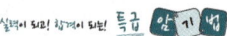

공통 항목(관리감독자, 근로자)
1. 관리자는 법, 산재보상제도를 알자.
2. 관리자는 건강을 보존(산업보건)하고 직업병, 스트레스, 괴롭힘, 폭언 예방하자!
3. 관리자는 유해위험 환경을 관리해서 안전하고 사고예방하자!
4. 관리자는 위험성을 평가하자!

관리감독자 정기교육의 특징
1. 관리자는 유해위험의 재해예방대책 세우자!
2. 관리자는 안전 작업방법 결정해서 감독하자!
3. 관리자는 재해발생 시 긴급조치하자!
4. 관리자는 안전보건 조치하자!
5. 관리자는 안전보건교육 능력 배양하자!

정답 12 ㉱

2. 채용 시의 교육 및 작업내용 변경 시의 교육

근로자

① 산업안전 및 사고 예방에 관한 사항
② 산업보건 및 직업병 예방에 관한 사항
③ 산업안전보건법령 및 산업재해보상보험제도에 관한 사항
④ 직무스트레스 예방 및 관리에 관한 사항
⑤ 직장 내 괴롭힘, 고객의 폭언 등으로 인한 건강장해 예방 및 관리에 관한 사항
⑥ 기계·기구의 위험성과 작업의 순서 및 동선에 관한 사항
⑦ 물질안전보건자료에 관한 사항
⑧ 작업 개시 전 점검에 관한 사항
⑨ 정리정돈 및 청소에 관한 사항
⑩ 사고 발생 시 긴급조치에 관한 사항
⑪ 위험성 평가에 관한 사항

공통 항목
1. 신규자는 법, 산재보상제도를 알자!
2. 신규자는 건강을 보존(산업보건)하고 직업병, 스트레스, 괴롭힘, 폭언 예방하자!
3. 신규자는 안전하고 사고예방하자!
4. 신규자는 위험성을 평가하자!

신규채용자는 회사에 처음 입사해서 처음 일을 하는 근로자, 안전하게 일하기 위한 기본내용을 교육한다.
1. 신규자는 기계·기구 위험성, 작업순서, 동선을 알자!
2. 신규자는 취급물질의 위험성(물질안전보건자료)을 알자!
3. 신규자는 작업 전 점검하자!
4. 신규자는 항상 정리정돈 청소하자!
5. 신규자는 사고 시 조치를 알자!

관리감독자

① 산업안전 및 사고 예방에 관한 사항
② 산업보건 및 직업병 예방에 관한 사항
③ 산업안전보건법령 및 산업재해보상보험 제도에 관한 사항
④ 직무스트레스 예방 및 관리에 관한 사항
⑤ 직장 내 괴롭힘, 고객의 폭언 등으로 인한 건강장해 예방 및 관리에 관한 사항
⑥ 위험성평가에 관한 사항
⑦ 기계·기구의 위험성과 작업의 순서 및 동선에 관한 사항
⑧ 작업 개시 전 점검에 관한 사항
⑨ 물질안전보건자료에 관한 사항
⑩ 사업장 내 안전보건관리체제 및 안전·보건조치 현황에 관한 사항
⑪ 표준안전 작업방법 결정 및 지도·감독 요령에 관한 사항
⑫ 비상 시 또는 재해 발생 시 긴급조치에 관한 사항
⑬ 그 밖의 관리감독자의 직무에 관한 사항

공통 항목 – 채용 시 근로자 교육과 동일
1. 신규 관리자는 법, 산재보상제도를 알자!
2. 신규 관리자는 건강을 보존(산업보건)하고 직업병, 스트레스, 괴롭힘, 폭언 예방하자!
3. 신규 관리자는 안전하고 사고예방하자!
4. 신규 관리자는 위험성을 평가하자!

채용 시 근로자 교육 중 "정리정돈 청소" 제외
1. 신규 관리자는 기계·기구 위험성, 작업순서, 동선을 알자!
2. 신규 관리자는 취급물질의 위험성(물질안전보건자료)을 알자!
3. 신규 관리자는 작업 전 점검하자!

신규 관리자 내용 추가
1. 신규 관리자는 안전보건 조치하자!
2. 신규 관리자는 안전 작업방법 결정해서 감독하자!
3. 신규 관리자는 재해 시 긴급조치하자!

{분석} 실기에도 자주 출제되는 중요한 내용입니다. 교육종류별 내용을 구분하여 암기하세요.

13 다음 중 안전보건관리책임자에 대한 설명과 거리가 먼 것은?

㉮ 해당 사업장에서 사업을 실질적으로 총괄관리 하는 자이다.
㉯ 해당 사업장의 안전교육 계획을 수립 및 실시한다.
㉰ 선임사유가 발생한 때에는 지체 없이 선임하고 지정하여야 한다.
㉱ 안전관리자와 보건관리자를 지휘, 감독하는 책임을 가진다.

해설 ㉯ "사업장의 안전교육 계획을 수립 및 실시"는 안전관리자의 역할이다.

정답 13 ㉯

14 다음 중 산업안전보건법상 안전·보건 표지에서 기본 모형의 색상이 빨강이 아닌 것은?

㉮ 산화성물질 경고
㉯ 화기금지
㉰ 탑승금지
㉱ 고온경고

[해설]

㉮ 산화성물질 경고		• 바탕 : 무색 • 기본모형 : 빨간색(검은색도 가능)
㉯ 화기금지		• 바탕 : 흰색 • 기본모형 : 빨간색 • 관련부호, 그림 : 검은색
㉰ 탑승금지		
㉱ 고온경고		• 바탕 : 노란색 • 기본모형, 관련부호, 그림 : 검은색

15 허즈버그(Herzberg)의 동기·위생이론 중에서 위생요인에 해당하지 않는 것은?

㉮ 보수   ㉯ 책임감
㉰ 작업조건   ㉱ 관리 감독

[해설]

위생 요인(직무 환경)	동기 요인(직무 내용)
• 회사정책과 관리 • 개인 상호간의 관계 • 감독 • <u>임금</u> • 보수 • <u>작업조건</u> • 지위 • 안전	• <u>성취감</u> • <u>책임감</u> • <u>안정감</u> • 성장과 발전 • 도전감 • <u>일 그 자체</u>

16 다음 중 안전교육의 목적과 가장 거리가 먼 것은?

㉮ 설비의 안전화
㉯ 제도의 정착화
㉰ 환경의 안전화
㉱ 행동의 안전화

[해설] 안전교육 실시 목적
① 인간정신의 안전화
② 인간행동의 안전화
③ 환경의 안전화
④ 설비물자의 안전화

17 다음 중 잠재적인 손실이나 손상을 가져올 수 있는 상태나 조건을 무엇이라 하는가?

㉮ 위험   ㉯ 사고
㉰ 상해   ㉱ 재해

[해설] 위험 : 잠재적인 손실이나 손상을 가져올 수 있는 상태나 조건

18 다음 중 안전대의 죔줄(로프)의 구비조건이 아닌 것은?

㉮ 내마모성이 낮을 것
㉯ 내열성이 높을 것
㉰ 완충성이 높을 것
㉱ 습기나 약품류에 잘 손상되지 않을 것

[해설] ㉮ 내마모성이 높을 것

19 다음 중 산업안전심리의 5요소와 가장 거리가 먼 것은?

㉮ 동기   ㉯ 기질
㉰ 감정   ㉱ 기능

정답 14 ㉱ 15 ㉯ 16 ㉯ 17 ㉮ 18 ㉮ 19 ㉱

[해설] 산업안전심리 5요소
① 동기(motive)
② 기질(temper)
③ 감정(emotion)
④ 습성(habits)
⑤ 습관(custom)

{분석}
자주 출제되는 내용입니다. 꼭 기억하세요.

20 산업안전보건법상 아세틸렌 용접장치 또는 가스집합 용접장치를 사용하여 행하는 금속의 용접·용단 또는 가열 작업자에게 특별안전·보건교육을 시키고자 할 때의 교육내용으로 거리가 먼 것은?

㉮ 용접흄·분진 및 유해광선 등의 유해성에 관한 사항
㉯ 작업방법·작업순서 및 응급처치에 관한 사항
㉰ 안전밸브의 취급 및 주의에 관한 사항
㉱ 안전기 및 보호구 취급에 관한 사항

[해설] 아세틸렌 용접장치 또는 가스집합 용접장치를 사용하는 금속의 용접·용단 또는 가열작업 시의 특별 교육 내용
① 용접 흄, 분진 및 유해광선 등의 유해성에 관한 사항
② 가스용접기, 압력조정기, 호스 및 취관두 등의 기기점검에 관한 사항
③ 작업방법·순서 및 응급처치에 관한 사항
④ 안전기 및 보호구 취급에 관한 사항
⑤ 그 밖에 안전·보건관리에 필요한 사항

제2과목 • 인간공학 및 위험성 평가·관리

21 다음 중 시스템 안전 분석 방법에 대한 설명으로 틀린 것은?

㉮ 해석의 수리적 방법에 따라 정성적, 정량적 방법이 있다.
㉯ 해석의 논리적 방법에 따라 귀납적, 연역적 방법이 있다.
㉰ FTA는 연역적, 정량적 분석이 가능한 방법이다.
㉱ PHA는 운용사고해석이라고 말할 수 있다.

[해설] ㉱ 예비위험분석(PHA) : 모든 시스템 안전 프로그램의 최초단계(설계단계, 구상단계)에서 실시하는 분석법

{분석}
필기에 자주 출제되는 내용입니다.

22 다음 중 작업대에 관한 설명으로 틀린 것은?

㉮ 경조립 작업은 팔꿈치 높이보다 0~10cm 정도 낮게 한다.
㉯ 중조립 작업은 팔꿈치 높이보다 10~20cm 정도 낮게 한다.
㉰ 정밀 작업은 팔꿈치 높이보다 0~10cm 정도 높게 한다.
㉱ 정밀한 작업이나 장기간 수행하여야 하는 작업은 입식 작업대가 바람직하다.

[해설] ㉱ 정밀한 작업이나 장기간 수행하여야 하는 작업은 석식 작업대가 바람직하다.

정답 20 ㉰ 21 ㉱ 22 ㉱

23 다음 중 위험관리의 내용으로 틀린 것은?

㉮ 위험의 파악
㉯ 위험의 처리
㉰ 사고의 발생 확률 예측
㉱ 작업분석

[해설] 위험관리의 순서

위험의 파악 → 위험의 분석 → 위험의 평가 → 위험의 처리

24 다음 중 인간-기계 시스템에서 인간과 기계가 병렬로 연결된 작업의 신뢰도는? (단, 인간은 0.8, 기계는 0.98의 신뢰도를 갖고 있다)

㉮ 0.996   ㉯ 0.986
㉰ 0.976   ㉱ 0.966

[해설] 신뢰도

$R = 1-(1-0.8)\times(1-0.98) = 0.996$

{분석} 필기에 자주 출제되는 내용입니다.

25 정보전달용 표시장치에서 청각적 표현이 좋은 경우가 아닌 것은?

㉮ 메시지가 단순하다.
㉯ 메시지가 복잡하다.
㉰ 메시지가 그 때의 사건을 다룬다.
㉱ 시각장치가 지나치게 많다.

[해설] ㉯ 메시지가 복잡할 경우는 시각장치를 사용하는 것이 좋다.

[참고] 청각장치와 시각장치의 비교

청각장치	시각장치
① 전언이 짧고, 간단할 때	① 전언이 길고, 복잡할 때
② 재참조 되지 않음	② 재참조 된다.
③ 시간적인 사상을 다룬다.	③ 공간적인 위치 다룬다.
④ 즉각적인 행동 요구할 때	④ 즉각적 행동 요구하지 않을 때
⑤ 시각계통 과부하일 때	⑤ 청각계통 과부하일 때
⑥ 주위가 너무 밝거나 암조응일 때	⑥ 주위가 너무 시끄러울 때
⑦ 자주 움직이는 경우	⑦ 한곳에 머무르는 경우

{분석} 자주 출제되는 내용입니다. "참고"를 다시 확인하세요.

26 다음 중 반복되는 사건이 많이 있는 경우에 FTA의 최소 컷셋을 구하는 알고리즘이 아닌 것은?

㉮ Boolean Algorithm
㉯ Monte Carlo Algorithm
㉰ Mocus Algorithm
㉱ Limnios & Ziani Algorithm

[해설] ㉯ Monte Carlo Algorithm은 컴퓨터시뮬레이션을 이용한 시스템 분석기법이다.

27 다음 중 이동전화의 설계에서 사용성 개선을 위해 사용자의 인지적 특성이 가장 많이 고려되어야 하는 사용자 인터페이스 요소는?

㉮ 버튼의 크기
㉯ 전화기의 색깔
㉰ 버튼의 간격
㉱ 한글 입력 방식

정답 23 ㉱ 24 ㉮ 25 ㉯ 26 ㉯ 27 ㉱

[해설] 이동전화 설계에서 사용성 개선을 위해 사용자의 인지적 특성이 가장 많이 고려되어야 하는 사용자 인터페이스 요소 : 한글 입력 방식

28 다음 중 운용상의 시스템안전에서 검토 및 분석해야 할 사항으로 틀린 것은?

㉮ 훈련
㉯ 사고조사에의 참여
㉰ ECR(Error Cause Removal) 제안 제도
㉱ 고객에 의한 최종 성능검사

[해설] E.C.R(Erroe Cause Removal) 제안제도는 근로자 자신이 자기의 부주의 이외에 제반 오류의 원인을 생각함으로서 개선을 하도록 하는 방법이다.

29 다음 중 불대수(Boolean algebra)의 관계식으로 옳은 것은?

㉮ $A(A \cdot B) = B$
㉯ $A+B = A \cdot B$
㉰ $A+A \cdot B = A \cdot B$
㉱ $(A+B)(A+C) = A+B \cdot C$

[해설]
㉮ $A(A \cdot B) = (AA)B = AB$
㉯ $A+B = B+A$
㉰ $A+A \cdot B = A+0 = A(A \cdot B = O)$

{분석}
필기에 자주 출제되는 내용입니다.

30 다음 중 인간의 실수(human Errors)를 감소시킬 수 있는 방법으로 가장 적절하지 않은 것은?

㉮ 직무수행에 필요한 능력과 기량을 가진 사람을 선정함으로써 인간의 실수를 감소시킨다.
㉯ 적절한 교육과 훈련을 통하여 인간의 실수를 감소시킨다.
㉰ 인간의 과오를 감소시킬 수 있도록 제품이나 시스템을 설계한다.
㉱ 실수를 발생한 사람에게 주의나 경고를 주어 재발생을 하지 않도록 한다.

[해설] ㉱ 실수를 발생한 사람에게 적절한 교육 훈련을 시켜야 한다.

31 다음 중 일반적인 지침의 설계 요령과 가장 거리가 먼 것은?

㉮ 뾰족한 지침의 선각은 약 30° 정도를 사용한다.
㉯ 지침의 끝은 눈금과 맞닿되 겹치지 않게 한다.
㉰ 원형눈금의 경우 지침의 색은 선단에서 눈의 중심까지 칠한다.
㉱ 시차를 없애기 위해 지침을 눈금 면에 밀착시킨다.

[해설] 지침의 설계 요령
① 선각이 20도 정도 되는 뾰족한 지침을 사용한다.
② 지침의 끝은 작은 눈금과 맞닿되, 겹쳐지지 않아야 한다.
③ 원형 눈금의 경우 지침의 색은 선단에서 눈금의 중심까지 칠한다.
④ 지침은 눈금과 밀착시킨다.

{분석}
필기에 자주 출제되는 내용입니다.

32 다음 중 기준의 유형 가운데 체계기준(system criteria)에 해당되지 않는 것은?

㉮ 운용비
㉯ 신뢰도
㉰ 사고빈도
㉱ 사용상의 용이성

정답 28 ㉱ 29 ㉱ 30 ㉱ 31 ㉮ 32 ㉰

해설 체계가 원래 의도하는 바를 얼마나 달성하는가를 나타내는 기준으로서
① 체계의 수명
② 신뢰도
③ 정비도
④ 가용도
⑤ 운용비
⑥ 운용연장도
⑦ 소요인력
⑧ 사용상의 용이성 등이 있다.

33 다음 중 완력검사에서 당기는 힘을 측정할 때 가장 큰 힘을 낼 수 있는 팔꿈치의 각도는?

㉮ 90°   ㉯ 120°
㉰ 150°   ㉱ 180°

해설 완력검사에서 당기는 힘을 측정할 때 가장 큰 힘을 낼 수 있는 팔꿈치 각도 : 150°

34 다음은 FT도의 논리 기호 중 어떤 기호인가?

㉮ 결함사상   ㉯ 최후사상
㉰ 기본사상   ㉱ 통상사상

해설

결함사상(또는 중간사상, 정상사상)	□
기본사상	○
통상사상	⌂

{분석}
필기에 자주 출제되는 내용입니다.

35 다음 중 작업장에서 광원으로부터의 직사휘광을 처리하는 방법으로 옳은 것은?

㉮ 광원의 휘도를 늘인다.
㉯ 광원을 시선에서 가까이 위치시킨다.
㉰ 휘광원 주위를 밝게 하여 광도비를 늘린다.
㉱ 가리개, 차양을 설치한다.

해설 광원으로부터 직사휘광 처리법
① 광원의 휘도를 줄이고 광원 수를 늘인다.
② 광원을 시선에서 멀게 한다.
③ 휘광원 주위를 밝게 하여 광속 발산비(휘도)를 줄인다.
④ 가리개, 갓, 차양을 사용한다.

36 1/100초 동안 발생한 3개의 음파를 나타낸 것이다. 음의 세기가 가장 큰 것과 가장 높은 음을 순서대로 짝지은 것은?

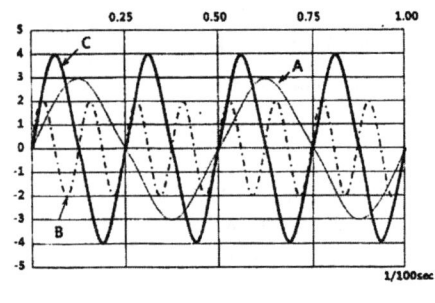

㉮ A, B   ㉯ C, B
㉰ C, A   ㉱ B, C

37 다음 중 정성적(아날로그) 표시장치를 사용하기에 가장 적절하지 않은 것은?

㉮ 전력계와 같이 신속 정확한 값을 알고자 할 때
㉯ 비행기 고도의 변화율을 알고자 할 때
㉰ 자동차 시속을 일정한 수준으로 유지하고자 할 때
㉱ 색이나 형상을 암호화하여 설계할 때

정답 33 ㉰ 34 ㉮ 35 ㉱ 36 ㉯ 37 ㉮

[해설] ㉮ 정확한 값을 알고자 할 때는 정량적 표시장치를 사용하여야 한다.

38 다음 중 연속조절 조종장치가 아닌 것은?

㉮ 토글(Toggle)스위치
㉯ 노브(Knob)
㉰ 페달(Pedal)
㉱ 핸들(Handle)

[해설] ① 양의 조절에 의한 통제(연속 조종장치) : 노브, 크랭크, 핸들, 레버, 페달 등
② 개폐에 의한 통제(단속 조종장치, 불연속 조종장치) : 푸시 버튼, 토글스위치, 로터리스위치 등

39 다음 중 반사형 없이 모든 방향으로 빛을 발하는 점광원에서 2m 떨어진 곳의 조도가 150 lux라면 3m 떨어진 곳의 조도는 약 얼마인가?

㉮ 37.5lux
㉯ 66.67lux
㉰ 337.5lux
㉱ 600lux

[해설]
$$조도(Lux) = \frac{광도}{(거리)^2}$$

1. 2m에서의 조도가 150Lux이므로
$$150 = \frac{광도}{2^2}$$
$$광도 = 150 \times 2^2 = 600(cd)$$

2. 3m에서의 조도
$$조도 = \frac{광도}{(거리)^2} = \frac{600}{3^2} = 66.67 Lux$$

{분석}
필기에 자주 출제되는 내용입니다.

40 다음 [보기]가 설명하는 것은?

[보기]
미국의 GE사가 처음으로 사용한 보전으로, 설계에서 폐기에 이르기까지 기계설비의 전 과정에서 소요되는 설비의 열화손실과 보전비용을 최소화하여 생산성을 향상시키는 보전방법

㉮ 생산보전
㉯ 계량보전
㉰ 사후보전
㉱ 예방보전

[해설] 생산보전 : 설계에서 폐기에 이르기까지 기계설비의 전 과정에서 소요되는 설비의 열화손실과 보전비용을 최소화하여 생산성을 향상시키는 보전활동이다.

제3과목 • 기계 · 기구 및 설비 안전 관리

41 재료에 구멍이 있거나 노치(notch) 등이 있는 재료에 외력이 작용할 때 가장 현저히 나타나는 현상은?

㉮ 가공경화
㉯ 피로
㉰ 응력집중
㉱ 크리이프(creep)

[해설] 응력집중 : 노치(notch)나 구멍 등이 있어 단면형상이 변화되는 재료에 외력이 작용할 때 그 부분의 응력이 국부적으로 커지는 현상

정답 38 ㉮ 39 ㉯ 40 ㉮ 41 ㉰

42. 전단기 개구부의 가드 간격이 12mm 일 때 가드와 전단 지점간의 거리는?

㉮ 30mm 이상 ㉯ 40mm 이상
㉰ 50mm 이상 ㉱ 60mm 이상

[해설]

가드의 개구간격	일방 평행 보호망, 위험점이 전동체인 경우의 개구간격
① X<160mm일 경우 $Y = 6+0.15 \times X$ ② X≧160mm일 경우 $Y = 30mm$ 여기서, X : 안전거리(위험점에서 가드까지의 거리)(mm) Y : 가드의 최대 개구 간격(mm)	① $Y = 6+0.1 \times X$ 여기서, X : 안전거리(mm) Y : 가드의 최대 개구 간격(mm)

$Y = 6 + 0.15 \times X$

$0.15 \times X = Y - 6$

$X = \dfrac{Y-6}{0.15} = \dfrac{12-6}{0.15} = 40mm$

43. 다음 중 드릴작업 시 가장 안전한 행동에 해당하는 것은?

㉮ 장갑을 끼고 작업한다.
㉯ 작업 중에 브러시로 칩을 털어 낸다.
㉰ 작은 구멍을 뚫고 큰 구멍을 뚫는다.
㉱ 드릴을 먼저 회전시키고 공작물을 고정한다.

[해설]
㉮ 드릴 등 공작기계작업 시에는 장갑을 착용해서는 안 된다.
㉯ 칩 제거는 기계를 정지시킨 상태에서 브러시를 이용하여야 한다.
㉱ 공작물을 고정시킨 후 드릴을 회전시켜야 한다.

44. 산업안전보건법상 양중기에서 하중을 직접 지지하는 와이어로프 또는 달기체인의 안전계수로 옳은 것은?

㉮ 1 이상   ㉯ 3 이상
㉰ 5 이상   ㉱ 7 이상

[해설] 와이어로프 등의 안전계수 : 달기구 절단하중의 값을 그 달기구에 걸리는 하중의 최대값으로 나눈 값
① 근로자가 탑승하는 운반구를 지지하는 달기와이어로프 또는 달기체인의 경우 : 10 이상
② 화물의 하중을 직접 지지하는 달기와이어로프 또는 달기체인의 경우 : 5 이상
③ 훅, 샤클, 클램프, 리프팅 빔의 경우 : 3 이상
④ 그 밖의 경우 : 4 이상

{분석}
실기에도 자주 출제되는 중요한 내용입니다.
"해설"의 내용을 암기하세요.

45. 프레스의 금형을 부착, 해체 또는 조정 작업 시 슬라이드의 불시하강으로 인해 발생되는 사고를 방지하기 위한 방호장치는?

㉮ 접촉 예방 장치
㉯ 안전블록
㉰ 전환 스위치
㉱ 과부하 방지 장치

[해설] 금형을 부착, 해체, 조정 작업할 때 신체 일부가 위험점 내에서 슬라이드 불시 하강으로 인한 위험을 방지할 목적으로 안전블럭을 설치한다.
* 금형 수리작업은 해당되지 않는다.

{분석}
실기까지 중요한 내용입니다. "해설"을 다시 확인하세요.

정답 42 ㉯ 43 ㉰ 44 ㉰ 45 ㉯

46 기계의 위험예방을 위한 설명으로 틀린 것은?

㉮ 동력 차단장치는 진동에 의해 갑자기 움직일 우려가 없을 것
㉯ 작업도구는 제조당시의 목적 외로 사용하지 말 것
㉰ 축이 회전하는 기계를 취급 시에는 안전을 위해 면장갑을 착용할 것
㉱ 방호장치 결함을 발견 시에는 정비 후 사용할 것

[해설] ㉰ 회전하는 기계를 취급 시에는 면장갑을 착용해서는 안 된다.

47 다음 중 산업안전보건법상 컨베이어 작업 시작 전 점검사항이 아닌 것은?

㉮ 원동기 및 풀리 기능의 이상 유무
㉯ 이탈 등의 방지장치 기능의 이상 유무
㉰ 비상정지장치의 이상 유무
㉱ 건널다리의 이상 유무

[해설] 컨베이어 작업 시작 전 점검사항
① 원동기 및 풀리 기능의 이상 유무
② 이탈 등의 방지장치기능의 이상 유무
③ 비상정지장치 기능의 이상 유무
④ 원동기·회전축·기어 및 풀리 등의 덮개 또는 울 등의 이상 유무

{분석}
작업시작 전 점검은 실기에도 자주 출제되는 중요한 내용입니다. 반드시 암기하세요.

48 아세틸렌 용접장치의 안전기 사용 시 준수사항으로 틀린 것은?

㉮ 수봉식 안전기는 1일 1회 이상 점검하고 항상 지정된 수위를 유지한다.
㉯ 수봉부의 물이 얼었을 때는 더운 물로 용해한다.
㉰ 중압용 안전기의 파열판은 상황에 따라 적어도 연 1회 이상 정기적으로 교환한다.
㉱ 수봉식 안전기는 지면에 대하여 수평으로 설치한다.

[해설] 수봉식 안전기의 취급 시 주의사항
① 안전기는 반드시 세워서 잘 보이는 곳에 설치할 것
② 안전기가 동결되었을 경우 따뜻한 물로 녹일 것(40℃)
③ 토치 1개당 안전기 1개를 사용할 것
④ 유효수주는 25mm 이상 유지할 것

49 다음 중 컨베이어(conveyor)의 주요 구성품이 아닌 것은?

㉮ 롤러(Roller)
㉯ 벨트(Belt)
㉰ 지브(Jib)
㉱ 체인(chain)

[해설] ㉰ 지브(jib)는 크레인에서 물건을 매달기 위한 암(arm)을 말한다.

50 기계설비의 회전운동으로 인한 위험을 유발하는 것이 아닌 것은?

㉮ 벨트   ㉯ 풀리
㉰ 가드   ㉱ 플라이휠

[해설] ㉰ 가드는 기계의 위험구역에 신체가 접근하는 것을 막기 위한 방호장치이다.

정답 46 ㉰ 47 ㉱ 48 ㉱ 49 ㉰ 50 ㉰

51 동력을 사용하여 중량물을 매달아 상하 및 좌우(수평 또는 선회를 말한다)로 운반하는 것을 목적으로 하는 기계는?

㉮ 크레인   ㉯ 리프트
㉰ 곤돌라   ㉱ 승강기

[해설] 1. 크레인 : 동력을 사용하여 중량물을 매달아 상하 및 좌우[수평 또는 선회(旋回)를 말한다]로 운반하는 것을 목적으로 하는 기계 또는 기계장치를 말한다.
2. 호이스트 : 훅이나 그 밖의 달기구 등을 사용하여 화물을 권상 및 횡행 또는 권상동작만을 하여 양중하는 것을 말한다.
3. 이동식 크레인 : 원동기를 내장하고 있는 것으로서 불특정 장소에 스스로 이동할 수 있는 크레인으로 동력을 사용하여 중량물을 매달아 상하 및 좌우(수평 또는 선회를 말한다)로 운반하는 설비로서 기중기 또는 화물·특수자동차의 작업부에 탑재하여 화물운반 등에 사용하는 기계 또는 기계장치를 말한다.
4. 리프트 : 동력을 사용하여 사람이나 화물을 운반하는 것을 목적으로 하는 기계 설비를 말한다.
5. 곤돌라 : 달기발판 또는 운반구, 승강장치, 그 밖의 장치 및 이들에 부속된 기계부품에 의하여 구성되고, 와이어로프 또는 달기강선에 의하여 달기발판 또는 운반구가 전용 승강장치에 의하여 오르내리는 설비를 말한다.
6. 승강기 : 건축물이나 고정된 시설물에 설치되어 일정한 경로에 따라 사람이나 화물을 승강장으로 옮기는 데에 사용되는 설비를 말한다.

52 산업용 로봇의 동작 형태별 분류에서 틀린 것은?

㉮ 원통좌표 로봇
㉯ 수평좌표 로봇
㉰ 극좌표 로봇
㉱ 관절 로봇

[해설] 산업용 로봇의 동작 형태별 분류
(기구학적 형태에 따른 분류)
① 직각좌표형 로봇
② 원통좌표형 로봇
③ 극좌표형 로봇
④ 다관절형 로봇

53 목재가공용 기계별 방호장치가 틀린 것은?

㉮ 목재가공용 둥근톱기계 – 반발예방장치
㉯ 동력식 수동대패기계 – 날접촉예방장치
㉰ 목재가공용 띠톱기계 – 날접촉예방장치
㉱ 모떼기 기계 – 반발예방장치

[해설] ㉱ 모떼기 기계 – 날접촉예방장치

[참고] 목재가공용 기계의 방호장치
(1) 둥근톱기계의 반발예방장치
(2) 둥근톱기계의 톱날접촉예방장치
(3) 띠톱기계의 덮개
(4) 띠톱기계의 날접촉예방장치
(5) 대패기계의 날접촉예방장치
(6) 모떼기기계의 날접촉예방장치

54 숫돌축의 회전수 3000rpm 인 연삭기에 외측 지름 200mm의 연삭숫돌을 장착하여 운전하면 연삭숫돌의 원주 속도는 약 얼마인가?

㉮ 188.4m/min
㉯ 1884m/min
㉰ 314m/min
㉱ 3140m/min

[해설] **연삭기의 회전속도(원주 속도) 계산**

$$V = \pi \times D \times N (\text{m/min})$$
D : 롤러의 직경(m)
N : 회전수(rpm)

$V = \dfrac{\pi \times D \times N}{1000} = \dfrac{\pi \times 200 \times 3000}{1000}$
$= 1884.906 \text{m/min}$

정답 51 ㉮ 52 ㉯ 53 ㉱ 54 ㉯

55 드릴머신에서 얇은 철판이나 동판에 구멍을 뚫을 때 올바른 작업방법은?

㉮ 테이블에 고정한다.
㉯ 클램프로 고정한다.
㉰ 드릴 바이스에 고정한다.
㉱ 각목을 밑에 깔고 기구로 고정한다.

[해설] 얇은 철판, 동판에 구멍 뚫을 때 : 각목을 깔고 기구로 고정

[참고] 드릴의 일감 고정 방법
① 일감이 작을 때 : 바이스로 고정
② 일감이 크고 복잡할 때 : 볼트와 고정구
③ 대량 생산과 정밀도를 요할 때 : 전용의 지그 사용

56 산업안전보건법상 회전 중인 연삭숫돌 직경이 최소 얼마 이상인 경우로서 근로자에게 위험을 미칠 우려가 있는 경우 해당 부위에 덮개를 설치하여야 하는가?

㉮ 3cm 이상
㉯ 5cm 이상
㉰ 10cm 이상
㉱ 20cm 이상

[해설] 산업안전보건법에는 숫돌 직경이 5cm 이상인 연삭숫돌부터 반드시 덮개를 설치하도록 되어있다.

{분석} 실기까지 중요한 내용입니다. 암기하세요.

57 프레스 정지 시의 안전수칙이 아닌 것은?

㉮ 정전되면 즉시 스위치를 끈다.
㉯ 안전블럭을 바로 고여 준다.
㉰ 클러치를 연결시킨 상태에서 기계를 정지시키지 않는다.
㉱ 플라이휠의 회전을 멈추기 위해 손으로 누르지 않는다.

[해설] ㉯ 안전블럭은 금형을 부착, 해체, 조정 작업할 때 신체 일부가 위험점 내에서 슬라이드 불시 하강으로 인한 위험을 방지할 목적으로 설치한다.

58 페일 세이프(fail safe) 기능의 3단계 중 페일 액티브(fail active)에 관한 내용으로 옳은 것은?

㉮ 부품고장 시 기계는 경보를 울리나 짧은 시간 내 운전은 가능하다.
㉯ 부품고장 시 기계는 정지방향으로 이동한다.
㉰ 부품고장 시 추후 보수까지는 안전기능을 유지한다.
㉱ 부품고장 시 병렬계통방식이 작동되어 안전기능이 유지된다.

[해설] 페일 세이프의 구분
① Fail-passive : 부품 고장 시 기계장치는 정지한다.
② Fail-active : 부품 고장 시 기계는 경보를 울리며 짧은 시간 운전한다.
③ Fail-operational : 부품 고장이 있어도 다음 정기점검까지 운전이 가능하다.

{분석} 실기에도 자주 출제되는 중요한 내용입니다. "해설"의 내용을 암기하세요.

59 선반작업에서 가공물의 길이가 외경에 비하여 과도하게 길 때, 절삭저항에 의한 떨림을 방지하기 위한 장치는?

㉮ 센터
㉯ 방진구
㉰ 돌리개
㉱ 심봉

[해설] 공작물의 길이가 직경의 12~20배 이상일 때에는 방진구 사용하여 재료를 고정하여야 한다.

정답 55 ㉱ 56 ㉯ 57 ㉯ 58 ㉮ 59 ㉯

60 보일러의 역화(Back Fire) 발생 원인이 아닌 것은?

㉮ 압입통풍이 너무 강할 경우
㉯ 댐퍼를 너무 조여 흡입 통풍이 부족할 경우
㉰ 연료밸브를 급히 열었을 경우
㉱ 연료에 수분이 함유된 경우

[해설] 역화 발생 원인
① 압입통풍이 너무 강할 때
② 댐퍼를 너무 조여 흡입통풍이 부족할 때
③ 연료밸브를 급히 열 때

[참고] 역화(Back Fire) : 보일러 시동 시 연료가 나온 다음 시간을 두고 착화하는 등으로 인해 미연소가스가 노 내에 잔류하여 비정상적인 폭발적 연소를 일으킨다.

제4과목 • 전기 및 화학설비 안전 관리

61 다음 중 폭발범위에 영향을 주는 인자가 아닌 것은?

㉮ 성상   ㉯ 압력
㉰ 공기 조성   ㉱ 온도

[해설] 폭발범위에 영향을 주는 인자
① 온도
② 압력
③ 공기조성

62 착화에너지가 0.1mJ이고 가스를 사용하는 사업장 전기설비의 정전용량이 0.6nF일 때 방전 시 착화 가능한 최소 대전 전위는 약 몇 V인가?

㉮ 289   ㉯ 385
㉰ 577   ㉱ 1154

[해설]

$$E = \frac{1}{2}CV^2$$

여기서, E : 정전기의 착화에너지(J)
C : 정전용량(F)
V : 전위(V)

$E = \frac{1}{2}CV^2$

$V^2 = \frac{2E}{C}$ $V = \sqrt{\frac{2E}{C}}$

$V = \sqrt{\frac{2 \times 0.1 \times 10^{-3}}{0.6 \times 10^{-9}}} = 577.35V$

(mJ = 10^{-3}J, nF = 10^{-9}F)

{분석}
필기에 자주 출제되는 내용입니다.
풀이방법을 숙지하세요.

63 다음 중 산업안전보건법상 충전전로를 취급하는 경우의 조치사항으로 틀린 것은?

㉮ 고압 및 특별고압의 전로에서 전기작업을 하는 근로자에게 활선작업용 기구 및 장치를 사용하도록 할 것
㉯ 충전전로를 취급하는 근로자에게 그 작업에 적합한 절연용 보호구를 착용시킬 것
㉰ 충전전로를 정전시키는 경우에는 전기작업 전원을 차단한 후 각 단로기 등을 폐로 시킬 것
㉱ 근로자가 절연용 방호구의 설치·해체 작업을 하는 경우에는 절연용 보호구를 착용하거나 활선작업용 기구 및 장치를 사용하도록 할 것

[해설] ㉰ 정전작업 시의 조치사항이다.

참고 충전전로에서의 전기 작업(활선작업)시 안전조치

1. 충전전로를 정전시키는 경우에는 정전 작업 시 전로차단 절차에 따른 조치를 할 것
2. 충전전로를 방호하는 경우에는 근로자의 신체가 전로와 직간접 접촉되지 않도록 할 것
3. 충전전로 취급 근로자에게 절연용 보호구를 착용시킬 것
4. 충전전로에 근접한 장소에서 전기작업을 하는 경우 적합한 절연용 방호구를 설치할 것
5. 고압 및 특별고압의 전로에서 전기작업을 하는 근로자에게 활선작업용 기구 및 장치를 사용하도록 할 것
6. 절연용 방호구의 설치·해체작업시 절연용 보호구 착용하거나 활선작업용 기구 및 장치를 사용하도록 할 것
7. 유자격자가 아닌 근로자가 충전전로 인근에서 작업할 때의 접근한계거리
   ① 대지전압이 50킬로볼트 이하인 경우: 근로자의 몸 또는 긴 도전성 물체가 충전전로에서 300센티미터 이내로 접근금지
   ② 대지전압이 50킬로볼트를 넘는 경우: 10킬로볼트당 10센티미터씩 더한 거리 이상 이격 이내로 접근 금지
8. 유자격자가 충전전로 인근에서 작업하는 경우 접근한계거리

충전전로의 선간전압 (단위: 킬로볼트)	충전전로에 대한 접근 한계거리 (단위: 센티미터)
0.3 이하	접촉금지
0.3 초과 0.75 이하	30
0.75 초과 2 이하	45
2 초과 15 이하	60
15 초과 37 이하	90
37 초과 88 이하	110
88 초과 121 이하	130
121 초과 145 이하	150
145 초과 169 이하	170
169 초과 242 이하	230
242 초과 362 이하	380
362 초과 550 이하	550
550 초과 800 이하	790

{분석}
실기에도 자주 출제되는 중요한 내용입니다.
"참고"를 다시 확인하세요.

64 다음 중 전류밀도, 통전전류, 접촉면적과 피부저항과의 관계를 설명한 것으로 옳은 것은?

㉮ 같은 크기의 전류가 흘러도 접촉면적이 커지면 피부저항은 작게 된다.
㉯ 같은 크기의 전류가 흘러도 접촉면적이 커지면 전류밀도는 커진다.
㉰ 전류밀도와 접촉면적은 비례한다.
㉱ 전류밀도와 전류는 반비례한다.

해설 같은 크기의 전류라도 전기와의 접촉면적이 커질수록 피부저항이 작게 되고 감전되기 쉽다.

65 다음 중 최소발화에너지에 관한 설명으로 틀린 것은?

㉮ 압력이 증가할수록 낮아진다.
㉯ 온도가 높아질수록 낮아진다.
㉰ 공기보다 산소 중에서 더 낮아진다.
㉱ 혼합기체의 흐름이 있으면 유속의 증가에 따라 낮아진다.

해설 최소발화에너지는 연소(폭발)한계 내에서 가연성 가스 또는 폭발성 분진을 발화시킬 수 있는 최소의 에너지를 말하며 온도가 높을수록, 압력이 높을수록, 공기보다 산소 중에서 더 낮아진다.

참고 최소발화에너지에 영향을 미치는 요소
① 물질의 조성
② 압력
③ 온도
④ 혼입물

정답 64 ㉮ 65 ㉱

66 산업안전보건법상 인화성 액체를 수시로 사용하는 밀폐된 공간에서 해당 가스 등으로 폭발위험 분위기가 조성되지 않도록 하기 위해서는 해당 물질의 공기 중 농도는 인화 하한계 값의 얼마를 넘지 않도록 하여야 하는가?

㉮ 10% ㉯ 15%
㉰ 20% ㉱ 25%

[해설] 가스의 농도가 인화하한계 값의 25퍼센트 이상으로 밝혀진 때에는 즉시 근로자를 안전한 장소에 대피시키고 화기 그 밖에 점화원이 될 우려가 있는 기계·기구 등의 사용을 중지하며 통풍·환기 등을 할 것

67 다음 중 스파크 방전으로 인한 가연성 가스, 증기 등에 폭발을 일으킬 수 있는 조건이 아닌 것은?

㉮ 가연성 물질이 공기와 혼합비를 형성, 가연 범위 내에 있다.
㉯ 방전 에너지가 가연 물질의 최소착화 에너지 이상이다.
㉰ 방전에 충분한 전위차가 있다.
㉱ 대전물체는 신뢰성과 안전성이 있다.

[해설] ㉱ 대전물체의 신뢰성과 안전성이 높을수록 폭발은 발생하지 않는다.

68 다음 중 분진폭발의 영향 인자에 대한 설명으로 틀린 것은?

㉮ 분진의 입경이 작을수록 폭발하기 쉽다.
㉯ 일반적으로 부유분진이 퇴적분진에 비해 발화 온도가 낮다.
㉰ 연소열이 큰 분진일수록 저농도에서 폭발하고 폭발위력도 크다.
㉱ 분진의 비표면적이 클수록 폭발성이 높아진다.

[해설] ㉯ 부유분진이 공기와의 체류시간이 길어져 폭발이 용이하다.

분진폭발에 영향을 미치는 인자	
① 입도와 입도분포	입자가 작고 표면적이 클수록 폭발이 용이하다.
② 분진의 화학적 성분과 반응성	발열량이 클수록, 휘발성분이 많을수록 폭발이 용이하다.
③ 입자의 형상과 표면의 상태	입자의 형상이 구형(求刑)일수록 폭발성이 약하고 입자의 표면이 산소에 대한 활성을 가질수록 폭발성이 높다.
④ 분진 속의 수분	분진 속에 수분이 있으면 부유성 및 정전기 대전성을 감소시켜 폭발의 위험이 낮아진다.
⑤ 분진의 부유성	분진의 부유성이 클수록 공기 중 체류시간이 길어져 폭발이 용이하다.

{분석}
필기에 자주 출제되는 내용입니다.
"해설"을 다시 확인하세요.

69 다음 중 화재 및 폭발방지를 위하여 질소가스를 주입하는 불활성화공정에서 적정 최소산소농도(MOC)는?

㉮ 5% ㉯ 10%
㉰ 21% ㉱ 25%

[해설] 불활성화 공정에서의 적정 최소산소농도는 10%이다.

70 다음 중 방폭구조의 종류와 기호가 잘못 연결된 것은?

㉮ 유입 방폭구조 – o
㉯ 압력 방폭구조 – p
㉰ 내압 방폭구조 – d
㉱ 본질안전 방폭구조 – e

정답 66 ㉱ 67 ㉱ 68 ㉯ 69 ㉯ 70 ㉱

[해설]

가스, 증기, 분진 방폭구조		기호
가스, 증기 방폭 구조	내압 방폭구조	d
	압력 방폭구조	p
	유입 방폭구조	o
	안전증 방폭구조	e
	본질안전 방폭구조	ia or ib
	충전 방폭구조	q
	비점화 방폭구조	n
	몰드 방폭구조	m
	특수 방폭구조	s
분진 방폭 구조	방진 방폭구조	tD

{분석}
실기에 자주 출제되는 내용입니다. 반드시 암기하세요.

71 금속도체 상호간 혹은 대지에 대하여 전기적으로 절연되어 있는 2개 이상의 금속도체를 전기적으로 접속하여 서로 같은 전위를 형성하여 정전기 사고를 예방하는 기법을 무엇이라 하는가?

㉮ 본딩
㉯ 1종 접지
㉰ 대전 분리
㉱ 특별 접지

[해설] 2개 이상의 금속도체를 전기적으로 접속하여 서로 같은 전위를 형성하여 정전기 사고를 예방하는 기법 → 본딩

72 산업안전보건법상 공정안전보고서의 내용 중 공정안전자료에 포함되지 않는 것은?

㉮ 유해·위험설비의 목록 및 사양
㉯ 폭발위험장소 구분도 및 전기단선도
㉰ 안전운전지침
㉱ 각종 건물·설비의 배치도

[해설] 공정안전자료의 세부내용
① 취급·저장하고 있거나 취급·저장하려는 유해·위험물질의 종류 및 수량
② 유해·위험물질에 대한 물질안전보건자료
③ 유해·위험설비의 목록 및 사양
④ 유해·위험설비의 운전방법을 알 수 있는 공정도면
⑤ 각종 건물·설비의 배치도
⑥ 폭발위험장소 구분도 및 전기단선도
⑦ 위험설비의 안전설계·제작 및 설치 관련 지침서

73 전기누전화재 경보기의 설치 장소 중 제1종 장소의 경우 연면적으로 옳은 것은?

㉮ $200m^2$ 이상
㉯ $300m^2$ 이상
㉰ $500m^2$ 이상
㉱ $1000m^2$ 이상

[해설] 전기누전화재 경보기 설치 장소

1. 제1종 장소 : 일반 건축물로서 불연 재료 또는 준불연 재료가 아닌 재료에 철망 등의 금속재를 넣어 만든 것
   ① 연면적 $300[m^2]$ 이상인 것
   ② 계약 전류 용량(동일 건축물에 계약 종별이 다른 전기가 공급되는 경우에는 그중 최대 계약전류 용량을 말한다)이 100[A]를 초과하는 것
2. 제2종 장소 : 일반 건축물로서 불연 재료 또는 준불연 재료가 아닌 재료에 철망 등의 금속재를 넣어 만든 것
   ① 연면적 $500[m^2]$ 이상(사업장의 경우에는 $1,000[m^2]$ 이상)인 것
   ② 계약 전류 용량이 100[A]를 초과하는 것 (4층 이상의 공동 주택 및 사업장에 한한다)
3. 제3종 장소 : 연면적 $1,000[m^2]$ 이상의 창고(내화건축물은 제외)로서 벽·바닥 또는 천장(ceiling)의 전부 또는 일부를 불연 재료가 아닌 재료에 철망을 넣어 만든 구조의 것

정답 71 ㉮ 72 ㉰ 73 ㉯

74 산업안전보건법상 충전선로의 선간전압과 접근한계 거리가 틀린 것은?

㉮ 2kV 초과 15kV 이하 → 60cm
㉯ 15kV 초과 37kV 이하 → 80cm
㉰ 37kV 초과 88kV 이하 → 110cm
㉱ 88kV 초과 121kV 이하 → 130cm

[해설]

충전전로의 선간전압 (단위 : 킬로볼트)	충전전로에 대한 접근 한계거리 (단위 : 센티미터)
0.3 이하	접촉금지
0.3 초과 0.75 이하	30
0.75 초과 2 이하	45
2 초과 15 이하	60
15 초과 37 이하	90
37 초과 88 이하	110
88 초과 121 이하	130
121 초과 145 이하	150
145 초과 169 이하	170
169 초과 242 이하	230
242 초과 362 이하	380
362 초과 550 이하	550
550 초과 800 이하	790

{분석} 실기까지 중요한 내용입니다. 암기하세요.

75 다음 중 발화성 물질에 해당하는 것은?

㉮ 프로판
㉯ 황린
㉰ 염소산 및 그 염류
㉱ 질산에스테르류

[해설]
㉮ 프로판 : 인화성가스
㉯ 황린 : 인화성고체(발화성물질)
㉰ 염소산 및 그 염류 : 산화성 고체
㉱ 질산에스테르 : 폭발성물질

[참고]

	가. 리튬 나. 칼륨·나트륨 다. 황 라. 황린 마. 황화인·적린 바. 셀룰로이드류 사. 알킬알루미늄·알킬리튬 아. 마그네슘 분말 자. 금속 분말(마그네슘 분말은 제외한다) 차. 알칼리금속(리튬·칼륨 및 나트륨은 제외한다) 카. 유기 금속화합물(알킬알루미늄 및 알킬리튬은 제외한다) 타. 금속의 수소화물 파. 금속의 인화물 하. 칼슘 탄화물, 알루미늄 탄화물
물반응성 물질 및 인화성 고체	

{분석} 실기까지 중요한 내용입니다. "참고"를 다시 확인하세요.

76 다음 중 전기화재의 직접적인 발생요인과 가장 거리가 먼 것은?

㉮ 누전, 열의 축적
㉯ 피뢰기의 손상
㉰ 지락 및 접속불량으로 인한 과열
㉱ 과전류 및 절연의 손상

[해설] 전기화재의 원인
① 단락에 의한 발화
② 누전에 의한 발화
③ 과전류에 의한 발화
④ 스파크에 의한 발화
⑤ 접촉부의 과열에 의한 발화
⑥ 절연열화 또는 탄화에 의한 발화
⑦ 지락에 의한 발화
⑧ 낙뢰에 의한 발화
⑨ 정전기 스파크에 의한 발화

정답 74 ㉯ 75 ㉯ 76 ㉯

77 다음 중 산화에틸렌의 분해폭발반응에서 생성되는 가스가 아닌 것은? (단, 연소는 일어나지 않는다)

㉮ 메탄(CH_4)
㉯ 일산화탄소(CO)
㉰ 에틸렌(C_2H_4)
㉱ 이산화탄소(CO_2)

[해설] 산화에틸렌의 분해폭발반응에서 메탄, 일산화탄소, 에틸렌이 생성된다.

78 다음 중 발화도 G1의 발화점의 범위로 옳은 것은?

㉮ 450℃ 초과
㉯ 300℃ 초과 450℃ 이하
㉰ 200℃ 초과 300℃ 이하
㉱ 135℃ 초과 200℃ 이하

[해설]

최고표면 온도등급	전기기기의 최고표면온도 (℃)	발화도 등급	증기 또는 가스의 발화도(℃)
T1	450 이하 (또는 300 초과 450 이하)	G1	450 초과
T2	300 이하 (또는 200 초과 300 이하)	G2	300 초과 450 이하
T3	200 이하 (또는 135 초과 200 이하)	G3	200 초과 300 이하
T4	135 이하 (또는 100 초과 135 이하)	G4	135 초과 200 이하
T5	100 이하 (또는 85 초과 100 이하)	G5	100 초과 135 이하
T6	85 이하	G6	85 초과 100 이하

{분석} 실기까지 중요한 내용입니다. "해설"을 암기하세요.

79 누전에 의한 감전위험을 방지하기 위하여 감전방지용 누전차단기의 접속에 관한 사항으로 틀린 것은?

㉮ 분기회로마다 누전차단기를 설치한다.
㉯ 작동시간은 0.03초 이내이어야 한다.
㉰ 전기기계·기구에 설치되어 있는 누전차단기는 정격 감도전류가 30mA 이하이어야 한다.
㉱ 누전차단기는 배전반 또는 분전반 내에 접속하지 않고 별도로 설치한다.

[해설] 누전차단기 접속할 때 준수사항
① 전기기계·기구에 설치되어 있는 누전차단기는 정격감도전류가 30밀리암페어 이하이고 작동시간은 0.03초 이내일 것. 다만, 정격전부하전류가 50암페어 이상인 전기기계·기구에 접속되는 누전차단기는 오작동을 방지하기 위하여 정격감도전류는 200밀리암페어 이하로, 작동시간은 0.1초 이내로 할 수 있다.
② 분기회로 또는 전기기계·기구마다 누전차단기를 접속할 것. 다만, 평상시 누설전류가 매우 적은 소용량 부하의 전로에는 분기회로에 일괄하여 접속할 수 있다.
③ 누전차단기는 배전반 또는 분전반 내에 접속하거나 꽂음접속기형 누전차단기를 콘센트에 접속하는 등 파손이나 감전사고를 방지할 수 있는 장소에 접속할 것
④ 지락보호전용 기능만 있는 누전차단기는 과전류를 차단하는 퓨즈나 차단기 등과 조합하여 접속할 것

{분석} "해설"을 다시 확인하세요.

80 다음 중 화재 발생 시 주수소화 방법을 적용할 수 있는 물질은?

㉮ 과산화칼륨   ㉯ 황산
㉰ 질산   ㉱ 과산화수소

[해설] 과산화수소는 다량의 물로서 희석소화 한다.

정답 77 ㉱ 78 ㉮ 79 ㉱ 80 ㉱

제5과목 건설공사 안전 관리

81 지반개량공법 중 고결안정공법에 해당하지 않는 것은?
㉮ 생석회 말뚝공법
㉯ 동결공법
㉰ 동다짐공법
㉱ 소결공법

[해설] 고결안정공법 : 연약지반을 고결(단단하게 뭉치게 함)시켜 지내력을 증강시키는 공법
① 시멘트주입공법
② 약액주입법
③ 동결공법
④ 소결공법
⑤ 생석회말뚝공법

82 해체용 기계·기구의 취급에 대한 설명으로 틀린 것은?
㉮ 해머는 적절한 직경과 종류의 와이어로프로 매달아 사용해야 한다.
㉯ 압쇄기는 셔블(shovel)에 부착 설치하여 사용한다.
㉰ 차체에 무리를 초래하는 중량의 압쇄기 부착을 금지한다.
㉱ 해머 사용 시 충분한 견인력을 갖춘 도저에 부착하여 사용한다.

[해설] ㉱ 1Ton 전후의 해머를 와이어로프로 크롤러크레인 등에 부착하여 구조물에 충격을 주어 파쇄한다.

83 콘크리트 타설 후 물이나 미세한 불순물이 분리 상승하여 콘크리트 표면에 떠오르는 현상을 가리키는 용어와 이때 표면에 발생하는 미세한 물질을 가리키는 용어를 옳게 나열한 것은?
㉮ 블리딩 - 레이턴스
㉯ 보링 - 샌드드레인
㉰ 히빙 - 슬라임
㉱ 블로우홀 - 슬래그

[해설] ① 블리딩(bleeding)
굳지 않은 콘크리트, 굳지 않은 모르타르, 굳지 않은 시멘트 풀에서 고체 재료의 침강 또는 분리에 의해 혼합수의 일부가 유리되어 상승하는 현상
② 레이턴스(laitance)
블리딩으로 인하여 콘크리트나 모르타르의 표면에 떠올라서 가라앉은 물질

84 콘크리트 타설작업 시 준수사항으로 옳지 않은 것은?
㉮ 바닥 위에 흘린 콘크리트는 완전히 청소한다.
㉯ 가능한 높은 곳으로부터 자연 낙하시켜 콘크리트를 타설한다.
㉰ 지나친 진동기 사용은 재료분리를 일으킬 수 있으므로 금해야 한다.
㉱ 최상부의 슬래브는 이어붓기를 되도록 피하고 일시에 전체를 타설하도록 한다.

[해설] ㉯ 거푸집의 높이가 높을 경우 거푸집에 투입구를 설치하거나 연직슈트 또는 펌프배관의 배출구를 타설면 가까운 곳까지 내려서 콘크리트를 타설하여야 한다. 이 경우 슈트, 펌프배관, 버킷, 호퍼 등의 배출구와 타설면까지의 높이는 1.5m 이하를 원칙으로 한다.

정답 81 ㉰ 82 ㉱ 83 ㉮ 84 ㉯

85. 주행크레인 및 선회크레인과 건설물 사이에 통로를 설치하는 경우, 그 폭은 최소 얼마 이상으로 하여야 하는가? (단, 건설물의 기둥에 접촉하지 않는 부분인 경우)

㉮ 0.3m ㉯ 0.4m
㉰ 0.5m ㉱ 0.6m

[해설] 주행 크레인 또는 선회 크레인과 건설물 또는 설비와의 사이에 통로를 설치하는 경우 그 폭을 0.6미터 이상으로 하여야 한다. 다만, 그 통로 중 건설물의 기둥에 접촉하는 부분에 대해서는 0.4미터 이상으로 할 수 있다.

{분석}
필기에 자주 출제되는 내용입니다.

86. 화물취급 작업 중 화물 적재 시 준수해야 하는 사항에 속하지 않는 것은?

㉮ 침하의 우려가 없는 튼튼한 기반 위에 적재할 것
㉯ 중량의 화물은 건물의 칸막이나 벽에 기대어 적재할 것
㉰ 불안정할 정도로 높이 쌓아 올리지 말 것
㉱ 편하중이 생기지 아니하도록 적재할 것

[해설] 화물의 적재 시의 준수사항
① 침하 우려가 없는 튼튼한 기반 위에 적재할 것
② 건물의 칸막이나 벽 등이 화물의 압력에 견딜 만큼의 강도를 지니지 아니한 경우에는 칸막이나 벽에 기대어 적재하지 않도록 할 것
③ 불안정할 정도로 높이 쌓아 올리지 말 것
④ 하중이 한쪽으로 치우치지 않도록 쌓을 것

{분석}
필기에 자주 출제되는 내용입니다.

87. 크레인의 종류에 해당하지 않는 것은?

㉮ 자주식 트럭 크레인
㉯ 크롤러 크레인
㉰ 타워 크레인
㉱ 가이데릭

[해설] 크레인의 종류 및 특징
• 드래그 크레인(drag crane)
• 휠 크레인(wheel crane)
• 크롤러 크레인(crawler crane)
• 케이블 크레인(cable crane)
• 천장주행 크레인
• 타워 크레인(tower crane)

88. 철골공사 중 트랩을 이용해 승강할 때 안전과 관련 항목이 아닌 것은?

㉮ 수평구명줄
㉯ 수직구명줄
㉰ 안전벨트
㉱ 추락방지대

[해설] 트랩을 이용해 승강할 때는 수직구명줄, 안전대(안전벨트, 추락방지대), 안전대 부착설비 등의 추락방지 설비를 하여야 한다.

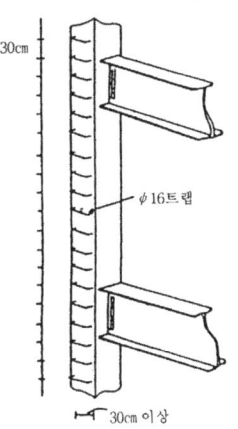

89 작업으로 인하여 물체가 떨어지거나 날아올 위험이 있을 때 위험방지 조치 및 설치 준수사항으로 옳지 않은 것은?

㉮ 수직 보호망 또는 방호 선반 설치
㉯ 낙하물방지망의 내민길이는 벽면으로부터 2m 이상
㉰ 낙하물방지망이 수평면과의 각도는 20° 내지 30° 유지
㉱ 낙하물방지망 설치 높이는 10m 이상마다 설치

[해설] (1) 낙하·비래 위험방지 조치
① 낙하물방지망·수직보호망 또는 방호선반의 설치
② 출입금지구역의 설정
③ 보호구의 착용
(2) 낙하물방지망 또는 방호선반을 설치시 준수사항
① 설치높이는 10미터 이내마다 설치하고, 내민길이는 벽면으로부터 2미터 이상으로 할 것
② 수평면과의 각도는 20도 내지 30도를 유지할 것

{분석} 실기까지 중요한 내용입니다. "해설"을 암기하세요.

90 타워크레인을 벽체에 지지하는 경우 서면심사 서류 등이 없거나 명확하지 아니할 때 설치를 위해서는 특정 기술자의 확인을 필요로 하는데, 그 기술자에 해당하지 않는 것은?

㉮ 건설안전기술사
㉯ 기계안전기술사
㉰ 건축시공기술사
㉱ 건설안전분야 산업안전지도사

[해설] 타워크레인을 벽체에 지지하는 경우 준수 사항
㉮ 서면심사에 관한 서류 또는 제조사의 설치작업설명서 등에 따라 설치할 것
㉯ 서면심사 서류 등이 없거나 명확하지 아니한 경우에는 건축구조·건설 기계·기계안전·건설안전기술사 또는 건설안전분야 산업안전지도사의 확인을 받아 설치하거나 기종별·모델별 공인된 표준방법으로 설치할 것
㉰ 와이어로프를 고정하기 위한 전용 지지프레임을 사용할 것
㉱ 와이어로프 설치각도는 수평면에서 60도 이내로 할 것
㉲ 와이어로프의 고정부위는 충분한 강도와 장력을 갖도록 설치하고, 와이어로프를 클립·샤클(shackle) 등의 고정기구를 사용하여 견고하게 고정시켜 풀리지 않도록 하며, 사용 중에는 충분한 강도와 장력을 유지하도록 할 것(이 경우 클립·샤클 등의 고정기구는 한국산업표준 제품이거나 한국산업표준이 없는 제품의 경우에는 이에 준하는 규격을 갖춘 제품이어야 한다.)
㉳ 와이어로프가 가공전선(架空電線)에 근접하지 않도록 할 것

91 철골작업을 실시할 때 작업을 중지하여야 하는 악천후의 기준에 해당하지 않는 것은?

㉮ 풍속이 10m/s 이상인 경우
㉯ 지진이 진도 3 이상인 경우
㉰ 강우량이 1mm/h 이상인 경우
㉱ 강설량이 1cm/h 이상인 경우

[해설] 철골작업을 중지해야 하는 조건
① 풍속이 초당 10미터 이상인 경우
② 강우량이 시간당 1밀리미터 이상인 경우
③ 강설량이 시간당 1센티미터 이상인 경우

{분석} 반드시 암기하세요.

정답 89 ㉱ 90 ㉰ 91 ㉯

92 슬레이트 지붕 위에서 작업을 할 때 산업안전보건법에서 정한 작업발판의 최소 폭은?

㉮ 20cm 이상
㉯ 30cm 이상
㉰ 40cm 이상
㉱ 50cm 이상

[해설] 지붕 위에서의 위험 방지
사업주가 근로자가 지붕 위에서 작업을 할 때에 추락하거나 넘어질 위험이 있는 경우에는 다음 각 호의 조치를 해야 한다.
① 지붕의 가장자리에 안전난간을 설치할 것
② 채광창(skylight)에는 견고한 구조의 덮개를 설치할 것
③ 슬레이트 등 강도가 약한 재료로 덮은 지붕에는 폭 30센티미터 이상의 발판을 설치할 것

93 사다리식 통로의 구조에 대한 설명으로 옳지 않은 것은?

㉮ 견고한 구조로 할 것
㉯ 폭은 20cm 이상의 간격을 유지할 것
㉰ 심한 손상·부식 등이 없는 재료를 사용할 것
㉱ 발판과 벽과의 사이는 15cm 이상을 유지할 것

[해설] 사다리식 통로의 구조
① 견고한 구조로 할 것
② 심한 손상·부식 등이 없는 재료를 사용할 것
③ 발판의 간격은 일정하게 할 것
④ 발판과 벽과의 사이는 15센티미터 이상의 간격을 유지할 것
⑤ 폭은 30센티미터 이상으로 할 것
⑥ 사다리가 넘어지거나 미끄러지는 것을 방지하기 위한 조치를 할 것
⑦ 사다리의 상단은 걸쳐놓은 지점으로부터 60센티미터 이상 올라가도록 할 것
⑧ 사다리식 통로의 길이가 10미터 이상인 경우에는 5미터 이내마다 계단참을 설치할 것
⑨ 사다리식 통로의 기울기는 75도 이하로 할 것. 다만, 고정식 사다리식 통로의 기울기는 90도 이하로 하고, 그 높이가 7미터 이상인 경우에는 다음 각 목의 구분에 따른 조치를 할 것
• 등받이울이 있어도 근로자 이동에 지장이 없는 경우 : 바닥으로부터 높이가 2.5미터 되는 지점부터 등받이울을 설치할 것
• 등받이울이 있으면 근로자가 이동이 곤란한 경우 : 한국산업표준에서 정하는 기준에 적합한 개인용 추락 방지 시스템을 설치하고 근로자로 하여금 한국산업표준에서 정하는 기준에 적합한 전신 안전대를 사용하도록 할 것
⑩ 접이식 사다리 기둥은 사용 시 접혀지거나 펼쳐지지 않도록 철물 등을 사용하여 견고하게 조치할 것

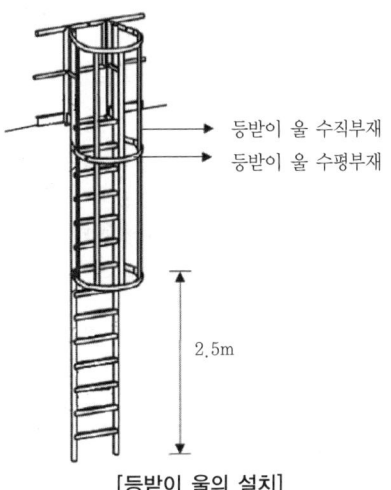

[등받이 울의 설치]

{분석} 실기까지 중요한 내용입니다. "해설"을 다시 확인하세요.

94 구조물 해체작업용 기계·기구와 직접적으로 관계가 없는 것은?

㉮ 대형브레이커
㉯ 압쇄기
㉰ 핸드브레이커
㉱ 착암기

[해설] 착암기는 암석에 구멍을 뚫는 기계로 해체작업용 기계·기구가 아니다.

정답 92 ㉯ 93 ㉯ 94 ㉱

95 사업주가 높이 1m 이상의 계단의 개방된 측면에 안전난간을 설치하고자 할 때 그 설치기준으로 옳지 않은 것은?

㉮ 난간의 높이는 90~120cm가 되도록 할 것
㉯ 난간은 계단참을 포함하여 각층의 계단 전체에 걸쳐서 설치할 것
㉰ 금속제 파이프로 된 난간은 2.7cm 이상의 지름을 갖는 것일 것
㉱ 난간은 임의의 점에 있어서 임의의 방향으로 움직이는 80kg 이하의 하중에 견딜 수 있는 튼튼한 구조일 것

[해설] 안전난간의 구조 및 설치요건
① 상부 난간대, 중간 난간대, 발끝막이판 및 난간기둥으로 구성할 것
② 상부 난간대
 • 상부 난간대는 바닥면 등으로부터 90센티미터 이상 지점에 설치
 • 상부 난간대를 120센티미터 이하에 설치하는 경우 : 중간 난간대는 상부 난간대와 바닥면 등의 중간에 설치
 • 120센티미터 이상 지점에 설치하는 경우 : 중간 난간대를 2단 이상으로 설치, 난간의 상하 간격은 60센티미터 이하가 되도록 할 것 (다만, 난간기둥 간의 간격이 25센티미터 이하인 경우에는 중간 난간대를 설치하지 않을 수 있다.)
③ 발끝막이판은 바닥면 등으로부터 10센티미터 이상의 높이를 유지할 것
④ 난간기둥은 상부 난간대와 중간 난간대를 견고하게 떠받칠 수 있도록 적정한 간격을 유지할 것
⑤ 상부 난간대와 중간 난간대는 난간 길이 전체에 걸쳐 바닥면 등과 평행을 유지할 것
⑥ 난간대는 지름 2.7센티미터 이상의 금속제 파이프나 그 이상의 강도가 있는 재료일 것
⑦ 안전난간은 구조적으로 가장 취약한 지점에서 가장 취약한 방향으로 작용하는 100킬로그램 이상의 하중에 견딜 수 있는 튼튼한 구조일 것

{분석}
실기까지 중요한 내용입니다. "해설"을 다시 확인하세요.

96 양중기의 와이어로프 등 달기구의 안전계수 기준으로 옳지 않은 것은?

㉮ 크레인의 고리걸이 용구인 와이어로프는 5 이상
㉯ 화물의 하중을 직접 지지하는 달기체인은 4 이상
㉰ 훅, 샤클, 클램프, 리프팅 빔은 3 이상
㉱ 근로자가 탑승하는 운반구를 지지하는 달기체인은 10 이상

[해설] 양중기의 와이어로프 등 달기구의 안전계수
양중기의 와이어로프 등 달기구의 안전계수(달기구 절단하중의 값을 그 달기구에 걸리는 최대값으로 나눈 값을 말한다)가 다음 각 호의 구분에 따른 기준에 맞지 아니한 경우에는 이를 사용해서는 아니 된다.

① 근로자가 탑승하는 운반구를 지지하는 달기와이어로프 또는 달기체인의 경우 : 10 이상
② 화물의 하중을 직접 지지하는 달기와이어로프 또는 달기체인의 경우 : 5 이상
③ 훅, 샤클, 클램프, 리프팅 빔의 경우 : 3 이상
④ 그 밖의 경우: 4 이상

{분석}
반드시 암기하세요.

97 공사용 가설도로의 일반적으로 허용되는 최고 경사도는 얼마인가?

㉮ 5% ㉯ 10%
㉰ 20% ㉱ 30%

[해설] 공사용 가설도로의 최고허용경사도는 부득이한 경우를 제외하고는 10%를 넘어서는 안 된다.

정답 95 ㉱ 96 ㉯ 97 ㉯

98 추락에 의한 위험 방지 조치사항으로 거리가 먼 것은?

㉮ 투하설비 설치
㉯ 작업발판 설치
㉰ 추락방지용 방망 설치
㉱ 근로자에게 안전대 착용

[해설] ㉮ 투하설비 설치는 낙하, 비래 방지 조치이다.

99 가설통로의 설치기준으로 옳지 않은 것은?

㉮ 경사는 30° 이하로 할 것
㉯ 경사가 15°를 초과하는 경우에는 미끄러지지 아니하는 구조로 할 것
㉰ 높이 8m 이상인 비계다리에는 8m 이내마다 계단참을 설치할 것
㉱ 수직갱에 가설된 통로의 길이가 15m 이상인 경우에는 10m 이내마다 계단참을 설치할 것

[해설] 가설통로의 구조
① 견고한 구조로 할 것
② 경사는 30도 이하로 할 것(계단을 설치하거나 높이 2미터 미만의 가설통로로서 튼튼한 손잡이를 설치한 때에는 그러하지 아니하다)
③ 경사가 15도를 초과하는 때는 미끄러지지 아니하는 구조로 할 것
④ 추락의 위험이 있는 장소에는 안전난간을 설치할 것(작업상 부득이한 때에는 필요한 부분에 한하여 임시로 이를 해체할 수 있다)
⑤ 수직갱 : 길이가 15미터 이상인 때에는 10미터 이내마다 계단참을 설치할 것
⑥ 건설공사에 사용하는 높이 8미터 이상인 비계다리 : 7미터 이내마다 계단참을 설치할 것

{분석} 실기까지 중요한 내용입니다. "해설"을 다시 확인하세요.

100 연약한 점토층을 굴착하는 경우 흙막이 지보공을 견고히 조립하였음에도 불구하고, 흙막이 바깥에 있는 흙이 안으로 밀려들어 불룩하게 융기되는 형상은?

㉮ 보일링(Boiling)
㉯ 히빙(Heaving)
㉰ 드레인(Drain)
㉱ 펌핑(Pumping)

[해설] 흙막이 바깥 흙이 안으로 밀려 불룩하게 되는 현상 → 히빙

[참고] (1) 히빙(Heaving)현상
① 연질점토 지반에서 굴착에 의한 흙막이 내·외면의 흙의 중량차이(토압)로 인해 굴착저면이 부풀어 올라오는 현상을 말한다.
② 흙막이 바깥 흙이 안으로 밀려든다.

(2) 보일링(Boiling)현상
① 사질토 지반에서 굴착저면과 흙막이 배면과의 수위 차이로 인해 굴착저면의 흙과 물이 함께 위로 솟구쳐 오르는 현상(모래의 액상화 현상)을 말한다.
② 모래가 액상화되어 솟아오른다.

{분석} 실기까지 중요한 내용입니다. "참고"를 다시 확인하세요.

정답 98 ㉮ 99 ㉰ 100 ㉯

02회 2012년 산업안전 산업기사 최근 기출문제

2012년 5월 20일 시행

제1과목 • 산업재해 예방 및 안전보건교육

01 다음 중 관료주의에 대한 설명으로 틀린 것은?

㉮ 의사결정에는 작업자의 참여가 필수적이다.
㉯ 인간을 조직 내의 한 구성원으로만 취급한다.
㉰ 개인의 성장이나 자아실현의 기회가 주어지지 않는다.
㉱ 사회적 여건이나 기술의 변화에 신속하게 대응하기 어렵다.

[해설] ㉮ 의사결정에는 작업자의 참여가 제한된다.

[참고] **관료주의**
① 특권적인 사회층을 형성하는 관료가 정치의 실권을 잡고, 국민에 의한 지도를 인정하지 않는 국가에서 현저하게 나타난다.
② 비능률·보수주의·책임전가·비밀주의·파벌주의 등으로 표현된다.
③ 관청이나 민간조직을 불문하고 조직이 대규모화할수록 확대 심화하는 경향이 있다.

02 다음 중 안전태도 교육의 기본 과정에 있어 마지막 단계로 가장 적절한 것은?

㉮ 권장한다.
㉯ 모범을 보인다.
㉰ 이해시킨다.
㉱ 청취한다.

[해설] **태도교육 실시 순서**
① 청취한다.
② 이해, 납득시킨다.
③ 모범을 보인다.
④ 권장한다.
⑤ 평가한다.(상과 벌)

03 다음 중 인간의식의 레벨(level)에 관한 설명으로 틀린 것은?

㉮ 24시간의 생리적 리듬의 계곡에서 tension level은 낮에는 높고 밤에는 낮다.
㉯ 24시간의 생리적 리듬의 계곡에서 tension level은 낮에는 낮고 밤에는 높다.
㉰ 피로시의 tension level은 저하정도가 크지 않다.
㉱ 졸았을 때는 의식상실의 시기로 tension level은 0이다.

[해설] ㉯ 긴장수준(tension level)은 낮에는 높고 밤에는 낮다.

04 산업안전보건법상 안전·보건표지의 종류 중 "방독 마스크 착용"은 무슨 표지에 해당하는가?

㉮ 경고표지   ㉯ 지시표지
㉰ 금지표지   ㉱ 안내표지

[해설] **지시표지의 종류**
① 보안경 착용
② 방독마스크 착용
③ 방진마스크 착용

▶ 정답 01 ㉮ 02 ㉮ 03 ㉯ 04 ㉯

④ 보안면 착용
⑤ 안전모 착용
⑥ 귀마개 착용
⑦ 안전화 착용
⑧ 안전장갑 착용
⑨ 안전복 착용

05 강의계획에서 주제를 학습시킬 범위와 내용의 정도를 무엇이라 하는가?

㉮ 학습 목적 ㉯ 학습 목표
㉰ 학습 정도 ㉱ 학습 성과

[해설] **학습 정도** : 주제를 학습시킬 범위와 내용의 정도

06 다음 중 기계적 위험에서 위험의 종류와 사고의 형태를 올바르게 연결한 것은?

㉮ 접촉점 위험 – 부딪힘·접촉
㉯ 물리적 위험 – 끼임
㉰ 작업 방법적 위험 – 넘어짐
㉱ 구조적 위험 – 이상온도 노출

[해설] **위험의 분류**
① 기계적 위험의 종류 : 접촉적 위험, 물리적 위험, 구조적 위험
② 화학적 위험의 종류 : 발화성물질, 인화성 물질, 폭발성물질, 산화성물질, 가연성가스 등으로 인한 위험
③ 에너지 위험 종류 : 전기에너지 위험, 열 기타의 에너지 위험
④ 작업적 위험의 종류
   - 작업 방법적 위험 : 떨어짐, 넘어짐, 맞음, 부딪힘·접촉, 끼임
   - 작업 장소의 위험 : 떨어짐, 넘어짐, 무너짐, 맞음, 부딪힘·접촉

07 연평균 근로자 150명이 근무하는 어느 사업장에 1년간 5명의 사상자가 발생했다. 이 사업장의 연천인율은 약 얼마인가?

㉮ 22.20 ㉯ 33.33
㉰ 40.00 ㉱ 45.22

[해설]

$$연천인율 = \frac{연간재해자수}{연평균 근로자수} \times 1,000$$

$$연천인율 = 도수율 \times 2.4$$

$$연천인율 = \frac{연간재해자수}{연평균 근로자수} \times 1,000$$

$$= \frac{5}{150} \times 1,000 = 33.33$$

{분석} 실기를 대비해서 모든 재해율 문제는 반드시 계산할 수 있어야 합니다.

08 산업안전보건법상의 안전·보건교육 중 근로자의 채용 시 교육 내용에 해당하지 않는 것은? (단, 산업안전보건법령 및 산업재해보상보험제도에 관한 사항은 제외한다.)

㉮ 사고 발생 시 긴급조치에 관한 사항
㉯ 유해·위험 작업환경 관리에 관한 사항
㉰ 산업보건 및 직업병 예방에 관한 사항
㉱ 기계·기구의 위험성과 작업의 순서 및 동선에 관한 사항

[해설] **근로자의 채용 시 교육 및 작업내용 변경 시의 교육**
① 산업안전 및 사고 예방에 관한 사항
② 산업보건 및 직업병 예방에 관한 사항
③ 산업안전보건법령 및 산업재해보상보험제도에 관한 사항
④ 직무스트레스 예방 및 관리에 관한 사항
⑤ 직장 내 괴롭힘, 고객의 폭언 등으로 인한 건강장해 예방 및 관리에 관한 사항

정답 05 ㉰ 06 ㉰ 07 ㉯ 08 ㉯

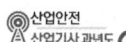

⑥ 기계·기구의 위험성과 작업의 순서 및 동선에 관한 사항
⑦ 물질안전보건자료에 관한 사항
⑧ 작업 개시 전 점검에 관한 사항
⑨ 정리정돈 및 청소에 관한 사항
⑩ 사고 발생 시 긴급조치에 관한 사항
⑪ 위험성 평가에 관한 사항

공통 항목
1. 신규자는 법, 산재보상제도를 알자!
2. 신규자는 건강을 보존(산업보건)하고 직업병, 스트레스, 괴롭힘, 폭언 예방하자!
3. 신규자는 안전하고 사고예방하자!
4. 신규자는 위험성을 평가하자!

신규채용자는 회사에 처음 입사해서 처음 일을 하는 근로자, 안전하게 일하기 위한 기본내용을 교육한다.
1. 신규자는 기계·기구 위험성, 작업순서, 동선을 알자!
2. 신규자는 취급물질의 위험성(물질안전보건자료)을 알자!
3. 신규자는 작업 전 점검하자!
4. 신규자는 항상 정리정돈 청소하자!
5. 신규자는 사고 시 조치를 알자!

{분석}
실기에도 자주 출제되는 중요한 내용입니다.

09 다음 중 교육의 3요소에 해당되지 않는 것은?

㉮ 교육의 주체
㉯ 교육의 객체
㉰ 교육결과의 평가
㉱ 교육의 매개체

[해설] 교육의 3요소

교육의 주체	교육의 객체	교육의 매개체
강사	학생(수강자)	교재(학습내용)

10 다음 중 사고 예방 대책의 기본원리를 단계적으로 나열한 것은?

㉮ 조직 → 사실의 발견 → 평가분석 → 시정책의 적용 → 시정책의 선정
㉯ 조직 → 사실의 발견 → 평가분석 → 시정책의 선정 → 시정책의 적용
㉰ 사실의 발견 → 조직 → 평가분석 → 시정책의 적용 → 시정책의 선정
㉱ 사실의 발견 → 조직 → 평가분석 → 시정책의 선정 → 시정책의 적용

[해설] 하인리히 사고방지 5단계

1단계 : 안전조직	• 안전목표 설정 • 안전관리자의 선임 • 안전조직 구성 • 안전활동 방침 및 계획수립 • 조직을 통한 안전 활동 전개
2단계 : 사실의 발견	• 작업분석 • 점검 • 사고조사 • 안전진단
3단계 : 분석	• 사고원인 및 경향성 분석 • 작업공정 분석 • 사고기록 및 관계자료 분석 • 인적·물적 환경 조건분석
4단계 : 시정방법 선정	• 기술적 개선 • 안전운동 전개 • 교육훈련 분석 • 안전행정의 개선 • 배치 조정 • 규칙 및 수칙 등 제도의 개선
5단계 : 시정책 적용 (3E 적용)	• 안전교육(Education) • 안전기술(Engineering) • 안전독려(Enforcement)

{분석}
자주 출제되는 내용입니다. 순서대로 암기하세요.

정답 09 ㉰ 10 ㉯

11. 맥그리거(Mcgregor)의 X이론과 Y이론 중 Y이론에 해당되는 것은?

㉮ 인간은 서로 믿을 수 없다.
㉯ 인간은 태어나면서부터 약하다.
㉰ 인간은 정신적 욕구를 우선시 한다.
㉱ 인간은 통제에 의한 관리를 받고자 한다.

[해설] 맥그리거(McGregor)의 X, Y이론

X이론의 특징	Y이론의 특징
인간 불신감	상호 신뢰감
성악설	성선설
인간은 원래 게으르고 태만하여 남의 지배를 받기를 즐긴다.	인간은 부지런하고 적극적이며 자주적이다.
물질욕구 (저차원 욕구)에 만족	정신욕구 (고차원 욕구)에 만족
명령, 통제에 의한 관리	목표 통합과 자기통제에 의한 자율관리
저개발국형	선진국형

12. 재해는 크게 4가지 방법으로 분류하고 있는데 다음 중 분류 방법에 해당되지 않는 것은?

㉮ 통계적 분류
㉯ 상해 종류에 의한 분류
㉰ 관리적 분류
㉱ 재해 형태별 분류

[해설] 재해분류 방법

① 통계적 분류
② 개별적 분류
③ 상해 종류별 분류
④ 재해 형태별 분류

13. 산업안전보건법상 안전관리자의 직무에 해당하는 것은?

㉮ 해당 작업과 관련된 기계·기구 또는 설비의 안전·보건 점검 및 이상 유무의 확인
㉯ 소속된 근로자의 작업복·보호구 및 방호장치의 점검과 그 착용·사용에 관한 교육·지도
㉰ 사업장 순회점검·지도 및 조치의 건의
㉱ 해당 작업의 작업장 정리·정돈 및 통로 확보에 대한 확인·감독

[해설] 안전관리자 직무

① 사업장 안전교육계획의 수립 및 안전교육 실시에 관한 보좌 및 조언·지도
② 사업장 순회점검·지도 및 조치의 건의
③ 산업재해 발생의 원인 조사·분석 및 재발 방지를 위한 기술적 보좌 및 조언·지도
④ 산업재해에 관한 통계의 유지·관리·분석을 위한 보좌 및 조언·지도
⑤ 안전인증대상 기계·기구 등과 자율안전확인대상 기계·기구 등 구입 시 적격품의 선정에 관한 보좌 및 조언·지도
⑥ 위험성평가에 관한 보좌 및 조언·지도
⑦ 안전에 관한 사항의 이행에 관한 보좌 및 조언·지도
⑧ 산업안전보건위원회 또는 노사협의체, 안전보건관리규정 및 취업규칙에서 정한 직무
⑨ 업무수행 내용의 기록·유지
⑩ 그 밖에 안전에 관한 사항으로서 노동부장관이 정하는 사항

{분석}
실기에도 자주 출제되는 중요한 내용입니다.

정답 11 ㉰ 12 ㉰ 13 ㉰

14 안전교육 계획 수립 시 고려하여야 할 사항과 관계가 가장 먼 것은?

㉮ 필요한 정보를 수집한다.
㉯ 현장의 의견을 충분히 반영한다.
㉰ 안전교육 시행 체계와의 관련을 고려한다.
㉱ 법 규정에 의한 교육에 한정한다.

[해설] 안전교육계획 수립 시 고려할 사항
① 자료 수집
② 현장 의견의 충분한 반영
③ 교육 시행 체계와의 관계를 고려
④ 법 규정에 의한 교육과 그 이상의 교육을 계획

15 다음 중 무재해운동 추진 3요소가 아닌 것은?

㉮ 최고 경영자의 경영자세
㉯ 재해 상황 분석 및 해결
㉰ 직장 소집단의 자주활동 활성화
㉱ 관리감독자에 의한 안전보건의 추진

[해설] 무재해 운동의 3요소
① 최고 경영자의 경영자세
② 라인관리자에 의한 안전보건 추진
③ 직장의 자주 안전 활동 활성화

16 작업지시 기법에 있어 작업 포인트에 대한 지시 및 확인 사항이 아닌 것은?

㉮ weather
㉯ when
㉰ where
㉱ what

17 다음 중 안전점검의 직접적 목적과 관계가 먼 것은?

㉮ 결함이나 불안전 조건의 제거
㉯ 합리적인 생산관리
㉰ 기계설비의 본래 성능 유지
㉱ 인간 생활의 복지 향상

[해설] 안전점검의 목적
① 결함이나 불안전 조건의 제거
② 기계·설비의 본래 성능 유지
③ 합리적인 생산관리

18 다음의 사고 발생 기초원인 중 심리적 요인에 해당하는 것은?

㉮ 작업 중 졸려서 주의력이 떨어졌다.
㉯ 조명이 어두워 정신집중이 안되었다.
㉰ 작업공간이 협소하여 압박감을 느꼈다.
㉱ 적성에 안 맞는 작업이어서 재미가 없었다.

[해설] ㉮ 졸음 → 생리적 원인
㉯ 조명 불량 → 물적원인
㉰ 작업 공간 협소 → 물적원인
㉱ 적성에 맞지 않다. → 심리적 원인

[참고] 재해의 기본원인으로서의 4M(휴먼 에러의 배후요인)

Man(인간) 본인 외의 사람, 직장의 인간관계 등	① 심리적 원인 : 망각, 걱정거리, 생략행위, 억측판단, 착오, 부적응 등 ② 생리적 원인 : 피로, 수면부족, 신체기능, 질병 등 ③ 직장적 원인 : 직장의 인간관계, 팀워크, 커뮤니케이션 등
Machine (기계) 기계, 장치 등의 물적 요인	① 기계·설비의 설계상 결함 ② 본질안전화의 부족 ③ 위험방호의 불량 ④ 점검 정비의 부족

정답 14 ㉱ 15 ㉯ 16 ㉮ 17 ㉱ 18 ㉱

Media(매체) 작업정보, 작업방법 등	① 작업정보 부적절 ② 작업자세, 동작의 결함 ③ 작업방법 부적절 ④ 작업공간 불량 ⑤ 작업환경조건 불량	
Management (관리) 작업관리, 법규준수, 단속, 점검 등	① 관리조직의 결함 ② 작업규정의 결함 ③ 교육 훈련 부족 ④ 안전관리계획의 불량	

19 군화의 법칙(群化의 法則)을 그림으로 나타낸 것으로 다음 중 폐합의 요인에 해당하는 것은?

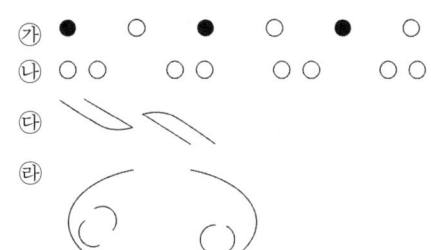

[해설] ㉮ 동류의 요인(유사의 원리)
㉯ 근접의 요인
㉰ 연속의 요인
㉱ 폐합의 요인

[참고] 군화의 법칙(게슈탈트의 법칙)

① 근접의 요인	• 사물을 인지할 때, 가까이에 있는 물체들을 하나의 그룹으로 묶어 인지한다. ○○ ○○ ○○ ○○ (가까이 있는 원 2개를 하나의 그룹으로 인지한다) ○ ○ ○ ○ ○ ○ (배열간격이 동일할 경우 전체를 하나의 그룹으로 인지한다)
② 동류(同類)의 요인(유사의 요인)	• 유사한 자극끼리 함께 묶어서 지각한다. ● ○ ● ○ ●
③ 폐합(閉合)의 요인(폐쇄의 요인)	• 완성되지 않은 형태를 완성시켜 인지한다. (떨어져 있는 부분들을 합하여 원으로 인지한다)
④ 연속의 요인	• 요소들이 부드러운 연속을 따라 함께 묶여 인지된다.
⑤ 좋은 모양의 요인(단순성, 대칭성, 규칙성, 상징성)	• 좋은 모양을 만드는 것끼리 한데 모임으로써 보기 좋아진다.

20 안전모의 일반구조에 있어 안전모를 머리모형에 장착하였을 때 모체내면의 최고점과 머리모형 최고점과의 수직거리의 기준으로 옳은 것은?

㉮ 20mm 이상 40mm 이하
㉯ 20mm 이상 50mm 이하
㉰ 25mm 이상 40mm 이하
㉱ 25mm 이상 50mm 이하

[해설] 안전모의 내부 수직거리(안전모를 머리 모형에 장착하였을 때 모체 내면의 최고점과 머리 모형 최고점과의 수직거리)는 25mm 이상 50mm 미만일 것

정답 19 ㉱ 20 ㉱

제2과목 · 인간공학 및 위험성 평가 · 관리

21 다음 중 조종장치의 종류에 있어 연속적인 조절에 가장 적합한 형태는?

㉮ 토글 스위치(Toggle switch)
㉯ 푸시 버튼(Push button)
㉰ 로터리 스위치(Rotary switch)
㉱ 레버(Lever)

[해설] 기계의 통제 기능
① 양의 조절에 의한 통제(연속 조종장치) : 노브, 크랭크, 핸들, 레버, 페달 등
② 개폐에 의한 통제(단속 조종장치, 불연속 조종장치) : 푸시 버튼, 토글스위치, 로터리스위치 등

22 다음 중 사업장에서 인간공학 적용 분야와 가장 거리가 먼 것은?

㉮ 작업환경 개선
㉯ 장비 및 공구의 설계
㉰ 재해 및 질병 예방
㉱ 신뢰성 설계

[해설] 인간공학 적용 분야
① 재해 및 질병의 예방
② 작업환경 개선
③ 장비 및 공구의 설계

[참고] 인간공학의 연구목적 : 가장 궁극적인 목적은 안전성 제고와 능률의 향상이다.
① 안전성의 향상과 사고 방지
② 기계 조작의 능률성과 생산성의 향상
③ 쾌적성

23 다음 중 FTA에 의한 재해사례연구의 순서를 올바르게 나열한 것은?

A. 목표사상 선정
B. FT도 작성
C. 사상마다 재해원인 규명
D. 개선계획 작성

㉮ A → B → C → D
㉯ A → C → B → D
㉰ B → C → A → D
㉱ B → A → C → D

[해설] FTA에 의한 재해사례 연구 순서
1단계 : 톱사상의 설정
2단계 : 재해 원인 규명
3단계 : FT도의 작성
4단계 : 개선계획의 작성

{분석}
필기에 자주 출제되는 내용입니다.

24 다음 중 한 장소에 앉아서 수행하는 작업 활동에 있어서의 작업에 사용하는 공간을 무엇이라 하는가?

㉮ 작업공간 포락면
㉯ 정상작업 포락면
㉰ 작업공간 파악한계
㉱ 정상작업 파악한계

[해설] 작업공간
① 포락면 : 한 장소에 앉아서 수행하는 작업에서 작업하는데 사용하는 공간
② 파악한계 : 앉은 작업자가 특정한 수작업 기능을 수행할 수 있는 공간의 외곽한계

{분석}
필기에 자주 출제되는 내용입니다.

정답 21 ㉱ 22 ㉱ 23 ㉯ 24 ㉮

25 다음 중 작업장의 조명 수준에 대한 설명으로 가장 적절한 것은?

㉮ 작업환경의 추천 광도비는 5:1 정도이다.
㉯ 천장은 80~90% 정도의 반사율을 가지도록 한다.
㉰ 작업영역에 따라 휘도의 차이를 크게 한다.
㉱ 실내표면의 반사율은 천장에서 바닥의 순으로 증가시킨다.

해설 ㉮ 작업환경의 추천 광도비는 3 : 1 정도가 적합하다.
㉰ 작업영역에 따라 휘도의 차이를 작게 한다.
㉱ 실내표면의 반사율은 바닥에서 천장의 순으로 증가시킨다.

참고 옥내 최적 반사율
① 천장 : 바닥 반사율 비율 = 3 : 1 이상 유지
② 천장(80~91%) > 벽(40~60%) > 가구 (25~45%) > 바닥 (20~40%)
③ 옥내의 반사율은 천정으로 올라갈수록 높고 바닥으로 내려갈수록 낮아져야 한다.

{분석}
필기에 자주 출제되는 내용입니다.

26 다음 중 보험으로 위험조정을 하는 방법을 무엇이라 하는가?

㉮ 전가   ㉯ 보류
㉰ 위험 감축   ㉱ 위험회피

해설 위험 처리 기술
① 위험의 제거(위험 감축) : 위험 요소를 적극적으로 예방하고 경감하려는 것을 말한다.
② 위험의 회피 : 위험한 작업 자체를 하지 않거나 작업방법을 개선하는 것을 말한다.
③ 위험의 보유(위험 보류) : 위험의 일부 또는 전부를 스스로 인수하는 것을 말한다. 위험에 대한 무지에서 무의식적으로 위험에 노출되는 소극적 보유와 위험을 의식하면서 보유하는 적극적 보유가 있다.
④ 위험의 전가 : 위험을 보험, 보증, 공제기금제도 등으로 분산시키는 것을 말한다.

27 다음과 같은 시스템의 신뢰도는 약 얼마인가?

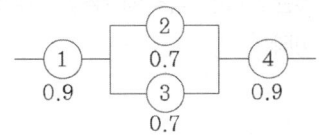

㉮ 0.5152
㉯ 0.6267
㉰ 0.7371
㉱ 0.8483

해설 $0.9 \times \{1-(1-0.7) \times (1-0.7)\} \times 0.9 = 0.7371$

{분석}
필기에 자주 출제되는 내용입니다.

28 다음 중 보전 효과 측정을 위해 사용하는 설비고장 강도율의 식으로 옳은 것은?

㉮ 설비고장 정지시간/설비가동시간
㉯ 설비고장건수/설비가동시간
㉰ 총 수리시간/설비가동시간
㉱ 부하시간/설비가동시간

해설 설비고장 강도율 $= \dfrac{\text{설비고장 정지시간}}{\text{설비 가동시간}}$

정답 25 ㉯ 26 ㉮ 27 ㉰ 28 ㉮

29 [그림]의 결함수에서 최소 컷셋(Minimal Cut Sets)과 신뢰도를 올바르게 나타낸 것은? (단, 각각의 부품 고장률은 0.01 이다)

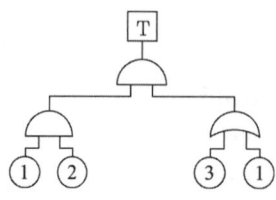

㉮ (1, 3)
　(1, 2),　　　$R(t) = 96.99\%$
㉯ (1, 3)
　(1, 2, 3),　$R(t) = 97.99\%$
㉰ (1, 2, 3),　$R(t) = 98.99\%$
㉱ (1, 2),　　　$R(t) = 99.99\%$

[해설] 1. $T = (1,2)\binom{3}{1}$
　　　　$= (1,2,3)(1,2)$
　　　최소 컷셋 : (1, 2)

2. 신뢰도 : 중복사상 ①이 존재하므로 미니멀 컷의 확률이 시스템의 확률(고장확률)이 된다.
　　$T = (①×②) = 0.01 × 0.01 = 0.0001$
　　신뢰도 = 1 − 고장확률
　　　　　 = 1 − 0.0001 = 0.9999 = 99.99%

{분석} 필기에 자주 출제되는 내용입니다.

30 다음 중 안전성 평가에서 위험관리의 사명으로 가장 적절한 것은?

㉮ 잠재위험의 인식
㉯ 손해에 대한 자금 융통
㉰ 안전과 건강관리
㉱ 안전공학

31 작업원 2인이 중복하여 작업하는 공정에서 작업자의 신뢰도는 0.85로 동일하며, 작업 중 50%는 작업자 1인이 수행하고 나머지 50%는 중복 작업한다면 이 공정의 인간 신뢰도는 약 얼마인가?

㉮ 0.6694　　㉯ 0.7225
㉰ 0.9138　　㉱ 0.9888

[해설] 1. 작업원 2인이 중복하여 작업 → 중복작업을 하는 경우이므로 병렬관계에 해당한다.
2. 작업자의 신뢰도는 0.85로 동일하며, 작업 간의 50%만 중복작업을 지원 → 작업자 1명의 신뢰도는 0.85이고 다른 한사람의 신뢰도는 50%만 지원하므로 0.85×0.5 = 0.425가 된다.
3. 신뢰도 = 1 − (1 − 0.85) × (1 − 0.425)
　　　　　= 0.9138

{분석} 필기에 자주 출제되는 내용입니다.

32 다음 중 인터페이스(계면)를 설계할 때 감성적인 부문을 고려하지 않으면 나타나는 결과는 무엇인가?

㉮ 육체적 압박
㉯ 정신적 압박
㉰ 진부감(陳腐感)
㉱ 관리감

[해설] 인터페이스(계면)를 설계할 때 감성적인 부문을 고려하지 않으면 나타나는 결과 → 진부감(陳腐感)

[참고] 1. 계면설계(interface design) : 작업공간, 표시장치, 조종장치 등이 계면에 해당되며 계면설계를 위한 인간요소 관련 자료는 상식과 경험, 정량적 자료, 전문가의 판단 등이다.

2. 감성공학
　• 인간의 마음을 구체적인 물리적 설계요소로 번역하여 이를 실현하는 기술을 뜻한다.
　• 인간이 가지고 있는 소망으로서의 이미지나 감성을 구체적인 제품설계로 실현해내는 공학적 접근방법이다.

정답　29 ㉱　30 ㉯　31 ㉰　32 ㉰

33 스웨인(Swain)의 인적오류(혹은 휴먼에러) 분류 방법에 의할 때, 자동차 운전 중 습관적으로 손을 창문 밖으로 내어 놓았다가 다쳤다면 다음 중 이 때 운전자가 행한 에러의 종류로 옳은 것은?

㉮ 실수(slip)
㉯ 작위 오류(commission error)
㉰ 불필요한 수행 오류(extraneous error)
㉱ 누락 오류(omission error)

[해설] 휴먼에러의 심리적 분류(Swain의 분류)
① omission error(누설오류, 생략오류, 부작위 오류) : 필요한 작업 또는 절차를 수행하지 않는데 기인한 에러
② time error(시간오류) : 필요한 작업 또는 절차의 수행 지연으로 인한 에러
③ commission error(작위오류) : 필요한 작업 또는 절차의 불확실한 수행으로 인한 에러
④ sequential error(순서오류) : 필요한 작업 또는 절차의 순서 착오로 인한 에러
⑤ extraneous error(과잉행동오류) : 불필요한 작업 또는 절차를 수행함으로써 기인한 에러

{분석} 필기에 자주 출제되는 내용입니다.

34 다음 중 절대적으로 식별 가능한 청각차원의 수준의 수가 가장 적은 것은?

㉮ 강도   ㉯ 진동수
㉰ 지속시간   ㉱ 음의 방향

[해설] 식별 가능한 청각차원의 수준의 수가 가장 적은 것 → 음의 방향

35 다음 중 바닥의 추천 반사율로 가장 적당한 것은?

㉮ 0~20%   ㉯ 20~40%
㉰ 40~60%   ㉱ 60~80%

[해설] 옥내 최적 반사율
(천정 : 바닥 반사율 비율 = 3 : 1 이상 유지)
• 천장(80~91%) > 벽(40~60%) > 가구(25~45%) > 바닥(20~40%)
• 옥내의 반사율은 천정으로 올라갈수록 높고 바닥으로 내려갈수록 낮아져야 한다.

36 FT도에서 사용되는 기호 중 입력현상의 반대현상이 출력되는 게이트는?

㉮ AND 게이트
㉯ 부정 게이트
㉰ OR 게이트
㉱ 억제 게이트

[해설] 입력현상의 반대현상이 출력되는 게이트 → 부정 게이트

{분석} 필기에 자주 출제되는 내용입니다.

37 다음 중 조작자와 제어 버튼 사이의 거리, 조작에 필요한 힘 등을 정할 때 가장 일반적으로 적용되는 인체측정자료 응용원칙은?

㉮ 평균치 설계 원칙
㉯ 최대치 설계 원칙
㉰ 최소치 설계 원칙
㉱ 조절식 설계 원칙

[해설]

최대 치수 설계의 예	최소 치수 설계의 예
• 위험구역의 울타리 높이 • 출입문의 높이 • 그네줄의 인장강도	• 물건을 올리는 선반의 높이 • 조정장치를 조정하는 힘 • 조정장치까지의 조정거리

{분석} 필기에 자주 출제되는 내용입니다.

정답 33 ㉯ 34 ㉱ 35 ㉯ 36 ㉯ 37 ㉰

38 다음 중 진동이 인간 성능에 끼치는 일반적인 영향이 아닌 것은?

㉮ 진동은 진폭에 반비례하여 시력이 손상된다.
㉯ 진동은 진폭에 비례하여 추적능력이 손상된다.
㉰ 정확한 근육 조절을 요하는 작업은 진동에 의해 저하된다.
㉱ 주로 중앙신경 처리에 관한 임무는 진동의 영향을 덜 받는다.

[해설] 전신진동이 인간 성능에 끼치는 영향
① 진동은 진폭에 비례하여 시력을 손상하며, 10~25Hz의 경우에 가장 심하다.
② 진동은 진폭에 비례하여 추적능력을 손상하며, 5Hz 이하의 낮은 진동수에서 가장 심하다.
③ 안정되고, 정확한 근육 조절을 요하는 작업은 진동에 의해서 저하된다.
④ 반응시간, 감시, 형태식별 등 주로 중앙신경처리에 달린 임무는 진동의 영향이 적다.

39 심장 박동주기 동안 심근의 전기적 신호를 피부에 부착한 전극들로부터 측정하는 것으로 심장이 수축과 확장을 할 때 일어나는 전기적 변동을 기록한 것은?

㉮ 뇌전도계   ㉯ 심전도계
㉰ 근전도계   ㉱ 안전도계

[해설] 심장박동 주기의 전기적 변동을 기록한 것 → 심전도계

40 다음 중 지침이 고정되어 있고 눈금이 움직이는 형태의 정량적 표시장치는?

㉮ 정목동침형 표시장치
㉯ 정침동목형 표시장치
㉰ 계수형 표시장치
㉱ 정열형 표시장치

[해설] 정량적 표시장치
① 정목동침형 : 눈금은 고정, 지침이 움직이는 형태
② 정침동목형 : 지침은 고정, 눈금이 움직이는 형태
③ 계수형 : 전력계, 택시요금 계기와 같이 숫자가 정확히 표시되는 형태

{분석}
필기에 자주 출제되는 내용입니다.

제3과목 · 기계 · 기구 및 설비 안전 관리

41 기계설비의 안전조건 중 구조부분의 안전화에서 검토되어야 할 내용이 아닌 것은?

㉮ 가공의 결함   ㉯ 재료의 결함
㉰ 설계의 결함   ㉱ 정비의 결함

[해설] 구조부분 안전화(구조부분 강도적 안전화)
① 설계상의 결함 방지 : 사용 도중 재료의 강도가 열화 될 것을 감안하여 설계하여야 한다.
② 재료의 결함 방지 : 재료 자체의 균열, 부식, 강도 저하 등 결함에 대하여 적절한 재료로 대체하여야 한다.
③ 가공 결함 방지 : 재료의 가공 도중에 발생되는 결함을 열처리 등을 통하여 사전에 예방하여야 한다.

42 밀링가공 시 안전한 작업방법이 아닌 것은?

㉮ 면장갑은 사용하지 않는다.
㉯ 칩 제거는 회전 중 청소용 솔로 한다.
㉰ 커터 설치 시에는 반드시 기계를 정지시킨다.
㉱ 일감은 테이블 또는 바이스에 안전하게 고정한다.

[해설] ㉯ 칩 제거는 기계운전을 중지하고 브러시를 이용한다.

▶) 정답 38 ㉮ 39 ㉯ 40 ㉯ 41 ㉱ 42 ㉯

43 아세틸렌 용접 시 역화를 방지하기 위하여 설치하는 것은?

㉮ 압력기　㉯ 청정기
㉰ 안전기　㉱ 발생기

[해설] 가스의 역화 및 역류를 방지하기 위하여 안전기를 설치하여야 한다.

44 다음 (　)안에 들어갈 내용으로 옳은 것은?

> "광전자식 프레스 방호장치에서 위험 한계까지의 거리가 짧은 200mm 이하의 프레스에는 연속 차광폭이 작은 (　)의 방호장치를 선택한다."

㉮ 30mm 초과　㉯ 30mm 이하
㉰ 50mm 초과　㉱ 50mm 이하

[해설] 연속 차광폭 30mm 이하(다만, 12광축 이상으로 광축과 작업점과의 수평거리가 500mm를 초과하는 프레스에 사용하는 경우는 40mm 이하)

45 근로자에게 위험을 미칠 우려가 있는 원동기, 축이음, 풀리 등에 설치하여야 하는 것은?

㉮ 통풍장치　㉯ 덮개
㉰ 과압방지기　㉱ 압력계

[해설] 원동기·회전축 등의 위험 방지
① 기계의 원동기·회전축·기어·풀리·플라이 휠·벨트 및 체인 등 근로자에게 위험을 미칠 우려가 있는 부위에는 덮개·울·슬리브 및 건널다리 등을 설치하여야 한다.
② 회전축·기어·풀리 및 플라이 휠 등에 부속하는 키·핀 등의 기계 요소는 묻힘형으로 하거나 해당 부위에 덮개를 설치하여야 한다.

③ 벨트의 이음 부분에는 돌출된 고정구를 사용하여서는 아니된다.
④ 건널다리에는 안전 난간 및 미끄러지지 아니하는 구조의 발판을 설치하여야 한다.

{분석} 실기까지 중요한 내용입니다. "해설"을 다시 확인하세요.

46 프레스 가공품의 이송방법으로 2차 가공용 송급배출 장치가 아닌 것은?

㉮ 푸셔 피더(pusher feed)
㉯ 다이얼 피더(dial feeder)
㉰ 로울 피더(roll feeder)
㉱ 트랜스퍼 피더(transfer feeder)

[해설] 프레스의 송급배출 장치
① 다이얼 피더
② 푸셔 피더
③ 트랜스퍼 피더

47 안전계수 6인 와이어로프의 파단하중이 300kg$_f$인 경우 매달기 안전하중은 얼마인가?

㉮ 50kg$_f$ 이하　㉯ 60kg$_f$ 이하
㉰ 100kg$_f$ 이하　㉱ 150kg$_f$ 이하

[해설]
$$안전율 = \frac{극한강도}{허용응력} = \frac{극한강도}{최대설계응력}$$
$$= \frac{극한강도}{사용응력} = \frac{파괴하중}{최대사용하중}$$
$$= \frac{파단하중}{안전하중} = \frac{극한하중}{정격하중}$$

$$안전율 = \frac{절단하중}{최대사용하중}$$

$$최대사용하중 = \frac{절단하중}{안전율} = \frac{300}{6} = 50 kg_f$$

{분석} 실기까지 중요한 내용입니다.

정답 43 ㉰　44 ㉯　45 ㉯　46 ㉰　47 ㉮

48 탁상용 연삭기에서 일반적으로 플랜지의 직경은 숫돌 직경의 얼마 이상이 적정한가?

㉮ $\frac{1}{2}$ ㉯ $\frac{1}{3}$
㉰ $\frac{1}{5}$ ㉱ $\frac{1}{10}$

[해설] 플랜지의 직경은 숫돌 직경의 $\frac{1}{3}$ 이상이어야 한다.

{분석} 실기까지 중요한 내용입니다.

49 가공물 또는 공구를 회전시켜 나사나 기어 등을 소성가공하는 방법은?

㉮ 압연 ㉯ 압출
㉰ 인발 ㉱ 전조

[해설]
① 압연 : 재료를 회전하는 롤러 사이를 통과시켜 판재 및 형재를 만드는 가공법
② 압출 : 금속재료를 구멍으로부터 밀어내어 긴 봉이나 관을 제조하는 금속가공법
③ 인발 : 재료를 잡아당겨 재료의 단면적을 축소시키는 가공법
④ 전조 : 재료를 강하게 누르면서 굴려 재료의 표면을 소성변형 시키는 가공법으로 나사나 기어를 만드는데 이용된다.

50 무부하 상태 기준으로 구내 최고 속도가 20km/h인 지게차의 주행 시 좌우 안정도 기준은?

㉮ 4% 이내   ㉯ 20% 이내
㉰ 37% 이내 ㉱ 40% 이내

[해설] 주행 시 좌우 안정도 $= 15 + 1.1V$
$= 15 + 1.1 \times 20 = 37\%$

{분석} 실기까지 중요한 내용입니다. 잘 기억하세요.

51 동력 프레스기의 no-hand in die 방식의 방호대책이 아닌 것은?

㉮ 방호울이 부착된 프레스
㉯ 가드식 방호장치 도입
㉰ 전용 프레스의 도입
㉱ 안전금형을 부착한 프레스

[해설] 프레스의 본질안전 조건(No-hand in die 방식, 금형 내 손이 들어가지 않는 구조)
① 안전울을 부착한 프레스
② 안전한 금형 사용
③ 전용 프레스 도입
④ 자동 프레스 도입

{분석} 실기까지 중요한 내용입니다. 암기하세요.

52 다음 중 기계설비에 의해 형성되는 위험점이 아닌 것은?

㉮ 회전 말림점 ㉯ 접선 분리점
㉰ 협착점   ㉱ 끼임점

[해설] 위험점의 분류
① 협착점 : 왕복운동 부분과 고정부분 사이에서 형성되는 위험점
  예 프레스기, 전단기, 성형기 등
② 끼임점 : 고정부분과 회전하는 동작부분 사이에서 형성되는 위험점
  예 연삭숫돌과 덮개, 교반기 날개와 하우징 등
③ 절단점 : 회전하는 운동부 자체, 운동하는 기계부분 자체의 위험점
  예 날, 커터를 가진 기계
④ 물림점 : 회전하는 두 개의 회전체에 물려 들어가는 위험점
  예 롤러와 롤러, 기어와 기어 등
⑤ 접선 물림점 : 회전하는 부분의 접선 방향으로 물려 들어가는 위험점
  예 벨트와 풀리, 체인과 스프로킷 랙과 피니언 등
⑥ 회전 말림점 : 회전하는 물체에 작업복, 머리카락 등이 말려 들어가는 위험점
  예 회전축, 커플링 등

정답 48 ㉯ 49 ㉱ 50 ㉰ 51 ㉯ 52 ㉯

53 산업안전보건법상 산업용 로봇의 교시 작업 시작 전 점검하여야 할 부위가 아닌 것은?

㉮ 제동장치
㉯ 매니퓰레이터
㉰ 지그
㉱ 전선의 피복상태

[해설] 로봇의 작업시작 전 점검사항
① 외부전선의 피복 또는 외장의 손상 유무
② 매니퓰레이터(manipulator) 작동의 이상 유무
③ 제동장치 및 비상정지장치의 기능

{분석}
작업시작 전 점검은 실기에도 자주 출제되는 중요한 내용입니다. 반드시 암기하세요.

54 목재 가공용 둥근톱의 두께가 3mm 일 때, 분할날의 두께는?

㉮ 3.3mm 이상
㉯ 3.6mm 이상
㉰ 4.5mm 이상
㉱ 4.8mm 이상

[해설] 1. 분할날 두께는 톱두께의 1.1배 이상이며 치진폭보다 작을 것
$1.1 t_1 \leq t_2 < b$
(t_1 : 톱두께, t_2 : 분할날두께, b : 치진폭)
2. $1.1 \times 3 = 3.3$mm

55 드럼의 직경이 D, 로프의 직경이 d인 윈치에서 $\frac{D}{d}$가 클수록 로프의 수명은 어떻게 되는가?

㉮ 짧아진다.
㉯ 길어진다.
㉰ 변화가 없다.
㉱ 사용할 수 없다.

[해설] $\frac{D}{d}$가 클수록 와이어 로프(Wire Rope)의 수명은 길어진다. 즉 드럼의 직경이 클수록 와이어로프의 꺾임으로 인한 소선의 파단을 감소시켜 와이어 로프의 수명이 길어진다.

56 프레스의 일반적인 방호장치가 아닌 것은?

㉮ 광전자식 방호장치
㉯ 포집형 방호장치
㉰ 게이트 가드식 방호장치
㉱ 양수 조작식 방호장치

[해설] 프레스 방호장치의 종류
① 양수 조작식 방호장치 : 1행정 1정지식 프레스에 사용되는 것으로서 누름버튼을 양손으로 동시에 조작하지 않으면 기계가 동작하지 않으며, 한손이라도 떼어내면 기계를 정지시키는 방호장치
② 광전자식 방호장치 : 투광부, 수광부, 컨트롤 부분으로 구성된 것으로서 신체의 일부가 광선을 차단하면 기계를 급정지시키는 방호장치
③ 손쳐내기식(Sweep Guard식) 방호장치 : 슬라이드의 작동에 연동시켜 위험상태로 되기 전에 손을 위험 영역에서 밀어내거나 쳐내는 방호장치
④ 수인식(Pull Out식) 방호장치 : 슬라이드와 작업자 손을 끈으로 연결하여 슬라이드 하강 시 작업자 손을 당겨 위험영역에서 빼낼 수 있도록 한 방호장치
⑤ 게이트가드식 방호장치 : 가드가 열려 있는 상태에서는 기계의 위험부분이 동작되지 않고 기계가 위험한 상태일 때에는 가드를 열 수 없도록 한 방호장치

57 2줄의 와이어로프로 중량물을 달아 올릴 때, 로프에 가장 힘이 적게 걸리는 각도는?

㉮ 30°
㉯ 60°
㉰ 90°
㉱ 120°

[해설] 달아 올리는 각도가 작을수록 힘이 적게 걸린다.

정답 53 ㉰ 54 ㉮ 55 ㉯ 56 ㉯ 57 ㉮

58 크레인의 훅, 버킷 등 달기구 윗면이 드럼 상부 도르래 등 권상장치의 아랫면과 접촉할 우려가 있을 때 직동식 권과방지장치의 조정 간격은?

㉮ 0.01m 이상
㉯ 0.02m 이상
㉰ 0.03m 이상
㉱ 0.05m 이상

[해설] 권과방지장치는 훅·버킷 등 달기구의 윗면이 드럼·상부도르래·트롤리프레임 등 권상장치의 아랫면과 접촉할 우려가 있는 때에는 그 간격이 0.25미터 이상[직동식 권과방지장치는 0.05미터 이상]이 되도록 조정하여야 한다.

{분석}
실기까지 중요한 내용입니다.
"해설"의 내용을 다시 확인하세요.

59 다음 중 위험기계·기구별 방호조치가 틀린 것은?

㉮ 산업용 로봇 – 안전매트
㉯ 보일러 – 급정지장치
㉰ 목재 가공용 둥근톱 기계 – 반발예방장치
㉱ 활선작업에 필요한 절연용 기구 – 절연용 방호구

[해설] ㉯ 보일러-압력방출장치

60 위험기계에 조작자의 신체 부위가 의도적으로 위험점 밖에 있도록 하는 방호장치는?

㉮ 덮개형 방호장치
㉯ 차단형 방호장치
㉰ 위치제한형 방호장치
㉱ 접근반응형 방호장치

[해설] 위치제한형 방호장치 : 작업자의 신체 부위가 위험한계 밖에 있도록 기계의 조작장치를 위험한 작업점에서 안전거리 이상 떨어지게 하거나 조작장치를 양손으로 동시 조작하게 함으로써 위험한계에 접근하는 것을 제한하는 방호장치
• [예] 프레스의 양수조작식 방호장치

[참고] 방호장치의 위험장소에 따른 분류

격리형 방호장치	• 위험한 작업점과 작업자 사이에 서로 접근되어 일어날 수 있는 재해를 방지하기 위해 차단벽이나 망을 설치하는 방호장치 • [예] 완전 차단형 방호장치, 덮개형 방호장치, 방책 등
위치 제한형 방호장치	• 작업자의 신체 부위가 위험한계 밖에 있도록 기계의 조작장치를 위험한 작업점에서 안전거리 이상 떨어지게 하거나 조작장치를 양손으로 동시 조작하게 함으로써 위험한계에 접근하는 것을 제한하는 방호장치 • [예] 프레스의 양수조작식 방호장치
접근 거부형 방호장치	• 작업자의 신체 부위가 위험한계 내로 접근하였을 때 기계적인 작용에 의하여 접근을 못하도록 저지하는 방호장치 • [예] 프레스의 수인식, 손쳐내기식 방호장치
접근 반응형 방호장치	• 작업자의 신체 부위가 위험한계 또는 그 인접한 거리내로 들어오면 이를 감지하여 그 즉시 기계의 동작을 정지시키고 경보 등을 발하는 방호장치 • [예] 프레스의 광전자식 방호장치

{분석}
필기에 자주 출제되는 내용입니다.

정답 58 ㉱ 59 ㉯ 60 ㉰

제4과목: 전기 및 화학설비 안전 관리

61 다음 중 섬락의 위험을 방지하기 위한 이격거리는 대지 전압, 뇌서지, 계폐서지 외에 어느 것을 고려하여 결정하여야 하는가?

㉮ 정상전압   ㉯ 다상전압
㉰ 단상전압   ㉱ 이상전압

[해설] 섬락의 위험을 방지하기 위한 이격거리는 대지 전압, 뇌서지, 계폐서지, 이상전압을 고려하여야 한다.

62 내압(耐壓) 방폭구조에서 방폭 전기기기의 폭발등급에 따른 최대안전틈새의 범위 (mm) 기준으로 옳은 것은?

㉮ IIA − 0.65 이상
㉯ IIA − 0.5 초과 0.9 미만
㉰ IIC − 0.25 미만
㉱ IIC − 0.5 이하

[해설]

폭발등급	IIA	IIB	IIC
최대안전틈새(mm)	0.9 이상	0.5 초과 0.9 미만	0.5 이하

{분석} 실기까지 중요한 내용입니다.

63 다음 중 내전압용 절연장갑의 등급에 따른 최대사용 전압이 올바르게 연결된 것은?

㉮ 00 등급 : 직류 750V
㉯ 0 등급 : 직류 1000V
㉰ 00 등급 : 교류 650V
㉱ 0 등급 : 교류 1500V

[해설] 절연장갑의 등급

등급	최대사용전압	
	교류(V, 실효값)	직류(V)
00	500	750
0	1,000	1,500
1	7,500	11,250
2	17,000	25,500
3	26,500	39,750
4	36,000	54,000

{분석} 실기까지 중요한 내용입니다.

64 다음 중 열교환기의 가열 열원으로 사용되는 것은?

㉮ 암모니아   ㉯ 염화칼슘
㉰ 프레온   ㉱ 다우덤섬

[해설] 열교환기의 가열 열원 : 다우덤섬

65 다음 중 유해·위험물질 취급·운반 시 조치사항이 아닌 것은?

㉮ 저장수량 이상 위험물질을 차량으로 운반할 때 가로 0.1m, 세로 0.3m 이상 크기로 표지하여야 한다.
㉯ 위험물질의 취급은 위험물질 취급 담당자가 한다.
㉰ 위험물질을 반출할 때에는 기후상태를 고려한다.
㉱ 성상에 따라 분류하여 적재, 포장한다.

[해설] 지정수량 이상의 위험물을 차량으로 운반하는 경우에는 당해 차량에 다음 각목의 기준에 의한 표지를 설치하여야 한다.
① 한변의 길이가 0.3m 이상, 다른 한변의 길이가 0.6m 이상인 직사각형의 판으로 할 것
② 바탕은 흑색으로 하고, 황색의 반사도료 그 밖의 반사성이 있는 재료로 "위험물"이라고 표시할 것
③ 표지는 차량의 전면 및 후면의 보기 쉬운 곳에 내걸 것

정답 61 ㉱ 62 ㉱ 63 ㉮ 64 ㉱ 65 ㉮

66 다음 중 현장에 안전밸브를 설치할 경우의 주의사항으로 틀린 것은?

㉮ 검사하기 쉬운 위치에 밸브 축을 수평으로 설치한다.
㉯ 분출 시의 반력력을 충분히 고려하여 설치한다.
㉰ 용기에서 안전밸브 입구까지의 압력차가 안전밸브 설정 압력의 3%를 초과하지 않도록 한다.
㉱ 방출관이 긴 경우는 배압에 주의하여야 한다.

[해설] ㉮ 안전밸브를 보일러에 부착하는 경우는, 검사가 용이한 위치인 보일러 본체의 증기부에 직접 부착하며 밸브 축을 수직으로 해야 한다.

{분석}
필기에 자주 출제되는 내용입니다.

67 다음 중 폭발등급 1~2등급, 발화도 G1~G4까지의 폭발성가스가 존재하는 1종 위험장소에 사용될 수 있는 방폭 전기 설비의 기호로 옳은 것은?

㉮ d2G4   ㉯ m1G1
㉰ e2G4   ㉱ e1G1

[해설] 방폭구조-폭발등급-발화도 순으로 다음과 같이 표시

d2G4
폭발등급 2등급, 발화도 G4에 해당하는 가연성가스에 사용할 수 있는 내압 방폭구조

[참고] 방폭구조의 표시

Ex d ⅡA T1 IP 54
Ex : 방폭구조의 상징
d : 방폭구조(내압 방폭구조)
ⅡA : 가스, 증기 및 분진의 그룹
T1 : 온도등급
IP 54 : 보호등급

68 다음 중 가연성 가스의 폭발범위에 관한 설명으로 틀린 것은?

㉮ 상한과 하한이 있다.
㉯ 압력과 무관하다.
㉰ 공기와 혼합된 가연성 가스의 체적 농도로 표시된다.
㉱ 가연성 가스의 종류에 따라 다른 값을 갖는다.

[해설] 압력 상승 시 폭발 하한계는 불변이나 폭발 상한계는 상승한다.

[참고] 폭발한계와 온도, 압력과의 관계
① 압력상승 시 하한계는 불변, 상한계는 상승한다.
② 온도상승 시 하한계는 약간 하강, 상한계는 상승한다.
③ 폭발하한계가 낮을수록, 폭발 상한계는 높을수록 폭발범위가 넓어져 위험하다.

{분석}
필기에 자주 출제되는 내용입니다.

69 다음 중 교류 아크 용접기에 의한 용접 작업에 있어 용접이 중지된 때 감전방지를 위해 설치해야 하는 방호 장치는?

㉮ 누전차단기
㉯ 단로기
㉰ 리미트스위치
㉱ 자동전격방지장치

[해설] 자동전격방지기의 성능 : 용접을 중단하고 1.0초 내에 용접기의 홀더, 어스선에 흐르는 무부하 전압을 안전전압 25V 이하로 내려준다.

{분석}
실기까지 중요한 내용입니다. 반드시 암기하세요.

정답 66 ㉮ 67 ㉮ 68 ㉯ 69 ㉱

70 에틸에테르(폭발하한값 1.9vol%)와 에틸알콜(폭발하한값 4.3vol%)이 4:1로 혼합된 증기의 폭발하한계(vol%)는 약 얼마인가? (단, 혼합증기는 에틸에테르가 80%, 에틸알콜이 20%로 구성되고, 르샤틀리에(Lechateller) 법칙을 이용한다)

㉮ 2.14vol% ㉯ 3.14vol%
㉰ 4.14vol% ㉱ 5.14vol%

해설 혼합 가스의 폭발 범위(르 샤틀리에의 공식)

$$\frac{100}{L} = \frac{V_1}{L_1} + \frac{V_2}{L_2} + \frac{V_3}{L_3} \cdots \text{ (vol\%)}$$

$$L = \frac{100}{\frac{V_1}{L_1} + \frac{V_2}{L_2} + \frac{V_3}{L_3} \cdots}$$

여기서,
L : 혼합가스의 폭발하한계(상한계)
L_1, L_2, L_3 : 단독가스의 폭발하한계(상한계)
V_1, V_2, V_3 : 단독가스의 공기 중 부피
$100 : V_1 + V_2 + V_3 + \cdots$

1. 몰비(부피비)가 4 : 1이므로

$$\frac{(4+1)}{L} = \frac{4}{1.9} + \frac{1}{4.3}$$

$$L = \frac{5}{\frac{4}{1.9} + \frac{1}{4.3}} = 2.14\text{vol\%}$$

2. 혼합증기가 80%와 20%이므로

$$\frac{(80+20)}{L} = \frac{80}{1.9} + \frac{20}{4.3}$$

$$L = \frac{100}{\frac{80}{1.9} + \frac{20}{4.3}} = 2.14\text{vol\%}$$

{분석}
"해설"의 1, 2중 편리한 방법을 사용하세요. 실기까지 중요한 내용입니다.

71 다음 중 전선이 연소될 때의 단계별 순서로 가장 적절한 것은?

㉮ 착화단계 → 순시용단 단계 → 발화단계 → 인화단계
㉯ 인화단계 → 착화단계 → 발화단계 → 순시용단 단계
㉰ 순시용단 단계 → 착화단계 → 인화단계 → 발화단계
㉱ 발화단계 → 순시용단 단계 → 착화단계 → 인화단계

해설 전선의 과대전류에 의한 연소단계
• 인화단계 : 40~43A/mm²
• 착화단계 : 43~60A/mm²
• 발화단계 : 60~120A/mm²
• 순간용단 : 120A/mm² 이상

72 다음 중 정전기로 인한 화재발생 원인에 대한 설명으로 틀린 것은?

㉮ 금속물체를 접지했을 때
㉯ 가연성가스가 폭발범위 내에 있을 때
㉰ 방전하기 쉬운 전위차가 있을 때
㉱ 정전기의 방전에너지가 가연성물질의 최소착화 에너지 보다 클 때

해설 ㉮ 도체를 접지할 경우 정전기 발생을 방지할 수 있다.

73 정전기의 방지대책 방법으로 틀린 것은?

㉮ 상대습도를 70% 이상으로 높인다.
㉯ 공기를 이온화 한다.
㉰ 접지를 실시한다.
㉱ 환기시설을 설치한다.

해설 ㉱ 환기시설 설치와 정전기 방지와는 무관하다.

정답 70 ㉮ 71 ㉯ 72 ㉮ 73 ㉱

참고 정전기 재해 예방대책

① 접지(도체일 경우 효과 있으나 부도체는 효과 없다)
② 습기 부여(공기 중 습도 60~70% 이상 유지한다)
③ 도전성 재료 사용(절연성 재료는 절대 금한다)
④ 대전 방지제 사용
⑤ 제전기 사용
⑥ 유속 조절(석유류 제품 1m/s 이하)

{분석}
"참고" 내용을 잘 기억하세요.

74 산업안전보건법상 전기기계·기구의 누전에 의한 감전 위험을 방지하기 위하여 접지를 하여야 하는 사항으로 틀린 것은?

㉮ 전기기계·기구의 금속제 내부 충전부
㉯ 전기기계·기구의 금속제 외함
㉰ 전기기계·기구의 금속제 외피
㉱ 전기기계·기구의 금속제 철대

해설 ㉮ 전기기계, 기구의 금속제 내부 충전부는 접지 대상이 아니다. 금속제 외함, 외피, 금속제의 철대를 접지하여야 한다.

참고 접지를 하여야 하는 전기기계·기구

① 전기기계·기구의 금속제 외함·금속제 외피 및 철대
② 고정 설치되거나 고정배선에 접속된 전기기계·기구의 노출된 비충전 금속체 중 충전될 우려가 있는 다음 각목의 1에 해당하는 비충전 금속체
  • 지면이나 접지된 금속체로부터 수직거리 2.4미터, 수평거리 1.5미터 이내의 것
  • 물기 또는 습기가 있는 장소에 설치되어 있는 것
  • 금속으로 되어있는 기기접지용 전선의 피복·외장 또는 배선관 등
  • 사용전압이 대지전압 150볼트를 넘는 것
③ 전기를 사용하지 아니하는 설비 중 다음 각목의 1에 해당하는 금속체
  • 전동식 양중기의 프레임과 궤도
  • 전선이 붙어있는 비전동식 양중기의 프레임

  • 고압 이상의 전기를 사용하는 전기기계·기구 주변의 금속제 칸막이·망 및 이와 유사한 장치
④ 코드 및 플러그를 접속하여 사용하는 전기기계·기구 중 다음 각목의 1에 해당하는 노출된 비충전 금속체
  • 사용전압이 대지전압 150볼트를 넘는 것
  • 냉장고·세탁기·컴퓨터 및 주변기기 등과 같은 고정형 전기기계·기구
  • 고정형·이동형 또는 휴대형 전동기계·기구
  • 물 또는 도전성이 높은 곳에서 사용하는 전기기계·기구, 비접지형 콘센트
  • 휴대형 손전등
⑤ 수중펌프를 금속제 물탱크 등의 내부에 설치하여 사용하는 경우에, 그 탱크(이 경우 탱크를 수중펌프의 접지선과 접속하여야 한다)

75 어떤 도체에 20초 동안에 100 쿨롱(C)의 전하량이 이동하면 이때 흐르는 전류(A)는?

㉮ 200 ㉯ 50
㉰ 10   ㉱ 5

해설
$$Q = I \times T$$
여기서, Q : 전하량(C)
I : 전류(A)
T : 시간(초)

$Q = I \times T$
$I = \dfrac{Q}{T} = \dfrac{100}{20} = 5\,\text{A}$

76 다음 중 주요 소화작용이 다른 소화약제는?

㉮ 사염화탄소   ㉯ 할론
㉰ 이산화탄소   ㉱ 중탄산나트륨

해설
• 이산화탄소 : 질식효과(희석소화)
• 중탄산나트륨, 사염화탄소 : 질식, 냉각, 부촉매(억제)효과

정답 74 ㉮ 75 ㉱ 76 ㉰

77 다음 중 산업안전보건법상 급성 독성물질이 지속적으로 외부에 유출될 수 있는 화학설비에 파열판과 안전밸브를 직렬로 설치하고 그 사이에 설치하여야 하는 것은?

㉮ 자동경보장치   ㉯ 차단장치
㉰ 플레어헤드   ㉱ 콕

[해설] 사업주는 급성 독성물질이 지속적으로 외부에 유출될 수 있는 화학설비 및 그 부속설비에 파열판과 안전밸브를 직렬로 설치하고 그 사이에는 압력지시계 또는 자동경보장치를 설치하여야 한다.

78 다음 중 물 속에 저장이 가능한 물질은?

㉮ 칼륨   ㉯ 황린
㉰ 인화칼슘   ㉱ 탄화알루미늄

[해설] 발화성 물질의 저장법
① 나트륨, 칼륨 : 석유 속 저장
② 황린 : 물 속에 저장
③ 적린, 마그네슘, 칼륨 : 격리저장
④ 질산은 ($AgNO_3$) 용액 : 햇빛 피하여 저장(빛에 의해 광분해 반응 일으킴)
⑤ 벤젠 : 산화성물질과 격리 저장
⑥ 탄화칼슘($CaCO_2$, 카바이트) : 금수성물질로서 물과 격렬히 반응하므로 건조한 곳에 보관

{분석} 필기에 자주 출제되는 내용입니다. "해설"을 다시 확인하세요.

79 다음 중 개방형 스프링식 안전밸브의 장점이 아닌 것은?

㉮ 구조가 비교적 간단하다.
㉯ 밸브시트와 밸브스템 사이에서 누설을 확인하기 쉽다.
㉰ 증기용 어큐뮬레이션을 3% 이내로 할 수 있다.
㉱ 스프링, 밸브봉 등이 외기의 영향을 받지 않는다.

[해설] ㉱ 개방형 스프링식 안전밸브는 스프링, 밸브봉 등이 외기의 영향을 받을 우려가 있다.

80 다음 중 아세틸렌 취급·관리 시의 주의사항으로 틀린 것은?

㉮ 폭발할 수 있으므로 필요 이상 고압으로 충전하지 않는다.
㉯ 폭발성 물질을 생성할 수 있으므로 구리나 일정 함량 이상의 구리합금과 접촉하지 않도록 한다.
㉰ 용기는 밀폐된 장소에 보관하고, 누출 시에는 누출원에 직접 주수하도록 한다.
㉱ 용기는 폭발할 수 있으므로 전도·낙하되지 않도록 한다.

[해설] ㉰ 가스용기는 통풍, 환기가 잘 되는 장소에 보관하여야 한다.

[참고] (1) 가스용기를 사용·설치·저장 또는 방치하지 않아야 하는 장소
• 통풍 또는 환기가 불충분한 장소
• 화기를 사용하는 장소 및 그 부근
• 위험물 또는 인화성 액체를 취급하는 장소 및 그 부근

(2) 용해아세틸렌의 가스집합용접장치의 배관 및 부속기구는 동 또는 동을 70% 이상 함유한 합금을 사용하여서는 아니 된다.

정답 77 ㉮ 78 ㉯ 79 ㉱ 80 ㉰

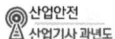

제5과목: 건설공사 안전 관리

81 중량물을 들어 올리는 자세에 대한 설명 중 가장 적절한 것은?

㉮ 다리를 곧게 펴고 허리를 굽혀 들어올린다.
㉯ 되도록 자세를 낮추고 허리를 곧게 편 상태에서 들어올린다.
㉰ 무릎을 굽힌 자세에서 허리를 뒤로 젖히고 들어올린다.
㉱ 다리를 벌린 상태에서 허리를 숙여서 서서히 들어올린다.

[해설] 요통예방을 위한 안전작업수칙
① 중량물을 취급할 때는 허리의 힘보다는 팔, 다리, 복부의 근력을 이용하도록 한다.
② 중량물을 들어 올릴 때는 물체를 최대한 몸 가까이에서 잡고 들어 올리도록 한다.
③ 중량물 취급 시 허리는 늘 곧게 펴고 가급적 구부리거나 비틀지 않고 작업하도록 한다.

82 가설통로의 설치기준으로 옳지 않은 것은?

㉮ 경사가 20°를 초과하는 경우에는 미끄러지지 아니하는 구조로 하여야 한다.
㉯ 경사는 30° 이하로 하여야 한다.
㉰ 수직갱에 가설된 통로의 길이가 15m 이상인 때에는 10m 이내 마다 계단참을 설치한다.
㉱ 높이 8m 이상인 비계다리에는 7m 이내 마다 계단참을 설치한다.

[해설] 가설통로의 구조
① 견고한 구조로 할 것
② 경사는 30도 이하로 할 것(계단을 설치하거나 높이 2미터 미만의 가설통로로서 튼튼한 손잡이를 설치한 때에는 그러하지 아니하다)
③ 경사가 15도를 초과하는 때는 미끄러지지 아니하는 구조로 할 것
④ 추락의 위험이 있는 장소에는 안전난간을 설치할 것(작업상 부득이한 때에는 필요한 부분에 한하여 임시로 이를 해체할 수 있다)
⑤ 수직갱 : 길이가 15미터이상인 때에는 10미터 이내마다 계단참을 설치할 것
⑥ 건설공사에 사용하는 높이 8미터 이상인 비계다리 : 7미터 이내마다 계단참을 설치할 것

{분석} 실기까지 중요한 내용입니다. "해설"을 다시 확인하세요.

83 유해・위험방지계획서를 작성하여 제출하여야 할 규모의 사업에 대한 기준으로 옳지 않은 것은?

㉮ 연면적 30,000m² 이상인 건축물 공사
㉯ 최대경간 길이가 50m 이상인 교량건설 등 공사
㉰ 다목적댐・발전용댐 건설공사
㉱ 깊이 10m 이상인 굴착공사

[해설] 유해위험방지계획서 작성 대상 건설공사
1. 다음 각 목의 어느 하나에 해당하는 건축물 또는 시설 등의 건설・개조 또는 해체공사
   가. 지상높이가 31미터 이상인 건축물 또는 인공구조물
   나. 연면적 3만제곱미터 이상인 건축물
   다. 연면적 5천제곱미터 이상인 시설로서 다음의 어느 하나에 해당하는 시설
      1) 문화 및 집회시설(전시장 및 동물원・식물원은 제외한다)
      2) 판매시설, 운수시설(고속철도의 역사 및 집배송시설은 제외한다)
      3) 종교시설
      4) 의료시설 중 종합병원
      5) 숙박시설 중 관광숙박시설
      6) 지하도상가
      7) 냉동・냉장 창고시설
2. 연면적 5천제곱미터 이상의 냉동・냉장창고시설의 설비공사 및 단열공사
3. 최대 지간길이(다리의 기둥과 기둥의 중심사이의 거리)가 50미터 이상인 교량 건설 등 공사

정답 81 ㉯ 82 ㉮ 83 ㉯

4. 터널 건설 등의 공사
5. 다목적댐, 발전용댐, 저수용량 2천만톤 이상의 용수 전용 댐, 지방상수도 전용 댐 건설 등의 공사
6. 깊이 10미터 이상인 굴착공사

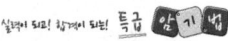

- 지상높이 31m, 연면적 3만m², 사람 많은 시설 연면적 5,000m²
- 연면적 5,000m² 냉동·냉장창고시설
- 최대 지간길이가 50미터 이상 교량
- 터널
- 저수용량 2천만 톤 이상 댐
- 10미터 이상인 굴착

{분석}
실기에도 자주 출제되는 중요한 내용입니다. 반드시 암기하세요.

84 현장에서 양중작업 중 와이어로프의 사용금지 기준이 아닌 것은?

㉮ 이음매가 없는 것
㉯ 와이어로프의 한 꼬임에서 끊어진 소선의 수가 10% 이상인 것
㉰ 지름의 감소가 공칭지름의 7%를 초과하는 것
㉱ 심하게 변형 또는 부식된 것

[해설] 와이어로프의 사용금지 기준
① 이음매가 있는 것
② 와이어로프의 한 꼬임에서 끊어진 소선의 수가 10퍼센트 이상(비자전로프의 경우에는 끊어진 소선의 수가 와이어로프 호칭지름의 6배 길이 이내에서 4개 이상이거나 호칭지름 30배 길이 이내에서 8개 이상)인 것
③ 지름의 감소가 공칭지름의 7퍼센트를 초과하는 것
④ 꼬인 것
⑤ 심하게 변형되거나 부식된 것
⑥ 열과 전기충격에 의해 손상된 것

{분석}
실기에도 자주 출제되는 중요한 내용입니다. 반드시 암기하세요.

85 프리캐스트 부재의 현장야적에 대한 설명으로 옳지 않은 것은?

㉮ 오물로 인한 부재의 변질을 방지한다.
㉯ 벽 부재는 변형을 방지하기 위해 수평으로 포개 쌓아 놓는다.
㉰ 부재의 제조번호, 기호 등을 식별하기 쉽게 야적한다.
㉱ 받침대를 설치하여 휨, 균열 등이 생기지 않게 한다.

[해설] ㉯ 벽 부재는 수직 받침대를 세워 수직으로 야적한다. 벽 부재를 수직 받침대 옆에 야적할 때에는 밑바닥에 수평으로 방호물을 설치하고 수직 받침대에 살짝 기대게 하여 안정된 상태로 야적한다. 부재와 부재 사이에는 보호 블록을 끼워 넣고 수직 받침대 양옆으로 대칭이 되게 야적하여 하중의 균형을 잡고 한쪽으로 기울어지지 않게 한다.

86 건설현장의 중장비 작업 시 일반적인 안전수칙으로 옳지 않은 것은?

㉮ 승차석 외의 위치에 근로자를 탑승시키지 아니한다.
㉯ 중기 및 장비는 항상 사용 전에 점검한다.
㉰ 중장비는 사용법을 확실히 모를 때는 관리감독자가 현장에서 시운전을 해 본다.
㉱ 경우에 따라 취급자가 없을 경우에는 사용이 불가능하다.

[해설] ㉰ 중장비의 사용법을 확실히 모를 때는 운전을 해서는 안 된다.

정답 84 ㉮ 85 ㉯ 86 ㉰

87 흙을 크게 분류하면 사질토와 점성토로 나눌 수 있는데 그 차이점으로 옳지 않은 것은?

㉮ 흙의 내부 마찰각은 사질토가 점성토보다 크다.
㉯ 지지력은 사질토가 점성토보다 크다.
㉰ 점착력은 사질토가 점성토보다 작다.
㉱ 장기침하량은 사질토가 점성토보다 크다.

[해설] ㉱ 장기침하량은 점성토가 사질토보다 크다.

88 산업안전보건관리비 중 안전관리자 등의 인건비 및 각종 업무수당 등의 항목에서 사용할 수 없는 내역은?

㉮ 교통통제를 위한 신호수 인건비
㉯ 안전관리자 퇴직급여 충당금
㉰ 건설용 리프트의 운전자
㉱ 고소작업대 작업 시 하부통제를 위한 신호자

[해설] ㉮ 교통통제를 위한 교통정리·신호수의 인건비 → 근로자 재해예방 외의 다른 목적이 포함된 경우로 산업안전보건관리비로 사용할 수 없다.

[참고] 1. 산업안전보건관리비 중 「안전관리자·보건관리자의 임금 등」의 세부 사용항목
① 안전관리 또는 보건관리 업무만을 전담하는 안전관리자 또는 보건관리자의 임금과 출장비 전액
② 안전관리 또는 보건관리 업무를 전담하지 않는 안전관리자 또는 보건관리자의 임금과 출장비의 각각 2분의 1에 해당하는 비용
③ 안전관리자를 선임한 건설공사 현장에서 산업재해 예방 업무만을 수행하는 작업지휘자, 유도자, 신호자 등의 임금 전액
④ 작업을 직접 지휘·감독하는 직·조·반장 등 관리감독자의 직위에 있는 자가 업무를 수행하는 경우에 지급하는 업무수당(임금의 10분의 1 이내)

2. 다음 각 호의 어느 하나에 해당하는 경우에는 안전보건관리비를 사용할 수 없다.
① 「(계약예규)예정가격작성기준」 중 "경비"에 해당되는 비용(단, 산업안전보건관리비 제외)
② 다른 법령에서 의무사항으로 규정한 사항을 이행하는 데 필요한 비용
③ 근로자 재해예방 외의 목적이 있는 시설·장비나 물건 등을 사용하기 위해 소요되는 비용
④ 환경관리, 민원 또는 수방대비 등 다른 목적이 포함된 경우

{분석} 자주 출제되는 내용입니다. "해설"을 다시 확인하세요.

89 거푸집의 조립순서로 옳은 것은?

㉮ 기둥 → 보받이 내력벽 → 큰보 → 작은보 → 바닥 → 내벽 → 외벽
㉯ 기둥 → 보받이 내력벽 → 큰보 → 작은보 → 바닥 → 외벽 → 내벽
㉰ 기둥 → 보받이 내력벽 → 작은보 → 큰보 → 바닥 → 내벽 → 외벽
㉱ 기둥 → 보받이 내력벽 → 내벽 → 외벽 → 큰보 → 작은보 → 바닥

[해설] 거푸집 조립 및 해체 순서
① 조립순서 : 기둥 → 보받이 내력벽 → 큰 보 → 작은 보 → 바닥 → (내벽) → (외벽)
② 해체순서 : 바닥 → 보 → 벽 → 기둥

정답 87 ㉱ 88 ㉮ 89 ㉮

90 양끝이 힌지(Hinge)인 기둥에 수직하중을 가하면 기둥이 수평방향으로 휘게 되는 현상은?

㉮ 피로한계
㉯ 파괴한계
㉰ 좌굴
㉱ 부재의 안전도

[해설] **좌굴** : 기둥에 세로 방향으로 압력을 가했을 때 기둥의 가로 방향으로 휘는 현상

91 콘크리트 유동성과 묽기를 시험하는 방법은?

㉮ 다짐시험
㉯ 슬럼프시험
㉰ 압축강도시험
㉱ 평판시험

[해설] 콘크리트의 유동성과 묽기 시험 → 슬럼프시험

92 건설공사에서 발코니 단부, 엘리베이터 입구, 재료 반입구 등과 같이 벽면 혹은 바닥에 추락의 위험이 우려되는 장소를 가리키는 용어는?

㉮ 비계   ㉯ 개구부
㉰ 가설구조물 ㉱ 연결통로

[해설] 엘리베이터 입구 등과 같은 추락 위험 장소 → 개구부

93 철골공사 작업 중 작업을 중지해야 하는 기후조건의 기준으로 옳은 것은?

㉮ 풍속 : 10m/sec 이상,
　 강우량 : 1mm/h 이상
㉯ 풍속 : 5m/sec 이상,
　 강우량 : 1mm/h 이상
㉰ 풍속 : 5m/sec 이상,
　 강우량 : 2mm/h 이상
㉱ 풍속 : 10m/sec 이상,
　 강우량 : 0.5mm/h 이상

[해설] **철골작업을 중지해야 하는 조건**
① 풍속이 초당 10미터 이상인 경우
② 강우량이 시간당 1밀리미터 이상인 경우
③ 강설량이 시간당 1센티미터 이상인 경우

{분석}
실기에도 자주 출제되는 중요한 내용입니다. 반드시 암기하세요.

94 콘크리트 측압에 관한 설명 중 옳지 않은 것은?

㉮ 슬럼프가 클수록 측압은 커진다.
㉯ 벽 두께가 두꺼울수록 측압은 커진다.
㉰ 부어 넣는 속도가 빠를수록 측압은 커진다.
㉱ 대기 온도가 높을수록 측압은 커진다.

[해설] ㉱ 대기온도가 낮을수록 측압은 커진다.

[참고] **콘크리트의 측압**
① 철골 or 철근량 적을수록 측압이 크다.
② 외기온도 낮을수록 측압이 크다.
③ 타설속도 빠를수록 측압이 크다.
④ 다짐이 좋을수록 측압이 크다.
⑤ 슬럼프 클수록 측압이 크다.
⑥ 콘크리트 비중 클수록 측압이 크다.
⑦ 응결시간이 느린 시멘트를 사용할수록 측압이 크다.
⑧ 습도가 낮을수록 측압이 크다.

정답 90 ㉰ 91 ㉯ 92 ㉯ 93 ㉮ 94 ㉱

95 건설공사 중 작업으로 인하여 물체가 떨어지거나 날아올 위험이 있을 때 조치할 사항으로 옳지 않은 것은?

㉮ 안전난간 설치
㉯ 보호구의 착용
㉰ 출입금지구역의 설정
㉱ 낙하물방지망의 설치

[해설] 낙하 – 비래 위험 방지 조치
① 낙하물방지망 · 수직보호망 또는 방호선반의 설치
② 출입금지구역의 설정
③ 보호구의 착용

{분석}
실기까지 중요한 내용입니다. 암기하세요.

96 2가지의 거푸집 중 먼저 해체해야 하는 것으로 옳은 것은?

㉮ 기온이 높을 때 타설한 거푸집과 낮을 때 타설한 거푸집 – 높을 때 타설한 거푸집
㉯ 조강 시멘트를 사용하여 타설한 거푸집과 보통 시멘트를 사용하여 타설한 거푸집 – 보통 시멘트를 사용하여 타설한 거푸집
㉰ 보와 기둥 – 보
㉱ 스팬이 큰 빔과 작은 빔 – 큰 빔

[해설] ㉯ 조강시멘트를 사용하여 타설한 거푸집을 먼저 해체한다.
㉰ 보와 기둥 중 기둥 거푸집을 먼저 해체한다.
㉱ 스팬이 작은 빔을 먼저 해체한다.

97 토석이 붕괴되는 원인에는 외적요인과 내적인 요인이 있으므로 굴착작업 전, 중, 후에 유념하여 토석이 붕괴되지 않도록 조치를 취해야 한다. 다음 중 외적인 요인이 아닌 것은?

㉮ 사면, 법면의 경사 및 기울기의 증가
㉯ 지진, 차량, 구조물의 중량
㉰ 공사에 의한 진동 및 반복 하중의 증가
㉱ 절토 사면의 토질, 암질

[해설] (1) 토석붕괴의 외적 원인
① 사면, 법면의 경사 및 기울기의 증가
② 절토 및 성토 높이의 증가
③ 공사에 의한 진동 및 반복 하중의 증가
④ 지표수 및 지하수의 침투에 의한 토사 중량의 증가
⑤ 지진, 차량, 구조물의 하중작용
⑥ 토사 및 암석의 혼합층 두께

(2) 토석붕괴의 내적 원인
① 절토 사면의 토질 · 암질
② 성토 사면의 토질구성 및 분포
③ 토석의 강도 저하

{분석}
실기까지 중요한 내용입니다. "해설"을 다시 확인하세요.

98 콘크리트 거푸집 해체 작업 시의 안전 유의 사항으로 옳지 않은 것은?

㉮ 해당 작업을 하는 구역에는 관계 근로자가 아닌 사람의 출입을 금지해야 한다.
㉯ 비, 눈, 그 밖의 기상상태의 불안정으로 날씨가 몹시 나쁜 경우에는 그 작업을 중지해야 한다.
㉰ 안전모, 안전대, 산소마스크 등을 착용하여야 한다.
㉱ 재료, 기구 또는 공구 등을 올리거나 내리는 경우에는 근로자로 하여금 달줄 또는 달포대 등을 사용하도록 할 것

정답 95 ㉮ 96 ㉮ 97 ㉱ 98 ㉰

[해설] ㉰ 산소마스크는 질식위험이 있는 밀폐공간에서 착용하는 보호구이다.

99 지게차 헤드가드에 대한 설명 중 옳지 않은 것은?

㉮ 상부 틀의 각 개구의 폭 또는 길이가 16cm 미만일 것
㉯ 운전자가 앉아서 조작하는 방식의 지게차의 헤드가드의 높이는 0.903m 이상일 것
㉰ 운전자가 서서 조작하는 방식의 지게차의 헤드가드의 높이는 1.88m 이상일 것
㉱ 강도는 지게차의 최대하중의 1배의 값의 등분포 정하중에 견딜 수 있는 것일 것

[해설] ① 강도는 지게차의 최대하중의 2배의 값(그 값이 4톤을 넘는 것에 대하여서는 4톤으로 한다)의 등분포정하중에 견딜 수 있는 것일 것
② 상부틀의 각 개구의 폭 또는 길이가 16센티미터 미만일 것
③ 운전자가 앉아서 조작하거나 서서 조작하는 지게차의 헤드가드는 한국산업표준에서 정하는 높이 기준 이상일 것
 (좌식 : 0.903m, 입식 : 1.88m)

{분석} 실기에도 자주 출제되는 중요한 내용입니다. "해설"을 암기하세요.

100 연질의 점토지반 굴착 시 흙막이 바깥에 있는 흙의 중량과 지표 위에 적재하중 등에 의해 저면 흙이 붕괴되고 흙막이 바깥에 있는 흙이 안으로 밀려 불룩하게 되는 현상은?

㉮ 히빙
㉯ 보일링
㉰ 파이핑
㉱ 베인

[해설] 흙막이 바깥 흙이 안으로 밀려 불룩하게 되는 현상 → 히빙

[참고] (1) 히빙(Heaving)현상
① 연질점토 지반에서 굴착에 의한 흙막이 내·외면의 흙의 중량차이(토압)로 인해 굴착저면이 부풀어 올라오는 현상을 말한다.
② 흙막이 바깥 흙이 안으로 밀려든다.

(2) 보일링(Boiling)현상
① 사질토 지반에서 굴착저면과 흙막이 배면과의 수위 차이로 인해 굴착저면의 흙과 물이 함께 위로 솟구쳐 오르는 현상(모래의 액상화 현상)을 말한다.
② 모래가 액상화되어 솟아오른다.

{분석} 실기까지 중요한 내용입니다. "참고"를 다시 확인하세요.

정답 99 ㉱ 100 ㉮

03회 2012년 산업안전 산업기사 최근 기출문제

2012년 8월 26일 시행

제1과목 : 산업재해 예방 및 안전보건교육

01 안전한 방법에 대한 지식을 가지고 있으며 또 그것을 해낼 수 있는 능력을 가지고 있는 사람이 불안전 행위를 범해서 재해를 일으키는 경우가 있는데 다음 중 이에 해당되지 않는 경우는?

㉮ 무의식으로 하는 경우
㉯ 사태의 파악에 잘못이 있을 때
㉰ 좋지 않다는 것을 의식하면서 행위를 할 경우
㉱ 작업량이 능력에 비하여 과다한 경우

[해설] ㉱ "작업량 과다"는 작업관리상의 요인에 해당한다.

02 다음 중 TBM(Tool Box Meeting) 방법에 관한 설명으로 옳지 않은 것은?

㉮ 단시간 통상 작업시작 전, 후 10분 정도 시간으로 미팅한다.
㉯ 토의는 10인 이상에서 20인 단위 중규모가 모여서 한다.
㉰ 작업 개시 전 작업 장소에서 원을 만들어서 한다.
㉱ 근로자 모두가 말하고 스스로 생각하여 "이렇게 하자"라고 합의한 내용이 되어야 한다.

[해설] T.B.M(Tool Box Meeting) : 즉시 적응법
① 재해를 방지하기 위해 현장에서 그때 그때의 상황에 맞게 적응하여 실시하는 활동으로 단시간 미팅 즉시 적응훈련이라 한다.
② 작업 전, 종료 시 5~10분간 작업자 3~5인이 조를 이뤄 작업 시 위험요소에 대하여 말하는 방식이다.

03 다음 중 산업안전보건법령상 관리감독자 정기안전·보건교육의 내용에 포함되지 않는 것은? (단, 산업안전보건법령 및 산업재해보상보험제도에 관한 사항은 제외한다.)

㉮ 인원활용 및 생산성 향상에 관한 사항
㉯ 작업공정의 유해·위험과 재해 예방대책에 관한 사항
㉰ 표준안전작업방법 및 지도 요령에 관한 사항
㉱ 유해·위험 작업환경 관리에 관한 사항

[해설] 관리감독자 정기안전·보건교육
① 산업안전 및 사고 예방에 관한 사항
② 산업보건 및 직업병 예방에 관한 사항
③ 유해·위험 작업환경 관리에 관한 사항
④ 산업안전보건법령 및 산업재해보상보험 제도에 관한 사항
⑤ 직무스트레스 예방 및 관리에 관한 사항
⑥ 직장 내 괴롭힘, 고객의 폭언 등으로 인한 건강장해 예방 및 관리에 관한 사항
⑦ 위험성평가에 관한 사항
⑧ 작업공정의 유해·위험과 재해 예방대책에 관한 사항
⑨ 표준안전 작업방법 결정 및 지도·감독 요령에 관한 사항
⑩ 비상 시 또는 재해 발생 시 긴급조치에 관한 사항
⑪ 사업장 내 안전보건관리체제 및 안전·보건조치 현황에 관한 사항
⑫ 현장근로자와의 의사소통능력 및 강의능력 등 안전보건교육 능력 배양에 관한 사항
⑬ 그 밖의 관리감독자의 직무에 관한 사항

▶) 정답 01 ㉱ 02 ㉯ 03 ㉮

2. 채용 시의 교육 및 작업내용 변경 시의 교육

근로자
① 산업안전 및 사고 예방에 관한 사항
② 산업보건 및 직업병 예방에 관한 사항
③ 산업안전보건법령 및 산업재해보상보험제도에 관한 사항
④ 직무스트레스 예방 및 관리에 관한 사항
⑤ 직장 내 괴롭힘, 고객의 폭언 등으로 인한 건강장해 예방 및 관리에 관한 사항
⑥ 기계·기구의 위험성과 작업의 순서 및 동선에 관한 사항
⑦ 물질안전보건자료에 관한 사항
⑧ 작업 개시 전 점검에 관한 사항
⑨ 정리정돈 및 청소에 관한 사항
⑩ 사고 발생 시 긴급조치에 관한 사항
⑪ 위험성 평가에 관한 사항

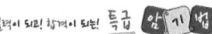

공통 항목
1. 신규자는 법, 산재보상제도를 알자!
2. 신규자는 건강을 보존(산업보건)하고 직업병, 스트레스, 괴롭힘, 폭언 예방하자!
3. 신규자는 안전하고 사고예방하자!
4. 신규자는 위험성을 평가하자!

신규채용자는 회사에 처음 입사해서 처음 일을 하는 근로자, 안전하게 일하기 위한 기본내용을 교육한다.
1. 신규자는 기계·기구 위험성, 작업순서, 동선을 알자!
2. 신규자는 취급물질의 위험성(물질안전보건자료)을 알자!
3. 신규자는 작업 전 점검하자!
4. 신규자는 항상 정리정돈 청소하자!
5. 신규자는 사고 시 조치를 알자!

관리감독자
① 산업안전 및 사고 예방에 관한 사항
② 산업보건 및 직업병 예방에 관한 사항
③ 산업안전보건법령 및 산업재해보상보험 제도에 관한 사항
④ 직무스트레스 예방 및 관리에 관한 사항
⑤ 직장 내 괴롭힘, 고객의 폭언 등으로 인한 건강장해 예방 및 관리에 관한 사항
⑥ 위험성평가에 관한 사항
⑦ 기계·기구의 위험성과 작업의 순서 및 동선에 관한 사항
⑧ 작업 개시 전 점검에 관한 사항
⑨ 물질안전보건자료에 관한 사항
⑩ 사업장 내 안전보건관리체제 및 안전·보건조치 현황에 관한 사항
⑪ 표준안전 작업방법 결정 및 지도·감독 요령에 관한 사항
⑫ 비상 시 또는 재해 발생 시 긴급조치에 관한 사항
⑬ 그 밖의 관리감독자의 직무에 관한 사항

공통 항목(관리감독자, 근로자)
1. 관리자는 법, 산재보상제도를 알자.
2. 관리자는 건강을 보존(산업보건)하고 직업병, 스트레스, 괴롭힘, 폭언 예방하자!
3. 관리자는 유해위험 환경을 관리해서 안전하고 사고예방하자!
4. 관리자는 위험성을 평가하자!

관리감독자 정기교육의 특징
1. 관리자는 유해위험의 재해예방대책 세우자!
2. 관리자는 안전 작업방법 결정해서 감독하자!
3. 관리자는 재해발생 시 긴급조치하자!
4. 관리자는 안전보건 조치하자!
5. 관리자는 안전보건교육 능력 배양하자!

1. 근로자 정기안전·보건교육
① 산업안전 및 사고 예방에 관한 사항
② 산업보건 및 직업병 예방에 관한 사항
③ 유해·위험 작업환경 관리에 관한 사항
④ 산업안전보건법령 및 산업재해보상보험제도에 관한 사항
⑤ 직무스트레스 예방 및 관리에 관한 사항
⑥ 직장 내 괴롭힘, 고객의 폭언 등으로 인한 건강장해 예방 및 관리에 관한 사항
⑦ 건강증진 및 질병 예방에 관한 사항
⑧ 위험성 평가에 관한 사항

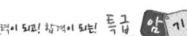

공통 항목(관리감독자, 근로자)
1. 근로자는 법, 산재보상제도를 알자.
2. 근로자는 건강을 보존(산업보건)하고 직업병, 스트레스, 괴롭힘, 폭언 예방하자!
3. 근로자는 유해위험 환경을 관리해서 안전하고 사고예방하자!
4. 근로자는 위험성을 평가하자!

근로자 정기교육의 특징
1. 근로자는 건강증진하고 질병예방하자!

```
공통 항목 - 채용 시 근로자 교육과 동일
1. 신규 관리자는 법, 산재보상제도를 알자!
2. 신규 관리자는 건강을 보존(산업보건)하고 직업병, 스트
   레스, 괴롭힘, 폭언 예방하자!
3. 신규 관리자는 안전하고 사고예방하자!
4. 신규 관리자는 위험성을 평가하자!

채용 시 근로자 교육 중 "정리정돈 청소" 제외
1. 신규 관리자는 기계·기구 위험성, 작업순서, 동선을
   알자!
2. 신규 관리자는 취급물질의 위험성(물질안전보건자료)을
   알자!
3. 신규 관리자는 작업 전 점검하자!

신규 관리자 내용 추가
1. 신규 관리자는 안전보건 조치하자!
2. 신규 관리자는 안전 작업방법 결정해서 감독하자!
3. 신규 관리자는 재해 시 긴급조치하자!
```

{분석}
실기에도 자주 출제되는 중요한 내용입니다. "참고"의 내용도 함께 암기하세요.

04 다음 중 산업안전보건 법령상 안전보건관리규정에 포함되어 있지 않는 내용은? (단, 기타 안전보건관리에 관한 사항은 제외한다)

㉮ 작업자 선발에 관한 사항
㉯ 안전보건교육에 관한 사항
㉰ 사고조사 및 대책수립에 관한 사항
㉱ 작업장 보건관리에 관한 사항

[해설] 안전보건관리규정의 포함사항
① 안전·보건 관리조직과 그 직무에 관한 사항
② 안전·보건교육에 관한 사항
③ 작업장의 안전 및 보건관리에 관한 사항
④ 사고 조사 및 대책 수립에 관한 사항
⑤ 그 밖에 안전·보건에 관한 사항

[참고] 안전관리규정의 작성
① 안전보건관리규정을 작성하여야 할 사업은 상시 근로자 100명 이상을 사용하는 사업으로 한다.
② 사업주는 안전보건관리규정을 작성하여야 할 사유가 발생한 날부터 30일 이내에 안전보건관리규정을 작성하여야 한다.

{분석}
실기까지 중요한 내용입니다. 반드시 암기하세요.

05 다음 중 방진마스크 선택 시 주의사항으로 틀린 것은?

㉮ 포집율이 좋아야 한다.
㉯ 흡기저항 상승률이 높아야 한다.
㉰ 시야가 넓을수록 좋다.
㉱ 안면부에 밀착성이 좋아야 한다.

[해설] ㉯ 흡기저항 상승률이 낮아야 한다.

[참고] 방진마스크의 구비조건
① 여과효율이 좋을 것
② 흡배기 저항이 낮을 것
③ 안면밀착성이 좋을 것
④ 시야가 넓을 것
⑤ 피부접촉부의 고무질이 좋을 것

06 재해손실비용 중 직접비에 해당되는 것은?

㉮ 인적손실 ㉯ 생산손실
㉰ 산재보상비 ㉱ 특수손실

[해설]

직접비	간접비
• 치료비 • 휴업급여 • 요양급여 • 유족급여 • 장해급여 • 간병급여 • 직업재활급여 • 상병(傷病)보상연금 • 장의비 등	• 인적 손실비 • 물적 손실비 • 생산 손실비 • 기계, 기구 손실비 등

정답 04 ㉮ 05 ㉯ 06 ㉰

{분석} 자주 출제되는 내용입니다. "해설"을 다시 확인하세요.

07 재해예방의 4원칙 중 '대책선정의 원칙'에 대한 설명으로 옳은 것은?

㉮ 재해의 발생은 반드시 그 원인이 존재한다.
㉯ 손실은 우연히 일어나므로 반드시 예방이 가능하다.
㉰ 재해는 원칙적으로 원인만 제거되면 예방이 가능하다.
㉱ 재해예방을 위한 가능한 안전대책은 반드시 존재한다.

[해설]
㉮ 원인연계의 원칙
㉯ 손실우연의 원칙
㉰ 예방가능의 원칙
㉱ 대책선정의 원칙

[참고] 산업재해 예방의 4원칙
① 예방가능의 원칙 : 재해는 원칙적으로 원인만 제거되면 예방이 가능하다.
② 손실우연의 원칙 : 사고의 결과 생기는 상해의 종류와 정도는 사고 발생 시 사고대상의 조건에 따라 우연히 발생한다.
③ 대책선정의 원칙 : 사고의 원인에 대한 적합한 대책이 선정되어야 한다.
④ 원인연계의 원칙 : 재해는 직접원인과 간접원인이 연계되어 일어난다.

{분석} 실기까지 중요한 내용입니다. "참고"를 다시 확인하세요.

08 산업안전보건 법령상 안전·보건표지의 색채 중 문자 및 빨간색 또는 노란색에 대한 보조색의 용도로 사용되는 색채는?

㉮ 검정색   ㉯ 흰색
㉰ 녹색   ㉱ 파란색

[해설] 안전·보건표지의 색채, 색도기준 및 용도

색채	색도기준	용도	사용례
빨간색	7.5R 4/14	금지	정지신호, 소화설비 및 그 장소, 유해행위의 금지
		경고	화학물질 취급장소에서의 유해·위험 경고
노란색	5Y 8.5/12	경고	화학물질 취급장소에서의 유해·위험경고 이외의 위험경고, 주의표지 또는 기계방호물
파란색	2.5PB 4/10	지시	특정 행위의 지시 및 사실의 고지
녹색	2.5G 4/10	안내	비상구 및 피난소, 사람 또는 차량의 통행표지
흰색	N9.5		파란색 또는 녹색에 대한 보조색
검은색	N0.5		문자 및 빨간색 또는 노란색에 대한 보조색

{분석} 실기까지 중요한 내용입니다.

09 다음 중 인간의 적응기제(適應機制)에 포함되지 않는 것은?

㉮ 갈등(conflict)
㉯ 억압(repression)
㉰ 공격(aggression)
㉱ 합리화(rationalization)

[해설] 적응기제
① 도피기제(갈등을 해결하지 않고 도망감)
 • 억압 : 무의식으로 쑤셔 넣기
 • 퇴행 : 유아 시절로 돌아가 유치해짐
 • 백일몽 : 공상의 나래를 펼침
 • 고립(거부) : 외부와의 접촉을 끊음
② 방어기제(갈등을 이겨내려는 능동성과 적극성)
 • 보상 : 열등감을 다른 곳에서 강점으로 발휘함
 • 합리화 : 자기변명, 자기실패의 합리화, 자기미화

정답 07 ㉱ 08 ㉮ 09 ㉮

- 승화 : 열등감과 욕구불만을 사회적으로 바람직한 가치로 나타내는 것
- 동일시 : 힘 있고 능력 있는 사람을 통해 자기만족을 얻으려 함
- 투사 : 자신의 열등감을 다른 것에 던져 그것들도 결점이 있음을 발견해서 열등감에서 벗어나려 함

③ 공격기제

10 사고예방대책 기본원칙 5단계 중 2단계인 "사실의 발견"과 관계가 가장 먼 것은?

㉮ 자료수집
㉯ 위험확인
㉰ 점검·검사 및 조사 실시
㉱ 안전관리규정 제정

[해설] ㉱ "안전관리규정 제정"은 4단계 시정방법 선정의 내용이다.

[참고] 하인리히 사고방지 5단계

1단계 : 안전조직	• 안전목표 설정 • 안전관리자의 선임 • 안전조직 구성 • 안전활동 방침 및 계획수립 • 조직을 통한 안전 활동 전개
2단계 : 사실의 발견	• 작업분석 • 점검 • 사고조사 • 안전진단
3단계 : 분석	• 사고원인 및 경향성 분석 • 작업공정 분석 • 사고기록 및 관계자료 분석 • 인적·물적 환경 조건분석
4단계 : 시정방법 선정	• 기술적 개선 • 안전운동 전개 • 교육훈련 분석 • 안전행정의 개선 • 배치 조정 • 규칙 및 수칙 등 제도의 개선
5단계 : 시정책 적용 (3E 적용)	• 안전교육(Education) • 안전기술(Engineering) • 안전독려(Enforcement)

{분석} 자주 출제되는 내용입니다. "참고"를 다시 확인하세요.

11 매슬로(Maslow. A.H)의 욕구 5단계 중 자신의 잠재력을 발휘하여 자기가 하고 싶은 일을 실현하는 욕구는 어느 단계인가?

㉮ 생리적 욕구
㉯ 안전의 욕구
㉰ 존경의 욕구
㉱ 자아실현의 욕구

[해설] 매슬로(Maslow A. H.)의 욕구단계 이론 (인간의 욕구 5단계)
① 제1단계(생리적 욕구) : 기아, 갈증, 호흡, 배설, 성욕 등 인간의 가장 기본적인 욕구
② 제2단계(안전 욕구) : 자기 보존 욕구
③ 제3단계(사회적 욕구) : 소속감과 애정 욕구
④ 제4단계(존경 욕구) : 인정받으려는 욕구
⑤ 제5단계(자아실현의 욕구) : 잠재적인 능력을 실현하고자 하는 욕구(성취 욕구)

{분석} 실기까지 중요한 내용입니다. "해설"을 다시 확인하세요.

12 다음 중 어떤 기능이나 작업과정을 학습시키기 위해 필요로 하는 분명한 동작을 제시하는 교육방법은?

㉮ 시범식 교육
㉯ 토의식 교육
㉰ 강의식 교육
㉱ 반복식 교육

[해설] 분명한 동작을 제시하는 교육방법
→ 시범식 교육

정답 10 ㉱ 11 ㉱ 12 ㉮

13 다음 중 산업재해의 발생 유형으로 볼 수 없는 것은?

㉮ 지그재그형
㉯ 집중형
㉰ 연쇄형
㉱ 복합형

해설 산업재해 발생 형태(재해 발생의 매커니즘)
① 단순자극형(집중형) : 상호 자극에 의하여 순간적으로 재해가 발생하는 유형으로 재해가 일어난 장소에, 그 시기에 일시적으로 요인이 집중한다는 유형이다.
② 연쇄형 : 하나의 사고 요인이 또 다른 요인을 발생시키면서 재해가 발생하는 유형이다.
③ 복합형 : 단순 자극형과 연쇄형의 복합적인 발생 유형이다.

14 어느 공정의 연평균근로자가 180명이고, 1년간 발생한 사상자의 수가 6명이 발생했다면 연천인율은 약 얼마인가? (단, 근로자는 하루 8시간씩 연간 300일을 근무한다)

㉮ 13.89
㉯ 33.33
㉰ 43.69
㉱ 12.79

해설 연천인율

$$연천인율 = \frac{연간재해자수}{연평균\ 근로자수} \times 1{,}000$$
$$연천인율 = 도수율 \times 2.4$$

$$연천인율 = \frac{연간재해자수}{연평균\ 근로자수} \times 1{,}000$$
$$= \frac{6}{180} \times 1{,}000 = 33.33$$

{분석} 실기를 대비해서 반드시 풀이할 수 있어야 합니다.

15 인간의 행동특성 중 주의(attention)의 일점집중현상에 대한 대책으로 가장 적절한 것은?

㉮ 적성배치
㉯ 카운슬링
㉰ 위험예지훈련
㉱ 작업환경 개선

해설 일점집중현상은 중요한 한 가지 일에만 집중하고 나머지 안전수단은 생략하게 되는 현상으로 작업 전 위험예지훈련을 통해 위험을 인지하는 능력을 키운다.

참고 위험예지훈련 : "위험을 미리 알자"는 의미로 작업장에 잠재하고 있는 위험요인을 소집단 토의를 통해 미리 생각하여 행동에 앞서 위험요인 해결하는 것을 습관화하여 사고를 예방하기 위한 훈련이다.

16 다음 중 생체리듬(Biorhythm)의 종류에 속하지 않는 것은?

㉮ 육체적 리듬
㉯ 지성적 리듬
㉰ 감성적 리듬
㉱ 정서적 리듬

해설 바이오리듬의 종류

육체적 리듬(P)	감성적 리듬(S)	지성적 리듬(I)
23일 주기	28일 주기	33일 주기
청색의 실선으로 표시	적색의 점선으로 표시	녹색의 일점쇄선으로 표시
식욕, 소화력, 활동력, 지구력 등을 나타냄	감정, 주의심, 창조력, 희로애락 등을 나타냄	상상력, 사고력, 기억력, 인지력, 판단력 등을 나타냄

정답 13 ㉮ 14 ㉯ 15 ㉰ 16 ㉱

17 안전점검 방법에서 일상점검의 시기로 적당하지 않은 것은?

㉮ 작업 전
㉯ 작업 후
㉰ 사고 발생 직후
㉱ 작업 중

[해설] 수시점검(일상점검)은 매일 작업 전, 중, 후에 실시하는 점검을 말한다.

[참고] 안전점검의 종류
① 정기점검(계획점검)
  • 일정 기간마다 정기적으로 실시하는 점검을 말한다.
  • 법적 기준 또는 사내 안전규정에 따라 해당 책임자가 실시하는 점검이다.
② 수시점검(일상점검)
  • 매일 작업 전, 중, 후에 실시하는 점검을 말한다.
  • 작업자·작업책임자·관리감독자가 실시하며 사업주의 안전순찰도 넓은 의미에서 포함된다.
③ 특별점검
  • 기계·기구 또는 설비의 신설·변경 또는 고장·수리 등으로 비정기적인 특정 점검을 말하며 기술 책임자가 실시한다.
  • 산업안전보건 강조기간, 악천후시에도 실시한다.
④ 임시점검
  • 기계·기구 또는 설비의 이상 발견 시에 임시로 점검하는 점검을 말한다.
  • 정기점검 실시 후 다음 점검기일 이전에 임시로 실시하는 점검의 형태이다.

{분석} 자주 출제되는 내용입니다. "참고"를 다시 확인하세요.

18 다음 중 일반적인 근로자의 안전교육 기본 방향과 가장 거리가 먼 것은?

㉮ 안전의식 향상을 위한 교육
㉯ 사고사례 중심의 안전교육
㉰ 재해조사 중심의 교육
㉱ 표준안전 작업을 위한 교육

[해설] 안전교육 기본방향
① 사고사례 중심의 안전교육
② 안전의식 향상을 위한 안전교육
③ 안전작업(표준작업)을 위한 안전교육

19 다음 중 리더십(Leadership) 과정에 있어 구성요소와의 함수관계를 의미하는 "$L = f(l, f_1, s)$"의 용어를 잘못 나타낸 것은?

㉮ f : 함수(function)
㉯ l : 청취(listening)
㉰ f_1 : 멤버(follower)
㉱ s : 상황요인(situational variables)

[해설] 리더십 정의
$L = f(l, f_1, s)$
여기서, L : 리더십(leader ship)
  f : 함수(function)
  l : 리더(leader)
  f_1 : 멤버, 추종자(follower)
  s : 상황요인(situational variables)

20 다음 중 산업안전보건법상 사업주가 근로자에게 실시하여야 하는 근로자 안전·보건 교육 과정의 종류에 해당되지 않는 것은?

㉮ 정기교육
㉯ 안전관리자 신규교육
㉰ 건설업 기초안전·보건교육
㉱ 작업내용 변경 시 교육

정답 17 ㉰ 18 ㉰ 19 ㉯ 20 ㉯

[해설] 근로자 안전보건교육 시간

교육과정	교육대상	교육시간
가. 정기교육	1) 사무직 종사 근로자	매반기 6시간 이상
	2) 그 밖의 근로자 — 가) 판매업무에 직접 종사하는 근로자	매반기 6시간 이상
	2) 그 밖의 근로자 — 나) 판매업무에 직접 종사하는 근로자 외의 근로자	매반기 12시간 이상
나. 채용 시 교육	1) 일용근로자 및 근로계약기간이 1주일 이하인 기간제 근로자	1시간 이상
	2) 근로계약기간이 1주일 초과 1개월 이하인 기간제 근로자	4시간 이상
	3) 그 밖의 근로자	8시간 이상
다. 작업내용 변경 시 교육	1) 일용근로자 및 근로계약기간이 1주일 이하인 기간제 근로자	1시간 이상
	2) 그 밖의 근로자	2시간 이상
라. 특별교육	1) 일용근로자 및 근로계약기간이 1주일 이하인 기간제 근로자(타워크레인 신호작업에 종사하는 근로자 제외)	2시간 이상
	2) 일용근로자 및 근로계약기간이 1주일 이하인 기간제 근로자 중 타워크레인 신호작업에 종사하는 근로자	8시간 이상
	3) 일용근로자 및 근로계약기간이 1주일 이하인 기간제 근로자를 제외한 근로자	가) 16시간 이상 (최초 작업에 종사하기 전 4시간 이상 실시하고 12시간은 3개월 이내에서 분할하여 실시 가능)
		나) 단기간 작업 또는 간헐적 작업인 경우에는 2시간 이상
마. 건설업 기초안전·보건교육	건설 일용근로자	4시간 이상

{분석} 실기까지 중요한 내용입니다. "해설"의 내용을 꼭 암기하세요.

제2과목 • 인간공학 및 위험성 평가 · 관리

21 다음 중 반복되는 사건이 많이 있는 경우에 FTA의 최소 컷셋을 구하는 알고리즘이 아닌 것은?

㉮ Boolean Algorithm
㉯ Monte Carlo Algorithm
㉰ MOCUS Algorithm
㉱ Limnios & Ziani Algorithm

[해설] ㉯ Monte Carlo Algorithm은 컴퓨터 시뮬레이션을 이용한 시스템 분석기법이다.

정답 21 ㉯

22 FT의 기호 중 더 이상 분석할 수 없거나 또는 분석할 필요가 없는 생략사상을 나타내는 기호는?

해설
㉮ 기본사상 : 더 이상 전개할 수 없는 기본사상 (사건의 원인)
㉯ 통상사상 : 발생이 예상되는 사상
㉰ 생략사상 : 정보 부족으로 더 이상 분석할 수 없거나 분석할 필요가 없는 사상
㉱ 전이기호 : FT도 상에서 부분에의 이행이나 연결을 나타낸다.(다른 부분에 있는 게이트와의 연결관계를 나타냄)

{분석}
필기에 자주 출제되는 내용입니다.

23 인간공학에 있어 시스템 설계 과정의 주요단계를 다음과 같이 6단계로 구분하였을 때 다음 중 올바른 순서로 나열한 것은?

① 기본설계
② 계면(interface)설계
③ 시험 및 평가
④ 목표 및 성능 명세 결정
⑤ 촉진물 설계
⑥ 체계의 정의

㉮ ①→②→⑥→④→⑤→③
㉯ ②→①→⑥→④→⑤→③
㉰ ④→⑥→①→②→⑤→③
㉱ ⑥→①→②→④→⑤→③

해설 체계설계의 주요 과정
① 목표 및 성능명세 결정
② 체계의 정의
③ 기본 설계
 • 작업설계
 • 직무분석
 • 기능할당
④ 계면 설계
⑤ 촉진물 설계
⑥ 시험 및 평가

{분석}
필기에 자주 출제되는 내용입니다.

24 다음 중 열압박 지수(HSI : Heat Stress Index)에서 고려하고 있지 않은 항목은?

㉮ 공기속도
㉯ 습도
㉰ 압력
㉱ 온도

해설 열압박 지수는 열평형을 유지하기 위해서 증발해야 하는 발한(發汗)량으로 열 부하를 나타내는 것으로 온도, 습도, 공기속도를 고려한 개념이다.

25 다음 중 예방보전을 수행함으로써 기대되는 이점이 아닌 것은?

㉮ 정지시간 감소로 유휴손실 감소
㉯ 신뢰도 향상으로 인한 제조원가의 감소
㉰ 납기엄수에 따른 신용 및 판매기회 증대
㉱ 돌발고장 및 보전비용의 감소

해설 ㉱ 예방보전은 정기 점검, 조기 수리로 고장 발생을 방지 및 설비를 정상 상태로 유지하는 활동으로 보전비용이 감소되지는 않는다.

정답 22 ㉰ 23 ㉰ 24 ㉰ 25 ㉱

26 다음 중 음성 통신 시스템의 구성 요소가 아닌 것은?

㉮ Noise ㉯ Blackboard
㉰ Message ㉱ Speaker

[해설] 음성통신 시스템의 구성요소
① Noise
② Message
③ Speaker

27 다음 중 소음(noise)에 대한 정의로 가장 적절한 것은?

㉮ 큰 소리(loud sound)
㉯ 원치 않은 소리(unwanted sound)
㉰ 정신이나 신경을 자극하는 소리(mental and nervous annoying sound)
㉱ 청각을 자극하는 소리(auditory sense annoying sound)

[해설] 소음(NOISE) : 원치 않는 소리, 불쾌함을 느끼게 만드는 소리

28 다음 중 좌식 평면 작업대에서의 최대 작업영역에 관한 설명으로 가장 적절한 것은?

㉮ 윗팔과 손목을 중립자세로 유지한 채 손으로 원을 그릴 때 부채꼴 원호의 내부 영역
㉯ 어깨로부터 팔을 펴서 어깨를 축으로 하여 수평면상에 원을 그릴 때 부채꼴 원호의 내부지역
㉰ 자연스러운 자세로 위팔을 몸통에 붙인 채 손으로 수평면상에 원을 그릴 때 부채꼴 원호의 내부지역
㉱ 각 손의 정상작업영역 경계선이 작업자의 정면에서 교차되는 공통영역

[해설] ① 정상작업역 : 상완을 자연스럽게 늘어뜨린 채 전완만으로 뻗어 파악 할 수 있는 구역
② 최대작업역 : 전완과 상완을 곧게 펴서 파악할 수 있는 구역(어깨로부터 팔을 펴서 수평면상에 원을 그릴 때 부채꼴 원호의 내부지역)

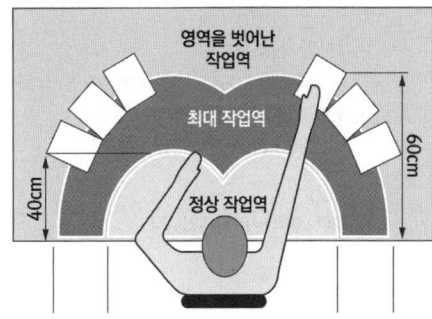

29 런닝벨트(treadmill) 위를 일정한 속도로 걷는 사람의 배기가스를 5분간 수집한 표본을 가스 성분 분석기로 조사한 결과 산소 16%, 이산화탄소 4%로 나타났다. 90L이었다면 분당 산소 소비량과 에너지 가(價)는 약 얼마인가?

㉮ 산소 소비량 : 0.95L/분
에너지 가(價) : 4.75kcal/분
㉯ 산소 소비량 : 0.97L/분
에너지 가(價) : 4.80kcal/분
㉰ 산소 소비량 : 0.95L/분
에너지 가(價) : 4.85kcal/분
㉱ 산소 소비량 : 0.97L/분
에너지 가(價) : 4.90kcal/분

[해설]
1. 흡기량×79% = 배기량×N_2
(N_2 = 100−CO_2% − O_2%)

$$흡기량 = \frac{배기량 \times (100-CO_2\%-O_2\%)}{79}$$

2. 산소소비량 = 흡기량×21%−배기량×O_2%
3. 1분당 O_2의 소비에너지 = 5Kcal

[정답] 26 ㉯ 27 ㉯ 28 ㉯ 29 ㉮

1. 5분간의 배기량이 90ℓ이므로
   1분당 배기량 = 90÷5 = 18ℓ/분
2. 1분당 흡기량
   = $\dfrac{\text{분당 배기량} \times (100-CO_2\%-O_2\%)}{79}$
   = $\dfrac{18 \times (100-4-16)}{79}$ = 18.2278ℓ/분
3. 1분당 산소소비량
   = 18.2278×0.21−18×0.16 = 0.95ℓ/분
4. 1분당 소비에너지
   = 0.95×5Kcal = 4.75Kcal/분

{분석}
출제비중이 낮은 문제입니다.

30 어뢰를 신속하게 탐지하는 경보시스템은 영구적이며, 경계나 부주의로 광점을 탐지하지 못하는 조작자 실수율은 0.001t/시간이고, 균질(homogeneous)하다. 또한, 조작자는 15분마다 스위치를 작동해야 하는데 인간실수확률(HEP)이 0.01인 경우에 2시간~3시간 사이에 인간-기계시스템의 신뢰도는 약 얼마인가?

㉮ 94.96%
㉯ 95.96%
㉰ 96.96%
㉱ 97.96%

[해설]
- 인간-기계 시스템의 신뢰도
  = R(n)×R(t)
  = 0.9606×0.999 = 0.9596(95.96%)
- 인간의 신뢰도 R(n)
  = $(1-HEP)^n = (1-0.01)^4 = 0.9606$
  (2~3시간 사이 1시간 동안 스위치 조작 횟수 4회)
- 조작자의 신뢰도 R(t)
  = $e^{-\lambda \times t} = e^{-0.001 \times 1}$ = 0.999

31 다음 중 카메라의 필름에 해당하는 우리 눈의 부위는?

㉮ 망막
㉯ 수정체
㉰ 동공
㉱ 각막

[해설] 시각 과정
동공은 원형인데 그 크기는 홍채 근육의 작용으로 변한다. 동공을 통과한 광선은 수정체에서 굴절되고 정상시력이나 교정시력인 사람의 수정체는 눈 후면의 감광표면인 망막 위에 빛의 초점을 맞춘다. (망막은 카메라의 필름에 해당한다)

32 다음 〈보기〉의 ㉠과 ㉡에 해당하는 내용은?

[보기]
㉠ : 그 속에 포함되어 있는 모든 기본 사상이 일어났을 때에 정상사상을 일으키는 기본 사상의 집합
㉡ : 그 속에 포함되는 기본사상이 일어나지 않았을 때에 처음으로 정상사상이 일어나지 않는 기본 사상의 집합

㉮ ㉠ Path set, ㉡ Cut set
㉯ ㉠ Cut set, ㉡ Path set
㉰ ㉠ AND, ㉡ OR
㉱ ㉠ OR, ㉡ AND

정답 30 ㉯ 31 ㉮ 32 ㉯

[해설] (1) 컷셋(Cut Set)
- 정상사상을 발생시키는 기본 사상의 집합
- 모든 기본사상이 일어났을 때 정상사상을 일으키는 기본 사상들의 집합이다.
(2) 미니멀 컷(Minimal Cut Set)
- 정상사상을 일으키기 위한 기본 사상의 최소 집합(최소한의 컷)
- 시스템의 위험성을 나타낸다.
(3) 패스셋(Path Set)
- 재해가 일어나지 않는 기본 사상들의 집합
- 포함된 기본 사상이 일어나지 않을 때 처음으로 정상 사상이 일어나지 않는 기본 사상들의 집합이다.
(4) 미니멀 패스(Minimal Path Set)
- 시스템의 기능을 살리는 최소한의 집합(최소한의 패스)
- 시스템의 신뢰성 나타낸다.

{분석} 필기에 자주 출제되는 내용입니다.

33 다음 중 안전성 평가 5가지 단계 중 준비된 기초 자료를 항목별로 구분하여 관계법규와 비교, 위반사항을 검토하고 세부적으로 여러 항목의 가부를 살피는 단계는?

㉮ 정보의 확보 및 검토
㉯ 재해자료를 통한 재평가
㉰ 정량적 평가
㉱ 정성적 평가

[해설] 기초 자료를 구분하여 관계법규와 비교, 검토하는 단계 → 2단계 정성적인 평가

[참고] **안전성 평가 6단계**
① 1단계 : 관계자료의 정비검토(작성 준비)
② 2단계 : 정성적인 평가
③ 3단계 : 정량적인 평가
④ 4단계 : 안전대책 수립
⑤ 5단계 : 재해사례에 의한 평가
⑥ 6단계 : FTA에 의한 재평가

34 다음 중 인간 에러(human error)를 예방하기 위한 기법과 가장 거리가 먼 것은?

㉮ 작업상황의 개선
㉯ 위급사건기법의 적용
㉰ 작업자의 변경
㉱ 시스템의 영향 감소

[해설] **위급사건기법(CIT)** : 인간-기계 엔지니어로 하여금 사고, 위기 인발, 조작실수 등의 정보를 수집 하기 위해 면접하는 방법으로 <u>인간실수 확률을 추정하기 위한 기법</u>이다.

35 다음 중 인간-기계 시스템의 설계 원칙으로 틀린 것은?

㉮ 양립성이 적으면 적을수록 정보처리에서 재코드화 과정은 적어진다.
㉯ 사용빈도, 사용 순서, 기능에 따라 배치가 이루어져야 한다.
㉰ 인간의 기계적 성능에 부합되도록 설계해야 한다.
㉱ 인체특성에 적합해야 한다.

[해설] ㉮ 양립성은 자극-반응의 관계가 인간의 기대와 모순되지 않는 성질을 뜻하며 양립성이 높을수록 재코드화 과정이 적어진다.

{분석} 필기에 자주 출제되는 내용입니다.

정답 33 ㉱ 34 ㉯ 35 ㉮

36 그림에 있는 조종구(ball control)와 같이 상당한 회전운동을 하는 조종장치가 선형표시장치를 움직일 때는 L을 반경(지레의 길이), a를 조정장치가 움직인 각도라 할 때 조종표시 장치의 이동비율(control display ratio)을 나타낸 것은?

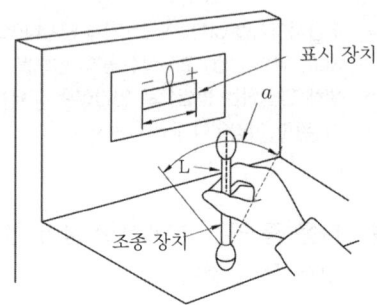

㉮ $\dfrac{(a/360) \times 2\pi L}{\text{표시장치 이동거리}}$

㉯ $\dfrac{\text{표시장치 이동거리}}{(a/360) \times 4\pi L}$

㉰ $\dfrac{(a/360) \times 4\pi L}{\text{표시장치 이동거리}}$

㉱ $\dfrac{\text{표시장치 이동거리}}{(a/360) \times 2\pi L}$

[해설] 통제표시비(C/R 비) : 통제기기와 시각적 표시장치의 관계를 나타내며, 연속 조종장치에만 적용된다.

① C/R 비 $= \dfrac{X}{Y}$

X : 통제기기의 변위량(cm)
Y : 표시계기 지침의 변위량(cm)

② C/R 비 $= \dfrac{\dfrac{a}{360} \times 2\pi L}{Y}$

a : 조종장치의 움직인 각도
L : 조종장치의 반경

{분석}
필기에 자주 출제되는 내용입니다.

37 다음 중 실내면의 추천 반사율이 높은 것에서부터 낮은 순으로 올바르게 배열된 것은?

㉮ 바닥 〉 가구 〉 벽 〉 천장
㉯ 바닥 〉 벽 〉 가구 〉 천장
㉰ 천장 〉 가구 〉 벽 〉 바닥
㉱ 천장 〉 벽 〉 가구 〉 바닥

[해설] 옥내 최적 반사율
(천장 : 바닥 반사율 비율 = 3 : 1 이상 유지)
• 천장(80 ~ 91%) 〉 벽(40 ~ 60%) 〉 가구(25 ~ 45%) 〉 바닥(20 ~ 40%)
• 옥내의 반사율은 천정으로 올라갈수록 높고 바닥으로 내려갈수록 낮아져야 한다.

{분석}
필기에 자주 출제되는 내용입니다. 순서대로 기억하세요.

38 다음 내용에 해당하는 양립성의 종류는?

> 자동차를 운전하는 과정에서 우측으로 회전하기 위하여 핸들을 우측으로 돌린다.

㉮ 개념의 양립성   ㉯ 운동의 양립성
㉰ 공간의 양립성   ㉱ 감성의 양립성

[해설] 자동차를 우측으로 회전하기 위하여 핸들을 우측으로 돌린다. → 운동의 양립성

[참고] 양립성 : 자극과 반응의 관계가 인간의 기대와 모순되지 않는 성질
① 개념적 양립성
• 외부자극에 대해 인간의 개념적 현상의 양립성
• 예 빨간 버튼은 온수, 파란 버튼은 냉수
② 공간적 양립성
• 표시장치, 조종장치의 형태 및 공간적 배치의 양립성
• 예 오른쪽 조리대는 오른쪽 조절장치로, 왼쪽 조리대는 왼쪽 조절장치로 조정한다.

정답 36 ㉮ 37 ㉱ 38 ㉯

③ 운동의 양립성
- 표시장치, 조종장치 등의 운동 방향의 양립성
- 예 조종장치를 오른쪽으로 돌리면 표시장치 지침이 오른쪽으로 이동한다.
④ 양식 양립성
- 자극과 응답양식의 존재에 대한 양립성
- 예 청각적 자극 제시와 이에 대한 음성응답 과업에서 갖는 양립성

{분석}
자주 출제되는 내용입니다. "참고"를 다시 확인하세요.

39 다음 그림과 같은 시스템의 신뢰도는 약 얼마인가? (단, p는 부품 i의 신뢰도 이다.)

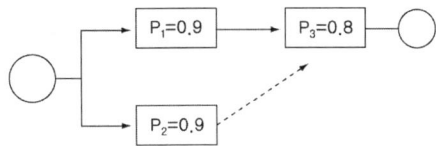

㉮ 97.2% ㉯ 94.4%
㉰ 86.4% ㉱ 79.2%

{해설}

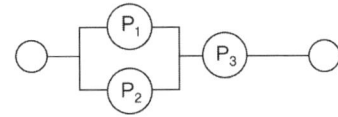

P_1과 P_2는 병렬의 관계이고, P_3는 직렬의 관계이 므로
신뢰도 = $\{1-(1-P_1)\times(1-P_2)\}\times P_3$
= $\{1-(1-0.9)\times(1-0.9)\}\times 0.8$
= 0.792 = 79.2%

{분석}
필기에 자주 출제되는 내용입니다.

40 다음 중 활동의 내용마다 "우·양·가·불가"로 평가하고 이 평가내용을 합하여 다시 종합적으로 정규화하여 평가하는 안전성 평가 기법은?

㉮ 계층적 기법
㉯ 일관성 검정법
㉰ 쌍대비교법
㉱ 평점척도법

{해설} ㉱ 평점척도법 : 평가대상이 주어진 몇 개의 범주 중 어느 것에 속하는가를 판단하여, 그 평균 평점을 구하는 방법이다.

제3과목 · 기계 · 기구 및 설비 안전 관리

41 고리걸이용 와이어로프의 절단하중이 4ton일 때, 로프의 최대사용하중은 얼마인가? (단, 안전계수는 5이다.)

㉮ 400kg$_f$ ㉯ 500kg$_f$
㉰ 800kg$_f$ ㉱ 2000kg$_f$

{해설}

안전율 = $\dfrac{극한강도}{허용응력}$ = $\dfrac{극한강도}{최대설계응력}$

= $\dfrac{극한강도}{사용응력}$ = $\dfrac{파괴하중}{최대사용하중}$

= $\dfrac{파단하중}{안전하중}$ = $\dfrac{극한하중}{정격하중}$

안전율 = $\dfrac{절단하중}{최대사용하중}$

최대사용하중 = $\dfrac{절단하중}{안전율}$ = $\dfrac{4,000}{5}$ = 800kg$_f$

{분석}
필기에 자주 출제되는 내용입니다. 풀이방법을 숙지하세요.

정답 39 ㉱ 40 ㉱ 41 ㉰

42 다음 중 승강기를 구성하고 있는 장치가 아닌 것은?

㉮ 선회장치 ㉯ 권상장치
㉰ 가이드레일 ㉱ 완충기

[해설] ㉮ 선회장치는 크레인 등 회전하는 기계에 필요한 장치이다.

43 개구부에서 회전하는 롤러의 위험점까지 최단거리가 60mm일 때 개구부 간격은?

㉮ 10mm ㉯ 12mm
㉰ 13mm ㉱ 15mm

[해설] 가드의 개구부 치수

가드의 개구간격	일방 평행 보호망, 위험점이 전동체인 경우의 개구간격
① X<160mm일 경우 $Y = 6 + 0.15 \times X$ ② X≥160mm일 경우 $Y = 30mm$ 여기서, X : 안전거리(위험점에서 가드까지의 거리)(mm) Y : 가드의 최대 개구 간격(mm)	① $Y = 6 + 0.1 \times X$ 여기서, X : 안전거리(mm) Y : 가드의 최대 개구 간격(mm)

$Y = 6 + 0.15 \times X = 6 + 0.15 \times 60 = 15mm$

{분석}
실기까지 중요한 내용입니다. 풀이방법을 숙지하세요.

44 기계설비 방호 가드의 설치조건으로 틀린 것은?

㉮ 충분한 강도를 유지할 것
㉯ 구조가 단순하고 위험점 방호가 확실할 것
㉰ 개구부(틈새)의 간격은 임의로 조정이 가능할 것
㉱ 작업, 점검, 주유 시 장애가 없을 것

[해설] 가드의 구비조건
• 기계의 운동부분(위험점)에 신체가 접촉하는 것을 방지하는 구조일 것
• 충분한 강도를 유지할 것
• 단순한 구조이며 조정이 용이할 것
• 일반작업, 점검, 주유 시 방해되지 않는 구조일 것

45 프레스 광전자식 방호장치의 광선에 신체의 일부가 감지된 후로부터 급정지기구 작동 시까지의 시간이 30ms이고, 급정지기구의 작동 직후로부터 프레스가 정지될 때까지의 시간이 20ms라면 광축의 최소 설치거리는?

㉮ 75mm ㉯ 80mm
㉰ 100mm ㉱ 150mm

[해설] 광전자식 방호장치의 안전거리

1. (프레스, 전단기의 방호장치 안전인증기준)
   안전거리 D(cm)= 160 × 프레스 작동 후 작업점까지의 도달시간(초)
2. (프레스의 안전인증 기준)
   안전거리 D(mm) = 1600 × (Tc +Ts)
   Tc : 방호장치의 작동시간[즉 누름버튼으로부터 한 손이 떨어졌을 때부터 급정지기구가 작동을 개시할 때까지의 시간(초)]
   Ts : 프레스의 급정지시간[즉 급정지기구가 작동을 개시했을 때부터 슬라이드가 정지할 때까지의 시간(초)]

안전거리 D(mm) = 1600×(Tc +Ts)

안전거리(mm) = $1600 \times (\frac{30}{1000} + \frac{20}{1000})$
         = 80mm

{분석}
실기까지 중요한 내용입니다.

46 다음 중 드릴링 머신(drilling machine)에서 구멍을 뚫는 작업 시 가장 위험한 시점은?

㉮ 드릴 작업의 끝
㉯ 드릴 작업의 처음
㉰ 드릴이 공작물을 관통한 후
㉱ 드릴이 공작물을 관통하기 전

[해설] 드릴작업에서 구멍이 거의 다 뚫려 갈 무렵이 가장 위험하다.

47 다음 중 연삭숫돌 구성의 3요소가 아닌 것은?

㉮ 조직   ㉯ 입자
㉰ 기공   ㉱ 결합제

[해설] 연삭숫돌 구성의 3요소
① 입자
② 기공
③ 결합제

48 다음 중 아세틸렌 용접장치에서 역화의 발생원인과 가장 관계가 먼 것은?

㉮ 압력조정기가 고장으로 작동이 불량할 때
㉯ 수봉식 안전기가 지면에 대해 수직으로 설치될 때
㉰ 토치의 성능이 좋지 않을 때
㉱ 팁이 과열되었을 때

[해설] 역화의 원인
• 팁 끝이 막혔을 때
• 팁 끝이 과열되었을 때
• 가스 압력과 유량이 적당하지 않았을 때
• 팁의 조임이 풀려올 때
• 압력조정기 불량일 때
• 토치의 성능이 좋지 않을 때 발생

49 일반 연삭 작업 등에 사용하는 것을 목적으로 하는 탁상용 연삭기의 덮개의 노출 각도로 옳은 것은?

㉮ 30° 이내   ㉯ 45° 이내
㉰ 125° 이내 ㉱ 150° 이내

[해설]

탁상용 연삭기	① 상부를 사용하는 경우 : 60° 이내 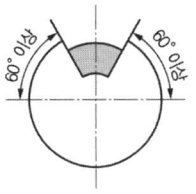
	② 수평면 이하에서 연삭할 경우 : 노출 각도를 125°까지 증가시킬 수 있다. 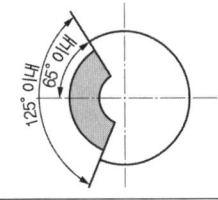
	①, ② 외의 탁상용연삭기 : 80° 이내 (주축면 위로 65°) 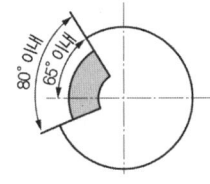
	③ 최대 원주 속도가 초당 50m 이하인 탁상용 연삭기 : 90° 이내(주축면 위로 50°) 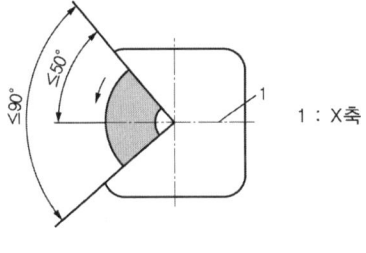

정답 46 ㉱ 47 ㉮ 48 ㉯ 49 ㉰

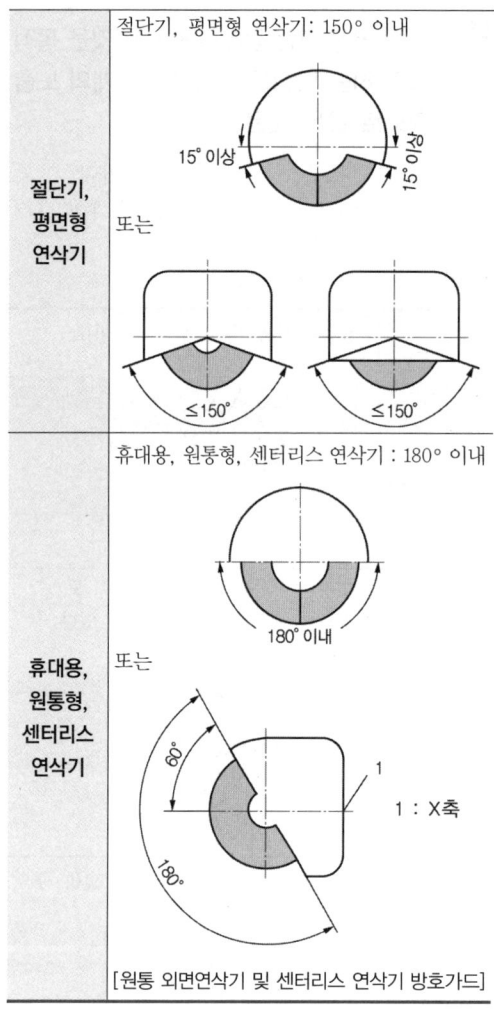

[원통 외면연삭기 및 센터리스 연삭기 방호가드]

{분석}
실기까지 중요한 내용입니다.
"해설"의 내용을 암기하세요.

50 안전한 컨베이어 작업을 위한 사항으로 적합하지 않은 것은?

㉮ 컨베이어 위로 건널다리를 설치하였다.
㉯ 운전 중인 컨베이어에는 근로자를 탑승 시켜서는 안 된다.
㉰ 작업 중 급정지를 방지하기 위하여 비상 정지장치는 해체하여야 한다.
㉱ 트롤리 컨베이어에서 트롤리와 체인을 상호 확실하게 연결시켜야 한다.

[해설] ㉰ 컨베이어에 신체가 말려드는 등 위험을 방지하기 위하여 비상정지장치를 설치하여야 한다.

[참고] **1. 컨베이어의 방호장치**
① 이탈 등의 방지장치
컨베이어 등을 사용하는 때에는 정전·전압 강하 등에 의한 화물 또는 운반구의 이탈 및 역주행을 방지하는 장치를 갖추어야 한다. 다만, 무동력상태 또는 수평상태로만 사용하여 근로자가 위험해질 우려가 없는 경우에는 그러하지 아니하다.
② 비상정지장치
컨베이어 등에 근로자의 신체의 일부가 말려드는 등 근로자에게 위험을 미칠 우려가 있는 때 및 비상시에는 즉시 컨베이어 등의 운전을 정지시킬 수 있는 장치를 설치하여야 한다. 다만, 무동력상태로만 사용하여 근로자가 위험해질 우려가 없는 경우에는 그러하지 아니하다.
③ 덮개, 울의 설치
컨베이어 등으로 부터 화물이 떨어져 근로자가 위험해질 우려가 있는 경우에는 해당 컨베이어 등에 덮개 또는 울을 설치하는 등 낙하 방지를 위한 조치를 하여야 한다.

2. 건널다리의 설치
운전 중인 컨베이어 등의 위로 근로자를 넘어가도록 하는 때에는 위험을 방지하기 위하여 건널다리를 설치하는 등 필요한 조치를 하여야 한다.

{분석}
실기까지 중요한 내용입니다. "해설"을 다시 확인하세요.

51 왕복운동을 하는 기계의 운동부와 움직임 없는 고정부 사이에서 형성되는 위험점은?

㉮ 협착점   ㉯ 끼임점
㉰ 절단점   ㉱ 물림점

[해설] **위험점의 분류**
① 협착점 : 왕복운동 부분과 고정부분 사이에서 형성되는 위험점
 예 프레스기, 전단기, 성형기 등

▶ 정답 50 ㉰ 51 ㉮

② 끼임점 : 고정부분과 회전하는 동작 부분 사이에서 형성되는 위험점
　　예 연삭숫돌과 덮개, 교반기 날개와 하우징 등
③ 절단점 : 회전하는 운동부 자체, 운동하는 기계 부분 자체의 위험점
　　예 날, 커터를 가진 기계
④ 물림점 : 회전하는 두 개의 회전체에 물려 들어가는 위험점
　　예 롤러와 롤러, 기어와 기어 등
⑤ 접선 물림점 : 회전하는 부분의 접선 방향으로 물려 들어가는 위험점
　　예 벨트와 풀리, 체인과 스프로킷, 랙과 피니언 등
⑥ 회전 말림점 : 회전하는 물체에 작업복, 머리카락 등이 말려 들어가는 위험점
　　예 회전축, 커플링 등

{분석}
실기에도 자주 출제되는 중요한 내용입니다. "참고"를 잘 기억하세요.

52 프레스의 양수조작식 방호장치에서 양쪽버튼의 작동시간 차이는 최대 얼마 이내일 때 프레스가 동작되도록 해야 하는가?

㉮ 0.1초　　㉯ 0.5초
㉰ 1.0초　　㉱ 1.5초

[해설] 누름버튼을 양손으로 동시에 조작하지 않으면 작동시킬 수 없는 구조이어야 하며, 양쪽버튼의 작동시간 차이는 최대 0.5초 이내일 때 프레스가 동작되도록 해야 한다.

53 압력용기에서 과압으로 인한 폭발을 방지하기 위해 설치하는 압력방출장치는?

㉮ 체크밸브　　㉯ 스톱밸브
㉰ 안전밸브　　㉱ 비상밸브

[해설] 압력용기 압력방출용 안전밸브
밸브 입구 쪽의 압력이 설정압력에 도달하면 자동적으로 빠르게 작동하여 유체가 분출되고 일정압력 이하가 되면 정상상태로 복원되는 방호장치를 말한다.

54 아세틸렌 용접장치에 설치하여야 하는 방호장치는?

㉮ 안전기　　㉯ 과부하장치
㉰ 덮개　　㉱ 파열판

[해설] 안전기의 설치
① 아세틸렌 용접장치의 취관마다 안전기를 설치하여야 한다. 다만, 주관 및 취관에 가장 가까운 분기관마다 안전기를 부착한 경우에는 그러하지 아니하다.
② 가스용기가 발생기와 분리되어 있는 아세틸렌 용접장치에 대하여는 발생기와 가스용기 사이에 안전기를 설치하여야 한다.

55 기계설비의 안전조건 중 외관의 안전화에 해당하는 조치는?

㉮ 고장발생을 최소화하기 위해 정기점검을 실시하였다.
㉯ 전압강하, 정전 시의 오동작을 방지하기 위하여 제어장치를 설치하였다.
㉰ 기계의 예리한 돌출부 등에 안전 덮개를 설치하였다.
㉱ 강도를 고려하여 안전율을 최대로 고려하여 설비를 설계하였다.

[해설] 외관상 안전화
① 회전부에 덮개 설치
② 안전색채 사용
　　예 기계의 시동 버튼 - 녹색
　　　　정지 버튼 - 적색

[참고] 기계 설비의 안전조건(근원적 안전)
(1) 외관상 안전화
(2) 기능적 안전화
　① 전압 강하에 따른 오동작 방지
　② 정전 및 단락에 따른 오동작 방지
　③ 사용 압력 변동 시 등의 오동작 방지
(3) 구조 부분 안전화(구조부분 강도적 안전화)
　① 설계상의 결함 방지
　② 재료의 결함 방지
　③ 가공 결함 방지

정답 52 ㉯　53 ㉰　54 ㉮　55 ㉰

(4) 작업의 안전화
(5) 보수유지의 안전화
   (보전성 향상 위한 고려 사항)
(6) 표준화

{분석}
실기까지 중요한 내용입니다. "참고"를 다시 확인하세요.

56 정(chisel) 작업의 일반적인 안전수칙에서 틀린 것은?

㉮ 따내기 및 칩이 튀는 가공에서는 보안경을 착용하여야 한다.
㉯ 절단작업 시 절단된 끝이 튀는 것을 조심하여야 한다.
㉰ 작업을 시작할 때는 가급적 정을 세게 타격하고 점차 힘을 줄여간다.
㉱ 절단이 끝날 무렵에는 정을 세게 타격해서는 안 된다.

[해설] 정 작업 시 안전수칙
① 작업을 할 때는 반드시 보안경을 착용할 것
② 정으로 담금질 된 재료를 가공하지 말 것
③ 자르기 시작할 때와 끝날 무렵에는 세게 치지 말 것
④ 철강재를 정으로 절단할 때에는 철편이 날아 튀는 것에 주의할 것

57 기계의 원동기, 회전축 및 체인 등 근로자에게 위험을 미칠 우려가 있는 부위에 설치해야 하는 위험방지 장치가 아닌 것은?

㉮ 덮개   ㉯ 건널다리
㉰ 클러치 ㉱ 슬리브

[해설] 원동기·회전축 등의 위험 방지
① 기계의 원동기·회전축·기어·풀리·플라이휠·벨트 및 체인 등 근로자에게 위험을 미칠 우려가 있는 부위에는 덮개·울·슬리브 및 건널다리 등을 설치하여야 한다.

② 회전축·기어·풀리 및 플라이 휠 등에 부속하는 키·핀 등의 기계요소는 묻힘형으로 하거나 해당부위에 덮개를 설치하여야 한다.
③ 벨트의 이음 부분에는 돌출된 고정구를 사용하여서는 아니 된다.
④ 건널다리에는 안전 난간 및 미끄러지지 아니하는 구조의 발판을 설치하여야 한다.

{분석}
실기까지 중요한 내용입니다. "해설"을 다시 확인하세요.

58 산업안전보건 법령상 고속회전체의 회전시험을 하는 경우 미리 회전축의 재질 및 형상 등에 상응하는 종류의 비파괴검사를 해서 결함 유무(有無)를 확인하여야 하는 고속회전체 대상은?

㉮ 회전축의 중량이 500kg을 초과하고, 원주속도가 15m/s 이상인 것
㉯ 회전축의 중량이 1톤을 초과하고, 원주속도가 30m/s 이상인 것
㉰ 회전축의 중량이 500kg을 초과하고, 원주속도가 60m/s 이상인 것
㉱ 회전축의 중량이 1톤을 초과하고, 원주속도가 120m/s 이상인 것

[해설] 비파괴검사의 실시 : 고속회전체(회전축의 중량이 1톤을 초과하고 원주속도가 매 초당 120미터 이상인 것에 한한다)의 회전시험을 하는 때에는 미리 회전축의 재질 및 형상 등에 상응하는 종류의 비파괴검사를 실시하여 결함 유무를 확인하여야 한다.

{분석}
실기까지 중요한 내용입니다. 암기하세요.

정답 56 ㉰ 57 ㉰ 58 ㉱

59 선반작업의 안전수칙으로 적합하지 않은 것은?

㉮ 작업 중 장갑을 착용하여서는 안 된다.
㉯ 공작물의 측정은 기계를 정지시킨 후 실시한다.
㉰ 사용 중인 공구는 선반의 베드 위에 올려놓는다.
㉱ 가공물의 길이가 지름의 12배 이상이면 방진구를 사용한다.

[해설] **선반의 안전작업 방법**
① 베드에는 공구를 올려놓지 말 것
② 칩 제거는 운전 정지 후 브러시를 이용할 것
③ 양 센터 작업 시에는 심압대에 윤활유를 자주 주입할 것
④ 공작물의 길이가 직경의 12~20배 이상일 때에는 방진구를 사용하여 재료를 고정할 것
⑤ 바이트는 끝을 짧게 할 것
⑥ 시동 전에 척 핸들을 빼둘 것
⑦ 반드시 보안경을 착용할 것

60 다음 중 산업안전보건 법령상 크레인의 방호장치에 해당하지 않는 것은?

㉮ 권과방지장치
㉯ 주위감시장치
㉰ 비상정지장치
㉱ 과부하방지장치

[해설] **크레인(호이스트 포함)의 방호장치**
• 과부하방지장치
• 권과방지장치(捲過防止裝置)
• 비상정지장치
• 제동장치
  (기타 방호장치)
• 훅의 해지장치
• 안전밸브(유압식)

{분석}
실기에도 자주 출제되는 중요한 내용입니다.
"해설"의 방호장치를 반드시 암기하세요.

제4과목: 전기 및 화학설비 안전 관리

61 다음 중 고압 활선작업에 필요한 보호구에 해당하지 않는 것은?

㉮ 절연대
㉯ 절연장갑
㉰ AE형 안전모
㉱ 절연장화

[해설] ㉮ 절연대(핫스틱)은 절연용 방호구에 해당한다.

62 어떤 혼합가스의 구성성분이 공기는 50%, 수소는 20%, 아세틸렌은 30%인 경우 이 혼합가스의 폭발하한계는? (단, 폭발하한값이 수소는 4%, 아세틸렌은 2.5% 이다.)

㉮ 2.50vol% ㉯ 2.94vol%
㉰ 4.76vol% ㉱ 5.88vol%

[해설]
$$\frac{100}{L} = \frac{V_1}{L_1} + \frac{V_2}{L_2} + \frac{V_3}{L_3} \ldots \text{(vol\%)}$$

$$L = \frac{100}{\frac{V_1}{L_1} + \frac{V_2}{L_2} + \frac{V_3}{L_3} \ldots}$$

여기서,
L : 혼합가스의 폭발하한계(상한계)
L_1, L_2, L_3 : 단독가스의 폭발하한계(상한계)
V_1, V_2, V_3 : 단독가스의 공기 중 부피
$100 : V_1 + V_2 + V_3 + \ldots$

$$\frac{(20+30)}{L} = \frac{20}{4} + \frac{30}{2.5}$$

$$L = \frac{50}{\frac{20}{4} + \frac{30}{2.5}} = 2.94 \text{vol\%}$$

{분석}
실기까지 중요한 내용입니다. 풀이방법을 숙지하세요.

정답 59 ㉰ 60 ㉯ 61 ㉮ 62 ㉯

63 다음 중 황린에 대한 설명으로 옳은 것은?

㉮ 주수에 의한 냉각소화는 황화수소를 발생시키므로 사용을 금한다.
㉯ 황린은 자연발화하므로 물 속에 보관한다.
㉰ 황린은 황과 인의 화합물이다.
㉱ 독성 및 부식성이 없다.

[해설] 발화성 물질의 저장법
① 나트륨, 칼륨 : 석유 속 저장
② 황린 : 물속에 저장
③ 적린, 마그네슘, 칼륨 : 격리 저장
④ 질산은 ($AgNO_3$) 용액 : 햇빛 피하여 저장(빛에 의해 광분해 반응 일으킴)
⑤ 벤젠 : 산화성물질과 격리저장
⑥ 탄화칼슘(CaC_2, 카바이트) : 금수성물질로서 물과 격렬히 반응하므로 건조한 곳에 보관

64 화재발생 시 발생되는 연소 생성물 중 독성이 높은 것부터 낮은 순으로 올바르게 나열한 것은?

㉮ 염화수소 〉 포스겐 〉 CO 〉 CO_2
㉯ CO 〉 포스겐 〉 염화수소 〉 CO_2
㉰ CO_2 〉 CO 〉 염화수소 〉 포스겐
㉱ 포스겐 〉 염화수소 〉 CO 〉 CO_2

[해설] 독성이 높은 순서
포스겐 〉 염화수소 〉 CO 〉 CO_2

65 다음 중 분말소화제의 조성과 관계가 없는 것은?

㉮ 중탄산나트륨 ㉯ T.M.B
㉰ 탄산마그네슘 ㉱ 인산칼슘

[해설] 분말소화기
• A.B.C 분말 소화기 : 일반화재, 유류화재, 전기화재에 적합한 소화약제인 제1인산암모늄을 충전한 소화기이다.
• B.C 분말 소화기 : 유류화재, 전기화재에 적합한 중탄산소다, 중탄산칼륨을 충전한 소화기이다.

66 다음 중 인화성 액체를 소화할 때 내알콜포를 사용해야 하는 물질은?

㉮ 특수인화물
㉯ 소포성의 수용성액체
㉰ 인화점이 영하 이하의 인화성물질
㉱ 발생하는 증기가 공기보다 무거운 인화성액체

[해설] 제4류 위험물(인화성 액체) 중 알코올류, 디에틸에테르, 메틸에틸케톤, 의산에스테르, 초산에스테르, 아세트알데히드, 의산, 초산, 글리세린 등의 수용성(소포성) 액체의 화재에는 알코올포를 사용해야 한다.

67 다음 중 산업안전보건법령상 방폭전기설비의 위험장소 분류에 있어 보통 상태에서 위험분위기를 발생할 염려가 있는 장소로서 폭발성 가스가 보통 상태에서 집적되어 위험농도로 될 염려가 있는 장소를 몇 종 장소라 하는가?

㉮ 0종 장소 ㉯ 1종 장소
㉰ 2종 장소 ㉱ 3종 장소

[해설] 보통 상태에서 위험분위기를 발생할 염려가 있는 장소 → 1종 장소

[참고] 위험장소의 분류

가스폭발 위험장소	
0종 장소	가. 설비의 내부 나. 인화성 또는 가연성 액체가 피트(PIT) 등의 내부 다. 인화성 또는 가연성의 가스나 증기가 지속적으로 또는 장기간 체류하는 곳
1종 장소	가. 통상의 상태에서 위험분위기가 쉽게 생성되는 곳 나. 운전·유지 보수 또는 누설에 의하여 자주 위험분위기가 생성되는 곳 다. 설비 일부의 고장 시 가연성물질의 방출과 전기계통의 고장이 동시에 발생되기 쉬운 곳

정답 63 ㉯ 64 ㉱ 65 ㉯ 66 ㉯ 67 ㉯

1종 장소	라. 환기가 불충분한 장소에 설치된 배관 계통으로 배관이 쉽게 누설되는 구조의 곳 마. 주변 지역보다 낮아 가스나 증기가 체류할 수 있는 곳 바. 상용의 상태에서 위험분위기가 주기적 또는 간헐적으로 존재하는 곳
2종 장소	가. 환기가 불충분한 장소에 설치된 배관계통으로 배관이 쉽게 누설되지 않는 구조의 곳 나. 가스켓(GASKET), 팩킹(PACKING) 등의 고장과 같이 이상상태에서만 누출될 수 있는 공정설비 또는 배관이 환기가 충분한 곳에 설치될 경우 다. 1종 장소와 직접 접하며 개방되어 있는 곳 또는 1종장소와 덕트, 트랜치, 파이프 등으로 연결되어 이들을 통해 가스나 증기의 유입이 가능한 곳 라. 강제 환기방식이 채용되는 곳으로 환기설비의 고장이나 이상 시에 위험 분위기가 생성될 수 있는 곳

{분석}
실기에도 비중이 높은 중요한 내용입니다.

68 모터에 걸리는 대지전압이 50V이고 인체저항이 5000Ω일 경우 인체에 흐르는 전류는 몇 mA인가?

㉮ 10mA ㉯ 20mA
㉰ 30mA ㉱ 40mA

[해설]
$$V = I \times R$$
여기서 V : 전압 단위(V : 볼트)
I : 전류 단위(A : 암페어)
R : 저항 단위(Ω : 옴)

$V = I \times R$
$I = \dfrac{V}{R} = \dfrac{50}{5000} = 0.01A \times 1000 = 10mA$

{분석}
실기에도 비중이 높은 문제입니다.

69 산업안전보건법령에 따라 사업주는 공정안전보고서의 심사 결과를 송부 받은 경우 몇 년간 보존하여야 하는가?

㉮ 2년 ㉯ 3년
㉰ 5년 ㉱ 10년

[해설] 사업주는 송부받은 공정안전보고서를 송부받은 날부터 5년간 보존하여야 한다.

70 다음 중 중합폭발의 유해위험요인(hazard)이 있는 것은?

㉮ 아세틸렌
㉯ 시안화수소
㉰ 산화에틸렌
㉱ 염소산칼륨

[해설] 중합폭발 : 염화비닐, 초산비닐, 시안화수소, 아세틸렌, 산화에틸렌 등이 폭발적으로 중합이 발생되면 격렬하게 발열하여 압력이 급상승하며 폭발을 일으킨다.

71 다음 중 습윤한 장소의 배선공사에 있어 유의하여야 할 사항으로 틀린 것은?

㉮ 애자사용 배선에 사용하는 애자는 400V 미만인 경우 핀 애자 이상의 크기를 사용한다.
㉯ 이동전선을 사용하는 경우 단면적 $0.75mm^2$ 이상의 코드 또는 캡타이어 케이블 공사를 한다.
㉰ 배관공사인 경우 습기나 물기가 침입하지 않도록 처치한다.
㉱ 전선의 접속개소는 가능한 적게 하고 전선접속 부분에는 절연처리 한다.

[해설] ㉮ 핀 애자는 22KV에 주로 사용된다.

정답 68 ㉮ 69 ㉰ 70 ㉮, ㉯, ㉰ 71 ㉮

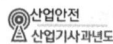

72 다음 중 산업안전보건 법령상 충전전로의 선간전압이 37kV 초과 88kV 이하일 때 충전전로에 대한 접근 한계거리로 옳은 것은?

㉮ 60cm ㉯ 90cm
㉰ 110cm ㉱ 130cm

[해설] 접근한계거리

충전전로의 선간전압 (단위 : 킬로볼트)	충전전로에 대한 접근 한계거리 (단위 : 센티미터)
0.3 이하	접촉금지
0.3 초과 0.75 이하	30
0.75 초과 2 이하	45
2 초과 15 이하	60
15 초과 37 이하	90
37 초과 88 이하	110
88 초과 121 이하	130
121 초과 145 이하	150
145 초과 169 이하	170
169 초과 242 이하	230
242 초과 362 이하	380
362 초과 550 이하	550
550 초과 800 이하	790

{분석}
실기까지 중요한 내용입니다.
"해설"의 접근한계거리를 암기하세요.

73 다음 중 화재 방지 대책에 대한 내용으로 틀린 것은?

㉮ 예방대책 - 점화원 관리
㉯ 국한대책 - 안전장치 설치
㉰ 소화대책 - 건물설비의 불연화
㉱ 피난대책 - 인명이나 재산 손실보호

[해설] ㉰ 건물설비의 불연화 → 국한대책

[참고] 국한대책 : 화재가 더 이상 확대되지 않도록 하는 대책을 말한다.
① 가연성 물질의 집적방지
② 건물 및 설비의 불연성화

③ 위험물 시설의 지하매설
④ 방화벽, 방유제 등의 정비
⑤ 일정한 공지의 확보

74 다음 중 파이프 등에 유체가 흐를 때 발생하는 유동대전에 가장 큰 영향을 미치는 요인은?

㉮ 유체의 이동거리
㉯ 유체의 점도
㉰ 유체의 속도
㉱ 유체의 양

[해설] 유체의 속도가 빠를수록 정전기가 많이 발생한다. 유동대전을 방지하기 위하여 인화성 물질의 유속을 1m/s 이하로 조절하여야 한다.

75 다음 중 전기기계·기구의 접지에 관한 설명으로 틀린 것은?

㉮ 접지저항이 크면 클수록 좋다.
㉯ 접지봉이나 접지극은 도전율이 좋아야 한다.
㉰ 접지판은 동판이나 아연판 등을 사용한다.
㉱ 접지극 대신 가스관을 사용해서는 안 된다.

[해설] 접지저항
• 접지시킨 전극과 대지 간의 전기적 저항
• 접지저항이 낮을수록 접지의 효과가 좋다.

76 다음 중 방폭전기 설비가 설치되는 표준 환경조건에 해당되지 않는 것은?

㉮ 주변온도 : -20℃~+40℃
㉯ 표고 : 1000m 이하
㉰ 상대습도 : 20~60%
㉱ 전기설비에 특별한 고려를 필요로 하는 정도의 공해, 부식성 가스, 진동 등이 존재하지 않는 장소

정답 72 ㉰ 73 ㉰ 74 ㉰ 75 ㉮ 76 ㉰

[해설] 방폭전기 설비의 표준환경 조건
① 주변온도 : -20℃~40℃
② 표고 : 1,000m 이하
③ 상대습도 : 45~85%
④ 전기설비에 특별한 고려를 필요로 하는 정도의 공해, 부식성 가스, 진동 등이 존재하지 않는 환경

77 다음 중 배관용 부품에 있어 사용되는 성격이 다른 것은?

㉮ 엘보(elbow) ㉯ 티이(T)
㉰ 크로스(cross) ㉱ 밸브(valve)

[해설] 관의 부속품
① 2개관의 연결 : 플랜지, 유니언, 니플, 소켓 사용
② 관의 지름 변경 : 리듀서, 부싱 사용
③ 관로방향 변경 : 엘보, Y형 관이음쇠, 티, 십자(크로스) 사용
④ 유로차단 : 플러그, 밸브, 캡

78 다음 중 반응기를 구조형식에 의하여 분류할 때 이에 해당하지 않는 것은?

㉮ 탑형 ㉯ 회분식
㉰ 교반조형 ㉱ 유동층형

[해설] 반응기의 구조에 의한 분류
① 관형반응기
② 탑형반응기
③ 교반기형 반응기
④ 유동층형 반응기

79 다음 중 이상적인 피뢰기가 가져야 할 성능이 아닌 것은?

㉮ 제한전압이 높을 것
㉯ 방전개시전압이 낮을 것
㉰ 뇌전류 방전능력이 높을 것
㉱ 속류차단을 빠르게 할 것

[해설] 피뢰기가 구비해야 할 성능
① 반복 동작이 가능할 것
② 구조가 견고하며 특성이 변하지 않을 것
③ 점검, 보수가 간단할 것
④ 충격방전개시전압과 제한전압이 낮을 것
⑤ 뇌전류의 방전 능력이 크고, 속류의 차단이 확실하게 될 것

{분석}
필기에 자주 출제되는 내용입니다. "해설"을 다시 확인하세요.

80 인체가 전격을 받았을 때 가장 위험한 경우는 심실세동이 발생하는 경우이다. 정현파 교류에 있어 인체의 전기저항이 500Ω일 경우 다음 중 심실세동을 일으키는 전기에너지의 한계로 가장 적합한 것은?

㉮ 18.0~30.0J
㉯ 15.0~27.0J
㉰ 6.5~17.0J
㉱ 2.5~8.0J

[해설] ① 인체 전기저항이 500[Ω]일 때의 에너지 → 13.61J

② $Q = I^2RT = (\frac{165}{\sqrt{1}} \times 10^{-3})^2 \times 500 \times 1$
$= 13.61(J)$

{분석}
자주 출제되는 내용입니다. "해설"의 ①, ② 중 편리한 방법을 이용하세요~!

정답 77 ㉱ 78 ㉯ 79 ㉮ 80 ㉰

제5과목: 건설공사 안전 관리

81 강변 옆에서 아파트 공사를 하기 위해 흙막이를 설치하고 지하공사 중에 바닥에서 물이 솟아오르면서 모래 등이 부풀어 올라 흙막이가 무너졌다. 어떤 현상에 의해 사고가 발생하였는가?

㉮ 보일링(boiling) 파괴
㉯ 히빙(heaving) 파괴
㉰ 파이핑(piping) 파괴
㉱ 지하수 침하 파괴

[해설] 바닥에서 물과 모래가 부풀어 올라 흙막이가 무너졌다. → 모래의 액상화현상 → 보일링 현상

[참고] (1) 보일링(Boiling)현상
① 사질토 지반에서 굴착저면과 흙막이 배면과의 수위차로 인해 굴착저면의 흙과 물이 함께 위로 솟구쳐 오르는 현상(모래의 액상화현상)을 말한다.
② 모래가 액상화되어 솟아오른다.

(2) 히빙(Heaving)현상
① 연질점토 지반에서 굴착에 의한 흙막이 내·외면의 흙의 중량차이(토압)로 인해 굴착저면이 부풀어 올라오는 현상을 말한다.
② 흙막이 바깥 흙이 안으로 밀려든다.

{분석}
실기까지 중요한 내용입니다.
"참고"를 비교하여 기억하세요.

82 콘크리트 강도에 가장 큰 영향을 주는 것은?

㉮ 골재의 입도
㉯ 시멘트 량
㉰ 배합방법
㉱ 물·시멘트 비

[해설] 물 – 시멘트비(water cement ratio)는 굳지 않은 콘크리트 또는 굳지 않은 모르타르에 포함되어 있는 시멘트 풀 속의 물과 시멘트의 질량비로서 콘크리트 강도에 가장 큰 영향을 준다.

83 다음의 건설공사 현장 중에서 재해예방 기술지도를 받아야 하는 대상공사에 해당하지 않는 것은?

㉮ 공사금액 5억 원인 건축공사
㉯ 공사금액 140억 원인 토목공사
㉰ 공사금액 5천만 원인 전기공사
㉱ 공사금액 2억 원인 정보통신공사

[해설] 도급을 받은 수급인 또는 자체사업을 하는 자 중 공사금액 1억 원 이상 120억 원(토목사업에 속하는 공사는 150억 원) 미만인 공사를 하는 자와 건축허가의 대상이 되는 공사를 하는 자가 산업안전보건관리비를 사용하려는 경우에는 미리 그 사용방법, 재해예방 조치 등에 관하여 "재해예방 전문지도기관"의 지도를 받아야 한다.

[참고] 산업안전보건관리비 사용 시 재해예방 전문지도기관의 지도를 받지 않아도 되는 공사
• 공사기간이 1개월 미만인 공사
• 육지와 연결되지 아니한 섬 지역(제주특별자치도는 제외)에서 이루어지는 공사
• 사업주가 안전관리자의 자격을 가진 사람을 선임(같은 광역 자치단체의 지역 내에서 같은 사업주가 경영하는 셋 이하의 공사에 대하여 공동으로 안전관리자 자격을 가진 사람 1명을 선임한 경우를 포함)하여 안전관리자의 업무만을 전담하도록 하는 공사
• 유해·위험방지계획서를 제출하여야 하는 공사

84 다음 중 추락재해의 발생을 막기 위한 대책이라고 볼 수 없는 것은?

㉮ 추락방호망의 설치
㉯ 안전대의 착용
㉰ 투하설비의 설치
㉱ 안전난간의 설치

정답 81 ㉮ 82 ㉱ 83 ㉰ 84 ㉰

[해설] ㉰ 투하설비의 설치는 낙하, 비래를 방지하기 위한 대책이다.

85 연면적 6,000m²인 호텔공사의 유해위험 방지계획서 확인검사 주기는?

㉮ 1개월   ㉯ 3개월
㉰ 5개월   ㉱ 6개월

[해설] **유해위험방지계획서의 확인 사항**
(1) 사업주는 건설공사 중 6개월 이내마다 다음 각 호의 사항에 관하여 공단의 확인을 받아야 한다.
① 유해·위험방지계획서의 내용과 실제 공사 내용이 부합하는지 여부
② 유해·위험방지계획서 변경내용의 적정성
③ 추가적인 유해·위험요인의 존재 여부
(2) 자체심사 및 확인업체의 사업주는 해당 공사 준공 시까지 6개월 이내마다 자체확인을 하여야 한다. 다만, 그 공사 중 사망재해가 발생한 경우에는 공단의 확인을 받아야 한다.

{분석} "해설"의 내용을 다시 확인하세요.

86 달비계의 발판 위에 설치하는 발끝막이판의 높이는 몇 cm 이상 설치하여야 하는가?

㉮ 10cm 이상   ㉯ 8cm 이상
㉰ 6cm 이상   ㉱ 5cm 이상

[해설] 발끝막이판은 바닥면 등으로 부터 10센티미터 이상의 높이를 유지할 것

87 추락재해를 방지하기 위한 안전대책 내용 중 옳지 않은 것은?

㉮ 높이가 2m를 초과하는 장소에는 승강설비를 설치한다.
㉯ 사다리식 통로의 폭은 30cm 이상으로 한다.
㉰ 사다리식 통로의 기울기는 85° 이상으로 한다.
㉱ 슬레이트 지붕에서 발이 빠지는 등 추락 위험이 있을 경우 폭 30cm 이상의 발판을 설치한다.

[해설] ㉰ 사다리식 통로의 기울기는 75도 이하로 할 것. 다만, 고정식 사다리식 통로의 기울기는 90도 이하로 하고, 그 높이가 7미터 이상인 경우에는 바닥으로부터 높이가 2.5미터 되는 지점부터 등받이울을 설치할 것

[참고] **사다리식 통로의 구조**
① 견고한 구조로 할 것
② 심한 손상·부식 등이 없는 재료를 사용할 것
③ 발판의 간격은 일정하게 할 것
④ 발판과 벽과의 사이는 15센티미터 이상의 간격을 유지할 것
⑤ 폭은 30센티미터 이상으로 할 것
⑥ 사다리가 넘어지거나 미끄러지는 것을 방지하기 위한 조치를 할 것
⑦ 사다리의 상단은 걸쳐놓은 지점으로부터 60센티미터 이상 올라가도록 할 것
⑧ 사다리식 통로의 길이가 10미터 이상인 경우에는 5미터 이내마다 계단참을 설치할 것
⑨ 사다리식 통로의 기울기는 75도 이하로 할 것. 다만, 고정식 사다리식 통로의 기울기는 90도 이하로 하고, 그 높이가 7미터 이상인 경우에는 다음 각 목의 구분에 따른 조치를 할 것
• 등받이울이 있어도 근로자 이동에 지장이 없는 경우 : 바닥으로부터 높이가 2.5미터 되는 지점부터 등받이울을 설치할 것
• 등받이울이 있으면 근로자가 이동이 곤란한 경우 : 한국산업표준에서 정하는 기준에 적합한 개인용 추락 방지 시스템을 설치하고 근로자로 하여금 한국산업표준에서 정하는 기준에 적합한 전신 안전대를 사용하도록 할 것
⑩ 접이식 사다리 기둥은 사용 시 접혀지거나 펼쳐지지 않도록 철물 등을 사용하여 견고하게 조치할 것

{분석} 실기까지 중요한 내용입니다. "참고"를 다시 확인하세요.

정답 85 ㉱ 86 ㉮ 87 ㉰

88 다음 건설기계 중 360° 회전작업이 불가능한 것은?

㉮ 타워크레인 ㉯ 타이어크레인
㉰ 가이데릭 ㉱ 삼각데릭

[해설] ㉱ 삼각데릭은 270°까지 회전할 수 있다.

89 다음 중 흙막이 공법에 해당하지 않는 것은?

㉮ Soil Cement Wall
㉯ Cast In Concrete Pile
㉰ 지하연속벽 공법
㉱ Sand Compaction Pile

[해설] 모래다짐말뚝 공법(sand compaction pile)
진동 또는 충격하중으로 모래말뚝을 연약지반에 다져넣는 공법으로 모래말뚝을 이용하여 압밀촉진을 도모하는 지반개량공법이다.

90 이동식 비계의 조립에 대한 유의사항으로 옳지 않은 것은?

㉮ 제동장치를 설치
㉯ 승강용 사다리를 견고하게 부착
㉰ 비계의 최대높이는 밑변 최대 폭의 4배 이하
㉱ 최상층 및 5층 이내마다 수평재를 설치

[해설] ㉰ 비계의 최대높이는 밑변 최소폭의 4배 이하

[참고] 이동식 비계의 구조
① 바퀴에는 갑작스러운 이동 또는 전도를 방지하기 위하여 브레이크·쐐기 등으로 바퀴를 고정시킨 다음 비계의 일부를 견고한 시설물에 고정하거나 아웃트리거를 설치하는 등 필요한 조치를 할 것
② 승강용 사다리는 견고하게 설치할 것
③ 비계의 최상부에서 작업을 할 때에는 안전난간을 설치할 것
④ 작업발판은 항상 수평을 유지하고 작업발판 위에서 안전난간을 딛고 작업을 하거나 받침대 또는 사다리를 사용하여 작업하지 않도록 할 것
⑤ 작업발판의 최대적재하중은 250킬로그램을 초과하지 않도록 할 것

{분석}
실기까지 중요한 내용입니다. "참고"를 다시 확인하세요.

91 철근 콘크리트 해체용 장비가 아닌 것은?

㉮ 철 해머 ㉯ 압쇄기
㉰ 램머 ㉱ 핸드브레이커

[해설] ㉰ 램머는 지반을 다짐하는 기계이다.

92 다음 중 통로의 설치 기준으로 옳지 않은 것은?

㉮ 근로자가 안전하게 통행할 수 있도록 통로의 조명은 50lux 이상으로 할 것
㉯ 통로 면으로부터 높이 2m 이내에 장애물이 없도록 할 것
㉰ 추락의 위험이 있는 곳에는 안전난간을 설치할 것
㉱ 건설공사에 사용하는 높이 8m 이상인 비계다리는 7m 이내마다 계단참을 설치할 것

[해설] 통로의 설치
① 작업장으로 통하는 장소 또는 작업장내에는 근로자가 사용하기 위한 안전한 통로를 설치하고 항상 사용가능한 상태로 유지하여야 한다.
② 통로의 주요한 부분에는 통로표시를 하고, 근로자가 안전하게 통행할 수 있도록 하여야 한다.
③ 근로자가 안전하게 통행할 수 있도록 통로에 75럭스 이상의 채광 또는 조명시설을 하여야 한다.
④ 통로면으로 부터 높이 2미터 이내에는 장애물이 없도록 하여야 한다.

정답 88 ㉱ 89 ㉱ 90 ㉰ 91 ㉰ 92 ㉮

93 유한사면에서 사면 기울기가 비교적 완만한 점성토에서 주로 발생되는 사면파괴의 형태는?

㉮ 저부파괴
㉯ 사면선단파괴
㉰ 사면내파괴
㉱ 국부전단파괴

[해설] ① 사면선단파괴 : 급한 경사 사면, 점착력이 작은 경우
② 저부 파괴 : 완만한 경사 사면, 점착력이 큰 경우
③ 사면내파괴 : 기초지반이 박층인 사면, 성토 층이 여러 층인 경우

[참고] ① 유한사면(Fintie slope) : 활동하는 깊이가 사면의 높이에 비해 비교적 큰 사면으로 제방, 댐의 사면 등이 있다.
② 무한사면 (Land Creep) : 활동하는 깊이가 사면의 높이에 비해 적은 사면으로 산의 사면이 있다.
③ 사면파괴 : 자연사면의 경사면 붕괴를 산사태라 하고 인공사면의 붕괴를 사면파괴라 한다.

94 불특정지역을 계속적으로 운반할 경우 사용해야 하는 운반기계는?

㉮ 컨베이어   ㉯ 크레인
㉰ 화물차   ㉱ 기차

[해설] 불특정지역을 계속 운반할 경우 화물차가 적합하다.

95 콘크리트 타설 시 거푸집의 측압에 영향을 미치는 인자에 대한 설명으로 옳지 않은 것은?

㉮ 부재의 단면이 클수록 크다.
㉯ 슬럼프가 작을수록 크다.
㉰ 거푸집 속의 콘크리트 온도가 낮을수록 크다.
㉱ 붓는 속도가 빠를수록 크다.

[해설] 콘크리트의 측압
① 철골 or 철근량 적을수록 측압이 크다.
② 외기온도 낮을수록 측압이 크다.
③ 타설속도 빠를수록 측압이 크다.
④ 다짐이 좋을수록 측압이 크다.
⑤ 슬럼프 클수록 측압이 크다.
⑥ 콘크리트 비중 클수록 측압이 크다.
⑦ 응결시간이 느린 시멘트를 사용할수록 측압이 크다.
⑧ 습도가 낮을수록 측압이 크다.

{분석}
필기에 자주 출제되는 내용입니다.
"해설"을 다시 확인하세요.

96 철골공사에서 부재의 건립용 기계로 거리가 먼 것은?

㉮ 타워크레인
㉯ 가이데릭
㉰ 삼각데릭
㉱ 항타기

[해설] ㉱ 항타기는 붐에 어스 드릴용 장치를 부착하여 땅속에 규모가 큰 구멍을 파서 기초공사에 사용하는 굴착기계이다.

97 건설업 산업안전보건관리비로 사용할 수 없는 것은?

㉮ 개인보호구 및 안전장구 구입비용
㉯ 추락방지용 안전시설 등 안전시설 비용
㉰ 경비원, 교통정리원, 자재정리원의 인건비
㉱ 전담안전관리자의 인건비 및 업무수당

[해설] ㉰ 경비원, 청소원, 폐자재 처리원, 사무보조원의 인건비는 근로자 재해예방 외의 다른 목적이 포함된 경우로 산업안전보건관리비로 사용할 수 없다.

정답 93 ㉮ 94 ㉰ 95 ㉯ 96 ㉱ 97 ㉰

참고 산업안전보건관리비의 세부 사용항목

항목	세부 사용항목
1. 안전관리자·보건관리자의 임금 등	① 안전관리 또는 보건관리 업무만을 전담하는 안전관리자 또는 보건관리자의 임금과 출장비 전액 ② 안전관리 또는 보건관리 업무를 전담하지 않는 안전관리자 또는 보건관리자의 임금과 출장비의 각각 2분의 1에 해당하는 비용 ③ 안전관리자를 선임한 건설공사 현장에서 산업재해 예방 업무만을 수행하는 작업지휘자, 유도자, 신호자 등의 임금 전액 ④ 작업을 직접 지휘·감독하는 직·조·반장 등 관리감독자의 직위에 있는 자가 업무를 수행하는 경우에 지급하는 업무수당(임금의 10분의 1 이내)
2. 안전시설비 등	① 산업재해 예방을 위한 안전난간, 추락방호망, 안전대 부착설비, 방호장치(기계·기구와 방호장치가 일체로 제작된 경우, 방호장치 부분의 가액에 한함) 등 안전시설의 구입·임대 및 설치를 위해 소요되는 비용 ② 스마트 안전장비 구입·임대 비용의 5분의 2에 해당하는 비용. 다만, 계상된 안전보건관리비 총액의 10분의 1을 초과할 수 없다. ③ 용접 작업 등 화재 위험작업 시 사용하는 소화기의 구입·임대비용
3. 보호구 등	① 보호구의 구입·수리·관리 등에 소요되는 비용 ② 근로자가 보호구를 직접 구매·사용하여 합리적인 범위 내에서 보전하는 비용 ③ 안전관리자 등의 업무용 피복, 기기 등을 구입하기 위한 비용 ④ 안전관리자 및 보건관리자가 안전보건 점검 등을 목적으로 건설공사 현장에서 사용하는 차량의 유류비·수리비·보험료
4. 안전보건 진단비 등	① 유해위험방지계획서의 작성 등에 소요되는 비용 ② 안전보건진단에 소요되는 비용 ③ 작업환경 측정에 소요되는 비용 ④ 그 밖에 산업재해예방을 위해 법에서 지정한 전문기관 등에서 실시하는 진단, 검사, 지도 등에 소요되는 비용
5. 안전보건 교육비 등	① 의무교육이나 이에 준하여 실시하는 교육을 위해 건설공사 현장의 교육장소 설치·운영 등에 소요되는 비용 ② 산업재해 예방 목적을 가진 다른 법령상 의무교육을 실시하기 위해 소요되는 비용 ③ 「응급의료에 관한 법률」에 따른 안전보건교육 대상자 등에게 구조 및 응급처치에 관한 교육을 실시하기 위해 소요되는 비용 ④ 안전보건관리책임자, 안전관리자, 보건관리자가 업무수행을 위해 필요한 정보를 취득하기 위한 목적으로 도서, 정기간행물을 구입하는 데 소요되는 비용 ⑤ 건설공사 현장에서 안전기원제 등 산업재해 예방을 기원하는 행사를 개최하기 위해 소요되는 비용. 다만, 행사의 방법, 소요된 비용 등을 고려하여 사회통념에 적합한 행사에 한한다. ⑥ 건설공사 현장의 유해·위험요인을 제보하거나 개선방안을 제안한 근로자를 격려하기 위해 지급하는 비용
6. 근로자 건강 장해 예방비 등	① 법에서 정하거나 그에 준하여 필요한 각종 근로자의 건강장해 예방에 필요한 비용 ② 중대재해 목격으로 발생한 정신질환을 치료하기 위해 소요되는 비용 ③ 「감염병의 예방 및 관리에 관한 법률」에 따른 감염병의 확산 방지를 위한 마스크, 손소독제, 체온계 구입비용 및 감염병병원체 검사를 위해 소요되는 비용 ④ 휴게시설을 갖춘 경우 온도, 조명 설치·관리기준을 준수하기 위해 소요되는 비용 ⑤ 건설공사 현장에서 근로자 심폐소생을 위해 사용되는 자동심장충격기(AED) 구입에 소요되는 비용

)) 정답

7. 건설재해예방전문지도기관의 지도에 대한 대가로 자기공사자가 지급하는 비용

8. 「중대재해 처벌 등에 관한 법률」에 해당하는 건설사업자가 아닌 자가 운영하는 사업에서 안전보건 업무를 총괄·관리하는 3명 이상으로 구성된 본사 전담조직에 소속된 근로자의 임금 및 업무수행 출장비 전액. 단, 안전보건관리비 총액의 20분의 1을 초과할 수 없다.

9. 위험성평가 또는 유해·위험요인 개선을 위해 필요하다고 판단하여 산업안전보건위원회 또는 노사협의체에서 사용하기로 결정한 사항을 이행하기 위한 비용. 계상된 안전보건관리비 총액의 10분의 1을 초과할 수 없다.

{분석} 실기까지 중요한 내용입니다. "참고"를 다시 확인하세요.

98. 와이어로프 안전계수 중 화물의 하중을 직접 지지하는 경우에 안전계수 기준으로 옳은 것은?

㉮ 3 이상
㉯ 4 이상
㉰ 5 이상
㉱ 6 이상

[해설] **와이어로프 등 달기구의 안전계수**

양중기의 와이어로프 등 달기구의 안전계수(달기구 절단하중의 값을 그 달기구에 걸리는 하중의 최대값으로 나눈 값을 말한다)가 다음 각 호의 구분에 따른 기준에 맞지 아니한 경우에는 이를 사용해서는 아니 된다.

① 근로자가 탑승하는 운반구를 지지하는 달기와이어로프 또는 달기체인의 경우 : 10 이상
② 화물의 하중을 직접 지지하는 달기와이어로프 또는 달기체인의 경우 : 5 이상
③ 훅, 샤클, 클램프, 리프팅 빔의 경우 : 3 이상
④ 그 밖의 경우 : 4 이상

{분석} 실기에도 자주 출제되는 중요한 내용입니다. 반드시 암기하세요.

99. 하루의 평균기온이 4℃ 이하로 될 것이 예상되는 기상조건에서 낮에도 콘크리트가 동결의 우려가 있는 경우에 사용되는 콘크리트는?

㉮ 고강도 콘크리트
㉯ 경량 콘크리트
㉰ 서중 콘크리트
㉱ 한중 콘크리트

[해설] 일 평균기온 4℃ 이하에서 시공하는 콘크리트 → 한중 콘크리트

100. 산업안전보건 법령상 양중 장비에 대한 다음 설명 중 옳지 않은 것은?

㉮ 승객용 엘리베이터란 사람의 운송에 적합하게 제조·설치된 엘리베이터를 말한다.
㉯ 화물용 엘리베이터란 화물 운반에 적합하게 제조·설치된 엘리베이터로서 조작자 또는 화물취급자 1명은 탑승할 수 있는 것을 말한다.
㉰ 리프트는 동력을 이용하여 화물을 운반하는 기계설비로서 사람의 탑승은 금지된다.
㉱ 크레인은 중량물을 상하 및 좌우 운반하는 기계로서 사람의 운반은 금지된다.

[해설] ㉰ 리프트란 동력을 사용하여 사람이나 화물을 운반하는 것을 목적으로 하는 기계 설비를 말한다.

{분석} 관련 법령의 변경으로 문제 일부를 수정하였습니다.

정답 98 ㉰ 99 ㉱ 100 ㉰

01회 2013년 산업안전 산업기사 최근 기출문제

제1과목: 산업재해 예방 및 안전보건교육

01 다음 중 교육훈련 평가의 4단계를 올바르게 나열한 것은?

㉮ 학습 → 반응 → 행동 → 결과
㉯ 학습 → 행동 → 반응 → 결과
㉰ 행동 → 반응 → 학습 → 결과
㉱ 반응 → 학습 → 행동 → 결과

【해설】

1단계 : 반응단계	훈련을 어떻게 생각하고 있는가?
2단계 : 학습단계	어떠한 원칙과 사실 및 기술 등을 배웠는가?
3단계 : 행동단계	교육훈련을 통하여 직무수행 상 어떠한 행동의 변화를 가져왔는가?
4단계 : 결과단계	교육훈련을 통하여 직무에 어떠한 성과가 있었는가?

02 다음 중 직무적성 검사에 있어 갖추어야 할 요건으로 볼 수 없는 것은?

㉮ 규준
㉯ 타당성
㉰ 표준화
㉱ 융통성

【해설】 심리검사(적성검사)의 기준
① 표준화
② 객관성
③ 규준성
④ 신뢰성
⑤ 타당성

03 다음 중 산업안전보건법에 따라 안전·보건진단을 받아 안전보건개선계획을 수립·제출하도록 명할 수 있는 사업장에 해당하지 않는 것은?

㉮ 직업병에 걸린 사람이 연간 1명 발생한 사업장
㉯ 산업재해발생률이 같은 업종 평균 산업재해발생률의 3배인 사업장
㉰ 작업환경 불량, 화재·폭발 또는 누출 사고 등으로 사업장 주변까지 피해가 확산된 사업장
㉱ 산업 재해율이 같은 업종의 규모별 평균 산업 재해율보다 높은 사업장 중 사업주가 안전·보건조치의무를 이행하지 아니하여 발생한 중대재해 발생 사업장

【해설】 안전·보건진단을 받아 안전보건개선계획을 수립·제출하도록 명할 수 있는 사업장
1. 산업재해율이 같은 업종 평균 산업재해율의 2배 이상인 사업장
2. 사업주가 필요한 안전조치 또는 보건조치를 이행하지 아니하여 중대재해가 발생한 사업장
3. 직업성 질병자가 연간 2명 이상(상시근로자 1천명 이상 사업장의 경우 3명 이상) 발생한 사업장
4. 그 밖에 작업환경 불량, 화재·폭발 또는 누출 사고 등으로 사업장 주변까지 피해가 확산된 사업장으로서 고용노동부령으로 정하는 사업장

특급 암기법
평균의 2배 이상, 직업성 질병 2명 이상 (1,000명 이상 3명) 진단받아 개선!
중대재해 발생하면 진단받아 개선!

{분석}
실기까지 중요한 내용입니다. 반드시 암기하세요.

정답 01 ㉱ 02 ㉱ 03 ㉮

04 의식수준 5단계 중 의식수준의 저하로 인한 피로와 단조로움의 생리적 상태가 일어나는 단계는?

㉮ Phase Ⅰ
㉯ Phase Ⅱ
㉰ Phase Ⅲ
㉱ Phase Ⅳ

[해설] 인간 의식레벨의 분류

Phase 0	무의식, 실신	수면, 뇌발작	주의작용 0
Phase i	의식 흐림	피로, 단조로운 일	부주의
Phase ii	이완	안정기거, 휴식	안정기거, 휴식
Phase iii	상쾌	적극적	적극활동
Phase iv	과긴장	일점집중현상, 긴급방위	감정흥분

{분석} 실기까지 중요한 내용입니다. 해설을 다시 확인하세요.

05 안전인증 대상 보호구 중 차광보안경의 사용 구분에 따른 종류가 아닌 것은?

㉮ 보정용   ㉯ 용접용
㉰ 복합용   ㉱ 적외선용

[해설] 사용 구분에 따른 차광보안경의 종류(안전인증 대상)

종류	사용 구분
자외선용	자외선이 발생하는 장소
적외선용	적외선이 발생하는 장소
복합용	자외선 및 적외선이 발생하는 장소
용접용	산소용접작업등과 같이 자외선, 적외선 및 강렬한 가시광선이 발생하는 장소

{분석} 실기까지 중요한 내용입니다. 반드시 암기하세요.

06 다음 중 안전점검 체크리스트 작성 시 유의해야 할 사항과 관계가 가장 적은 것은?

㉮ 사업장에 적합한 독자적인 내용으로 작성한다.
㉯ 점검 항목은 전문적이면서 간략하게 작성한다.
㉰ 관계자의 의견을 통하여 정기적으로 검토·보안 작성한다.
㉱ 위험성이 높고, 긴급을 요하는 순으로 작성한다.

[해설] 안전점검표(안전점검 체크리스트) 작성 시 유의사항
① 사업장에 적합한 내용이며 독자적일 것
② 내용은 구체적이며, 재해예방에 실효가 있을 것
③ 중요도가 높은 순으로 작성할 것
④ 일정 양식 및 점검대상을 정하여 작성할 것
⑤ 가급적 쉬운 표현으로 작성할 것

07 다음 중 인간이 자기의 실패나 약점을 그럴듯한 이유를 들어 남의 비난을 받지 않도록 하며 또한 자기 행위도 정당화하는 방어기제를 무엇이라 하는가?

㉮ 보상   ㉯ 투사
㉰ 합리화   ㉱ 전이

[해설] 합리화
• 자기 행위는 합리적이고 정당하며 실제보다 훌륭하게 평가함
• 원하는 목표 행동을 하지 못하였을 경우 그에 대하여 그럴듯한 이유나 변명을 들어 자신의 실패를 정당화하는 방어기제이다.

08 다음 중 재해를 분석하는 방법에 있어 재해건수가 비교적 적은 사업장의 적용에 적합하고, 특수재해나 중대재해의 분석에 사용하는 방법은?

㉮ 개별분석
㉯ 통계분석
㉰ 사전분석
㉱ 크로스(Cross)분석

정답 04 ㉮ 05 ㉮ 06 ㉯ 07 ㉰ 08 ㉮

해설 재해 건수가 적은 경우, 특수재해, 중대재해의 분석에 이용 → 개별분석

09 사업장 무재해 운동 추진 및 운동에 있어 무재해 목표 설정의 기준이 되는 무재해 시간은 무재해 운동을 개시하거나 재개시한 날부터 실 근무자 수와 실 근로시간을 곱하여 산정하는데 다음 중 실 근로자의 산정이 곤란한 사무직 근로자 등의 경우에는 1일 몇 시간 근무한 것으로 보는가?

㉮ 6시간 ㉯ 8시간
㉰ 9시간 ㉱ 10시간

해설 관련법규 개정으로 법령에서 삭제된 내용입니다.

10 산업안전보건법상의 안전·보건교육에 있어 관리감독자 정기안전·보건교육에 해당하는 것은? (단, 산업안전보건법령 및 산업재해보상보험제도에 관한 사항은 제외한다.)

㉮ 정리정돈 및 청소에 관한 사항
㉯ 작업 개시 전 점검에 관한 사항
㉰ 작업공정의 유해·위험과 재해 예방대책에 관한 사항
㉱ 기계·기구의 위험성과 작업의 순서 및 동선에 관한 사항

해설 관리감독자 정기안전·보건교육
① 산업안전 및 사고 예방에 관한 사항
② 산업보건 및 직업병 예방에 관한 사항
③ 유해·위험 작업환경 관리에 관한 사항
④ 산업안전보건법령 및 산업재해보상보험 제도에 관한 사항
⑤ 직무스트레스 예방 및 관리에 관한 사항
⑥ 직장 내 괴롭힘, 고객의 폭언 등으로 인한 건강장해 예방 및 관리에 관한 사항
⑦ 위험성평가에 관한 사항

⑧ 작업공정의 유해·위험과 재해 예방대책에 관한 사항
⑨ 표준안전 작업방법 결정 및 지도·감독 요령에 관한 사항
⑩ 비상 시 또는 재해 발생 시 긴급조치에 관한 사항
⑪ 사업장 내 안전보건관리체제 및 안전·보건조치 현황에 관한 사항
⑫ 현장근로자와의 의사소통능력 및 강의능력 등 안전보건교육 능력 배양에 관한 사항
⑬ 그 밖의 관리감독자의 직무에 관한 사항

특급 암기법

공통 항목(관리감독자, 근로자)
1. 관리자는 법, 산재보상제도를 알자.
2. 관리자는 건강을 보존(산업보건)하고 직업병, 스트레스, 괴롭힘, 폭언 예방하자!
3. 관리자는 유해위험 환경을 관리해서 안전하고 사고예방하자!
4. 관리자는 위험성을 평가하자!

관리감독자 정기교육의 특징
1. 관리자는 유해위험의 재해예방대책 세우자!
2. 관리자는 안전 작업방법 결정해서 감독하자!
3. 관리자는 재해발생 시 긴급조치하자!
4. 관리자는 안전보건 조치하자!
5. 관리자는 안전보건교육 능력 배양하자!

참고 1. 근로자 정기안전·보건교육
① 산업안전 및 사고 예방에 관한 사항
② 산업보건 및 직업병 예방에 관한 사항
③ 유해·위험 작업환경 관리에 관한 사항
④ 산업안전보건법령 및 산업재해보상보험제도에 관한 사항
⑤ 직무스트레스 예방 및 관리에 관한 사항
⑥ 직장 내 괴롭힘, 고객의 폭언 등으로 인한 건강장해 예방 및 관리에 관한 사항
⑦ 건강증진 및 질병 예방에 관한 사항
⑧ 위험성 평가에 관한 사항

특급 암기법

공통 항목(관리감독자, 근로자)
1. 근로자는 법, 산재보상제도를 알자.
2. 근로자는 건강을 보존(산업보건)하고 직업병, 스트레스, 괴롭힘, 폭언 예방하자!
3. 근로자는 유해위험 환경을 관리해서 안전하고 사고예방하자!
4. 근로자는 위험성을 평가하자!

근로자 정기교육의 특징
1. 근로자는 건강증진하고 질병예방하자!

정답 09 정답 없음 10 ㉰

2. 채용 시의 교육 및 작업내용 변경 시의 교육

근로자
① 산업안전 및 사고 예방에 관한 사항
② 산업보건 및 직업병 예방에 관한 사항
③ 산업안전보건법령 및 산업재해보상보험제도에 관한 사항
④ 직무스트레스 예방 및 관리에 관한 사항
⑤ 직장 내 괴롭힘, 고객의 폭언 등으로 인한 건강장해 예방 및 관리에 관한 사항
⑥ 기계·기구의 위험성과 작업의 순서 및 동선에 관한 사항
⑦ 물질안전보건자료에 관한 사항
⑧ 작업 개시 전 점검에 관한 사항
⑨ 정리정돈 및 청소에 관한 사항
⑩ 사고 발생 시 긴급조치에 관한 사항
⑪ 위험성 평가에 관한 사항

공통 항목
1. 신규자는 법, 산재보상제도를 알자!
2. 신규자는 건강을 보존(산업보건)하고 직업병, 스트레스, 괴롭힘, 폭언 예방하자!
3. 신규자는 안전하고 사고예방하자!
4. 신규자는 위험성을 평가하자!

신규채용자는 회사에 처음 입사해서 처음 일을 하는 근로자, 안전하게 일하기 위한 기본내용을 교육한다.
1. 신규자는 기계·기구 위험성, 작업순서, 동선을 알자!
2. 신규자는 취급물질의 위험성(물질안전보건자료)을 알자!
3. 신규자는 작업 전 점검하자!
4. 신규자는 항상 정리정돈 청소하자!
5. 신규자는 사고 시 조치를 알자!

관리감독자
① 산업안전 및 사고 예방에 관한 사항
② 산업보건 및 직업병 예방에 관한 사항
③ 산업안전보건법령 및 산업재해보상보험 제도에 관한 사항
④ 직무스트레스 예방 및 관리에 관한 사항
⑤ 직장 내 괴롭힘, 고객의 폭언 등으로 인한 건강장해 예방 및 관리에 관한 사항
⑥ 위험성평가에 관한 사항
⑦ 기계·기구의 위험성과 작업의 순서 및 동선에 관한 사항
⑧ 작업 개시 전 점검에 관한 사항
⑨ 물질안전보건자료에 관한 사항
⑩ 사업장 내 안전보건관리체제 및 안전·보건조치 현황에 관한 사항
⑪ 표준안전 작업방법 결정 및 지도·감독 요령에 관한 사항
⑫ 비상 시 또는 재해 발생 시 긴급조치에 관한 사항
⑬ 그 밖의 관리감독자의 직무에 관한 사항

공통 항목 – 채용 시 근로자 교육과 동일
1. 신규 관리자는 법, 산재보상제도를 알자!
2. 신규 관리자는 건강을 보존(산업보건)하고 직업병, 스트레스, 괴롭힘, 폭언 예방하자!
3. 신규 관리자는 안전하고 사고예방하자!
4. 신규 관리자는 위험성을 평가하자!

채용 시 근로자 교육 중 "정리정돈 청소" 제외
1. 신규 관리자는 기계·기구 위험성, 작업순서, 동선을 알자!
2. 신규 관리자는 취급물질의 위험성(물질안전보건자료)을 알자!
3. 신규 관리자는 작업 전 점검하자!

신규 관리자 내용 추가
1. 신규 관리자는 안전보건 조치하자!
2. 신규 관리자는 안전 작업방법 결정해서 감독하자!
3. 신규 관리자는 재해 시 긴급조치하자!

{분석}
실기에도 자주 출제되는 내용입니다.
"참고"도 반드시 암기하세요.

11 상시근로자수가 75명인 사업장에서 1일 8시간씩 연간 320일을 작업하는 동안에 4건의 재해가 발생하였다면 이 사업장의 도수율은 약 얼마인가?

㉮ 17.68　　㉯ 19.67
㉰ 20.83　　㉱ 22.8

해설 도수율 = $\dfrac{재해 건수}{연 근로시간 수} \times 10^6$

$= \dfrac{4}{75 \times 8 \times 320} \times 10^6 = 20.83$

{분석}
반드시 풀이할 수 있어야 합니다.

정답 11 ㉰

12 산업안전보건 법령상 안전·보건표지 중 안내표지의 종류에 해당하지 않는 것은?

㉮ 들것
㉯ 세안 장치
㉰ 비상용 기구
㉱ 허가대상물질 작업장

[해설] 안내표지의 종류

녹십자표지	응급구호표지	들것
세안장치	비상용기구	비상구

{분석}
안전표지는 실기에도 자주 출제되는 내용입니다.
잘 기억하세요.

13 다음 중 산업안전보건법상 용어의 정의가 잘못 설명된 것은?

㉮ "사업주"란 근로자를 사용하여 사업을 하는 자를 말한다.
㉯ "근로자대표"란 근로자의 과반수로 조직된 노동조합이 없는 경우에는 사업주가 지정하는 자를 말한다.
㉰ "산업재해"란 노무를 제공하는 자가 업무에 관계되는 건설물·설비·원재료·가스·증기·분진 등에 의하거나 작업 또는 그 밖의 업무로 인하여 사망 또는 부상하거나 질병에 걸리는 것을 말한다.
㉱ "안전·보건진단"이란 산업재해를 예방하기 위하여 잠재적 위험성을 발견하고 그 개선대책을 수립할 목적으로 조사·평가하는 것을 말한다.

[해설] 용어정의
㉯ "근로자대표"란 근로자의 과반수로 조직된 노동조합이 있는 경우에는 그 노동조합을, 근로자의 과반수로 조직된 노동조합이 없는 경우에는 근로자의 과반수를 대표하는 자를 말한다.

14 다음 중 학습지도의 원리에 해당하지 않는 것은?

㉮ 자기활동의 원리
㉯ 사회화의 원리
㉰ 직관의 원리
㉱ 분리의 원리

[해설] 학습지도의 원리
① **자발성의 원리(자기활동의 원리)** : 학습자 스스로가 능동적으로 학습활동에 의욕을 가지고 참여하도록 하는 원리
② **개별화의 원리** : 학습자를 존중하고, 학습자 개개인의 능력, 소질, 성향 등 모든 발달 가능성을 신장시키려는 원리
③ **목적의 원리** : 학습자는 학습목표가 분명하게 인식되었을 때 자발적이고 적극적인 학습활동을 하게 된다.
④ **사회화의 원리** : 학교교육을 통하여 학생들이 사회화되어 유용한 사회인으로 육성시키고자 하는 교육이다.
⑤ **통합화의 원리** : 학습자를 전체적 인격체로 보고 그에게 내제하여 있는 모든 능력을 조화적으로 발달시키기 위한 생활 중심의 통합교육을 원칙으로 하는 원리
⑥ **직관의 원리(직접경험의 원리)** : 학습에 있어 언어위주로 설명을 하는 수업보다는 구체적인 사물을 학습자가 직접 경험해 봄으로써 학습의 효과를 높일 수 있는 원리

정답 12 ㉱ 13 ㉯ 14 ㉱

15 다음 설명에 해당하는 위험예지활동은?

> 작업을 오조작 없이 안전하게 하기 위하여 작업공정의 요소에서 자신의 행동을 하고 대상을 가리킨 후 큰 소리로 확인하는 것

㉮ 지적확인
㉯ Tool Box Meeting
㉰ 터치 앤 콜
㉱ 삼각위험예지훈련

해설 지적 확인 : 사람의 눈이나 귀 등 오관의 감각기관을 총동원해서 작업공정의 요소 요소에서 자신의 행동을 (…좋아)하고 대상을 지적하여 큰 소리로 확인하여 작업의 정확성과 안전을 확인하는 방법이다.

참고 ① T.B.M(Tool Box Meeting, 즉시 적응법) : 작업 전, 종료 시 5~10분간 작업자 3~5인이 조를 이뤄 작업 시 위험요소에 대하여 말하는 방식이다.
② 터치 앤 콜(Touch and Call) : 팀의 전 구성원이 원을 만들어 팀의 행동목표나 무재해 구호를 지적 확인하는 방법이다.(무재해로 나가자, 좋아! 좋아! 좋아!)

16 다음 중 재해의 기본원인을 4M으로 분류할 때 작업의 정보, 작업방법, 환경 등의 요인이 속하는 것은?

㉮ Man
㉯ Machine
㉰ Media
㉱ Method

해설 인간에러(휴먼 에러)의 배후요인(4M)
① Man(인간) : 본인 외의 사람, 직장의 인간관계 등
② Machine(기계) : 기계, 장치 등의 물적 요인
③ Media(매체) : 작업정보, 작업방법 등
④ Management(관리) : 작업관리, 법규준수, 단속, 점검 등

{분석} 실기까지 중요한 내용입니다. 반드시 암기하세요.

17 매슬로(Maslow)의 욕구 단계 이론 중 인간에게 영향을 줄 수 있는 불안, 공포, 재해 등 각종 위험으로부터 해방되고자 하는 욕구에 해당되는 것은?

㉮ 사회적 욕구
㉯ 존경의 욕구
㉰ 안전의 욕구
㉱ 자아실현의 욕구

해설 매슬로(Maslow A. H.)의 욕구단계 이론(인간의 욕구 5단계)
① 제1단계(생리적 욕구) : 기아, 갈증, 호흡, 배설, 성욕 등 인간의 가장 기본적인 욕구
② 제2단계(안전 욕구) : 자기 보존 욕구
③ 제3단계(사회적 욕구) : 소속감과 애정 욕구
④ 제4단계(존경 욕구) : 인정받으려는 욕구
⑤ 제5단계(자아실현의 욕구) : 잠재적인 능력을 실현하고자 하는 욕구 (성취 욕구)

18 다음 중 리더십의 유효성(有效性)을 증대시키는 1차적 요소와 관계가 가장 먼 것은?

㉮ 리더 자신
㉯ 조직의 규모
㉰ 상황적 변수
㉱ 추종자 집단

정답 15 ㉮ 16 ㉰ 17 ㉰ 18 ㉯

[해설] 리더십의 정의

$$L = f(l, f_1, s)$$

여기서, L : 리더십(leader ship)
f : 함수(function)
l : 리더(leader)
f_1 : 멤버, 추종자(follower)
s : 상황요인(situational variables)

19 기억의 과정 중 과거의 학습경험을 통해서 학습된 행동이 현재와 미래에 지속되는 것을 무엇이라 하는가?

㉮ 기명(memorizing)
㉯ 파지(retention)
㉰ 재생(recall)
㉱ 재인(recognition)

[해설] 기억된 내용이 지속됨 → 파지

[참고] 기억의 과정
기명 → 파지 → 재생 → 재인
① 기억 : 과거 행동이 미래 행동에 영향을 줌
② 기명 : 사물의 인상을 마음에 간직함
③ 파지 : 인상이 보존됨
④ 재생 : 보존된 인상이 떠오름
⑤ 재인 : 과거에 경험했던 것과 비슷한 상황에서 떠오르는 현상

20 스트레스 주요 원인 중 마음속에서 일어나는 내적 자극 요인으로 볼 수 없는 것은?

㉮ 자존심의 손상
㉯ 업무상 죄책감
㉰ 현실에서의 부적응
㉱ 대인 관계상의 갈등

[해설] ㉱ 대인 관계상의 갈등은 스트레스의 외적요인에 해당한다.

제2과목 · 인간공학 및 위험성 평가 · 관리

21 다음 중 위험처리 방법에 관한 설명으로 적절하지 않은 것은?

㉮ 위험처리 대책 수립 시 비용문제는 제외된다.
㉯ 재정적으로 처리하는 방법에는 보유와 전가 방법이 있다.
㉰ 위험의 제어 방법에는 회피, 손실제어, 위험분리, 책임 전가 등이 있다.
㉱ 위험처리 방법에는 위험을 제어하는 방법과 재정적으로 처리하는 방법이 있다.

[해설] ㉮ 위험처리 대책 수립 시에는 비용문제를 고려하여야 한다.

22 다음 중 정보의 전달방법으로 시각적 표시장치보다 청각적 표시방법을 이용하는 것이 적절한 경우는?

㉮ 정보의 내용이 복잡하고 긴 경우
㉯ 정보가 시간적인 사상을 다룰 때
㉰ 즉각적인 행동을 요구하지 않는 경우
㉱ 정보가 공간적인 위치를 다루는 경우

[해설] ㉮, ㉰, ㉱ 시각장치 이용
㉯ 청각장치 이용

{분석}
필기에 자주 출제되는 내용입니다.

▶) 정답 19 ㉯ 20 ㉱ 21 ㉮ 22 ㉯

23 다음 중 조종-반응 비율(C/R비)에 따른 이동시간과 조정시간의 관계로 옳은 것은?

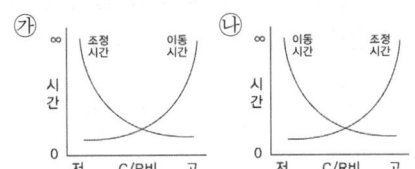

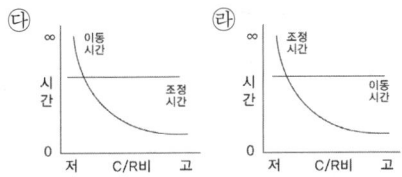

[해설]
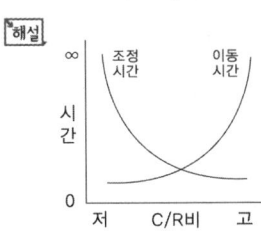

24 다음 중 조도에 관한 설명으로 틀린 것은?

㉮ 조도는 거리에 비례하고, 광도에 반비례한다.
㉯ 어떤 물체나 표면에 도달하는 광의 밀도를 말한다.
㉰ 1lux란 1촉광의 점광원으로부터 1m 떨어진 곡면에 비추는 광의 밀도를 말한다.
㉱ 1fc란 1촉광의 점광원으로부터 1foot 떨어진 곡면에 비추는 광의 밀도를 말한다.

[해설] ㉮ 조도는 거리 제곱에 반비례하고 광도에 비례한다.

[참고] 조도(lux) = $\dfrac{광도}{(거리)^2}$

25 빨강, 노랑, 파랑, 화살표 등 모두 4종류의 신호등이 있다. 신호등은 한 번에 하나의 등만 켜지도록 되어 있다. 1시간 동안 측정한 결과 4가지 신호등이 모두 15분씩 켜져 있었다. 이 신호등의 총 정보량은 얼마인가?

㉮ 1bit ㉯ 2bit
㉰ 3bit ㉱ 4bit

[해설]
정보량 $H = \log_2 \dfrac{1}{P}$
여기서, P : 각 대안의 실현 확률

1시간 동안 4가지 신호등이 각각 15분씩 켜지므로 각 신호등의 실현 확률은 0.25(25%)가 된다.
정보량 $H = \log_2 \dfrac{1}{0.25} = 2\text{bit}$

26 시스템 설계 과정의 주요 단계 중 계면설계에 있어 계면설계를 위한 인간요소 자료로 볼 수 없는 것은?

㉮ 상식과 경험
㉯ 전문가의 판단
㉰ 실험절차
㉱ 정량적 자료집

[해설] 작업공간, 표시장치, 조종장치 등이 계면에 해당되며 계면설계를 위한 인간 요소 관련자료는 상식과 경험, 정량적 자료, 전문가의 판단 등이다.

27 다음 중 정량적 표시장치의 눈금 수열로 가장 인식하기 쉬운 것은?

㉮ 1, 2, 3 …   ㉯ 2, 4, 5 …
㉰ 3, 6, 9 …   ㉱ 4, 8, 12 …

[해설] 가장 인식이 용이한 정량적 눈금 수열
: 1, 2, 3 …

정답 23 ㉮ 24 ㉮ 25 ㉯ 26 ㉰ 27 ㉮

28 다음 중 부품배치의 원칙에 해당하지 않는 것은?

㉮ 사용 순서의 원칙
㉯ 사용빈도의 원칙
㉰ 중요성의 원칙
㉱ 신뢰성의 원칙

[해설] **부품배치의 원칙**
① 중요성의 원칙 : 부품을 작동하는 성능이 체계의 목표 달성에 중요한 정도에 따라 우선순위를 결정 한다.
② 사용빈도의 원칙 : 부품을 사용하는 빈도에 따라 우선순위를 결정한다.
③ 기능별 배치의 원칙 : 기능적으로 관련된 부품들(표시장치, 조정장치 등)을 모아서 배치한다.
④ 사용 순서의 원칙 : 사용 순서에 따라 장치들을 가까이에 배치한다.

{분석}
필기에 자주 출제되는 내용입니다.

29 인간-기계 시스템의 구성요소에서 다음 중 일반적으로 신뢰도가 가장 낮은 요소는? (단, 관련 요건은 동일하다는 가정이다.)

㉮ 수공구
㉯ 작업자
㉰ 조종장치
㉱ 표시장치

[해설] 인간-기계 시스템에서 인간의 신뢰도가 가장 낮다.

30 일반적으로 인체에 가해지는 온·습도 및 기류 등의 외적변수를 종합적으로 평가하는 데에는 "불쾌지수"라는 지표가 이용된다. 식이 다음과 같은 경우 건구온도와 습구온도의 단위로 옳은 것은?

> 불쾌지수
> = 0.72×(건구온도+습구온도)+40.6

㉮ 실효온도   ㉯ 화씨온도
㉰ 절대온도   ㉱ 섭씨온도

[해설] 섭씨온도를 기준으로 한 불쾌지수
 = (건구온도+습구온도)×0.72 + 40.6
화씨온도 기준을 기준으로 한 불쾌지수
 = (건구온도+습구온도)×0.4 + 15

31 FT도에 사용되는 다음의 기호가 의미하는 내용으로 옳은 것은?

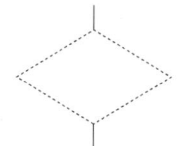

㉮ 생략사상으로서 간소화
㉯ 생략사상으로서 인간의 실수
㉰ 생략사상으로서 조직자의 간과
㉱ 생략사상으로서 시스템의 고장

[해설]

기본사상 중 인간의 실수	생략사상으로서 간소화	생략사상 중 인간의 실수
○	◇	◇

{분석}
필기에 자주 출제되는 내용입니다.

정답 28 ㉱ 29 ㉯ 30 ㉱ 31 ㉯

32 다음 중 예비위험분석(PHA)에서 위험의 정도를 분류하는 4가지 범주에 속하지 않는 것은?

㉮ catastrophic   ㉯ critical
㉰ control   ㉱ marginal

[해설] PHA 카테고리 분류
- Class 1 : 파국적(catastrophic)-사망, 시스템 손상
- Class 2 : 위기적(critical)-심각한 상해, 시스템 중대 손상
- Class 3 : 한계적(marginal)-경미한 상해, 시스템 성능 저하
- Class 4 : 무시(negligible)-경미한 상해 및 시스템 저하 없음

{분석} 필기에 자주 출제되는 내용입니다.

33 다음 중 FTA를 이용하여 사고원인의 분석 등 시스템의 위험을 분석할 경우 기대 효과와 관계없는 것은?

㉮ 사고원인 분석의 정량화 가능
㉯ 사고원인 규명의 귀납적 해석 가능
㉰ 안전점검을 위한 체크리스트 작성 가능
㉱ 복잡하고 대형화된 시스템의 신뢰성 분석 및 안전성 분석 가능

[해설] ㉯ FTA는 연역적, 정량적 고장해석 및 신뢰성 평가방법이다.

[참고] FTA의 기대효과
① 사고원인 규명의 간편화
② 사고원인 분석의 일반화
③ 사고원인 분석의 정량화
④ 노력, 시간의 절감
⑤ 시스템의 결함 진단
⑥ 안전점검 Check List 작성

{분석} 필기에 자주 출제되는 내용입니다.

34 의사결정에 있어 결정자가 각 대안에 대해 어떤 결과가 발생할 것인가를 알고 있으나, 주어진 상태에 대한 확률을 모를 경우에 행하는 의사결정을 무엇이라 하는가?

㉮ 대립 상태 하에서 의사결정
㉯ 위험한 상황 하에서 의사결정
㉰ 확실한 상황 하에서 의사결정
㉱ 불확실한 상황 하에서 의사결정

[해설] 주어진 상태에 대한 확률을 모를 경우 행하는 의사결정 → 불확실 상황 하에서의 의사결정

35 다음 중 인체계측에 있어 구조적 인체치수에 관한 설명으로 옳은 것은?

㉮ 움직이는 신체의 자세로부터 측정한다.
㉯ 실제의 작업 중 움직임을 계측, 자료를 취합하여 통계적으로 분석한다.
㉰ 정해진 동작에 있어 자세, 관절 등의 관계를 3차원 디지타이저(Digitizer), 모아레(Moire)법 등의 복합적인 장비를 활용하여 측정한다.
㉱ 고정된 자세에서 마틴(Martin)식 인체 측정기로 측정한다.

[해설] 인체계측 방법
① 정적 인체계측(구조적 인체치수) : 정지 상태에서의 신체를 계측하는 방법
② 동적 인체계측(기능적 인체치수) : 체위의 움직임에 따른 계측하는 방법

{분석} 필기에 자주 출제되는 내용입니다.

•)) 정답 32 ㉰ 33 ㉯ 34 ㉱ 35 ㉱

36 다음 중 Fussell의 알고리즘을 이용하여 최소컷셋을 구하는 방법에 대한 설명으로 적절하지 않은 것은?

㉮ OR 게이트는 항상 컷셋의 수를 증가시킨다.
㉯ AND 게이트는 항상 컷셋의 크기를 증가시킨다.
㉰ 중복되는 사건이 많은 경우 매우 간편하고 적용하기 적합하다.
㉱ 불대수(Boolean algebra)이론을 적용하여 시스템 고장을 유발시키는 모든 기본사상들의 조합을 구한다.

[해설] ㉰ 중복되는 사건이 많은 경우 적용이 곤란하다.

37 다음 중 사고나 위험, 오류 등의 정보를 근로자의 직접 면접, 조사 등을 사용하여 수집하고, 인간-기계 시스템 요소들의 관계 규명 및 중대작업 필요조건 확인을 통한 시스템 개선을 수행하는 기법은?

㉮ 직무 위급도 분석
㉯ 인간 실수율 예측기법
㉰ 위급사건기법
㉱ 인간 실수 자료 은행

[해설] 위급사건기법(CIT) : 인간-기계시스템의 엔지니어로 하여금 사고, 위기 일발, 조작 실수 등의 정보를 수집하기 위해 면접하는 방법

38 40phon이 1sone일 때 60phon은 몇 sone인가?

㉮ 2sone   ㉯ 4sone
㉰ 6sone   ㉱ 100sone

[해설]
$$S(sone) = 2^{\frac{(p-40)}{10}}$$
(단, p = phone)

$S(sone) = 2^{\frac{(60-40)}{10}} = 4sone$

39 각각 10,000시간의 수명을 가진 요소 A, B가 병렬을 이루고 있을 때 이 시스템의 수명은 얼마인가? (단, 요소 A, B의 수명은 지수분포를 따른다.)

㉮ 5,000시간   ㉯ 1,000시간
㉰ 15,000시간   ㉱ 20,000시간

[해설] 병렬계의 수명

$$\text{MTTF(MTBF)} \times (1 + \frac{1}{2} + \frac{1}{3} + \cdots + \frac{1}{n})$$

여기서, n : 요소의 개수

$10,000 \times (1 + \frac{1}{2}) = 15,000$시간

{분석} 필기에 자주 출제되는 내용입니다.

40 다음 중 정신적 작업 부하에 대한 생리적 측정치에 해당하는 것은?

㉮ 에너지대사량
㉯ 최대 산소 소비능력
㉰ 근전도
㉱ 부정맥 지수

[해설] 정신적 작업 부하에 대한 생리적 측정치
→ 부정맥 지수

정답 36 ㉰ 37 ㉰ 38 ㉯ 39 ㉰ 40 ㉱

제3과목 · 기계 · 기구 및 설비 안전 관리

41 다음 중 인력운반 작업 시 안전수칙으로 적절하지 않은 것은?

㉮ 물건을 들어 올릴 때는 팔과 무릎을 사용하고 허리를 구부린다.
㉯ 운반 대상물의 특성에 따라 필요한 보호구를 확인, 착용한다.
㉰ 화물에 가능한 한 접근하여 화물의 무게중심을 몸에 가까이 밀착시킨다.
㉱ 무거운 물건은 공동 작업으로 하고 보조기구를 이용한다.

[해설] 요통 예방을 위한 안전작업 수칙
① 중량물을 취급할 때는 허리의 힘보다는 팔, 다리, 복부의 근력을 이용하도록 한다.
② 중량물을 들어 올릴 때는 물체를 최대한 몸 가까이에서 잡고 들어 올리도록 한다.
③ 중량물 취급 시 허리는 늘 곧게 펴고 가급적 구부리거나 비틀지 않고 작업하도록 한다.

42 다음 중 목재가공용 둥근톱에 설치해야 하는 분할 날의 두께에 관한 설명으로 옳은 것은?

㉮ 톱날 두께의 1.1배 이상이고, 톱날의 치진 폭보다 커야 한다.
㉯ 톱날 두께의 1.1배 이상이고, 톱날의 치진 폭보다 작아야 한다.
㉰ 톱날 두께의 1.1배 이내이고, 톱날의 치진 폭보다 커야 한다.
㉱ 톱날 두께의 1.1배 이내이고, 톱날의 치진 폭보다 작아야 한다.

[해설] 분할날 두께는 톱 두께의 1.1배 이상이며 치진폭보다 작을 것

$$1.1t_1 \leq t_2 < b$$
여기서, t_1 : 톱 두께
t_2 : 분할날 두께
b : 치진 폭

{분석} 실기까지 중요한 내용입니다. "해설"을 다시 확인하세요.

43 다음 설명 중 ( )의 내용으로 옳은 것은?

간이 리프트란 동력을 사용하여 가이드 레일을 따라 움직이는 운반구를 매달아 소형화물 운반을 주목적으로 하며 승강기와 유사한 구조로서 운반구의 바닥면적이 (①) 이하이거나 천장높이 (②) 이하인 것 또는 동력을 사용하여 가이드레일을 따라 움직이는 지지대로 자동차 등을 일정한 높이로 올리거나 내리는 구조의 자동차정비용 리프트를 말한다.

㉮ ① $0.5m^2$, ② $1.0m$
㉯ ① $1.0m^2$, ② $1.2m$
㉰ ① $1.5m^2$, ② $1.5m$
㉱ ① $2.0m^2$, ② $2.5m$

[해설] 관련 법령에서 삭제된 내용입니다.

44 다음 중 드릴링 작업에 있어서 공작물을 고정하는 방법으로 가장 적절하지 않은 것은?

㉮ 작은 공작물은 바이스로 고정한다.
㉯ 작고 길쭉한 공작물은 플라이어로 고정한다.
㉰ 대량 생산과 정밀도를 요구할 때는 지그로 고정한다.
㉱ 공작물이 크고 복잡할 때는 볼트와 고정구로 고정한다.

정답 41 ㉮ 42 ㉯ 43 정답 없음 44 ㉯

해설 드릴작업 시 일감고정 방법
① 일감이 작을 때 : 바이스로 고정
② 일감이 크고 복잡할 때 : 볼트와 고정구
③ 대량 생산과 정밀도를 요할 때 : 전용의 지그 사용

45 크레인 작업 시 2t 크기로 화물을 걸어 25m/s² 가속도로 감아올릴 때 로프에 걸리는 총 하중은 몇 약 kN인가?

㉮ 16.9
㉯ 50.0
㉰ 69.6
㉱ 94.8

해설 와이어로프에 걸리는 총 하중

총 하중(w) = 정하중(w_1)+동하중(w_2)

동하중(w_2) = $\dfrac{w_1}{g} \times a$

여기서, w : 총 하중(kgf)
w_1 : 정하중(kgf)
w_2 : 동하중(kgf)
g : 중력 가속도(9.8m/s²)
a : 가속도(m/s²)
* 정하중 : 매단 물체의 무게

총 하중(w) = 정하중(w_1) + $\dfrac{w_1}{g} \times a$

= 2,000 + $\dfrac{2,000}{9.8} \times 25$

= 7102.04kgf
= 7102.04×9.8
= 69600N÷1000 = 69.6kN

{분석} 실기까지 중요한 내용입니다.

46 산업안전보건법에 따라 순간풍속이 몇 m/s를 초과하는 바람이 불거나 중진(中震)이상 진도의 지진이 있은 후에 옥외에 설치되어 있는 양중기를 사용하여 작업을 하는 경우에는 미리 기계 각 부위에 이상이 있는지를 점검하여야 하는가?

㉮ 25
㉯ 30
㉰ 35
㉱ 40

해설 악천후 시 조치
① 순간풍속이 매초당 10미터를 초과 : 타워크레인의 설치·수리·점검 또는 해체작업을 중지
② 순간풍속이 매초당 15미터를 초과 : 타워크레인의 운전작업을 중지
③ 순간풍속이 초당 30미터를 초과하거나 중진(中震) 이상 진도의 지진이 있은 후 : 옥외 양중기의 각 부위 이상 점검
④ 순간풍속이 초당 30미터를 초과 : 옥외 주행 크레인 이탈 방지 조치
⑤ 순간풍속이 초당 35미터를 초과 : 옥외 승강기 및 건설용 리프트(지하에 설치되어 있는 것은 제외)에 대하여 받침의 수를 증가시키는 등 승강기가 무너지는 것을 방지하기 위한 조치

{분석} 실기까지 중요한 내용입니다. 암기하세요.

47 다음 중 일반적으로 기계절삭에 의하여 발생하는 칩이 가장 가늘고 예리한 것은?

㉮ 밀링   ㉯ 셰이퍼
㉰ 드릴   ㉱ 플레이너

해설 절삭 칩이 가장 가늘고 예리하다. → 밀링

48 다음 중 왕복운동을 하는 운동부와 고정부 사이에서 형성되는 위험점인 협착점(squeeze point)이 형성되는 기계로 가장 거리가 먼 것은?

㉮ 프레스   ㉯ 연삭기
㉰ 조형기   ㉱ 성형기

정답 45 ㉰ 46 ㉯ 47 ㉮ 48 ㉯

[해설]
- 왕복운동 부분과 고정부분 사이에서 형성되는 위험점 → 협착점(프레스기, 전단기, 성형기 등)
- 연삭기 → 끼임점

49 롤러기 방호장치의 무부하 동작시험 시 앞면 롤러의 지름이 150mm이고, 회전수가 30rpm인 롤러기의 급정지거리는 몇 mm 이내 이어야 하는가?

㉮ 157 ㉯ 188
㉰ 207 ㉱ 237

[해설] 앞면 롤러의 표면속도에 따른 급정지거리

앞면 롤러의 표면속도 (m/min)	급정지거리
30 미만	앞면 롤러 원주의 1/3 이내 $(\pi \times d \times \frac{1}{3})$
30 이상	앞면 롤러 원주의 1/2.5 이내 $(\pi \times d \times \frac{1}{2.5})$

이때 표면속도의 산식은

$$V = \frac{\pi \times D \times N}{1000} \text{(m/min)}$$

여기서 V : 표면속도
D : 롤러 원통의 직경(mm)
N : 1분간에 롤러기가 회전되는 수 (rpm)

1. 표면속도
$$V = \frac{\pi \times 150 \times 30}{1000} = 14.14 \text{(m/min)}$$

2. 속도가 30 미만이므로
급정지거리 $= \pi \times d \times \frac{1}{3}$
$= \pi \times 150 \times \frac{1}{3} = 157.08 \text{mm}$

{분석}
실기까지 중요한 내용입니다.

50 다음 중 연삭기의 안전기준으로 틀린 것은?

㉮ 회전 중인 연삭숫돌의 직경이 5cm 이상인 경우에는 덮개를 설치해야 한다.
㉯ 새로운 연삭숫돌은 숫돌에 표시된 것보다 높은 회전속도(rpm)로 작동시키지 않는다.
㉰ 탁상용 연삭기에서 워크레스트는 연삭숫돌과의 간격을 5mm 이상으로 조정할 수 있는 구조이어야 한다.
㉱ 숫돌에 대해 최대 작동속도는 m/s로 표시되는 원주 속도, rpm으로 표시되는 회전속도 두 가지 방식으로 표시된다.

[해설] 작업대와 숫돌의 간격을 3mm 이내로 조정하여야 한다.

[참고] 연삭기의 방호 장치
1) 덮개
 ① 산업안전보건법에는 숫돌 직경이 5cm 이상인 것부터 반드시 설치하도록 되어 있다.
 ② 덮개의 설치
  - 숫돌의 외경이 125mm 이상인 연삭기 또는 연마기 : 숫돌의 절단면과 가드 사이의 거리가 5mm 이내이고 숫돌의 측면과의 간격이 10mm 이내가 되도록 조정할 것

2) 가공물 받침대(워크레스트)및 유도·고정장치
 - 탁상용 연삭기의 덮개에는 워크레스트 및 조정편을 구비하여야 하며, 워크레스트는 연삭숫돌과의 간격을 3밀리미터 이하로 조정할 수 있는 구조이어야 한다.(방호장치 자율안전기준 고시)
 - 탁상용 연삭기의 연삭숫돌의 외주면과 받침대 사이의 거리는 2mm를 초과하지 않도록 가공물 받침대를 설치해야 한다.(위험기계기구 자율안전확인 고시)

3) 투명 비산방지판(안전 실드, 방호 스크린)
 - 연삭분의 비산을 방지하기 위하여 투명한 비산방지판을 설치한다.

{분석}
실기까지 중요한 내용입니다. "참고"를 다시 확인하세요.

정답 49 ㉮ 50 ㉰

51 산업안전보건 법령에 따라 보일러에서 압력방출장치가 2개 이상 설치될 경우, 최고사용압력 이하에서 1개가 작동하고, 다른 압력방출장치는 최고사용압력의 얼마 이하에서 작동되도록 부착하여야 하는가?

㉮ 1.03배　　㉯ 1.05배
㉰ 1.3배　　　㉱ 1.5배

[해설] 압력방출장치를 1개 또는 2개 이상 설치하고 최고사용압력 이하에서 작동되도록 하여야 한다. 다만, 압력방출장치가 2개 이상 설치된 경우에는 최고사용압력 이하에서 1개가 작동되고, 다른 압력방출장치는 최고사용압력 1.05배 이하에서 작동되도록 부착하여야 한다.

{분석}
실기까지 중요한 내용입니다. 암기하세요.

52 가스용접용 용기를 보관하는 저장소의 온도는 몇 ℃ 이하로 유지해야 하는가?

㉮ 0℃　　㉯ 20℃
㉰ 40℃　　㉱ 60℃

[해설] 가스용기의 저장온도는 40℃ 이하로 하여야 한다.

53 다음 중 양중기에서 사용하는 와이어로프에 관한 설명으로 틀린 것은?

㉮ 달기체인의 길이 증가는 제조 당시의 7%까지 허용된다.
㉯ 와이어로프의 지름감소가 공칭지름의 7% 초과시 사용할 수 없다.
㉰ 훅, 샤클 등의 철구로서 변형된 것은 크레인의 고리걸이용구로 사용하여서는 아니 된다.
㉱ 양중기에서 사용되는 와이어로프는 화물 하중을 직접 지지하는 경우 안전계수를 5 이상으로 해야 한다.

[해설] ㉮ 달기체인의 길이 증가는 5%까지 허용된다.

[참고]

와이어로프 등의 사용금지 사항	① 이음매가 있는 것 ② 와이어로프의 한 꼬임에서 끊어진 소선의 수가 10퍼센트 이상 (비자전 로프의 경우에는 끊어진 소선의 수가 와이어로프 호칭지름의 6배 길이 이내에서 4개 이상이거나 호칭지름 30배 길이 이내에서 8개 이상)인 것 ③ 지름의 감소가 공칭지름의 7퍼센트를 초과하는 것 ④ 꼬인 것 ⑤ 심하게 변형되거나 부식된 것 ⑥ 열과 전기충격에 의해 손상된 것
달기체인 등의 사용금지 사항	① 달기 체인의 길이가 달기 체인이 제조된 때의 길이의 5퍼센트를 초과한 것 ② 링의 단면지름이 달기체인이 제조된 때의 해당 링의 지름의 10퍼센트를 초과하여 감소한 것 ③ 균열이 있거나 심하게 변형된 것
와이어로프 등의 안전계수	① 근로자가 탑승하는 운반구를 지지하는 달기와이어로프 또는 달기체인의 경우 : 10 이상 ② 화물의 하중을 직접 지지하는 달기와이어로프 또는 달기체인의 경우 : 5 이상 ③ 훅, 샤클, 클램프, 리프팅 빔의 경우 : 3 이상 ④ 그 밖의 경우 : 4 이상

{분석}
실기까지 중요한 내용입니다. "참고"를 암기하세요.

54 다음 중 선반(lathe)의 방호장치에 해당하는 것은?

㉮ 슬라이딩(sliding)
㉯ 심압대(tail stock)
㉰ 주축대(head stock)
㉱ 칩브레이커(chip breaker)

[해설] 선반의 안전장치
① 쉴드(Shield) : 칩 및 절삭유의 비산을 방지하기 위해 설치하는 플라스틱 덮개

정답 51 ㉯　52 ㉰　53 ㉮　54 ㉱

② 칩브레이커 : 칩을 짧게 절단하는 장치
③ 척 커버 : 기어 등을 복개하는 장치
④ 브레이크 : 선반의 일시 정지장치

{분석}
필기에 자주 출제되는 내용입니다.
"해설"을 다시 확인하세요.

55 급정지기구가 있는 1행정 프레스에서의 광전자식 방호장치에서 광선에 신체의 일부가 감지된 후로부터 급정지기구의 작동 시까지의 시간이 40ms이고, 급정지기구의 작동 직후로부터 프레스기가 정지될 때까지의 시간이 20ms라면 안전거리는 몇 mm 이상이어야 하는가?

㉮ 60　　　　㉯ 76
㉰ 80　　　　㉱ 96

[해설] 광전자식 방호장치의 안전거리

1. 프레스, 전단기의 방호장치 안전인증기준

> 1. (프레스, 전단기의 방호장치 안전인증기준)
> 안전거리 D(cm)= 160 × 프레스 작동 후 작업점까지의 도달시간(초)
> 2. (프레스의 안전인증 기준)
> 안전거리 D(mm) = 1600 × (Tc + Ts)
> Tc : 방호장치의 작동시간[즉 누름버튼으로부터 한 손이 떨어졌을 때부터 급정지기구가 작동을 개시할 때까지의 시간(초)]
> Ts : 프레스의 급정지시간[즉 급정지기구가 작동을 개시했을 때부터 슬라이드가 정지할 때까지의 시간(초)]

안전거리D(mm) = 1600×(T$_C$+T$_S$)
$= 1600 \times (\frac{40}{1000} + \frac{20}{1000})$
$= 96mm$

(ms = $\frac{1}{1000}$ s)

{분석}
실기까지 중요한 내용입니다.

56 다음 중 프레스의 방호장치 기준에 관한 설명으로 틀린 것은?

㉮ 손쳐내기식 방호장치에서 방호판의 폭은 금형폭의 1/2 이내로 하여야 한다.
㉯ 양수조작식 방호장치에서 누름버튼의 상호간 내측거리는 300mm 이상이어야 한다.
㉰ 수인식 방호장치에서 수인끈의 제료는 합성섬유로 직경이 4mm 이상이어야 한다.
㉱ 손쳐내기식 방호장치에서 손쳐내기봉의 행정(Stroke) 길이를 금형의 높이에 따라 조정할 수 있고 진동폭은 금형폭 이상이어야 한다.

[해설] ㉮ 손쳐내기식 방호판의 폭은 금형폭의 1/2 이상이어야 하고, 행정길이가 300mm 이상의 프레스기계에는 방호판 폭을 300mm로 해야 한다.

57 다음 중 컨베이어(conveyer)의 역전방지장치 형식이 아닌 것은?

㉮ 라쳇식
㉯ 전기 브레이크식
㉰ 램식
㉱ 롤러식

[해설] 컨베이어의 역회전 방지장치 형식
① 라쳇휠식
② 웜기어식
③ 벤드식 브레이크
④ 전기 브레이크(슬러스트 브레이크)
⑤ 롤러휠식

정답 55 ㉱ 56 ㉮ 57 ㉰

58 지게차가 무부하 상태로 25km/h로 이동 중에 있을 때 좌우 안정도는 약 얼마인가?

㉮ 16.5% ㉯ 25.0%
㉰ 37.5% ㉱ 42.5%

[해설]
주행 시 좌우 안정도(%) = 15 + 1.1V
여기서, V = 최고속도(km/hr)

주행 시 좌우 안정도 = 15 + 1.1 × 25 = 42.5%

{분석} 자주 출제되는 내용입니다.

59 다음 중 작업장에 대한 안전조치 사항으로 틀린 것은?

㉮ 상시통행을 하는 통로에는 75럭스 이상의 채광 또는 조명시설을 하여야 한다.
㉯ 산업안전보건법으로 규정된 위험물질을 취급하는 작업장에 설치하여야 하는 비상구는 너비 0.75m 이상, 높이 1.5m 이상이어야 한다.
㉰ 높이가 3m를 초과하는 계단에는 높이 3m 이내마다 너비 90cm 이상의 계단참을 설치하여야 한다.
㉱ 상시 50명 이상의 근로자가 작업하는 옥내작업장에는 비상시 근로자에게 신속하게 알리기 위한 경보용 설비를 설치하여야 한다.

[해설] ㉰ 높이가 3m를 초과하는 계단에는 높이 3m 이내마다 너비 1.2미터 이상의 계단참을 설치하여야 한다.

60 한계하중 이하의 하중이라도 고온조건에서 일정 하중을 지속적으로 가하면 시간의 경과에 따라 변형이 증가하고 결국은 파괴에 이르게 되는 현상을 무엇이라 하는가?

㉮ 크리프(creep)
㉯ 피로현상(fatigue limit)
㉰ 가공 경화(stress hardening)
㉱ 응력 집중(stress concentration)

[해설] 크리프(creep) : 일정 하중을 지속적으로 가할 때, 시간의 흐름에 따라 재료의 변형이 증대하고 결국 파괴에 이르는 현상

제4과목 : 전기 및 화학설비 안전 관리

61 다음 중 감전에 영향을 미치는 요인으로 통전경로별 위험도가 가장 높은 것은?

㉮ 왼손 - 등   ㉯ 오른손 - 가슴
㉰ 왼손 - 가슴 ㉱ 오른손 - 등

[해설] 통전 경로별 위험도

통전 경로	위험도
왼손-가슴	1.5
오른손-가슴	1.3
왼손-한발 또는 양발	1.0
양손-양발	1.0
오른손-한발 또는 양발	0.8
왼손-등	0.7
한손 또는 양손-앉아있는 자리	0.7
왼손-오른손	0.4
오른손-등	0.3

정답 58 ㉱ 59 ㉰ 60 ㉮ 61 ㉰

원가, 오가 / 왼발, 손발 / 오발 / 왼등, 손자리 / 손손, 오등

62 접지시스템에서 접지극은 지하 몇 cm 이상 매설하여야 하는가?

㉮ 30cm   ㉯ 50cm
㉰ 75cm   ㉱ 100cm

[해설] 접지극은 동결 깊이를 감안하여 시설하되 고압 이상의 전기설비와 변압기 중성점 접지에 시설하는 접지극의 매설 깊이는 지표면으로부터 지하 0.75m 이상으로 한다. 다만, 발전소, 변전소, 개폐소 또는 이와 준하는 곳에 접지극을 시설하는 경우에는 그러하지 아니하다.

63 다음 중 글로우 코로나(Glow Corona)에 대한 설명으로 틀린 것은?

㉮ 전압이 200V 정도에 도달하면 코로나가 발생하는 전극의 끝단에 자색의 광정이 나타난다.
㉯ 회로에 예민한 전류계가 삽입되어 있으며, 수 mA 정도의 전류가 흐르는 것을 감지할 수 있다.
㉰ 전압을 상승시키면 전류도 점차로 증가하여 스파크 방전에 의해 전극간이 교락된다.
㉱ Glow Corona는 습도에 의하여 큰 영향을 받는다.

[해설] ㉱ 글로우 코로나는 습도에 큰 영향을 받지 않는다.

64 사용전압이 500(V) 이하인 전로의 절연저항 기준으로 옳은 것은?

㉮ 0.5MΩ 이상
㉯ 1.0MΩ 이상
㉰ 0.25MΩ 이상
㉱ 0.1MΩ 이상

[해설] 전로의 절연저항

전로의 사용전압(V)	DC 시험전압(V)	절연저항 (MΩ)
SELV(비접지회로) 및 PELV(접지회로)	250	0.5
FELV(1차와 2차가 전기적으로 절연되지 않은 회로), 500(V) 이하	500	1.0
500(V) 초과	1,000	1.0

* 특별저압(extra low voltage : 2차 전압이 AC 50V, DC 120V 이하)으로 SELV(비접지회로 구성) 및 PELV(접지회로 구성)은 1차와 2차가 전기적으로 절연된 회로, FELV는 1차와 2차가 전기적으로 절연되지 않은 회로

{분석}
관련 규정의 변경으로 문제 일부를 수정하였습니다.

65 다음 중 전기기기의 불꽃 또는 열로 인해 폭발성 위험 분위기에 점화되지 않도록 컴파운드를 충전해서 보호한 방폭구조는?

㉮ 몰드 방폭구조
㉯ 비점화 방폭구조
㉰ 안전증 방폭구조
㉱ 본질안전 방폭구조

[해설] 몰드 방폭구조(m) : 폭발성분위기에 점화를 유발할 수 있는 부분에 컴파운드를 충전함으로써 설치 및 운전 조건에서 폭발성분위기에 점화가 일어나지 아니하도록 한 방폭구조

정답 62 ㉰ 63 ㉱ 64 ㉯ 65 ㉮

참고 (1) 비점화 방폭구조(n)
① 정상작동 및 특정 이상상태에서 주위의 폭발성분위기를 점화시키지 아니하는 전기기계 및 기구에 적용하는 방폭구조를 말한다.
② 2종장소에만 사용할 수 있다.

(2) 안전증 방폭구조(e) : 정상작동상태 중 또는 특정한 비정상상태에서 가연성가스의 점화원이 될 수 있는 전기 불꽃 아크 또는 고온부분의 발생을 방지하기 위하여 안전도를 증가시킨 방폭구조

(3) 본질안전 방폭구조(ia, ib) : 폭발성분위기에 노출되는 기기 및 연결 배선 내의 에너지를 스파크 또는 가열효과에 의하여 점화를 유발할 수 있는 수준 이하로 제한하는 방폭구조

{분석}
실기까지 중요한 내용입니다. "참고"도 함께 기억하세요.

66 다음 중 정전기 재해의 방지대책으로 가장 적절한 것은?

㉮ 절연도가 높은 플라스틱을 사용한다.
㉯ 대전하기 쉬운 금속은 접지를 실시한다.
㉰ 작업장 내의 온도를 낮게 해서 방전을 촉진시킨다.
㉱ (+), (−) 전하의 이동을 방해하기 위하여 주위의 습도를 낮춘다.

해설 정전기 재해 예방대책
① 접지(도체일 경우 효과 있으나 부도체는 효과 없다)
② 습기부여(공기 중 습도 60~70% 이상 유지한다)
③ 도전성 재료 사용(절연성 재료는 절대 금한다)
④ 대전 방지제 사용
⑤ 제전기 사용
⑥ 유속 조절(석유류 제품 1m/s 이하)

{분석}
실기까지 중요한 내용입니다. "해설"을 다시 확인하세요.

67 다음 중 220V 회로에 인체 저항이 550Ω인 경우 안전 범위에 들어갈 수 있는 누전차단기의 정격으로 가장 적절한 것은?

㉮ 30mA, 0.03초
㉯ 30mA, 0.1초
㉰ 50mA, 0.2초
㉱ 50mA, 0.3초

해설 1. 전기기계·기구에 설치되어 있는 누전차단기는 정격감도전류가 30밀리암페어 이하이고 작동시간은 0.03초 이내일 것. 다만, 정격 전 부하전류가 50암페어 이상인 전기기계·기구에 접속되는 누전차단기는 오작동을 방지하기 위하여 정격감도전류는 200밀리암페어 이하로, 작동시간은 0.1초 이내로 할 수 있다.

2. $V = I \times R$
$I = \dfrac{V}{R} = \dfrac{220}{550} = 0.4A$

→ 정격 전 부하전류가 50A 미만이므로 정격감도전류가 30밀리암페어 이하, 작동시간은 0.03초 이내이어야 한다.

{분석}
실기까지 중요한 내용입니다. "해설"을 잘 기억하세요.

68 다음 중 가스·증기방폭구조인 전기기기의 일반성능 기준에 있어 인증된 방폭기기에 표시하여야 하는 사항과 가장 거리가 먼 것은?

㉮ 해당 방폭구조 기호
㉯ 해당 방폭구조의 형상
㉰ 방폭기기를 나타내는 기호
㉱ 제조자 이름이나 등록상표

해설 방폭기기의 표시
① 인증된 방폭기기는 규정한 것을 표시해야 한다. 표시는 전기기기의 식별이 잘되는 지점의 주요 부분에 표시하되, 읽기 쉽고 화학적 부식에 대한 내구성이 있어야 한다.

정답 66 ㉯ 67 ㉮ 68 ㉯

② 표시에 포함할 내용
- 제조자 이름이나 등록상표
- 형식
- 방폭기기를 나타내는 기호 Ex
- 해당 방폭구조 기호

69 다음 중 누전화재라는 것을 입증하기 위한 요건이 아닌 것은?

㉮ 누전점   ㉯ 발화점
㉰ 접지점   ㉱ 접속점

[해설] 누전화재는 누설전류에 의한 화재로 접속점은 입증할 필요가 없다.

70 산업안전보건법상 누전에 의한 감전의 위험을 방지하기 위하여 접지를 하여야 하는 부분으로 고정 설치되거나 고정배선에 접속된 전기기계·기구의 노출된 비충전 금속체 중 충전될 우려가 있는 접지 대상에 해당하지 않는 것은?

㉮ 사용전압이 대지전압 75볼트를 넘는 것
㉯ 물기 또는 습기가 있는 장소에 설치되어 있는 것
㉰ 금속으로 되어 있는 기기접지용 전선의 피복·외장 또는 배선관
㉱ 지면이나 접지된 금속체로부터 수직거리 2.4m, 수평거리 1.5m 이내인 것

[해설] 고정 설치되거나 고정배선에 접속된 전기기계·기구의 노출된 비충전 금속체 중 충전될 우려가 있는 접지대상
① 지면이나 접지된 금속체로부터 수직거리 2.4미터, 수평거리 1.5미터 이내의 것
② 물기 또는 습기가 있는 장소에 설치되어 있는 것
③ 금속으로 되어있는 기기접지용 전선의 피복·외장 또는 배선관 등
④ 사용전압이 대지전압 150볼트를 넘는 것

71 산화성물질을 가연물과 혼합할 경우 혼합위험성 물질이 되는데 다음 중 그 이유로 가장 적당한 것은?

㉮ 산화성물질에 조해성이 생기기 때문이다.
㉯ 산화성물질이 가연성물질과 혼합되어 있으면 주수소화가 어렵기 때문이다.
㉰ 산화성물질이 가연성물질과 혼합되어 있으면 산화·환원 반응이 더욱 잘 일어나기 때문이다.
㉱ 산화성물질과 가연물이 혼합되어 있으면 가열·마찰·충격 등의 점화에너지원에 의해 더욱 쉽게 분해하기 때문이다.

[해설] ㉰ 산화성물질과 가연성 물질이 혼합되면 산화·환원 반응이 더욱 촉진된다.

72 메탄 20vol%, 에탄 25vol%, 프로판 55vol%의 조성을 가진 혼합가스의 폭발하한계 값(vol%)은 약 얼마인가?
(단, 메탄, 에탄, 프로판가스의 폭발하한 값은 각각 5vol%, 3vol%, 2vol%이다.)

㉮ 2.51vol%   ㉯ 3.12vol%
㉰ 4.26vol%   ㉱ 5.22vol%

[해설]
$$\frac{100}{L} = \frac{V_1}{L_1} + \frac{V_2}{L_2} + \frac{V_3}{L_3} \cdots \text{ (vol\%)}$$

$$L = \frac{100}{\frac{V_1}{L_1} + \frac{V_2}{L_2} + \frac{V_3}{L_3} \cdots}$$

여기서,
L : 혼합가스의 폭발하한계(상한계)
L_1, L_2, L_3 : 단독가스의 폭발하한계(상한계)
V_1, V_2, V_3 : 단독가스의 공기 중 부피
$100 : V_1 + V_2 + V_3 + \cdots$

정답 69 ㉱ 70 ㉮ 71 ㉰ 72 ㉮

$$\frac{(20+25+55)}{L} = \frac{20}{5} + \frac{25}{3} + \frac{55}{2}$$

$$L = \frac{100}{\frac{20}{5} + \frac{25}{3} + \frac{55}{2}} = 2.51 \text{vol}\%$$

{분석}
실기까지 중요한 내용입니다. 풀이방법을 숙지하세요.

73 다음 중 F, Cl, Br 등 산화력이 큰 할로겐 원소의 반응을 이용하여 소화(消火)시키는 방식을 무엇이라 하는가?

㉮ 희석식 소화
㉯ 냉각에 의한 소화
㉰ 연료 제거에 의한 소화
㉱ 연소 억제에 의한 소화

[해설] ㉱ 할로겐 원소(부촉매)에 의하여 연소반응을 억제하는 억제소화에 해당한다.

74 다음 중 폭굉(detonation) 현상에 있어서 폭굉파의 진행 전면에 형성되는 것은?

㉮ 증발열
㉯ 충격파
㉰ 역화
㉱ 화염의 대류

[해설] ㉯ 폭굉파의 진행 전면에 충격파가 형성된다.

75 산업안전보건 법령상 공정안전보고서에 포함되어야 하는 사항 중 공정안전자료의 세부내용에 해당하는 것은?

㉮ 주민홍보계획
㉯ 안전운전지침서
㉰ 위험과 운전 분석(HAZOP)
㉱ 각종 건물 · 설비의 배치도

[해설] 공정안전자료의 세부내용
① 취급 · 저장하고 있거나 취급 · 저장하려는 유해 · 위험물질의 종류 및 수량
② 유해 · 위험물질에 대한 물질안전보건자료
③ 유해 · 위험설비의 목록 및 사양
④ 유해 · 위험설비의 운전방법을 알 수 있는 공정도면
⑤ 각종 건물 · 설비의 배치도
⑥ 폭발위험장소 구분도 및 전기단선도
⑦ 위험설비의 안전설계 · 제작 및 설치 관련 지침서

76 다음 중 산업안전보건 법령상의 위험물질의 종류에 있어 산화성 액체 및 산화성 고체에 해당하지 않는 것은?

㉮ 요오드산
㉯ 브롬산 및 그 염류
㉰ 유기과산화물
㉱ 염소산 및 그 염류

[해설] 산화성 액체 및 산화성 고체
① 차아염소산 및 그 염류
② 아염소산 및 그 염류
③ 염소산 및 그 염류
④ 과염소산 및 그 염류
⑤ 브롬산 및 그 염류
⑥ 요오드산 및 그 염류
⑦ 과산화수소 및 무기 과산화물
⑧ 질산 및 그 염류
⑨ 과망간산 및 그 염류
⑩ 중크롬산 및 그 염류

{분석}
실기까지 중요한 내용입니다. 암기하세요.

정답 73 ㉱ 74 ㉯ 75 ㉱ 76 ㉰

77 다음 중 반응기의 운전을 중지할 때 필요한 주의사항으로 가장 적절하지 않은 것은?

㉮ 급격한 유량 변화, 압력 변화, 온도 변화를 피한다.
㉯ 가연성 물질이 새거나 흘러나올 때의 대책을 사전에 세운다.
㉰ 개방을 하는 경우, 우선 최고 윗부분, 최고 아래 부분의 뚜껑을 열고 자연통풍 냉각을 한다.
㉱ 잔류물을 제거한 후에는 먼저 물, 온수 등으로 세정한 후 불활성가스에 의해 잔류가스를 제거한다.

[해설] ㉱ 불활성가스에 의해 잔류가스를 제거한 후 물 등으로 세정한다.

78 다음 중 인화성 액체의 취급 시 주의사항으로 가장 적절하지 않은 것은?

㉮ 소포성의 인화성 액체의 화재 시에는 내알콜포를 사용한다.
㉯ 소화작업 시에는 공기호흡기 등 적합한 보호구를 착용하여야 한다.
㉰ 일반적으로 비중이 물보다 무거워서 물 아래로 가라앉으므로 주수소화를 이용하면 효과적이다.
㉱ 화기, 충격, 마찰 등의 열원을 피하고, 밀폐용기를 사용하며, 사용상 불가능한 경우 환기장치를 이용한다.

[해설] ㉰ 인화성 액체는 비중이 물보다 가벼워 물 위로 떠오르기 때문에 주수소화 시 화재확대의 위험이 있다.

79 다음 중 화학공정에서 반응을 시키기 위한 조작 조건에 해당되지 않는 것은?

㉮ 반응 높이
㉯ 반응 농도
㉰ 반응 온도
㉱ 반응 압력

[해설] 반응을 시키기 위한 조작 조건
① 반응 온도
② 반응 압력
③ 반응 농도

80 다음 반응식에서 프로판가스의 화학양론 농도는 약 얼마인가?

$$C_3H_8 + 5O_2 + 18.8N_2 \rightarrow 3CO_2 + 4H_2O + 18.8N_2$$
공기

㉮ 8.04vol%   ㉯ 4.02vol%
㉰ 20.4vol%   ㉱ 40.8vol%

[해설] 완전연소조성농도(화학양론농도)

$$C_{st} = \frac{100}{1 + 4.773\left(n + \frac{m-f-2\lambda}{4}\right)} (\text{vol}\%)$$

여기서, n : 탄소
m : 수소
f : 할로겐원소
λ : 산소의 원자 수
4.773 : 공기의 몰수

프로판(C_3H_8)에서 n : 3, m : 8
f, λ = 0 이므로

$$C_{st} = \frac{100}{1 + 4.773\left(3 + \frac{8}{4}\right)} = 4.02(\text{vol}\%)$$

{분석}
실기까지 중요한 내용입니다. 풀이방법을 숙지하세요.

정답 77 ㉱ 78 ㉰ 79 ㉮ 80 ㉯

제5과목: 건설공사 안전 관리

81 포화도 80%, 함수비 28%, 흙 입자의 비중 2.7일 때 공극비를 구하면?

㉮ 0.940 ㉯ 0.945
㉰ 0.950 ㉱ 0.955

[해설] 공극비 = $\dfrac{\text{함수비} \times \text{비중}}{\text{포화도}} = \dfrac{0.28 \times 2.7}{0.8} = 0.945$

82 비계 등을 조립하는 경우 강재와 강재의 접속부 또는 교차부를 연결시키기 위한 전용철물은?

㉮ 클램프 ㉯ 가새
㉰ 턴버클 ㉱ 샤클

[해설] 강관비계 : 강관을 이음철물이나 연결철물(클램프)을 이용하여 조립한 비계를 말한다.

83 거푸집에 작용하는 하중 중에서 연직하중이 아닌 것은?

㉮ 거푸집의 자중
㉯ 작업원의 작업하중
㉰ 가설설비의 충격하중
㉱ 콘크리트의 측압

[해설] 거푸집 및 지보공(동바리) 시공시 고려해야 할 하중
① 연직방향 하중 : 거푸집, 지보공(동바리), 콘크리트, 철근, 작업원, 타설용 기계기구, 가설설비등 의 중량 및 충격하중
② 횡방향 하중 : 작업할 때의 진동, 충격, 시공오차 등에 기인되는 횡방향 하중이외에 필요에 따라 풍압, 유수압, 지진 등
③ 콘크리트의 측압 : 굳지않은 콘크리트의 측압
④ 특수하중 : 시공중에 예상되는 특수한 하중
⑤ 위의 ①~④ 항목의 하중에 안전율을 고려한 하중

84 아래에서 설명하는 불도저의 명칭은?

> 블레이드의 길이가 길고 낮으며 블레이드의 좌우를 전·후로 25°~30° 각도로 회전시킬 수 있어 흙을 측면으로 보낼 수 있는 불도저

㉮ 틸트 도저
㉯ 스트레이트 도저
㉰ 앵글 도저
㉱ 터나 도저

[해설] 앵글 도저 : 블레이드의 방향이 20~30° 경사지게 부착된 것으로 사면굴착·정지·흙메우기 등으로 자체의 진행에 따라 흙을 회송하는 작업에 적당하다.

[참고] ① 스트레이트 도저 : 블레이드가 수평이고, 불도저의 진행 방향에 직각으로 블레이드를 부착한 것으로서 주로 중 굴착 작업에 사용된다.
② 틸트 도저 : 블레이드면 좌우의 높이를 변경할 수 있는 것으로서 단단한 흙의 도랑파기에 적당하다.

85 콘크리트 타설 시 안전수칙으로 옳지 않은 것은?

㉮ 콘크리트 콜드 조인트 발생을 억제하기 위하여 한 곳부터 집중 타설 한다.
㉯ 타설 순서 및 타설 속도를 준수한다.
㉰ 콘크리트 타설 도중에는 동바리, 거푸집 등의 이상 유무를 확인하고 감시인을 배치한다.
㉱ 진동기의 지나친 사용은 재료 분리를 일으킬 수 있으므로 적절히 사용하여야 한다.

[해설] ㉮ 콘크리트를 한 곳에만 치우쳐서 타설할 경우 거푸집의 변형 및 탈락에 의한 붕괴사고가 발생 되므로 타설 순서를 준수하여야 한다.

정답 81 ㉯ 82 ㉮ 83 ㉱ 84 ㉰ 85 ㉮

86 토사 붕괴를 예방하기 위한 굴착면의 기울기 기준으로 옳지 않은 것은?

㉮ 모래 1 : 1.8
㉯ 경암 1 : 0.5
㉰ 풍화암 1 : 1.2
㉱ 연암 1 : 1.0

해설 굴착면의 기울기 및 높이 기준

지반의 종류	굴착면의 기울기
모래	1 : 1.8
연암 및 풍화암	1 : 1.0
경암	1 : 0.5
그 밖의 흙	1 : 1.2

{분석}
반드시 암기하세요.

87 철골용접 작업자의 전격 방지를 위한 주의 사항으로 옳지 않은 것은?

㉮ 보호구와 복장을 구비하고, 기름기가 묻었거나 젖은 것은 착용하지 않을 것
㉯ 작업 중지의 경우에는 스위치를 떼어 놓을 것
㉰ 개로 전압이 높은 교류 용접기를 사용할 것
㉱ 좁은 장소에서의 작업에서는 신체를 노출시키지 않을 것

해설 ㉮ 개로 전압이 낮은 용접기를 사용할 것

88 현장 안전점검 시 흙막이 지보공의 정기 점검 사항과 가장 거리가 먼 것은?

㉮ 부재의 손상·변형·부식·변위 및 탈락의 유무와 상태
㉯ 부재의 설치방법과 순서
㉰ 버팀대의 긴압의 정도
㉱ 부재의 접속부·부착부 및 교차부의 상태

해설 흙막이 지보공을 설치한 때 점검 사항
① 부재의 손상·변형·부식·변위 및 탈락의 유무와 상태
② 버팀대의 긴압의 정도
③ 부재의 접속부·부착부 및 교차부의 상태
④ 침하의 정도

{분석}
실기까지 중요한 내용입니다. 암기하세요.

89 건물 외벽의 도장작업을 위하여 섬유로프 등의 재료로 상부지점에서 작업용 발판을 매다는 형식의 비계는?

㉮ 달비계
㉯ 단관비계
㉰ 브라켓 비계
㉱ 이동식 비계

해설 달비계 : 작업발판을 와이어로프에 매달아 고층건물 청소, 도장 등의 작업 시에 사용하는 비계

90 철골작업 시 폭우와 같은 악천후에 작업을 중지하여야 하는 강우량 기준은?

㉮ 1시간당 1mm 이상일 때
㉯ 2시간당 1mm 이상일 때
㉰ 3시간당 2mm 이상일 때
㉱ 4시간당 2mm 이상일 때

정답 86 ㉰ 87 ㉰ 88 ㉯ 89 ㉮ 90 ㉮

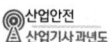

[해설] 철골작업을 중지해야 하는 조건
① 풍속이 초당 10미터 이상인 경우
② 강우량이 시간당 1밀리미터 이상인 경우
③ 강설량이 시간당 1센티미터 이상인 경우

{분석}
반드시 암기하세요.

91 강관 틀비계를 조립하여 사용하는 경우 벽이음의 수직 방향 조립간격은?

㉮ 2m 이내마다
㉯ 5m 이내마다
㉰ 6m 이내마다
㉱ 8m 이내마다

[해설] 비계 조립간격(벽이음 간격)

비계 종류		수직 방향	수평 방향
강관 비계	단관비계	5m	5m
	틀비계(높이 5m 미만인 것 제외)	6m	8m

{분석}
반드시 암기하세요.

92 이동식 비계를 조립하여 작업을 하는 경우에 준수해야할 사항과 거리가 먼 것은?

㉮ 비계의 최상부에서 작업을 할 때에는 안전난간을 설치할 것
㉯ 작업발판의 최대적재하중은 250kg을 초과하지 않도록 할 것
㉰ 승강용 사다리는 견고하게 설치할 것
㉱ 지주부재와 수평면과의 기울기를 75° 이하로 하고, 지주부재와 지주부재 사이를 고정시키는 보조부재를 설치할 것

[해설] 이동식 비계의 구조
① 바퀴에는 갑작스러운 이동 또는 전도를 방지하기 위하여 브레이크·쐐기 등으로 바퀴를 고정시킨 다음 비계의 일부를 견고한 시설물에 고정하거나 아웃트리거를 설치하는 등 필요한 조치를 할 것
② 승강용 사다리는 견고하게 설치할 것
③ 비계의 최상부에서 작업을 할 때에는 안전난간을 설치할 것
④ 작업발판은 항상 수평을 유지하고 작업발판 위에서 안전난간을 딛고 작업을 하거나 받침대 또는 사다리를 사용하여 작업하지 않도록 할 것
⑤ 작업발판의 최대적재하중은 250킬로그램을 초과하지 않도록 할 것

93 유해위험방지계획서 제출대상공사에 해당하는 것은?

㉮ 지상높이가 21m인 건축물 해체공사
㉯ 최대지간 거리가 50m인 교량의 건설공사
㉰ 연면적 5,000m²인 동물원 건설공사
㉱ 깊이가 9m인 굴착공사

[해설] 유해위험방지계획서 작성 대상 건설공사

1. 다음 각 목의 어느 하나에 해당하는 건축물 또는 시설 등의 건설·개조 또는 해체공사
   가. 지상높이가 31미터 이상인 건축물 또는 인공구조물
   나. 연면적 3만제곱미터 이상인 건축물
   다. 연면적 5천제곱미터 이상인 시설로서 다음의 어느 하나에 해당하는 시설
      1) 문화 및 집회시설(전시장 및 동물원·식물원은 제외한다)
      2) 판매시설, 운수시설(고속철도의 역사 및 집배송시설은 제외한다)
      3) 종교시설
      4) 의료시설 중 종합병원
      5) 숙박시설 중 관광숙박시설
      6) 지하도상가
      7) 냉동·냉장 창고시설
2. 연면적 5천제곱미터 이상의 냉동·냉장창고시설의 설비공사 및 단열공사

정답 91 ㉰ 92 ㉱ 93 ㉯

3. 최대 지간길이(다리의 기둥과 기둥의 중심사이의 거리)가 50미터 이상인 교량 건설 등 공사
4. 터널 건설 등의 공사
5. 다목적댐, 발전용댐, 저수용량 2천만톤 이상의 용수 전용 댐, 지방상수도 전용 댐 건설 등의 공사
6. 깊이 10미터 이상인 굴착공사

특급 암기법

- 지상높이 31m, 연면적 3만m², 사람 많은 시설 연면적 5,000m²
- 연면적 5,000m² 냉동·냉장창고시설
- 최대 지간길이가 50미터 이상 교량
- 터널
- 저수용량 2천만 톤 이상 댐
- 10미터 이상인 굴착

{분석}
실기에도 자주 출제되는 내용입니다. 암기하세요.

94 추락에 의한 위험을 방지하기 위한 추락방호망의 설치 기준으로 옳지 않은 것은?

㉮ 추락방호망의 설치 위치는 가능하면 작업면으로부터 가까운 지점에 설치할 것
㉯ 건축물 등의 바깥쪽으로 설치하는 경우 망의 내민길이는 벽면으로부터 2m 이상이 되도록 할 것
㉰ 추락방호망은 수평으로 설치하고, 망의 처짐은 짧은 변 길이의 12% 이상이 되도록 할 것
㉱ 작업면으로부터 망의 설치지점까지의 수직거리는 10m를 초과하지 아니할 것

해설 추락방호망의 설치

① 추락방호망의 설치위치는 가능하면 작업면으로부터 가까운 지점에 설치하여야 하며, 작업면으로부터 망의 설치지점까지의 수직거리는 10미터를 초과하지 아니할 것
② 추락방호망은 수평으로 설치하고, 망의 처짐은 짧은 변 길이의 12퍼센트 이상이 되도록 할 것

③ 건축물 등의 바깥쪽으로 설치하는 경우 망의 내민 길이는 벽면으로부터 3미터 이상 되도록 할 것. 다만, 그물코가 20밀리미터 이하인 망을 사용한 경우에는 낙하물 방지망을 설치한 것으로 본다.

95 물체의 낙하·충격, 물체의 끼임, 감전 또는 정전기의 대전에 의한 위험이 있는 작업 시 공통으로 근로자가 착용하여야 하는 보호구로 적합한 것은?

㉮ 방열복
㉯ 안전대
㉰ 안전화
㉱ 보안경

해설 작업조건에 적합한 보호구

작업	보호구
물체가 떨어지거나 날아올 위험 또는 근로자가 추락할 위험이 있는 작업	안전모
높이 또는 깊이 2미터 이상의 추락할 위험이 있는 장소에서 하는 작업	안전대(安全帶)
물체의 낙하·충격, 물체에의 끼임, 감전 또는 정전기의 대전(帶電)에 의한 위험이 있는 작업	안전화
물체가 흩날릴 위험이 있는 작업	보안경
용접 시 불꽃이나 물체가 흩날릴 위험이 있는 작업	보안면
감전의 위험이 있는 작업	절연용 보호구
고열에 의한 화상 등의 위험이 있는 작업	방열복
선창 등에서 분진(粉塵)이 심하게 발생하는 하역작업	방진마스크
섭씨 영하 18도 이하인 급냉동 어창에서 하는 하역작업	방한모·방한복·방한화·방한장갑
물건을 운반하거나 수거·배달하기 위하여 이륜자동차 또는 원동기장치 자전거를 운행하는 작업	승차용 안전모
물건을 운반하거나 수거·배달하기 위하여 자전거 등을 운행하는 작업	안전모

정답 94 ㉯ 95 ㉰

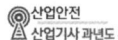

96 다음 중 굴착기의 전부 장치에 해당하지 않는 것은?

㉮ 붐(Boom)
㉯ 암(Arm)
㉰ 버킷(Bucket)
㉱ 블레이드(Blade)

[해설] 굴착기의 전부 장치 : 상부 회전체의 앞부분에 위치하고 작업을 직접 수행하는 부분으로 교체가능하며 붐, 암, 버킷으로 구성된다.

97 화물자동차에서 짐을 싣는 작업 또는 내리는 작업을 할 때 바닥과 짐 윗면과의 높이가 최소 얼마 이상이면 승강설비를 설치해야 하는가?

㉮ 1m ㉯ 1.5m
㉰ 2m ㉱ 3m

[해설] 바닥으로부터 짐 윗면과의 높이가 <u>2미터 이상인</u> 화물자동차에 짐을 싣는 작업 또는 내리는 작업을 하는 때에는 추락에 의한 근로자의 위험을 방지하기 위하여 당해 작업에 종사하는 근로자가 바닥과 적재함의 짐 윗면과의 사이를 안전하게 <u>상승 또는 하강하기 위한 설비(승강설비)를 설치</u>하여야 한다.

98 철골보 인양작업 시 준수사항으로 옳지 않은 것은?

㉮ 인양용 와이어로프의 체결지점은 수평부재의 1/4지점을 기준으로 한다.
㉯ 인양용 와이어로프의 매달기 각도는 양변 60°를 기준으로 한다.
㉰ 흔들리거나 선회하지 않도록 유도 로프로 유도한다.
㉱ 후크는 용접의 경우 용접규격을 반드시 확인한다.

[해설] ㉮ 인양 와이어 로프의 매달기 각도는 양변 60°를 기준으로 2열로 매달고 와이어 체결지점은 수평 부재의 1/3기점을 기준하여야 한다.

99 사질지반에 흙막이를 하고 터파기를 실시하면 지반 수위와 터파기 저면과의 수위차에 의해 보일링 현상이 발생할 수 있다. 이때 이 현상을 방지하는 방법이 아닌 것은?

㉮ 흙막이 벽의 저면 타입깊이를 크게 한다.
㉯ 차수성이 높은 흙막이벽을 사용한다.
㉰ 웰포인트로 지하수면을 낮춘다.
㉱ 주동토압을 크게 한다.

[해설] **보일링 현상 방지책**
① 지하 수위 저하
② 지하수 흐름 변경
③ 근입벽을 깊게 한다.
④ 작업 중지
⑤ 차수성이 높은 흙막이 벽 사용

100 크레인의 와이어로프가 일정한계 이상 감기지 않도록 작동을 자동으로 정지시키는 장치는?

㉮ 훅 해지장치
㉯ 권과방지장치
㉰ 비상정지장치
㉱ 과부하방지장치

[해설] 와이어로프가 일정한계 이상 감기지 않도록 작동을 정지하는 장치 → 권과방지장치

[참고] 권과방지장치는 훅·버킷 등 달기구의 윗면(그 달기구에 권상용 도르래가 설치된 경우에는 권상용 도르래의 윗면)이 <u>드럼, 상부 도르래, 트롤리프레임 등 권상장치의 아랫면과 접촉할 우려가 있는 경우에 그 간격이 0.25미터 이상[직동식(直動式) 권과방지장치는 0.05미터 이상으로 한다]</u>이 되도록 조정하여야 한다.

정답 96 ㉱ 97 ㉰ 98 ㉮ 99 ㉱ 100 ㉯

02회 2013년 산업안전 산업기사 최근 기출문제

2013년 6월 2일 시행

제1과목 • 산업재해 예방 및 안전보건교육

01 다음 중 산업안전보건 법령상 안전검사 대상 유해·위험기계가 아닌 것은?

㉮ 선반 ㉯ 리프트
㉰ 압력용기 ㉱ 곤돌라

[해설] 안전검사 대상 유해·위험기계
① 프레스
② 전단기
③ 크레인[정격 하중이 2톤 미만인 것 제외]
④ 리프트
⑤ 압력용기
⑥ 곤돌라
⑦ 국소 배기장치(이동식은 제외)
⑧ 원심기(산업용만 해당)
⑨ 롤러기(밀폐형 구조는 제외한다)
⑩ 사출성형기[형 체결력(형 체결력) 294킬로뉴턴(KN) 미만은 제외]
⑪ 고소작업대
⑫ 컨베이어
⑬ 산업용 로봇

특급 암기법

안전인증 대상 중
<u>손 다치는 기계</u> - 프레스, 전단기, 사출성형기, 롤러기
<u>양중기</u> - 크레인, 리프트, 곤돌라
<u>폭발</u> - 압력용기
<u>추가</u> - 극소(국소) 로봇이 고소(높은 곳)의 큰(컨) 원을 검사(안전검사)
국소배기장치 산업용 로봇, 고소작업대, 컨베이어, 원심기

{분석}
실기에도 자주 출제되는 내용입니다.
반드시 암기하세요.

02 하인리히의 재해손실비용 평가방식에서 총재해 손실비용을 직접비와 간접비로 구분하였을 때 그 비율로 옳은 것은? (단, 순서는 직접비 : 간접비이다.)

㉮ 1 : 4 ㉯ 4 : 1
㉰ 3 : 2 ㉱ 2 : 3

[해설]

하인리히 방식	총 재해비용 = 직접비 + 간접비 (1 : 4) ① 직접비 • 치료비 • 휴업급여 • 요양급여 • 유족급여 • 장해급여 • 간병급여 • 직업재활급여 • 상병(傷病)보상연금 • 장의비 등 ② 간접비 • 인적 손실비 • 물적 손실비 • 생산 손실비 • 기계·기구 손실비 등

[참고]

시몬즈의 방식	총 재해코스트 = 보험코스트+비보험코스트 총 재해코스트 = 산재보험료+(A×휴업상해 건수)+(B×통원상해 건수)+(C×구급조치상해 건수)+(D×무상해 사고 건수) * A, B, C, D : 상수 (각 재해에 대한 평균 비보험코스트) ① 보험코스트 = 산재보험료 ② 비보험코스트 • 휴업상해 • 통원상해 • 구급조치상해 • 무상해 사고

{분석}
실기까지 중요한 내용입니다 "참고"도 함께 기억하세요.

정답 01 ㉮ 02 ㉮

03 다음 중 보호구 안전인증기준에 있어 방독마스크에 관한 용어의 설명으로 틀린 것은?

㉮ "파과"란 대응하는 가스에 대하여 정화통 내부의 흡착제가 포화상태가 되어 흡착능력을 상실한 상태를 말한다.
㉯ "파과곡선"이란 파과시간과 유해물질의 종류에 대한 관계를 나타낸 곡선을 말한다.
㉰ "겸용 방독마스크"란 방독마스크(복합용 포함)의 성능에 방진마스크의 성능이 포함된 방독마스크를 말한다.
㉱ "전면형 방독마스크"란 유해물질 등으로부터 안면부 전체(입, 코, 눈)를 덮을 수 있는 구조의 방독마스크를 말한다.

[해설] 방독마스크
① "파과시간"이란 어느 일정농도의 유해물질 등을 포함한 공기를 일정 유량으로 정화통에 통과하기 시작부터 파과가 보일 때까지의 시간을 말한다.
② "파과곡선"이란 파과시간과 유해물질 등에 대한 농도와의 관계를 나타낸 곡선을 말한다.
③ "반면형 방독마스크"란 유해물질 등으로부터 안면부의 입과 코를 덮을 수 있는 구조의 방독마스크를 말한다.
④ "복합용 방독마스크"란 2종류 이상의 유해물질 등에 대한 제독능력이 있는 방독마스크를 말한다.

04 인간의 착각 현상 중 버스나 전동차의 움직임으로 인하여 자신이 승차하고 있는 정지된 자가용이 움직이는 것 같은 느낌을 받거나 구름 사이의 달 관찰 시 구름이 움직일 때 구름은 정지되어 있고, 달이 움직이는 것처럼 느껴지는 현상을 무엇이라 하는가?

㉮ 자동운동 ㉯ 유도운동
㉰ 가현운동 ㉱ 플리커 현상

[해설]

가현운동 (β운동)	• 정지하고 있는 대상물이 급속히 나타나던가 소멸하는 것으로 인하여 일어나는 운동으로 마치 대상물이 운동하는 것처럼 인식되는 현상을 말한다. • 예 : 영화의 영상
유도운동	• 움직이지 않는 것이 움직이는 것처럼 느껴지는 현상 • 예 : 상행선 열차를 타고 가며 정지하고 있는 하행선 열차를 보면 마치 하행선 열차가 움직이는 것처럼 느껴지는 현상
자동운동	• 암실에서 정지된 소광점 응시하면 광점이 움직이는 것처럼 보이는 현상 • 안구의 불규칙한 운동 때문에 생기는 현상이다.

{분석} 자주 출제되는 내용입니다. "해설"을 다시 확인하세요.

05 다음 중 "학습지도의 원리"에서 학습자가 지니고 있는 각자의 요구와 능력 등에 알맞은 학습활동의 기회를 마련해주어야 한다"는 원리는?

㉮ 자기활동의 원리
㉯ 개별화의 원리
㉰ 사회화의 원리
㉱ 통합의 원리

[해설] 학습자에게 알맞은 학습활동의 기회 마련
→ 개별화의 원리

[참고] 학습지도의 원리
① 자발성의 원리(자기활동의 원리) : 학습자 스스로가 능동적으로 학습활동에 의욕을 가지고 참여하도록 하는 원리
② 개별화의 원리 : 학습자를 존중하고, 학습자 개개인의 능력, 소질, 성향 등 모든 발달 가능성을 신장시키려는 원리

정답 03 ㉰ 04 ㉯ 05 ㉯

③ 목적의 원리 : 학습자는 학습목표가 분명하게 인식되었을 때 자발적이고 적극적인 학습활동을 하게 된다.
④ 사회화의 원리 : 학교 교육을 통하여 학생들이 사회화되어 유용한 사회인으로 육성시키고자 하는 교육이다.
⑤ 통합화의 원리 : 학습자를 전체적 인격체로 보고 그에게 내제하여 있는 모든 능력을 조화적으로 발달시키기 위한 생활중심의 통합교육을 원칙으로 하는 원리
⑥ 직관의 원리(직접경험의 원리) : 학습에 있어 언어 위주로 설명을 하는 수업보다는 구체적인 사물을 학습자가 직접 경험해 봄으로써 학습의 효과를 높일 수 있는 원리

06 다음 중 테크니컬 스킬즈(technical skills)에 관한 설명으로 옳은 것은?

㉮ 모럴(morale)을 앙양시키는 능력
㉯ 인간을 사물에게 적응시키는 능력
㉰ 사물을 인간에게 유리하게 처리하는 능력
㉱ 인간과 인간의 의사소통을 원활하게 처리하는 능력

해설 Technical Skills(기술적 능력)는 사물을 인간에게 유리하게 처리하는 능력을 말한다.

07 다음 중 산업안전보건 법령상 안전·보건표지에 있어 경고표지의 종류에 해당하지 않는 것은?

㉮ 방사성물질 경고
㉯ 급성독성물질 경고
㉰ 차량 통행 경고
㉱ 레이저광선 경고

해설 경고표지의 종류

인화성물질 경고	산화성물질 경고	폭발성물질 경고
급성독성물질 경고	부식성물질 경고	방사성물질 경고
고압전기 경고	매달린 물체 경고	낙하물 경고
고온 경고	저온 경고	몸균형 상실 경고
발암성·변이원성·생식독성·전신독성·호흡기 과민성 물질 경고	레이저광선 경고	위험장소 경고

{분석} 안전표지는 실기에도 자주 출제되는 내용입니다. 잘 기억하세요.

08 다음 중 연간 총 근로시간 합계 100만 시간당 재해발생 건수를 나타내는 재해율은?

㉮ 연천인율 ㉯ 도수율
㉰ 강도율   ㉱ 종합재해지수

정답 06 ㉰ 07 ㉰ 08 ㉯

[해설] 도수율(빈도율 F.R)
① 100만 근로시간 당 재해발생 건수 비율
② 도수율 = $\dfrac{\text{재해 건수}}{\text{연 근로시간 수}} \times 10^6$

[참고] (1) 연천인율
① 근로자 1,000명 중 재해자 수 비율(1년간)
② 연천인율 = $\dfrac{\text{연간재해자 수}}{\text{연평균 근로자 수}} \times 1,000$
③ 연천인율 = 도수율×2.4

(2) 강도율(S.R)
① 1,000 근로시간 당 근로손실 일수 비율
② 강도율 = $\dfrac{\text{총 요양 근로손실일수}}{\text{연 근로시간 수}} \times 1,000$

* 근로손실일수 = 휴업일수, 요양일수, 입원일수
$\times \dfrac{300(\text{실제근로일수})}{365}$

{분석} 실기까지 중요한 내용입니다. "참고"도 함께 기억하세요.

09 다음 중 피로의 직접적인 원인과 가장 거리가 먼 것은?
㉮ 작업환경 ㉯ 작업 속도
㉰ 작업태도 ㉱ 작업적성

[해설] ㉱ 작업적성은 피로의 간접원인에 해당한다.

[참고] 피로의 발생 요인
① 작업부하 : 작업 공간, 작업 방식, 작업밀도 등
② 작업 환경조건 : 환기, 조명, 온열 조건, 소음·진동 등
③ 작업의 편성과 작업시간
④ 생활조건 : 주거, 통근 조건, 수면 등
⑤ 개인조건 : 속련도, 신체적 조건, 영양상태 등

10 다음 중 인간의 욕구를 5단계로 구분한 이론을 발표한 사람은?
㉮ 허츠버그(Herzberg)
㉯ 하인리히(Heinrich)
㉰ 매슬로(Maslow)
㉱ 맥그리거(McGregor)

[해설] 인간의 욕구 5단계 → 매슬로(Maslow)

[참고]

헤르츠버그 (Herzberg)의 동기·위생 이론	① 위생 요인(유지 욕구) : 인간의 동물적 욕구를 반영하는 것으로 Maslow의 욕구 단계에서 생리적, 안전, 사회적 욕구와 비슷하다. (저차원의 욕구) ② 동기 요인(만족 욕구) : 자아 실현을 하려는 인간의 독특한 경향을 반영한 것으로, Maslow의 자아 실현 욕구와 비슷하다. (고차원의 욕구)	
매슬로 (Maslow A. H.)의 인간의 욕구 5단계	① 제1단계(생리적 욕구) : 기아, 갈증, 호흡, 배설, 성욕 등 인간의 가장 기본적인 욕구 ② 제2단계(안전 욕구) : 자기 보존 욕구 ③ 제3단계(사회적 욕구) : 소속감과 애정 욕구 ④ 제4단계(존경 욕구) : 인정받으려는 욕구 ⑤ 제5단계(자아실현의 욕구) : 잠재적인 능력을 실현하고자 하는 욕구(성취 욕구)	
	X이론의 특징	Y이론의 특징
	인간 불신감	상호 신뢰감
	성악설	성선설
맥그리거 (McGregor)의 X, Y 이론	인간은 원래 게으르고 태만하여 남의 지배를 받기를 즐긴다.	인간은 부지런하고 적극적이며 자주적이다.
	물질욕구(저차원 욕구)에 만족	정신욕구(고차원 욕구)에 만족
	명령, 통제에 의한 관리	목표 통합과 자기 통제에 의한 자율관리
	저개발국형	선진국형

{분석} 실기까지 중요한 내용입니다. "참고"를 다시 확인하세요.

정답 09 ㉱ 10 ㉰

11 다음 중 STOP 기법의 설명으로 옳은 것은?

㉮ 교육훈련의 평가방법으로 활용된다.
㉯ 일용직 근로자의 안전교육 추진방법이다.
㉰ 경영층의 대표적인 위험예지훈련방법이다.
㉱ 관리감독자의 안전관찰훈련으로 현장에서 주로 실시한다.

[해설] 미국 듀폰사의 STOP기법(Safety Training Observation Program : 안전교육관찰 프로그램)

숙련된 관찰자(안전관리자)가 불안전한 행위를 관찰하기 위한 기법으로 일상업무 시 사용한 안전관찰카드를 분석하여 불안전한 행동의 경향을 파악하여 해당 부분에 대한 재발 방지 대책을 세운다.

STOP 기법 진행방법
결심 → 정지 → 관찰 → 보고

12 안전교육의 방법 중 프로그램 학습법(programmed self instruction method)에 관한 설명으로 틀린 것은?

㉮ 개발비가 적게 들어 쉽게 적용할 수 있다.
㉯ 수업의 모든 단계에서 적용이 가능하다.
㉰ 한 번 개발된 프로그램 자료는 개조하기 어렵다.
㉱ 수강자들이 학습이 가능한 시간대의 폭이 넓다.

[해설] 프로그램 학습법 : 학생이 혼자서 자기 능력과 시간, 학습속도에 맞추어 학습할 수 있도록 프로그램 학습자료를 이용하여 학습하는 형태이다.

프로그램 학습법의 장점	프로그램 학습법의 단점
• 기본 개념학습이나 논리적인 학습에 유리하다. • 지능, 학습속도 등 개인차를 고려할 수 있다. • 수업의 모든 단계에 적용이 가능하다. • 수강자들이 학습이 가능한 시간대의 폭이 넓다. • 매 학습마다 피드백을 할 수 있다.	• 한 번 개발된 프로그램 자료는 변경이 어렵다. • 개발비가 많이 들고 제작 과정이 어렵다. • 교육 내용이 고정되어 있다. • 학습에 많은 시간이 걸린다. • 집단 사고의 기회가 없다.

13 버드(Bird)의 재해 발생 비율에서 물적 손해 만의 사고가 120건 발생하면 상해도 손해도 없는 사고는 몇 건 정도 발생하겠는가?

㉮ 600건   ㉯ 1,200건
㉰ 1,800건   ㉱ 2,400건

[해설]

버드의 1 : 10 : 30 : 600의 법칙 : 총 641건의 사고를 분석했을 때
- 중상 또는 폐질 : 1건
- 경상해 : 10건
- 무상해사고 (물적 손실) : 30건
- 무상해, 무사고 (위험 순간) : 600건이 발생함을 의미한다.

물적 손실이 120건 일 때
→ 무상해, 무사고 = 600×4 = 2400건

[참고] 하인리히 1 : 29 : 300의 법칙 : 총 330건의 사고를 분석했을 때
- 중상 또는 사망 : 1건
- 경상해 : 29건
- 무상해사고 : 300건이 발생함을 의미한다.

{분석}
실기까지 중요한 내용입니다. "참고"도 함께 기억하세요.

정답 11 ㉱ 12 ㉮ 13 ㉱

14 모랄 서베이(Morale survey)의 주요 방법 중 태도조사법에 해당하는 것은?

㉮ 사례연구법 ㉯ 관찰법
㉰ 실험연구법 ㉱ 문답법

[해설] 모랄 서베이(morale survey)의 주요 방법
① 통계에 의한 방법
  • 사고 상해율, 생산성, 지각, 조퇴 등을 분석하여 통계내는 방법
  • 다른 조사법의 보조 자료로 많이 사용된다.
② 사례연구법
  • 제안제도, 고충처리제도, 카운슬링 등의 사례를 통하여 불만 등을 파악하는 방법
③ 관찰법
  • 종업원의 근무 실태를 계속 관찰하여 문제점을 찾아내는 방법
④ 실험연구법
  • 실험 그룹과 통제 그룹으로 나누고 자극을 주어 태도 변화의 여부를 조사하는 방법
⑤ 태도조사법(의견조사)
  • 모랄서베이에서 가장 많이 사용되는 방법
  • 질문지법(문답법), 면접법, 집단토의법, 투사법에 의해 의견을 조사하는 방법

[참고] 모랄서베이[morale survey] : 종업원의 근로의욕·태도 등에 대한 측정으로 태도조사라고도 한다.

15 다음 중 무재해 운동의 기본 이념 3원칙과 거리가 먼 것은?

㉮ 무의 원칙
㉯ 자주 활동의 원칙
㉰ 참가의 원칙
㉱ 선취 해결의 원칙

[해설] 무재해 운동의 3대 원칙
① 무(無)의 원칙(ZERO의 원칙) : 사업장 내의 모든 잠재위험요인을 적극적으로 사전에 발견하고 파악·해결함으로써 산업재해의 근원적인 요소들을 없앤다는 것을 의미한다.
② 선취의 원칙(안전제일의 원칙) : 사업장 내에서 행동하기 전에 잠재위험요인을 발견하고 파악·해결하여 재해를 예방하는 것을 의미한다.
③ 참가의 원칙(참여의 원칙) : 작업에 따르는 잠재위험요인을 발견하고 파악·해결하기 위하여 전원이 일치 협력하여 각자의 위치에서 적극적으로 문제해결을 하겠다는 것을 의미한다.

16 인간의 안전교육 형태에서 행위나 난이도가 점차적으로 높아지는 순서를 옳게 표시한 것은?

㉮ 지식 → 태도변형 → 개인행위 → 집단행위
㉯ 태도변형 → 지식 → 집단행위 → 개인행위
㉰ 개인행위 → 태도변형 → 집단행위 → 지식
㉱ 개인행위 → 집단행위 → 지식 → 태도변형

[해설] 안전교육 난이도가 높아지는 순
(교육의 효과가 나타나는 순)
지식 → 기능 → 태도 → 개인행동 변화 → 집단행동 변화

17 다음 중 상해 종류에 대한 설명으로 옳은 것은?

㉮ 찰과상 : 창·칼 등에 베인 상처
㉯ 창상 : 스치거나 문질러서 피부가 벗겨진 상해
㉰ 창상 : 창·칼 등에 베인 상해
㉱ 좌상 : 국부의 혈액순환의 이상으로 몸이 퉁퉁 부어오르는 상해

[해설] ㉮ 자상
㉯ 찰과상
㉱ 부종

정답 14 ㉱ 15 ㉯ 16 ㉮ 17 ㉰

분류 항목	세부 항목
① 골절	뼈가 부러진 상해
② 동상	저온물 접촉으로 생긴 동상 상해
③ 부종	국부의 혈액순환의 이상으로 몸이 퉁퉁 부어오르는 상해
④ 찔림(자상)	칼날 등 날카로운 물건에 찔린 상해
⑤ 타박상(뻠)	타박·충돌·추락 등으로 피부표면보다는 피하조직 또는 근육부를 다친 상태
⑥ 절단(절상)	신체 부위가 절단된 상해
⑦ 중독·질식	음식물·약물·가스 등에 의한 중독이나 질식된 상해
⑧ 찰과상	스치거나 문질러서 피부가 벗겨진 상해
⑨ 베임(창상)	창·칼 등에 베인 상해
⑩ 화상	화재 또는 고온물 접촉으로 인한 상해
⑪ 뇌진탕	머리를 세게 맞았을 때 장해로 일어난 상해
⑫ 익사	물 속에 추락하여 익사한 상해
⑬ 피부병	직업과 연관되어 발생 또는 악화되는 모든 피부질환
⑭ 청력장애	청력이 감퇴 또는 난청이 된 상태
⑮ 시력장애	시력이 감퇴 또는 실명된 상해

{분석}
3차 작업형까지 중요한 내용입니다.
"해설"을 다시 확인하세요.

18 다음 중 안전교육의 단계에 있어 안전한 마음가짐을 몸에 익히는 심리적인 교육 방법을 무엇이라 하는가?

㉮ 지식교육 ㉯ 실습교육
㉰ 태도교육 ㉱ 기능교육

[해설] 안전한 마음가짐을 갖도록 하는 교육
→ 태도교육

[참고] 교육의 3단계
① 제1단계(지식교육) : 강의 및 시청각 교육 등을 통하여 지식을 전달하는 단계
② 제2단계(기능교육) : 시범, 견학, 현장실습 교육 등을 통하여 경험을 체득하는 단계
③ 제3단계(태도교육) : 작업 동작 지도 등을 통하여 안전행동을 습관화하는 단계

19 다음 중 산업안전보건법상 사업주가 근로자에게 실시하여야 하는 근로자 안전·보건 교육 과정의 종류에 해당되지 않는 것은?

㉮ 검사원 정기점검교육
㉯ 특별안전·보건교육
㉰ 근로자 정기안전·보건교육
㉱ 작업내용 변경 시의 교육

[해설] 근로자 안전보건교육 시간

교육과정	교육대상		교육시간
가. 정기교육	1) 사무직 종사 근로자		매반기 6시간 이상
	2) 그 밖의 근로자	가) 판매업무에 직접 종사하는 근로자	매반기 6시간 이상
		나) 판매업무에 직접 종사하는 근로자 외의 근로자	매반기 12시간 이상
나. 채용 시 교육	1) 일용근로자 및 근로계약기간이 1주일 이하인 기간제 근로자		1시간 이상
	2) 근로계약기간이 1주일 초과 1개월 이하인 기간제 근로자		4시간 이상
	3) 그 밖의 근로자		8시간 이상
다. 작업내용 변경 시 교육	1) 일용근로자 및 근로계약기간이 1주일 이하인 기간제 근로자		1시간 이상
	2) 그 밖의 근로자		2시간 이상

정답 18 ㉰ 19 ㉮

교육과정	교육대상	교육시간
라. 특별교육	1) 일용근로자 및 근로계약기간이 1주일 이하인 기간제 근로자(타워크레인 신호작업에 종사하는 근로자 제외)	2시간 이상
	2) 일용근로자 및 근로계약기간이 1주일 이하인 기간제 근로자 중 타워크레인 신호작업에 종사하는 근로자	8시간 이상
	3) 일용근로자 및 근로계약기간이 1주일 이하인 기간제 근로자를 제외한 근로자	가) 16시간 이상 (최초 작업에 종사하기 전 4시간 이상 실시하고 12시간은 3개월 이내에서 분할하여 실시 가능) 나) 단기간 작업 또는 간헐적 작업인 경우에는 2시간 이상
마. 건설업 기초안전 · 보건교육	건설 일용근로자	4시간 이상

{분석}
실기에도 자주 출제되는 내용입니다. 교육시간도 함께 암기하세요.

20 다음 중 산업안전보건 법령상 안전보건 총괄책임자 지정대상사업이 아닌 것은?

㉮ 수급인, 하수급인 포함 상시근로자 100명 이상인 사업
㉯ 수급인, 하수급인 포함 공사금액 20억 원 이상인 건설업
㉰ 수급인, 하수급인 포함 상시근로자 50명 이상인 1차 금속 제조업
㉱ 수급인, 하수급인 포함 상시근로자 20명 이상인 선박 및 보트건조업

[해설] 안전보건총괄책임자 지정 대상사업
① 관계수급인, 하수급인 포함 상시근로자 100명 이상인 사업(선박 및 보트건조업, 1차 금속 제조업, 토사석 광업 : 50명 이상)
② 관계수급인, 하수급인 포함 공사금액 20억 원 이상인 건설업

{분석}
관련법규 내용 변경으로 문제 일부를 수정하였습니다. 실기까지 중요한 내용입니다. 반드시 암기하세요.

제2과목 • 인간공학 및 위험성 평가 · 관리

21 FT도에 사용되는 기호 중 통상사상을 나타낸 것은?

㉮ 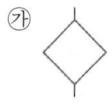　㉯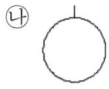

㉰ 　㉱

[해설] ㉮ 생략사상　㉯ 기본사상
㉰ 전이기호　㉱ 통상사상

정답 20 ㉱　21 ㉱

참고

기호	명명	기호 설명
◇	생략사상 (Undeveloped event)	사고결과나 관련정보가 미비하여 계속 개발될 수 없는 특정 초기 사상
⌂	통상사상 (External event)	유통계통의 층 변화와 같이 일반적으로 발병이 예상되는 사상
⌒	OR 게이트 (OR gate)	한 개 이상의 입력사상이 발생하면 출력사상이 발생하는 논리게이트
⌒	AND 게이트 (AND gate)	입력사상이 전부 발생하는 경우에만 출력사상이 발생하는 논리게이트
⎔○	억제 게이트 (Inhibit gate)	AND 게이트의 특별한 경우로서 이 게이트의 출력사상은 한 개의 입력사상에 의해 발생하며, 입력사상이 출력사상을 생성하기 전 특정조건을 만족하여야하는 논리게이트
△	전이기호 (Transfer symbol)	다른 부분에 있는(예 : 다른 페이지) 게이트와의 연결관계를 나타내기 위한 기호. 전입(Transfer in)과 전출(Transfer out)기호가 있음

{분석}
필기에 자주 출제되는 내용입니다.

22 다음 중 한 자극 차원에서의 절대 식별 수에 있어 순음의 경우 평균 식별 수는 어느 정도 되는가?

㉮ 1   ㉯ 5
㉰ 9   ㉱ 13

[해설] 사람의 경우 상대적 기준으로는 높이가 다른 1800음의 쌍을 구분할 수 있지만, 절대적 기준으로는 5음정도 밖에 식별하지 못한다.

[참고] 절대 식별 : 여러 그룹으로 규정된 신호 중에서 특정 부류에 속하는 신호가 단독으로 제시되었을 때 이를 식별할 수 있는 능력으로 상대적인 비교가 아닌 일시적 기억에 의해 신호를 구별하는 능력을 말한다.

23 다음 중 소음의 크기에 대한 설명으로 틀린 것은?

㉮ 저주파 음은 고주파 음만큼 크게 들리지 않는다.
㉯ 사람의 귀는 모든 주파수의 음에 동일하게 반응한다.
㉰ 크기가 같아지려면 저주파 음은 고주파 음보다 강해야 한다.
㉱ 일반적으로 낮은 주파수(100Hz 이하)에 덜 민감하고, 높은 주파수에 더 민감하다.

[해설] ㉯ 사람의 귀는 진동수(주파수)가 높아짐에 따라 청력손실도 심해진다.

24 다음 중 시력 및 조명에 관한 설명으로 옳은 것은?

㉮ 표적 물체가 움직이거나 관측자가 움직이면 시력의 역치는 증가한다.
㉯ 필터를 부착한 VDT화면에 표시된 글자의 밝기는 줄어들지만 대비는 증가한다.
㉰ 대비는 표적 물체 표면에 도달하는 조도와 결과하는 광도와의 차이를 나타낸다.
㉱ 관측자의 시야 내에 있는 주시영역과 그 주변 영역의 조도의 비를 조도비라고 한다.

[해설] ㉮ 표적 물체나 관측자가 움직이는 경우에는 시력의 역치가 감소한다.
㉰ 대비 → 표적 물체와 배경과의 조도(광도)의 비
㉱ 관측자 주시영역과 주변과의 조도의 비 → 대비

정답 22 ㉯ 23 ㉯ 24 ㉯

25 다음 중 통제기기의 변위를 20mm 움직였을 때 표시기기의 지침이 25mm 움직였다면 이 기기의 C/R비는 얼마인가?

㉮ 0.3
㉯ 0.4
㉰ 0.8
㉱ 0.9

[해설] 통제표시비(C/R 비) : 통제기기와 시각적 표시장치의 관계를 나타내며, 연속 조종 장치에만 적용된다.

1. $C/R \text{ 비} = \dfrac{X}{Y}$
   X : 통제기기의 변위량(cm)
   Y : 표시계기 지침의 변위량(cm)

2. $C/R \text{ 비} = \dfrac{\frac{a}{360} \times 2\pi L}{Y}$
   a : 조종장치의 움직인 각도
   L : 조종장치의 반경

$C/R \text{ 비} = \dfrac{X}{Y} = \dfrac{20}{25} = 0.8$

{분석} 필기에 자주 출제되는 내용입니다.

26 다음 중 제조나 생산과정에서의 품질관리 미비로 생기는 고장으로, 점검 작업이나 시운전으로 예방할 수 있는 고장은?

㉮ 초기고장
㉯ 마모고장
㉰ 우발고장
㉱ 평상고장

[해설] 기계설비 고장 유형

초기 고장 (감소형)	• 설계상, 구조상 결함, 불량 제조·생산 과정 등의 품질 관리미비로 생기는 고장 형태 • 점검 작업이나 시운전 작업 등으로 사전에 방지할 수 있는 고장
우발고장 (일정형)	• 예측할 수 없을 때에 생기는 고장의 형태 • 기계마다 일정하게 발생되며 고장율이 가장 낮다.
마모 고장 (증가형)	• 기계적 요소나 부품의 마모, 사람의 노화 현상 등에 의해 고장률이 상승하는 형이다. • 고장이 일어나기 직전에 교환, 안전 진단 및 적당한 보수에 의해서 방지할 수 있는 고장

{분석} 필기에 자주 출제되는 내용입니다.

27 인간계측 자료를 응용하여 제품을 설계하고자 할 때 다음 중 제품과 적용기준으로 가장 적절하지 않은 것은?

㉮ 출입문 - 최대 집단치 설계기준
㉯ 안내 데스크 - 평균치 설계기준
㉰ 선반 높이 - 최대 집단치 설계기준
㉱ 공구 - 평균치 설계기준

[해설] ㉰ 선반 높이 - 최소 집단치 설계기준

[참고] 인체계측 자료의 응용 3원칙
① 최대 치수와 최소 치수 설계(극단치 설계)
  • 최대 치수 또는 최소 치수를 기준으로 하여 설계한다.

최대 치수 설계의 예	최소 치수 설계의 예
• 위험구역의 울타리 높이 • 출입문의 높이 • 그네줄의 인장강도	• 물건을 올리는 선반의 높이 • 조정장치를 조정하는 힘 • 조정장치까지의 조정거리

정답 25 ㉰ 26 ㉮ 27 ㉰

② 조절범위(조정)
- 체격이 다른 여러 사람에 맞도록 설계한다.
- 예 침대, 의자 높낮이 조절, 자동차의 운전석 위치조정

③ 평균치를 기준으로 한 설계
- 최대 치수나 최소 치수 조절식으로 하기가 곤란할 때 평균치를 기준으로 하여 설계한다.
- 예 은행의 창구 높이

{분석}
필기에 자주 출제되는 내용입니다.

28 다음 중 인간-기계시스템의 설계 단계를 6단계로 구분할 때 제3단계인 기본설계 단계에 속하지 않는 것은?

㉮ 직무분석
㉯ 기능의 할당
㉰ 인터페이스 설계
㉱ 인간 성능 요건 명세

[해설] 체계설계의 주요과정
① 목표 및 성능명세 결정
② 체계의 정의
③ 기본 설계
  - 작업설계
  - 직무분석
  - 기능할당
④ 계면 설계(인터페이스 설계)
⑤ 촉진물 설계
⑥ 시험 및 평가

29 다음은 위험분석기법 중 어떠한 기법에 사용되는 양식인가?

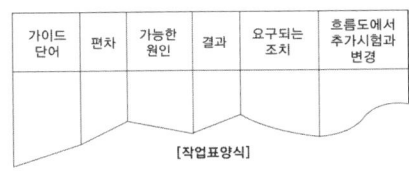
[작업표양식]

㉮ ETA
㉯ THERP
㉰ FMEA
㉱ HAZOP

[해설] 가이드 단어 → HAZOP

[참고] HAZOP기법의 유인어(guide words): 간단한 용어로서 창조적 사고를 유도하고 이상을 발견하고 의도를 한정하기 위해 사용된다.

30 작업종료 후에도 체내에 쌓인 젖산을 제거하기 위하여 추가로 요구되는 산소량을 무엇이라 하는가?

㉮ ATP
㉯ 에너지대사율
㉰ 산소 빚
㉱ 산소 최대 섭취능

[해설] 산소부채(oxygen debt)현상: 격렬한 운동을 할 때에는 산소 섭취량이 산소 소모량보다 부족하게 되어 산소량이 산소부채(산소 빚)를 일으킨다. 작업이나 운동 시 빚진 산소 부족분을 작업이나 운동이 끝난 후에 갚기 위해 작업이나 운동 후 호흡이 즉시 정상으로 회복되지 않고 서서히 회복되는 산소부채의 보상현상이 발생한다.

31 부품 배치의 원칙 중 부품의 일반적인 위치를 결정하기 위한 기준으로 가장 적합한 것은?

㉮ 중요성의 원칙, 사용 빈도의 원칙
㉯ 기능별 배치의 원칙, 사용 순서의 원칙
㉰ 중요성의 원칙, 사용 순서의 원칙
㉱ 사용 빈도의 원칙, 사용 순서의 원칙

[해설] 부품의 일반적인 위치를 결정하는 기준
중요성의 원칙, 사용 빈도의 원칙

[참고] 부품의 일반적인 위치 내에서 구체적인 배치를 결정하는 기준: 사용순서의 원칙, 기능별 배치의 원칙

{분석}
"참고"와 구분하여 기억하세요.

정답 28 ㉱ 29 ㉱ 30 ㉰ 31 ㉮

32 FT도에 의한 컷셋(cut sets)이 다음과 같이 구해졌을 때 최소 컷셋(minimal cut set)으로 옳은 것은?

- (X_1, X_3)
- (X_1, X_2, X_3)
- (X_1, X_3, X_4)

㉮ (X_1, X_3)
㉯ (X_1, X_2, X_3)
㉰ (X_1, X_3, X_4)
㉱ (X_1, X_2, X_3, X_4)

[해설] 최소 컷셋은 정상사상을 일으키는 최소한의 컷으로 컷셋의 부분집합인 (X_1, X_3)가 된다.

{분석} 필기에 자주 출제되는 내용입니다.

33 인지 및 인식의 오류를 예방하기 위해 목표와 관련하여 작동을 계획해야 하는데 특수하고 친숙하지 않은 상황에서 발생하며, 부적절한 분석이나 의사결정을 잘못하여 발생하는 오류는?

㉮ 기능에 기초한 행동 (Skill-based Behavior)
㉯ 규칙에 기초한 행동 (Rule-based Behavior)
㉰ 지식에 기초한 행동 (Knowledge-based Behavior)
㉱ 사고에 기초한 행동 (Accident-based Behavior)

[해설] 의사 결정의 잘못 → 지식(기억)의 오류

34 다음 중 FTA의 기대효과로 볼 수 없는 것은?

㉮ 사고 원인 규명의 간편화
㉯ 사고 원인분석의 정량화
㉰ 시스템의 결함 진단
㉱ 사고 결과의 분석

[해설] FTA 기대효과
① 사고 원인 규명의 간편화
② 사고 원인 분석의 일반화
③ 사고 원인 분석의 정량화
④ 노력, 시간의 절감
⑤ 시스템의 결함 진단
⑥ 안전점검 Check List 작성

{분석} 필기에 자주 출제되는 내용입니다.

35 다음 중 광도(luminous intensity)의 단위에 해당하는 것은?

㉮ cd
㉯ fc
㉰ nit
㉱ lux

[해설]
㉮ cd : 광도의 단위
㉯ fc : 조도의 단위
㉰ nit : 휘도의 단위
㉱ lux : 조도의 단위

36 [보기]와 같은 위험관리의 단계를 순서대로 올바르게 나열한 것은?

[보기]
① 위험의 분석 ② 위험의 파악
③ 위험의 처리 ④ 위험의 평가

㉮ ① → ② → ④ → ③
㉯ ② → ③ → ① → ④
㉰ ① → ③ → ② → ④
㉱ ② → ① → ④ → ③

정답 32 ㉮ 33 ㉰ 34 ㉱ 35 ㉮ 36 ㉱

[해설] 위험관리의 순서

위험의 파악 → 위험의 분석 → 위험의 평가 → 위험의 처리

37 건구온도 38℃, 습구온도 32℃ 일 때의 Oxford 지수는 몇 ℃인가?

㉮ 30.2℃ ㉯ 32.9℃
㉰ 35.0℃ ㉱ 37.1℃

[해설] Oxford 지수

$$WD = 0.85W + 0.15d(℃)$$

여기서, W : 습구온도
d : 건구온도

WD = 0.85 × 32 + 0.15 × 38 = 32.9(℃)

{분석}
필기에 자주 출제되는 내용입니다.

38 시스템의 수명주기를 구상, 정의, 개발, 생산, 운전의 5단계로 구분할 때 다음 중 시스템 안전성 위험분석(SSHA)은 어느 단계에서 수행되는 것이 가장 적합한가?

㉮ 구상(concept) 단계
㉯ 운전(deployment) 단계
㉰ 생산(production) 단계
㉱ 정의(definition) 단계

[해설] 설비도입 및 제품개발 단계에서의 안전성 평가

① 구상단계
  • 시스템 안전계획의 작성
  • 예비위험분석의 작성

② 설계단계(정의단계)
  • 구상단계에서 작성된 시스템 안전프로그램을 실시할 것
  • 시스템의 설계에 반영할 안정성 설계기준을 결정하여 발표할 것

  • 예비위험분석을 시스템안전 위험분석(SSHA)으로 바꾸어 완료시킬 것

③ 제조, 조립, 시험단계(개발, 생산단계)
  • 시스템 안전위험분석에서 지정된 전 조치의 실시를 보증하는 계통적인 감시 및 확인 프로그램을 확립하여 실시할 것
  • 운용안전성분석(OSA)을 실시할 것

④ 운용단계
  • 안전성에 손상이 일어나지 않도록 조작장치, 사용설명서의 변경과 수정을 요할 것
  • 제조, 조립, 시험단계에서의 확립된 고장의 정보 피드백 시스템을 유지할 것
  • 바람직한 운용 안전성 레벨의 유지를 보증하기 위하여 안전성 검사를 할 것

39 다음 중 인간공학의 직접적인 목적과 가장 거리가 먼 것은?

㉮ 기계조작의 능률성
㉯ 인간의 능력개발
㉰ 사고의 미연 및 방지
㉱ 작업환경의 쾌적성

[해설] 인간공학의 연구 목적 : 가장 궁극적인 목적은 안전성 제고와 능률의 향상이다.
① 안전성의 향상과 사고 방지
② 기계조작의 능률성과 생산성의 향상
③ 쾌적성

{분석}
필기에 자주 출제되는 내용입니다.

40 통신에서 잡음 중의 일부를 제거하기 위해 필터(filter)를 사용하였다면 이는 다음 중 어느 것의 성능을 향상시키는 것인가?

㉮ 신호의 검출성
㉯ 신호의 양립성
㉰ 신호의 산란성
㉱ 신호의 표준성

[해설] 필터의 사용은 신호의 검출성을 향상시킨다.

정답 37 ㉯ 38 ㉱ 39 ㉯ 40 ㉮

제3과목 : 기계 · 기구 및 설비 안전 관리

41 다음 중 연삭기의 사용상 안전대책으로 적절하지 않은 것은?
㉮ 방호장치로 덮개를 설치한다.
㉯ 숫돌 교체 후 1분 정도 시운전을 실시한다.
㉰ 숫돌의 최고사용회전속도를 초과하여 사용하지 않는다.
㉱ 축 회전속도(rpm)는 영구히 지워지지 않도록 표시한다.

[해설] ㉯ 숫돌 교체 시 3분 이상 시운전할 것

[참고] 연삭기의 안전대책
① 숫돌에 충격을 가하지 말 것
② 작업시작 전 1분 이상, 숫돌 교체 시 3분 이상 시운전할 것
③ 연삭숫돌 최고 사용 회전속도 초과 사용 금지
④ 측면을 사용하는 것을 목적으로 제작된 연삭기 이외에는 측면 사용 금지
⑤ 작업 시에는 숫돌의 원주면을 이용하고, 작업자는 숫돌의 측면에서 작업할 것

{분석} 자주 출제되는 내용입니다. "참고"를 다시 확인하세요.

42 다음 중 기계의 회전 운동하는 부분과 고정부 사이에 위험이 형성되는 위험점으로 예를 들어 연삭숫돌과 작업받침대, 교반기의 날개와 하우스 등에서 발생되는 위험점은?
㉮ 물림점(nip point)
㉯ 끼임점(shear point)
㉰ 절단점(uting point)
㉱ 접선물림점(tangential point)

[해설] 끼임점 : 고정부분과 회전하는 동작부분 사이에서 형성되는 위험점
[예] 연삭숫돌과 덮개, 교반기 날개와 하우징 등

{분석} 실기까지 중요한 내용입니다.

43 롤러 작업에서 울(guard)의 적절한 위치까지의 거리가 40mm 일 때 울의 개구부와의 설치 간격은 얼마 정도로 하여야 하는가? (단, 국제노동기구의 규정을 따른다)
㉮ 12mm   ㉯ 15mm
㉰ 18mm   ㉱ 20mm

[해설]

가드의 개구간격	일방 평행 보호망, 위험점이 전동체인 경우의 개구간격
① X<160mm일 경우 $Y = 6 + 0.15 \times X$ ② X≧160mm일 경우 $Y = 30mm$ 여기서, X : 안전거리(위험점에서 가드까지의 거리)(mm) Y : 가드의 최대 개구 간격(mm)	① $Y = 6 + 0.1 \times X$ 여기서, X : 안전거리(mm) Y : 가드의 최대 개구 간격(mm)

$Y = 6 + 0.15 \times X = 6 + 0.15 \times 40 = 12mm$

{분석} 실기에도 자주 출제되는 내용입니다. 풀이방법을 숙지하세요.

정답 41 ㉯ 42 ㉯ 43 ㉮

44 다음 중 산업용 로봇을 운전하는 경우 산업안전보건법에 따라 설치하여야 하는 방호장치에 해당되는 것은?

㉮ 출입문 도어록
㉯ 안전매트 및 방책
㉰ 광전자식 방호장치
㉱ 과부하방지장치

[해설] **산업용 로봇의 방호장치**
① 높이 1.8미터 이상의 울타리
② 안전매트
③ 광전자식 방호장치 등 감응형 방호장치

45 다음 중 밀링 작업 시 안전조치 사항으로 틀린 것은?

㉮ 절삭속도는 재료에 따라 정한다.
㉯ 절삭 중 칩제거는 칩브레이커로 한다.
㉰ 커터를 끼울 때는 아버를 깨끗이 닦는다.
㉱ 일감을 고정하거나 풀어낼 때는 기계를 정지시킨다.

[해설] ㉯ 칩 제거는 운전을 중지하고 브러시를 이용한다.

46 다음 중 프레스 및 전단기의 양수조작식 방호장치의 누름버튼의 상호간 최소 내측거리로 옳은 것은?

㉮ 100mm
㉯ 150mm
㉰ 300mm
㉱ 500mm

[해설] 양수조작식 방호장치의 누름버튼의 상호간 내측 거리는 300mm 이상이어야 한다.

47 와이어로프의 절단하중이 1,116kg$_f$이고, 한 줄로 물건을 매달고자 할 때 안전계수를 6으로 하면 몇 kg$_f$ 이하의 물건을 매달 수 있는가?

㉮ 186
㉯ 372
㉰ 588
㉱ 6,696

[해설] 안전계수 = $\frac{절단하중}{사용하중}$

사용하중 = $\frac{절단하중}{안전계수} = \frac{1,116}{6} = 186 kg_f$

48 크레인 작업시 와이어로프 등이 훅으로부터 벗겨지는 것을 방지하기 위한 장치를 무엇이라 하는가?

㉮ 권과방지장치
㉯ 과부하방지장치
㉰ 해지장치
㉱ 브레이크장치

[해설] 와이어로프 등이 훅으로부터 벗겨짐을 방지하는 장치 → 훅의 해지장치

49 다음 중 드릴 작업의 안전 대책과 거리가 먼 것은?

㉮ 칩은 와이어 브러시로 제거한다.
㉯ 구멍 끝 작업에서는 절삭압력을 주어서는 안 된다.
㉰ 칩에 의한 자상을 방지하기 위해 면장갑을 착용한다.
㉱ 바이스 등을 사용하여 작업 중 공작물의 유도를 방지한다.

[해설] ㉰ 드릴 등 공작기계 작업 시에는 면장갑을 착용해서는 안 된다.

50 다음 중 프레스기에 사용하는 광전자식 방호장치의 단점으로 틀린 것은?

㉮ 연속 운전작업에는 사용할 수 없다.
㉯ 확동클러치 방식에는 사용할 수 없다.

정답 44 ㉯, ㉰ 45 ㉯ 46 ㉰ 47 ㉮ 48 ㉰ 49 ㉰ 50 ㉮

㉰ 설치가 어렵고, 기계적 고장에 의한 2차 낙하에는 효과가 없다.
㉱ 작업 중 진동에 의한 투·수광기가 어긋나 작동이 되지 않을 수 있다.

[해설] ㉮ 광전자식 방호장치는 연속 운전작업에 사용할 수 있다.

51 일반연삭작업 등에 사용하는 것을 목적으로 하는 탁상용 연삭기의 덮개 각도에 있어 숫돌이 노출되는 전체 범위의 각도 기준으로 옳은 것은?

㉮ 65° 이상   ㉯ 75° 이상
㉰ 125° 이상 ㉱ 150° 이상

[해설]

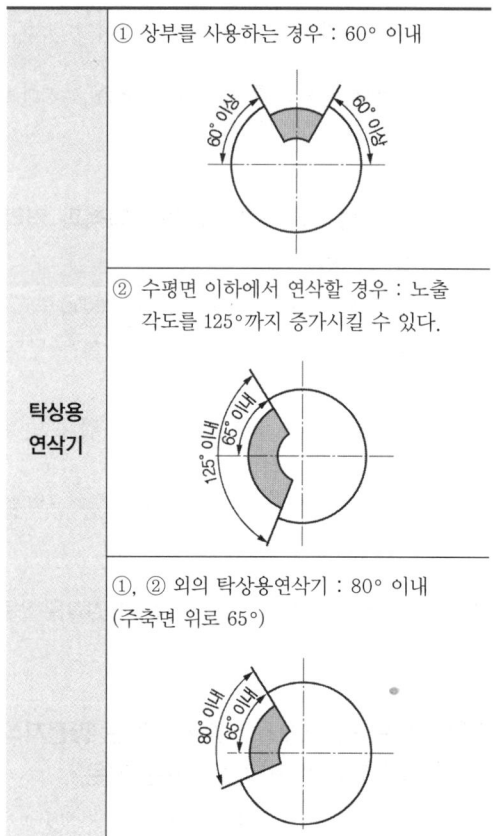

① 상부를 사용하는 경우 : 60° 이내

② 수평면 이하에서 연삭할 경우 : 노출 각도를 125°까지 증가시킬 수 있다.

①, ② 외의 탁상용연삭기 : 80° 이내 (주축면 위로 65°)

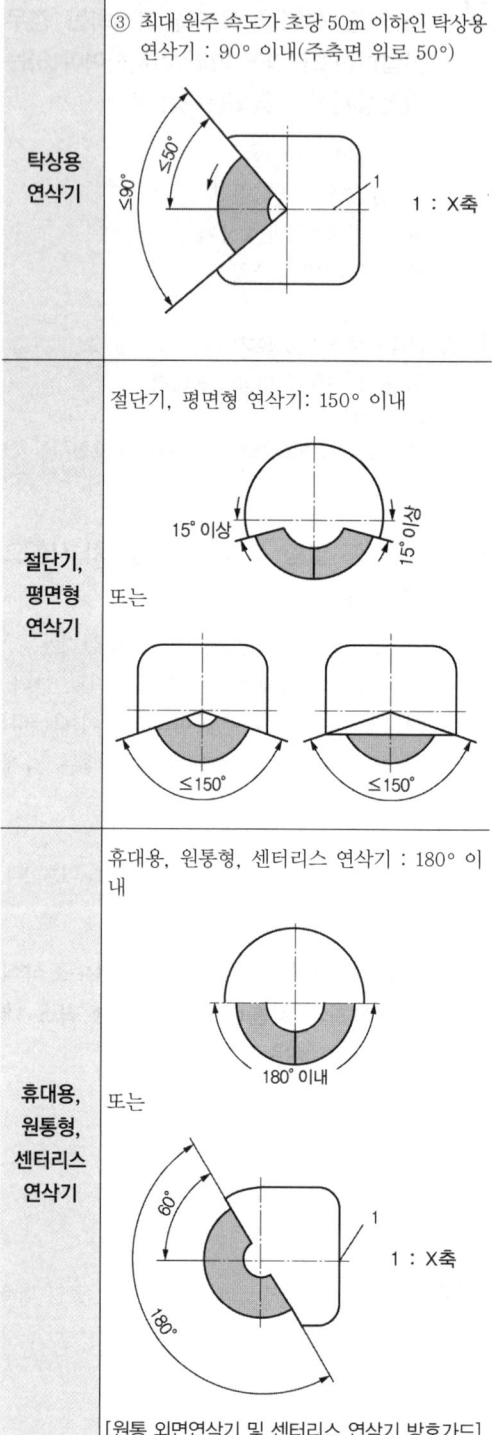

③ 최대 원주 속도가 초당 50m 이하인 탁상용 연삭기 : 90° 이내(주축면 위로 50°)

절단기, 평면형 연삭기 : 150° 이내

휴대용, 원통형, 센터리스 연삭기 : 180° 이내

[원통 외면연삭기 및 센터리스 연삭기 방호가드]

정답 51 ㉰

52 다음 중 프레스기에 사용되는 손쳐내기식 방호장치에 대한 설명으로 틀린 것은?

㉮ 분당 행정수가 120번 이상인 경우에 적합하다.
㉯ 방호판의 폭은 금형폭의 1/2 이상이어야 한다.
㉰ 행정길이가 300mm 이상의 프레스기계에는 방호판 폭을 300mm로 해야 한다.
㉱ 손쳐내기 봉의 행정(Stroke) 길이를 금형의 높이에 따라 조정할 수 있고, 진동폭은 금형폭 이상이어야 한다.

[해설] ㉮ 행정 길이 40mm 이상, SPM(분당 행정 수) 120 이하에서 사용이 가능하다.

[참고] **손쳐내기식 방호장치의 일반구조**
- 슬라이드 하행정거리의 3/4 위치에서 손을 완전히 밀어내야 한다.
- 손쳐내기 봉의 행정(Stroke) 길이를 금형의 높이에 따라 조정할 수 있고 진동 폭은 금형 폭 이상이어야 한다.
- 방호판과 손쳐내기 봉은 경량이면서 충분한 강도를 가져야 한다.
- 방호 판의 폭은 금형 폭의 1/2 이상이어야 하고, 행정길이가 300mm 이상의 프레스기계에는 방호판 폭을 300mm로 해야 한다.
- 손쳐내기 봉은 손 접촉 시 충격을 완화할 수 있는 완충재를 부착해야 한다.
- 부착볼트 등의 고정 금속 부분은 예리하게 돌출되지 않아야 한다.

53 지게차로 20km/h로 속력으로 주행할 때 좌우 안정도는 몇 % 이내이어야 하는가? (단, 무부하 상태를 기준으로 한다)

㉮ 37%
㉯ 39%
㉰ 40%
㉱ 42%

[해설]
주행 시 좌우 안정도 = 15+1.1 V(%)
여기서, V = 최고속도(km/hr)

주행 시 좌우 안정도 = 15 + 1.1 × 20 = 37%

{분석} 자주 출제되는 내용입니다.

54 다음 중 목재 가공용 둥근톱 기계에서 분할날의 설치에 관한 사항으로 옳지 않은 것은?

㉮ 분할날 조임볼트는 이완방지 조치가 되어 있어야 한다.
㉯ 분할날과 톱날 원주면과 거리는 12mm 이내로 조정, 유지할 수 있어야 한다.
㉰ 둥근톱의 두께가 1.20mm이라면 분할날의 두께는 1.32mm 이상 이어야 한다.
㉱ 분할날은 표준 테이블면(승강반에 있어서도 테이블을 최하로 내릴 때의 면)상의 톱 뒷날의 1/3 이상을 덮도록 하여야 한다.

[해설] ㉱ 분할날은 후면 날(톱 뒷날)의 2/3 이상을 덮어 설치할 것

[참고] **분할날의 설치조건**
- 분할 날 두께는 톱 두께의 1.1배 이상이며 치진폭보다 작을 것
  $1.1 t_1 \leq t_2 < b$
  (t_1 : 톱 두께, t_2 : 분할날 두께, b : 치진 폭)
- 톱날 후면과의 간격은 12mm 이내일 것
- 후면날의 2/3 이상을 덮어 설치할 것
- 분할날 최소길이
  $L = \frac{\pi \times D}{6}$ (mm) D : 톱날직경(mm)
- 직경이 610mm를 넘는 둥근톱에는 현수식 분할날을 사용할 것

{분석} 자주 출제되는 내용입니다. "참고"를 다시 확인하세요.

정답 52 ㉮ 53 ㉮ 54 ㉱

55 다음 중 기계 구조부분의 안전화에 대한 결함에 해당되지 않는 것은?

㉮ 재료의 결함
㉯ 기계설계의 결함
㉰ 가공 상의 결함
㉱ 작업 환경상의 결함

[해설] 구조 부분 안전화(구조 부분 강도적 안전화)
① 설계상의 결함 방지 : 사용 도중 재료의 강도가 열화될 것을 감안하여 설계하여야 한다.
② 재료의 결함 방지 : 재료 자체의 균열, 부식, 강도 저하 등 결함에 대하여 적절한 재료로 대체하여야 한다.
③ 가공 결함 방지 : 재료의 가공 도중에 발생되는 결함을 열처리 등을 통하여 사전에 예방하여야 한다.

56 기계설비의 이상 시에 기계를 급정지시키거나 안전장치가 작동하도록 하는 소극적인 대책과 전기회로를 개선하여 오동작을 방지하거나 별도의 완전한 회로에 의해 정상 기능을 찾을 수 있도록 하는 안전화를 무엇이라 하는가?

㉮ 구조적 안전화
㉯ 보전의 안전화
㉰ 외관적 안전화
㉱ 기능적 안전화

[해설] 기능적 안전화
① 전압 강하에 따른 오동작 방지
② 정전 및 단락에 따른 오동작 방지
③ 사용 압력 변동 시 등의 오동작 방지

57 다음 중 보일러 수 속이 유지류, 용해 고형물 등에 의해 거품이 생겨 수위가 불안정하게 되는 현상을 무엇이라 하는가?

㉮ 스케일(Scale)
㉯ 보일러링(Boilering)
㉰ 프린팅(Printing)
㉱ 포밍(Foaming)

[해설] 거품이 생겨 수위가 불안정하게 되는 현상
→ 포밍

[참고] 보일러 취급 시 이상 현상
① 포밍(foaming, 물거품 솟음) : 보일러수 중에 유지류, 용해 고형물, 부유물 등에 의해 보일러 수면에 거품이 생겨 올바른 수위를 판단하지 못하는 현상
② 프라이밍(priming, 비수 현상) : 보일러 부하의 급변, 수위 과상승 등에 의해 수분이 증기와 분리되지 않아 보일러 수면이 심하게 솟아올라 올바른 수위를 판단하지 못하는 현상
③ 캐리오버(carry over, 기수 공발) : 보일러 수 중에 용해 고형분이나 수분이 발생, 증기 중에 다량 함유되어 증기의 순도를 저하시킴으로써 관내 응축수가 생겨 워터 해머의 원인이 되고 증기 과열기나 터빈 등의 고장 원인이 된다.
④ 수격 작용 : 물망치 작용
(워터 해머, water hammer)
고여 있던 응축수가 밸브를 급격히 개폐 시에 고온 고압의 증기에 이끌려 배관을 강하게 치는 현상으로 배관파열을 초래한다.
⑤ 역화(Back Fire) : 보일러 시동 시 연료가 나온 다음 시간을 두고 착화하는 등으로 인해 미연소 가스가 노 내에 잔류하여 비정상적인 폭발적 연소를 일으킨다.

58 다음 중 접근 반응형 방호장치에 해당되는 것은?

㉮ 손쳐내기식 방호장치
㉯ 광전자식 방호장치
㉰ 가드식 방호장치
㉱ 양수조작식 방호장치

▶ 정답 55 ㉱ 56 ㉱ 57 ㉱ 58 ㉯

해설	접근 반응형 방호장치

- 작업자의 신체 부위가 위험한계 또는 그 인접한 거리 내로 들어오면 이를 감지하여 그 즉시 기계의 동작을 정지시키고 경보 등을 발하는 방호장치
- 예 프레스의 광전자식 방호장치

참고

격리형 방호장치	• 위험한 작업점과 작업자 사이에 서로 접근되어 일어날 수 있는 재해를 방지하기 위해 차단벽이나 망을 설치하는 방호장치 • 예 완전 차단형 방호장치, 덮개형 방호장치, 방책 등
위치 제한형 방호장치	• 작업자의 신체 부위가 위험한계 밖에 있도록 기계의 조작장치를 위험한 작업점에서 안전거리 이상 떨어지게 하거나 조작장치를 양손으로 동시 조작하게 함으로써 위험한 계에 접근하는 것을 제한하는 방호장치 • 예 프레스의 양수조작식 방호장치
접근 거부형 방호장치	• 작업자의 신체 부위가 위험한계내로 접근하였을 때 기계적인 작용에 의하여 접근을 못하도록 저지하는 방호장치 • 예 프레스의 수인식, 손쳐내기식 방호장치

{분석} 자주 출제되는 내용입니다. "참고"를 다시 확인하세요.

59. 다음 중 세이퍼(shaper)에 관한 설명으로 틀린 것은?

㉮ 바이트는 가능한 짧게 물린다.
㉯ 세이퍼의 크기는 램의 행정으로 표시한다.
㉰ 작업 중 바이트가 운동하는 방향에 서지 않는다.
㉱ 각도 가공을 위해 헤드를 회전시킬 때는 최대행정으로 가동시킨다.

해설	㉱ 헤드를 회전시킬 때는 최소행정으로 가동시킨다.

60. 다음 중 컨베이어에 대한 안전조치 사항으로 틀린 것은?

㉮ 컨베이어에서 화물의 낙하로 인하여 근로자에게 위험을 미칠 우려가 있을 때에는 덮개 또는 울을 설치하여야 한다.
㉯ 정전이나 전압강하 등에 의한 화물 또는 운반구의 이탈 및 역주행을 방지할 수 있어야 한다.
㉰ 컨베이어에는 벨트 부위에 근로자가 접근할 때의 위험을 방지하기 위하여 권과방지장치 및 과부하방지장치를 설치하여야 한다.
㉱ 컨베이어에 근로자의 신체 일부가 말려들 위험이 있을 때는 운전을 즉시 정지시킬 수 있어야 한다.

해설	㉰ 컨베이어에 근로자의 신체의 일부가 말려드는 등 근로자에게 위험을 미칠 우려가 있는 때 및 비상정지장치를 설치하여야 한다.

참고 **컨베이어의 방호장치**

① 이탈 등의 방지장치 : 컨베이어 등을 사용하는 때에는 정전·전압강하 등에 의한 화물 또는 운반구의 이탈 및 역주행을 방지하는 장치를 갖추어야 한다. 다만, 무동력상태 또는 수평상태로만 사용하여 근로자가 위험해질 우려가 없는 경우에는 그러하지 아니하다.
② 비상정지장치 : 컨베이어 등에 근로자의 신체의 일부가 말려드는 등 근로자에게 위험을 미칠 우려 가 있는 때 및 비상시에는 즉시 컨베이어 등의 운전을 정지시킬 수 있는 장치를 설치하여야 한다. 다만, 무동력상태로만 사용하여 근로자가 위험해질 우려가 없는 경우에는 그러하지 아니하다.
③ 덮개, 울의 설치 : 컨베이어 등으로 부터 화물이 떨어져 근로자가 위험해질 우려가 있는 경우에는 해당 컨베이어 등에 덮개 또는 울을 설치하는 등 낙하 방지를 위한 조치를 하여야 한다.

{분석} 실기까지 중요한 내용입니다. "참고"를 다시 확인하세요.

정답 59 ㉱ 60 ㉰

제4과목 : 전기 및 화학설비 안전 관리

61 다음 중 전기화재의 주요 원인이 되는 전기의 발열현상에서 가장 큰 열원에 해당하는 것은?

㉮ 줄(Joule) 열
㉯ 고주파 가열
㉰ 자기유도에 의한 열
㉱ 전기화학 반응열

[해설] 전기의 가장 큰 열원 → 줄(Joule) 열

[참고] 줄의 법칙

$$Q = I^2 \times R \times T$$

여기서 Q : 전기발생열(에너지)(J)
I : 전류(A)
R : 전기저항(Ω)
T : 통전시간(S)

62 산업안전보건 법령에 따라 꽂음접속기를 설치 또는 사용하는 경우 준수하여야 할 사항으로 틀린 것은?

㉮ 서로 다른 전압의 꽂음접속기는 서로 접속되지 아니한 구조의 것을 사용할 것
㉯ 습윤한 장소에 사용되는 꽂음접속기는 방수형 등 그 장소에 적합한 것을 사용할 것
㉰ 근로자가 해당 꽂음접속기를 접속시킬 경우에는 땀 등으로 젖은 손으로 취급하지 않도록 할 것
㉱ 꽂음접속기에 잠금장치가 있는 때에는 접속 후 개방하여 사용할 것

[해설] 꽂음접속기의 설치·사용 시 준수사항
① 서로 다른 전압의 꽂음접속기는 서로 접속되지 아니한 구조의 것을 사용할 것
② 습윤한 장소에 사용되는 꽂음접속기는 방수형 등 그 장소에 적합한 것을 사용할 것
③ 근로자가 해당 꽂음접속기를 접속시킬 경우 땀 등으로 젖은 손으로 취급하지 않도록 할 것
④ 해당 꽂음접속기에 잠금장치가 있는 때에는 접속 후 잠그고 사용할 것

63 다음 중 감지전류에 미치는 주파수의 영향에 대한 설명으로 옳은 것은?

㉮ 주파수와 감전은 아무 상관관계가 없다.
㉯ 주파수를 증가시키면 감지전류는 증가한다.
㉰ 주파수가 높을수록 전력의 영향은 증가한다.
㉱ 주파수가 낮을수록 고온증으로 사망하는 경우가 많다.

[해설] 주파수를 증가시키면 통전되고 있음을 느끼는 감지전류도 증가한다.

[참고] 주파수 : 일정 크기의 전류나 전압 등이 단위 시간(1초)에 반복되는 횟수를 나타낸다. 60Hz는 진동이나 주기적 현상이 1초 간에 60회 반복됨을 나타낸다.

64 다음 중 정전기의 발생에 영향을 주는 요인과 가장 관계가 먼 것은?

㉮ 물질의 표면상태
㉯ 물질의 분리속도
㉰ 물질의 표면온도
㉱ 물질의 접촉면적

정답 61 ㉮ 62 ㉱ 63 ㉯ 64 ㉰

해설 정전기 발생에 영향을 주는 요인

물체의 특성	대전서열에서 멀리 있는 물체들끼리 마찰할수록 발생량이 많다.
물체의 표면상태	표면이 거칠수록, 표면이 수분, 기름 등에 오염될수록 발생량이 많다.
물체의 이력	처음 접촉, 분리할 때 정전기 발생량이 최고이고, 반복될수록 발생량은 줄어든다.
접촉면적 및 압력	접촉면적이 넓을수록, 접촉압력이 클수록 발생량이 많다.
분리속도	분리속도가 빠를수록 발생량이 많다.

{분석}
필기에 자주 출제되는 내용입니다.
"해설"을 다시 확인하세요.

65 다음 중 분진폭발 위험장소의 구분에 해당하지 않는 것은?

㉮ 20종 ㉯ 21종
㉰ 22종 ㉱ 23종

해설
- 분진폭발 위험장소 : 20종, 21종, 22종 장소
- 가스폭발 위험장소 : 0종, 1종, 2종 장소

{분석}
반드시 암기하세요.

66 일반적인 변압기의 중성점 접지 저항 값으로 적당한 것은?

㉮ $\frac{50}{1선지락전류}$ Ω 이하

㉯ $\frac{600}{1선지락전류}$ Ω 이하

㉰ $\frac{300}{1선지락전류}$ Ω 이하

㉱ $\frac{150}{1선지락전류}$ Ω 이하

해설 변압기의 중성점 접지 저항값

① 일반적인 경우 : $\frac{150}{1선지락전류}$ Ω 이하

② 변압기의 고압·특고압측 전로 또는 사용전압이 35kV 이하의 특고압전로가 저압측 전로와 혼촉하고 저압전로의 대지전압이 150V를 초과하는 경우

- 1초 초과 2초 이내에 고압·특고압 전로를 자동으로 차단하는 장치를 설치할 때는 300을 나눈 값 이하 :

$\frac{300}{1선지락전류}$ Ω 이하

- 1초 이내에 고압·특고압 전로를 자동으로 차단하는 장치를 설치할 때는 600을 나눈 값 이하 :

$\frac{600}{1선지락전류}$ Ω 이하

{분석}
관련 규정의 변경으로 문제를 수정하였습니다.

67 다음 중 인체의 접촉상태에 따른 최대 허용접촉전압의 연결이 올바르게 연결된 것은?

㉮ 인체의 대부분이 수중에 있는 상태 : 10V 이하
㉯ 인체가 현저하게 젖어 있는 상태 : 25V 이하
㉰ 통상의 인체 상태에 있어서 접촉전압이 가해지더라도 위험성이 낮은 상태 : 30V 이하
㉱ 금속성의 전기기계장치나 구조물에 인체의 일부가 상시 접촉되어 있는 상태 : 50V 이하

정답 65 ㉱ 66 ㉱ 67 ㉯

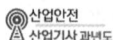

[해설] 허용접촉전압

종 별	접촉 상태	허용 접촉 전압
제1종	• 인체의 대부분이 수중에 있는 상태	2.5V 이하
제2종	• 인체가 현저히 젖어 있는 상태 • 금속성의 전기·기계 장치나 구조물에 인체의 일부가 상시 접촉되어 있는 상태	25V 이하
제3종	• 제1종, 제2종 이외의 경우로서 통상의 인체 상태 있어서 접촉 전압이 가해지면 위험성이 높은 상태	50V 이하
제4종	• 제1종, 제2종 이외의 경우로서 통상의 인체 상태에 접촉 전압이 가해지더라도 위험성이 낮은 상태 • 접촉 전압이 가해질 우려가 없는 경우	제한 없음

{분석}
실기까지 중요한 내용입니다. 암기하세요.

68 산업안전보건법에 따라 누전에 의한 감전위험을 방지하기 위하여 해당 전로의 정격에 적합하고 감도가 양호하며 확실하게 작동하는 감전방지용 누전차단기를 설치할 때 누전차단기는 정격감도전류가 30mA 이하이고 작동시간은 얼마 이내이어야 하는가?

㉮ 0.03초
㉯ 0.1초
㉰ 0.3초
㉱ 0.5초

[해설] 전기기계·기구에 설치되어 있는 누전차단기는 정격감도전류가 30밀리암페어 이하이고 작동시간은 0.03초 이내일 것. 다만, 정격 전 부하전류가 50암페어 이상인 전기기계·기구에 접속되는 누전차단기는 오작동을 방지하기 위하여 정격감도전류는 200밀리암페어 이하로, 작동시간은 0.1초 이내로 할 수 있다.

{분석}
실기까지 중요한 내용입니다. 암기하세요.

69 방폭구조의 종류 중 전기기기의 과도한 온도 상승, 아크 또는 불꽃 발생의 위험을 방지하기 위하여 추가적인 안전 조치를 통한 안전도를 증가시킨 방폭구조를 무엇이라 하는가?

㉮ 안전증 방폭구조
㉯ 본질안전 방폭구조
㉰ 충전 방폭구조
㉱ 비점화 방폭구조

[해설] 안전도를 증가시킨 구조 → 안전증 방폭구조

[참고] (1) 본질안전 방폭구조(ia, ib) : 정상 시 또는 단락, 단선, 지락 등의 사고 시에 발생하는 아크, 불꽃, 고열에 의하여 폭발성 가스나 증기에 점화되지 않는 것이 확인된 구조이다.
(2) 비점화 방폭구조(n)
① 전기기기가 정상작동 및 비정상상태에서 주위의 폭발성 가스 분위기를 점화시키지 못 하도록 만든 방폭구조
② 2종장소에만 사용할 수 있다.
(3) 충전 방폭구조(q) : 폭발성 가스 분위기를 점화시킬 수 있는 부품을 고정하여 설치하고, 그 주위를 충전재로 완전히 둘러쌈으로서 외부의 폭발성 가스 분위기를 점화시키지 않도록 하는 방폭구조

{분석}
실기까지 중요한 내용입니다. "참고"도 함께 기억하세요.

정답 68 ㉮ 69 ㉮

70 다음 중 의료용 전자기기(Medical Electronic Instrument)에서 인체의 마이크로 쇼크(Micro Shock)방지를 목적으로 시설하는 접지로 가장 적절한 것은?

㉮ 기기 접지
㉯ 계통 접지
㉰ 등전위 접지
㉱ 정전 접지

[해설] 의료용 등전위 접지 : 의료기기 중 일부를 몸 속에 넣어 사용하는 경우가 있는데 이러한 기기에 누전이 발생하면 누설전류가 심장으로 흐르게 되어 전격 위험성이 높게 된다. 환자가 직접·간접으로 접촉할 가능성이 있는 노출된 금속부분(실내 급수배관, 건물의 금속샷시, 밴드의 금속후레임 등)을 등전위(같은 전위)로 하기 위한 접지로 1점에 전기적으로 접속하는 것을 등전위 접지라고 한다.

71 어떤 혼합가스의 성분가스 용량이 메탄은 75%, 에탄은 13%, 프로판은 8%, 부탄은 4%인 경우 이 혼합가스의 공기 중 폭발하한계(vol%)는 얼마인가? (단, 폭발하한 값이 메탄은 5.0%, 에탄은 3.0%, 프로판은 2.1%, 부탄은 1.8%이다.)

㉮ 3.94vol%   ㉯ 4.28vol%
㉰ 6.63vol%   ㉱ 12.24vol%

[해설]
$$\frac{100}{L} = \frac{V_1}{L_1} + \frac{V_2}{L_2} + \frac{V_3}{L_3} \cdots \text{(vol\%)}$$

$$L = \frac{100}{\frac{V_1}{L_1} + \frac{V_2}{L_2} + \frac{V_3}{L_3} \cdots}$$

여기서,
L : 혼합가스의 폭발하한계(상한계)
L_1, L_2, L_3 : 단독가스의 폭발하한계(상한계)
V_1, V_2, V_3 : 단독가스의 공기 중 부피
$100 : V_1 + V_2 + V_3 + \cdots$

$$\frac{(75+13+8+4)}{L} = \frac{75}{5.0} + \frac{13}{3.0} + \frac{8}{2.1} + \frac{4}{1.8}$$

$$L = \frac{100}{\frac{75}{5.0} + \frac{13}{3.0} + \frac{8}{2.1} + \frac{4}{1.8}} = 3.94\text{vol\%}$$

{분석} 실기까지 중요한 내용입니다.

72 다음 중 산업안전보건법령상 공정안전보고서에 포함되어야 하는 주요 4가지 사항에 해당하지 않는 것은? (단, 고용노동부장관이 필요하다고 인정하여 고시하는 사항은 제외한다.)

㉮ 공정안전자료
㉯ 안전운전비용
㉰ 비상조치계획
㉱ 공정위험성 평가서

[해설] 공정안전보고서의 내용
① 공정안전자료
② 공정위험성 평가서
③ 안전운전계획
④ 비상조치계획

{분석} 실기에도 자주 출제되는 내용입니다. 반드시 암기하세요.

73 다음 중 유해·위험물질이 유출되는 사고가 발생했을 때의 대처요령으로 적절하지 않은 것은?

㉮ 중화 또는 희석을 시킨다.
㉯ 안전한 장소일 경우 소각시킨다.
㉰ 유출부분을 억제 또는 폐쇄시킨다.
㉱ 유출된 지역의 인원을 대피시킨다.

[해설] ㉯ 유해·위험물질을 함부로 소각해서는 안 된다.

정답 70 ㉰ 71 ㉮ 72 ㉯ 73 ㉯

74 다음 중 벤젠(C_6H_6)이 공기 중에서 연소될 때의 이론혼합비(화학양론 조성)는?

㉮ 0.72vol% ㉯ 1.22vol%
㉰ 2.72vol% ㉱ 3.22vol%

[해설] 완전연소 조성 농도(화학양론 농도)

$$C_{st}(\text{vol}\%) = \frac{100}{1+4.773\left(n+\dfrac{m-f-2\lambda}{4}\right)}$$

여기서, n : 탄소
m : 수소
f : 할로겐원소
λ : 산소의 원자 수
4.773 : 공기의 몰수

벤젠(C_6H_6)에서 n : 6, m : 6
$f, \lambda = 0$이므로

$$C_{st} = \frac{100}{1+4.773\left(6+\dfrac{6}{4}\right)} = 2.72(\text{vol}\%)$$

{분석}
실기까지 중요한 내용입니다.

75 고압가스 용기에 사용되며 화재 등으로 용기의 온도가 상승하였을 때 금속의 일부분을 녹여 가스의 배출구를 만들어 압력을 분출시켜 용기의 폭발을 방지하는 안전장치는?

㉮ 가용합금 안전밸브
㉯ 파열판
㉰ 폭압 방산공
㉱ 폭발억제장치

[해설] 온도가 상승하였을 때 금속의 일부분을 녹여 가스의 배출구를 만들어 압력을 분출시켜 용기의 폭발을 방지하는 안전장치 → 가용합금 안전밸브

[참고] 1. 폭발 방산구 : 폭발위험이 있는 장치, 용기, 건물 내에서 폭발이 일어날 때 설비가 파괴되지 않도록 강도가 약한 부분을 설치하여 폭발압력이 외부로 배출되게 하는 장치이다.
2. 폭발억제장치 : 밀폐된 설비, 탱크 내에서 폭발이 발생하는 경우 압력 상승현상을 신속히 감지하여 전자기기를 이용, 소화제를 자동으로 착화된 수면에 분사하여 폭발확대를 제거하는 장치를 말한다. 폭발검출기구, 소화용 약제 및 추진제 방출기구, 제어기구 등으로 구성되어 있다.
3. 파열판 : 판 입구 측의 압력이 설정압력에 도달하면 판이 파열하면서 유체가 분출하도록 용기 등에 설치된 얇은 판을 말한다.

76 다음 중 분말소화약제에 대한 설명으로 틀린 것은?

㉮ 소화약제의 종별로는 제1종~제4종까지 있다.
㉯ 적응 화재에 따라 크게 BC 분말과 ABC 분말로 나누어진다.
㉰ 제3종 분말의 주성분은 제1인산암모늄으로 B급과 C급 화재에만 사용이 가능하다.
㉱ 제4종 분말소화약제는 제2종 분말을 개량한 것으로 분말소화약제 중 소화력이 가장 우수하다.

[해설] 분말소화기
① A,B,C급 분말 소화기 : 일반화재, 유류화재, 전기화재에 적합한 소화약제인 제1인산암모늄을 충전한 소화기이다.
② B,C급 분말 소화기 : 유류화재, 전기화재에 적합한 중탄산소다, 중탄산칼륨을 충전한 소화기이다.

77 다음 중 화학장치에서 반응기의 유해·위험요인(hazard)으로 화학반응이 있을 때 특히 유의해야 할 사항은?

㉮ 낙하, 절단
㉯ 감전, 협착
㉰ 비래, 붕괴
㉱ 반응 폭주, 과압

[해설] 반응기에는 반응 폭주 및 과압에 의한 폭발의 위험이 존재한다.

78 다음 중 최소발화에너지에 관한 설명으로 틀린 것은?

㉮ 압력이 상승하면 작아진다.
㉯ 온도가 상승하면 작아진다.
㉰ 산소농도가 높아지면 작아진다.
㉱ 유체의 유속이 높아지면 작아진다.

[해설] **최소발화에너지**
① 발화하기 위한 최소한의 에너지를 말한다.
② 온도, 압력이 높을수록 최소발화에너지는 감소한다.
③ 불활성물질의 증가는 최소발화에너지를 크게 한다.
④ 화학양론 농도보다 조금 높은 농도일 때 최소값이 된다.

79 다음 중 자기반응성 물질에 관한 설명으로 틀린 것은?

㉮ 가열·마찰·충격에 의해 폭발하기 쉽다.
㉯ 연소속도가 대단히 빨라서 폭발적으로 반응한다.
㉰ 소화에는 이산화탄소, 할로겐화합물 소화약제를 사용한다.
㉱ 가연성 물질이면서 그 자체 산소를 함유하므로 자기연소를 일으킨다.

[해설] ㉰ 자기반응성 물질은 다량의 주수에 의한 냉각소화가 적합하다.

[참고] **제5류 위험물(소방법) 자기반응성 물질**
1. 공통 성질
  ① 산소 함유하고 있어 공기 중 산소 없이도 가열, 충격, 마찰에 의해 자연발화, 폭발을 일으킨다.
  ② 연소속도 빨라서 폭발성 지닌다.
2. 저장 및 취급방법
  ① 화기엄금, 충격주의 표지
  ② 가열, 충격, 마찰, 화원 금지
  ③ 소분저장, 용기 밀전 밀봉 할 것
  ④ 다량의 주수에 의한 냉각 소화

80 다음 중 충분히 높은 온도에서 혼합물(연료와 공기)이 점화원 없이 발화 또는 폭발을 일으키는 최저온도를 무엇이라 하는가?

㉮ 착화점   ㉯ 연소점
㉰ 용융점   ㉱ 인화점

[해설] **발화점(발화온도), 착화점**
① 착화원 없이 가연성 물질을 대기 중에서 가열함으로써 스스로 연소 혹은 폭발을 일으키는 최저온도
② 가연성물질을 공기나 산소 중에서 가열한 후 발화 또는 폭발을 일으키기 시작하는 최저온도

[참고] **인화점(인화온도)**
① 인화성 액체가 증발하여 공기 중에서 연소하한 농도 이상의 혼합기체를 생성할 수 있는 가장 낮은 온도
② 가연성 액체의 액면 가까이에서 인화하는데 충분한 농도의 증기를 발산하는 최저온도
③ 공기 중에서 그 액체의 표면부근에서 불꽃의 전파가 일어나기에 충분한 농도의 증기를 발생시키는 최저온도

{분석}
필기에 자주 출제되는 내용입니다.
"참고"도 다시 확인하세요.

정답 77 ㉱ 78 ㉱ 79 ㉰ 80 ㉮

제5과목 건설공사 안전 관리

81 건설현장에서 근로자가 안전하게 통행할 수 있도록 통로에 설치하는 조명의 조도 기준은?

㉮ 65lux ㉯ 75lux
㉰ 85lux ㉱ 95lux

해설 근로자가 안전하게 통행할 수 있도록 통로에 75럭스 이상의 채광 또는 조명시설을 하여야 한다. 다만, 갱도 또는 상시 통행을 하지 아니하는 지하실 등을 통행하는 근로자에게 휴대용 조명기구를 사용하도록 한 경우에는 그러하지 아니하다.

82 작업으로 인하여 물체가 떨어지거나 날아올 위험이 있는 경우에 조치 및 준수하여야 할 내용으로 옳지 않은 것은?

㉮ 낙하물방지망, 수직보호망 또는 방호선반 등을 설치한다.
㉯ 낙하물방지망의 내민 길이는 벽면으로부터 2m 이상으로 한다.
㉰ 낙하물방지망의 수평면과 각도는 20° 이상 30° 이하를 유지한다.
㉱ 낙하물방지망은 높이 15m 이내마다 설치한다.

해설 ㉱ 낙하물방지망은 높이 10미터 이내마다 설치한다.

참고 (1) 낙하·비래 위험방지 조치
① 낙하물방지망·수직보호망 또는 방호선반의 설치
② 출입금지구역의 설정
③ 보호구의 착용

(2) 낙하물방지망 또는 방호선반을 설치 시 준수사항
① 설치높이는 10미터 이내마다 설치하고, 내민 길이는 벽면으로부터 2미터 이상으로 할 것
② 수평면과의 각도는 20도 내지 30도를 유지할 것

{분석} 실기까지 중요한 내용입니다. "참고"를 암기하세요.

83 옹벽의 활동에 대한 저항력은 옹벽에 작용하는 수평력보다 최소 몇 배 이상 되어야 안전한가?

㉮ 0.5 ㉯ 1.0
㉰ 1.5 ㉱ 2.0

해설 옹벽의 활동에 대한 저항력은 수평력의 1.5배 이상이어야 한다.

84 비탈면 붕괴 방지를 위한 붕괴방지공법과 가장 거리가 먼 것은?

㉮ 배토 공법   ㉯ 압성토 공법
㉰ 공작물의 설치 ㉱ 웰포인트 공법

해설 ㉱ 웰포인트 공법은 사질지반의 탈수공법이다.

85 콘크리트를 타설할 때 안전상 유의하여야 할 사항으로 옳지 않은 것은?

㉮ 콘크리트를 치는 도중에는 거푸집, 지보공 등의 이상 유무를 확인한다.
㉯ 진동기 사용 시 지나친 진동은 거푸집 도괴의 원인이 될 수 있으므로 적절히 사용해야 한다.
㉰ 최상부의 슬래브는 되도록 이어붓기를 하고 여러 번에 나누어 콘크리트를 타설한다.
㉱ 타워에 연결되어 있는 슈트의 접속은 확실한지 확인한다.

정답 81 ㉯ 82 ㉱ 83 ㉰ 84 ㉱ 85 ㉰

[해설] ㉰ 최상부의 슬래브는 이어붓기를 피하고 일시에 전체를 타설하여야 한다.

86
현장에서 말비계를 조립하여 사용할 때에는 다음 보기의 사항을 준수하여야 한다. ( )안에 적합한 것은?

> 말비계의 높이가 2m를 초과할 경우에는 작업발판의 폭을 ( )cm 이상으로 할 것

㉮ 10 ㉯ 20
㉰ 30 ㉱ 40

[해설] **말비계의 구조**
① 지주부재의 하단에는 미끄럼 방지장치를 하고, 양측 끝부분에 올라서서 작업하지 아니하도록 할 것
② 지주부재와 수평면과의 기울기를 75도 이하로 하고, 지주부재와 지주부재 사이를 고정시키는 보조 부재를 설치할 것
③ 말비계의 높이가 2미터를 초과할 경우에는 작업발판의 폭을 40센터미터 이상으로 할 것

{분석} 실기까지 중요한 내용입니다. "해설"을 다시 확인하세요.

87
철근콘크리트 공사 시 거푸집의 필요조건이 아닌 것은?

㉮ 콘크리트의 하중에 대해 뒤틀림이 없는 강도를 갖출 것
㉯ 콘크리트 내 수분 등에 대한 물빠짐이 원활한 구조를 갖출 것
㉰ 최소한의 재료로 여러 번 사용할 수 있는 전용성을 가질 것
㉱ 거푸집은 조립·해체·운반이 용이하도록 할 것

[해설] ㉯ 거푸집은 수분이나 모르타르 등의 누출을 방지할 수 있는 수밀성을 가져야 한다.

[참고] **거푸집의 구비조건**
① 거푸집은 조립·해체·운반이 용이할 것
② 최소한의 재료로 여러 번 사용할 수 있는 형상과 크기일 것
③ 수분이나 모르타르 등의 누출을 방지할 수 있는 수밀성이 있을 것
④ 시공 정확도에 알맞은 수평·수직·직각을 견지하고 변형이 생기지 않는 구조일 것
⑤ 콘크리트의 자중 및 부어넣기 할 때의 충격과 작업 하중에 견디고, 변형을 일으키지 않을 강도를 가질 것

88
건설업 산업안전보건관리비의 사용 항목이 아닌 것은?

㉮ 안전관리계획서 작성비용
㉯ 안전관리자의 인건비
㉰ 안전시설비
㉱ 안전진단비

[해설] **산업안전보건관리비의 사용내역**
① 안전·보건관리자 임금 등
② 안전 시설비 등
③ 보호구 등
④ 안전보건 진단비 등
⑤ 안전보건 교육비 등
⑥ 근로자 건강장해 예방비 등
⑦ 건설재해예방 전문 지도기관 기술 지도비
⑧ 본사 전담조직 근로자 임금 등
⑨ 위험성 평가 등에 따른 소요비용

{분석} 실기까지 중요한 내용입니다. 암기하세요.

정답 86 ㉱ 87 ㉯ 88 ㉮

2013년 6월 2일 시행

89 트렌치 굴착 시 흙막이 지보공을 설치하지 않는 경우 굴착 깊이는 몇 m 이하로 해야 하는가?

㉮ 1.5m ㉯ 2m
㉰ 3.5m ㉱ 4m

[해설] 토사지반으로서 흙막이지보공을 설치하지 않는 경우 굴착 깊이는 1.5m 이하로 하여야 한다.

90 근로자의 추락 등의 위험을 방지하기 위하여 설치하는 안전난간의 구조 및 설치 기준으로 옳지 않은 것은?

㉮ 상부 난간대는 바닥면·발판 또는 경사로의 표면으로 부터 90cm 이상 지점에 설치할 것
㉯ 발끝막이판은 바닥면 등으로부터 10cm 이상의 높이를 유지할 것
㉰ 안전난간은 구조적으로 가장 취약한 지점에서 가장 취약한 방향으로 작용하는 80kg 이상의 하중에 견딜 수 있는 튼튼한 구조일 것
㉱ 난간대는 지름 2.7cm 이상의 금속제 파이프나 그 이상의 강도가 있는 재료일 것

[해설] ㉰ 안전난간은 구조적으로 가장 취약한 지점에서 가장 취약한 방향으로 작용하는 100킬로그램 이상의 하중에 견딜 수 있는 튼튼한 구조일 것

[참고] 안전난간의 구조 및 설치요건
① 상부 난간대, 중간 난간대, 발끝막이판 및 난간기둥으로 구성할 것
② 상부 난간대
  • 상부 난간대는 바닥면 등으로부터 90센티미터 이상 지점에 설치
  • 상부 난간대를 120센티미터 이하에 설치하는 경우 : 중간 난간대는 상부 난간대와 바닥면 등의 중간에 설치
  • 120센티미터 이상 지점에 설치하는 경우 : 중간 난간대를 2단 이상으로 설치, 난간의 상하 간격은 60센티미터 이하가 되도록 할 것(다만, 난간기둥 간의 간격이 25센티미터 이하인 경우에는 중간 난간대를 설치하지 않을 수 있다.)
③ 발끝막이판은 바닥면 등으로부터 10센티미터 이상의 높이를 유지할 것
④ 난간기둥은 상부 난간대와 중간 난간대를 견고하게 떠받칠 수 있도록 적정한 간격을 유지할 것
⑤ 상부 난간대와 중간 난간대는 난간 길이 전체에 걸쳐 바닥면 등과 평행을 유지할 것
⑥ 난간대는 지름 2.7센티미터 이상의 금속제 파이프나 그 이상의 강도가 있는 재료일 것
⑦ 안전난간은 구조적으로 가장 취약한 지점에서 가장 취약한 방향으로 작용하는 100킬로그램 이상의 하중에 견딜 수 있는 튼튼한 구조일 것

{분석}
실기까지 중요한 내용입니다. "참고"를 다시 확인하세요.

91 산업안전보건기준에 관한 규칙에 따른 계단 및 계단참을 설치하는 경우 매 m² 당 최소 얼마 이상의 하중에 견딜 수 있는 강도를 가진 구조로 설치하여야 하는가?

㉮ 500kg ㉯ 600kg
㉰ 700kg ㉱ 800kg

[해설] 계단 및 계단참의 강도는 500kg/m² 이상이어야 한다.

[참고] 계단의 구조
① 계단의 강도
  • 계단 및 계단참의 강도는 500kg/m² 이상이어야 하며 안전율(안전의 정도를 표시하는 것으로서 재료의 파괴응력도와 허용응력도와의 비를 말한다)은 4 이상으로 하여야 한다.
② 계단의 폭
  • 1미터 이상으로 하여야 한다. (다만, 급유용·보수용·비상용 계단 및 나선형계단에 대하여는 그러하지 아니하다)
③ 계단참의 높이
  • 높이가 3m를 초과하는 계단에는 높이 3m 이내마다 너비 1.2미터 이상의 계단참을 설치하여야 한다.

정답 89 ㉮ 90 ㉰ 91 ㉮

④ 천장의 높이
  • 바닥면으로부터 높이 2미터 이내의 공간에 장애물이 없도록 하여야 한다. (다만, 급유용·보수용·비상용계단 및 나선형계단에 대하여는 그러하지 아니하다)
⑤ 계단의 난간
  • 높이 1미터 이상인 계단의 개방된 측면에 안전난간을 설치하여야 한다.

{분석}
실기까지 중요한 내용입니다. "참고"를 다시 확인하세요.

92 사다리식 통로를 설치할 때 사다리의 상단은 걸쳐놓은 지점으로부터 얼마 이상 올라가도록 하여야 하는가?

㉮ 45cm 이상   ㉯ 60cm 이상
㉰ 75cm 이상   ㉱ 90cm 이상

[해설] 사다리의 상단은 걸쳐놓은 지점으로부터 60센티미터 이상 올라가도록 할 것

[참고] 사다리식 통로의 구조
① 견고한 구조로 할 것
② 심한 손상·부식 등이 없는 재료를 사용할 것
③ 발판의 간격은 일정하게 할 것
④ 발판과 벽과의 사이는 15센티미터 이상의 간격을 유지할 것
⑤ 폭은 30센티미터 이상으로 할 것
⑥ 사다리가 넘어지거나 미끄러지는 것을 방지하기 위한 조치를 할 것
⑦ 사다리의 상단은 걸쳐놓은 지점으로부터 60센티미터 이상 올라가도록 할 것
⑧ 사다리식 통로의 길이가 10미터 이상인 경우에는 5미터 이내마다 계단참을 설치할 것
⑨ 사다리식 통로의 기울기는 75도 이하로 할 것. 다만, 고정식 사다리식 통로의 기울기는 90도 이하로 하고, 그 높이가 7미터 이상인 경우에는 다음 각 목의 구분에 따른 조치를 할 것
  • 등받이울이 있어도 근로자 이동에 지장이 없는 경우 : 바닥으로부터 높이가 2.5미터 되는 지점부터 등받이울을 설치할 것
  • 등받이울이 있으면 근로자가 이동이 곤란한 경우 : 한국산업표준에서 정하는 기준에 적합한 개인용 추락 방지 시스템을 설치하고 근로자로 하여금 한국산업표준에서 정하는 기준에 적합한 전신 안전대를 사용하도록 할 것
⑩ 접이식 사다리 기둥은 사용 시 접혀지거나 펼쳐지지 않도록 철물 등을 사용하여 견고하게 조치할 것

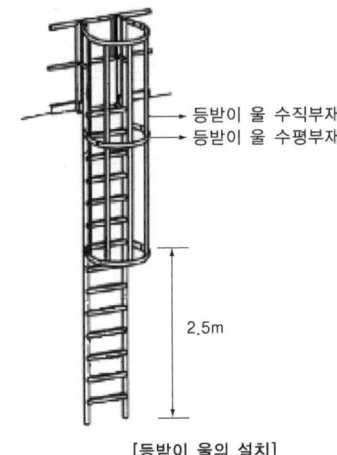

[등받이 울의 설치]

{분석}
실기까지 중요한 내용입니다. "참고"를 다시 확인하세요.

93 차량계 하역운반기계 등을 이송하기 위하여 자주 또는 견인에 의하여 화물자동차에 싣거나 내리는 작업을 할 때에 준수하여야 할 사항으로 옳지 않은 것은?

㉮ 발판을 사용하는 경우에는 충분한 길이·폭 및 강도를 가진 것을 사용할 것
㉯ 지정운전자의 성명·연락처 등을 보기 쉬운 곳에 표시하고 지정운전자 외에는 운전하지 않도록 할 것
㉰ 가설대 등을 사용하는 경우에는 충분한 폭 및 강도와 적당한 경사를 확보할 것
㉱ 싣거나 내리는 작업을 할 때는 편의를 위해 경사지고 견고한 지대에서 할 것

[해설] 차량계 하역운반기계의 이송
① 싣거나 내리는 작업을 평탄하고 견고한 장소에서 할 것

정답 92 ㉯ 93 ㉱

② 발판을 사용하는 때에 충분한 길이·폭 및 강도를 가진 것을 사용하고 적당한 경사를 유지하기 위하여 견고하게 설치할 것
③ 가설대 등을 사용하는 때에는 충분한 폭 및 강도와 적당한 경사를 확보할 것

94 작업조건에 알맞은 보호구의 연결이 옳지 않은 것은?

㉮ 안전대 : 높이 또는 깊이 2m 이상의 추락할 위험이 있는 장소에서의 작업
㉯ 보안면 : 물체가 흩날릴 위험이 있는 작업
㉰ 안전화 : 물체의 낙하·충격, 물체에의 끼임, 감전 또는 정전기의 대전(帶電)에 의한 위험이 있는 작업
㉱ 방열복 : 고열에 의한 화상 등의 위험이 있는 작업

[해설] 작업조건에 적합한 보호구

작업	보호구
물체가 떨어지거나 날아올 위험 또는 근로자가 추락할 위험이 있는 작업	안전모
높이 또는 깊이 2미터 이상의 추락할 위험이 있는 장소에서 하는 작업	안전대 (安全帶)
물체의 낙하·충격, 물체에의 끼임, 감전 또는 정전기의 대전(帶電)에 의한 위험이 있는 작업	안전화
물체가 흩날릴 위험이 있는 작업	보안경
용접 시 불꽃이나 물체가 흩날릴 위험이 있는 작업	보안면
감전의 위험이 있는 작업	절연용 보호구
고열에 의한 화상 등의 위험이 있는 작업	방열복
선창 등에서 분진(粉塵)이 심하게 발생하는 하역작업	방진마스크
섭씨 영하 18도 이하인 급냉동 어창에서 하는 하역작업	방한모·방한복·방한화·방한장갑
물건을 운반하거나 수거·배달하기 위하여 이륜자동차를 운행하는 작업	방한모·방한복·방한화·방한장갑
물건을 운반하거나 수거·배달하기 위하여 이륜자동차 또는 원동기장치 자전거를 운행하는 작업	승차용 안전모
물건을 운반하거나 수거·배달하기 위하여 자전거 등을 운행하는 작업	안전모

{분석}
실기까지 중요한 내용입니다. "해설"을 다시 확인하세요.

95 콘크리트 타설 작업 시 거푸집에 작용하는 연직하중이 아닌 것은?

㉮ 콘크리트의 측압
㉯ 거푸집의 중량
㉰ 굳지 않은 콘크리트의 중량
㉱ 작업원의 작업 하중

[해설] 거푸집 및 지보공(동바리) 시공 시 고려해야 할 하중
① 연직방향 하중 : 거푸집, 지보공(동바리), 콘크리트, 철근, 작업원, 타설용 기계기구, 가설설비등 의 중량 및 충격하중
② 횡방향 하중 : 작업할 때의 진동, 충격, 시공 오차 등에 기인되는 횡방향 하중 이외에 필요에 따라 풍압, 유수압, 지진 등
③ 콘크리트의 측압 : 굳지 않은 콘크리트의 측압
④ 특수하중 : 시공 중에 예상되는 특수한 하중
⑤ 위의 ①~④ 항목의 하중에 안전율을 고려한 하중

96 점성토 지반의 개량공법으로 적합하지 않은 것은?

㉮ 바이브로 플로테이션 공법
㉯ 프리로딩 공법
㉰ 치환공법
㉱ 페이퍼 드레인공법

정답 94 전항 정답 95 ㉮ 96 ㉮

[해설] ㉮ 바이브로 플로테이션은 모래지반의 개량공법이다.

[참고] **점토의 개량공법**
① 치환공법
② 탈수공법
③ 재하공법
  • 프리로딩 공법 : 선행재하공법
④ 압성토공법
⑤ 생석회말뚝공법

97 철골작업에서 작업을 중지해야 하는 규정에 해당되지 않는 경우는?

㉮ 풍속이 초당 10m 이상인 경우
㉯ 강우량이 시간당 1mm 이상인 경우
㉰ 강설량이 시간당 1cm 이상인 경우
㉱ 겨울철 기온이 영하 4℃ 이상인 경우

[해설] **철골작업을 중지해야 하는 조건**
① 풍속이 초당 10미터 이상인 경우
② 강우량이 시간당 1밀리미터 이상인 경우
③ 강설량이 시간당 1센티미터 이상인 경우

{분석} 반드시 암기하세요.

98 쇼벨계 굴착기에 부착하며, 유압을 이용하여 콘크리트의 파괴, 빌딩해체, 도로 파괴 등에 쓰이는 것은?

㉮ 파일 드라이버
㉯ 디젤해머
㉰ 브레이커
㉱ 오우거

[해설] 쇼벨에 부착하여 건물 등의 해체에 사용 → 브레이커

99 모래질 지반에서 포화된 가는 모래에 충격을 가하면 모래가 약간 수축하여 정(+)의 공극수압이 발생하며, 이로 인하여 유효응력이 감소하여 전단강도가 떨어져 순간침하가 발생하는 현상은?

㉮ 동상 현상
㉯ 연화 현상
㉰ 리칭 현상
㉱ 액상화 현상

[해설] 공급수압이 발생, 침하 발생→액상화 현상

[참고] **액상화 현상** : 모래지반이 물로 포화되어 있을 때 지진이나 충격을 받으면 일시적으로 전단강도를 잃어버리는 현상

100 유해·위험 방지계획서 제출 시 공사개요 및 안전보건관리 계획의 항목이 아닌 것은?

㉮ 공사개요
㉯ 전체공정표
㉰ 안전관리 조직표
㉱ 보호장치 폐기계획

[해설] **유해·위험 방지계획서 작성 시 첨부서류**
(1) 공사 개요 및 안전보건관리계획
  ① 공사 개요서
  ② 공사현장의 주변 현황 및 주변과의 관계를 나타내는 도면(매설물 현황을 포함한다)
  ③ 건설물, 사용 기계설비 등의 배치를 나타내는 도면
  ④ 전체 공정표
  ⑤ 산업안전보건관리비 사용계획
  ⑥ 안전관리조직표
  ⑦ 재해 발생 위험 시 연락 및 대피방법

(2) 작업 공사 종류별 유해·위험방지계획

{분석} 관련 법규내용 변경으로 문제 일부를 수정하였습니다. 실기까지 중요한 내용입니다. "해설"을 다시 확인하세요.

정답 97 ㉱ 98 ㉰ 99 ㉱ 100 ㉱

03회 2013년 산업안전 산업기사 최근 기출문제

2013년 8월 18일 시행

제1과목: 산업재해 예방 및 안전보건교육

01 다음 중 사업장 내 안전·보건교육을 통하여 근로자가 함양 및 체득될 수 있는 사항과 가장 거리가 먼 것은?

㉮ 잠재위험 발견 능력
㉯ 비상사태 대응 능력
㉰ 재해손실비용 분석 능력
㉱ 직면한 문제의 사고 발생 가능성 예지 능력

[해설] 사업장 내 안전·보건교육을 통한 근로자 체득 능력
① 잠재위험 발견 능력
② 비상사태 대응 능력
③ 직면한 문제의 사고 발생 가능성 예지 능력

02 다음 중 재해 통계적 원인 분석 시 특성과 요인관계를 도표로 하여 어골상(魚骨象)으로 세분화 한 것은?

㉮ 파레토도
㉯ 특성요인도
㉰ 크로스도
㉱ 관리도

[해설] 재해통계방법
① 파레토도 : 사고 유형, 기인물 등 데이터를 분류하여 그 항목 값이 큰 순서대로 정리하여 막대그래프로 나타낸다.
② 특성요인도 : 재해와 그 요인의 관계를 어골상으로 세분화하여 나타낸다.
③ 크로스(cross) 분석 : 2가지 또는 2개 항목 이상의 요인이 상호관계를 유지할 때 문제를 분석하는데 사용된다.
④ 관리도 : 시간경과에 따른 재해발생 건수 등 대략적인 추이 파악에 사용된다.

03 레빈(Lewin)의 법칙 B = f(P·E)에서 인간 행동(B)은 개체(P)와 환경조건(E)과의 상호 함수관계를 갖는다. 다음 중 E에 대한 설명으로 올바른 것은?

㉮ 지능
㉯ 소질
㉰ 적성
㉱ 인간관계

[해설] 레윈(K. Lewin)의 법칙

$$B = f(P \cdot E)$$

여기서, B : Behavior(인간의 행동)
f : function (함수관계)
P : Person(개체 : 연령, 경험, 심신 상태, 성격, 지능 등)
E : Environment(심리적 환경 : 인간관계, 작업환경 등)

{분석}
실기까지 중요한 내용입니다. 잘 기억하세요.

04 위험예지훈련 4R(라운드)의 진행방법에서 3R(라운드)에 해당하는 것은?

㉮ 목표설정
㉯ 본질추구
㉰ 현상파악
㉱ 대책 수립

[해설] 위험예지훈련 4단계
1단계 : 현상파악
2단계 : 요인조사(본질추구)
3단계 : 대책 수립
4단계 : 행동목표 설정(합의요약)

{분석}
실기에도 자주 출제되는 내용입니다. 암기하세요.

정답 01 ㉰ 02 ㉯ 03 ㉱ 04 ㉱

05 다음 중 학습정도(Level of learning)의 4단계에 포함되지 않는 것은?

㉮ 지각한다.
㉯ 적용한다.
㉰ 인지한다.
㉱ 정리한다.

[해설] 학습의 정도 4단계
① 인지(to acquaint) : ~을 인지하여야 한다.
② 지각(to know) : ~을 알아야 한다.
③ 이해(to understand) : ~을 이해하여야 한다.
④ 적용(to apply) : ~을 ~에 적용할 수 있어야 한다.

06 근로자의 작업 수행 중 나타나는 불안전한 행동의 종류로 볼 수 없는 것은?

㉮ 인간 과오로 인한 불안전한 행동
㉯ 태도 불량으로 인한 불안전한 행동
㉰ 시스템 과오로 인한 불안전한 행동
㉱ 지식 부족으로 인한 불안전한 행동

[해설] ㉰ "시스템 과오"는 불안전 상태에 해당한다.

07 다음 중 사람이 인력(중력)에 의하여 건축물, 구조물, 가설물, 수목, 사다리 등의 높은 장소에서 떨어지는 재해의 발생 형태를 무엇이라 하는가?

㉮ 떨어짐   ㉯ 넘어짐
㉰ 맞음   ㉱ 깔림·뒤집힘

[해설] 사람이 건축물 등의 높은 장소에서 떨어지는 것
→ 떨어짐

{분석} 실기까지 중요한 내용입니다.

08 산업안전보건법에 따라 안전·보건표지에 사용된 색채의 색도기준이 "7.5R 4/14"일 때 이 색채의 명도 값으로 옳은 것은?

㉮ 7.5   ㉯ 4
㉰ 14   ㉱ 4/14

[해설] "7.5R 4/14"에서
색상 : 7.5R
명도 : 4
채도 : 14를 뜻한다.

09 다음 중 산업안전보건 법령상 사업주가 근로자에게 실시하여야 하는 안전·보건 교육 과정의 교육대상과 교육시간이 잘못 연결된 것은?

㉮ 사무직 종사 근로자의 정기교육 : 매반기 6시간 이상
㉯ 일용근로자의 작업내용 변경시의 교육 : 1시간 이상
㉰ 건설 일용근로자의 건설업 기초안전·보건교육 : 2시간 이상
㉱ 관리감독자의 지위에 있는 사람의 정기교육 : 연간 16시간 이상

[해설] ㉰ 건설 일용근로자의 건설업 기초안전·보건교육 : 4시간

[참고] 1. 근로자 안전보건교육 시간

교육과정	교육대상		교육시간
가. 정기교육	1) 사무직 종사 근로자		매반기 6시간 이상
	2) 그 밖의 근로자	가) 판매업무에 직접 종사하는 근로자	매반기 6시간 이상
		나) 판매업무에 직접 종사하는 근로자 외의 근로자	매반기 12시간 이상

정답 05 ㉱ 06 ㉰ 07 ㉮ 08 ㉯ 09 ㉰

교육과정	교육대상	교육시간
나. 채용 시 교육	1) 일용근로자 및 근로계약 기간이 1주일 이하인 기간제 근로자	1시간 이상
	2) 근로계약기간이 1주일 초과 1개월 이하인 기간제 근로자	4시간 이상
	3) 그 밖의 근로자	8시간 이상
다. 작업내용 변경 시 교육	1) 일용근로자 및 근로계약 기간이 1주일 이하인 기간제 근로자	1시간 이상
	2) 그 밖의 근로자	2시간 이상
라. 특별교육	1) 일용근로자 및 근로계약 기간이 1주일 이하인 기간제 근로자(타워크레인 신호작업에 종사하는 근로자 제외)	2시간 이상
	2) 일용근로자 및 근로계약기간이 1주일 이하인 기간제 근로자 중 타워크레인 신호작업에 종사하는 근로자	8시간 이상
	3) 일용근로자 및 근로계약 기간이 1주일 이하인 기간제 근로자를 제외한 근로자	가) 16시간 이상(최초 작업에 종사하기 전 4시간 이상 실시하고 12시간은 3개월 이내에서 분할하여 실시 가능) 나) 단기간 작업 또는 간헐적 작업인 경우에는 2시간 이상
마. 건설업 기초안전· 보건교육	건설 일용근로자	4시간 이상

2. 관리감독자 안전보건교육

교육대상	교육시간
가. 정기교육	연간 16시간 이상
나. 채용 시 교육	8시간 이상
다. 작업내용 변경 시 교육	2시간 이상
라. 특별교육	16시간 이상(최초 작업에 종사하기 전 4시간 이상 실시하고, 12시간은 3개월 이내에서 분할하여 실시 가능)
	단기간 작업 또는 간헐적 작업인 경우에는 2시간 이상

{분석}
실기에도 자주 출제되는 내용입니다.
"참고"를 암기하세요.

10 교육훈련의 효과는 5관을 최대한 활용하여야 하는데 다음 중 효과가 가장 큰 것은?

㉮ 청각
㉯ 시각
㉰ 촉각
㉱ 후각

[해설]

구분	시각	청각	촉각	미각	후각
교육효과	60%	20%	15%	3%	2%

정답 10 ㉯

11 다음 [그림]에 나타낸 리더와 부하와의 관계에서 이에 해당되는 리더의 유형은?

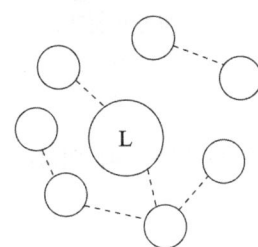

㉮ 민주형 ㉯ 자유방임형
㉰ 권위형 ㉱ 권력형

[해설] 리더의 업무 추진의 방식에 따른 분류
① 권위주의적 리더 : 리더가 독단적으로 의사를 결정하는 형태
② 민주주의적 리더 : 집단토의에 의해 의사를 결정하는 형태
③ 자유방임적 리더 : 리더 역할은 하지 않고 명목상 자리만 유지하는 형태(집단에게 완전한 자유를 주고 사실상 리더십의 행사가 없는 형)

12 다음 중 무재해 운동의 3요소에 해당되지 않는 것은?

㉮ 이념 ㉯ 기법
㉰ 실천 ㉱ 경쟁

[해설] 무재해 운동의 3요소
① 이념, ② 기법, ③ 실천

13 다음 중 인지과정 착오의 요인과 가장 거리가 먼 것은?

㉮ 정서 불안정
㉯ 감각차단 현상
㉰ 작업자의 기능 미숙
㉱ 생리 · 심리적 능력의 한계

[해설] ㉰ 작업자의 기능 미숙 – 조작과정의 착오

[참고] 인간의 착오 요인

인지과정 착오의 요인	• 정보량 저장의 한계 • 감각 차단 현상 • 정서적 불안정 • 생리, 심리적 능력의 한계 (정보 수용 능력의 한계)
판단과정 착오요인	• 자기 합리화 • 능력 부족 • 정보부족 • 자기과신
조작과정의 착오 요인	• 작업자의 기능 미숙 (기술 부족) • 작업경험 부족 • 피로
심리적, 기타 요인	• 불안·공포·과로·수면 부족 등

14 다음 중 사고예방대책의 기본원리 5단계에 있어 3단계에 해당하는 것은?

㉮ 분석
㉯ 안전조직
㉰ 사실의 발견
㉱ 시정방법의 선정

[해설] 하인리히의 사고방지 5단계
1단계 : 안전조직
2단계 : 사실의 발견
3단계 : 분석
4단계 : 시정방법 선정
5단계 : 시정책 적용(3E 적용)

{분석}
실기에도 자주 출제되는 내용입니다. 암기하세요.

정답 10 ㉯ 11 ㉯ 12 ㉱ 13 ㉰ 14 ㉮

15 다음 중 맥그리거(McGregor)의 X·Y 이론에서 Y이론의 관리 처방에 해당하는 것은?

㉮ 분권화와 권한의 위임
㉯ 경제적 보상체제의 강화
㉰ 권위주의적 리더십의 확립
㉱ 면밀한 감독과 엄격한 통제

[해설]

X이론의 특징	Y이론의 특징
인간 불신감	상호 신뢰감
성악설	성선설
인간은 원래 게으르고 태만하여 남의 지배를 받기를 즐긴다.	인간은 부지런하고 적극적이며 자주적이다.
물질욕구(저차원 욕구)에 만족	정신욕구(고차원 욕구)에 만족
명령, 통제에 의한 관리 (권위주의형 리더십)	목표 통합과 자기통제에 의한 자율관리 (민주주의형 리더십)
저개발국형	선진국형

{분석}
필기에 자주 출제되는 내용입니다.
"해설"을 다시 확인하세요.

16 강의의 성과는 강의계획의 준비정도에 따라 일반적으로 결정되는데 다음 중 강의계획의 4단계를 올바르게 나열한 것은?

① 교수방법의 선정
② 학습 자료의 수집 및 체계화
③ 학습목적과 학습 성과의 선정
④ 강의안 작성

㉮ ③ → ② → ① → ④
㉯ ② → ③ → ① → ④
㉰ ② → ① → ③ → ④
㉱ ② → ③ → ④ → ①

[해설] 강의계획의 4단계
1단계 : 학습 목적과 학습 성과의 선정
2단계 : 학습 자료의 수집 및 체계화
3단계 : 교수 방법의 선정
4단계 : 강의안 작성

17 다음 중 안전점검 대상과 가장 거리가 먼 것은?

㉮ 인원 배치   ㉯ 방호장치
㉰ 작업환경   ㉱ 작업 방법

[해설] 안전점검 대상
① 작업방법
② 작업환경
③ 방호장치 등

18 다음은 안전화의 정의에 관한 설명이다. A와 B에 해당하는 값으로 옳은 것은?

"중작업용 안전화란 (A)mm의 낙하높이에서 시험했을 때 충격과 (B)kN의 압축하중에서 시험했을 때 압박에 대하여 보호해 줄 수 있는 선심을 부착하여 착용자를 보호하기 위한 안전화를 말한다."

㉮ A : 250mm, B : 4.5kN
㉯ A : 500mm, B : 5.0kN
㉰ A : 750mm, B : 7.5kN
㉱ A : 1000mm, B : 15.0kN

[해설]

등급	용어 정의
중작업용	1,000밀리미터의 낙하 높이에서 시험했을 때 충격과 (15.0±0.1) 킬로뉴턴(KN)의 압축하중에서 시험했을 때 압박에 대하여 보호해 줄 수 있는 선심을 부착하여, 착용자를 보호하기 위한 안전화를 말한다.

정답 15 ㉮ 16 ㉮ 17 ㉮ 18 ㉱

보통 작업용	500밀리미터의 낙하 높이에서 시험했을 때 충격과 (10.0±0.1)킬로뉴턴(KN)의 압축하중에서 시험했을 때 압박에 대하여 보호해 줄 수 있는 선심을 부착하여, 착용자를 보호하기 위한 안전화를 말한다.
경작업용	250밀리미터의 낙하 높이에서 시험했을 때 충격과 (4.4±0.1)킬로뉴턴(KN)의 압축하중에서 시험했을 때 압박에 대하여 보호해 줄 수 있는 선심을 부착하여, 착용자를 보호하기 위한 안전화를 말한다.

{분석}
실기까지 중요한 내용입니다.

19 도수율이 12.57, 강도율이 17.45인 사업장에서 한 근로자가 평생 근무한다면 며칠의 근로손실이 발생하겠는가? (단, 1인 근로자의 평생근로시간은 10^5시간이다.)

㉮ 1,257일
㉯ 126일
㉰ 1,745일
㉱ 175일

[해설] 환산 강도율(S)

① 일평생 근로하는 동안의 근로손실일수를 말한다.
② 환산 강도율(S) = $\frac{총 요양 근로손실일수}{연 근로시간 수}$ ×평생근로시간수(100,000)
③ 환산 강도율 = 강도율×100

환산 강도율 = 강도율×100
= 17.45×100 = 1,745일

{분석}
모든 재해율 문제는 반드시 풀이할 수 있어야 합니다.

20 다음 중 산업안전보건 법령상 특별안전·보건교육 대상의 작업에 해당하지 않는 것은?

㉮ 방사선 업무에 관계되는 작업
㉯ 전압이 50V인 정전 및 활선작업
㉰ 굴착면의 높이가 3m 되는 암석의 굴착 작업
㉱ 게이지압력을 2kgf/cm² 이상으로 사용하는 압력용기 설치 및 취급 작업

[해설] ㉯ 전압이 75볼트 이상인 정전 및 활선작업

{분석}
특별교육은 총 38개의 작업이 있습니다. 암기량에 비해 출제빈도가 높지 않은 내용으로 출제된 내용만 잘 기억하세요.

제2과목 : 인간공학 및 위험성 평가·관리

21 다음 중 시각에 관한 설명으로 옳은 것은?

㉮ vernier acuity - 눈이 식별할 수 있는 표적의 최소 모양
㉯ minimum separable acuity - 배경과 구별하여 탐지할 수 있는 최소의 점
㉰ stereoscopic acuity - 거리가 있는 한 물체의 상이 두 눈의 망막에 맺힐 때 그 상의 차이를 구별하는 능력
㉱ minimum perceptible acuity - 하나의 수직선이 중간에서 끊겨 아래 부분이 옆으로 옮겨진 경우에 미세한 치우침을 구별하는 능력

정답 19 ㉰ 20 ㉯ 21 ㉰

[해설] ㉮ 배열시력(vernier acuity) : 한 선과 다른 선의 측방향 변위, 경미한 치우침을 분간하는 능력
㉯ 최소분간시력(minimum separable acuity) : 검출할 수 있는 과녁의 최소 특징 또는 과녁의 부분 사이의 최소 공간
㉱ 최소지각시력(Minimum perceptible acuity) : 배경으로부터 한 점(가령, 둥근 점)을 분간하는 능력

22 다음 중 역치(threshold value)의 설명으로 가장 적절한 것은?

㉮ 표시장치의 설계와 역치는 아무런 관계가 없다.
㉯ 에너지의 양이 증가할수록 차이 역치는 감소한다.
㉰ 역치는 감각에 필요한 최소량의 에너지를 말한다.
㉱ 표시장치를 설계할 때는 신호의 강도를 역치 이하로 설계하여야 한다.

[해설] 역치 : 일정한 반응을 이끌어 내는 데 필요한 최소 자극량이다.

23 다음 중 인체치수 측정 자료의 활용을 위한 적용원리로 볼 수 없는 것은?

㉮ 평균치의 활용
㉯ 조절범위의 설정
㉰ 임의 선택 자료의 활용
㉱ 최대치수와 최소치수의 설정

[해설] 인체계측자료의 응용 3원칙
① 최대치수와 최소치수 설계(극단치 설계)
② 조절범위(조정)
③ 평균치를 기준으로 한 설계

{분석} 필기에 자주 출제되는 내용입니다. 잘 기억하세요.

24 다음의 감각기관 중 반응속도가 가장 빠른 것은?

㉮ 시각   ㉯ 촉각
㉰ 후각   ㉱ 미각

[해설] 감각기관별 반응시간

청각	촉각	시각	미각	통각
0.17초	0.18초	0.20초	0.29초	0.70초

25 작업형태나 작업조건 중에서 다른 문제가 생겨 필요사항을 실행할 수 없는 경우나 어떤 결함으로부터 파생하여 발생하는 오류를 무엇이라 하는가?

㉮ commission error
㉯ command error
㉰ extraneous error
㉱ secondary error

[해설] 작업형태, 작업조건 중 문제가 생겨 필요한 사항을 실행할 수 없어 발생한 에러
→ secondary error(2차 에러)

[참고] (1) 휴먼에러의 심리적 분류(Swain의 분류)
① omission error(누설오류, 생략오류, 부작위오류) : 필요한 작업 또는 절차를 수행하지 않는데 기인한 에러
② time error(시간오류) : 필요한 작업 또는 절차의 수행 지연으로 인한 에러
③ commission error(작위오류) : 필요한 작업 또는 절차의 불확실한 수행으로 인한 에러
④ sequential error(순서오류) : 필요한 작업 또는 절차의 순서 착오로 인한 에러
⑤ extraneous error(과잉행동오류) : 불필요한 작업 또는 절차를 수행함으로써 기인한 에러

(2) 원인의 레벨적 분류
① primary error(1차 에러) : 작업자 자신으로부터 발생한 에러

정답 22 ㉰ 23 ㉰ 24 ㉯ 25 ㉱

② secondary error(2차 에러) : 작업형태, 작업조건 중 문제가 생겨 필요한 사항을 실행할 수 없어 발생한 에러
③ command error : 실행하고자 하여도 필요한 물품, 정보, 에너지 등이 공급되지 않아서 작업자가 움직일 수 없는 상태에서 발생한 에러

{분석} 필기에 자주 출제되는 내용입니다.

26 안전성 평가의 기본원칙을 6단계로 나누었을 때 다음 중 가장 먼저 수행해야 되는 것은?

㉮ 정성적 평가
㉯ 작업조건 측정
㉰ 정량적 평가
㉱ 관계자료의 정비검토

[해설] 안전성 평가 6단계
① 1단계 : 관계자료의 정비검토(작성 준비)
② 2단계 : 정성적인 평가
③ 3단계 : 정량적인 평가
④ 4단계 : 안전대책 수립
⑤ 5단계 : 재해사례에 의한 평가
⑥ 6단계 : FTA에 의한 재평가

{분석} 필기에 자주 출제되는 내용입니다.

27 모든 시스템 안전 프로그램 중 최초 단계의 분석으로 시스템 내의 위험요소가 어떤 상태에 있는지를 정성적으로 평가하는 방법은?

㉮ CA
㉯ PHA
㉰ FHA
㉱ FMEA

[해설] 예비 위험 분석(PHA) : 모든 시스템 안전프로그램의 최초 단계(설계단계, 구상단계)에서 실시하는 분석법으로서 시스템내의 위험요소가 얼마나 위험한 상태에 있는가를 정성적으로 평가하는 기법이다.

{분석} 필기에 자주 출제되는 내용입니다.

28 한 겨울에 햇볕을 쬐면 기온은 차지만 따스함을 느끼는 것은 다음 중 어떤 열교환 방법에 의한 것인가?

㉮ 대류
㉯ 복사
㉰ 전도
㉱ 증발

[해설] 햇볕을 통한 열전달 → 복사

[참고]
① 전도(Conduction) : 직접 접촉에 의한 열전달 방식
② 대류(Convection) : 고온의 액체, 기체가 고온대에서 저온대로 이동하여 일어나는 열전달 방식
③ 복사(Radiation) : 전자에너지의 이동에 의한 열전달 방식
④ 증발(Evaporation) : 액체의 증발에 의한 열전달

29 다음 중 인간-기계 시스템을 설계하기 위해 고려해야 할 사항으로 가장 적합하지 않은 것은?

㉮ 동작 경제의 원칙이 만족되도록 고려하여야 한다.
㉯ 대상이 되는 시스템이 위치할 환경 조건이 인간에 대한 한계치를 만족하는가의 여부를 조사한다.
㉰ 인간과 기계가 모두 복수인 경우, 종합적인 효과 보다 기계를 우선적으로 고려한다.
㉱ 인간이 수행해야 할 조작이 연속적인가 불연속적인가를 알아보기 위해 특성조사를 실시한다.

[해설] ㉰ 인간과 기계가 모두 복수인 경우 인간을 우선적으로 고려해야 한다.

정답 26 ㉱ 27 ㉯ 28 ㉯ 29 ㉰

30 다음 중 제어장치에서 조종장치의 위치를 1cm 움직였을 때 표시장치의 지침이 4cm 움직였다면 이 기기의 C/R비는 약 얼마인가?

㉮ 0.25 ㉯ 0.6
㉰ 1.5   ㉱ 1.7

[해설] 통제표시비(C/R비) : 통제기기와 시각적 표시장치의 관계를 나타내며, 연속 조종장치에만 적용된다.

① C/R 비 $= \dfrac{X}{Y}$
  X : 통제기기의 변위량(cm)
  Y : 표시계기 지침의 변위량(cm)

② C/R 비 $= \dfrac{\frac{a}{360} \times 2\pi L}{Y}$
  a : 조종장치의 움직인 각도
  L : 조종장치의 반경

C/R 비 $= \dfrac{X}{Y} = \dfrac{1}{4} = 0.25$

{분석} 필기에 자주 출제되는 내용입니다.

31 인간-기계 시스템에서 자동화 정도에 따라 분류할 때 감시제어(supervisory control) 시스템에서 인간의 주요 기능과 가장 거리가 먼 것은?

㉮ 간섭(intervene)   ㉯ 계획(plan)
㉰ 교시(teach)   ㉱ 추적(pursuit)

[해설] 감시제어(supervisory control) 시스템에서 인간의 주요 기능
  ① 계획(plan)
  ② 교시(teach)
  ③ 간섭(intervene)

[참고] 감시제어(supervisory control) 시스템 : 생산공정을 감시하고 제어하는데 사용되는 시스템

32 다음과 같은 FT도에서 minimal cut set으로 옳은 것은?

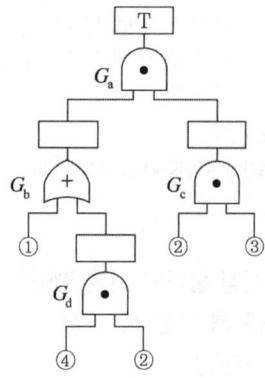

㉮ (2, 3)(1, 2, 3)
㉯ (1, 2, 3)
㉰ (1, 2, 3) 또는 (2, 3, 4)
㉱ (1, 2, 3)(1, 3, 4)

[해설] $G_a = G_b \cdot G_c$
$= \begin{pmatrix} ① \\ G_d \end{pmatrix}(②\,③)$
$= \begin{pmatrix} ① \\ ④\;② \end{pmatrix}(②\,③)$
$= (①②③)(④②②③)$
$= (①②③)(②③④)$
컷셋 : (①②③)(②③④)
미니멀 컷셋 : (①②③) 또는 (②③④)

{분석} 필기에 자주 출제되는 내용입니다.

33 다음 중 결함수분석법에서 일정 조합 안에 포함되어 있는 기본사상들이 모두 발생하지 않으면 틀림없이 정상사상(top event)이 발생되지 않는 조합을 무엇이라고 하는가?

㉮ 컷셋(cut set)
㉯ 패스셋(path set)
㉰ 부울대수(Boolean algebra)
㉱ 결함수셋(fault tree set)

정답 30 ㉮ 31 ㉱ 32 ㉰ 33 ㉯

[해설] 기본사상들이 모두 발생하지 않으면 정상사상(top event)이 발생되지 않는 조합 → 패스셋(path set)

[참고] (1) 컷셋(Cut Set)
① 정상사상을 발생시키는 기본사상의 집합
② 모든 기본사상이 일어났을 때 정상사상을 일으키는 기본사상들의 집합이다.
(2) 미니멀 컷(Minimal Cut Set)
① 정상사상을 일으키기 위한 기본사상의 최소 집합(최소한의 컷)
② 시스템의 위험성을 나타낸다.
(3) 패스셋(Path Set)
① 시스템 고장을 일으키지 않는 기본사상들의 집합
② 포함된 기본사상이 일어나지 않을 때 처음으로 정상 사상이 일어나지 않는 기본 사상들의 집합이다.
(4) 미니멀 패스(Minimal Path Set)
① 시스템의 기능을 살리는 최소한의 집합 (최소한의 패스)
② 시스템의 신뢰성 나타낸다.

{분석} 필기에 자주 출제되는 내용입니다.

34 공정분석에 있어 활용하는 공정도(process chart)의 도시기호 중 가공 또는 작업을 나타내는 기호는?

㉮   ㉯

㉰   ㉱

[해설]

가공		○
운반		○
정체	저장	⇨
	지체	▽
검사	수량검사	□
	품질검사	◇

35 다음 중 청각적 표시장치에서 300m 이상의 장거리용 경보기에 사용하는 진동수로 가장 적절한 것은?

㉮ 800Hz 전후   ㉯ 2200Hz 전후
㉰ 3500Hz 전후   ㉱ 4000Hz 전후

[해설] 300m 이상 장거리용 신호는 1000Hz 이하의 진동수 사용

[참고] 경계 및 경보 신호 설계지침
① 귀는 중음역에 민감하므로 500~3000Hz의 진동수 사용
② 300m 이상 장거리용 신호는 1000Hz 이하의 진동수 사용
③ 장애물 및 칸막이 통과 시는 500Hz 이하의 진동수 사용
④ 주의를 끌기 위해서는 변조된 신호 사용
⑤ 배경 소음의 진동수와 구별되는 신호 사용
⑥ 경보효과를 높이기 위해서 개시시간이 짧은 고감도 신호를 사용
⑦ 가능하면 확성기, 경적 등과 같은 별도의 통신계통을 사용

{분석} 필기에 자주 출제되는 내용입니다.

36 다음 중 건구온도가 30℃, 습구온도가 27℃ 일 때 사람들이 느끼는 불쾌감의 정도를 설명한 것으로 가장 적절한 것은?

㉮ 대부분의 사람이 불쾌감을 느낀다.
㉯ 거의 모든 사람이 불쾌감을 느끼지 못한다.
㉰ 일부분의 사람이 불쾌감을 느끼기 시작한다.
㉱ 일부분의 사람이 쾌적함을 느끼기 시작한다.

[해설] 1. 불쾌지수
= (건구온도+습구온도)×0.72 + 40.6
= (30 + 27)×0.72 + 40.6 = 81.64
2. 불쾌지수가 80 이상이므로 모든 사람이 불쾌감을 느낀다.

정답 34 ㉮ 35 ㉮ 36 ㉮

참고 불쾌지수
① 기온과 습도에 의하여 감각온도의 개략적 단위로서 사용된다.
② 불쾌지수 = (건구온도+습구온도)×0.72 +40.6(섭씨온도 기준)
③ 불쾌지수 = (건구온도+습구온도)×0.4 +15(화씨온도 기준)
④ 불쾌지수가 80 이상일 때는 모든 사람이 불쾌감을 가지기 시작하고, 75의 경우는 절반 정도가 불쾌감을 가지며, 70~75에서는 불쾌감을 느끼기 시작하며, 70 이하는 모두 쾌적하다고 느낀다.

37 다음 중 주어진 작업에 대하여 필요한 소요조명(fc)을 구하는 식으로 옳은 것은?

㉮ 소요조명$(f_C) = \dfrac{\text{소요휘도}(f_L)}{\text{반사율}(\%)}$

㉯ 소요조명$(f_C) = \dfrac{\text{반사율}(\%)}{\text{소요휘도}(f_L)}$

㉰ 소요조명$(f_C) = \dfrac{\text{소요휘도}(f_L)}{(\text{거리})^2}$

㉱ 소요조명$(f_C) = \dfrac{(\text{거리})^2}{\text{소요휘도}(f_L)}$

[해설] 조명 = $\dfrac{\text{광속 발산도(휘도)}}{\text{반사율}(\%)} \times 100$

{분석} 필기에 자주 출제되는 내용입니다.

38 FT도에 사용되는 기호 중 다음 그림에 해당하는 것은?

㉮ 생략사상 ㉯ 부정사상
㉰ 결함사상 ㉱ 기본사상

[해설] 논리기호

생략사상	◇
결함사상	□
기본사상	○
부정사상	A

{분석} 필기에 자주 출제되는 내용입니다.

39 다음 중 공장설비의 고장 원인 분석 방법으로 적당하지 않은 것은?

㉮ 고장 원인 분석은 언제, 누가, 어떻게 행하는가를 그 때의 상황에 따라 결정한다.
㉯ P-Q 분석도에 의한 고장대책으로 빈도가 높은 고장에 대하여 근본적인 대책을 수립한다.
㉰ 동일기종이 다수 설치되었을 때는 공통된 고장개소, 원인 등을 규명하여 개선하고 자료를 작성한다.
㉱ 발생한 고장에 대하여 그 개소, 원인, 수리상의 문제점, 생산에 미치는 영향 등을 조사하고 재발방지계획을 수립한다.

[해설] ㉯ 고장 영향이 큰 고장에 대하여 근본적인 대책을 수립한다.

정답 37 ㉮ 38 ㉱ 39 ㉯

40 다음 중 수명주기(Life Cycle) 6단계에서 "운전단계"와 가장 거리가 먼 것은?

㉮ 사고조사 참여
㉯ 기술변경의 개발
㉰ 고객에 의한 최종 성능검사
㉱ 최종 생산물의 수용 여부 결정

[해설] "운전단계"의 내용
① 사고조사 참여
② 기술변경의 개발
③ 고객에 의한 최종 성능검사

[참고] 시스템 수명주기 단계
1단계 : 구상(Concept) 단계
2단계 : 정의(Definition) 단계
3단계 : 개발(Development) 단계
4단계 : 제조(Production) 단계
5단계 : 배치(Deployment) 단계, 운용 단계
6단계 : 폐기(Disposal) 단계

제3과목 • 기계 · 기구 및 설비 안전 관리

41 다음은 목재가공용 둥근톱에서 분할날에 관한 설명이다. ( )안의 내용을 올바르게 나타낸 것은?

- 분할날의 두께는 둥근톱 두께의 (①) 이상일 것
- 견고히 고정할 수 있으며 분할날과 톱날 원주면과의 거리는 (②) 이내로 조정, 유지할 수 있어야 한다.

㉮ ① : 10mm, ② : 1.5배
㉯ ① : 12mm, ② : 1.1배
㉰ ① : 15mm, ② : 1.1배
㉱ ① : 20mm, ② : 2배

[해설] 분할날의 설치조건
① 분할날 두께는 톱두께의 1.1배 이상이며 치진폭보다 작을 것
1.1t₁ ≦ t₂ < b
(t₁ : 톱 두께, t₂ : 분할날 두께, b : 치진 폭)
② 톱날 후면과의 간격은 12mm 이내일 것
③ 후면날의 2/3 이상을 덮어 설치할 것
④ 분할날 최소 길이
$$L = \frac{\pi \times D}{6} \text{(mm)} \qquad D : 톱날직경(mm)$$
⑤ 직경이 610mm를 넘는 둥근톱에는 현수식 분할날

{분석}
실기까지 중요한 내용입니다. "해설"을 다시 확인하세요.

42 다음은 지게차의 헤드가드에 관한 기준이다. ( ) 안에 들어갈 내용으로 옳은 것은?

> 지게차 사용 시 화물 낙하 위험의 방호조치 사항으로 헤드가드를 갖추어야 한다. 그 강도는 지게차 최대하중의 ( )의 값의 등분포 정하중(等分布靜荷重)에 견딜 수 있는 강도이다.(4톤을 넘는 값에 대해서는 4톤으로 한다)

㉮ 1.5배 ㉯ 2배
㉰ 3배   ㉱ 5배

[해설] 지게차의 헤드가드 : 지게차에는 최대하중의 2배(4톤을 넘는 값에 대해서는 4톤으로 한다)에 해당하는 등분포정하중(等分布靜荷重)에 견딜 수 있는 강도의 헤드가드를 설치하여야 한다.

{분석}
실기까지 중요한 내용입니다. 잘 기억하세요.

정답 40 ㉱ 41 전항정답 42 ㉯

43 산업안전보건법령에 따라 양중기용 와이어로프의 사용금지 기준으로 옳은 것은?

㉮ 지름의 감소가 공칭지름의 3%를 초과하는 것
㉯ 지름의 감소가 공칭지름의 5%를 초과하는 것
㉰ 와이어로프의 한 꼬임에서 끊어진 소선(素線)의 수가 7% 이상인 것
㉱ 와이어로프의 한 꼬임에서 끊어진 소선(素線)의 수가 10% 이상인 것

[해설] 와이어로프 등의 사용금지 사항
① 이음매가 있는 것
② 와이어로프의 한 꼬임에서 끊어진 소선의 수가 10퍼센트 이상(비자전로프의 경우에는 끊어진 소선의 수가 와이어로프 호칭지름의 6배 길이 이내에서 4개 이상이거나 호칭지름 30배 길이 이내에서 8개 이상)인 것
③ 지름의 감소가 공칭지름의 7퍼센트를 초과하는 것
④ 꼬인 것
⑤ 심하게 변형되거나 부식된 것
⑥ 열과 전기충격에 의해 손상된 것

{분석}
실기에도 자주 출제되는 내용입니다. 암기하세요.

44 보일러 수 속에 유지(油脂)류, 용해 고형물, 부유물 등의 농도가 높아지면 드럼 수면에 불안정한 거품이 발생하고, 또한 거품이 증가하여 드럼의 기실(氣室)에 전체로 확대되는 현상을 무엇이라 하는가?

㉮ 포밍(foaming)
㉯ 프라이밍(priming)
㉰ 수격현상(water hammer)
㉱ 공동화현상(cavitation)

[해설] 포밍(foaming, 물거품 솟음) : 보일러 수면에 거품이 생겨 올바른 수위를 판단하지 못하는 현상

[참고] 보일러 취급 시 이상 현상
① 프라이밍(priming, 비수 현상) : 보일러 부하의 급변, 수위 과상승 등에 의해 수분이 증기와 분리되지 않아 보일러 수면이 심하게 솟아올라 올바른 수위를 판단하지 못하는 현상
② 캐리오버(carry over, 기수 공발) : 보일러 수 중에 용해 고형분이나 수분이 발생, 증기 중에 다량 함유되어 증기의 순도를 저하시킴으로써 관내 응축수가 생겨 워터 해머의 원인이 되고 증기 과열기나 터빈 등의 고장 원인이 된다.
③ 수격 작용 : 물망치 작용(워터 해머, water hammer)고여 있던 응축수가 밸브를 급격히 개폐시에 고온 고압의 증기에 이끌려 배관을 강하게 치는 현상으로 배관파열을 초래한다.
④ 역화(Back Fire) : 보일러 시동 시 연료가 나온 다음 시간을 두고 착화하는 등으로 인해 미연소 가스가 노 내에 잔류하여 비정상적인 폭발적 연소를 일으킨다.

45 다음 중 재료에 있어서의 결함에 해당하지 않는 것은?

㉮ 미세 균열   ㉯ 용접 불량
㉰ 불순물 내재 ㉱ 내부 구멍

[해설] ㉯ 용접불량은 재료의 결함에 해당하지 않는다.

46 산업안전보건법에서 정한 양중기의 종류에 해당하지 않는 것은?

㉮ 리프트   ㉯ 호이스트
㉰ 곤돌라   ㉱ 컨베이어

[해설] 양중기의 종류(산업안전보건법 기준)
① 크레인[호이스트(hoist)를 포함]
② 이동식 크레인
③ 리프트(이삿짐운반용 리프트의 경우에는 적재하중이 0.1톤 이상인 것으로 한정)
④ 곤돌라
⑤ 승강기

{분석}
실기에도 자주 출제되는 내용입니다. 암기하세요.

정답 43 ㉱ 44 ㉮ 45 ㉯ 46 ㉱

47 다음 중 산소-아세틸렌 가스용접 시 역화의 원인과 가장 거리가 먼 것은?

㉮ 토치의 과열
㉯ 팁의 이물질 부착
㉰ 산소 공급의 부족
㉱ 압력조정기의 고장

[해설] 역화의 원인
① 팁 끝이 막혔을 때
② 팁 끝이 과열되었을 때
③ 가스 압력과 유량이 적당하지 않았을 때
④ 팁의 조임이 풀어올 때
⑤ 압력조정기 불량일 때
⑥ 토치의 성능이 좋지 않을 때 발생

48 기계의 기능적인 면에서 안전을 확보하기 위하여 반자동 및 자동제어장치의 경우에는 적극적으로 안전화 대책을 강구하여야 한다. 이때 2차적 적극적 대책에 속하는 것은?

㉮ 울을 설치한다.
㉯ 급정지장치를 누른다.
㉰ 회로를 개선하여 오동작을 방지한다.
㉱ 연동 장치된 방호장치가 작동되게 한다.

[해설] 기계의 기능적 안전화
① 전압 강하에 따른 오동작 방지
② 정전 및 단락에 따른 오동작 방지
③ 사용 압력 변동 시 등의 오동작 방지

49 다음 중 위험구역에서 가드까지의 거리가 200mm인 롤러기에 가드를 설치하는데 허용 가능한 가드의 개구부 간격으로 옳은 것은?

㉮ 최대 20mm   ㉯ 최대 30mm
㉰ 최대 36mm   ㉱ 최대 40mm

[해설]

가드의 개구간격	일방 평행 보호망, 위험점이 전동체인 경우의 개구간격
① X<160mm일 경우 $Y = 6 + 0.15 \times X$ ② X≥160mm일 경우 $Y = 30mm$ 여기서, X : 안전거리(위험점에서 가드까지의 거리)(mm) Y : 가드의 최대 개구 간격(mm)	① $Y = 6 + 0.1 \times X$ 여기서, X : 안전거리(mm) Y : 가드의 최대 개구 간격(mm)

문제에서 안전거리는 200mm이므로
X ≥ 160mm일 경우 Y = 30mm

{분석}
틀리기 쉬운 문제입니다. "해설"을 다시 확인하세요.

50 다음 중 선반작업 시 주의사항으로 틀린 것은?

㉮ 회전 중에 가공물을 직접 만지지 않는다.
㉯ 공작물의 설치가 끝나면, 척에서 렌치류는 곧바로 제거한다.
㉰ 칩(chip)이 비산할 때는 보안경을 쓰고 방호판을 설치하여 사용한다.
㉱ 돌리개는 적정 크기의 것을 선택하고, 심압대 스핀들은 가능하면 길게 나오도록 한다.

[해설] ㉱ 돌리개는 적정 크기의 것을 선택하고, 심압대 스핀들은 가능하면 짧게 나오도록 한다.

[참고] ① 심압대 : 길이가 긴 가공물을 가공하거나 힘을 많이 받는 가공을 할 때에 가공물의 중심을 지지해 주는 역할을 한다.
② 스핀들 : 절삭 공구의 장착에 사용되는 회전축

정답 47 ㉰ 48 ㉰ 49 ㉯ 50 ㉱

51 다음 중 기계설비에 있어서 방호의 기본원리와 가장 거리가 먼 것은?

㉮ 위험 제거 ㉯ 덮어씌움
㉰ 위험의 검출 ㉱ 위험에 적응

[해설] **방호의 기본원리**
① 위험의 제거, 대체 ② 격리, 차단
③ 덮어씌움 ④ 위험에 적응
⑤ 보호구 착용

52 다음 중 지름이 60cm이고, 20rpm으로 회전하는 롤러에 적합한 급정지장치의 성능으로 옳은 것은?

㉮ 앞면 롤러 원주의 1/1.5 거리에서 급정지
㉯ 앞면 롤러 원주의 1/2 거리에서 급정지
㉰ 앞면 롤러 원주의 1/2.5 거리에서 급정지
㉱ 앞면 롤러 원주의 1/3 거리에서 급정지

[해설] 앞면 롤러의 표면속도에 따른 급정지거리

앞면 롤러의 표면속도 (m/min)	급정지거리
30 미만	앞면 롤러 원주의 1/3 이내 $\left(\pi \times d \times \frac{1}{3}\right)$
30 이상	앞면 롤러 원주의 1/2.5 이내 $\left(\pi \times d \times \frac{1}{2.5}\right)$

이때 표면속도의 산식은

$$V = \frac{\pi \times D \times N}{1000} \text{(m/min)}$$

여기서 V: 표면속도
D: 롤러 원통의 직경(mm)
N: 1분간에 롤러기가 회전되는 수 (rpm)

$$V = \frac{\pi \times 600 \times 20}{1,000} = 37.70 \text{m/mim}$$

속도가 30 이상이므로

급정지거리 = $\pi \times d \times \frac{1}{2.5}$

(앞면 롤러 원주의 1/2.5 이내)

{분석}
실기까지 중요한 내용입니다. "해설"을 다시 확인하세요.

53 다음 중 선반작업에서 가늘고 긴 공작물의 처짐이나 휨을 방지하는 부속장치는?

㉮ 방진구
㉯ 심봉
㉰ 돌리개
㉱ 면판

[해설] 공작물의 길이가 직경의 12~20배 이상인 가늘고 긴 공작물의 처짐이나 휨을 방지하기 위하여 방진구를 사용하여 재료를 고정하여야 한다.

54 어떤 부재의 사용하중은 200kg$_f$이고, 이의 파괴하중은 400kg$_f$이다. 정격하중을 100kg$_f$로 가정하고 설계한다면 안전율은 얼마인가?

㉮ 0.25 ㉯ 0.5
㉰ 2 ㉱ 4

[해설] 안전율 = $\frac{\text{파괴하중}}{\text{정격하중}} = \frac{400}{100} = 4$

55 다음 중 연삭숫돌의 이상 유·무를 확인하기 위한 시운전 시간으로 가장 적절한 것은?

㉮ 작업시작 전 3분 이상, 연삭숫돌 교체 후 1분 이상
㉯ 작업시작 전 30초 이상, 연삭숫돌 교체 후 1분 이상

정답 51 ㉱ 52 ㉰ 53 ㉮ 54 ㉱ 55 ㉰

㈐ 작업시작 전 1분 이상, 연삭숫돌 교체 후 3분 이상
㈑ 작업시작 전 1분 이상, 연삭숫돌 교체 후 1분 이상

[해설] 작업시작 전 1분 이상, 숫돌 교체 시 3분 이상 시운전할 것

[참고] 연삭기 안전대책
① 숫돌에 충격을 가하지 말 것
② 작업 시작 전 1분 이상, 숫돌 교체 시 3분 이상 시운전할 것
③ 연삭숫돌 최고사용 회전속도 초과 사용 금지
④ 측면을 사용하는 것을 목적으로 제작된 연삭기 이외에는 측면 사용 금지
⑤ 작업 시에는 숫돌의 원주면을 이용하고, 작업자는 숫돌의 측면에서 작업할 것

{분석} 실기까지 중요한 내용입니다. "참고"를 다시 확인하세요.

56 다음 중 프레스 작업에 있어 시계(視界)가 차단되지는 않으나 확동식 클러치 프레스에는 사용상의 제한이 발생하는 방호장치는?

㈎ 게이트가드
㈏ 광전식방호장치
㈐ 양수조작장치
㈑ 프릭션 다이얼피드

[해설] 감응식(광전자식)방호장치는 마찰프레스에는 사용이 가능하나 크랭크식 프레스에는 사용 불가능하다.

[참고] 프레스의 방호장치 설치기준
(1) 일행정 일정지식 프레스(크랭크 프레스)
 ① 양수 조작식
 ② 게이트 가드식
(2) 행정 길이 40mm 이상, SPM 120 이하에서 사용 가능
 ① 손쳐내기식
 ② 수인식

(3) 슬라이드 작동중 정지 가능한 구조(급정지장치 가짐)
 ① 감응식(광전자식)
 ② 양수조작식
(4) 마찰프레스에 사용하나 크랭크식 프레스에 사용 불가능 : 감응식(광전자식)

57 다음 중 산업안전보건 법령상 컨베이어에 부착해야 하는 안전장치와 가장 거리가 먼 것은?

㈎ 해지장치　　㈏ 비상정지장치
㈐ 덮개 또는 울　㈑ 역주행방지장치

[해설] 컨베이어의 방호장치
① 이탈 등의 방지장치 : 화물 또는 운반구의 이탈 및 역주행을 방지하는 장치를 갖추어야 한다.
② 비상정지장치 : 컨베이어 등에 근로자의 신체의 일부가 말려드는 등 근로자에게 위험을 미칠 우려가 있는 때 및 비상시에는 즉시 컨베이어 등의 운전을 정지시킬 수 있는 장치를 설치하여야 한다.
③ 덮개, 울의 설치 : 컨베이어 등으로 부터 화물이 떨어져 근로자가 위험해질 우려가 있는 경우에는 해당 컨베이어 등에 덮개 또는 울을 설치하는 등 낙하 방지를 위한 조치를 하여야 한다.

{분석} 실기까지 중요한 내용입니다. "해설"을 다시 확인하세요.

58 다음 중 세이퍼의 방호장치와 가장 거리가 먼 것은?

㈎ 방책　　㈏ 칸막이
㈐ 칩받이　㈑ 시건장치

[해설] 세이퍼의 방호장치
① 방책
② 칸막이
③ 칩받이

정답 56 ㈏　57 ㈎　58 ㈑

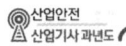

59 다음 중 드릴작업 시 안전수칙으로 적절하지 않은 것은?

㉮ 장갑의 착용을 금한다.
㉯ 드릴은 사용 전에 검사한다.
㉰ 작업자는 보안경을 착용한다.
㉱ 드릴의 이송은 최대한 신속하게 한다.

[해설] ㉱ 드릴의 이송은 천천히 한다.

60 다음 중 프레스 금형을 부착, 해체 또는 조정 작업을 할 때에 사용하여야 하는 장치는?

㉮ 안전블록
㉯ 안전방책
㉰ 수인식 방호장치
㉱ 손쳐내기식 방호장치

[해설] 금형을 부착, 해체, 조정 작업할 때 신체 일부가 위험점 내에서 슬라이드 불시 하강으로 인한 위험을 방지할 목적으로 안전블럭을 설치한다.

{분석}
실기까지 중요한 내용입니다. "해설"을 다시 확인하세요.

제4과목 전기 및 화학설비 안전 관리

61 산업안전보건법상 다음 내용에 해당하는 폭발위험장소는?

> 20종 장소 외의 장소로서, 분진운 형태의 가연성 분진이 폭발농도를 형성할 정도의 충분한 양이 정상작동 중에 존재할 수 있는 장소

㉮ 0종 장소   ㉯ 1종 장소
㉰ 21종 장소 ㉱ 22종 장소

[해설] 분진운 형태의 가연성 분진이 폭발농도를 형성할 정도의 충분한 양이 정상작동 중에 존재할 수 있는 장소 → 21종 장소

[참고] 분진폭발 위험장소

20종 장소	• 분진운 형태의 가연성 분진이 폭발농도를 형성할 정도로 충분한 양이 정상작동 중에 연속적으로 또는 자주 존재하거나, 제어할 수 없을 정도의 양 및 두께의 분진 층이 형성될 수 있는 장소
21종 장소	• 20종 장소 외의 장소로서, 분진운 형태의 가연성 분진이 폭발농도를 형성할 정도의 충분한 양이 정상작동 중에 존재할 수 있는 장소
22종 장소	• 21종 장소 외의 장소로서, 가연성 분진운 형태가 드물게 발생 또는 단기간 존재할 우려가 있거나, 이상작동 상태 하에서 가연성 분진 운이 형성될 수 있는 장소

{분석}
실기에도 자주 출제되는 내용입니다.
"참고"를 다시 확인하세요.

62 산업안전보건법령에 따라 충전전로 인근에서 차량, 기계장치 등의 작업이 있는 경우에는 차량 등을 충전전로의 충전부로부터 얼마 이상 이격시켜 유지하여야 하는가?

㉮ 1m   ㉯ 2m
㉰ 3m   ㉱ 5m

[해설] 충전전로 인근에서 차량, 기계장치 등의 작업을 하는 경우 차량을 충전부로부터 3m 이상 이격시킬 것 (대지전압이 50kV를 넘는 경우 10kV 당 10cm씩 이격거리 증가)

정답 59㉱ 60㉮ 61㉰ 62㉰

63 교류아크용접기의 자동전격방지기는 대상으로 하는 용접기의 주회로를 제어하는 장치를 가지고 있어, 용접봉의 조작에 따라 용접할 때에만 용접기의 주회로를 형성하고, 그 외에는 용접기의 출력측의 무부하전압을 얼마 이하로 저하시키도록 동작하는 장치를 말하는가?

㉮ 15V   ㉯ 25V
㉰ 30V   ㉱ 50V

해설 자동전격방지기의 성능
용접을 중단하고 1.0초 내에 용접기의 홀더, 어스선에 흐르는 무부하 전압을 안전전압 25V 이하로 내려준다.

{분석}
실기까지 중요한 내용입니다. "해설"을 다시 확인하세요.

64 정전용량 $10\mu F$ 인 물체에 전압을 1000V로 충전하였을 때 물체가 가지는 정전에너지는 몇 Joule인가?

㉮ 0.5   ㉯ 5
㉰ 14   ㉱ 50

해설 정전기의 최소 착화 에너지(정전에너지)

$$E = \frac{1}{2}CV^2$$

여기서, E : 정전기 에너지(J)
C : 도체의 정전 용량(F)
V : 대전 전위(V)

$E = \frac{1}{2}CV^2 = \frac{1}{2} \times 10 \times 10^{-6} \times 1000^2$
$= 5J$
($\mu F = 10^{-6} F$)

{분석}
필기에 자주 출제되는 내용입니다.
풀이방법을 숙지하세요.

65 접지 저항계로 3개의 접지봉의 접지저항을 측정한 값이 각각 R_1, R_2, R_3 일 경우 접지저항 G_1으로 옳은 것은?

㉮ $\frac{1}{2}(R_1 + R_2 + R_3) - R_1$

㉯ $\frac{1}{2}(R_1 + R_2 + R_3) - R_2$

㉰ $\frac{1}{2}(R_1 + R_2 + R_3) - R_3$

㉱ $\frac{1}{2}(R_2 + R_3) - R_1$

해설 접지봉의 접지저항 R_1, R_2, R_3 일 경우 접지저항 G_1
$\frac{1}{2}(R_1 + R_2 + R_3) - R_2$

66 다음 중 전기 설비의 방폭구조를 나타내는 기호로 틀린 것은?

㉮ 내압 방폭구조 : d
㉯ 압력 방폭구조 : p
㉰ 안전증 방폭구조 : e
㉱ 본질안전 방폭구조 : s

해설 방폭구조의 기호

가스, 증기, 분진 방폭구조		기호
가스, 증기 방폭 구조	내압 방폭구조	d
	압력 방폭구조	p
	유입 방폭구조	o
	안전증 방폭구조	e
	본질안전 방폭구조	ia or ib
	충전 방폭구조	q
	비점화 방폭구조	n
	몰드 방폭구조	m
	특수 방폭구조	s
분진 방폭 구조	방진 방폭구조	tD

{분석}
실기에도 자주 출제되는 내용입니다. 암기하세요.

정답 63 ㉯ 64 ㉯ 65 ㉯ 66 ㉱

67 다음 중 전기화재의 원인에 관한 설명으로 가장 거리가 먼 것은?

㉮ 단락된 순간의 전류는 정격전류보다 크다.
㉯ 전류에 의해 발생되는 열은 전류의 제곱에 비례하고, 저항에 비례한다.
㉰ 누전, 접촉 불량 등에 의한 전기화재는 배선용 차단기나 누전차단기로 예방이 가능하다.
㉱ 전기화재의 발화형태별 원인 중 가장 큰 비율을 차지하는 것은 전기배선의 단락이다.

[해설] ㉰ 배선용 차단기는 누전을 검출하지 못한다.

68 다음 중 일반적으로 인체에 1초 동안 전류가 흘렀을 때 정상적인 심장의 기능을 상실할 수 있는 전류의 크기는 어느 정도인가?

㉮ 50mA   ㉯ 75mA
㉰ 125mA ㉱ 165mA

[해설] 심실세동전류

$$I(\text{mA}) = \frac{165}{\sqrt{T}}$$

T : 통전시간(초)

$I = \dfrac{165}{\sqrt{T}} = \dfrac{165}{\sqrt{1}} = 165\text{mA}$

{분석}
실기까지 중요한 내용입니다.

69 다음 중 절연용 고무장갑과 가죽장갑의 안전한 사용방법으로 가장 적합한 것은?

㉮ 황산작업에는 가죽장갑만 사용한다.
㉯ 황산작업에서는 고무장갑만 사용한다.
㉰ 먼저 가죽장갑을 끼고 그 위에 고무장갑을 낀다.
㉱ 먼저 고무장갑을 끼고 그 위에 가죽장갑을 낀다.

[해설] 고무장갑을 끼고 그 위에 가죽장갑을 착용한다.

70 다음 중 제전기의 종류에 해당하지 않는 것은?

㉮ 전류제어식
㉯ 전압인가식
㉰ 자기방전식
㉱ 방사선식

[해설] 제전기 종류
① 전압인가식 제전기
② 자기 방전식 제전기
③ 이온식 스프레이식 제전기
④ 방사선식 제전기

71 다음 중 칼륨에 의한 화재 발생 시 소화를 위해 가장 효과적인 것은?

㉮ 건조사 사용
㉯ 포소화기 사용
㉰ 이산화탄소 사용
㉱ 할로겐화합물소화기 사용

[해설] 금속화재의 소화에는 팽창질석, 팽창 진주암, 건조사를 이용한다.

정답 67 ㉰ 68 ㉱ 69 ㉱ 70 ㉮ 71 ㉮

등급\구분	화재의 구분	표시 색	소화기의 종류
A급	일반 가연물화재 (종이, 섬유, 목재 등)	백색	물소화기 산·알칼리소화기 강화액소화기
B급	유류(가스) 화재	황색	분말소화기 포말소화기 이산화탄소(탄산가스) 소화기
C급	전기화재 (발전기, 변압기 등)	청색	분말소화기 이산화탄소 (탄산가스)소화기 할로겐 화합물 소화기
D급	금속화재 (금속분 등)	무색, 표시없음	팽창질석 팽창진주암 건조사

72 공기 중 산화성이 높아 반드시 석유, 경유 등의 보호액에 저장해야 하는 것은?

㉮ Ca   ㉯ p_a
㉰ K   ㉱ S

[해설] ㉰ K(칼륨)은 석유 속에 보관한다.

[참고] 발화성 물질의 저장법
① 나트륨, 칼륨 : 석유 속 저장
② 황린 : 물 속에 저장
③ 적린, 마그네슘, 칼륨 : 격리저장
④ 질산은($AgNO_3$) 용액 : 햇빛 피하여 저장(빛에 의해 광분해 반응 일으킴)
⑤ 벤젠 : 산화성물질과 격리저장
⑥ 탄화칼슘(CaC_2, 카바이트) : 금수성 물질로서 물과 격렬히 반응하므로 건조한 곳에 보관

{분석}
"참고"를 다시 확인하세요.

73 메탄(CH_4) 100mol이 산소 중에서 완전 연소하였다면 이 때 소비된 산소량은 몇 mol인가?

㉮ 50   ㉯ 100
㉰ 150   ㉱ 200

[해설] 메탄의 연소반응식

$CH_4 + 2O_2 \rightarrow CO_2 + 2H_2O$
1몰   2몰   1몰   2몰

• 1몰의 메탄이 완전 연소하는데 2몰의 산소가 소비된다.
• 100몰의 메탄이 완전 연소하는데 200몰의 산소가 소비된다.

74 다음 중 분해 폭발하는 가스의 폭발방지를 위하여 첨가하는 불활성가스로 가장 적합한 것은?

㉮ 산소   ㉯ 질소
㉰ 수소   ㉱ 프로핀

[해설] 불활성가스로 질소가 가장 많이 사용된다.

75 다음 중 LPG에 대한 설명으로 적절하지 않은 것은?

㉮ 강한 독성이 있다.
㉯ 질식의 우려가 있다.
㉰ 누설 시 인화, 폭발성이 있다.
㉱ 가스의 비중은 공기보다 크다.

[해설] ㉮ LPG(액화 석유가스)는 질식 및 화재 등의 위험성이 있고 흡입하게 되면 뇌의 산소공급 부족으로 환각 현상을 일으킨다.

정답 72 ㉰ 73 ㉱ 74 ㉯ 75 ㉮

76 산업안전보건법령에 따라 인화성 액체를 저장·취급하는 대기압 탱크에 기압이나 진공 발생 시 압력을 일정하게 유지하기 위하여 설치하여야 하는 장치는?

㉮ 통기밸브
㉯ 체크밸브
㉰ 스팀트랩
㉱ 프레임어레스트

[해설] 대기밸브(통기밸브, breather valve)
① 인화성 액체를 저장·취급하는 대기압 탱크에는 통기관 또는 통기밸브 등을 설치하여야 한다.
② 대기밸브(통기밸브)는 탱크 내의 압력을 대기압과 평행하게 유지하는 역할을 한다.

{분석} 실기까지 중요한 내용입니다. "해설"을 다시 확인하세요.

77 다음 중 공정안전보고서의 심사결과 구분에 해당하지 않는 것은?

㉮ 적정
㉯ 부적정
㉰ 보류
㉱ 조건부 적정

[해설] 공정안전보고서 심사결과 구분

적정	보고서의 심사기준을 충족시킨 경우
조건부 적정	보고서의 심사기준을 대부분 충족하고 있으나 부분적인 보완이 필요 하다고 판단할 경우
부적정	보고서의 심사기준을 충족시키지 못한 경우

{분석} 실기까지 중요한 내용입니다. 암기하세요.

78 휘발유를 저장하던 이동저장탱크에 등유나 경유를 이동저장탱크의 밑 부분으로부터 주입할 때에 액표면의 높이가 주입관의 선단의 높이를 넘을 때까지 주입속도는 몇 m/s 이하로 하여야 하는가?

㉮ 0.5
㉯ 1.0
㉰ 1.5
㉱ 2.0

[해설] 정전기 발생 방지를 위하여 석유류 제품의 유속을 1m/s 이하로 조절하여야 한다.

79 25℃, 1기압에서 공기 중 벤젠(C_6H_6)의 허용농도가 10ppm일 때 이를 mg/m^3의 단위로 환산하면 약 얼마인가?
(단, C, H의 원자량은 각각 12, 1이다.)

㉮ 28.7
㉯ 31.9
㉰ 34.8
㉱ 45.9

[해설] 질량농도(mg/m^3)와 용량농도(ppm)의 환산

$$mg/m^3 = ppm \times \frac{분자량}{24.45(L)}$$

여기서,
24.45L : 25℃, 1기압 공기 1mol의 부피
* 21℃, 1기압일 경우 : 24.1L
* 0℃, 1기압일 경우 : 22.4L

$mg/m^3 = ppm \times \dfrac{분자량}{24.45(L)}$

$= 10 \times \dfrac{78}{24.45} = 31.90(mg/m^3)$

{분석} 출제비중이 낮은 문제입니다.

정답 76 ㉮ 77 ㉰ 78 ㉯ 79 ㉯

80 다음 중 폭굉유도거리에 대한 설명으로 틀린 것은?

㉮ 압력이 높을수록 짧다.
㉯ 점화원의 에너지가 강할수록 짧다.
㉰ 정상 연소속도가 큰 혼합일수록 짧다.
㉱ 관속에 방해물이 없거나 관의 지름이 클수록 짧다.

[해설] 폭굉유도거리(DID)
① 점화에너지가 강할수록 짧다
② 연소속도가 큰 가스일수록 짧다
③ 관경이 가늘거나 관 속에 이물질이 있을 경우 짧다.
④ 압력이 높을수록 짧다.

[참고] 폭굉유도거리(DID) : 완만한 연소가 격렬한 폭굉으로 발전되는 거리

제5과목 건설공사 안전 관리

81 현장에서 가설통로의 설치 시 준수사항으로 옳지 않은 것은?

㉮ 건설공사에 사용하는 높이 8m 이상인 비계다리에는 10m 이내마다 계단참을 설치하는 것
㉯ 수직갱에 가설된 통로의 길이가 15m 이상인 때에는 10m 이내마다 계단참을 설치할 것
㉰ 경사가 15°를 초과하는 때에는 미끄러지지 아니하는 구조로 할 것
㉱ 경사는 30° 이하로 할 것

[해설] ㉮ 건설공사에 사용하는 높이 8미터 이상인 비계다리에는 7미터 이내 마다 계단참을 설치할 것

[참고] 가설통로의 구조
① 견고한 구조로 할 것
② 경사는 30도 이하로 할 것
③ 경사가 15도를 초과하는 때는 미끄러지지 아니하는 구조로 할 것
④ 추락의 위험이 있는 장소에는 안전난간을 설치할 것
⑤ 수직갱 : 길이가 15미터 이상인 때에는 10미터 이내마다 계단참을 설치할 것
⑥ 건설공사에 사용하는 높이 8미터 이상인 비계다리 : 7미터 이내 마다 계단참을 설치할 것

{분석}
실기까지 중요한 내용입니다. "해설"을 다시 확인하세요.

82 부두, 안벽 등 하역작업을 하는 장소에 대하여 부두 또는 안벽의 선을 따라 통로를 설치할 때 통로의 최소 폭은?

㉮ 70cm   ㉯ 80cm
㉰ 90cm   ㉱ 100cm

[해설] 부두 또는 안벽의 선을 따라 통로를 설치하는 경우에는 폭을 90센티미터 이상으로 할 것

83 높이 2m를 초과하는 말비계를 조립하여 사용하는 경우 작업발판의 최소 폭 기준으로 옳은 것은?

㉮ 20cm 이상   ㉯ 30cm 이상
㉰ 40cm 이상   ㉱ 50cm 이상

[해설] 높이가 2미터를 초과할 경우에는 작업발판의 폭을 40센티미터 이상으로 할 것

[참고] 말비계의 구조
① 지주부재의 하단에는 미끄럼 방지장치를 하고, 양측 끝부분에 올라서서 작업하지 아니하도록 할 것
② 지주부재와 수평면과의 기울기를 75도 이하로 하고, 지주부재와 지주부재 사이를 고정시키는 보조부재를 설치할 것

정답 80 ㉱ 81 ㉮ 82 ㉰ 83 ㉰

③ 말비계의 높이가 2미터를 초과할 경우에는 작업발판의 폭을 40센티미터 이상으로 할 것

{분석}
실기까지 중요한 내용입니다. "해설"을 다시 확인하세요.

84 추락재해 방지용 방망의 신품에 대한 인장강도는 얼마인가? (단, 그물코의 크기가 10cm이며, 매듭 없는 방망)

㉮ 220kg ㉯ 240kg
㉰ 260kg ㉱ 280kg

[해설] 방망사의 신품에 대한 인장강도

그물코의 크기 (단위 : 센티미터)	방망의 종류(단위 : 킬로그램)	
	매듭 없는 방망	매듭방망
10	240	200
5		110

[참고] 방망사의 폐기 시 인장강도

그물코의 크기 (단위 : 센티미터)	방망의 종류(단위 : 킬로그램)	
	매듭 없는 방망	매듭방망
10	150	135
5		60

{분석}
필기에 자주 출제되는 내용입니다. "참고"도 함께 암기하세요.

85 지반에서 발생하는 히빙현상의 직접적인 대책과 가장 거리가 먼 것은?

㉮ 굴착주변의 상재하중을 제거한다.
㉯ 토류벽의 배면토압을 경감시킨다.
㉰ 굴착저면에 토사 등 인공중력을 가중시킨다.
㉱ 수밀성 있는 흙막이 공법을 채택한다.

[해설] 히빙현상 방지책
① 양질의 재료로 지반을 개량한다(흙의 전단강도 높인다).
② 어스앵커 설치
③ 시트파일 등의 근입심도 검토(흙막이 벽체의 근입 깊이를 깊게 한다)
④ 굴착 주변에 웰포인트공법을 병행한다.
⑤ 소단을 두면서 굴착한다.
⑥ 굴착주변의 상재하중을 제거
⑦ 굴착저면에 토사 등의 인공중력을 가중시킴
⑧ 토류벽의 배면토압을 경감시키고, 약액주입공법 및 탈수공법을 적용

86 거푸집에 가해지는 콘크리트의 측압에 관한 설명 중 옳지 않은 것은?

㉮ 슬럼프가 클수록 크다.
㉯ 거푸집의 수평 단면이 클수록 크다.
㉰ 타설 속도가 빠를수록 크다.
㉱ 거푸집의 강성이 클수록 작다.

[해설] ㉱ 거푸집 강성이 클수록 측압이 크다.

[참고] 콘크리트의 측압
① 거푸집 부재 단면이 클수록 측압이 크다.
② 거푸집 수밀성이 클수록 측압이 크다.
③ 거푸집 강성이 클수록 측압이 크다.
④ 거푸집 표면이 평활할수록 측압이 크다.
⑤ 시공연도 좋을수록 측압이 크다.
⑥ 철골 or 철근량 적을수록 측압이 크다.
⑦ 외기온도 낮을수록 측압이 크다.
⑧ 타설 속도 빠를수록 측압이 크다.
⑨ 다짐이 좋을수록 측압이 크다.
⑩ 슬럼프 클수록 측압이 크다.
⑪ 콘크리트 비중 클수록 측압이 크다.
⑫ 응결시간이 느린 시멘트를 사용할수록 측압이 크다.
⑬ 습도가 낮을수록 측압이 크다.

{분석}
필기에 자주 출제되는 내용입니다. "참고"를 다시 확인하세요.

정답 84 ㉯ 85 ㉱ 86 ㉱

87 다음은 낙하물방지망 또는 방호선반을 설치하는 경우에 준수하여야 할 사항이다. ( ) 안에 알맞은 내용은?

> 높이 (①)m 이내마다 설치하고, 내민 길이는 벽면으로부터(②)m 이상으로 할 것

㉮ ① : 5, ② : 1
㉯ ① : 5, ② : 2
㉰ ① : 10, ② : 1
㉱ ① : 10, ② : 2

[해설] 낙하물방지망 또는 방호선반을 설치 시 준수사항
① 설치높이는 <u>10미터 이내마다 설치하고</u>, 내민 길이는 벽면으로부터 <u>2미터 이상</u>으로 할 것
② 수평면과의 각도는 <u>20도 내지 30도</u>를 유지할 것

{분석}
실기까지 중요한 내용입니다. "해설"을 암기하세요.

---

88 콘크리트 슬럼프 시험 방법에 대한 설명 중 옳지 않은 것은?

㉮ 슬럼프 시험기구는 강제평판, 슬럼프 테스트 콘, 다짐막대, 측정기기로 이루어진다.
㉯ 콘크리트 타설 시 작업의 용이성을 판단하는 방법이다.
㉰ 슬럼프 콘에 비빈 콘크리트를 같은 양의 3층으로 나누어 25회씩 다지면서 채운다.
㉱ 슬럼프는 슬럼프 콘을 들어 올려 강제평판으로부터 콘크리트가 무너져 내려앉은 높이까지의 거리를 mm로 표시한 것이다.

[해설] ㉱ 슬럼프 값은 시료를 콘의 1/3가량 채우고 다진 후 슬럼프 시험 통을 벗겨 <u>콘크리트가 무너져 내려앉은 높이까지의 거리를 cm로 표시한 것이다.</u>

---

89 동바리로 사용하는 파이프 서포트에 대한 준수사항과 가장 거리가 먼 것은?

㉮ 파이프 서포트를 3개 이상 이어서 사용하지 않도록 할 것
㉯ 파이프 서포트를 이어서 사용하는 경우에는 4개 이상의 볼트 또는 전용 철물을 사용하여 이을 것
㉰ 높이가 3.5m를 초과하는 경우에는 높이 2m 이내마다 수평연결재를 2개 방향으로 만들 것
㉱ 파이프 서포트 사이에 교차가새를 설치하여 보강 조치할 것

[해설] 동바리로 사용하는 파이프 서포트의 조립 시 준수사항
① 파이프서포트를 <u>3개본 이상 이어서 사용하지 아니하도록</u> 할 것
② 파이프서포트를 이어서 사용할 때에는 <u>4개 이상의 볼트 또는 전용철물</u>을 사용하여 이을 것
③ 높이가 <u>3.5미터를 초과</u>할 때 <u>높이 2미터 이내마다 수평연결재를 2개 방향</u>으로 만들고 수평연결재의 변위를 방지할 것

{분석}
실기까지 중요한 내용입니다. "해설"을 암기하세요.

---

90 일반적인 안전수칙에 따른 수공구와 관련된 행동으로 옳지 않은 것은?

㉮ 작업에 맞는 공구의 선택과 올바른 취급을 하여야 한다.
㉯ 결함이 없는 완전한 공구를 사용하여야 한다.
㉰ 작업 중인 공구는 작업이 편리한 반경 내의 작업대나 기계 위에 올려놓고 사용하여야 한다.
㉱ 공구는 사용 후 안전한 장소에 보관하여야 한다.

[해설] ㉰ 작업 중인 공구를 작업대나 기계위에 올려놓고 사용해서는 안 된다.

정답 87 ㉱ 88 ㉱ 89 ㉮ 90 ㉰

91 안전난간은 구조적으로 가장 취약한 지점에서 가장 취약한 방향으로 작용하는 최소 얼마 이상의 하중에 견딜 수 있는 구조이어야 하는가?

㉮ 100kg
㉯ 150kg
㉰ 200kg
㉱ 250kg

[해설] 안전난간은 구조적으로 가장 취약한 지점에서 가장 취약한 방향으로 작용하는 <u>100킬로그램 이상의 하중에 견딜 수 있는 튼튼한 구조일 것</u>

[참고] 안전난간의 구조 및 설치요건
① 상부 난간대, 중간 난간대, 발끝막이판 및 난간 기둥으로 구성할 것
② 상부 난간대
  • 상부 난간대는 바닥면 등으로부터 <u>90센티미터 이상 지점에 설치</u>
  • 상부 난간대를 120센티미터 이하에 설치하는 경우 : 중간 난간대는 상부 난간대와 바닥면 등의 중간에 설치
  • 120센티미터 이상 지점에 설치하는 경우 : 중간 난간대를 2단 이상으로 설치, 난간의 상하 간격은 60센티미터 이하가 되도록 할 것(다만, 난간기둥 간의 간격이 25센티미터 이하인 경우에는 중간 난간대를 설치하지 않을 수 있다.)
③ 발끝막이판은 바닥면 등으로부터 <u>10센티미터 이상의 높이를 유지할 것</u>
④ 난간기둥은 상부 난간대와 중간 난간대를 견고하게 떠받칠 수 있도록 적정한 간격을 유지할 것
⑤ 상부 난간대와 중간 난간대는 난간 길이 전체에 걸쳐 바닥면 등과 평행을 유지할 것
⑥ 난간대는 지름 2.7센티미터 이상의 금속제 파이프나 그 이상의 강도가 있는 재료일 것
⑦ 안전난간은 구조적으로 가장 취약한 지점에서 가장 취약한 방향으로 작용하는 <u>100킬로그램 이상의 하중에 견딜 수 있는 튼튼한 구조일 것</u>

{분석}
실기까지 중요한 내용입니다. "해설"을 다시 확인하세요.

92 건설장비 크레인의 해지(hedge)장치란?

㉮ 중량초과 시 부져(buzzer)가 울리는 장치이다.
㉯ 와이어로프의 후크이탈 방지장치이다.
㉰ 일정거리 이상을 권상하지 못하도록 제한시키는 장치이다.
㉱ 크레인 자체에 이상이 있을 때 운전자에게 알려주는 신호 장치이다.

[해설] 해지장치 : 훅걸이용 <u>와이어로프 등이 훅으로부터 벗겨지는 것을 방지하기 위한 장치</u>

93 산업안전보건기준에 관한 규칙에 따른 토사 굴착 시 굴착면의 기울기 기준으로 옳지 않은 것은?

㉮ 모래 1 : 1.8
㉯ 풍화암 1 : 1.0
㉰ 연암 1 : 1.0
㉱ 경암 1 : 0.2

[해설] 굴착면의 기울기 및 높이 기준

지반의 종류	굴착면의 기울기
모래	1 : 1.8
연암 및 풍화암	1 : 1.0
경암	1 : 0.5
그 밖의 흙	1 : 1.2

{분석}
반드시 암기하세요.

정답 91 ㉮ 92 ㉯ 93 ㉱

94 추락방지를 위한 추락방호망 설치기준으로 옳지 않은 것은?

㉮ 작업면으로 부터 망의 설치지점까지의 수직거리는 10m를 초과하지 않도록 한다.
㉯ 추락방호망은 수평으로 설치한다.
㉰ 망의 처짐은 짧은 변 길이의 10% 이하가 되도록 한다.
㉱ 건축물 등의 바깥쪽으로 설치하는 경우 망의 내민 길이는 벽면으로부터 3m 이상이 되도록 한다.

해설 추락방호망은 수평으로 설치하고, 망의 처짐은 짧은 변 길이의 12퍼센트 이상이 되도록 할 것

참고 추락방호망의 설치
① 추락방호망의 설치 위치는 가능하면 작업면으로 부터 가까운 지점에 설치하여야 하며, 작업면으로 부터 망의 설치지점까지의 수직거리는 10미터를 초과하지 아니할 것
② 추락방호망은 수평으로 설치하고, 망의 처짐은 짧은 변 길이의 12퍼센트 이상이 되도록 할 것
③ 건축물 등의 바깥쪽으로 설치하는 경우 망의 내민 길이는 벽면으로부터 3미터 이상 되도록 할 것. 다만, 그물코가 20밀리미터 이하인 망을 사용한 경우에는 낙하물방지망을 설치한 것으로 본다.

{분석} 실기까지 중요한 내용입니다. "참고"를 다시 확인하세요.

95 다음 중 유해·위험방지계획서 제출 시 첨부해야하는 서류와 가장 거리가 먼 것은?

㉮ 건축물 각 층의 평면도
㉯ 기계·설비의 배치도면
㉰ 원재료 및 제품의 취급, 제조 등의 작업방법의 개요
㉱ 비상조치계획서

해설 유해·위험 방지계획서 작성 시 첨부서류
(1) 공사 개요 및 안전보건관리계획
 ① 공사 개요서
 ② 공사현장의 주변 현황 및 주변과의 관계를 나타내는 도면(매설물 현황을 포함한다)
 ③ 건설물, 사용 기계설비 등의 배치를 나타내는 도면
 ④ 전체 공정표
 ⑤ 산업안전보건관리비 사용계획(별지 제46호 서식)
 ⑥ 안전관리조직표
 ⑦ 재해 발생 위험 시 연락 및 대피방법
(2) 작업 공사 종류별 유해·위험방지계획

96 아스팔트 포장도로의 노반의 파쇄 또는 토사 중에 있는 암석제거에 가장 적당한 장비는?

㉮ 스크레이퍼(Scraper)
㉯ 롤러(Roller)
㉰ 리퍼(Ripper)
㉱ 드래그라인(Dragline)

해설 리퍼(Ripper)
연암(軟岩)을 파쇄할 목적으로 트랙터 후부에 장착하는 파쇄 공구로서 아스팔트 포장도로의 노반의 파쇄 또는 토사 중에 있는 암석제거에 사용된다.

97 철골 보 인양작업 시의 준수사항으로 옳지 않은 것은?

㉮ 선회와 인양작업은 가능한 동시에 이루어지도록 한다.
㉯ 인양용 와이어로프의 각도는 양변 60° 정도가 되도록 한다.
㉰ 유도로프로 방향을 잡으며 이동시킨다.
㉱ 철골 보의 와이어로프 체결지점은 부재의 1/3지점을 기준으로 한다.

정답 94 ㉰ 95 ㉱ 96 ㉰ 97 ㉮

[해설] ㉮ 선회와 인양작업은 동시에 하여서는 아니 된다. 흔들리거나 선회하지 않도록 유도로우프로 유도하며 장애물에 닿지 않도록 주의하여야 한다.

98 양중기의 분류에서 고정식 크레인에 해당되지 않는 것은?

㉮ 천정 크레인
㉯ 지브 크레인
㉰ 타워 크레인
㉱ 트럭 크레인

[해설] ㉱ 트럭 크레인은 이동식 크레인에 해당한다.

99 철골작업을 중지해야 할 강설량 기준으로 옳은 것은?

㉮ 강설량이 시간당 1mm 이상인 경우
㉯ 강설량이 시간당 5mm 이상인 경우
㉰ 강설량이 시간당 1cm 이상인 경우
㉱ 강설량이 시간당 1m 이상인 경우

[해설] 철골작업을 중지해야 하는 조건
① 풍속이 초당 10미터 이상인 경우
② 강우량이 시간당 1밀리미터 이상인 경우
③ 강설량이 시간당 1센티미터 이상인 경우

{분석}
반드시 암기하세요.

100 산업안전보건 관리비 중 안전관리자 등의 인건비 및 각종 업무수당 등의 항목에서 사용할 수 없는 내역은?

㉮ 교통 통제를 위한 교통정리 신호수의 인건비
㉯ 공사장 내에서 양중기·건설기계 등의 움직임으로 인한 위험으로부터 주변 작업자를 보호하기 위한 유도자의 인건비
㉰ 건설용 리프트의 운전자 인건비
㉱ 고소작업대 작업 시 낙하물 위험예방을 위한 하부통제 등 공사현장의 특성에 따라 근로자 보호만을 목적으로 배치된 유도자의 인건비

[해설] ㉮ 교통 통제를 위한 교통정리 신호수의 인건비 → 근로자 재해예방 외의 다른 목적이 포함된 경우로 산업안전보건관리비로 사용할 수 없다.

[참고] 산업안전보건관리비의 세부 사용항목

1. 안전관리자·보건관리자의 임금 등	① 안전관리 또는 보건관리 업무만을 전담하는 안전관리자 또는 보건관리자의 임금과 출장비 전액 ② 안전관리 또는 보건관리 업무를 전담하지 않는 안전관리자 또는 보건관리자의 임금과 출장비의 각각 2분의 1에 해당하는 비용 ③ 안전관리자를 선임한 건설공사 현장에서 산업재해 예방 업무만을 수행하는 작업지휘자, 유도자, 신호자 등의 임금 전액 ④ 작업을 직접 지휘·감독하는 직·조·반장 등 관리감독자의 직위에 있는 자가 업무를 수행하는 경우에 지급하는 업무수당(임금의 10분의 1 이내)

정답 98 ㉱ 99 ㉰ 100 ㉮

항목	내용
2. 안전시설비 등	① 산업재해 예방을 위한 **안전난간, 추락방호망, 안전대 부착설비, 방호장치**(기계·기구와 방호장치가 일체로 제작된 경우, 방호장치 부분의 가액에 한함) 등 **안전시설의 구입·임대 및 설치**를 위해 소요되는 비용 ② **스마트 안전장비 구입·임대 비용의 5분의 2**에 해당하는 비용. 다만, 계상된 안전보건관리비 총액의 10분의 1을 초과할 수 없다. ③ 용접 작업 등 **화재 위험작업 시 사용하는 소화기의 구입·임대비용**
3. 보호구 등	① 보호구의 구입·수리·관리 등에 소요되는 비용 ② 근로자가 보호구를 직접 구매·사용하여 합리적인 범위 내에서 보전하는 비용 ③ 안전관리자 등의 업무용 피복, 기기 등을 구입하기 위한 비용 ④ 안전관리자 및 보건관리자가 안전보건 점검 등을 목적으로 건설공사 현장에서 사용하는 차량의 유류비·수리비·보험료
4. 안전보건 진단비 등	① 유해위험방지계획서의 작성 등에 소요되는 비용 ② 안전보건진단에 소요되는 비용 ③ 작업환경 측정에 소요되는 비용 ④ 그 밖에 산업재해예방을 위해 법에서 지정한 전문기관 등에서 실시하는 진단, 검사, 지도 등에 소요되는 비용
5. 안전보건 교육비 등	① 의무교육이나 이에 준하여 실시하는 교육을 위해 건설공사 현장의 교육장소 설치·운영 등에 소요되는 비용 ② 산업재해 예방 목적을 가진 다른 법령상 의무교육을 실시하기 위해 소요되는 비용 ③ 「응급의료에 관한 법률」에 따른 안전보건교육 대상자 등에게 구조 및 응급처치에 관한 교육을 실시하기 위해 소요되는 비용 ④ 안전보건관리책임자, 안전관리자, 보건관리자가 업무수행을 위해 필요한 정보를 취득하기 위한 목적으로 도서, 정기간행물을 구입하는 데 소요되는 비용 ⑤ 건설공사 현장에서 안전기원제 등 산업재해 예방을 기원하는 행사를 개최하기 위해 소요되는 비용. 다만, 행사의 방법, 소요된 비용 등을 고려하여 사회통념에 적합한 행사에 한한다. ⑥ 건설공사 현장의 유해·위험요인을 제보하거나 개선방안을 제안한 근로자를 격려하기 위해 지급하는 비용
6. 근로자 건강 장해 예방비 등	① 법에서 정하거나 그에 준하여 필요한 **각종 근로자의 건강장해 예방에 필요한 비용** ② **중대재해 목격으로 발생한 정신질환을 치료**하기 위해 소요되는 비용 ③ 「감염병의 예방 및 관리에 관한 법률」에 따른 **감염병의 확산 방지를 위한 마스크, 손소독제, 체온계 구입비용 및 감염병병원체 검사**를 위해 소요되는 비용 ④ 휴게시설을 갖춘 경우 **온도, 조명 설치·관리기준을 준수하기 위해 소요되는 비용** ⑤ 건설공사 현장에서 근로자 심폐소생을 위해 사용되는 **자동심장충격기(AED) 구입**에 소요되는 비용

7. 건설재해예방전문지도기관의 지도에 대한 대가로 자기공사자가 지급하는 비용

8. 「중대재해 처벌 등에 관한 법률」에 해당하는 건설사업자가 아닌 자가 운영하는 사업에서 **안전보건 업무를 총괄·관리하는 3명 이상으로 구성된 본사 전담조직에 소속된 근로자의 임금 및 업무수행 출장비 전액**. 다만, 안전보건관리비 총액의 20분의 1을 초과할 수 없다.

9. **위험성 평가 또는 유해·위험요인 개선을 위해** 필요하다고 판단하여 산업안전보건위원회 또는 노사협의체에서 사용하기로 **결정한 사항을 이행하기 위한 비용**. 계상된 안전보건관리비 총액의 10분의 1을 초과할 수 없다.

{분석}
실기까지 중요한 내용입니다. "참고"를 다시 확인하세요.

01회 2014년 산업안전 산업기사 최근 기출문제

2014년 3월 2일 시행

제1과목 • 산업재해 예방 및 안전보건교육

01 버드(bird)는 사고가 5개의 연쇄반응에 의하여 발생되는 것으로 보았다. 다음 중 재해 발생의 첫 단계에 해당하는 것은?

㉮ 개인적 결함
㉯ 사회적 환경
㉰ 전문적 관리의 부족
㉱ 불안전한 행동 및 불안전한 상태

[해설] 버드(Frank. E. Bird)의 사고 연쇄성 이론 5단계

1단계	제어 부족(관리 부재)
2단계	기본 원인(기원)
3단계	직접 원인(징후)
4단계	사고(접촉)
5단계	상해(손실)

{분석}
실기까지 중요한 내용입니다. 암기하세요.

02 무재해운동의 추진에 있어 무재해운동을 개시한 날로부터 며칠 이내에 무재해운동 개시신청서를 관련 기관에 제출하여야 하는가?

㉮ 4일
㉯ 7일
㉰ 14일
㉱ 30일

[해설] 관련 법규 개정으로 법령에서 삭제된 내용입니다.

03 다음 중 부주의 현상을 그림으로 표시한 것으로 의식의 우회를 나타낸 것은?

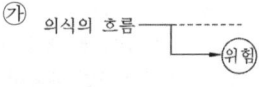

[해설]
㉮ 의식수준 저하
㉯ 의식의 혼란
㉰ 의식의 단절
㉱ 의식의 우회

04 산업안전보건 법령에 따라 건설현장에서 사용하는 크레인, 리프트 및 곤돌라는 최초로 설치한 날부터 얼마마다 안전검사를 실시하여야 하는가?

㉮ 6개월
㉯ 1년
㉰ 2년
㉱ 3년

[해설] 안전검사대상 유해·위험기계 등의 검사 주기

1. 크레인(이동식 크레인은 제외한다), 리프트(이삿짐운반용 리프트는 제외한다) 및 곤돌라 : 사업장에 설치가 끝난 날부터 3년 이내에 최초 안전검사를 실시하되, 그 이후부터 2년마다(건설현장에서 사용하는 것은 최초로 설치한 날부터 6개월마다)
2. 이동식 크레인, 이삿짐운반용 리프트 및 고소작업대 : 신규등록 이후 3년 이내에 최초 안전검사를 실시하되, 그 이후부터 2년마다

정답 01 ㉱ 02 정답 없음 03 ㉱ 04 ㉮

3. 프레스, 전단기, 압력용기, 국소 배기장치, 원심기, 롤러기, 사출성형기, 컨베이어 및 산업용 로봇 : 사업장에 설치가 끝난 날부터 3년 이내에 최초 안전검사를 실시하되, 그 이후부터 2년마다 (공정안전보고서를 제출하여 확인을 받은 압력용기는 4년마다)

{분석} 실기까지 중요한 내용입니다. 암기하세요.

05 재해손실비 중 직접 손실비에 해당하지 않는 것은?

㉮ 요양급여
㉯ 휴업급여
㉰ 간병급여
㉱ 생산 손실 급여

[해설]

직접비	간접비
• 치료비 • 휴업급여 • 요양급여 • 유족급여 • 장해급여 • 간병급여 • 직업재활급여 • 상병(傷病)보상연금 • 장의비 등	• 인적 손실비 • 물적 손실비 • 생산 손실비 • 기계·기구 손실비 등

{분석} 자주 출제되는 내용입니다. "해설"을 다시 확인하세요.

06 산업안전보건 법령상 안전·보건표지의 종류에 있어 "안전모 착용"은 어떤 표지에 해당하는가?

㉮ 경고 표지
㉯ 지시 표지
㉰ 안내 표지
㉱ 관계자 외 출입금지

[해설] 보호구 착용 지시 → 지시 표지

07 어떤 사업장의 종합재해지수가 16.95이고, 도수율이 20.83이라면 강도율은 약 얼마인가?

㉮ 20.45   ㉯ 15.92
㉰ 13.79   ㉱ 10.54

[해설] 종합재해지수 $= \sqrt{도수율 \times 강도율}$
$16.95 = \sqrt{20.83 \times 강도율}$
$16.95^2 = 20.83 \times 강도율$
강도율 $= \dfrac{16.95^2}{20.83} = 13.79$

{분석} 반드시 풀이할 수 있어야 합니다.

08 인간관계 메커니즘 중에서 다른 사람으로부터의 판단이나 행동을 무비판적으로 논리적, 사실적 근거 없이 받아들이는 것을 무엇이라 하는가?

㉮ 모방(imitaion)
㉯ 암시(suggestion)
㉰ 투사(projection)
㉱ 동일화(identification)

[해설] 다른 사람의 판단이나 행동을 무비판적으로 받아들임 → 암시

[참고]
㉠ 모방 : 남의 행동이나 판단을 표본으로 하여 그것과 같거나 또는 그것에 가까운 행동 또는 판단을 취하려는 행동
㉡ 투사 : 자기 속의 억압된 것을 다른 사람의 것으로 생각하는 것
㉢ 동일화 : 다른 사람의 행동 양식이나 태도를 투입시키거나 다른 사람 가운데서 자기와 비슷한 점을 발견하는 것

정답 05 ㉱ 06 ㉯ 07 ㉰ 08 ㉯

09 다음 중 산업안전보건법령에서 정한 안전보건관리규정의 세부내용으로 가장 적절하지 않은 것은?

㉮ 산업안전보건위원회의 설치·운영에 관한 사항
㉯ 사업주 및 근로자의 재해 예방 책임 및 의무 등에 관한 사항
㉰ 근로자 건강진단, 작업환경측정의 실시 및 조치 절차 등에 관한 사항
㉱ 산업재해 및 중대산업 사고의 발생 시 손실비용 산정 및 보상에 관한 사항

[해설] ㉱ 산업재해 및 중대산업 사고의 발생 시 처리 절차 및 긴급조치에 관한 사항

10 다음 중 교육훈련의 학습을 극대화시키고, 개인의 능력개발을 극대화시켜 주는 평가방법이 아닌 것은?

㉮ 관찰법 ㉯ 배제법
㉰ 자료분석법 ㉱ 상호평가법

[해설] 교육훈련평가의 비법
① 관찰법 ② 면접법
③ 질문지법 ④ 상호평가법
⑤ 자료분석법 ⑥ 테스트법

11 다음 중 안전심리의 5대 요소에 해당하는 것은?

㉮ 기질(temper)
㉯ 지능(intelligence)
㉰ 감각(sense)
㉱ 환경(environment)

[해설] 산업안전심리 5요소
㉠ 동기(motive) : 사람의 마음을 움직이는 원동력
㉡ 기질(temper) : 인간의 성격, 능력 등 개인적인 특성
㉢ 감정(emotion) : 희로애락 등의 의식
㉣ 습성(habits) : 동기, 기질, 감정 등이 밀접한 연관관계를 형성하여 인간의 행동에 영향을 미칠 수 있도록 하는 것
㉤ 습관(custom) : 특성 등이 자신도 모르게 습관화된 현상

{분석}
자주 출제되는 내용입니다. "해설"을 다시 확인하세요.

12 다음 중 시행착오설에 의한 학습법칙에 해당하지 않는 것은?

㉮ 효과의 법칙
㉯ 준비성의 법칙
㉰ 연습의 법칙
㉱ 일관성의 법칙

[해설] 돈다이크의 학습의 법칙(시행착오설)
㉠ 준비성의 법칙
㉡ 연습 또는 반복의 법칙
㉢ 효과의 법칙

{분석}
실기까지 중요한 내용입니다. 암기하세요.

13 다음 중 재해조사 시의 유의사항으로 가장 적절하지 않은 것은?

㉮ 사실을 수집한다.
㉯ 사람, 기계설비, 양면의 재해요인을 모두 도출한다.
㉰ 객관적인 입장에서 공정하게 조사하며, 조사는 2인 이상이 한다.
㉱ 목격자의 증언과 추측의 말을 모두 반영하여 분석하고, 결과를 도출한다.

[해설] 재해조사 시 유의 사항
㉠ 사실을 수집한다.
㉡ 목격자 등이 증언하는 사실 이외의 추측의 말은 참고로만 한다.
㉢ 조사는 신속하게 행하고 긴급조치를 하여 2차 재해의 방지를 도모한다.
㉣ 사람, 기계설비의 양면의 재해요인을 모두 도출한다.

정답 09 ㉱ 10 ㉯ 11 ㉮ 12 ㉱ 13 ㉱

ⓜ 객관적인 입장에서 공정하게 조사하며, 조사는 2인 이상이 한다.
ⓑ 책임추궁보다 재발방지를 우선하는 기본 태도를 갖는다.

14 산업안전보건 법령상 특별안전·보건교육에 있어 대상 작업별 교육내용 중 밀폐공간에서의 작업에 대한 교육내용과 가장 거리가 먼 것은? (단, 기타 안전·보건관리에 필요한 사항은 제외한다.)

㉮ 산소농도측정 및 작업환경에 관한 사항
㉯ 유해물질의 인체에 미치는 영향
㉰ 보호구 착용 및 보호 장비 사용에 관한 사항
㉱ 사고 시의 응급처치 및 비상 시 구출에 관한 사항

[해설] **밀폐공간에서의 작업에 대한 특별교육 내용**
• 산소 농도 측정 및 작업환경에 관한 사항
• 사고 시의 응급처치 및 비상 시 구출에 관한 사항
• 보호구 착용 및 보호 장비 사용에 관한 사항
• 작업 내용·안전작업 방법 및 절차에 관한 사항
• 장비·설비 및 시설 등의 안전점검에 관한 사항
• 그 밖에 안전·보건 관리에 필요한 사항

15 다음 중 안전대의 각 부품(용어)에 관한 설명으로 틀린 것은?

㉮ "안전그네"란 신체지지의 목적으로 전신에 착용하는 띠 모양의 것으로서 상체 등 신체 일부분만 차지하는 것은 제외한다.
㉯ "버클"이란 벨트 또는 안전그네와 신축조절기를 연결하기 위한 사각형의 금속 고리를 말한다.
㉰ "U자걸이"란 안전대의 죔줄을 구조물 등에 U자 모양으로 돌린 뒤 훅 또는 카라비너를 D링에, 신축조절기를 각링 등에 연결하는 걸이 방법을 말한다.
㉱ "1개걸이"란 죔줄의 한쪽 끝을 D링에 고정시키고 훅 또는 카라비너를 구조물 또는 구명줄에 고정시키는 걸이 방법을 말한다.

[해설] ㉯ "버클"이란 벨트 또는 안전그네를 신체에 착용하기 위해 그 끝에 부착한 금속장치를 말한다.

16 다음 중 무재해운동 추진기법에 있어 지적확인의 특성을 가장 적절하게 설명한 것은?

㉮ 오관의 감각기관을 총동원하여 작업의 정확성과 안전을 확인한다.
㉯ 참여자 전원의 스킨십을 통하여 연대감, 일체감을 조성할 수 있고 느낌을 교류한다.
㉰ 비평을 금지하고, 자유로운 토론을 통하여 독창적인 아이디어를 끌어낼 수 있다.
㉱ 작업 전 5분간의 미팅을 통하여 시나리오상의 역할을 연기하여 체험하는 것을 목적으로 한다.

[해설] 지적 확인 : 사람의 눈이나 귀 등 오관의 감각기관을 총동원해서 작업공정의 요소 요소에서 자신의 행동을 (… 좋아)하고 대상을 지적하여 큰 소리로 확인하여 작업의 정확성과 안전을 확인하는 방법이다.

17 다음 중 학습의 목적의 3요소에 해당하지 않는 것은?

㉮ 주제   ㉯ 대상
㉰ 목표   ㉱ 학습 정도

[해설] **학습의 3요소**
㉠ 주제
㉡ 학습목표
㉢ 학습 정도

정답 14 ㉯ 15 ㉯ 16 ㉮ 17 ㉯

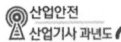

18 다음 중 매슬로의 욕구 5단계 이론에서 최종 단계에 해당하는 것은?

㉮ 존경의 욕구
㉯ 성장의 욕구
㉰ 자아실현 욕구
㉱ 생리적 욕구

[해설] 매슬로(Maslow A. H.)의 욕구단계 이론(인간의 욕구 5단계)
㉠ 제1단계(생리적 욕구) : 인간의 가장 기본적인 욕구
㉡ 제2단계(안전 욕구) : 자기 보존 욕구
㉢ 제3단계(사회적 욕구) : 소속감과 애정 욕구
㉣ 제4단계(존경 욕구) : 인정받으려는 욕구
㉤ 제5단계(자아실현의 욕구) : 잠재적인 능력을 실현하고자 하는 욕구(성취욕구)

{분석}
실기까지 중요한 내용입니다. 암기하세요.

19 다음 중 안전교육의 3단계에서 생활지도, 작업 동작지도 등을 통한 안전의 습관화를 위한 교육을 무엇이라 하는가?

㉮ 지식 교육   ㉯ 기능 교육
㉰ 태도 교육   ㉱ 인성 교육

[해설] 안전의 습관화를 위한 교육 → 태도교육

20 다음 중 헤드십에 관한 내용으로 볼 수 없는 것은?

㉮ 부하와의 사회적 간격이 좁다.
㉯ 지휘의 형태는 권위주의적이다.
㉰ 권한의 부여는 조직으로부터 위임받는다.
㉱ 권한에 대한 근거는 법적 또는 규정에 의한다.

[해설] 리더십과 헤드십의 특성

구 분	리더십	헤드십
권한 행사	선출된 리더	임명적 헤드
권한 부여	밑으로 부터의 동의	위에서 위임
권한 귀속	집단 목표에 기여한 공로인정	공식화된 규정에 의함
상하, 부하 관계	개인적인 영향	지배적임
부하와의 관계	좁음	넓음
지휘 형태	민주주의적	권위주의적
책임 귀속	상사와 부하	상사
권한 근거	개인적	법적, 공식적

제2과목 • 인간공학 및 위험성 평가 · 관리

21 다음 중 음(音)의 크기를 나타내는 단위로만 나열된 것은?

㉮ dB, nit   ㉯ phon, lb
㉰ dB, psi   ㉱ phon, dB

[해설] 1phone : 1dB 1,000Hz 음의 크기

22 다음 중 결함수분석법(FTA)에 관한 설명으로 틀린 것은?

㉮ 최초 Watson이 군용으로 고안하였다.
㉯ 미니멀 패스(Minimal path sets)를 구하기 위해서는 미니멀 컷(Minimal cut sets)의 상대성을 이용한다.
㉰ 정상사상의 발생확률을 구한 다음 FT를 작성한다.
㉱ AND 게이트의 확률 계산은 각 입력사상의 곱으로 한다.

▶) 정답 18 ㉰ 19 ㉰ 20 ㉮ 21 ㉱ 22 ㉰

[해설] ㉢ FT를 작성한 후 정상사상의 발생확률을 구한다.

[참고] **결함수분석(FTA) 순서**
㉠ 재해위험도를 검토하여 해석할 재해를 결정
㉡ 재해 발생 확률의 목표치를 결정
㉢ 재해 관련 불량 상태, 결함 원인과 그 영향조사
㉣ FT를 작성
㉤ 수학적 처리하여 간소화

23 다음 통제용 조종장치의 형태 중 그 성격이 다른 것은?

㉮ 노브(knob)
㉯ 푸시 버튼(push button)
㉰ 토글 스위치(toggle switch)
㉱ 로터리선택스위치(rotary select switch)

[해설] 1. 양의 조절에 의한 통제(연속 조종장치) : 노브, 크랭크, 핸들, 레버, 페달 등
2. 개폐에 의한 통제(단속 조종장치, 불연속 조종장치) : 푸시 버튼, 토글스위치, 로터리스위치 등

24 다음 중 공간 배치의 원칙에 해당되지 않는 것은?

㉮ 중요성의 원칙
㉯ 다양성의 원칙
㉰ 기능별 배치의 원칙
㉱ 사용빈도의 원칙

[해설] **부품배치의 원칙**
㉮ 중요성의 원칙 : 부품의 성능이 목표 달성에 중요한 정도에 따라 우선순위를 결정한다.
㉯ 사용빈도의 원칙 : 부품을 사용하는 빈도에 따라 우선순위를 결정한다.
㉰ 기능별 배치의 원칙 : 기능적으로 관련된 부품들(표시장치, 조정장치 등)을 모아서 배치한다.
㉱ 사용순서의 원칙 : 사용 순서에 따라 장치들을 가까이에 배치한다.

{분석} 필기에 자주 출제되는 내용입니다.

25 다음 중 위험 및 운전성 분석(HAZOP) 수행에 가장 좋은 시점은 어느 단계인가?

㉮ 구상단계   ㉯ 생산단계
㉰ 설치단계   ㉱ 개발단계

[해설] HAZOP(위험 및 운전성 검토) : 각각의 장비에 대해 잠재된 위험이나 기능저하 등 시설에 결과적으로 미칠 수 있는 영향을 평가하기 위하여 공정이나 설계도 등에 체계적인 검토를 행하는 것으로 제품의 **개발단계에서 실시한다**.

{분석} 필기에 자주 출제되는 내용입니다.

26 1cd의 점광원에서 1m 떨어진 곳에서의 조도가 3lux이었다. 동일한 조건에서 5m 떨어진 곳에서의 조도는 약 몇 lux 인가?

㉮ 0.12   ㉯ 0.22
㉰ 0.36   ㉱ 0.56

[해설] 조도 = $\dfrac{광도}{거리^2}$

광도 = 조도 × 거리^2 = 3 × 1^2 = 3(cd)

5m에서의 조도 = $\dfrac{3}{5^2}$ = 0.12(lux)

{분석} 필기에 자주 출제되는 내용입니다.

27 다음 중 신체와 환경 간의 열교환 과정을 가장 올바르게 나타낸 식은? (단, W는 일, M은 대사, S는 열 축적, R은 복사, C는 대류, E는 증발, Clo는 의복의 단열률이다.)

㉮ $W = (M+S) \pm R \pm C - E$
㉯ $S = (M-W) \pm R \pm C - E$
㉰ $W = Clo \times (M-S) \pm R \pm C - E$
㉱ $S = Clo \times (M-W) \pm R \pm C - E$

정답 23 ㉮ 24 ㉯ 25 ㉱ 26 ㉮ 27 ㉯

해설 **열평형 방정식**

S(열 축적) $= M$(대사 열) $- E$(증발) $\pm$ R(복사) $\pm C$(대류) $- W$(한 일)

{분석} 필기에 자주 출제되는 내용입니다.

28 다음 중 위험을 통제하는데 있어 취해야 할 첫 단계 조사는?

㉮ 작업원을 선발하여 훈련한다.
㉯ 덮개나 격리 등으로 위험을 방호한다.
㉰ 설계 및 공정계획 시에 위험을 제거토록 한다.
㉱ 점검과 필요한 안전보호구를 사용하도록 한다.

해설 위험을 통제하는 첫 번째 단계는 설계 및 공정계획 단계에서 부터 위험을 제거하는 것이 우선이다.

29 FT도에서 사용되는 다음 기호의 의미로 옳은 것은?

㉮ 결함사상 ㉯ 기본사상
㉰ 통상사상 ㉱ 제외사상

해설

기호	명명	기호 설명
○	기본사상 (Basic event)	더 이상 전개할 수 없는 사건의 원인
◇	생략사상 (Undeveloped event)	사고결과나 관련정보가 미비하여 계속 개발될 수 없는 특정 초기 사상

기호	명명	기호 설명
⌂	통상사상 (External event)	유통계통의 층 변화와 같이 일반적으로 발병이 예상되는 사상
∩	OR 게이트 (OR gate)	한 개 이상의 입력사상이 발생하면 출력사상이 발생하는 논리게이트
⌒	AND 게이트 (AND gate)	입력사상이 전부 발생하는 경우에만 출력사상이 발생하는 논리게이트
⬡○	억제 게이트 (Inhibit gate)	AND 게이트의 특별한 경우로서 이 게이트의 출력사상은 한 개의 입력사상에 의해 발생하며, 입력사상이 출력사상을 생성하기 전 특정조건을 만족하여하는 논리게이트
△	전이기호 (Transfer symbol)	다른 부분에 있는(예 : 다른 페이지) 게이트와의 연결관계를 나타내기 위한 기호. 전입(Transfer in)과 전출(Transfer out)기호가 있음

{분석} 필기에 자주 출제되는 내용입니다.

30 System 요소 간의 link 중 인간 커뮤니케이션 Link에 해당되지 않는 것은?

㉮ 방향성 Link
㉯ 통신계 Link
㉰ 시각 Link
㉱ 컨트롤 Link

해설 인간 커뮤니케이션 Link
① 방향성 Link
② 통신계 Link
③ 시각 Link

정답 28 ㉰ 29 ㉯ 30 ㉱

31 다음 중 일반적인 수공구의 설계원칙으로 볼 수 없는 것은?

㉮ 손목을 곧게 유지한다.
㉯ 반복적인 손가락 동작을 피한다.
㉰ 사용이 용이한 검지만을 주로 사용한다.
㉱ 손잡이는 접촉면적을 가능하면 크게 한다.

[해설] 수공구의 설계원칙
㉠ 손목을 곧게 유지한다.
㉡ 손바닥에 가해지는 압력을 줄인다.
㉢ 손가락의 반복 사용을 피한다.
㉣ 손잡이는 손바닥과의 접촉 면적이 크게 설계한다.
㉤ 공구의 무게를 줄이고 사용 시 균형이 유지되도록 한다.
㉥ 손잡이 단면은 원형 또는 타원형으로 한다.
㉦ 동력공구의 손잡이는 두 손가락 이상으로 작동하도록 한다.
㉧ 손잡이 직경은 30~45mm 크기가 적당하다. (정밀작업 시는 5~12mm, 회전력이 필요한 대형 스크루드라이버 같은 공구는 50~60mm)

32 인간 오류의 분류에 있어 원인에 의한 분류 중 작업자가 기능을 움직이려 해도 필요한 물건, 정보, 에너지 등의 공급이 없는 것처럼 작업자가 움직이려 해도 움직일 수 없어서 발생하는 오류는?

㉮ primary error
㉯ secondary err
㉰ command error
㉱ omission error

[해설] 휴먼에러 원인의 레벨적 분류
㉮ primary error(1차 에러) : 작업자 자신으로부터 발생한 에러
㉯ secondary error(2차에러) : 작업형태, 작업조건 중 문제가 생겨 필요한 사항을 실행할 수 없어 발생한 에러
㉰ command error : 실행하고자 하여도 필요한 물품, 정보, 에너지 등이 공급되지 않아서 작업자가 움직일 수 없는 상태에서 발생한 에러

{분석} 필기에 자주 출제되는 내용입니다.

33 다음 중 신호의 강도, 진동수에 의한 신호의 상대 식별 등 물리적 자극의 변화 여부를 감지할 수 있는 최소의 자극 범위를 의미하는 것은?

㉮ Chunking
㉯ Stimulus Range
㉰ SDT(Signal Detection Theory)
㉱ JND(Just Noticeable Difference)

[해설] 변화감지역(just noticeable difference) : 물리적 자극의 변화 여부를 감지할 수 있는 최소의 자극 범위

34 조도가 400럭스인 위치에 놓인 흰색 종이 위에 짙은 회색의 글자가 씌어져 있다. 종이의 반사율은 80%이고, 글자의 반사율은 40%라 할 때 종이와 글자의 대비는 얼마인가?

㉮ −100% ㉯ −50%
㉰ 50%   ㉱ 100%

[해설]
$$대비(\%) = \frac{배경반사율(Ib) - 표적물체반사율(It)}{배경반사율(Ib)} \times 100$$

$$대비(\%) = \frac{80-40}{80} \times 100 = 50\%$$

{분석} 필기에 자주 출제되는 내용입니다.

정답 31 ㉰ 32 ㉰ 33 ㉱ 34 ㉰

35 다음 중 인간-기계 시스템에서 기계에 비교한 인간의 장점과 가장 거리가 먼 것은?

㉮ 완전히 새로운 해결책을 찾아낸다.
㉯ 여러 개의 프로그램된 활동을 동시에 수행한다.
㉰ 다양한 경험을 토대로 하여 의사결정을 한다.
㉱ 상황에 따라 변화하는 복잡한 자극 형태를 식별한다.

[해설] ㉯ 여러 개의 활동을 동시에 수행 → 기계의 장점

[참고] 인간-기계의 기능 비교

구분	인간의 장점	기계의 장점
감지 기능	• 저에너지 자극감지 • 다양한 자극 식별 • 예기치 못한 사건 감지	• 인간의 감지범위 밖의 자극감지 • 인간, 기계의 모니터 기능
정보 처리 결정	• 많은 양의 정보 장시간 보관 • 귀납적, 다양한 문제 해결	• 정보 신속 대량 보관 • 연역적, 정량적
행동 기능	• 과부하 상태에서는 중요한 일에만 집념할 수 있다.	• 과부하에서 효율적 작동 • 장시간 중량 작업, 반복. 동시 여러 가지 작업을 수행 가능

{분석} 필기에 자주 출제되는 내용입니다.

36 성인이 하루에 섭취하는 음식물의 열량 중 일부는 생명을 유지하기 위한 신체기능에 소비되고, 나머지는 일을 한다거나 여가를 즐기는데 사용될 수 있다. 이 중 생명을 유지하기 위한 최소한의 대사량을 무엇이라 하는가?

㉮ BMR   ㉯ RMR
㉰ GSR   ㉱ EMG

[해설] 기초대사율 BMR(basal metabolic rate) : 정신적, 육체적 에너지 소비가 없을 때 생명을 유지하기 위해 필요한 최소한의 에너지 대사를 말한다.

37 Chapanis의 위험분석에서 발생이 불가능한(Impossible) 경우의 위험 발생률은?

㉮ 10^{-2}/day   ㉯ 10^{-4}/day
㉰ 10^{-6}/day   ㉱ 10^{-8}/day

[해설] 발생 불가능한(Impossible) 위험
10^{-8}/day

38 세발자전거에서 각 바퀴의 신뢰도가 0.9일 때 이 자전거의 신뢰도는 얼마인가?

㉮ 0.729   ㉯ 0.810
㉰ 0.891   ㉱ 0.999

[해설] 세발자전거의 바퀴는 하나가 펑크나면 달려가지 못함 → 직렬연결
$R = 0.9 \times 0.9 \times 0.9 = 0.729$

39 다음 중 형상 암호화된 조종장치에서 "이산 멈춤 위치용" 조종장치로 가장 적절한 것은?

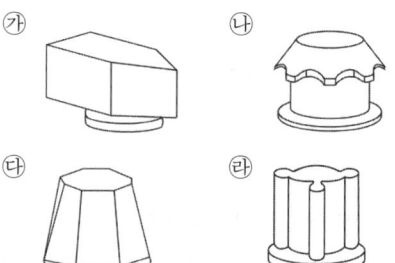

정답 35 ㉯ 36 ㉮ 37 ㉱ 38 ㉮ 39 ㉮

[해설]

	단회전용 조종장치
	다회전용 조종장치
	이산 멈춤 위치용

40 다음 중 보전용 자재에 관한 설명으로 가장 적절하지 않은 것은?

㉮ 소비속도가 느려 순환사용이 불가능하므로 폐기시켜야 한다.
㉯ 휴지손실이 적은 자재는 원자재나 부품의 형태로 재고를 유지한다.
㉰ 열화상태를 경향검사로 예측이 가능한 품목은 적시 발주법을 적용한다.
㉱ 보전의 기술수준, 관리수준이 재고량을 좌우한다.

[해설] 장치가 고장나는 일 없이 정상 가동하도록 보수하는 것을 보전이라 한다. 보전용 자재는 소비속도가 느리더라도 함부로 폐기하여서는 안 된다.

제3과목 · 기계 · 기구 및 설비 안전 관리

41 선반에서 절삭가공 중 발생하는 연속적인 칩을 자동적으로 끊어 주는 역할을 하는 것은?

㉮ 커버   ㉯ 방진구
㉰ 보안경   ㉱ 칩브레이커

[해설] 선반의 안전장치

㉮ 쉴드(Shield) : 칩 및 절삭유의 비산을 방지하기 위해 설치하는 플라스틱 덮개
㉯ 칩브레이커 : 칩을 짧게 절단하는 장치
㉰ 척 커버 : 기어 등을 복개하는 장치
㉱ 브레이크 : 선반의 일시 정지장치

{분석}
자주 출제되는 내용입니다. "해설"을 다시 확인하세요.

42 다음 중 연삭기를 이용한 작업을 할 경우 연삭숫돌을 교체한 후에는 얼마 동안 시험운전을 하여야 하는가?

㉮ 1분 이상   ㉯ 3분 이상
㉰ 10분 이상   ㉱ 15분 이상

[해설] 작업시작 전 1분 이상, 숫돌 교체 시 3분 이상 시운전할 것

{분석}
암기하세요.

43 다음 중 와이어로프 구성기호 "6×19"의 표기에서 "6"의 의미에 해당하는 것은?

㉮ 소선 수
㉯ 소선의 직경(mm)
㉰ 스트랜드 수
㉱ 로프의 인장강도

[해설] 와이어로프의 표시

"6 × 19"
여기서, 6 : 꼬임(스트랜드)의 수
19 : 소선의 수량

{분석}
실기에도 출제되는 내용입니다.
"해설"을 다시 확인하세요.

정답 40 ㉮ 41 ㉱ 42 ㉯ 43 ㉰

44 다음 중 산업안전보건 법령상 안전난간의 구조 및 설치 요건에서 상부 난간대의 높이는 바닥면으로부터 얼마 지점에 설치하여야 하는가?

㉮ 30cm 이상 ㉯ 60cm 이상
㉰ 90cm 이상 ㉱ 120cm 이상

[해설] 상부 난간대
- 상부 난간대는 바닥면 등으로부터 90센티미터 이상 지점에 설치
- 상부 난간대를 120센티미터 이하에 설치하는 경우 : 중간 난간대는 상부 난간대와 바닥면 등의 중간에 설치
- 120센티미터 이상 지점에 설치하는 경우 : 중간 난간대를 2단 이상으로 설치, 난간의 상하 간격은 60센티미터 이하가 되도록 할 것(다만, 난간 기둥 간의 간격이 25센티미터 이하인 경우에는 중간 난간대를 설치하지 않을 수 있다.)

45 기계의 안전조건 중 외형의 안전화로 가장 적합한 것은?

㉮ 기계의 회전부에 덮개를 설치하였다.
㉯ 강도의 열화를 고려해 안전율을 최대로 설계하였다.
㉰ 정전 시 오동작을 방지하기 위하여 자동 제어장치를 설치하였다.
㉱ 사용압력 변동 시의 오동작 방지를 위하여 자동제어 장치를 설치하였다.

[해설] 외관상 안전화
㉮ 회전부에 덮개 설치
㉯ 안전색채 사용
㉠ 기계의 시동 버튼 : 녹색, 정지 버튼 : 적색

46 드릴로 구멍을 뚫는 작업 중 공작물이 드릴과 함께 회전할 우려가 가장 큰 경우는?

㉮ 처음 구멍을 뚫을 때
㉯ 중간쯤 뚫렸을 때
㉰ 거의 구멍이 뚫렸을 때
㉱ 완전히 뚫렸을 때

[해설] 구멍이 거의 다 뚫렸을 때 공작물이 드릴과 함께 회전할 위험이 있다.

47 다음 중 톱의 후면날 가까이에 설치되어 목재의 켜진 틈 사이에 끼어서 쐐기작용을 하여 목재가 압박을 가하지 않도록 하는 장치를 무엇이라 하는가?

㉮ 분할날
㉯ 반발방지장치
㉰ 날접촉예방장치
㉱ 가동식 접촉예방장치

[해설] 분할날은 가공재에 쐐기작용을 하여 공작물의 반발을 방지할 목적으로 톱의 후면 날에 설치한다.

48 다음 중 원심기의 방호장치로 가장 적합한 것은?

㉮ 덮개   ㉯ 반발방지장치
㉰ 릴리프밸브 ㉱ 수인식 가드

[해설] 원심기의 방호장치 : 회전체 접촉 예방장치(덮개)

{분석}
암기하세요.

49 다음 중 기계설비 안전화의 기본 개념으로서 적절하지 않은 것은?

㉮ fail-safe의 기능을 갖추도록 한다.
㉯ fool proof의 기능을 갖추도록 한다.
㉰ 안전상 필요한 장치는 단일 구조로 한다.
㉱ 안전 기능은 기계 장치에 내장되도록 한다.

[해설] 기계설비의 본질안전 조건
㉠ 안전기능을 기계설비 내에 내장할 것
㉡ 풀 프루프(fool proof) 기능 가질 것
㉢ 페일세이프(fail safe) 기능 가질 것

정답 44 ㉰ 45 ㉮ 46 ㉰ 47 ㉮ 48 ㉮ 49 ㉰

50 다음 중 산업안전보건 법령상 이동식 크레인을 사용하여 작업할 때의 작업 시작 전 점검사항으로 틀린 것은?

㉮ 브레이크·클러치 및 조정장치의 기능
㉯ 권과방지장치나 그 밖의 경보장치의 기능
㉰ 와이어로프가 통하고 있는 곳 및 작업장소의 지반상태
㉱ 원동기·회전축·기어 및 풀리 등의 덮개 또는 울 등의 이상 유무

[해설] 이동식 크레인의 작업 시작 전 점검사항
㉠ 권과방지장치 그 밖의 경보장치의 기능
㉡ 브레이크·클러치 및 조정장치의 기능
㉢ 와이어로프가 통하고 있는 곳 및 작업장소의 지반상태

{분석} 실기에도 자주 출제되는 내용입니다. 암기하세요.

51 다음 중 산업안전보건 법령에 따른 압력용기에 설치하는 압력방출 장치의 설치 및 작동에 관한 설명으로 틀린 것은?

㉮ 다단형 압축기에는 각 단 또는 각 공기압축기별로 안전밸브 등을 설치하여야 한다.
㉯ 안전밸브는 이를 통하여 보호하려는 설비의 최저사용 압력 이하에서 작동되도록 설정하여야 한다.
㉰ 화학공정 유체와 안전밸브의 디스크 또는 시트가 직접 접촉될 수 있도록 설치된 경우에는 2년마다 1회 이상 국가교정기관에서 검사한 후 납으로 봉인하여 사용한다.
㉱ 공정안전보고서 이행상태 평가결과가 우수한 사업장의 안전밸브의 경우 검사주기는 4년마다 1회 이상이다.

[해설] ㉯ 압력방출장치가 압력용기의 최고사용압력 이전에 작동되도록 설정하여야 한다.

[참고] 안전밸브 검사주기
① 화학공정 유체와 안전밸브의 디스크 또는 시트가 직접 접촉될 수 있도록 설치된 경우 : 2년마다 1회 이상
② 안전밸브 전단에 파열판이 설치된 경우: 3년마다 1회 이상
③ 공정안전보고서 제출 대상으로서 고용 노동부 장관이 실시하는 공정안전보고서 이행상태 평가결과가 우수한 사업장의 안전밸브의 경우 : 4년마다 1회 이상

{분석} 실기까지 중요한 내용입니다. "참고"를 다시 확인하세요.

52 클러치 프레스에 부착된 양수조작식 방호장치에 있어서 클러치 맞물림 개소수가 4군데, 매분 행정수가 300SPM일 때 양수조작식 조작부의 최소 안전거리는? (단, 인간의 손의 기준 속도는 1.6m/s로 한다)

㉮ 240mm   ㉯ 260mm
㉰ 340mm   ㉱ 360mm

[해설] 양수기동식 방호장치의 안전거리

$$D_m(\text{mm}) = 1.6 \times T_m$$
$$= 1.6 \times \left(\frac{1}{\text{클러치개소수}} + \frac{1}{2}\right) \times \left(\frac{60,000}{\text{매분행정수}}\right)$$

여기서, T_m : 슬라이드가 하사점에 도달할 때까지의 시간(ms)

* $\text{ms} = \frac{1}{1000}$ 초

정답 50 ㉱ 51 ㉯ 52 ㉮

$$D_m = 1.6 \times \left(\frac{1}{\text{클러치개소수}} + \frac{1}{2}\right) \times \left(\frac{60,000}{\text{매분행정수}}\right)$$

$$= 1.6 \times \left(\frac{1}{4} + \frac{1}{2}\right) \times \left(\frac{60,000}{300}\right) = 240 \text{mm}$$

{분석} 실기까지 중요한 내용입니다. 풀이방법을 숙지하세요.

53 다음 중 벨트 컨베이어의 특징에 해당되지 않는 것은?

㉮ 무인화 작업이 가능하다.
㉯ 연속적으로 물건을 운반할 수 있다.
㉰ 운반과 동시에 하역작업이 가능하다.
㉱ 경사각이 클수록 물건을 쉽게 운반할 수 있다.

[해설] ㉱ 경사각이 작을수록 쉽게 운반할 수 있다.

54 프레스의 광전자식 방호장치에서 손이 광선을 차단한 직후부터 급정지장치가 작동을 개시한 시간이 0.03초이고, 급정지장치가 작동을 시작하여 슬라이드가 정지한 때까지의 시간이 0.2초라면 광축의 설치 위치는 위험점에서 얼마 이상 유지해야 하는가?

㉮ 153mm   ㉯ 279mm
㉰ 368mm   ㉱ 451mm

[해설]
1. (프레스, 전단기의 방호장치 안전인증기준)
안전거리 D(cm)= 160 × 프레스 작동 후 작업점까지의 도달시간(초)
2. (프레스의 안전인증 기준)
안전거리 D(mm) = 1600 × (Tc + Ts)
T_C : 방호장치의 작동시간[즉 누름버튼으로부터 한 손이 떨어졌을 때부터 급정지기구가 작동을 개시할 때까지의 시간(초)]
T_S : 프레스의 급정지시간[즉 급정지기구가 작동을 개시했을 때부터 슬라이드가 정지할 때까지의 시간(초)]

안전거리 $D(\text{mm}) = 1600 \times (T_C + T_S)$
$= 1600 \times (0.03 + 0.2) = 368 \text{mm}$

{분석} 실기까지 중요한 내용입니다.

55 다음 중 슬로터(slotter)의 방호장치로 적합하지 않은 것은?

㉮ 칩받이   ㉯ 방책
㉰ 칸막이   ㉱ 인발블록

[해설] 슬로터의 방호장치
㉠ 방책
㉡ 칩받이
㉢ 칸막이

56 원래 길이가 150mm인 슬링체인을 점검한 결과 길이에 변형이 발생하였다. 다음 중 폐기대상에 해당되는 측정값(길이)으로 옳은 것은?

㉮ 151.5mm 초과
㉯ 153.5mm 초과
㉰ 155.5mm 초과
㉱ 157.5mm 초과

[해설]
1. 달기 체인의 길이가 달기 체인이 제조된 때의 길이의 5퍼센트를 초과한 것은 폐기한다.
2. 150×1.05=157.5mm를 초과하는 경우 폐기한다.

[참고] 늘어난 달기체인 등의 사용금지 사항
㉠ 달기 체인의 길이가 달기 체인이 제조된 때의 길이의 5퍼센트를 초과한 것
㉡ 링의 단면지름이 달기체인이 제조된 때의 해당 링의 지름의 10퍼센트를 초과하여 감소한 것
㉢ 균열이 있거나 심하게 변형된 것

{분석} "참고"를 다시 확인하세요.

정답 53 ㉱ 54 ㉰ 55 ㉱ 56 ㉱

57 다음 중 보일러의 부식 원인과 가장 거리가 먼 것은?

㉮ 증기 발생이 과다할 때
㉯ 급수처리를 하지 않은 물을 사용할 때
㉰ 급수에 해로운 불순물이 혼입되었을 때
㉱ 불순물을 사용하여 수관이 부식되었을 때

[해설] **보일러 내부 부식의 원인**
㉠ 급수 중에 포함된 유지분, 산소, 탄산가스 등에 의해 부식된다.
㉡ 급수처리가 부적당하면 부식이 일어난다.
㉢ 수질이 불량하면 부식이 일어난다.
㉣ 강재에 포함된 인, 유황 등이 온도상승과 함께 산화하여 산을 만들어 부식시킨다.

58 산업안전보건법령상 가스집합장치로부터 얼마 이내의 장소에서는 흡연, 화기의 사용 또는 불꽃을 발생할 우려가 있는 행위를 금지하여야 하는가?

㉮ 5m   ㉯ 7m
㉰ 10m   ㉱ 25m

[해설] 가스집합장치는 화기를 사용하는 설비로부터 5미터 이상 떨어진 장소에 설치하여야 한다.

{분석} 암기하세요.

59 다음 중 선반의 안전장치로 볼 수 없는 것은?

㉮ 울
㉯ 급정지브레이크
㉰ 안전블럭
㉱ 칩비산방지 투명판

[해설] **선반의 안전장치**
㉠ 쉴드(Shield) : 칩 및 절삭유의 비산을 방지하기 위해 설치하는 플라스틱 덮개
㉡ 칩브레이커 : 칩을 짧게 절단하는 장치
㉢ 척 커버 : 기어 등을 복개하는 장치
㉣ 브레이크 : 선반의 일시 정지장치

60 다음 중 지게차 헤드가드에 관한 설명으로 틀린 것은?

㉮ 상부틀의 각 개구의 폭 또는 길이가 16cm 미만일 것
㉯ 강도는 지게차 최대하중의 등분포정하중에 견딜 것
㉰ 운전자가 서서 조작하는 방식의 지게차의 헤드가드의 높이는 1.88m 이상일 것
㉱ 운전자가 앉아서 조작하는 방식의 지게차의 헤드가드의 높이는 0.903m 이상일 것

[해설] **지게차의 헤드가드**
㉠ 상부 틀의 각 개구의 폭 또는 길이는 16센티미터 미만일 것
㉡ 운전자가 앉아서 조작하거나 서서 조작하는 지게차의 헤드가드는 한국산업표준에서 정하는 높이 기준 이상일 것
(좌식 : 0.903m, 입식 : 1.88m)
㉢ 최대 하중의 2배(4톤을 넘는 값에 대해서는 4톤으로 한다)에 해당하는 등분포정하중에 견딜 수 있는 강도를 가질 것

{분석} 실기까지 중요한 내용입니다. "해설"을 다시 확인하세요.

정답 57 ㉮ 58 ㉮ 59 ㉰ 60 ㉯

제4과목 • 전기 및 화학설비 안전 관리

61 다음 중 인체 접촉상태에 따른 허용접촉전압과 해당 종별의 연결이 틀린 것은?

㉮ 2.5V 이하 – 제1종
㉯ 25V 이하 – 제2종
㉰ 50V 이하 – 제3종
㉱ 100V 이하 – 제4종

[해설]

종별	접촉 상태	허용 접촉 전압
제1종	• 인체의 대부분이 수중에 있는 상태	2.5V 이하
제2종	• 인체가 현저히 젖어 있는 상태 • 금속성의 전기·기계 장치나 구조물에 인체의 일부가 상시 접촉되어 있는 상태	25V 이하
제3종	• 제1종, 제2종 이외의 경우로서 통상의 인체 상태 있어서 접촉 전압이 가해지면 위험성이 높은 상태	50V 이하
제4종	• 제1종, 제2종 이외의 경우로서 통상의 인체 상태에 접촉 전압이 가해지더라도 위험성이 낮은 상태 • 접촉 전압이 가해질 우려가 없는 경우	제한 없음

{분석}
실기까지 중요한 내용입니다. "해설"을 다시 확인하세요.

62 다음 중 내압 방폭구조인 전기기기의 성능시험에 관한 설명으로 틀린 것은?

㉮ 성능시험은 모든 내용물이 용기에 장착한 상태로 시험한다.
㉯ 성능시험은 충격시험을 실시한 시료 중 하나를 사용해서 실시한다.
㉰ 부품의 일부가 용기에 포함되지 않은 상태에서 사용할 수 있도록 설계된 경우, 최적의 조건에서 시험을 실시해야 한다.
㉱ 제조자가 제시한 자세한 부품 배열방법이 있고, 빈 용기가 최악의 폭발압력을 발생시키는 조건인 경우에는 빈 용기 상태로 시험을 할 수 있다.

[해설] **내압방폭 용기의 성능시험**

㉠ 성능시험은 충격시험을 실시한 시료 중 하나를 사용해서 실시한다.
㉡ 성능시험은 모든 내용물이 용기에 장착한 상태로 시험한다.
㉢ 제조자가 제시한 자세한 부품 배열방법이 있고, 빈 용기가 최악의 폭발압력을 발생시키는 조건인 경우에는 빈 용기 상태로 시험을 할 수 있다.
㉣ <u>부품의 일부가 용기에 포함되지 않은 상태에서 사용할 수 있도록 설계된 경우, 가장 가혹한 조건에서 시험을 실시해야 한다.</u>
㉤ 인증기관은 제조자가 제시한 내용을 근거로 허용되는 용기의 종류 및 부품 배열방법을 인증서에 명시해야 한다.
㉥ 부품이 용기 내부에서 이동하여 사용할 수 있는 경우, 부품의 배열은 최악의 조립조건에서 시험해야 한다.

63 다음 중 사업장의 정전기 발생에 대한 재해방지 대책으로 적합하지 못한 것은?

㉮ 습도를 높인다.
㉯ 실내 온도를 높인다.
㉰ 도체부분에 접지를 실시한다.
㉱ 적절한 도전성 재료를 사용한다.

정답 61 ㉱ 62 ㉰ 63 ㉯

[해설] **정전기 재해 예방대책**
- ㉠ 접지(도체일 경우 효과 있으나 부도체는 효과 없다)
- ㉡ 습기부여(공기 중 습도 60~70% 이상 유지 한다)
- ㉢ 도전성 재료 사용(절연성 재료는 절대 금한다)
- ㉣ 대전 방지제 사용
- ㉤ 제전기 사용
- ㉥ 유속 조절(석유류 제품 1m/s 이하)

{분석} 실기까지 중요한 내용입니다. "해설"을 다시 확인하세요.

64 다음 중 교류 아크 용접기에서 자동 전격 방지장치의 기능으로 틀린 것은?

㉮ 감전 위험 방지
㉯ 전력손실 감소
㉰ 정전기 위험 방지
㉱ 무부하 시 안전전압 이하로 저하

[해설] 자동 전격 방지기는 무부하 시(용접을 중단했을 때)의 전압을 안전전압 이하로 낮추어 감전위험방지 및 전력손실을 방지하는 효과를 얻을 수 있다.

[참고] **자동 전격 방지기의 성능**
용접을 중단하고 1.0초 내에 용접기의 홀더, 어스 선에 흐르는 무부하 전압을 안전전압 25V 이하로 내려준다.

65 옥내배선 중 누전으로 인한 화재방지를 위해 별도로 실시할 필요가 없는 것은?

㉮ 배선불량 시 재시공할 것
㉯ 배선로 상에 단로기를 설치할 것
㉰ 정기적으로 절연저항을 측정할 것
㉱ 정기적으로 배선시공 상태를 확인할 것

[해설] **단로기**
차단기의 전후, 회로의 접속 변환, 고압 또는 특고압 회로의 기기 분리 등에 사용하는 개폐기로서 반드시 무부하시 개폐 조작을 하여야 한전

66 다음 중 전기기기의 절연의 종류와 최고 허용온도가 잘못 연결된 것은?

㉮ Y : 90℃ ㉯ A : 105℃
㉰ B : 130℃ ㉱ F : 180℃

[해설] **절연물의 종류와 최고 허용 온도**
- Y종 절연 : 90℃
- A종 절연 : 105℃
- E종 절연 : 120℃
- B종 절연 : 130℃
- F종 절연 : 155℃
- H종 절연 : 180℃
- C종 절연 : 180℃ 초과

67 Dalziel의 심실세동전류와 통전시간과의 관계식에 의하면 인체 전격 시의 통전시간이 4초이었다고 했을 때 심실세동전류의 크기는 약 몇 mA인가?

㉮ 42 ㉯ 83
㉰ 165 ㉱ 185

[해설] **심실세동전류**

㉮ $I(\text{mA}) = \dfrac{165}{\sqrt{T}}$, T : 통전시간(초)
㉯ $I(A) = \dfrac{V}{R}$

$I = \dfrac{165}{\sqrt{T}} = \dfrac{165}{\sqrt{4}} = 82.5\text{mA}$

{분석} 실기까지 중요한 내용입니다.

68 다음 중 전기화재의 직접적인 원인이 아닌 것은?

㉮ 절연열화
㉯ 애자의 기계적 강도 저하
㉰ 과전류에 의한 단락
㉱ 접촉 불량에 의한 과열

정답 64 ㉰ 65 ㉯ 66 ㉱ 67 ㉯ 68 ㉯

2014년 3월 2일 시행

[해설] **전기화재의 원인**
  ㉠ 단락에 의한 발화
  ㉡ 누전에 의한 발화
  ㉢ 과전류에 의한 발화
  ㉣ 스파크에 의한 발화
  ㉤ 접촉부의 과열에 의한 발화
  ㉥ 절연열화 또는 탄화에 의한 발화
  ㉦ 지락에 의한 발화
  ㉧ 낙뢰에 의한 발화
  ㉨ 정전기 스파크에 의한 발화

69 다음 중 방폭 전기기기의 선정 시 고려하여야 할 사항과 가장 거리가 먼 것은?
  ㉮ 압력 방폭구조의 경우 최고표면온도
  ㉯ 내압 방폭구조의 경우 최대안전틈새
  ㉰ 안전증 방폭구조의 경우 최대안전틈새
  ㉱ 본질안전 방폭구조의 경우 최소점화전류

[해설] **방폭 전기기기의 선정 시 고려사항**
  ㉠ 방폭 전기기기가 설치될 지역의 방폭지역 등급 구분
  ㉡ 가스 등의 발화온도
  ㉢ 내압방폭구조의 경우 최대 안전틈새
  ㉣ 본질안전 방폭구조의 경우 최소점화 전류
  ㉤ 압력방폭구조, 유입방폭구조, 안전증방폭구조의 경우 최고표면온도
  ㉥ 방폭 전기기기가 설치될 장소의 주변온도, 표고 또는 상대습도, 먼지, 부식성 가스 또는 습기 등의 환경조건

70 페인트를 스프레이로 뿌려 도장작업을 하는 작업 중 발생할 수 있는 정전기 대전으로만 이루어진 것은?
  ㉮ 분출대전, 충돌대전
  ㉯ 충돌대전, 마찰대전
  ㉰ 유동대전, 충돌대전
  ㉱ 분출대전, 유동대전

[해설] 페인트를 스프레이로 뿌려 도장작업할 경우→ 분출대전, 충돌대전

[참고]
  1. 분출대전 : 기체, 액체, 분체류가 단면적이 작은 분출구를 통과할 때 발생한다.
  2. 충돌대전 : 입자와 다른 고체와의 충돌과 급속한 분리에 의해 발생한다.

71 다음 중 전기화재 시 부적합한 소화기는?
  ㉮ 분말 소화기   ㉯ CO_2 소화기
  ㉰ 할론 소화기   ㉱ 산알칼리 소화기

[해설] **전기화재 시 적합한 소화기**
  ㉠ CO_2 소화기
  ㉡ 분말소화기
  ㉢ 할로겐 화합물 소화기

72 전기 설비로 인한 화재폭발의 위험 분위기를 생성하지 않도록 하기 위해 필요한 대책으로 가장 거리가 먼 것은?
  ㉮ 폭발성 가스의 사용 방지
  ㉯ 폭발성 분진의 생성 방지
  ㉰ 폭발성 가스의 체류 방지
  ㉱ 폭발성 가스 누설 및 방출 방지

[해설] ㉮ 폭발성 가스의 사용 방지는 폭발대책이 될 수 없다.

73 다음 중 위험물에 대한 일반적 개념으로 옳지 않은 물질은?
  ㉮ 반응속도가 급격히 진행된다.
  ㉯ 화학적 구조 및 결합력이 불안정하다.
  ㉰ 대부분 화학적 구조가 복잡한 고분자 물질이다.
  ㉱ 그 자체가 위험하다든가 또는 환경 조건에 따라 쉽게 위험성을 나타내는 물질을 말한다.

정답 69 ㉰ 70 ㉮ 71 ㉱ 72 ㉮ 73 ㉰

[해설] 위험물의 특징
㉠ 물 또는 산소와 반응이 용이하다.
㉡ 반응속도가 급격히 진행된다.
㉢ 반응 시 발생되는 발열량 크다.
㉣ 수소와 같은 가연성 가스를 발생시킨다.
㉤ 화학적 구조나 결합력이 불안정하다.

74 아세틸렌(C_2H_2)의 공기 중의 완전연소 조성농도(C_{st})는 약 얼마인가?

㉮ 6.7vol%   ㉯ 7.0vol%
㉰ 7.4vol%   ㉱ 7.7vol%

[해설]
완전연소조성농도(화학양론농도)

$$C_{st}(\text{vol\%}) = \frac{100}{1 + 4.773\left(n + \frac{m-f-2\lambda}{4}\right)}$$

여기서, n : 탄소, m : 수소,
f : 할로겐원소,
λ : 산소의 원자 수
4.773 : 공기의 몰수

아세틸렌(C_2H_2)에서 n : 2, m : 2이므로,

$$C_{st} = \frac{100}{1 + 4.773\left(n + \frac{m-f-2\lambda}{4}\right)}$$

$$= \frac{100}{1 + 4.773\left(2 + \frac{2}{4}\right)} = 7.73\text{vol\%}$$

{분석}
실기까지 중요한 내용입니다.

75 가스용기 파열사고의 주요 원인으로 가장 거리가 먼 것은?

㉮ 용기 밸브의 이탈
㉯ 용기의 내압력 부족
㉰ 용기 내압의 이상 상승
㉱ 용기 내 폭발성 혼합가스 발화

[해설] 고압가스 용기 파열사고의 원인
㉠ 용기의 내압력 부족
㉡ 용기 내 압력의 이상 상승
㉢ 용기 내에서 폭발성 혼합가스의 발화

[참고] 용기의 분출 또는 누출사고의 원인
㉠ 용기에서 용기밸브의 이탈
㉡ 용기밸브에서의 가스 누설
㉢ 안전밸브의 미작동
㉣ 용기에 부속된 압력계의 파열

76 물질안전보건자료(MSDS)의 작성항목이 아닌 것은?

㉮ 물리화학적 특성
㉯ 유해물질의 제조법
㉰ 환경에 미치는 영향
㉱ 누출사고 시 대처방법

[해설] 물질안전보건자료의 작성항목
1. 화학제품과 회사에 관한 정보
2. 유해·위험성
3. 구성성분의 명칭 및 함유량
4. 응급조치요령
5. 폭발·화재 시 대처방법
6. 누출사고 시 대처방법
7. 취급 및 저장방법
8. 노출방지 및 개인보호구
9. 물리화학적 특성
10. 안정성 및 반응성
11. 독성에 관한 정보
12. 환경에 미치는 영향
13. 폐기 시 주의사항
14. 운송에 필요한 정보
15. 법적규제 현황
16. 기타 참고사항

{분석}
실기까지 중요한 내용입니다. "해설"을 다시 확인하세요.

정답 74 ㉱ 75 ㉮ 76 ㉯

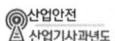

77 반응기를 조작방법에 따라 분류할 때 반응기의 한 쪽에서는 원료를 계속적으로 유입하는 동시에 다른 쪽에서는 반응 생성물질을 유출시키는 형식의 반응기를 무엇이라 하는가?

㉮ 관형 반응기
㉯ 연속식 반응기
㉰ 회분식 반응기
㉱ 교반조형 반응기

[해설]

운전방식(조작방식)에 의한 분류	
회분식 반응기 (Batch eactor)	• 원료를 반응기 내에 주입하고, 일정 시간 반응시킨 다음 생성물을 꺼내는 방식 • 다품종 소량 생산에 유리하다.
반회분식 반응기 (semi-batch reactor)	• 반응 성분의 일부를 반응기 내에 넣어두고 반응이 진행됨에 따라 다른 성분을 계속 첨가하는 형식
연속 반응기 (plug flow reactor)	• 원료를 연속적으로 반응기에 도입하는 동시에 반응 생성물을 연속적으로 반응기에 배출시키면서 반응을 진행시키는 반응기 • 소품종 대량생산에 적합하다.

78 윤활유를 닦은 기름걸레를 햇빛이 잘 드는 작업장의 구석에 모아 두었을 때 가장 발생가능성이 높은 재해는?

㉮ 분진폭발
㉯ 자연발화에 의한 화재
㉰ 정전기 불꽃에 의한 화재
㉱ 기계의 마찰열에 의한 화재

[해설] 기름걸레는 햇빛에 의한 열의 축적으로 자연발화할 위험이 있다.

79 다음 중 "공기 중의 발화온도"가 가장 높은 물질은?

㉮ CH_4
㉯ C_2H_2
㉰ C_2H_6
㉱ H_2S

[해설] 발화온도
㉮ 메탄(CH_4) : 595℃
㉯ 아세틸렌(C_2H_2) : 406 ~ 408℃
㉰ 에탄(C_2H_6) : 515℃
㉱ 황화수소(H_2S) : 260℃

80 공정안전보고서에 포함되어야 할 세부내용 중 공정안전자료에 해당하는 것은?

㉮ 결함수분석(FTA)
㉯ 도급업체 안전관리계획
㉰ 각종 건물·설비의 배치도
㉱ 비상조치계획에 따른 교육계획

[해설] 공정안전자료
• 취급·저장하고 있거나 취급·저장하려는 유해·위험물질의 종류 및 수량
• 유해·위험물질에 대한 물질안전보건자료
• 유해·위험설비의 목록 및 사양
• 유해·위험설비의 운전방법을 알 수 있는 공정도면
• 각종 건물·설비의 배치도
• 폭발위험장소 구분도 및 전기단선도
• 위험설비의 안전설계·제작 및 설치 관련 지침서

정답 77 ㉯ 78 ㉯ 79 ㉮ 80 ㉰

제5과목 • 건설공사 안전 관리

81 리프트(Lift)의 안전장치에 해당하지 않는 것은?

㉮ 권과방지장치
㉯ 비상정지장치
㉰ 과부하방지장치
㉱ 조속기(속도조절기)

[해설]

| 리프트
(자동차정비용
리프트 제외) | • 과부하방지장치
• 권과방지장치
• 비상정지장치
• 제동장치
• 조작반(盤) 잠금장치 |

{분석} 실기까지 중요한 내용입니다. 암기하세요.

82 벽체 콘크리트 타설 시 거푸집이 터져서 콘크리트가 쏟아진 사고가 발생하였다. 다음 중 이 사고의 주요 원인으로 추정할 수 있는 것은?

㉮ 콘크리트를 부어 넣는 속도가 빨랐다.
㉯ 거푸집에 박리제를 다량 도포했다.
㉰ 대기 온도가 매우 높았다.
㉱ 시멘트 사용량이 많았다.

[해설] 콘크리트를 부어 넣는 속도가 빠를 경우 → 측압이 커진다. → 거푸집이 터지는 원인이 될 수 있다.

83 산업안전보건기준에 관한 규칙에 따른 굴착면의 기울기 기준으로 옳지 않은 것은?

㉮ 모래 1 : 1.8
㉯ 풍화암 1 : 1.0
㉰ 연암 1 : 1.0
㉱ 그 밖의 흙 1 : 1.5

[해설] 굴착면의 기울기 및 높이 기준

지반의 종류	굴착면의 기울기
모래	1 : 1.8
연암 및 풍화암	1 : 1.0
경암	1 : 0.5
그 밖의 흙	1 : 1.2

{분석} 반드시 암기하세요.

84 비계발판의 크기를 결정하는 기준은?

㉮ 비계의 제조회사
㉯ 재료의 부식 및 손상 정도
㉰ 지점의 간격 및 작업 시 하중
㉱ 비계의 높이

[해설] 비계발판의 크기를 결정하는 기준 → 지점의 간격 및 작업 시 하중

85 작업발판 및 통로의 끝이나 개구부로서 근로자가 추락할 위험이 있는 장소에 설치하는 것과 거리가 먼 것은?

㉮ 교차가새
㉯ 안전난간
㉰ 울타리
㉱ 수직형 추락방망

정답 81 ㉱ 82 ㉮ 83 ㉱ 84 ㉰ 85 ㉮

[해설] 작업발판 및 통로의 끝이나 개구부로서 근로자가 추락할 위험이 있는 장소에는 안전난간, 울타리, 수직형 추락방망 또는 덮개 등의 방호 조치를 충분한 강도를 가진 구조로 튼튼하게 설치하여야 하며, 덮개를 설치하는 경우에는 뒤집히거나 떨어지지 않도록 설치하여야 한다. 이 경우 어두운 장소에서도 알아볼 수 있도록 개구부임을 표시하여야 한다.

86 콘크리트를 타설할 때 거푸집에 작용하는 콘크리트 측압에 영향을 미치는 요인과 가장 거리가 먼 것은?

㉮ 콘크리트 타설 속도
㉯ 콘크리트 타설 높이
㉰ 콘크리트의 강도
㉱ 콘크리트 단위 용적 질량

[해설] ㉰ 거푸집 강도가 클수록 측압이 크다. 콘크리트 강도는 영향을 미치지 않는다.

[참고] **콘크리트의 측압**
- 거푸집 부재 단면이 클수록 측압이 크다.
- 거푸집 수밀성이 클수록 측압이 크다.
- 거푸집 강성이 클수록 측압이 크다.
- 거푸집 표면이 평활할수록 측압이 크다.
- 시공연도 좋을수록 측압이 크다.
- 철골 or 철근량 적을수록 측압이 크다.
- 외기온도 낮을수록 측압이 크다.
- 타설속도 빠를수록 측압이 크다.
- 다짐이 좋을수록 측압이 크다.
- 슬럼프 클수록 측압이 크다.
- 콘크리트 비중 클수록 측압이 크다.
- 응결시간이 느린 시멘트를 사용할수록 측압이 크다.
- 습도가 낮을수록 측압이 크다.

87 토사붕괴 재해의 발생 원인으로 보기 어려운 것은?

㉮ 부석의 점검을 소홀히 했다.
㉯ 지질조사를 충분히 하지 않았다.
㉰ 굴착면 상하에서 동시작업을 했다.
㉱ 안식각으로 굴착했다.

[해설] 안식각(휴식각)은 흙을 쌓거나 깎았을 때 자연 상태에서 그 경사를 유지할 수 있는 최대 경사각으로 안식각으로 굴착할 경우 붕괴위험은 줄어든다.

88 추락에 의한 위험방지를 위해 조치해야 할 사항과 거리가 먼 것은?

㉮ 추락방호망 설치
㉯ 안전난간 설치
㉰ 안전모 착용
㉱ 투하설비 설치

[해설] **추락 위험 방지 조치**
㉠ 추락방호망 설치
㉡ 안전난간 설치
㉢ 안전대 착용
㉣ 안전모 착용

[참고] **투하설비의 설치**
높이가 3미터 이상인 장소로부터 물체를 투하하는 때에는 적당한 투하설비를 설치하거나 감시인을 배치하는 등 위험방지를 위하여 필요한 조치를 하여야 한다.

{분석}
실기까지 중요한 내용입니다.

89 가설계단 및 계단참의 하중에 대한 지지력은 최소 얼마 이상이어야 하는가?

㉮ $300kg/m^2$ ㉯ $400kg/m^2$
㉰ $500kg/m^2$ ㉱ $600kg/m^2$

[해설] 계단 및 계단참의 강도는 $500kg/m^2$ 이상이어야 하며 안전율은 4 이상으로 하여야 한다.

{분석}
암기하세요.

정답 86 ㉰ 87 ㉱ 88 ㉱ 89 ㉰

90 강관비계 중 단관비계의 조립 간격(벽체와의 연결간격)으로 옳은 것은?

㉮ 수직 방향 : 6m, 수평 방향 : 8m
㉯ 수직 방향 : 5m, 수평 방향 : 5m
㉰ 수직 방향 : 4m, 수평 방향 : 6m
㉱ 수직 방향 : 8m, 수평 방향 : 6m

[해설] 비계 조립 간격(벽이음 간격)

비계 종류		수직 방향	수평 방향
강관비계	단관비계	5m	5m
	틀비계(높이 5m 미만인 것 제외)	6m	8m

{분석}
실기에도 자주 출제되는 내용입니다. 반드시 암기하세요.

91 철골구조에서 강풍에 대한 내력이 설계에 고려되었는지 검토를 실시하지 않아도 되는 건물은?

㉮ 높이 30m인 건물
㉯ 연면적당 철골량이 45kg인 건물
㉰ 단면구조가 일정한 구조물
㉱ 이음부가 현장 용접인 건물

[해설] 외압에 대한 내력이 설계에 고려되었는지 확인하여야 할 대상(자립도 검토대상)
- 높이 20미터 이상의 구조물
- 구조물의 폭과 높이의 비가 1 : 4 이상인 구조물
- 단면구조에 현저한 차이가 있는 구조물
- 연면적당 철골량이 50킬로그램/평방미터 이하인 구조물
- 기둥이 타이플레이트(tie plate)형인 구조물
- 이음부가 현장용접인 구조물

{분석}
실기까지 중요한 내용입니다.

92 콘크리트의 재료 분리 현상 없이 거푸집 내부에 쉽게 타설할 수 있는 정도를 나타내는 것은?

㉮ Workability
㉯ Bleeding
㉰ Consistency
㉱ Finishability

[해설] 워커빌리티(workability) : 재료분리를 일으키는 일 없이 운반, 타설, 다지기, 마무리 등의 작업이 용이하게 될 수 있는 정도

93 굴착공사에서 굴착 깊이가 5m, 굴착 저면의 폭이 5m인 경우 양단면 굴착을 할 때 굴착부 상단면의 폭은? (단, 굴착면의 기울기는 1 : 1로 한다)

㉮ 10m
㉯ 15m
㉰ 20m
㉱ 25m

[해설] 굴착 기울기 = $\dfrac{높이}{밑변}$ = 1 : 1 = $\dfrac{1}{1}$

문제에서 굴착 깊이가 5m라고 주어졌으므로 굴착 면의 폭도 5m가 된다.

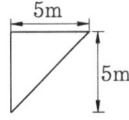

굴착 저면 폭이 5m이고 양단면 굴착이므로

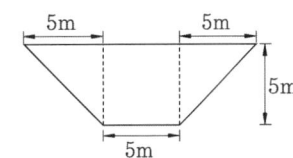

∴ 굴착부 상단면 폭은 15m이다.

정답 90 ㉯ 91 ㉰ 92 ㉮ 93 ㉯

94 화물을 적재하는 경우에 준수하여야 하는 사항으로 옳지 않은 것은?
㉮ 침하 우려가 없는 튼튼한 기반 위에 적재할 것
㉯ 건물의 칸막이나 벽 등이 화물의 압력에 견딜 만큼의 강도를 지니지 아니한 경우에는 칸막이나 벽에 기대어 적재하지 않도록 할 것
㉰ 불안정할 정도로 높이 쌓아 올리지 말 것
㉱ 편하중이 발생하도록 쌓을 것

[해설] 화물의 적재 시의 준수 사항
㉠ 침하 우려가 없는 튼튼한 기반 위에 적재할 것
㉡ 건물의 칸막이나 벽 등이 화물의 압력에 견딜 만큼의 강도를 지니지 아니한 경우에는 칸막이나 벽에 기대어 적재하지 않도록 할 것
㉢ 불안정할 정도로 높이 쌓아 올리지 말 것
㉣ 하중이 한쪽으로 치우치지 않도록 쌓을 것(편하중이 생기지 않도록 적재)

95 거푸집의 일반적인 조립순서를 옳게 나열한 것은?
㉮ 기둥 → 보받이 내력벽 → 큰보 → 작은보 → 바닥판 → 내벽 → 외벽
㉯ 외벽 → 보받이 내력벽 → 큰보 → 작은보 → 바닥판 → 내벽 → 기둥
㉰ 기둥 → 보받이 내력벽 → 작은보 → 큰보 → 바닥판 → 내벽 → 외벽
㉱ 기둥 → 보받이 내력벽 → 바닥판 → 큰보 → 작은보 → 내벽 → 외벽

[해설] 거푸집 조립 및 해체 순서
㉠ 조립순서 : 기둥 → 보받이 내력벽 → 큰보 → 작은보 → 바닥 → (내벽) → (외벽)
㉡ 해체순서 : 바닥 → 보 → 벽 → 기둥

96 건설기계에 관한 설명 중 옳은 것은?
㉮ 백호는 장비가 위치한 지면보다 높은 곳의 땅을 파는 데에 적합하다.
㉯ 바이브레이션 롤러는 노반 및 소일시멘트 등의 다지기에 사용된다.
㉰ 파워쇼벨은 지면에 구멍을 뚫어 낙하해머 또는 디젤해머에 의해 강관말뚝, 널말뚝 등을 박는데 이용된다.
㉱ 가이데릭은 지면을 일정한 두께로 깎는 데에 이용된다.

[해설] ㉮ 지면보다 높은 곳의 땅파기 → 파워쇼벨
㉰ 강관말뚝, 널말뚝의 항타작업 → 항타기
㉱ 가이데릭 → 철골 세우기용 장비

97 일반적으로 사면이 가장 위험한 경우는 어느 때인가?
㉮ 사면이 완전 건조 상태일 때
㉯ 사면의 수위가 서서히 상승할 때
㉰ 사면이 완전 포화 상태일 때
㉱ 사면의 수위가 급격히 하강할 때

[해설] 사면의 수위가 급격히 하강할 때 가장 위험하다.

98 산업안전보건기준에 관한 규칙에 따른 작업장 근로자의 안전한 통행을 위하여 통로에 설치하여야 하는 조명 시설의 조도 기준(Lux)은?
㉮ 30Lux 이상
㉯ 75Lux 이상
㉰ 150Lux 이상
㉱ 300Lux 이상

[해설] 근로자가 안전하게 통행할 수 있도록 통로에 75럭스 이상의 채광 또는 조명시설을 하여야 한다.

정답 94 ㉱ 95 ㉮ 96 ㉯ 97 ㉱ 98 ㉯

99 정기안전점검 결과 건설공사의 물리적·기능적 결함 등이 발견되어 보수·보강 등의 조치를 하기 위하여 필요한 경우에 실시하는 것은?

㉮ 자체안전점검
㉯ 정밀안전점검
㉰ 상시안전점검
㉱ 품질관리점검

[해설] 정기안전점검 후 결함 발견되어 보수하기 위해 실시하는 점검 → 정밀안전점검

100 건설작업용 리프트에 대하여 바람에 의한 붕괴를 방지하는 조치를 한다고 할 때 그 기준이 되는 최소 풍속은?

㉮ 순간 풍속 30m/sec 초과
㉯ 순간 풍속 35m/sec 초과
㉰ 순간 풍속 40m/sec 초과
㉱ 순간 풍속 45m/sec 초과

[해설] 악천후 시 조치

㉠ 순간풍속이 초당 10미터를 초과 : 타워크레인의 설치·수리·점검 또는 해체작업을 중지
㉡ 순간풍속이 초당 15미터를 초과 : 타워크레인의 운전작업을 중지
㉢ 순간풍속이 초당 30미터를 초과 : 옥외에 설치되어 있는 주행 크레인 이탈 방지 조치
㉣ 순간풍속이 초당 30미터를 초과하는 바람이 불거나 중진(中震) 이상 진도의 지진이 있은 후 : 옥외 양중기 각 부위 이상 점검
㉤ 순간풍속이 초당 35미터를 초과 : 옥외 승강기 및 건설용 리프트(지하에 설치되어 있는 것은 제외)에 대하여 받침의 수를 증가시키는 등 승강기가 무너지는 것을 방지하기 위한 조치

{분석} 실기까지 중요한 내용입니다. "해설"을 다시 확인하세요.

정답 99 ㉯ 100 ㉯

02회 2014년 산업안전 산업기사 최근 기출문제

2014년 5월 25일 시행

제1과목: 산업재해 예방 및 안전보건교육

01 다음 중 리더가 가지고 있는 세력의 유형이 아닌 것은?

㉮ 전문세력(expert power)
㉯ 보상세력(reward power)
㉰ 위임세력(entrust power)
㉱ 합법세력(legitimate power)

해설 리더의 세력
① 강압적 세력(coercive power) : 부하들이 바람직하지 않은 행동을 했을 때 처벌을 줄 수 있는 권한
② 보상적 세력(reward power) : 바람직한 행동을 했을 때 보상을 줄 수 있는 세력(승진, 휴가 등)
③ 합법적 세력(legitimate power) : 조직의 공식적 권력구조에 의해 주어진 권한
④ 전문적 세력(expert power) : 리더가 그 분야의 지식을 갖추고 있는 정도에 의해 전문적 권한이 결정된다.
⑤ 참조적 세력(referent power, attraction power) : 부하들이 리더의 생각과 목표를 동일시하거나 존경하고 매력을 느껴 리더를 참조하고픈 데서 파생된 권한(진정한 리더십이라 할 수 있다)

02 다음 중 적성배치 시 작업자의 특성과 가장 관계가 적은 것은?

㉮ 연령
㉯ 작업조건
㉰ 태도
㉱ 업무경력

해설 ㉯ 작업조건은 작업자의 특성이 아니다.

03 연평균 1,000명 근로자를 채용하고 있는 사업장에서 연간 24명의 재해자가 발생하였다면 이 사업장의 연천인율은 얼마인가? (단, 근로자는 1일 8시간씩 연간 300일을 근무한다.)

㉮ 10   ㉯ 12
㉰ 24   ㉱ 48

해설 연천인율

㉮ 연천인율 = $\dfrac{\text{연간재해자 수}}{\text{연평균 근로자 수}} \times 1,000$

㉯ 연천인율 = 도수율 × 2.4

연천인율 = $\dfrac{\text{연간재해자 수}}{\text{연평균 근로자 수}} \times 1,000$
= $\dfrac{24}{1000} \times 1000 = 24$

{분석} 반드시 풀이할 수 있어야 합니다.

04 산업안전보건 법령상 사업주가 실시하여야 하는 안전·보건교육에 있어 "근로자 채용 시의 교육 및 작업내용 변경 시의 교육 내용"에 해당하지 않는 것은? (단, 산업안전보건법령 및 산업재해보상보험제도에 관한 사항은 제외한다.)

㉮ 물질안전보건자료에 관한 사항
㉯ 사고 발생 시 긴급조치에 관한 사항
㉰ 작업 개시 전 점검에 관한 사항
㉱ 표준안전 작업방법 및 지도 요령에 관한 사항

정답 01 ㉰ 02 ㉯ 03 ㉰ 04 ㉱

[해설] 근로자의 채용 시 교육 및 작업내용 변경 시의 교육
① 산업안전 및 사고 예방에 관한 사항
② 산업보건 및 직업병 예방에 관한 사항
③ 산업안전보건법령 및 산업재해보상보험제도에 관한 사항
④ 직무스트레스 예방 및 관리에 관한 사항
⑤ 직장 내 괴롭힘, 고객의 폭언 등으로 인한 건강장해 예방 및 관리에 관한 사항
⑥ 기계·기구의 위험성과 작업의 순서 및 동선에 관한 사항
⑦ 물질안전보건자료에 관한 사항
⑧ 작업 개시 전 점검에 관한 사항
⑨ 정리정돈 및 청소에 관한 사항
⑩ 사고 발생 시 긴급조치에 관한 사항
⑪ 위험성 평가에 관한 사항

실력도! 합격도! **특급 암기법**

공통 항목
1. 신규자는 법, 산재보상제도를 알자!
2. 신규자는 건강을 보존(산업보건)하고 직업병, 스트레스, 괴롭힘, 폭언 예방하자!
3. 신규자는 안전하고 사고예방하자!
4. 신규자는 위험성을 평가하자!

신규채용자는 회사에 처음 입사해서 처음 일을 하는 근로자, 안전하게 일하기 위한 기본내용을 교육한다.
1. 신규자는 기계·기구 위험성, 작업순서, 동선을 알자!
2. 신규자는 취급물질의 위험성(물질안전보건자료)을 알자!
3. 신규자는 작업 전 점검하자!
4. 신규자는 항상 정리정돈 청소하자!
5. 신규자는 사고 시 조치를 알자!

{분석}
실기까지 중요한 내용입니다. 암기하세요.

05 다음 중 재해조사 시 유의사항으로 가장 적절하지 않은 것은?

㉮ 가급적 재해 현장이 변형되지 않은 상태에서 실시한다.
㉯ 목격자가 제시한 사실 이외의 추측되는 말은 정밀 분석한다.
㉰ 과거 사고 발생 경향 등을 참고하여 조사한다.
㉱ 객관적 입장에서 재해방지에 우선을 두고 조사한다.

[해설] ㉯ 목격자 등이 증언하는 사실 이외의 추측의 말은 참고로만 한다.

[참고] 재해조사 시 유의사항
① 사실을 수집한다.
② 목격자 등이 증언하는 사실 이외의 추측의 말은 참고로만 한다.
③ 조사는 신속하게 행하고 긴급조치를 하여 2차 재해의 방지를 도모한다.
④ 사람, 기계설비의 양면의 재해요인을 모두 도출한다.
⑤ 객관적인 입장에서 공정하게 조사하며, 조사는 2인 이상이 한다.
⑥ 책임추궁보다 재발방지를 우선하는 기본 태도를 갖는다.

06 다음 중 안전교육의 4단계를 올바르게 나열한 것은?

㉮ 도입 → 확인 → 제시 → 적용
㉯ 도입 → 제시 → 적용 → 확인
㉰ 확인 → 제시 → 도입 → 적용
㉱ 제시 → 확인 → 도입 → 적용

[해설]
안전교육 진행 4단계
제 1단계 : 도입(학습할 준비를 시킨다)
제 2단계 : 제시(작업을 설명한다)
제 3단계 : 적용(작업을 시켜본다)
제 4단계 : 확인(가르친 뒤 살펴본다)

정답 05 ㉯ 06 ㉯

07 재해예방의 4원칙 중 대책선정의 원칙에서 관리적 대책에 해당되지 않는 것은?

㉮ 안전교육 및 훈련
㉯ 동기부여와 사기 향상
㉰ 각종 규정 및 수칙의 준수
㉱ 경영자 및 관리자의 솔선수범

[해설] ㉮ 안전교육 및 훈련은 교육적 대책에 해당한다.

08 다음 중 안전 태도교육의 원칙으로 적절하지 않은 것은?

㉮ 들어본다.
㉯ 이해하고 납득한다.
㉰ 항상 모범을 보인다.
㉱ 지적과 처벌 위주로 한다.

[해설] ㉱ 태도교육 시 처벌 위주의 교육이 되어서는 안 된다.

09 다음 중 무재해 운동에서 실시하는 위험예지훈련에 관한 설명으로 틀린 것은?

㉮ 근로자 자신이 모르는 작업에 대한 것도 파악하기 위하여 참가집단의 대상범위를 가능한 넓혀 많은 인원이 참가토록 한다.
㉯ 직장의 팀워크로 안전을 전원이 빨리 올바르게 선취하는 훈련이다.
㉰ 아무리 좋은 기법이라도 시간이 많이 소요되는 것은 현장에서 큰 효과가 없다.
㉱ 정해진 내용의 교육보다는 전원의 대화방식으로 진행한다.

[해설] ㉮ 위험예지훈련은 잠재위험요인을 소집단 토의를 통해 미리 생각하여 위험요인 해결을 습관화하는 훈련이다.

10 다음 중 매슬로의 욕구위계 5단계 이론을 올바르게 나열한 것은?

㉮ 생리적 욕구 → 사회적 욕구 → 안전의 욕구 → 존경의 욕구 → 자아실현의 욕구
㉯ 안전의 욕구 → 생리적 욕구 → 사회적 욕구 → 존경의 욕구 → 자아실현의 욕구
㉰ 생리적 욕구 → 안전의 욕구 → 사회적 욕구 → 존경의 욕구 → 자아실현의 욕구
㉱ 사회적 욕구 → 생리적 욕구 → 안전의 욕구 → 자아실현의 욕구 → 존경의 욕구

[해설] 매슬로(Maslow A. H.)의 욕구단계 이론
㉮ 제1단계(생리적 욕구) : 기아, 갈증, 호흡, 배설, 성욕 등 인간의 가장 기본적인 욕구
㉯ 제2단계(안전 욕구) : 자기 보존 욕구
㉰ 제3단계(사회적 욕구) : 소속감과 애정 욕구
㉱ 제4단계(존경 욕구) : 인정받으려는 욕구
㉲ 제5단계(자아 실현의 욕구) : 잠재적인 능력을 실현하고자 하는 욕구(성취 욕구)

{분석}
실기까지 중요한 내용입니다. 암기하세요.

11 하인리히의 재해발생 5단계 이론 중 재해 국소화 대책은 어느 단계에 대비한 대책인가?

㉮ 제1단계 → 제2단계
㉯ 제2단계 → 제3단계
㉰ 제3단계 → 제4단계
㉱ 제4단계 → 제5단계

[해설] 재해 국소화 대책은 "재해"로 이어지는 단계를 최소화시키는 단계이다.

정답 07 ㉮ 08 ㉱ 09 ㉮ 10 ㉰ 11 ㉱

참고 하인리히(H. W. Heinrich) 사고발생 도미노 5단계

1단계	선천적 결함(사회, 환경, 유전적 결함)
2단계	개인적 결함
3단계	불안전 행동(인적 결함), 불안전한 상태(물적 결함) (제거 가능)
4단계	사고
5단계	재해(상해)

12 다음 중 [그림]에 나타난 보호구의 명칭으로 옳은 것은?

㉮ 격리식 반면형 방독마스크
㉯ 직결식 반면형 방진마스크
㉰ 격리식 전면형 방독마스크
㉱ 안면부여과식 방진마스크

해설

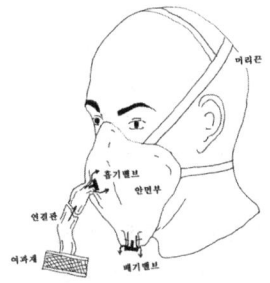

격리식 전면형	
격리식 반면형	
직결식 전면형	
직결식 반면형	
안면부 여과식	

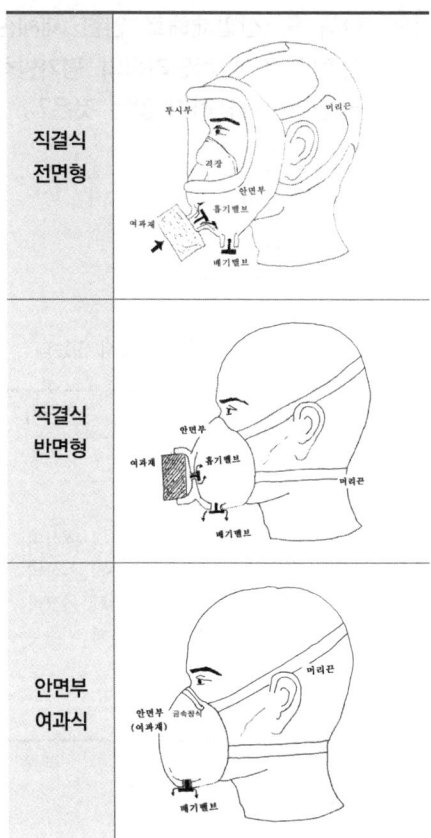

{분석} 실기까지 중요한 내용입니다.

13 다음 중 기억과 망각에 관한 내용으로 틀린 것은?

㉮ 학습된 내용은 학습 직후의 망각률이 가장 낮다.
㉯ 의미없는 내용은 의미있는 내용보다 빨리 망각한다.
㉰ 사고력을 요하는 내용이 단순한 지식보다 기억, 파지의 효과가 높다.
㉱ 연습은 학습한 직후에 시키는 것이 효과가 있다.

해설 ㉮ 학습된 내용은 학습 직후의 망각률이 가장 높다.

정답 12 ㉮ 13 ㉮

14 다음 중 산업재해로 인한 재해손실비 산정에 있어 하인리히의 평가방식에서 직접비에 해당하지 않는 것은?

㉮ 통신급여
㉯ 유족급여
㉰ 간병급여
㉱ 직업재활급여

[해설] 통신급여는 직접비에 해당하지 않는다.

직접비	간접비
• 치료비 • 휴업급여 • 요양급여 • 유족급여 • 장해급여 • 간병급여 • 직업재활급여 • 상병(傷病)보상연금 • 장의비 등	• 인적 손실비 • 물적 손실비 • 생산 손실비 • 기계, 기구 손실비 등

{분석} 실기까지 중요한 내용입니다.

15 다음 중 일반적인 안전관리 조직의 기본 유형으로 볼 수 없는 것은?

㉮ line system
㉯ staff system
㉰ safety system
㉱ line-staff system

[해설] 안전보건관리조직의 유형
㉮ 라인형(Line) or 직계형
㉯ 스태프형(staff) or 참모형
㉰ 라인 스태프형(Line Staff) or 혼합형

{분석} 실기까지 중요한 내용입니다.

16 다음 중 산업안전보건 법령상 안전·보건표지의 용도 및 사용 장소에 대한 표지의 분류가 가장 올바른 것은?

㉮ 폭발성 물질이 있는 장소 : 안내표지
㉯ 비상구가 좌측에 있음을 알려야 하는 장소 : 지시표지
㉰ 보안경을 착용해야만 작업 또는 출입을 할 수 있는 장소 : 안내표지
㉱ 정리·정돈 상태의 물체나 움직여서는 안 될 물체를 보존하기 위하여 필요한 장소 : 금지표지

[해설] ㉮ 폭발성 물질경고 : 경고표지
㉯ 비상구 : 안내표지
㉰ 보안경 착용 : 지시표지
㉱ 물체이동금지 : 금지표지

17 작업장에서 매일 작업자가 작업 전, 중, 후에 시설과 작업 동작 등에 대하여 실시하는 안전점검의 종류를 무엇이라 하는가?

㉮ 정기점검   ㉯ 일상점검
㉰ 임시점검   ㉱ 특별점검

[해설] 매일 작업 전, 중, 후에 실시 → 수시점검(일상점검)

[참고] 안전점검의 종류
㉮ 정기점검(계획점검)
  • 일정 기간마다 정기적으로 실시하는 점검을 말한다.
㉯ 수시점검(일상점검)
  • 매일 작업 전, 중, 후에 실시하는 점검을 말한다.
㉰ 특별점검
  • 기계·기구 또는 설비의 신설·변경 또는 고장·수리 등으로 비정기적인 특정점검을 말하며 기술 책임자가 실시한다.
  • 산업안전보건 강조기간, 악천후 시에도 실시한다.

정답 14 ㉮ 15 ㉰ 16 ㉱ 17 ㉯

㉣ 임시점검
- 기계·기구 또는 설비의 이상 발견 시에 임시로 점검하는 점검을 말한다.
- 정기점검 실시 후 다음 점검기일 이전에 임시로 실시하는 점검의 형태이다.

18 다음 중 사고의 위험이 불안전한 행위 외에 불안전한 상태에서도 적용된다는 것과 관계가 있는 것은?

㉮ 이념성 ㉯ 개인차
㉰ 부주의 ㉱ 지능성

[해설] 부주의는 사람(불안전행동)과 환경조건(불안전상태)과의 복합적인 상황 하에서 발생한다.

19 적응기제(Adjustment Mechanism) 중 방어적 기제(Defence Mechanism)에 해당하는 것은?

㉮ 고립(IsolatIon)
㉯ 퇴행(Regression)
㉰ 억압(Suppression)
㉱ 합리화(Rational ization)

[해설]
도피기제	방어기제
• 억압 • 퇴행 • 백일몽 • 고립(거부)	• 보상 • 합리화 • 승화 • 동일시 • 투사

{분석} 자주 출제되는 내용이다. "해설"을 다시 확인하세요.

20 안전교육의 방법 중 TWI(Training Within Industry for supervisor)의 교육내용에 해당하지 않는 것은?

㉮ 작업지도기법(JIT)
㉯ 작업방법기법(JMT)
㉰ 작업환경 개선기법(JFT)
㉱ 인간관계 관리기법(JRT)

[해설]
교육내용
① 작업 방법 기법 (Job Method Training : JMT)
② 작업 지도 기법 (Job instruction Training : JIT)
③ 인간 관계관리 기법 or 부하통솔법 (Job Relations Training : JRT)
④ 작업 안전 기법 (Job Safety Training : JST)

{분석} 실기까지 중요한 내용입니다. "해설"을 다시 확인하세요.

제2과목· 인간공학 및 위험성 평가·관리

21 인간공학의 중요한 연구과제인 계면(interface)설계에 있어서 다음 중 계면에 해당되지 않는 것은?

㉮ 작업공간 ㉯ 표시장치
㉰ 조종장치 ㉱ 조명시설

[해설] **인간공학 및 시스템안전공학**
작업공간, 표시장치, 조종장치 등이 계면에 해당되며 계면설계를 위한 인간 요소 관련자료는 상식과 경험, 정량적 자료, 전문가의 판단 등이다.

22 일반적으로 스트레스로 인한 신체반응의 척도 가운데 정신적 작업의 스트레스 척도와 가장 거리가 먼 것은?

㉮ 뇌전도 ㉯ 부정맥 지수
㉰ 근전도 ㉱ 심박수의 변화

[해설] ㉰ 근전도는 근육의 활동도를 나타내는 육체적 작업의 척도이다.

정답 18 ㉰ 19 ㉱ 20 ㉰ 21 ㉱ 22 ㉰

23 다음과 같이 ①~④의 기본사상을 가진 FT도에서 minimal cut set으로 옳은 것은?

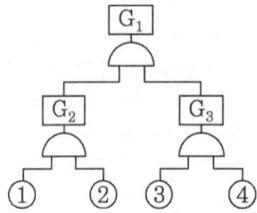

㉮ {①, ②, ③, ④}
㉯ {①, ③, ④}
㉰ {①, ②}
㉱ {③, ④}

[해설] $G_1 = G_2 \cdot G_3$
= (①,②)(③,④)
= (①,②,③,④)
컷셋 : (①, ②, ③, ④)
미니멀 컷셋 : (①, ②, ③, ④)

{분석} 필기에 자주 출제되는 내용입니다.

24 다음 중 망막의 원추세포가 가장 낮은 민감성을 보이는 파장의 색은?

㉮ 적색   ㉯ 회색
㉰ 청색   ㉱ 녹색

[해설] 원추세포는 색상을 감지하여 색깔을 구분할 수 있게 해주는 세포로서 빨강·녹색·파란색에 민감도가 높다.

25 다음 중 얼음과 드라이아이스 등을 취급하는 작업에 대한 대책으로 적절하지 않은 것은?

㉮ 더운 물과 더운 음식을 섭취한다.
㉯ 가능한 한 식염을 많이 섭취한다.
㉰ 혈액순환을 위해 틈틈이 운동을 한다.
㉱ 오랫동안 한 장소에 고정하여 작업하지 않는다.

[해설] ㉯ 식염 섭취는 고온작업장의 건강장해 예방조치에 해당한다.

26 FT도에 사용되는 기호 중 "시스템의 정상적인 가동상태에서 일어날 것이 기대되는 사상"을 나타내는 것은?

㉮ □   ㉯ ○
㉰ ⌂   ㉱ △

[해설] 일어날 것이 예상되는 사상 → 통상사상

통상사상	기본사상	정상사상 (결함사상)	생략사상
⌂	○	□	◇

{분석} 필기에 자주 출제되는 내용입니다.

27 정보를 전송하기 위한 표시장치 중 시각장치보다 청각장치를 사용해야 더 좋은 경우는?

㉮ 메시지가 나중에 재참조 되는 경우
㉯ 직무상 수신자가 자주 움직이는 경우
㉰ 메시지가 공간적인 위치를 다루는 경우
㉱ 수신자의 청각계통이 과부하상태인 경우

[해설] ㉮, ㉰, ㉱ 시각장치 사용
㉯ 청각장치 사용

정답 23 ㉮ 24 ㉯ 25 ㉯ 26 ㉰ 27 ㉯

[참고]

청각 장치	시각 장치
① 전언이 짧고, 간단할 때	① 전언이 길고, 복잡할 때
② 재참조 되지 않음	② 재참조 된다.
③ 시간적인 사상을 다룬다.	③ 공간적인 위치 다룬다.
④ 즉각적인 행동 요구할 때	④ 즉각적 행동 요구하지 않을 때
⑤ 시각계통 과부하일 때	⑤ 청각계통 과부하일 때
⑥ 주위가 너무 밝거나 암조응일 때	⑥ 주위가 너무 시끄러울 때
⑦ 자주 움직이는 경우	⑦ 한곳에 머무르는 경우

{분석}
필기에 자주 출제되는 내용입니다.

28 다음 중 인간공학에 관련된 설명으로 옳지 않은 것은?

㉮ 인간의 특성과 한계점을 고려하여 제품을 변경한다.
㉯ 생산성을 높이기 위해 인간의 특성을 작업에 맞추는 것이다.
㉰ 사고를 방지하고 안전성과 능률성을 높일 수 있다.
㉱ 편리성, 쾌적성, 효율성을 높일 수 있다.

[해설] ㉯ 인간공학은 기계와 그 기계조작 및 환경조건을 인간의 특성에 맞추어 설계하는 것이다.

29 다음 중 통제표시비(control / display ratio)를 설계할 때 고려하는 요소에 관한 설명으로 틀린 것은?

㉮ 계기의 조절시간이 짧게 소요되도록 계기의 크기(size)는 항상 작게 설계한다.
㉯ 짧은 주행시간 내에 공차의 인정범위를 초과하지 않는 계기를 마련한다.
㉰ 목시거리(目示距離)가 길면 길수록 조절의 정확도는 떨어진다.
㉱ 통제표시비가 낮다는 것은 민감한 장치라는 것을 의미한다.

[해설] ㉮ 계기의 크기가 너무 작을 경우 조절의 정확도는 떨어진다.

30 다음 중 불대수(Boolean algebra)의 관계식으로 옳은 것은?

㉮ A(A · B) = B
㉯ A + B = A · B
㉰ A + A · B = A · B
㉱ (A + B)(A + C) = A + B · C

[해설] ㉮ A(A · B) = (AA)B = AB
㉯ A + B = B + A
㉰ A + A · B = (A+A) · (A+B)
　　　　　　= A∩(A∪B)
　　　　　　= A
㉱ (A+B)(A+C) = A+B·C

31 시스템이 저장되고, 이동되고, 실행됨에 따라 발생하는 작동시스템의 기능이나 과업, 활동으로부터 발생되는 위험에 초점을 맞추어 진행하는 위험분석방법은?

㉮ FHA
㉯ OHA
㉰ PHA
㉱ SHA

[해설] 작동시스템의 기능, 과업, 활동으로부터 발생되는 위험을 분석하는 기법 → 제품 사용과 함께 발생하는 위험을 분석하는 기법을 뜻한다. → 운용 및 지원위험분석(OHA, OSHA)

정답 28 ㉯ 29 ㉮ 30 ㉱ 31 ㉯

32 2개 공정의 소음수준 측정 결과 1공정은 100dB에서 2시간, 2공정은 90dB에서 1시간 소요될 때 총 소음량(TND)과 소음설계의 적합성을 올바르게 나타낸 것은? (단, 우리나라는 90dB에 8시간 노출될 때를 허용기준으로 하며, 5dB 증가할 때 허용시간은 1/2로 감소되는 법칙을 적용한다)

㉮ TND = 0.83, 적합
㉯ TND = 약 0.93, 적합
㉰ TND = 약 1.03, 부적합
㉱ TND = 약 1.13, 부적합

[해설]

1. $TND = \dfrac{C_1}{T_1} + \dfrac{C_2}{T_2} + \cdots + \dfrac{C_n}{T_n}$

C : 각 소음에 노출되는 시간(min)
T : 각 폭로허용시간(TLV)(min)
* TND가 1을 초과할 경우 노출기준 초과

2. 소음의 노출기준

1일 노출시간(hr)	소음수준[dB(A)]
8	90
4	95
2	100
1	105
1/2	110
1/4	115

$TND = \dfrac{C_1}{T_1} + \dfrac{C_2}{T_2} + \cdots + \dfrac{C_n}{T_n}$
$= \dfrac{2}{2} + \dfrac{1}{8} = 1.125$

$TND > 1$이므로 노출기준 초과(부적합)

33 다음 중 시스템의 수명곡선(욕조곡선)에서 우발고장기간에 발생하는 고장의 원인으로 볼 수 없는 것은?

㉮ 사용자의 과오 때문에
㉯ 안전계수가 낮기 때문에
㉰ 부적절한 설치나 시동 때문에
㉱ 최선의 검사방법으로도 탐지되지 않는 결함 때문에

[해설] 우발고장(일정형) : 예측할 수 없을 때에 생기는 고장의 형태

우발고장의 원인
• 안전계수가 낮기 때문에
• 사용자의 과오 때문에
• 최선의 검사방법으로도 탐지되지 않는 결함 때문에

34 다음 중 조도의 단위에 해당하는 것은?

㉮ fL   ㉯ diopter
㉰ lumen/m^2 ㉱ lumen

[해설] 조도의 단위
1. fc(lumen/ft^2)
2. lux(1umen/m^2)

35 인간 오류의 분류에 있어 원인에 의한 분류 중 작업의 조건이나 작업의 형태 중에 다른 문제가 생겨 그 때문에 필요한 사항을 실행할 수 없는 오류(error)를 무엇이라고 하는가?

㉮ secondary error
㉯ primary error
㉰ command error
㉱ commission error

해설 인간실수 원인의 레벨적 분류
- ㉮ primary error(1차 에러) : 작업자 자신으로부터 발생한 에러
- ㉯ secondary error(2차 에러) : 작업형태, 작업조건 중 문제가 생겨 필요한 사항을 실행할 수 없어 발생한 에러
- ㉰ command error : 실행하고자 하여도 필요한 물품, 정보, 에너지 등이 공급되지 않아서 작업자가 움직일 수 없는 상태에서 발생한 에러

{분석} 필기에 자주 출제되는 내용입니다.

36 다음 중 시스템 안전의 최종분석 단계에서 위험을 고려하는 결정인자가 아닌 것은?

㉮ 효율성
㉯ 피해 가능성
㉰ 비용 산정
㉱ 시스템의 고장모드

해설 시스템 최종분석단계 위험 결정인자
① 효율성, ② 피해 가능성, ③ 비용 산정

37 품질 검사 작업자가 한 로트에서 검사 오류를 범할 확률이 0.1이고, 이 작업자가 하루에 5개의 로트를 검사한다면, 5개 로트에서 에러를 범하지 않을 확률은?

㉮ 90%   ㉯ 75%
㉰ 59%   ㉱ 40%

해설 에러를 범하지 않을 확률

$$(1-P)^n$$

여기서, P : 실수확률
n : 작업의 반복횟수(로트의 수)

$(1-P)^n = (1-0.1)^5 = 0.59(59\%)$

{분석} 출제비중이 낮은 문제입니다.

38 다음 중 시스템 안전성 평가 기법에 관한 설명으로 틀린 것은?

㉮ 가능성을 정량적으로 다룰 수 있다.
㉯ 시각적 표현에 의해 정보전달이 용이하다.
㉰ 원인, 결과 및 모든 사상들의 관계가 명확해진다.
㉱ 연역적 추리를 통해 결함사상을 빠짐없이 도출하나, 귀납적 추리로는 불가능하다.

해설 ㉱ 시스템 안전성 평가기법에는 연역적, 귀납적 추리방법이 사용된다.

39 다음 중 작업방법의 개선원칙(ECRS)에 해당되지 않는 것은?

㉮ 교육(Education)
㉯ 결합(Combine)
㉰ 재배치(Rearrange)
㉱ 단순화(Simplify)

해설 개선의 4원칙(ECRS)
- ㉮ Eliminate : 생략과 배제의 원칙
- ㉯ Combine : 결합과 분리의 원칙
- ㉰ Rearrange : 재편성과 재배열의 원칙
- ㉱ Simplify : 단순화의 원칙

40 다음 중 인체계측에 관한 설명으로 틀린 것은?

㉮ 의자, 피복과 같이 신체 모양과 치수와 관련성이 높은 설비의 설계에 중요하게 반영된다.
㉯ 일반적으로 몸의 측정 치수는 구조적 치수(structural dimension)와 기능적 치수(functional dimension)로 나눌 수 있다.

정답 36 ㉱ 37 ㉰ 38 ㉱ 39 ㉮ 40 ㉱

㉢ 인체계측치의 활용시에는 문화적 차이를 고려하여야 한다.
㉣ 인체계측치를 활용한 설계는 인간의 신체적 안락에는 영향을 미치지만 성능수행과는 관련성이 없다.

[해설] ㉣ 인체계측치를 이용한 설계는 신체적 안락뿐만 아니라 성능수행과도 밀접한 관련이 있다.

제3과목 · 기계 · 기구 및 설비 안전 관리

41 다음 중 산업용 로봇의 재해 발생에 대한 주된 원인이며, 본체의 외부에 조립되어 인간의 팔에 해당되는 기능을 하는 것은?

㉮ 배관
㉯ 외부전선
㉰ 제동장치
㉱ 매니퓰레이터

[해설] 기계위험방지기술
인간의 팔에 해당하는 부분 → 매니퓰레이터

42 산업안전보건 법령에 따라 다음 중 목재가공용으로 사용되는 모떼기기계의 방호장치는? (단, 자동이송장치를 부착한 것은 제외한다)

㉮ 분할날
㉯ 급정지장치
㉰ 날접촉예방장치
㉱ 이탈방지장치

[해설] 모떼기기계(자동이송장치를 부착한 것을 제외)에는 날접촉예방장치를 설치하여야 한다.

[참고] 목재가공용 기계의 방호장치
1. 둥근톱기계의 반발예방장치 및 톱날접촉예방장치
2. 띠톱기계의 덮개, 울
3. 목재가공용 띠톱기계에 있어서 스파이크가 부착되어 있는 이송로울러기 또는 요철형 이송롤러기의 날접촉예방장치 또는 덮개
4. 대패기계의 날접촉예방장치

43 다음 중 정하중이 작용할 때 기계의 안전을 위해 일반적으로 안전율이 가장 크게 요구되는 재질은?

㉮ 벽돌
㉯ 주철
㉰ 구리
㉱ 목재

44 다음 중 기계를 정지 상태에서 점검하여야 할 사항으로 틀린 것은?

㉮ 급유 상태
㉯ 이상음과 진동상태
㉰ 볼트·너트의 풀림 상태
㉱ 전동기 개폐기의 이상 유무

[해설]

정지 상태에서 점검해야 할 사항	운전 상태에서 점검해야 할 사항
• 주유 상태 • 개폐기의 이상 유무 • 방호 장치의 이상 유무 • 동력 전달 장치의 이상 유무 • 볼트, 너트의 풀림 유무 • 스위치 상태의 이상 유무	• 클러치 • 기어의 맞물림 상태 • 베어링의 온도 상승 유무 • 이상음 및 진동 상태 • 슬라이드면의 온도 상승 여부

정답 41 ㉱ 42 ㉰ 43 ㉮ 44 ㉯

45 페일 세이프(Fail safe) 구조의 기능면에서 설비 및 기계 장치의 일부가 고장이 난 경우 기능의 저하를 가져 오더라도 전체 기능은 정지하지 않고 다음 정기 점검 시까지 운전이 가능한 방법은?

㉮ Fail-passive
㉯ Fail-active
㉰ Fail-soft
㉱ Fail-operational

[해설]
페일세이프의 구분

- ㉮ Fail-passive : 부품 고장 시 기계장치는 정지한다.
- ㉯ Fail-active : 부품 고장시 기계는 경보를 울리며 짧은 시간 운전한다.
- ㉰ Fail-operational : 부품 고장이 있어도 다음 정기점검 까지 운전이 가능하다.

{분석}
실기까지 중요한 내용입니다. 암기하세요.

46 연삭기에서 숫돌의 바깥지름이 180mm 라면, 플랜지의 바깥지름은 몇 mm 이상이어야 하는가?

㉮ 30
㉯ 36
㉰ 45
㉱ 60

[해설] 플랜지는 숫돌 지름의 1/3 이상일 것
$180 \times \dfrac{1}{3} = 60\text{mm}$

47 산업안전보건법령에 따른 다음 설명에 해당하는 기계설비는?

> 동력을 사용하여 가이드레일을 따라 상하로 움직이는 운반구를 매달아 화물을 운반할 수 있는 설비로서 건설현장에서 사용하는 것

㉮ 크레인
㉯ 건설용 리프트
㉰ 곤돌라
㉱ 이삿짐운반용 리프트

[해설]

리프트의 종류 및 특징	
건설용 리프트	동력을 사용하여 가이드레일(운반구를 지지하여 상승 및 하강 동작을 안내하는 레일)을 따라 상하로 움직이는 운반구를 매달아 사람이나 화물을 운반할 수 있는 설비 또는 이와 유사한 구조 및 성능을 가진 것으로 건설현장에서 사용하는 것
산업용 리프트	동력을 사용하여 가이드레일을 따라 상하로 움직이는 운반구를 매달아 화물을 운반할 수 있는 설비 또는 이와 유사한 구조 및 성능을 가진 것으로 건설현장 외의 장소에서 사용하는 것
자동차 정비용 리프트	동력을 사용하여 가이드레일을 따라 움직이는 지지대로 자동차 등을 일정한 높이로 올리거나 내리는 구조의 리프트로서 자동차 정비에 사용하는 것
이삿짐 운반용 리프트	연장 및 축소가 가능하고 끝단을 건축물 등에 지지하는 구조의 사다리형 붐에 따라 동력을 사용하여 움직이는 운반구를 매달아 화물을 운반하는 설비로서 화물자동차 등 차량 위에 탑재하여 이삿짐 운반 등에 사용하는 것

정답 45 ㉱ 46 ㉱ 47 ㉯

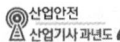

48 다음 중 컨베이어(conveyor)에 반드시 부착해야 되는 방호장치로 가장 적당한 것은?
㉮ 해지장치
㉯ 권과방지장치
㉰ 과부하방지장치
㉱ 비상정지장치

[해설] 컨베이어의 방호장치
㉮ 이탈 등의 방지장치 : 화물 또는 운반구의 이탈 및 역주행을 방지하는 장치를 갖추어야 한다.
㉯ 비상정지장치 : 컨베이어 등에 근로자의 신체의 일부가 말려드는 등 근로자에게 위험을 미칠 우려가 있는 때 및 비상시에는 즉시 컨베이어 등의 운전을 정지시킬 수 있는 장치를 설치하여야 한다.
㉰ 덮개, 울의 설치 : 컨베이어 등으로 부터 화물이 떨어져 근로자가 위험해질 우려가 있는 경우에는 해당 컨베이어 등에 덮개 또는 울을 설치하는 등 낙하 방지를 위한 조치를 하여야 한다.

{분석}
실기까지 중요한 내용입니다. "해설"을 다시 확인하세요.

49 다음 중 셰이퍼(shaper)의 크기를 표시하는 것은?
㉮ 램의 행정
㉯ 새들의 크기
㉰ 테이블의 면적
㉱ 바이트의 최대 크기

[해설] 셰이퍼의 크기 표시 → 램의 행정

50 다음 중 작업장 내의 안전을 확보하기 위한 행위로 볼 수 없는 것은?
㉮ 통로의 주요 부분에는 통로표시를 하였다.
㉯ 통로에는 50럭스 정도의 조명시설을 하였다.
㉰ 비상구의 너비는 1.0m로 하고, 높이는 2.0m로 하였다.
㉱ 통로면으로부터 높이 2m 이내에는 장애물이 없도록 하였다.

[해설] ㉯ 근로자가 안전하게 통행할 수 있도록 통로에 75럭스 이상의 채광 또는 조명시설을 하여야 한다.

51 다음 중 120SPM 이상의 소형 확동식 클러치 프레스에 가장 적합한 방호장치는?
㉮ 양수조작식
㉯ 수인식
㉰ 손쳐내기식
㉱ 초음파식

[해설] 수인식, 손쳐내기식은 120SPM 이하, 행정길이 40mm 이상에서 사용한다.

[참고] 프레스의 방호장치 설치기준
(1) 일행정 일정지식 프레스(크랭크 프레스)
  ㉮ 양수 조작식
  ㉯ 게이트 가드식
(2) 행정 길이 40mm 이상, SPM 120 이하에서 사용가능
  ㉮ 손쳐내기식
  ㉯ 수인식
(3) 슬라이드 작동중 정지 가능한 구조(급정지장치 가짐)
  ㉮ 감응식(광전자식)
  ㉯ 양수조작식
(4) 마찰프레스에 사용하나 크랭크식 프레스에 사용 불가능 : 감응식 (광전자식)

정답 48 ㉱ 49 ㉮ 50 ㉯ 51 ㉮

52 롤러기 조작부의 설치 위치에 따른 급정지장치의 종류에서 손조작식 급정지장치의 설치 위치로 옳은 것은?

㉮ 밑면에서 0.5m 이내
㉯ 밑면에서 0.6m 이상 1.0m 이내
㉰ 밑면에서 1.8m 이내
㉱ 밑면에서 1.0m 이상 2.0 이내

[해설]

종류	설치 위치
손 조작식	밑면에서 1.8m 이내
복부 조작식	밑면에서 0.8m 이상 1.1m 이내
무릎 조작식	밑면에서 0.6m 이내(밑면으로부터 0.4m 이상 0.6m 이내)

비고 : 위치는 급정지장치의 조작부의 중심점을 기준

{분석}
실기까지 중요한 내용입니다.

53 아세틸렌 용접장치를 사용하여 금속의 용접·용단 또는 가열작업을 하는 경우 게이지 압력으로 얼마를 초과하는 압력의 아세틸렌을 발생시켜 사용해서는 아니 되는가?

㉮ 85kPa
㉯ 107kPa
㉰ 127kPa
㉱ 150kPa

[해설] 아세틸렌 용접장치를 사용하여 금속의 용접·용단 또는 가열작업을 하는 경우에는 게이지 압력이 127kPa을 초과하는 압력의 아세틸렌을 발생시켜 사용해서는 아니 된다.

{분석}
실기까지 중요한 내용입니다. 암기하세요.

54 다음 중 프레스에 사용되는 광전자식 방호장치의 일반구조에 관한 설명으로 틀린 것은?

㉮ 방호장치의 감지기능은 규정한 검출영역 전체에 걸쳐 유효하여야 한다.
㉯ 슬라이드 하강 중 정전 또는 방호장치의 이상 시에는 1회 동작 후 정지할 수 있는 구조이어야 한다.
㉰ 정상 동작 표시램프는 녹색, 위험 표시램프는 붉은색으로 하며, 쉽게 근로자가 볼 수 있는 곳에 설치해야 한다.
㉱ 방호장치의 정상작동 중에 감지가 이루어지거나 공급 전원이 중단되는 경우 적어도 두개 이상의 출력신호 개폐장치가 꺼진 상태로 돼야 한다.

[해설] ㉯ 슬라이드 하강 중 정전 또는 방호장치의 이상 시에 정지할 수 있는 구조이어야 한다.

[참고] 광전자식 방호장치의 일반구조
㉮ 정상동작표시램프는 녹색, 위험표시램프는 붉은색으로 하며, 쉽게 근로자가 볼 수 있는 곳에 설치해야 한다.
㉯ 방호장치는 릴레이, 리미트 스위치 등의 전기부품의 고장, 전원전압의 변동 및 정전에 의해 슬라이드가 불시에 동작하지 않아야 하며, 사용전원전압의 ±(100분의 20)의 변동에 대하여 정상으로 작동되어야 한다.
㉰ 방호장치의 정상작동 중에 감지가 이루어지거나 공급 전원이 중단되는 경우 적어도 두 개 이상의 출력신호 개폐장치가 꺼진 상태로 돼야 한다.
㉱ 방호장치의 감지기능은 규정한 검출영역 전체에 걸쳐 유효하여야 한다.(다만, 블랭킹 기능이 있는 경우 그렇지 않다)
㉲ 연속 차광폭 30mm 이하(다만, 12광축 이상으로 광축과 작업점과의 수평거리가 500mm를 초과하는 프레스에 사용하는 경우는 40mm 이하)

정답 52 ㉰ 53 ㉰ 54 ㉯

55 다음 중 선반 작업 시 준수하여야 하는 안전 사항으로 틀린 것은?

㉮ 작업 중 장갑 착용을 금한다.
㉯ 작업 시 공구는 항상 정리해 둔다.
㉰ 운전 중에 백기어(back gear)를 사용한다.
㉱ 주유 및 청소를 할 때에는 반드시 기계를 정지시키고 한다.

[해설] 백기어는 주축대를 구동시키는 장치로 운전 중에 사용해서는 안 된다.

56 다음 중 탁상용 연삭기에 사용하는 것으로서 공작물을 연삭할 때 가공물 지지점이 되도록 받쳐주는 것을 무엇이라 하는가?

㉮ 주판
㉯ 측판
㉰ 심압대
㉱ 워크레스트

[해설] "워크레스트(workrest)"란 탁상용 연삭기에 사용하는 것으로 공작물을 연삭할 때 가공물 지지점이 되도록 받쳐주는 것을 말한다.

57 설비에 사용되는 재질의 최대사용하중이 100kg이고, 파단하중이 300kg이라면 안전율은 얼마인가?

㉮ 0.3   ㉯ 1
㉰ 3   ㉱ 100

[해설] 안전율 = $\frac{파단하중}{최대사용하중}$ = $\frac{300kg}{100kg}$ = 3

{분석} 실기까지 중요한 내용입니다.

58 크레인 작업 시 로프에 1톤의 중량을 걸어, 20m/s²의 가속도로 감아올릴 때 로프에 걸리는 총하중(kgf)은 약 얼마인가?

㉮ 1040.34
㉯ 2040.53
㉰ 3040.82
㉱ 3540.91

[해설] 와이어로프에 걸리는 총 하중 계산

총 하중(w) = 정하중(w_1) + 동하중(w_2)
동하중(w_2) = $\frac{w_1}{g} \times a$
여기서, w : 총하중(kgf)
 w_1 : 정하중(kgf)
 w_2 : 동하중(kgf)
 g : 중력 가속도(9.8m/s²)
 a : 가속도(9.8m/s²)
* 정하중 : 매단 물체의 무게

총 하중(w) = 정하중(w_1) + 동하중(w_2)
 = 정하중 + $\frac{w_1}{g} \times a$
 = 1000 + $\frac{1000}{9.8} \times 20$
 = 3040.82 kgf

(1ton = 1,000kgf)

{분석} 실기까지 중요한 내용입니다. 풀이방법을 숙지하세요.

59 다음 중 취급운반의 5원칙으로 틀린 것은?

㉮ 연속 운반으로 할 것
㉯ 직선 운반으로 할 것
㉰ 운반 작업을 집중화시킬 것
㉱ 생산을 최소로 하는 운반을 생각할 것

정답 55 ㉰ 56 ㉱ 57 ㉰ 58 ㉰ 59 ㉱

[해설] 취급·운반의 5원칙
- ㉮ 직선 운반을 할 것
- ㉯ 연속 운반을 할 것
- ㉰ 운반 작업을 집중화시킬 것
- ㉱ 생산을 최고로 하는 운반을 생각할 것
- ㉲ 최대한 시간과 경비를 절약할 수 있는 운반 방법을 고려할 것

60 산업안전보건 법령에 따라 아세틸렌 – 산소 용접기의 아세틸렌 발생기실에 설치해야 할 배기통은 얼마 이상의 단면적을 가져야 하는가?

㉮ 바닥면적의 $\frac{1}{16}$
㉯ 바닥면적의 $\frac{1}{20}$
㉰ 바닥면적의 $\frac{1}{24}$
㉱ 바닥면적의 $\frac{1}{30}$

[해설] 바닥면적의 16분의 1 이상의 단면적을 가진 배기통을 옥상으로 돌출시키고 그 개구부를 창이나 출입구로부터 1.5미터 이상 떨어지도록 할 것

제4과목 전기 및 화학설비 안전 관리

61 다음 중 최대공급전류가 200A인 단상전로의 한 선에서 누전되는 최소전류는 몇 A인가?

㉮ 0.1　　㉯ 0.2
㉰ 0.5　　㉱ 1.0

[해설] 누전전류(누설전류)의 크기

$$최대공급전류 \times \frac{1}{2000}$$
$$= 200 \times \frac{1}{2000} = 0.1(A)$$

{분석} 실기까지 중요한 내용입니다.

62 다음은 정전기로 인한 재해를 방지하기 위한 조치 중 전기를 통하지 않는 부도체 물질에 적합하지 않는 조치는?

㉮ 가습을 시킨다.
㉯ 접지를 실시한다.
㉰ 도전성을 부여한다.
㉱ 자기방전식 제전기를 설치한다.

[해설] ㉯ 부도체의 접지는 효과가 없다. 도체일 경우 접지하여야 한다.

[참고] 정전기 재해 예방대책
㉠ 접지(도체일 경우 효과 있으나 부도체는 효과 없다)
㉡ 습기부여(공기 중 습도 60~70% 이상 유지한다)
㉢ 도전성 재료 사용(절연성 재료는 절대 금한다)
㉣ 대전 방지제 사용
  • 외부용 일시성 대전방지제 : 음이온계
  • 양이온계
  • 비이온계
㉤ 제전기 사용
㉥ 유속 조절(석유류 제품 1m/s 이하)

{분석} 실기까지 중요한 내용입니다. "참고"를 다시 확인하세요.

63 다음 중 방폭구조의 종류에 해당하지 않는 것은?

㉮ 유출 방폭구조
㉯ 안전증 방폭구조
㉰ 압력 방폭구조
㉱ 본질안전 방폭구조

정답 60 ㉮ 61 ㉮ 62 ㉯ 63 ㉮

[해설] 방폭구조의 종류 및 기호

가스, 증기, 분진 방폭구조		기호
가스, 증기 방폭 구조	내압 방폭구조	d
	압력 방폭구조	p
	유입 방폭구조	o
	안전증 방폭구조	e
	본질안전 방폭구조	ia or ib
	충전 방폭구조	q
	비점화 방폭구조	n
	몰드 방폭구조	m
	특수 방폭구조	s
분진 방폭 구조	방진 방폭구조	tD

{분석}
실기까지 중요한 내용입니다. 암기하세요.

64 정전기가 컴퓨터에 미치는 문제점으로 가장 거리가 먼 것은?

㉮ 디스크 드라이브가 데이터를 읽고 기록한다.
㉯ 메모리 변경이 에러나 프로그램의 분실을 발생시킨다.
㉰ 프린터가 오작동을 하여 너무 많이 찍히거나, 글자가 겹쳐서 찍힌다.
㉱ 터미널에서 컴퓨터에 잘못된 데이터를 입력시키거나 데이터를 분실한다.

65 접지도체의 최소단면적의 기준으로 옳은 것은?

㉮ 특고압 · 고압 전기설비용 접지도체는 단면적 $2.5mm^2$ 이상의 연동선
㉯ 중성점 접지용 접지도체는 공칭단면적 $6mm^2$ 이상의 연동선
㉰ 7kV 이하의 전로의 접지도체는 $16mm^2$ 이상의 연동선
㉱ 사용전압이 25kV 이하인 특고압 가공전선로의 접지도체는 $6mm^2$ 이상의 연동선

[해설] 접지도체의 최소단면적

① 특고압 · 고압 전기설비용 접지도체는 단면적 $6mm^2$ 이상의 연동선
② 중성점 접지용 접지도체는 공칭단면적 $16mm^2$ 이상의 연동선(다만, 다음의 경우에는 공칭단면적 $6mm^2$ 이상의 연동선)
  • 7kV 이하의 전로
  • 사용전압이 25kV 이하인 특고압 가공전선로
③ 이동하여 사용하는 전기기계기구의 금속제 외함 등의 접지시스템
  • 특고압 · 고압 전기설비용 접지도체 및 중성점 접지용 접지도체 : 단면적 $10mm^2$ 이상인 것
  • 저압 전기설비용 접지도체 : 단면적이 $0.75mm^2$ 이상인 것(다만, 기타 유연성이 있는 연동연선은 1개 도체의 단면적이 $1.5mm^2$ 이상인 것)

{분석}
관련 규정의 변경으로 문제 일부를 변경했습니다.

66 전기설비의 접지저항을 감소시킬 수 있는 방법으로 가장 거리가 먼 것은?

㉮ 접지극을 깊이 묻는다.
㉯ 접지극을 병렬로 접속한다.
㉰ 접지극의 길이를 길게 한다.
㉱ 접지극과 대지 간의 접촉을 좋게 하기 위해서 모래를 사용한다.

[해설] 접지저항 저감 대책

① 접지극의 병렬 매설(병렬법)
② 접지봉의 심타 매설(심타법)
③ 접지저항 저감제 사용(약품법)
④ 접지극의 규격을 크게
⑤ 토질개량
⑥ 보조 메쉬(mesh), 보조전극 사용

정답 64 ㉮ 65 ㉱ 66 ㉱

67 작업장에서 근로자의 감전 위험을 방지하기 위하여 필요한 조치를 하여야 한다. 맞지 않는 것은?

㉮ 작업장 통행 등으로 인하여 접촉하거나 접촉할 우려가 있는 배선 또는 이동전선에 대하여는 절연피복이 손상되거나 노화된 경우에는 교체하여 사용하는 것이 바람직하다.

㉯ 전선을 서로 접속하는 때에는 해당 전선의 절연성능 이상으로 절연될 수 있는 것으로 충분히 피복하거나 적합한 접속기구를 사용하여야 한다.

㉰ 물 등의 도전성이 높은 액체가 있는 습윤한 장소에서 근로자의 통행 등으로 인하여 접촉할 우려가 있는 이동전선 및 이에 부속하는 접속기구는 그 도전성이 높은 액체에 대하여 충분한 절연효과가 있는 것을 사용하여야 한다.

㉱ 차량 기타 물체의 통과 등으로 인하여 전선의 절연피복이 손상될 우려가 없더라도 통로바닥에 전선 또는 이동전선을 설치하여 사용하여서는 아니된다.

[해설] ㉱ 전선 절연피복의 손상 우려가 없는 경우 통로바닥에 전선 또는 이동전선을 사용할 수 있다.

68 충전전로의 선간전압이 121kV 초과 145kv 이하의 활선 작업 시 충전전로에 대한 접근한계거리는?

㉮ 130cm   ㉯ 150cm
㉰ 170cm   ㉱ 230cm

[해설] 접근한계거리

충전전로의 선간전압 (단위 : 킬로볼트)	충전전로에 대한 접근한계거리 (단위 : 센티미터)
0.3 이하	접촉금지
0.3 초과 0.75 이하	30
0.75 초과 2 이하	45
2 초과 15 이하	60
15 초과 37 이하	90
37 초과 88 이하	110
88 초과 121 이하	130
121 초과 145 이하	150
145 초과 169 이하	170
169 초과 242 이하	230
242 초과 362 이하	380
362 초과 550 이하	550
550 초과 800 이하	790

{분석} 실기까지 중요한 내용입니다. "해설"을 다시 확인하세요.

69 다음 중 누전차단기의 설치 환경조건에 관한 설명으로 틀린 것은?

㉮ 전원전압은 정격전압의 85~110% 범위로 한다.

㉯ 설치장소가 직사광선을 받을 경우 차폐시설을 설치한다.

㉰ 정격부동작 전류가 정격감도 전류의 30% 이상이어야 하고 이들의 차가 가능한 큰 것이 좋다.

㉱ 정격전부하전류가 30A인 이동형 전기기계·기구에 접속되어 있는 경우 일반적으로 정격감도전류는 30mA 이하인 것을 사용한다.

[해설] 누전차단기의 사용기준
㉮ 당해 부하에 적합한 정격전류를 갖출 것
㉯ 당해 부하에 적합한 차단용량을 갖출 것
㉰ 정격 부동작 전류가 정격감도전류의 50% 이상이어야 하고 이들의 전류 차가 가능한 한 작을 것

정답 67 ㉱ 68 ㉯ 69 ㉰

㉣ 절연저항이 5MΩ 이상일 것
⑤ 누전차단기의 정격전압은 당해 누전차단기를 설치할 전로의 공칭전압의 90~110% 이내이어야 한다.

70 전압과 인체저항과의 관계를 잘못 설명한 것은?

㉮ 정(+)의 저항온도 계수를 나타낸다.
㉯ 내부조직의 저항은 전압에 관계없이 일정하다.
㉰ 1,000V 부근에서 피부의 전기저항은 거의 사라진다.
㉱ 남자보다 여자가 일반적으로 전기저항이 작다.

[해설] 인체저항은 전압이 커질수록 저항이 감소하는 부(-)의 저항온도 계수를 나타낸다.

[참고] 1. 정(+)의 온도 계수 : 온도 상승에 따라 저항이 증가하는 것
2. 부(-)의 온도 계수 : 온도 상승에 따라 저항이 감소하는 것

71 다음 중 증류탑의 일상 점검항목으로 볼 수 없는 것은?

㉮ 도장의 상태
㉯ 트레이(Tray)의 부식 상태
㉰ 보온재, 보냉재의 파손 여부
㉱ 접속부, 맨홀부 및 용접부에서의 외부 누출 유무

[해설] 증류탑의 일상점검 항목
① 보온재·보냉재의 파손 상황
② 도장의 열화정도
③ 볼트의 풀림 여부
④ 플랜지, 맨홀, 용접부등에서의 누출 여부
⑤ 증기 배관의 열팽창에 의한 과도한 힘이 가해지지 않는지 여부

[참고] 증류탑 개방 시 점검 항목
㉮ 트레이의 부식 상태
㉯ 포종의 막힘 여부
㉰ 넘쳐흐르는 둑의 높이가 설계와 같은지 여부
㉱ 용접선의 상황 및 포종의 고정 여부
㉲ 균열, 손상 여부

72 다음 중 소화(消火)방법에 있어 제거소화에 해당되지 않는 것은?

㉮ 연료 탱크를 냉각하여 가연성 기체의 발생 속도를 작게 한다.
㉯ 금속화재의 경우 불활성 물질로 가연물을 덮어 미연소 부분과 분리한다.
㉰ 가연성 기체의 분출 화재 시 주 밸브를 잠그고 연료공급을 중단시킨다.
㉱ 가연성 가스나 산소의 농도를 조절하여 혼합 기체의 농도를 연소 범위 밖으로 벗어나게 한다.

[해설] ㉱ 가연성 가스나 산소농도 조절하여 소화 → 질식소화 또는 희석소화

[참고] 소화방법
(1) 제거소화 : 가연물의 제거에 의한 소화 방법
  예 · 촛불을 입으로 불어끈다.
    · 산불이 진행되는 방향의 나무를 제거한다.
    · 가스화재나 전기화재 시 가스공급 밸브나 차단기를 닫는다.
(2) 질식소화 : 가연물이 연소할 때 공기 중의 산소 농도를 21%에서 15% 이하로 낮추어 소화하는 방법
  예 · 분말소화기
    · 포소화기
    · 이산화탄소(CO_2)소화기
    · 물의 분무 등
(3) 냉각소화 : 가연물의 온도를 떨어뜨려 소화하는 방법 or 물의 증발잠열을 이용하는 방법
  예 · 물
    · 산알칼리 소화기
    · 강화액소화기

정답 70 ㉮ 71 ㉯ 72 ㉱

(4) 억제효과(부촉매효과) : 연소반응을 억제하는 부촉매를 이용하는 소화방법
예 • 할로겐 화합물 소화기(할론소화기)

73 산업안전보건법에 따라 사업주는 공정안전보고서의 심사결과를 송부 받은 경우 몇 년간 보존하여야 하는가?

㉮ 1년 ㉯ 2년
㉰ 3년 ㉱ 5년

[해설] 사업주는 송부받은 공정안전보고서를 송부받은 날부터 5년간 보존하여야 한다.

74 SO_2, 20ppm은 약 몇 g/m³인가?
(단 SO_2의 분자량은 64이고 온도는 21℃, 압력은 1기압으로 한다)

㉮ 0.571 ㉯ 0.531
㉰ 0.0571 ㉱ 0.0531

[해설] 질량농도(mg/m³)와 용량농도(ppm)의 환산 (21℃, 1기압 기준)

$$mg/m^3 = ppm \times \frac{분자량}{24.1(L)}$$

$mg/m^3 = 20 \times \frac{64}{24.1} = 53.11 mg/m^3$

$= 53.11 \times \frac{1}{1000} g/m^3 = 0.05311 g/m^3$

$(1mg = \frac{1}{1000}g)$

(SO_2의 분자량 $= 32 + 16 \times 2 = 64g$)

[참고]
1. 0℃, 1기압 기준

$$mg/m^3 = ppm \times \frac{분자량}{22.4(L)}$$

2. 25℃, 1기압 기준

$$mg/m^3 = ppm \times \frac{분자량}{24.45(L)}$$

{분석} 출제비중이 낮은 문제입니다.

75 부피조성이 메탄 65%, 에탄 20%, 프로판 15%인 혼합가스의 공기 중 폭발하한계는 약 몇 vol% 인가? (단, 메탄, 에탄, 프로판의 폭발하한계는 각각 5.0vol%, 3.0vol%, 2.1vol%이다.)

㉮ 2.63vol% ㉯ 3.73vol%
㉰ 4.83vol% ㉱ 5.93vol%

[해설] 혼합 가스의 폭발 범위(르 샤틀리에의 공식)

$$\frac{100}{L} = \frac{V_1}{L_1} + \frac{V_2}{L_2} + \frac{V_3}{L_3} \cdots \text{ (vol\%)}$$

$$L = \frac{100}{\frac{V_1}{L_1} + \frac{V_2}{L_2} + \frac{V_3}{L_3} \cdots}$$

여기서,
L : 혼합가스의 폭발하한계(상한계)
L_1, L_2, L_3 : 단독가스의 폭발하한계(상한계)
V_1, V_2, V_3 : 단독가스의 공기 중 부피
$100 : V_1 + V_2 + V_3 + \cdots$

$$\frac{100}{L} = \frac{V_1}{L_1} + \frac{V_2}{L_2} + \frac{V_3}{L_3} \cdots$$

$$\frac{(65+20+15)}{L} = \frac{65}{5.0} + \frac{20}{3.0} + \frac{15}{2.1}$$

$$L = \frac{100}{\frac{65}{5.0} + \frac{20}{3.0} + \frac{15}{2.1}} = 3.73 vol\%$$

{분석} 실기까지 중요한 문제입니다.

76 다음 중 화염의 역화를 방지하기 위한 안전장치는?

㉮ flame arrester
㉯ flame stack
㉰ molecular seal
㉱ water seal

[해설] 역화방지기 → flame arrester
[참고] 화염방지기 → flame stack

정답 73 ㉱ 74 ㉱ 75 ㉯ 76 ㉮

77 다음 중 화염일주한계와 폭발등급에 대한 설명으로 틀린 것은?

㉮ 수소와 메탄은 상호 다른 등급에 해당한다.
㉯ 폭발등급은 화염일주한계에 따라 등급을 구분한다.
㉰ 폭발등급 1등급 가스는 폭발등급 3등급 가스보다 폭발점화 파급위험이 크다.
㉱ 폭발성 혼합가스에서 화염일주한계 값이 작은 가스일수록 외부로 폭발점화 파급위험이 커진다.

[해설] 폭발점화 파급 위험
폭발 3등급 > 폭발 2등급 > 폭발 1등급

[참고] 폭발등급

폭발 등급	안전간격(mm)	해당 가스
1등급	0.6mm 초과	메탄, 에탄, 프로판, 부탄
2등급	0.4mm 초과 0.6mm 이하	에틸렌, 석탄가스
3등급	0.4mm 이하	수소, 아세틸렌

78 환풍기가 고장난 장소에서 인화성 액체를 취급하는 과정에 부주의로 마개를 막지 않았다. 이 장소에서 작업자가 담배를 피우기 위해 불을 켜는 순간 인화성 액체에서 불꽃이 일어나는 사고가 발생하였다면 다음 중 이와 같은 사고의 발생 가능성이 가장 높은 물질은?

㉮ 아세트산
㉯ 등유
㉰ 에틸에테르
㉱ 경유

[해설]
1. 에틸에테르 : 인화점이 섭씨 23도 미만이고 초기 끓는점이 섭씨 35도 이하
2. 아세트산, 등유, 경유 : 인화점이 섭씨 23도 이상 섭씨 60도 이하
3. 인화점이 낮은 에틸에테르의 불꽃사고 위험이 가장 높다.

[참고] 인화성 액체
가. 에틸에테르, 가솔린, 아세트알데히드, 산화프로필렌, 그 밖에 인화점이 섭씨 23도 미만이고 초기끓는점이 섭씨 35도 이하인 물질
나. 노르말헥산, 아세톤, 메틸에틸케톤, 메틸알코올, 에틸알코올, 이황화탄소, 그 밖에 인화점이 섭씨 23도 미만이고 초기 끓는점이 섭씨 35도를 초과하는 물질
다. 크실렌, 아세트산아밀, 등유, 경유, 테레핀유, 이소아밀알코올, 아세트산, 하이드라진, 그 밖에 인화점이 섭씨 23도 이상 섭씨 60도 이하인 물질

79 다음 중 폭발이나 화재 방지를 위하여 물과의 접촉을 방지하여야 하는 물질에 해당하는 것은?

㉮ 칼륨
㉯ 트리니트로톨루엔
㉰ 황린
㉱ 니트로셀룰로오스

[해설] 금수성 : 물과 반응하여 발화하거나 가연성가스를 발생시키는 성질

금수성물질의 종류
① 리튬
② 칼륨·나트륨
③ 알킬알루미늄·알킬리튬
④ 칼슘 탄화물(탄화칼슘), 알루미늄 탄화물(탄화알루미늄)

정답 77 ㉰ 78 ㉰ 79 ㉮

80 다음 중 자연발화에 대한 설명으로 가장 적절한 것은?

㉮ 습도를 높게 하면 자연발화를 방지할 수 있다.
㉯ 점화원을 잘 관리하면 자연발화를 방지할 수 있다.
㉰ 윤활유를 닦은 걸레의 보관 용기로는 금속재료보다는 플라스틱 제품이 더 좋다.
㉱ 자연발화는 외부로 방출하는 열보다 내부에서 발생하는 열의 양이 많은 경우에 발생한다.

[해설]
가. 자연발화의 예방을 위해 습도를 낮추어야 한다.
나. 자연발화는 점화원 없이 자체 열에 의한 발화로 점화원 관리로 방지할 수 없다.
다. 플라스틱의 경우 열전도율이 낮아 열의 축적에 의한 자연발화 위험이 더 크다.

[참고]
1. 자연발화 : 외부 점화원 없이 자체의 열에 의해 발화하는 현상
2. 자연발화 방지법
   ① 저장소의 온도를 낮출 것
   ② 산소와의 접촉을 피할 것
   ③ 통풍 및 환기를 철저히 할 것
   ④ 습도가 높은 곳에는 저장하지 말 것

제5과목 건설공사 안전 관리

81 추락방지망의 달기로프를 지지점에 부착할 때 지지점의 간격이 1.5m인 경우 지지점의 강도는 최소 얼마 이상이어야 하는가? (단, 연속적인 구조물이 방망지 지점인 경우임)

㉮ 200kg ㉯ 300kg
㉰ 400kg ㉱ 500kg

[해설] 연속적인 구조물이 방망 지지점인 경우의 외력 계산

$$F = 200 \times B$$

여기서, F는 외력(단위 : 킬로그램),
B는 지지점간격(단위 : m)이다.

$F = 200 \times B = 200 \times 1.5 = 300kg$

82 다음 빈칸에 알맞은 숫자를 옳게 나타낸 것은?

강관비계의 경우 띠장간격을 (　)미터 이하의 위치에 설치한다.

㉮ 1   ㉯ 2.5
㉰ 2   ㉱ 3

[해설] 띠장간격 : 2.0미터 이하로 할 것

[참고] 강관비계의 구조
① 비계기둥 간격 : 띠장방향에서는 1.85m 이하, 장선방향에서는 1.5m 이하로 할 것
  다만, 다음 각 목의 어느 하나에 해당하는 작업의 경우에는 안전성에 대한 구조검토를 실시하고 조립도를 작성하면 띠장 방향 및 장선 방향으로 각각 2.7미터 이하로 할 수 있다.
  가. 선박 및 보트 건조작업
  나. 그 밖에 장비 반입·반출을 위하여 공간 등을 확보할 필요가 있는 등 작업의 성질상 비계기둥 간격에 관한 기준을 준수하기 곤란한 작업
② 띠장간격 : 2.0미터 이하로 할 것
③ 비계기둥의 제일 윗부분으로부터 31m되는 지점 밑 부분의 비계기둥은 2본의 강관으로 묶어세울 것
④ 비계기둥 간의 적재하중은 400kg을 초과하지 않도록 할 것

{분석}
실기까지 중요한 내용입니다. "참고"를 다시 확인하세요.

정답 80 ㉱ 81 ㉯ 82 ㉰

83 크레인을 사용하여 양중작업을 하는 때에 안전한 작업을 위해 준수하여야 할 내용으로 틀린 것은?

㉮ 인양할 하물(荷物)을 바닥에서 끌어당기거나 밀어 정위치 작업을 할 것
㉯ 가스통 등 운반 도중에 떨어져 폭발 가능성이 있는 위험물 용기는 보관함에 담아 매달아 운반할 것
㉰ 인양 중인 하물이 작업자의 머리 위로 통과하지 않도록 할 것
㉱ 인양할 하물이 보이지 아니하는 경우에는 어떠한 동작도 하지 아니할 것

[해설] ㉮ 인양할 하물(荷物)을 바닥에서 끌어당기거나 밀어내는 작업을 하지 아니할 것

[참고] 크레인 작업 시의 조치
㉮ 인양할 하물(荷物)을 바닥에서 끌어당기거나 밀어내는 작업을 하지 아니할 것
㉯ 유류드럼이나 가스통 등 운반 도중에 떨어져 폭발하거나 누출될 가능성이 있는 위험물 용기는 보관함(또는 보관고)에 담아 안전하게 매달아 운반할 것
㉰ 고정된 물체를 직접 분리·제거하는 작업을 하지 아니할 것
㉱ 미리 근로자의 출입을 통제하여 인양 중인 하물이 작업자의 머리 위로 통과하지 않도록 할 것
㉲ 인양할 하물이 보이지 아니하는 경우에는 어떠한 동작도 하지 아니할 것

84 타워크레인을 벽체에 지지하는 경우 서면심사 서류 등이 없거나 명확하지 아니할 때 설치를 위해서는 특정 기술자의 확인을 필요로 하는데, 그 기술자에 해당하지 않는 것은?

㉮ 건설안전기술사
㉯ 기계안전기술사
㉰ 건축시공기술사
㉱ 건설안전분야 산업안전지도사

[해설] 서면심사 서류 등이 없거나 명확하지 아니한 경우에는 건축구조·건설기계·기계안전·건설안전기술사 또는 건설안전분야 산업안전지도사의 확인을 받아 설치하거나 기종별·모델별 공인된 표준방법으로 설치할 것

85 흙의 동상을 방지하기 위한 대책으로 틀린 것은?

㉮ 물의 유통을 원활하게 하여 지하 수위를 상승시킨다.
㉯ 모관수의 상승을 차단하기 위하여 지하수위 상층에 조립토층을 설치한다.
㉰ 지표의 흙을 화학약품으로 처리한다.
㉱ 흙 속에 단열재료를 매입한다.

[해설] ㉮ 배수구를 설치하여 지하 수위를 저하시킨다.

[참고] 흙의 동상현상 방지책
㉮ 모관수의 상승을 차단하기 위하여 지하 수위 상층에 조립토층을 설치한다.
㉯ 지표의 흙을 화학약품으로 처리한다.
㉰ 흙 속에 단열재료를 매입한다.
㉱ 배수구를 설치하여 지하 수위를 저하시킨다.

86 철근 가공 작업에서 가스절단을 할 때의 유의사항으로 틀린 것은?

㉮ 가스절단 작업 시 호스는 겹치거나 구부러지거나 밟히지 않도록 한다.
㉯ 호스, 전선 등은 작업효율을 위하여 다른 작업장을 거치는 곡선상의 배선이어야 한다.
㉰ 작업장에서 가연성 물질에 인접하여 용접작업할 때에는 소화기를 비치하여야 한다.
㉱ 가스절단 작업 중에는 보호구를 착용하여야 한다.

[해설] ㉯ 호스, 전선 등은 다른 작업장을 거치지 않는 직선상의 배선이어야 한다.

정답 83 ㉮ 84 ㉰ 85 ㉮ 86 ㉯

참고 철근절단 작업 시 주의사항
① 가스절단은 면허소지자가 실시하고 작업 중에는 보호구를 착용한다.
② 가스호스는 작업 중에 겹쳐지거나 구부러지거나 밟히지 않도록 한다.
③ 작업장에는 소화기를 비치한다.
④ 우천이나 눈이 올 때에는 시공 부분이 급랭하여 경화되므로 균열이 생길 우려가 있어 작업을 중지하여야 한다.
⑤ 강풍이 불면 불꽃이 흩어져 시공부분에 산화막이 생기기 쉬우므로 작업을 중지한다.

87 항타기·항발기의 권상용 와이어로프로 사용 가능한 것은?
㉮ 이음매가 있는 것
㉯ 와이어로프의 한 꼬임에서 끊어진 소선의 수가 5%인 것
㉰ 지름의 감소가 호칭지름의 8%인 것
㉱ 심하게 변형된 것

해설 와이어로프의 사용 금지 기준
① 이음매가 있는 것
② 와이어로프의 한 꼬임에서 끊어진 소선의 수가 10퍼센트 이상인 것
③ 지름의 감소가 공칭지름의 7퍼센트를 초과하는것
④ 꼬인 것
⑤ 심하게 변형되거나 부식된 것
⑥ 열과 전기충격에 의해 손상된 것

{분석}
실기까지 중요한 내용입니다. "해설"을 다시 확인하세요.

88 굴착 기계 중 주행기면 보다 하방의 굴착에 적합하지 않은 것은?
㉮ 백호우 ㉯ 클램쉘
㉰ 파워셔블 ㉱ 드래그라인

해설 파워셔블은 기계가 서 있는 지반면보다 높은 곳(상방)의 땅파기에 적합하다.

참고 셔블계 기계
① 파워 셔블(power shovel)[dipper shovel : 동력삽]
• 기계가 서 있는 지반면보다 높은 곳의 땅파기에 적합하다.
• 붐(boom)이 단단하여 굳은 지반의 굴착에도 사용된다.
② 드래그 셔블(drag shovel, 백호)
• 기계가 서 있는 지면보다 낮은 장소의 굴착 및 수중굴착이 가능하다
• 굳은 지반의 토질도 정확한 굴착이 된다.
③ 드래그 라인(drag line)
• 기계가 서있는 위치보다 낮은 장소의 굴착에 적당하다.
• 작업범위가 광범위하고 수중굴착 및 연약한 지반의 굴착에 적합하다.
④ 클램셀(clamshell)
• 수중굴착 및 가장 협소하고 깊은 굴착이 가능하며 호퍼(hopper)에 적당하다.
• 연약지반이나 수중굴착 및 자갈 등을 싣는데 적합하다.

89 사다리식 통로의 설치기준으로 틀린 것은?
㉮ 폭은 30cm 이상으로 할 것
㉯ 발판과 벽과의 사이는 15cm 이상의 간격을 유지할 것
㉰ 사다리의 상단은 걸쳐놓은 지점으로부터 60cm 이상 올라가도록 할 것
㉱ 사다리식 통로의 길이가 10m 이상인 경우에는 7m 이내마다 계단참을 설치할 것

해설 ㉱ 사다리식 통로의 길이가 10m 이상인 경우에는 5m 이내마다 계단참을 설치할 것

참고 사다리식 통로의 구조
① 견고한 구조로 할 것
② 심한 손상·부식 등이 없는 재료를 사용할 것
③ 발판의 간격은 일정하게 할 것
④ 발판과 벽과의 사이는 15센티미터 이상의 간격을 유지할 것

정답 87 ㉯ 88 ㉰ 89 ㉱

⑤ 폭은 30센티미터 이상으로 할 것
⑥ 사다리가 넘어지거나 미끄러지는 것을 방지하기 위한 조치를 할 것
⑦ 사다리의 상단은 걸쳐놓은 지점으로부터 60센티미터 이상 올라가도록 할 것
⑧ 사다리식 통로의 길이가 10미터 이상인 경우에는 5미터 이내마다 계단참을 설치할 것
⑨ 사다리식 통로의 기울기는 75도 이하로 할 것. 다만, 고정식 사다리 통로의 기울기는 90도 이하로 하고, 그 높이가 7미터 이상인 경우에는 다음 각 목의 구분에 따른 조치를 할 것
  - 등받이울이 있어도 근로자 이동에 지장이 없는 경우 : 바닥으로부터 높이가 2.5미터 되는 지점부터 등받이울을 설치할 것
  - 등받이울이 있으면 근로자가 이동이 곤란한 경우 : 한국산업표준에서 정하는 기준에 적합한 개인용 추락 방지 시스템을 설치하고 근로자로 하여금 한국산업표준에서 정하는 기준에 적합한 전신 안전대를 사용하도록 할 것
⑩ 접이식 사다리 기둥은 사용 시 접혀지거나 펼쳐지지 않도록 철물 등을 사용하여 견고하게 조치할 것

{분석}
실기까지 중요한 내용입니다. "참고"를 다시 확인하세요.

90 건설공사 시 계측관리의 목적이 아닌 것은?
㉮ 지역의 특수성보다는 토질의 일반적인 특성파악을 목적으로 한타.
㉯ 시공 중 위험에 대한 정보제공을 목적으로 한다.
㉰ 설계 시 예측치와 시공 시 측정치와의 비교를 목적으로 한다.
㉱ 향후 거동 파악 및 대책 수립을 목적으로 한다.

[해설] ㉮ 토질의 특성보다는 지역의 특수성 파악을 목적으로 계측관리를 한다.

91 주행크레인 및 선회크레인과 건설물 사이에 통로를 설치하는 경우, 그 폭은 최소 얼마 이상으로 하여야 하는가? (단, 건설물의 기둥에 접촉하지 않는 부분인 경우)
㉮ 0.3m ㉯ 0.4m
㉰ 0.5m ㉱ 0.6m

[해설] 주행 크레인 또는 선회 크레인과 건설물 또는 설비와의 사이에 통로를 설치하는 경우 그 폭을 0.6m 이상으로 하여야 한다. 다만, 그 통로 중 건설물의 기둥에 접촉하는 부분에 대해서는 0.4m 이상으로 할 수 있다.

92 철골공사에서 나타나는 용접결함의 종류에 해당하지 않는 것은?
㉮ 오버랩(overlap)
㉯ 언더 컷(under cut)
㉰ 블로우 홀(blow hole)
㉱ 가우징(gouging)

[해설] ㉱ 가우징은 불완전 용접부의 제거, 용접부의 밑면 파내기 등에 이용되는 용접부의 깊은 홈을 파는 방법이다.

93 콘크리트 타설 시 거푸집의 측압에 영향을 미치는 인자들에 대한 설명으로 틀린 것은?
㉮ 슬럼프가 클수록 측압은 크다.
㉯ 거푸집의 강성이 클수록 측압은 크다.
㉰ 철근량이 많을수록 측압은 작다.
㉱ 타설 속도가 느릴수록 측압은 크다.

[해설] ㉱ 타설 속도가 빠를수록 측압은 크다.

[참고] 콘크리트의 측압
① 거푸집 강성이 클수록 측압이 크다.
② 콘크리트 비중 클수록 측압이 크다.

정답 90 ㉮ 91 ㉱ 92 ㉱ 93 ㉱

③ 습도가 낮을수록 측압이 크다.
④ 다짐이 좋을수록 측압이 크다.
⑤ 거푸집 수밀성이 클수록 측압이 크다.
⑥ 철골 or 철근량 적을수록 측압이 크다.
⑦ 외기온도 낮을수록 측압은 크다.

{분석}
자주 출제되는 내용입니다. "참고"를 다시 확인하세요.

[참고] 히빙(Heaving) 현상
① 연질점토 지반에서 굴착에 의한 흙막이 내·외면의 흙의 중량차이(토압)로 인해 굴착저면이 부풀어 올라오는 현상을 말한다.
② 흙막이 바깥 흙이 안으로 밀려든다.

{분석}
실기까지 중요한 내용입니다. "참고"를 다시 확인하세요.

94 다음 ( )안에 들어갈 말로 옳은 것은?

> 콘크리트 측압은 콘크리트 타설 속도, ( ), 단위용적질량, 온도, 철근배근 상태 등에 따라 달라진다.

㉮ 타설 높이 ㉯ 골재의 형상
㉰ 콘크리트 강도 ㉱ 박리제

[해설] **콘크리트 측압**
- 굳지 않은 콘크리트(생 콘크리트)에서 벽, 보 기둥 옆의 거푸집은 콘크리트를 타설함에 따라 거푸집을 미는 압력이 생기는데 이를 측압이라 한다.
- 타설 높이가 높을수록 측압은 크다.
- 골재형상, 콘크리트 강도, 박리제는 측압에 영향을 주지 않는다.

95 흙막이 가시설 공사 중 발생할 수 있는 히빙(Heaving) 현상에 관한 설명으로 틀린 것은?

㉮ 흙막이 벽체 내·외의 토사의 중량차에 의해 발생한다.
㉯ 연약한 점토지반에서 굴착면의 융기로 발생한다.
㉰ 연약한 사질토 지반에서 주로 발생한다.
㉱ 흙막이 벽의 근입장 깊이가 부족할 경우 발생한다.

[해설] ㉰ 연역한 점토 지반에서 발생한다.

96 와이어로프나 철선 등을 이용하여 상부 지점에서 작업용 발판을 매다는 형식의 비계로서 건물 외벽도장이나 청소 등의 작업에서 사용되는 비계는?

㉮ 브라켓 비계
㉯ 달비계
㉰ 이동식 비계
㉱ 말비계

[해설] 달비계 : 작업발판을 와이어로프에 매달아 고층 건물 청소용 등의 작업 시에 사용하는 비계

97 차량계 하역운반기계에서 화물을 싣거나 내리는 작업에서 작업지휘자가 준수해야할 사항과 가장 거리가 먼 것은?

㉮ 작업순서 및 그 순서마다의 작업방법을 정하고 작업을 지휘하는 일
㉯ 기구 및 공구를 점검하고 불량품을 제거하는 일
㉰ 당해 작업을 행하는 장소에 관계근로자 외의 자의 출입을 금지하는 일
㉱ 총 화물량을 산출하는 일

[해설] 차량계 하역운반기계에 단위화물의 무게가 100kg 이상인 화물을 싣는 작업 또는 내리는 작업 시 작업의 지휘자를 지정하여 다음 각 호의 사항을 준수하도록 하여야 한다(작업지휘자 임무).
㉮ 작업 순서 및 그 순서마다의 작업 방법을 정하고 작업을 지휘할 것
㉯ 기구 및 공구를 점검하고 불량품을 제거할 것

정답 94 ㉮ 95 ㉰ 96 ㉯ 97 ㉱

㉰ 해당 작업을 하는 장소에 관계 근로자가 아닌 사람이 출입하는 것을 금지할 것
㉱ 로프를 풀거나 덮개를 벗기는 작업을 행하는 때에는 적재함의 낙하할 위험이 없음을 확인한 후에 당해 작업을 하도록 할 것

{분석}
실기까지 중요한 내용입니다. "해설"을 다시 확인하세요.

98 산업안전보건기준에 관한 규칙에 따른 토사 붕괴를 예방하기 위한 굴착면의 기울기 기준으로 틀린 것은?

㉮ 모래 1 : 1.8
㉯ 연암 1 : 1.0
㉰ 풍화암 1 : 0.5
㉱ 그 밖의 흙 1 : 1.2

[해설] 굴착면의 기울기 및 높이 기준

지반의 종류	굴착면의 기울기
모래	1 : 1.8
연암 및 풍화암	1 : 1.0
경암	1 : 0.5
그 밖의 흙	1 : 1.2

{분석}
실기에도 자주 출제되는 내용입니다. 암기하세요.

99 유해·위험방지계획서 검토자의 자격 요건에 해당되지 않는 것은?

㉮ 건설안전분야 산업안전 지도사
㉯ 건설안전기사로서 실무경력 3년인 자
㉰ 건설안전 산업기사 이상으로서 실무경력 7년인 자
㉱ 건설안전기술사

[해설] 유해·위험방지계획서 작성 자격을 갖춘 자
㉮ 건설안전 분야 산업안전 지도사
㉯ 건설안전기술사 또는 토목·건축 분야 기술사
㉰ 건설안전 산업기사 이상으로서 건설안전 관련 실무경력이 7년(기사는 5년) 이상인 사람

100 안전난간의 구조 및 설치요건과 관련하여 발끝막이판의 바닥으로부터 설치 높이 기준으로 옳은 것은?

㉮ 10cm 이상   ㉯ 15cm 이상
㉰ 20cm 이상   ㉱ 30cm 이상

[해설] 발끝막이판은 바닥면 등으로부터 10센티미터 이상의 높이를 유지할 것

[참고] 안전난간의 구조 및 설치 요건
㉮ 상부 난간대, 중간 난간대, 발끝막이판 및 난간기둥으로 구성할 것
㉯ 상부 난간대
  • 상부 난간대는 바닥면 등으로부터 90센티미터 이상 지점에 설치
  • 상부 난간대를 120센티미터 이하에 설치하는 경우 : 중간 난간대는 상부 난간대와 바닥면 등의 중간에 설치
  • 120센티미터 이상 지점에 설치하는 경우 : 중간 난간대를 2단 이상으로 설치, 난간의 상하 간격은 60센티미터 이하가 되도록 할 것 (다만, 난간기둥 간의 간격이 25센티미터 이하인 경우에는 중간 난간대를 설치하지 않을 수 있다.)
㉰ 발끝막이판은 바닥면 등으로부터 10센티미터 이상의 높이를 유지할 것
㉱ 난간기둥은 상부 난간대와 중간 난간대를 견고하게 떠받칠 수 있도록 적정한 간격을 유지할 것
㉲ 상부 난간대와 중간 난간대는 난간 길이 전체에 걸쳐 바닥면 등과 평행을 유지할 것
㉳ 난간대는 지름 2.7센티미터 이상의 금속제 파이프나 그 이상의 강도가 있는 재료일 것
㉴ 안전난간은 구조적으로 가장 취약한 지점에서 가장 취약한 방향으로 작용하는 100킬로그램 이상의 하중에 견딜 수 있는 튼튼한 구조일 것

{분석}
실기까지 중요한 내용입니다. "참고"를 다시 확인하세요.

정답 98 ㉰ 99 ㉯ 100 ㉮

03회 2014년 산업안전 산업기사 최근 기출문제

제1과목 • 산업재해 예방 및 안전보건교육

01 다음 중 안전교육의 4단계를 올바르게 나열한 것은?

㉮ 제시 → 확인 → 적용 → 도입
㉯ 확인 → 도입 → 제시 → 적용
㉰ 도입 → 제시 → 적용 → 확인
㉱ 제시 → 도입 → 확인 → 적용

[해설] **안전교육의 4단계**
제1단계: 도입(학습할 준비를 시킨다)
제2단계: 제시(작업을 설명한다)
제3단계: 적용(작업을 시켜본다)
제4단계: 확인(가르친 뒤 살펴본다)

02 다음 중 재해예방의 4원칙에 해당되지 않는 것은?

㉮ 대책 선정의 원칙
㉯ 손실 우연의 원칙
㉰ 통계 방법의 원칙
㉱ 예방 가능의 원칙

[해설] **산업재해 예방의 4원칙**
㉠ 예방 가능의 원칙 : 재해는 원칙적으로 원인만 제거되면 예방이 가능하다.
㉡ 손실 우연의 원칙 : 사고의 결과 생기는 상해의 종류와 정도는 사고 발생시 사고대상의 조건에 따라 우연히 발생한다.
㉢ 대책 선정의 원칙 : 사고의 원인에 대한 적합한 대책이 선정되어야 한다.
㉣ 원인 연계의 원칙 : 재해는 직접원인과 간접원인이 연계되어 일어난다.

{분석}
실기까지 중요한 내용입니다. "해설"을 다시 확인하세요.

03 다음 중 인간의 행동에 대한 레빈(K. Lewin)의 식 "B = f(P · E)"에서 인간관계 요인을 나타내는 변수에 해당하는 것은?

㉮ B(Behavior)
㉯ F(Function)
㉰ P(Person)
㉱ E(Environment)

[해설] **레윈(K. Lewin)의 법칙**

$$B = f(P \cdot E)$$

여기서, B : Behavior(인간의 행동)
f : function (함수관계)
P : Person(개체 : 연령, 경험, 심신 상태, 성격, 지능 등)
E : Environment(심리적 환경 : 인간관계, 작업환경 등)

{분석}
실기까지 중요한 내용입니다. "해설"을 다시 확인하세요.

04 리더십의 3가지 유형 중 지도자가 모든 정책을 단독으로 결정하기 때문에 부하 직원들은 오로지 따르기만 하면 된다는 유형을 무엇이라 하는가?

㉮ 민주형   ㉯ 자유방임형
㉰ 권위형   ㉱ 강제형

[해설] **업무 추진의 방식에 따른 분류**
㉮ 권위주의적 리더 : 리더가 독단적으로 의사를 결정하는 형태
㉯ 민주주의적 리더 : 집단토의에 의해 의사를 결정하는 형태
㉰ 자유방임적 리더 : 리더 역할은 하지 않고 명목상 자리만 유지하는 형태

▶ 정답 01 ㉰ 02 ㉰ 03 ㉱ 04 ㉰

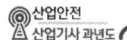

05 보호구의 안전인증기준에 있어 다음 설명에 해당하는 부품의 명칭으로 옳은 것은?

> 머리받침 끈, 머리 고정대 및 머리받침 고리로 구성되어 추락 및 감전 위험방지용 안전모 머리 부위에 고정시켜 주며, 안전모에 충격이 가해졌을 때 착용자의 머리 부위에 전해지는 충격을 완화시켜주는 기능을 갖는 부품

㉮ 행 ㉯ 착장체
㉰ 모체 ㉱ 충격흡수재

[해설] 착장체 : 머리받침 끈, 머리 고정대 및 머리받침 고리로 구성되어 추락 및 감전 위험방지용 안전모 머리 부위에 고정시켜 주며, 안전모에 충격이 가해졌을 때 착용자의 머리 부위에 전해지는 충격을 완화시켜주는 기능을 갖는 부품을 말한다.

[참고] ㉠ 모체 : 착용자의 머리 부위를 덮는 주된 물체로서 단단하고 매끄럽게 마감된 재료를 말한다.
㉡ 충격흡수재 : 안전모에 충격이 가해졌을 때, 착용자의 머리 부위에 전해지는 충격을 완화하기 위하여 모체의 내면에 붙이는 부품을 말한다.

06 다음 중 학습의 연속에 있어 앞(前)의 학습이 뒤(後)의 학습을 방해하는 조건과 가장 관계가 적은 경우는?

㉮ 앞의 학습이 불완전한 경우
㉯ 앞과 뒤의 학습내용이 다른 경우
㉰ 앞과 뒤의 학습내용이 서로 반대인 경우
㉱ 앞의 학습내용을 재생하기 직전에 실시하는 경우

[해설] ㉯ 앞과 뒤의 학습내용이 비슷한 경우 전이가 잘 된다.

[참고]
앞에 실시한 교육이 뒤에 실시한 학습을 방해하는 조건(전이가 잘 되는 조건)
① 학습의 정도 : 앞의 학습이 불완전할 경우
② 유사성 : 앞뒤의 학습내용이 비슷한 경우
③ 시간적 간격
• 뒤의 학습을 앞의 학습 직후에 실시하는 경우
• 앞의 학습내용을 제어하기 직전에 실시하는 경우
④ 학습자의 태도
⑤ 학습자의 지능

07 다음 중 무재해운동의 실천 기법에 있어 브레인스토밍(Brain storming)의 4원칙에 해당하지 않는 것은?

㉮ 수정발언 ㉯ 비판금지
㉰ 본질추구 ㉱ 대량발언

[해설]
브레인스토밍의 4원칙
• 비판금지 : 좋다, 나쁘다 비판은 하지 않는다.
• 자유분방 : 마음대로 자유로이 발언한다.
• 대량발언 : 무엇이든 좋으니 많이 발언한다.
• 수정발언 : 타인의 생각에 동참하거나 보충 발언해도 좋다.

{분석} 실기까지 중요한 내용입니다. "해설"을 다시 확인하세요.

08 다음 중 허츠버그의 2요인 이론에 있어 직무만족에 의한 생산능력의 증대를 가져올 수 있는 동기부여 요인은?

㉮ 작업조건
㉯ 정책 및 관리
㉰ 대인관계
㉱ 성취에 대한 인정

[해설] 성취에 대한 인정 → 동기부여 요인(고차원)

정답 05 ㉯ 06 ㉯ 07 ㉰ 08 ㉱

09 다음 중 피로(fatigue)에 관한 설명으로 가장 적절하지 않은 것은?

㉮ 피로는 신체의 변화, 스스로 느끼는 권태감 및 작업 능률의 저하 등을 총칭하는 말이다.
㉯ 급성 피로란 보통의 휴식으로는 회복이 불가능한 피로를 말한다.
㉰ 정신 피로는 정신적 긴장에 의해 일어나는 중추신경계의 피로로 사고활동, 정서 등의 변화가 나타난다.
㉱ 만성 피로란 오랜 기간에 걸쳐 축적되어 일어나는 피로를 말한다.

[해설] **피로의 3단계**
- 1단계 : 보통 피로
  하룻밤 자고 나면 완전히 회복된다.
- 2단계 : 과로
  다음날까지도 피로 상태가 지속되며 단기간 휴식으로 회복될 수 있고 발병 단계는 아니다.
- 3단계 : 곤비
  과로의 축적으로 단시간에 회복될 수 없는 단계를 말한다.

10 다음 중 산업안전보건 법령상 안전관리자의 직무에 해당되지 않는 것은?
(단, 기타 안전에 관한 사항으로서 고용노동부장관이 정하는 사항은 제외한다.)

㉮ 안전·보건에 관한 노사협의체에서 심의·의결한 직무
㉯ 작업장 내에서 사용되는 전체 환기장치 및 국소 배기 장치 등에 관한 설비의 점검
㉰ 안전인증대상 기계·기구 등과 자율안전확인대상 기계·기구 등의 구입 시 적격품의 선정
㉱ 해당 사업장의 안전보건관리규정 및 취업규칙에서 정한 직무

[해설] **안전관리자 직무**
① 사업장 안전교육계획의 수립 및 안전교육 실시에 관한 보좌 및 조언·지도
② 사업장 순회점검·지도 및 조치의 건의
③ 산업재해 발생의 원인 조사·분석 및 재발 방지를 위한 기술적 보좌 및 조언·지도
④ 산업재해에 관한 통계의 유지·관리·분석을 위한 보좌 및 조언·지도
⑤ 안전인증대상 기계·기구등과 자율안전확인대상 기계·기구 등 구입 시 적격품의 선정에 관한 보좌 및 조언·지도
⑥ 위험성평가에 관한 보좌 및 조언·지도
⑦ 안전에 관한 사항의 이행에 관한 보좌 및 조언·지도
⑧ 산업안전보건위원회 또는 노사협의체, 안전보건관리규정 및 취업규칙에서 정한 직무
⑨ 업무수행 내용의 기록·유지
⑩ 그 밖에 안전에 관한 사항으로서 노동부장관이 정하는 사항

11 인간의 행동은 사람의 개성과 환경에 영향을 받는데 중 환경적 요인이 아닌 것은?

㉮ 책임
㉯ 작업조건
㉰ 감독
㉱ 직무의 안정

[해설] "책임"은 환경적 요인이 아니다.

12 다음 중 안전점검의 목적과 가장 거리가 먼 것은?

㉮ 기기 및 설비의 결함 제거로 사전 안전성 확보
㉯ 인적측면에서의 안전한 행동 유지
㉰ 기기 및 설비의 본래 성능 유지
㉱ 생산제품의 품질관리

[해설] ㉱ 품질관리는 안전점검의 목적이 아니다.

정답 09 ㉯ 10 ㉯ 11 ㉮ 12 ㉱

[참고] **안전점검의 목적**
① 결함이나 불안전 조건의 제거
② 기계·설비의 본래 성능 유지
③ 합리적인 생산관리
④ 인적측면의 안전행동 유지

13 다음 중 강의계획 수립 시 학습목적 3요소가 아닌 것은?

㉮ 목표
㉯ 주제
㉰ 학습 정도
㉱ 교재 내용

[해설] **학습목적의 3요소**
㉮ 학습목표(goal) : 학습을 통하여 달성하려는 지표를 말한다(학습목적의 핵심).
㉯ 주제(subject) : 목적달성을 위한 중심내용을 의미한다.
㉰ 학습정도(level of learning) : 주제를 학습시킬 때 내용범위와 내용의 정도를 뜻한다.

14 다음 중 안전·보건교육 계획수립에 반드시 포함하여야 할 사항이 아닌 것은?

㉮ 교육 지도안
㉯ 교육의 목표 및 목적
㉰ 교육장소 및 방법
㉱ 교육의 종류 및 대상

[해설] **안전교육계획에 포함하여야 할 사항**
① 교육의 목표
② 교육대상
③ 강사
④ 교육과목, 내용, 방법
⑤ 교육시간과 시기
⑥ 교육장소

15 다음 중 도미노이론에서 사고의 직접 원인이 되는 것은?

㉮ 통제의 부족
㉯ 유전과 환경적 영향
㉰ 불안전한 행동과 상태
㉱ 관리 구조의 부적절

[해설] **재해의 직접 원인**
① 인적원인(불안전한 행동)
② 물적원인(불안전한 상태)

[참고] **재해의 간접 원인**
① 기술적 원인
② 교육적 원인
③ 신체적 원인
④ 정신적 원인
⑤ 작업관리상 원인

{분석}
"해설"과 "참고"를 구분하여 기억하세요.

16 산업안전보건법령에 따라 작업장 내에 사용하는 안전보건표지의 종류에 관한 설명으로 옳은 것은?

㉮ "위험장소"는 경고표지로서 바탕은 노란색, 기본모형은 검은색, 그림은 흰색으로 한다.
㉯ "출입금지"는 금지표지로서 바탕은 흰색, 기본모형은 빨간색, 그림은 검은색으로 한다.
㉰ "녹십자표지"는 안내표지로서 바탕은 흰색, 기본모형과 관련 부호는 녹색, 그림은 검은색으로 한다.
㉱ "안전모착용"은 경고표지로서 바탕은 파란색, 관련 그림은 검은색으로 한다.

[해설] ① 위험장소 경고(경고표지) : 바탕은 노란색, 기본모형 검은색, 그림 검은색

정답 13 ㉱ 14 ㉮ 15 ㉰ 16 ㉯

③ 녹십자 표지(안내표지) : 바탕은 흰색, 그림 녹색

④ 안전모 착용(지시표지) : 바탕은 파란색, 그림 흰색

17 다음과 같은 재해 사례의 분석으로 옳은 것은?

> 어느 직장에서 메인 스위치를 끄지 않고 퓨즈를 교체하는 작업 중 단락 사고로 인하여 스파크가 발생하여 작업자가 화상을 입었다.

㉮ 화상 : 상해의 형태
㉯ 스파크의 발생 : 재해
㉰ 메인 스위치를 끄지 않음 : 간접원인
㉱ 스위치를 끄지 않고 휴즈 교체 : 불안전한 상태

[해설]
• 재해발생 형태 : 감전(전류접촉)
• 상해 종류 : 화상
• 직접 원인 : 단락사고로 인한 스파크 발생
• 불안전한 행동 : 스위치를 끄지 않고 휴즈 교체

18 연간 상시근로자수가 500명인 A 사업장에서 1일 8시간씩 연간 280일을 근무하는 동안 재해가 36건이 발생하였다면 이 사업장의 도수율은 약 얼마인가?

㉮ 10   ㉯ 10.14
㉰ 30   ㉱ 32.14

[해설]
$$도수율 = \frac{재해 건수}{연근로시간수} \times 10^6$$

$$도수율 = \frac{재해 건수}{연근로시간수} \times 10^6$$
$$= \frac{36}{500 \times 8 \times 280} \times 10^6 = 32.14$$

{분석} 반드시 풀이할 수 있어야 합니다.

19 다음 중 칼날이나 뾰족한 물체 등 날카로운 물건에 찔린 상해를 무엇이라 하는가?

㉮ 자상   ㉯ 창상
㉰ 절상   ㉱ 찰과상

[해설]
① 칼날 등 날카로운 물건에 찔린 상해 → 자상
② 창·칼 등에 베인 상해 → 창상
③ 신체 부위가 절단된 상해 → 절상
④ 스치거나 문질러서 피부가 벗겨진 상해 → 찰과상

20 산업안전보건 법령상 사업주가 실시하여야 하는 안전·보건교육과정 중 일용근로자의 채용 시 교육시간으로 옳은 것은?

㉮ 1시간 이상   ㉯ 2시간 이상
㉰ 3시간 이상   ㉱ 4시간 이상

[해설] 근로자 안전보건교육 시간

교육과정	교육대상		교육시간
가. 정기교육	1) 사무직 종사 근로자		매반기 6시간 이상
	2) 그 밖의 근로자	가) 판매업무에 직접 종사하는 근로자	매반기 6시간 이상
		나) 판매업무에 직접 종사하는 근로자 외의 근로자	매반기 12시간 이상

정답 17 ㉮ 18 ㉱ 19 ㉮ 20 ㉮

교육과정	교육대상	교육시간
나. 채용 시 교육	1) 일용근로자 및 근로계약기간이 1주일 이하인 기간제 근로자	1시간 이상
	2) 근로계약기간이 1주일 초과 1개월 이하인 기간제 근로자	4시간 이상
	3) 그 밖의 근로자	8시간 이상
다. 작업내용 변경 시 교육	1) 일용근로자 및 근로계약기간이 1주일 이하인 기간제 근로자	1시간 이상
	2) 그 밖의 근로자	2시간 이상
라. 특별교육	1) 일용근로자 및 근로계약기간이 1주일 이하인 기간제 근로자(타워크레인 신호작업에 종사하는 근로자 제외)	2시간 이상
	2) 일용근로자 및 근로계약기간이 1주일 이하인 기간제 근로자 중 타워크레인 신호작업에 종사하는 근로자	8시간 이상
	3) 일용근로자 및 근로계약기간이 1주일 이하인 기간제 근로자를 제외한 근로자	가) 16시간 이상 (최초 작업에 종사하기 전 4시간 이상 실시하고 12시간은 3개월 이내에서 분할하여 실시 가능) 나) 단기간 작업 또는 간헐적 작업인 경우에는 2시간 이상
마. 건설업 기초안전·보건교육	건설 일용근로자	4시간 이상

{분석}
실기까지 중요한 내용입니다. "해설"의 내용을 꼭 암기하세요.

제2과목 • 인간공학 및 위험성 평가·관리

21 반경 7cm의 조종구를 30° 움직일 때 계기판의 표시가 3cm 이동하였다면 이 조종장치의 C/R비는 약 얼마인가?

㉮ 0.22 ㉯ 0.38
㉰ 1.22 ㉱ 1.83

[해설]
㉠ C/R 비 = $\dfrac{X}{Y}$
X : 통제기기의 변위량(cm)
Y : 표시계기 지침의 변위량(cm)

㉡ C/R 비 = $\dfrac{\dfrac{a}{360} \times 2\pi L}{Y}$
a : 조종장치의 움직인 각도
L : 조종장치의 반경

C/R 비 = $\dfrac{\dfrac{a}{360} \times 2\pi L}{Y}$
= $\dfrac{\dfrac{30}{360} \times 2 \times \pi \times 7}{3}$ = 1.22

{분석}
필기에 자주 출제되는 내용입니다.

22 다음 중 결함수분석법에서 사용하는 기호의 명칭으로 옳은 것은?

㉮ 결함사상 ㉯ 기본사상
㉰ 생략사상 ㉱ 통상사상

[해설]

결함사상	기본사상	생략사상	통상사상
▭	○	◇	⌂

{분석}
필기에 자주 출제되는 내용입니다.

정답 21 ㉰ 22 ㉯

23 다음 중 결함수분석법에 관한 설명으로 틀린 것은?

㉮ 잠재위험을 효율적으로 분석한다.
㉯ 연역적 방법으로 원인을 규명한다.
㉰ 복잡하고 대형화된 시스템의 분석에 사용한다.
㉱ 정성적 평가보다 정량적 평가를 먼저 실시한다.

[해설] FTA기법의 절차
시스템의 정의 → FT 작성 → 정성적 평가 → 정량적 평가

24 다음 중 눈의 구조 가운데 기능 결함이 발생할 경우 색맹 또는 색약이 되는 세포는?

㉮ 간상세포   ㉯ 수평세포
㉰ 원추세포   ㉱ 양극세포

[해설] 원추세포는 물체의 형태뿐만 아니라 색채를 감각하는 세포이다.
원추세포 기능 결함이 생길경우 색맹, 색약이 발생한다.

25 다음 중 기능식 생산에서 유연생산 시스템 설비의 가장 적합한 배치는?

㉮ 유자(U)형 배치
㉯ 일자(-)형 배치
㉰ 합류(Y) 배치
㉱ 복수라인(=)형 배치

[해설] 유연생산 시스템의 배치방식 : U자형 배치

[참고] 유연생산 시스템 : 다품종 소량생산을 위한 시스템

26 인간의 신뢰성 요인 중 경험 연수, 지식 수준, 기술 수준에 의존하는 요인은?

㉮ 주의력
㉯ 긴장 수준
㉰ 의식 수준
㉱ 감각 수준

[해설] 경험, 지식, 기술 수준 → 의식 수준 결정요소

27 다음 중 FTA에서 어떤 고장이나 실수를 일으키지 않으면 정상사상(top event)은 일어나지 않는다고 하는 것으로 시스템의 신뢰성을 표시하는 것은?

㉮ cut set
㉯ minimal cut set
㉰ free event
㉱ minimal path set

[해설] (1) 컷셋(Cut Set)
• 정상사상을 발생시키는 기본사상의 집합
• 모든 기본사상이 일어났을 때 정상사상을 일으키는 기본사상들의 집합이다.

(2) 미니멀 컷(Minimal Cut Set)
• 정상사상을 일으키기 위한 기본사상의 최소 집합(최소한의 컷)
• 시스템의 위험성을 나타낸다.

(3) 패스셋(Path Set)
• 시스템의 고장을 일으키지 않는 기본사상들의 집합
• 포함된 기본사상이 일어나지 않을 때 처음으로 정상 사상이 일어나지 않는 기본 사상들의 집합이다.

(4) 미니멀 패스(Minimal Path Set)
• 시스템의 기능을 살리는 최소한의 집합 (최소한의 패스)
• 시스템의 신뢰성 나타낸다.

{분석}
필기에 자주 출제되는 내용입니다.

정답 23 ㉱ 24 ㉰ 25 ㉮ 26 ㉰ 27 전항 정답

28 다음 중 선 자세와 앉은 자세의 비교에서 틀린 것은?

㉮ 서 있는 자세보다 앉은 자세에서 혈액순환이 향상된다.
㉯ 서 있는 자세보다 앉은 자세에서 균형감이 높다.
㉰ 서 있는 자세보다 앉은 자세에서 정확한 팔 움직임이 가능하다.
㉱ 앉은 자세보다 서 있는 자세에서 척추에 더 많은 해를 줄 수 있다.

[해설]
㉮ 앉은 자세보다 서 있는 자세에서 혈액순환이 향상된다.
㉱ 앉은 자세가 서 있는 자세보다 척추에 더 많은 영향을 준다.

29 6개의 표시장치를 수평으로 배열할 경우 해당 제어장치를 각각의 그 아래에 배치하면 좋아지는 양립성의 종류는?

㉮ 공간 양립성
㉯ 운동 양립성
㉰ 개념 양립성
㉱ 양식 양립성

[해설] 표시장치와 제어장치를 위, 아래 같은 공간에 배치 → 공간 양립성

{분석}
필기에 자주 출제되는 내용입니다.

30 다음 중 영상표시단말기(VDT)를 취급하는 작업장에서 화면의 바탕 색상이 검정색 계통일 경우 추천되는 조명수준으로 가장 적절한 것은?

㉮ 100 ~ 200럭스(Lux)
㉯ 300 ~ 500럭스(Lux)
㉰ 750 ~ 800럭스(Lux)
㉱ 850 ~ 950럭스(Lux)

[해설] 컴퓨터 단말기 작업 시 적정 실내조도
㉠ 바탕화면이 흰색 계통일 경우 : 500~700Lux
㉡ 바탕화면이 검은색 계통일 경우 : 300~500Lux

31 다음 중 체계분석 및 설계에 있어서 인간공학적 노력의 효능을 산정하는 척도의 기준에 포함하지 않는 것은?

㉮ 성능의 향상
㉯ 훈련비용의 향상
㉰ 인력 이용률의 저하
㉱ 생산 및 보전의 경제성 향상

[해설] 체계 분석 및 설계의 인간공학 가치
㉠ 성능의 향상 : 적절한 유능한 운용자
㉡ 훈련비용의 절감 : 숙련도
㉢ 인력 이용률의 향상 : 인력자원의 효과적 이용
㉣ 사고 및 오용으로부터의 손실 감소 : 인간공학 원칙 적용
㉤ 생산 및 보전의 경제성 증대 : 설계 단순화 및 인간공학 원칙 적용
㉥ 사용자의 수용도 향상 : 운용 및 보전성 용이

32 다음 중 예비위험분석(PHA)에 대한 설명으로 가장 적합한 것은?

㉮ 관련된 과거 안전점검결과의 조사에 적절하다.
㉯ 안전관련 법규 조항의 준수를 위한 조사방법이다.
㉰ 시스템 고유의 위험성을 파악하고 예상되는 재해 위험 수준을 결정한다.
㉱ 초기의 단계에서 시스템 내의 위험요소가 어떠한 위험상태에 있는가를 정성적 평가하는 것이다.

[해설] 예비 위험 분석
(PHA : Preliminary Hazards Analysis)
모든 시스템 안전 프로그램의 최초 단계(설계단계, 구상단계)에서 실시하는 분석법으로서 시스템 내의 위험요소가 얼마나 위험한 상태에 있는가를 정성적으로 평가하는 기법이다.

{분석}
필기에 자주 출제되는 내용입니다.

정답 28 ㉮, ㉱ 29 ㉮ 30 ㉯ 31 ㉯, ㉰ 32 ㉱

33 다음 설명에서 ( )안에 들어갈 단어를 순서적으로 올바르게 나타낸 것은?

> ㉠ : 필요한 직무 또는 절차를 수행하지 않는데 기인한 과오
> ㉡ : 필요한 직무 또는 절차를 수행하였으나 잘못 수행한 과오

㉮ ㉠ Sequential Error
　　㉡ Extraneous Error
㉯ ㉠ Extraneous Error
　　㉡ Omission Error
㉰ ㉠ Omission Error
　　㉡ Commission Error
㉱ ㉠ Commission Error
　　㉡ Omission Error

[해설] ㉠ 필요한 절차를 수행하지 않음 → omission error(누설오류, 생략오류, 부작위오류)
㉡ 잘못 수행 → commission error(작위오류)

[참고] 휴먼에러의 심리적 분류(Swain의 분류)
㉮ omission error(누설오류, 생략오류, 부작위오류) : 필요한 작업 또는 절차를 수행하지 않는데 기인한 에러
㉯ time error(시간오류) : 필요한 작업 또는 절차의 수행 지연으로 인한 에러
㉰ commission error(작위오류) : 필요한 작업 또는 절차의 불확실한 수행으로 인한 에러
㉱ sequential error(순서오류) : 필요한 작업 또는 절차의 순서 착오로 인한 에러
⑤ extraneous error(과잉행동오류) : 불필요한 작업 또는 절차를 수행함으로써 기인한 에러

{분석} 필기에 자주 출제되는 내용입니다.

34 다음 중 초음파의 기준이 되는 주파수로 옳은 것은?

㉮ 4,000Hz 이상
㉯ 6,000Hz 이상
㉰ 10,000Hz 이상
㉱ 20,000Hz 이상

[해설] 초음파의 기준 주파수 : 20,000Hz

35 다음 중 인간공학(Ergonomics)의 기원에 대한 설명으로 가장 적합한 것은?

㉮ 차패니스(Chapanis, A.)에 의해서 처음 사용되었다.
㉯ 민간 기업에서 시작하여 군이나 군수회사로 전파되었다.
㉰ "ergon(작업) + nomos(법칙) + ics(학문)"의 조합된 단어이다.
㉱ 관련 학회는 미국에서 처음 설립되었다.

[해설] 인간공학 = Ergonomics

36 지게차 인장벨트의 수명은 평균이 100,000시간, 표준 편차가 500시간인 정규분포를 따른다. 이 인장벨트의 수명이 101,000시간 이상일 확률은 약 얼마인가? (단, 표준정규 분포표에서 Z_1 = 0.8413, Z_2 = 0.9772, Z_3 = 0.9987이다.)

㉮ 1.60%　㉯ 2.28%
㉰ 3.28%　㉱ 4.28%

[해설] Z 점수는 원점수가 평균에서 떨어져 있는 정도를 표준편차의 수로 나타낸 값이다

[정답] 33 ㉰　34 ㉱　35 ㉰　36 ㉯

1. $z = \dfrac{\text{기대수명} - \text{평균수명}}{\text{표준편차}}$
   $= \dfrac{101,000 - 100,000}{500} = 2$

2. $P(Z \leq 2) = 0.9772$이므로
   $P(Z \geq 2) = 1 - 0.9772 = 0.0228$
   (2.28%)

{분석}
비중이 낮은 문제입니다.

37 다음 중 설계 강도 이상의 급격한 스트레스가 축적됨으로써 발생하는 고장에 해당하는 것은?

㉮ 우발고장 ㉯ 초기고장
㉰ 마모고장 ㉱ 열화고장

[해설] 설계 강도 이상의 급격한 스트레스 → 설계단계에서 예상하지 못한 것으로 예측할 수 없을 때에 생기는 우발고장에 해당한다.

[참고] 기계의 고장유형

㉮ 초기 고장(감소형)
  • 설계상, 구조상 결함, 불량 제조 · 생산 과정 등의 품질관리 미비로 생기는 고장 형태
  • 점검 작업이나 시운전 작업 등으로 사전에 방지할 수 있는 고장

㉯ 우발고장(일정형)
  • 예측할 수 없을때에 생기는 고장의 형태
  • 사용자의 실수, 천재지변, 우발적 사고 등이 원인이다.

㉰ 마모 고장(증가형)
  • 기계적 요소나 부품의 마모, 사람의 노화 현상 등에 의해 고장률이 상승하는 형이다.
  • 고장이 일어나기 직전에 교환, 안전 진단 및 적당한 보수에 의해서 방지할 수 있는 고장이다.

{분석}
필기에 자주 출제되는 내용입니다.

38 잡음 등이 개입되는 통신 악조건 하에서 전달 확률이 높아지도록 전언을 구성할 때 다음 중 가장 적절하지 않은 것은?

㉮ 표준 문장의 구조를 사용한다.
㉯ 문장보다 독립적인 음절을 사용한다.
㉰ 사용하는 어휘 수를 가능한 적게 한다.
㉱ 수신자가 사용하는 단어와 문장구조에 친숙해지도록 한다.

[해설] 독립적인 음절보다 표준 문장구조를 사용하는 것이 좋다.

39 광원으로부터 2m 떨어진 곳에서 측정한 조도가 400럭스이고, 다른 곳에서 동일한 광원에 의한 밝기를 측정하였더니 100럭스이었다면, 두 번째로 측정한 지점은 광원으로부터 몇 m 떨어진 곳인가?

㉮ 4   ㉯ 6
㉰ 8   ㉱ 10

[해설]

$$\text{조도(lux)} = \dfrac{\text{광도}}{(\text{거리})^2}$$

㉮ 2m에서의 조도가 400lux

$400 = \dfrac{\text{광도}}{2^2}$

∴ 광도 $= 400 \times 2^2 = 1600\text{(cd)}$

㉯ 조도 100lux에서의 거리

조도 $= \dfrac{\text{광도}}{\text{거리}^2}$

거리$^2 = \dfrac{\text{광도}}{\text{조도}}$

거리 $= \sqrt{\dfrac{\text{광도}}{\text{조도}}}$

거리 $= \sqrt{\dfrac{1600}{100}}$

거리 $= 4\text{m}$

정답 37 ㉮ 38 ㉯ 39 ㉮

40 다음 중 위험과 운전성연구(HAZOP)에 대한 설명으로 틀린 것은?

㉮ 전기설비의 위험성을 주로 평가하는 방법이다.
㉯ 처음에는 과거의 경험이 부족한 새로운 기술을 적용한 공정설비에 대하여 실시할 목적으로 개발되었다.
㉰ 설비전체보다 단위별 또는 부문별로 나누어 검토하고 위험요소가 예상되는 부문에 상세하게 실시한다.
㉱ 장치 자체는 설계 및 제작사양에 맞게 제작된 것으로 간주하는 것이 전제 조건이다.

[해설] HAZOP은 화학공장에서의 위험성(Hazard)과 운전성(operability)을 정해진 규칙과 설계 도면에 의해서 체계적으로 분석 평가하는 방법

제3과목 : 기계 · 기구 및 설비 안전 관리

41 그림과 같이 2개의 슬링 와이어로프로 무게 1,000N의 화물을 인양하고 있다. 로프 Tab에 발생하는 장력의 크기는 얼마인가?

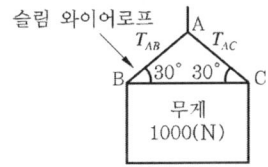

㉮ 500N   ㉯ 707N
㉰ 1,000N   ㉱ 1,414N

[해설] 와이퍼로드 한 가닥에 걸리는 하중

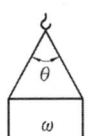

한 가닥에 걸리는 하중(kg$_f$) = $\dfrac{w}{2} \div \cos\dfrac{\theta}{2}$

w : 매단물체의 무게(kg$_f$)
θ : 매단각도(°)

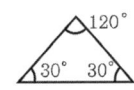

1. 삼각형 세 각의 합은 180°이므로
   $\theta = 180 - 30 - 30 = 120°$
2. 한 가닥에 걸리는 하중
   $= \dfrac{1,000}{2} \div \cos\dfrac{120}{2} = 1,000N$

42 다음 중 선반 작업의 안전 수칙을 설명한 것으로 옳지 않은 것은?

㉮ 운전 중에는 백기어(back gear)를 사용하지 않는다.
㉯ 센터 작업 시 심압 센터에 자주 절삭유를 준다.
㉰ 일감의 치수 측정, 주유 및 청소 시에는 기계를 정지시켜야 한다.
㉱ 가공 중 발생하는 절삭칩에 의한 상해를 방지하기 위하여 면장갑을 착용한다.

[해설] ㉱ 선반 등 공작기계 작업을 할 때에는 면장갑 착용을 금지한다.

[참고] 선반의 안전작업 방법
㉮ 베드에는 공구를 올려놓지 말 것
㉯ 칩 제거는 운전 정지 후 브러시를 이용할 것
㉰ 양 센터 작업 시에는 심압대에 윤활유를 자주 주입할 것
㉱ 공작물의 길이가 직경의 12~20배 이상일 때에는 방진구를 사용하여 재료를 고정할 것
㉲ 바이트는 끝을 짧게 할 것
㉳ 시동 전에 척 핸들을 빼둘 것
㉴ 반드시 보안경을 착용할 것

정답 40 ㉮ 41 ㉰ 42 ㉱

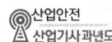

43 다음 중 위험한 작업점에 대한 격리형 방호장치와 가장 거리가 먼 것은?

㉮ 안전방책
㉯ 덮개형 방호장치
㉰ 포집형 방호장치
㉱ 완전차단형 방호장치

[해설] 격리형 방호장치
㉮ 완전 차단형 방호장치
㉯ 덮개형 방호장치
㉰ 방책 등

[참고] 방호장치의 분류

(1) 위험장소에 따른 분류

격리형 방호장치	• 위험한 작업점과 작업자 사이에 서로 접근되어 일어날 수 있는 재해를 방지하기 위해 차단벽이나 망을 설치하는 방호장치 • 예 완전 차단형 방호장치, 덮개형 방호장치, 방책 등
위치 제한형 방호장치	• 작업자의 신체 부위가 위험한계 밖에 있도록 기계의 조작장치를 위험한 작업점에서 안전거리 이상 떨어지게 하거나 조작장치를 양손으로 동시 조작하게 함으로써 위험한계에 접근하는 것을 제한하는 방호장치 • 예 프레스의 양수조작식 방호장치
접근 거부형 방호장치	• 작업자의 신체부위가 위험한계 내로 접근하였을 때 기계적인 작용에 의하여 접근을 못하도록 저지하는 방호장치 • 예 프레스의 수인식, 손쳐내기식 방호장치
접근 반응형 방호장치	• 작업자의 신체 부위가 위험한계 또는 그 인접한 거리 내로 들어오면 이를 감지하여 그 즉시 기계의 동작을 정지시키고 경보 등을 발하는 방호장치 • 예 프레스의 광전자식 방호장치

(2) 위험원에 따른 분류

포집형 방호장치	• 위험장소에 설치하여 위험원이 비산하거나 튀는 것을 포집하여 작업자로부터 위험원을 차단하는 방호장치 • 예 목재가공용 둥근톱의 반발 예방장치, 연삭기의 덮개 등
감지형 방호장치	• 이상온도, 이상기압, 과부하 등 기계의 부하가 안전한계치를 초과하는 경우에 이를 감지하고 자동으로 안전상태가 되도록 조정하거나 기계의 작동을 중지시키는 방호장치

44 다음 중 연삭작업에 관한 설명으로 옳은 것은?

㉮ 일반적으로 연삭숫돌은 정면, 측면 모두를 사용할 수 있다.
㉯ 평형 플랜지의 직경은 설치하는 숫돌 직경의 20% 이상의 것으로 숫돌바퀴에 균일하게 밀착시킨다.
㉰ 연삭숫돌을 사용하는 작업의 경우 작업 시작 전과 연삭 숫돌을 교체 후에는 1분 이상 시험운전을 실시한다.
㉱ 탁상용 연삭기의 덮개에는 워크레스트 및 조정편을 구비하여야 하며, 워크레스트는 연삭숫돌과 간격을 3mm 이하로 조정할 수 있는 구조이어야 한다.

[해설] ㉮ 측면을 사용하는 것을 목적으로 제작된 연삭기 이외에는 측면 사용 금지
㉯ 플랜지는 숫돌 지름의 1/3 이상일 것
㉰ 작업시작 전 1분 이상, 숫돌 교체 시 3분 이상 시운전할 것

[참고] 연삭기의 방호 장치
1) 덮개
① 산업안전보건법에는 숫돌 직경이 5cm 이상인 것부터 반드시 설치하도록 되어 있다.

정답 43 ㉰ 44 ㉱

② 덮개의 설치
- 숫돌의 외경이 125mm 이상인 연삭기 또는 연마기 : 숫돌의 절단면과 가드 사이의 거리가 5mm 이내이고 숫돌의 측면과의 간격이 10mm 이내가 되도록 조정할 것

2) 가공물 받침대(워크레스트)및 유도·고정장치
- 탁상용 연삭기의 덮개에는 워크레스트 및 조정편을 구비하여야 하며, 워크레스트는 연삭숫돌과의 간격을 3밀리미터 이하로 조정할 수 있는 구조이어야 한다.(방호장치 자율안전기준 고시)
- 탁상용 연삭기의 연삭숫돌의 외주면과 받침대 사이의 거리는 2mm를 초과하지 않도록 가공물 받침대를 설치해야 한다.(위험기계기구 자율안전확인 고시)

3) 투명 비산방지판(안전 실드, 방호 스크린)
- 연삭분의 비산을 방지하기 위하여 투명한 비산방지판을 설치한다.

{분석}
자주 출제되는 내용입니다. "참고"를 다시 확인하세요.

45 기계의 운동 형태에 따른 위험점의 분류에서 고정부분과 회전하는 동작 부분이 함께 만드는 위험점으로 교반기의 날개와 하우스 등에서 발생하는 위험점을 무엇이라 하는가?

㉮ 끼임점   ㉯ 절단점
㉰ 물림점   ㉱ 회전말림점

[해설] 끼임점 : 고정부분과 회전하는 동작부분 사이에서 형성되는 위험점
  예 연삭숫돌과 덮개, 교반기 날개와 하우징 등

[참고] ㉠ 협착점 : 왕복운동 부분과 고정부분 사이에서 형성되는 위험점
  예 프레스기, 전단기, 성형기 등
㉡ 끼임점 : 고정부분과 회전하는 동작부분 사이에서 형성되는 위험점
  예 연삭숫돌과 덮개, 교반기 날개와 하우징 등
㉢ 절단점 : 회전하는 운동부 자체, 운동하는 기계부분 자체의 위험점
㉣ 물림점 : 회전하는 두 개의 회전체에 물려 들어가는 위험점
  예 롤러와 롤러, 기어와 기어 등
㉤ 절단점 : 회전하는 운동부 자체, 운동하는 기계부분 자체의 위험점
  예 날, 커터를 가진 기계
㉥ 접선 물림점 : 회전하는 부분의 접선 방향으로 물려 들어가는 위험점
  예 벨트와 풀리, 체인과 스프로킷, 랙과 피니언 등
㉦ 회전 말림점 : 회전하는 물체에 작업복, 머리카락 등이 말려 들어가는 위험점
  예 회전축, 커플링 등

{분석}
실기까지 중요한 내용입니다. "참고"를 다시 확인하세요.

46 다음 중 욕조 형태를 갖는 일반적인 기계 고장 곡선에서의 기본적인 3가지 고장 유형이 아닌 것은?

㉮ 우발고장   ㉯ 피로고장
㉰ 초기고장   ㉱ 마모고장

[해설] 기계의 고장 유형
㉠ 초기고장
㉡ 우발고장
㉢ 마모고장

47 기계의 안전을 확보하기 위해서는 안전율을 고려하여야 하는데 다음 중 이에 관한 설명으로 틀린 것은?

㉮ 기초강도와 허용응력과의 비를 안전율이라 한다.
㉯ 안전율 계산에 사용되는 여유율은 연성재료에 비하여 취성재료를 크게 잡는다.

정답 45 ㉮ 46 ㉯ 47 ㉰

㉰ 안전율은 크면 클수록 안전하므로 안전율이 높은 기계는 우수한 기계라 할 수 있다.
㉱ 재료의 균질성, 응력계산의 정확성, 응력의 분포 등 각종 인자를 고려한 경험적 안전율도 사용된다.

[해설] ㉰ 안전율이 클수록 안전 여유도는 증가하지만 기계의 생산단가는 높아진다.

[참고] 안전율

기계나 기구를 설계할 때 각 부분에 가해지는 힘에 견딜 수 있도록 설계야 한다. 부재(部材)에 가해지는 힘에 대하여 몇 배의 하중에 견딜 수 있으면 되는가를 결정하고 계산하게 되는데, 이 배율을 안전율이라 한다.

48 양수조작식 방호장치의 누름버튼에서 손을 떼는 순간부터 급정지기구가 작동하여 슬라이드가 정지할 때까지의 시간이 0.2초 걸린다면, 양수조작식 방호장치의 안전거리는 최소한 몇 mm 이상이어야 하는가?

㉮ 160　　　㉯ 320
㉰ 480　　　㉱ 560

[해설]
안전거리 $D(\text{cm}) = 160 \times$ 프레스 작동 후 작업점까지의 도달시간(초)

$D(\text{cm}) = 160 \times 0.2 = 32\text{cm} \times 10 = 320\text{mm}$

{분석} 실기까지 중요한 내용입니다.

49 다음 중 천장크레인의 방호장치와 가장 거리가 먼 것은?

㉮ 과부하방지장치　　㉯ 낙하방지장치
㉰ 권과방지장치　　　㉱ 충돌방지장치

[해설] 크레인의 방호장치
㉮ 과부하방지장치
㉯ 권과방지장치(捲過防止裝置)
㉰ 비상정지장치
㉱ 제동장치

{분석} 실기까지 중요한 내용입니다.

50 롤러기에서 가드의 개구부와 위험점 간의 거리가 200mm이면, 개구부 간격은 얼마이어야 하는가? (단, 위험점이 전동체이다.)

㉮ 30mm　　　㉯ 26mm
㉰ 36mm　　　㉱ 20mm

[해설]

가드의 개구간격	일방 평행 보호망, 위험점이 전동체인 경우의 개구간격
① X<160mm일 경우 $Y = 6 + 0.15 \times X$ ② X≥160mm일 경우 $Y = 30\text{mm}$ 여기서, X : 안전거리(위험점에서 가드까지의 거리)(mm) Y : 가드의 최대 개구 간격(mm)	① $Y = 6 + 0.1 \times X$ 여기서, X : 안전거리(mm) Y : 가드의 최대 개구 간격(mm)

위험점이 전동체이므로
$Y = 6 + 0.1 \times X$
$\quad = 6 + 0.1 \times 200 = 26\text{mm}$

{분석} 실기까지 중요한 내용입니다.

정답 48 ㉯　49 ㉯　50 ㉯

51 산업안전보건 법령상 로봇의 작동 범위에서 그 로봇에 관하여 교시 등의 작업을 할 때 작업 시작 전 점검 사항에 해당하지 않는 것은?

㉮ 제동장치 및 비상정지장치의 기능
㉯ 외부 전선의 피복 또는 외장의 손상 유무
㉰ 매니퓰레이터(manipulator) 작동의 이상 유무
㉱ 주행로의 상측 및 트롤리(trolley)가 횡행하는 레일의 상태

[해설] 로봇의 작업 시작 전 점검 사항
 ㉮ 외부전선의 피복 또는 외장의 손상 유무
 ㉯ 매니퓰레이터(manipulator) 작동의 이상 유무
 ㉰ 제동장치 및 비상정지장치의 기능

52 산업안전보건법령에 따라 보일러의 과열을 방지하기 위하여 최고사용압력과 상용압력 사이에서 보일러의 버너 연소를 차단할 수 있도록 부착하여 사용하여야 하는 장치는?

㉮ 경보음장치
㉯ 압력제한스위치
㉰ 압력방출장치
㉱ 고저수위 조절장치

[해설] 압력제한스위치의 설치 : 보일러의 과열을 방지하기 위하여 최고사용압력과 상용압력사이에서 보일러의 버너연소를 차단할 수 있도록 압력제한스위치를 부착하여야 한다.

[참고] 보일러의 방호장치
 ㉮ 압력방출 장치
 ㉯ 압력제한 스위치
 ㉰ 고저 수위조절 장치
 ㉱ 화염검출기

{분석}
실기까지 중요한 내용입니다. 암기하세요.

53 산업안전보건 법령에 따른 안전난간의 구조를 올바르게 설명한 것은?

㉮ 상부 난간대, 중간 난간대, 발끝막이판 및 난간기둥으로 구성하여야 한다.
㉯ 발끝막이판은 바닥면 등으로부터 5cm 이하의 높이를 유지하여야 한다.
㉰ 난간대는 지름 1.5cm 이상의 금속제 파이프를 사용하여야 한다.
㉱ 상부 난간대, 난간기둥은 이와 비슷한 구조의 것으로 대체할 수 있다.

[해설] ㉯ 발끝막이판은 바닥면 등으로부터 10센티미터 이상의 높이를 유지할 것
 ㉰ 난간대는 지름 2.7센티미터 이상의 금속제 파이프나 그 이상의 강도가 있는 재료일 것
 ㉱ 난간기둥은 상부 난간대와 중간 난간대를 견고하게 떠받칠 수 있도록 적정한 간격을 유지할 것

{분석}
실기까지 중요한 내용입니다. 암기하세요.

54 다음 중 플레이너(planer)에 관한 설명으로 틀린 것은?

㉮ 이송운동은 절삭운동의 1왕복에 대하여 2회의 연속운동으로 이루어진다.
㉯ 평면가공을 기준으로 하여 경사면, 홈파기 등의 가공을 할 수 있다.
㉰ 절삭행정과 귀환행정이 있으며, 가공효율을 높이기 위하여 귀환행정을 빠르게 할 수 있다.
㉱ 플레이너의 크기는 테이블의 최대행정과 절삭할 수 있는 최대폭 및 최대 높이로 표시한다.

[해설] 이송운동(feed motion) : 절삭공구 또는 가공물을 절삭방향으로 이송하는 운동
 ㉠ 절삭단면을 알맞게 조절하기 위한 목적으로 진행되는 운동이다.

정답 51 ㉱ 52 ㉯ 53 ㉮ 54 ㉮

ⓒ 이송속도는 회전 절삭 운동할 때 1회전 당 이송량(mm/rev)으로 한다.
ⓒ 직선 절삭운동을 할 때는 1왕복에 대한 이송량(mm/stroke)으로 한다.

55 다음 중 셰이퍼에 의한 연강 평면절삭 작업 시 안전대책으로 적절하지 않은 것은?

㉮ 공작물은 견고하게 고정하여야 한다.
㉯ 바이트는 가급적 짧게 물리도록 한다.
㉰ 가공 중 가공면의 상태는 손으로 점검한다.
㉱ 작업 중에는 바이트의 운동방향에 서지 않도록 한다.

[해설] ㉰ 가공면의 상태를 손으로 점검하여서는 안 된다.

[참고] 셰이퍼(형삭기) 작업의 안전
㉠ 램은 가급적 행정을 짧게 한다.
ⓒ 바이트 짧게 물린다.
ⓒ 재질에 따라 절삭속도를 결정한다.
ⓔ 운전자는 바이트의 운동 방향(정면)에 서지 말고 측면에서 작업한다.
ⓜ 셰이퍼 운동 범위에 방책을 설치한다.

56 산업안전보건법령에 따라 목재가공용 기계에 설치하여야 하는 방호장치의 내용으로 틀린 것은?

㉮ 목재가공용 둥근톱기계에는 분할날 등 반발예방장치를 설치하여야 한다.
㉯ 목재가공용 둥근톱기계에는 톱날접촉예방장치를 설치하여야 한다.
㉰ 모떼기기계에는 가공 중 목재의 회전을 방지하는 회전방지장치를 설치하여야 한다.
㉱ 작업대상물이 수동으로 공급되는 동력식 수동대패기계에 날접촉예방장치를 설치하여야 한다.

[해설] 모떼기기계의 날접촉 예방장치
사업주는 모떼기기계(자동이송장치를 부착한 것은 제외한다)에는 날접촉예방장치를 설치하여야 한다. 다만, 작업의 성질상 날접촉예방장치를 설치하는 것이 곤란하여 당해 근로자에게 작업공구 등을 사용하도록 한 때에는 그러하지 아니하다.

[참고] 원형톱기계(목재가공용 둥근톱기계를 제외한다)에는 톱날접촉예방장치를 설치하여야 한다.

57 다음 중 밀링작업의 안전사항으로 적절하지 않은 것은?

㉮ 측정시에는 반드시 기계를 정지시킨다.
㉯ 절삭 중의 칩 제거는 칩브레이커로 한다.
㉰ 일감을 풀어내거나 고정할 때에는 기계를 정지시킨다.
㉱ 상하 이송장치의 핸들은 사용 후 반드시 빼 두어야 한다.

[해설] ㉯ 칩브레이커는 긴 칩을 짧게 절단하는 선반의 방호장치이다.

58 다음 중 드릴작업 시 가장 안전한 행동에 해당하는 것은?

㉮ 장갑을 끼고 작업한다.
㉯ 작업 중에 브러시로 칩을 털어 낸다.
㉰ 작은 구멍을 뚫고 큰 구멍을 뚫는다.
㉱ 드릴을 먼저 회전시키고 공작물을 고정한다.

[해설] ㉮ 장갑은 착용 금지한다.
㉯ 기계를 정지시키고 칩을 털어낸다.
㉱ 공작물을 고정시킨 다음 드릴을 회전시켜야 한다.

정답 55 ㉰ 56 ㉰ 57 ㉯ 58 ㉰

59 산업안전보건 법령상 롤러기 조작부의 설치 위치에 따른 급정지장치의 종류가 아닌 것은?

㉮ 손 조작식 ㉯ 복부 조작식
㉰ 무릎 조작식 ㉱ 발 조작식

[해설] 조작부의 설치 위치에 따른 급정지장치의 종류

종류	설치 위치
손 조작식	밑면에서 1.8m 이내
복부 조작식	밑면에서 0.8m 이상 1.1m 이내
무릎 조작식	밑면에서 0.6m 이내(밑면으로부터 0.4m 이상 0.6m 이내)

비고 : 위치는 급정지장치의 조작부의 중심점을 기준

60 산업안전보건 법령상 근로자가 위험해질 우려가 있는 경우 컨베이어에 부착, 조치하여야 할 방호장치가 아닌 것은?

㉮ 안전매트
㉯ 비상정지장치
㉰ 덮개 또는 울
㉱ 이탈 및 역주행 방지 장치

[해설] 컨베이어의 방호장치
㉠ 이탈 등의 방지장치
  컨베이어 등을 사용하는 때에는 정전·전압강하 등에 의한 화물 또는 운반구의 이탈 및 역주행을 방지하는 장치를 갖추어야 한다.
㉡ 비상정지장치
  컨베이어 등에 근로자의 신체의 일부가 말려드는 등 근로자에게 위험을 미칠 우려가 있는 때 및 비상시에는 즉시 컨베이어 등의 운전을 정지시킬 수 있는 장치를 설치하여야 한다.
㉢ 덮개, 울의 설치
  컨베이어 등으로 부터 화물이 떨어져 근로자가 위험해질 우려가 있는 경우에는 해당 컨베이어 등에 덮개 또는 울을 설치하는 등 낙하 방지를 위한 조치를 하여야 한다.

{분석} 실기까지 중요한 내용입니다. "해설"을 다시 확인하세요.

제4과목 · 전기 및 화학설비 안전 관리

61 전기설비의 화재에 사용되는 소화기의 소화제로 가장 적절한 것은?

㉮ 물거품 ㉯ 탄산가스
㉰ 염화칼슘 ㉱ 산 및 알칼리

[해설] 탄산가스는 소화 후에 찌꺼기가 남지 않아 전기설비의 화재에 가장 적합하다.

62 누전 경보기의 수신기는 옥내의 점검에 편리한 장소에 설치하여야 한다. 이 수신기의 설치장소로 옳지 않은 것은?

㉮ 습도가 낮은 장소
㉯ 온도의 변화가 거의 없는 장소
㉰ 화약류를 제조하거나 저장 또는 취급하는 장소
㉱ 부식성 증기와 가스는 발생되나 방식이 되어있는 곳

[해설] 누전경보기의 수신기를 설치할 수 없는 장소
㉮ 가연성의 증기, 먼지, 가스 등이나 부식성의 증기, 가스등이 다량으로 체류하는 장소
㉯ 화약류를 제조하거나 저장 또는 취급하는 장소
㉰ 습도가 높은 장소
㉱ 온도의 변화가 급격한 장소

63 다음 중 교류아크 용접작업 시 작업자에게 발생할 수 있는 재해의 종류와 가장 거리가 먼 것은?

㉮ 낙하·충돌 재해
㉯ 피부 노출시 화상 재해
㉰ 폭발, 화재에 의한 재해
㉱ 안구(눈)의 조직손상 재해

정답 59 ㉱ 60 ㉮ 61 ㉯ 62 ㉰ 63 ㉮

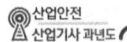

[해설] 교류아크 용접작업 시의 장애
- ㉮ 용접불꽃에 의한 화상
- ㉯ 화재, 폭발
- ㉰ 자외선에 의한 안구 장애

64 정상운전 중의 전기설비가 점화원으로 작용하지 않는 것은?

- ㉮ 변압기 권선
- ㉯ 보호계전기 접점
- ㉰ 작류 전동기의 정류자
- ㉱ 권선형 전동기의 슬립링

[해설] ㉮ 변압기의 권선에 교류전압이 인가되면 이 권선에는 미세한 교류전류가 흐른다. (점화원으로 작용하지 않는다)

[참고] 권선 : 구리선 등에 절연물질을 코팅하여 전자기기 내부에 코일 형태로 감겨진 것으로 전기에너지를 변환시키는 전선이다.

65 변압기의 내부고장을 예방하려면 어떤 보호계전방식을 선택하는가?

- ㉮ 차동계전방식
- ㉯ 과전류계전방식
- ㉰ 과전압계전방식
- ㉱ 부흐홀쯔계전방식

[해설] 변압기의 보호방식
㉠ 전기적 보호방식
- 차동전류에 의한 계전방식
- 부족전압에 의한 계전방식
㉡ 기계적 보호방식
- 부흐홀츠 릴레이에 의한 보호방식
- 충격압력 계전기에 의한 보호방식

66 정전기 발생량과 관련된 내용으로 옳지 않은 것은?

- ㉮ 분리속도가 빠를수록 정전기량이 많아진다.
- ㉯ 두 물질 간의 대전서열이 가까울수록 정전기의 발생량이 많다.
- ㉰ 면적이 넓을수록, 접촉압력이 증가할수록 정전기 발생량이 많아진다.
- ㉱ 물질의 표면이 수분이나 기름 등에 오염되어 있으면 정전기 발생량이 많아진다.

[해설] ㉯ 물질의 대전서열이 멀수록 정전기 발생량이 많다.

[참고] 정전기 발생에 영향을 주는 요인

물체의 특성	대전서열에서 멀리 있는 물체들끼리 마찰할수록 발생량이 많다.
물체의 표면 상태	표면이 거칠수록, 표면이 수분, 기름 등에 오염될수록 발생량이 많다.
물체의 이력	처음 접촉, 분리할 때 정전기 발생량이 최고이고, 반복될수록 발생량은 줄어든다.
접촉 면적 및 압력	접촉 면적이 넓을수록, 접촉압력이 클수록 발생량이 많다.
분리 속도	분리속도가 빠를수록 발생량이 많다.

{분석} 자주 출제되는 내용입니다. "참고"를 다시 확인하세요.

67 사용전압이 500(V) 이하인 전로의 절연저항 기준으로 옳은 것은?

- ㉮ 0.5MΩ 이상
- ㉯ 1.0MΩ 이상
- ㉰ 0.25MΩ 이상
- ㉱ 0.1MΩ 이상

정답 64 ㉮ 65 ㉮, ㉱ 66 ㉯ 67 ㉯

[해설] 전로의 절연저항

전로의 사용전압(V)	DC 시험전압(V)	절연저항 (MΩ)
SELV(비접지회로) 및 PELV(접지회로)	250	0.5
FELV(1차와 2차가 전기적으로 절연되지 않은 회로), 500(V) 이하	500	1.0
500(V) 초과	1,000	1.0

* 특별저압(extra low voltage : 2차 전압이 AC 50V, DC 120V 이하)으로 SELV(비접지회로 구성) 및 PELV(접지회로 구성)은 1차와 2차가 전기적으로 절연된 회로, FELV는 1차와 2차가 전기적으로 절연되지 않은 회로

{분석}
관련 규정의 변경으로 문제 일부를 수정하였습니다.

68 이동전선에 접속하여 임시로 사용하는 전등이나 가설의 배선 또는 이동전선에 접속하는 가공매달기식 전등 등을 접촉함으로 인한 감전 및 전구파손을 방지하기 위하여 부착하여야 하는 것은?

㉮ 퓨즈 ㉯ 누전차단기
㉰ 보호망 ㉱ 회로차단기

[해설] 이동전선에 접속하여 임시로 사용하는 전등이나 가설의 배선 또는 이동전선에 접속하는 가공매달기식 전등 등을 접촉함으로 인한 감전 및 전구의 파손에 의한 위험을 방지하기 위하여 보호망을 부착하여야 한다.

69 방전에너지가 크지 않은 코로나 방전이 발생할 경우 공기 중에 발생할 수 있는 것은?

㉮ O_2 ㉯ O_3
㉰ N_2 ㉱ N_3

[해설] 코로나 방전이 일어날 경우 공기 중에는 오존(O_3)가 생성된다.

70 다음 중 전자, 통신기기 등의 전자파장해(EMI)를 방지하기 위한 조치로 가장 거리가 먼 것은?

㉮ 절연을 보강한다.
㉯ 접지를 실시한다.
㉰ 필터를 설치한다.
㉱ 차폐체를 설치한다.

[해설] ㉮ 절연은 누전을 방지하기 위한 조치이다.

71 다음 각 저장방법에 관한 설명으로 옳은 것은?

㉮ 황린은 저장용기 중에 물을 넣어 보관한다.
㉯ 과산화수소는 장기 보존 시 유리용기에 저장한다.
㉰ 피크린산은 철 또는 구리로 된 용기에 저장한다.
㉱ 마그네슘은 다습하고 통풍이 잘 되는 장소에 보관한다.

[해설] 황린 : 물속에 저장

[참고] 발화성 물질의 저장법
① 나트륨, 칼륨 : 석유 속 저장
② 황린 : 물속에 저장
③ 적린, 마그네슘, 칼륨 : 격리 저장
④ 질산은 ($AgNO_3$) 용액 : 햇빛 피하여 저장(빛에 의해 광분해 반응 일으킴)
⑤ 벤젠 : 산화성물질과 격리 저장
⑥ 탄화칼슘($CaCO_2$, 카바이트) : 금수성물질로서 물과 격렬히 반응하므로 건조한 곳에 보관

정답 68 ㉰ 69 ㉯ 70 ㉮ 71 ㉮

72 다음 중 공정안전보고서에 관한 설명으로 틀린 것은?

㉮ 사업주가 공정안전보고서를 작성한 후에는 별도의 심의 과정이 없다.
㉯ 공정안전보고서를 제출한 사업주는 정하는 바에 따라 고용노동부장관의 확인을 받아야 한다.
㉰ 고용노동부장관은 공정안전보고서의 이행 상태를 평가하고 그 결과에 따라 공정안전보고서를 다시 제출하도록 명할 수 있다.
㉱ 고용노동부장관은 공정안전보고서를 심사한 후 필요하다고 인정하는 경우에는 그 공정안전보고서의 변경을 명할 수 있다.

[해설] ㉮ 공정안전보고서를 작성할 때에는 산업안전보건위원회의 심의를 거쳐야 한다. 다만, 산업안전보건위원회가 설치되어 있지 아니한 사업장의 경우에는 근로자대표의 의견을 들어야 한다.

{분석} 실기까지 중요한 내용입니다.

73 산화성 액체의 성질에 관한 설명으로 틀린 것은?

㉮ 피부 및 의복을 부식시키는 성질이 있다.
㉯ 가연성 물질이 많으므로 화기에 극도로 주의한다.
㉰ 위험물 유출시 건조사를 뿌리거나 중화제로 중화한다.
㉱ 물과 반응하면 발열반응을 일으키므로 물과의 접촉을 피한다.

[해설] ㉯ 산화성 액체는 자신은 불연성이지만 조연성을 갖고 있어 연소속도를 빠르게 한다.

74 취급물질에 따라 여러 가지 증류 방법이 있는데, 다음 중 특수 증류 방법이 아닌 것은?

㉮ 감압 증류 ㉯ 추출 증류
㉰ 공비 증류 ㉱ 기·액 증류

[해설] 증류 방법
㉮ 상압 증류 ㉯ 감압 증류
㉰ 공비 증류 ㉱ 추출 증류

75 다음 중 소화방법의 분류에 해당하지 않는 것은?

㉮ 포소화 ㉯ 질식소화
㉰ 희석소화 ㉱ 냉각소화

[해설] 소화방법의 분류
㉮ 냉각소화
㉯ 질식소화
㉰ 희석소화
㉱ 억제소화(부촉매 소화)

{분석} 실기까지 중요한 내용입니다.

76 다음 중 만성중독과 가장 관계가 깊은 유독성 지표는?

㉮ LD_{50}(Median lethal dose)
㉯ MLD(Minimun lethal dose)
㉰ TLV(Threshold limit value)
㉱ LC_{50}(Median lethal concentration)

[해설] TLV(노출기준) : 만성중독의 지표이다.

[참고] ㉠ MLD : 실험 동물 가운데 한 마리를 치사시키는 데 필요한 최소의 양
㉡ LD_{50}(Lethal Dose) : 1회 투여로 인하여 7~10일 이내에 실험 동물의 50%를 치사시키는 양 실험동물 체중 1kg당 mg으로 나타낸다.
㉢ LC_{50}(Lethal Concentration) : 실험 동물의 50%가 사망하는 유해 물질의 농도

정답 72 ㉮ 73 ㉯ 74 ㉱ 75 ㉮ 76 ㉰

77 후드의 설치 요령으로 옳지 않은 것은?

㉮ 충분한 포집속도를 유지한다.
㉯ 후드의 개구면적은 작게 한다.
㉰ 후드는 되도록 발생원에 접근시킨다.
㉱ 후드로부터 연결된 덕트는 곡선화시킨다.

해설 ㉱ 덕트 길이는 짧게 하고 굴곡부의 수는 적게 할 것

참고 후드 설치기준
㉮ 유해물질이 발생하는 곳마다 설치할 것
㉯ 유해인자의 발생형태와 비중, 작업방법 등을 고려하여 해당 분진 등의 발산원(發散源)을 제어할 수 있는 구조로 설치할 것
㉰ 후드(hood) 형식은 가능하면 포위식 또는 부스식 후드를 설치할 것
㉱ 외부식 또는 리시버식 후드는 해당 분진 등의 발산원에 가장 가까운 위치에 설치할 것

78 헥산 5vol%, 메탄 4vol%, 에틸렌 1vol%로 구성된 혼합가스의 연소하한값(vol%)은 약 얼마인가? (단, 각 가스의 공기 중 연소하한값으로 헥산은 1.1Vol%, 메탄은 5.0vol%, 에틸렌은 2.7vol%이다.)

㉮ 0.58vol% ㉯ 1.75vol%
㉰ 2.72vol% ㉱ 3.72vol%

해설
$$\frac{100}{L} = \frac{V_1}{L_1} + \frac{V_2}{L_2} + \frac{V_3}{L_3} \ldots \text{ (vol\%)}$$
$$L = \frac{100}{\frac{V_1}{L_1} + \frac{V_2}{L_2} + \frac{V_3}{L_3} \ldots}$$

여기서,
L : 혼합가스의 폭발하한계(상한계)
L_1, L_2, L_3 : 단독가스의 폭발하한계(상한계)
V_1, V_2, V_3 : 단독가스의 공기 중 부피
$100 : V_1 + V_2 + V_3 + \cdots$

$$\frac{5+4+1}{L} = \frac{5}{1.1} + \frac{4}{5.0} + \frac{1}{2.7}$$
$$L = \frac{10}{\frac{5}{1.1} + \frac{4}{5.0} + \frac{1}{2.7}} = 1.75\text{vol\%}$$

{분석} 실기까지 중요한 내용입니다.

79 다음 중 화학반응에 의해 발생하는 열이 아닌 것은?

㉮ 연소열   ㉯ 압축열
㉰ 반응열   ㉱ 분해열

해설 화학반응에 의한 열
㉮ 연소열   ㉯ 반응열
㉰ 분해열   ㉱ 산화열

80 공정별로 폭발을 분류할 때 물리적 폭발이 아닌 것은?

㉮ 분해폭발
㉯ 탱크의 감압폭발
㉰ 수증기 폭발
㉱ 고압용기의 폭발

해설 ㉠ 물리적 폭발 : 물리변화를 주체로 한 폭발
• 고압용기 파열
• 탱크 감압 파손
• 폭발적 증발 및 압력방출에 의해 발생
• 수증기폭발 등
㉡ 화학적 폭발 : 화학반응에 의하여 짧은 시간에 급격한 압력상승을 수반할 때 압력이 급격하게 방출되며 폭발이 일어난다.
• 산화폭발
• 분해폭발
• 중합폭발
• 촉매폭발

정답 77 ㉱ 78 ㉯ 79 ㉯ 80 ㉮

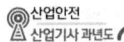

제5과목 건설공사 안전 관리

81 차량계 건설기계를 사용하여 작업하고자 할 때 작업계획서에 포함되어야 할 사항으로 틀린 것은?

㉮ 차량계 건설기계의 제동장치 이상 유무
㉯ 차량계 건설기계의 운행경로
㉰ 차량계 건설기계의 종류 및 성능
㉱ 차량계 건설기계에 의한 작업방법

[해설] 차량계 건설기계를 사용하는 작업의 작업계획서
㉮ 사용하는 차량계 건설기계의 종류 및 성능
㉯ 차량계 건설기계의 운행경로
㉰ 차량계 건설기계에 의한 작업방법

{분석}
실기까지 중요한 내용입니다. "해설"을 다시 확인하세요.

82 철근을 인력으로 운반할 때의 주의사항으로 틀린 것은?

㉮ 긴 철근은 2인 1조가 되어 어깨메기로 하여 운반한다.
㉯ 긴 철근을 부득이 1인이 운반할 때는 철근의 한쪽을 어깨에 메고 다른 한쪽 끝을 땅에 끌면서 운반한다.
㉰ 1인이 1회에 운반할 수 있는 적당한 무게한도는 운반자의 몸무게 정도이다.
㉱ 운반 시에는 항상 양끝을 묶어 운반한다.

[해설] 중량물의 취급에서 근로자가 항상 수작업으로 물건을 취급하는 경우에는 중량이 남자 근로자인 경우 체중의 40% 이하, 여자 근로자인 경우 체중의 24% 이하가 되도록 하여야 하며 중량물의 폭은 75cm 이상 되지 않도록 하여야 한다.

83 철골공사 시 안전을 위한 사전 검토 또는 계획수립을 할 때 가장 거리가 먼 내용은?

㉮ 추락방지망의 설치
㉯ 사용기계의 용량 및 사용대수
㉰ 기상조건의 검토
㉱ 지하매설물 조사

[해설] ㉱ 지하매설물 조사는 굴착작업 시의 사전조사 내용이다.

84 안전난간은 구조적으로 가장 취약한 지점에서 가장 취약한 방향으로 작용하는 최소 얼마 이상의 하중에 견딜 수 있어야 하는가?

㉮ 50kg   ㉯ 100kg
㉰ 150kg   ㉱ 200kg

[해설] 안전난간은 구조적으로 가장 취약한 지점에서 가장 취약한 방향으로 작용하는 100킬로그램 이상의 하중에 견딜 수 있는 튼튼한 구조일 것

[참고] 안전 난간의 구조 및 설치 요건
㉮ 상부 난간대, 중간 난간대, 발끝막이판 및 난간 기둥으로 구성할 것
㉯ 상부 난간대
  • 상부 난간대는 바닥면 등으로부터 90센티미터 이상 지점에 설치
  • 상부 난간대를 120센티미터 이하에 설치하는 경우 : 중간 난간대는 상부 난간대와 바닥면 등의 중간에 설치
  • 120센티미터 이상 지점에 설치하는 경우 : 중간 난간대를 2단 이상으로 설치, 난간의 상하 간격은 60센티미터 이하가 되도록 할 것 (다만, 난간기둥 간의 간격이 25센티미터 이하인 경우에는 중간 난간대를 설치하지 않을 수 있다.)
㉰ 발끝막이판은 바닥면 등으로부터 10센티미터 이상의 높이를 유지할 것
㉱ 난간기둥은 상부 난간대와 중간 난간대를 견고하게 떠받칠 수 있도록 적정한 간격을 유지할 것

정답 81 ㉮ 82 ㉯ 83 ㉱ 84 ㉯

㉮ 상부 난간대와 중간 난간대는 난간 길이 전체에 걸쳐 바닥면 등과 평행을 유지할 것
⑥ 난간대는 지름 2.7센티미터 이상의 금속제 파이프나 그 이상의 강도가 있는 재료일 것

{분석}
실기까지 중요한 내용입니다. "참고"를 다시 확인하세요.

85 옹벽 안정조건의 검토사항이 아닌 것은?

㉮ 활동(slding)에 대한 안전검토
㉯ 전도(overturing)에 대한 안전검토
㉰ 보일링(boiling)에 대한 안전검토
㉱ 지반 지지력(settlement)에 대한 안전검토

[해설] 콘크리트 옹벽(흙막이 지보공)의 안정성 검토사항
㉮ 전도에 대한 안정
㉯ 활동에 대한 안정
㉰ 침하(지반 지지력)에 대한 안정

{분석}
실기까지 중요한 내용입니다. "해설"을 다시 확인하세요.

86 흙막이 가시설의 버팀대(Strut)의 변형을 측정하는 계측기에 해당하는 것은?

㉮ Water level meter
㉯ Strain gauge
㉰ Piezometer
㉱ Load cell

[해설] 버팀대의 변형을 측정 → 변형률계(Strain-gauge)

참고 계측기 종류 및 용도

① 균열 측정기 (Crack-gauge)	균열 크기와 변화를 정밀 측정 확인
② 경사계 (Tilt-meter)	구조물의 경사각 및 변형 상태를 계측
③ 지하 수위계 (Water levelmeter)	지하수위 변화를 실측
④ 지중 수평변위계 (Iclino-meter)	토류구조물 각 지점의 응력 상태 판단
⑤ 토압계(Earth pressure-cell)	토압의 변화를 측정
⑥ 변형률계 (Strain-gauge)	타설 콘크리트 등의 응력 변화 등 변형을 측정
⑦ 지주 하중계 (Strut load-cell)	Strut의 축 하중 변화상태를 측정
⑧ 어스앙카 하중계 (Earth-anchor load-cell)	Earth Anchor의 축 하중 변화상태를 측정
⑨ 간극 수압계 (Piezometer)	굴착에 따른 과잉 간극수압의 변화를 측정
⑩ 층별 침하계 (Extensometer)	각 지층별 침하량의 변동 상태를 확인
⑪ 지표 침하계 (Settlement Plate)	지표면의 침하량 절대치의 변화를 측정
⑫ 진동 소음측정기 (Sound levelmeter)	진동과 소음을 측정

87 추락방지용 방망의 지지점은 최소 몇 kg$_f$ 이상의 외력에 견딜 수 있어야 하는가?

㉮ 300kg$_f$
㉯ 500kg$_f$
㉰ 600kg$_f$
㉱ 1,000kg$_f$

[해설] 추락방지용 방망의 지지점은 600킬로그램의 외력에 견딜 수 있는 강도를 보유하여야 한다.

정답 85 ㉰ 86 ㉯ 87 ㉰

참고 추락방호망의 설치
① 추락방호망의 설치 위치는 가능하면 작업면으로부터 가까운 지점에 설치하여야 하며, 작업면으로부터 망의 설치지점까지의 수직거리는 10미터를 초과하지 아니할 것
② 추락방호망은 수평으로 설치하고, 망의 처짐은 짧은 변 길이의 12퍼센트 이상이 되도록 할 것
③ 건축물 등의 바깥쪽으로 설치하는 경우 망의 내민 길이는 벽면으로부터 3미터 이상 되도록 할 것

{분석} 실기까지 중요한 내용입니다. "참고"를 다시 확인하세요.

88 철근콘크리트 슬래브에 발생하는 응력에 대한 설명한 것 중 틀린 것은?

㉮ 전단력은 일반적으로 단부보다 중앙부에서 크게 작용한다.
㉯ 중앙부 하부에는 인장응력이 발생한다.
㉰ 단부 하부에는 압축응력이 발생한다.
㉱ 휨응력은 일반적으로 슬래브의 중앙부에서 크게 작용한다.

[해설] ㉮ 철근콘크리트 슬라브의 중앙부에서 전단력이 가장 작게 작용한다.

89 단면적이 800mm²인 와이어로프에 의지하여 체중 800N인 작업자가 공중 작업을 하고 있다면 이 때 로프에 걸리는 인장응력은 얼마인가?

㉮ 1MPa ㉯ 2MPa
㉰ 3MPa ㉱ 4MPa

[해설] 인장응력 $= \dfrac{\text{인장하중}(P)}{\text{단면적}(A)}$
$= \dfrac{800\text{N}}{800 \times 10^{-6}\text{m}^2} = 1 \times 10^6 \text{N/M}^2$
$= 1\text{MPa}$

(Pa=N/M², 1MPa=10⁶Pa)

90 철근의 가스절단 작업 시 안전 상 유의해야 할 사항으로 틀린 것은?

㉮ 작업장에는 소화기를 비치하도록 한다.
㉯ 호스, 전선 등은 다른 작업장을 거치는 곡선상의 배선이어야 한다.
㉰ 전선의 경우 피복이 손상되어 있는지를 확인하여야 한다.
㉱ 호스는 작업 중에 겹치거나 밟히지 않도록 한다.

[해설] ㉯ 호스 등은 다른 작업장을 거치지 않는 직선배선이어야 한다.

91 경화된 콘크리트의 각종 강도를 비교한 것 중 옳은 것은?

㉮ 전단강도 > 인장강도 > 압축강도
㉯ 압축강도 > 인장강도 > 전단강도
㉰ 인장강도 > 압축강도 > 전단강도
㉱ 압축강도 > 전단강도 > 인장강도

[해설] 단단한 재료일수록 압축강도가 크고 인장강도가 작아진다.
경화된 콘크리트 : 압축강도>전단강도>인장강도

92 추락 시 로프의 지지점에서 최하단까지의 거리(h)를 구하는 식으로 옳은 것은?

㉮ h = 로프의 길이 + 신장
㉯ h = 로프의 길이 + 신장/2
㉰ h = 로프의 길이 + 로프의 늘어난 길이 + 신장
㉱ h = 로프의 길이 + 로프의 늘어난 길이 + 신장/2

[해설] h = 로프의 길이 + 로프의 신장 길이 + 작업자 키의 1/2

정답 88 ㉮ 89 ㉮ 90 ㉯ 91 ㉱ 92 ㉱

93 콘크리트의 유동성과 묽기를 시험하는 방법은?
㉮ 다짐시험 ㉯ 슬럼프시험
㉰ 압축강도시험 ㉱ 평판시험

[해설] 콘크리트의 슬럼프 시험 : 콘크리트의 시공연도(유동성, 묽기)를 판단하는 시험으로 슬럼프 값을 측정하는 방법이다.

94 건축물의 층고가 높아지면서, 현장에서 고소작업대의 사용이 증가하고 있다. 고소작업대의 사용 및 설치기준으로 옳은 것은?
㉮ 작업대를 와이어로프 또는 체인으로 올리거나 내릴 경우에는 와이어로프 또는 체인의 안전율은 10 이상일 것
㉯ 작업대를 올린 상태에서 항상 작업자를 태우고 이동할 것
㉰ 바닥과 고소작업대는 가능하면 수직을 유지하도록 할 것
㉱ 갑작스러운 이동을 방지하기 위하여 아웃트리거(outrigger) 또는 브레이크 등을 확실히 사용할 것

[해설] ㉮ 작업대를 와이어로프 또는 체인으로 상승 또는 하강시킬 때에는 와이어로프 또는 체인이 끊어져 작업대가 낙하하지 아니하는 구조이어야 하며, 와이어로프 또는 체인의 안전율은 5 이상일 것
㉯ 작업대를 상승시킨 상태에서 작업자를 태우고 이동하지 말 것
㉰ 바닥과 고소작업대는 가능한 한 수평을 유지하도록 할 것

95 토공사용 건설장비 중 굴착기계가 아닌 것은?
㉮ 파워 셔블 ㉯ 드래그 셔블
㉰ 로더 ㉱ 드래그 라인

[해설] 로더 : 토사, 자갈, 골재 등을 퍼서 다른 곳으로 운반하거나 덤프트럭 등에 싣는 장비

96 흙의 입도 분포와 관련한 삼각좌표에 나타나는 흙의 분류에 해당되지 않는 것은?
㉮ 모래 ㉯ 점토
㉰ 자갈 ㉱ 실트

[해설] 삼각좌표 분류법
자갈을 제외한 점토, 실트, 모래분의 3성분으로 나누고 각 성분의 함유율로 흙을 분류한다.

97 거푸집 및 동바리 설계 시 적용하는 연직방향하중에 해당되지 않는 것은?
㉮ 철근콘크리트의 자중
㉯ 작업하중
㉰ 충격하중
㉱ 콘크리트의 측압

[해설] 연직방향 하중
㉮ 거푸집, 지보공(동바리), 콘크리트, 철근의 자중
㉯ 작업원의 하중
㉰ 타설용 기계·기구, 가설설비 등의 중량
㉱ 충격하중

정답 93 ㉯ 94 ㉱ 95 ㉰ 96 ㉰ 97 ㉱

98 프리캐스트 부재의 현장야적에 대한 설명으로 틀린 것은?
- ㉮ 오물로 인한 부재의 변질을 방지한다.
- ㉯ 벽 부재는 변형을 방지하기 위해 수평으로 포개 쌓아 놓는다.
- ㉰ 부재의 제조번호, 기호 등을 식별하기 쉽게 야적한다.
- ㉱ 받침대를 설치하여 휨, 균열 등이 생기지 않게 한다.

[해설] ㉯ 벽 부재는 수직 받침대를 세워 수직으로 야적한다.

99 흙의 동상 현상을 지배하는 인자가 아닌 것은?
- ㉮ 흙의 마찰력
- ㉯ 동결 지속시간
- ㉰ 모관 상승고의 크기
- ㉱ 흙의 투수성

[해설] 흙의 동상 현상 결정인자
- ㉮ 흙의 투수성
- ㉯ 모관 상승고의 크기
- ㉰ 동결 지속시간

[참고] 흙의 동상(frost heaving)현상 : 물이 결빙되는 위치로 지속적으로 유입되는 조건에서 온도가 하강함에 따라 토중수가 얼어 생성된 결빙 크기가 계속 커져 지표면이 부풀어 오르는 현상

100 암질 변화 구간 및 이상 암질 출현 시 판별 방법과 가장 거리가 먼 것은?
- ㉮ R.Q.D
- ㉯ R.M.R
- ㉰ 지표침하량
- ㉱ 탄성파 속도

{분석} 관련 법규에서 삭제된 내용입니다.

정답 98 ㉯ 99 ㉮ 100 정답 없음

01회   2015년 산업안전 산업기사 최근 기출문제

제1과목 • 산업재해 예방 및 안전보건교육

01 산업재해 발생의 직접원인에 해당되지 않는 것은?

㉮ 안전수칙의 오해
㉯ 물(物) 자체의 결함
㉰ 위험 장소의 접근
㉱ 불안전한 속도 조작

[해설] 직접원인
① 인적원인(불안전한 행동)
② 물적원인(불안전한 상태)

인적원인 (불안전한 행동)	• 위험장소 접근 • 안전장치의 기능 제거 • 복장, 보호구의 잘못 사용 • 기계기구 잘못 사용 • 운전 중인 기계장치의 손질 • 불안전한 속도 조작 • 위험물 취급 부주의 • 불안전한 상태 방치 • 불안전한 자세·동작 • 감독 및 연락 불충분
물적원인 (불안전한 상태)	• 물 자체의 결함 • 안전 방호장치의 결함 • 복장, 보호구의 결함 • 물의 배치 및 작업 장소 불량 • 작업환경의 결함 • 생산공정의 결함 • 경계표시, 설비의 결함

02 안전 태도 교육의 기본과정을 가장 올바르게 나열한 것은?

㉮ 청취한다 → 이해하고 납득한다 → 시범을 보인다 → 평가한다
㉯ 이해하고 납득한다 → 들어본다 → 시범을 보인다 → 평가한다
㉰ 청취한다 → 시범을 보인다 → 이해하고 납득한다 → 평가한다
㉱ 대량발언 → 이해하고 납득한다 → 들어본다 → 평가한다

[해설] 태도 교육 실시 순서
① 청취한다.
② 이해, 납득시킨다.
③ 모범을 보인다.
④ 권장한다.
⑤ 평가한다.(상과 벌)

[참고] 교육의 3단계
① 제1단계(지식교육)
② 제2단계(기능교육)
③ 제3단계(태도교육)

03 적성검사의 유형 중 체력검사에 포함되지 않는 것은?

㉮ 감각기능 검사
㉯ 근력검사
㉰ 신경기능 검사
㉱ 크루즈 지수(Kruse's index)

[해설] 크루즈 지수(Kruse's index) : 체격 판정 지수로서 가슴둘레의 제곱과 신장의 비로 나타낸다.

▶ 정답 01 ㉮ 02 ㉮ 03 ㉱

04 기업조직의 원리 가운데 지시 일원화의 원리를 가장 잘 설명한 것은?

㉮ 지시에 따라 최선을 다해서 주어진 임무나 기능을 수행하는 것
㉯ 책임을 완수하는데 필요한 수단을 상사로부터 위임받은 것
㉰ 언제나 직속 상사에게서만 지시를 받고 특정 부하직원들에게만 지시하는 것
㉱ 조직의 각 구성원이 가능한 한 가지 특수 직무만을 담당하도록 하는 것

[해설] 지시 일원화의 원리 : 직속 상사에게서만 지시를 받고 특정 부하에게만 지시를 하는 방식

05 1,000명의 근로자가 주당 45시간씩 연간 50주를 근무하는 A기업에서 질병 및 기타 사유로 인하여 5%의 결근율을 나타내고 있다. 이 기업에서 연간 60건의 재해가 발생하였다면 이 기업의 도수율은 약 얼마인가?

㉮ 25.12
㉯ 26.67
㉰ 28.07
㉱ 51.64

[해설] 도수율 $= \dfrac{\text{재해 건수}}{\text{연근로시간수}} \times 10^6$

$= \dfrac{60 \times 10^6}{1,000 \times 45 \times 50 \times 0.95} = 28.07$

(결근율 5% → 출근율 95%)

{분석} 실기에도 자주 출제되는 문제입니다.

06 산업안전보건 법령상 안전검사대상 유해·위험기계에 해당하지 않는 것은?

㉮ 곤돌라   ㉯ 전기용접기
㉰ 리프트   ㉱ 산업용원심기

[해설]

안전검사 대상 유해·위험 기계	① 프레스 ② 전단기 ③ 크레인[정격 하중이 2톤 미만인 것 제외] ④ 리프트 ⑤ 압력용기 ⑥ 곤돌라 ⑦ 국소 배기장치(이동식은 제외) ⑧ 원심기(산업용만 해당) ⑨ 롤러기(밀폐형 구조는 제외한다) ⑩ 사출성형기[형 체결력(형 체결력) 294킬로뉴턴(KN) 미만은 제외] ⑪ 고소작업대 ⑫ 컨베이어 ⑬ 산업용 로봇

특급 암기법

안전인증 대상 중
손 다치는 기계 - 프레스, 전단기, 사출성형기, 롤러기
양중기 - 크레인, 리프트, 곤돌라
폭발 - 압력용기
추가 - 극소(국소) 로봇이 고소(높은 곳)의 큰(컨) 원을 검사(안전검사)
국소배기장치 산업용 로봇, 고소작업대, 컨베이어, 원심기

{분석} 실기를 대비해서 반드시 암기하세요.

07 질병에 의한 피로의 방지대책으로 가장 적합한 것은?

㉮ 기계의 사용을 배제한다.
㉯ 작업의 가치를 부여한다.
㉰ 보건상 유해한 작업환경을 개선한다.
㉱ 작업장에서의 부적절한 관계를 배제한다.

[해설] 질병에 의한 피로 방지 → 작업환경 개선

정답 04 ㉰ 05 ㉰ 06 ㉯ 07 ㉰

08
안전·보건교육 및 훈련은 인간행동 변화를 안전하게 유지하는 것이 목적이다. 이러한 행동변화의 전개 과정 순서가 알맞은 것은?

㉮ 자극 - 욕구 - 판단 - 행동
㉯ 욕구 - 자극 - 판단 - 행동
㉰ 판단 - 자극 - 욕구 - 행동
㉱ 행동 - 욕구 - 자극 - 판단

[해설] 인간행동 변화의 전개 과정

자극 → 욕구 → 판단 → 행동

09
위험예지훈련 기초 4라운드(4R)에 관한 내용으로 옳은 것은?

㉮ 1R : 목표 설정
㉯ 2R : 현상 파악
㉰ 3R : 대책 수립
㉱ 4R : 본질 추구

[해설] 위험예지 훈련 4단계

위험예지훈련 4단계	
1단계 : 현상파악	• 어떤 위험이 잠재하고 있는가? • 전원이 대화로써 도해 상황속의 잠재위험요인을 발견하고 그 요인이 초래할 수 있는 사고를 생각해내는 단계
2단계 : 요인조사 (본질추구)	• 이것이 위험의 포인트다. • 발견해 낸 위험 중 가장 위험한 것을 합의로서 결정하는 단계 (지적확인 단계)
3단계 : 대책수립	• 당신이라면 어떻게 할 것인가? • 중요위험요인을 해결하기 위한 대책을 세우는 단계
4단계 : 행동목표 설정 (합의요약)	• 우리들은 이렇게 하자! • 대책 중 중점 실시항목을 합의 요약해서 그것을 실천하기 위한 행동목표를 설정하는 단계

{분석}
실기까지 중요한 내용입니다. 암기하세요.

10
산업안전보건 법령상 사업주가 근로자에게 실시하여야 하는 안전·보건교육의 교육과정에 해당하지 않는 것은?

㉮ 특별안전·보건교육
㉯ 근로자 정기안전·보건교육
㉰ 채용 시 및 작업내용 변경 시 교육
㉱ 안전관리자 신규 및 보수교육

[해설] 근로자 안전보건교육 시간

교육과정	교육대상		교육시간
가. 정기교육	1) 사무직 종사 근로자		매반기 6시간 이상
	2) 그 밖의 근로자	가) 판매업무에 직접 종사하는 근로자	매반기 6시간 이상
		나) 판매업무에 직접 종사하는 근로자 외의 근로자	매반기 12시간 이상
나. 채용 시 교육	1) 일용근로자 및 근로계약기간이 1주일 이하인 기간제 근로자		1시간 이상
	2) 근로계약기간이 1주일 초과 1개월 이하인 기간제 근로자		4시간 이상
	3) 그 밖의 근로자		8시간 이상
다. 작업내용 변경 시 교육	1) 일용근로자 및 근로계약기간이 1주일 이하인 기간제 근로자		1시간 이상
	2) 그 밖의 근로자		2시간 이상

정답 08 ㉮ 09 ㉰ 10 ㉱

교육과정	교육대상	교육시간
라. 특별교육	1) 일용근로자 및 근로계약기간이 1주일 이하인 기간제 근로자(타워크레인 신호작업에 종사하는 근로자 제외)	2시간 이상
	2) 일용근로자 및 근로계약기간이 1주일 이하인 기간제 근로자 중 타워크레인 신호작업에 종사하는 근로자	8시간 이상
	3) 일용근로자 및 근로계약기간이 1주일 이하인 기간제 근로자를 제외한 근로자	가) 16시간 이상(최초 작업에 종사하기 전 4시간 이상 실시하고 12시간은 3개월 이내에서 분할하여 실시 가능) 나) 단기간 작업 또는 간헐적 작업인 경우에는 2시간 이상
마. 건설업 기초안전 · 보건교육	건설 일용근로자	4시간 이상

{분석}
실기를 대비해서 반드시 암기하세요.

11 안전관리 조직 중 대규모 사업장에서 가장 이상적인 조직 형태는?

㉮ 직계형 조직
㉯ 직능전문화 조직
㉰ 라인스태프(line-staff)형 조직
㉱ 테스크포스(task-force)조직

[해설]
• 소규모 사업장 → 라인형
• 중규모 사업장 → 스태프형
• 대규모 사업장 → 라인스태프형

12 Alderfer의 ERG 이론 중 생존(Existence) 욕구에 해당되는 Maslow의 욕구단계는?

㉮ 자아실현의 욕구
㉯ 존경의 욕구
㉰ 사회적 욕구
㉱ 생리적 욕구

[해설] 생존 욕구는 가장 기본적인 욕구로서 매슬로의 생리적 욕구에 해당한다.

[참고] • 매슬로(Maslow A. H.)의 욕구단계 이론
① 제1단계(생리적 욕구)
② 제2단계(안전 욕구)
③ 제3단계(사회적 욕구)
④ 제4단계(존경 욕구)
⑤ 제5단계(자아실현의 욕구)

• 알더퍼의 E.R.G이론
① 생존 욕구(존재 욕구)
② 관계 욕구 : 대인관계
③ 성장 욕구 : 개인적 발전

13 안전관리 4M 가운데 Media에 관한 내용으로 가장 올바른 것은?

㉮ 인간과 기계를 연결하는 매개체
㉯ 인간과 관리를 연결하는 매개체
㉰ 기계와 관리를 연결하는 매개체
㉱ 인간과 작업환경을 연결하는 매개체

[해설] Media(매체)는 인간과 기계를 연결하는 매개체이다.

정답 11 ㉰ 12 ㉱ 13 ㉮

참고 인간에러(휴먼 에러)의 배후요인(4M)
① Man(인간) : 본인 외의 사람, 직장의 인간관계 등
② Machine(기계) : 기계, 장치 등의 물적 요인
③ Media(매체) : 작업정보, 작업방법 등
④ Management(관리) : 작업관리, 법규준수, 단속, 점검 등

14 과거에 경험하였던 것과 비슷한 상태에 부딪쳤을 때 떠오르는 것을 무엇이라 하는가?
㉮ 재생   ㉯ 기명
㉰ 파지   ㉱ 재인

해설 과거에 경험했던 것과 비슷한 상황에서 떠오르는 현상 → 재인

참고 기억의 과정
기명 → 파지 → 재생 → 재인
① 기억 : 과거 행동이 미래 행동에 영향을 줌
② 기명 : 사물의 인상을 마음에 간직함
③ 파지 : 인상이 보존됨
④ 재생 : 보존된 인상이 떠오름
⑤ 재인 : 과거에 경험했던 것과 비슷한 상황에서 떠오르는 현상

{분석} 필기에 자주 출제되는 내용입니다.

15 강의식 교육지도에서 가장 많은 시간이 할당되는 단계는?
㉮ 도입   ㉯ 제시
㉰ 적용   ㉱ 확인

해설
• 강의법 : 제시단계(설명)에서 가장 많은 시간을 소비한다.
• 토의법 : 적용(시켜봄)단계에서 가장 많은 시간을 소비한다.

{분석} 필기에 자주 출제되는 내용입니다.

16 산업안전보건 법령상 안전인증 대상 보호구에 해당하지 않는 것은?
㉮ 보호복   ㉯ 안전장갑
㉰ 방독마스크   ㉱ 보안면

해설 안전인증 대상 보호구의 종류
① 추락 및 감전 위험방지용 안전모
② 안전화
③ 안전장갑
④ 방진마스크
⑤ 방독마스크
⑥ 송기마스크
⑦ 전동식 호흡보호구
⑧ 보호복
⑨ 안전대
⑩ 차광 및 비산물 위험방지용 보안경
⑪ 용접용 보안면
⑫ 방음용 귀마개 또는 귀덮개

{분석} 실기를 대비해서 반드시 암기하세요.

17 사업장의 안전준수 정도를 알아보기 위한 안전평가는 사전평가와 사후평가로 구분되어 지는데 다음 중 사전평가에 해당하는 것은?
㉮ 재해율   ㉯ 안전샘플링
㉰ 연천인율   ㉱ safe-T-score

해설 재해율, 연천인율, safe-T-score은 재해율을 계산하는 방법으로 사후평가에 해당한다.

18 무재해 운동의 기본이념 3가지에 해당하지 않는 것은?
㉮ 무의 원칙
㉯ 자주 활동의 원칙
㉰ 참가의 원칙
㉱ 선취 해결의 원칙

정답 14 ㉱ 15 ㉯ 16 ㉱ 17 ㉯ 18 ㉯

2015년 3월 8일 시행

[해설] **무재해 운동의 3대 원칙**
① 무(無)의 원칙(ZERO의 원칙) : 사업장 내의 모든 잠재위험요인을 적극적으로 사전에 발견하고 파악·해결함으로써 산업재해의 근원적인 요소들을 없앤다는 것을 의미한다.
② 선취의 원칙(안전제일의 원칙) : 사업장 내에서 행동하기 전에 잠재위험요인을 발견하고 파악·해결하여 재해를 예방하는 것을 의미한다.
③ 참가의 원칙(참여의 원칙) : 작업에 따르는 잠재위험요인을 발견하고 파악·해결하기 위하여 전원이 일치 협력하여 각자의 위치에서 적극적으로 문제해결을 하겠다는 것을 의미한다.

{분석}
실기까지 중요한 내용입니다. 암기하세요.

19 산업안전보건 법령상 안전·보건표지의 색채별 색도기준이 올바르게 연결된 것은? (단, 순서는 색상 명도/채도이며, 색도기준은 KS에 따른 색의 3속성에 의한 표시방법에 따른다)

㉮ 빨간색 – 5R 4/13
㉯ 노란색 – 2.5Y 8/12
㉰ 파란색 – 7.5PB 2.5/7.5
㉱ 녹색 – 2.5G 4/10

[해설] **안전·보건표지의 색채, 색도기준 및 용도**

색채	색도 기준	용도	사용례
빨간색	7.5R 4/14 암기 : 싫어 (7.5) 4/14	금지	정지신호, 소화설비 및 그 장소, 유해행위의 금지
		경고	화학물질 취급장소에서의 유해·위험 경고
노란색	5Y 8.5/12 암기 : 오(5) 빨리와(8.5) 이리(12)	경고	화학물질 취급장소에서의 유해·위험경고 이외의 위험경고, 주의표지 또는 기계방호물
파란색	2.5PB 4/10 암기 : 2.5×4=10	지시	특정 행위의 지시 및 사실의 고지
녹색	2.5G 4/10 암기 : 2.5×4=10	안내	비상구 및 피난소, 사람 또는 차량의 통행표지
흰색	N9.5		파란색 또는 녹색에 대한 보조색
검은색	N0.5		문자 및 빨간색 또는 노란색에 대한 보조색

{분석}
실기까지 중요한 내용입니다. 반드시 암기하세요.

20 O.J.T(On the job Training) 교육의 장점과 가장 거리가 먼 것은?

㉮ 훈련에만 전념할 수 있다.
㉯ 개개인의 업무능력에 적합한 자세한 교육이 가능하다.
㉰ 직장의 실정에 맞게 실제적 훈련이 가능하다.
㉱ 교육을 통해서 상사와 부하 간의 의사소통과 신뢰감이 깊게 된다.

[해설] ㉮ OFF JT의 특징이다.

[참고]

OJT의 특징	① 개개인에게 적절한 훈련이 가능하다. ② 직장의 실정에 맞는 훈련이 가능하다. ③ 교육효과가 즉시 업무에 연결된다. ④ 훈련에 대한 업무의 계속성이 끊어지지 않는다. ⑤ 상호 신뢰 이해도가 높다.
OFF JT의 특징	① 다수의 근로자들에게 훈련을 할 수 있다. ② 훈련에만 전념하게 된다. ③ 특별설비기구 이용이 가능하다. ④ 많은 지식이나 경험을 교류할 수 있다. ⑤ 교육 훈련 목표에 대하여 집단적 노력이 흐트러질 수 있다.

{분석}
필기에 자주 출제되는 내용입니다.

정답 19 ㉱ 20 ㉮

제2과목 • 인간공학 및 위험성 평가·관리

21 FT도 상에서 정상사상 T의 발생 확률은? (단, 기본사상 ①, ②의 발생 확률은 각각 1×10^{-2}과 2×10^{-2}이다)

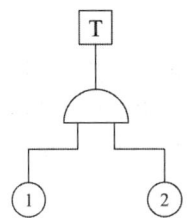

㉮ 2×10^{-2}　㉯ 2×10^{-4}
㉰ 2.98×10^{-2}　㉱ 2.98×10^{-4}

[해설] AND게이트이므로
T = ① × ②
　 = $(1\times10^{-2})\times(2\times10^{-2}) = 2\times10^{-4}$

{분석} 필기에 자주 출제되는 내용입니다.

22 고열환경에서 심한 육체노동 후에 탈수와 체내 염분농도 부족으로 근육의 수축이 격렬하게 일어나는 장해는?

㉮ 열경련(heat cramp)
㉯ 열사병(heat stroke)
㉰ 열쇠약(heat prostration)
㉱ 열피로(heat exhaustion)

[해설] **열경련(Heat Cramp)**
• 고온에서 지속적인 육체노동 시 수분 및 혈중 염분 손실로 인한 근육발작 및 경련을 일으킨다.
• 수분 및 NaCl을 보충한다.

23 표와 관련된 시스템위험분석 기법으로 가장 적합한 것은?

프로그램 :　　　시스템 :

#1 구성 요소 명칭	
#2 구성 요소 위험 방식	
#3 시스템 작동 방식	
#4 서브 시스템에서 위험 영향	
#5 서브 시스템, 대표적 시스템 위험 영향	
#6 환경적 요인	
#7 위험 영향을 받을 수 있는 2차 요인	
#8 위험수준	
#9 위험 관리	

㉮ 예비위험분석(PHA)
㉯ 결함위험분석(FHA)
㉰ 운용위험분석(OHA)
㉱ 사상수분석(ETA)

[해설] 서브시스템(subsystem)의 해석에 사용되는 분석법
→ 결함위험분석(FHA : Fault Hazards Analysis)

{분석} 필기에 자주 출제되는 내용입니다.

24 동작경제의 원칙에 해당하지 않는 것은?

㉮ 가능하다면 낙하식 운반방법을 사용한다.
㉯ 양손을 동시에 반대 방향으로 움직인다.
㉰ 자연스러운 리듬이 생기지 않도록 동작을 배치한다.
㉱ 양손으로 동시에 작업을 시작하고 동시에 끝낸다.

[해설] ㉰ 자연스러운 리듬이 생기도록 동작을 배치한다.

정답 21 ㉯　22 ㉮　23 ㉯　24 ㉰

참고 **동작경제의 3원칙(바안즈, Barnes)**

(1) 인체 사용에 관한 원칙
  ① 두 손을 동시에 동작하기 시작하여 동시에 끝나도록 하여야 한다.
  ② 휴식 시간 중이 아니면 두 손을 동시에 쉬어서는 안 된다.
  ③ 두 팔의 동작들은 서로 반대 방향에서 대칭적으로 움직인다.
  ④ 손과 신체의 동작은 작업을 원만하게 수행할 수 있는 범위 내에서 가장 낮은 동작 등급을 사용한다.
  ⑤ 가능한 한 관성(Momentum)을 이용해야 하며 작업자가 관성을 억제해야 하는 경우 관성을 최소 한도로 줄인다.
  ⑥ 손의 동작은 부드러운 연속동작으로 하고 급격한 방향 전환을 가지는 직선 동작은 피한다.

(2) 작업장의 배치에 관한 원칙
  ① 모든 공구 및 재료는 정위치에 배치해야 한다.
  ② 공구, 재료 및 조정기는 사용 위치에 가까이 두어야 한다.
  ③ 가능하면 낙하식 운반법을 사용한다.
  ④ 재료와 공구들은 자기 위치에 있도록 한다.

(3) 공구 및 설비의 설계에 관한 원칙
  ① 치공구, 발로 조정하는 장치에 의해서 수행할 수 있는 작업에는 손의 부담을 덜어주어야 한다.
  ② 공구를 결합하여 사용한다.
  ③ 공구 및 재료는 가능한 한 작업자 앞에 둔다.

25 FT도에서 입력현상이 발생하여 어떤 일정 시간이 지속된 후 출력이 발생하는 것을 나타내는 게이트나 기호로 옳은 것은?
㉮ 위험 지속기호
㉯ 조합 AND게이트
㉰ 시간 단축기호
㉱ 억제게이트

해설 위험지속 AND게이트 : 입력현상이 생겨서 어떤 일정한 시간이 지속될 때 출력이 생긴다.

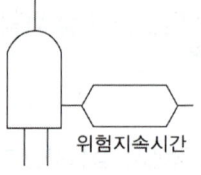
위험지속시간

{분석} 필기에 자주 출제되는 내용입니다.

26 시스템에 영향을 미치는 모든 요소의 고장을 형태별로 분석하여 그 영향을 검토하는 시스템안전 분석기법은?
㉮ FMEA
㉯ PHA
㉰ HAZOP
㉱ FTA

해설 고장형태와 영향분석 (FMEA) : 시스템에 영향을 미치는 모든 요소의 고장을 형태별로 분석하여 그 영향을 검토하는 정성적, 귀납적 분석법이다.

참고
1. 예비 위험 분석(PHA) : 모든 시스템 안전 프로그램의 최초 단계(설계단계, 구상단계)에서 실시하는 분석법
2. HAZOP(위험 및 운전성 검토) : 각각의 장비에 대해 잠재된 위험이나 기능 저하 등 시설에 결과적으로 미칠 수 있는 영향을 평가하기 위하여 공정이나 설계도 등에 체계적인 검토를 행하는 것으로 제품의 개발단계에서 실시한다.
3. FTA : 시스템 고장을 발생시키는 사상과 원인과의 관계를 논리기호(AND와 OR)를 사용하여 나뭇가지 모양의 그림(Tree)으로 나타낸 FT(Fault Tree)를 만들고 이에 의거하여 시스템의 고장확률을 구하는 연역적, 정량적 분석법

{분석} 필기에 자주 출제되는 내용입니다.

정답 25 ㉮ 26 ㉮

27 정보를 유리나 차양판에 중첩시켜 나타내는 표시장치는?

㉮ CRT ㉯ LCD
㉰ HUD ㉱ LED

[해설] HUD : 정보를 유리나 차양판에 중첩시켜 나타내는 표시장치

28 인간-기계 시스템 평가에 사용되는 인간 기준 척도 중에서 유형이 다른 것은?

㉮ 심박수 ㉯ 안락감
㉰ 산소소비량 ㉱ 뇌전위(EEG)

[해설] 생리학적 측정방법 : 감각기능, 반사기능, 대사기능 등을 이용한 측정법
① EMG(electromyogram; 근전도) : 근육활동 전위차의 기록
② ECG(electrocardiogram; 심전도) : 심장근활동 전위차의 기록
③ EEG(electroencephalogram; 뇌전도) : 신경 활동 전위차의 기록
④ EOG(electrooculogram; 안전도) : 안구(眼球) 운동 전위차의 기록
⑤ 산소소비량
⑥ 에너지 소비량(RMR)
⑦ 피부전기반사(GSR) : 작업부하의 정신적 부담도가 피로와 함께 증가하는 양상을 전기저항의 변화에서 측정한다.
⑧ 점멸 융합 주파수(플리커법)

29 인체의 피부와 허파로부터 하루에 600g의 수분이 증발될 때 열 손실율은 약 얼마인가? (단, 37℃의 물 1g을 증발시키는데 필요한 에너지는 2410J/g이다)

㉮ 약 15Watt
㉯ 약 17Watt
㉰ 약 19Watt
㉱ 약 21Watt

[해설] 2410J/g × 600g = 1446000J
1J = 1watt × second

$$Watt = \frac{J}{S} = \frac{1446000}{24 \times 3600} = 16.74 Watt$$

(하루 24h = 24×3600s)

{분석} 출제비중이 낮은 문제입니다.

30 톱사상 T를 일으키는 컷셋에 해당하는 것은?

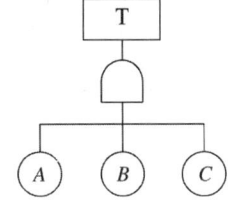

㉮ {A} ㉯ {A, B}
㉰ {B, C} ㉱ {A, B, C}

[해설] AND 게이트이므로
T = {A, B, C}

{분석} 필기에 자주 출제되는 내용입니다.

31 시스템 수명주기에서 FMEA가 적용되는 단계는?

㉮ 개발단계 ㉯ 구상단계
㉰ 생산단계 ㉱ 운전단계

[해설] FMEA는 시스템의 개발단계에서 적용된다.

[참고] 시스템 수명주기 단계
① 구상(Concept) 단계
② 정의(Definition) 단계
③ 개발(Development) 단계
④ 제조(Production) 단계
⑤ 배치(Deployment) 단계, 운용 단계
⑥ 폐기(Disposal) 단계

정답 27 ㉰ 28 ㉯ 29 ㉯ 30 ㉱ 31 ㉮

32 조종장치를 3cm 움직였을 때 표시장치의 지침이 5cm 움직였다면 C/R비는?

㉮ 0.25
㉯ 0.6
㉰ 1.5
㉱ 1.7

[해설]

① C / R 비 $= \dfrac{X}{Y}$
X : 통제기기의 변위량(cm)
Y : 표시계기 지침의 변위량(cm)

② C / R 비 $= \dfrac{\dfrac{a}{360} \times 2\pi L}{Y}$
a : 조종장치의 움직인 각도
L : 조종장치의 반경

C / R비 $= \dfrac{X}{Y} = \dfrac{3}{5} = 0.6$

{분석} 필기에 자주 출제되는 내용입니다.

33 안전 설계방법 중 페일세이프 설계(fail-safe design)에 대한 설명으로 가장 적절한 것은?

㉮ 오류가 전혀 발생하지 않도록 설계
㉯ 오류가 발생하기 어렵게 설계
㉰ 오류의 위험을 표시하는 설계
㉱ 오류가 발생하였더라도 피해를 최소화 하는 설계

[해설] 페일세이프(Fail-Safe) : 기계 설비에 결함이 발생되더라도 사고가 발생되지 않도록 2중, 3중으로 통제를 가한다.
① Fail Passive : 부품의 고장 시 기계장치는 정지 상태로 옮겨간다.
② Fail active : 부품이 고장나면 경보를 울리며 짧은 시간 운전이 가능하다.
③ Fail operational : 부품의 고장이 있어도 다음 정기점검까지 운전이 가능하다.

34 근골격계 질환을 예방하기 위한 관리적 대책으로 옳은 것은?

㉮ 작업공간 배치
㉯ 작업재료 변경
㉰ 작업순환 배치
㉱ 작업공구 설계

[해설] 근골격계 질환을 예방하기 위한 관리적 대책으로 작업을 순환배치 하는 것이 좋다.

35 일반적으로 연구조사에 사용되는 기준 중 기준 척도의 신뢰성이 의미하는 것은?

㉮ 보편성
㉯ 적절성
㉰ 반복성
㉱ 객관성

[해설] 체계 기준의 요건
• 적절성 : 의도된 목적에 적합하여야 한다. (타당성)
• 무오염성 : 측정하고자 하는 변수외의 다른 변수의 영향을 받아서는 안 된다.
• 신뢰성 : 반복실험 시 재현성이 있어야 한다. (반복성)
• 민감도 : 예상차이점에 비례하는 단위로 측정하여야 한다.

{분석} 필기에 자주 출제되는 내용입니다.

36 인체측정치 응용 원칙 중 가장 우선적으로 고려해야 하는 원칙은?

㉮ 조절식 설계
㉯ 최대치 설계
㉰ 최소치 설계
㉱ 평균치 설계

[해설] 조절식 설계를 가장 우선으로 고려하여야 한다.

정답 32 ㉯ 33 ㉱ 34 ㉰ 35 ㉰ 36 ㉮

참고 인체계측자료의 응용 3원칙
① 최대치수와 최소치수 설계(극단치 설계)
  • 최대 치수 또는 최소 치수를 기준으로 하여 설계한다.
② 조절범위(조정)
  • 체격이 다른 여러 사람에 맞도록 설계한다.
  • **예** 침대, 의자 높낮이 조절, 자동차의 운전석 위치조정
③ 평균치를 기준으로 한 설계
  • 최대 치수나 최소 치수 조절식으로 하기가 곤란할 때 평균치를 기준으로 하여 설계한다.
  • **예** 은행의 창구 높이

{분석} 필기에 자주 출제되는 내용입니다.

37 40세 이후 노화에 의한 인체의 시지각 능력 변화로 틀린 것은?

㉮ 근시력 저하
㉯ 휘광에 대한 민감도 저하
㉰ 망막에 이르는 조명량 감소
㉱ 수정체 변색

해설 ㉯ 노화로 인해 휘광에 대한 눈부심이 심해진다.

38 청각신호의 위치를 식별할 때 사용하는 척도는?

㉮ AI(Articulation Index)
㉯ JND(Just Noticeable Difference)
㉰ MAMA(Minimum Audible Movement Angle)
㉱ PNC(Preferred Noise Criteria)

해설 청각신호의 위치식별 → MAMA

참고 MAMA(Minimum Audible Movement Angle) : 최소 가청각도

39 사후보전에 필요한 수리시간의 평균치를 나타내는 것은?

㉮ MTTF   ㉯ MTBF
㉰ MDT   ㉱ MTTR

해설 수리시간의 평균치 → MTTR

참고
1. MTBF(평균고장간격 : Mean Time Between Failures)
   수리 가능한 제품에서 고장~다음 고장까지 시간의 평균치를 말한다.(신뢰도)
2. MTTF(고장까지의 평균시간 : Mean Time to Failure)
   수리가 불가능한 제품에서 처음 고장날 때까지의 시간을 말한다.(평균수명)
3. MTTR(Mean Time to Repair)
   평균 수리에 소요되는 시간을 말한다.

{분석} 필기에 자주 출제되는 내용입니다.

40 다음 중 음성 인식에서 이해도가 가장 좋은 것은?

㉮ 음소   ㉯ 음절
㉰ 단어   ㉱ 문장

해설 음성 인식의 이해도가 가장 좋은 것 → 문장

제3과목 · 기계 · 기구 및 설비 안전 관리

41 프레스의 위험방지조치로서 안전블록을 사용하는 경우가 아닌 것은?

㉮ 금형 부착 시   ㉯ 금형 파기 시
㉰ 금형 해체 시   ㉱ 금형 조정 시

해설 금형을 부착, 해체, 조정 작업할 때 신체 일부가 위험점 내에서 슬라이드 불시 하강으로 인한 위험을 방지할 목적으로 안전블록을 설치한다.

정답 37 ㉯ 38 ㉰ 39 ㉱ 40 ㉱ 41 ㉯

42 가스 용접 작업을 위한 압력조정기 및 토치의 취급 방법으로 틀린 것은?

㉮ 압력조정기를 설치하기 전에 용기의 안전밸브를 가볍게 2~3회 개폐하여 내부 구멍의 먼지를 불어낸다.
㉯ 압력조정기 체결 전에 조정 핸들을 풀고, 신속히 용기의 밸브를 연다.
㉰ 우선 조정기의 밸브를 열고 토치의 콕 및 조정 밸브를 열어서 호스 및 토치 중의 공기를 제거한 후에 사용한다.
㉱ 장시간 사용하지 않을 때에는 용기 밸브를 잠그고 조정핸들을 풀어둔다.

[해설] ㉯ 용기의 밸브는 서서히 조작한다.

43 연삭숫돌과 작업대, 교반기의 교반날개와 몸체 사이에서 형성되는 위험점은?

㉮ 협착점(Squeeze point)
㉯ 끼임점(Shear point)
㉰ 절단점(Cutting point)
㉱ 물림점(Nip point)

[해설] 끼임점 : 고정부분과 회전하는 동작부분 사이에서 형성되는 위험점
 예 연삭숫돌과 덮개, 교반기 날개와 하우징 등

{분석}
실기까지 중요한 내용입니다.

44 목재가공용 기계의 방호장치가 아닌 것은?

㉮ 덮개
㉯ 반발예방장치
㉰ 톱날접촉예방장치
㉱ 과부하방지장치

[해설] ㉱ 과부하방지장치는 양중기의 방호장치이다.

{분석}
실기까지 중요한 내용입니다.

45 크레인의 작업 시 그 작업에 종사하는 관계 근로자로 하여금 조치하여야 할 사항으로 적절하지 않은 것은?

㉮ 고정된 물체를 직접 분리·제거하는 작업을 하지 아니할 것
㉯ 신호하는 사람이 없는 경우 인양할 하물(荷物)이 보이지 아니하는 때에는 어떠한 동작도 하지 아니할 것
㉰ 미리 근로자의 출입을 통제하여 인양 중인 하물이 작업자의 머리 위로 통과하지 않도록 할 것
㉱ 인양할 하물은 바닥에서 끌어당기거나 밀어내는 작업으로 유도할 것

[해설] **크레인 작업 시의 조치**
① 인양할 하물(荷物)을 바닥에서 끌어당기거나 밀어 작업하지 아니할 것
② 유류드럼이나 가스통 등 운반 도중에 떨어져 폭발하거나 누출될 가능성이 있는 위험물용기는 보관함에 담아 안전하게 매달아 운반할 것
③ 고정된 물체를 직접 분리·제거하는 작업을 하지 아니할 것
④ 미리 근로자의 출입을 통제하여 인양중인 하물이 작업자의 머리 위로 통과하게 하지 아니할 것
⑤ 인양할 하물이 보이지 아니하는 경우에는 어떠한 동작도 하지 아니할 것(신호하는 자에 의하여 작업을 하는 경우를 제외한다)

{분석}
실기까지 중요한 내용입니다.

정답 42 ㉯ 43 ㉯ 44 ㉱ 45 ㉱

46 프레스의 본질적 안전화(No-hand in die 방식) 추진대책이 아닌 것은?

㉮ 안전금형을 설치
㉯ 전용프레스의 사용
㉰ 방호울이 부착된 프레스 사용
㉱ 감응식 방호장치 설치

[해설] 프레스의 본질안전 조건(No-hand in die 방식, 금형 내 손이 들어가지 않는 구조)
① 안전울을 부착한 프레스
② 안전한 금형 사용
③ 전용 프레스 도입
④ 자동 프레스 도입

{분석}
실기까지 중요한 내용입니다. 암기하세요.

47 선반의 크기를 표시하는 것으로 틀린 것은?

㉮ 주축에 물릴 수 있는 공작물의 최대 지름
㉯ 주축과 심압축의 센터 사이의 최대거리
㉰ 왕복대 위의 스윙
㉱ 베드 위의 스윙

[해설] 선반의 크기 표시
① 주축과 심압축의 센터 사이의 최대거리
② 왕복대 위의 스윙
③ 베드 위의 스윙

[참고] 스윙(Swing)
왕복운동을 할 수 있는 최대거리를 말하며, Bed 위의 스윙은 공작물의 최대 직경을 나타내고, 왕복대 위의 스윙은 가공이 가능한 최대 크기를 나타낸다.

48 플레이너에 대한 설명으로 옳은 것은?

㉮ 곡면을 절삭하는 기계이다.
㉯ 가공재가 수평 왕복운동을 한다.
㉰ 이송운동은 절삭운동의 2왕복에 대하여 1회의 단속운동으로 이루어진다.
㉱ 절삭운동 중 귀환행정은 저속으로 이루어져 "저속귀환행정"이라 한다.

[해설] 플레이너
- 평면을 절삭하는 기계
- 테이블 위에 설치한 공작물은 수평 왕복 운동을 한다.
- 급속귀환 운동을 한다.

{분석}
출제비중이 낮은 문제입니다.

49 기계설비의 수명 곡선에서 고장의 유형에 관한 설명으로 틀린 것은?

㉮ 초기 공장은 불량 제조나 생산과정에서 품질관리의 미비로부터 생기는 고장을 말한다.
㉯ 우발고장은 사용 중 예측할 수 없을 때에 발생하는 고장을 말한다.
㉰ 마모고장은 장치의 일부가 수명을 다해서 생기는 고장을 말한다.
㉱ 반복고장은 반복 또는 주기적으로 생기는 고장을 말한다.

[해설] 기계설비 고장 유형
1. 초기 고장(감소형)
   - 설계상, 구조상 결함, 불량 제조·생산 과정 등의 품질 관리미비로 생기는 고장 형태
   - 점검 작업이나 시운전 작업 등으로 사전에 방지할 수 있는 고장
2. 우발고장(일정형)
   - 예측할 수 없을 때에 생기는 고장의 형태
   - 사용자의 실수, 천재지변, 우발적 사고 등이 원인이다.

정답 46 ㉱ 47 ㉮ 48 ㉯ 49 ㉱

3. 마모 고장(증가형)
- 기계적 요소나 부품의 마모, 사람의 노화 현상 등에 의해 고장률이 상승하는 형이다.
- 고장이 일어나기 직전에 교환, 안전 진단 및 적당한 보수에 의해서 방지할 수 있는 고장이다.

{분석} 실기까지 중요한 내용입니다.

50 안전계수 6인 로프의 파단 하중이 1116kg$_f$ 이라면, 이 로프는 몇 kg$_f$ 이하로 물건을 매달아야 하는가?

㉮ 186 ㉯ 279
㉰ 1116 ㉱ 6696

[해설] 안전계수 = $\frac{파단하중}{사용하중}$

사용하중 = $\frac{파단하중}{안전계수}$ = $\frac{1116}{6}$ = 186kg$_f$

{분석} 실기까지 중요한 내용입니다.

51 보일러의 압력방출장치가 2개 이상 설치된 경우, 최고 사용압력 이하에서 1개가 작동되고, 남은 1개의 작동 압력은?

㉮ 최고사용압력의 1.05배 이하
㉯ 최고사용압력의 1.1배 이하
㉰ 최고사용압력의 1.25배 이하
㉱ 최고사용압력의 1.5배 이하

[해설] 압력방출장치를 1개 또는 2개 이상 설치하고 최고 사용압력 이하에서 작동되도록 하여야 한다. 다만, 압력방출장치가 2개 이상 설치된 경우에는 최고사용압력 이하에서 1개가 작동되고, 다른 압력방출장치는 최고사용압력 1.05배 이하에서 작동되도록 부착하여야 한다.

{분석} 실기까지 중요한 내용입니다. 암기하세요.

52 아세틸렌 용접 시 화재가 발생하였을 때 제일 먼저 해야 할 일은?

㉮ 메인 밸브를 잠근다.
㉯ 용기를 실외로 끌어낸다.
㉰ 관리자에게 보고한다.
㉱ 젖은 천으로 용기를 덮는다.

[해설] 화재 발생 시에는 메인 밸브를 즉시 잠가야 한다.

53 반복하중을 받는 기계 구조물 설계 시 우선 고려해야 할 설계 인자는?

㉮ 극한강도
㉯ 크리프강도
㉰ 피로한도
㉱ 항복점

[해설] 반복하중 → 피로한도

54 프레스 양수 조작식 안전거리(D) 계산식으로 적합한 것은? (단, T_L는 누름버튼에서 손을 떼는 순간부터 급정지 기구가 작동 개시하기까지의 시간, T_S는 급정지 기구 작동을 개시할 때부터 슬라이드가 정지할 때까지의 시간이다)

㉮ $D = 1.6(T_L - T_S)$
㉯ $D = 1.6(T_L + T_S)$
㉰ $D = 1.6(T_L \div T_S)$
㉱ $D = 1.6(T_L \times T_S)$

정답 50 ㉮ 51 ㉮ 52 ㉮ 53 ㉰ 54 ㉯

해설 **양수조작식 방호장치의 안전거리**

1. 안전거리 $D(mm) = 1600 \times (T_C + T_S)$
   T_C : 방호장치의 작동시간[즉 누름버튼으로부터 한 손이 떨어졌을 때부터 급정지기구가 작동을 개시할 때까지의 시간(초)]
   T_S : 프레스의 급정지시간[즉 급정지기구가 작동을 개시했을 때부터 슬라이드가 정지할 때까지의 시간(초)]

2. 안전거리 $D(mm) = 1.6 \times (T_C + T_S)$
   T_C : 방호장치의 작동시간[즉 누름버튼으로부터 한 손이 떨어졌을 때부터 급정지기구가 작동을 개시할 때까지의 시간(ms)]
   T_S : 프레스의 급정지시간[즉 급정지기구가 작동을 개시했을 때부터 슬라이드가 정지할 때까지의 시간(ms)]

{분석}
실기까지 중요한 내용입니다. 공식을 암기하세요.

55 밀링 작업 시 안전수칙 중 잘못된 것은?

㉮ 작업 시 보안경을 착용한다.
㉯ 칩의 처리는 칩 브레이커로 한다.
㉰ 가공물의 치수는 기계 정지 후 확인한다.
㉱ 절삭속도는 재료에 따라 달리 적용한다.

해설 ㉯ 칩 브레이커는 긴 칩을 짧게 절단하는 선반의 방호장치이다.

56 밀링 작업시 절삭가공에 대한 설명으로 틀린 것은?

㉮ 하향절삭은 커터의 절삭방향과 이송방향이 같으므로 백래시 제거장치가 없으면 곤란하다.
㉯ 상향절삭은 밀링커터의 날이 가공재를 들어 올리는 방향으로 작용한다.
㉰ 하향절삭은 칩이 가공한 면 위에 쌓이므로 시야가 좋지 않다.
㉱ 상향절삭은 칩이 날을 방해하지 않고, 절삭열에 의한 치수정밀도의 변화가 적다.

해설 ㉰ 하향절삭은 칩이 가공한 면 위에 쌓이므로 가공면을 잘 볼 수 있다.

{분석}
출제비중이 낮은 문제입니다.

57 기계설비의 안전조건 중 외관의 안전화에 해당하는 조치는?

㉮ 고장발생을 최소화하기 위해 정기점검을 실시하였다.
㉯ 전압강하, 정전시의 오동작을 방지하기 위하여 제어장치를 설치하였다.
㉰ 기계의 예리한 돌출부 등에 안전덮개를 설치하였다.
㉱ 강도를 고려하여 안전율을 최대로 고려하여 설비를 설계하였다.

해설 **외관상 안전화**
① 회전부에 덮개 설치
② 안전색채 사용
   예 기계의 시동 버튼 – 녹색, 정지 버튼 – 적색

{분석}
필기에 자주 출제되는 내용입니다.

58 작업점에 대한 가드의 기본방향이 아닌 것은?

㉮ 조작할 때 위험점에 접근하지 않도록 한다.
㉯ 작업자가 위험구역에서 벗어나 움직이게 한다.
㉰ 손을 작업점에 접근시킬 필요성을 배제한다.
㉱ 방음, 방진 등을 목적으로 설치하지 않는다.

정답 55 ㉯ 56 ㉰ 57 ㉰ 58 ㉱

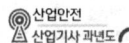

[해설] 가드의 기본방향
1. 기계조작 시 작업자가 위험점에 접근 금지
2. 작업자가 위험구역에서 벗어나 움직이게 한다.
3. 위험점에 손의 접근을 배제

59 가스용접작업 시 충전가스 용기 색깔 중에서 틀린 것은?

㉮ 프로판가스 용기 : 회색
㉯ 아르곤가스 용기 : 회색
㉰ 산소가스 용기 : 녹색
㉱ 아세틸렌가스 용기 : 백색

[해설] 충전가스 용기의 도색
① 산소 → 녹색
② 수소 → 주황색
③ 탄산가스 → 청색
④ 염소 → 갈색
⑤ 암모니아 → 백색
⑥ 아세틸렌 → 황색
⑦ 그 외 가스 → 회색

{분석}
실기까지 중요한 내용입니다. 암기하세요.

60 2개의 회전체가 회전운동을 할 때에 물림점이 발생될 수 있는 조건은?

㉮ 두 개의 회전체 모두 시계방향으로 회전
㉯ 두 개의 회전체 모두 시계 반대방향으로 회전
㉰ 하나는 시계방향으로 회전하고 다른 하나는 시계 반대방향으로 회전
㉱ 하나는 시계방향으로 회전하고 다른 하나는 정지

[해설] 물림점의 형성조건 : 서로 반대방향으로 회전하는 두 개의 회전체

제4과목 전기 및 화학설비 안전 관리

61 방폭 전기기기를 선정할 경우 고려할 사항으로 가장 거리가 먼 것은?

㉮ 접지공사의 종류
㉯ 가스 등의 발화온도
㉰ 설치될 지역의 방폭지역 등급
㉱ 내압방폭구조의 경우 최대 안전틈새

[해설] 방폭 전기기기의 선정 시 고려사항
① 방폭 전기기기가 설치될 지역의 방폭지역 등급 구분
② 가스등의 발화온도
③ 내압방폭구조의 경우 최대 안전틈새
④ 본질 안전방폭 구조의 경우 최소점화 전류
⑤ 압력방폭구조, 유입방폭구조, 안전증 방폭구조의 경우 최고표면온도
⑥ 방폭 전기기기가 설치될 장소의 주변온도, 표고 또는 상대습도, 먼지, 부식성 가스 또는 습기 등의 환경조건

{분석}
필기에 자주 출제되는 내용입니다.

62 절연용 기구의 작업시작 전 점검사항으로 옳지 않은 것은?

㉮ 고무소매의 육안점검
㉯ 활선접근 경보기의 동작시험
㉰ 고무장화에 대한 절연내력시험
㉱ 고무장갑에 대한 공기점검 실시

[해설] 작업 시작 전 점검은 작업을 시작하기 전 육안 또는 간단한 동작을 테스트하는 시험으로, 절연내력시험은 작업 시작 전 점검사항이 아니다.

정답 59 ㉱ 60 ㉰ 61 ㉮ 62 ㉰

63 인체가 젖어있는 상태이거나 금속성의 전기·기계 장치의 구조물에 인체의 일부가 상시 접촉되어 있는 상태에서의 허용접촉전압으로 옳은 것은?

㉮ 2.5V 이하   ㉯ 25V 이하
㉰ 50V 이하   ㉱ 75V 이하

[해설] 허용접촉전압

종 별	접촉 상태	허용 접촉 전압
제1종	• 인체의 대부분이 수중에 있는 상태	2.5V 이하
제2종	• 인체가 현저히 젖어 있는 상태 • 금속성의 전기·기계 장치나 구조물에 인체의 일부가 상시 접촉되어 있는 상태	25V 이하
제3종	• 제1종, 제2종 이외의 경우로서 통상의 인체 상태 있어서 접촉 전압이 가해지면 위험성이 높은 상태	50V 이하
제4종	• 제1종, 제2종 이외의 경우로서 통상의 인체 상태에 접촉 전압이 가해지더라도 위험성이 낮은 상태 • 접촉 전압이 가해질 우려가 없는 경우	제한 없음

{분석} 실기까지 중요한 내용입니다. 암기하세요.

64 절연된 컨베이어 벨트 시스템에서 발생하는 정전기의 전압이 10kV이고, 이때 정전용량이 5pF일 때 이 시스템에서 1회의 정전기 방전으로 생성될 수 있는 에너지는 얼마인가?

㉮ 0.2mJ   ㉯ 0.25mJ
㉰ 0.5mJ   ㉱ 0.25J

[해설] 정전기의 최소 착화 에너지(정전에너지)

$$E = \frac{1}{2}CV^2$$

여기서, E : 정전기 에너지(J)
C : 도체의 정전 용량(F)
V : 대전 전위(V)

$E(J) = \frac{1}{2}CV^2 = \frac{1}{2} \times 5 \times 10^{-12} \times 10,000^2$
$= 2.5 \times 10^{-4} J \times 1,000 = 0.25mJ$

(pF = 10^{-12}F)

{분석} 필기에 자주 출제되는 내용입니다.

65 인화성 액체에 의한 정전기 재해를 방지하기 위해서는 관내의 유속을 몇 m/s 이하로 유지하여야 하는가?

㉮ 1   ㉯ 2
㉰ 3   ㉱ 4

[해설] 인화성 액체는 유동대전을 방지하기 위하여 유속을 1m/s 이하로 유지하여야 한다.

정답 63 ㉯ 64 ㉯ 65 ㉮

66 저압전선로 중 절연부분의 전선과 대지 간 및 전선의 심선 상호 간의 절연저항은 사용전압에 대한 누설전류가 최대 공급 전류의 얼마를 넘지 않도록 규정하고 있는가?

㉮ $\frac{1}{1000}$ ㉯ $\frac{1}{1500}$
㉰ $\frac{1}{2000}$ ㉱ $\frac{1}{25000}$

[해설] 누설전류는 최대공급전류의 $\frac{1}{2000}$ (A)을 넘지 않아야 한다.

{분석} 필기에 자주 출제되는 내용입니다.

67 전기화재에서 출화의 경과에 대한 화재 예방대책에 해당하지 않는 것은?

㉮ 단락 및 혼촉을 방지한다.
㉯ 누전사고의 요인을 제거한다.
㉰ 접촉불량 방지와 안전점검을 철저히 한다.
㉱ 단일 인입구에 여러 개의 전기코드를 연결한다.

[해설] ㉱ 단일 인입구에 여러 개의 코드를 연결하여 사용하는 것은 전기화재의 원인이 된다.

68 위험분위기가 존재하는 장소의 전기기기에 방폭 성능을 갖추기 위한 일반적 방법으로 적절하지 않은 것은?

㉮ 점화원의 격리
㉯ 전기기기의 안전도 증강
㉰ 점화능력의 본질적 억제
㉱ 점화원으로 되는 확률을 0으로 낮춤

[해설] 전기설비의 방폭화 방법
① 점화원의 방폭적 격리 : 내압, 압력, 유입 방폭구조
② 전기설비의 안전도 증강 : 안전증 방폭구조
③ 점화능력의 본질적 억제 : 본질안전 방폭구조

{분석} 실기까지 중요한 내용입니다.

69 다음 중 고압활선작업에 필요한 보호구에 해당하지 않는 것은?

㉮ 절연대
㉯ 절연장갑
㉰ 절연장화
㉱ AE형 안전모

[해설] 절연대는 절연용 방호구에 해당한다.

70 감전사고의 사망경로에 해당되지 않는 것은?

㉮ 전류가 뇌의 호흡중추부로 흘러 발생한 호흡기능 미비
㉯ 전류가 흉부에 흘러 발생한 흉부근육 수축으로 인한 질식
㉰ 전류가 심장부로 흘러 심실세동에 의한 혈액순환 기능 장애
㉱ 전류가 인체에 흐를 때 인체의 저항으로 발생한 주울열에 의한 화상

[해설] 감전에 의한 사망의 주요 원인
① 심장부에 전류가 흘러 심실세동이 발생하여 혈액순환 기능이 상실되어 사망
② 뇌의 호흡중추 신경에 전류가 흘러 호흡기능이 정지되어 사망
③ 흉부에 전류가 흘러 흉부수축에 의한 질식으로 사망

정답 66 ㉰ 67 ㉱ 68 ㉱ 69 ㉮ 70 ㉱

71 방폭용 공구류의 제작에 많이 쓰이는 재료는?

㉮ 철제
㉯ 강철합금제
㉰ 카본제
㉱ 베릴륨 동합금제

[해설] 방폭용 공구류에는 베릴륨 동합금제가 사용된다.

72 유해·위험설비의 설치·이전 시 공정안전보고서의 제출시기로 옳은 것은?

㉮ 공사완료 전까지
㉯ 공사 후 시운전 익일까지
㉰ 설비 가동 후 30일 이내에
㉱ 공사의 착공일 30일 전까지

[해설] 사업주는 유해·위험설비의 설치·이전 또는 주요 구조부분의 변경공사의 착공 30일 전까지 공정안전보고서를 2부 작성하여 공단에 제출하여야 한다.

73 최소착화에너지가 0.25mJ, 극간 정전용량이 10pF인 부탄가스 버너를 점화시키기 위해서 최소 얼마 이상의 전압을 인가하여야 하는가?

㉮ 0.52×10^2V
㉯ 0.74×10^3V
㉰ 7.07×10^3V
㉱ 5.03×10^5V

[해설] 정전기의 최소 착화 에너지(정전에너지)

$$E = \frac{1}{2}CV^2$$

여기서, E : 정전기 에너지(J)
C : 도체의 정전 용량(F)
V : 대전 전위(V)

$$E(J) = \frac{1}{2}CV^2$$

$$V^2 = \frac{E}{\frac{1}{2}C}$$

$$V = \sqrt{\frac{E}{\frac{1}{2}C}} = \sqrt{\frac{0.25 \times 10^{-3}}{\frac{1}{2} \times 10 \times 10^{-12}}} = 7.071 \times 10^2 V$$

{분석}
필기에 자주 출제되는 내용입니다.

74 다음 중 가연성 가스로만 구성된 것은?

㉮ 메탄, 에틸렌
㉯ 헬륨, 염소
㉰ 오존, 암모니아
㉱ 산소, 아황산가스

[해설] 가연성가스의 폭발등급

폭발 등급	안전간격(mm)	해당 가스
1등급	0.6mm 초과	메탄, 에탄, 프로판, 부탄
2등급	0.4mm 초과 0.6mm 이하	에틸렌, 석탄가스
3등급	0.4mm 이하	수소, 아세틸렌

75 다음 중 산업안전보건기준에 관한 규칙에서 규정하는 급성 독성 물질에 해당되지 않는 것은?

㉮ 쥐에 대한 경구투입실험에 의하여 실험동물의 50%를 사망 시킬 수 있는 물질의 양이 kg당 300mg-(체중) 이하인 화학물질
㉯ 쥐에 대한 경피흡수실험에 의하여 실험동물의 50%를 사망 시킬 수 있는 물질의 양이 kg당 1,000mg-(체중) 이하인 화학물질

정답 71 ㉱ 72 ㉱ 73 ㉰ 74 ㉮ 75 ㉱

㉯ 토끼에 대한 경피흡수실험에 의하여 실험동물의 50%를 사망 시킬 수 있는 물질의 양이 kg당 1,000mg-(체중) 이하인 화학물질

㉰ 쥐에 대한 4시간 동안의 흡입실험에 의하여 실험동물의 50%를 사망시킬 수 있는 가스의 농도가 3,000ppm 이상인 화학물질

[해설] 급성 독성 물질

① 쥐에 대한 경구투입실험에 의하여 실험동물의 50퍼센트를 사망시킬 수 있는 물질의 양, 즉 LD_{50}(경구, 쥐)이 킬로그램당 300밀리그램-(체중) 이하인 화학물질

② 쥐 또는 토끼에 대한 경피흡수실험에 의하여 실험동물의 50퍼센트를 사망시킬 수 있는 물질의 양, 즉 LD_{50}(경피, 토끼 또는 쥐)이 킬로그램당 1,000밀리그램-(체중) 이하인 화학물질

③ 쥐에 대한 4시간 동안의 흡입실험에 의하여 실험동물의 50퍼센트를 사망시킬 수 있는 물질의 농도, 즉 가스 LC_{50}(쥐, 4시간 흡입)이 2,500ppm 이하인 화학물질, 증기 LC_{50}(쥐, 4시간 흡입)이 10mg/ℓ 이하인 화학물질, 분진 또는 미스트 1mg/ℓ 이하인 화학물질

{분석} 실기까지 중요한 내용입니다. 암기하세요.

76 건조설비구조에 관한 설명으로 옳지 않은 것은?

㉮ 건조설비의 외면은 불연성 재료로 한다.
㉯ 위험물 건조설비의 측벽이나 바닥은 견고한 구조로 한다.
㉰ 건조설비의 내부는 청소할 수 있는 구조로 되어서는 안 된다.
㉱ 건조설비의 내부 온도는 국부적으로 상승되는 구조로 되어서는 안 된다.

[해설] ㉰ 건조설비의 내부는 청소가 쉬운 구조로 할 것

[참고] 건조설비의 구조

① 건조설비의 바깥 면은 불연성 재료로 만들 것
② 건조설비(유기 과산화물을 가열 건조하는 것을 제외한다)의 내면과 내부의 선반이나 틀은 불연성 재료로 만들 것
③ 위험물건조설비의 측벽이나 바닥은 견고한 구조로 할 것
④ 위험물건조설비는 그 상부를 가벼운 재료로 만들고 주위상황을 고려하여 폭발구를 설치할 것
⑤ 위험물건조설비는 건조할 때에 발생하는 가스·증기 또는 분진을 안전한 장소로 배출시킬 수 있는 구조로 할 것
⑥ 액체연료 또는 가연성가스를 열원의 연료로서 사용하는 건조설비는 점화할 때에 폭발 또는 화재를 예방하기 위하여 연소실이나 기타 점화하는 부분을 환기시킬 수 있는 구조로 할 것
⑦ 건조설비의 내부는 청소가 쉬운 구조로 할 것
⑧ 건조설비의 감시창·출입구 및 배기구등과 같은 개구부는 발화시에 불이 다른 곳으로 번지지 아니하는 위치에 설치하고 필요한 때에는 즉시 밀폐할 수 있는 구조로 할 것
⑨ 건조설비는 내부의 온도가 국부적으로 상승되지 아니하는 구조로 설치할 것
⑩ 위험물건조설비의 열원으로서 직화를 사용하지 말 것
⑪ 위험물 건조설비가 아닌 건조설비의 열원으로서 직화를 사용하는 때에는 불꽃 등에 의한 화재를 예방하기 위하여 덮개를 설치하거나 격벽을 설치할 것

{분석} 필기에 자주 출제되는 내용입니다.

77 다음 중 착화열에 대한 정의로 가장 적절한 것은?

㉮ 연료가 착화해서 발생하는 전열량
㉯ 연료 1kg이 착화해서 연소하여 나오는 총 발열량
㉰ 외부로부터 열을 받지 않아도 스스로 연소하여 발생하는 열량
㉱ 연료를 최초의 온도로부터 착화온도까지 가열하는데 드는 열량

정답 76 ㉰ 77 ㉱

해설 착화열 : 연료를 착화온도까지 가열하는데 필요한 열량

78 산업안전보건법령에 따라 사업주는 공정안전보고서의 심사 결과를 송부 받은 경우 몇 년간 보존하여야 하는가?

㉮ 2년　　　㉯ 3년
㉰ 5년　　　㉱ 10년

해설 사업주는 송부받은 공정안전보고서를 송부받은 날부터 5년간 보존하여야 한다.

79 다음 중 산업안전보건법에 따른 관리대상 유해물질의 운반 및 저장 방법으로 적절하지 않은 것은?

㉮ 저장장소에는 관계 근로자가 아닌 사람의 출입을 금지하는 표시를 한다.
㉯ 관리대상 유해물질의 증기는 실외로 배출되지 않도록 적절한 조치를 한다.
㉰ 관리대상 유해물질을 저장할 때 일정한 장소를 지정하여 저장하여야 한다.
㉱ 물질이 새거나 발산될 우려가 없는 뚜껑 또는 마개가 있는 튼튼한 용기를 사용한다.

해설 관리대상 유해물질의 저장

사업주는 관리대상 유해물질을 운반하거나 저장하는 경우에 그 물질이 새거나 발산될 우려가 없는 뚜껑 또는 마개가 있는 튼튼한 용기를 사용하거나 단단하게 포장을 하여야 하며, 그 저장장소에는 다음 각 호의 조치를 하여야 한다.
① 관계 근로자가 아닌 사람의 출입을 금지하는 표시를 할 것
② 관리대상 유해물질의 증기를 실외로 배출시키는 설비를 설치할 것
③ 관리대상 유해물질을 저장할 경우에 일정한 장소를 지정하여 저장하여야 한다.

80 소화기의 몸통에 "A급 화재 10단위"라고 기재되어 있는 소화기에 관한 설명으로 적절한 것은?

㉮ 이 소화기의 소화능력시험시 소화기 조작자는 반드시 방화복을 착용하고 실시하여야 한다.
㉯ 이 소화기의 A급 화재 소화능력 단위가 10단위이면, B급 화재에 대해서도 같은 10단위가 적용된다.
㉰ 어떤 A급 화재 소방대상물의 능력단위가 21일 경우 이 소방대상물에 위의 소화기를 비치할 경우 2대면 충분하다.
㉱ 이 소화기의 소화능력 단위는 소화능력시험에 배치되어 완전소화한 모형의 수에 해당하는 능력단위의 합계가 10단위라는 뜻이다.

해설 소방대상물(A급화재)에 따른 능력단위(소화기구의 소화능력을 나타내는 수)가 10단위임을 나타낸다.

제5과목 · 건설공사 안전 관리

81 달비계 또는 5m 이상의 비계를 조립·해체하거나 변경하는 작업 시 준수사항으로 틀린 것은?

㉮ 근로자가 관리감독자의 지휘에 따라 작업하도록 할 것
㉯ 비, 눈, 그 밖의 기상상태의 불안정으로 날씨가 몹시 나쁜 경우에는 그 작업을 중지시킬 것

정답 78 ㉰　79 ㉯　80 ㉱　81 ㉱

㉰ 비계재료의 연결·해체작업을 하는 경우에는 폭 20cm 이상의 발판을 설치할 것
㉱ 강관비계 또는 통나무비계를 조립하는 경우 외줄로 구성하는 것을 원칙으로 할 것

[해설] 강관비계 또는 통나무비계를 조립하는 때에는 쌍줄로 하여야 하되, 외줄로 하는 때에는 별도의 작업발판을 설치할 수 있는 시설을 갖추어야 한다.

[참고] 달비계 또는 높이 5미터 이상의 비계 조립·해체 및 변경 시 준수사항
① 관리감독자의 지휘하에 작업하도록 할 것
② 조립·해체 또는 변경의 시기·범위 및 절차를 그 작업에 종사하는 근로자에게 교육할 것
③ 조립·해체 또는 변경작업구역내에는 당해 작업에 종사하는 근로자외의 자의 출입을 금지시키고 그 내용을 보기 쉬운 장소에 게시할 것
④ 비·눈 그 밖의 기상상태의 불안정으로 인하여 날씨가 몹시 나쁠 때에는 그 작업을 중지시킬 것
⑤ 비계재료의 연결·해체작업을 하는 때에는 폭 20센티미터 이상의 발판을 설치하고 근로자로 하여금 안전대를 사용하도록 하는 등 근로자의 추락방지를 위한 조치를 할 것
⑥ 재료·기구 또는 공구등을 올리거나 내리는 때에는 근로자로 하여금 달줄 또는 달포대 등을 사용하도록 할 것

82 철근 콘크리트 공사에서 슬래브에 대하여 거푸집동바리를 설치할 때 고려해야 할 사항으로 가장 거리가 먼 것은?

㉮ 철근콘크리트의 고정하중
㉯ 타설 시의 충격하중
㉰ 콘크리트의 측압에 의한 하중
㉱ 작업인원과 장비에 의한 하중

[해설] **콘크리트 측압**
• 벽, 보, 기둥 옆 거푸집의 콘크리트를 타설할 때 굳지 않은 콘크리트(생 콘크리트)가 거푸집을 미는 압력을 말한다.
• 슬래브 거푸집 설치 시에는 고려하지 않아도 된다.

[참고] 거푸집 및 지보공(동바리) 시공 시 고려해야 할 하중
① 연직방향 하중 : 거푸집, 지보공(동바리), 콘크리트, 철근, 작업원, 타설용 기계기구, 가설설비 등의 중량 및 충격하중
② 횡방향 하중 : 작업할 때의 진동, 충격, 시공오차 등에 기인되는 횡방향 하중 이외에 필요에 따라 풍압, 유수압, 지진 등
③ 콘크리트의 측압 : 굳지 않은 콘크리트의 측압
④ 특수하중 : 시공 중에 예상되는 특수한 하중
⑤ 위의 ①~④ 항목의 하중에 안전율을 고려한 하중

83 강관비계의 구조에서 비계기둥 간의 적재하중 기준으로 옳은 것은?

㉮ 200kg 이하   ㉯ 300kg 이하
㉰ 400kg 이하   ㉱ 500kg 이하

[해설] 강관 비계기둥 간의 적재하중 : 400kg 이하

{분석}
실기까지 중요한 내용입니다.

84 철골공사 작업 중 작업을 중지해야 하는 기후조건의 기준으로 옳은 것은?

㉮ 풍속 : 10m/sec 이상, 강우량 : 1mm/h 이상
㉯ 풍속 : 5m/sec 이상, 강우량 : 1mm/h 이상
㉰ 풍속 : 10m/sec 이상, 강우량 : 2mm/h 이상
㉱ 풍속 : 5m/sec 이상, 강우량 : 2mm/h 이상

[해설] 철골작업을 중지해야 하는 조건
① 풍속이 초당 10미터 이상인 경우
② 강우량이 시간당 1밀리미터 이상인 경우
③ 강설량이 시간당 1센티미터 이상인 경우

{분석}
실기까지 중요한 내용입니다. 암기하세요.

정답 82 ㉰ 83 ㉰ 84 ㉮

85 다음 건설기계의 명칭과 각 용도가 옳게 연결된 것은?

㉮ 드래그라인 – 암반굴착
㉯ 드래그쇼벨 – 흙 운반작업
㉰ 크램쉘 – 정지작업
㉱ 파워쇼벨 – 지반면보다 높은 곳의 흙 파기

[해설]
㉮ 드래그라인 – 지반면보다 낮은 곳의 흙파기, 연약지반 굴착
㉯ 드래그쇼벨 – 지반면보다 낮은 곳의 흙파기, 굳은지반 굴착
㉰ 크램쉘 – 협소하고 깊은 굴착, 수중굴착
㉱ 파워쇼벨 – 지반면보다 높은 곳의 흙파기, 굳은지반 굴착

86 흙의 동상방지 대책으로 틀린 것은?

㉮ 동결되지 않는 흙으로 치환하는 방법
㉯ 흙 속에 단열재료를 매입하는 방법
㉰ 지표의 흙을 화학약품으로 처리하는 방법
㉱ 세립토층을 설치하여 모관수의 상승을 촉진하는 방법

[해설] 흙의 동상현상 방지책
① 모관수의 상승을 차단하기 위하여 지하수위 상층에 조립토층을 설치한다.
② 지표의 흙을 화학약품으로 처리한다.
③ 흙 속에 단열재료를 매입한다.
④ 배수구를 설치하여 지하수위를 저하시킨다.
⑤ 동결되지 않은 흙으로 치환한다.

87 굴착작업에 있어서 지반의 붕괴 또는 토석의 낙하에 의하여 근로자에게 위험을 미칠 우려가 있는 경우에 사전에 필요한 조치로 거리가 먼 것은?

㉮ 인화성 가스의 농도 측정
㉯ 방호망의 설치
㉰ 흙막이 지보공의 설치
㉱ 근로자의 출입금지 조치

[해설] 지반의 붕괴 등에 의한 위험방지 조치
① 흙막이 지보공의 설치
② 방호망의 설치
③ 근로자의 출입금지 등 위험을 방지하기 위하여 필요한 조치
④ 비가 올 경우를 대비하여 측구를 설치하거나 굴착사면에 비닐을 덮는 등 빗물 등의 침투에 의한 붕괴재해를 예방하기 위하여 필요한 조치

88 강관비계를 설치하는 경우 띠장의 설치 기준은?

㉮ 지상으로부터 1m 이하
㉯ 지상으로부터 2m 이하
㉰ 지상으로부터 3m 이하
㉱ 지상으로부터 4m 이하

[해설] 띠장 간격 : 2.0미터 이하로 할 것

[참고] 강관비계의 구조
① 비계기둥 간격 : 띠장방향에서는 1.85m 이하, 장선방향에서는 1.5m 이하로 할 것
다만, 다음 각 목의 어느 하나에 해당하는 작업의 경우에는 안전성에 대한 구조검토를 실시하고 조립도를 작성하면 띠장 방향 및 장선 방향으로 각각 2.7미터 이하로 할 수 있다.
가. 선박 및 보트 건조작업
나. 그 밖에 장비 반입·반출을 위하여 공간 등을 확보할 필요가 있는 등 작업의 성질상 비계기둥 간격에 관한 기준을 준수하기 곤란한 작업
② 띠장간격 : 2.0미터 이하로 할 것
③ 비계기둥의 제일 윗부분으로부터 31m되는 지점 밑 부분의 비계기둥은 2본의 강관으로 묶어 세울 것
④ 비계기둥 간의 적재하중은 400kg을 초과하지 않도록 할 것

{분석}
실기까지 중요한 내용입니다. "참고"를 다시 확인하세요.

정답 85 ㉱ 86 ㉱ 87 ㉮ 88 ㉯

89 비계의 높이가 2m 이상인 작업장소에 설치하는 작업발판의 최소 폭 기준은? (단, 달비계, 달대비계 및 말비계는 제외)

㉮ 30cm 이상   ㉯ 40cm 이상
㉰ 50cm 이상   ㉱ 60cm 이상

[해설] 발판의 폭은 40cm 이상으로 하고, 발판재료 간의 틈은 3cm 이하로 할 것

90 철골구조물의 건립 순서를 계획할 때 일반적인 주의사항으로 틀린 것은?

㉮ 현장건립 순서와 공장제작 순서를 일치시킨다.
㉯ 건립기계의 작업반경과 진행방향을 고려하여 조립 순서를 결정한다.
㉰ 건립 중 가볼트 체결기간을 가급적 길게 하여 안정을 기한다.
㉱ 연속기둥 설치 시 기둥을 2개 세우면 기둥 사이의 보도 동시에 설치하도록 한다.

[해설] ㉰ 건립 중 가볼트의 체결기간을 가급적 짧게 하여야 한다.

91 암반사면의 파괴 형태가 아닌 것은?

㉮ 평면파괴
㉯ 압축파괴
㉰ 쐐기파괴
㉱ 전도파괴

[해설] 암반사면의 파괴 형태
① 원형파괴
② 평면파괴
③ 쐐기파괴
④ 전도파괴

92 재해 발생과 관련된 건설공사의 주요 특징으로 틀린 것은?

㉮ 재해 강도가 높다.
㉯ 추락재해의 비중이 높다.
㉰ 근로자의 직종이 매우 단순하다.
㉱ 작업 환경이 다양하다.

[해설] ㉰ 근로자의 직종이 매우 다양하다.

93 양중기 와이어로프 등 달기구의 안전계수 기준으로 옳은 것은? (단, 화물의 하중을 직접 지지하는 달기와이어로프 또는 달기체인의 경우)

㉮ 3 이상   ㉯ 4 이상
㉰ 5 이상   ㉱ 6 이상

[해설] 양중기의 와이어로프 등 달기구의 안전계수
① 근로자가 탑승하는 운반구를 지지하는 달기와이어로프 또는 달기체인의 경우 : 10 이상
② 화물의 하중을 직접 지지하는 달기와이어로프 또는 달기체인의 경우 : 5 이상
③ 훅, 샤클, 클램프, 리프팅 빔의 경우 : 3 이상
④ 그 밖의 경우 : 4 이상

94 낙하·비래 재해 방지설비에 대한 설명으로 틀린 것은?

㉮ 투하설비는 높이 10m 이상 되는 장소에서만 사용한다.
㉯ 투하설비의 이음부는 충분히 겹쳐 설치한다.
㉰ 투하입구 부근에는 적정한 낙하방지설비를 설치한다.
㉱ 물체를 투하 시에는 감시인을 배치한다.

정답 89 ㉯ 90 ㉰ 91 ㉯ 92 ㉰ 93 ㉰ 94 ㉮

[해설] **투하설비의 설치**
높이가 3미터 이상인 장소로부터 물체를 투하하는 때에는 적당한 투하설비를 설치하거나 감시인을 배치하는 등 위험방지를 위하여 필요한 조치를 하여야 한다.

95 시스템 비계를 사용하여 비계를 구성하는 경우에 준수하여야 할 기준으로 틀린 것은?

㉮ 수직재·수평재·가새재를 견고하게 연결하는 구조가 되도록 할 것
㉯ 비계 말단의 수직재와 받침철물은 밀착되도록 설치하고, 수직재와 받침철물의 연결부의 겹침길이는 받침 철물 전체 길이 4분의 1 이상이 되도록 할 것
㉰ 수평재는 수직재와 직각으로 설치하여야 하며, 체결 후 흔들림이 없도록 견고하게 설치할 것
㉱ 수직재와 수직재의 연결철물은 이탈되지 않도록 견고한 구조로 할 것

[해설] ㉯ 비계 밑단의 수직재와 받침철물은 밀착되도록 설치하고, 수직재와 받침철물의 연결부의 겹침길이는 받침철물 전체 길이의 3분의 1 이상이 되도록 할 것

[참고] **시스템 비계의 구조**
① 수직재·수평재·가새재를 견고하게 연결하는 구조가 되도록 할 것
② 비계 밑단의 수직재와 받침철물은 밀착되도록 설치하고, 수직재와 받침철물의 연결부의 겹침길이는 받침철물 전체길이의 3분의 1 이상이 되도록 할 것
③ 수평재는 수직재와 직각으로 설치하여야 하며, 체결 후 흔들림이 없도록 견고하게 설치할 것
④ 수직재와 수직재의 연결철물은 이탈되지 않도록 견고한 구조로 할 것
⑤ 벽 연결재의 설치간격은 제조사가 정한 기준에 따라 설치할 것

{분석} 실기까지 중요한 내용입니다. "참고"를 다시 확인하세요.

96 안전난간 설치 시 발끝막이판은 바닥면으로부터 최소 얼마 이상의 높이를 유지해야 하는가?

㉮ 5cm 이상   ㉯ 10cm 이상
㉰ 15cm 이상   ㉱ 20cm 이상

[해설] 발끝막이판은 바닥면 등으로부터 10센티미터 이상의 높이를 유지할 것

97 콘크리트 타설 작업을 하는 경우의 준수사항으로 틀린 것은?

㉮ 콘크리트 타설 작업 중 이상이 있으면 작업을 중지하고 근로자를 대피시킬 것
㉯ 콘크리트를 타설하는 경우에는 편심을 유발하여 콘크리트를 거푸집 내에 밀실하게 채울 것
㉰ 설계도서상의 콘크리트 양생기간을 준수하여 거푸집동바리 등을 해체할 것
㉱ 콘크리트 타설 작업 시 거푸집 붕괴의 위험이 발생할 우려가 있으면 충분히 보강조치를 할 것

[해설] **콘크리트의 타설 작업 시 준수사항**
① 당일의 작업을 시작하기 전에 해당 작업에 관한 거푸집 동바리 등의 변형·변위 및 지반의 침하 유무 등을 점검하고 이상이 있으면 보수할 것
② 작업 중에는 감시자를 배치하는 등의 방법으로 거푸집 및 동바리의 변형·변위 및 침하 유무 등을 확인해야 하며, 이상이 있으면 작업을 중지하고 근로자를 대피시킬 것
③ 콘크리트의 타설작업 시 거푸집 붕괴의 위험이 발생할 우려가 있으면 충분한 보강조치를 할 것
④ 설계도서상의 콘크리트 양생기간을 준수하여 거푸집 및 동바리를 해체할 것
⑤ 콘크리트를 타설하는 경우에는 편심이 발생하지 않도록 골고루 분산하여 타설할 것

정답 95 ㉯ 96 ㉯ 97 ㉯

98 개착식 굴착공사(Open cut)에서 설치하는 계측기기와 거리가 먼 것은?

㉮ 수위계
㉯ 경사계
㉰ 응력계
㉱ 내공변위계

[해설] ㉱ 내공변위계는 터널굴착공사에 필요한 계측기기이다.

99 토사 붕괴의 내적 원인에 해당하는 것은?

㉮ 토석의 강도 저하
㉯ 절토 및 성토 높이의 증가
㉰ 사면법면의 경사 및 기울기 증가
㉱ 지표수 및 지하수의 침투에 의한 토사 중량 증가

[해설]
• 토석 붕괴의 내적 원인
① 절토 사면의 토질·암질
② 성토 사면의 토질구성 및 분포
③ <u>토석의 강도 저하</u>

• 토석 붕괴의 외적 원인
① 사면, 법면의 경사 및 기울기의 증가
② 절토 및 성토 높이의 증가
③ 공사에 의한 진동 및 반복 하중의 증가
④ 지표수 및 지하수의 침투에 의한 토사 중량의 증가
⑤ 지진, 차량, 구조물의 하중작용
⑥ 토사 및 암석의 혼합층 두께

100 PC(Precast Concrete) 조립 시 안전대책으로 틀린 것은?

㉮ 신호수를 지정한다.
㉯ 인양 PC부재 아래에 근로자 출입을 금지한다.
㉰ 크레인에 PC부재를 달아 올린 채 주행한다.
㉱ 운전자는 PC부재를 달아 올린 채 운전대에서 이탈을 금지한다.

[해설] ㉰ 크레인에 부재를 달아 올린 채 주행해서는 안 된다.

정답 98 ㉱ 99 ㉮ 100 ㉰

02회   2015년 산업안전 산업기사 최근 기출문제

제1과목 ▶ 산업재해 예방 및 안전보건교육

01 다음 중 산업안전보건 법령상 안전인증 대상 보호구의 안전인증제품에 안전인증 표시 외에 표시하여야 할 사항과 가장 거리가 먼 것은?

㉮ 안전인증 번호
㉯ 형식 또는 모델명
㉰ 제조번호 및 제조연월
㉱ 물리적, 화학적 성능기준

[해설] 안전인증 제품의 표시사항
① 형식 또는 모델명
② 규격 또는 등급 등
③ 제조자명
④ 제조번호 및 제조연월
⑤ 안전인증 번호

[참고] 자율안전확인 제품의 표시사항
① 형식 또는 모델명
② 규격 또는 등급 등
③ 제조자명
④ 제조번호 및 제조연월
⑤ 자율안전확인 번호

{분석}
실기까지 중요한 내용입니다. 암기하세요.

02 도수율이 13.0, 강도율 1.20인 사업장이 있다. 이 사업장의 환산도수율은 얼마인가? (단, 이 사업장 근로자의 평생 근로시간은 10만 시간으로 가정한다.)

㉮ 1.3   ㉯ 10.8
㉰ 12.0   ㉱ 92.3

[해설] 환산 도수율(F)

① 일평생 근로하는 동안의 재해건수를 말한다.
② 환산 도수율(F) = $\dfrac{재해건수}{연\ 근로시간\ 수}$ × 평생근로시간수(100,000)
③ 환산 도수율 = 도수율 ÷ 10

환산 도수율 = 도수율 ÷ 10 = 13 ÷ 10 = 1.3

{분석}
실기까지 중요한 내용입니다.

03 다음 중 사고예방 대책 제5단계의 "시정책의 적용"에서 3E와 관계가 없는 것은?

㉮ 교육(Education)
㉯ 재정(Economics)
㉰ 기술(Engineering)
㉱ 관리(Enforcement)

[해설] J·H Harvey(하비)의 3E
① 안전 교육(Education)
② 안전 기술(Engineering)
③ 안전 독려(Enforcement), 안전감독

{분석}
실기까지 중요한 내용입니다. 암기하세요.

04 다음 중 조건반사설에 의거한 학습이론의 원리가 아닌 것은?

㉮ 강도의 원리
㉯ 일관성의 원리
㉰ 계속성의 원리
㉱ 시행착오의 원리

▶) 정답   01 ㉱   02 ㉮   03 ㉯   04 ㉱

[해설] **파블로프의 조건반사설**
① 일관성의 원리
② 계속성의 원리
③ 시간의 원리
④ 강도의 원리

{분석}
실기까지 중요한 내용입니다. 암기하세요.

05 어떤 상황의 판단 능력과 사실의 분석 및 문제의 해결 능력을 키우기 위하여 먼저 사례를 조사하고, 문제적 사실들과 그의 상호 관계에 대하여 검토하고, 대책을 토의하도록 하는 교육기법은 무엇인가?

㉮ 심포지엄(symposium)
㉯ 로울 플레잉(role playing)
㉰ 케이스 메소드(case method)
㉱ 패널 디스커션(panel discussion)

[해설] 사례연구법(Case Study : Case Method) : 먼저 사례를 제시, 문제적 사실들과 그의 상호관계에 대해서 검토하고 대책을 토의하는 학습법이다.

06 다음 중 재해예방의 4원칙에 해당하지 않는 것은?

㉮ 예방 가능의 원칙
㉯ 손실 우연의 원칙
㉰ 원인 계기의 원칙
㉱ 선취 해결의 원칙

[해설] **산업재해 예방의 4원칙**
① 예방 가능의 원칙 : 재해는 원칙적으로 원인만 제거되면 예방이 가능하다.
② 손실 우연의 원칙 : 사고의 결과 생기는 상해의 종류와 정도는 사고 발생시의 조건에 따라 우연히 발생한다.
③ 대책 선정의 원칙 : 사고의 원인에 대한 적합한 대책이 선정되어야 한다.

④ 원인 연계의 원칙 : 재해는 직접원인과 간접원인이 연계되어 일어난다.

{분석}
실기까지 중요한 내용입니다. 암기하세요.

07 다음 중 안전교육의 종류에 포함되지 않는 것은?

㉮ 태도교육   ㉯ 지식교육
㉰ 직무교육   ㉱ 기능교육

[해설] **안전교육의 종류**
① 지식교육
② 기능교육
③ 태도교육

08 다음 중 산업안전보건 법령상 자율안전확인 대상에 해당하는 방호장치는?

㉮ 압력용기 압력방출용 파열판
㉯ 보일러 압력방출용 안전밸브
㉰ 교류 아크용접기용 자동전격방지기
㉱ 방폭구조(防爆構造) 전기기계·기구 및 부품

[해설] **자율안전확인 대상 방호장치**
① 아세틸렌, 가스집합 용접장치용 안전기
② 교류아크용접기용 자동전격방지기
③ 롤러기 급정지장치
④ 연삭기 덮개
⑤ 목재가공용 둥근톱 반발예방장치 및 날접촉예방장치
⑥ 동력식수동대패의 칼날 접촉방지장치
⑦ 추락, 낙하 및 붕괴 등의 위험방호에 필요한 가설 기자재(안전인증 제외)

실력이 되라! 합격이 된다! 특급 암기법
롤러를 통과한 철판을 목재가공용 둥근톱, 동력식 수동대패로 잘라서 아세틸렌, 가스집합용접장치, 교류아크용접기로 용접해서 연삭기로 다듬자.

{분석}
실기에 자주 출제되는 내용입니다.

정답 05 ㉰ 06 ㉱ 07 ㉰ 08 ㉰

09 인간의 특성에 관한 측정검사에 대한 과학적 타당성을 갖기 위하여 반드시 구비해야 할 조건에 해당되지 않는 것은?

㉮ 주관성 ㉯ 신뢰도
㉰ 타당도 ㉱ 표준화

[해설] 심리검사(직무적성검사)의 기준
① 표준화
② 객관성
③ 규준성
④ 신뢰성
⑤ 타당성

10 다음 중 산업안전보건 법령상 특별안전·보건교육의 대상 작업에 해당하지 않는 것은?

㉮ 석면해체·제거작업
㉯ 밀폐된 장소에서 하는 용접작업
㉰ 화학설비 취급품의 검수·확인 작업
㉱ 2m 이상의 콘크리트 인공구조물의 해체 작업

[해설] 화학설비에 대한 특별교육 대상 작업
1. 화학설비 중 반응기, 교반기·추출기의 사용 및 세척작업
2. 화학설비의 탱크 내 작업

[참고]
1. 아세틸렌 용접장치 또는 가스집합 용접장치를 사용하는 금속의 용접·용단 또는 가열작업(발생기·도관 등에 의하여 구성되는 용접장치만 해당한다)
2. 밀폐된 장소(탱크 내 또는 환기가 극히 불량한 좁은 장소를 말한다)에서 하는 용접작업 또는 습한 장소에서 하는 전기용접 작업
3. 폭발성·물반응성·자기반응성·자기발열성 물질, 자연발화성 액체·고체 및 인화성 액체의 제조 또는 취급작업(시험연구를 위한 취급작업은 제외한다)
4. 전압이 75볼트 이상인 정전 및 활선작업
5. 거푸집 동바리의 조립 또는 해체작업
6. 비계의 조립·해체 또는 변경작업
7. 타워크레인을 설치(상승작업을 포함한다)·해체하는 작업
8. 게이지 압력을 제곱센티미터당 1킬로그램 이상으로 사용하는 압력용기의 설치 및 취급작업
9. 밀폐공간에서의 작업
10. 석면해체·제거작업
11. 콘크리트 파쇄기를 사용하여 하는 파쇄작업 (2미터 이상인 구축물의 파쇄작업만 해당한다)

{분석}
특별교육 대상 작업은 총 38개 작업입니다. 모두 암기가 어려우면 참고의 출제되었던 작업만 다시 확인하세요.

11 다음 중 산업안전보건 법령상 안전보건개선 계획서에 반드시 포함되어야 할 사항과 가장 거리가 먼 것은?

㉮ 안전·보건교육
㉯ 안전·보건관리체제
㉰ 근로자 채용 및 배치에 관한 사항
㉱ 산업재해예방 및 작업환경의 개선을 위하여 필요한 사항

[해설] 안전보건개선계획서 포함사항
① 시설
② 안전·보건관리체제
③ 안전·보건교육
④ 산업재해예방 및 작업환경의 개선을 위하여 필요한 사항

12 다음 중 인간의 행동 변화에 있어 가장 변화시키기 어려운 것은?

㉮ 지식의 변화
㉯ 집단의 행동 변화
㉰ 개인의 태도 변화
㉱ 개인의 행동 변화

[해설] 교육에 의한 인간 행동의 변화 순서
지식 변화 → 기능 변화 → 태도 변화 → 개인행동 변화 → 집단행동 변화

정답 09 ㉮ 10 ㉰ 11 ㉰ 12 ㉯

13 다음 중 타박, 충돌, 추락 등으로 피부 표면보다는 피하 조직 등 근육부를 다친 상해를 무엇이라 하는가?

㉮ 골절 ㉯ 자상
㉰ 부종 ㉱ 좌상

[해설] 타박상(삠, 좌상) : 타박·충돌·추락 등으로 피부표면보다는 피하조직 또는 근육부를 다친 상태

[참고] ① 골절 : 뼈가 부러진 상해
② 찔림(자상) : 칼날 등 날카로운 물건에 찔린 상해
③ 부종 : 국부의 혈액순환의 이상으로 몸이 퉁퉁 부어오르는 상해

14 산업안전보건 법령상 안전·보건표지에 사용하는 색채 가운데 비상구 및 피난소, 사람 또는 차량의 통행표지 등에 사용하는 색채는?

㉮ 흰색 ㉯ 녹색
㉰ 노란색 ㉱ 파란색

[해설] 비상구 및 피난소, 사람 또는 차량의 통행표지 → 안내표지 → 녹색

[참고] 안전·보건표지의 색채, 색도기준 및 용도

색채	색도 기준	용도	사용례
빨간색	7.5R 4/14 암기: 싫어 (7.5) 4/14	금지	정지신호, 소화설비 및 그 장소, 유해행위의 금지
		경고	화학물질 취급장소에서의 유해·위험 경고
노란색	5Y 8.5/12 암기: 오(5) 빨리와(8.5) 이리(12)	경고	화학물질 취급장소에서의 유해·위험경고 이외의 위험경고, 주의표지 또는 기계방호물
파란색	2.5PB 4/10 암기: 2.5×4=10	지시	특정 행위의 지시 및 사실의 고지
녹색	2.5G 4/10 암기: 2.5×4=10	안내	비상구 및 피난소, 사람 또는 차량의 통행표지
흰색	N9.5		파란색 또는 녹색에 대한 보조색
검은색	N0.5		문자 및 빨간색 또는 노란색에 대한 보조색

{분석} 실기까지 중요한 내용입니다. 참고를 암기하세요.

15 앞에 실시한 학습의 효과는 뒤에 실시하는 새로운 학습에 직접 또는 간접으로 영향을 주는데 이러한 현상을 전이(轉移, transfer)라 한다. 다음 중 전이의 조건이 아닌 것은?

㉮ 학습 자료의 유사성 요인
㉯ 학습 평가자의 지식 요인
㉰ 선행학습정도의 요인
㉱ 학습자의 태도 요인

[해설] 전이의 조건(앞에 실시한 교육이 뒤에 실시한 학습을 방해하는 조건)
① 학습의 정도 : 앞의 학습이 불완전할 경우
② 유사성 : 앞뒤의 학습내용이 비슷한 경우
③ 시간적 간격
 • 뒤의 학습을 앞의 학습 직후에 실시하는 경우
 • 앞의 학습내용을 제어하기 직전에 실시하는 경우
④ 학습자의 태도
⑤ 학습자의 지능

정답 13 ㉱ 14 ㉯ 15 ㉯

16 다음 중 매슬로(Maslow)의 욕구 위계 이론 5단계를 올바르게 나열한 것은?

㉮ 생리적 욕구 → 안전의 욕구 → 사회적 욕구 → 존경의 욕구 → 자아 실현의 욕구
㉯ 생리적 욕구 → 안전의 욕구 → 사회적 욕구 → 자아 실현의 욕구 → 존경의 욕구
㉰ 안전의 욕구 → 생리적 욕구 → 사회적 욕구 → 자아 실현의 욕구 → 존경의 욕구
㉱ 안전의 욕구 → 생리적 욕구 → 사회적 욕구 → 존경의 욕구 → 자아 실현의 욕구

[해설] 매슬로(Maslow A. H.)의 욕구단계 이론 (인간의 욕구 5단계)
① 제1단계(생리적 욕구) : 기아, 갈증, 호흡, 배설, 성욕 등 인간의 가장 기본적인 욕구
② 제2단계(안전 욕구) : 자기 보존 욕구
③ 제3단계(사회적 욕구) : 소속감과 애정 욕구
④ 제4단계(존경 욕구) : 인정받으려는 욕구
⑤ 제5단계(자아실현의 욕구) : 잠재적인 능력을 실현하고자 하는 욕구(성취 욕구)

{분석}
실기까지 중요한 내용입니다. 암기하세요.

17 다음 중 리더십(leadership)의 특성으로 볼 수 없는 것은?

㉮ 민주주의적 지휘 형태
㉯ 부하와의 넓은 사회적 간격
㉰ 밑으로부터의 동의에 의한 권한 부여
㉱ 개인적 영향에 의한 부하와의 관계 유지

[해설] ㉯ 부하와의 넓은 사회적 간격 → 헤드십

[참고] 리더십과 헤드십의 특성

구분	리더십	헤드십
권한 행사	선출된 리더	임명된 헤드
권한 부여	밑으로부터의 동의에 의함	위에서 위임하는 형태
권한 귀속	공로인정	공식화된 규정에 따름
상사, 부하 관계	상사, 부하관계가 개인적이며 좁다.	상사부하관계가 지배적이고 넓다.
지휘 형태	민주주의적	권위주위적
책임 귀속	상사와 부하	상사
권한 근거	개인적	법적, 공식적

18 다음 중 리스크 테이킹(risk taking)의 빈도가 가장 높은 사람은?

㉮ 안전지식이 부족한 사람
㉯ 안전기능이 미숙한 사람
㉰ 안전태도가 불량한 사람
㉱ 신체적 결함이 있는 사람

[해설] Risk Takin(위험 감수)은 객관적인 위험을 자기 나름대로 판단해서 행동에 옮기는 것으로 안전태도가 불량한 사람의 경우 빈도가 높다.

19 무재해운동의 추진기법 중 "지적확인"이 불안전 행동방지에 효과가 있는 이유와 가장 거리가 먼 것은?

㉮ 긴장된 의식의 이완
㉯ 대상에 대한 집중력의 향상
㉰ 자신과 대상의 결합도 증대
㉱ 인지(cognition) 확률의 향상

[해설] 지적확인은 위험요소를 손으로 지적하고 큰소리로 확인하며 이완된 의식을 긴장시킨다.

[참고] 지적확인 : 사람의 눈이나 귀 등 오관의 감각기관을 총 동원해서 작업공정의 요소 요소에서 자신의 행동을 (… 좋아)하고 대상을 지적하여 큰 소리로 확인하여 작업의 정확성과 안전을 확인하는 방법이다.

정답 16 ㉮ 17 ㉯ 18 ㉰ 19 ㉮

20 다음 중 기업의 산업재해에 대한 과거와 현재의 안전성적을 비교, 평가한 점수로 안전관리의 수행도를 평가하는데 유용한 것은?

㉮ Safe-T-Score
㉯ 평균강도율
㉰ 종합재해지수
㉱ 안전활동율

[해설] **Safe-T-Score(세이프 티 스코어)**
① 과거와 현재의 안전을 성적 내어 비교, 평가하는 기법이다.
② Safe-T-Score
$$= \frac{\text{현재빈도율} - \text{과거빈도율}}{\sqrt{\frac{\text{과거빈도율}}{(\text{현재})\text{총근로시간수}} \times 1,000,000}}$$
③ 판정
 • 계산 값이 -2 이하 : 과거보다 안전이 좋아졌다.
 • 계산 값이 -2 ~ +2 사이 : 과거와 큰 차이 없다.
 • 계산 값이 +2 이상 : 과거보다 안전이 심각하게 나빠졌다.

{분석} 실기에 자주 출제되는 내용입니다.

제2과목 • 인간공학 및 위험성 평가 · 관리

21 다음 중 작업장에서 구성요소를 배치하는 인간 공학적 원칙과 가장 거리가 먼 것은?

㉮ 선입선출의 원칙
㉯ 사용빈도의 원칙
㉰ 중요도의 원칙
㉱ 기능성의 원칙

[해설] **부품배치의 원칙**
① 중요성의 원칙 : 부품을 작동하는 성능이 체계의 목표 달성에 중요한 정도에 따라 우선순위를 결정한다.
② 사용빈도의 원칙 : 부품을 사용하는 빈도에 따라 우선순위를 결정한다.
③ 기능별 배치의 원칙 : 기능적으로 관련된 부품들(표시장치, 조정장치 등)을 모아서 배치한다.
④ 사용순서의 원칙 : 사용 순서에 따라 장치들을 가까이에 배치한다.

{분석} 필기에 자주 출제되는 내용입니다.

22 크기가 다른 복수의 조종장치를 촉감으로 구별할 수 있도록 설계할 때 구별이 가능한 최소의 직경 차이와 최소의 두께 차이로 가장 적합한 것은?

㉮ 직경 차이 : 0.95cm, 두께 차이 : 0.95cm
㉯ 직경 차이 : 1.3cm, 두께 차이 : 0.95cm
㉰ 직경 차이 : 0.95cm, 두께 차이 : 1.3cm
㉱ 직경 차이 : 0.3cm, 두께 차이 : 1.3cm

[해설] 조종장치를 촉감으로 구별하기 위해서는 조종장치의 직경 차이는 1.3cm, 두께 차이는 0.95cm가 적합하다.

23 다음 중 시각적 표시장치에 있어 성격이 다른 것은?

㉮ 디지털 온도계
㉯ 자동차 속도계기판
㉰ 교통신호등의 좌회전 신호
㉱ 은행의 대기인원 표시등

정답 20 ㉮ 21 ㉮ 22 ㉯ 23 ㉰

[해설] ㉮ 디지털 온도계 → 정량적 표시장치(계수형)
㉯ 자동차 속도계기판 → 정량적 표시장치(정목동침형)
㉰ 교통신호 등의 좌회전 신호 → 신호, 경고등
㉱ 은행의 대기인권 표시등 → 정량적 표시장치(계수형)

[참고] **시각적 표시장치의 종류**
(1) 정량적 표시장치 : 온도나 속도와 같이 동적으로 변화하는 변수나 자로 재는 길이와 같은 정적 변수의 계량값에 관한 정보를 제공하는데 사용된다.
  ① 정목동침형 : 눈금은 고정, 지침이 움직이는 형태
  ② 정침동목형 : 지침은 고정, 눈금이 움직이는 형태
  ③ 계수형 : 전력계, 택시요금 계기와 같이 숫자가 정확히 표시되는 형태
(2) 정성적 표시장치 : 온도, 압력, 속도와 같이 연속적으로 변하는 변수의 대략적인 값이나 변화추세, 비율 등을 알고자 할 때 주로 사용한다.
(3) 상태 표시기(status indicator) : 체계의 상황이나 상태를 나타낸다.
(4) 신호, 경고등 : 비상 또는 위험 상황, 물체의 존재 유무 등을 나타낸다.

24 서서하는 작업의 작업대 높이에 대한 설명으로 틀린 것은?

㉮ 경작업의 경우 팔꿈치 높이보다 5~10cm 낮게 한다.
㉯ 중작업의 경우 팔꿈치 높이보다 10~20cm 낮게 한다.
㉰ 정밀작업의 경우 팔꿈치 높이보다 약간 높게 한다.
㉱ 부피가 큰 작업물을 취급하는 경우 최대치 설계를 기본으로 한다.

[해설] **입식 작업대 높이**
① 경(經) 작업 시 작업대의 높이는 팔꿈치 높이보다 5~10cm 정도 낮은 것이 적당하다.
② 중(重) 작업 시 작업대의 높이는 팔꿈치 높이보다 10~20cm 정도 낮은 것이 적당하다.
③ 정밀작업 시 작업대의 높이는 팔꿈치 높이보다 5~10cm 정도 높은 것이 적당하다.

{분석} 필기에 자주 출제되는 내용입니다.

25 인간공학의 주된 연구 목적과 가장 거리가 먼 것은?

㉮ 제품품질 향상
㉯ 작업의 안정성 향상
㉰ 작업환경의 쾌적성 향상
㉱ 기계조작의 능률성 향상

[해설] 인간공학의 연구 목적 : 가장 궁극적인 목적은 안전성 제고와 능률의 향상이다.
① 안전성의 향상과 사고 방지
② 기계조작의 능률성과 생산성의 향상
③ 작업환경의 쾌적성

26 동전던지기에서 앞면이 나올 확률 P(앞) =0.9이고, 뒷면이 나올 확률 P(뒤)= 0.1일 때, 앞면과 뒷면이 나올 사건 각각의 정보량은?

㉮ 앞면 : 0.10bit, 뒷면 : 3.32bit
㉯ 앞면 : 0.15bit, 뒷면 : 3.32bit
㉰ 앞면 : 0.10bit, 뒷면 : 3.52bit
㉱ 앞면 : 0.15bit, 뒷면 : 3.52bit

[해설]
$$정보량(H) = \log_2 \frac{1}{P}$$
$$평균정보량\ H = \sum P_i \log\left(\frac{1}{P_i}\right)$$
여기서, P_i : 각 대안의 실현 확률

앞면이 나올 확률 = $\log_2 \frac{1}{0.9} = 0.152$ bit

뒷면이 나올 확률 = $\log_2 \frac{1}{0.1} = 3.321$ bit

정답 24 ㉱ 25 ㉮ 26 ㉯

27 소음을 측정하는 단위는?

㉮ 데시벨(dB)
㉯ 지멘스(S)
㉰ 루멘(limen)
㉱ 거스트(Gust)

해설 소음, 진동의 단위 : 데시벨(dB)

28 FTA에서 사용되는 논리게이트 중 여러 개의 입력 사상이 정해준 순서에 따라 순차적으로 발생해야만 결과가 출력되는 것은?

㉮ 억제 게이트
㉯ 우선적 AND 게이트
㉰ 배타적 OR 게이트
㉱ 조합 AND 게이트

해설
㉮ 억제 게이트 : 특정조건을 만족할 경우 출력이 발생
㉯ 우선적 AND 게이트 : 입력사상이 특정 순서별로 발생한 경우 출력이 발생
㉰ 배타적 OR 게이트 : 입력사상 중 오직 한 개의 발생으로만 출력이 발생(2개 이상의 출력이 동시에 발생할 때는 출력이 생기지 않는다)
㉱ 조합 AND 게이트 : 3개의 입력 중 2개가 일어나면 출력이 발생

참고

기호	명명
	억제게이트
	배타적 OR게이트

기호	명명
	우선적 AND게이트
	조합 AND게이트

{분석}
필기에 자주 출제되는 내용입니다.

29 인체의 동작 유형 중 굽혔던 팔꿈치를 펴는 동작을 나타내는 용어는?

㉮ 내전(adduction)
㉯ 회내(pronation)
㉰ 굴곡(flexion)
㉱ 신전(extension)

해설 굽혔던 팔을 펴는 동작 → 신전

참고 신체의 기본동작

동작	설명
굴곡 (flexion, 굽히기)	관절각이 감소하는 움직임
신전 (extension, 펴기)	관절각이 증가하는 움직임
외전 (abduction, 벌리기)	신체 중심선으로부터 밖으로 이동
내전 (adduction, 모으기)	신체 중심선으로 이동
외선 (external rotation)	신체 중심선으로부터의 회전
내선 (internal rotation)	신체 중심선으로의 회전

{분석}
필기에 자주 출제되는 내용입니다.

▶ 정답 27 ㉮ 28 ㉯ 29 ㉱

30 다음 중 시스템 내의 위험요소가 어떤 상태에 있는가를 정성적으로 분석·평가하는 가장 첫 번째 단계에 실시하는 위험분석기법은?

㉮ 결함수분석
㉯ 예비위험분석
㉰ 결함위험분석
㉱ 운용위험분석

[해설] 모든 시스템 안전 프로그램의 최초 단계(설계단계, 구상단계)에서 실시하는 분석법 → 예비 위험 분석(PHA)

[참고]
① 결함위험분석(FHA) : 서브시스템(subsystem)의 해석에 사용되는 분석법
② 고장형태와 영향분석(FMEA) : 모든 요소의 고장을 형태별로 분석하여 그 영향을 검토하는 정성적, 귀납적 분석법
③ ETA(사건수 분석법) : 사상의 안전도를 사용하여 시스템의 안전도 나타내는 귀납적, 정량적 분석법
④ DT(dicision Trees) : 요소의 신뢰도를 이용하여 시스템의 신뢰도를 나타내는 기법
⑤ 치명도 분석 (CA : Critically Analysis) : 높은 위험도를 가진 요소나 고장의 형태에 따른 분석법
⑥ 인간에러율 예측기법(THERP) : 인간의 과오(human error)를 정량적으로 평가하기 위하여 개발된 기법
⑦ MORT(Management Oversight and Risk Tree) : 관리, 설계, 생산, 보전 등의 광범위한 안전을 도모하기 위한 연역적이고, 정량적인 분석법
⑧ 운용 및 지원위험 분석 (O&S 또는 OSHA) : 시스템의 모든 사용단계에서 안전요건을 결정하기 위한 분석법
⑨ FAFR (Fatality Accident Frequency Rate) : 위험도를 표시하는 단위로 10^8(1억)시간 당 사망자 수를 나타낸다.

{분석}
필기에 자주 출제되는 내용입니다.

31 FT도에서 정상사상의 발생확률은?
(단, 기본사상 ①과 ②의 발생확률은 각각 2×10^{-3}/h, 3×10^{-2}/h이다)

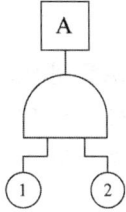

㉮ 5×10^{-5}/h
㉯ 6×10^{-5}/h
㉰ 5×10^{-6}/h
㉱ 6×10^{-6}/h

[해설] AND 게이트이므로
발생확률 = ① × ②
= $(2\times10^{-3})\times(3\times10^{-2})$
= 6×10^{-5}/h

{분석}
필기에 자주 출제되는 내용입니다.

32 종이의 반사율이 50%이고, 종이상의 글자 반사율이 10%일 때 종이에 의한 글자의 대비는 얼마인가?

㉮ 10%
㉯ 40%
㉰ 60%
㉱ 80%

[해설]
$$대비(\%) = \frac{배경반사율(L_b) - 표적물체반사율(L_t)}{배경반사율(L_b)} \times 100$$

대비(%) = $\frac{50-10}{50} \times 100 = 80\%$

33 다음 중 인간-기계 인터페이스(human-machine interface)의 조화성과 가장 거리가 먼 것은?

㉮ 인지적 조화성
㉯ 신체적 조화성
㉰ 통계적 조화성
㉱ 감성적 조화성

정답 30 ㉯ 31 ㉯ 32 ㉱ 33 ㉰

[해설] 인간-기계 인터페이스의 조화
① 인지적 조화
② 신체적 조화
③ 감성적 조화

34 눈의 피로를 줄이기 위해 VDT화면과 종이 문서 간의 밝기의 비는 최대 얼마를 넘지 않도록 하는가?

㉮ 1 : 20 ㉯ 1 : 50
㉰ 1 : 10 ㉱ 1 : 30

[해설] VDT 화면과 종이 문서의 밝기의 비 = 1 : 10

35 시스템의 성능 저하가 인원의 부상이나 시스템 전체에 중대한 손해를 입히지 않고 제어가 가능한 상태의 위험 강도는?

㉮ 범주 1 : 파국적
㉯ 범주 2 : 위기적
㉰ 범주 3 : 한계적
㉱ 범주 4 : 무시

[해설] 중대한 손상 없이 제어가 가능한 상태의 위험 → 한계적

[참고] PHA 카테고리 분류
- Class 1 : 파국적(catastrophic) - 사망, 시스템 손상
- Class 2 : 위기적(critical) - 심각한 상해, 시스템 중대 손상
- Class 3 : 한계적(marginal) - 경미한 상해, 시스템 성능 저하
- Class 4 : 무시(negligible) - 경미한 상해 및 시스템 저하 없음

{분석} 필기에 자주 출제되는 내용입니다.

36 다음 중 귀의 구조에서 고막에 가해지는 미세한 압력의 변화를 증폭하는 곳은?

㉮ 외이(Outer Ear)
㉯ 중이(Middle Ear)
㉰ 내이(Inner Ear)
㉱ 달팽이관(Cochlea)

[해설] 고막에 가해지는 압력의 변화를 증폭 → 중이

[참고] ① 외이는 바깥의 귓바퀴(이개)와 귀구멍(외이도)으로 구성된다.
② 내이(미로) : 청각을 담당하는 와우와 몸의 평형을 담당하는 전정과 세반고리관의 세부분으로 구성되며 난원창, 청신경으로 이루어져 있다.
③ 달팽이관은 나선형으로 생긴 관으로 기저막이 진동한다.

37 다음 중 단순반복 작업으로 인한 질환의 발생 부위가 다른 것은?

㉮ 요부염좌
㉯ 수완진동증후군
㉰ 수근관증후군
㉱ 결절종

[해설]
- 요부염좌 → 허리
- 수완진동증후군, 수근관증후군, 결절종 → 손, 손목

38 어떤 공장에서 10,000시간 동안 15,000개의 부품을 생산하였을 때 설비고장으로 인하여 15개의 불량품이 발생하였다면 평균고장간격(MTBF)은 얼마인가?

㉮ 1×10^6시간
㉯ 2×10^6시간
㉰ 1×10^7시간
㉱ 2×10^7시간

정답 34 ㉰ 35 ㉰ 36 ㉯ 37 ㉮ 38 ㉰

[해설]

① 고장률(λ) = $\dfrac{\text{고장건수}}{\text{총 가동시간}}$ (건/시간)

② MTBF = $\dfrac{1}{\text{고장률}(\lambda)}$ (시간)

1. 고장률(λ) = $\dfrac{\text{고장건수}}{\text{총 가동시간}}$

   = $\dfrac{15}{10,000 \times 15,000}$

   = 1×10^{-7} (건/시간)

2. MTBF = $\dfrac{1}{\text{고장률}(\lambda)}$ = $\dfrac{1}{1 \times 10^{-7}}$

   = 1×10^7 시간

{분석}
필기에 자주 출제되는 내용입니다.

39 다음 중 FTA 분석을 위한 기본적인 가정에 해당하지 않는 것은?

㉮ 중복 사상은 없어야 한다.
㉯ 기본 사상들의 발생은 독립적이다.
㉰ 모든 기본 사상은 정상사상과 관련되어 있다.
㉱ 기본사상의 조건부 발생확률은 이미 알고 있다.

[해설] ㉱ 정상사상의 확률을 알고 있다.

40 신기술, 신공법을 도입함에 있어서 설계, 제조, 사용의 전 과정에 걸쳐서 위험성의 여부를 사전에 검토하는 관리기술은?

㉮ 예비위험 분석   ㉯ 위험성 평가
㉰ 안전 분석   ㉱ 안전성 평가

[해설] 안전성 평가 : 새로운 시스템이나 설비 등을 도입할 때, 사고 방지를 위해 설계나 계획단계에서 위험성의 여부를 평가하는 것

제3과목 · 기계 · 기구 및 설비 안전 관리

41 다음 중 보일러의 폭발사고 예방을 위한 장치에 해당하지 않는 것은?

㉮ 압력발생기
㉯ 압력제한스위치
㉰ 압력방출장치
㉱ 고저수위 조절장치

[해설] 보일러의 방호장치
① 압력방출 장치
② 압력제한 스위치
③ 고저 수위조절 장치
④ 화염검출기

{분석}
실기까지 중요한 내용입니다. 암기하세요.

42 다음 중 산업안전보건법령에 따른 아세틸렌 용접장치에 관한 설명으로 옳은 것은?

㉮ 아세틸렌 용접장치의 안전기는 취관마다 설치하여야 한다.
㉯ 아세틸렌 용접장치의 아세틸렌 전용 발생기실은 건물의 지하에 위치하여야 한다.
㉰ 아세틸렌 전용의 발생기실은 화기를 사용하는 설비로부터 1.5m 초과하는 장소에 설치하여야 한다.
㉱ 아세틸렌 용접장치를 사용하여 금속의 용접·용단 작업을 하는 경우에는 게이지 압력이 205kPa을 초과하는 압력의 아세틸렌을 발생시켜 사용해서는 아니 된다.

정답 39 ㉱ 40 ㉱ 41 ㉮ 42 ㉮

[해설]
④ 발생기실은 건물의 최상층에 위치하여야 한다.
④ 화기를 사용하는 설비로부터 3미터를 초과하는 장소에 설치하여야 한다.
④ 아세틸렌 용접장치를 사용하여 금속의 용접·용단 또는 가열작업을 하는 경우에는 게이지 압력이 127킬로파스칼을 초과하는 압력의 아세틸렌을 발생시켜 사용해서는 아니 된다.

[참고]
1. 안전기의 설치
   ① 아세틸렌 용접장치의 취관마다 안전기를 설치하여야 한다. 다만, 주관 및 취관에 가장 가까운 분기관마다 안전기를 부착한 경우에는 그러하지 아니하다.
   ② 가스용기가 발생기와 분리되어 있는 아세틸렌 용접장치에 대하여는 발생기와 가스용기 사이에 안전기를 설치하여야 한다.

2. 아세틸렌 발생기실의 설치장소
   ① 아세틸렌 용접장치의 아세틸렌 발생기를 설치하는 경우에는 전용의 발생기실에 설치하여야 한다.
   ② 발생기실은 건물의 최상층에 위치하여야 하며, 화기를 사용하는 설비로부터 3미터를 초과하는 장소에 설치하여야 한다.
   ③ 발생기실을 옥외에 설치한 경우에는 그 개구부를 다른 건축물로부터 1.5미터 이상 떨어지도록 하여야 한다.

{분석}
자주 출제되는 내용입니다. 참고를 다시 확인하세요. 암기하세요.

43 다음 중 목재가공용 둥근톱 기계의 방호장치인 반발예방장치가 아닌 것은?

㉮ 반발방지발톱(finger)
㉯ 분할날(spreader)
㉰ 반발방지롤(roll)
㉱ 가동식 접촉예방장치

[해설] 반발예방장치의 종류
① 분할날(spreader)
② 반발방지기구(finger)
③ 반발방지롤러(roll)

44 다음 중 컨베이어의 안전장치가 아닌 것은?

㉮ 이탈 및 역주행방지장치
㉯ 비상정지장치
㉰ 덮개 또는 울
㉱ 비상 난간

[해설] 컨베이어의 방호장치
① 이탈 등의 방지장치 : 화물 또는 운반구의 이탈 및 역주행을 방지하는 장치
② 비상정지장치 : 컨베이어 등에 근로자의 신체의 일부가 말려드는 등 근로자에게 위험을 미칠 우려가 있는 때 및 비상시에는 즉시 컨베이어 등의 운전을 정지시킬 수 있는 장치
③ 덮개, 울의 설치 : 화물이 떨어져 근로자가 위험해질 우려가 있는 경우에는 해당 컨베이어 등에 덮개 또는 울을 설치

{분석}
실기까지 중요한 내용입니다. 암기하세요.

45 다음 중 연삭 작업 중 숫돌의 파괴원인과 가장 거리가 먼 것은?

㉮ 숫돌의 회전속도가 너무 느릴 때
㉯ 숫돌의 회전 중심이 잡히지 않았을 때
㉰ 숫돌에 과대한 충격을 가할 때
㉱ 플랜지의 직경이 현저히 작을 때

[해설] 회전속도가 너무 빠를때 숫돌 파괴원인이 됩니다.

정답 43 ㉱ 44 ㉱ 45 ㉮

46 4.2ton의 화물을 그림과 같이 60°의 각을 갖는 와이어로프로 매달아 올릴 때 와이어로프 A에 걸리는 장력 W_1은 약 얼마인가?

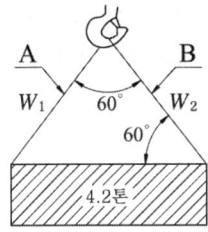

㉮ 2.10ton ㉯ 2.42ton
㉰ 4.20ton ㉱ 4.82ton

[해설]
한 가닥에 걸리는 하중(kg) $= \dfrac{w}{2} \div \cos\dfrac{\theta}{2}$

여기서, w : 매단물체의 무게(kg_f)
θ : 매단 각도(°)

한 가닥에 걸리는 하중 $= \dfrac{4.2}{2} \div \cos\dfrac{60}{2}$
$= 2.42(ton)$

47 기계의 동작상태가 설정한 순서 조건에 따라 진행되어 한 가지 상태의 종료가 끝난 다음 상태를 생성하는 제어시스템을 가진 로봇은?

㉮ 플레이백 로봇
㉯ 학습 제어 로봇
㉰ 시퀀스 로봇
㉱ 수치 제어 로봇

[해설] ㉰ 설정된 순서, 조건에 따라 기계 동작 → 시퀀스 로봇

48 다음 중 금형의 설계 및 제작 시 안전화 조치와 가장 거리가 먼 것은?

㉮ 펀치와 세장비가 맞지 않으면 길이를 짧게 조정한다.
㉯ 강도 부족으로 파손되는 경우 충분한 강도를 갖는 재료로 교체한다.
㉰ 열처리 불량으로 인한 파손을 막기 위해 담금질(Quenching)을 실시한다.
㉱ 캠 및 기타 충격이 반복해서 가해지는 부분에는 완충장치를 한다.

[해설] ㉰ 담금질 : 금속을 고온에서 급랭하는 조작을 말하며 주로 금속의 강도와 경도를 올리기 위한 목적이다.

49 기초강도를 사용조건 및 하중의 종류에 따라 극한강도, 항복점, 크리프강도, 피로한도 등으로 적응할 때 허용응력과 안전율(>1)의 관계를 올바르게 표현한 것은?

㉮ 허용응력=기초강도×안전율
㉯ 허용응력=안전율/기초강도
㉰ 허용응력=기초강도/안전율
㉱ 허용응력=(안전율×기초강도)/2

[해설] 안전율 $= \dfrac{기초강도}{허용응력}$

허용응력 $= \dfrac{기초강도}{안전율}$

50 다음 중 기계설비에서 이상 발생 시 기계를 급정지시키거나 안전장치가 작동되도록 하는 안전화를 무엇이라 하는가?

㉮ 기능상의 안전화
㉯ 외관상의 안전화
㉰ 구조 부분의 안전화
㉱ 본질적 안전화

정답 46 ㉯ 47 ㉰ 48 ㉰ 49 ㉰ 50 ㉮

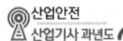

[해설] **기능의 안전화**
① 소극적 대책 : 이상 시 기계의 급정지로 안전화 도모
② 적극적 대책 : 페일세이프, 회로개선 등으로 오동작 방지

[참고] **기계 설비의 안전조건(근원적 안전)**
(1) 외관상 안전화
(2) 기능적 안전화
(3) 구조 부분 안전화(구조부분 강도적 안전화)
(4) 작업의 안전화
(5) 보수유지의 안전화(보전성 향상 위한 고려 사항)
(6) 표준화

51 다음 중 프레스가 작동 후 작업점까지의 도달 시간이 0.2초 걸렸다면, 양수기동식 방호장치의 설치거리는 최소한 얼마나 되어야 하는가?

㉮ 3.2cm   ㉯ 32cm
㉰ 6.4cm   ㉱ 64cm

[해설] **양수기동식 방호장치의 안전거리**
(위험점과 버튼 간의 설치거리)

$$D_m (mm) = 1.6 \times T_m$$
$$= 1.6 \times \left(\frac{1}{클러치개소수} + \frac{1}{2}\right) \times \left(\frac{60,000}{매분행정수}\right)$$

여기서, T_m : 슬라이드가 하사점에 도달할 때까지의 시간(ms)

* $ms = \frac{1}{1000}$초

D_m (mm) = 1.6 × T_m = 1.6 × (0.2×1,000)
= 320mm ÷ 10 = 32cm
(0.2초 = 0.2 × 1,000ms)

{분석}
실기까지 중요한 내용입니다.

52 프레스기에 사용되는 방호장치의 종류 중 방호판을 가지고 있는 것은?

㉮ 수인식 방호장치
㉯ 광전자식 방호장치
㉰ 손쳐내기식 방호장치
㉱ 양수조작식 방호장치

[해설] 손쳐내기식 방호장치 : 슬라이드의 작동에 연동시켜 방호판이 손을 위험 영역에서 밀어내거나 쳐내는 방호장치

53 기계고장률의 기본 모형 중 우발고장에 관한 사항으로 옳은 것은?

㉮ 고장률이 시간에 따라 일정한 형태를 이룬다.
㉯ 고장률이 시간이 갈수록 감소하는 형태이다.
㉰ 시스템의 일부가 수명을 다하여 발생하는 고장이다.
㉱ 마모나 노화에 의하여 어느 시점에 집중적으로 고장이 발생한다.

[해설] **우발 고장(일정형)**
① 예측할 수 없을 때에 생기는 고장의 형태
② 사용자의 실수, 천재지변, 우발적 사고 등이 원인이다.
③ 기계마다 일정하게 발생되며 고장률이 가장 낮다.

[참고] **기계설비 고장 유형**
① 초기 고장(감소형)
② 우발 고장(일정형)
③ 마모 고장(증가형)

정답 51 ㉯ 52 ㉰ 53 ㉮

54 롤러의 맞물림점 전방에 개구 간격 30mm의 가드를 설치하고자 한다. 개구면에서 위험점까지의 최단거리(mm)는 얼마인가? (단, I.L.O.기준에 의해 계산한다)

㉮ 80
㉯ 100
㉰ 120
㉱ 160

[해설] 가드의 개구부 치수

가드의 개구간격	일방 평행 보호망, 위험점이 전동체인 경우의 개구간격
① X<160mm일 경우 $Y = 6 + 0.15 \times X$ ② X≥160mm일 경우 Y = 30mm 여기서, X : 안전거리(위험점에서 가드까지의 거리)(mm) Y : 가드의 최대 개구 간격(mm)	① $Y = 6 + 0.1 \times X$ 여기서, X : 안전거리(mm) Y : 가드의 최대 개구 간격(mm)

$Y = 6 + 0.15 \times X$
$Y - 6 = 0.15 \times X$
$X = \dfrac{Y-6}{0.15} = \dfrac{30-6}{0.15} = 160\,\text{mm}$

{분석}
실기까지 중요한 내용입니다.

55 다음 중 기계설비 사용 시 일반적인 안전수칙으로 잘못된 것은?

㉮ 기계·기구 또는 설비에 설치한 방호장치는 해체하거나 사용을 정지해서는 안된다.
㉯ 절삭편이 날아오는 작업에서는 보호구보다 덮개 설치가 우선적으로 이루어져야 한다.
㉰ 기계의 운전을 정지한 후 정비할 때에는 해당 기계의 기동장치에 잠금장치를 하고 그 열쇠는 공개된 장소에 보관하여야 한다.
㉱ 기계 또는 방호장치의 결함이 발견된 경우 반드시 정비한 후에 근로자가 사용하도록 하여야 한다.

[해설] ㉰ 기동스위치에 잠금장치를 하고 열쇠를 별도 관리하거나 기동스위치에 점검 중이란 표지판을 부착하는 등 해당 작업에 종사하고 있는 근로자가 아닌 사람이 해당 기동스위치를 조작할 수 없도록 필요한 조치를 하여야 한다.

56 다음 중 드릴링 작업에서 반복적 위치에서의 작업과 대량생산 및 정밀도를 요구할 때 사용하는 고정장치로 가장 적합한 것은?

㉮ 바이스(vise)
㉯ 지그(jig)
㉰ 클램프(clamp)
㉱ 렌치(wrench)

[해설] 일감 고정 방법
① 일감이 작을 때 : 바이스로 고정
② 일감이 크고 복잡할 때 : 볼트와 고정구
③ 대량 생산과 정밀도를 요할 때 : 전용의 지그 사용

57 아세틸렌은 특정 물질과 결합 시 폭발을 쉽게 일으킬 수 있는데 다음 중 이에 해당하지 않는 물질은?

㉮ 은
㉯ 철
㉰ 수은
㉱ 구리

[해설] 아세틸렌은 동(구리), 수은, 은과 반응하여 아세틸라이드(폭발성 물질)을 생성한다.

정답 54 ㉱ 55 ㉰ 56 ㉯ 57 ㉯

58 산업안전보건기준에 관한 규칙상 지게차의 헤드가드 설치 기준에 대한 설명으로 틀린 것은?

㉮ 강도는 지게차의 최대하중의 2배 값(4톤을 넘는 값에 대해서는 4톤으로 한다)의 등분포정하중에 견딜 수 있을 것
㉯ 상부틀의 각 개구의 폭 또는 길이가 16cm 미만일 것
㉰ 운전자가 앉아서 조작하는 방식의 지게차의 헤드가드의 높이는 0.903m 이상일 것
㉱ 운전자가 서서 조작하는 방식의 지게차의 경우에는 운전석의 바닥면에서 헤드가드의 상부틀 하면까지의 높이가 1m 이상일 것

[해설] ㉱ 운전자가 서서 조작하는 방식의 지게차의 헤드가드의 높이는 1.88m 이상일 것

{분석}
실기까지 중요한 내용입니다.

59 다음 중 연삭기 덮개의 각도에 관한 설명으로 틀린 것은?

㉮ 평면연삭기, 절단기 덮개의 최대노출각도는 150도 이내이다.
㉯ 스윙연삭기, 스라브연삭기 덮개의 최대노출각도는 180도 이내이다.
㉰ 연삭숫돌의 상부를 사용하는 것을 목적으로 하는 탁상용 연삭기 덮개의 최대노출각도는 60도 이내이다.
㉱ 일반연삭작업 등에 사용하는 것을 목적으로 하는 탁상용 연삭기 덮개의 최대노출각도는 180도 이내이다.

[해설] 연삭기의 덮개 노출각도

① 상부를 사용하는 경우 : 60° 이내

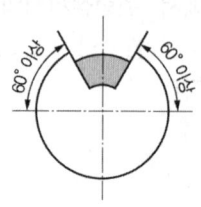

② 수평면 이하에서 연삭할 경우 : 노출각도를 125°까지 증가시킬 수 있다.

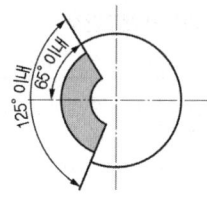

탁상용 연삭기

①, ② 외의 탁상용연삭기 : 80° 이내 (주축면 위로 65°)

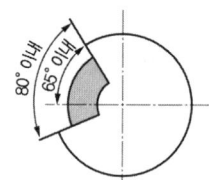

③ 최대 원주 속도가 초당 50m 이하인 탁상용 연삭기 : 90° 이내(주축면 위로 50°)

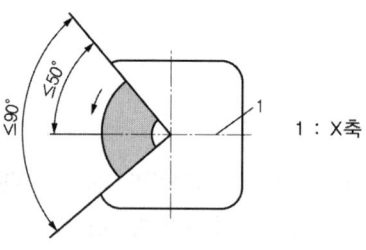

정답 58 ㉱ 59 ㉱

절단기, 평면형 연삭기	절단기, 평면형 연삭기: 150° 이내 15° 이상 / 15° 이상 또는 ≤150° ≤150°
휴대용, 원통형, 센터리스 연삭기	휴대용, 원통형, 센터리스 연삭기 : 180° 이내 180° 이내 또는 60° 180° 1 : X축 [원통 외면연삭기 및 센터리스 연삭기 방호가드]

{분석}
실기까지 중요한 내용입니다.

60 다음 중 밀링 작업 시 안전사항과 거리가 먼 것은?

㉮ 커터를 끼울 때는 아버를 깨끗이 닦는다.
㉯ 강력 절삭을 할 때는 일감을 바이스에 깊게 물린다.
㉰ 상하, 좌우 이동장치 핸들을 사용 후 풀어 놓는다.
㉱ 절삭 중 발생하는 칩의 제거는 칩브레이커를 사용한다.

[해설] ㉱ 칩의 제거는 기계를 정지시킨 다음 브러시나 솔로 제거한다.

[참고] 칩브레이커 : 긴 칩을 절단하는 선반의 방호장치

제4과목 · 전기 및 화학설비 안전 관리

61 전기기기의 절연의 종류와 최고 허용 온도가 바르게 연결된 것은?

㉮ A-90℃
㉯ E-105℃
㉰ F-140℃
㉱ H-180℃

[해설] 절연물의 종류와 최고 허용 온도
- Y종 절연 : 90℃
- A종 절연 : 105℃
- E종 절연 : 120℃
- B종 절연 : 130℃
- F종 절연 : 155℃
- H종 절연 : 180℃
- C종 절연 : 180℃ 초과

정답 60 ㉱ 61 ㉱

62. 물체의 마찰로 인하여 정전기가 발생할 때 정전기를 제거할 수 있는 방법은?

㉮ 가열을 한다.
㉯ 가습을 한다.
㉰ 건조하게 한다.
㉱ 마찰을 세게 한다.

[해설] 정전기 재해 예방대책
① 접지(도체일 경우 효과 있으나 부도체는 효과 없다)
② 습기부여(공기 중 습도 60~70% 이상 유지한다)
③ 도전성 재료 사용(절연성 재료는 절대 금한다)
④ 대전 방지제 사용
  • 외부용 일시성 대전방지제 : 음이온계
  • 양이온계
  • 비이온계
⑤ 제전기 사용
⑥ 유속 조절(석유류 제품 1m/s 이하)

[참고] 인체에 대전된 정전기 위험 방지조치
① 정전기용 안전화의 착용
② 제전복(除電服)의 착용
③ 정전기제전용구의 사용
④ 작업장 바닥 등에 도전성을 갖추도록 하는 등의 조치

{분석}
실기까지 중요한 내용입니다. 참고를 다시 확인하세요.

63. 일반적인 변압기의 중성점 접지 저항 값으로 적당한 것은?

㉮ $\frac{50}{1선지락전류}$ Ω 이하

㉯ $\frac{150}{1선지락전류}$ Ω 이하

㉰ $\frac{300}{1선지락전류}$ Ω 이하

㉱ $\frac{600}{1선지락전류}$ Ω 이하

[해설] 변압기의 중성점 접지 저항값

① 일반적인 경우 : $\frac{150}{1선지락전류}$ Ω 이하

② 변압기의 고압·특고압측 전로 또는 사용전압이 35kV 이하의 특고압전로가 저압측 전로와 혼촉하고 저압전로의 대지전압이 150V를 초과하는 경우

  • 1초 초과 2초 이내에 고압·특고압 전로를 자동으로 차단하는 장치를 설치할 때 :

    $\frac{300}{1선지락전류}$ Ω 이하

  • 1초 이내에 고압·특고압 전로를 자동으로 차단하는 장치를 설치할 때 :

    $\frac{600}{1선지락전류}$ Ω 이하

{분석}
관련 법령의 변경으로 문제를 수정하였습니다.

64. 다음 중 통전경로별 위험도가 가장 높은 경로는?

㉮ 왼손-등
㉯ 오른손-가슴
㉰ 왼손-가슴
㉱ 오른손-양발

[해설] 통전 경로별 위험도

통전 경로	위험도
왼손-가슴	1.5
오른손-가슴	1.3
왼손-한발 또는 양발	1.0
양손-양발	1.0
오른손-한발 또는 양발	0.8
왼손-등	0.7
한손 또는 양손-앉아있는 자리	0.7
왼손-오른손	0.4
오른손-등	0.3

정답 62 ㉯ 63 ㉯ 64 ㉰

특급 알기법

왼가, 오가 / 왼발, 손발, 오발 / 왼등, 손자리 / 손손, 오등

{분석}
실기까지 중요한 내용입니다.

65 점화원이 될 우려가 있는 부분을 용기 내에 넣고 신선한 공기 또는 불연성 가스 등의 보호기체를 용기의 내부에 압입함으로써 내부의 압력을 유지하여 폭발성 가스가 침입하지 못하도록 한 구조의 방폭구조는 무엇인가?

㉮ 압력방폭구조(p)
㉯ 내압방폭구조(d)
㉰ 유입방폭구조(o)
㉱ 안전증방폭구조(e)

[해설] 용기 내부에 보호기체(공기 또는 질소)를 압입하여 폭발을 방지 → 압력방폭구조(P)

[참고]
1. 내압방폭구조(d) : 아크를 발생시키는 전기설비를 전폐용기에 넣고 용기 내부에 폭발이 일어날 경우에 용기가 폭발 압력에 견뎌 외부의 폭발성 가스에 인화될 위험이 없도록 한 구조
2. 유입방폭구조(o) : 아크를 발생시키는 전기설비를 용기에 넣고 용기 내부에 보호액을 채워 외부의 폭발성 가스에 접촉 시 점화의 우려가 없도록 한 방폭구조
3. 안전증방폭구조(e) : 정상 운전 중의 내부에서 불꽃이 발생하지 않도록 전기적, 기계적, 구조적으로 온도 상승에 대해 안전도를 증가시킨 구조
4. 본질안전방폭구조(ia, ib) : 정상 시 또는 단락, 단선, 지락 등의 사고 시에 발생하는 아크, 불꽃, 고열에 의하여 폭발성 가스나 증기에 점화되지 않는 것이 확인된 구조
5. 비점화방폭구조(n) : 전기기기가 정상작동 및 비정상상태에서 주위의 폭발성 가스 분위기를 점화시키지 못하도록 만든 방폭구조
6. 몰드방폭구조(m) : 전기기기의 스파크 또는 열로 인해 폭발성 위험분위기에 점화되지 않도록 컴파운드를 충전해서 보호한 방폭구조
7. 충전방폭구조(q) : 폭발성 가스 분위기를 점화시킬 수 있는 부품을 고정하여 설치하고, 그 주위를 충전재로 완전히 둘러쌈으로서 외부의 폭발성 가스 분위기를 점화시키지 않도록 하는 방폭구조
8. 특수방폭구조(s) : 내압, 유입, 압력, 안전증, 본질안전 이외의 방폭구조로서 폭발성 가스 또는 증기에 점화 또는 위험 분위기로 인화를 방지할 수 있는 것이 시험, 기타에 의하여 확인된 구조
9. 방진방폭구조(tD) : 분진층이나 분진운의 점화를 방지하기 위하여 용기로 보호하는 전기기기에 적용되는 분진침투방지, 표면온도 제한 등의 방법

{분석}
실기까지 중요한 내용입니다. 참고를 다시 확인하세요.

66 누전차단기의 설치에 관한 설명으로 적절하지 않은 것은?

㉮ 진동 또는 충격을 받지 않도록 한다.
㉯ 전원전압의 변동에 유의하여야 한다.
㉰ 비나 이슬에 젖지 않은 장소에 설치한다.
㉱ 누전차단기의 설치는 고도와 관계가 없다.

[해설] 누전 차단기의 일상사용 상태
① 주위온도 : -10 ~ 40℃
② 표고(고도) : 2,000M 이하
③ 상대습도 : 45~85%
④ 이상한 진동 및 충격을 받지 않는 상태

67 액체가 관내를 이동할 때에 정전기가 발생하는 현상은?

㉮ 마찰대전 ㉯ 박리대전
㉰ 분출대전 ㉱ 유동대전

[해설] 액체가 관내 이동 시 정전기가 발생 → 유동대전

정답 65 ㉮ 66 ㉱ 67 ㉱

2015년 5월 31일 시행

참고 **정전기 발생현상**

① 마찰대전 : 두 물체 사이의 마찰로 인한 접촉, 분리에서 발생한다.
② 유동대전 : 액체류가 파이프 등 내부에서 유동 시 관벽과 액체사이에서 발생한다.
③ 박리대전 : 밀착된 물체가 떨어지면서 자유전자의 이동으로 발생한다.
④ 충돌대전 : 입자와 다른 고체와의 충돌과 급속한 분리에 의해 발생한다.
⑤ 분출대전 : 기체, 액체, 분체류가 단면적이 작은 분출구를 통과할 때 발생한다.
⑥ 파괴 대전 : 고체, 분체류와 같은 물체가 파괴됐을 때 전하분리 또는 전하의 균형이 깨지면서 정전기가 발생한다.

{분석}
실기까지 중요한 내용입니다. 참고를 다시 확인하세요.

68 다음 중 폭발 위험이 가장 높은 물질은?

㉮ 수소
㉯ 벤젠
㉰ 산화에틸렌
㉱ 이소프로필렌 알코올

[해설] 1. 수소(H_2)

폭발하한계	폭발상한계
4.00vol%	74.20vol%
위험도	

$$위험도 = \frac{폭발상한계 - 폭발하한계}{폭발하한계} = \frac{74.2 - 4}{4} = 17.55$$

2. 벤젠(C_6H_6)

폭발하한계	폭발상한계
1.40vol%	7.10vol%
위험도	

$$위험도 = \frac{폭발상한계 - 폭발하한계}{폭발하한계} = \frac{7.1 - 1.4}{1.4} = 4.07$$

3. 산화에틸렌(C_2H_4O)

폭발하한계	폭발상한계
3.00vol%	80.00vol%
위험도	

$$위험도 = \frac{폭발상한계 - 폭발하한계}{폭발하한계} = \frac{80 - 3}{3} = 25.67$$

4. 이소프로필렌 알코올

폭발하한계	폭발상한계
2.00vol%	12.00vol%
위험도	

$$위험도 = \frac{폭발상한계 - 폭발하한계}{폭발하한계} = \frac{12 - 2}{2} = 5$$

{분석}
출제비중이 낮은 문제입니다.

69 사용전압이 150kV인 변압기 설비를 지상에 설치할 때 감전사고 방지대책으로 울타리의 높이와 울타리로부터 충전부분까지의 거리의 합계의 최소값은?

㉮ 3m ㉯ 5m
㉰ 6m ㉱ 8m

[해설]

사용전압의 구분	울타리·담 등의 높이와 울타리·담 등으로부터 충전부분까지 거리의 합계
35kV 이하	5m
35kV 초과 160kV 이하	6m
160kV 초과	6m에 160kV를 초과하는 10kV or 그 단수마다 12cm를 더한 값

정답 68 ㉰ 69 ㉰

70 인체가 전격을 받았을 때 가장 위험한 경우는 심실세동이 발생하는 경우이다. 정현파 교류에 있어 인체의 전기저항이 500Ω일 경우 다음 중 심실세동을 일으키는 전기에너지의 한계로 가장 적합한 것은?

㉮ 2.5~8.0J ㉯ 6.5~17.0J
㉰ 15.0~27.0J ㉱ 25.0~35.5J

해설 1. 인체의 전기 저항이 최악인 상태인 500Ω일 때 위험한계 에너지 → 13.61J
2. $Q = I^2 \times R \times T$
$= (\frac{165 \sim 185}{\sqrt{1}} \times 10^{-3})^2 \times 500 \times 1$
$= 13.61 \sim 17.11(J)$

71 다음 중 연소의 3요소에 해당되지 않는 것은?

㉮ 가연물 ㉯ 점화원
㉰ 연쇄반응 ㉱ 산소공급원

해설 연소의 3요소
① 가연물, ② 산소(공기), ③ 점화원 또는 열

72 다음 중 개방형 스프링식 안전밸브의 장점이 아닌 것은?

㉮ 구조가 비교적 간단하다.
㉯ 증기용에 어큐뮬레이션을 3% 이내로 할 수 있다.
㉰ 스프링 밸브봉 등이 외기의 영향을 받지 않는다.
㉱ 밸브시트와 밸브스템 사이에서 누설을 확인하기 쉽다.

해설 ㉰ 개방형 밸브는 외기의 영향을 받기 쉽다.

73 반응기의 이상압력 상승으로부터 반응기를 보호하기 위해 동일한 용량의 파열판과 안전밸브를 설치하고자 한다. 다음 중 반응폭주현상이 일어났을 때 반응기 내부의 과압을 가장 잘 분출할 수 있는 방법은?

㉮ 파열판과 안전밸브를 병렬로 반응기 상부에 설치한다.
㉯ 안전밸브, 파열판의 순서로 반응기 상부에 직렬로 설치한다.
㉰ 파열판, 안전밸브의 순서로 반응기 상부에 직렬로 설치한다.
㉱ 반응기 내부의 압력이 낮을 때에는 직렬연결이 좋고, 압력이 높을 때는 병렬연결이 좋다.

해설 반응 폭주현상이 일어났을 경우 파열판과 안전밸브를 병렬로 반응기 상부에 설치한다.

참고 대량의 독성물질이 지속적으로 외부에 유출될 수 있는 화학설비 및 그 부속설비에는 파열판과 안전밸브를 직렬로 설치하고 그 사이에는 압력지시계 또는 자동경보장치를 설치하여야 한다.

74 산업안전보건기준에 관한 규칙에서 규정하고 있는 위험물질의 종류 중 '물반응성 물질 및 인화성 고체'에 해당되지 않는 것은?

㉮ 리튬
㉯ 칼슘탄화물
㉰ 아세틸렌
㉱ 셀룰로이드류

해설 물반응성 물질 및 인화성 고체
가. 리튬
나. 칼륨·나트륨
다. 황
라. 황린

정답 70 ㉯ 71 ㉰ 72 ㉰ 73 ㉮ 74 ㉰

마. 황화인·적린
바. 셀룰로이드류
사. 알킬알루미늄·알킬리튬
아. 마그네슘 분말
자. 금속 분말(마그네슘 분말은 제외한다)
차. 알칼리금속(리튬·칼륨 및 나트륨은 제외한다)
카. 유기 금속화합물(알킬알루미늄 및 알킬리튬은 제외한다)
타. 금속의 수소화물
파. 금속의 인화물
하. 칼슘 탄화물, 알루미늄 탄화물

특급 암기법

인화성고체 : 인화성 황인이 젤 금마(겁나)!
인화성 황인(황, 황린, 황화인, 적린)이 젤(셀룰로이드)
금마(금속분말, 마그네슘분말)

물반응성물질 : 나 칼 안물리!
나(나트륨) 칼(칼륨, 칼슘탄화물) 안(알킬알루미늄, 알킬리튬) 물(물반응성물질) 리(리튬)

{분석}
실기까지 중요한 내용입니다. 암기하세요.

75 다음 중 B급 화재에 해당되는 것은?

㉮ 유류에 의한 화재
㉯ 전기장치에 의한 화재
㉰ 일반 가연물에 의한 화재
㉱ 마그네슘 등에 의한 금속화재

[해설] B급 화재 → 유류화재

[참고] 화재의 분류 및 소화방법

분류	A급 화재	B급 화재	C급 화재	D급 화재
구분색	백색	황색	청색	표시없음(무색)
가연물	일반 화재	유류 화재	전기 화재	금속 화재

분류	A급 화재	B급 화재	C급 화재	D급 화재
주된 소화 효과	냉각 효과	질식 효과	질식, 억제효과	질식 효과
적응 소화제	물, 강화액 소화기, 산, 알칼리 소화기	포말 소화기, CO_2 소화기, 분말 소화기	CO_2 소화기, 분말 소화기, 할로겐 화합물 소화기	건조사, 팽창 질석, 팽창 진주암

{분석}
실기까지 중요한 내용입니다. 참고를 다시 확인하세요.

76 염소산칼륨($KClO_3$)에 관한 설명으로 옳은 것은?

㉮ 탄소, 유기물과 접촉 시에도 분해폭발 위험은 거의 없다.
㉯ 200℃ 부근에서 분해되기 시작하여 KCl, $KClO_4$를 생성한다.
㉰ 400℃ 부근에서 분해반응을 하여 염화칼륨과 산소를 방출한다.
㉱ 중성 및 알칼리성 용액에서는 산화작용이 없으나, 산성용액에서는 강한 산화제가 된다.

[해설] ㉱ 염소산칼륨은 제1류 위험물(산화성고체)로서 산성용액에서는 강산화제가 된다.

77 이산화탄소 소화기의 사용에 관한 설명으로 옳지 않은 것은?

㉮ B급 화재 및 C급 화재의 적용에 적절하다.
㉯ 이산화탄소의 주된 소화작용은 질식 작용이므로 산소의 농도가 15% 이하가 되도록 약제를 살포한다.

정답 75 ㉮ 76 ㉱ 77 ㉱

㉰ 액화탄산가스가 공기 중에서 이산화탄소로 기화하면 체적이 급격하게 팽창하므로 질식에 주의한다.
㉱ 이산화탄소는 반도체설비와 반응을 일으키므로 통신기기나 컴퓨터 설비에 사용을 해서는 아니된다.

[해설] ㉱ 이산화탄소 소화기는 소화 후 찌꺼기가 남지 않아 전기설비, 반도체, 통신설비 및 컴퓨터 설비에 가장 적합한 소화기이다.

78 가연성 가스의 조성과 연소하한값이 표와 같을 때 혼합가스의 연소하한값은 약 몇 vol% 인가?

성분	조성(vol%)	연소하한값(vol%)
C_1 가스	2.0	1.1
C_2 가스	3.0	5.0
C_3 가스	2.0	15.0
공기	93.0	—

㉮ 1.74 ㉯ 2.16
㉰ 2.74 ㉱ 3.16

[해설] 혼합 가스의 폭발 범위(르 샤틀리에의 공식)

$$\frac{100}{L} = \frac{V_1}{L_1} + \frac{V_2}{L_2} + \frac{V_3}{L_3} \cdots \text{ (vol\%)}$$

$$L = \frac{100}{\frac{V_1}{L_1} + \frac{V_2}{L_2} + \frac{V_3}{L_3} \cdots}$$

여기서,
L : 혼합가스의 폭발하한계(상한계)
L_1, L_2, L_3 : 단독가스의 폭발하한계(상한계)
V_1, V_2, V_3 : 단독가스의 공기 중 부피
$100 : V_1 + V_2 + V_3 + \cdots$

$$\frac{2.0+3.0+2.0}{L} = \frac{2.0}{1.1} + \frac{3.0}{5.0} + \frac{2.0}{15.0}$$

$$L = \frac{2.0+3.0+2.0}{\frac{2.0}{1.1} + \frac{3.0}{5.0} + \frac{2.0}{15.0}} = 2.74 \text{vol\%}$$

{분석} 실기까지 중요한 내용입니다.

79 산업안전보건기준에 관한 규칙에서는 인화성 액체를 수시로 사용하는 밀폐된 공간에서 해당 가스 등으로 폭발위험 분위기가 조성되지 않도록 하기 위해서 해당 물질의 공기 중 농도를 인화하한계 값의 얼마를 넘지 않도록 규정하고 있는가?

㉮ 10%
㉯ 15%
㉰ 20%
㉱ 25%

[해설] 인화성 액체, 인화성 가스 등으로 폭발 위험 분위기가 조성되지 않도록 공기 중 농도가 인화 하한계 값의 25퍼센트를 넘지 않도록 충분한 환기를 유지할 것

80 다음 중 열교환기의 가열 열원으로 사용되는 것은?

㉮ 다우섬
㉯ 염화칼슘
㉰ 프레온
㉱ 암모니아

[해설] 열교환기의 가열열원 → 다우섬

정답 78 ㉰ 79 ㉱ 80 ㉮

제5과목 건설공사 안전 관리

81 일반 거푸집 설계 시 강도상 고려해야 할 사항이 아닌 것은?
㉮ 고정하중 ㉯ 풍압
㉰ 콘크리트 강도 ㉱ 측압

[해설] ㉰ 콘크리트의 하중을 고려하여야 한다.

[참고] **거푸집 및 지보공(동바리) 시공 시 고려해야 할 하중**
① 연직방향 하중 : 거푸집, 지보공(동바리), 콘크리트, 철근, 작업원, 타설용 기계기구, 가설설비 등의 중량 및 충격하중
② 횡방향 하중 : 작업할 때의 진동, 충격, 시공오차 등에 기인되는 횡방향 하중 이외에 필요에 따라 풍압, 유수압, 지진 등
③ 콘크리트의 측압 : 굳지 않은 콘크리트의 측압
④ 특수하중 : 시공 중에 예상되는 특수한 하중
⑤ 위의 ①~④ 항목의 하중에 안전율을 고려한 하중

82 토사붕괴의 내적 요인이 아닌 것은?
㉮ 절토 사면의 토질구성 이상
㉯ 성토 사면의 토질구성 이상
㉰ 토석의 강도 저하
㉱ 사면, 법면의 경사 증가

[해설] **토석 붕괴의 내적 원인**
① 절토 사면의 토질·암질
② 성토 사면의 토질구성 및 분포
③ 토석의 강도 저하

[참고] **토석 붕괴의 외적 원인**
① 사면, 법면의 경사 및 기울기의 증가
② 절토 및 성토 높이의 증가
③ 공사에 의한 진동 및 반복 하중의 증가
④ 지표수 및 지하수의 침투에 의한 토사 중량의 증가
⑤ 지진, 차량, 구조물의 하중작용
⑥ 토사 및 암석의 혼합층 두께

83 지반의 침하에 따른 구조물의 안전성에 중대한 영향을 미치는 흙의 간극비의 정의로 옳은 것은?

㉮ $\dfrac{공기의\ 부피}{흙입자의\ 부피}$

㉯ $\dfrac{공기와\ 물의\ 부피}{흙입자의\ 부피}$

㉰ $\dfrac{공기의\ 물의\ 부피}{흙입자에\ 포함된\ 물의\ 부피}$

㉱ $\dfrac{공기의\ 부피}{흙입자에\ 포함된\ 물의\ 부피}$

[해설] 흙의 간극비 = $\dfrac{공기와\ 물의\ 부피}{흙입자의\ 부피}$

84 추락재해 방지설비의 종류가 아닌 것은?
㉮ 추락방망
㉯ 안전난간
㉰ 개구부 덮개
㉱ 수직보호망

[해설] ㉱ 수직보호망 → 낙하비래 방지 조치

[참고] **추락재해 방지조치**
작업발판 및 통로의 끝이나 개구부로서 근로자가 추락할 위험이 있는 장소에는 안전난간, 울타리, 수직형 추락방망 또는 덮개 등의 방호 조치를 충분한 강도를 가진 구조로 튼튼하게 설치하여야 하며, 덮개를 설치하는 경우에는 뒤집히거나 떨어지지 않도록 설치하여야 한다.

85 옹벽이 외력에 대하여 안정하기 위한 검토 조건이 아닌 것은?
㉮ 전도
㉯ 활동
㉰ 좌굴
㉱ 지반 지지력

정답 81 ㉰ 82 ㉱ 83 ㉯ 84 ㉱ 85 ㉰

[해설] 콘크리트 옹벽(흙막이 지보공)의 안정성 검토사항
① 전도에 대한 안정
② 활동에 대한 안정
③ 침하에 대한 안정

{분석} 실기까지 중요한 내용입니다.

86 감전재해의 방지대책에서 직접접촉에 대한 방지대책에 해당하는 것은?

㉮ 충전부에 방호망 또는 절연덮개 설치
㉯ 보호접지(기기외함의 접지)
㉰ 보호절연
㉱ 안전전압 이하의 전기기기 사용

[해설] 전기기계·기구 등의 충전부 방호(직접접촉으로 인한 감전방지 조치)
① 충전부가 노출되지 아니하도록 폐쇄형 외함이 있는 구조로 할 것
② 충분한 절연효과가 있는 방호망 또는 절연덮개를 설치할 것
③ 충전부는 내구성이 있는 절연물로 완전히 덮어 감쌀 것
④ 발전소·변전소 및 개폐소등 구획되어 있는 장소로서 관계 근로자가 아닌 사람의 출입이 금지되는 장소에 충전부를 설치하고, 위험표시 등의 방법으로 방호를 강화할 것
⑤ 전주 위 및 철탑 위 등 격리되어 있는 장소로서 관계 근로자가 아닌 사람이 접근할 우려가 없는 장소에 충전부를 설치할 것

87 흙파기 공사용 기계에 관한 설명 중 틀린 것은?

㉮ 불도저는 일반적으로 거리 60m 이하의 배토 작업에 사용된다.
㉯ 크램쉘은 좁은 곳의 수직파기를 할 때 사용한다.
㉰ 파워쇼벨은 기계가 위치한 면보다 낮은 곳을 파낼 때 유용하다.
㉱ 백호우는 토질의 구멍파기나 도랑파기에 이용된다.

[해설] ㉰ 파워쇼벨은 기계가 위치한 면보다 높은 곳을 굴착한다.

88 콘크리트 측압에 관한 설명 중 옳지 않은 것은?

㉮ 슬럼프가 클수록 측압이 커진다.
㉯ 벽 두께가 두꺼울수록 측압은 커진다.
㉰ 부어 넣는 속도가 빠를수록 측압은 커진다.
㉱ 대기 온도가 높을수록 측압은 커진다.

[해설] ㉱ 대기 온도가 낮을수록 측압은 커진다.

[참고]
① 철골 or 철근량 적을수록 측압이 크다.
② 외기온도 낮을수록 측압이 크다.
③ 타설속도 빠를수록 측압이 크다.
④ 다짐이 좋을수록 측압이 크다.
⑤ 슬럼프 클수록 측압이 크다.
⑥ 콘크리트 비중 클수록 측압이 크다.
⑦ 응결시간이 느린 시멘트를 사용할수록 측압이 크다.
⑧ 습도가 낮을수록 측압이 크다.

{분석} 자주 출제되는 내용입니다. 참고를 다시 확인하세요.

89 차량계 하역운반기계에 화물을 적재할 때의 준수사항과 거리가 먼 것은?

㉮ 하중이 한 쪽으로 치우치지 않도록 적재할 것
㉯ 구내운반차 또는 화물자동차의 경우 화물의 붕괴 또는 낙하에 의한 위험을 방지하기 위하여 화물에 로프를 거는 등 필요한 조치를 할 것
㉰ 운전자의 시야를 가리지 않도록 화물을 적재할 것
㉱ 제동장치 및 조정장치 기능의 이상 유무를 점검할 것

정답 86 ㉮ 87 ㉰ 88 ㉱ 89 ㉱

[해설] ㉣ 제동장치 및 조종장치 기능의 이상 유무는 작업 시작 전 점검 내용에 해당한다.

[참고] 화물의 적재 시의 준수사항
① 침하 우려가 없는 튼튼한 기반 위에 적재할 것
② 건물의 칸막이나 벽 등이 화물의 압력에 견딜 만큼의 강도를 지니지 아니한 경우에는 칸막이나 벽에 기대어 적재하지 않도록 할 것
③ 불안정할 정도로 높이 쌓아 올리지 말 것
④ 하중이 한쪽으로 치우치지 않도록 쌓을 것

90 건설업 산업안전보건관리비의 사용항목으로 가장 거리가 먼 것은?

㉮ 안전시설비
㉯ 사업장의 안전진단비
㉰ 근로자의 건강관리비
㉱ 본사 일반관리

[해설] 산업안전보건관리비의 사용내역
① 안전·보건관리자 임금 등
② 안전 시설비 등
③ 보호구 등
④ 안전보건 진단비 등
⑤ 안전보건 교육비 등
⑥ 근로자 건강장해 예방비 등
⑦ 건설재해예방 전문 지도기관 기술 지도비
⑧ 본사 전담조직 근로자 임금 등
⑨ 위험성 평가 등에 따른 소요비용

{분석} 실기까지 중요한 내용입니다.

91 철골공사 시 도괴의 위험이 있어 강풍에 대한 안전여부를 확인해야 할 필요성이 가장 높은 경우는?

㉮ 연면적당 철골량이 일반건물보다 많은 경우
㉯ 기둥에 H형강을 사용하는 경우
㉰ 이음부가 공장용접인 경우
㉱ 호텔과 같이 단면구조가 현저한 차이가 있으며 높이가 20m 이상인 건물

[해설] 외압에 대한 내력이 설계에 고려되었는지 확인하여야 할 대상(자립도 검토대상)
① 높이 20미터 이상의 구조물
② 구조물의 폭과 높이의 비가 1:4 이상인 구조물
③ 단면구조에 현저한 차이가 있는 구조물
④ 연면적당 철골량이 50킬로그램/평방미터 이하인 구조물
⑤ 기둥이 타이플레이트(tie plate)형인 구조물
⑥ 이음부가 현장용접인 구조물

92 철골작업 시 추락재해를 방지하기 위한 설비가 아닌 것은?

㉮ 안전대 및 구명줄
㉯ 트렌치박스
㉰ 안전난간
㉱ 추락방지용 방망

[해설] 추락재해 방지조치
① 추락방호망 설치
② 안전난간 설치
③ 안전대 착용
④ 개구부 덮개 설치

93 공사현장에서 낙하물방지망 또는 방호선반을 설치할 때 설치 높이 및 벽면으로부터 내민 길이 기준으로 옳은 것은?

㉮ 설치높이 : 10m 이내마다, 내민 길이 2m 이상
㉯ 설치높이 : 15m 이내마다, 내민 길이 2m 이상
㉰ 설치높이 : 10m 이내마다, 내민 길이 3m 이상
㉱ 설치높이 : 15m 이내마다, 내민 길이 3m 이상

[해설] 낙하물방지망 또는 방호선반을 설치 시 준수사항
① 설치높이는 10미터 이내마다 설치하고, 내민길이는 벽면으로부터 2미터 이상으로 할 것
② 수평면과의 각도는 20도 내지 30도를 유지할 것

정답 90 ㉱ 91 ㉱ 92 ㉯ 93 ㉮

94 작업발판에 최대적재하중을 적재함에 있어 달비계의 하부 및 상부지점이 강재인 경우 안전계수는 최소 얼마 이상인가?

㉮ 2.5　　㉯ 5
㉰ 10　　㉱ 15

{분석}
관련 법령에서 삭제된 내용입니다.

95 달비계 설치 시 달기체인의 사용 금지 기준과 거리가 먼 것은?

㉮ 달기체인의 길이가 달기체인이 제조된 때의 길이의 5%를 초과한 것
㉯ 균열이 있거나 심하게 변형된 것
㉰ 이음매가 있는 것
㉱ 링의 단면지름이 달기체인이 제조된 때의 해당 링의 지름의 10%를 초과하여 감소한 것

[해설] 달기체인의 사용 금지 항목
① 달기 체인의 길이가 달기 체인이 제조된 때의 길이의 5퍼센트를 초과한 것
② 링의 단면지름이 제조된 때의 해당 링의 지름의 10퍼센트를 초과하여 감소한 것
③ 균열이 있거나 심하게 변형된 것

[참고] 1. 와이어로프의 사용금지 기준
① 이음매가 있는 것
② 와이어로프의 한 꼬임에서 끊어진 소선의 수가 10퍼센트 이상인 것
③ 지름의 감소가 공칭지름의 7퍼센트를 초과하는 것
④ 꼬인 것
⑤ 심하게 변형되거나 부식된 것
⑥ 열과 전기 충격에 의해 손상된 것

2. 섬유로프 또는 안전대의 섬유벨트
① 꼬임이 끊어진 것
② 심하게 손상되거나 부식된 것
③ 2개 이상의 작업용 섬유로프 또는 섬유벨트를 연결한 것
④ 작업높이보다 길이가 짧은 것

{분석}
실기까지 중요한 내용입니다. 참고를 다시 확인하세요.

96 차량계 건설기계의 작업시 작업시작 전 점검사항에 해당되는 것은?

㉮ 권과방지장치의 이상 유무
㉯ 브레이크 및 클러치의 기능
㉰ 슬링·와이어 슬링의 매달린 상태
㉱ 언로드밸브의 이상 유무

[해설] 사고의 원인이 되는 브레이크 및 클러치의 기능을 작업 시작 전 반드시 점검하여야 한다.

97 차량계 하역운반기계의 운전자가 운전 위치를 이탈하는 경우 조치해야 할 내용 중 틀린 것은?

㉮ 포크 및 버킷을 가장 높은 위치에 두어 근로자 통행을 방해하지 않도록 하였다.
㉯ 원동기를 정지시켰다.
㉰ 브레이크를 걸어두고 확인하였다.
㉱ 경사지에서 갑작스런 주행이 되지 않도록 바퀴에 블록 등을 놓았다.

[해설] 차량계 하역운반기계 운전자가 운전 위치 이탈 시 조치
① 포크, 버킷, 디퍼 등의 장치를 가장 낮은 위치 또는 지면에 내려 둘 것
② 원동기를 정지시키고 브레이크를 확실히 거는 등 갑작스러운 이동을 방지하기 위한 조치를 할 것
③ 운전석을 이탈하는 경우에는 시동키를 운전대에서 분리시킬 것

정답 94 정답 없음　95 ㉰　96 ㉯　97 ㉮

98 채석작업을 하는 경우 지반의 붕괴 또는 토석의 낙하로 인하여 근로자에게 발생할 우려가 있는 위험을 방지하기 위하여 취하여야 할 조치와 가장 거리가 먼 것은?

㉮ 작업 시작 전 작업장소 및 그 주변 지반의 부석과 균열이 유무와 상태 점검
㉯ 함수·용수 및 동결상태의 변화 점검
㉰ 진동치 속도 점검
㉱ 발파 후 발파장소 점검

[해설] 채석작업 시 지반 붕괴 위험 방지 조치
① 점검자를 지명하고 당일 작업 시작 전에 작업장소 및 그 주변 지반의 부석과 균열의 유무와 상태, 함수·용수 및 동결상태의 변화를 점검할 것
② 점검자는 발파 후 그 발파 장소와 그 주변의 부석 및 균열의 유무와 상태를 점검할 것

99 산업안전보건기준에 관한 규칙에 따른 굴착면의 기울기 기준으로 틀린 것은?

㉮ 모래 1 : 1.8
㉯ 풍화암 1 : 0.5
㉰ 연암 1 : 1.0
㉱ 그 밖의 흙 1 : 1.2

[해설] 굴착면의 기울기 및 높이 기준

지반의 종류	굴착면의 기울기
모래	1 : 1.8
연암 및 풍화암	1 : 1.0
경암	1 : 0.5
그 밖의 흙	1 : 1.2

{분석}
실기까지 중요한 내용입니다. 암기하세요.

100 다음은 이음매가 있는 권상용 와이어로프의 사용 금지 규정이다. ( )안에 알맞은 숫자는?

> 와이어로프의 한 꼬임에서 소선의 수가 ( )% 이상 절단된 것을 사용하면 안된다.

㉮ 5   ㉯ 7
㉰ 10   ㉱ 15

[해설] 와이어로프의 사용금지 기준
① 이음매가 있는 것
② 와이어로프의 한 꼬임에서 끊어진 소선의 수가 10퍼센트 이상인 것
③ 지름의 감소가 공칭지름의 7퍼센트를 초과하는 것
④ 꼬인 것
⑤ 심하게 변형되거나 부식된 것
⑥ 열과 전기충격에 의해 손상된 것

{분석}
실기까지 중요한 내용입니다. 암기하세요.

정답 98 ㉰ 99 ㉯ 100 ㉰

03회 2015년 산업안전 산업기사 최근 기출문제

제1과목 • 산업재해 예방 및 안전보건교육

01 다음 중 창조성·문제 해결 능력의 개발을 위한 교육기법으로 가장 적절하지 않은 것은?

㉮ 역할연기법
㉯ In-Basket법
㉰ 사례연구법
㉱ 브레인스토밍법

[해설] **역할연기법(롤 플레잉)**
참가자에게 일정한 역할을 주어 실제적으로 연기를 시켜봄으로써 자기역할을 확실히 인식시키는 방법

02 Fail-safe의 정의를 가장 올바르게 나타낸 것은?

㉮ 인적 불안전 행위를 통제할 방법을 말한다.
㉯ 인력으로 예방할 수 없는 불가항력의 사고이다.
㉰ 인간-기계 시스템의 최적정 설계방안이다.
㉱ 인간의 실수 또는 기계·설비의 결함으로 인하여 사고가 발생치 않도록 설계시부터 안전하게 하는 것이다.

[해설] 페일세이프(Fail safe) : 인간 또는 기계의 실패가 있어도 안전사고를 발생시키지 않도록 2중, 3중 통제를 가함

03 산업안전보건법령상 안전·보건표지 중 '산화성 물질 경고'의 색채에 관한 설명으로 옳은 것은?

㉮ 바탕은 파란색, 관련 그림은 흰색
㉯ 바탕은 무색, 기본모형은 빨간색
㉰ 바탕은 흰색, 기본모형 및 관련 부호는 녹색
㉱ 바탕은 노란색, 기본모형, 관련 부호 및 그림은 검은색

[해설] **산화성 물질 경고**

• 바탕 : 무색
• 기본모형 : 빨간색(검은색도 가능)

04 산업안전보건법령에 따른 산업안전보건위원회의 회의결과를 주지시키는 방법으로 가장 적절하지 않은 것은?

㉮ 사보에 게재한다.
㉯ 회의에 참석하여 파악토록 한다.
㉰ 사업장 내의 게시판에 부착한다.
㉱ 정례 조회 시 집합교육을 통하여 전달한다.

[해설] **산업안전보건위원회 회의결과의 주지**
① 사보에 게재
② 게시판 부착
③ 정례조회 등을 통하여 통보

정답 01 ㉮ 02 ㉱ 03 ㉯ 04 ㉯

05 위험예지훈련 중 TBM(Tool Box Meeting)에 관한 설명으로 옳지 않은 것은?
㉮ 작업 장소에서 원형의 형태를 만들어 실시한다.
㉯ 통상 작업시작 전, 후 10분 정도 시간으로 미팅한다.
㉰ 토의는 10인 이상에서 20인 단위의 중 규모가 모여서 한다.
㉱ 근로자 모두가 말하고 스스로 생각하고 "이렇게 하자"라고 합의한 내용이 되어야 한다.

해설 T.B.M (Tool Box Meeting) : 작업 전, 종료 시 5~10분간 작업자 3~5인이 조를 이뤄 작업 시 위험 요소에 대하여 말하는 방식이다.

06 누전차단장치 등과 같은 안전장치를 정해진 순서에 따라 동작시키고 동작상황의 양부를 확인하는 점검을 무슨 점검이라고 하는가?
㉮ 외관점검   ㉯ 작동점검
㉰ 기술점검   ㉱ 종합점검

해설 작동점검 : 안전장치를 동작시키고 작동의 정확성 또는 동작상황의 일부를 확인하는 점검

07 국제노동통계회의에서 결의된 재해통계의 국제적 통일안을 설명한 것으로 틀린 것은?
㉮ 국제적 통일안의 결의로서 모든 국가가 이 방법을 적용하고 있다.
㉯ 강도율은 근로손실일수(1,000배)를 총 인원의 연근로시간수로 나누어 산정한다.
㉰ 도수율은 재해의 발생건수(100만 배)를 총인원의 연근로시간수로 나누어 산정한다.
㉱ 국가별, 시기별, 산업별 비교를 위해 산업재해통계를 도수율이나 강도율의 비율로 나타낸다.

해설 ㉮ 모든 국가가 이 방법을 적용하는 것은 아니다.

08 하인리히의 재해구성비율에 따라 경상사고가 87건 발생하였다면 무상해사고는 몇 건이 발생하였겠는가?
㉮ 300건   ㉯ 600건
㉰ 900건   ㉱ 1200건

해설 하인리히 1 : 29 : 300의 법칙
(총 330건의 사고 분석 시)
중상 또는 사망 : 1건
경상해 : 29건
무상해사고 : 300건이 발생함을 의미한다.

총 990건의 사고 분석 시
중상 또는 사망 : 3건
경상해 : 87건
무상해사고 : 900건

{분석}
실기까지 중요한 내용입니다.

09 기억과정에 있어 "파지"에 대한 설명으로 가장 적절한 것은?
㉮ 사물의 인상을 마음속에 간직하는 것
㉯ 사물의 보존된 인상을 다시 의식으로 떠오르는 것
㉰ 과거의 경험이 어떤 형태로 미래의 행동에 영향을 주는 작용
㉱ 과거의 학습 경험을 통하여 학습된 행동이나 내용이 지속되는 것

해설 기억의 과정
기명 → 파지 → 재생 → 재인
① 기억 : 과거 행동이 미래 행동에 영향을 줌
② 기명 : 사물의 인상을 마음에 간직함
③ 파지 : 인상이 보존됨
④ 재생 : 보존된 인상이 떠오름
⑤ 재인 : 과거에 경험했던 것과 비슷한 상황에서 떠오르는 현상

{분석}
필기에 자주 출제되는 내용입니다.

정답 05 ㉰ 06 ㉯ 07 ㉮ 08 ㉰ 09 ㉱

10 의식의 상태에서 작업 중 걱정, 고민, 욕구불만 등에 의하여 정신을 빼앗기는 것을 무엇이라 하는가?

㉮ 의식의 과잉
㉯ 의식의 파동
㉰ 의식의 우회
㉱ 의식수준의 저하

[해설] 의식 우회 : 걱정, 고뇌 등으로 의식이 빗나감

[참고] 부주의 원인
① 의식 단절 : 의식 흐름의 단절(특수한 질병 등에 의한 경우로 의식 수준은 Phase 0인 상태)
② 의식 우회 : 걱정, 고뇌 등으로 의식이 빗나감
③ 의식 수준 저하 : 피로, 단조로운 작업의 연속으로 의식 수준이 저하됨
④ 의식 혼란 : 외부자극의 강·약에 의해 위험요인에 대응할 수 없을 때 발생
⑤ 의식 과잉 : 긴급 상황 시 일점 집중 현상을 일으킨다.

11 주의(Attention)의 특징 중 여러 종류의 자극을 지각할 때 소수의 특정한 것에 한하여 주의가 집중되는 것을 무엇이라 하는가?

㉮ 선택성   ㉯ 방향성
㉰ 변동성   ㉱ 검출성

[해설] 선택성 : 사람은 한 번에 여러 종류의 자극을 지각하거나 수용하지 못하며 소수의 특정한 것으로 한정해서 선택하는 기능을 말한다.

[참고] 인간 주의특성의 종류
① 선택성 : 사람은 한 번에 여러 종류의 자극을 지각하거나 수용하지 못하며 소수의 특정한 것으로 한정해서 선택하는 기능을 말한다.
② 방향성 : 시선에서 벗어난 부분은 무시되기 쉽다.(주시점만 응시한다)
③ 변동성 : 주의는 리듬이 있어 일정한 수순을 지키지 못한다.
④ 단속성 : 고도의 주의는 장시간 집중이 곤란하다.
⑤ 주의력의 중복집중 곤란 : 동시에 두 개 이상의 방향을 잡지 못한다.

{분석}
실기까지 중요한 내용입니다.

12 스트레스의 요인 중 직무특성에 대한 설명으로 가장 옳은 것은?

㉮ 과업의 과소는 스트레스를 경감시킨다.
㉯ 과업의 과중은 스트레스를 경감시킨다.
㉰ 시간의 압박은 스트레스와 관계없다.
㉱ 직무로 인한 스트레스는 동기부여의 저하, 정신적 긴장 그리고 자신감 상실과 같은 부정적 반응을 초래한다.

[해설] ① 과업의 과소나 과중은 스트레스를 증감시킨다.
② 업무 시간의 압박은 스트레스의 요인이 된다.

13 적응기제(Adjustment Mechanism) 중 방어적 기제(Defence Mechanism)에 해당하는 것은?

㉮ 고립(Isolation)
㉯ 퇴행(Regression)
㉰ 억압(Suppression)
㉱ 보상(Compensation)

[해설] 적응기제

방어적 기제	도피적 기제
• 보상 • 합리화 • 동일시 • 승화	• 고립 • 퇴행 • 억압 • 백일몽

{분석}
필기에 자주 출제되는 내용입니다.

정답 10 ㉰ 11 ㉮ 12 ㉱ 13 ㉱

14 산업안전보건 법령상 사업주가 근로자에게 실시하여야 하는 안전·보건교육에 있어 근로자의 채용 시의 교육내용에 해당하는 것은? (단, 산업안전보건법령 및 산업재해보상보험제도에 관한 사항은 제외한다.)

㉮ 유해·위험 작업환경 관리에 관한 사항
㉯ 표준안전 작업방법 및 지도 요령에 관한 사항
㉰ 작업공정의 유해·위험과 재해 예방대책에 관한 사항
㉱ 기계·기구의 위험성과 작업의 순서 및 동선에 관한 사항

[해설] **채근로자의 채용 시 교육 및 작업내용 변경 시의 교육**
① 산업안전 및 사고 예방에 관한 사항
② 산업보건 및 직업병 예방에 관한 사항
③ 산업안전보건법령 및 산업재해보상보험제도에 관한 사항
④ 직무스트레스 예방 및 관리에 관한 사항
⑤ 직장 내 괴롭힘, 고객의 폭언 등으로 인한 건강장해 예방 및 관리에 관한 사항
⑥ 기계·기구의 위험성과 작업의 순서 및 동선에 관한 사항
⑦ 물질안전보건자료에 관한 사항
⑧ 작업 개시 전 점검에 관한 사항
⑨ 정리정돈 및 청소에 관한 사항
⑩ 사고 발생 시 긴급조치에 관한 사항
⑪ 위험성 평가에 관한 사항

공통 항목
1. 신규자는 법, 산재보상제도를 알자!
2. 신규자는 건강을 보존(산업보건)하고 직업병, 스트레스, 괴롭힘, 폭언 예방하자!
3. 신규자는 안전하고 사고예방하자!
4. 신규자는 위험성을 평가하자!

신규채용자는 회사에 처음 입사해서 처음 일을 하는 근로자, 안전하게 일하기 위한 기본내용을 교육한다.
1. 신규자는 기계·기구 위험성, 작업순서, 동선을 알자!
2. 신규자는 취급물질의 위험성(물질안전보건자료)을 알자!
3. 신규자는 작업 전 점검하자!
4. 신규자는 항상 정리정돈 청소하자!
5. 신규자는 사고 시 조치를 알자!

{분석}
실기까지 중요한 내용입니다. 암기하세요.

15 보호구 관련 규정에 따른 안전모의 착장체 구성요소에 해당되지 않는 것은?

㉮ 머리턱끈
㉯ 머리받침끈
㉰ 머리고정대
㉱ 머리받침고리

[해설] **착장체**
① 머리받침끈
② 머리고정대
③ 머리받침고리

16 허츠버그(Herzberg)의 2요인 이론에 있어서 다음 중 동기요인에 해당하는 것은?

㉮ 임금   ㉯ 지위
㉰ 도전   ㉱ 작업조건

[해설]

위생 요인(직무 환경)	동기 요인(직무 내용)
• 회사정책과 관리 • 개인 상호 간의 관계 • 감독 • 임금 • 보수 • 작업조건 • 지위 • 안전	• 성취감 • 책임감 • 안정감 • 성장과 발전 • 도전감 • 일 그 자체

정답 14 ㉱ 15 ㉮ 16 ㉰

17 다음 중 아담스(Edward Adams)의 관리구조 이론에 대한 사고발생 메커니즘(mechanism)을 가장 올바르게 설명한 것은?

㉮ 사람의 불안전한 행동에서만 발생한다.
㉯ 불안전한 상태에 의해서만 발생한다.
㉰ 불안전한 행동과 불안전한 상태가 복합되어 발생한다.
㉱ 불안전한 상태와 불안전한 행동은 상호 독립적으로 적용한다.

[해설] 사고는 불안전한 행동(인적원인)과 불안전한 상태(물적원인)가 연관되어 발생한다.

[참고] 아담스(Edward Adams) 연쇄성이론 5단계

1단계	관리구조
2단계	작전적 에러(불안전한 상태)
3단계	전술적 에러(불안전한 행동)
4단계	사고
5단계	상해

18 무재해운동 이념의 3원칙에 해당되는 것은?

㉮ 포상의 원칙 ㉯ 참가의 원칙
㉰ 예방의 원칙 ㉱ 팀 활동의 원칙

[해설] 무재해 운동의 3대 원칙
① 무(無)의 원칙(ZERO의 원칙) : 사업장 내의 모든 잠재위험요인을 적극적으로 사전에 발견하고 파악·해결함으로써 산업재해의 근원적인 요소들을 없앤다는 것을 의미한다.
② 선취의 원칙(안전제일의 원칙) : 사업장 내에서 행동하기 전에 잠재위험요인을 발견하고 파악·해결하여 재해를 예방하는 것을 의미한다.
③ 참가의 원칙(참여의 원칙) : 작업에 따르는 잠재위험요인을 발견하고 파악·해결하기 위하여 전원이 일치 협력하여 각자의 위치에서 적극적으로 문제해결을 하겠다는 것을 의미한다.

{분석} 실기까지 중요한 내용입니다. 암기하세요.

19 관료주의에 대한 설명으로 틀린 것은?

㉮ 의사결정에는 작업자의 참여가 필수적이다.
㉯ 인간을 조직 내의 한 구성원으로만 취급한다.
㉰ 개인의 성장이나 자아실현의 기회가 주어지기 어렵다.
㉱ 사회적 여건이나 기술의 변화에 신속하게 대응하기 어렵다.

[해설] ㉮ 의사결정에서 작업자 개인의 참여가 제한된다.

20 안전·보건교육 강사로서 교육진행의 자세로 가장 적절하지 않은 것은?

㉮ 중요한 것은 반복해서 교육할 것
㉯ 상대방의 입장이 되어서 교육할 것
㉰ 쉬운 것에서 어려운 것으로 교육할 것
㉱ 가능한 한 전문용어를 사용하여 교육할 것

[해설] ㉱ 가능한 쉬운 표현으로 가르칠 것

제2과목 · 인간공학 및 위험성 평가·관리

21 휴먼에러에 있어 작업자가 수행해야 할 작업을 잘못 수행하였을 경우의 오류를 무엇이라 하는가?

㉮ omission error
㉯ sequencial error
㉰ time error
㉱ commission error

정답 17 ㉰ 18 ㉯ 19 ㉮ 20 ㉱ 21 ㉱

[해설] 휴먼에러의 심리적 분류(Swain의 분류)
① omission error(누설오류, 생략오류, 부작위오류) : 필요한 작업 또는 절차를 수행하지 않는 데 기인한 에러
② time error(시간오류) : 필요한 작업 또는 절차의 수행 지연으로 인한 에러
③ commission error(작위오류) : 필요한 작업 또는 절차의 불확실한 수행으로 인한 에러
④ sequential error(순서오류) : 필요한 작업 또는 절차의 순서 착오로 인한 에러
⑤ extraneous error(과잉행동오류) : 불필요한 작업 또는 절차를 수행함으로써 기인한 에러

{분석} 필기에 자주 출제되는 내용입니다.

22 결함수분석(FTA)에서 지면부족 등으로 인하여 다른 페이지 또는 부분에 연결시키기 위해 사용되는 기호는?

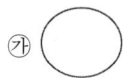 

[해설]

기호	명명	기호 설명
△	전이기호	다른 게이트와의 연결을 나타내는 기호

[참고]

기호	명명	기호 설명
○	기본사상	더 이상 전개할 수 없는 사건의 원인
⌂	통상사상	발생이 예상되는 사상
◇	생략사상	관련정보가 미비하여 계속 개발될 수 없는 특정 초기사상

{분석} 필기에 자주 출제되는 내용입니다.

23 다음 중 인체에서 뼈의 기능에 해당하지 않는 것은?
㉮ 대사 기능   ㉯ 장기 보호
㉰ 조혈 기능   ㉱ 인체의 지주

[해설] 골격(뼈)의 주요 기능
① 신체를 지지하고 형상을 유지하는 역할
② 신체의 주요한 부분을 보호하는 역할
③ 신체활동을 수행하는 역할
④ 혈액을 생성하는 역할

24 다음 중 시스템에 영향을 미칠 우려가 있는 모든 요소의 고장을 형태별로 해석하여 그 영향을 검토하는 분석방법은?
㉮ FTA   ㉯ ETA
㉰ MORT   ㉱ FMEA

[해설] 고장형태와 영향분석(FMEA) : 시스템에 영향을 미치는 모든 요소의 고장을 형태별로 분석하여 그 영향을 검토하는 정성적, 귀납적 분석법

[참고]
① ETA(사건수, 사상수 분석법) : 사상의 안전도를 사용하여 시스템의 안전도 나타내는 귀납적, 정량적인 분석법
② MORT : 관리, 설계, 생산, 보전 등의 광범위한 안전을 도모하기 위한 연역적이고, 정량적인 분석법
③ FTA(결함수 분석법) : 사상과 원인과의 관계를 논리기호(AND 或 OR)를 사용하여 나타내고 시스템의 고장확률을 구하는 연역적, 정량적인 분석법

{분석} 필기에 자주 출제되는 내용입니다.

25 다음 중 교체 주기와 가장 밀접한 관련성이 있는 보전방식은?
㉮ 보전예방   ㉯ 생산보전
㉰ 품질보전   ㉱ 예방보전

[해설] 예방보전 : 시스템 또는 부품의 사용 중 고장 또는 정지와 같은 사고를 미리 방지하거나, 품목을 사용가능 상태로 유지하기 위하여 계획적으로 하는 보전 활동

정답 22 ㉱ 23 ㉮ 24 ㉱ 25 ㉱

참고	예방보전의 종류	
정기보전	• 적정 주기를 정하고 주기에 따라 수리, 교환 등을 행하는 활동 • 시간기준보전 (TBM : Timed Based Maintenance) : 설비의 열화에 따른 수리주기를 정하고 그 주기에 맞추어 수리를 실시한다.	
예지보전	• 설비의 열화의 상태를 알아보기 위한 점검이나 점검에 따른 수리를 행하는 활동 • 상태기준보전 (CBM : Condition Based Maintenance) : 설비의 열화상태가 미리 정한 기준에 도달하면 수리를 행한다.	

26 화학설비에 대한 안전성 평가 시 "정량적 평가"의 5가지 항목에 해당하지 않은 것은?

㉮ 전원
㉯ 취급물질
㉰ 온도
㉱ 화학설비 용량

해설	
정성적 평가항목	정량적 평가항목
① 입지 조건 ② 공장 내의 배치 ③ 소방설비 ④ 공정 기기 ⑤ 수송 · 저장 ⑥ 원재료 ⑦ 중간체 ⑧ 제품 ⑨ 건조물(건물) ⑩ 공정	① 취급물질 ② 화학설비의 용량 ③ 온도 ④ 압력 ⑤ 조작

27 다음 중 양립성(compatibility)의 종류가 아닌 것은?

㉮ 개념 양립성
㉯ 감성 양립성
㉰ 운동 양립성
㉱ 공간 양립성

해설	양립성	
개념적 양립성	• 외부자극에 대해 인간의 개념적 현상의 양립성 • 예 빨간 버튼은 온수, 파란 버튼은 냉수	
공간적 양립성	• 표시장치, 조종장치의 형태 및 공간적배치의 양립성 • 예 오른쪽 조리대는 오른쪽 조절장치로, 왼쪽 조리대는 왼쪽 조절장치로 조정한다.	
운동의 양립성	• 표시장치, 조종장치 등의 운동 방향의 양립성 • 예 조종장치를 오른쪽으로 돌리면 표시장치 지침이 오른쪽으로 이동한다.	
양식 양립성	• 직무에 알맞은 자극과 응답의 양식의 존재에 대한 양립성 • 예 음성과업에 대해서는 청각적 자극 제시와 이에 대한 음성 응답 과업에서 갖는 양립성이다.	

{분석}
필기에 자주 출제되는 내용입니다.

28 다음 중 부품배치의 원칙에 해당되지 않는 것은?

㉮ 중요성의 원칙
㉯ 사용빈도의 원칙
㉰ 다각능률의 원칙
㉱ 기능별 배치원칙

해설	부품배치의 원칙
	① 중요성의 원칙 : 부품을 작동하는 성능이 체계의 목표 달성에 중요한 정도에 따라 우선순위를 결정한다. ② 사용빈도의 원칙 : 부품을 사용하는 빈도에 따라 우선순위를 결정한다. ③ 기능별 배치의 원칙 : 기능적으로 관련된 부품들(표시장치, 조정장치 등)을 모아서 배치한다. ④ 사용 순서의 원칙 : 사용 순서에 따라 장치들을 가까이에 배치한다.

{분석}
필기에 자주 출제되는 내용입니다.

정답 26 ㉮ 27 ㉯ 28 ㉰

29 그림과 같은 FT도의 컷셋(cut sets)에 속하는 것은?

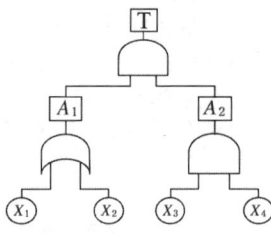

㉮ {X₁, X₂, X₃}
㉯ {X₁, X₂, X₄}
㉰ {X₁, X₃, X₄}
㉱ {X₁, X₂}, {X₃, X₄}

[해설] $T = A_1 A_2$
$= \begin{pmatrix} X_1 \\ X_2 \end{pmatrix} \cdot (X_3 X_4)$
$= (X_1 X_3 X_4)(X_2 X_3 X_4)$
컷셋 : $(X_1 X_3 X_4)(X_2 X_3 X_4)$
미니멀 컷 : $(X_1 X_3 X_4)$ 또는 $(X_2 X_3 X_4)$

{분석}
필기에 자주 출제되는 내용입니다.

30 인간-기계시스템에 대한 평가에서 평가척도나 기준(criteria)으로서 관심의 대상이 되는 변수를 무엇이라 하는가?

㉮ 독립변수
㉯ 확률변수
㉰ 통제변수
㉱ 종속변수

[해설] 인간-기계 시스템에서 기계는 인간의 특성에 맞추어 설계된다.(종속변수의 관계)

31 다음 중 눈이 식별할 수 있는 과녁(target)의 최소 특징이나 과녁 부분들 간의 최소공간을 의미하는 것은?

㉮ 최소분간시력
  (minimum separable acuity)
㉯ 최소지각시력
  (minimum perceptible acuity)
㉰ 입체시력(stereoscopic)
㉱ 동시력(dynamic visual acuity)

[해설] 최소분간시력(最小分揀視力, minimum separable acuity) : 검출할 수 있는 과녁의 최소 특징 또는 과녁의 부분 사이의 최소 공간

32 다음 중 청각적 표시에 대한 설명으로 틀린 것은?

㉮ JND(Just Noticeable Difference)는 인간이 신호의 50%를 검출할 수 있는 자극차원(강도 또는 진동수)의 최소 차이이다.
㉯ 장애물이나 칸막이를 넘어가야 하는 신호는 1,000Hz 이상의 진동수를 갖는 신호를 사용한다.
㉰ 다차원 코드 시스템을 사용할 경우, 일반적으로 차원의 수가 많고 수준의 수가 적은 것이 차원의 수가 적고 수준의 수가 많은 것보다 좋다.
㉱ 배경 소음과 다른 진동수를 갖는 신호를 사용하는 것이 바람직하다.

[해설] ㉯ 장애물 및 칸막이 통과시는 500Hz 이하의 진동수 사용

[참고] 경계 및 경보신호 설계지침
① 귀는 중음역에 민감하므로 500~3,000Hz의 진동수 사용
② 300m 이상 장거리용 신호는 1,000Hz 이하의 진동수 사용

정답 29 ㉰ 30 ㉱ 31 ㉮ 32 ㉯

③ 장애물 및 칸막이 통과시는 500Hz 이하의 진동수 사용
④ 주의를 끌기 위해서는 변조된 신호 사용
⑤ 배경 소음의 진동수와 구별되는 신호 사용
⑥ 경보효과를 높이기 위해서 개시시간이 짧은 고감도 신호를 사용
⑦ 가능하면 확성기, 경적 등과 같은 별도의 통신계통을 사용

33 다음 FT도에서 각 사상이 발생할 확률이 B_1은 0.1, B_2는 0.2, B_3는 0.3일 때 사상 A가 발생할 확률은 약 얼마인가?

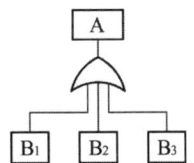

㉮ 0.006 ㉯ 0.496
㉰ 0.604 ㉱ 0.804

[해설] OR게이트이므로
$A = 1-(1-0.1)(1-0.2)(1-0.3) = 0.496$

{분석} 필기에 자주 출제되는 내용입니다.

34 자동생산라인의 오류 경보음을 3단계로 설계하였다. 1단계 경보음이 1,000Hz, 60dB라 할 때 3단계 오류 경보음이 1단계 경보음보다 4배 더 크게 들리도록 하려면, 다음 중 경보음의 주파수와 음압수준으로 가장 적절한 것은?

㉮ 1,000Hz, 80dB ㉯ 1,000Hz, 120dB
㉰ 2,000Hz, 60dB ㉱ 2,000Hz, 80dB

[해설] 동일한 주파수에서 음의 크기가 10dB이 증가하면 음압은 두 배 커진다.
음압이 4배 증가 → 20dB 증가

35 다음 중 조정표시비(C/D비, Control-Display ratio)를 설계할 때의 고려할 사항과 가장 거리가 먼 것은?

㉮ 공차 ㉯ 계기의 크기
㉰ 운동성 ㉱ 조작시간

[해설] 통제표시비 설계 시 고려사항
① 계기의 크기 ② 목측거리(목시거리)
③ 조작시간 ④ 방향성
⑤ 공차

{분석} 필기에 자주 출제되는 내용입니다.

36 5,000개의 베어링을 품질 검사하여 400개의 불량품을 처리하였으나 실제로는 1,000개의 불량 베어링이 있었다면 이러한 상황의 HEP(Human Error Probability)는 얼마인가?

㉮ 0.04 ㉯ 0.08
㉰ 0.12 ㉱ 0.16

[해설] $HEP = \dfrac{\text{실제과오의 수}}{\text{과오발생 전체기회 수}} = \dfrac{600}{5000} = 0.12$

{분석} 필기에 자주 출제되는 내용입니다.

37 S 에어컨 제조회사는 올해 경영슬로건으로 "소비자가 가장 선호하는 사람을 제공할 때까지"를 선정하였다. 목표 달성을 위하여 에어컨 가동 상태를 테스트하는 실험실을 설계하고자 한다. 다음 중 실험실의 실효온도에 영향을 주는 인자와 가장 관계가 먼 것은?

㉮ 온도 ㉯ 습도
㉰ 체온 ㉱ 공기유동

[해설] 실효온도의 결정요소
① 온도 ② 습도 ③ 대류(공기유동)

정답 33 ㉯ 34 ㉮ 35 ㉰ 36 ㉰ 37 ㉰

38 조도가 250럭스인 책상 위에 짙은색 종이 A와 B가 있다. 종이 A의 반사율은 20%이고, 종이 B의 반사율은 15%이다. 종이 A에는 반사율이 80%의 색으로, 종이 B에는 반사율 60%의 색으로 같은 글자를 썼을 때 다음 설명 중 옳은 것은? (단, 두 글자의 크기, 색, 재질 등은 동일하다)

㉮ A종이에 쓰인 글자가 B종이에 쓰인 글자보다 눈에 더 잘 보인다.
㉯ B종이에 쓰인 글자가 A종이에 쓰인 글자보다 눈에 더 잘 보인다.
㉰ 두 종이에 쓴 글자는 동일한 수준으로 보인다.
㉱ 어느 종이에 쓰인 글자가 더 잘 보이는지 알 수 없다.

[해설]
$$대비(\%) = \frac{배경반사율(Lb) - 표적물체반사율(Lt)}{배경반사율(Lt)} \times 100$$

1. 종이 A의 대비(%) = $\frac{20-80}{20} \times 100 = -300\%$
2. 종이 B의 대비(%) = $\frac{15-60}{15} \times 100 = -300\%$
3. 두 글자의 대비가 같으므로 두 종이의 글자는 동일한 수준으로 보인다.

39 위험조정을 위한 필요한 기술은 조직형태에 따라 다양하며 4가지 분류하였을 때 이에 속하지 않는 것은?

㉮ 보류(retention)
㉯ 계속(continuation)
㉰ 전가(transfer)
㉱ 감축(reduction)

[해설] 위험처리기술
① 위험의 제거(감축) : 위험 요소를 적극적으로 예방하고 경감하려는 것을 말한다.
② 위험의 회피 : 위험한 작업 자체를 하지 않거나 작업방법을 개선하는 것을 말한다.
③ 위험의 보유(보류) : 위험의 일부 또는 전부를 스스로 인수하는 것을 말한다.
④ 위험의 전가 : 위험을 보험, 보증, 공제기금제도 등으로 분산시키는 것을 말한다.

40 다음 중 시스템의 정의와 관련한 설명으로 틀린 것은?

㉮ 구성요소들이 모인 집합체다.
㉯ 구성요소들이 정보를 주고받는다.
㉰ 구성요소들은 공통의 목적을 갖고 있다.
㉱ 개회로(open loop)시스템은 피드백(feed back)정보를 필요로 한다.

[해설] 피드백(feedback) 정보를 필요로 하는 것은 폐회로(closed) 시스템이다.

제3과목 · 기계 · 기구 및 설비 안전 관리

41 다음 중 연삭숫돌의 지름이 100mm이고, 회전수가 1,000rpm이면 숫돌의 원주속도(mm/min)는 약 얼마인가?

㉮ 314
㉯ 628
㉰ 314,000
㉱ 628,000

정답 38 ㉰ 39 ㉯ 40 ㉱ 41 ㉰

[해설] 연삭기의 회전속도(원주속도) 계산

1. 원주속도(회전속도)
$$V = \frac{\pi \times D \times N}{1,000} \text{ (m/min)}$$
D : 롤러의 직경(mm)
N : 회전수(rpm)

2. 원주속도(회전속도)
$$V = \pi \times D \times N \text{ (mm/min)}$$
D : 롤러의 직경(mm)
N : 회전수(rpm)

$V = \pi \times D \times N = \pi \times 100 \times 1,000$
$= 314,159 \text{(mm/min)}$

{분석}
실기까지 중요한 내용입니다.

42 산업안전보건 법령상 양중기의 달기체인에 대한 사용금지 사항으로 틀린 것은?

㉮ 달기체인의 한 꼬임에서 끊어진 소선의 수가 10% 이상인 것
㉯ 링의 단면지름이 달기 체인이 제조된 때의 해당 링의 지름의 10%를 초과하여 감소한 것
㉰ 달기 체인의 길이가 달기 체인이 제조된 때의 길이의 5%를 초과한 것
㉱ 균열이 있거나 심하게 변형된 것

[해설] 늘어난 달기체인 등의 사용금지 사항
① 달기 체인의 길이가 달기 체인이 제조된 때의 길이의 5퍼센트를 초과한 것
② 링의 단면지름이 달기 체인이 제조된 때의 해당 링의 지름의 10퍼센트를 초과하여 감소한 것
③ 균열이 있거나 심하게 변형된 것

{분석}
실기까지 중요한 내용입니다.

43 산업용 로봇의 동작 형태별 분류에 속하지 않는 것은?

㉮ 원통좌표 로봇
㉯ 수평좌표 로봇
㉰ 극좌표 로봇
㉱ 관절 로봇

[해설] 동작 형태별 분류(기구학적 형태에 따른 분류)
① 직각좌표형 로봇
② 원통좌표형 로봇
③ 극좌표형 로봇
④ 다관절형 로봇

44 산업안전보건법령상 프레스기의 방호장치에 표시해야 될 사항이 아닌 것은?

㉮ 제조자명
㉯ 규격 또는 등급
㉰ 프레스기의 사용 범위
㉱ 제조번호 및 제조연월

[해설] 1. 프레스기의 방호장치는 안전인증 대상에 해당한다.
2. 안전인증 대상 합격표시
① 형식 또는 모델명
② 규격 또는 등급 등
③ 제조자명
④ 제조번호 및 제조연월
⑤ 안전인증 번호

45 가스용접용 산소용기에 각인된 "TP50"에서 "TP"의 의미로 옳은 것은?

㉮ 내압시험압력
㉯ 인장응력
㉰ 최고 충전압력
㉱ 검사용적

[해설] TP : 내압시험압력(단위 : kg/cm^2)

정답 42 ㉮ 43 ㉯ 44 ㉰ 45 ㉮

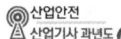

46 다음 중 보일러의 증기관 내에서 수격작용(water hammering) 현상이 발생하는 가장 큰 원인은?
㉮ 프라이밍(priming)
㉯ 워터링(watering)
㉰ 캐리오버(carry over)
㉱ 서어징(surging)

[해설] 캐리오버(carry over, 기수 공발): 보일러 수 중에 용해 고형분이나 <u>수분이 발생</u>, 증기 중에 다량 함유되어 증기의 순도를 저하시킴으로써 관내 응축수가 생겨 <u>워터 해머의 원인</u>이 되고 증기 과열기나 터빈 등의 고장 원인이 된다.

47 다음 중 산업용 로봇에 사용되는 안전매트에 관한 설명으로 틀린 것은?
㉮ 일반적으로 단선경보장치가 부착되어 있어야 한다.
㉯ 일반적으로 감응시간을 조절하는 장치는 부착되어 있지 않아야 한다.
㉰ 자율안전확인의 표시 외에 작동하중 감응시간 등을 추가로 표시하여야 한다.
㉱ 안전매트의 종류는 연결사용 가능여부에 따라 1선 감지기와 복선감지기로 구분할 수 있다.

[해설] 안전매트의 종류
안전매트의 종류는 연결사용 가능 여부에 따라 다음과 같이 한다.

종류	형태	용도
단일 감지기	A	감지기를 단독으로 사용
복합 감지기	B	여러 개의 감지기를 연결하여 사용

[참고] 안전매트의 일반구조
① 단선경보장치가 부착되어 있어야 한다.
② 감응시간을 조절하는 장치는 부착되어 있지 않아야 한다.
③ 감응도 조절장치가 있는 경우 봉인되어 있어야 한다.

48 산업안전보건기준에 관한 규칙에 따라 회전축, 기어, 풀리, 플라이휠 등에 사용되는 기계요소인 키, 핀 등의 형태로 적합한 것은?
㉮ 돌출형   ㉯ 개방형
㉰ 폐쇄형   ㉱ 묻힘형

[해설] 회전축, 기어, 플라이휠 등의 키, 핀 등 기계요소는 묻힘형으로 하고, 덮개를 설치한다.

49 일반적인 연삭기로 작업 중 발생할 수 있는 재해가 아닌 것은?
㉮ 연삭 분진이 눈에 튀어 들어가는 것
㉯ 숫돌 파괴로 인한 파편의 비래
㉰ 가공 중 공작물의 반발
㉱ 글레이징(glazing) 현상에 의한 입자의 탈락

[해설] 연삭기에 의한 재해의 유형
① 연삭 숫돌에 신체의 접촉
② 숫돌 파괴에 의한 파편 비산
③ 연삭분이 튀어 눈에 들어가는 사고
④ 재료의 튕김(가공 중 공작물의 반발)

50 동력전달부분의 전방 50cm 위치에 설치한 일방평행 보호망에서 가드용 재료의 최대 구멍크기는 얼마인가?
㉮ 45mm   ㉯ 56mm
㉰ 68mm   ㉱ 81mm

➡ 정답 46 ㉰ 47 ㉱ 48 ㉱ 49 ㉱ 50 ㉯

해설	
가드의 개구간격	일방 평행 보호망, 위험점이 전동체인 경우의 개구간격
① X<160mm일 경우 $Y = 6 + 0.15 \times X$ ② X≧160mm일 경우 Y = 30mm 여기서, X : 안전거리(위험점에서 가드까지의 거리)(mm) Y : 가드의 최대 개구 간격(mm)	① $Y = 6 + 0.1 \times X$ 여기서, X : 안전거리(mm) Y : 가드의 최대 개구 간격(mm)

$Y = 6 + 0.1 \times X = 6 + 0.1 \times 500 = 56\,\text{mm}$

{분석} 실기까지 중요한 내용입니다.

51 다음 중 연삭기 및 덮개에 관한 설명으로 틀린 것은?

㉮ "탁상용 연삭기"란 가공물을 손에 들고 연삭숫돌에 접촉시켜 가공하는 연삭기를 말한다.
㉯ "워크레스트(workrest)"란 탁상용 연삭기에 사용하는 것으로서 공작물을 연삭할 때 가공물의 지지점이 되도록 받쳐주는 것을 말한다.
㉰ 워크레스트는 연삭숫돌과의 간격을 5mm 이상 조정할 수 있는 구조이어야 한다.
㉱ 자율안전확인 연삭기 덮개에는 자율안전확인의 표시 외에 숫돌사용 원주속도와 숫돌회전방향을 추가로 표시하여야 한다.

[해설] 탁상용 연삭기의 덮개에는 워크레스트 및 조정편을 구비하여야 하며, 워크레스트는 연삭숫돌과의 간격을 3밀리미터 이하로 조정할 수 있는 구조이어야 한다.

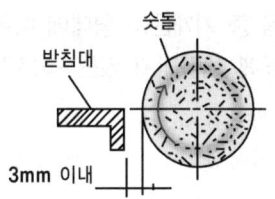

받침대의 간격
[방호장치 자율안전기준 고시]

[참고] 연삭숫돌의 외주면과 받침대 사이의 거리는 2mm를 초과하지 않을 것(위험기계기구 자율안전확인 고시)

{분석} 실기까지 중요한 내용입니다.

52 다음 중 곤돌라의 방호장치에 관한 설명으로 틀린 것은?

㉮ 비상정지장치 작동 시 동력은 차단되고, 누름버튼의 복귀를 통해 비상정지 조작 직전의 작동이 자동으로 복귀될 것
㉯ 권과방지장치는 권과를 방지하기 위하여 자동적으로 동력을 차단하고 작동을 제동하는 기능을 가질 것
㉰ 기어·축·커플링 등의 회전부분에는 덮개나 울이 설치되어 있을 것
㉱ 과부하 방지장치는 적재하중을 초과하여 적재 시 주 와이어로프에 걸리는 과부하를 감지하여 경보와 함께 승강되지 않는 구조일 것

[해설] **비상정지장치**
① 비상정지스위치를 작동한 경우에는 작동중인 동력이 차단되도록 할 것
② 스위치의 복귀로 비상정지 조작 직전의 작동이 자동으로 되지 않도록 할 것
③ 비상정지용 누름버튼은 적색으로 머리 부분이 돌출되고 수동 복귀되는 형식일 것

정답 51 ㉰ 52 ㉮

53. 다음 중 기계운동 형태에 따른 위험점의 분류에 해당되지 않는 것은?

㉮ 끼임점 ㉯ 회전물림점
㉰ 협착점 ㉱ 절단점

[해설] 위험점의 분류
① 협착점 : 왕복운동 부분과 고정부분 사이에서 형성되는 위험점
② 끼임점 : 고정부분과 회전하는 동작부분 사이에서 형성되는 위험점
③ 절단점 : 회전하는 운동부 자체, 운동하는 기계부분 자체의 위험점
④ 물림점 : 회전하는 두 개의 회전체에 물려 들어가는 위험점
⑤ 접선 물림점 : 회전하는 부분의 접선 방향으로 물려 들어가는 위험점
⑥ 회전 말림점 : 회전하는 물체에 작업복, 머리카락 등이 말려 들어가는 위험점

{분석}
실기까지 중요한 내용입니다.

54. 프레스기에 설치하는 방호장치의 특징에 관한 설명으로 틀린 것은?

㉮ 양수조작식의 경우 기계적 고장에 의한 2차 낙하에는 효과가 없다.
㉯ 광전자식의 경우 핀클러치방식에는 사용할 수 없다.
㉰ 손쳐내기식은 측면방호가 불가능하다.
㉱ 가드식은 금형교환 빈도수가 많을 때 사용하기에 적합하다.

[해설] ㉱ 가드식은 프레스 작동부분에 가드를 설치한 형태로 자주 금형을 교환할 경우는 사용이 불편하다.

55. 산업안전보건 법령상 프레스를 사용하여 작업을 할 때 작업시작 전 점검항목에 해당하지 않는 것은?

㉮ 전선 및 접속부 상태
㉯ 클러치 및 브레이크의 기능
㉰ 프레스의 금형 및 고정볼트 상태
㉱ 1행정 1정지기구·급정지장치 및 비상 정지 장치의 기능

[해설] 프레스의 작업시작 전 점검 사항
① 클러치 및 브레이크 기능
② 크랭크축·플라이 휠·슬라이드·연결 봉 및 연결 나사의 볼트 풀림 유무
③ 1행정 1정지 기구·급정지 장치 및 비상 정지 장치의 기능
④ 슬라이드 또는 칼날에 의한 위험 방지 기구의 기능
⑤ 프레스의 금형 및 고정 볼트 상태
⑥ 당해 방호장치의 기능
⑦ 전단기의 칼날 및 테이블의 상태

{분석}
실기에도 자주 출제되는 중요한 내용입니다.
암기하세요.

56. 다음 중 외형의 안전화를 위한 대상기계·기구·장치별 색채의 연결이 잘못된 것은?

㉮ 시동용 단추스위치 - 녹색
㉯ 고열을 내는 기계 - 노란색
㉰ 대형기계 - 밝은 연녹색
㉱ 급정지용 단추스위치 - 빨간색

[해설] ㉯ 고열을 내는 기계 - 주황색

[참고]
1. 빨간 : 금지, 정지, 소방기구, 고도의 위험
2. 주황 : 위험
3. 노랑 : 경고, 주의
4. 파랑 : 특정 행위 지시 및 고지
5. 녹색 : 안전, 안내, 유도, 진행, 비상구
6. 보라 : 방사능 위험 물질 경고

정답 53 ㉯ 54 ㉱ 55 ㉮ 56 ㉯

57 프레스에 사용하는 양수조작식 방호장치의 누름 버튼 상호 간 최소 내측 거리는 얼마인가?

㉮ 300mm 이상 ㉯ 350mm 이상
㉰ 400mm 이상 ㉱ 500mm 이상

[해설] 누름 버튼의 상호 간 내측거리는 300mm 이상이어야 한다.

{분석} 필기에 자주 출제되는 내용입니다.

58 선반작업 시 사용되는 방호장치는?

㉮ 풀아웃(full out)
㉯ 게이트 가드(gate guard)
㉰ 스위프 가드(sweep guard)
㉱ 쉴드(shield)

[해설] 선반의 안전 장치
① 쉴드(Shield) : 칩 및 절삭유의 비산을 방지하기 위해 설치하는 플라스틱 덮개
② 칩 브레이커 : 칩을 짧게 절단하는 장치
③ 척 커버 : 기어 등을 복개하는 장치
④ 브레이크 : 선반의 일시 정지 장치

{분석} 필기에 자주 출제되는 내용입니다.

59 컨베이어(conveyor)의 방호장치로 가장 적절하지 않은 것은?

㉮ 비상정지장치
㉯ 덮개 또는 울
㉰ 권과방지장치
㉱ 역주행방지장치

[해설] 컨베이어의 방호장치
① 이탈 등의 방지장치 : 컨베이어 등을 사용하는 때에는 정전·전압강하 등에 의한 화물 또는 운반구의 이탈 및 역주행을 방지하는 장치
② 비상정지장치 : 컨베이어 등에 근로자의 신체의 일부가 말려드는 등 근로자에게 위험을 미칠 우려가 있는 때 및 비상시에는 즉시 컨베이어 등의 운전을 정지시킬 수 있는 장치를 설치하여야 한다.
③ 덮개, 울의 설치 : 컨베이어 등으로 부터 화물이 떨어져 근로자가 위험해질 우려가 있는 경우에는 해당 컨베이어 등에 덮개 또는 울을 설치하는 등 낙하 방지를 위한 조치를 하여야 한다.

{분석} 실기에 자주 출제되는 내용입니다.

60 산업안전보건 법령에 양중기에서 절단하중이 100톤인 와이어로프를 사용하여 근로자가 탑승하는 운반구를 지지하는 경우, 달기와이어로프에 걸 수 있는 최대 사용하중은 얼마인가?

㉮ 10톤 ㉯ 20톤
㉰ 25톤 ㉱ 50톤

[해설] 1. 근로자가 탑승하는 운반구를 지지하는 달기와이어로프 또는 달기체인의 경우 : 10 이상

2. 안전율 $= \dfrac{\text{절단하중}}{\text{사용하중}}$

사용하중 $= \dfrac{\text{절단하중}}{\text{안전율}} = \dfrac{100}{10} = 10$톤

[참고] 와이어로프 등의 안전계수
① 근로자가 탑승하는 운반구를 지지하는 달기와이어로프 또는 달기체인의 경우 : 10 이상
② 화물의 하중을 직접 지지하는 달기와이어로프 또는 달기체인의 경우 : 5 이상
③ 훅, 샤클, 클램프, 리프팅 빔의 경우 : 3 이상
④ 그 밖의 경우 : 4 이상

{분석} 실기에 자주 출제되는 내용입니다.

정답 57 ㉮ 58 ㉱ 59 ㉰ 60 ㉮

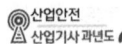

제4과목 전기 및 화학설비 안전 관리

61 산업안전보건법상 방폭전기설비의 위험장소분류에 있어 보통 상태에서 위험 분위기를 발생할 염려가 있는 장소로서 폭발성 가스가 보통상태에서 집적되어 위험농도로 될 염려가 있는 장소를 몇 종 장소라 하는가?

㉮ 0종 장소 ㉯ 1종 장소
㉰ 2종 장소 ㉱ 3종 장소

[해설] 보통상태에서 가스폭발이 간헐적으로 우려되거나, 위험의 염려가 있는 장소 → 1종 장소

[참고] 가스폭발 위험장소

가스폭발 위험장소	
0종 장소	• 인화성 또는 가연성의 가스나 증기가 지속적으로 또는 장기간 체류하는 곳
1종 장소	• 통상의 상태에서 위험분위기가 쉽게 생성되는 곳 • 상용의 상태에서 위험분위기가 주기적 또는 간헐적으로 존재하는 곳
2종 장소	• 가스켓(GASKET), 팩킹(PACKING) 등의 고장과 같이 이상상태에서만 누출될 수 있는 공정설비 또는 배관이 환기가 충분한 곳에 설치될 경우

{분석} 실기까지 중요한 내용입니다.

62 산업안전보건법에 따라 누전에 의한 감전 위험을 방지하기 위하여 대지전압이 몇 V를 초과하는 이동형 또는 휴대형 전기기계·기구에는 감전방지용 누전차단기를 설치하여야 하는가?

㉮ 50V ㉯ 75V
㉰ 110V ㉱ 150V

[해설] 누전차단기를 설치해야 하는 기계·기구
① 대지전압이 150볼트를 초과하는 이동형 또는 휴대형 전기기계·기구
② 물 등 도전성이 높은 액체가 있는 습윤장소에서 사용하는 저압용 전기기계·기구
③ 철판·철골 위 등 도전성이 높은 장소에서 사용하는 이동형 또는 휴대형 전기기계·기구
④ 임시배선의 전로가 설치되는 장소에서 사용하는 이동형 또는 휴대형 전기기계·기구

{분석} 실기까지 중요한 내용입니다. 암기하세요.

63 감전 사고의 요인과 관계가 없는 것은?

㉮ 전기기기의 절연파괴
㉯ 콘덴서의 방전 미실시
㉰ 전기기기의 24시간 계속 운전
㉱ 정전 작업 시 단락접지를 하지 않아 유도전압 발생

[해설] ㉮ 전기기기의 절연파괴 → 절연불량(누전 발생)으로 감전 발생
㉯ 콘덴서의 방전 미실시 → 잔류전하에 의한 감전 발생
㉱ 정전 작업 시 단락접지 미실시 → 유도전압에 의한 감전 발생

64 금속도체 상호 간 혹은 대지에 대하여 전기적으로 절연되어 있는 2개 이상의 금속도체를 전기적으로 접속하여 서로 같은 전위를 형성하여 정전기 사고를 예방하는 기법을 무엇이라 하는가?

㉮ 본딩
㉯ 1종 접지
㉰ 대전 분리
㉱ 특별 접지

[해설] 본딩(Bonding) : 둘 또는 그 이상의 도전성 물질이 같은 전위를 갖도록 도체로 접속하는 것을 말한다.

▶) 정답 61 ㉯ 62 ㉱ 63 ㉰ 64 ㉮

65 전기화재의 발생원인 아닌 것은?

㉮ 합선
㉯ 절연저항
㉰ 과전류
㉱ 누전 또는 지락

[해설] 전기화재의 원인
① 단락에 의한 발화
② 누전에 의한 발화
③ 과전류에 의한 발화
④ 스파크에 의한 발화
⑤ 접촉부의 과열에 의한 발화
⑥ 절연열화 또는 탄화에 의한 발화
⑦ 지락에 의한 발화
⑧ 낙뢰에 의한 발화
⑨ 정전기 스파크에 의한 발화
⑩ 합선에 의한 발화

66 콘덴서 및 전력케이블 등을 고압 또는 특별고압 전기회로에 접촉하여 사용할 때 전원을 끊은 뒤에도 감전될 위험성이 있는 주된 이유로 볼 수 있는 것은?

㉮ 잔류전하
㉯ 접지선 불량
㉰ 접속기구 손상
㉱ 절연 보호구 미사용

[해설] 전력케이블, 전력콘덴서, 용량이 큰 부하기기 등 전원차단 후에도 잔류전하에 의한 위험이 발생할 우려가 있는 것은 잔류전하를 확실히 방전하여야 한다.

67 다음 중 방폭 전기설비가 설치되는 표준 환경조건에 해당되지 않는 것은?

㉮ 표고는 1,000m 이하
㉯ 상대습도는 30~95% 범위
㉰ 주변온도는 -20℃~+40℃ 범위
㉱ 전기설비에 특별한 고려를 필요로 하는 정도의 공해, 부식성 가스, 진동 등이 존재하지 않는 장소

[해설] 방폭 전기설비의 표준 환경 조건
① 주변온도 : -20℃ ~ 40℃
② 표 고 : 1,000m 이하
③ 상대습도 : 45~85%
④ 전기설비에 특별한 고려를 필요로 하는 정도의 공해, 부식성 가스, 진동 등이 존재하지 않는 환경

68 착화에너지가 0.1mJ이고 가스를 사용하는 사업장 전기설비의 정전용량이 0.6nF일 때 방전 시 착화 가능한 최소 대전 전위는 약 얼마인가?

㉮ 289V ㉯ 385V
㉰ 577V ㉱ 1154V

[해설] 정전기의 최소 착화 에너지(정전에너지)

$$E = \frac{1}{2}CV^2$$

여기서, E : 정전기 에너지(J)
C : 도체의 정전 용량(F)
V : 대전 전위(V)

$E(J) = \frac{1}{2}CV^2$

$V^2 = \dfrac{E}{\frac{1}{2}C}$

$V = \sqrt{\dfrac{E}{\frac{1}{2}C}} = \sqrt{\dfrac{0.1 \times 10^{-3}}{\frac{1}{2} \times 0.6 \times 10^{-9}}} = 577.35V$

$(mJ = 10^{-3}J, nF = 10^{-9}F)$

69 건물의 전기설비로부터 누설전류를 탐지하여 경보를 발하는 누전경보기의 구성으로 옳은 것은?

㉮ 축전기, 변류기, 경보장치
㉯ 변류기, 수신기, 경보장치
㉰ 수신기, 발신기, 경보장치
㉱ 비상전원, 수신기, 경보장치

정답 65 ㉯ 66 ㉮ 67 ㉯ 68 ㉰ 69 ㉯

[해설] 누전경보기 : 전기설비로부터 누설전류를 탐지하여 경보를 발하며 변류기와 수신기, 경보장치로 구성된 것을 말한다.

70 이동전선에 접속하여 임시로 사용하는 전등이나 가설의 배선 또는 이동전선에 접속하는 가공 매달기식 전등 등을 접촉함으로 인한 감전 및 전구의 파손에 의한 위험을 방지하기 위하여 보호망을 부착하도록 하고 있다. 이들을 설치 시 준수하여야 할 사항이 아닌 것은?

㉮ 보호망은 쉽게 파손되지 않을 것
㉯ 재료는 용이하게 변형되지 아니하는 것으로 할 것
㉰ 전구의 밝기를 고려하여 유리로 된 것을 사용할 것
㉱ 전구의 노출된 금속부분에 쉽게 접촉되지 아니하는 구조로 할 것

[해설] 보호망을 설치하는 때 준수사항
• 전구의 노출된 금속부분에 근로자가 쉽게 접촉되지 아니하는 구조로 할 것
• 재료는 쉽게 파손되거나 변형되지 아니하는 것으로 할 것

71 아세톤에 관한 설명으로 옳은 것은?

㉮ 인화점은 557.8℃이다.
㉯ 무색의 휘발성 액체이며 유독하지 않다.
㉰ 20% 이하의 수용액에서는 인화 위험이 없다.
㉱ 일광이나 공기에 노출되면 과산화물을 생성하여 폭발성으로 된다.

[해설] 아세톤은 인화성 액체로서 인화성이 강해 불이 잘 붙으며, 햇빛이나 공기에 노출되면 과산화물을 생성하여 폭발의 위험이 있다.

72 산업안전보건 법령상 공정안전보고서에 포함되어야 하는 사항 중 공정안전자료의 세부내용에 해당하는 것은?

㉮ 주민홍보계획
㉯ 안전운전지침서
㉰ 각종 건물·설비의 배치도
㉱ 위험과 운전 분석(HAZOP)

[해설] 공정안전자료
• 취급·저장하고 있거나 취급·저장하려는 유해·위험물질의 종류 및 수량
• 유해·위험물질에 대한 물질안전보건자료
• 유해·위험설비의 목록 및 사양
• 유해·위험설비의 운전방법을 알 수 있는 공정도면
• 각종 건물·설비의 배치도
• 폭발위험장소 구분도 및 전기단선도
• 위험설비의 안전설계·제작 및 설치 관련 지침서

73 다음 중 폭발의 위험성이 가장 높은 것은?

㉮ 폭발 상한농도
㉯ 완전연소 조성농도
㉰ 폭발 상한선과 하한선의 중간점 농도
㉱ 폭굉 상하선과 하한선의 중간점 농도

[해설] 완전연소 조성 농도(화학양론농도, 이론산소농도) : 발열량이 최대이고 폭발 파괴력이 가장 강한 농도를 말한다.

정답 70 ㉰ 71 ㉱ 72 ㉰ 73 ㉯

74 다음 중 산업안전보건법상 화학설비 또는 그 배관의 덮개·플랜지·밸브 및 콕의 접합부에 대하여 당해 접합부에서의 위험 물질 등의 누출로 인한 폭발·화재 또는 위험물의 누출을 방지하기 위한 가장 적절한 조치는?

㉮ 개스킷의 사용
㉯ 코르크의 사용
㉰ 호스 밴드의 사용
㉱ 호스 스크립의 사용

[해설] 화학설비 또는 그 배관의 덮개·플랜지·밸브 및 콕의 접합부에 대하여 위험물질 등의 누출로 인한 폭발·화재 또는 위험물의 누출을 방지하기 위하여 적절한 개스킷(gasket)을 사용하고 접합면을 상호 밀착시키는 등 적절한 조치를 하여야 한다.

75 다음 중 분진폭발의 가능성이 가장 낮은 물질은?

㉮ 소맥분
㉯ 마그네슘
㉰ 질석가루
㉱ 스텔라이트

[해설] ㉰ 질석은 가열되면 팽창하는 성질이 있어 금속화재의 소화에 이용되며, 분진폭발을 일으키지 않는다.

[참고]

분진폭발을 일으키는 물질	분진폭발을 일으키지 않는 물질
• 금속분(알루미늄, 마그네슘, 아연분말) • 플라스틱 • 농산물 • 황	• 시멘트 • 생석회(CaO) • 석회석 • 탄산칼슘($CaCO_3$)

76 건조설비의 사용에 있어 500~800℃ 범위의 온도에 가열된 스테인리스강에서 주로 일어나며, 탄화크롬이 형성되어 결정 경계면의 크롬함유량이 감소하여 발생되는 부식형태는?

㉮ 전면부식
㉯ 층상부식
㉰ 입계부식
㉱ 격간부식

[해설] 입계부식 : 결정 입자가 모여 있는 경계부가 부식 매체로 부식되는 금속부식의 형태이다.

77 다음 중 액체와 증발잠열을 이용하여 소화시키는 것으로 물을 이용하는 방법은 주로 어떤 소화방법에 해당되는가?

㉮ 냉각소화법
㉯ 연소억제법
㉰ 제거소화법
㉱ 질식소화법

[해설] 냉각소화 : 가연물의 온도를 떨어뜨려 소화하는 방법 or 물의 증발잠열을 이용하는 방법
[예] • 물
• 산알칼리 소화기
• 강화액 소화기

78 공기 중에 3ppm의 디메틸아민(demethylamine, TLV-TWA : 10ppm)과 20ppm의 시클로헥산(cyclohexanol, TLV-TWA : 50ppm)이 있고, 10ppm의 산화프로 필렌(propyleneoxide, TLV-TWA : 20ppm)이 존재한다면 혼합 TLV-TWA는 몇 ppm인가?

㉮ 12.5
㉯ 22.5
㉰ 27.5
㉱ 32.5

정답 74 ㉮ 75 ㉰ 76 ㉰ 77 ㉮ 78 ㉰

[해설]

1. 노출지수 $EI = \dfrac{C_1}{T_1} + \dfrac{C_2}{T_2} + ... + \dfrac{C_n}{T_n}$

   여기서 C : 화학물질 각각의 측정치
   T : 화학물질 각각의 노출기준
   $EI > 1$: 노출기준을 초과함

2. 혼합물의 TLV-TWA

   $TLV-TWA = \dfrac{C_1 + C_2 + ... + C_n}{EI}$

1. 노출지수 $EI = \dfrac{C_1}{T_1} + \dfrac{C_2}{T_2} + ... + \dfrac{C_n}{T_n}$

   $= \dfrac{3}{10} + \dfrac{20}{50} + \dfrac{10}{20} = 1.2$

2. 혼합물의 TLV-TWA

   $TLV-TWA = \dfrac{C_1 + C_2 + ... + C_n}{EI}$

   $= \dfrac{3 + 20 + 10}{1.2} = 27.5\,\text{ppm}$

79 유해·위험물질 취급에 대한 작업별 안전한 작업이 아닌 것은?

㉮ 자연발화의 방지 조치
㉯ 인화성 물질의 주입 시 호스를 사용
㉰ 가솔린이 남아 있는 설비에 등유의 주입
㉱ 서로 다른 물질의 접촉에 의한 발화의 방지

[해설] ㉰ 가솔린이 남아 있는 화학설비, 탱크로리, 드럼 등에 등유나 경유를 주입하는 작업을 하는 때에는 미리 그 내부를 깨끗하게 씻어내고 가솔린의 증기를 불활성 가스로 바꾸는 등 안전한 상태로 되어 있는 것을 확인한 후에 당해 작업을 하여야 한다.

80 최대운전압력이 게이지압력으로 200kgf/cm²인 열교환기의 안전밸브 작동압력(kgf/cm²)으로 가장 적절한 것은?

㉮ 210   ㉯ 220
㉰ 230   ㉱ 240

[해설] $200 \times 1.05 = 210\,\text{kg}_f/\text{cm}^2$ 이하에서 작동하여야 한다.

[참고] 안전밸브 등이 안전밸브 등을 통하여 보호하려는 설비의 최고사용압력 이하에서 작동되도록 하여야 한다. 다만, 안전밸브 등이 2개 이상 설치된 경우에 1개는 최고사용압력의 1.05배(외부화재를 대비한 경우에는 1.1배) 이하에서 작동되도록 설치할 수 있다.

제5과목 · 건설공사 안전 관리

81 흙을 크게 분류하면 사질토와 점성토로 나눌 수 있는데 그 차이점으로 옳지 않는 것은?

㉮ 흙의 내부 마찰각은 사질토가 점성토보다 크다.
㉯ 지지력은 사질토가 점성토보다 크다.
㉰ 점착력은 사질토가 점성토보다 작다.
㉱ 장기침하량은 사질토가 점성토보다 크다.

[해설] ㉱ 장기침하량은 점성토가 사질토보다 더 크다.

82 산업안전보건기준에 관한 규칙에 따라 중량물을 취급하는 작업을 하는 경우에 작업계획서 내용에 포함되는 사항은?

㉮ 해체의 방법 및 해체 순서도면
㉯ 낙하위험을 예방할 수 있는 안전대책
㉰ 사용하는 차량계 건설기계의 종류 및 성능
㉱ 작업지휘자 배치계획

[해설] 중량물의 취급 작업 작업계획서 포함사항
㉮ 추락위험을 예방할 수 있는 안전대책
㉯ 낙하위험을 예방할 수 있는 안전대책
㉰ 전도위험을 예방할 수 있는 안전대책
㉱ 협착위험을 예방할 수 있는 안전대책
㉲ 붕괴위험을 예방할 수 있는 안전대책

{분석}
실기까지 중요한 내용입니다.

83 콘크리트를 타설할 때 안전상 유의하여야 할 사항으로 옳지 않은 것은?

㉮ 콘크리트를 치는 도중에는 거푸집, 지보공 등의 이상 유무를 확인한다.
㉯ 진동기 사용 시 지나친 진동은 거푸집 도괴의 원인이 될 수 있으므로 적절히 사용해야 한다.
㉰ 최상부의 슬래브는 되도록 이어붓기를 하고 여러 번에 나누어 콘크리트를 타설한다.
㉱ 타워에 연결되어 있는 슈트의 접속은 확실한지 확인한다.

[해설] ㉰ 최상부 슬래브는 이어붓기를 피하고 일시에 전체를 타설한다.

84 수중굴착 공사에 가장 적합한 건설장비는?

㉮ 백호 ㉯ 어스드릴
㉰ 항타기 ㉱ 클램쉘

[해설] 클램쉘(clamshell)
• 수중굴착 및 가장 협소하고 깊은 굴착이 가능하며 호퍼(hopper)에 적당하다.
• 연약지반이나 수중굴착 및 자갈 등을 싣는데 적합하다.

85 산업안전보건기준에 관한 규칙에 따라 계단 및 계단참을 설치하는 경우 매 m^2당 최소 얼마 이상의 하중에 견딜 수 있는 강도를 가진 구조로 설치하여야 하는가?

㉮ 500kg ㉯ 600kg
㉰ 700kg ㉱ 800kg

[해설] 계단 및 계단참의 강도는 500kg/m^2 이상이어야 하며 안전율은 4 이상으로 하여야 한다.

[참고] 계단의 설치
① 계단의 강도
 • 계단 및 계단참의 강도는 500kg/m^2 이상이어야 하며 안전율은 4 이상으로 하여야 한다.
② 계단의 폭
 • 1미터 이상으로 하여야 한다.
③ 계단참의 높이
 • 높이가 3m를 초과하는 계단에는 높이 3m 이내마다 너비 1.2미터 이상의 계단참을 설치하여야 한다.
④ 천장의 높이
 • 바닥면으로부터 높이 2미터 이내의 공간에 장애물이 없도록 하여야 한다.
⑤ 계단의 난간
 • 높이 1미터 이상인 계단의 개방된 측면에 안전 난간을 설치하여야 한다.

{분석}
실기까지 중요한 내용입니다.

정답 82 ㉯ 83 ㉰ 84 ㉱ 85 ㉮

86 콘크리트 거푸집을 설계할 때 고려해야 하는 연직하중으로 거리가 먼 것은?

㉮ 작업하중   ㉯ 콘크리트 자중
㉰ 충격하중   ㉱ 풍하중

[해설] 연직방향 하중
① 거푸집, 지보공(동바리), 콘크리트, 철근, 작업원, 타설용 기계·기구, 가설설비 등의 중량
② 충격하중

87 토사붕괴 시의 조치사항으로 거리가 먼 것은?

㉮ 대피 통로 및 공간의 확보
㉯ 동시 작업의 금지
㉰ 2차 재해의 방지
㉱ 굴착공법의 선정

[해설] ㉱ 굴착공법의 선정은 굴착작업 전의 조치사항에 해당한다.

88 건설용 양중기에 대한 설명으로 옳은 것은?

㉮ 삼각데릭은 인접시설에 장해가 없는 상태에서 360°회전이 가능하다.
㉯ 이동식크레인(crane)에는 트럭 크레인, 크롤러 크레인 등이 있다.
㉰ 휠 크레인에는 무한궤도식과 타이어식이 있으며 장거리 이동에 적당하다.
㉱ 크롤러 크레인은 휠 크레인보다 기동성이 뛰어나다.

[해설] ㉮ 삼각데릭은 270°까지 회전이 가능하다.
㉰ 무한궤도식 크레인은 크롤러 크레인에 해당한다.
㉱ 휠 크레인이 크롤러 크레인보다 기동성이 우수하다.

89 건설공사 중 작업으로 인하여 물체가 떨어지거나 날아올 위험이 있을 때 조치할 사항으로 옳지 않은 것은?

㉮ 안전난간 설치
㉯ 보호구의 착용
㉰ 출입금지구역의 설정
㉱ 낙하물방지망의 설치

[해설] ㉮ 안전난간은 추락위험 방지 설비이다.

[참고] 낙하·비래 위험방지 조치
① 낙하물방지망·수직보호망 또는 방호선반의 설치
② 출입금지구역의 설정
③ 보호구의 착용

{분석}
실기까지 중요한 내용입니다.

90 낙하추나 화약의 폭발 등으로 인공진동을 일으켜 지반의 종류, 지층, 강성도 등을 알아내는데 활용되는 지반조사 방법은?

㉮ 탄성파탐사
㉯ 전기저항탐사
㉰ 방사능탐사
㉱ 유량검층탐사

[해설] 탄성파검사 : 인공진동을 일으켜 탄성파에 의해 지반을 조사하는 방법

91 철골작업을 중지하여야 하는 악천후의 조건이다. 순서대로 ( )안에 알맞은 숫자를 순서대로 옳게 나열한 것은?

1. 풍속의 초당 (   ) 미터 이상인 경우
2. 강우량이 시간당 (   )밀리미터 이상인 경우
3. 강설량이 시간당 (   )센티미터 이상인 경우

㉮ 10, 10, 10   ㉯ 1, 1, 10
㉰ 1, 10, 1   ㉱ 10, 1, 1

정답 86 ㉱ 87 ㉱ 88 ㉯ 89 ㉮ 90 ㉮ 91 ㉱

[해설] 철골작업을 중지해야 하는 조건
① 풍속이 초당 10미터 이상인 경우
② 강우량이 시간당 1밀리미터 이상인 경우
③ 강설량이 시간당 1센티미터 이상인 경우

{분석}
실기까지 중요한 내용입니다. 암기하세요.

92 고소작업대 구조에서 작업대를 상승 또는 하강시킬 때에 사용하는 체인의 안전율은 최소 얼마 이상인가?

㉮ 2 ㉯ 5
㉰ 10 ㉱ 12

[해설] 고소작업대의 와이어로프 또는 체인의 안전율 : 5 이상

93 사다리식 통로 등을 설치하는 경우 준수해야 할 기준으로 옳지 않은 것은?

㉮ 견고한 구조로 할 것
㉯ 폭은 20cm 이상의 간격을 유지할 것
㉰ 심한 손상·부식 등이 없는 재료를 사용할 것
㉱ 발판과 벽과의 사이는 15cm 이상을 유지할 것

[해설] ㉯ 폭은 30센티미터 이상으로 할 것

[참고] 사다리식 통로의 구조
① 견고한 구조로 할 것
② 심한 손상·부식 등이 없는 재료를 사용할 것
③ 발판의 간격은 일정하게 할 것
④ 발판과 벽과의 사이는 15센티미터 이상의 간격을 유지할 것
⑤ 폭은 30센티미터 이상으로 할 것
⑥ 사다리가 넘어지거나 미끄러지는 것을 방지하기 위한 조치를 할 것
⑦ 사다리의 상단은 걸쳐놓은 지점으로부터 60센티미터 이상 올라가도록 할 것

⑧ 사다리식 통로의 길이가 10미터 이상인 경우에는 5미터 이내마다 계단참을 설치할 것
⑨ 사다리식 통로의 기울기는 75도 이하로 할 것. 다만, 고정식 사다리식 통로의 기울기는 90도 이하로 하고, 그 높이가 7미터 이상인 경우에는 다음 각 목의 구분에 따른 조치를 할 것
 • 등받이울이 있어도 근로자 이동에 지장이 없는 경우 : 바닥으로부터 높이가 2.5미터 되는 지점부터 등받이울을 설치할 것
 • 등받이울이 있으면 근로자가 이동이 곤란한 경우 : 한국산업표준에서 정하는 기준에 적합한 개인용 추락 방지 시스템을 설치하고 근로자로 하여금 한국산업표준에서 정하는 기준에 적합한 전신 안전대를 사용하도록 할 것
⑩ 접이식 사다리 기둥은 사용 시 접혀지거나 펼쳐지지 않도록 철물 등을 사용하여 견고하게 조치할 것

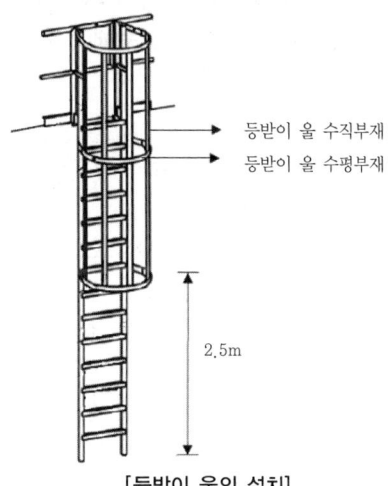

[등받이 울의 설치]

{분석}
실기까지 중요한 내용입니다.

94 조강포틀랜드 시멘트를 사용한 콘크리트의 압축강도를 시험하지 않을 경우 거푸집널의 해체 시기로 옳은 것은? (단, 평균기온이 20℃ 이상이면서 기둥의 경우)

㉮ 1일 ㉯ 2일
㉰ 3일 ㉱ 4일

정답 92 ㉯ 93 ㉯ 94 ㉯

2015년 8월 16일 시행

[해설] 콘크리트의 압축강도를 시험하지 않을 경우 거푸집널의 해체 시기(기초, 보, 기둥 및 벽의 측면)

시멘트 종류 평균 기온	조강 포틀랜드 시멘트	보통포틀랜드 시멘트 고로슬래그 시멘트(특급) 포틀랜드 포졸란 시멘트(A종) 플라이 애쉬 시멘트(A종)	고로슬래그 시멘트(1급) 포틀랜드 포졸란 시멘트(B종) 플라이 애쉬 시멘트(B종)
20℃ 이상	2일	4일	5일
20℃ 미만 10℃ 이상	3일	6일	8일

95 잠함, 우물통, 수직갱, 그 밖에 이와 유사한 건설물 또는 설비의 내부에서 굴착작업을 하는 경우에 준수해야 할 기준으로 옳지 않은 것은?

㉮ 산소 결핍 우려가 있는 경우에는 산소의 농도를 측정하는 사람을 지명하여 측정하도록 할 것
㉯ 근로자가 안전하게 오르내리기 위한 설비를 설치할 것
㉰ 굴착 깊이가 10m를 초과하는 경우에는 해당 작업장소와 외부와의 연락을 위한 통신설비 등을 설치할 것
㉱ 굴착깊이가 20m를 초과하는 경우에는 송기를 위한 설비를 설치하여 필요한 양의 공기를 공급할 것

[해설] 잠함 등 내부에서의 굴착작업 시 준수사항
① 산소결핍의 우려가 있는 때에는 산소의 농도를 측정하는 자를 지명하여 측정하도록 할 것
② 근로자가 안전하게 오르내리기 위한 설비를 설치할 것
③ 굴착 깊이가 20미터를 초과하는 때에는 당해작업장소와 외부와의 연락을 위한 통신설비 등을 설치할 것
④ 산소농도 측정결과 산소의 결핍이 인정되거나 굴착깊이가 20미터를 초과하는 때에는 송기를 위한 설비를 설치하여 필요한 양의 공기를 송급하여야 한다.

{분석} 실기까지 중요한 내용입니다.

96 터널건설 작업 시 터널 내부에서 화기나 아크를 사용하는 장소에 필히 설치하도록 법으로 규정하고 있는 설비는?

㉮ 소화설비
㉯ 대피설비
㉰ 충전설비
㉱ 차단설비

[해설] 터널건설 작업을 하는 경우에는 해당 터널 내부의 화기나 아크를 사용하는 장소 또는 배전반, 변압기, 차단기 등을 설치하는 장소에 소화설비를 설치하여야 한다.

97 보통 흙의 굴착공사에서 굴착깊이가 5m, 굴착기초면의 폭이 5m인 경우 양단면 굴착을 할 때 상부 단면의 폭은?
(단, 굴착구배는 1 : 1로 한다)

㉮ 10m
㉯ 15m
㉰ 20m
㉱ 25m

[해설] 굴착 기울기 = $\dfrac{높이}{밑변}$ = 1 : 1 = $\dfrac{1}{1}$

문제에서 굴착깊이가 5m라고 주어졌으므로 굴착면의 폭도 5m가 된다.

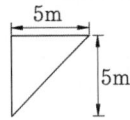

굴착 저면 폭이 5m이고 양단면 굴착이므로

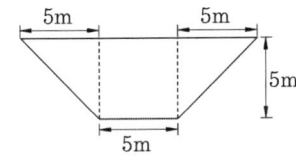

∴ 굴착부 상단면 폭은 15m이다.

98 작업발판 및 통로의 끝이나 개구부로서 근로자가 추락할 위험이 있는 장소에 대한 방호조치와 거리가 먼 것은?

㉮ 안전난간 설치
㉯ 울타리 설치
㉰ 투하설비 설치
㉱ 수직형 추락방망 설치

[해설] 작업발판 및 통로의 끝이나 개구부로서 근로자가 추락할 위험이 있는 장소에는 안전난간, 울타리, 수직형 추락방망 또는 덮개 등의 방호 조치를 충분한 강도를 가진 구조로 튼튼하게 설치하여야 하며, 덮개를 설치하는 경우에는 뒤집히거나 떨어지지 않도록 설치하여야 한다.

99 다음은 가설통로를 설치하는 경우의 준수사항이다. 빈칸에 들어갈 수치를 순서대로 옳게 나타낸 것은?

> 수직갱에 가설된 통로의 길이가 ( )m 이상인 경우에는 ( )m 이내 마다 계단참을 설치하여야 한다.

㉮ 8, 7
㉯ 7, 8
㉰ 10, 15
㉱ 15, 10

[해설] 가설통로의 구조
① 견고한 구조로 할 것
② 경사는 30도 이하로 할 것(계단을 설치하거나 높이 2미터 미만의 가설통로로서 튼튼한 손잡이를 설치한 때에는 그러하지 아니하다)
③ 경사가 15도를 초과하는 때는 미끄러지지 아니하는 구조로 할 것
④ 추락의 위험이 있는 장소에는 안전난간을 설치할 것(작업상 부득이한 때에는 필요한 부분에 한하여 임시로 이를 해체할 수 있다)
⑤ 수직갱 : 길이가 15미터 이상인 때에는 10미터 이내마다 계단참을 설치할 것
⑥ 건설공사에 사용하는 높이 8미터 이상인 비계다리 : 7미터 이내 마다 계단 참을 설치할 것

{분석}
실기까지 중요한 내용입니다.

정답 98 ㉰ 99 ㉱

100. 유해·위험방지계획서 제출대상 공사의 규모 기준으로 옳지 않은 것은?

㉮ 최대지간길이가 50m 이상인 교량 건설 등 공사
㉯ 다목적댐, 발전용 댐 및 저수용량 2천만톤 이상의 용수 전용 댐, 지방상수도 전용 댐 건설 등의 공사
㉰ 깊이 12m 이상인 굴착공사
㉱ 터널건설 등의 공사

[해설] 유해위험방지계획서 작성 대상 건설공사

1. 다음 각 목의 어느 하나에 해당하는 건축물 또는 시설 등의 건설·개조 또는 해체공사
   가. 지상높이가 31미터 이상인 건축물 또는 인공구조물
   나. 연면적 3만제곱미터 이상인 건축물
   다. 연면적 5천제곱미터 이상인 시설로서 다음의 어느 하나에 해당하는 시설
      1) 문화 및 집회시설(전시장 및 동물원·식물원은 제외한다)
      2) 판매시설, 운수시설(고속철도의 역사 및 집배송시설은 제외한다)
      3) 종교시설
      4) 의료시설 중 종합병원
      5) 숙박시설 중 관광숙박시설
      6) 지하도상가
      7) 냉동·냉장 창고시설

2. 연면적 5천제곱미터 이상의 냉동·냉장창고 시설의 설비공사 및 단열공사
3. 최대 지간길이(다리의 기둥과 기둥의 중심사이의 거리)가 50미터 이상인 교량 건설 등 공사
4. 터널 건설 등의 공사
5. 다목적댐, 발전용댐, 저수용량 2천만톤 이상의 용수 전용 댐, 지방상수도 전용 댐 건설 등의 공사
6. 깊이 10미터 이상인 굴착공사

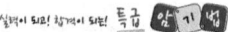

- 지상높이 31m, 연면적 3만m², 사람 많은 시설 연면적 5,000m²
- 연면적 5,000m² 냉동·냉장창고시설
- 최대 지간길이가 50미터 이상 교량
- 터널
- 저수용량 2천만 톤 이상 댐
- 10미터 이상인 굴착

{분석}
실기까지 중요한 내용입니다.

정답 100 ㉰

01회 2016년 산업안전 산업기사 최근 기출문제

제1과목 • 산업재해 예방 및 안전보건교육

01 연간 총 근로시간 중에 발생하는 근로손실일수를 1,000시간당 발생하는 근로손실일수로 나타내는 식은?

① 강도율
② 도수율
③ 연천인율
④ 종합재해지수

[해설] 강도율(S.R)
① 1,000 근로시간 당 근로손실일수 비율
② 강도율 = $\dfrac{\text{총 요양 근로 손실 일수}}{\text{연 근로시간 수}} \times 1,000$

{분석}
실기까지 중요한 내용입니다. 공식을 암기하세요.

02 재해원인을 직접원인과 간접원인으로 나눌 때, 직접원인에 해당하는 것은?

① 기술적 원인
② 관리적 원인
③ 교육적 원인
④ 물적 원인

[해설] 재해의 직접원인
① 인적원인(불안전한 행동)
② 물적원인(불안전한 상태)

[참고] 간접원인
① 기술적 원인
② 교육적 원인
③ 신체적 원인
④ 정신적 원인
⑤ 작업관리상 원인

{분석}
자주 출제되는 내용입니다. "참고"를 다시 확인하세요.

03 TBM(Tool Box Meeting)의 의미를 가장 잘 설명한 것은?

① 지시나 명령의 전달 회의
② 공구함을 준비한 후 작업하라는 뜻
③ 작업원 전원의 상호대화로 스스로 생각하고 납득하는 작업장 안전회의
④ 상사의 지시된 작업내용에 따른 공구를 하나하나 준비해야 한다는 뜻

[해설] T.B.M(Tool Box Meeting)
작업 전, 종료 시 5~10분간 작업자 3~5인이 조를 이뤄 작업 시 위험요소에 대하여 말하는 방식으로, 현장에서 그때그때의 상황에 맞게 실시하는 단시간 미팅 즉시 적응훈련을 말한다.

04 교육 대상자 수가 많고, 교육 대상자의 학습능력의 차이가 큰 경우 집단안전 교육방법으로서 가장 효과적인 방법은?

① 문답식 교육
② 토의식 교육
③ 시청각 교육
④ 상담식 교육

[해설] 시청각교육법
• 라디오·텔레비전·견학 등 다양한 시청각 교육 매체를 이용하여 학습자의 감각기관을 통해 학습효과를 높이기 위한 학습방법

정답 01 ① 02 ④ 03 ③ 04 ③

- 교육 대상자수가 많고 교육 대상자의 학습능력의 차가 큰 경우 집단안전교육 방법으로 가장 효과적이다.

05 일선 관리감독자들 대상으로 작업지도기법, 작업개선기법, 인간관계 관리기법 등을 교육하는 방법은?

① ATT(American Telephone & Telegram Co.)
② MTP(Management Training Program)
③ CCS(Civil Communication Section)
④ TWI(Training Within Industry)

해설 TWI(Training Within Industry) : 일선관리감독자 대상 교육

TWI 교육과정
① 작업 방법 기법 (Job Method Training : JMT)
② 작업 지도 기법 (Job instruction Training : JIT)
③ 인간 관계관리 기법 or 부하통솔법 (Job Relations Training : JRT)
④ 작업 안전 기법 (Job Safety Training : JST)

{분석} 자주 출제되는 내용입니다. "해설"을 다시 확인하세요.

06 교육훈련의 효과는 5관을 최대한 활용하여야 하는데 다음 중 효과가 가장 큰 것은?

① 청각 ② 시각
③ 촉각 ④ 후각

해설
구분	시각	청각	촉각	미각	후각
교육 효과	60%	20%	15%	3%	2%

07 산업안전보건법상 바탕은 흰색, 기본모형은 빨간색, 관련 부호 및 그림은 검은색을 사용하는 안전·보건 표지는?

① 안전복 착용
② 출입금지
③ 고온경고
④ 비상구

해설 바탕은 흰색, 기본모형은 빨간색, 관련 부호 및 그림은 검은색 → 금지표지
① 안전복착용 → 지시표지
② 출입금지 → 금지표지
③ 고온경고 → 경고표지
④ 비상구 → 안내표지

참고

분류	종류	색채
금지 표지	1. 출입금지 2. 보행금지 3. 차량통행금지 4. 사용금지 5. 탑승금지 6. 금연 7. 화기금지 8. 물체이동금지	바탕은 흰색, 기본모형은 빨간색, 관련 부호 및 그림은 검은색
경고 표지	1. 인화성물질 경고 2. 산화성물질 경고 3. 폭발성물질 경고 4. 급성독성물질 경고 5. 부식성물질 경고 6. 발암성·변이원성·생식독성·전신독성·호흡기과민성물질 경고	바탕은 무색, 기본모형은 빨간색 (검은색도 가능)
	7. 방사성물질 경고 8. 고압전기 경고 9. 매달린물체 경고 10. 낙하물 경고 11. 고온 경고 12. 저온 경고 13. 몸균형 상실 경고 14. 레이저광선 경고 15. 위험장소 경고	바탕은 노란색, 기본모형, 관련 부호 및 그림은 검은색

정답 05 ④ 06 ② 07 ②

분류	종류	색채
지시 표지	1. 보안경 착용 2. 방독마스크 착용 3. 방진마스크 착용 4. 보안면 착용 5. 안전모 착용 6. 귀마개 착용 7. 안전화 착용 8. 안전장갑 착용 9. 안전복착용	바탕은 파란색, 관련 그림은 흰색
안내 표지	1. 녹십자표지 2. 응급구호표지 3. 들것 4. 세안장치 5. 비상용기구 6. 비상구 7. 좌측비상구 8. 우측비상구	바탕은 흰색, 기본모형 및 관련 부호는 녹색, 바탕은 녹색, 관련 부호 및 그림은 흰색
출입 금지 표지	1. 허가대상유해물질 취급 2. 석면취급 및 해체·제거 3. 금지유해물질 취급	글자는 흰색바탕에 흑색 다음 글자는 적색 – ○○○제조 / 사용 / 보관 중 – 석면취급 / 해체 중 – 발암물질 취급 중

{분석}
실기에도 자주 출제되는 중요한 내용입니다.
"참고"를 다시 확인하세요.

08 성공적인 리더가 갖추어야 할 특성으로 가장 거리가 먼 것은?

① 강한 출세 욕구
② 강력한 조직 능력
③ 미래지향적 사고 능력
④ 상사에 대한 부정적인 태도

[해설] 부정적 태도는 성공적 리더의 조건이 되지 못한다.

09 산업안전보건법상 아세틸렌 용접장치 또는 가스집합 용접장치를 사용하여 행하는 금속의 용접·용단 또는 가열작업자에게 특별안전·보건교육을 시키고자 할 때의 교육 내용이 아닌 것은?

① 용접흄·분진 및 유해광선 등의 유해성에 관한 사항
② 작업방법·작업순서 및 응급처치에 관한 사항
③ 안전밸브의 취급 및 주의에 관한 사항
④ 안전기 및 보호구 취급에 관한 사항

[해설] 아세틸렌 용접장치 또는 가스집합 용접장치를 사용하는 금속의 용접·용단 또는 가열작업 시 특별안전교육 내용
• 용접 흄, 분진 및 유해광선 등의 유해성에 관한 사항
• 가스용접기, 압력조정기, 호스 및 취관두 등의 기기점검에 관한 사항
• 작업방법·순서 및 응급처치에 관한 사항
• 안전기 및 보호구 취급에 관한 사항
• 화재예방 및 초기대응에 관한 사항
• 그 밖에 안전·보건관리에 필요한 사항

10 다음 ( )안에 알맞은 것은?

> 사업주는 산업재해로 사망자가 발생하거나 ( )일 이상의 휴업이 필요한 부상을 입거나 질병에 걸린 사람이 발생한 경우 해당 산업재해가 발생한 날부터 1개월 이내에 산업재해조사표를 작성하여 관할 지방고용노동청장 또는 지청장에게 제출하여야 한다.

① 3 ② 4
③ 5 ④ 7

정답 08 ④ 09 ③ 10 ①

[해설] **산업재해 발생 보고**
사업주는 산업재해로 사망자가 발생, 3일 이상의 휴업이 필요한 부상 또는 질병에 걸린 자가 발생시 산업재해가 발생한 날부터 1개월 이내에 산업재해 조사표를 작성, 관할 지방고용노동관서장에게 제출하여야 한다.

{분석}
실기까지 중요한 내용입니다. 암기하세요.

11 안전관리에 관한 계획에서 실시에 이르기까지 모든 권한이 포괄적이며 하향적으로 행사되며, 전문 안전담당 부서가 없는 안전관리조직은?

① 직계식 조직
② 참모식 조직
③ 직계-참모식 조직
④ 안전보건 조직

[해설] 전문 안전담당 부서가 없는 안전관리조직 → 라인형(직계식 조직)

[참고] **라인형(Line) or 직계형** : 안전관리에 관한 계획, 실시, 평가에 이르기까지 안전관리의 모든 것을 생산조직을 통하여 행하는 관리 방식이다.
① 소규모 사업장(100명 이하 사업장)에 적용이 가능하다.
② 라인형 장점 : 명령 및 지시가 신속, 정확하다.
③ 라인형 단점
  • 안전정보가 불충분하다.
  • 라인에 과도한 책임이 부여 될 수 있다.
④ 생산과 안전을 동시에 지시하는 형태이다.

{분석}
실기까지 중요한 내용입니다. "참고"를 다시 확인하세요.

12 매슬로(A.H.Maslow)의 안전 욕구 5단계 이론에서 각 단계별 내용이 잘못 연결된 것은?

① 1단계 : 자아실현의 욕구
② 2단계 : 안전에 대한 욕구
③ 3단계 : 사회적 욕구
④ 4단계 : 존경에 대한 욕구

[해설] 매슬로(Maslow A. H.)의 욕구단계 이론(인간의 욕구 5단계)
① 제1단계(생리적 욕구) : 기아, 갈증, 호흡, 배설, 성욕 등 인간의 가장 기본적인 욕구
② 제2단계(안전 욕구) : 자기 보존 욕구
③ 제3단계(사회적 욕구) : 소속감과 애정 욕구
④ 제4단계(존경 욕구) : 인정받으려는 욕구
⑤ 제5단계(자아실현의 욕구) : 잠재적인 능력을 실현하고자 하는 욕구(성취 욕구)

{분석}
실기까지 중요한 내용입니다. 암기하세요.

13 피로의 예방과 회복대책에 대한 설명이 아닌 것은?

① 작업부하를 크게 할 것
② 정적 동작을 피할 것
③ 작업속도를 적절하게 할 것
④ 근로시간과 휴식을 적정하게 할 것

[해설] ① 작업부하를 크게 할수록 피로는 증가한다.

14 다음과 같은 착시현상에 해당하는 것은?

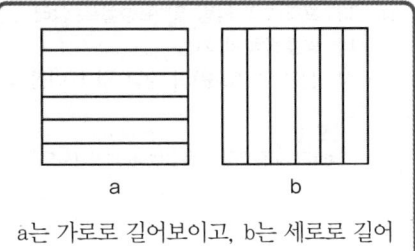

a는 가로로 길어보이고, b는 세로로 길어 보인다.

① 뮬러-라이어(Müller-Lyer)의 착시
② 헬흘츠(Helmholz)의 착시
③ 헤링(Hering)의 착시
④ 포겐도프(Poggendorf)의 착시

해설

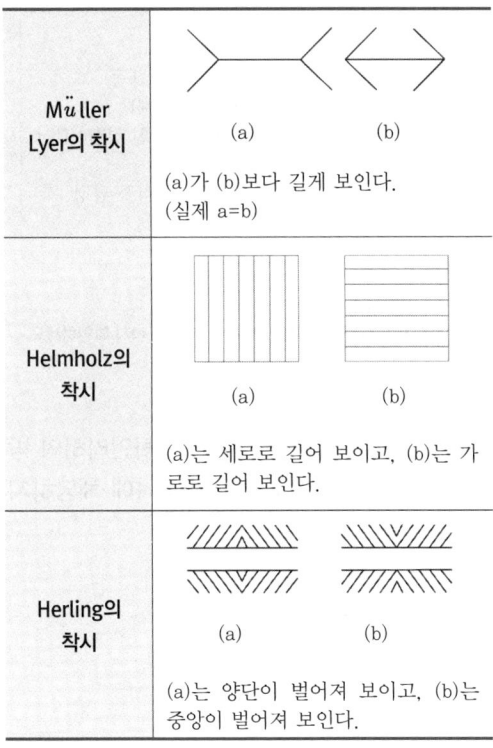

15 산업안전보건법상 중대재해에 해당하지 않는 것은?

① 추락으로 인하여 1명이 사망한 재해
② 건물의 붕괴로 인하여 15명의 부상자가 동시에 발생한 재해
③ 화재로 인하여 4개월의 요양이 필요한 부상자가 동시에 3명 발생한 재해
④ 근로환경으로 인하여 직업성 질병자가 동시에 5명이 발생한 재해

해설 중대재해

① 사망자가 1인 이상 발생한 재해
② 3개월 이상 요양을 요하는 부상자가 동시에 2인 이상 발생한 재해
③ 부상자 또는 직업성 질병자가 동시에 10인 이상 발생한 재해

{분석}
실기까지 중요한 내용입니다. 암기하세요.

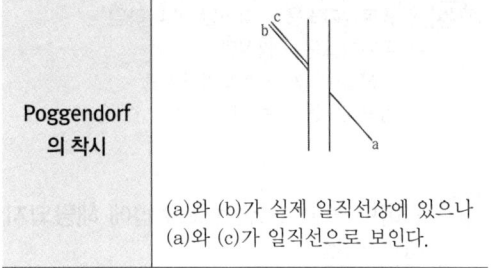

Poggendorf 의 착시

(a)와 (b)가 실제 일직선상에 있으나 (a)와 (c)가 일직선으로 보인다.

16 방독마스크의 흡수관의 종류와 사용조건이 옳게 연결된 것은?

① 보통가스용 - 산화금속
② 유기가스용 - 활성탄
③ 일산화탄소용 - 알칼리제제
④ 암모니아용 - 산화금속

정답 14 ② 15 ④ 16 ②

[해설] ① 할로겐가스용 – 활성탄, 소다라임
② 유기가스용 – 활성탄
③ 일산화탄소용 – 호프카라이트
④ 암모니아용 – 큐프라마이트

17 하버드 학파의 5단계 교수법에 해당되지 않는 것은?

① 교시(Presentation)
② 연합(Association)
③ 추론(Reasoning)
④ 총괄(Generalization)

[해설] 하버드학파의 교수법

1단계	준비시킨다.
2단계	교시시킨다.
3단계	연합한다.
4단계	총괄한다.
5단계	응용시킨다.

{분석} 필기에 자주 출제되는 내용입니다.

18 산업안전보건법상 프레스 작업 시 작업 시작 전 점검사항에 해당하지 않는 것은?

① 클러치 및 브레이크의 기능
② 매니퓰레이터(manipulator) 작동의 이상 유무
③ 프레스의 금형 및 고정볼트 상태
④ 1행정 1정지기구·급정지장치 및 비상정지 장치의 기능

[해설] "프레스 등을 사용하여 작업을 할 때"의 작업시작 전 점검내용
가. 클러치 및 브레이크의 기능
나. 크랭크축·플라이휠·슬라이드·연결봉 및 연결 나사의 풀림 여부
다. 1행정 1정지기구 · 급정지장치 및 비상정지장치의 기능
라. 슬라이드 또는 칼날에 의한 위험방지 기구의 기능
마. 프레스의 금형 및 고정볼트 상태
바. 방호장치의 기능
사. 전단기(剪斷機)의 칼날 및 테이블의 상태

{분석} 실기까지 중요한 내용입니다. 암기하세요.

19 레빈(Lewin)의 법칙 중 환경조건(E)의 의미하는 것은?

① 지능 ② 소질
③ 적성 ④ 인간관계

[해설] 레윈(K. Lewin)의 법칙 : 인간의 행동은 개체의 자질과 심리적 환경의 함수관계이다.

$$B = f(P \cdot E)$$

여기서, B : Behavior(인간의 행동)
f : function (함수관계)
P : Person(개체 : 연령, 경험, 심신 상태, 성격, 지능 등)
E : Environment(심리적 환경 : 인간관계, 작업환경 등)

{분석} 자주 출제되는 내용입니다. "해설"을 다시 확인하세요.

20 재해손실 코스트 방식 중 하인리히의 방식에 있어 1:4의 원칙 중 1에 해당하지 않는 것은?

① 재해예방을 위한 교육비
② 치료비
③ 재해자에게 지급된 급료
④ 재해보상 보험금

[해설] 하인리히의 총 재해비용 = 직접비 + 간접비
　　　　　　　　　　　　　(1 ： 4)

정답 17 ③ 18 ② 19 ④ 20 ①

직접비	간접비
• 치료비 • 휴업급여 • 요양급여 • 유족급여 • 장해급여 • 간병급여 • 직업재활급여 • 상병(傷病)보상연금 • 장의비 등	• 인적 손실비 • 물적 손실비 • 생산 손실비 • 기계·기구 손실비 등

{분석}
자주 출제되는 내용입니다. "해설"을 다시 확인하세요.

제2과목 • 인간공학 및 위험성 평가·관리

21 음량 수준이 50phon일 때 sone 값은?

① 2 ② 5
③ 10 ④ 100

[해설]
$$S(\text{sone}) = 2^{\frac{(p-40)}{10}}$$
(단, P = phone)

$$S(sone) = 2^{\frac{(50-40)}{10}} = 2^1 = 2$$

22 청각적 표시장치 지침에 관한 설명으로 틀린 것은?

① 신호는 최소한 0.5~1초 동안 지속한다.
② 신호는 배경소음과 다른 주파수를 이용한다.
③ 소음은 양쪽 귀에, 신호는 한쪽 귀에 들리게 한다.
④ 300m 이상 멀리 보내는 신호는 2,000Hz 이상의 주파수를 사용한다.

[해설] ④ 300m 이상 멀리 보내는 신호는 1,000Hz 이하의 주파수를 사용한다.

{분석}
필기에 자주 출제되는 내용입니다.

23 인체측정치를 이용한 설계에 관한 설명으로 옳은 것은?

① 평균치를 기준으로 한 설계를 제일 먼저 고려한다.
② 자세와 동작에 따라 고려해야 할 인체측정 치수가 달라진다.
③ 의자의 깊이와 너비는 작은 사람을 기준으로 설계한다.
④ 큰 사람을 기준으로 한 설계는 인체측정치의 5% tile을 사용한다.

[해설] ① 조절식 설계를 제일 먼저 고려한다.
③ 의자 좌판의 폭은 큰사람에게 맞도록 설계하고, 깊이는 작은 사람에게 맞도록 설계한다.
④ 최대집단치 설계는 인체측정치의 95% 이상의 최대치를 적용하며, 최소집단치 설계는 5% 이하의 최소치를 적용하여 설계한다.

{분석}
필기에 자주 출제되는 내용입니다.

24 인간-기계 시스템 설계 과정의 주요 6단계를 올바른 순서로 나열한 것은?

ⓐ 기본 설계
ⓑ 시스템 정의
ⓒ 목표 및 성능 명세 결정
ⓓ 인간-기계 인터페이스(human-machine interface) 설계
ⓔ 매뉴얼 및 성능보조자료 작성
ⓕ 시험 및 평가

① ⓒ → ⓑ → ⓐ → ⓓ → ⓔ → ⓕ
② ⓐ → ⓑ → ⓒ → ⓓ → ⓔ → ⓕ
③ ⓑ → ⓒ → ⓐ → ⓔ → ⓓ → ⓕ
④ ⓒ → ⓐ → ⓑ → ⓔ → ⓓ → ⓕ

정답 21 ① 22 ④ 23 ② 24 ①

[해설] 체계설계의 주요과정
① 목표 및 성능명세 결정
② 체계의 정의
③ 기본 설계
  • 작업설계
  • 직무분석
  • 기능할당
④ 계면 설계(인간 – 기계 인터페이스설계)
⑤ 촉진물 설계(매뉴얼 및 성능보조자료 작성)
⑥ 시험 및 평가

25 동전던지기에 앞면이 나올 확률이 0.7이고, 뒷면이 나올 확률이 0.3일 때, 앞면이 나올 사건의 정보량(A)과 뒷면이 나올 사건의 정보량(B)은 각각 얼마인가?

① A : 0.88bit, B : 1.74bit
② A : 0.51bit, B : 1.74bit
③ A : 0.88bit, B : 2.25bit
④ A : 0.51bit, B : 2.25bit

[해설]
$$정보량(H) = \log_2 \frac{1}{P}$$
여기서, P_i : 각 대안의 실현확률

$A = \log_2 \frac{1}{0.7} = 0.515$

$B = \log_2 \frac{1}{0.3} = 1.737$

26 고온 작업자의 고온 스트레스로 인해 발생하는 생리적 영향이 아닌 것은?

① 피부와 직장 온도의 상승
② 발한(sweating)의 증가
③ 심박출량(cardiac output)의 증가
④ 근육에서의 젖산 감소로 인한 근육통과 근육 피로 증가

[해설] ④ 젖산은 피로물질로 근육에서 젖산이 증가하여 근육통과 근육피로가 증가한다.

27 FMEA의 위험성 분류 중 "카테고리 2"에 해당되는 것은?

① 영향 없음
② 활동의 지연
③ 사명 수행의 실패
④ 생명 또는 가옥의 상실

[해설] FMEA의 위험성 분류
• category 1 : 생명 또는 가옥의 상실
• category 2 : 임무 수행의 실패
• category 3 : 활동의 지연
• category 4 : 손실과 영향 없음

{분석} 필기에 자주 출제되는 내용입니다.

28 다음 중 일반적으로 가장 신뢰도가 높은 시스템의 구조는?

① 직렬연결구조
② 병렬연결구조
③ 단일부품구조
④ 직·병렬 혼합구조

[해설] 병렬구조는 요소 중 하나라도 정상이면 전체 시스템은 정상가동한다. → 신뢰도가 가장 높다.

[참고] 직렬구조
• 요소 중 하나가 고장이면 전체 시스템은 고장이다.
• 전체 시스템의 수명은 요소 중 가장 짧은 것으로 결정된다.

{분석} 필기에 자주 출제되는 내용입니다.

정답 25 ② 26 ④ 27 ③ 28 ②

29 중량물을 반복적으로 드는 작업의 부하를 평가하기 위한 방법이 NIOSH 들기지수를 적용할 때 고려되지 않는 항목은?

① 들기빈도
② 수평이동거리
③ 손잡이 조건
④ 허리 비틀림

[해설]

$$RWL(kg) = 23 \times HM \times VM \times DM \times AM \times FM \times CM$$

계수	계수 방법
HM	수평 계수(Horizontal Multiplier)
VM	수직 계수(Vertical Multiplier)
DM	거리 계수(Distance Multiplier)
AM	비대칭 계수(Asymmetric Multiplier)
FM	빈도 계수(Frequency Multiplier)
CM	커플링 계수(Coupling Multiplier)

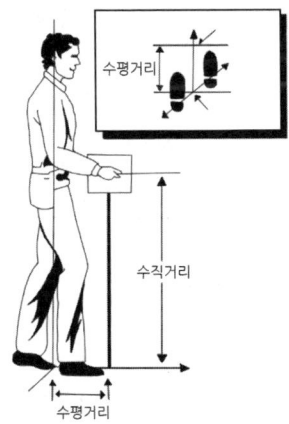

NIOSH 들기지수를 적용할 때는 몸의 중심에서 물체중심까지의 수평거리를 고려한다. 수평으로 이동한 거리가 아니다.

[참고] 커플링 계수(Coupling Multiplier)
물체를 들 때에 미끄러지거나 떨어뜨리지 않도록 손잡이 등이 좋은지를 권장 무게 한계에 반영한 것이다.

30 작업자가 소음 작업환경에 장기간 노출되어 소음성 난청이 발병하였다면 일반적으로 청력 손실이 가장 크게 나타나는 주파수는?

① 1,000Hz
② 2,000Hz
③ 4,000Hz
④ 6,000Hz

[해설] 초기 청력 손실은 4,000Hz에서 가장 크게 나타난다.

31 다음 중 시스템 안정성 평가의 순서를 가장 올바르게 나열한 것은?

① 자료의 정리 → 정량적 평가 → 정성적 평가 → 대책 수립 → 재평가
② 자료의 정리 → 정성적 평가 → 정량적 평가 → 재평가 → 대책 수립
③ 자료의 정리 → 정량적 평가 → 정성적 평가 → 재평가 → 대책 수립
④ 자료의 정리 → 정성적 평가 → 정량적 평가 → 대책 수립 → 재평가

[해설] 안전성 평가 6단계
① 1단계 : 관계자료의 정비검토(작성준비)
② 2단계 : 정성적인 평가
③ 3단계 : 정량적인 평가
④ 4단계 : 안전대책 수립
⑤ 5단계 : 재해사례에 의한 평가
⑥ 6단계 : FTA에 의한 재평가

{분석}
필기에 자주 출제되는 내용입니다.

정답 29 ② 30 ③ 31 ④

32 결함수분석법에 있어 정상사상(top event)이 발생하지 않게 하는 기본사상들의 집합을 무엇이라고 하는가?

① 컷셋(cut set)
② 페일셋(fail set)
③ 트루셋(truth set)
④ 패스셋(path set)

[해설]
1. 컷셋(Cut Set) : 정상사상을 발생시키는 기본사상의 집합
2. 패스셋(Path Set) : 시스템의 고장(정상사상)을 일으키지 않는 기본사상들의 집합

{분석}
필기에 자주 출제되는 내용입니다.

33 FT도에 사용되는 논리기호 중 AND 게이트에 해당하는 것은?

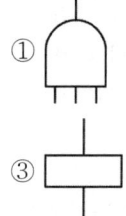

[해설]
① AND 게이트
② OR게이트
③ 결함사상
④ 통상사상

[참고]

기호	명명	기호 설명
○	기본사상	더 이상 전개할 수 없는 사건의 원인
◇	생략사상	관련정보가 미비하여 계속 개발될 수 없는 특정 초기 사상
⌂	통상사상	발생이 예상되는 사상

기호	명명	기호 설명
□	결함사상 (정상사상, 중간사상)	한 개 이상의 입력에 의해 발생된 고장사상
OR게이트 형	OR게이트	한 개 이상의 입력이 발생하면 출력사상이 발생하는 논리게이트
AND게이트 형	AND게이트	입력사상이 전부 발생하는 경우에만 출력사상이 발생하는 논리게이트
또는 동시발생	배타적 OR게이트	입력사상 중 오직 한 개의 발생으로만 출력사상이 생성되는 논리게이트
또는 Ai,Aj,Ak 순으로	우선적 AND게이트	입력사상이 특정 순서대로 발생한 경우에만 출력사상이 발생하는 논리게이트
2개의 출력 Ai Aj Ak	조합 AND게이트	3개 이상의 입력 중 2개가 일어나면 출력이 생긴다.
△	전이기호	다른 부분에 있는 게이트와의 연결 관계를 나타내기 위한 기호

{분석}
필기에 자주 출제되는 내용입니다.

34 조정반응비율(C/R비)에 관한 설명으로 틀린 것은?

① 조종장치와 표시장치의 물리적 크기와 성질에 따라 달라진다.
② 표시장치의 이동거리를 조종장치의 이동거리로 나눈다.

정답 32 ④ 33 ① 34 ②

③ 조종반응비율이 낮다는 것은 민감도가 높다는 의미이다.
④ 최적의 조종반응비율은 조종장치의 조종시간과 표시장치의 이동시간이 교차하는 값이다.

[해설] **통제표시비(C/R비)** : 통제기기와 시각적 표시장치의 관계를 나타내며, 연속 조종장치에만 적용된다.

① C/R 비 $= \dfrac{X}{Y}$
X : 통제기기의 변위량(cm)
Y : 표시계기 지침의 변위량(cm)

② C/R 비 $= \dfrac{\frac{a}{360} \times 2\pi L}{Y}$
a : 조종장치의 움직인 각도
L : 조종장치의 반경

{분석} 필기에 자주 출제되는 내용입니다.

35 페일 세이프(fail-safe)의 원리에 해당되지 않는 것은?

① 교대 구조
② 다경로하중 구조
③ 배타설계 구조
④ 하중경감 구조

[해설] **페일 세이프(fail-safe)의 원리**
① 교대 구조
② 다경로하중 구조
③ 하중경감 구조

36 옥내 조명에서 최적 반사율의 크기가 작은 것부터 큰 순서대로 나열된 것은?

① 벽 < 천장 < 가구 < 바닥
② 바닥 < 가구 < 천장 < 벽
③ 가구 < 바닥 < 천장 < 벽
④ 바닥 < 가구 < 벽 < 천장

[해설] **옥내 최적 반사율**
(천장 : 바닥 반사율 = 3 : 1 이상 유지)
• 천장 > 벽 > 가구 > 바닥
• 옥내의 반사율은 천정으로 올라갈수록 높고 바닥으로 내려갈수록 낮아져야 한다.

{분석} 필기에 자주 출제되는 내용입니다.

37 관측하고자 하는 측정값을 가장 정확하게 읽을 수 있는 표시장치는?

① 계수형
② 동침형
③ 동목형
④ 묘사형

[해설] **정량적 표시장치**
① 정목동침형 : 눈금은 고정, 지침이 움직이는 형태
② 정침동목형 : 지침은 고정, 눈금이 움직이는 형태
③ 계수형 : 전력계, 택시요금 계기와 같이 숫자가 정확히 표시되는 형태

{분석} 필기에 자주 출제되는 내용입니다.

38 그림의 FT도에서 최소 컷셋(minimal cut set)으로 옳은 것은?

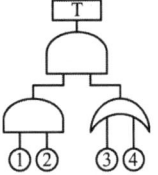

① {1, 2, 3, 4}
② {1, 2, 3}, {1, 2, 4}
③ {1, 3, 4}, {2, 3, 4}
④ {1, 3}, {1, 4}, {2, 3}, {2, 4}

[해설] $T = (①②)\binom{③}{④}$
$= (①②③)(①②④)$

정답 35 ③ 36 ④ 37 ① 38 ②

컷셋 : (①②③), (①②④)
미니멀 컷 : (①②③) 또는 (①②④)

{분석}
필기에 자주 출제되는 내용입니다.

39 설비의 보전과 가동에 있어 시스템의 고장과 고장 사이의 시간 간격을 의미하는 용어는?

① MTTR
② MDT
③ MTBF
④ MTBR

[해설] MTBF(평균고장간격) : 수리 가능한 제품에서 고장~다음 고장까지 시간의 평균치

[참고]
1. MTTF(고장까지의 평균시간) : 수리가 불가능한 제품에서 처음 고장날 때까지의 시간
2. MTTR : 평균 수리에 소요되는 시간

{분석}
필기에 자주 출제되는 내용입니다.

40 에너지대사율(Relative Metabolic Rate)에 관한 설명으로 틀린 것은?

① 작업대사량은 작업 시 소비에너지와 안정 시 소비에너지의 차로 나타낸다.
② RMR은 작업대사량을 기초대사량으로 나눈 값이다.
③ 산소소비량을 측정할 때 더글라스백(Douglas bag)을 이용한다.
④ 기초대사량은 의자에 앉아서 호흡하는 동안에 측정한 산소소비량으로 구한다.

[해설] 작업 시의 소비에너지는 작업 중에 소비한 산소의 소모량으로 측정하며, 안정 시의 소비에너지는 의자에 앉아서 호흡하는 동안에 소비한 산소의 소모량으로 측정한다.

[참고] 에너지 대사율(RMR)

$$RMR = \frac{노동대사량(작업대사량)}{기초대사량}$$
$$= \frac{작업시의 소비\,energy - 안정시 소비\,energy}{기초대사량}$$

제3과목 : 기계 · 기구 및 설비 안전 관리

41 운전자가 서서 조작하는 방식의 지게차의 경우 운전석의 바닥면에서 헤드가드의 상부 틀의 하면까지의 높이가 몇 m 이상이 되어야 하는가?

① 0.3
② 0.5
③ 1.0
④ 1.88

[해설] 헤드가드
① 상부 틀의 각 개구의 폭 또는 길이는 16센티미터 미만일 것
② 운전자가 앉아서 조작하거나 서서 조작하는 지게차의 헤드가드는 한국산업표준에서 정하는 높이 기준 이상일 것
(좌식 : 0.903m, 입식 : 1.88m)

{분석}
실기까지 중요한 내용입니다. "해설"을 다시 확인하세요.

42 프레스에 적용되는 방호장치의 유형이 아닌 것은?

① 접근거부형
② 접근반응형
③ 위치제한형
④ 포집형

정답 39 ③ 40 ④ 41 ④ 42 ④

해설

위치 제한형 방호장치	• 작업자의 신체 부위가 위험한계 밖에 있도록 기계의 조작장치를 위험한 작업점에서 안전거리 이상 떨어지게 하거나 조작장치를 양손으로 동시 조작하게 함으로써 위험한계에 접근하는 것을 제한하는 방호장치 • 예 프레스의 양수조작식 방호장치
접근 거부형 방호장치	• 작업자의 신체부위가 위험한계 내로 접근하였을 때 기계적인 작용에 의하여 접근을 못하도록 저지하는 방호장치 • 예 프레스의 수인식, 손쳐내기식 방호장치
접근 반응형 방호장치	• 작업자의 신체부위가 위험한계 또는 그 인접한 거리내로 들어오면 이를 감지하여 그 즉시 기계의 동작을 정지시키고 경보 등을 발하는 방호장치 • 예 프레스의 광전자식 방호장치

참고

포집형 방호장치	• 위험장소에 설치하여 위험원이 비산하거나 튀는 것을 포집하여 작업자로부터 위험원을 차단하는 방호장치 • 예 목재가공용 둥근톱의 반발예방장치, 연삭기의 덮개 등

43 롤러기 방호장치의 무부하 동작시험 시 앞면 롤러의 지름이 150mm이고, 회전수가 30rpm인 롤러기의 급정지거리는 몇 mm 이내 이어야 하는가?

① 157 ② 188
③ 207 ④ 237

해설 앞면 롤러의 표면속도에 따른 급정지거리

앞면 롤러의 표면속도(m/min)	급정지 거리
30 미만	앞면 롤러 원주의 1/3 이내 $\left(\pi \times d \times \dfrac{1}{3}\right)$
30 이상	앞면 롤러 원주의 1/2.5 이내 $\left(\pi \times d \times \dfrac{1}{2.5}\right)$

이때 표면속도의 산식은

$$V = \frac{\pi \times D \times N}{1,000} \text{(m/min)}$$

여기서 V : 표면속도
D : 롤러 원통의 직경(mm)
N : 1분간에 롤러기가 회전되는 수 (rpm)

1. 표면속도

$$V = \frac{\pi \times 150 \times 30}{1,000} = 14.14 \text{(m/min)}$$

2. 속도가 30 미만이므로

$$\text{급정지거리} = \pi \times d \times \frac{1}{3}$$
$$= \pi \times 150 \times \frac{1}{3} = 157.08 \text{mm}$$

44 기계나 그 부품에 고장이나 기능 불량이 생겨도 항상 안전하게 작동하는 안전화 대책은?

① 진단
② 예방정비
③ 페일 세이프(fail safe)
④ 풀 프루프(fool proof)

해설 기계나 그 부품에 고장이나 기능 불량이 생겨도 항상 안전하게 작동 → 페일 세이프(fail safe)

참고 풀 프루프(fool proof) 기능 가질 것 : 작업자의 실수가 있더라도 사고로 연결되지 않도록 2중, 3중 통제를 한다.

정답 43 ① 44 ③

45 아세틸렌 용접장치의 발생기실을 옥외에 설치하는 경우에는 그 개구부는 다른 건축물로부터 몇 m 이상 떨어져야 하는가?

① 1 ② 1.5
③ 2.5 ④ 3

[해설] 발생기실을 옥외에 설치한 경우에는 그 개구부를 다른 건축물로부터 1.5미터 이상 떨어지도록 하여야 한다.

46 위험한 작업점과 작업자 사이에 서로 접근되어 일어날 수 있는 재해를 방지하는 격리형 방호장치가 아닌 것은?

① 완전 차단형 방호장치
② 덮개형 방호장치
③ 안전 방책
④ 양수조작식 방호장치

[해설] 격리형 방호장치
- 위험한 작업점과 작업자 사이에 서로 접근되어 일어날 수 있는 재해를 방지하기 위해 차단벽이나 망을 설치하는 방호장치
- 예 : 완전 차단형 방호장치, 덮개형 방호장치, 방책 등

47 밀링머신(milling machine)의 작업 시 안전수칙에 대한 설명으로 틀린 것은?

① 커터의 교환 시는 테이블 위에 목재를 받쳐 놓는다.
② 강력절삭 시에는 일감을 바이스에 깊게 물린다.
③ 작업 중 면장갑은 끼지 않는다.
④ 커터는 가능한 칼럼(column)으로부터 멀리 설치한다.

[해설] ④ 커터는 가능한 칼럼(밀링의 몸통)으로부터 가깝게 설치한다.

48 공기압축기의 작업시작 전 점검사항이 아닌 것은?

① 윤활유의 상태
② 언로드 밸브의 기능
③ 비상정지장치의 기능
④ 압력방출장치의 기능

[해설] 공기압축기 작업시작 전 점검사항
① 공기저장 압력용기의 외관상태
② 드레인 밸브의 조작 및 배수
③ 압력방출장치의 기능
④ 언로드 밸브의 기능
⑤ 윤활유의 상태
⑥ 회전부의 덮개 또는 울
⑦ 그 밖의 연결 부위의 이상 유무

{분석}
실기에도 자주 출제되는 중요한 내용입니다. 암기하세요.

49 불순물이 포함된 물을 보일러 수로 사용하여 보일러의 관 벽과 드럼 내면에 발생한 관석(Scale)으로 인한 영향이 아닌 것은?

① 과열
② 불완전 연소
③ 보일러의 효율 저하
④ 보일러 수의 순환 저하

[해설] 보일러의 관석(Scale)의 영향
① 과열
② 효율 저하
③ 보일러 수의 순환 저하

정답 45 ② 46 ④ 47 ④ 48 ③ 49 ②

50 프레스 광전자식 방호장치의 광선에 신체의 일부가 감지된 후로부터 급정지기구 작동 시까지의 시간이 30ms이고, 급정지기구의 작동 직후로부터 프레스기가 정지될 때까지의 시간이 20ms라면 광축의 최소 설치거리는?

① 75mm ② 80mm
③ 100mm ④ 150mm

[해설] 광전자식 안전장치의 안전거리

> 안전거리 D(mm) = 1600 × (Tc + Ts)
>
> Tc : 방호장치의 작동시간[즉 누름버튼으로부터 한 손이 떨어졌을 때부터 급정지기구가 작동을 개시할 때까지의 시간(초)]
> Ts : 프레스의 급정지시간[즉 급정지기구가 작동을 개시했을 때부터 슬라이드가 정지할 때까지의 시간(초)]

$D = 1600 \times (\frac{30}{1000} + \frac{20}{1000}) = 80mm$

• $1ms = \frac{1}{1000}s$

{분석} 실기에도 자주 출제되는 중요한 내용입니다.

51 프레스 방호장치의 공통일반구조에 대한 설명으로 틀린 것은?

① 방호장치의 표면은 벗겨짐 현상이 없어야 하며, 날카로운 모서리 등이 없어야 한다.
② 위험기계·기구 등에 장착이 용이하고 견고하게 고정될 수 있어야 한다.
③ 외부충격으로부터 방호장치의 성능이 유지될 수 있도록 보호덮개가 설치되어야 한다.
④ 각종 스위치, 표시램프는 돌출형으로 쉽게 근로자가 볼 수 있는 곳에 설치해야 한다.

[해설] ④ 각종 스위치, 표시 램프는 매립형으로 쉽게 근로자가 볼 수 있는 곳에 설치해야 한다.

52 소성가공의 종류가 아닌 것은?

① 단조 ② 압연
③ 인발 ④ 연삭

[해설] ④ 연삭은 숫돌 등으로 물체의 표면을 갈아 마무리하는 가공법으로 소성가공에 해당하지 않는다.

[참고] 소성가공
물체에 힘을 가해서 재료를 영구 변형시켜 여러 가지 모양으로 만드는 가공법

53 풀 프루프(fool proof)에 해당되지 않는 것은?

① 각종 기구의 인터록 기구
② 크레인의 권과방지장치
③ 카메라의 이중 촬영 방지기구
④ 항공기의 엔진

[해설] ④ 항공기의 엔진은 기계, 설비가 고장 나더라도 사고로 연결되지 않도록 통제하는 페일세이프에 해당한다.

54 산업안전보건법상 양중기가 아닌 것은?

① 곤돌라
② 이동식 크레인
③ 적재하중이 0.05톤인 이삿짐 운반용 리프트
④ 최대하중이 0.2톤인 승강기

[해설] 양중기의 종류
① 크레인[호이스트(hoist)를 포함]
② 이동식 크레인
③ 리프트(이삿짐운반용 리프트의 경우에는 적재하중이 0.1톤 이상인 것으로 한정)
④ 곤돌라
⑤ 승강기

{분석} 실기에도 자주 출제되는 중요한 내용입니다. 암기하세요.

정답 50 ② 51 ④ 52 ④ 53 ④ 54 ③

55 컨베이어의 종류가 아닌 것은?

① 체인 컨베이어
② 스크류 컨베이어
③ 슬라이딩 컨베이어
④ 유체 컨베이어

[해설] 컨베이어의 종류
① 벨트 컨베이어(belt conveyor)
② 체인 컨베이어(chain conveyor)
③ 스크류 컨베이어(screw conveyor)
④ 버킷 컨베이어(bucket conveyor)
⑤ 롤러 컨베이어(roller conveyor)
⑥ 슬랫 컨베이어(slat conveyor)
⑦ 플라이트 컨베이어(flight conveyor)
⑧ 트롤리 컨베이어(trolley conveyor)

[참고] 유체 컨베이어 : 물의 흐름을 이용하여 자갈·석탄·광석 등 비교적 알이 굵은 고체를 이송하는 장치

56 그림과 같은 지게차에서 W를 화물중량, G를 지게차 자체 중량, a를 앞바퀴 중심부터 화물의 중심까지의 최단거리, b를 앞바퀴 중심에서 지게차의 중심까지의 최단거리라고 할 때 지게차 안정조건은?

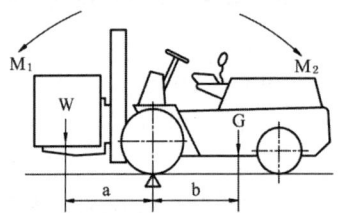

① $W \cdot a < G \cdot b$
② $W - 1 < G \cdot \dfrac{b}{a}$
③ $W \cdot a < G \cdot (b-1)$
④ $W > G \cdot \dfrac{b}{a}$

[해설] 지게차 안전조건

$$W \times a < G \times b$$

여기서 W : 화물중량
a : 앞바퀴~화물중심까지 거리
G : 지게차 자체 중량
b : 앞바퀴~차 중심까지 거리

{분석} 실기까지 중요한 내용입니다.

57 기계설비의 안전조건에서 구조적 안전화로 틀린 것은?

① 가공결함
② 재료의 결함
③ 설계상의 결함
④ 안전블록

[해설] 구조부분 안전화(구조부분 강도적 안전화)
① 설계상의 결함 방지
② 재료의 결함 방지
③ 가공 결함 방지

58 프레스 금형의 설치 및 조정 시 슬라이드 불시하강을 방지하기 위하여 설치해야 하는 것은?

① 인터록
② 클러치
③ 게이트 가드
④ 안전블럭

[해설] 금형을 부착, 해체, 조정 작업할 때 신체 일부가 위험점 내에서 슬라이드 불시 하강으로 인한 위험을 방지할 목적으로 안전블럭을 설치한다.(금형 수리작업은 해당되지 않는다.)

{분석} 실기까지 중요한 내용입니다.

정답 55 ③ 56 ① 57 ④ 58 ④

59 연삭기 덮개에 관한 설명으로 틀린 것은?

① 탁상용 연삭기의 워크레스트는 연삭숫돌과의 간격을 3mm 이하로 조정할 수 있는 구조이어야 한다.
② 연삭숫돌의 상부를 사용하는 것을 목적으로 하는 탁상용 연삭기의 덮개의 노출 각도는 90° 이내로 제한하고 있다.
③ 덮개의 두께는 연삭숫돌의 최고사용속도, 연삭숫돌의 두께 및 직경에 따라 달라진다.
④ 덮개 재료는 인장강도 274.5MPa 이상이고 신장도가 14% 이상이어야 한다.

[해설] ② 연삭숫돌의 상부를 사용하는 것을 목적으로 하는 탁상용 연삭기의 덮개의 노출 각도는 60° 이내로 제한하고 있다.

60 연강의 인장강도가 420MPa이고, 허용응력이 140MPa이라면, 안전율은?

① 0.3
② 0.4
③ 3
④ 4

[해설] 안전율 = $\dfrac{\text{인장강도}}{\text{허용응력}} = \dfrac{420}{140} = 3$

{분석} 실기까지 중요한 내용입니다.

제4과목 · 전기 및 화학설비 안전 관리

61 사용전압이 500(V) 이하인 전로의 절연저항 기준으로 옳은 것은?

㉮ 0.5MΩ 이상
㉯ 1.0MΩ 이상
㉰ 0.25MΩ 이상
㉱ 0.1MΩ 이상

[해설] 전로의 절연저항

전로의 사용전압(V)	DC 시험전압(V)	절연저항 (MΩ)
SELV(비접지회로) 및 PELV(접지회로)	250	0.5
FELV(1차와 2차가 전기적으로 절연되지 않은 회로), 500(V) 이하	500	1.0
500(V) 초과	1,000	1.0

* 특별저압(extra low voltage : 2차 전압이 AC 50V, DC 120V 이하)으로 SELV(비접지회로 구성) 및 PELV(접지회로 구성)은 1차와 2차가 전기적으로 절연된 회로, FELV는 1차와 2차가 전기적으로 절연되지 않은 회로

{분석} 관련 법령의 변경으로 문제의 일부를 수정하였습니다.

62 저항 값이 0.1Ω인 도체에 10A 전류가 1분간 흘렀을 경우 발생하는 열량은 몇 cal인가?

① 124   ② 144
③ 166   ④ 250

정답 59 ② 60 ③ 61 ② 62 ②

[해설]

$$Q = I^2 \times R \times T$$

여기서 Q : 전기발생열(에너지)(J)
I : 전류(A)
R : 전기저항(Ω)
T : 통전시간(S)

$Q = I^2 \times R \times T = 10^2 \times 0.1 \times 60 = 600J \times 0.24$
$= 144cal$ (1분 = 60초, 1J = 0.24cal)

{분석}
실기까지 중요한 내용입니다.

63 전류밀도, 통전전류, 접촉면적과 피부저항과의 관계를 올바르게 설명한 것은?

① 전류밀도와 통전전류는 반비례 관계이다.
② 통전전류와 접촉면적에 관계없이 피부저항은 항상 일정하다.
③ 같은 크기의 통전전류가 흘러도 접촉면적이 커지면 전류밀도는 커진다.
④ 같은 크기의 통전전류가 흘러도 접촉면적이 커지면 피부저항은 작게 된다.

[해설] 같은 크기의 통전전류가 흘러도 접촉면적이 커지면 피부저항은 작게 되어 감전되기 쉽다.

64 다음과 같은 특성이 있으며 제한전압이 낮기 때문에 접지저항을 낮게 하기 어려운 배전선로에 적합한 피뢰기는?

> 피뢰기의 특성요소가 화이버관으로 되어 있고 방전은 직렬 갭을 통하여 화이버관 내부의 상부와 하부 전극 간에서 행하여지며, 속류차단은 화이버관 내부 벽면에서 아크열에 의한 화이버질의 분해로 발생하는 고압가스의 소호작용에 의한다.

① 변형 피뢰기
② 방출형 피뢰기
③ 갭레스형 피뢰기
④ 변저항형 피뢰기

[해설] 특성요소가 화이버관으로 되어 있고 방전은 직렬 갭을 통하여 이루어 짐 → 방출형 피뢰기

65 전기불꽃이나 과열에 대해서 회로특성상 폭발의 위험을 방지할 수 있는 방폭구조는?

① 내압 방폭구조
② 유입 방폭구조
③ 안전증 방폭구조
④ 변저항형 방폭구조

[해설] 전기불꽃이나 과열에 대해서 회로특성상 폭발의 위험을 방지할 수 있는 구조 → 전기적, 기계적, 구조적으로 온도상승에 대해 안전도를 증가시킨 구조 → 안전증 방폭구조

[참고] 1. 내압 방폭구조(d) : 전기설비를 전폐용기에 넣고 용기 내부에 폭발이 일어날 경우에 용기가 폭발 압력에 견뎌 외부의 폭발성 가스에 인화될 위험이 없도록 한 방폭구조
2. 유입 방폭구조(o) : 용기 내부에 보호액을 채워 외부의 폭발성 가스에 접촉시 점화의 우려가 없도록 한 방폭구조

{분석}
실기까지 중요한 내용입니다.
"참고"를 다시 확인하세요.

정답 63 ④ 64 ② 65 ③

66 사람이 전기에 접촉하는 경우에는 접촉하는 상태에 따라 인체 저항과 통전전류가 달라지므로 인체의 접촉상태에 따라 접촉전압을 제한할 필요가 있다. 다음의 경우 일반 허용접촉전압으로 옳은 것은?

- 인체가 현저히 젖어 있는 상태
- 금속성의 전기기계장치나 구조물에 인체의 일부가 상시 접촉되어 있는 상태

① 2.5V 이하   ② 25V 이하
③ 50V 이하   ④ 제한 없음

해설 허용접촉전압

종별	접촉 상태	허용 접촉 전압
제1종	• 인체의 대부분이 수중에 있는 상태	2.5V 이하
제2종	• 인체가 현저히 젖어 있는 상태 • 금속성의 전기·기계장치나 구조물에 인체의 일부가 상시 접촉되어 있는 상태	25V 이하
제3종	• 제1종, 제2종 이외의 경우로서 통상의 인체 상태 있어서 접촉 전압이 가해지면 위험성이 높은 상태	50V 이하
제4종	• 제1종, 제2종 이외의 경우로서 통상의 인체 상태에 접촉 전압이 가해지더라도 위험성이 낮은 상태 • 접촉 전압이 가해질 우려가 없는 경우	제한 없음

{분석} 실기까지 중요한 내용입니다. 암기하세요.

67 정전기 방전의 종류 중 부도체의 표면을 따라서 star-check 마크를 가지는 나뭇가지 형태의 발광을 수반하는 것은?

① 기중방전
② 불꽃방전
③ 연면방전
④ 고압방전

해설 부도체의 표면을 따라 발광을 수반 → 연면방전

68 인화성 액체의 증기 또는 가연성 가스에 의한 가스폭발 위험장소의 분류에 해당되지 않는 것은?

① 0종 장소   ② 1종 장소
③ 2종 장소   ④ 3종 장소

해설 가스폭발 위험장소
① 0종 장소
② 1종 장소
③ 2종 장소

{분석} 실기까지 중요한 내용입니다. 암기하세요.

69 전기기계·기구의 누전에 의한 감전위험을 방지하기 위하여 해당 전로에는 정격에 적합하고 감도가 양호한 감전방지용 누전차단기를 설치하여야 한다. 이 누전차단기의 기준은 정격감도 전류가 30mA 이하이고 작동시간은 몇 초 이내이어야 하는가? (단, 정격부하전류가 50A 미만의 전기기계·기구에 접속되는 누전 차단기이다.)

① 0.03초   ② 0.1초
③ 0.3초   ④ 0.5초

정답 66 ② 67 ③ 68 ④ 69 ①

[해설] 누전차단기는 정격감도전류가 30밀리암페어 이하이고 작동시간은 0.03초 이내일 것. 다만, 정격전부하전류가 50암페어 이상인 전기기계·기구에 접속되는 누전차단기는 오작동을 방지하기 위하여 정격감도전류는 200밀리암페어 이하로, 작동시간은 0.1초 이내로 할 수 있다.

{분석}
실기까지 중요한 내용입니다. 암기하세요.

70 유류저장 탱크에서 배관을 통해 드럼으로 기름을 이송하고 있다. 이 때 유동전류에 의한 정전대전 및 정전기 방전에 의한 피해를 방지하기 위한 조치와 관련이 먼 것은?

① 유체가 흘러가는 배관을 접지시킨다.
② 배관 내 유류의 유속은 가능한 느리게 한다.
③ 유류저장 탱크와, 드럼 간에 본딩(Bonding)을 시킨다.
④ 유류를 취급하고 있으므로 화기 등을 가까이하지 않도록 점화원 관리를 한다.

[해설] ④ 점화원 관리는 화재 폭발을 방지하기 위한 조치에 해당한다.

[참고] 정전기 재해 예방대책
① 접지(도체일 경우 효과 있으나 부도체는 효과 없다.)
② 습기부여(공기 중 습도 60~70% 이상 유지한다.)
③ 도전성 재료 사용(절연성 재료는 절대 금한다.)
④ 대전 방지제 사용
⑤ 제전기 사용
⑥ 유속 조절(석유류 제품 1m/s 이하)

71 소화 방법에 대한 주된 소화 원리로 틀린 것은?

① 물을 살포한다. : 냉각 소화
② 모래를 뿌린다. : 질식 소화
③ 초를 불어서 끈다. : 억제 소화
④ 담요를 덮는다. : 질식 소화

[해설] ③ 초를 불어서 끈다. : 제거소화

72 다음 중 절연성 액체를 운반하는 관에 있어서 정전기로 인한 화재 및 폭발을 예방하기 위한 방법으로 가장 거리가 먼 것은?

① 유속을 줄인다.
② 관을 접지시킨다.
③ 도전성이 큰 재료의 관을 사용한다.
④ 관의 안지름을 작게 한다.

[해설] ④ 관의 안지름을 크게 한다.

73 액체계의 과도한 상승 압력이 방출에 이용되고, 설정 압력이 되었을 때 압력상승에 비례하여 서서히 개방되는 밸브는?

① 릴리프밸브   ② 체크밸브
③ 안전밸브   ④ 통기밸브

[해설] 액체계의 과도한 상승 압력의 방출에 이용 → 릴리프밸브

[참고] 릴리프밸브(relief valve)
① 회로의 압력이 설정 압력에 도달하면 유체(流體)의 일부 또는 전량을 배출시켜 회로 내의 압력을 설정 값 이하로 유지하는 압력제어 밸브로서 안전밸브와 같은 역할을 한다.
② 온수보일러와 같은 액체계의 과도한 상승 압력의 방출에 이용되고, 설정압력이 되었을 때 압력상승에 비례하여 개방정도가 커지는 밸브이다.

정답 70 ④ 71 ③ 72 ④ 73 ①

74 산업안전보건기준에 관한 규칙에서 정한 위험물질 종류 중 부식성 물질에서 부식성 염기류에 해당하는 것은?

① 농도 40% 이상인 염산
② 농도 40% 이상인 불산
③ 농도 40% 이상인 아세트산
④ 농도 40% 이상인 수산화칼륨

[해설] **부식성 염기류** : 농도가 40퍼센트 이상인 수산화나트륨, 수산화칼륨

[참고] **부식성 산류**
① 농도가 20퍼센트 이상인 염산, 황산, 질산, 그 밖에 이와 같은 정도 이상의 부식성을 가지는 물질
② 농도가 60퍼센트 이상인 인산, 아세트산, 불산, 그 밖에 이와 같은 정도 이상의 부식성을 가지는 물질

{분석}
실기에도 자주 출제되는 내용입니다. 암기하세요.

75 다음 물질 중 가연성 가스가 아닌 것은?

① 수소   ② 메탄
③ 프로판 ④ 염소

[해설] **인화성 가스**
가. 수소   나. 아세틸렌
다. 에틸렌   라. 메탄
마. 에탄   바. 프로판
사. 부탄

76 다음 가스 중 위험도가 가장 큰 것은?

① 수소   ② 아세틸렌
③ 프로판 ④ 암모니아

[해설]
$$위험도(H) = \frac{폭발상한계 - 폭발하한계}{폭발하한계}$$

1. 수소 H = $\frac{75-4}{4}$ = 17.75

2. 아세틸렌 H = $\frac{81-2.5}{2.5}$ = 31.4

3. 프로판 H = $\frac{9.5-2.4}{2.4}$ = 2.96

4. 암모니아 H = $\frac{28-15.5}{15.5}$ = 0.81

{분석}
실기까지 중요한 내용입니다.

77 물과의 접촉을 금지하여야 하는 물질은?

① 적린
② 칼슘
③ 히드라진
④ 니트로셀룰로오스

[해설] 1. 물과의 접촉을 금지하여야 하는 물질 → 물반응성 물질(금수성 물질)

2. 물반응성 물질(금수성 물질)의 종류
가. 리튬
나. 칼륨 · 나트륨
다. 알킬알루미늄 · 알킬리튬
라. 칼슘 탄화물, 알루미늄 탄화물

{분석}
필기에 자주 출제되는 내용입니다.

78 다음 중 화학장치에서 반응기의 유해·위험요인(hazard)으로 화학반응이 있을 때 특히 유의해야 할 사항은?

① 낙하, 절단
② 감전, 협착
③ 비래, 붕괴
④ 반응폭주, 과압

[해설] **화학반응 시의 위험** : 반응폭주, 과압에 의한 폭발

정답 74 ④ 75 ④ 76 ② 77 ② 78 ④

79 황린에 대한 설명으로 옳은 것은?

① 연소 시 인화수소가스를 발생한다.
② 황린은 자연발화하므로 물 속에 보관한다.
③ 황린은 황과 인의 화합물이다.
④ 독성 및 부식성이 없다.

해설 발화성 물질의 저장법
① 나트륨, 칼륨 : 석유 속 저장
② 황린 : 물속에 저장
③ 적린, 마그네슘, 칼륨 : 격리저장
④ 질산은($AgNO_3$) 용액 : 햇빛 피하여 저장(빛에 의해 광분해 반응 일으킴)
⑤ 벤젠 : 산화성물질과 격리저장
⑥ 탄화칼슘(CaC_2, 카바이트) : 금수성물질로서 물과 격렬히 반응하므로 건조한 곳에 보관

80 최소점화에너지(MIE)와 온도, 압력의 관계를 옳게 설명한 것은?

① 압력, 온도에 모두 비례한다.
② 압력, 온도에 모두 반비례한다.
③ 압력에 비례하고, 온도에 반비례한다.
④ 압력에 반비례하고, 온도에 비례한다.

해설 온도와 압력이 높을수록 폭발하기 쉽다. → 발화에 이르는 에너지가 적어도 폭발한다.
→ 온도와 압력이 높을수록 발화에 필요한 최소점화에너지는 낮아도 된다. → 최소점화에너지와 온도·압력은 반비례 관계

제5과목 건설공사 안전 관리

81 다음 중 건설공사관리의 주요 기능이라 볼 수 없는 것은?

① 안전관리   ② 공정관리
③ 품질관리   ④ 재고관리

해설 건설공사관리의 주요 기능
① 안전관리
② 공정관리
③ 품질관리

82 사다리를 설치하여 사용함에 있어 사다리 지주 끝에 사용하는 미끄럼 방지재료로 적당하지 않은 것은?

① 고무   ② 코르크
③ 가죽   ④ 비닐

해설 비닐은 미끄러짐을 발생시키는 재료로 사다리 끝단에 사용할 수 없다.

83 공사종류 및 규모별 안전관리비 계상 기준표에서 공사종류의 명칭에 해당되지 않는 것은?

① 건축공사
② 일반건설공사
③ 중건설공사
④ 토목공사

정답 79 ② 80 ② 81 ④ 82 ④ 83 ②

해설 공사종류 및 규모별 안전관리비 계상기준표

구분 공사 종류	대상액 5억 원 미만인 경우 적용 비율(%)	대상액 5억 원 이상 50억 원 미만인 경우		대상액 50억 원 이상인 경우 적용 비율(%)	보건관리자 선임 대상 건설공사의 적용비율 (%)
		적용 비율(%)	기초액		
건축공사	2.93(%)	1.86(%)	5,349 천원	1.97(%)	2.15(%)
토목공사	3.09(%)	1.99(%)	5,499 천원	2.10(%)	2.29(%)
중건설 공사	3.43(%)	2.35(%)	5,400 천원	2.44(%)	2.66(%)
특수 건설공사	1.85(%)	1.20(%)	3,250 천원	1.27(%)	1.38(%)

84 안전난간의 구조 및 설치기준으로 옳지 않은 것은?

① 안전난간은 상부난간대, 중간난간대, 발끝막이판, 난간기둥으로 구성할 것
② 상부난간대와 중간난간대는 난간 길이 전체에 걸쳐 바닥면 등과 평행을 유지할 것
③ 발끝막이판은 바닥면 등으로부터 10cm 이상의 높이를 유지할 것
④ 안전난간은 구조적으로 가장 취약한 지점에서 가장 취약한 방향으로 작용하는 80kg 이상의 하중에 견딜 수 있는 튼튼한 구조일 것

해설 안전난간의 구조 및 설치요건

① 상부 난간대, 중간 난간대, 발끝막이판 및 난간기둥으로 구성할 것
② 상부 난간대
  • 상부 난간대는 바닥면 등으로부터 90센티미터 이상 지점에 설치
  • 상부 난간대를 120센티미터 이하에 설치하는 경우 : 중간 난간대는 상부 난간대와 바닥면 등의 중간에 설치

• 120센티미터 이상 지점에 설치하는 경우 : 중간 난간대를 2단 이상으로 설치, 난간의 상하 간격은 60센티미터 이하가 되도록 할 것(다만, 난간기둥 간의 간격이 25센티미터 이하인 경우에는 중간 난간대를 설치하지 않을 수 있다.)
③ 발끝막이판은 바닥면 등으로부터 10센티미터 이상의 높이를 유지할 것
④ 난간기둥은 상부 난간대와 중간 난간대를 견고하게 떠받칠 수 있도록 적정한 간격을 유지할 것
⑤ 상부 난간대와 중간 난간대는 난간 길이 전체에 걸쳐 바닥면 등과 평행을 유지할 것
⑥ 난간대는 지름 2.7센티미터 이상의 금속제 파이프나 그 이상의 강도가 있는 재료일 것
⑦ 안전난간은 구조적으로 가장 취약한 지점에서 가장 취약한 방향으로 작용하는 100킬로그램 이상의 하중에 견딜 수 있는 튼튼한 구조일 것

{분석}
실기까지 중요한 내용입니다. "참고"를 다시 확인하세요.

85 화물용 승강기를 설계하면서 와이어로프의 안전하중이 10ton이라면 로프의 가닥수를 얼마로 하여야 하는가?
(단, 와이어로프 한 가닥의 파단강도는 4ton이며, 화물용 승강기의 와이어로프의 안전율은 6으로 한다.)

① 10가닥   ② 15가닥
③ 20가닥   ④ 30가닥

해설 와이어로프의 안전율 계산

$$S = \frac{N \times P}{Q}$$

여기서, S : 안전율
N : 로프 가닥수
P : 로프의 파단강도(kg/mm²)
Q : 허용응력(kg/mm²)

$$S = \frac{N \times P}{Q}$$
$$N = \frac{S \times Q}{P} = \frac{6 \times 10}{4} = 15가닥$$

정답 84 ④ 85 ②

86 현장에서 가설통로의 설치 시 준수사항으로 옳지 않은 것은?

① 건설공사에 사용하는 높이 8m 이상인 비계다리에는 10m 이내마다 계단참을 설치할 것
② 수직갱에 가설된 통로의 길이가 15m 이상인 때에는 10m 이내마다 계단참을 설치할 것
③ 경사가 15°를 초과하는 때에는 미끄러지지 아니하는 구조로 할 것
④ 경사는 30° 이하로 할 것

[해설] ① 건설공사에 사용하는 높이 8m 이상인 비계다리에는 7m 이내마다 계단참을 설치할 것

{분석}
실기에도 자주 출제되는 내용입니다. 암기하세요.

87 철골공사의 용접, 용단작업에 사용되는 가스의 용기는 최대 몇 ℃ 이하로 보존해야 하는가?

① 25℃ ② 36℃
③ 40℃ ④ 48℃

[해설] 가스의 용기는 최대 40℃ 이하로 보존하여야 한다.

88 철골공사에서 기둥의 건립작업 시 앵커볼트를 매립할 때 요구되는 정밀도에서 기둥중심은 기준선 및 인접기둥의 중심으로부터 얼마 이상 벗어나지 않아야 하는가?

① 3mm ② 5mm
③ 7mm ④ 10mm

[해설] 기둥중심은 기준선 및 인접기둥의 중심에서 5밀리미터 이상 벗어나지 않을 것

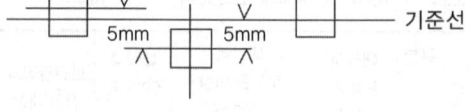

89 철골 작업을 중지해야 할 강설량 기준으로 옳은 것은?

① 강설량이 시간당 1mm 이상인 경우
② 강설량이 시간당 5mm 이상인 경우
③ 강설량이 시간당 1cm 이상인 경우
④ 강설량이 시간당 5cm 이상인 경우

[해설] 철골작업을 중지해야 하는 조건
① 풍속이 초당 10미터 이상인 경우
② 강우량이 시간당 1밀리미터 이상인 경우
③ 강설량이 시간당 1센티미터 이상인 경우

{분석}
실기에도 자주 출제되는 내용입니다. 암기하세요.

90 다음은 지붕 위에서의 위험방지를 위한 내용이다. 빈 칸에 알맞은 수치로 옳은 것은?

> 슬레이트, 선라이트(sunlight) 등 강도가 약한 재료료 덮은 지붕 위에서 작업을 할 때에 발이 빠지는 등 근로자가 위험해질 우려가 있는 경우 폭( ) 이상의 발판을 설치하거나 추락방호망을 치는 등 근로자의 위험을 방지하기 위하여 필요한 조치를 하여야 한다.

① 20cm ② 25cm
③ 30cm ④ 40cm

[해설] 지붕 위에서의 위험 방지
사업주는 근로자가 지붕 위에서 작업을 할 때에 추락하거나 넘어질 위험이 있는 경우에는 다음 각 호의 조치를 해야 한다.

정답 86① 87③ 88② 89③ 90③

① 지붕의 가장자리에 안전난간을 설치할 것
② 채광창(skylight)에는 견고한 구조의 덮개를 설치할 것
③ 슬레이트 등 강도가 약한 재료로 덮은 지붕에는 폭 30센티미터 이상의 발판을 설치할 것

91 추락재해를 방지하기 위하여 10cm 그물 코인 방망을 설치할 때 방망과 바닥면 사이의 최소 높이로 옳은 것은? (단, 설치된 방망의 단변 방향 길이 L=2m, 장변 방향 방망의 지지간격 A=3m이다.)

① 2.0m ② 2.4m
③ 3.0m ④ 3.4m

해설 $\frac{0.85}{4} \times (L+3A) = \frac{0.85}{4} \times (2+3\times 3) = 2.3375\,m$

참고 방망의 허용 낙하높이

높이 종류/조건	낙하높이(H_1)	
	단일 방망	복합 방망
L < A	$\frac{1}{4}(L+2A)$	$\frac{1}{5}(L+2A)$
L ≥ A	3/4L	3/5L

높이 종류/조건	방망과 바닥면 높이(H_2)		방망의 처짐길이(S)
	10센티미터 그물코	5센티미터 그물코	
L < A	$\frac{0.85}{4}(L+3A)$	$\frac{0.95}{4}(L+3A)$	$\frac{1}{4}\frac{1}{3}(L+2A)$
L ≥ A	0.85L	0.95L	3/4L×1/3

92 옥외에 설치되어 있는 주행크레인에 대하여 이탈방지장치를 작동시키는 등 이탈 방지를 위한 조치를 하여야 하는 순간 풍속 기준은?

① 초당 10m 초과
② 초당 20m 초과
③ 초당 30m 초과
④ 초당 40m 초과

해설 악천후 시 조치
① 순간풍속이 초당 10미터를 초과 : 타워크레인의 설치·수리·점검 또는 해체작업을 중지
② 순간풍속이 초당 15미터를 초과 : 타워크레인의 운전작업을 중지
③ 순간풍속이 초당 30미터를 초과 : 옥외에 설치되어 있는 주행 크레인 이탈방지조치
④ 순간풍속이 초당 30미터를 초과하는 바람이 불거나 중진(中震) 이상 진도의 지진이 있은 후 : 옥외 양중기 각 부위 이상 점검
⑤ 순간풍속이 초당 35미터를 초과 : 옥외 승강기 및 건설용 리프트(지하에 설치되어 있는 것은 제외)에 대하여 받침의 수를 증가시키는 등 승강기가 무너지는 것을 방지하기 위한 조치

{분석}
실기까지 중요한 내용입니다.

93 강재 거푸집과 비교한 합판 거푸집의 특성이 아닌 것은?

① 외기 온도의 영향이 적다.
② 녹이 슬지 않으므로 보관하기가 쉽다.
③ 중량이 무겁다.
④ 보수가 간단하다.

해설 철재 거푸집과 비교한 합판 거푸집 장점
① 녹이 슬지 않으므로 보관하기 쉽다.
② 중량이 가볍다.
③ 보수가 간단하다.
④ 삽입기구(insert)의 삽입이 간단하다.
⑤ 외기온도의 영향이 적다.

정답 91 ② 92 ③ 93 ③

94 이동식 사다리를 설치하여 사용하는 경우의 준수 기준으로 옳지 않은 것은?

① 길이가 6m 초과해서는 안된다.
② 다리의 벌림은 벽 높이의 1/4 정도가 적당하다.
③ 미끄럼방지 발판은 인조고무 등으로 마감한 실내용을 사용하여야 한다.
④ 벽면 상부로부터 최소한 90cm 이상의 연장길이가 있어야 한다.

[해설]
① 길이가 6미터를 초과해서는 안된다.
② 다리의 벌림은 벽 높이의 1/4정도가 적당하다.
③ 벽면 상부로부터 최소한 60센티미터 이상의 연장길이가 있어야 한다.

95 다음은 작업으로 인하여 물체가 떨어지거나 날아올 위험이 있는 경우에 조치하여야 하는 사항이다. 빈 칸에 알맞은 내용으로 옳은 것은?

> 낙하물 방지망 또는 방호선반을 설치하는 경우 높이 10m 이내마다 설치하고, 내민 길이는 벽면으로부터 ( ) 이상으로 할 것

① 2m   ② 2.5m
③ 3m   ④ 3.5m

[해설] 낙하물방지망 또는 방호선반을 설치 시 준수사항
① 설치높이는 10미터 이내마다 설치하고, 내민 길이는 벽면으로부터 2미터 이상으로 할 것
② 수평면과의 각도는 20도 내지 30도를 유지할 것

{분석}
실기까지 중요한 내용입니다. 암기하세요.

96 철골조립 공사 중에 볼트작업을 하기 위해 주체인 철골에 매달아서 작업발판으로 이용하는 비계는?

① 달비계   ② 말비계
③ 달대비계   ④ 선반비계

[해설] 철골에 매달아서 작업발판으로 이용하는 비계 → 달대비계

97 말뚝박기 해머(hammer) 중 연약지반에 적합하고 상대적으로 소음이 적은 것은?

① 드롭 해머(drop hammer)
② 디젤 해머(diesel hammer)
③ 스팀 해머(steam hammer)
④ 바이브로 해머(vibro hammer)

[해설] 바이브로 해머(vibro hammer) : 진동에 의한 말뚝박기 및 빼기 기구로서 연약지반에 적합하고 상대적으로 소음이 적다.

98 콘크리트의 양생방법이 아닌 것은?

① 습윤 양생
② 건조 양생
③ 증기 양생
④ 전기 양생

[해설] 콘크리트의 양생방법
① 습윤 양생
② 피막 양생
③ 증기 양생
④ 전기 양생
⑤ 보온 양생

정답 94 ④ 95 ① 96 ③ 97 ④ 98 ②

99 기계가 서 있는 지면보다 높은 곳을 파는 작업에 가장 적합한 굴착기계는?

① 파워셔블
② 드레그라인
③ 백호우
④ 클램쉘

[해설] 서 있는 지면보다 높은 곳을 파는 기계 → 파워셔블

[참고] 굴착기계
① 파워 셔블(power shovel) : 기계가 서 있는 지반면보다 높은 곳의 땅파기, 굳은 지반 굴착에 적합하다.
② 드래그 셔블(drag shovel, 백호) : 기계가 서 있는 지면보다 낮은 장소의 굴착 및 수중굴착이 가능하다.
③ 드래그라인(drag line) : 기계가 서있는 위치보다 낮은 장소의 굴착에 적당하고 수중굴착 및 연약한 지반의 굴착에 적합하다.
④ 클램쉘(clamshell) : 수중굴착 및 가장 협소하고 깊은 굴착이 가능하며 호퍼(hopper)에 적당하다.

100 토석 붕괴의 요인 중 외적 요인이 아닌 것은?

① 토석의 강도저하
② 사면, 법면의 경사 및 기울기의 증가
③ 절토 및 성토 높이의 증가
④ 공사에 의한 진동 및 반복하중의 증가

[해설] 토석 붕괴의 외적 원인
① 사면, 법면의 경사 및 기울기의 증가
② 절토 및 성토 높이의 증가
③ 공사에 의한 진동 및 반복 하중의 증가
④ 지표수 및 지하수의 침투에 의한 토사 중량의 증가
⑤ 지진, 차량, 구조물의 하중작용
⑥ 토사 및 암석의 혼합층 두께

[참고] 토석 붕괴의 내적 원인
① 절토 사면의 토질·암질
② 성토 사면의 토질구성 및 분포
③ 토석의 강도 저하

{분석}
실기까지 중요한 내용입니다. "해설"을 다시 확인하세요.

정답 99 ① 100 ①

02회 2016년 산업안전 산업기사 최근 기출문제

2016년 5월 8일 시행

제1과목: 산업재해 예방 및 안전보건교육

01 OJT(On The Job Training)에 관한 설명으로 옳은 것은?

① 집합교육형태의 훈련이다.
② 다수의 근로자에게 조직적 훈련이 가능하다.
③ 직장의 실정에 맞게 실제적 훈련이 가능하다.
④ 전문가를 강사로 활용할 수 있다.

[해설] OJT(On The Job Training) : 직속상사가 부하직원에게 일상업무를 통하여 지식, 기능, 문제해결 능력 및 태도 등을 교육하는 방법으로 개별교육에 적합하다.

[참고]

OJT의 특징	① 개개인에게 적절한 훈련이 가능하다. ② 직장의 실정에 맞는 훈련이 가능하다. ③ 교육효과가 즉시 업무에 연결된다. ④ 훈련에 대한 업무의 계속성이 끊어지지 않는다. ⑤ 상호 신뢰 이해도가 높다.
OFF JT의 특징	① 다수의 근로자들에게 훈련을 할 수 있다. ② 훈련에만 전념하게 된다. ③ 특별설비기구 이용이 가능하다. ④ 많은 지식이나 경험을 교류할 수 있다. ⑤ 교육 훈련 목표에 대하여 집단적 노력이 흐트러질 수 있다.

{분석} 자주 출제되는 내용입니다. "해설"을 다시 확인하세요.

02 안전관리의 중요성과 가장 거리가 먼 것은?

① 인간존중이라는 인도적인 신념의 실현
② 경영 경제상의 제품의 품질 향상과 생산성 향상
③ 재해로부터 인적 물적 손실 예방
④ 작업환경 개선을 통한 투자 비용 증대

[해설] ④ 작업환경 개선을 통한 투자 비용 감소

03 피로를 측정하는 방법 중 동작분석, 연속반응시간 등을 통하여 피로를 측정하는 방법은?

① 생리학적 측정 ② 생화학적 측정
③ 심리학적 측정 ④ 생역학적 측정

[해설] **심리학적 측정방법** : 동작분석, 연속반응시간, 자세변화, 주의력, 집중력 등을 이용한 측정법

04 자신에게 약점이나 무능력, 열등감을 위장하여 유리하게 보호함으로써 안정감을 찾으려는 방어적 적응기제에 해당하는 것은?

① 보상 ② 고립
③ 퇴행 ④ 억압

[해설] **방어기제**
- 보상 : 열등감을 다른 곳에서 강점으로 발휘함
- 합리화 : 자기변명, 자기실패의 합리화, 자기미화
- 승화 : 열등감과 욕구불만을 사회적으로 바람직한 가치로 나타내는 것

정답 01 ③ 02 ④ 03 ③ 04 ①

- **동일시** : 힘 있고 능력 있는 사람을 통해 자기만족을 얻으려 함
- **투사** : 자신의 열등감을 다른 것에 던져 그것들도 결점이 있음을 발견해서 열등감에서 벗어나려 함

05 하인리히(Heinrich)의 이론에 의한 재해 발생의 주요 원인에 있어 다음 중 불안전한 행동에 의한 요인이 아닌 것은?

① 권한 없이 행한 조작
② 전문지식의 결여 및 기술, 숙련도 부족
③ 보호구 미착용 및 위험한 장비에서 작업
④ 결함 있는 장비 및 공구의 사용

[해설] 전문지식의 결여 및 기술, 숙련도 부족 → 불안전한 상태

06 공장 내에 안전·보건표지를 부착하는 주된 이유는?

① 안전의식 고취
② 인간 행동의 변화 통제
③ 공장 내의 환경 정비 목적
④ 능률적인 작업을 유도

[해설] 안전표지 사용 목적 : 안전의식 고취
① 유해위험 기계·기구 자재 등의 위험성을 표시하여 작업자로 하여금 예상되는 재해를 사전에 예방
② 작업대상의 유해·위험성의 성질에 따라 작업행위를 통제하고 대상물을 신속 용이하게 판별하여 안전한 행동을 하게 함으로써 재해와 사고를 미연에 방지

07 모랄 서베이(Morale Survey)의 주요 방법 중 태도조사법에 해당하는 것은?

① 사례연구법
② 관찰법
③ 실험연구법
④ 문답법

[해설] 태도조사법(의견조사)
- 모랄서베이에서 가장 많이 사용되는 방법
- 질문지법(문답법), 면접법, 집단토의법, 투사법에 의해 의견을 조사하는 방법

08 안전모의 종류 중 머리 부위의 감전에 대한 위험을 방지할 수 있는 것은?

① A형　　② B형
③ AC형　　④ AE형

[해설] 안전인증 안전모의 종류(추락, 감전방지용)

종류(기호)	사용 구분	비고
AB	물체의 낙하 또는 비래 및 추락에 의한 위험을 방지 또는 경감시키기 위한 것	
AE	물체의 낙하 또는 비래에 의한 위험을 방지 또는 경감하고, 머리 부위 감전에 의한 위험을 방지하기 위한 것	내전압성
ABE	물체의 낙하 또는 비래 및 추락에 의한 위험을 방지 또는 경감하고, 머리 부위 감전에 의한 위험을 방지하기 위한 것	내전압성

※ 내전압성이란 7,000V 이하의 전압에 견디는 것을 말한다.

{분석} 실기까지 중요한 내용입니다. "해설"을 다시 확인하세요.

09 산업안전보건법상 사업주가 근로자에게 실시하여야 하는 근로자 안전·보건교육의 교육과정에 해당하지 않는 것은?

① 검사원 정기점검교육
② 특별안전·보건교육
③ 근로자 정기안전·보건교육
④ 작업내용 변경 시의 교육

정답 05 ② 06 ① 07 ④ 08 ④ 09 ①

[해설] 사업주가 근로자에게 실시하여야 하는 근로자 안전·보건교육의 교육과정
1. 근로자 정기교육
2. 근로자 채용 시의 교육
3. 근로자 작업내용 변경 시의 교육
4. 특별교육
5. 건설업 기초안전보건교육

{분석} 실기까지 중요한 내용입니다. 암기하세요.

10 재해예방의 4원칙에 해당되지 않는 것은?

① 손실발생의 원칙
② 원인계기의 원칙
③ 예방가능의 원칙
④ 대책선정의 원칙

[해설] 산업재해 예방의 4원칙
① 예방 가능의 원칙 : 재해는 원칙적으로 원인만 제거되면 예방이 가능하다.
② 손실 우연의 원칙 : 사고의 결과 생기는 상해의 종류와 정도는 사고 발생 시 사고대상의 조건에 따라 우연히 발생한다.
③ 대책 선정의 원칙 : 사고의 원인에 대한 적합한 대책이 선정되어야 한다.
④ 원인 연계의 원칙 : 재해는 직접원인과 간접원인이 연계되어 일어난다.

{분석} 실기까지 중요한 내용입니다. 암기하세요.

11 인간의 실수 및 과오의 요인과 직접적인 관계가 가장 먼 것은?

① 관리의 부적당
② 능력의 부족
③ 주의의 부족
④ 환경조건의 부적당

[해설] ① 관리의 부적당은 인간 실수 및 과오의 간접적인 요인에 해당한다.

12 재해손실비용 중 직접비에 해당되는 것은?

① 인적손실
② 생산손실
③ 산재보상비
④ 특수손실

[해설]

직접비	간접비
• 치료비 • 휴업급여 • 요양급여 • 유족급여 • 장해급여 • 간병급여 • 직업재활급여 • 상병(傷病)보상연금 • 장의비 등	• 인적 손실비 • 물적 손실비 • 생산 손실비 • 기계, 기구 손실비 등

13 산업안전보건법상 안전보건관리규정을 작성하여야 할 사업 중에 정보서비스업의 상시 근로자 수는 몇 명 이상인가?

① 50
② 100
③ 300
④ 500

[해설] 안전보건관리규정을 작성하여야 할 사업의 종류 및 규모

사업의 종류	규모
1. 농업 2. 어업 3. 소프트웨어 개발 및 공급업 4. 컴퓨터 프로그래밍, 시스템 통합 및 관리업 4의2. 영상·오디오물 제공 서비스업 5. **정보서비스업** 6. 금융 및 보험업 7. 임대업 ; 부동산 제외 8. 전문, 과학 및 기술 서비스업(연구개발업은 제외한다) 9. 사업지원 서비스업 10. 사회복지 서비스업	상시 근로자 300명 이상을 사용하는 사업장
11. 제1호부터 제4호까지, 제4호의2 및 제5호부터 제10호까지의 사업을 제외한 사업	상시 근로자 100명 이상을 사용하는 사업장

정답 10 ① 11 ① 12 ③ 13 ③

14 도수율이 12.57, 강도율이 17.45인 사업장에서 1명의 근로자가 평생 근무한다면 며칠의 근로손실이 발생하겠는가? (단, 1인 근로자의 평생근로시간은 10^5시간이다.)

① 1,257일　　② 126일
③ 1,745일　　④ 175일

[해설] 환산 강도율(S)

① 일평생 근로하는 동안의 근로손실일수를 말한다.
② 환산 강도율(S) = $\dfrac{\text{총 요양 근로손실일수}}{\text{연 근로시간 수}}$ × 평생근로시간수(100,000)
③ 환산 강도율 = 강도율×100

환산 강도율 = 강도율×100 = 17.45×100 = 1,745일

{분석} 실기에도 자주 출제되는 중요한 내용입니다.

15 토의식 교육지도에 있어서 가장 시간이 많이 소요되는 단계는?

① 도입　　② 제시
③ 적용　　④ 확인

[해설] 토의법 : 적용(시켜봄)단계에서 가장 많은 시간을 소비한다.

[참고] 강의법 : 제시단계(설명)에서 가장 많은 시간을 소비한다.

16 인지과정 착오의 요인이 아닌 것은?

① 정서 불안정
② 감각차단 현상
③ 작업자의 기능 미숙
④ 생리·심리적 능력의 한계

[해설] 인간의 착오 요인

인지과정 착오의 요인	• 정보량 저장의 한계 • 감각 차단 현상 • 정서적 불안정 • 생리, 심리적 능력의 한계 　(정보 수용 능력의 한계)
판단과정 착오 요인	• 자기 합리화 • 능력 부족 • 정보 부족 • 자기 과신
조작과정의 착오 요인	• 작업자의 기능 미숙 　(기술 부족) • 작업경험 부족 • 피로
심리적, 기타 요인	• 불안·공포·과로·수면 부족 등

17 적응기제에서 방어기제가 아닌 것은?

① 보상
② 고립
③ 합리화
④ 동일시

[해설] 적응기제

도피기제	방어기제
• 억압　• 퇴행 • 백일몽　• 고립	• 보상　• 합리화 • 승화　• 동일시 • 투사

18 위험예지훈련 기초 4라운드(4R)에서 라운드별 내용이 바르게 연결된 것은?

① 1라운드 : 현상파악
② 2라운드 : 대책수립
③ 3라운드 : 목표설정
④ 4라운드 : 본질추구

정답 14 ③　15 ③　16 ③　17 ②　18 ①

해설 위험예지훈련 기초 4라운드(4R)
1단계 : 현상 파악
2단계 : 요인 조사(본질 추구)
3단계 : 대책 수립
4단계 : 행동목표 설정(합의 요약)

{분석}
실기까지 중요한 내용입니다. 암기하세요.

19 자율검사프로그램을 인정받으려는 자가 한국산업안전보건공단에 제출해야 하는 서류가 아닌 것은?

① 안전검사대상 유해·위험기계 등의 보유 현황
② 유해·위험기계 등의 검사 주기 및 검사기준
③ 안전검사대상 유해·위험기계의 사용 실적
④ 향후 2년간 검사대상 유해·위험기계 등의 검사 수행계획

해설 자율검사프로그램을 인정받으려는 자는 다음 각 호의 내용이 포함된 서류 2부를 공단에 제출하여야 한다.
① 안전검사대상 유해·위험기계 등의 보유 현황
② 검사원 보유 현황과 검사를 할 수 있는 장비 및 장비 관리방법
③ 유해·위험기계 등의 검사 주기 및 검사기준
④ 향후 2년간 검사대상 유해·위험기계 등의 검사수행계획
⑤ 과거 2년간 자율검사프로그램 수행 실적

{분석}
실기까지 중요한 내용입니다. "해설"을 다시 확인하세요.

20 ERG(Existence Relation Growth)이론을 주장한 사람은?

① 매슬로(Maslow)
② 맥그리거(McGregor)
③ 테일러(Taylor)
④ 알더퍼(Alderfer)

해설 알더퍼의 E.R.G이론
① 생존 욕구(존재 욕구) : 의식주, 봉급, 직무안전
② 관계 욕구 : 대인관계
③ 성장 욕구 : 개인적 발전

제2과목 • 인간공학 및 위험성 평가·관리

21 실효온도(ET)의 결정요소가 아닌 것은?

① 온도   ② 습도
③ 대류   ④ 복사

해설 실효온도의 결정요소
온도, 습도, 대류(공기 유동)

22 창문을 통해 들어오는 직사 휘광을 처리하는 방법으로 가장 거리가 먼 것은?

① 창문을 높이 단다.
② 간접 조명 수준을 높인다.
③ 차양이나 발(blind)을 사용한다.
④ 옥외 창 위에 드리우개(overhang)를 설치한다.

해설 창문으로부터 직사 휘광 처리법
• 창문을 높이 단다.
• 외부에 드리우개(overhang)를 설치한다.
• 창 안쪽에 수직날개(fin)를 설치한다.
• 차양, 발(blind)을 사용한다.

정답 19 ③ 20 ④ 21 ④ 22 ②

23 녹색과 적색의 두 신호가 있는 신호등에서 1시간 동안 적색과 녹색이 각각 30분씩 켜진다면 이 신호등의 정보량은?

① 0.5bit ② 1bit
③ 2bit   ④ 4bit

[해설] 평균정보량

$$H = \sum P_i \log_2 \left(\frac{1}{P_i}\right)$$

여기서, P_i : 각 대안의 실현확률

$$H = \left[0.5 \times \log_2\left(\frac{1}{0.5}\right)\right] + \left[0.5 \times \log_2\left(\frac{1}{0.5}\right)\right] = 1bit$$

24 건강한 남성이 8시간 동안 특정 작업을 실시하고, 산소소비량이 1.2L/분으로 나타났다면 8시간동안 총 작업시간에 포함되어야 할 최소 휴식시간은? (단 남성의 권장 평균에너지소비량은 5kcal/분, 안정 시 에너지 소비량은 1.5kcal/분으로 가정한다.)

① 107분 ② 117분
③ 127분 ④ 137분

[해설] 휴식시간

$$R = \frac{60 \times (E-5)}{E-1.5} \text{ [분]}$$

- 1.5 : 휴식 중의 에너지 소비량
- 5(kcal/분) : 보통작업에 대한 평균 에너지
- 60(분) : 작업시간
- E(kcal/분) : 문제에서 주어진 작업 시 필요한 에너지

1. $E = 1.2L/분 \times 5kcl/L = 6kcal/분$
   (산소 1L의 에너지 : 5kcal)

2. 1시간 작업 중 휴식시간
$$R = \frac{60 \times (6-5)}{6-1.5} = \frac{60}{4.5} = 13.33분$$

3. 8시간 작업하는 동안의 휴식시간
$$= 13.33 \times 8 = 106.64분$$

25 사고의 발단이 되는 초기 사상이 발생할 경우 그 영향이 시스템에서 어떤 결과(정상 또는 고장)로 진전해 가는지를 나뭇가지가 갈라지는 형태로 분석하는 방법은?

① FTA ② PHA
③ FHA ④ ETA

[해설] ETA(사상수 분석법)

사상의 안전도를 사용하여 시스템의 안전도 나타내는 귀납적·정량적인 분석법

26 청각 신호의 수신과 관련된 인간의 기능으로 볼 수 없는 것은?

① 감응(detection)
② 순응(adaptation)
③ 위치 판별(directional judgement)
④ 절대적 식별(absolute judgement)

[해설] 순응(adaptation)

눈의 망막이 광량의 변화에 익숙해져 가는 과정

27 조종장치의 저항 중 갑작스런 속도의 변화를 막고 부드러운 제어 동작을 유지하게 해주는 저항을 무엇이라 하는가?

① 점성저항 ② 관성저항
③ 마찰저항 ④ 탄성저항

[해설] 갑작스런 속도의 변화를 막고 부드러운 제어 동작을 유지하게 해주는 저항 → 점성저항

정답 23 ② 24 ① 25 ④ 26 ② 27 ①

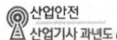

28 과전압이 걸리면 전기를 차단하는 차단기, 퓨즈 등을 설치하여 오류가 재해로 이어지지 않도록 사고를 예방하는 설계 원칙은?

① 에러복구 설계
② 풀-프루프(fool-proof) 설계
③ 페일-세이프(fail-safe) 설계
④ 템퍼-프루프(temper proof) 설계

[해설] 페일세이프(Fail-Safe): 기계설비에 결함이 발생되더라도 사고가 발생되지 않도록 2중, 3중으로 통제를 가한다.

[참고] 풀 프루프(Fool proof): 인간의 실수가 있더라도 사고로 연결되지 않도록 2중, 3중으로 통제를 가한다.

29 인간공학적 수공구의 설계에 관한 설명으로 맞는 것은?

① 손잡이 크기를 수공구 크기에 맞추어 설계한다.
② 수공구 사용 시 무게 균형이 유지되도록 설계한다.
③ 정밀 작업용 수공구의 손잡이는 직경을 5mm 이하로 한다.
④ 힘을 요하는 수공구의 손잡이는 직경을 60mm 이상으로 한다.

[해설] 수공구의 설계 원칙
① 손목을 곧게 유지한다.
② 손바닥에 가해지는 압력을 줄인다.
③ 손가락의 반복 사용을 피한다.
④ 손잡이는 손바닥과의 접촉 면적이 크게 설계한다.
⑤ 공구의 무게를 줄이고 사용 시 균형이 유지되도록 한다.
⑥ 손잡이 단면은 원형 또는 타원형으로 한다.
⑦ 동력공구의 손잡이는 두 손가락 이상으로 작동하도록 한다.
⑧ 손잡이 직경은 30~45mm 크기가 적당하다. (정밀작업 시는 5~12mm, 회전력이 필요한 대스크루 드라이버 같은 공구는 50~60mm)

30 일반적으로 의자설계의 원칙에서 고려해야 할 사항과 거리가 먼 것은?

① 체중분포에 관한 사항
② 상반신의 안정에 관한 사항
③ 개인차의 반영에 관한 사항
④ 의자 좌판의 높이에 관한 사항

[해설] 의자설계의 원칙
① 체중 분포
② 의자 좌판의 높이
③ 의자 좌판의 깊이(길이)와 폭
④ 몸통의 안정

31 인간이 현존하는 기계를 능가하는 기능으로 거리가 먼 것은?

① 완전히 새로운 해결책을 도출할 수 있다.
② 원칙을 적용하여 다양한 문제를 해결할 수 있다.
③ 여러 개의 프로그램 된 활동을 동시에 수행할 수 있다.
④ 상황에 따라 변하는 복잡한 자극 형태를 식별할 수 있다.

[해설] ③ 여러 개의 프로그램 된 활동을 동시에 수행할 수 있다. → 기계의 장점

정답 28 ③ 29 ② 30 ③ 31 ③

참고 인간-기계의 기능 비교

구분	인간의 장점	기계의 장점
감지 기능	• 저에너지 자극감지 • 다양한 자극 식별 • 예기치 못한 사건 감지	• 인간의 감지범위 밖의 자극감지 • 인간, 기계의 모니터 기능
정보 처리 결정	• 많은 양의 정보 장시간 보관 • 귀납적, 다양한 문제 해결	• 정보 신속 대량 보관 • 연역적, 정량적
행동 기능	• 과부하 상태에서는 중요한 일에만 집념할 수 있다.	• 과부하에서 효율적 작동 • 장시간 중량 작업, 반복, 동시 여러 가지 작업을 수행 가능

{분석}
자주 출제되는 내용입니다. "해설"을 다시 확인하세요.

32 FTA의 논리게이트 중에서 3개 이상의 입력사상 중 2개가 일어나면 출력이 나오는 것은?

① 억제 게이트
② 조합 AND 게이트
③ 배타적 OR 게이트
④ 우선적 AND 게이트

해설 FTA 논리기호

기호	명명	기호 설명
(또는, Ai,Aj,Ak 순으로)	우선적 AND게이트	입력사상이 특정 순서대로 발생한 경우에만 출력사상이 발생하는 논리게이트
(2개의 출력)	조합 AND게이트	3개 이상의 입력 중 2개가 일어나면 출력이 생긴다.

기호	명명	기호 설명
(또는, 동시발생)	배타적 OR게이트	입력사상 중 오직 한 개의 발생으로만 출력사상이 생성되는 논리게이트
	억제게이트	이 게이트의 출력사상은 한 개의 입력사상에 의해 발생하며, 입력사상이 출력사상을 생성하기 전에 특정 조건을 만족하여야 하는 논리게이트

{분석}
자주 출제되는 내용입니다. "해설"을 다시 확인하세요.

33 시스템 수명주기에서 예비위험분석을 적용하는 단계는?

① 구상단계
② 개발단계
③ 생산단계
④ 운전단계

해설 예비위험분석(PHA) : 모든 시스템 안전 프로그램의 최초 단계(설계단계, 구상단계)에서 실시하는 분석법

{분석}
필기에 자주 출제되는 내용입니다.

정답 32 ② 33 ①

34 표시 값의 변화 방향이나 변화 속도를 관찰할 필요가 있는 경우에 가장 적합한 표시장치는?

① 동목형 표시장치
② 계수형 표시장치
③ 묘사형 표시장치
④ 동침형 표시장치

[해설] 변화 방향이나 변화 속도를 관찰 → 정목동침형 표시장치

[참고] 정량적 표시장치
① 정목동침형 : 눈금은 고정, 지침이 움직이는 형태
② 정침동목형 : 지침은 고정, 눈금이 움직이는 형태
③ 계수형 : 전력계, 택시요금 계기와 같이 숫자가 정확히 표시되는 형태

35 음압의 세기인 데시벨(dB)을 측정할 때 기준 음압의 주파수는?

① 10Hz
② 100Hz
③ 1,000Hz
④ 10,000Hz

[해설] 기준 음압의 주파수 → 1,000Hz

36 FT도에서 정상사상 A의 발생확률은? (단, 사상 B_1의 발생확률은 0.30이고, B_2의 발생확률은 0.20이다.)

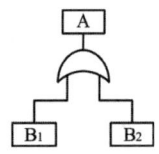

① 0.06
② 0.44
③ 0.56
④ 0.94

[해설] $A = 1-(1-B_1) \times (1-B_2)$
$= 1-(1-0.3) \times (1-0.2) = 0.44$

{분석} 필기에 자주 출제되는 내용입니다.

37 결함수 분석의 컷셋(cut set)과 패스셋(path set)에 관한 설명으로 틀린 것은?

① 최소 컷셋은 시스템의 위험성을 나타낸다.
② 최소 패스셋은 시스템의 신뢰도를 나타낸다.
③ 최소 패스셋은 정상사상을 일으키는 최소한의 사상 집합을 의미한다.
④ 최소 컷셋은 반복사상이 없는 경우 일반적으로 퍼셀(Fussell) 알고리즘을 이용하여 구한다.

[해설] 정상사상을 일으키는 최소한의 사상 집합 → 최소 컷셋

[참고] (1) 컷셋(Cut Set)
• 정상사상을 발생시키는 기본사상의 집합
(2) 미니멀 컷(Minimal Cut Set)
• 정상사상을 일으키기 위한 기본사상의 최소 집합(최소한의 컷)
• 시스템의 위험성을 나타낸다.
(3) 패스셋(Path Set)
• 시스템의 고장(정상사상)을 일으키지 않는 기본사상들의 집합
(4) 미니멀 패스(Minimal Path Set)
• 시스템의 기능을 살리는 최소한의 집합 (최소한의 패스)
• 시스템의 신뢰성 나타낸다.

{분석} 필기에 자주 출제되는 내용입니다.

정답 34 ④ 35 ③ 36 ② 37 ③

38 인적 오류로 인한 사고를 예방하기 위한 대책 중 성격이 다른 것은?

① 작업의 모의훈련
② 정보의 피드백 개선
③ 설비의 위험요인 개선
④ 적합한 인체측정치 적용

[해설] ① 근로자 측면의 대책
②, ③, ④ 인간공학 설계, 정보관리 측면의 대책

39 설비보전 방식의 유형 중 궁극적으로는 설비의 설계, 제작 단계에서 보전 활동이 불필요한 체계를 목표로 하는 것은?

① 개량보전(corrective maintenance)
② 예방보전(preventive maintenance)
③ 사후보전(break-down maintenance)
④ 보전예방(maintenance prevention)

[해설] 보전예방(Maintenance Prevention ; MP)
- 신규설비의 계획과 건설을 할 때 보전정보나 새로운 기술을 도입하여 열화손실을 적게 하는 보전 활동이다.
- 우수한 설비의 선정, 조달 또는 설계를 통하여 궁극적으로 설비의 설계, 제작 단계에서 보전활동이 불필요한 체제를 목표로 한 보전활동이다.

[참고]
1. 개량보전(CM : Corrective maintenance)
   설비의 재질이나 형상의 개량, 설계변경 등에 의한 설비의 체질을 개선하여 설비의 생산성을 높이기 위한 보전 활동이다.
2. 사후보전(BM : Break-down maintenance)
   시스템 내지 부품이 고장에 의해 정지 또는 유해한 성능저하를 초래한 뒤 수리를 하는 보전 활동이다.
3. 예방보전(PM : Preventive maintenance)
   시스템 또는 부품의 사용 중 고장 또는 정지와 같은 사고를 미리 방지하거나, 품목을 사용가능상태로 유지하기 위하여 계획적으로 하는 보전 활동이다.

40 그림의 부품 A, B, C 로 구성된 시스템의 신뢰도는? (단, 부품 A의 신뢰도는 0.85, 부품 B와 C의 신뢰도는 각각 0.90이다.)

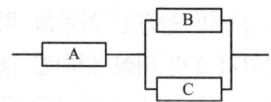

① 0.8415 ② 0.8425
③ 0.8515 ④ 0.8525

[해설]
$R = A \times \{1 - (1-B) \times (1-C)\}$
$= 0.85 \times \{1 - (1-0.9) \times (1-0.9)\}$
$= 0.8415$

{분석} 필기에 자주 출제되는 내용입니다.

제3과목 · 기계 · 기구 및 설비 안전 관리

41 기계의 안전조건 중 구조의 안전화가 아닌 것은?

① 기계재료의 선정 시 재료 자체에 결함이 없는지 철저히 확인한다.
② 사용 중 재료의 강도가 열화 될 것을 감안하여 설계 시 안전율을 고려한다.
③ 기계작동 시 기계의 오동작을 방지하기 위하여 오동작 방지 회로를 적용한다.
④ 가공경화와 같은 가공결함이 생길 우려가 있는 경우는 열처리 등으로 결함을 방지한다.

[해설] 구조 부분 안전화(구조 부분 강도적 안전화)
① 설계상의 결함 방지 : 사용 도중 재료의 강도가 열화될 것을 감안하여 설계 하여야 한다.
② 재료의 결함 방지 : 재료 자체의 균열, 부식, 강도 저하 등 결함에 대하여 적절한 재료로 대체하여야 한다.

정답 38 ① 39 ④ 40 ① 41 ③

③ 가공 결함 방지 : 재료의 가공 도중에 발생되는 결함을 열처리 등을 통하여 사전에 예방하여야 한다.

42 보일러의 안전한 가동을 위해 압력방출장치가 2개 이상 설치된 경우 최고사용압력 이하에서 1개가 작동되었다면, 다른 압력방출장치의 작동압력의 범위는?

① 최고사용압력 1.05배 이하
② 최고사용압력 1.1배 이하
③ 최고사용압력 1.15배 이하
④ 최고사용압력 1.2배 이하

[해설] 압력방출장치를 1개 또는 2개 이상 설치하고 최고사용압력 이하에서 작동되도록 하여야 한다. 다만, 압력방출장치가 2개 이상 설치된 경우에는 최고사용압력 이하에서 1개가 작동되고, 다른 압력방출장치는 최고사용압력 1.05배 이하에서 작동되도록 부착하여야 한다.

{분석}
실기까지 중요한 내용입니다.

43 프레스작업의 안전을 위한 방호장치 중 투광부와 수광부를 구비하는 방호장치는?

① 양수조작식
② 가드식
③ 광전자식
④ 수인식

[해설] 광전자식 방호장치 : 투광부, 수광부, 컨트롤 부분으로 구성된 것으로서 신체의 일부가 광선을 차단하면 기계를 급정지시키는 방호장치를 말한다.

{분석}
실기까지 중요한 내용입니다.

44 공작기계 중 플레이너 작업 시 안전대책이 아닌 것은?

① 베드 위에는 다른 물건을 올려 놓지 않는다.
② 절삭행정 중 일감에 손을 대지 말아야 한다.
③ 프레임 내 피트(Pit)에는 뚜껑을 설치하여야 한다.
④ 바이트는 되도록 길게 나오도록 설치한다.

[해설] ④ 바이트는 되도록 짧게 나오도록 설치한다.

45 하물의 하중을 직접 지지하는 달기 와이어로프의 안전계수 기준은?

① 3 이상   ② 4 이상
③ 5 이상   ④ 10 이상

[해설] 와이어로프 등의 안전계수
① 근로자가 탑승하는 운반구를 지지하는 달기와이어로프 또는 달기체인의 경우 : 10 이상
② 화물의 하중을 직접 지지하는 달기와이어로프 또는 달기체인의 경우 : 5 이상
③ 훅, 샤클, 클램프, 리프팅 빔의 경우 : 3 이상
④ 그 밖의 경우 : 4 이상

{분석}
실기에도 자주 출제되는 중요한 내용입니다. 암기하세요.

46 체인과 스프로킷, 랙과 피니언, 풀리와 V벨트 등에서 형성되는 위험점은?

① 끼임점
② 회전 말림점
③ 접선 물림점
④ 협착점

정답 42 ① 43 ③ 44 ④ 45 ③ 46 ③

[해설] 접선 물림점 : 회전하는 부분의 접선방향으로 물려 들어가는 위험점
[예] 벨트와 풀리, 체인과 스프로킷, 랙과 피니언 등

{분석}
실기까지 중요한 내용입니다.

47 기계설비에 있어서 방호의 기본 원리가 아닌 것은?
① 위험제거
② 덮어씌움
③ 위험도 분석
④ 위험에 적응

[해설] 방호장치의 일반원칙
① 작업방해의 제거
② 작업점의 방호
③ 외관상의 안전화
④ 기계특성에의 적합성

48 목재 가공용 둥근톱의 목재반발 예방장치가 아닌 것은?
① 반발방지 발톱(finger)
② 분할날(spreader)
③ 덮개(cover)
④ 반발방지 롤(roll)

[해설] 반발예방장치의 종류
• 분할날(spreader)
• 반발방지기구(finger)
• 반발방지롤러(roll)

[참고] 목재 가공용 둥근톱 기계의 방호 장치
① 날접촉 예방 장치(덮개)
② 반발예방장치

{분석}
실기까지 중요한 내용입니다. 암기하세요.

49 산업안전보건기준에 관한 규칙상 안전 난간의 구조 및 설치요건 중 상부 난간대는 바닥면·발판 또는 경사로의 표면으로부터 몇 cm 이상 지점에 설치해야 하는가?
① 30cm
② 60cm
③ 90cm
④ 120cm

[해설] 상부 난간대
• 상부 난간대는 바닥면 등으로부터 90센티미터 이상 지점에 설치
• 상부 난간대를 120센티미터 이하에 설치하는 경우 : 중간 난간대는 상부 난간대와 바닥면 등의 중간에 설치
• 120센티미터 이상 지점에 설치하는 경우 : 중간 난간대를 2단 이상으로 설치, 난간의 상하 간격은 60센티미터 이하가 되도록 할 것(다만, 난간 기둥 간의 간격이 25센티미터 이하인 경우에는 중간 난간대를 설치하지 않을 수 있다.)

50 가드(guard)의 종류가 아닌 것은?
① 고정식
② 조정식
③ 자동식
④ 반자동식

[해설] 가드의 종류
① 고정가드
② 조정 가드
③ 연동 가드(인터록 가드)
④ 자동 가드

51 산업용 로봇의 방호장치로 옳은 것은?
① 압력방출 장치
② 안전매트
③ 과부하 방지장치
④ 자동전격 방지장치

정답 47 ③ 48 ③ 49 ③ 50 ④ 51 ②

[해설] 산업용 로봇의 방호장치
① 높이 1.8미터 이상의 울타리
② 안전매트
③ 광전자식 방호장치 등 감응형 방호장치

{분석}
실기까지 중요한 내용입니다. 암기하세요.

52 연삭숫돌의 파괴원인이 아닌 것은?

① 숫돌 작업 시 측면 사용이 원인이 된다.
② 숫돌 작업 시 드레싱을 실시했을 때 원인이 된다.
③ 숫돌의 회전속도가 너무 빠를 때 원인이 된다.
④ 숫돌 회전중심이 잡히지 않았거나 베어링의 마모에 의한 진동이 원인이 된다.

[해설] 연삭기 숫돌 파괴 원인
① 숫돌의 회전 속도가 너무 빠를 때
② 숫돌 자체에 균열이 있을 때
③ 숫돌의 측면을 사용하여 작업할 때
④ 숫돌에 과대한 충격을 가할 때
⑤ 플랜지가 현저히 작을 때(플랜지는 숫돌 지름의 1/3 이상일 것)
⑥ 숫돌 불균형, 베어링 마모에 의한 진동이 심할 때
⑦ 반지름 방향 온도변화 심할 때

{분석}
실기까지 중요한 내용입니다. "해설"을 다시 확인하세요.

53 수공구 작업 시 재해방지를 위한 일반적인 유의사항이 아닌 것은?

① 사용 전 이상 유무를 점검한다.
② 작업자에게 필요한 보호구를 착용시킨다.
③ 적합한 수공구가 없을 경우 유사한 것을 선택하여 사용한다.
④ 사용 전 충분한 사용법을 숙지한다.

[해설] ③ 작업에 적합한 수공구를 사용하여야 한다.

54 플레이너와 세이퍼의 방호장치가 아닌 것은?

① 칩 브레이커   ② 칩받이
③ 칸막이   ④ 방책

[해설] 플레이너, 세이퍼의 방호장치
① 방책
② 칩받이
③ 칸막이

[참고] 칩 브레이커 : 긴 칩을 짧게 절단하는 선방의 방호장치

55 선반의 안전작업 방법 중 틀린 것은?

① 절삭칩의 제거는 반드시 브러시를 사용할 것
② 기계운전 중에는 백기어(back gear)의 사용을 금할 것
③ 공작물의 길이가 직경의 6배 이상일 때는 반드시 방진구를 사용할 것
④ 시동 전에 척 핸들을 빼둘 것

[해설] 공작물의 길이가 직경의 12~20배 이상일 때에는 방진구를 사용하여 재료를 고정할 것

56 지게차가 무부하 상태로 구내 최고속도 25km/h로 주행 시 좌우 안정도는 몇 % 이내인가?

① 16.5%   ② 25.0%
③ 37.5%   ④ 42.5%

[해설]
주행 시 좌·우 안정도 = $15 + 1.1V$(%)
(V : 최고속도 Km/hr)

주행 시 좌·우 안정도 = $15 + 1.1 \times 25 = 42.5\%$

정답 52 ② 53 ③ 54 ① 55 ③ 56 ④

참고 지게차의 안정도
① 주행 시 전·후 안정도 : 18%
② 하역작업 시 좌·우 안정도 : 6%
③ 하역작업 시 전·후 안정도 : 4%
   (단, 5T 이상의 것 3.5%)

{분석} 실기까지 중요한 내용입니다.

57 가스집합용접장치에서 가스장치실에 대한 안전조치로 틀린 것은?

① 가스가 누출될 때에는 해당 가스가 정체되지 않도록 한다.
② 지붕 및 천장은 콘크리트 등의 재료로 폭발을 대비하여 견고히 한다.
③ 벽에는 불연성 재료를 사용한다.
④ 가스장치실에는 관계근로자가 아닌 사람의 출입을 금지시킨다.

[해설] 가스장치실의 구조
① 가스가 누출된 때에는 당해 가스가 정체되지 아니하도록 할 것
② 지붕 및 천장에는 가벼운 불연성의 재료를 사용할 것
③ 벽에는 불연성의 재료를 사용할 것

58 근로자가 탑승하는 운반구를 지지하는 달기체인의 안전계수는 몇 이상이어야 하는가?

① 3 ② 4
③ 5 ④ 10

[해설] 와이어로프 등의 안전계수
① 근로자가 탑승하는 운반구를 지지하는 달기와이어로프 또는 달기체인의 경우 : 10 이상
② 화물의 하중을 직접 지지하는 달기와이어로프 또는 달기체인의 경우 : 5 이상
③ 훅, 샤클, 클램프, 리프팅 빔의 경우 : 3 이상
④ 그 밖의 경우: 4 이상

{분석} 실기에도 자주 출제되는 중요한 내용입니다. 암기하세요.

59 그림과 같이 2줄 걸이 인양작업에서 와이어 로프 1줄의 파단하중이 10,000N, 인양화물의 무게가 2,000N이라면 이 작업에서 확보된 안전율은?

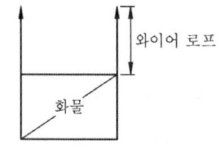

① 2 ② 5
③ 10 ④ 20

[해설] 2줄 걸이 작업이므로 한 줄의 인양화물 무게
→ 1,000N

안전율 = $\dfrac{파단하중}{사용하중} = \dfrac{10,000N}{1,000N} = 10$

참고

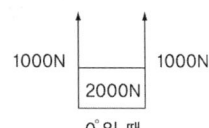

0°일 때

60 프레스의 양수조작식 방호장치에서 양쪽 버튼의 작동시간 차이는 최대 몇 초 이내일 때 프레스가 동작되도록 해야 하는가?

① 0.1 ② 0.5
③ 1.0 ④ 1.5

[해설] 양수조작식 방호장치는 누름버튼을 양손으로 동시에 조작하지 않으면 작동시킬 수 없는 구조이어야 하며, 양쪽버튼의 작동시간 차이는 최대 0.5초 이내일 때 프레스가 동작되도록 해야 한다.

정답 57 ② 58 ④ 59 ③ 60 ②

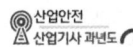

제4과목 · 전기 및 화학설비 안전 관리

61 교류아크 용접작업 시 감전을 예방하기 위하여 사용하는 자동전격방지기의 2차 전압은 몇 V 이하로 유지하여야 하는가?

① 25   ② 35
③ 50   ④ 40

[해설] **자동전격방지기의 성능**
용접을 중단하고 1.0초 내에 용접기의 홀더, 어스선에 흐르는 무부하 전압을 안전전압 25V 이하로 내려준다.

{분석}
실기까지 중요한 내용입니다. 암기하세요.

62 대전된 물체가 방전을 일으킬 때의 에너지 E(J)를 구하는 식으로 옳은 것은?

① $E = \sqrt{2CQ}$ ② $E = \frac{1}{2}CV$
③ $E = \frac{Q^2}{2C}$ ④ $E = \sqrt{\frac{2V}{C}}$

[해설] **정전기의 최소 착화 에너지(정전에너지)**

$$E = \frac{1}{2}CV^2 = \frac{1}{2}QV = \frac{Q^2}{2C}(J)$$

여기서, E : 정전기 에너지(J)
C : 도체의 정전 용량(F)
V : 대전 전위(V)
Q : 대전 전하량(C)

63 누전차단기의 선정 및 설치에 관한 설명으로 틀린 것은?

① 차단기를 설치한 전로에 과부하 보호장치를 설치하는 경우는 서로 협조가 잘 이루어지도록 한다.
② 정격부동작전류와 정격감도전류와의 차는 가능한 큰 차단기로 선정한다.
③ 휴대용, 이동용 전기기기에 설치하는 차단기는 정격감도전류가 낮고, 동작시간이 짧은 것을 선정한다.
④ 전로의 대지정전용량이 크면 차단기가 오동작 하는 경우가 있으므로 각 분기회로마다 차단기를 설치한다.

[해설] ② 정격 부동작 전류가 정격감도전류의 50% 이상이어야 하고 이들의 전류 차가 가능한 한 작을 것

64 가스 또는 분진폭발위험장소에는 변전실·배전반실 제어실 등을 설치하여서는 아니 된다. 다만, 실내기압이 항상 양압을 유지하도록 하고, 별도의 조치를 한 경우에는 그러하지 않은데 이 때 요구되는 조치사항으로 틀린 것은?

① 양압을 유지하기 위한 환기설비의 고장 등으로 양압이 유지되지 아니한 때 경보를 할 수 있는 조치를 한 경우
② 환기설비가 정지된 후 재가동하는 경우 변전실 등에 가스 등이 있는지를 확인할 수 있는 가스검지기 등의 장비를 비치한 경우
③ 환기설비에 의하여 변전실 등에 공급되는 공기는 가스 또는 분진폭발위험장소가 아닌 곳으로부터 공급되도록 하는 조치를 한 경우
④ 항상 유지해야 하는 실내기압이 항상 양압 10Pa 이상이 되도록 장치를 한 경우

정답 61 ① 62 ③ 63 ② 64 ④

| 해설 | 가스 또는 분진폭발위험장소에는 변전실·배전반실 제어실 등을 설치하여도 되는 경우
① 양압을 유지하기 위한 환기설비의 고장 등으로 양압이 유지되지 아니한 경우 경보를 할 수 있는 조치
② 환기설비가 정지된 후 재가동하는 경우 변전실 등에 가스 등이 있는지를 확인할 수 있는 가스 검지기 등 장비의 비치
③ 환기설비에 의하여 변전실 등에 공급되는 공기는 가스 또는 분진폭발위험장소가 아닌 곳으로부터 공급되도록 하는 조치

65 저항이 0.2Ω인 도체에 10A의 전류가 1분간 흘렀을 경우 발생하는 열량은 몇 cal 인가?

① 64 ② 144
③ 288 ④ 386

| 해설 |
$$Q = I^2 \times R \times T$$
여기서 Q : 전기발생열(에너지)(J)
I : 전류(A)
R : 전기저항(Ω)
T : 통전시간(S)

$Q = I^2 \times R \times T = 10^2 \times 0.2 \times 60 = 1200J \times 0.24$
$= 288cal$ (1분 = 60초, 1J = 0.24cal)

{분석} 실기까지 중요한 내용입니다.

66 22.9kV 특별고압 활선작업 시 충전전로에 대한 접근한계거리는 몇 cm인가?

① 30
② 60
③ 90
④ 110

| 해설 | 접근한계거리

충전전로의 선간전압 (단위 : 킬로볼트)	충전전로에 대한 접근 한계거리 (단위 : 센티미터)
0.3 이하	접촉금지
0.3 초과 0.75 이하	30
0.75 초과 2 이하	45
2 초과 15 이하	60
15 초과 37 이하	90
37 초과 88 이하	110
88 초과 121 이하	130
121 초과 145 이하	150
145 초과 169 이하	170
169 초과 242 이하	230
242 초과 362 이하	380
362 초과 550 이하	550
550 초과 800 이하	790

{분석} 실기까지 중요한 내용입니다. 암기하세요.

67 전기기기의 불꽃 또는 열로 인해 폭발성 위험분위기에 점화되지 않도록 컴파운드를 충전해서 보호한 방폭구조는?

① 몰드 방폭구조
② 비점화 방폭구조
③ 안전증 방폭구조
④ 본질안전 방폭구조

| 해설 | 컴파운드를 충전해서 보호한 방폭구조 → 몰드 방폭구조(m)

| 참고 |
1. 비점화 방폭구조(n) : 전기기기가 정상작동 및 비정상상태에서 주위의 폭발성 가스 분위기를 점화시키지 못하도록 만든 방폭구조
2. 안전증 방폭구조(e) : 정상운전 중의 내부에서 불꽃이 발생하지 않도록 전기적, 기계적, 구조적으로 온도상승에 대해 안전도를 증가시킨 구조
3. 본질안전 방폭구조(ia, ib) : 정상 시 또는 단락, 단선, 지락 등의 사고시에 발생하는 아크, 불꽃, 고열에 의하여 폭발성 가스나 증기에 점화되지 않는 것이 확인된 구조

{분석} 실기까지 중요한 내용입니다. "참고"를 다시 확인하세요.

정답 65 ③ 66 ③ 67 ①

68 감전 영향을 미치는 요인으로 통전경로별 위험도가 가장 높은 것은?

① 왼손-등 ② 오른손-등
③ 오른손-왼발 ④ 왼손-가슴

[해설] 통전 경로별 위험도

통전 경로	위험도
왼손-가슴	1.5
오른손-가슴	1.3
왼손-한발 또는 양발	1.0
양손-양발	1.0
오른손-한발 또는 양발	0.8
왼손-등	0.7
한손 또는 양손-앉아있는 자리	0.7
왼손-오른손	0.4
오른손-등	0.3

실력이 도로! 합격이 되는! **특급 암기법**

왼가, 오가 / 왼발, 손발, 오발 / 왼등, 손자리 /
손손, 오등

69 일반적인 방전형태의 종류가 아닌 것은?

① 스트리머(streamer)방전
② 적외선(infrared-ray)방전
③ 코로나(corona)방전
④ 연면(surface)방전

[해설] 정전기 방전형태

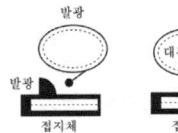  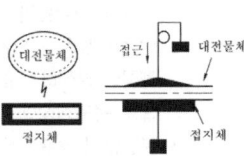

(a) 코로나방전 (b) 스트리머 방전 (c) 불꽃방전 (d) 연면방전

70 전로에 시설하는 기계기구의 철대 및 금속제 외함에는 규정에 따른 접지공사를 실시하여야 하나 시설하지 않아도 되는 경우가 있다. 예외 규정으로 틀린 것은?

① 사용전압이 교류 대지전압 150V 이하인 기계 기구를 습한 곳에 시설하는 경우
② 철대 또는 외함 주위에 적당한 절연대를 설치하는 경우
③ 저압용 기계 기구를 건조한 마루나 절연성 물질 위에서 취급하도록 시설하는 경우
④ 2중 절연구조로 되어 있는 기계 기구를 시설하는 경우

[해설] ① 기계 기구를 습한 곳에 시설하는 경우는 누전이 우려되므로 접지를 하여야 한다.

[참고] 접지를 시행하지 않아도 되는 경우
① 이중절연구조 또는 이와 동등 이상으로 보호되는 전기기계·기구
② 절연대 위 등과 같이 감전 위험이 없는 장소에서 사용하는 전기기계·기구
③ 비접지방식의 전로에 접속하여 사용되는 전기기계·기구

{분석}
실기까지 중요한 내용입니다. "참고"를 다시 확인하세요.

71 폭발범위에 있는 가연성 가스 혼합물에 전압을 변화시키며 전기 불꽃을 주었더니 1,000V가 되는 순간 폭발이 일어났다. 이때 사용한 전기 불꽃의 콘덴서 용량은 0.1μF을 사용하였다면 이 가스에 대한 최소 발화에너지는 몇 mJ인가?

① 5 ② 10
③ 50 ④ 100

정답 68 ④ 69 ② 70 ① 71 ③

[해설]

$$E = \frac{1}{2}CV^2(J)$$

여기서, E : 정전기 에너지(J)
C : 도체의 정전 용량(F)
V : 대전 전위(V)
Q : 대전 전하량(C)

$E = \frac{1}{2}CV^2 = \frac{1}{2} \times 0.1 \times 10^{-6} \times 1000^2$
$= 0.05J \times 1000 = 50mJ$
$(\mu F = 10^{-6}F)$

72 폭발범위에 관한 설명으로 옳은 것은?

① 공기밀도에 대한 폭발성 가스 및 증기의 폭발가능 밀도 범위
② 가연성 액체의 액면 근방에 생기는 증기가 착화 할 수 있는 온도 범위
③ 폭발화염이 내부에서 외부로 전파될 수 있는 용기의 틈새 간격 범위
④ 가연성 가스와 공기와의 혼합가스에 점화원을 주었을 때 폭발이 일어나는 혼합가스의 농도 범위

[해설] **폭발범위** : 폭발이 일어나는데 필요한 가연성 가스의 특정한 농도범위를 말한다.

73 다음 중 아세틸렌의 취급 관리 시 주의사항으로 옳지 않은 것은?

① 용기는 폭발할 수 있으므로 전도·낙하되지 않도록 한다.
② 폭발할 수 있으므로 필요 이상 고압으로 충전하지 않는다.
③ 용기는 밀폐된 장소에 보관하고, 누출 시에는 누출원에 직접 주수하도록 한다.
④ 폭발성 물질을 생성할 수 있으므로 구리나 일정 함량 이상의 구리합금과 접촉하지 않도록 한다.

[해설] ③ 용기는 그늘진 곳에 안전하게 보관하여야 한다.

74 산업안전보건법령상 안전밸브 전단, 후단에 자물쇠형 차단밸브를 설치할 수 없는 경우는?

① 화학설비 및 그 부속설비에 안전밸브 등이 복수방식으로 설치되어 있는 경우
② 예비용 설비를 설치하고 각각의 설비에 안전밸브 등이 설치되어 있는 경우
③ 열팽창에 의하여 상승된 압력을 맞추기 위한 목적으로 안전밸브가 설치된 경우
④ 안전밸브 등의 배출용량의 2분의 1 이상에 해당하는 용량의 자동압력조절밸브와 안전밸브가 직렬로 연결된 경우

[해설] 안전밸브 전단, 후단에 자물쇠형 차단밸브를 설치할 수 있는 경우

① 인접한 화학설비 및 그 부속설비에 안전밸브 등이 각각 설치되어 있고 당해 화학설비 및 그 부속설비의 연결배관에 차단밸브가 없는 경우
② 안전밸브 등의 배출용량의 2분의 1 이상에 해당하는 용량의 자동압력조절밸브와 안전밸브 등이 병렬로 연결된 경우
③ 화학설비 및 그 부속설비에 안전밸브 등이 복수방식으로 설치되어 있는 경우
④ 예비용 설비를 설치하고 각각의 설비에 안전밸브 등이 설치되어 있는 경우
⑤ 열팽창에 의하여 상승된 압력을 낮추기 위한 목적으로 안전밸브가 설치된 경우
⑥ 하나의 플레어스택(flare stack)에 2 이상의 단위공정의 플레어헤더(flare header)를 연결하여 사용하는 경우로서 각각의 단위공정의 플레어헤더에 설치된 차단밸브의 열림·닫힘 상태를 중앙제어실에서 알 수 있도록 조치한 경우

{분석}
필기에 자주 출제되는 내용입니다.

정답 72 ④ 73 ③ 74 ④

75 유해·위험물질 취급 시 보호구의 구비 조건으로 가장 거리가 먼 것은?

① 방호성능이 충분할 것
② 재료의 품질이 양호할 것
③ 작업에 방해가 되지 않을 것
④ 착용감이 뛰어나고 외관이 화려할 것

[해설] ④ 보호구는 외관이 화려할 필요는 없다.

[참고] **보호구 구비 조건**
① 사용 목적에 적합해야 한다.
② 착용이 간편해야 한다.
③ 작업에 방해되지 않아야 한다.
④ 품질이 우수해야 한다.
⑤ 구조, 끝마무리가 양호해야 한다.
⑥ 겉모양, 보기가 좋아야 한다.
⑦ 유해, 위험에 대한 방호가 완전할 것
⑧ 금속성 재료는 내식성일 것

76 다음 중 분진 폭발의 발생 위험성을 낮추는 방법으로 적절하지 않은 것은?

① 주변의 점화원을 제거한다.
② 분진이 날리지 않도록 한다.
③ 분진과 그 주변의 온도를 낮춘다.
④ 분진 입자의 표면적을 크게 한다.

[해설] ④ 분진 입자의 표면적을 크게 할수록 산소와 접촉면적이 넓어져 폭발위험이 커진다.

77 다음 중 물분무소화설비의 주된 소화효과에 해당하는 것으로만 나열한 것은?

① 냉각효과, 질식효과
② 희석효과, 제거효과
③ 제거효과, 억제효과
④ 억제효과, 희석효과

[해설] 1. 다량의 물 : 냉각소화
2. 물의 분무 : 산소면 차단에 의한 질식소화

78 가열 마찰 충격 또는 다른 화학물질과의 접촉 등으로 인하여 산소나 산화제의 공급이 없더라도 폭발 등 격렬한 반응을 일으킬 수 있는 물질은?

① 알코올류
② 무기과산화물
③ 니트로화합물
④ 과망간산칼륨

[해설] 1. 산소나 산화제의 공급이 없더라도 폭발 등 격렬한 반응을 일으킬 수 있는 물질 → 폭발성물질

2. 폭발성물질의 종류
가. 질산에스테르류
나. 니트로화합물
다. 니트로소화합물
라. 아조화합물
마. 디아조화합물
바. 하이드라진 유도체
사. 유기과산화물

79 공정 중에서 발생하는 미연소가스를 연소하여 안전하게 밖으로 배출시키기 위하여 사용하는 설비는 무엇인가?

① 증류탑
② 플레어스텍
③ 흡수탑
④ 인화방지망

[해설] **플레어스텍(Flare stack)** : 가스, 고휘발성 액체의 증기를 연소하여 대기 중에 방출하는 장치이다. Seal Drum을 통해 점화버너에 착화 연소하여 가연성, 독성, 냄새 제거 후 대기 중에 방출한다.

80 반응기가 이상과열인 경우 반응폭주를 방지하기 위하여 작동하는 장치로 가장 거리가 먼 것은?

① 고온경보장치
② 블로우다운시스템
③ 긴급차단장치
④ 자동 shutdown 장치

[해설] blow-down : 공정액체를 빼내고 안전하게 처리하기 위한 설비이다.

정답 75 ④ 76 ④ 77 ① 78 ③ 79 ② 80 ②

제5과목: 건설공사 안전 관리

81 철골기둥 건립 작업 시 붕괴 도괴 방지를 위하여 베이스 플레이트의 하단은 인접기둥의 높이에서 얼마 이상 벗어나지 않아야 하는가?

① 2mm ② 3mm
③ 4mm ④ 5mm

[해설] 베이스 플레이트의 하단은 기준 높이 및 인접기둥의 높이에서 3mm 이상 벗어나지 않을 것

82 가설공사와 관련된 안전율에 대한 정의로 옳은 것은?

① 재료의 파괴응력도와 허용응력도의 비율이다.
② 재료가 받을 수 있는 허용응력도이다.
③ 재료의 변형이 일어나는 한계응력도이다.
④ 재료가 받을 수 있는 허용하중을 나타내는 것이다.

[해설] 안전율 : 재료의 파괴응력도와 허용응력도의 비율

$$안전율 = \frac{파단응력}{허용응력}$$

83 철골작업에서 작업을 중지해야 하는 규정에 해당되지 않는 경우는?

① 풍속이 초당 10m 이상인 경우
② 강우량이 시간당 1mm 이상인 경우
③ 강설량이 시간당 1cm 이상인 경우
④ 겨울철 기온이 영상 4℃ 이상인 경우

[해설] 철골작업을 중지해야 하는 조건
① 풍속이 초당 10미터 이상인 경우
② 강우량이 시간당 1밀리미터 이상인 경우
③ 강설량이 시간당 1센티미터 이상인 경우

{분석} 실기에도 자주 출제되는 내용입니다. 암기하세요.

84 콘크리트를 타설할 때 거푸집에 작용하는 콘크리트 측압에 영향을 미치는 요인과 가장 거리가 먼 것은?

① 콘크리트의 타설 속도
② 콘크리트의 타설 높이
③ 콘크리트의 강도
④ 기온

[해설] ① 콘크리트의 타설속도가 빠를수록 측압이 크다.
② 콘크리트의 타설 높이가 높을수록 측압이 크다.
③ 콘크리트의 비중이 클수록 측압이 크다.
④ 외기온도가 낮을수록 측압이 크다.
⑤ 습도가 낮을수록 측압이 크다.

{분석} 자주 출제되는 내용입니다. "해설"을 다시 확인하세요.

85 토석 붕괴의 내적 요인으로 옳은 것은?

① 사면의 경사 증가
② 공사에 의한 진동, 하중의 증가
③ 절토 및 성토 높이의 증가
④ 토석의 강도 저하

[해설] 토석 붕괴의 내적 원인
① 절토 사면의 토질·암질
② 성토 사면의 토질구성 및 분포
③ 토석의 강도 저하

정답 81 ② 82 ① 83 ④ 84 ③ 85 ④

86 달비계에 설치되는 작업발판의 폭에 대한 기준으로 옳은 것은?

① 20cm 이상　② 40cm 이상
③ 60cm 이상　④ 80cm 이상

[해설] 작업발판은 폭을 40센티미터 이상으로 하고 틈새가 없도록 할 것

87 콘크리트의 비파괴 검사방법이 아닌 것은?

① 반발경도법　② 자기법
③ 음파법　　　④ 침지법

[해설] ① 액체침투 탐상법
② 자분 탐상법
③ 방사선 투과법
④ 초음파탐상법
⑤ 반발경도법

88 거푸집에 작용하는 연직방향 하중에 해당하지 않는 것은?

① 고정하중
② 작업하중
③ 충격하중
④ 콘크리트측압

[해설] ④ 콘크리트측압은 횡방향으로 작용하는 하중이다.

89 강관을 사용하여 비계를 구성하는 경우 비계기둥 간의 적재하중은 얼마를 초과하지 않도록 하여야 하는가?

① 200kg　② 300kg
③ 400kg　④ 500kg

[해설] 비계기둥 간의 적재하중은 400kg을 초과하지 아니 하도록 할 것

참고 강관비계의 구조

① 비계기둥 간격 : 띠장방향에서는 1.85m 이하, 장선방향에서는 1.5m 이하로 할 것
다만, 다음 각 목의 어느 하나에 해당하는 작업의 경우에는 안전성에 대한 구조검토를 실시하고 조립도를 작성하면 띠장 방향 및 장선 방향으로 각각 2.7미터 이하로 할 수 있다.
가. 선박 및 보트 건조작업
나. 그 밖에 장비 반입·반출을 위하여 공간 등을 확보할 필요가 있는 등 작업의 성질상 비계기둥 간격에 관한 기준을 준수하기 곤란한 작업
② 띠장간격 : 2.0미터 이하로 할 것
③ 비계기둥의 제일 윗부분으로부터 31m되는 지점 밑 부분의 비계기둥은 2본의 강관으로 묶어 세울 것
④ 비계기둥 간의 적재하중은 400kg을 초과하지 않도록 할 것

{분석}
실기에도 자주 출제되는 내용입니다.
"참고"를 다시 확인하세요.

90 지반의 투수계수에 영향을 주는 인자에 해당하지 않는 것은?

① 토립자의 단위 중량
② 유체의 점성계수
③ 토립자의 공극비
④ 유체의 밀도

[해설] 지반의 투수계수에 영향을 주는 인자
① 유체의 점성계수
② 토립자의 공극비
③ 유체의 밀도

91 다음 중 굴착기의 전부장치와 거리가 먼 것은?

① 붐(Boom)　② 암(Arm)
③ 버킷(Bucket)　④ 블레이드(Blade)

[해설] 굴착기의 전부장치는 붐, 암, 버킷으로 구성되어 있다.

정답　86 ②　87 ④　88 ④　89 ③　90 ①　91 ④

92 흙의 액성한계 W_L = 48%, 소성한계 W_P = 26%일 때 소성지수(I_P)는 얼마인가?

① 18% ② 22%
③ 26% ④ 32%

[해설] 소성지수 = 액성한계 − 소성한계
= 48 − 26 = 22%

93 터널작업 중 낙반 등에 의한 위험방지를 위해 취할 수 있는 조치사항이 아닌 것은?

① 터널지보공 설치
② 록볼트 설치
③ 부석의 제거
④ 산소의 측정

[해설] 터널작업 중 낙반 등에 의한 위험방지 조치
① 터널지보공 설치
② 록볼트 설치
③ 부석의 제거

94 다음 그림은 산업안전보건기준에 관한 규칙에 따른 풍화암에서 토사붕괴를 예방하기 위한 기울기를 나타낸 것이다. X의 값은?

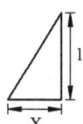

① 0.8 ② 1.0
③ 0.5 ④ 0.3

[해설] 풍화암의 기울기 기준

$1 : 1.0 = \dfrac{1(높이)}{1.0(밑변)}$

[참고] 굴착면의 기울기 및 높이 기준

지반의 종류	굴착면의 기울기
모래	1 : 1.8
연암 및 풍화암	1 : 1.0
경암	1 : 0.5
그 밖의 흙	1 : 1.2

95 토사붕괴를 방지하기 위한 대책으로 붕괴방지공법에 해당되지 않는 것은?

① 배토공법
② 압성토공법
③ 집수정공법
④ 공작물의 설치

[해설] ③ 집수정공법은 배수공법에 해당한다.

96 산업안전보건기준에 관한 규칙에서 규정하는 현장에서 고소작업대 사용 시 준수사항이 아닌 것은?

① 작업자가 안전모 안전대 등의 보호구를 착용하도록 할 것
② 관계자가 아닌 사람이 작업구역 내에 들어오는 것을 방지하기 위하여 필요한 조치를 할 것
③ 작업을 지휘하는 자를 선임하여 그 자의 지휘 하에 작업을 실시할 것
④ 안전한 작업을 위하여 적정수준의 조도를 유지할 것

[해설] 고소작업대를 사용 시 준수사항
① 작업자가 안전모·안전대 등의 보호구를 착용하도록 할 것
② 관계자 외의 자가 작업구역 내에 들어오는 것을 방지하기 위하여 필요한 조치를 할 것

정답 92 ② 93 ④ 94 ② 95 ③ 96 ③

③ 안전한 작업을 위하여 적정수준의 조도를 유지할 것
④ 전로(電路)에 근접하여 작업을 하는 때에는 작업감시자를 배치하는 등 감전사고를 방지하기 위하여 필요한 조치를 할 것
⑤ 작업대를 정기적으로 점검하고 붐·작업대 등 각 부위의 이상 유무를 확인할 것
⑥ 전환스위치는 다른 물체를 이용하여 고정하지 말 것
⑦ 작업대는 정격하중을 초과하여 물건을 싣거나 탑승하지 말 것
⑧ 작업대의 붐대를 상승시킨 상태에서 탑승자는 작업대를 벗어나지 말 것

97 콘크리트 타설 시 안전에 유의해야 할 사항으로 옳지 않은 것은?

① 콘크리트 다짐효과를 위하여 최대한 높은 곳에서 타설한다.
② 타설 순서는 계획에 의하여 실시한다.
③ 콘크리트를 치는 도중에는 거푸집, 동바리 등의 이상 유무를 확인하여야 한다.
④ 타설 시 비어있는 공간이 발생되지 않도록 밀실하게 부어 넣는다.

[해설] ① 콘크리트를 높은 곳에서 부어넣을 경우 재료분리가 발생할 수 있다. 연직슈트 또는 펌프배관의 배출구를 타설면 가까운 곳까지 내려서 콘크리트를 타설하여야 한다.

98 차량계 건설기계의 운전자가 운전위치를 이탈하는 경우 준수해야 할 사항으로 옳지 않은 것은?

① 버킷은 지상에서 1m 정도의 위치에 둔다.
② 브레이크를 걸어둔다.
③ 디퍼는 지면에 내려둔다.
④ 원동기를 정지시킨다.

[해설] 차량계 건설기계의 운전자 위치이탈 시 조치
① 포크, 버킷, 디퍼 등의 장치를 가장 낮은 위치 또는 지면에 내려 둘 것
② 원동기를 정지시키고 브레이크를 확실히 거는 등 갑작스러운 이동을 방지하기 위한 조치를 할 것
③ 운전석을 이탈하는 경우에는 시동키를 운전대에서 분리시킬 것

{분석} 실기까지 중요한 내용입니다. "해설"을 다시 확인하세요.

99 가설통로 중 경사로를 설치, 사용함에 있어 준수해야 할 사항으로 옳지 않은 것은?

① 경사로의 폭은 최소 90센티미터 이상이어야 한다.
② 비탈면의 경사각은 45도 내외로 한다.
③ 높이 7미터 이내마다 계단참을 설치하여야 한다.
④ 추락방지용 안전난간을 설치하여야 한다.

[해설] ② 비탈면의 경사각은 30도 이내로 하고 미끄럼막이를 설치한다.

정답 97 ① 98 ① 99 ②

100 수중굴착 및 구조물의 기초바닥 등과 같은 협소하고 상당히 깊은 범위의 굴착과 호퍼작업에 가장 적당한 굴착기계는?

① 파워셔블
② 항타기
③ 클램쉘
④ 리버스서큘레이션드릴

[해설] 기초바닥 등과 같은 협소하고 상당히 깊은 범위의 굴착과 호퍼작업에 적당 → 클램쉘

[참고] 굴착기계
① 파워 셔블(power shovel) : 기계가 서 있는 지반면보다 높은 곳의 땅파기, 굳은 지반 굴착에 적합하다.
② 드래그 셔블(drag shovel, 백호) : 기계가 서 있는 지면보다 낮은 장소의 굴착 및 수중굴착이 가능하다
③ 드래그 라인(drag line) : 기계가 서있는 위치보다 낮은 장소의 굴착에 적당하고 수중굴착 및 연약한 지반의 굴착에 적합하다.
④ 클램쉘(clamshell) : 수중굴착 및 가장 협소하고 깊은 굴착이 가능하며 호퍼(hopper)에 적당하다.

{분석}
필기에 자주 출제되는 내용입니다.

정답 100 ③

03회 2016년 산업안전 산업기사 최근 기출문제

2016년 8월 21일 시행

제1과목: 산업재해 예방 및 안전보건교육

01 산업안전보건법상 안전보건표지의 종류 중 지시표시에 해당되지 않는 것은?

① 안전모 착용
② 안전화 착용
③ 방호복 착용
④ 방독마스크 착용

[해설] 지시표지의 종류
① 보안경 착용
② 방독마스크 착용
③ 방진마스크 착용
④ 보안면 착용
⑤ 안전모 착용
⑥ 귀마개 착용
⑦ 안전화 착용
⑧ 안전장갑 착용
⑨ 안전복 착용

{분석}
실기까지 중요한 내용입니다. "해설"을 다시 확인하세요.

02 부주의에 대한 설명 중 틀린 것은?

① 부주의는 거의 모든 사고의 직접 원인이 된다.
② 부주의라는 말은 불안전한 행위뿐만 아니라 불안전한 상태에도 통용된다.
③ 부주의라는 말은 결과를 표현한다.
④ 부주의는 무의식적 행위나 의식의 주변에서 행해지는 행위에 나타난다.

[해설] 부주의는 사고의 간접 원인이 된다.

03 벨트식, 안전그네식 안전대의 사용구분에 따른 분류에 해당되지 않는 것은?

① U자 걸이용
② D링 걸이용
③ 안전블록
④ 추락방지대

[해설] 안전대의 종류

종류	사용 구분
벨트식	1개 걸이용
	U자 걸이용
안전그네식	추락방지대
	안전블록

{분석}
실기까지 중요한 내용입니다. "해설"을 다시 확인하세요.

04 리더십에 있어서 권한의 역할 중 조직이 지도자에게 부여한 권한이 아닌 것은?

① 보상적 권한
② 강압적 권한
③ 합법적 권한
④ 전문성의 권한

[해설]
1. **조직이 지도자에게 부여하는 권한**
   보상적 권한, 강압적 권한, 합법적 권한

2. **지도자 자신이 자기에게 부여하는 권한**
   위임된 권한, 전문성의 권한

[참고] 리더십의 권한의 역할
(1) 보상적 권한 : 지도자가 부하에게 보상할 수 있는 능력
(2) 강압적 권한 : 지도자가 부하들을 처벌할 수 있는 권한

정답 01 ③ 02 ① 03 ② 04 ④

(3) 합법적 권한 : 조직의 규정에 의해 공식화된 권한
(4) 위임된 권한 : 부하직원들이 지도자를 따르고 지도자와 함께 일하는 것
(5) 전문성의 권한 : 지도자가 집단 목표수행에 전문적인 지식을 갖고 있는가와 관련한 권한

05 매슬로(Maslow)의 욕구 5단계 이론에 해당되지 않는 것은

① 생리적 욕구　② 안전의 욕구
③ 사회적 욕구　④ 심리적 욕구

[해설] 매슬로(Maslow A. H.)의 욕구단계 이론
① 제1단계(생리적 욕구)
② 제2단계(안전 욕구)
③ 제3단계(사회적 욕구)
④ 제4단계(존경 욕구)
⑤ 제5단계(자아실현의 욕구)

{분석}
실기까지 중요한 내용입니다. 암기하세요.

06 위험예지훈련 기초 4라운드법의 진행에서 전원이 토의를 통하여 위험요인을 발견하는 단계로 가장 적절한 것은?

① 제1라운드 : 현상파악
② 제2라운드 : 본질추구
③ 제3라운드 : 대책수립
④ 제4라운드 : 목표설정

[해설]

위험예지훈련 4단계	
1단계 : 현상파악	• 어떤 위험이 잠재하고 있는가? • 전원이 대화로써 도해 상황속의 잠재위험요인을 발견하고 그 요인이 초래할 수 있는 사고를 생각해내는 단계
2단계 : 요인조사 (본질추구)	• 이것이 위험의 포인트이다. • 발견해 낸 위험 중 가장 위험한 것을 합의로서 결정하는 단계 (지적확인 단계)
3단계 : 대책수립	• 당신이라면 어떻게 할 것인가? • 중요위험요인을 해결하기 위한 대책을 세우는 단계
4단계 : 행동목표 설정 (합의요약)	• 우리들은 이렇게 하자! • 대책 중 중점 실시항목을 합의 요약해서 그것을 실천하기 위한 행동목표를 설정하는 단계

07 국제노동기구(ILO)에서 구분한 "일시 전 노동 불능"에 관한 설명으로 옳은 것은?

① 부상의 결과로 근로기능을 완전히 잃은 부상
② 부상의 결과로 신체의 일부가 근로기능을 완전 상실한 부상
③ 의사의 소견에 따라 일정 기간 노동에 종사할 수 없는 상해
④ 의사의 소견에 따라 일시적으로 근로 시간 중 치료를 받는 정도의 상해 행위에 나타난다.

[해설] ILO의 근로불능 상해의 구분(상해정도별 분류)
① 사망
② 영구 전 노동불능 : 신체 전체의 노동기능 완전 상실(1~3급)
③ 영구 일부 노동불능 : 신체 일부의 노동 기능 상실 (4~14급)
④ 일시 전 노동불능 : 일정기간 노동 종사 불가 (휴업상해)
⑤ 일시 일부 노동불능 : 일정기간 일부노동에 종사 불가(통원상해)
⑥ 구급조치상해

{분석}
"해설"을 다시 확인하세요.

정답　05 ④　06 ①　07 ③

08 인간의 안전교육 형태에서 행위의 난이도가 점차적으로 높아지는 순서를 올바르게 표현한 것은?

① 지식 → 태도 변형 → 개인 행위 → 집단 행위
② 태도 변형 → 지식 → 집단 행위 → 개인 행위
③ 개인 행위 → 태도 변형 → 집단 행위 → 지식
④ 개인 행위 → 집단 행위 → 지식 → 태도 변형

해설 안전교육의 효과 순서
지식 변화 → 기능 변화 → 태도 변화 → 개인행동 변화 → 집단행동 변화

09 교육훈련 평가의 4단계를 올바르게 나열한 것은?

① 학습 → 반응 → 행동 → 결과
② 학습 → 행동 → 반응 → 결과
③ 행동 → 반응 → 학습 → 결과
④ 반응 → 학습 → 행동 → 결과

해설 교육 훈련 평가의 4단계
1단계 : 반응단계   2단계 : 학습단계
3단계 : 행동단계   4단계 : 결과단계

10 주요 구조 부분을 변경하는 경우 안전인증을 받아야 하는 기계 기구가 아닌 것은?

① 원심기
② 사출성형기
③ 압력용기
④ 고소작업대

해설 1. 설치·이전하는 경우 안전인증을 받아야 하는 기계·기구
가. 크레인
나. 리프트
다. 곤돌라

2. 주요 구조 부분을 변경하는 경우 안전인증을 받아야 하는 기계·기구
① 프레스
② 전단기 및 절곡기(折曲機)
③ 크레인
④ 리프트
⑤ 압력용기
⑥ 롤러기
⑦ 사출성형기(射出成形機)
⑧ 고소(高所)작업대
⑨ 곤돌라

특급 암기법
유사한 종류끼리 묶어서 암기
손 다치는 기계 - 프레스, 전단기 및 절곡기, 사출성형기, 롤러기
양중기 - 크레인, 리프트, 곤돌라
폭발 - 압력용기
추락 - 고소작업대

{분석}
실기에도 자주 출제되는 중요한 내용입니다. 암기하세요.

11 안전교육의 3요소가 아닌 것은?

① 지식 교육
② 기능 교육
③ 태도 교육
④ 실습 교육

해설 교육의 3단계
① 제1단계(지식 교육)
② 제2단계(기능 교육)
③ 제3단계(태도 교육)

정답 08 ① 09 ④ 10 ① 11 ④

12. 집단에 있어서의 인간관계를 하나의 단면(斷面)에서 포착하였을 때 이러한 단면적(斷面的)인 인간관계가 생기는 기제(機制)와 가장 거리가 먼 것은?

① 모방
② 암시
③ 습관
④ 커뮤니케이션

[해설] 인간관계 및 인간의 행동성향
① 모방 : 남의 행동이나 판단을 표본으로 하여 그 것과 같거나 또는 그것에 가까운 행동 또는 판단을 취하려는 행동
② 암시 : 다른 사람으로부터의 판단이나 행동을 무비판적으로 논리적·사실적 근거없이 받아 들이는 행동
④ 커뮤니케이션 : 갖가지 행동양식의 기초를 매개로 하여 어떤 사람으로부터 다른 사람에게 전달되는 과정

{분석}
필기에 자주 출제되는 내용입니다.

13. 다음에 설명하는 착시 현상과 관계가 깊은 것은?

그림에서 선 ab와 선 cd는 그 길이가 동일한 것이지만, 시각적으로는 선 ab가 선 cd보다 길어 보인다.

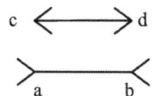

① 헬몰쯔의 착시
② 쾰러의 착시
③ 뮬러 – 라이어의 착시
④ 포건 도르프의 착시

[해설]

Müller Lyer의 착시	(a)	(b)
	(a)가 (b)보다 길게 보인다. (실제 a=b)	
Helmholz의 착시	(a)	(b)
	(a)는 세로로 길어 보이고, (b)는 가로로 길어 보인다.	
Herling의 착시	(a)	(b)
	(a)는 양단이 벌어져 보이고, (b)는 중앙이 벌어져 보인다.	
Poggendorf의 착시		
	(a)와 (b)가 실제 일직선상에 있으나 (a)와 (c)가 일직선으로 보인다.	

14. 관리감독자를 대상으로, 작업지도방법, 작업개선방법, 대인관계능력 등을 가르치는 교육은?

① TWI(Training Within Industry)
② ATT(American Telephone & Telegram co.)
③ MTP(Management Training Program)
④ CCS(Civil Communication Section)

정답 12 ③ 13 ③ 14 ①

[해설] TWI(Training Within Industry) : 일선관리감독자 대상 교육

TWI 교육과정
① 작업 방법 기법 (Job Method Training : JMT)
② 작업 지도 기법 (Job instruction Training : JIT)
③ 인간 관계관리 기법 or 부하통솔법 (Job Relations Training : JRT)
④ 작업 안전 기법 (Job Safety Training : JST)

{분석} 자주 출제되는 내용입니다. "해설"을 다시 확인하세요.

15 학습의 전개 단계에서 주제를 논리적으로 체계화하는 방법이 아닌 것은?

① 간단한 것에서 복잡한 것으로
② 부분적인 것에서 전체적인 것으로
③ 미리 알려져 있는 것에서 미지의 것으로
④ 많이 사용하는 것에서 적게 사용하는 것으로

[해설] 학습의 전개 과정
① 쉬운 것부터 어려운 것으로 학습한다.
② 과거에서 현재, 미래의 순으로 학습한다.
③ 많이 사용하는 것에서 적게 사용하는 순으로 학습한다.
④ 간단한 것에서 복잡한 것으로 학습한다.
⑤ 전체에서 부분으로 학습한다.

16 산업재해 손실액 산정 시 직접비가 2,000만 원일 때 하인리히 방식을 적용하면 총 손실액은?

① 2,000만원
② 8,000만원
③ 1억 원
④ 1억 2,000만원

[해설] 하인리히의 총 재해비용 = 직접비 + 간접비
(1 : 4)
1억 원 = 2,000만 원 + (2,000 × 4)만 원

{분석} 실기까지 중요한 내용입니다.

17 산업안전보건법상 사업주가 근로자에게 실시하여야 하는 근로자 안전·보건교육의 교육과정에 해당하지 않는 것은?

① 특별교육
② 양성교육
③ 작업내용 변경 시의 교육
④ 건설업 기초 안전 보건교육

[해설] 사업주가 근로자에게 실시하여야 하는 근로자 안전·보건교육의 교육과정
1. 근로자 정기교육
2. 근로자 채용 시의 교육
3. 근로자 작업내용 변경 시의 교육
4. 특별교육
5. 건설업 기초안전보건교육

{분석} 실기까지 중요한 내용입니다. 암기하세요.

18 다음 ( ) 안에 들어갈 내용으로 알맞은 것은?

> 산업안전보건법상 사업주는 안전보건관리 규정을 작성 또는 변경할 때에는 (㉠)의 심의 의결을 거쳐야 한다. 다만, (㉠)가 설치되어 있지 아니한 사업장에 있어서는 (㉡)의 동의를 받아야 한다.

① ㉠ 안전보건관리규정위원회
   ㉡ 노사대표
② ㉠ 안전보건관리규정위원회
   ㉡ 근로자대표

정답 15 ② 16 ③ 17 ② 18 ④

③ ㉠ 산업안전보건위원회
　㉡ 노사대표
④ ㉠ 산업안전보건위원회
　㉡ 근로자대표

[해설] 안전보건관리규정을 작성하거나 변경할 때에는 산업안전보건위원회의 심의·의결을 거쳐야 한다. 다만, 산업안전보건위원회가 설치되어 있지 아니한 사업장의 경우에는 근로자대표의 동의를 받아야 한다.

19 무재해 운동의 3대 원칙에 대한 설명이 아닌 것은?

① 사람이 죽거나 다쳐서 일을 못하게 되는 일 및 모든 잠재요소를 제거한다.
② 잠재위험요인을 발굴 제거로 안전 확보 및 사고를 예방한다.
③ 작업환경을 개선하고 이상을 발견하면 정비 및 수리를 통해 사고를 예방한다.
④ 무재해를 지향하고 안전과 건강을 선취하기 위해 전원 참가한다.

[해설] ① 무(無)의 원칙(ZERO의 원칙) : 사업장 내의 모든 잠재위험요인을 적극적으로 사전에 발견하고 파악·해결함으로써 산업재해의 근원적인 요소들을 없앤다는 것을 의미한다.
② 선취의 원칙(안전제일의 원칙) : 사업장 내에서 행동하기 전에 잠재위험요인을 발견하고 파악·해결하여 재해를 예방하는 것을 의미한다.
③ 참가의 원칙(참여의 원칙) : 작업에 따르는 잠재위험요인을 발견하고 파악·해결하기 위하여 전원이 일치 협력하여 각자의 위치에서 적극적으로 문제해결을 하겠다는 것을 의미한다.

20 재해예방 4원칙 중 대책선정의 원칙의 충족조건이 아닌 것은?

① 문제해결 능력 고취
② 적합한 기준 설정
③ 경영자 및 관리자의 솔선수범
④ 부단한 동기부여와 사기 향상

[해설] 대책 선정의 원칙 : 사고의 원인에 대한 적합한 대책을 선정하는 단계로 문제해결 능력을 고취하는 단계가 아니다.

[참고] 산업재해 예방의 4원칙
① 예방 가능의 원칙 : 재해는 원칙적으로 원인만 제거되면 예방이 가능하다.
② 손실 우연의 원칙 : 사고의 결과 생기는 상해의 종류와 정도는 사고 발생시 사고대상의 조건에 따라 우연히 발생한다.
③ 대책 선정의 원칙 : 사고의 원인에 대한 적합한 대책이 선정되어야 한다.
④ 원인 연계의 원칙 : 재해는 직접원인과 간접원인이 연계되어 일어난다.

제2과목 · 인간공학 및 위험성 평가 · 관리

21 설비에 부착된 안전장치를 제거하면 설비가 작동되지 않도록 하는 안전설계는?

① Fail safe　② Fool proof
③ Lock out　④ Temper proof

[해설] Temper proof
안전장치를 제거하는 경우 제품이 작동되지 않도록 하는 설계

22 측정값의 변화방향이나 변화속도를 나타내는데 가장 유리한 표시장치는?

① 동침형
② 동목형
③ 계수형
④ 묘사형

[해설] 측정값의 변화 방향이나 변화 속도를 나타내는데 가장 유리 → 정목동침형

정답 19 ③ 20 ① 21 ④ 22 ①

참고
① 정목동침형 : 눈금은 고정, 지침이 움직이는 형태
② 정침동목형 : 지침은 고정, 눈금이 움직이는 형태
③ 계수형 : 전력계, 택시요금 계기와 같이 숫자가 정확히 표시되는 형태

23 VDT(visual display terminal) 작업을 위한 조명의 일반 원칙으로 적절하지 않은 것은?

① 화면반사를 줄이기 위해 산란식 간접조명을 사용한다.
② 화면과 화면에서 먼 주위의 휘도비는 1:10으로 한다.
③ 작업영역을 조명기구들 사이보다는 조명기구 바로 아래에 둔다.
④ 조명의 수준이 높으면 자주 주위를 둘러봄으로써 수정체의 근육을 이완시키는 것이 좋다.

해설 ③ 작업영역을 조명기구 바로 아래에 둘 경우 눈부심이 발생한다.

24 후각적 표시장치에 대한 설명으로 틀린 것은?

① 냄새의 확산을 통제하기 힘들다.
② 코가 막히면 민감도가 떨어진다.
③ 복잡한 정보를 전달하는데 유용하다.
④ 냄새에 대한 민감도의 개인차가 있다.

해설 ③ 복잡한 정보를 전달하는데 유용하지 못하다.

참고 **후각적 표시장치**
냄새를 이용하는 표시장치로서 다른 표시장치의 보조수단으로서 활용될 수 있다.
예 광부들에게 긴급 대피를 알려주기 위하여 악취 시스템을 사용하는데 악취를 환기계통에 주입하여 즉시 전체 갱내에 퍼지도록 한다.

25 인간오류의 확률을 이용하여 시스템의 위험성을 평가하는 기법은?

① PHA   ② THERP
③ OHA   ④ HAZOP

해설 **인간에러율 예측기법(THERP)** : 인간의 과오(human error)를 정량적으로 평가하기 위해 개발된 기법

참고
1. 예비 위험 분석(PHA) : 모든 시스템 안전 프로그램의 최초 단계(설계단계, 구상단계)에서 실시하는 분석법
2. HAZOP(위험 및 운전성 검토) : 각각의 장비에 대해 잠재된 위험이나 기능저하 등 시설에 결과적으로 미칠 수 있는 영향을 평가하기 위하여 공정이나 설계도 등에 체계적인 검토를 행하는 것으로 제품의 개발단계에서 실시한다.

{분석}
필기에 자주 출제되는 내용입니다.

26 의자 좌판의 높이 결정 시 사용할 수 있는 인체측정치는?

① 앉은 키
② 앉은 무릎 높이
③ 앉은 팔꿈치 높이
④ 앉은 오금 높이

해설 **의자 좌판의 높이**
• 좌판 앞부분이 대퇴를 압박하지 않도록 오금높이보다 높지 않아야 한다.
• 치수는 5% 오금높이로 한다.

27 인간 - 기계 시스템의 신뢰도를 향상시킬 수 있는 방법으로 가장 적절하지 않은 것은?

① 중복설계
② 고가재료 사용
③ 부품개선
④ 충분한 여유 용량

정답 23 ③ 24 ③ 25 ② 26 ④ 27 ②

[해설] ② 고가재료를 사용한다고 해서 신뢰도가 향상된다고 볼 수는 없다.

28 60폰(phon)의 소리에 해당하는 손(sone)의 값은?

① 1　　② 2
③ 4　　④ 8

[해설]
$$S(sone) = 2^{\frac{(p-40)}{10}}$$
(단, P = phone)

$S(sone) = 2^{\frac{(60-40)}{10}} = 2^{\frac{20}{10}} = 2^2 = 4(sone)$

29 인간의 반응체계에서 이미 시작된 반응을 수정하지 못하는 저항시간(refractory period)은?

① 0.1초　　② 0.2초
③ 1초　　④ 2초

[해설] 인간의 저항시간 → 0.2초

30 "음의 높이, 무게 등 물리적 자극을 상대적으로 판단하는데 있어 특정 감각기관의 변화감지역은 표준자극에 비례한다"라는 법칙을 발견한 사람은?

① 핏츠(Fitts)
② 드루리(Drury)
③ 웨버(Weber)
④ 호프만(Hofmann)

[해설] 웨버(Weber)의 법칙
음의 높이, 무게 등 물리적 자극을 상대적으로 판단하는데 있어 특정 감각기관의 변화 감지역은 표준 자극에 비례한다.

31 광원으로부터 직사휘광을 처리하기 위한 방법으로 틀린 것은?

① 광원의 휘도를 줄인다.
② 가리개나 차양을 사용한다.
③ 광원을 시선에서 멀리 한다.
④ 광원의 주위를 어둡게 한다.

[해설] 광원으로부터 직사휘광 처리
- 광원의 휘도를 줄이고 광원 수를 늘인다.
- 광원을 시선에서 멀리 한다.
- 휘광원 주위를 밝게 하여 광속 발산비(휘도)를 줄인다.
- 가리개, 갓, 차양을 사용한다.

32 다음의 인체측정 자료의 응용원리를 설계에 적용하는 순서로 가장 적절한 것은?

㉠ 극단치 설계
㉡ 평균치 설계
㉢ 조절식 설계

① ㉠ → ㉡ → ㉢
② ㉢ → ㉡ → ㉠
③ ㉡ → ㉠ → ㉢
④ ㉢ → ㉠ → ㉡

[해설] 인체측정 자료의 설계에 적용 순서
조절식 설계 → 극단치 설계 → 평균치 설계

33 설비의 이상 상태 여부를 감시하여 열화의 정도가 사용 한도에 이른 시점에서 부품교환 및 수리하는 설비보전 방법은?

① 예지보전
② 계량보전
③ 사후보전
④ 일상보전

정답 28 ③　29 ②　30 ③　31 ④　32 ④　33 ①

해설 **예지보전**
설비의 열화의 상태를 알아보기 위한 점검이나 점검에 따른 수리를 행하는 활동

34 다음 설명에 해당하는 시스템 위험분석 방법은?

> - 시스템의 정의 및 개발 단계에서 실행한다.
> - 시스템의 기능, 과업, 활동으로부터 발생되는 위험에 초점을 둔다.

① 모트(MORT)
② 결함수분석(FTA)
③ 예비위험분석(PHA)
④ 운용위험분석(OHA)

해설 시스템의 기능, 과업, 활동으로부터 발생되는 위험에 초점을 둠 → 운용위험분석(OHA)

참고 **운용 및 지원위험 분석(O&S OSHA)**
시스템의 모든 사용단계에서 생산, 보전, 시험, 운반, 구출, 구조, 훈련 및 폐기 등에 사용되는 인원, 순서, 설비에 관하여 위험을 동정하고 그것들의 안전요건을 결정하기 위한 분석법

35 그림의 선형 표시장치를 움직이기 위해 길이가 L인 레버(lever)를 a° 움직일 때 조종반응(C/R) 비율을 계산하는 식은?

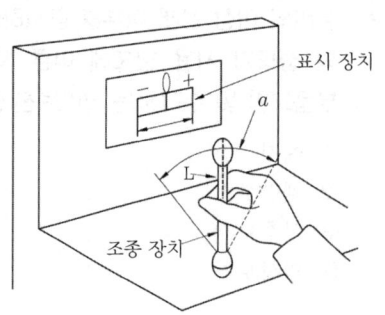

① $\dfrac{(a/360) \times 2\pi L}{\text{표시장치 이동거리}}$

② $\dfrac{\text{표시장치 이동거리}}{(a/360) \times 2\pi L}$

③ $\dfrac{(a/360) \times 4\pi L}{\text{표시장치 이동거리}}$

④ $\dfrac{\text{표시장치 이동거리}}{(a/360) \times 4\pi L}$

해설 **통제표시비(C/R비)**

① C / R 비 = $\dfrac{X}{Y}$
 X : 통제기기의 변위량(cm)
 Y : 표시계기 지침의 변위량(cm)

② C / R 비 = $\dfrac{\dfrac{a}{360} \times 2\pi L}{Y}$
 a : 조종장치의 움직인 각도
 L : 조종장치의 반경

{분석}
필기에 자주 출제되는 내용입니다.

36 그림의 FT도에서 최소 패스셋(minimal path set)은?

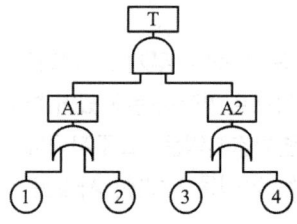

① {1, 3}, {1, 4}
② {1, 2}, {3, 4}
③ {1, 2, 3}, {1, 2, 4}
④ {1, 3, 4}, {2, 3, 4}

해설 최소패스셋(미니멀패스)은 FT도의 AND게이트는 OR로, OR게이트는 AND게이트로 바꾸어 최소컷셋(미니멀컷)을 구하면 최소패스셋(미니멀패스)이 된다.

정답 34 ④ 35 ① 36 ②

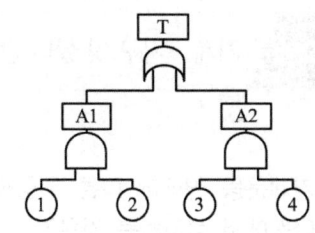

$T = A_1$
$\quad A_2$
$\; = (①②)$
$\quad (③④)$

최소컷셋(미니멀컷) : ①② 또는 ③④
∴ 최소 패스셋 : ①② 또는 ③④

{분석}
필기에 자주 출제되는 내용입니다.

37 FT에서 두 입력사상 A와 B가 AND 게이트로 결합되어 있을 때 출력사상의 고장 발생확률은? (단, A의 고장률은 0.6, B의 고장률은 0.2이다.)

① 0.12 ② 0.40
③ 0.68 ④ 0.80

[해설] $T = A \times B$
$\qquad = 0.6 \times 0.2 = 0.12$

{분석}
필기에 자주 출제되는 내용입니다.

38 인간공학의 연구방법에서 인간-기계 시스템을 평가하는 척도로서 인간기준이 아닌 것은?

① 사고 빈도
② 인간 성능 척도
③ 객관적인 반응
④ 생리학적 지표

[해설] 인간 기준의 종류
① 인간의 성능 척도
② 주관적 반응
③ 생리학적 지표
④ 사고 및 과오의 빈도

39 FT에서 사용되는 사상기호에 대한 설명으로 맞는 것은?

① 위험지속기호 : 정해진 횟수 이상 입력이 될 때 출력이 발생한다.
② 억제게이트 : 조건부 사건이 일어났다는 조건하에 출력이 발생한다.
③ 우선적 AND 게이트 : 입력이 될 때 정해진 순서대로 복수의 출력이 발생한다.
④ 배타적 OR 게이트 : 2개 이상의 입력이 동시에 존재하는 경우에 출력이 발생한다.

[해설] FTA 논리기호

기호	명명	기호 설명
또는 / Ai, Aj, Ak 순으로	우선적 AND게이트	입력사상이 특정 순서대로 발생한 경우에만 출력사상이 발생하는 논리게이트
2개의 출력	조합 AND게이트	3개 이상의 입력 중 2개가 일어나면 출력이 생긴다.
또는 / 동시발생	배타적 OR게이트	입력사상 중 오직 한 개의 발생으로만 출력사상이 생성되는 논리게이트
	억제게이트	이 게이트의 출력사상은 한 개의 입력사상에 의해 발생하며, 입력사상이 출력사상을 생성하기 전에 특정 조건을 만족하여야 하는 논리게이트

{분석}
필기에 자주 출제되는 내용입니다.

정답 37 ① 38 ③ 39 ②

40 신뢰도가 동일한 부품 4개로 구성된 시스템 전체의 신뢰도가 가장 높은 것은

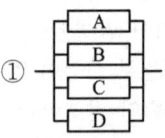

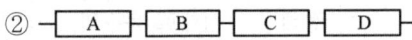

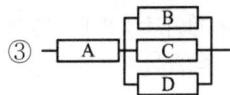

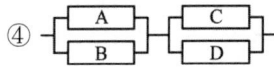

[해설] 가장 신뢰도가 높은 구조 → 병렬구조

[참고] 설비의 신뢰도
① 직렬연결
 • 요소 중 하나가 고장이면 전체 시스템은 고장이다.
 • 전체 시스템의 수명은 요소 중 가장 짧은 것으로 결정된다.
② 병렬연결
 • 요소 중 하나만 정상이라도 전체 시스템은 정상 가동된다.
 • 전체 시스템의 수명은 요소 중 가장 긴 것으로 결정된다.

제3과목 : 기계 · 기구 및 설비 안전 관리

41 기계운동 형태에 따른 위험점 분류 중 다음에서 설명하는 것은?

> 고정부분과 회전하는 동작부분이 함께 만드는 위험점으로 연삭숫돌과 작업받침대, 교반기의 날개와 하우스, 반복왕복운동을 하는 기계부분 등이다.

① 끼임점 ② 접선물림점
③ 협착점 ④ 절단점

[해설] 끼임점 : 고정부분과 회전하는 동작부분 사이에서 형성되는 위험점
예 연삭숫돌과 덮개, 교반기 날개와 하우징 등

{분석}
실기까지 중요한 내용입니다.

42 기계설비와 방호장치 분류 중 위험원에 대한 방호장치는?

① 감지형 방호장치
② 접근반응형 방호장치
③ 위치제한형 방호장치
④ 접근거부형 방호장치

정답 40 ① 41 ① 42 ①

해설 위험원에 따른 분류

포집형 방호장치	• 위험장소에 설치하여 위험원이 비산하거나 튀는 것을 포집하여 작업자로부터 위험원을 차단하는 방호장치 • 예 : 목재가공용 둥근톱의 반발예방장치, 연삭기의 덮개 등
감지형 방호장치	• 이상온도, 이상기압, 과부하 등 기계의 부하가 안전한계치를 초과하는 경우에 이를 감지하고 자동으로 안전상태가 되도록 조정하거나 기계의 작동을 중지시키는 방호장치

참고 위험장소에 따른 분류

격리형 방호장치	• 위험한 작업점과 작업자 사이에 서로 접근되어 일어날 수 있는 재해를 방지하기 위해 차단벽이나 망을 설치하는 방호장치 • 예 : 완전 차단형 방호장치, 덮개형 방호장치, 방책 등
위치 제한형 방호장치	• 작업자의 신체 부위가 위험한계 밖에 있도록 기계의 조작장치를 위험한 작업점에서 안전거리 이상 떨어지게 하거나 조작장치를 양손으로 동시 조작하게 함으로써 위험한계에 접근하는 것을 제한하는 방호장치 • 예 : 프레스의 양수조작식 방호장치
접근 거부형 방호장치	• 작업자의 신체 부위가 위험한계 내로 접근하였을 때 기계적인 작용에 의하여 접근을 못하도록 저지하는 방호장치 • 예 : 프레스의 수인식, 손쳐내기식 방호장치
접근 반응형 방호장치	• 작업자의 신체 부위가 위험한계 또는 그 인접한 거리 내로 들어오면 이를 감지하여 그 즉시 기계의 동작을 정지시키고 경보 등을 발하는 방호장치 • 예 : 프레스의 광전자식 방호장치

43 기계설비의 본질적 안전화를 위한 방식 중 성격이 다른 것은?

① 고정가드
② 인터록 기구
③ 압력용기 안전밸브
④ 양수조작식 조작기구

해설 ① 고정가드 – 풀프루프(fool proof) 기능
② 인터록 기구 – 풀프루프(fool proof) 기능
③ 압력용기 안전밸브 – 페일세이프(fail safe) 기능
④ 양수조작식 조작기구 – 풀프루프(fool proof) 기능

참고 기계 설비의 본질 안전
(1) 안전기능을 기계설비 내에 내장할 것
(2) 풀프루프(fool proof) 기능 가질 것
(3) 페일세이프(fail safe) 기능 가질 것

44 세이퍼 작업 시의 안전대책으로 틀린 것은?

① 바이트는 가급적 짧게 물리도록 한다.
② 가공 중 다듬질 면을 손으로 만지지 않는다.
③ 시동하기 전에 행정 조정용 핸들을 끼워둔다.
④ 가공 중에는 바이트의 운동방향에 서지 않도록 한다.

해설 ③ 시동하기 전에 행정 조정용 핸들을 빼둔다.

{분석}
실기까지 중요한 내용입니다.

45 프레스 등의 금형을 부착 해체 또는 조정 작업 중 슬라이드가 갑자기 작동하여 발생할 수 있는 위험을 방지하기 위하여 설치하는 것은?

① 방호 울   ② 안전블록
③ 시건장치   ④ 게이트 가드

정답 43 ③ 44 ③ 45 ②

[해설] 금형을 부착, 해체, 조정 작업할 때 신체 일부가 위험점 내에서 슬라이드 불시 하강으로 인한 위험을 방지할 목적으로 안전블럭을 설치한다. (금형 수리작업은 해당되지 않는다.)

46 연삭기에서 연삭숫돌차의 바깥지름이 250mm일 경우 평형플랜지의 바깥지름은 약 몇 mm 이상이어야 하는가?

① 62　　② 84
③ 93　　④ 114

[해설] 1. 플랜지는 숫돌 지름의 1/3 이상일 것
2. $250 \times \dfrac{1}{3} = 83.33$mm

{분석}
실기까지 중요한 내용입니다.

47 산업용 로봇의 작동범위에서 그 로봇에 관하여 교시 등의 작업을 하는 때의 작업 시작 전 점검사항에 해당하지 않는 것은? (단, 로봇의 동력원을 차단하고 행하는 것을 제외한다.)

① 회전부의 덮개 또는 울
② 제동장치 및 비상정지장치의 기능
③ 외부전선의 피복 또는 외장의 손상유무
④ 매니퓰레이터(manipulator) 작동의 이상 유무

[해설] 로봇의 작업 시작 전 점검 사항
① 외부전선의 피복 또는 외장의 손상 유무
② 매니퓰레이터(manipulator) 작동의 이상 유무
③ 제동장치 및 비상정지장치의 기능

{분석}
실기에 자주 출제되는 내용입니다.

48 밀링작업에 관한 설명으로 틀린 것은?

① 하향절삭은 날의 마모가 적고, 가공면이 깨끗하다.
② 상향절삭은 절삭열에 의한 치수정밀도의 변화가 적다.
③ 커터의 회전방향과 반대방향으로 가공재를 이송하는 것을 상향절삭이라고 한다.
④ 하향절삭은 커터의 회전방향과 같은 방향으로 일감을 이송하므로 백래시 제거장치가 필요 없다.

[해설] 1. 상향절삭 : 커터의 회전 방향과 반대 방향으로 일감을 이송
2. 하향절삭 : 커터의 회전 방향과 같은 방향으로 일감을 이송
3. 백래시 제거 장치 : 하향 절삭시 절삭력을 가하면 백래시 양만큼 급격한 이송으로 절삭상태가 불안정해지므로 백래시 제거용 암나사를 설치하여 핸들을 돌리면 나사기어에 의해 암나사가 돌아 백래시를 제거한다.

49 프레스기에 사용하는 양수조작식 방호장치의 일반구조에 관한 설명 중 틀린 것은?

① 1행정 1정지 기구에 사용할 수 있어야 한다.
② 누름 버튼을 양 손으로 동시에 조작하지 않으면 작동시킬 수 없는 구조이어야 한다.
③ 양쪽 버튼의 작동시간 차이는 최대 0.5초 이내일 때 프레스가 동작되도록 해야 한다.
④ 방호장치는 사용전원전압의 ±50%의 변동에 대하여 정상적으로 작동되어야 한다.

[해설] ④ 사용전원전압의 ±20%(100분의 20)의 변동에 대하여 정상으로 작동되어야 한다.

정답 46 ② 47 ① 48 ④ 49 ④

50 기계설비의 일반적인 안전조건에 해당되지 않는 것은?

① 설비의 안전화
② 기능의 안전화
③ 구조의 안전화
④ 작업의 안전화

[해설] 기계 설비의 안전조건(근원적 안전)
① 외관상 안전화
② 기능적 안전화
③ 구조 부분 안전화(구조부분 강도적 안전화)
④ 작업의 안전화
⑤ 보수유지의 안전화(보전성 향상 위한 고려 사항)
⑥ 표준화

51 보일러 수에 유지류, 고형물 등에 의한 거품이 생겨 수위를 판단하지 못하는 현상은?

① 역화   ② 포밍
③ 프라이밍   ④ 캐리오버

[해설] 포밍(foaming, 물거품 솟음)
보일러수 중에 유지류, 용해 고형물, 부유물 등에 의해 보일러 수면에 거품이 생겨 올바른 수위를 판단하지 못하는 현상

[참고] 보일러 취급 시 이상 현상
① 프라이밍(priming, 비수 현상) : 수분이 증기와 분리되지 않아 보일러 수면이 심하게 솟아올라 올바른 수위를 판단하지 못하는 현상
② 캐리오버(carry over, 기수 공발) : 보일러수 중에 용해 고형분이나 수분이 발생, 증기 중에 다량 함유되어 증기의 순도를 저하시킴
③ 수격작용 : 고여 있던 응축수가 밸브를 급격히 개폐 시에 고온 고압의 증기에 이끌려 배관을 강하게 치는 현상으로 배관파열을 초래한다.
④ 역화(Back Fire) : 미연소가스가 노 내에 잔류하여 비정상적인 폭발적 연소를 일으킨다.

{분석}
자주 출제되는 내용입니다. "참고"를 다시 확인하세요.

52 보일러에서 과열이 발생하는 직접적인 원인과 가장 거리가 먼 것은?

① 수관의 청소 불량
② 관수 부족 시 보일러의 가동
③ 안전밸브의 기능이 부정확할 때
④ 수면계의 고장으로 드럼내의 물의 감소

[해설] 보일러의 과열 원인
① 내면에 스케일이 많이 쌓여 있을 때
② 보일러 수위 저하 시
③ 관수 중에 유지분이 섞여 있을 때
④ 화염이 국부적으로 진행 시

53 작업장에서 사용하는 로프의 최대사용하중이 200kgf이고, 절단하중이 600kgf일 때 이 로프의 안전율은?

① 0.33
② 3
③ 200
④ 300

[해설] 안전율 = $\dfrac{절단하중}{최대사용하중} = \dfrac{600}{200} = 3$

{분석}
실기까지 중요한 내용입니다.

54 롤러의 맞물림점 전방 60mm의 거리에 가드를 설치하고자 할 때 가드 개구부의 간격은?

① 12mm
② 15mm
③ 18mm
④ 20mm

정답 50 ① 51 ② 52 ③ 53 ② 54 ②

[해설] 가드의 개구부 치수

가드의 개구간격	일방 평행 보호망, 위험점이 전동체인 경우의 개구간격
① X<160mm일 경우 $Y = 6+0.15 \times X$ ② X≧160mm일 경우 $Y = 30mm$ 여기서, X : 안전거리(위험점에서 가드까지의 거리)(mm) Y : 가드의 최대 개구간격(mm)	① $Y = 6+0.1 \times X$ 여기서, X : 안전거리(mm) Y : 가드의 최대 개구간격(mm)

$Y = 6+0.15 \times X = 6+0.15 \times 60 = 15mm$

{분석} 실기에도 자주 출제되는 중요한 내용입니다.

55 프레스기에서 사용하는 손쳐내기식 방호장치의 방호판에 관한 기준으로 옳은 것은?

① 방호판의 폭은 금형폭의 1/2 이상이어야 하고, 행정길이가 300mm 이상의 프레스 기계에서는 방호판의 폭을 200mm로 해야 한다.
② 방호판의 폭은 금형폭의 1/2 이상이어야 하고, 행정길이가 300mm 이상의 프레스 기계에서는 방호판의 폭을 300mm로 해야 한다.
③ 방호판의 폭은 금형폭의 1/3 이상이어야 하고, 행정길이가 300mm 이상의 프레스 기계에서는 방호판의 폭을 200mm로 해야 한다.
④ 방호판의 폭은 금형폭의 1/3 이상이어야 하고, 행정길이가 300mm 이상의 프레스 기계에서는 방호판의 폭을 300mm로 해야 한다.

[해설] 방호판의 폭은 금형폭의 1/2 이상이어야 하고, 행정길이가 300mm 이상의 프레스기계에는 방호판 폭을 300mm로 해야 한다.

56 기준 무부하상태에서 구내 최고속도가 20km/h인 지게차의 주행 시 좌우안정도 기준은 몇 % 이내인가?

① 4%   ② 20%
③ 37%   ④ 40%

[해설]
주행 시 좌·우 안정도 = $15 + 1.1V(\%)$
(V : 최고속도 Km/hr)

주행 시 좌·우 안정도 = $15+1.1 \times 20 = 37\%$

[참고] 지게차의 안정도
① 주행 시 전·후 안정도 : 18%
② 하역작업 시 좌·우 안정도 : 6%
③ 하역작업 시 전·후 안정도 : 4%
  (단, 5T 이상의 것 3.5%)

{분석} 실기까지 중요한 내용입니다.

57 기계설비의 안전조건 중 외관의 안전화에 해당되는 조치는?

① 고장 발생을 최소화하기 위해 정기점검을 실시하였다.
② 강도의 열화를 생각하여 안전율을 최대로 고려하여 설계하였다.
③ 전압강하, 정전 시의 오동작을 방지하기 위하여 자동제어 장치를 설치하였다.
④ 작업자가 접촉할 우려가 있는 기계의 회전부를 덮개로 씌우고 안전색채를 사용하였다.

정답 55 ② 56 ③ 57 ④

[해설] 외관상 안전화
① 회전부에 덮개 설치
② 안전색채 사용
   예) 기계의 시동 버튼 – 녹색, 정지 버튼 – 적색

58 드릴작업 시 가공재를 고정하기 위한 방법으로 적합하지 않은 것은?

① 가공재가 길 때는 방진구를 이용한다.
② 가공재가 작을 때는 바이스로 고정한다.
③ 가공재가 크고 복잡할 때는 볼트와 고정구로 고정한다.
④ 대량생산과 정밀도가 요구될 때는 지그로 고정한다.

[해설] 일감 고정 방법
① 일감이 작을 때 : 바이스로 고정
② 일감이 크고 복잡할 때 : 볼트와 고정구
③ 대량 생산 및 정밀도를 요할 때 : 전용의 지그 사용

{분석}
필기에 자주 출제되는 내용입니다.

59 컨베이어 작업 시 준수해야 할 사항이 아닌 것은?

① 운전 중인 컨베이어 등의 위로 근로자를 넘어가도록 하는 경우에는 위험을 방지하기 위하여 건널다리를 설치하는 등 필요한 조치를 하여야 한다.
② 근로자를 운반할 수 있는 구조가 아닌 운전 중인 컨베이어에 근로자를 탑승시켜서는 안 된다.
③ 작업 중 급정지를 방지하기 위하여 비상정지장치는 해체해야 한다.
④ 트롤리 컨베이어에 트롤리와 체인 행거가 쉽게 벗겨지지 않도록 확실하게 연결시켜야 한다.

[해설] 컨베이어 등에 근로자의 신체의 일부가 말려드는 등 근로자에게 위험을 미칠 우려가 있는 때 및 비상 시에는 즉시 컨베이어 등의 운전을 정지시킬 수 있는 장치(비상정지장치)를 설치하여야 한다.

{분석}
필기에 자주 출제되는 내용입니다.

60 위험기계 기구와 이에 해당하는 방호장치의 연결이 틀린 것은?

① 연삭기 – 급정지장치
② 프레스 – 광전자식 방호장치
③ 아세틸렌 용접장치 – 안전기
④ 압력용기 – 압력방출용 안전밸브

[해설] ① 연삭기 – 덮개

{분석}
실기까지 중요한 내용입니다. 방호장치를 암기하세요.

제4과목 · 전기 및 화학설비 안전 관리

61 방폭구조의 명칭과 표시기호가 잘못 연결된 것은?

① 안전증 방폭구조 : e
② 유입(油入) 방폭구조 : o
③ 내압(耐壓) 방폭구조 : p
④ 본질안전 방폭구조 : ia 또는 ib

[해설] ③ 내압(耐壓)방폭구조 : d

정답 58 ① 59 ③ 60 ① 61 ③

가스, 증기, 분진 방폭구조		기호
가스, 증기 방폭 구조	내압 방폭구조	d
	압력 방폭구조	p
	유입 방폭구조	o
	안전증 방폭구조	e
	본질안전 방폭구조	ia or ib
	충전 방폭구조	q
	비점화 방폭구조	n
	몰드 방폭구조	m
	특수 방폭구조	s
분진 방폭 구조	방진 방폭구조	tD

{분석}
실기에도 자주 출제되는 내용입니다. 암기하세요.

62 전기설비의 점화원 중 잠재적 점화원에 속하지 않는 것은?

① 전동기 권선
② 마그네트 코일
③ 케이블
④ 릴레이 전기접점

[해설] **잠재적인 점화원** : 정상 시는 점화원이 아니나 이상 시에는 점화원이 될 수 있는 것
① 전동기 권선
② 마그네트 코일
③ 케이블

63 사용전압이 500(V) 이하인 전로의 절연 저항 기준으로 옳은 것은?

㉮ 0.5MΩ 이상
㉯ 1.0MΩ 이상
㉰ 0.25MΩ 이상
㉱ 0.1MΩ 이상

[해설] 전로의 절연저항

전로의 사용전압(V)	DC 시험전압(V)	절연저항 (MΩ)
SELV(비접지회로) 및 PELV(접지회로)	250	0.5
FELV(1차와 2차가 전기적으로 절연되지 않은 회로), 500(V) 이하	500	1.0
500(V) 초과	1,000	1.0

* 특별저압(extra low voltage : 2차 전압이 AC 50V, DC 120V 이하)으로 SELV(비접지회로 구성) 및 PELV(접지회로 구성)은 1차와 2차가 전기적으로 절연된 회로, FELV는 1차와 2차가 전기적으로 절연되지 않은 회로

{분석}
관련법령의 변경으로 문제 일부를 수정하였습니다.

64 정전작업 시 주의할 사항으로 틀린 것은?

① 감독자를 배치시켜 스위치의 조작을 통제한다.
② 퓨즈가 있는 개폐기의 경우는 퓨즈를 제거한다.
③ 정전 작업 전에 작업내용을 충분히 작업원에게 주지시킨다.
④ 단시간에 끝나는 작업일 경우 작업원의 판단에 의해 작업한다.

[해설] ④ 작업지휘자의 지휘에 따라 작업하여야 한다.

정답 62 ④ 63 ② 64 ④

65 인체가 전격(감전)으로 인한 사고 시 통전전류에 의한 인체반응으로 틀린 것은?

① 교류가 직류보다 일반적으로 더 위험하다.
② 주파수가 높아지면 감지전류는 작아진다.
③ 심장을 관통하는 경로가 가장 사망률이 높다.
④ 가수전류는 불수전류보다 값이 대체적으로 작다.

[해설] ② 주파수가 높아지면 감지전류는 커진다.

66 근로자가 충전전로를 취급하거나 그 인근에서 작업하는 경우 조치하여야 하는 사항으로 틀린 것은?

① 충전전로를 취급하는 근로자에게 그 작업에 적합한 절연용 보호구를 착용시킬 것
② 충전전로를 정전시키는 경우 차단장치나 단로기 등의 잠금장치 확인 없이 빠른 시간 내에 작업을 완료할 것
③ 충전전로에 근접한 장소에서 전기작업을 하는 경우에는 해당 전압에 적합한 절연용 방호구를 설치할 것
④ 고압 및 특별고압의 전로에서 전기작업을 하는 근로자에게 활선작업용 기구 및 장치를 사용하도록 할 것

[해설] ② 충전전로를 정전시키는 경우에는 정전작업 시 전로차단 절차에 따른 조치를 할 것

{참고} 충전전로에서의 전기작업(활선작업) 시 안전조치
1. 충전전로를 정전시키는 경우에는 정전작업 시 전로차단 절차에 따른 조치를 할 것
2. 충전전로를 방호하는 경우에는 근로자의 신체가 전로와 직·간접 접촉되지 않도록 할 것
3. 충전전로 취급 근로자에게 절연용 보호구를 착용시킬 것
4. 충전전로에 근접한 장소에서 전기작업을 하는 경우 적합한 절연용 방호구를 설치할 것
5. 고압 및 특별고압의 전로에서 전기작업을 하는 근로자에게 활선작업용 기구 및 장치를 사용하도록 할 것
6. 절연용 방호구의 설치·해체작업시 절연용 보호구 착용하거나 활선작업용 기구 및 장치를 사용하도록 할 것
7. 유자격자가 아닌 근로자가 충전전로 인근에서 작업할 때의 접근한계거리
   ① 대지전압이 50킬로볼트 이하인 경우 : 근로자의 몸 또는 긴 도전성 물체가 충전전로에서 300센티미터 이내로 접근금지
   ② 대지전압이 50킬로볼트를 넘는 경우 : 10킬로볼트당 10센티미터씩 더한 거리 이상 이격 이내로 접근 금지

{분석} 실기까지 중요한 내용입니다. "참고"를 다시 확인하세요.

67 접지에 관한 설명으로 틀린 것은?

① 접지저항이 크면 클수록 좋다.
② 접지공사의 접지선은 과전류차단기를 시설하여서는 안 된다.
③ 접지극의 시설은 동판, 동봉 등이 부식될 우려가 없는 장소를 선정하여 지중에 매설 또는 타입 한다.
④ 고압전로와 저압전로를 결합하는 변압기의 저압전로 사용전압이 300V 이하로 중성점 접지가 어려운 경우 저압측 임의의 한 단자에 제2종 접지공사를 실시한다.

[해설] ① 접지저항이 낮을수록 땅으로 전기가 잘 흘러 접지의 효과가 크다.

정답 65 ② 66 ② 67 ①

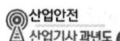

68 인체의 대부분이 수중에 있는 상태에서의 허용 접촉전압으로 옳은 것은?

① 2.5V 이하 ② 25V 이하
③ 50V 이하 ④ 100V 이하

[해설] 허용접촉전압

종 별	접촉 상태	허용 접촉 전압
제1종	• 인체의 대부분이 수중에 있는 상태	2.5V 이하
제2종	• 인체가 현저히 젖어 있는 상태 • 금속성의 전기·기계 장치나 구조물에 인체의 일부가 상시 접촉되어 있는 상태	25V 이하
제3종	• 제1종, 제2종 이외의 경우로서 통상의 인체 상태 있어서 접촉 전압이 가해지면 위험성이 높은 상태	50V 이하
제4종	• 제1종, 제2종 이외의 경우로서 통상의 인체 상태에 접촉 전압이 가해지더라도 위험성이 낮은 상태 • 접촉 전압이 가해질 우려가 없는 경우	제한 없음

{분석} 실기까지 중요한 내용입니다. 암기하세요.

69 정전기의 대전현상이 아닌 것은?

① 교반대전 ② 충돌대전
③ 박리대전 ④ 망상대전

[해설] 정전기의 대전현상
① 마찰대전 ② 유동대전
③ 박리대전 ④ 충돌대전
⑤ 분출대전 ⑥ 파괴 대전
⑦ 교반대전

70 전기기계 기구의 조작 부분을 점검하거나 보수하는 경우에는 근로자가 안전하게 작업할 수 있도록 전기기계 기구로부터 몇 m 이상의 작업공간을 확보하여야 하는지 그 기준으로 옳은 것은?

① 0.5 ② 0.7
③ 0.9 ④ 1.2

[해설] 전기기계 기구의 조작 부분을 점검하거나 보수하는 경우에는 근로자가 안전하게 작업할 수 있도록 전기기계 기구로부터 0.7m 이상의 작업공간을 확보하여야 한다.

71 다음 중 물 속에 저장이 가능한 물질은?

① 칼륨 ② 황린
③ 인화칼슘 ④ 탄화알루미늄

[해설] 발화성 물질의 저장법
① 나트륨, 칼륨 : 석유 속 저장
② 황린 : 물속에 저장
③ 적린, 마그네슘, 칼륨 : 격리저장
④ 질산은($AgNO_3$) 용액 : 햇빛 피하여 저장(빛에 의해 광분해 반응 일으킴)
⑤ 벤젠 : 산화성물질과 격리저장
⑥ 탄화칼슘(CaC_2, 카바이트) : 금수성물질로서 물과 격렬히 반응하므로 건조한 곳에 보관

72 리튬(Li)에 관한 설명으로 틀린 것은?

① 연소 시 산소와는 반응하지 않는 특성이 있다.
② 염산과 반응하여 수소를 발생한다.
③ 물과 반응하여 수소를 발생한다.
④ 화재발생 시 소화방법으로는 건조된 마른 모래 등을 이용한다.

[해설] ① 리튬은 산소와의 화학반응을 통해 전기를 발생시킨다.

정답 68 ① 69 ④ 70 ② 71 ② 72 ①

73 다음 중 화재의 종류가 옳게 연결된 것은?

① A급 화재 - 유류화재
② B급 화재 - 유류화재
③ C급 화재 - 일반화재
④ D급 화재 - 일반화재

[해설] ① A급 화재 - 일반화재
② B급 화재 - 유류화재
③ C급 화재 - 전기화재
④ D급 화재 - 금속화재

74 25℃, 1기압에서 공기 중 벤젠(C_6H_6)의 허용농도가 10ppm일 때 이를 mg/m^3의 단위로 환산하면 약 얼마인가?
(단, C, H의 원자량은 각각 12, 1이다.)

① 28.7　　② 31.9
③ 34.8　　④ 45.9

[해설]
$$mg/m^3 = ppm \times \frac{분자량}{24.45(L)}$$

$mg/m^3 = 10 \times \frac{78}{24.45} = 31.90$

(벤젠의 분자량 = $(12 \times 6) + (1 \times 6) = 78$)

75 다음 중 건조설비의 사용상 주의사항으로 적절하지 않은 것은?

① 건조설비 가까이 가연성 물질을 두지 말 것
② 고온으로 가열 건조한 물질은 즉시 격리 저장할 것
③ 위험물 건조설비를 사용할 때는 미리 내부를 청소하거나 환기시킨 후 사용할 것
④ 건조 시 발생하는 가스 증기 또는 분진에 의한 화재 폭발의 위험이 있는 물질은 안전한 장소로 배출할 것

[해설] ② 고온으로 가열 건조한 인화성 액체는 발화의 위험이 없는 온도로 냉각한 후에 격납시킬 것

[참고] 건조설비의 사용상 주의사항
① 위험물건조설비를 사용하는 때에는 미리 내부를 청소하거나 환기할 것
② 위험물건조설비를 사용하는 때에는 건조로 인하여 발생하는 가스·증기 또는 분진에 의하여 폭발·화재의 위험이 있는 물질을 안전한 장소로 배출시킬 것
③ 위험물건조설비를 사용하여 가열 건조하는 건조물은 쉽게 이탈되지 아니하도록 할 것
④ 고온으로 가열 건조한 인화성 액체는 발화의 위험이 없는 온도로 냉각한 후에 격납시킬 것
⑤ 건조설비(바깥 면이 현저히 고온이 되는 설비만 해당한다)에 가까운 장소에는 인화성 액체를 두지 않도록 할 것

76 다음 중 점화원에 해당하지 않는 것은?

① 기화열
② 충격 마찰
③ 복사열
④ 고온 물질 표면

[해설] 1. 점화원이란 물질이 연소하는데 필요한 에너지원을 말한다.
2. 점화원이 될 수 없는 것
　1) 흡착열
　2) 기화열
　3) 융해열

77 다음 중 분해 폭발하는 가스의 폭발장치를 위하여 첨가하는 불활성가스로 가장 적합한 것은?

① 산소　　② 질소
③ 수소　　④ 프로판

[해설] 불활성가스로 질소를 가장 많이 사용한다.

정답 73 ② 74 ② 75 ② 76 ① 77 ②

78 위험물안전관리법상 자기반응성 물질은 제 몇 류 위험물로 분류하는가?

① 제1류 위험물 ② 제3류 위험물
③ 제4류 위험물 ④ 제5류 위험물

해설) 위험물안전관리법상 위험물 분류
1류 산화성 고체
2류 가연성 고체
3류 자연발화성 및 금수성 물질
4류 인화성 액체
5류 자기반응성 물질
6류 산화성 액체

79 프로판(C_3H_8) 1몰이 완전연소하기 위한 산소의 화학양론계수는 얼마인가?

① 2 ② 3
③ 4 ④ 5

해설) $C_3H_8 + 5O_2 \rightarrow 3CO_2 + 4H_2O$
프로판 1몰의 완전연소에 산소 5몰이 필요하므로 화학양론계수는 5

80 할로겐화합물 소화약제의 소화 작용과 같이 연소의 연속적인 연쇄 반응을 차단, 억제 또는 방해하여 연소현상이 일어나지 않도록 하는 소화 작용은?

① 부촉매 소화 작용
② 냉각 소화 작용
③ 질식 소화 작용
④ 제거 소화 작용

해설) 연쇄 반응을 차단, 억제 또는 방해하여 연소현상이 일어나지 않도록 하는 물질을 부촉매라고 하며, 이를 이용한 소화를 부촉매소화(억제소화)라고 한다.

제5과목 · 건설공사 안전 관리

81 철골작업 시 폭우와 같은 악천 후에 작업을 중지하여야 하는 강우량 기준은?

① 1시간당 1mm 이상일 때
② 2시간당 1mm 이상일 때
③ 3시간당 2mm 이상일 때
④ 4시간당 2mm 이상일 때

해설) 철골작업을 중지해야 하는 조건
① 풍속이 초당 10미터 이상인 경우
② 강우량이 시간당 1밀리미터 이상인 경우
③ 강설량이 시간당 1센티미터 이상인 경우

{분석}
실기에도 자주 출제는 내용입니다. 암기하세요.

82 흙의 안식각과 동일한 의미를 가진 용어는?

① 자연 경사각 ② 비탈면각
③ 시공 경사각 ④ 계획 경사각

해설) 흙의 안식각 = 자연 경사각 = 자연구배

83 건설공사 유해 위험방지계획서를 제출하는 경우 자격을 갖춘 자의 의견을 들은 후 제출하여야 하는데 이 자격에 해당하지 않는 자는?

① 건설안전기사로서 건설안전 관련 실무 경력이 4년인 자
② 건설안전기술사
③ 토목시공기술사
④ 건설안전분야 산업안전지도사

정답) 78 ④ 79 ④ 80 ① 81 ① 82 ① 83 ①

[해설] 유해·위험방지계획서 작성 자격을 갖춘 자
① 건설안전 분야 산업안전지도사
② 건설안전기술사 또는 토목·건축 분야 기술사
③ 건설안전산업기사 이상으로서 건설안전 관련 실무경력이 7년(기사는 5년) 이상인 사람

84 콘크리트 양생작업에 관한 설명 중 옳지 않은 것은?

① 콘크리트 타설 후 소요기간까지 경화에 필요한 조건을 유지시켜주는 작업이다.
② 양생 기간 중에 예상되는 진동, 충격, 하중 등의 유해한 작용으로부터 보호하여야 한다.
③ 습윤양생 시 일광을 최대한 도입하여 수화작용을 촉진하도록 한다.
④ 습윤양생 시 거푸집 판이 건조될 우려가 있는 경우에는 살수하여야 한다.

[해설] ③ 습윤양생 시 일광의 직사, 풍우, 상설에 대해 노출면을 보호하여야 한다.

85 다음은 산업안전보건기준에 관한 규칙 중 조립도에 관한 사항이다. ( )안에 알맞은 것은?

> 거푸집동바리 등을 조립하는 때에는 그 구조를 검토한 후 조립도를 작성하여야 한다. 조립도에는 동바리 멍에 등 부재의 재질 단면규격 ( ) 및 이음방법 등을 명시하여야 한다.

① 부재강도   ② 기울기
③ 안전대책   ④ 설치 간격

[해설] 조립도에는 동바리·멍에 등 부재(部材)의 재질·단면규격·설치 간격 및 이음 방법 등을 명시하여야 한다.

86 공사금액이 500억 원인 건설업 공사에서 선임해야 할 최소 안전관리자 수는?

① 1명   ② 2명
③ 3명   ④ 4명

[해설] 공사금액 50억 원 이상 800억 원 미만에 해당하므로 → 1명 이상

[참고] 공사건설업 안전관리자 선임기준
- 공사금액 50억 원 이상(관계수급인은 100억 원 이상) 120억 원 미만
 (토목공사업의 경우에는 150억 원 미만) 또는 공사금액 120억 원 이상(토목공사업의 경우에는 150억 원 이상) 800억 원 미만 : 1명 이상
- 공사금액 800억 원 이상 1,500억 원 미만 : 2명 이상(다만, 전체 공사기간을 100으로 할 때 공사 시작에서 15에 해당하는 기간과 공사 종료 전의 15에 해당하는 기간 동안은 1명 이상으로 한다)
- 공사금액 1,500억 원 이상 2,200억 원 미만 : 3명 이상(다만, 전체 공사기간 중 전·후 15에 해당하는 기간은 2명 이상으로 한다)
- 공사금액 2,200억 원 이상 3천억 원 미만 : 4명 이상(다만, 전체 공사기간 중 전·후 15에 해당하는 기간은 2명 이상으로 한다)
- 공사금액 3천억 원 이상 3,900억 원 미만 : 5명 이상(다만, 전체 공사기간 중 전·후 15에 해당하는 기간은 3명 이상으로 한다)
- 공사금액 3,900억 원 이상 4,900억 원 미만 : 6명 이상(다만, 전체 공사기간 중 전·후 15에 해당하는 기간은 3명 이상으로 한다)
- 공사금액 4,900억 원 이상 6천억 원 미만 : 7명 이상(다만, 전체 공사기간 중 전·후 15에 해당하는 기간은 4명 이상으로 한다)
- 공사금액 6천억 원 이상 7,200억 원 미만 : 8명 이상(다만, 전체 공사기간 중 전·후 15에 해당하는 기간은 4명 이상으로 한다)
- 공사금액 7,200억 원 이상 8,500억 원 미만 : 9명 이상(다만, 전체 공사기간 중 전·후 15에 해당하는 기간은 5명 이상으로 한다)
- 공사금액 8,500억 원 이상 1조 원 미만 : 10명 이상(다만, 전체 공사기간 중 전·후 15에 해당하는 기간은 5명 이상으로 한다)

정답 84 ③ 85 ④ 86 ①

- 1조 원 이상 : 11명 이상[매 2천억 원(2조원이상부터는 매 3천억 원)마다 1명씩 추가한다]. 다만, 전체 공사기간 중 전·후 15에 해당하는 기간은 선임 대상 안전관리자 수의 2분의 1(소수점 이하 올림한다) 이상으로 한다]

87 양중기에서 화물을 직접 지지하는 달기와이어로프의 안전계수는 최소 얼마 이상으로 하여야 하는가?

① 2 ② 3
③ 5 ④ 10

[해설] 양중기의 와이어로프 등 달기구의 안전계수
① 근로자가 탑승하는 운반구를 지지하는 달기와이어로프 또는 달기체인의 경우 : 10 이상
② 화물의 하중을 직접 지지하는 달기와이어로프 또는 달기체인의 경우 : 5 이상
③ 훅, 샤클, 클램프, 리프팅 빔의 경우 : 3 이상
④ 그 밖의 경우 : 4 이상

{분석}
실기에도 자주 출제되는 내용입니다. 암기하세요.

88 굴착면 붕괴의 원인과 가장 관계가 먼 것은?

① 사면경사의 증가
② 성토 높이의 감소
③ 공사에 의한 진동하중의 증가
④ 굴착높이의 증가

[해설] 토석 붕괴의 외적 원인
① 사면, 법면의 경사 및 기울기의 증가
② 절토 및 성토 높이의 증가
③ 공사에 의한 진동 및 반복 하중의 증가
④ 지표수 및 지하수의 침투에 의한 토사 중량의 증가
⑤ 지진, 차량, 구조물의 하중작용
⑥ 토사 및 암석의 혼합층 두께

{분석}
실기까지 중요한 내용입니다. "해설"을 다시 확인하세요.

89 물체를 투하할 때 투하설비를 설치하거나 감시인을 배치하는 등의 위험방지를 위한 조치를 하여야 하는 기준 높이는?

① 3m 이상 ② 5m 이상
③ 7m 이상 ④ 10m 이상

[해설] 사업주는 높이가 3미터 이상인 장소로부터 물체를 투하하는 때에는 적당한 투하설비를 설치하거나 감시인을 배치하는 등 위험방지를 위하여 필요한 조치를 하여야 한다.

90 낙하물 방지망 설치기준으로 옳지 않은 것은?

① 높이 10m 이내마다 설치한다.
② 내민 길이는 벽면으로부터 3m 이상으로 한다.
③ 수평면과의 각도는 20° 이상, 30° 이하를 유지한다.
④ 방호선반의 설치기준과 동일하다.

[해설] 낙하물방지망 또는 방호선반을 설치 시 준수사항
① 설치높이는 10미터 이내마다 설치하고, 내민 길이는 벽면으로부터 2미터 이상으로 할 것
② 수평면과의 각도는 20도 내지 30도를 유지할 것

{분석}
실기까지 중요한 내용입니다. "해설"을 다시 확인하세요.

91 흙의 함수비 측정시험을 하였다. 먼저 용기의 무게를 잰 결과 10g이었다. 시료를 용기에 넣은 후에 총 무게는 40g, 그대로 건조 시킨 후 무게는 30g이었다. 이 흙의 함수비는?

① 25% ② 30%
③ 50% ④ 75%

정답 87 ③ 88 ② 89 ① 90 ② 91 ③

[해설] 함수비 = $\left(\dfrac{\text{흙의 습윤 단위중량}}{\text{흙의 건조 단위중량}} - 1\right) \times 100$
= $\left(\dfrac{30}{20} - 1\right) \times 100 = 50\%$

92. 채석작업을 하는 때 채석작업계획에 포함되어야 하는 사항에 해당되지 않는 것은?

① 굴착면의 높이와 기울기
② 기둥침하의 유무 및 상태 확인
③ 암석의 분할방법
④ 표토 또는 용수의 처리방법

[해설] **채석작업계획서 내용**
① 노천굴착과 갱내굴착의 구별 및 채석방법
② 굴착면의 높이와 기울기
③ 굴착면 소단(小段)의 위치와 넓이
④ 갱내에서의 낙반 및 붕괴방지 방법
⑤ 발파방법
⑥ 암석의 분할방법
⑦ 암석의 가공장소
⑧ 사용하는 굴착기계·분할기계·적재기계 또는 운반기계의 종류 및 성능
⑨ 토석 또는 암석의 적재 및 운반방법과 운반경로
⑩ 표토 또는 용수(湧水)의 처리방법

{분석}
실기까지 중요한 내용입니다. "해설"을 다시 확인하세요.

93. 가설구조물의 특징으로 옳지 않은 것은?

① 연결재가 적은 구조로 되기 쉽다.
② 부재의 결합이 매우 복잡하다.
③ 구조상의 결함이 있는 경우 중대재해로 이어질 수 있다.
④ 사용 부재가 과소 단면이거나 결함 재료를 사용하기 쉽다.

[해설] ② 부재의 결합이 매우 단순하다.

94. 슬레이트, 선라이트 등 강도가 약한 재료로 덮은 지붕 위에서의 작업 중 위험 방지를 위하여 필요한 발판의 폭 기준은?

① 10cm 이상
② 20cm 이상
③ 25cm 이상
④ 30cm 이상

[해설] **지붕 위에서의 위험 방지**
사업주는 근로자가 지붕 위에서 작업을 할 때에 추락하거나 넘어질 위험이 있는 경우에는 다음 각 호의 조치를 해야 한다.
① 지붕의 가장자리에 안전난간을 설치할 것
② 채광창(skylight)에는 견고한 구조의 덮개를 설치할 것
③ 슬레이트 등 강도가 약한 재료로 덮은 지붕에는 폭 30센티미터 이상의 발판을 설치할 것

95. 히빙현상에 대한 안전대책과 가장 거리가 먼 것은?

① 어스앵커 설치
② 흙막이벽의 근입심도 확보
③ 양질의 재료로 지반개량 실시
④ 굴착 주변에 상재하중을 증대

[해설] ④ 굴착 주변의 상재하중을 제거

[참고] **히빙현상 방지책**
① 양질의 재료로 지반을 개량한다(흙의 전단강도 높인다.)
② 어스앵커 설치
③ 시트파일 등의 근입심도 검토(흙막이 벽체의 근입깊이를 깊게 한다.)
④ 굴착주변에 웰포인트 공법을 병행한다.
⑤ 소단을 두면서 굴착한다.
⑥ 굴착주변의 상재하중을 제거
⑦ 굴착저면에 토사 등의 인공중력을 가중시킴
⑧ 토류벽의 배면토압을 경감시키고, 약액주입 공법 및 탈수공법을 적용

정답 92 ② 93 ② 94 ④ 95 ④

96 추락방지망의 달기로프를 지지점에 부착할 때 지지점의 간격이 1.5m인 경우 지지점의 강도는 최소 얼마 이상이어야 하는가?

① 200kg　　② 300kg
③ 400kg　　④ 500kg

[해설] 방망 지지점의 외력 계산

$$F = 200 \times B$$

여기서 F : 외력(단위 : 킬로그램)
B : 지지점간격(단위 : m)

F = 200 × 1.5 = 300kg

97 철골공사에서 부재의 건립용 기계로 거리가 먼 것은?

① 타워크레인
② 가이데릭
③ 삼각데릭
④ 항타기

[해설] 철골부재 건립용 기계
① 가이데릭(guy derrick)
② 스티프레그 데릭(stiff leg derrick)
③ 진폴(gin pole)
④ 트럭크레인(truck crane)
⑤ 타워크레인(tower crane)

98 강관틀비계를 조립하여 사용하는 경우 벽이음의 수직 방향 조립 간격은?

① 2m 이내마다
② 5m 이내마다
③ 6m 이내마다
④ 8m 이내마다

[해설] 비계 조립 간격(벽이음 간격)

	비계 종류	수직 방향	수평 방향
강관비계	단관비계	5m	5m
	틀비계(높이 5m 미만인 것 제외)	6m	8m

{분석}
실기에도 자주 출제되는 내용입니다. 암기하세요.

99 일반적인 안전수칙에 따른 수공구와 관련된 행동으로 옳지 않은 것은?

① 작업에 맞는 공구의 선택과 올바른 취급을 하여야 한다.
② 결함이 없는 완전한 공구를 사용하여야 한다.
③ 작업 중인 공구는 작업이 편리한 반경 내의 작업대나 기계 위에 올려놓고 사용하여야 한다.
④ 공구는 사용 후 안전한 장소에 보관하여야 한다.

[해설] ③ 공구를 작업대나 기계 위에 올려놓고 사용하여서는 안 된다.

정답 96 ② 97 ④ 98 ③ 99 ③

100 철골보 인양작업 시 준수 사항으로 옳지 않은 것은?

① 인양용 와이어로프의 체결지점은 수평부재의 1/4지점을 기준으로 한다.
② 인양용 와이어로프의 매달기 각도는 양변 60°를 기준으로 한다.
③ 흔들리거나 선회하지 않도록 유도 로프로 유도한다.
④ 후크는 용접의 경우 용접규격을 반드시 확인한다.

해설 철골보 인양작업 시 준수 사항

(1) 인양 와이어로프의 매달기 각도는 양변 60도를 기준으로 2열로 매달고 와이어 체결지점은 수평부재의 1/3지점을 기준으로 하여야 한다.

(2) 클램프를 부재로 체결 시 준수 사항
 ① 클램프는 부재를 수평으로 하는 두 곳의 위치에 사용한다.
 ② 부득이 한 군데만 사용 시 부재 길이의 1/3지점을 기준으로 한다.
 ③ 두 곳을 매어 인양 시 와이어로프의 내각은 60도 이하로 한다.

정답 100 ①

01회 2017년 산업안전 산업기사 최근 기출문제

제1과목 · 산업재해 예방 및 안전보건교육

01 산업안전보건 법령상 안전·보건표지에 관한 설명으로 틀린 것은?

① 안전·보건표지 속의 그림 또는 부호의 크기는 안전·보건표지의 크기와 비례하여야 하며, 안전·보건표지 전체 규격의 30% 이상이 되어야 한다.
② 안전·보건표지 색채의 물감은 변질되지 아니하는 것에 색채 고정원료를 배합하여 사용하여야 한다.
③ 안전·보건표지는 그 표시내용을 근로자가 빠르고 쉽게 알아볼 수 있는 크기로 제작하여야 한다.
④ 안전·보건표지에는 야광 물질을 사용하여서는 아니 된다.

해설 ④ 야간에 필요한 안전·보건표지는 야광 물질을 사용하는 등 쉽게 알아볼 수 있도록 제작하여야 한다.

02 무재해 운동의 추진을 위한 3요소에 해당하지 않는 것은?

① 모든 위험잠재요인의 해결
② 최고경영자의 경영 자세
③ 관리감독자(Line)의 적극적 추진
④ 직장 소집단의 자주 활동 활성화

해설 무재해 운동의 3요소
① 최고 경영자의 경영자세 : 안전보건은 최고 경영자의 무재해, 무질병에 대한 확고한 경영 자세로부터 시작된다.
② 라인관리자에 의한 안전보건 추진 : 관리감독자들(Line)이 생산활동 속에서 안전보건을 함께 실천하는 것이 성공의 지름길이다.
③ 직장의 자주안전 활동의 활성화 : 직장의 팀 구성원과의 협동 노력으로 자주적인 안전활동을 추진해 가는 것이 필요하다.

{분석} 필기에 자주 출제되는 내용입니다.

03 억측판단의 배경이 아닌 것은?

① 생략 행위
② 초조한 심정
③ 희망적 관측
④ 과거의 성공한 경험

해설 억측판단이 발생하는 배경
① 정보가 불확실할 때
② 희망적인 관측이 있을 때
③ 과거의 성공한 경험이 있을 때
④ 일을 빨리 끝내고 싶은 강한 욕구가 있거나 귀찮고 초조할 때

04 재해의 기본원인 4M에 해당하지 않는 것은?

① Man   ② Machine
③ Media   ④ Measurement

해설 휴먼 에러의 배후요인(4M)
① Man(인간) : 본인 외의 사람, 직장의 인간관계 등
② Machine(기계) : 기계, 장치 등의 물적 요인
③ Media(매체) : 작업 정보, 작업 방법 등
④ Management(관리) : 작업관리, 법규 준수, 단속, 점검 등

{분석} 실기까지 중요한 내용입니다. 암기하세요.

정답 01 ④ 02 ① 03 ① 04 ④

05 다음과 같은 스트레스에 대한 반응은 무엇에 해당하는가?

> 여동생이나 남동생을 얻게 되면서 손가락을 빠는 것과 같이 어린 시절의 버릇을 나타낸다.

① 투사　　② 억압
③ 승화　　④ 퇴행

[해설] 퇴행
- 좌절을 심하게 당했을 때 현재보다 유치한 과거 수준으로 후퇴하는 것
- 예) 한글을 잘 하던 아이가 엄마의 꾸중으로 한글을 모두 잊은 상태로 돌아가 버리는 것
- 예) 여동생이나 남동생을 얻게 되면서 손가락을 빠는 것과 같이 어린 시절의 버릇을 나타낸다.

[참고] ① 투사
- 자기 속의 억압된 것을 다른 사람의 것으로 생각하는 것
- 자신의 불만이나 불안을 해소시키기 위해서 자신의 잘못을 남의 탓으로 돌리는 행동

② 억압
- 의식에서 용납하기 힘든 생각, 욕망, 충동, 공격성 등을 무의식적으로 눌러 버리는 것

③ 승화
- 사회적으로 승인되지 않은 욕구가 사회적, 문화적으로 가치 있는 것으로 나타남
- 자신의 동기에 대해 불안을 느끼는 사람은 무의식적으로 내면의 동기를 사회가 용납하는 다른 동기로 변형시킴

06 산업안전보건 법령상 사업주가 근로자에 대하여 실시하여야 하는 교육 중 특별안전·보건교육의 대상이 되는 작업이 아닌 것은?

① 화학설비의 탱크 내 작업
② 전압이 30V인 정전 및 활선작업
③ 건설용 리프트·곤돌라를 이용한 작업
④ 동력에 의하여 작동되는 프레스기계를 5대 이상 보유한 사업장에서 해당 기계로 하는 작업

[해설] ② 전압이 75볼트 이상인 정전 및 활선작업이 특별교육 대상에 해당한다.

07 인간의 행동 특성에 관한 레빈(Lewin)의 법칙에서 각 인자에 대한 내용으로 틀린 것은?

$$B = f(P \cdot E)$$

① B : 행동　　② f : 함수관계
③ P : 개체　　④ E : 기술

[해설] 레윈(K. Lewin)의 법칙

> $B = f(P \cdot E)$
> 여기서, B : Behavior(인간의 행동)
> f : function (함수관계)
> P : Person(개체 : 연령, 경험, 심신 상태, 성격, 지능 등)
> E : Environment(심리적 환경 : 인간관계, 작업환경 등)

{분석}
자주 출제되는 내용입니다.

정답 05 ④　06 ②　07 ④

08 개인 카운슬링(Counseling) 방법으로 가장 거리가 먼 것은?

① 직접적 충고   ② 설득적 방법
③ 설명적 방법   ④ 반복적 충고

[해설] 카운슬링 방법
① 직접적 충고
② 설득적 방법
③ 설명적 방법

09 교육의 효과를 높이기 위하여 시청각 교재를 최대한으로 활용하는 시청각적 방법의 필요성이 아닌 것은?

① 교재의 구조화를 기할 수 있다.
② 대량 수업체제가 확립될 수 있다.
③ 교수의 평준화를 기할 수 있다.
④ 개인차를 최대한으로 고려할 수 있다.

[해설] 시청각적 방법은 집단안전교육 방법으로 가장 효과적이나, 개인차를 고려하지는 못한다.

10 재해의 원인과 결과를 연계하여 상호 관계를 파악하기 위해 도표화하는 분석 방법은?

① 특성 요인도   ② 파레토도
③ 크로스 분류도   ④ 관리도

[해설] 특성 요인도 : 재해와 그 요인의 관계를 어골상으로 세분화하여 나타낸다.

[참고] ① 파레토도 : 사고 유형, 기인물 등 데이터를 분류하여 그 항목값이 큰 순서대로 정리하여 막대그래프로 나타낸다.
② 크로스(cross) 분석 : 2가지 또는 2개 항목 이상의 요인이 상호 관계를 유지할 때 문제를 분석하는 데 사용된다.
③ 관리도 : 시간 경과에 따른 재해 발생 건수 등 대략적인 추이 파악에 사용된다.

11 보호구 안전인증 고시에 따른 안전모의 일반 구조 중 턱 끈의 최소 폭 기준은?

① 5mm 이상   ② 7mm 이상
③ 10mm 이상   ④ 12mm 이상

[해설] 턱 끈의 폭은 10mm 이상일 것

12 허츠버그(Herzberg)의 동기·위생 이론에 대한 설명으로 옳은 것은?

① 위생 요인은 직무내용에 관련된 요인이다.
② 동기 요인은 직무에 만족을 느끼는 주 요인이다.
③ 위생 요인은 매슬로 욕구 단계 중 존경, 자아실현의 욕구와 유사하다.
④ 동기 요인은 매슬로 욕구 단계 중 생리적 욕구와 유사하다.

[해설] ① 위생 요인은 직무환경에 관련된 요인이다.
③ 위생 요인은 매슬로 욕구 단계 중 생리적, 안전의 욕구와 유사하다.
④ 동기 요인은 매슬로 욕구 단계 중 존경, 자아실현과 유사하다.

13 연평균 근로자 수가 1,000명인 사업장에서 연간 6건의 재해가 발생한 경우, 이때의 도수율은? (단, 1일 근로시간 수는 4시간, 연평균 근로일수는 150일이다.)

① 1   ② 10
③ 100   ④ 1000

[해설]
$$도수율 = \frac{재해 건수}{연근로시간수} \times 10^6$$

$도수율 = \dfrac{6}{1,000 \times 4 \times 150} \times 10^6 = 10$

{분석}
실기에도 자주 출제되는 중요한 내용입니다.

정답 08 ④ 09 ④ 10 ① 11 ③ 12 ② 13 ②

14 산업안전보건 법령상 일용근로자의 안전·보건교육 과정별 교육시간 기준으로 틀린 것은?

① 채용 시의 교육 : 1시간 이상
② 작업 내용 변경 시의 교육 : 2시간 이상
③ 건설업 기초안전·보건교육(건설 일용근로자) : 4시간
④ 특별 교육 : 2시간 이상(흙막이 지보공의 보강 또는 동바리를 설치하거나 해체하는 작업에 종사하는 일용근로자)

[해설] 근로자 안전보건교육 시간

교육과정	교육대상		교육시간
가. 정기교육	1) 사무직 종사 근로자		매반기 6시간 이상
	2) 그 밖의 근로자	가) 판매업무에 직접 종사하는 근로자	매반기 6시간 이상
		나) 판매업무에 직접 종사하는 근로자 외의 근로자	매반기 12시간 이상
나. 채용 시 교육	1) 일용근로자 및 근로계약기간이 1주일 이하인 기간제 근로자		1시간 이상
	2) 근로계약기간이 1주일 초과 1개월 이하인 기간제 근로자		4시간 이상
	3) 그 밖의 근로자		8시간 이상
다. 작업내용 변경 시 교육	1) 일용근로자 및 근로계약기간이 1주일 이하인 기간제 근로자		1시간 이상
	2) 그 밖의 근로자		2시간 이상
라. 특별교육	1) 일용근로자 및 근로계약기간이 1주일 이하인 기간제 근로자(타워크레인 신호작업에 종사하는 근로자 제외)		2시간 이상
	2) 일용근로자 및 근로계약기간이 1주일 이하인 기간제 근로자 중 타워크레인 신호작업에 종사하는 근로자		8시간 이상
	3) 일용근로자 및 근로계약기간이 1주일 이하인 기간제 근로자를 제외한 근로자		가) 16시간 이상 (최초 작업에 종사하기 전 4시간 이상 실시하고 12시간은 3개월 이내에서 분할하여 실시 가능) 나) 단기간 작업 또는 간헐적 작업인 경우에는 2시간 이상
마. 건설업 기초안전·보건교육	건설 일용근로자		4시간 이상

{분석}
실기에도 자주 출제되는 중요한 내용입니다. 암기하세요.

정답 14 ②

15 산업안전보건법상 고용노동부장관이 산업재해 예방을 위하여 종합적인 개선 조치를 할 필요가 있다고 인정할 때에 안전보건 계획의 수립·시행을 명할 수 있는 대상 사업장이 아닌 것은?

① 산업재해율이 같은 업종의 규모별 평균 산업재해율보다 높은 사업장
② 사업주가 안전보건조치 의무를 이행하지 아니하여 중대재해가 발생한 사업장
③ 고용노동부장관이 관보 등에 고시한 유해인자의 노출기준을 초과한 사업장
④ 경미한 재해가 다발로 발생한 사업장

[해설] 안전보건 개선계획 작성대상 사업장
① 산업재해율이 같은 업종의 규모별 평균 산업재해율 보다 높은 사업장
② 사업주가 안전·보건조치의무를 이행하지 아니하여 중대재해가 발생한 사업장
③ 직업성 질병자가 연간 2명 이상 발생한 사업장
④ 유해인자의 노출기준을 초과한 사업장

특급 암기법
평균보다 높으면 개선계획!
중대재해 발생하면 개선계획!
직업성 질병자 2명
노출기준 초과하면 개선계획!

{분석}
실기에도 자주 출제되는 중요한 내용입니다. 암기하세요.

16 산업안전보건 법령상 안전인증대상 기계·기구 등이 아닌 것은?

① 프레스
② 전단기
③ 롤러기
④ 산업용 원심기

[해설] [안전인증 대상 기계·기구]
1. 설치·이전하는 경우 안전인증을 받아야 하는 기계·기구
   가. 크레인
   나. 리프트
   다. 곤돌라

2. 주요 구조 부분을 변경하는 경우 안전인증을 받아야 하는 기계·기구
   ① 프레스
   ② 전단기 및 절곡기(折曲機)
   ③ 크레인
   ④ 리프트
   ⑤ 압력용기
   ⑥ 롤러기
   ⑦ 사출성형기(射出成形機)
   ⑧ 고소(高所)작업대
   ⑨ 곤돌라

특급 암기법
유사한 종류끼리 묶어서 암기
손 다치는 기계 - 프레스, 전단기 및 절곡기, 사출성형기, 롤러기
양중기 - 크레인, 리프트, 곤돌라
폭발 - 압력용기
추락 - 고소작업대

{분석}
실기에도 자주 출제되는 중요한 내용입니다. 암기하세요.

17 적응기제(Adjustment Mechanism)의 도피적 행동인 고립에 해당하는 것은?

① 운동 시합에서 진 선수가 컨디션이 좋지 않았다고 말한다.
② 키가 작은 사람이 키 큰 친구들과 같이 사진을 찍으려 하지 않는다.
③ 자녀가 없는 여교사가 아동교육에 전념하게 되었다.
④ 동생이 태어나자 형이 된 아이가 말을 더듬는다.

정답 15 ④ 16 ④ 17 ②

[해설] ① 운동 시합에서 진 선수가 컨디션이 좋지 않았다고 말한다. → 합리화(방어기제)
② 키가 작은 사람이 키 큰 친구들과 같이 사진을 찍으려 하지 않는다. → 고립(도피 기제)
③ 자녀가 없는 여교사가 아동교육에 전념하게 되었다. → 보상(방어기제)
④ 동생이 태어나자 형이 된 아이가 말을 더듬는다. → 퇴행(도피 기제)

[참고] 적응기제
① 도피기제(갈등을 해결하지 않고 도망감)
- 억압 : 무의식으로 쑤셔 넣기
- 퇴행 : 유아 시절로 돌아가 유치해짐
- 백일몽 : 공상의 나래를 펼침
- 고립(거부) : 외부와의 접촉을 끊음
② 방어기제(갈등을 이겨내려는 능동성과 적극성)
- 보상 : 열등감을 다른 곳에서 강점으로 발휘함
- 합리화 : 자기변명, 자기실패의 합리화, 자기미화
- 승화 : 열등감과 욕구불만을 사회적으로 바람직한 가치로 나타내는 것
- 동일시 : 힘 있고 능력 있는 사람을 통해 자기만족을 얻으려 함
- 투사 : 자신의 열등감을 다른 것에 던져 그것들도 결점이 있음을 발견해서 열등감에서 벗어나려 함
③ 공격기제

18 조직이 리더에게 부여하는 권한으로 볼 수 없는 것은?

① 보상적 권한
② 강압적 권한
③ 합법적 권한
④ 위임된 권한

[해설] 1. 조직이 지도자에게 부여하는 권한
보상적 권한, 강압적 권한, 합법적 권한
2. 지도자 자신이 자기에게 부여하는 권한
위임된 권한, 전문성의 권한

19 안전교육 훈련 기법에 있어 태도 개발 측면에서 가장 적합한 기본 교육 훈련 방식은?

① 실습 방식
② 제시 방식
③ 참가 방식
④ 시뮬레이션 방식

[해설] 태도 개발 측면에서 가장 적합한 기본교육 훈련 방식 → 참가 방식

20 무재해 운동의 추진 기법 중 위험예지 훈련의 4라운드 중 2라운드 진행 방법에 해당하는 것은?

① 본질 추구
② 목표 설정
③ 현상 파악
④ 대책 수립

[해설] 위험예지훈련의 4라운드
1단계 : 현상 파악
2단계 : 요인조사(본질추구)
3단계 : 대책수립
4단계 : 행동목표 설정(합의요약)

{분석}
실기까지 중요한 내용입니다. 암기하세요.

정답 18 ④ 19 ③ 20 ①

제2과목 인간공학 및 위험성 평가 · 관리

21 반복되는 사건이 많이 있는 경우에 FTA의 최소 컷셋을 구하는 알고리즘이 아닌 것은?

① Fussel Algorithm
② Boolean Algorithm
③ Monte Carlo Algorithm
④ Limnios & Ziani Algorithm

[해설] 반복되는 사건이 많이 있는 경우에 FTA의 최소 컷셋을 구하는 알고리즘
① Fussel Algorithm
② Boolean Algorithm
③ Limnios & Ziani Algorithm

{분석}
비중이 낮은 문제입니다. 답만 체크하세요.

22 1cd의 점광원에서 1m 떨어진 곳에서의 조도가 3lux이었다. 동일한 조건에서 5m 떨어진 곳에서의 조도는 약 몇 lux인가?

① 0.12 ② 0.22
③ 0.36 ④ 0.56

[해설] 조도(Lux) = $\frac{광도}{(거리)^2}$

1. 1m에서의 조도가 3이므로
$3 = \frac{광도}{1^2}$
광도 = $3 \times 1^2 = 3$(cd)

2. 5m에서의 조도
조도 = $\frac{3}{5^2} = 0.12$(Lux)

{분석}
필기에 자주 출제되는 내용입니다.

23 지게차 인장벨트의 수명은 평균이 100,000시간, 표준편차가 500시간인 정규분포를 따른다. 이 인장벨트의 수명이 101,000시간 이상일 확률은 약 얼마인가? (단, P(Z ≤ 1) = 0.8413, P(Z ≤ 2) = 0.9772, P(Z ≤ 3) = 0.9987이다.)

① 1.60% ② 2.28%
③ 3.28% ④ 4.28%

[해설] Z 점수는 원점수가 평균에서 떨어져 있는 정도를 표준편차의 수로 나타낸 값이다.

1. $z = \frac{기대수명 - 평균수명}{표준편차}$
$= \frac{101,000 - 100,000}{500} = 2$

2. P(Z ≤ 2) = 0.9720이므로
P(Z ≥ 2) = 1 - 0.9772 = 0.0228
(2.28%)

{분석}
비중이 낮은 문제입니다.

24 산업안전보건 법령에서 정한 물리적 인자의 분류 기준에 있어서 소음은 소음성 난청을 유발할 수 있는 몇 dB(A) 이상의 시끄러운 소리로 규정하고 있는가?

① 70 ② 85
③ 100 ④ 115

[해설] 소음작업 : 하루 8시간 동안 85dB 이상의 소음이 발생하는 작업

[참고] 강렬한 소음작업
① 하루 8시간 동안 90dB 이상의 소음이 발생하는 작업
② 하루 4시간 동안 95dB 이상의 소음이 발생하는 작업
③ 하루 2시간 동안 100dB 이상의 소음이 발생하는 작업

정답 21 ③ 22 ① 23 ② 24 ②

④ 하루 1시간 동안 105dB 이상의 소음이 발생하는 작업
⑤ 하루 30분 동안 110dB 이상의 소음이 발생하는 작업
⑥ 하루 15분 동안 115dB 이상의 소음이 발생하는 작업

{분석}
실기까지 중요한 내용입니다.

25 모든 시스템 안전 프로그램 중 최초 단계의 분석으로 시스템 내의 위험요소가 어떤 상태에 있는지를 정성적으로 평가하는 방법은?

① CA
② FHA
③ PHA
④ FMEA

[해설] 최초 단계의 분석법 → PHA

[참고]
1. 예비 위험 분석(PHA) : 모든 시스템 안전 프로그램의 최초 단계(설계단계, 구상단계)에서 실시하는 분석법으로서 시스템 내의 위험 요소가 얼마나 위험한 상태에 있는가를 정성적으로 평가하는 기법
2. 결함위험분석(FHA) : 서브시스템(subsystem)의 해석에 사용되는 분석법
3. 고장형태와 영향분석(FMEA) : 시스템에 영향을 미치는 모든 요소의 고장을 형태별로 분석하여 그 영향을 검토하는 정성적, 귀납적 분석법
4. 치명도 분석(CA) : 고장이 직접 시스템의 손실과 인명의 사사에 연결되는 높은 위험도를 가진 요소나 고장의 형태에 따른 분석법

{분석}
필기에 자주 출제되는 내용입니다.

26 인터페이스 설계 시 고려해야 하는 인간과 기계와의 조화성에 해당되지 않는 것은?

① 지적 조화성
② 신체적 조화성
③ 감성적 조화성
④ 심미적 조화성

[해설] 인간과 기계의 조화성
① 신체적 조화성
② 지적 조화성
③ 감성적 조화성

27 FTA에 의한 재해사례 연구의 순서를 올바르게 나열한 것은?

A. 목표 사상 선정
B. FT도 작성
C. 사상마다 재해원인 규명
D. 개선 계획 작성

① A → B → C → D
② A → C → B → D
③ B → C → A → D
④ B → A → C → D

[해설] FTA에 의한 재해사례 연구 순서
1단계 : 톱사상(목표사상)의 설정
2단계 : 재해 원인 규명
3단계 : FT도의 작성
4단계 : 개선계획의 작성

{분석}
필기에 자주 출제되는 내용입니다.

정답 25 ③ 26 ④ 27 ②

28
청각적 표시장치에서 300m 이상의 장거리용 경보기에 사용하는 진동수로 가장 적절한 것은?

① 800Hz 전후
② 2200Hz 전후
③ 3500Hz 전후
④ 4000Hz 전후

[해설] 300m 이상 장거리용 신호는 1,000Hz 이하의 진동수 사용

[참고] 경계 및 경보신호 설계지침
① 귀는 중음역에 민감하므로 500~3000Hz의 진동수 사용
② 300m 이상 장거리용 신호는 1000Hz 이하의 진동수 사용
③ 장애물 및 칸막이 통과시는 500Hz 이하의 진동수 사용
④ 주의를 끌기 위해서는 변조된 신호 사용
⑤ 배경 소음의 진동수와 구별되는 신호 사용
⑥ 경보효과를 높이기 위해서 개시시간이 짧은 고감도 신호를 사용
⑦ 가능하면 확성기, 경적 등과 같은 별도의 통신 계통을 사용

29
FT도에 사용되는 다음 기호의 명칭으로 맞는 것은?

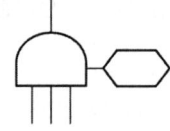

① 억제 게이트
② 부정 게이트
③ 배타적 OR 게이트
④ 우선적 AND 게이트

[해설]

기호	명명
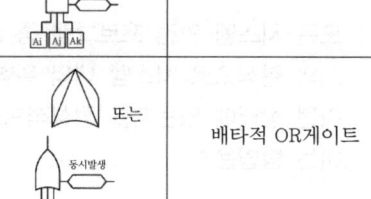	억제게이트
	부정 게이트
	우선적 AND게이트
	배타적 OR게이트

{분석} 필기에 자주 출제되는 내용입니다.

30
작업장 내의 색채조절이 적합하지 못한 경우에 나타나는 상황이 아닌 것은?

① 안전표지가 너무 많아 눈에 거슬린다.
② 현란한 색 배합으로 물체 식별이 어렵다.
③ 무채색으로만 구성되어 중압감을 느낀다.
④ 다양한 색채를 사용하면 작업의 집중도가 높아진다.

[해설] ④ 다양한 색채를 사용하면 작업의 집중도는 낮아진다.

정답 28 ① 29 ④ 30 ④

31 위험처리 방법에 관한 설명으로 틀린 것은?

① 위험처리 대책 수립 시 비용 문제는 제외된다.
② 재정적으로 처리하는 방법에는 보류와 전가 방법이 있다.
③ 위험의 제어 방법에는 회피, 손실 제어, 위험 분리, 책임 전가 등이 있다.
④ 위험처리 방법에는 위험을 제어하는 방법과 재정적으로 처리하는 방법이 있다.

[해설] ① 위험처리 대책 수립 시 비용 문제를 고려하여야 한다.

32 인간의 가청 주파수 범위는?

① 2 ~ 10,000HZ
② 20 ~ 20,000HZ
③ 200 ~ 30,000HZ
④ 200 ~ 40,000HZ

[해설] 인간의 가청 주파수 범위 : 20 ~ 20,000HZ

33 산업안전보건법에서 규정하는 근골격계 부담 작업의 범위에 해당하지 않는 것은?

① 단기간 작업 또는 간헐적인 작업
② 하루에 10회 이상 25kg 이상의 물체를 드는 작업
③ 하루에 총 2시간 이상 쪼그리고 앉거나 무릎을 굽힌 자세에서 이루어지는 작업
④ 하루에 4시간 이상 집중적으로 자료 입력 등을 위해 키보드 또는 마우스를 조작하는 작업

[해설] 근골격계 부담 작업의 범위
① 하루에 4시간 이상 집중적으로 자료입력 등을 위해 키보드 또는 마우스를 조작하는 작업
② 하루에 총 2시간 이상 목, 어깨, 팔꿈치, 손목 또는 손을 사용하여 같은 동작을 반복하는 작업
③ 하루에 총 2시간 이상 머리 위에 손이 있거나, 팔꿈치가 어깨 위에 있거나, 팔꿈치를 몸통으로부터 들거나, 팔꿈치를 몸통 뒤쪽에 위치하도록 하는 상태에서 이루어지는 작업
④ 지지되지 않은 상태이거나 임의로 자세를 바꿀 수 없는 조건에서, 하루에 총 2시간 이상 목이나 허리를 구부리거나 트는 상태에서 이루어지는 작업
⑤ 하루에 총 2시간 이상 쪼그리고 앉거나 무릎을 굽힌 자세에서 이루어지는 작업
⑥ 하루에 총 2시간 이상 지지되지 않은 상태에서 1kg 이상의 물건을 한 손의 손가락으로 집어 옮기거나, 2kg 이상에 상응하는 힘을 가하여 한 손의 손가락으로 물건을 쥐는 작업
⑦ 하루에 총 2시간 이상 지지되지 않은 상태에서 4.5kg 이상의 물건을 한 손으로 들거나 동일한 힘으로 쥐는 작업
⑧ 하루에 10회 이상 25kg 이상의 물체를 드는 작업
⑨ 하루에 25회 이상 10kg 이상의 물체를 무릎 아래에서 들거나, 어깨 위에서 들거나, 팔을 뻗은 상태에서 드는 작업
⑩ 하루에 총 2시간 이상, 분당 2회 이상 4.5kg 이상의 물체를 드는 작업
⑪ 하루에 총 2시간 이상 시간당 10회 이상 손 또는 무릎을 사용하여 반복적으로 충격을 가하는 작업

34 기능식 생산에서 유연 생산 시스템 설비의 가장 적합한 배치는?

① 합류(Y)형 배치
② 유자(U)형 배치
③ 일자(─)형 배치
④ 복수라인(=)형 배치

[해설] 유연 생산 시스템 설비의 가장 적합한 배치
→ 유자(U)형 배치

정답 31 ① 32 ② 33 ① 34 ②

35 인간 – 기계 체계에서 인간의 과오에 기인된 원인 확률을 분석하여 위험성의 예측과 개선을 위한 평가 기법은?

① PHA ② FMEA
③ THERP ④ MORT

[해설] 인간의 과오에 기인된 원인 확률을 분석
→ THERP

[참고]
① PHA : 모든 시스템 안전 프로그램의 최초 단계(설계단계, 구상단계)에서 실시하는 분석법으로서 시스템내의 위험요소가 얼마나 위험한 상태에 있는가를 정성적으로 평가하는 기법
② FMEA : 시스템에 영향을 미치는 모든 요소의 고장을 형태별로 분석하여 그 영향을 검토하는 정성적, 귀납적 분석법
③ THERP : 인간의 과오(human error)를 정량적으로 평가하기 위하여 1963년 Swain 등에 의해 개발된 기법
④ MORT : 관리, 설계, 생산, 보전 등의 광범위한 안전을 도모하기 위한 연역적이고, 정량적인 분석법

{분석}
필기에 자주 출제되는 내용입니다.

36 인체계측 자료에서 주로 사용하는 변수가 아닌 것은?

① 평균
② 5 백분위수
③ 최빈값
④ 95 백분위수

[해설] 인체계측 자료에서 주로 사용하는 변수
① 평균
② 5 백분위수(최소 치수)
③ 95 백분위수(최대 치수)

[참고] 인체계측자료의 응용 3원칙
① 최대 치수와 최소 치수 설계(극단치 설계)
• 최대 치수 또는 최소 치수를 기준으로 하여 설계한다.

② 조절범위(조정)
• 체격이 다른 여러 사람에 맞도록 설계한다.
③ 평균치를 기준으로 한 설계
• 최대 치수나 최소 치수 조절식으로 하기가 곤란할 때 평균치를 기준으로 하여 설계한다.

37 다음 그림은 C/R비와 시간과의 관계를 나타낸 그림이다. ㉠ ~ ㉣에 들어갈 내용이 맞는 것은?

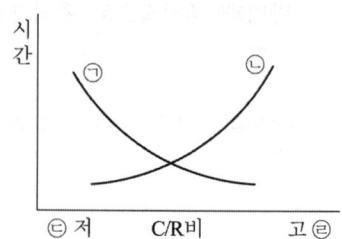

① ㉠ 이동시간 ㉡ 조정시간
  ㉢ 민감 ㉣ 둔감
② ㉠ 이동시간 ㉡ 조정시간
  ㉢ 둔감 ㉣ 민감
③ ㉠ 조정시간 ㉡ 이동시간
  ㉢ 민감 ㉣ 둔감
④ ㉠ 조정시간 ㉡ 이동시간
  ㉢ 둔감 ㉣ 민감

[해설]
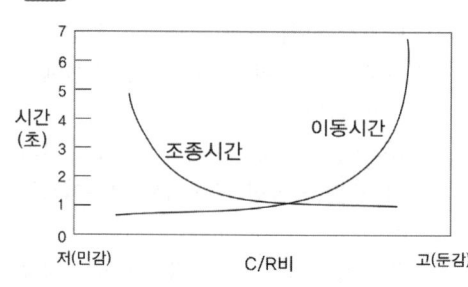

정답 35 ③ 36 ③ 37 ③

38 어떤 작업자의 배기량을 측정하였더니, 10분간 200L이었고, 배기량을 분석한 결과 O_2 : 16%, CO_2 : 4%였다. 분당 산소 소비량은 약 얼마인가?

① 1.05L/분
② 2.05L/분
③ 3.05L/분
④ 4.05L/분

[해설] ① 분당 배기량 = $\frac{200}{10}$ = 20L/분
② 분당 흡기량(= 분당 질소배기량)
= $\frac{100 - O_2 - CO_2}{100 - 21}$ × 분당 배기량
= $\frac{100 - 16 - 4}{79}$ × 20 = 20.25(L/분)
③ 분당 산소배기량
= 20 × 0.16 = 3.20(L/분)
④ 분당 산소흡기량
= 20.25 × 0.21 = 4.25(L/분)
⑤ 분당 산소소비량
= 분당 산소흡기량 − 분당 산소배기량
= 4.25 − 3.20 = 1.05(L/분)

[참고] 질소는 흡기량과 배기량에 차이가 없으므로 분당 흡기량은 분당 질소배기량으로 계산한다.

39 인간공학에 관련된 설명으로 틀린 것은?

① 편리성, 쾌적성, 효율성을 높일 수 있다.
② 사고를 방지하고 안전성과 능률성을 높일 수 있다.
③ 인간의 특성과 한계점을 고려하여 제품을 설계한다.
④ 생산성을 높이기 위해 인간을 작업 특성에 맞추는 것이다.

[해설] ④ 인간공학은 안전성 제고와 능률의 향상을 위해 기계와 그 기계조작 및 환경조건을 인간의 특성에 맞추어 설계하기 위한 수단을 연구하는 학문이다.

40 설비나 공법 등에서 나타날 위험에 대하여 정성적 또는 정량적인 평가를 행하고 그 평가에 따른 대책을 강구하는 것은?

① 설비보전
② 동작분석
③ 안전계획
④ 안전성 평가

[해설] 안전성 평가
설비, 공법 등의 설계 및 계획 단계에서 설비나 공법 등에서 나타날 위험에 대하여 정성적, 정량적인 평가에 따른 대책을 강구하는 방법이다.

제3과목 · 기계 · 기구 및 설비 안전 관리

41 방호장치의 안전기준상 평면연삭기 또는 절단연삭기에서 덮개의 노출각도 기준으로 옳은 것은?

① 80° 이내
② 125° 이내
③ 150° 이내
④ 180° 이내

[해설]

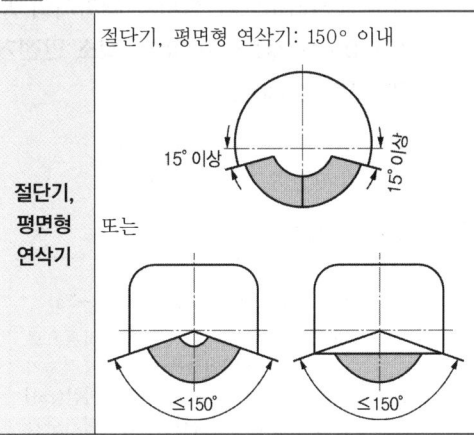

{분석}
실기까지 중요한 내용입니다.

정답 38 ① 39 ④ 40 ④ 41 ③

42 롤러기의 방호장치 중 복부 조작식 급정지 장치의 설치 위치 기준에 해당하는 것은? (단, 위치는 급정지 장치의 조작부의 중심점을 기준으로 한다.)

① 밑면에서 1.8m 이상
② 밑면에서 0.8m 미만
③ 밑면에서 0.8m 이상 1.1m 이내
④ 밑면에서 0.4m 이상 0.8m 이내

[해설] 조작부의 설치 위치에 따른 급정지 장치의 종류

종류	설치 위치
손 조작식	밑면에서 1.8m 이내
복부 조작식	밑면에서 0.8m 이상 1.1m 이내
무릎 조작식	밑면에서 0.6m 이내 또는 밑면에서 0.4m 이상 0.6m 이내

비고 : 위치는 급정지장치의 조작부의 중심점을 기준

{분석} 실기까지 중요한 내용입니다.

43 광전자식 방호장치가 설치된 프레스에서 손이 광선을 차단했을 때부터 급정지기구가 작동을 개시할 때까지의 시간은 0.3초, 급정지기구가 작동을 개시했을 때부터 슬라이드가 정지할 때까지의 시간이 0.4초 걸린다고 할 때 최소 안전거리는 약 몇 mm인가?

① 540 ② 760
③ 980 ④ 1,120

[해설] 광전자식 방호장치

안전거리 D(mm) = 1600 × (Tc +Ts)
Tc : 방호장치의 작동시간[즉 누름버튼으로부터 한 손이 떨어졌을 때부터 급정지기구가 작동을 개시할 때까지의 시간(초)]
Ts : 프레스의 급정지시간[즉 급정지기구가 작동을 개시했을 때부터 슬라이드가 정지할 때까지의 시간(초)]

안전거리 D(cm) = 1600 × (0.3 + 0.4)
= 1,120mm

44 드릴링 머신의 드릴지름이 10mm이고, 드릴 회전수가 1,000rpm일 때 원주 속도는 약 얼마인가?

① 3.14m/min ② 6.28m/min
③ 31.4m/min ④ 62.8m/min

[해설] 회전속도(원주속도)

$$V = \frac{\pi \times D \times N}{1,000} \text{ (m/min)}$$
D : 롤러의 직경(mm)
N : 회전수(rpm)

$$V = \frac{\pi \times 10 \times 1,000}{1,000} = 31.42 \text{(m/min)}$$

{분석} 실기까지 중요한 내용입니다.

45 금형 운반에 대한 안전 수칙에 관한 설명으로 옳지 않은 것은?

① 상부금형과 하부금형이 닿을 위험이 있을 때는 고정 패드를 이용해 스트랩, 금속재질이나 우레탄 고무의 블록 등을 사용한다.
② 금형을 안전하게 취급하기 위해 아이볼트를 사용할 때는 숄더형으로 사용하는 것이 좋다.
③ 관통 아이볼트가 사용될 때는 조립이 쉽도록 구멍 틈새를 크게 한다.
④ 운반하기 위해 꼭 들어 올려야 할 때는 필요한 높이 이상으로 들어 올려서는 안 된다.

[해설] ③ 관통 아이볼트가 사용될 때는 구멍 틈새가 최소화되도록 한다. 아이볼트 고정을 위한 탭(Tap)이 있는 구멍들은 볼트 크기가 섞이지 않도록 한다.

{분석} 비중이 낮은 문제입니다.

정답 42 ③ 43 ④ 44 ③ 45 ③

46 기계설비 구조의 안전을 위해 설계 시 고려하여야 할 안전계수(safety factor)의 산출 공식으로 틀린 것은?

① 파괴강도 ÷ 허용응력
② 안전하중 ÷ 파단하중
③ 파괴하중 ÷ 허용하중
④ 극한강도 ÷ 최대 설계응력

해설 ② 안전계수 = 파단하중 ÷ 안전하중

47 지게차의 안정도 기준으로 틀린 것은?

① 기준 부하 상태에서 주행 시의 전후 안정도는 8% 이내이다.
② 하역작업 시의 좌우 안정도는 최대하중 상태에서 포크를 가장 높이 들어 올리고 마스트를 가장 뒤로 기울인 상태에서 6% 이내이다.
③ 하역작업 시의 전후 안정도는 최대하중 상태에서 포크를 가장 높이 올린 경우 4% 이내이며, 5톤 이상은 3.5% 이내이다.
④ 기준 무부하 상태에서 주행 시의 좌우 안정도는 (15+1.1×V)% 이내이고, V는 구내 최고 속도(km/h)를 의미한다.

해설 지게차의 안정도

안정도
하역작업 시의 전·후 안정도 : 4% 이내 (5t 이상 : 3.5%)
주행 시의 전·후 안정도 : 18% 이내
하역작업 시의 좌·우 안정도 : 6% 이내
주행 시의 좌·우 안정도 (15+1.1V)% 이내 최대 40%(V : 최고 속도 km/h)

{분석} 실기까지 중요한 내용입니다. 암기하세요.

48 선반 등으로부터 돌출하여 회전하고 있는 가공물이 근로자에게 위험을 미칠 우려가 있는 경우 설치할 방호 장치로 가장 적합한 것은?

① 덮개 또는 울
② 슬리브
③ 건널다리
④ 체인 블록

해설 선반 등으로부터 돌출하여 회전하고 있는 가공물이 근로자에게 위험을 미칠 우려가 있는 때에는 덮개 또는 울 등을 설치하여야 한다.

49 원심기의 안전대책에 관한 사항에 해당되지 않는 것은?

① 최고 사용 회전수를 초과하여 사용해서는 아니 된다.
② 내용물이 튀어나오는 것을 방지하도록 덮개를 설치하여야 한다.
③ 폭발을 방지하도록 압력방출장치를 2개 이상 설치하여야 한다.
④ 청소, 검사, 수리 등의 작업 시에는 기계의 운전을 정지하여야 한다.

해설 ③ 폭발을 방지하기 위한 압력방출장치는 압력용기의 방호장치이다.

50 탁상용 연삭기의 평형 플랜지 바깥지름이 150mm일 때, 숫돌의 바깥지름은 몇 mm 이내이어야 하는가?

① 300mm ② 450mm
③ 600mm ④ 750mm

해설 플랜지는 숫돌 지름의 1/3 이상일 것
숫돌지름 = 플랜지 지름 × 3 = 150 × 3 = 450mm

{분석} 실기까지 중요한 내용입니다.

정답 46 ② 47 ① 48 ① 49 ③ 50 ②

51 산업안전보건 법령상 고속회전체의 회전시험을 하는 경우 미리 회전축의 재질 및 형상 등에 상응하는 종류의 비파괴검사를 해서 결함 유무(有無)를 확인하여야 하는 고속 회전체 대상은?

① 회전축의 중량이 0.5톤을 초과하고, 원주속도가 15m/s 이상인 것
② 회전축의 중량이 1톤을 초과하고, 원주속도가 30m/s 이상인 것
③ 회전축의 중량이 0.5톤을 초과하고, 원주속도가 60m/s 이상인 것
④ 회전축의 중량이 1톤을 초과하고, 원주속도가 120m/s 이상인 것

[해설] **비파괴검사의 실시**
고속회전체(회전축의 중량이 1톤을 초과하고 원주속도가 매초 당 120미터 이상인 것에 한한다)의 회전시험을 하는 때에는 미리 회전축의 재질 및 형상 등에 상응하는 종류의 비파괴검사를 실시하여 결함유무를 확인하여야 한다.

{분석}
실기까지 중요한 내용입니다.

52 기계운동 형태에 따른 위험점 분류에 해당되지 않는 것은?

① 접선끼임점   ② 회전말림점
③ 물림점   ④ 절단점

[해설] ① 협착점 : 왕복운동 부분과 고정부분 사이에서 형성되는 위험점
② 끼임점 : 고정부분과 회전하는 동작부분 사이에서 형성되는 위험점
③ 절단점 : 회전하는 운동부 자체, 운동하는 기계부분 자체의 위험점
④ 물림점 : 회전하는 두 개의 회전체에 물려 들어가는 위험점
⑤ 접선물림점 : 회전하는 부분의 접선 방향으로 물려 들어가는 위험점
⑥ 회전말림점 : 회전하는 물체에 작업복, 머리카락 등이 말려 들어가는 위험점

53 기계를 구성하는 요소에서 피로현상은 안전과 밀접한 관련이 있다. 다음 중 기계요소의 피로 파괴현상과 가장 관련이 적은 것은?

① 소음(noise)
② 노치(notch)
③ 부식(corrosion)
④ 치수 효과(size effect)

[해설] 피로 파괴는 재료가 반복해서 하중을 받아 파괴에 이르는 현상으로 노치, 부식, 치수 효과와 관련이 있다.

[참고] 1. 노치(notch) : 높은 응력집중을 일으키는 구조상의 불연속부
2. 치수 효과(size effect) : 휨 강도, 전단 강도, 인장 강도나 압축강도 등이 부재치수의 증가에 따라 일반적으로 저하하는 현상

54 위험기계·기구 자율안전 확인고시에 의하면 탁상용 연삭기에서 연삭숫돌의 원주면과 가공물 받침대 사이 거리는 몇 mm를 초과하지 않아야 하는가?

① 1   ② 2
③ 4   ④ 8

[해설] 연삭숫돌의 외주면과 받침대 사이의 거리는 2mm를 초과하지 않도록 한다.(위험기계·기구 자율안전 확인 고시)

[참고] 탁상용 연삭기의 덮개에는 워크레스트 및 조정편을 구비하여야 하며, 워크레스트는 연삭숫돌과의 간격을 3밀리미터 이하로 조정할 수 있는 구조이어야 한다.

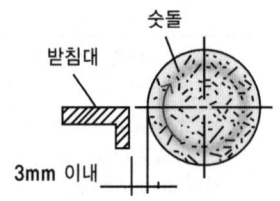

받침대의 간격
[방호장치 자율안전기준 고시]

정답 51 ④ 52 ① 53 ① 54 ②

55 지게차의 헤드가드 상부 틀에 있어서 각 개구부의 폭 또는 길이의 크기는?

① 8cm 미만
② 10cm 미만
③ 16cm 미만
④ 20cm 미만

[해설] 지게차의 헤드가드 상부 틀의 각 개구의 폭 또는 길이는 16센티미터 미만일 것

[참고] **지게차의 헤드 가드 구비 조건**
① 상부 프레임의 각 개구의 폭 또는 길이는 16[cm] 미만일 것
② 강도는 포크 리프트의 최대하중의 2배 값(그 값이 4[t]를 넘을 경우에는 4[t])의 등분포 정하중에 견딜 것
③ 운전자가 앉아서 조작하거나 서서 조작하는 지게차의 헤드가드는 한국산업표준에서 정하는 높이 기준 이상일 것
(좌식 : 0.903m, 입식 : 1.88m)

{분석} 실기까지 중요한 내용입니다.

---

56 안전한 상태를 확보할 수 있도록 기계의 작동 부분 상호 간을 기계적, 전기적인 방법으로 연결하여 기계가 정상 작동을 하기 위한 모든 조건이 충족되어야지만 작동하며, 그중 하나라도 충족되지 않으면 자동적으로 정지시키는 방호장치 형식은?

① 자동식 방호장치
② 가변식 방호장치
③ 고정식 방호장치
④ 인터록식 방호장치

[해설] 기계가 정상 작동을 하기 위한 모든 조건이 충족되어야지만 작동하며, 그 중 하나라도 충족되지 않으면 자동적으로 정지 → 인터록식(연동식) 방호장치

---

57 다음 중 목재가공용 둥근톱에 설치해야 하는 분할날의 두께에 관한 설명으로 옳은 것은?

① 톱날 두께의 1.1배 이상이고, 톱날의 치진폭보다 커야 한다.
② 톱날 두께의 1.1배 이상이고, 톱날의 치진폭보다 작아야 한다.
③ 톱날 두께의 1.1배 이내이고, 톱날의 치진폭보다 커야 한다.
④ 톱날 두께의 1.1배 이내이고, 톱날의 치진폭보다 작아야 한다.

[해설] 분할날 두께는 톱 두께의 1.1배 이상이며 치진 폭보다 작을 것

$$1.1t_1 \leq t_2 < b$$

(t_1 : 톱 두께, t_2 : 분할날 두께, b : 치진 폭)

{분석} 필기에 자주 출제되는 내용입니다.

---

58 롤러기의 급정지장치를 작동시켰을 경우에 무부하 운전 시 앞면 롤러의 표면 속도가 30m/min 미만일 때의 급정지거리로 적합한 것은?

① 앞면 롤러 원주의 1/1.5 이내
② 앞면 롤러 원주의 1/2 이내
③ 앞면 롤러 원주의 1/2.5 이내
④ 앞면 롤러 원주의 1/3 이내

[해설] 앞면 롤러의 표면속도에 따른 급정지거리

앞면 롤러의 표면속도 (m/min)	급정지거리
30 미만	앞면 롤러 원주의 $\frac{1}{3}$ 이내 ($= \pi \times d \times \frac{1}{3}$)
30 이상	앞면 롤러 원주의 $\frac{1}{2.5}$ 이내 ($= \pi \times d \times \frac{1}{2.5}$)

정답 55 ③ 56 ④ 57 ② 58 ④

이 때 표면속도의 산식은

$$V = \frac{\pi \times D \times N}{1000} \text{ (m/min)}$$

여기서, V : 표면속도
D : 롤러 원통의 직경(mm)
N : 1분간에 롤러기가 회전되는 수(rpm)

{분석}
실기까지 중요한 내용입니다.

59 산업용 로봇의 재해 발생에 대한 주된 원인이며, 본체의 외부에 조립되어 인간의 팔에 해당되는 기능을 하는 것은?

① 센서(sensor)
② 제어 로직(control logic)
③ 제동장치(brake system)
④ 매니퓰레이터(manipulator)

[해설] 재해 발생에 대한 주된 원인이며, 인간의 팔에 해당되는 기능 → 매니퓰레이터(manipulator)

60 산업안전보건 법령상 크레인의 직동식 권과방지장치는 훅·버킷 등 달기구의 윗면이 드럼, 상부 도르래 등 권상장치의 아랫면과 접촉할 우려가 있을 때 그 간격이 얼마 이상이어야 하는가?

① 0.01m 이상   ② 0.02m 이상
③ 0.03m 이상   ④ 0.05m 이상

[해설] 권과방지장치는 훅·버킷 등 달기구의 윗면이 드럼, 상부 도르래 등 권상장치의 아랫면과 접촉할 우려가 있는 경우에 그 간격이 0.25미터 이상[직동식 권과방지장치는 0.05미터 이상]이 되도록 조정하여야 한다.

{분석}
실기까지 중요한 내용입니다.

제4과목 · 전기 및 화학설비 안전 관리

61 교류아크 용접기의 재해방지를 위해 쓰이는 것은?

① 자동 전격 방지장치
② 리미트 스위치
③ 정전압 장치
④ 정전류 장치

[해설] 교류아크 용접기의 방호장치 → 자동 전격 방지장치

[참고] **자동 전격 방지기의 성능**
용접을 중단하고 1.0초 내에 용접기의 홀더, 어스선에 흐르는 무부하 전압을 안전전압 25V 이하로 내려준다.

{분석}
실기까지 중요한 내용입니다. 암기하세요.

62 방폭구조의 종류와 기호가 잘못 연결된 것은?

① 유입방폭구조 - o
② 압력방폭구조 - p
③ 내압방폭구조 - d
④ 본질안전방폭구조 - e

[해설] ④ 본질안전방폭구조 - ia 또는 ib

정답 59 ④ 60 ④ 61 ① 62 ④

참고 방폭구조의 기호

가스, 증기, 분진 방폭구조		기호
가스, 증기 방폭구조	내압 방폭구조	d
	압력 방폭구조	p
	유입 방폭구조	o
	안전증 방폭구조	e
	본질안전 방폭구조	ia or ib
	충전 방폭구조	q
	비점화 방폭구조	n
	몰드 방폭구조	m
	특수 방폭구조	s
분진 방폭구조	방진 방폭구조	tD

{분석}
실기에 자주 출제되는 내용입니다. 암기하세요.

63 누전에 의한 감전위험을 방지하기 위하여 누전차단기를 설치하여야 하는데 다음 중 누전차단기를 설치하지 않아도 되는 것은?

① 절연대 위에서 사용하는 이중 절연구조의 전동기기
② 임시배선의 전로가 설치되는 장소에서 사용하는 이동형 전기기구
③ 철판 위와 같이 도전성이 높은 장소에서 사용하는 이동형 전기기구
④ 물과 같이 도전성이 높은 액체에 의한 습윤 장소에서 사용하는 이동형 전기기구

[해설] 누전차단기를 설치하지 않아도 되는 경우
① 이중절연구조 또는 이와 동등 이상으로 보호되는 전기기계·기구
② 절연대 위 등과 같이 감전위험이 없는 장소에서 사용하는 전기기계·기구
③ 비접지방식의 전로

{분석}
실기까지 중요한 내용입니다.

64 누전차단기의 설치 환경조건에 관한 설명으로 틀린 것은?

① 전원전압은 정격전압의 85~110% 범위로 한다.
② 설치장소가 직사광선을 받을 경우 차폐시설을 설치한다.
③ 정격부동작 전류가 정격감도 전류의 30% 이상이어야 하고 이들의 차가 가능한 큰 것이 좋다.
④ 정격전부하 전류가 30A인 이동형 전기기계·기구에 접속되어 있는 경우 일반적으로 정격감도 전류는 30mA 이하인 것을 사용한다.

[해설] ③ 정격부동작 전류가 정격감도 전류의 50% 이상이어야 하고 이들의 전류 차가 가능한 한 작을 것

65 위험장소의 분류에 있어 다음 설명에 해당되는 것은?

> 분진운 형태의 가연성 분진이 폭발농도를 형성할 정도로 충분한 양이 정상작동 중에 연속적으로 또는 자주 존재하거나, 제어할 수 없을 정도의 양 및 두께의 분진층이 형성될 수 있는 장소

① 20종 장소
② 21종 장소
③ 22종 장소
④ 23종 장소

[해설] 폭발농도를 형성할 정도의 가연성 분진이 정상작동 중에 연속적으로 존재 → 20종 장소

정답 63 ① 64 ③ 65 ①

참고 분진폭발 위험장소

20종 장소	• 분진운 형태의 가연성 분진이 폭발농도를 형성할 정도로 충분한 양이 정상작동 중에 연속적으로 또는 자주 존재하거나, 제어할 수 없을 정도의 양 및 두께의 분진 층이 형성될 수 있는 장소
21종 장소	• 20종 장소외의 장소로서, 분진운 형태의 가연성 분진이 폭발농도를 형성할 정도의 충분한 양이 정상작동 중에 존재할 수 있는 장소
22종 장소	• 21종 장소외의 장소로서, 가연성 분진운 형태가 드물게 발생 또는 단기간 존재할 우려가 있거나, 이상작동 상태 하에서 가연성 분진 운이 형성될 수 있는 장소

{분석} 실기에 자주 출제되는 내용입니다.

66 전기화재의 직접적인 발생 요인과 가장 거리가 먼 것은?

① 피뢰기의 손상
② 누전, 열의 축적
③ 과전류 및 절연의 손상
④ 지락 및 접속 불량으로 인한 과열

해설 전기화재의 직접 요인
① 단락에 의한 발화
② 누전, 열의 축적
③ 과전류 및 절연의 손상
④ 지락 및 접속불량으로 인한 과열
⑤ 스파크에 의한 발화
⑥ 절연열화 또는 탄화에 의한 발화
⑦ 낙뢰에 의한 발화

67 이온 생성 방법에 따라 정전기 제전기의 종류가 아닌 것은?

① 고전압 인가식
② 접지 제어식
③ 자기방전식
④ 방사선식

해설 제전기의 종류
① 고전압 인가식
② 이온식 스프레이식
③ 자기방전식
④ 방사선식

68 피뢰설비 기본 용어에 있어 외부 뇌보호 시스템에 해당되지 않는 구성요소는?

① 수뢰부
② 인하도선
③ 접지시스템
④ 등전위 본딩

해설 외부 뇌보호 시스템
① 수뢰부
② 인하도선
③ 접지시스템

69 콘덴서의 단자전압이 1kV, 정전용량이 740pF일 경우 방전에너지는 약 몇 mJ 인가?

① 370
② 37
③ 3.7
④ 0.37

해설

$$E(J) = \frac{1}{2}CV^2$$

여기서, E : 정전기 에너지(J)
C : 도체의 정전 용량(F)
V : 대전 전위(V)

$E = \frac{1}{2} \times 740 \times 10^{-12} \times 1000^2$

$= 0.00037J \times 1000 = 0.37mJ$

(pF = 10^{-12}F, kV = 1000V, 1J = 1000mJ)

{분석} 필기에 자주 출제되는 내용입니다.

정답 66 ① 67 ② 68 ④ 69 ④

70 송전선의 경우 복도체 방식으로 송전하는데 이는 어떤 방전 손실을 줄이기 위한 것인가?

① 코로나방전 ② 평등방전
③ 불꽃방전   ④ 자기방전

[해설] 복도체 방식으로 송전하는 경우 코로나방전의 발생을 저감시킨다.

[참고] 복도체 방식 : 송전선의 도체를 같은 전위를 가진 두 개 이상의 도체로 구성하는 방식

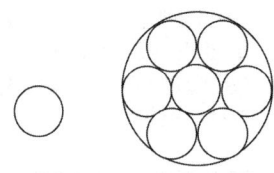

[단도체 방식]   [복도체 방식]

71 다음 중 화학물질 및 물리적 인자의 노출기준에 따른 TWA 노출기준이 가장 낮은 물질은?

① 불소   ② 아세톤
③ 니트로벤젠 ④ 사염화탄소

[해설] 노출기준
① 불소 : 0.1ppm
② 아세톤 : 500ppm
③ 니트로벤젠 : 1ppm
④ 사염화탄소 : 5ppm

72 대기 중에 대량의 가연성 가스가 유출되거나 대량의 가연성 액체가 유출하여 그것으로부터 발생하는 증기가 공기와 혼합해서 가연성 혼합기체를 형성하고, 점화원에 의하여 발생하는 폭발을 무엇이라 하는가?

① UVCE   ② BLEVE
③ Detonation ④ Boil over

[해설] 대량의 가연성 가스가 유출, 증기가 공기와 혼합해서 가연성 혼합기체를 형성, 점화원에 의하여 발생하는 폭발 → 개방계증기운폭발(UVCE)

73 화재 발생 시 알코올포(내알코올포) 소화약제의 소화 효과가 큰 대상물은?

① 특수인화물
② 물과 친화력이 있는 수용성 용매
③ 인화점이 영하 이하의 인화성 물질
④ 발생하는 증기가 공기보다 무거운 인화성 액체

[해설] 알코올포(내알코올포) 소화약제
단백질의 가수분해물에 합성세제를 혼합해서 제조한 소화약제로서 알코올류, 에스테르류, 케톤류 등과 같은 수용성 위험물의 화재에 소화효과가 크다.

74 산업안전보건법령에서 정한 위험 물질의 종류에서 "물 반응성 물질 및 인화성 고체"에 해당하는 것은?

① 니트로화합물
② 과염소산
③ 아조화합물
④ 칼륨

[해설] ① 니트로화합물 : 폭발성 물질 및 유기과산화물
② 과염소산 : 산화성 액체 및 산화성 고체
③ 아조화합물 : 폭발성 물질 및 유기과산화물
④ 칼륨 : 물반응성 물질 및 인화성 고체

75 다음 중 폭발한계의 범위가 가장 넓은 가스는?

① 수소   ② 메탄
③ 프로판 ④ 아세틸렌

정답 70 ① 71 ① 72 ① 73 ② 74 ④ 75 ④

[해설] 폭발 범위가 가장 넓은 가스 → 폭발 3단계 → 수소, 아세틸렌
1. 아세틸렌의 폭발범위 : 2.5 ~ 81.0
2. 수소의 폭발범위 : 4.0 ~ 75.0

76 20℃, 1기압의 공기를 압축비 3으로 단열 압축하였을 때 온도는 약 몇 ℃가 되겠는가? (단, 공기의 비열비는 1.4이다.)

① 84 ② 128
③ 182 ④ 1091

[해설] 단열압축 현상의 관계식

$$\frac{T_2}{T_1} = \left(\frac{P_2}{P_1}\right)^{\frac{r-1}{r}}$$

r은 공기의 비열비(1.4)
T_1 : 단열압축 전의 온도(273 + ℃)
T_2 : 단열압축 후의 온도
P_1 : 단열압축 전의 압력
P_2 : 단열압축 후의 압력

$$\frac{T_2}{T_1} = \left(\frac{P_2}{P_1}\right)^{\frac{r-1}{r}}$$

$$T_2 = T_1 \times \left(\frac{P_2}{P_1}\right)^{\frac{r-1}{r}} = (20+273) \times \left(\frac{3}{1}\right)^{\frac{1.4-1}{1.4}}$$

$= 401.04\,°K - 273 = 128.04℃$

77 산업안전보건 법령에서 정한 안전 검사의 주기에 따르면 건조설비 및 그 부속설비는 사업장에 설치가 끝난 날부터 몇 년 이내에 최초 안전검사를 실시하여야 하는가?

① 1 ② 2
③ 3 ④ 4

[해설] 안전검사 대상 유해·위험기계 등의 검사 주기
1. 크레인(이동식 크레인은 제외한다), 리프트(이삿짐운반용 리프트는 제외한다) 및 곤돌라 : 사업장에 설치가 끝난 날부터 3년 이내에 최초 안전검사를 실시하되, 그 이후부터 2년마다(건설현장에서 사용하는 것은 최초로 설치한 날부터 6개월마다)
2. 이동식 크레인, 이삿짐운반용 리프트 및 고소작업대 : 신규 등록 이후 3년 이내에 최초 안전검사를 실시하되, 그 이후부터 2년마다
3. 프레스, 전단기, 압력용기, 국소 배기장치, 원심기, 롤러기, 사출성형기, 컨베이어 및 산업용 로봇 : 사업장에 설치가 끝난 날부터 3년 이내에 최초 안전검사를 실시하되, 그 이후부터 2년마다(공정안전보고서를 제출하여 확인을 받은 압력용기는 4년마다)

[참고] 안전검사 대상 유해·위험기계
① 프레스
② 전단기
③ 크레인[정격 하중이 2톤 미만인 것 제외]
④ 리프트
⑤ 압력용기
⑥ 곤돌라
⑦ 국소 배기장치(이동식은 제외)
⑧ 원심기(산업용만 해당)
⑨ 롤러기(밀폐형 구조는 제외한다)
⑩ 사출성형기[형 체결력(형 체결력) 294킬로뉴턴(KN) 미만은 제외]
⑪ 고소작업대
⑫ 컨베이어
⑬ 산업용 로봇

특급 암기법

안전인증대상 중
손 다치는 기계 - 프레스, 전단기, 사출성형기, 롤러기
양중기 - 크레인, 리프트, 곤돌라
폭발 - 압력용기
추가 - 극소(국소) 로봇이 고소의 큰(컨) 원을 검사 (안전검사)

국소배기장치, 산업용 로봇, 고소작업대, 컨베이어, 원심기

{분석}
실기에도 자주 출제되는 내용입니다. 암기하세요.

정답 76 ② 77 ③

78 여러 가지 성분의 액체 혼합물을 각 성분별로 분리하고자 할 때 비점의 차이를 이용하여 분리하는 화학설비를 무엇이라 하는가?

① 건조기 ② 반응기
③ 진공관 ④ 증류탑

[해설] 비점의 차이를 이용하여 혼합물을 분리하는 화학설비 → 증류탑

79 프로판(C_3H_8) 가스의 공기 중 완전연소 조성농도는 약 몇 vol%인가?

① 2.02 ② 3.02
③ 4.02 ④ 5.02

[해설] 완전연소 조성농도

$$C_{st}(Vol\%) = \frac{100}{1+4.773\left(n+\frac{m-f-2\lambda}{4}\right)}$$

여기서, n : 탄소
m : 수소
f : 할로겐원소
λ : 산소의 원자 수
4.773 : 공기의 몰수

프로판(C_3H_8)에서 n : 3, m : 8
f, λ = 0 이므로

$$C_{st} = \frac{100}{1+4.773\left(3+\frac{8}{4}\right)} = 4.02(vol\%)$$

80 가스를 저장하는 가스용기의 색상이 틀린 것은? (단, 의료용 가스는 제외한다.)

① 암모니아 ― 백색
② 이산화탄소 ― 황색
③ 산소 ― 녹색
④ 수소 ― 주황색

[해설] 충전가스 용기의 도색
① 산소 → 녹색
② 수소 → 주황색
③ 탄산가스 → 청색
④ 염소 → 갈색
⑤ 암모니아 → 백색
⑥ 아세틸렌 → 황색
⑦ 그 외 가스 → 회색

{분석}
실기까지 중요한 내용입니다. 암기하세요.

제5과목 • 건설공사 안전 관리

81 콘크리트 타설 작업을 하는 경우에 준수해야 할 사항으로 옳지 않은 것은?

① 당일의 작업을 시작하기 전에 해당 작업에 관한 거푸집 동바리 등의 변형·변위 및 지반의 침하 유무 등을 점검하고 이상이 있으면 보수할 것
② 작업 중에는 거푸집 동바리 등의 변형·변위 및 침하 유무 등을 감시할 수 있는 감시자를 배치하여 이상이 있으면 작업을 중지하고 근로자를 대피시킬 것
③ 설계도서상의 콘크리트 양생기간을 준수하여 거푸집 동바리 등을 해체할 것
④ 콘크리트를 타설하는 경우에는 편심을 유발하여 한쪽 부분부터 밀실하게 타설되도록 유도할 것

[해설] 콘크리트의 타설 작업 시 준수사항
① 당일의 작업을 시작하기 전에 해당 작업에 관한 거푸집 동바리 등의 변형·변위 및 지반의 침하 유무 등을 점검하고 이상이 있으면 보수할 것

정답 78 ④ 79 ③ 80 ② 81 ④

② 작업 중에는 감시자를 배치하는 등의 방법으로 거푸집 및 동바리의 변형·변위 및 침하 유무 등을 확인해야 하며, 이상이 있으면 작업을 중지하고 근로자를 대피시킬 것
③ 콘크리트의 타설작업 시 거푸집 붕괴의 위험이 발생할 우려가 있으면 충분한 보강조치를 할 것
④ 설계도서상의 콘크리트 양생기간을 준수하여 거푸집 및 동바리를 해체할 것
⑤ 콘크리트를 타설하는 경우에는 편심이 발생하지 않도록 골고루 분산하여 타설할 것

{분석}
실기까지 중요한 내용입니다.

82 철골공사에서 나타나는 용접결함의 종류에 해당하지 않는 것은?

① 가우징(gouging)
② 오버랩(overlap)
③ 언더 컷(under cut)
④ 블로우 홀(blow hole)

[해설] 가우징(gouging)
용접부에 깊은 홈을 파는 방법, 불완전 용접부의 제거 및 용접부의 밑면 파내기 등에 이용된다.

[참고]
1. 오버랩(overlap) : 모재가 겹쳐지는 현상
2. 언더 컷(under cut) : 용입 부족으로 모재가 파이는 현상
3. 블로우 홀(blow hole) : 용접부에 기공이 발생하는 현상

83 이동식비계를 조립하여 작업을 하는 경우의 준수사항으로 옳지 않은 것은?

① 이동식비계의 바퀴에는 뜻밖의 갑작스러운 이동 또는 전도를 방지하기 위하여 브레이크·쐐기 등으로 바퀴를 고정시킨 다음 비계의 일부를 견고한 시설물에 고정하거나 아웃트리거(outrigger)를 설치하는 등 필요한 조치를 할 것
② 작업발판은 항상 수평을 유지하고 작업발판 위에서 안전난간을 딛고 작업을 하지 않도록 하며, 대신 받침대 또는 사다리를 사용하여 작업할 것
③ 비계의 최상부에서 작업을 하는 경우에는 안전난간을 설치할 것
④ 작업발판의 최대적재하중은 250kg을 초과하지 않도록 할 것

[해설] ② 작업발판은 항상 수평을 유지하고 작업발판 위에서 안전난간을 딛고 작업을 하거나 받침대 또는 사다리를 사용하여 작업하지 않도록 할 것

84 버팀대(Strut)의 축하중 변화상태를 측정하는 계측기는?

① 경사계(Inclino meter)
② 수위계(Water level meter)
③ 침하계(Extension)
④ 하중계(Load cell)

[해설] 축하중 변화 측정 → 하중계(Load cell)

정답 82 ① 83 ② 84 ④

85. 건설업에서 사업주의 유해·위험 방지 계획서 제출 대상 사업장이 아닌 것은?
① 지상 높이가 31m 이상인 건축물의 건설, 개조 또는 해체공사
② 연면적 5,000m² 이상 관광숙박시설의 해체공사
③ 저수용량 5,000톤 이하의 지방상수도 전용 댐 건설 등의 공사
④ 깊이 10m 이상인 굴착공사

[해설] ③ 다목적댐, 발전용댐 및 저수용량 2천만톤 이상의 용수 전용 댐, 지방상수도 전용 댐 건설 등의 공사

[참고] 유해위험방지계획서 제출대상 건설공사
1. 다음 각 목의 어느 하나에 해당하는 건축물 또는 시설 등의 건설·개조 또는 해체공사
  가. 지상높이가 31미터 이상인 건축물 또는 인공구조물
  나. 연면적 3만제곱미터 이상인 건축물
  다. 연면적 5천제곱미터 이상인 시설로서 다음의 어느 하나에 해당하는 시설
    1) 문화 및 집회시설(전시장 및 동물원·식물원은 제외한다)
    2) 판매시설, 운수시설(고속철도의 역사 및 집배송시설은 제외한다)
    3) 종교시설
    4) 의료시설 중 종합병원
    5) 숙박시설 중 관광숙박시설
    6) 지하도상가
    7) 냉동·냉장 창고시설
2. 연면적 5천제곱미터 이상의 냉동·냉장창고시설의 설비공사 및 단열공사
3. 최대 지간길이(다리의 기둥과 기둥의 중심사이의 거리)가 50미터 이상인 교량 건설 등 공사
4. 터널 건설 등의 공사
5. 다목적댐, 발전용댐, 저수용량 2천만톤 이상의 용수 전용 댐, 지방상수도 전용 댐 건설 등의 공사
6. 깊이 10미터 이상인 굴착공사

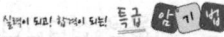

- 지상높이 31m, 연면적 3만m², 사람 많은 시설 연면적 5,000m²
- 연면적 5,000m² 냉동·냉장창고시설
- 최대 지간길이가 50미터 이상 교량
- 터널
- 저수용량 2천만 톤 이상 댐
- 10미터 이상인 굴착

{분석}
실기에 자주 출제되는 내용입니다. 암기하세요.

86. 굴착 작업을 하는 경우 지반의 붕괴 또는 토석의 낙하에 의한 근로자의 위험을 방지하기 위하여 관리감독자로 하여금 작업 시작 전에 점검하도록 해야 하는 사항과 가장 거리가 먼 것은?
① 부석·균열의 유무
② 함수·용수
③ 동결 상태의 변화
④ 시계의 상태

[해설] 굴착 작업 시 사전조사 내용
① 형상·지질 및 지층의 상태
② 균열·함수(含水)·용수 및 동결의 유무 또는 상태
③ 매설물 등의 유무 또는 상태
④ 지반의 지하수위 상태

{분석}
실기까지 중요한 내용입니다.

정답 85 ③ 86 ④

87 다음은 산업안전보건 법령에 따른 지붕 위에서의 위험 방지에 관한 사항이다. ( )안에 알맞은 것은?

> 슬레이트, 선라이트 등 강도가 약한 재료로 덮은 지붕 위에서 작업을 할 때에 발이 빠지는 등 근로자가 위험해질 우려가 있는 경우 폭 ( )센티미터 이상의 발판을 설치하거나 추락방호망을 치는 등 근로자의 위험을 방지하기 위하여 필요한 조치를 하여야 한다.

① 20
② 25
③ 30
④ 40

[해설] 지붕 위에서의 위험 방지
사업주는 근로자가 지붕 위에서 작업을 할 때에 추락하거나 넘어질 위험이 있는 경우에는 다음 각 호의 조치를 해야 한다.
① 지붕의 가장자리에 안전난간을 설치할 것
② 채광창(skylight)에는 견고한 구조의 덮개를 설치할 것
③ 슬레이트 등 강도가 약한 재료로 덮은 지붕에는 폭 30센티미터 이상의 발판을 설치할 것

88 추락방호망을 건축물의 바깥쪽으로 설치하는 경우 벽면으로부터 망의 내민 길이는 최소 얼마 이상이어야 하는가?

① 2m
② 3m
③ 5m
④ 10m

[해설] 추락방호망의 설치
① 추락방호망의 설치위치는 가능하면 작업면으로부터 가까운 지점에 설치하여야 하며, 작업면으로부터 망의 설치지점까지의 수직거리는 10미터를 초과하지 아니할 것
② 추락방호망은 수평으로 설치하고, 망의 처짐은 짧은 변 길이의 12퍼센트 이상이 되도록 할 것
③ 건축물 등의 바깥쪽으로 설치하는 경우 망의 내민 길이는 벽면으로부터 3미터 이상 되도록 할 것

{분석}
실기까지 중요한 내용입니다.

89 다음에서 설명하고 있는 건설장비의 종류는?

> 앞뒤 두 개의 차륜이 있으며(2축 2륜), 각각의 차축이 평행으로 배치된 것으로 찰흙, 점토 등의 두꺼운 흙을 다짐하는데 적당하나 단단한 각재를 다지는 데는 부적당하며 머캐덤 롤러 다짐 후의 아스팔트 포장에 사용된다.

① 클램쉘
② 탠덤 롤러
③ 트랙터 셔블
④ 드래그 라인

[해설] 찰흙, 점성토 등의 두꺼운 흙을 다짐하는데 적당, 머캐덤 롤러 다짐 후의 아스팔트 포장에 사용 → 탠덤 롤러

정답 87 ③ 88 ② 89 ②

90 작업으로 인하여 물체가 떨어지거나 날아올 위험이 있는 경우 설치하는 낙하물방지망의 수평면과의 각도 기준으로 옳은 것은?

① 10° 이상 20° 이하를 유지
② 20° 이상 30° 이하를 유지
③ 30° 이상 40° 이하를 유지
④ 40° 이상 45° 이하를 유지

[해설] 낙하물방지망 또는 방호선반을 설치 시 준수사항
① 설치높이는 10미터 이내마다 설치하고, 내민 길이는 벽면으로부터 2미터 이상으로 할 것
② 수평면과의 각도는 20도 내지 30도를 유지할 것

{분석} 실기까지 중요한 내용입니다.

91 건설업 산업안전보건관리비의 안전 시설비로 사용 가능하지 않은 항목은?

① 비계 · 통로 · 계단에 추가 설치하는 추락방지용 안전난간
② 공사 수행에 필요한 안전통로
③ 틀비계에 별도로 설치하는 안전난간 · 사다리
④ 통로의 낙하물 방호선반

[해설] 공사 수행에 필요한 안전통로는 근로자 재해예방 외의 목적이 있는 시설로 산업안전보건관리비로 사용할 수 없다.

[참고] 다음 각 호의 어느 하나에 해당하는 경우에는 안전보건관리비를 사용할 수 없다.
① 「계약예규」예정가격작성기준」 중 "경비"에 해당되는 비용(단, 산업안전보건관리비 제외)
② 다른 법령에서 의무사항으로 규정한 사항을 이행하는 데 필요한 비용
③ 근로자 재해예방 외의 목적이 있는 시설 · 장비나 물건 등을 사용하기 위해 소요되는 비용
④ 환경관리, 민원 또는 수방대비 등 다른 목적이 포함된 경우

92 다음은 산업안전보건법령에 따른 말비계를 조립하여 사용하는 경우에 관한 준수사항이다. ( )안에 알맞은 숫자는?

> 말비계의 높이가 2m를 초과할 경우에는 작업발판의 폭을 ( )cm 이상으로 할 것

① 10   ② 20
③ 30   ④ 40

[해설] 말비계의 구조
① 지주부재의 하단에는 미끄럼 방지장치를 하고, 양측 끝부분에 올라서서 작업하지 아니하도록 할 것
② 지주부재와 수평면과의 기울기를 75도 이하로 하고, 지주부재와 지주부재 사이를 고정시키는 보조부재를 설치할 것
③ 말비계의 높이가 2미터를 초과할 경우에는 작업발판의 폭을 40센티미터 이상으로 할 것

{분석} 실기까지 중요한 내용입니다.

93 터널 지보공을 설치한 경우에 수시로 점검하여야 할 사항에 해당하지 않는 것은?

① 기둥침하의 유무 및 상태
② 부재의 긴압 정도
③ 매설물 등의 유무 또는 상태
④ 부재의 접속부 및 교차부의 상태

[해설] 터널지보공 설치 시 점검 항목
① 부재의 손상 · 변형 · 부식 · 변위 탈락의 유무 및 상태
② 부재의 긴압의 정도
③ 부재의 접속부 및 교차부의 상태
④ 기둥침하의 유무 및 상태

{분석} 실기까지 중요한 내용입니다.

정답 90 ② 91 ② 92 ④ 93 ③

94 통나무 비계를 건축물, 공작물 등의 건조·해체 및 조립 등의 작업에 사용하기 위한 지상 높이 기준은?

① 2층 이하 또는 6m 이하
② 3층 이하 또는 9m 이하
③ 4층 이하 또는 12m 이하
④ 5층 이하 또는 15m 이하

{분석}
관련 법령에서 삭제된 내용입니다.

95 굴착공사 중 암질 변화구간 및 이상암질 출현 시에는 암질 판별 시험을 수행하는데 이 시험의 기준과 거리가 먼 것은?

① 함수비
② R.Q.D
③ 탄성파속도
④ 일축압축강도

{분석}
관련 법령에서 삭제된 내용입니다.

96 거푸집 동바리 등을 조립하거나 해체하는 작업을 하는 경우 준수사항으로 옳지 않은 것은?

① 해당 작업을 하는 구역에는 관계 근로자가 아닌 사람의 출입을 금지할 것
② 비, 눈, 그 밖의 기상 상태의 불안정으로 날씨가 몹시 나쁜 경우에는 그 작업을 중지할 것
③ 낙하·충격에 의한 돌발적 재해를 방지하기 위하여 버팀목을 설치하고 거푸집 동바리 등을 인양 장비에 매단 후에 작업을 하도록 하는 등 필요한 조치를 할 것
④ 재료, 기구 또는 공구 등을 올리거나 내리는 경우에는 근로자로 하여금 달줄·달포대 등의 사용을 금지하도록 할 것

[해설] ④ 재료, 기구 또는 공구 등을 올리거나 내리는 경우에는 근로자로 하여금 달줄·달포대 등의 사용하도록 할 것

97 크레인을 사용하여 작업을 하는 경우 준수해야 할 사항으로 옳지 않은 것은?

① 인양할 하물(荷物)을 바닥에서 끌어당기거나 밀어 정위치 작업을 할 것
② 유류드럼이나 가스통 등 운반 도중에 떨어져 폭발하거나 누출될 가능성이 있는 위험물 용기는 보관함(또는 보관고)에 담아 안전하게 매달아 운반할 것
③ 미리 근로자의 출입을 통제하여 인양 중인 하물이 작업자의 머리 위로 통과하지 않도록 할 것
④ 인양할 하물이 보이지 아니하는 경우에는 어떠한 동작도 하지 아니할 것 (신호하는 사람에 의하여 작업을 하는 경우는 제외한다.)

정답 94 정답 없음 95 정답 없음 96 ④ 97 ①

[해설] ① 인양할 하물(荷物)을 바닥에서 끌어당기거나 밀어내는 작업을 하지 아니할 것

98 고소작업대가 갖추어야 할 설치조건으로 옳지 않은 것은?

① 작업대를 와이어로프 또는 체인으로 올리거나 내릴 경우에는 와이어로프 또는 체인이 끊어져 작업대가 떨어지지 아니하는 구조여야하며, 와이어로프 또는 체인의 안전율은 3 이상일 것
② 작업대를 유압에 의해 올리거나 내릴 경우에는 작업대를 일정한 위치에 유지할 수 있는 장치를 갖추고 압력의 이상저하를 방지할 수 있는 구조일 것
③ 작업대에 정격하중(안전율 5 이상)을 표시할 것
④ 작업대에 끼임·충돌 등 재해를 예방하기 위한 가드 또는 과상승방지장치를 설치할 것

[해설] ① 작업대를 와이어로프 또는 체인으로 상승 또는 하강시킬 때에는 와이어로프 또는 체인이 끊어져 작업대가 낙하하지 아니하는 구조이어야 하며, 와이어로프 또는 체인의 안전율은 5 이상일 것

99 추락방호망의 방망 지지점은 최소 얼마 이상의 외력에 견딜 수 있는 강도를 보유하여야 하는가?

① 500kg
② 600kg
③ 700kg
④ 800kg

[해설] 방망 지지점은 600킬로그램의 외력에 견딜 수 있는 강도를 보유하여야 한다.

100 아스팔트 포장도로의 노반의 파쇄 또는 토사 중에 있는 암석 제거에 가장 적당한 장비는?

① 스크레이퍼(Scraper)
② 롤러(Roller)
③ 리퍼(Ripper)
④ 드래그라인(Dragline)

[해설] 아스팔트 포장도로의 노반의 파쇄 또는 토사 중에 있는 암석 제거에 사용 → 리퍼(Ripper)

정답 98 ① 99 ② 100 ③

02회 2017년 산업안전 산업기사 최근 기출문제

2017년 5월 7일 시행

제1과목 • 산업재해 예방 및 안전보건교육

01 기업 내 정형교육 중 TWI의 훈련내용이 아닌 것은?

① 작업방법훈련
② 작업지도훈련
③ 사례연구훈련
④ 인간관계훈련

[해설] TWI 교육과정
① 작업 방법 기법
   (Job Method Training : JMT)
② 작업 지도 기법
   (Job instruction Training : JIT)
③ 인간 관계관리 기법 or 부하통솔법
   (Job Relations Training : JRT)
④ 작업 안전 기법(Job Safety Training : JST)

{분석}
필기에 자주 출제되는 내용입니다.

02 강의계획에 있어 학습목적의 3요소가 아닌 것은?

① 목표
② 주제
③ 학습 내용
④ 학습 정도

[해설] 학습목적의 3요소
① 학습목표(goal)
② 주제(subject)
③ 학습 정도(level of learning)

03 비통제의 집단행동 중 폭동과 같은 것을 말하며, 군중보다 합의성이 없고, 감정에 의해서만 행동하는 특성은?

① 패닉(Panic)
② 모브(Mob)
③ 모방(Imitation)
④ 심리적 전염(Mental Epidemic)

[해설] 비통제적 집단행동
① 군중(Crowd) : 공통된 규범이나 조직성 없이 우연히 조직된 인간의 일시적 집합
② 모브(Mob) : 비통제의 집단행동 중 폭동과 같은 것을 의미하며 군중보다 합의성이 없고 감정에 의해서만 행동하는 특성을 가진다.
③ 패닉(Panic) : 위험을 회피하기 위해서 일어나는 집합적인 도주 현상
④ 심리적 전염

04 부주의의 발생 원인과 그 대책이 옳게 연결된 것은?

① 의식의 우회 - 상담
② 소질적 조건 - 교육
③ 작업환경 조건 불량 - 작업순서 정비
④ 작업순서의 부적당 - 작업자 재배치

[해설] 부주의 원인과 대책
① 소질적 문제 : 적성 배치
② 의식의 우회 : 카운슬링(상담)
③ 경험, 미경험자 : 안전교육, 훈련
④ 작업환경 조건 불량 : 환경 정비
⑤ 작업순서의 부적당 : 작업순서 정비

정답 01 ③ 02 ③ 03 ② 04 ①

05 산업안전보건 법령상 안전검사 대상 유해·위험 기계 등이 아닌 것은?

① 곤돌라
② 이동식 국소 배기장치
③ 산업용 원심기
④ 산업용 로봇

[해설] 안전검사 대상 유해·위험 기계
① 프레스
② 전단기
③ 크레인[정격 하중이 2톤 미만인 것 제외]
④ 리프트
⑤ 압력용기
⑥ 곤돌라
⑦ 국소 배기장치(이동식은 제외)
⑧ 원심기(산업용만 해당)
⑨ 롤러기(밀폐형 구조는 제외한다)
⑩ 사출성형기[형 체결력(형 체결력) 294킬로뉴턴(KN) 미만은 제외]
⑪ 고소작업대
⑫ 컨베이어
⑬ 산업용 로봇

안전인증대상 중
손 다치는 기계 – 프레스, 전단기, 사출성형기, 롤러기
양중기 – 크레인, 리프트, 곤돌라
폭발 – 압력용기
추가 – 극소(국소) 로봇이 고소의 큰(컨) 원을 검사 (안전검사)

국소배기장치, 산업용 로봇, 고소작업대, 컨베이어, 원심기

{분석}
실기에도 자주 출제되는 내용입니다. 암기하세요.

06 재해 발생의 주요 원인 중 불안전한 상태에 해당하지 않는 것은?

① 기계설비 및 장비의 결함
② 부적절한 조명 및 환기
③ 작업장소의 정리·정돈 불량
④ 보호구 미착용

[해설] ④ 보호구 미착용 → 불안전한 행동

[참고]

인적원인 (불안전한 행동)	• 위험장소 접근 • 안전장치의 기능 제거 • 복장, 보호구의 잘못 사용 • 기계기구 잘못 사용 • 운전 중인 기계장치의 손질 • 불안전한 속도 조작 • 위험물 취급 부주의 • 불안전한 상태 방치 • 불안전한 자세·동작 • 감독 및 연락 불충분
물적원인 (불안전한 상태)	• 물 자체의 결함 • 안전 방호장치의 결함 • 복장, 보호구의 결함 • 물의 배치 및 작업 장소 불량 • 작업환경의 결함 • 생산공정의 결함 • 경계표시, 설비의 결함

07 산업안전보건 법령상 근로자 안전·보건 교육의 기준으로 틀린 것은?

① 사무직 종사 근로자의 정기교육 : 매반기 6시간 이상
② 일용근로자의 작업내용 변경시의 교육 : 1시간 이상
③ 관리감독자의 지위에 있는 사람의 정기교육 : 연간 16시간 이상
④ 건설 일용 근로자의 건설업 기초안전·보건교육 : 2시간 이상

[해설] ④ 건설 일용 근로자의 건설업 기초안전·보건교육 → 4시간

정답 05 ② 06 ④ 07 ④

참고 1. 근로자 안전보건교육 시간

교육과정	교육대상		교육시간
가. 정기교육	1) 사무직 종사 근로자		매반기 6시간 이상
	2) 그 밖의 근로자	가) 판매업무에 직접 종사하는 근로자	매반기 6시간 이상
		나) 판매업무에 직접 종사하는 근로자 외의 근로자	매반기 12시간 이상
나. 채용 시 교육	1) 일용근로자 및 근로계약기간이 1주일 이하인 기간제 근로자		1시간 이상
	2) 근로계약기간이 1주일 초과 1개월 이하인 기간제 근로자		4시간 이상
	3) 그 밖의 근로자		8시간 이상
다. 작업내용 변경 시 교육	1) 일용근로자 및 근로계약기간이 1주일 이하인 기간제 근로자		1시간 이상
	2) 그 밖의 근로자		2시간 이상
라. 특별교육	1) 일용근로자 및 근로계약기간이 1주일 이하인 기간제 근로자(타워크레인 신호작업에 종사하는 근로자 제외)		2시간 이상
	2) 일용근로자 및 근로계약기간이 1주일 이하인 기간제 근로자 중 타워크레인 신호작업에 종사하는 근로자		8시간 이상

교육과정	교육대상	교육시간
라. 특별교육	3) 일용근로자 및 근로계약기간이 1주일 이하인 기간제 근로자를 제외한 근로자	가) 16시간 이상 (최초 작업에 종사하기 전 4시간 이상 실시하고 12시간은 3개월 이내에서 분할하여 실시 가능) 나) 단기간 작업 또는 간헐적 작업인 경우에는 2시간 이상
마. 건설업 기초안전·보건교육	건설 일용근로자	4시간 이상

2. 관리감독자 안전보건교육

교육대상	교육시간
가. 정기교육	연간 16시간 이상
나. 채용 시 교육	8시간 이상
다. 작업내용 변경 시 교육	2시간 이상
라. 특별교육	16시간 이상(최초 작업에 종사하기 전 4시간 이상 실시하고, 12시간은 3개월 이내에서 분할하여 실시 가능)
	단기간 작업 또는 간헐적 작업인 경우에는 2시간 이상

{분석}
실기에도 자주 출제되는 내용입니다. 암기하세요.

08 토의법의 유형 중 다음에서 설명하는 것은?

> 교육과제에 정통한 전문가 4~5명이 피교육자 앞에서 자유로이 토의를 실시한 다음에 피교육자 전원이 참가하여 사회자의 사회에 따라 토의하는 방법

① 포럼(forum)
② 패널 디스커션(panel discussion)
③ 심포지엄(symposium)
④ 버즈 세션(buzz session)

[해설] 전문가(패널) 4~5명이 피교육자 앞에서 토의 후 전원이 토의 → 패널 디스커션(panel discussion)

[참고]
① 포럼(forum) : 새로운 자료나 교재를 제시, 거기서의 문제점을 피교육자로 하여금 제기하게 하여 발표하고 토의하는 방법이다.
② 심포지엄(Symposium) : 몇 사람의 전문가에 의하여 과제에 관한 견해를 발표한 뒤 참가자로 하여금 의견이나 질문을 하게 하여 토의하는 방법이다.
③ 버즈 세션(Buzz Session : 6-6 회의) : 사회자와 기록계를 선출한 후 6명씩의 소집단으로 구분하고, 소집단별로 6분씩 자유토의를 행하여 의견을 종합하는 방법이다.

{분석}
필기에 자주 출제되는 내용입니다.

09 학습 정도(level of learning)의 4단계 요소가 아닌 것은?

① 지각   ② 적용
③ 인지   ④ 정리

[해설] 학습 정도(level of learning)의 4단계
① 인지(to acquaint) : ~을 인지하여야 한다.
② 지각(to know) : ~을 알아야 한다.
③ 이해(to understand) : ~을 이해하여야 한다.
④ 적용(to apply) : ~을 ~에 적용할 수 있어야 한다.

10 안전관리 조직의 형태 중 라인·스탭형에 대한 설명으로 틀린 것은?

① 안전 스탭은 안전에 관한 기획·입안·조사·검토 및 연구를 행한다.
② 안전 업무를 전문적으로 담당하는 스탭 및 생산라인의 각 계층에도 겸임 또는 전임의 안전담당자를 둔다.
③ 모든 안전 관리 업무를 생산라인을 통하여 직선적으로 이루어지도록 편성된 조직이다.
④ 대규모 사업장(1,000명 이상)에 효율적이다.

[해설] ③ 라인·스탭형에서 스태프는 안전을 입안, 계획, 평가, 조사하고 라인을 통하여 생산기술, 안전대책이 전달되는 관리방식이다.

[참고] 라인 스태프형(Line Staff) or 혼합형
① 대규모 사업장(1,000명 이상 사업장)에 적용이 가능하다.
② 라인 스태프형 장점
  • 안전전문가에 의해 입안된 것을 경영자가 명령하므로 명령이 신속, 정확하다.
  • 안전정보 수집이 용이하고 빠르다.
③ 라인 스태프형 단점
  • 명령계통과 조언, 권고적 참여의 혼돈이 우려된다.
  • 스태프의 월권행위가 우려되고 지나치게 스태프에게 의존할 수 있다.
  • 라인이 스탭에 의존 또는 활용하지 않는 경우가 있다.

{분석}
실기까지 중요한 내용입니다.

11 맥그리거(McGregor)의 X이론에 따른 관리처방이 아닌 것은?

① 목표에 의한 관리
② 권위주의적 리더십 확립
③ 경제적 보상체제의 강화
④ 면밀한 감독과 엄격한 통제

정답 08 ② 09 ④ 10 ③ 11 ①

[해설] **맥그리거(McGregor)의 X, Y이론의 관리 처방**

X이론(저차원)	Y이론(고차원)
• 경제적 보상체계의 강화 • 권위주의적 리더십의 확립 • 면밀한 감독과 엄격한 통제 • 상부 책임제도의 강화	• 분권화와 권한의 위임 • 직무확장 및 목표에 의한 관리 • 민주적 리더십의 확립 • 비공식적 조직의 활용 • 상호 신뢰감 • 책임과 창조력 • 인간관계 관리방식

12 어느 공장의 재해율을 조사한 결과 도수율이 20이고, 강도율이 1.2로 나타났다. 이 공장에서 근무하는 근로자가 입사부터 정년퇴직할 때까지 예상되는 재해건수(a)와 이로 인한 근로손실 일수(b)는?

① a = 20, b = 1.2
② a = 2, b = 120
③ a = 20, b = 20
④ a = 120, b = 2

[해설] 1. 환산 도수율(F)

① 일평생 근로하는 동안의 재해건수를 말한다.
② 환산 도수율 = $\frac{재해건수}{연 근로시간수}$ × 평생근로시간수(100,000)
③ 환산 도수율 = 도수율 ÷ 10

2. 환산 강도율(S)

① 일평생 근로하는 동안의 근로손실일수를 말한다.
② 환산 강도율 = $\frac{총 요양 근로손실일수}{연 근로시간수}$ × 평생근로시간수(100,000)
③ 환산 강도율 = 강도율×100

1. 입사부터 정년퇴직할 때까지 예상되는 재해건수 → 환산 도수율
환산 도수율 = 도수율 ÷ 10 = 20 ÷ 10 = 2

2. 입사부터 정년퇴직할 때까지 예상되는 근로손실일수 → 환산 강도율
환산 강도율 = 강도율 ×100 = 1.2×100 = 120

{분석}
실기에도 자주 출제되는 중요한 내용입니다.

13 재해손실비의 평가방식 중 시몬즈(R.H. Simonds)방식에 의한 계산 방법으로 옳은 것은?

① 직접비 + 간접비
② 공동비용 + 개별비용
③ 보험코스트 + 비보험코스트
④ (휴업상해건수 × 관련비용 평균치) + (통원상해건수 × 관련비용 평균치)

[해설] 시몬즈(R.H. Simonds)의 총 재해코스트
= 보험코스트 + 비보험코스트

[참고] 하인리히의 총 재해비용 = 직접비 + 간접비
(1 : 4)

{분석}
실기까지 중요한 내용입니다.

14 무재해운동 추진기법 중 지적확인에 대한 설명으로 옳은 것은?

① 비평을 금지하고, 자유로운 토론을 통하여 독창적인 아이디어를 끌어낼 수 있다.
② 참여자 전원의 스킨십을 통하여 연대감, 일체감을 조성할 수 있고 느낌을 교류한다.
③ 작업 전 5분간의 미팅을 통하여 시나리오상의 역할을 연기하여 체험하는 것을 목적으로 한다.
④ 오관의 감각기관을 총동원하여 작업의 정확성과 안전을 확인한다.

정답 12 ② 13 ③ 14 ④

유도운동	• 움직이지 않는 것이 움직이는 것처럼 느껴지는 현상 • 예 상행선 열차를 타고 가며 정지하고 있는 하행선 열차를 보면 마치 하행선 열차가 움직이는 것처럼 느껴지는 현상
자동운동	• 암실에서 정지된 소광점을 응시하면 광점이 움직이는 것처럼 보이는 현상 • 안구의 불규칙한 운동 때문에 생기는 현상이다.

15 재해예방의 4원칙에 해당하지 않는 것은?

① 예방가능의 원칙
② 대책선정의 원칙
③ 손실우연의 원칙
④ 원인추정의 원칙

[해설] 산업재해 예방의 4원칙
① 예방 가능의 원칙 : 재해는 원칙적으로 원인만 제거되면 예방이 가능하다.
② 손실 우연의 원칙 : 사고의 결과 생기는 상해의 종류와 정도는 사고 발생시 사고대상의 조건에 따라 우연히 발생한다.
③ 대책 선정의 원칙 : 사고의 원인에 대한 적합한 대책이 선정되어야 한다.
④ 원인 연계의 원칙 : 재해는 직접원인과 간접원인이 연계되어 일어난다.

{분석}
실기에도 자주 출제되는 내용입니다. 암기하세요.

16 인간의 착각 현상 중 버스나 전동차의 움직임으로 인하여 자신이 승차하고 있는 정지된 차량이 움직이는 것 같은 느낌을 받는 현상은?

① 자동운동
② 유도운동
③ 가현운동
④ 플리커현상

[해설] 착각 현상

가현운동 (β운동)	• 정지하고 있는 대상물이 급속히 나타나던가 소멸하는 것으로 인하여 일어나는 운동으로 마치 대상물이 운동하는 것처럼 인식되는 현상을 말한다. • 예 영화의 영상

17 안전·보건표지의 기본모형 중 다음 그림의 기본모형의 표시사항으로 옳은 것은?

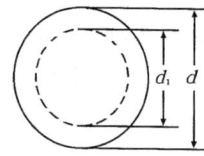

① 지시
② 안내
③ 경고
④ 금지

[해설] 기본모형 원형 → 지시표지

[참고]

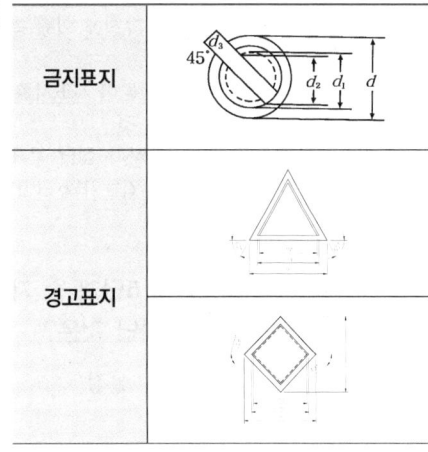

| 금지표지 | |
| 경고표지 | |

정답 15 ④ 16 ② 17 ①

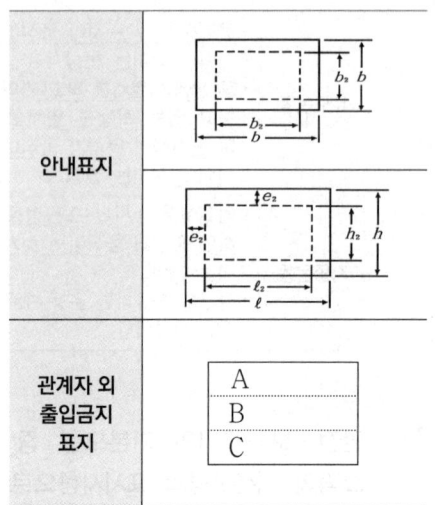

18 지도자가 추구하는 계획과 목표를 부하직원이 자신의 것으로 받아들여 자발적으로 참여하게 하는 리더십의 권한은?

① 보상적 권한 ② 강압적 권한
③ 위임된 권한 ④ 합법적 권한

[해설] 리더십의 권한의 역할
(1) 보상적 권한 : 지도자가 부하에게 보상할 수 있는 능력
(2) 강압적 권한 : 지도자가 부하들을 처벌할 수 있는 권한
(3) 합법적 권한 : 조직의 규정에 의해 공식화된 권한
(4) 위임된 권한 : 부하직원들이 지도자를 따르고 지도자와 함께 일하는 것
(5) 전문성의 권한 : 지도자가 집단 목표수행에 전문적인 지식을 갖고 있는가와 관련한 권한

19 하인리히의 사고방지 5단계 중 제1단계 안전조직의 내용이 아닌 것은?

① 경영자의 안전목표 설정
② 안전관리자의 선임
③ 안전활동의 방침 및 계획수립
④ 안전회의 및 토의

[해설] 하인리히 사고방지 5단계

1단계 : 안전조직	• 안전목표 설정 • 안전관리자의 선임 • 안전조직 구성 • 안전활동 방침 및 계획수립 • 조직을 통한 안전 활동 전개
2단계 : 사실의 발견	• 작업분석 • 점검 • 사고조사 • 안전진단
3단계 : 분석	• 사고원인 및 경향성 분석 • 작업공정 분석 • 사고기록 및 관계자료 분석 • 인적·물적 환경 조건분석
4단계 : 시정방법 선정	• 기술적 개선 • 안전운동 전개 • 교육훈련 분석 • 안전행정의 개선 • 배치 조정 • 규칙 및 수칙 등 제도의 개선
5단계 : 시정책 적용 (3E 적용)	• 안전교육(Education) • 안전기술(Engineering) • 안전독려(Enforcement)

20 보호구 자율안전 확인 고시 상 사용구분에 따른 보안경의 종류가 아닌 것은?

① 차광보안경
② 유리 보안경
③ 플라스틱 보안경
④ 도수렌즈 보안경

[해설] 자율안전 확인에 따른 보안경의 종류
① 유리 보안경
② 플라스틱 보안경
③ 도수렌즈 보안경

[참고] 안전인증 대상 차광보안경의 종류
① 자외선용
② 적외선용
③ 복합용
④ 용접용

정답 18 ③ 19 ④ 20 ①

제2과목 • 인간공학 및 위험성 평가 · 관리

21 휘도(luminance)가 10cd/m²이고, 조도(illuminance)가 100lx일 때 반사율(reflectance)(%)는?

① 0.1π ② 10π
③ 100π ④ 1000π

[해설]
$$\text{반사율}(\%) = \frac{\text{광속발산도}}{\text{조명}} = \frac{\pi \times \text{휘도}}{Lux}$$
$$= \frac{\pi \times cd/m^2}{cd/m^2}$$

(광속발산도 = π × 휘도
  Lux = 광도/거리² = cd/m²
  Lux = 광속/조사면적 = lm/m²)

$$\text{반사율}(\%) = \frac{\pi \times 10cd/m^2}{100cd/m^2} = 0.1\pi$$

{분석} 비중이 낮은 문제입니다.

22 사람의 감각기관 중 반응속도가 가장 느린 것은?

① 청각 ② 시각
③ 미각 ④ 촉각

[해설] 감각기관별 반응시간
① 청각 : 0.17초 ② 촉각 : 0.18초
③ 시각 : 0.20초 ④ 미각 : 0.29초
⑤ 통각 : 0.70초

23 한 사무실에서 타자기의 소리 때문에 말소리가 묻히는 현상을 무엇이라 하는가?

① dBA ② CAS
③ phone ④ masking

[해설] 타자기의 소리(큰소리) 때문에 말소리(작은 소리)가 묻히는 현상 → 은폐 현상(Masking 현상)

[참고] 은폐 현상(Masking 현상)
① 두음의 차가 10dB 이상인 경우 발생한다.
② 높은 음이 낮은 음을 상쇄시켜 높은 음만 들리는 현상이다.

24 1에서 15까지 수의 집합에서 무작위로 선택할 때, 어떤 숫자가 나올지 알려주는 경우의 정보량은 몇 bit인가?

① 2.91bit ② 3.91bit
③ 4.51bit ④ 4.91bit

[해설] 정보량(H) = $\log_2 \frac{1}{P} = \log_2 \frac{1}{15} = 3.91$(bit)

25 어떤 전자기기의 수명은 지수분포를 따르며, 그 평균수명이 1,000시간이라고 할 때, 500시간 동안 고장 없이 작동할 확률은 약 얼마인가?

① 0.1353
② 0.3935
③ 0.6065
④ 0.8647

[해설] 고장나지 않을 확률 = 신뢰도

$$R(t) = e^{-\frac{t}{t_0}} = e^{-\lambda \times t}$$

(t_0 : 평균고장시간 or 평균수명
  t : 앞으로 고장 없이 사용할 시간
  λ : 고장률)

신뢰도 R(t) = $e^{-\frac{500}{1000}} = e^{-0.5} = 0.6065$

{분석} 필기에 자주 출제되는 내용입니다.

정답 21 ① 22 ③ 23 ④ 24 ② 25 ③

26 체계 분석 및 설계에 있어서 인간공학의 가치와 가장 거리가 먼 것은?

① 성능의 향상
② 훈련비용의 증가
③ 사용자의 수용도 향상
④ 생산 및 보전의 경제성 증대

[해설] 체계 분석 및 설계의 인간공학의 가치
① 성능의 향상 : 적절한 유능한 운용자
② 훈련비용의 절감 : 숙련도
③ 인력이용율의 향상 : 인력자원의 효과적 이용
④ 사고 및 오용으로부터의 손실감소 : 인간공학 원칙 적용
⑤ 생산 및 보전의 경제성 증대 : 설계 단순화 및 인간공학 원칙 적용
⑥ 사용자의 수용도 향상 : 운용 및 보전성 용이

27 작업 기억과 관련된 설명으로 틀린 것은?

① 단기기억이라고도 한다.
② 오랜 기간 정보를 기억하는 것이다.
③ 작업 기억 내의 정보는 시간이 흐름에 따라 쇠퇴할 수 있다.
④ 리허설(rehearsal)은 정보를 작업 기억 내에 유지하는 유일한 방법이다.

[해설] 작업 기억은 감각기관을 통해 입력된 정보를 일시적으로 기억하고, 각종 인지적 과정을 계획하고 순서 지으며 실제로 수행하는 작업장으로서의 기능을 수행하는 단기적 기억을 말한다.

{분석}
출제빈도가 낮은 문제입니다.

28 의자의 등받이 설계에 관한 설명으로 가장 적절하지 않은 것은?

① 등받이 폭은 최소 30.5cm가 되게 한다.
② 등받이 높이는 최소 50cm가 되게 한다.
③ 의자의 좌판과 등받이 각도는 90~105°를 유지한다.
④ 요부 받침의 높이는 25~35cm로 하고 폭은 30.5cm로 한다.

[해설] ④ 요부 받침의 높이는 15.2~22.9cm로 하고 폭은 30.5cm로 한다.

{분석}
출제빈도가 낮은 문제입니다.

29 FT도에 의한 컷셋(cut set)이 다음과 같이 구해졌을 때 최소 컷셋(mimimal cut set)으로 맞는 것은?

- (X_1, X_3)
- (X_1, X_2, X_3)
- (X_1, X_3, X_4)

① (X_1, X_3)
② (X_1, X_2, X_3)
③ (X_1, X_3, X_4)
④ (X_1, X_2, X_3, X_4)

[해설] (X_1, X_3), (X_1, X_2, X_3), (X_1, X_3, X_4)의 부분 집합은 (X_1, X_3)이므로 (X_1, X_3)이 미니멀 컷이 된다.

[참고] 미니멀 컷(Minimal Cut Set)
• 정상 사상을 일으키기 위한 기본 사상의 최소 집합 (최소한의 컷)
• 시스템의 위험성을 나타낸다.

{분석}
필기에 자주 출제되는 내용입니다.

정답 26 ② 27 ② 28 ④ 29 ①

30 단일 차원의 시각적 암호 중 구성 암호, 영문자 암호, 숫자 암호에 대하여 암호로서의 성능이 가장 좋은 것부터 배열한 것은?

① 숫자 암호 - 영문자 암호 - 구성 암호
② 구성 암호 - 숫자 암호 - 영문자 암호
③ 영문자 암호 - 숫자 암호 - 구성 암호
④ 영문자 암호 - 구성 암호 - 숫자 암호

[해설] 암호의 성능
숫자 암호 > 영문자 암호 > 구성 암호

31 정보 전달용 표시장치에서 청각적 표현이 좋은 경우가 아닌 것은?

① 메시지가 복잡하다.
② 시각 장치가 지나치게 많다.
③ 즉각적인 행동이 요구된다.
④ 메시지가 그 때의 사건을 다룬다.

[해설] 메시지가 복잡할 경우 → 시각적 표시장치 사용

[참고] 청각 장치와 시각 장치의 비교

청각 장치	시각 장치
① 전언이 짧고, 간단할 때	① 전언이 길고, 복잡할 때
② 재참조 되지 않음	② 재참조 된다.
③ 시간적인 사상을 다룬다.	③ 공간적인 위치 다룬다.
④ 즉각적인 행동 요구할 때	④ 즉각적 행동 요구하지 않을 때
⑤ 시각계통 과부하일 때	⑤ 청각계통 과부하일 때
⑥ 주위가 너무 밝거나 암조응일 때	⑥ 주위가 너무 시끄러울 때
⑦ 자주 움직이는 경우	⑦ 한곳에 머무르는 경우

{분석}
필기에 자주 출제되는 내용입니다.

32 FTA의 용도와 거리가 먼 것은?

① 고장의 원인을 연역적으로 찾을 수 있다.
② 시스템의 전체적인 구조를 그림으로 나타낼 수 있다.
③ 시스템에서 고장이 발생할 수 있는 부분을 쉽게 찾을 수 있다.
④ 구체적인 초기사건에 대하여 상향식(bottom-up) 접근방식으로 재해경로를 분석하는 정량적 기법이다.

[해설] FTA는 하향식(Top-Down) 접근방식으로 재해경로를 분석한다.

33 안전가치분석의 특징으로 틀린 것은?

① 기능 위주로 분석한다.
② 왜 비용이 드는가를 분석한다.
③ 특정 위험의 분석을 위주로 한다.
④ 그룹 활동은 전원의 중지를 모은다.

[해설] ③ 특정 위험만을 분석해서는 아니 된다.

34 일반적인 인간-기계 시스템의 형태 중 인간이 사용자나 동력원으로 기능하는 것은?

① 수동체계   ② 기계화체계
③ 자동체계   ④ 반자동체계

[해설] 수동시스템
• 사용자가 손 공구나 기타 보조물 등을 사용하여 자기의 신체적 힘을 동력원으로 하여 작업을 수행하는 시스템이다.
• 가장 다양성이 높은 체계이다.
• [예] 장인과 공구

{분석}
필기에 자주 출제되는 내용입니다.

정답 30 ① 31 ① 32 ④ 33 ③ 34 ①

35 산업안전보건법에 따라 상시 작업에 종사하는 장소에서 보통 작업을 하고자 할 때 작업면의 최소 조도(lux)로 맞는 것은?

① 75   ② 150
③ 300   ④ 750

[해설] 법적 조도 기준
① 초정밀 작업 : 750 Lux 이상
② 정밀 작업 : 300 Lux 이상
③ 보통 작업 : 150 Lux 이상
④ 기타 작업 : 75 Lux 이상

{분석}
실기까지 중요한 내용입니다.

36 보전 효과 측정을 위해 사용하는 설비 고장 강도율의 식으로 맞는 것은?

① 부하 시간 ÷ 설비 가동시간
② 총 수리시간 ÷ 설비 가동시간
③ 설비 고장건수 ÷ 설비 가동시간
④ 설비 고장 정지시간 ÷ 설비 가동시간

[해설] 설비 고장강도율 = $\dfrac{\text{설비고장 정지시간}}{\text{설비 가동시간}}$

37 정보처리 기능 중 정보 보관에 해당되는 것과 관계가 깊은 것은?

① 감지   ② 정보처리
③ 출력   ④ 행동기능

[해설] 인간 – 기계 통합시스템(man-machine system)의 정보처리 기능
① 감지기능 : 인간은 감각기관, 기계는 전자 장치 및 기계 장치를 통하여 감지한다.
② 정보보관 기능 : 인간은 두뇌, 기계는 자기테이프 및 천공카드에 보관한다.

③ 정보처리 및 의사결정 : 기억된 내용을 근거로 간단하거나 복잡한 과정을 통해 의사 결정을 내리는 과정이다.
④ 행동 : 결정된 사항의 실행과 조정을 하는 과정이다.
 • 인간의 행동기능 : 신체제어
 • 기계의 행동기능 : 음성, 신호, 출력 등

38 인체 측정치 중 기능적 인체치수에 해당되는 것은?

① 표준 자세
② 특정 작업에 국한
③ 움직이지 않는 피측정자
④ 각 지체는 독립적으로 움직임

[해설] 인체계측 방법
① 정적 인체계측(구조적 인체치수) : 정지 상태에서의 신체를 계측하는 방법
② 동적 인체계측(기능적 인체치수)
 • 체위의 움직임에 따른 계측 방법
 • 각 신체 부위가 신체적 기능을 수행(특정 작업 수행)할 때, 독립적으로 움직이는 것이 아니라 조화를 이루어 움직이는 신체 치수 측정

39 FT 작성 시 논리게이트에 속하지 않는 것은 무엇인가?

① OR 게이트   ② 억제 게이트
③ AND 게이트   ④ 동등 게이트

[해설]

기호	명명
⌂	OR 게이트
⌒	AND 게이트
⬡○	억제 게이트

{분석}
필기에 자주 출제되는 내용입니다.

정답 35 ② 36 ④ 37 전항정답 38 ② 39 ④

40 시스템 안전 분석기법 중 인적오류와 그로 인한 위험성의 예측과 개선을 위한 기법은 무엇인가?

① FTA ② ETBA
③ THERP ④ MORT

해설 인적오류와 그로 인한 위험성의 예측 → THERP

참고 인간에러율 예측기법(THERP)
인간의 과오(human error)를 정량적으로 평가하기 위하여 1963년 Swain 등에 의해 개발된 기법이다.

{분석} 필기에 자주 출제되는 내용입니다.

제3과목 기계·기구 및 설비 안전 관리

41 산업안전보건 법령상 양중기에 사용하지 않아야 하는 달기 체인의 기준으로 틀린 것은?

① 변형이 심한 것
② 균열이 있는 것
③ 길이의 증가가 제조 시보다 3%를 초과한 것
④ 링의 단면 지름의 감소가 제조 시 링 지름의 10%를 초과한 것

해설 늘어난 달기체인 등의 사용금지 사항
① 달기 체인의 길이 증가가 달기 체인이 제조된 때의 길이의 5퍼센트를 초과한 것
② 링의 단면지름이 달기 체인이 제조된 때의 해당 링의 지름의 10퍼센트를 초과하여 감소한 것
③ 균열이 있거나 심하게 변형된 것

{분석} 실기까지 중요한 내용입니다. 암기하세요.

42 아세틸렌 용접장치의 안전기준과 관련하여 다음 빈칸에 들어갈 용어로 옳은 것은?

> 사업주는 가스용기가 발생기와 분리되어 있는 아세틸렌 용접장치에 대하여는 발생기와 가스용기 사이에 ( )을(를) 설치하여야 한다.

① 격납실
② 안전기
③ 안전밸브
④ 소화설비

해설 가스용기가 발생기와 분리되어 있는 아세틸렌 용접장치에 대하여는 발생기와 가스용기 사이에 안전기를 설치하여야 한다.

{분석} 실기까지 중요한 내용입니다. 암기하세요.

43 기계설비의 안전 조건 중 외관의 안전화에 해당되지 않는 것은?

① 오동작 방지 회로 적용
② 안전색채 조절
③ 덮개의 설치
④ 구획된 장소에 격리

해설 외관상 안전화
① 회전부에 덮개 설치
② 안전색채 사용
  예 기계의 시동 버튼 – 녹색, 정지 버튼 – 적색
③ 구획된 장소에 격리

정답 40 ③ 41 ③ 42 ② 43 ①

44 산업용 로봇 작업 시 안전조치 방법이 아닌 것은?

① 높이 1.8m 이상의 방책을 설치한다.
② 로봇의 조작 방법 및 순서의 지침에 따라 작업한다.
③ 로봇 작업 중 이상 상황의 대처를 위해 근로자 이외에도 로봇의 기동스위치를 조작할 수 있도록 한다.
④ 2인 이상의 근로자에게 작업을 시킬 때는 신호 방법의 지침을 정하고 그 지침에 따라 작업한다.

[해설] ③ 로봇의 작동범위에서 해당 로봇의 수리·검사·조정·청소·급유 또는 결과에 대한 확인 작업을 하는 경우에는 해당 로봇의 운전을 정지함과 동시에 그 작업을 하고 있는 동안 로봇의 기동스위치를 열쇠로 잠근 후 열쇠를 별도 관리하거나 해당 로봇의 기동스위치에 작업 중이란 내용의 표지판을 부착하는 등 해당 작업에 종사하고 있는 근로자가 아닌 사람이 해당 기동스위치를 조작할 수 없도록 필요한 조치를 하여야 한다.

45 다음 중 연삭기의 종류가 아닌 것은?

① 다두 연삭기
② 원통 연삭기
③ 센터리스 연삭기
④ 만능 연삭기

[해설] ① 보통외경 연삭기
② 원통 연삭기
③ 센터리스 연삭기
④ 만능 연삭기

46 프레스의 제작 및 안전기준에 따라 프레스의 각 항목이 표시된 이름판을 부착해야 하는데 이 이름판에 나타내어야 하는 항목이 아닌 것은?

① 압력능력 또는 전단 능력
② 제조 연월
③ 안전 인증의 표시
④ 정격하중

[해설] 프레스 등의 본체 전면 또는 측면에는 다음의 제원이 표시된 이름판을 부착할 것
• 프레스의 압력능력(전단기는 전단 능력) 및 규격
• 형식번호 및 제조번호
• 제조자명
• 제조 연월
• 안전인증의 표시

47 동력식 수동 대패기계의 덮개와 송급 테이블 면과의 간격 기준은 몇 mm 이하이어야 하는가?

① 3   ② 5
③ 8   ④ 12

[해설] 덮개와 테이블과의 간격

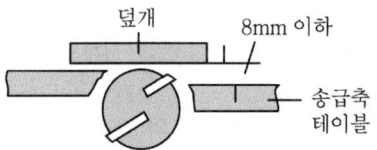

48 기계나 그 부품에 고장이나 기능 불량이 생겨도 항상 안전하게 작동하는 안전화 대책은?

① fool proof
② fail safe
③ risk management
④ hazard diagnosis

정답 44 ③ 45 ① 46 ④ 47 ③ 48 ②

[해설] 기계나 그 부품에 고장이 생겨도 항상 안전하게 작동 → fail safe

[참고]
1. 페일세이프(fail safe) : 기계, 설비가 고장 나더라도 사고로 연결되지 않도록 2중, 3중 통제를 한다.
2. 풀프루프(fool proof) : 작업자의 실수가 있더라도 사고로 연결되지 않도록 2중, 3중 통제를 한다.

{분석} 실기까지 중요한 내용입니다.

49 다음 중 연삭기의 원주속도 $V(m/s)$를 구하는 식으로 옳은 것은? (단, D는 숫돌의 지름(m), n은 회전수(rpm))

① $V = \dfrac{\pi Dn}{16}$ ② $V = \dfrac{\pi Dn}{32}$
③ $V = \dfrac{\pi Dn}{60}$ ④ $V = \dfrac{\pi Dn}{1000}$

[해설] 원주속도

$$V = \dfrac{\pi \times D \times N}{1000} \text{ (m/min)}$$
D : 롤러의 직경(mm)
N : 회전수(rpm)

1. 문제에서 숫돌의 지름이 m단위이므로 m → mm로 환산할 필요 없음
   $V = \pi \times D \times N$(m/min)

2. V(m/s)를 구하기 위하여 min → sec로 환산
   $V = \pi \times D \times N \times \dfrac{1\text{m}}{1\text{min}}$
   $= \pi \times D \times N \times \dfrac{1\text{m}}{60\text{sec}}$
   $= \dfrac{\pi \times D \times N}{60}$ (m/sec)

{분석} 실기까지 중요한 내용입니다. 단위를 정확히 기억하세요.

50 산업안전보건 법령에 따라 다음 중 덮개 혹은 울을 설치하여야 하는 경우나 부위에 속하지 않는 것은?

① 목재가공용 띠톱기계를 제외한 띠톱기계에서 절단에 필요한 톱날 부위 외의 위험한 톱날 부위
② 선반으로부터 돌출하여 회전하고 있는 가공물이 근로자에게 위험을 미칠 우려가 있는 경우
③ 보일러에서 과열에 의한 압력상승으로 인해 사용자에게 위험을 미칠 우려가 있는 경우
④ 연삭기 또는 평삭기의 테이블, 형삭기 램 등의 행정 끝이 근로자에게 위험을 미칠 우려가 있는 경우

[해설] ③ 보일러에서 과열에 의한 압력상승으로 인해 사용자에게 위험을 미칠 우려가 있는 경우
→ 압력방출장치 설치

51 다음 중 컨베이어(conveyor)의 방호장치로 볼 수 없는 것은?

① 반발예방장치
② 이탈방지장치
③ 비상정지장치
④ 덮개 또는 울

[해설] ① 반발예방장치는 목재가공용 둥근톱의 방호장치이다.

[참고] 컨베이어의 방호장치
① 이탈 등의 방지장치
② 비상정지장치
③ 덮개, 울의 설치

정답 49 ③ 50 ③ 51 ①

52 클러치 프레스에 부착된 양수기동식 방호장치에 있어서 확동 클러치의 봉합개소의 수가 4, 분당 행정 수가 300spm 일 때 양수기동식 조작부의 최소 안전거리는? (단, 인간의 손의 기준 속도는 1.6m/s로 한다.)

① 240mm
② 260mm
③ 340mm
④ 360mm

해설 양수기동식 방호 장치의 안전거리

$$D_m(\text{mm}) = 1.6 \times T_m$$
$$= 1.6 \times \left(\frac{1}{\text{클러치개소수}} + \frac{1}{2}\right) \times \left(\frac{60,000}{\text{매분행정수}}\right)$$

여기서 T_m : 슬라이드가 하사점에 도달할 때까지의 시간(ms)

* ms = $\frac{1}{1000}$ 초
* 1.6m/s : 인간 손의 기준속도

$$D_m = 1.6 \times \left(\frac{1}{\text{클러치개소수}} + \frac{1}{2}\right) \times \left(\frac{60,000}{\text{매분행정수}}\right)$$
$$= 1.6 \times \left(\frac{1}{4} + \frac{1}{2}\right) \times \left(\frac{60,000}{300}\right) = 240\text{mm}$$

{분석} 실기까지 중요한 내용입니다.

53 프레스의 본질적 안전화(no-hand in die 방식) 추진대책이 아닌 것은?

① 안전금형을 설치
② 전용프레스의 사용
③ 방호울이 부착된 프레스 사용
④ 감응식 방호장치 설치

해설 프레스의 본질안전 조건(No-hand in die 방식, 금형 내 손이 들어가지 않는 구조)
① 안전울을 부착한 프레스
② 안전한 금형 사용
③ 전용 프레스 도입
④ 자동 프레스 도입

{분석} 실기까지 중요한 내용입니다.

54 산업안전보건 법령상 크레인의 방호장치에 해당하지 않는 것은?

① 권과방지장치
② 낙하방지장치
③ 비상정지장치
④ 과부하방지장치

해설 크레인의 방호장치
• 과부하방지장치
• 권과방지장치(捲過防止裝置)
• 비상정지장치
• 제동장치

{분석} 실기에 자주 출제되는 내용입니다. 암기하세요.

55 양수조작식 방호장치에서 누름버튼 상호간의 내측 거리는 얼마 이상이어야 하는가?

① 250mm 이상
② 300mm 이상
③ 350mm 이상
④ 400mm 이상

해설 누름 버튼의 상호 간 내측 거리는 300mm 이상이어야 한다.(한 손으로 버튼 조작을 금지하기 위한 목적)

정답 52 ① 53 ④ 54 ② 55 ②

56 작업장 내 운반을 주목적으로 하는 구내 운반차가 준수해야 할 사항으로 옳지 않은 것은?

① 주행을 제동하거나 정지 상태를 유지하기 위하여 유효한 제동장치를 갖출 것
② 경음기를 갖출 것
③ 핸들의 중심에서 차체 바깥 측까지의 거리가 65cm 이내일 것
④ 운전자석이 차 실내에 있는 것은 좌우에 한 개씩 방향지시기를 갖출 것

[해설] 구내 운반차의 준수 사항
① 주행을 제동하고 또한 정지상태를 유지하기 위하여 유효한 제동장치를 갖출 것
② 경음기를 갖출 것
③ 운전석이 차 실내에 있는 것은 좌우에 한 개씩 방향지시기를 갖출 것
④ 전조등과 후미등을 갖출 것. 다만, 작업을 안전하게 하기 위하여 필요한 조명이 있는 장소에서 사용하는 구내 운반차에 대해서는 그러하지 아니하다.
⑤ 구내 운반차가 후진 중에 주변의 근로자 또는 차량계 하역운반기계 등과 충돌할 위험이 있는 경우에는 구내 운반차에 후진 경보기와 경광등을 설치할 것

57 기계운동의 형태에 따른 위험점 분류에 해당되지 않는 것은?

① 끼임점 ② 회전물림점
③ 협착점 ④ 절단점

[해설] ② 회전 물림점 → 회전 말림점

[참고]
① 협착점 : 왕복운동 부분과 고정부분 사이에서 형성되는 위험점
② 끼임점 : 고정부분과 회전하는 동작부분 사이에서 형성되는 위험점
③ 절단점 : 회전하는 운동부 자체, 운동하는 기계 부분 자체의 위험점
④ 물림점 : 회전하는 두 개의 회전체에 물려 들어가는 위험점
⑤ 접선 물림점 : 회전하는 부분의 접선 방향으로 물려 들어가는 위험점
⑥ 회전 말림점 : 회전하는 물체에 작업복, 머리카락 등이 말려 들어가는 위험점

{분석} 실기에 자주 출제되는 내용입니다. 암기하세요.

58 연삭기에서 숫돌의 바깥지름이 180mm 라면, 평형 플랜지의 바깥지름은 몇 mm 이상이어야 하는가?

① 30 ② 36
③ 45 ④ 60

[해설]
• 플랜지의 지름은 숫돌지름의 $\frac{1}{3}$ 이상일 것
• $180 \times \frac{1}{3} = 60mm$

{분석} 필기에 자주 출제되는 내용입니다.

59 롤러기에 사용되는 급정지장치의 종류가 아닌 것은?

① 손 조작식   ② 발 조작식
③ 무릎 조작식 ④ 복부 조작식

[해설] 롤러기의 조작부의 설치 위치에 따른 급정지장치의 종류

종류	설치 위치
손 조작식	밑면에서 1.8m 이내
복부 조작식	밑면에서 0.8m 이상 1.1m 이내
무릎 조작식	밑면에서 0.6m 이내(밑면으로부터 0.4m 이상 0.6m 이내)

비고 : 위치는 급정지장치의 조작부의 중심점을 기준

{분석} 실기에 자주 출제되는 내용입니다. 암기하세요.

60 드릴링 머신을 이용한 작업 시 안전 수칙에 관한 설명으로 옳지 않은 것은?

① 일감을 손으로 견고하게 쥐고 작업한다.
② 장갑을 끼고 작업을 하지 않는다.
③ 칩은 기계를 정지시킨 다음에 와이어 브러시로 제거한다.
④ 드릴을 끼운 후에는 척 렌치를 반드시 탈거한다.

[해설] ① 일감을 손으로 쥐고 작업해서는 안 된다.

정답 56 ③ 57 ② 58 ④ 59 ② 60 ①

참고 일감 고정 방법
① 일감이 작을 때 : 바이스로 고정
② 일감이 크고 복잡할 때 : 볼트와 고정구
③ 대량 생산과 정밀도를 요할 때 : 전용의 지그 사용

제4과목 · 전기 및 화학설비 안전 관리

61 저압전로의 보호도체 및 중성선의 접속 방식에 따른 계통접지의 종류가 아닌 것은?

① KN계통   ② TT계통
③ IT계통   ④ TN계통

해설

TN 계통	전원측의 한 점을 직접접지하고 설비의 노출도전부를 보호도체로 접속시키는 방식 ① TN-S 방식 ② TN-C 방식 ③ TN-C-S 방식
TT계통	전원의 한 점을 직접 접지하고 설비의 노출도전부는 전원의 접지전극과 전기적으로 독립적인 접지극에 접속시킨다.
IT계통	충전부 전체를 대지로부터 절연시키거나, 한 점을 임피던스를 통해 대지에 접속시킨다.(전기설비의 노출도전부를 단독 또는 일괄적으로 계통의 PE 도체에 접속시키며 배전계통에서 추가접지가 가능하다.)

{분석} 관련 규정의 변경으로 문제를 수정하였습니다.

62 전기스파크의 최소발화에너지를 구하는 공식은?

① $W = \frac{1}{2}CV^2$ ② $W = \frac{1}{2}CV$
③ $W = 2CV^2$ ④ $W = 2C^2V$

해설 최소 착화 에너지(정전에너지)

$$E = \frac{1}{2}CV^2$$

여기서, E : 정전기 에너지(J)
C : 도체의 정전 용량(F)
V : 대전 전위(V)

{분석} 필기에 자주 출제되는 내용입니다. 공식을 암기하세요.

63 허용접촉전압이 종별 기준과 서로 다른 것은?

① 제1종 - 2.5V 이하
② 제2종 - 25V 이하
③ 제3종 - 75V 이하
④ 제4종 - 제한없음

해설 허용접촉전압

종 별	접촉 상태	허용 접촉 전압
제1종	• 인체의 대부분이 수중에 있는 상태	2.5V 이하
제2종	• 인체가 현저히 젖어 있는 상태 • 금속성의 전기·기계 장치나 구조물에 인체의 일부가 상시 접촉되어 있는 상태	25V 이하
제3종	• 제1종, 제2종 이외의 경우로서 통상의 인체 상태 있어서 접촉 전압이 가해지면 위험성이 높은 상태	50V 이하
제4종	• 제1종, 제2종 이외의 경우로서 통상의 인체 상태에 접촉 전압이 가해지더라도 위험성이 낮은 상태 • 접촉 전압이 가해질 우려가 없는 경우	제한 없음

{분석} 실기까지 중요한 내용입니다. 암기하세요.

정답 61 ① 62 ① 63 ③

64 감전을 방지하기 위하여 정전작업 요령을 관계 근로자에게 주지시킬 필요가 없는 것은?

① 전원설비 효율에 관한 사항
② 단락접지 실시에 관한 사항
③ 전원 재투입 순서에 관한 사항
④ 작업 책임자의 임명, 정전범위 및 절연용 보호구 작업 등 필요한 사항

[해설] 정전 작업 시 관계 근로자에게 정전작업 시 전로 차단 절차 등 정전작업 요령을 주지시켜야 한다.

[참고] 정전작업 시 전로 차단 절차
① 전기기기 등에 공급되는 모든 전원을 관련 도면, 배선도 등으로 확인할 것
② 전원을 차단한 후 각 단로기 등을 개방하고 확인할 것
③ 차단장치나 단로기 등에 잠금장치 및 꼬리표를 부착할 것
④ 개로된 전로에서 유도전압 또는 전기에너지가 축적되어 근로자에게 전기위험을 끼칠 수 있는 전기기기 등은 접촉하기 전에 잔류전하를 완전히 방전시킬 것
⑤ 검전기를 이용하여 작업 대상 기기가 충전되었는지를 확인할 것
⑥ 전기기기 등이 다른 노출 충전부와의 접촉, 유도 또는 예비동력원의 역송전 등으로 전압이 발생할 우려가 있는 경우에는 충분한 용량을 가진 단락 접지기구를 이용하여 접지할 것

65 누전에 의한 감전 위험을 방지하기 위하여 감전방지용 누전 차단기의 접속에 관한 일반 사항으로 틀린 것은?

① 분기회로마다 누전차단기를 설치한다.
② 동작시간은 0.03초 이내이어야 한다.
③ 전기기계·기구에 설치되어 있는 누전차단기는 정격감도전류가 30mA 이하이어야 한다.
④ 누전차단기는 배전반 또는 분전반 내에 접속하지 않고 별도로 설치한다.

[해설] ④ 누전차단기는 배전반 또는 분전반 내에 접속하거나 꽂음접속기형 누전차단기를 콘센트에 접속하는 등 파손이나 감전사고를 방지할 수 있는 장소에 접속할 것

[참고] 누전차단기 접속할 때 준수사항
① 전기기계·기구에 설치되어 있는 누전차단기는 정격감도전류가 30밀리암페어 이하이고 작동시간은 0.03초 이내일 것. 다만, 정격전부하전류가 50암페어 이상인 전기기계·기구에 접속되는 누전차단기는 오작동을 방지하기 위하여 정격감도전류는 200밀리암페어 이하로, 작동시간은 0.1초 이내로 할 수 있다.
② 분기회로 또는 전기기계·기구마다 누전차단기를 접속할 것. 다만, 평상시 누설전류가 매우 적은 소용량부하의 전로에는 분기회로에 일괄하여 접속할 수 있다.
③ 누전차단기는 배전반 또는 분전반 내에 접속하거나 꽂음접속기형 누전차단기를 콘센트에 접속하는 등 파손이나 감전사고를 방지할 수 있는 장소에 접속할 것
④ 지락보호전용 기능만 있는 누전차단기는 과전류를 차단하는 퓨즈나 차단기 등과 조합하여 접속할 것

{분석}
실기까지 중요한 내용입니다.

66 방폭 전기설비의 설치 시 고려하여야 할 환경조건으로 가장 거리가 먼 것은?

① 열
② 진동
③ 산소량
④ 수분 및 습기

[해설] 방폭구조 전기설비 설치 시의 표준환경 조건
① 주변 온도 : −20℃ ~ 40℃
② 표고 : 1,000m 이하
③ 상대 습도 : 45~85%
④ 공해, 부식성 가스, 진동 : 전기설비에 특별한 고려를 필요로 하는 정도의 공해, 부식성 가스, 진동 등이 존재하지 않는 환경

정답 64 ① 65 ④ 66 ③

67 다음 중 방폭구조의 종류와 기호가 올바르게 연결된 것은?

① 압력방폭구조 : q
② 유입방폭구조 : m
③ 비점화방폭구조 : n
④ 본질안전방폭구조 : e

[해설] ① 압력방폭구조 : p
② 유입방폭구조 : o
④ 본질안전방폭구조 : ia 또는 ib

[참고] 위험장소별 방폭구조

가스 폭발 위험 장소	0종 장소	본질 안전 방폭구조(ia)
	1종 장소	내압 방폭구조(d) 압력 방폭구조(p) 충전 방폭구조(q) 유입 방폭구조(o) 안전증 방폭구조(e) 본질안전 방폭구조(ia, ib) 몰드 방폭구조(m)
	2종 장소	0종 장소 및 1종 장소에 사용 가능한 방폭구조 비점화 방폭구조(n)
분진 폭발 위험 장소	20종 장소	밀폐 방진 방폭구조(DIP A20 또는 DIP B20)
	21종 장소	밀폐 방진 방폭구조(DIP A20 또는, DIP B20 또는 B21) 특수 방진 방폭구조(SDP)
	22종 장소	20종 장소 및 21종 장소에서 사용 가능한 방폭구조 일반 방진 방폭구조(DIP A22 또는 DIP B22) 보통 방진 방폭구조(DIP)

{분석}
실기에도 자주 출제되는 내용입니다. 암기하세요.

68 페인트를 스프레이로 뿌려 도장작업을 하는 작업 중 발생할 수 있는 정전기 대전으로만 이루어진 것은?

① 분출 대전, 충돌 대전
② 충돌 대전, 마찰 대전
③ 유동 대전, 충돌 대전
④ 분출 대전, 유동 대전

[해설]
• 페인트가 스프레이를 통과할 때 : 분출 대전
• 분출된 페인트 입자의 충돌 : 충돌 대전

69 일반적인 변압기의 중성점 접지 저항 값으로 적당한 것은?

① $\dfrac{150}{1선지락전류}$ Ω 이하

② $\dfrac{600}{1선지락전류}$ Ω 이하

③ $\dfrac{300}{1선지락전류}$ Ω 이하

④ $\dfrac{50}{1선지락전류}$ Ω 이하

[해설] 변압기의 중성점 접지 저항값

① 일반적인 경우 : $\dfrac{150}{1선지락전류}$ Ω 이하

② 변압기의 고압·특고압측 전로 또는 사용전압이 35kV 이하의 특고압전로가 저압측 전로와 혼촉하고 저압전로의 대지전압이 150V를 초과하는 경우

• 1초 초과 2초 이내에 고압·특고압 전로를 자동으로 차단하는 장치를 설치할 때 :
$\dfrac{300}{1선지락전류}$ Ω 이하

• 1초 이내에 고압·특고압 전로를 자동으로 차단하는 장치를 설치할 때 :
$\dfrac{600}{1선지락전류}$ Ω 이하

{분석}
관련 법령의 변경으로 문제를 수정하였습니다.

정답 67 ③ 68 ① 69 ①

70 다음 중 대전된 정전기의 제거 방법으로 적당하지 않은 것은?

① 작업장 내에서의 습도를 가능한 낮춘다.
② 제전기를 이용해 물체에 대전된 정전기를 제거한다.
③ 도전성을 부여하여 대전된 전하를 누설시킨다.
④ 금속 도체와 대지 사이의 전위를 최소화하기 위하여 접지한다.

[해설] ① 작업장 내에서의 습도를 가능한 높인다.

[참고] **정전기 재해 예방대책**
① 접지(도체일 경우 효과 있으나 부도체는 효과 없다.)
② 습기부여(공기 중 습도 60 ~ 70% 이상 유지한다.)
③ 도전성 재료 사용(절연성 재료는 절대 금한다.)
④ 대전 방지제 사용
⑤ 제전기 사용
⑥ 유속 조절(석유류 제품 1m/s 이하)

71 휘발유를 저장하던 이동저장탱크에 등유나 경유를 이동저장탱크의 밑 부분으로부터 주입할 때에 액 표면의 높이가 주입관의 선단의 높이를 넘을 때까지 주입속도는 몇 m/s 이하로 하여야 하는가?

① 0.5   ② 1
③ 1.5   ④ 2.0

[해설] 등유나 경유를 주입하는 경우에는 그 액표면의 높이가 주입관의 선단의 높이를 넘을 때까지 주입속도를 매 초당 1미터 이하로 할 것

72 다음 중 증류탑의 원리로 거리가 먼 것은?

① 끓는점(휘발성) 차이를 이용하여 목적 성분을 분리한다.
② 열 이동은 도모하지만 물질이동은 관계하지 않는다.
③ 기-액 두 상의 접촉이 충분히 일어날 수 있는 접촉 면적이 필요하다.
④ 여러 개의 단을 사용하는 다단탑이 사용될 수 있다.

[해설] **증류탑**
• 증발하기 쉬운 차이(비점 차)를 이용하여 액체 혼합물의 성분을 각각의 액체로 분리하는 장치
• 증류탑에서는 탑저액의 일부를 증발기로 증발시키든가 또는 탑저로부터 기체의 원료를 송입해 탑 내를 상승하는 증기를 발생시키므로 열과 물질의 이동이 일어난다.

73 화염의 전파속도가 음속보다 빨라 파면 선단에 충격파가 형성되며 보통 그 속도가 1,000 ~ 3,500m/s에 이르는 현상을 무엇이라 하는가?

① 폭발 현상   ② 폭굉 현상
③ 파괴 현상   ④ 발화 현상

[해설] **폭굉파** : 충격파(shock wave)의 일종으로 화염의 전파속도가 음속 이상일 경우이며 그 속도가 1,000 ~3,500m/sec에 이른다.

74 SO_2 20ppm은 약 몇 g/m^3인가? (단, SO_2의 분자량은 64이고, 온도는 21℃, 압력은 1기압으로 한다.)

① 0.571   ② 0.531
③ 0.0571 ④ 0.0531

[해설] 질량농도(mg/m^3)와 용량농도(ppm)의 환산 (21℃, 1기압 기준)

정답 70 ① 71 ② 72 ② 73 ② 74 ④

$$mg/m^3 = ppm \times \frac{분자량}{24.1(L)}$$

$$mg/m^3 = 20 \times \frac{64}{24.1} = 53.11 mg/m^3$$

$$= 53.11 \times \frac{1}{1000} g/m^3 = 0.05311 g/m^3$$

$$(1mg = \frac{1}{1000}g)$$

참고

1. 0℃, 1기압 기준
$$mg/m^3 = ppm \times \frac{분자량}{24.1(L)}$$

2. 25℃, 1기압 기준
$$mg/m^3 = ppm \times \frac{분자량}{24.45(L)}$$

{분석}
출제비중이 낮은 문제입니다.

75 다음 중 유해·위험물질이 유출되는 사고가 발생했을 때의 대처요령으로 가장 적절하지 않은 것은?

① 중화 또는 희석을 시킨다.
② 유해·위험물질을 즉시 모두 소각시킨다.
③ 유출부분을 억제 또는 폐쇄시킨다.
④ 유출된 지역의 인원을 대피시킨다.

해설 유해·위험물질의 종류 및 특성에 적합한 대처요령이 필요하다.(소각 시 위험이 있는 물질 존재)

76 다음 중 가연성 분진의 폭발 메커니즘으로 옳은 것은?

① 퇴적분진 → 비산 → 분산 → 발화원 발생 → 폭발
② 발화원 발생 → 퇴적분진 → 비산 → 분산 → 폭발
③ 퇴적분진 → 발화원 발생 → 분산 → 비산 → 폭발
④ 발화원 발생 → 비산 → 분산 → 퇴적분진 → 폭발

해설 퇴적분진 → 비산 → 분산 → 점화원 → 1차 폭발 → 2차 폭발

{분석}
필기에 자주 출제되는 내용입니다.

77 다음 중 물질의 위험성과 그 시험방법이 올바르게 연결된 것은?

① 인화점 - 태그 밀폐식
② 발화온도 - 산소지수법
③ 연소시험 - 가스크로마토그래피법
④ 최소발화에너지 - 클리브랜드 개방식

해설
• 산소지수법 : 난연성 시험법
• 가스크로마토그래피법 : 질량분석법
• 클리브랜드 개방식 : 인화점 측정법

78 메탄(CH_4) 100mol이 산소 중에서 완전 연소하였다면 이 때 소비된 산소량 몇 mol인가?

① 50
② 100
③ 150
④ 200

해설 $1CH_4 + 2O_2 = 1CO_2 + 2H_2O$
메탄 : 산소 = 이산화탄소 : 물
 1   2   1   2

• 메탄 1몰의 반응에 산소 2몰이 필요함
• 메탄 100몰의 반응에 산소 200몰이 필요함

79 물반응성 물질에 해당하는 것은?

① 니트로화합물
② 칼륨
③ 염소산나트륨
④ 부탄

정답 75 ② 76 ① 77 ① 78 ④ 79 ②

[해설] **물반응성 물질 및 인화성 고체**
가. 리튬
나. 칼륨·나트륨
다. 황
라. 황린
마. 황화인·적린
바. 셀룰로이드류
사. 알킬알루미늄·알킬리튬
아. 마그네슘 분말
자. 금속 분말(마그네슘 분말은 제외한다)
차. 알칼리금속(리튬·칼륨 및 나트륨은 제외한다)
카. 유기 금속화합물(알킬알루미늄 및 알킬리튬은 제외한다)
타. 금속의 수소화물
파. 금속의 인화물
하. 칼슘 탄화물, 알루미늄 탄화물

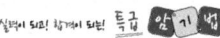

인화성 고체 : 인화성 황인이 젤 금마(겁나)!
인화성 황인(황, 황린, 황화인, 적린)이 젤(셀룰로이드)
금마(금속분말, 마그네슘분말)

물반응성 물질 : 나 칼 안물리!
나(나트륨) 칼(칼륨, 칼슘탄화물) 안(알킬알루미늄, 알킬리튬) 물(물반응성물질) 리(리튬)

{분석}
실기에 자주 출제되는 내용입니다.

[참고] **기체, 액체, 고체의 연소의 형태**

기체의 연소	확산 연소	가연성 가스가 공기 중에 확산되어 연소하는 형태 예 대부분 가스의 연소
액체의 연소	증발 연소	액체자체가 연소되는 것이 아니라 액체 표면에서 발생하는 증기가 연소하는 형태 예 대부분 액체의 연소
고체의 연소	표면 연소	가연성 가스를 발생하지 않고 물질 그 자체가 연소하는 형태 예 코크스, 목탄, 금속분 등
	분해 연소	가열 분해에 의해 발생된 가연성 가스가 공기와 혼합되어 연소하는 형태 예 목재, 종이, 석탄, 플라스틱 등 일반 가연물
	증발 연소	고체가연물의 가열에 의해 발생한 가연성 증기가 연소하는 형태 예 황, 나프탈렌
	자기 연소	자체 내 산소를 함유하고 있어 공기 중 산소를 필요치 않고 연소하는 형태 예 니트로 화합물, 다이너마이트 등

80 가정에서 요리를 할 때 사용하는 가스렌지에서 일어나는 가스의 연소형태에 해당되는 것은?

① 자기연소
② 분해연소
③ 표면연소
④ 확산연소

[해설] 확산연소 : 가연성 가스가 공기 중에 확산되어 연소하는 형태
예 대부분 가스의 연소

제5과목 • 건설공사 안전 관리

81 산업안전보건 중 안전시설비의 항목에서 사용할 수 있는 항목에 해당하는 것은?

① 외부인 출입 금지, 공사장 경계 표시를 위한 가설울타리
② 작업발판
③ 절토부 및 성토부 등의 토사유실 방지를 위한 설비
④ 사다리 전도방지장치

정답 80 ④ 81 ④

[해설] ①, ②, ③ → 근로자 재해예방 외의 목적이 있는 시설로 안전시설비로 사용할 수 없다.
④ 사다리 전도방지장치 → 산업재해 예방을 위한 장치로 안전시설비로 사용할 수 있다.

[참고] 안전시설비 등
① 산업재해 예방을 위한 안전 난간, 추락방호망, 안전대 부착 설비, 방호장치(기계·기구와 방호장치가 일체로 제작된 경우, 방호장치 부분의 가액에 한함) 등 안전시설의 구입·임대 및 설치를 위해 소요되는 비용
② 스마트 안전장비 구입·임대 비용의 5분의 2에 해당하는 비용. 다만, 계상된 안전보건관리비 총액의 10분의 1을 초과할 수 없다.
③ 용접 작업 등 화재 위험 작업 시 사용하는 소화기의 구입·임대비용

82 달비계에 사용하는 와이어로프는 지름의 감소가 공칭지름의 몇 %를 초과하는 경우에 사용할 수 없도록 규정되어 있는가?

① 5% ② 7%
③ 9% ④ 10%

[해설] 지름의 감소가 공칭지름의 7퍼센트를 초과하는 것

[참고] 와이어로프의 사용금지 항목
① 이음매가 있는 것
② 와이어로프의 한 꼬임에서 끊어진 소선의 수가 10퍼센트 이상인 것
③ 지름의 감소가 공칭지름의 7퍼센트를 초과하는 것
④ 꼬인 것
⑤ 심하게 변형되거나 부식된 것
⑥ 열과 전기충격에 의해 손상된 것

{분석} 실기에 자주 출제되는 내용입니다. 암기하세요.

83 건설작업용 리프트에 대하여 바람에 의한 붕괴를 방지하는 조치를 한다고 할 때 그 기준이 되는 풍속은?

① 순간풍속 30m/sec 초과
② 순간풍속 35m/sec 초과
③ 순간풍속 40m/sec 초과
④ 순간풍속 45m/sec 초과

[해설] 악천후 시 조치
① 순간풍속이 초당 10미터를 초과 : 타워크레인의 설치·수리·점검 또는 해체작업을 중지
② 순간풍속이 초당 15미터를 초과 : 타워크레인의 운전작업을 중지
③ 순간풍속이 초당 30미터를 초과 : 옥외에 설치되어 있는 주행 크레인 이탈방지조치
④ 순간풍속이 초당 30미터를 초과하는 바람이 불거나 중진(中震) 이상 진도의 지진이 있은 후 : 옥외 양중기 각 부위 이상 점검
⑤ 순간풍속이 초당 35미터를 초과 : 옥외 승강기 및 건설용 리프트(지하에 설치되어 있는 것은 제외)에 대하여 받침의 수를 증가시키는 승강기가 무너지는 것을 방지하기 위한 조치

{분석} 실기에 자주 출제되는 내용입니다. 암기하세요.

84 추락에 의한 위험방지와 관련된 승강설비의 설치에 관한 사항이다.( )에 들어갈 내용으로 옳은 것은?

사업주는 높이 또는 깊이가 ( )를 초과하는 장소에서 작업하는 경우 해당 작업에 종사하는 근로자가 안전하게 승강하기 위한 건설용 리프트 등의 설비를 설치하여야 한다.

① 1.0m ② 1.5m
③ 2.0m ④ 2.5m

정답 82 ② 83 ② 84 ③

[해설] 높이 또는 깊이가 2미터를 초과하는 장소에서 작업하는 경우 해당 작업에 종사하는 근로자가 안전하게 승강하기 위한 건설용 리프트 등의 설비를 설치하여야 한다.

85 지반의 조사방법 중 지질의 상태를 가장 정확히 파악할 수 있는 보링방법은?

① 충격식 보링(percussion boring)
② 수세식 보링(wash boring)
③ 회전식 보링(rotary boring)
④ 오거 보링(auger boring)

[해설] 지질의 상태를 가장 정확히 파악할 수 있는 보링방법
→ 회전식 보링(rotary boring)

[참고] 보링의 종류
- 회전식 보링(rotary boring) : 천공날을 회전시켜 천공하는 공법으로 가장 많이 사용되는 방법이며, 지질의 상태를 가장 정확히 파악할 수 있다.
- 수세식 보링(wash boring) : 보링 내 선단에서 물을 뿜어내어 나온 진흙물을 침전시켜 토질을 분석하는 방법으로 깊은 지층조사가 가능하다.
- 충격식 보링(percussion boring) : 낙하, 충격에 의해 파쇄되는 토사나 암석을 이용하여 분석하는 방법이다.
- 오거 보링(auger boring) : 송곳(auger)을 이용해 깊이 10[m] 이내의 시추에 사용되며 얕은 점토층의 분석에 사용된다.

86 철근의 인력 운반 방법에 관한 설명으로 옳지 않은 것은?

① 긴 철근은 두 사람이 1조가 되어 같은 쪽의 어깨에 메고 운반한다.
② 양 끝은 묶어서 운반한다.
③ 1회 운반 시 1인당 무게는 50kg 정도로 한다.
④ 공동작업 시 신호에 따라 작업한다.

[해설] 철근의 인력 운반 시 준수사항
① 1인당 무게는 25킬로그램 정도가 적절하며, 무리한 운반을 삼가하여야 한다.
② 2인 이상이 1조가 되어 어깨메기로 하여 운반하는 등 안전을 도모하여야 한다.
③ 긴 철근을 부득이 한 사람이 운반할 때에는 한쪽을 어깨에 메고 한쪽 끝을 끌면서 운반하여야 한다.
④ 운반할 때에는 양끝을 묶어 운반하여야 한다.
⑤ 내려 놓을 때는 천천히 내려놓고 던지지 않아야 한다.
⑥ 공동 작업을 할 때에는 신호에 따라 작업을 하여야 한다.

87 사다리식 통로를 설치할 때 사다리의 상단은 걸쳐 놓은 지점으로부터 최소 얼마 이상 올라가도록 하여야 하는가?

① 45cm 이상
② 60cm 이상
③ 75cm 이상
④ 90cm 이상

[해설] 사다리의 상단은 걸쳐놓은 지점으로부터 60센티미터 이상 올라가도록 할 것

[참고] 사다리식 통로의 구조
① 견고한 구조로 할 것
② 심한 손상·부식 등이 없는 재료를 사용할 것
③ 발판의 간격은 일정하게 할 것
④ 발판과 벽과의 사이는 15센티미터 이상의 간격을 유지할 것
⑤ 폭은 30센티미터 이상으로 할 것
⑥ 사다리가 넘어지거나 미끄러지는 것을 방지하기 위한 조치를 할 것
⑦ 사다리의 상단은 걸쳐놓은 지점으로부터 60센티미터 이상 올라가도록 할 것
⑧ 사다리식 통로의 길이가 10미터 이상인 경우에는 5미터 이내마다 계단참을 설치할 것
⑨ 사다리식 통로의 기울기는 75도 이하로 할 것. 다만, 고정식 사다리식 통로의 기울기는 90도 이하로 하고, 그 높이가 7미터 이상인 경우에는 다음 각 목의 구분에 따른 조치를 할 것
  - 등받이울이 있어도 근로자 이동에 지장이 없는 경우 : 바닥으로부터 높이가 2.5미터 되는 지점부터 등받이울을 설치할 것

정답 85 ③ 86 ③ 87 ②

- 등받이울이 있으면 근로자가 이동이 곤란한 경우 : 한국산업표준에서 정하는 기준에 적합한 개인용 추락 방지 시스템을 설치하고 근로자로 하여금 한국산업표준에서 정하는 기준에 적합한 전신 안전대를 사용하도록 할 것
⑩ 접이식 사다리 기둥은 사용 시 접혀지거나 펼쳐지지 않도록 철물 등을 사용하여 견고하게 조치할 것

{분석}
실기까지 중요한 내용입니다.

88 차량계 건설기계의 작업계획서 작성 시 그 내용에 포함되어야 할 사항이 아닌 것은?

① 사용하는 차량계 건설기계의 종류 및 성능
② 차량계 건설기계의 운행 경로
③ 차량계 건설기계에 의한 작업 방법
④ 브레이크 및 클러치 등의 기능 점검

[해설] 차량계 건설기계 작업계획서 내용
가. 사용하는 차량계 건설기계의 종류 및 성능
나. 차량계 건설기계의 운행경로
다. 차량계 건설기계에 의한 작업방법

{분석}
실기까지 중요한 내용입니다.

89 개착식 굴착공사(Open cut)에서 설치하는 계측기기와 거리가 먼 것은?

① 수위계
② 경사계
③ 응력계
④ 내공변위계

[해설] 내공변위계는 터널 굴착공사에 사용하는 계측기기에 해당한다.

90 콘크리트 측압에 관한 설명으로 옳지 않은 것은?

① 대기의 온도가 높을수록 크다.
② 콘크리트의 타설 속도가 빠를수록 크다.
③ 콘크리트의 타설 높이가 높을수록 크다.
④ 콘크리트 비중이 클수록 크다.

[해설] ① 대기의 온도가 낮을수록 크다.

[참고] ① 철골 or 철근량 적을수록 측압이 크다.
② 외기온도가 낮을수록 측압이 크다.
③ 타설속도가 빠를수록 측압이 크다.
④ 슬럼프가 클수록 측압이 크다.
⑤ 콘크리트 비중이 클수록 측압이 크다.
⑥ 습도가 낮을수록 측압이 크다.

{분석}
실기까지 중요한 내용입니다.

91 차량계 하역운반기계 등을 이송하기 위하여 자주(自走) 또는 견인에 의하여 화물자동차에 싣거나 내리는 작업을 할 때 발판·성토 등을 사용하는 경우 기계의 전도 또는 전락에 의한 위험을 방지하기 위하여 준수하여야 할 사항으로 옳지 않은 것은?

① 싣거나 내리는 작업은 견고한 경사지에서 실시할 것
② 가설대 등을 사용하는 경우에는 충분한 폭 및 강도와 적당한 경사를 확보할 것
③ 발판을 사용하는 경우에는 충분한 길이·폭 및 강도를 가진 것을 사용할 것
④ 지정운전자의 성명·연락처 등을 보기 쉬운 곳에 표시하고 지정운전자 외에는 운전하지 않도록 할 것

[해설] ① 싣거나 내리는 작업을 평탄하고 견고한 장소에서 할 것

정답 88④ 89④ 90① 91①

92 다음 중 차량계 건설기계에 속하지 않는 것은?

① 배쳐플랜트
② 모터그레이더
③ 크롤러드릴
④ 탠덤롤러

해설 ① 배쳐플랜트 : 자동 중량계량장치로서 시멘트 생산설비에 사용된다.

93 거푸집 해체 시 작업자가 이행해야 할 안전 수칙으로 옳지 않은 것은?

① 거푸집 해체는 순서에 입각하여 실시한다.
② 상하에서 동시작업을 할 때는 상하의 작업자가 긴밀하게 연락을 취해야 한다.
③ 거푸집 해체가 용이하지 않을 때에는 큰 힘을 줄 수 있는 지렛대를 사용해야 한다.
④ 해체된 거푸집, 각목 등을 올리거나 내릴 때는 달줄, 달포대 등을 사용한다.

해설 ③ 거푸집 해체가 용이하지 않다고 구조체에 무리한 충격 또는 큰 힘에 의한 지렛대 사용를 금한다.

94 강관비계의 구조에서 비계기둥 간의 최대 허용 적재 하중으로 옳은 것은?

① 500kg
② 400kg
③ 300kg
④ 200kg

해설 강관 비계기둥 간의 적재하중은 400킬로그램을 초과하지 아니하도록 할 것

참고 강관비계의 구조

① 비계기둥 간격 : 띠장방향에서는 1.85m 이하, 장선방향에서는 1.5m 이하로 할 것
다만, 다음 각 목의 어느 하나에 해당하는 작업의 경우에는 안전성에 대한 구조검토를 실시하고 조립도를 작성하면 띠장 방향 및 장선 방향으로 각각 2.7미터 이하로 할 수 있다.
 가. 선박 및 보트 건조작업
 나. 그 밖에 장비 반입·반출을 위하여 공간 등을 확보할 필요가 있는 등 작업의 성질상 비계기둥 간격에 관한 기준을 준수하기 곤란한 작업
② 띠장간격 : 2.0미터 이하로 할 것
③ 비계기둥의 제일 윗부분으로 부터 31m되는 지점 밑 부분의 비계기둥은 2본의 강관으로 묶어세울 것
④ 비계기둥 간의 적재하중은 400kg을 초과하지 않도록 할 것

{분석}
실기까지 중요한 내용입니다.

95 다음 셔블계 굴착장비 중 좁고 깊은 굴착에 가장 적합한 장비는?

① 드래그라인(dragline)
② 파워셔블(power shovel)
③ 백호(back hoe)
④ 클램쉘(clam shell)

해설 클램쉘(clamshell)
• 수중굴착 및 가장 협소하고 깊은 굴착이 가능하며 호퍼(hopper)에 적당하다.
• 연약지반이나 수중굴착 및 자갈 등을 싣는데 적합하다.

96 추락방지망의 달기로프를 지지점에 부착할 때 지지점의 간격이 1.5m인 경우 지지점의 강도는 최소 얼마 이상이어야 하는가?(단, 연속적인 구조물이 방망 지지점인 경우)

① 200kg
② 300kg
③ 400kg
④ 500kg

정답 92 ① 93 ③ 94 ② 95 ④ 96 ②

[해설] 연속적인 구조물이 방망 지지점인 경우의 외력 계산

$$F = 200 \times B$$

여기서, F는 외력(단위 : 킬로그램)
B는 지지점간격(단위 : m)

F = 200×1.5 = 300kg

97 토류벽에 거치된 어스 앵커의 인장력을 측정하기 위한 계측기는?

① 하중계(Load cell)
② 변형계(Strain gauge)
③ 지하수위계(Piezometer)
④ 지중경사계(Inclinometer)

[해설] 인장력을 측정하기 위한 계측기 → 하중계(Load cell)

98 작업에서의 위험요인과 재해 형태가 가장 관련이 적은 것은?

① 무리한 자재적재 및 통로 미확보 → 전도
② 개구부 안전난간 미설치 → 추락
③ 벽돌 등 중량물 취급 작업 → 협착
④ 항만 하역 작업 → 질식

[해설] 항만 하역 작업 → 추락, 붕괴, 양중기 및 하역운반 기계에 의한 위험, 위험물 취급에 의한 위험 등

99 건설공사현장에 가설통로를 설치하는 경우 경사는 몇 도 이내를 원칙으로 하는가?

① 15°   ② 20°
③ 25°   ④ 30°

[해설] 가설통로의 구조
① 견고한 구조로 할 것
② 경사는 30도 이하로 할 것
③ 경사가 15도를 초과하는 때는 미끄러지지 아니하는 구조로 할 것
④ 추락의 위험이 있는 장소에는 안전난간을 설치할 것
⑤ 수직갱 : 길이가 15미터이상인 때에는 10미터 이내마다 계단참을 설치할 것
⑥ 건설공사에 사용하는 높이 8미터 이상인 비계 다리 : 7미터 이내 마다 계단참을 설치할 것

{분석}
실기까지 중요한 내용입니다.

100 건설업 산업안전보건 관리비 계상 및 사용기준을 적용하는 공사금액 기준으로 옳은 것은? (단, 「산업재해보상보험법」 제6조에 따라 「산업재해보상보험법」의 적용을 받는 공사)

① 총 공사금액 2천만 원 이상인 공사
② 총 공사금액 4천만 원 이상인 공사
③ 총 공사금액 6천만 원 이상인 공사
④ 총 공사금액 1억 원 이상인 공사

[해설] 「산업재해보상보험법」의 적용을 받는 공사 중 총 공사금액 2천만 원 이상인 공사에 적용한다. 다만, 다음 각 호의 어느 하나에 해당되는 공사 중 단가계약에 의하여 행하는 공사에 대하여는 총 계약금액을 기준으로 적용한다.

① 「전기공사업법」에 따른 전기공사로서 저압·고압 또는 특별고압 작업으로 이루어지는 공사
② 「정보통신공사업법」에 따른 정보통신공사

{분석}
관련 법규내용 변경으로 정답을 수정하였습니다.

정답 97① 98④ 99④ 100①

03회 2017년 산업안전 산업기사 최근 기출문제

2017년 8월 26일 시행

제1과목 · 산업재해 예방 및 안전보건교육

01 무재해운동 추진기법 중 다음에서 설명하는 것은?

> 작업을 오조작 없이 안전하게 하기 위하여 작업공정의 요소에서 자신의 행동을 하고 대상을 가리킨 후 큰 소리로 확인하는 것

① 지적확인
② T.B.M
③ 터치 앤드 콜
④ 삼각 위험예지훈련

[해설] 작업공정의 요소에서 자신의 행동을 하고 대상을 가리킨 후 큰 소리로 확인 → 지적확인

02 산업안전보건 법령상 안전검사 대상 유해·위험기계가 아닌 것은?

① 선반   ② 리프트
③ 압력용기 ④ 곤돌라

[해설] 안전검사 대상 유해·위험기계
① 프레스
② 전단기
③ 크레인[정격 하중이 2톤 미만인 것 제외]
④ 리프트
⑤ 압력용기
⑥ 곤돌라
⑦ 국소 배기장치(이동식은 제외)
⑧ 원심기(산업용만 해당)
⑨ 롤러기(밀폐형 구조는 제외한다)
⑩ 사출성형기[형 체결력(형 체결력) 294킬로뉴턴(KN) 미만은 제외]
⑪ 고소작업대
⑫ 컨베이어
⑬ 산업용 로봇

실력이 되고! 합격이 되는! 특급 암기법

안전인증대상 중
손 다치는 기계 - 프레스, 전단기, 사출성형기, 롤러기
양중기 - 크레인, 리프트, 곤돌라
폭발 - 압력용기
추가 - 극소(국소) 로봇이 고소의 큰(컨) 원을 검사 (안전검사)

국소배기장치, 산업용 로봇, 고소작업대, 컨베이어, 원심기

{분석}
실기에 자주 출제되는 내용입니다. 암기하세요.

03 50인의 상시 근로자를 가지고 있는 어느 사업장에 1년간 3건의 부상자를 내고 그 휴업일수가 219일이라면 강도율은?

① 1.37   ② 1.50
③ 1.86   ④ 2.21

[해설] 강도율(S.R)

> ① 1,000 근로시간당 근로손실일수 비율
> ② 강도율 = $\dfrac{\text{총 요양 근로손실일수}}{\text{연 근로시간 수}} \times 1{,}000$
> * 근로손실일수
>   = 휴업일수, 요양일수, 입원일수 × $\dfrac{300(\text{실제근로일수})}{365}$

정답 01 ① 02 ① 03 ②

$$강도율 = \frac{총요양근로손실일수}{연근로시간수} \times 1,000$$

$$= \frac{219 \times \frac{300}{365}}{50 \times 2400} \times 1000 = 1.50$$

{분석}
실기에 자주 출제되는 내용입니다. 암기하세요.

04 조건반사설에 의한 학습이론의 원리에 해당하지 않은 것은?

① 강도의 원리 ② 시간의 원리
③ 효과의 원리 ④ 계속성의 원리

[해설] 파블로프의 조건반사설(자극과 반응이론 : S-R이론)
- 일관성의 원리
- 계속성의 원리
- 시간의 원리
- 강도의 원리

{분석}
실기까지 중요한 내용입니다.

05 의사결정 과정에 따른 리더십의 행동유형 중 전제형에 속하는 것은?

① 집단 구성원에게 자유를 준다.
② 지도자가 모든 정책을 결정한다.
③ 집단토론이나 집단결정을 통해서 정책을 결정한다.
④ 명목적인 리더의 자리를 지키고 부하직원들의 의견에 따른다.

[해설] 업무 추진의 방식에 따른 분류
① 권위주의적 리더(전제형) : 리더가 독단적으로 의사를 결정하는 형태
② 민주주의적 리더 : 집단 토의에 의해 의사를 결정하는 형태
③ 자유방임적 리더 : 집단에게 완전한 자유를 주고 사실상 리더십의 행사가 없는 형, 리더 역할은 하지 않고 명목상 자리만 유지하는 형태

06 하인리히(Heinrich)의 사고발생의 연쇄성 5단계 중 2단계에 해당되는 것은?

① 유전과 환경
② 개인적인 결함
③ 불안전한 행동
④ 사고

[해설] 하인리히(H. W. Heinrich) 사고발생 도미노 5단계

1단계	선천적 결함(사회, 환경, 유전적 결함)
2단계	개인적 결함
3단계	불안전 행동(인적 결함), 불안전한 상태(물적 결함)(제거 가능)
4단계	사고
5단계	재해(상해)

{분석}
실기까지 중요한 내용입니다. 암기하세요.

07 착시현상 중 그림과 같이 우선 평행의 흐름을 보고 이어 직선을 본 경우에 직선은 호와의 반대 방향에 보이는 현상은?

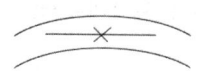

① 동화 착오 ② 분할 착오
③ 윤곽 착오 ④ 방향 착오

[해설]		
	Köhler의 착시 (윤곽착오)	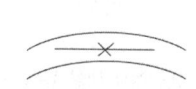 우선 평행의 호(弧)를 보고 이어 직선을 본 경우에는 직선은 호와의 반대 방향으로 보인다.

정답 04 ③ 05 ② 06 ② 07 ③

08 인간의 사회적 행동의 기본 형태가 아닌 것은?

① 대립 ② 도피
③ 모방 ④ 협력

[해설] 사회행동 기본 형태
① 협력 : 조력, 분업
② 대립 : 공격, 경쟁
③ 도피 : 고립, 정신병, 자살
④ 융합 : 강제 타협

09 안전보건관리 조직의 형태 중 라인(Line)형 조직의 특성이 아닌 것은?

① 소규모 사업장(100명 이하)에 적합하다.
② 라인에 과중한 책임을 지우기 쉽다.
③ 안전관리 전담 요원을 별도로 지정한다.
④ 모든 명령은 생산 계통을 따라 이루어진다.

[해설] ③ 안전관리 전담 요원을 별도로 지정한다.
 → 스태프형(staff)의 특징

[참고] 라인형(Line) or 직계형
안전관리에 관한 계획, 실시, 평가에 이르기까지 안전관리의 모든 것을 생산조직을 통하여 행하는 관리 방식이다.
① 소규모 사업장(100명 이하 사업장)에 적용이 가능하다.
② 라인형 장점 : 명령 및 지시가 신속, 정확하다.
③ 라인형 단점
 • 안전정보가 불충분하다.
 • 라인에 과도한 책임이 부여 될 수 있다.
④ 생산과 안전을 동시에 지시하는 형태이다.

{분석} 실기까지 중요한 내용입니다.

10 무재해 운동의 기본이념 3대 원칙이 아닌 것은?

① 무의 원칙
② 참가의 원칙
③ 선취의 원칙
④ 자주 활동의 원칙

[해설] 무재해 운동의 3대 원칙
① 무(無)의 원칙(ZERO의 원칙)
 사업장 내의 모든 잠재위험요인을 적극적으로 사전에 발견하고 파악·해결함으로써 산업재해의 근원적인 요소들을 없앤다.
② 안전제일의 원칙(선취의 원칙)
 사업장 내에 행동하기 전에 잠재위험요인을 발견하고 파악·해결하여 재해를 예방한다.
③ 참여의 원칙(참가의 원칙)
 전원이 일치 협력하여 각자의 위치에서 적극적으로 문제를 해결한다.

{분석} 실기까지 중요한 내용입니다.

11 안전교육방법 중 사례연구법의 장점이 아닌 것은?

① 흥미가 있고, 학습동기를 유발할 수 있다.
② 현실적인 문제의 학습이 가능하다.
③ 관찰력과 분석력을 높일 수 있다.
④ 원칙과 규정의 체계적 습득이 용이하다.

[해설] 사례연구법의 장점
• 학습에 흥미가 있고, 학습동기를 유발할 수 있다.
• 현실적인 문제의 학습이 가능하다.
• 관찰력과 분석력을 높일 수 있다.

[참고] 사례연구법(Case Study : Case Method)
먼저 사례를 제시, 문제적 사실들과 그의 상호관계에 대해서 검토하고 대책을 토의하는 학습법이다.

정답 08 ③ 09 ③ 10 ④ 11 ④

12 안전·보건표지의 색채 및 색도 기준 중 다음 (   )안에 알맞은 것은?

색채	색도 기준	용도
(㉠)	5Y 8.5/12	경고
(㉡)	2.5PB 4/10	지시

① ㉠ 빨간색   ㉡ 흰색
② ㉠ 검은색   ㉡ 노란색
③ ㉠ 흰색   ㉡ 녹색
④ ㉠ 노란색   ㉡ 파란색

[해설] 안전·보건표지의 색채, 색도기준 및 용도

색채	색도 기준	용도	사용례
빨간색	7.5R 4/14 암기 : 싫어(7.5) 4/14	금지	정지신호, 소화설비 및 그 장소, 유해행위의 금지
		경고	화학물질 취급장소에서의 유해·위험 경고
노란색	5Y 8.5/12 암기 : 오(5) 빨리와(8.5) 이리(12)	경고	화학물질 취급장소에서의 유해·위험경고 이외의 위험경고, 주의표지 또는 기계방호물
파란색	2.5PB 4/10 암기 : 2.5×4 = 10	지시	특정 행위의 지시 및 사실의 고지
녹색	2.5G 4/10 암기 : 2.5×4 = 10	안내	비상구 및 피난소, 사람 또는 차량의 통행표지
흰색	N9.5		파란색 또는 녹색에 대한 보조색
검은색	N0.5		문자 및 빨간색 또는 노란색에 대한 보조색

{분석}
실기에 자주 출제되는 내용입니다. 암기하세요.

13 재해손실비의 평가방식 중 하인리히(Heinrich)계산방식으로 옳은 것은?

① 총 재해비용 = 보험비용 + 비보험비용
② 총 재해비용 = 직접손실비용 + 간접손실비용
③ 총 재해비용 = 공동비용 + 개별비용
④ 총 재해비용 = 노동손실비비용 + 설비손실비용

[해설] 1. 하인리히
총 재해비용 = 직접비 + 간접비
　　　　　　(1 : 4)

2. 시몬즈
총 재해코스트 = 보험코스트 + 비보험코스트

{분석}
실기까지 중요한 내용입니다.

14 산업안전보건 법령상 사업주가 근로자에게 실시해야 하는 안전·보건교육 중 근로자의 정기안전·보건교육내용에 해당하지 않는 것은?

① 산업재해보상보험 제도에 관한 사항
② 산업안전 및 사고 예방에 관한 사항
③ 산업보건 및 직업병 예방에 관한 사항
④ 기계·기구의 위험성과 작업의 순서 및 동선에 관한 사항

[해설] 근로자 정기안전·교육 내용
① 산업안전 및 사고 예방에 관한 사항
② 산업보건 및 직업병 예방에 관한 사항
③ 유해·위험 작업환경 관리에 관한 사항
④ 산업안전보건법령 및 산업재해보상보험제도에 관한 사항
⑤ 직무스트레스 예방 및 관리에 관한 사항
⑥ 직장 내 괴롭힘, 고객의 폭언 등으로 인한 건강장해 예방 및 관리에 관한 사항
⑦ 건강증진 및 질병 예방에 관한 사항
⑧ 위험성 평가에 관한 사항

정답 12 ④ 13 ② 14 ④

공통 항목(관리감독자, 근로자)
1. 근로자는 법, 산재보상제도를 알자.
2. 근로자는 건강을 보존(산업보건)하고 직업병, 스트레스, 괴롭힘, 폭언 예방하자!
3. 근로자는 유해위험 환경을 관리해서 안전하고 사고예방하자!
4. 근로자는 위험성을 평가하자!

근로자 정기교육의 특징
1. 근로자는 건강증진하고 질병예방하자!

{분석}
실기에 자주 출제되는 내용입니다. 암기하세요.

15 허즈버그(Herzberg)의 동기·위생이론 중 위생요인에 해당하지 않는 것은?

① 보수
② 책임감
③ 작업조건
④ 감독

위생 요인(직무 환경)	동기 요인(직무 내용)
• 회사정책과 관리 • 개인 상호 간의 관계 (대인관계) • 감독 • 임금 • 보수 • 작업조건 • 지위 • 안전	• 성취감 • 책임감 • 안정감 • 성장과 발전 • 도전감 • 일 그 자체

{분석}
필기에 자주 출제되는 내용입니다.

16 추락 및 감전 위험방지용 안전모의 난연성 시험 성능 기준 중 모체가 불꽃을 내며 최소 몇 초 이상 연소되지 않아야 하는가?

① 3   ② 5
③ 7   ④ 10

【해설】 난연성 시험
모체가 불꽃을 내며 5초 이상 연소되지 않아야 한다.

17 T.W.I(Training Within Industry)의 교육 내용이 아닌 것은?

① Job Support Training
② Job Method Training
③ Job Relation Training
④ Job Instruction Training

【해설】 TWI 교육과정
① 작업 방법 기법 (Job Method Training : JMT)
② 작업 지도 기법 (Job instruction Training : JIT)
③ 인간 관계관리 기법 or 부하통솔법 (Job Relations Training : JRT)
④ 작업 안전 기법(Job Safety Training : JST)

{분석}
실기까지 중요한 내용입니다.

18 재해원인 분석방법의 통계적 원인 분석 중 다음에서 설명하는 것은?

> 사고의 유형, 기인물 등 분류항목을 큰 순서대로 도표화한다.

① 파레토도   ② 특성 요인도
③ 크로스도   ④ 관리도

【해설】 분류항목을 큰 순서대로 도표화 → 파레토도

정답 15 ② 16 ② 17 ① 18 ①

2017년 8월 26일 시행 · 951

참고
① 파레토도 : 사고 유형, 기인물 등 데이터를 분류하여 그 항목값이 큰 순서대로 정리하여 막대그래프로 나타낸다.
② 특성 요인도 : 재해와 그 요인의 관계를 어골상으로 세분화하여 나타낸다.
③ 크로스(cross) 분석 : 2가지 또는 2개 항목 이상의 요인이 상호 관계를 유지할 때 문제를 분석하는데 사용된다.
④ 관리도 : 시간 경과에 따른 재해 발생 건수 등 대략적인 추이 파악에 사용된다.

19 교육의 3요소 중 교육의 주체에 해당하는 것은?

① 강사
② 교재
③ 수강자
④ 교육방법

해설 교육의 3요소

교육의 주체	교육의 객체	교육의 매개체
강사	학생(수강자)	교재(학습내용)

20 상황성 누발자의 재해유발 원인과 거리가 먼 것은?

① 작업의 어려움
② 기계설비의 결함
③ 심신의 근심
④ 주의력의 산만

해설 ④ 주의력의 산만 → 소질성 누발자의 재해유발 원인

참고

상황성 누발자	• 작업에 어려움이 많은 자 • 기계 설비의 결함이 있을 때 • 심신에 근심이 있는 자 • 환경 상 주의력 집중이 혼란되기 쉬울 때
소질성 누발자	• 주의력 산만 및 주의력 지속 불능 • 흥분성 • 저지능 • 비협조성 • 도덕성의 결여 • 소심한 성격 • 감각운동 부적합 등

제2과목 · 인간공학 및 위험성 평가 · 관리

21 MIL-STD-882B에서 시스템 안전 필요사항을 충족시키고 확인된 위험을 해결하기 위한 우선권을 정하는 순서로 맞는 것은?

> ㉠ 경보장치 설치
> ㉡ 안전장치 설치
> ㉢ 절차 및 교육훈련 개발
> ㉣ 최소 리스크를 위한 설계

① ㉣ → ㉡ → ㉠ → ㉢
② ㉣ → ㉠ → ㉡ → ㉢
③ ㉢ → ㉣ → ㉠ → ㉡
④ ㉢ → ㉣ → ㉡ → ㉠

해설 MIL-STD-882B의 시스템 안전 필요사항에 대한 우선권 순서
최소 리스크를 위한 설계 → 안전장치 설치 → 경보장치 설치 → 절차 및 교육훈련 개발

22 반복되는 사건이 많이 있는 경우, FTA의 최소 컷셋과 관련이 없는 것은?

① Fussell Algorithm
② Boolean Algorithm
③ Monte Carlo Algorithm
④ Limnios & Ziani Algorithm

해설 ③ Monte Carlo Algorithm은 컴퓨터시뮬레이션을 이용한 시스템 분석기법이다.

정답 19 ① 20 ④ 21 ① 22 ③

23 계수형(digital) 표시장치를 사용하는 것이 부적합한 것은?

① 수치를 정확히 읽어야 할 경우
② 짧은 판독 시간을 필요로 할 경우
③ 판독 오차가 적은 것을 필요로 할 경우
④ 표시장치에 나타나는 값들이 계속 변하는 경우

[해설] ④ 표시장치에 나타나는 값들이 계속 변하는 경우
→ 정목동침형 또는 정침동목형

[참고] 정량적 표시장치
① 정목동침형 : 눈금은 고정, 지침이 움직이는 형태
② 정침동목형 : 지침은 고정, 눈금이 움직이는 형태
③ 계수형 : 전력계, 택시요금 계기와 같이 숫자가 정확히 표시되는 형태

24 안전성 향상을 위한 시설배치의 예로 적절하지 않은 것은?

① 기계 배치는 작업의 흐름을 따른다.
② 작업자가 통로 쪽으로 등(背)을 향하여 일하도록 한다.
③ 기계 설비 주위에 운전 공간, 보수 점검 공간을 확보한다.
④ 통로는 선을 그어 작업장과 명확히 구별하도록 한다.

[해설] 기계설비의 layout(기계배치 시 고려사항)
① 작업의 흐름에 따라 기계를 배치한다.
② 기계, 설비 주위에 충분한 공간을 둔다.
③ 안전한 통로를 확보한다.
④ 제품저장 공간을 충분히 확보한다.
⑤ 기계, 설비 설치 시 점검, 보수가 용이하도록 한다.
⑥ 폭발위험 기계 설치시는 작업자 위치 선정 시 원격거리를 고려한다.
⑦ 장래 확장을 고려하여 배치한다.

25 기계의 고장률이 일정한 지수분포를 가지며, 고장률이 0.04/시간일 때, 이 기계가 10시간 동안 고장이 나지 않고 작동할 확률은 약 얼마인가?

① 0.40 ② 0.67
③ 0.84 ④ 0.96

[해설]
$$신뢰도\ R(t) = e^{-\frac{t}{t_0}} = e^{-\lambda \times t}$$
(t_0 : 평균고장시간 or 평균수명
t : 앞으로 고장 없이 사용할 시간
λ : 고장률)

• 고장이 나지 않고 작동할 확률 = 신뢰도
• 신뢰도 $R(t) = e^{-0.04 \times 10} = e^{-0.4} = 0.67$

{분석}
필기에 자주 출제되는 내용입니다.

26 청각적 표시의 원리로 조작자에 대한 입력신호는 꼭 필요한 정보만을 제공한다는 원리는?

① 양립성 ② 분리성
③ 근사성 ④ 검약성

[해설] 꼭 필요한 정보만을 제공 → 검약성

[참고] 청각적 표시의 설계원리
① 양립성 : 가능한 한 사용자가 알고 있거나 자연스러운 신호를 선택한다.
② 근사성 : 복잡한 정보를 나타내고자 할 때는 다음과 같이 2단계 신호를 고려한다.
③ 분리성 : 청각신호는 기존 입력과 쉽게 식별되는 것이어야 한다.
④ 검약성 : 조작자에 대한 입력신호는 꼭 필요한 정보만을 제공한다.
⑤ 불변성 : 동일한 신호는 항상 동일한 정보를 지정하도록 한다.

정답 23 ④ 24 ② 25 ② 26 ④

27 불대수(Boolean algebra)의 관계식으로 맞는 것은?

① A(A·B)=B
② A+B=A·B
③ A+A·B=A·B
④ A+B·C=(A+B)(A+C)

[해설]
① A(A·B) = (AA)B = AB
② A+B = B+A
③ A+A·B = A∪(A∩B) = (A∪A)∩(A∪B)
　　　　 = A∩(A∪B) = A

28 고장의 발생 상황 중 부적합품 제조, 생산과정에서의 품질관리 미비, 설계 미숙 등으로 일어나는 고장은?

① 초기고장
② 마모고장
③ 우발고장
④ 품질관리고장

[해설] 품질관리 미비, 설계 미숙 등으로 일어나는 고장 → 초기고장

[참고] 기계설비 고장 유형
① 초기 고장(감소형) : 설계상, 구조상 결함, 불량 제조·생산 과정 등의 품질관리 미비로 생기는 고장 형태
② 우발고장(일정형) : 예측할 수 없을 때에 생기는 고장의 형태
③ 마모 고장(증가형) : 기계적 요소나 부품의 마모, 사람의 노화 현상등에 의해 고장률이 상승하는 형태

{분석}
필기에 자주 출제되는 내용입니다.

29 누적손상장애(CTDs)의 원인이 아닌 것은?

① 과도한 힘의 사용
② 높은 장소에서의 작업
③ 장시간 진동공구의 사용
④ 부적절한 자세에서의 작업

[해설] 근골격계 질환(누적 외상성 질환, CTDs)의 발생 요인
① 반복적인 동작
② 부적절한 작업 자세
③ 무리한 힘의 사용
④ 날카로운 면과의 신체접촉
⑤ 진동 및 온도(저온)

{분석}
필기에 자주 출제되는 내용입니다.

30 인간 - 기계시스템을 설계하기 위해 고려해야 할 사항으로 틀린 것은?

① 시스템 설계 시 동작 경제의 원칙이 만족되도록 고려하여야 한다.
② 인간과 기계가 모두 복수인 경우, 종합적인 효과 보다 기계를 우선적으로 고려한다.
③ 대상이 되는 시스템이 위치할 환경 조건이 인간에 대한 한계치를 만족하는가의 여부를 조사한다.
④ 인간이 수행해야 할 조작이 연속적인가 불연속적인가를 알아보기 위해 특성조사를 실시한다.

[해설] ② 인간 - 기계 시스템을 설계할 때는 인간을 우선적으로 고려하여야 한다.

정답 27 ④ 28 ① 29 ② 30 ②

31 좌식 평면 작업대에서의 최대작업영역에 관한 설명으로 맞는 것은?

① 각 손의 정상작업영역 경계선이 작업자의 정면에서 교차되는 공통영역
② 윗 팔과 손목을 중립자세로 유지한 채 손으로 원을 그릴 때, 부채꼴 원호의 내부 영역
③ 어깨로부터 팔을 펴서 어깨를 축으로 하여 수평면상에 원을 그릴 때, 부채꼴 원호의 내부지역
④ 자연스러운 자세로 위팔을 몸통에 붙인 채 손으로 수평면상에 원을 그릴 때, 부채꼴 원호의 내부지역

[해설] ① 정상작업역
- 상완을 자연스럽게 늘어뜨린 채 전완만으로 뻗어 파악 할 수 있는 구역
- 팔을 굽히고도 편하게 작업을 하면서 좌우의 손을 움직여 생기는 작은 원호형의 영역

② 최대작업역
- 전완과 상완을 곧게 펴서 파악할 수 있는 구역
- 어깨로부터 팔을 펴서 수평면상에 원을 그릴 때 부채꼴 원호의 내부지역

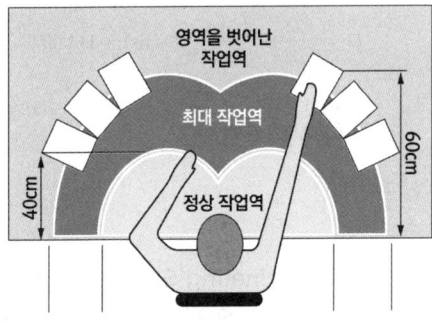

{분석}
필기에 자주 출제되는 내용입니다.

32 출력과 반대 방향으로 그 속도에 비례해서 작용하는 힘 때문에 생기는 항력으로 원활한 제어를 도우며, 특히 규정된 변위 속도를 유지하는 효과를 가진 조종장치의 저항력은?

① 관성
② 탄성저항
③ 점성저항
④ 정지 및 미끄럼 마찰

[해설] 출력과 반대 방향으로 그 속도에 비례해서 작용하는 힘 때문에 생기는 항력, 속도를 유지하는 효과 → 점성저항

33 현장에서 인간공학의 적용 분야로 가장 거리가 먼 것은?

① 설비관리
② 제품설계
③ 재해·질병 예방
④ 장비·공구·설비의 설계

[해설] 인간공학의 적용 분야
① 제품설계
② 재해·질병 예방
③ 장비·공구·설비의 설계

[참고] 인간공학은 기계와 그 기계조작 및 환경조건을 인간의 특성에 맞추어 설계하기위한 수단을 연구하는 학문이다.

34 신호검출 이론의 응용 분야가 아닌 것은?

① 품질검사   ② 의료진단
③ 교통통제   ④ 시뮬레이션

[해설] 신호검출 이론의 응용 분야
① 품질검사
② 의료진단
③ 교통통제

정답 31 ③ 32 ③ 33 ① 34 ④

참고 신호검출 이론

어떤 상황에서의 의미 있는 자극이 이의 감지를 방해하는 '잡음(noise)'과 함께 발생하였을 때, 이 잡음이 자극 검출에 끼치는 영향에 대한 이론

35 FT도에서 사용되는 다음 기호의 의미로 맞는 것은?

① 결함사상   ② 통상사상
③ 기본사상   ④ 제외사상

해설

기호	명명	기호 설명
○	기본사상	더 이상 전개할 수 없는 사건의 원인
◇	생략사상	관련 정보가 미비하여 계속 개발될 수 없는 특정 초기 사상
⌂	통상사상	발생이 예상되는 사상
▭	결함사상 (정상사상, 중간사상)	한 개 이상의 입력에 의해 발생된 고장사상

{분석} 필기에 자주 출제되는 내용입니다.

36 A 요업공장의 근로자 최씨는 작업일 3월 15일에 다음과 같은 소음에 노출되었다. 총 소음 투여량은(%) 약 얼마인가?

> 80dB-A : 2시간 30분
> 90dB-A : 4시간 30분
> 100dB-A : 1시간

① 114.1   ② 124.1
③ 134.1   ④ 144.1

해설 누적소음폭로량(D)

$$D = \left(\frac{C_1}{T_1} + \frac{C_2}{T_2} + \cdots + \frac{C_n}{T_n}\right) \times 100(\%)$$

여기서, D : 누적소음 폭로량(%)
C : 각 소음레벨측정치(dB)
T : 각 폭로허용시간(TLV)(min)

- 80dB에서 폭로 허용시간 : 32시간
- 90dB에서 폭로 허용시간 : 8시간
- 100dB에서 폭로 허용시간 : 2시간

$$D = \left(\frac{2.5}{32} + \frac{4.5}{8} + \frac{1}{2}\right) \times 100 = 114.06\%$$

{분석} 비중이 낮은 문제입니다.

37 IES(IIlaminating Engineering S)의 권고에 따른 작업장 내부의 추천 반사율이 가장 높아야 하는 곳은?

① 벽   ② 바닥
③ 천장   ④ 가구

해설 옥내 최적 반사율
천장(80~91%) > 벽(40~60%) > 가구(25~45%) > 바닥(20~40%)

정답 35 ③ 36 ① 37 ③

38 일반적인 조종장치의 경우, 어떤 것을 켤 때 기대되는 운동방향이 아닌 것은?

① 레버를 앞으로 민다.
② 버튼을 우측으로 민다.
③ 스위치를 위로 올린다.
④ 다이얼을 반시계 방향으로 돌린다.

[해설] ④ 다이얼을 시계 방향으로 돌린다.

39 작업장에서 광원으로부터의 직사휘광을 처리하는 방법으로 맞는 것은?

① 광원의 휘도를 늘인다.
② 가리개, 차양을 설치한다.
③ 광원을 시선에서 가까이 위치시킨다.
④ 휘광원 주위를 밝게 하여 광도비를 늘린다.

[해설] 광원으로부터 직사휘광 처리법
- 광원의 휘도를 줄이고 광원 수를 늘인다.
- 광원을 시선에서 멀게 한다.
- 휘광원 주위를 밝게 하여 광속 발산비(휘도)를 줄인다.
- 가리개, 갓, 차양을 사용한다.

{분석} 필기에 자주 출제되는 내용입니다.

40 정신적 작업 부하 척도와 가장 거리가 먼 것은?

① 부정맥
② 혈액성분
③ 점멸융합주파수
④ 눈 깜박임률(blink rate)

[해설] 정신적 작업 부하 척도
① 심박수(부정맥)
② 뇌전위(점멸융합주파수)
③ 동공 반응(눈 깜박임률)
④ 호흡수

제3과목 · 기계 · 기구 및 설비 안전 관리

41 지름이 60cm이고, 20rpm으로 회전하는 롤러기의 무부하 동작에서 급정지 거리 기준으로 옳은 것은?

① 앞면 롤러 원주의 1/1.5 이내 거리에서 급정지
② 앞면 롤러 원주의 1/2 이내 거리에서 급정지
③ 앞면 롤러 원주의 1/2.5 이내 거리에서 급정지
④ 앞면 롤러 원주의 1/3 이내 거리에서 급정지

[해설] 앞면 롤러의 표면속도에 따른 급정지거리

앞면 롤러의 표면속도 (m/min)	급정지거리
30 미만	앞면 롤러 원주의 1/3 이내 ($\pi \times d \times \frac{1}{3}$)
30 이상	앞면 롤러 원주의 1/2.5 이내 ($\pi \times d \times \frac{1}{2.5}$)

이때 표면속도의 산식은

$$V = \frac{\pi \times D \times N}{1000} \text{(m/min)}$$

여기서 V : 표면속도
D : 롤러 원통의 직경(mm)
N : 1분간에 롤러기가 회전되는 수 (rpm)

1. 표면속도의 계산
$$V = \frac{\pi \times D \times N}{1000} = \frac{\pi \times 600 \times 20}{1000} = 37.70 \text{(m/min)}$$

2. 속도가 30 이상이므로
급정지거리 $= \pi \times d \times \frac{1}{2.5}$

{분석} 실기까지 중요한 내용입니다.

정답 38 ④ 39 ② 40 ② 41 ③

42 다음 중 원심기에 적용하는 방호장치는?

① 회전체 접촉 예방장치
② 권과방지장치
③ 리미트 스위치
④ 과부하 방지장치

해설 원심기의 방호장치 : 회전체 접촉 예방장치(덮개)
① 회전통에 설치되는 덮개는 내부 물질이 비산되어 충격이 가해지더라도 변형 또는 파손되지 않을 정도의 충분한 강도일 것
② 개방 시 회전운동이 정지되며, 덮개를 닫은 후 자동으로 작동되지 않고 별도의 조작에 의하여 회전통이 작동되도록 회로를 구성할 것

{분석}
실기까지 중요한 내용입니다.

43 지게차의 작업과정에서 작업 대상물의 팔레트 폭역 b라고 할 때 적절한 포크 간격은? (단, 포크의 중심과 팔레트의 중심은 일치한다고 가정한다.)

① $\frac{1}{4}b \sim \frac{1}{2}b$ ② $\frac{1}{4}b \sim \frac{3}{4}b$
③ $\frac{1}{2}b \sim \frac{3}{4}b$ ④ $\frac{3}{4}b \sim \frac{7}{8}b$

해설 지게차 포크 간격은 팔레트 폭의 1/2~3/4이 적당하다.

44 드릴 작업 시 유의사항 중 틀린 것은?

① 균열이 심한 드릴은 사용해서는 안 된다.
② 드릴을 장치에서 제거할 경우에는 회전을 완전히 멈추고 한다.
③ 드릴이 밑면에 나왔는지 확인을 위해 가공물 밑면에 손으로 만지면서 확인한다.
④ 가공 중에는 소리에 주의하여 드릴의 날에 이상한 소리가 나면 즉시 드릴을 연마하거나 다른 드릴과 교환한다.

해설 ③ 드릴이 밑면에 나왔는지 확인을 위해 가공물 밑면을 손으로 확인해서는 안 된다.

45 숫돌의 지름이 D [mm], 회전수 N [rpm]이라 할 경우 숫돌의 원주속도 V [m/min]를 구하는 식으로 옳은 것은?

① $D \cdot N$ ② $\pi \cdot D \cdot N$
③ $\frac{D \cdot N}{1000}$ ④ $\frac{\pi \cdot D \cdot N}{1000}$

해설 연삭기의 회전속도(원주속도)

$$V = \frac{\pi \times D \times N}{1000} \text{ (m/min)}$$

D : 롤러의 직경(mm)
N : 회전수(rpm)

{분석}
실기까지 중요한 내용입니다. 공식을 암기하세요.

46 크레인 작업 시 2,000N의 화물을 걸어 25m/s² 가속도로 감아올릴 때 로프에 걸리는 총 하중은 몇 약 kN인가? (단, 중력가속도는 9.81m/s²이다.)

① 3.1   ② 5.1
③ 7.1   ④ 9.1

해설
총 하중(w) = 정하중(w_1) + 동하중(w_2)

동하중(w_2) = $\frac{w_1}{g} \times a$

여기서, w : 총하중(kgf)
w_1 : 정하중(kgf)
w_2 : 동하중(kgf)
g : 중력 가속도(9.8m/s²)
a : 가속도(9.8m/s²)
* 정하중 : 매단 물체의 무게

정답 42 ① 43 ③ 44 ③ 45 ④ 46 ③

$$총하중 = 정하중 + \left(\frac{정하중}{g} \times 가속도\right)$$
$$= 2000 + \left(\frac{2000}{9.81} \times 25\right)$$
$$= 7096.84\text{N} \div 1000 = 7.10\text{kN}$$

{분석}
실기까지 중요한 내용입니다.

47 연삭숫돌을 사용하는 작업 시 해당 기계의 이상 유무를 확인하기 위한 시험운전 시간으로 옳은 것은?

① 작업 시작 전 30초 이상, 연삭숫돌 교체 후 5분 이상
② 작업 시작 전 30초 이상, 연삭숫돌 교체 후 3분 이상
③ 작업 시작 전 1분 이상, 연삭숫돌 교체 후 5분 이상
④ 작업 시작 전 1분 이상, 연삭숫돌 교체 후 3분 이상

[해설] **연삭숫돌을 작업 시 안전대책**
① 숫돌에 충격을 가하지 말 것
② 작업 시작 전 1분 이상, 숫돌 교체 시 3분 이상 시운전할 것
③ 연삭숫돌 최고 사용 회전속도 초과 사용 금지
④ 측면을 사용하는 것을 목적으로 제작된 연삭기 이외에는 측면 사용 금지
⑤ 작업 시에는 숫돌의 원주면을 이용하고, 작업자는 숫돌의 측면에서 작업할 것

{분석}
실기까지 중요한 내용입니다.

48 프레스의 분류 중 동력 프레스에 해당하지 않는 것은?

① 크랭크 프레스   ② 토글 프레스
③ 마찰 프레스   ④ 아버 프레스

[해설] ④ 아버 프레스는 핸드 프레스(hand press)에 해당한다.

49 기계 고장률의 기본모형에 해당하지 않는 것은?

① 예측 고장   ② 초기 고장
③ 우발 고장   ④ 마모 고장

[해설] **기계설비의 고장 유형**
① 초기 고장
② 우발 고장
③ 마모 고장

50 왕복운동을 하는 기계의 동작부분과 고정부분 사이에 형성되는 위험점으로 프레스, 절단기 등에서 주로 나타나는 것은?

① 끼임점   ② 절단점
③ 협착점   ④ 접선 물림점

[해설] 왕복운동을 하는 기계의 동작부분과 고정부분 사이에 형성되는 위험점 → 협착점

[참고] ① 끼임점 : 고정부분과 회전하는 동작부분 사이에서 형성되는 위험점
  [예] 연삭숫돌과 덮개
② 절단점 : 회전하는 운동부 자체, 운동하는 기계부분 자체의 위험점
  [예] 날, 커터를 가진 기계
③ 접선 물림점 : 회전하는 부분의 접선 방향으로 물려 들어가는 위험점
  [예] 벨트와 풀리, 체인과 스프로킷

{분석}
실기에 자주 출제되는 내용입니다.

정답 47 ④ 48 ④ 49 ① 50 ③

51 롤러에 설치하는 급정지 장치 조작부의 종류와 그 위치로 옳은 것은? (단, 위치는 조작부의 중심점을 기준으로 함)

① 발조작식은 밑면으로부터 0.2m 이내
② 손조작식은 밑면으로부터 1.8m 이내
③ 복부조작식은 밑면으로부터 0.6m 이상 1m 이내
④ 무릎조작식은 밑면으로부터 0.2m 이상 0.4m 이내

[해설] 조작부의 설치 위치에 따른 급정지장치의 종류

종류	설치 위치
손 조작식	밑면에서 1.8m 이내
복부 조작식	밑면에서 0.8m 이상 1.1m 이내
무릎 조작식	밑면에서 0.6m 이내(밑면으로부터 0.4m 이상 0.6m 이내)

비고 : 위치는 급정지장치의 조작부의 중심점을 기준

{분석}
실기에 자주 출제되는 내용입니다. 암기하세요.

52 크레인에 사용하는 방호장치가 아닌 것은?

① 과부하방지장치
② 가스집합장치
③ 권과방지장치
④ 제동장치

[해설] 크레인(호이스트 포함)의 방호장치
- 과부하방지장치
- 권과방지장치(捲過防止裝置)
- 비상정지장치
- 제동장치

{분석}
실기에 자주 출제되는 내용입니다. 암기하세요.

53 통로의 설치기준 중 ( )안에 공통적으로 들어갈 숫자로 옳은 것은?

사업주는 통로면으로 부터 높이 ( )미터 이내에는 장애물이 없도록 하여야 한다. 다만, 부득이하게 통로면으로 부터 높이 ( )미터 이내에 장애물을 설치할 수 밖에 없거나 통로면으로 부터 높이 ( )미터 이내의 장애물을 제거하는 것이 곤란하다고 고용노동부장관이 인정하는 경우에는 근로자에게 발생할 수 있는 부상 등의 위험을 방지하기 위한 안전 조치를 하여야 한다.

① 1   ② 2
③ 1.5   ④ 2.5

[해설] 통로면으로부터 높이 2미터 이내에는 장애물이 없도록 하여야 한다.

54 화물 적재 시에 지게차의 안정 조건을 옳게 나타낸 것은? (단, W는 화물의 중량, L_w는 앞바퀴에서 화물 중심까지의 최단거리, G는 지게차의 중량, L_G는 앞바퀴에서 지게차 중심까지의 최단 거리이다.)

① $G \times L_G \geqq W \times L_w$
② $W \times L_w \geqq G \times L_G$
③ $G \times L_w \geqq W \times L_G$
④ $W \times L_G \geqq G \times L_w$

[해설] 지게차의 안정 조건

$$W \times a < G \times b$$
$$(M_1 < M_2)$$

여기서, W : 화물중량
 a : 앞바퀴~화물중심까지 거리
 G : 지게차 자체 중량
 b : 앞바퀴~차 중심까지 거리

정답 51 ② 52 ② 53 ② 54 ①

55 선반 등으로부터 돌출하여 회전하고 있는 가공물에 설치할 방호장치는?

① 클러치 ② 울
③ 슬리브 ④ 베드

[해설] 선반 등으로부터 돌출하여 회전하고 있는 가공물이 근로자에게 위험을 미칠 우려가 있는 때에는 덮개 또는 울 등을 설치하여야 한다.

{분석} 실기까지 중요한 내용입니다.

56 작업자의 신체 움직임을 감지하여 프레스의 작동을 급정지시키는 광전자식 안전장치를 부착한 프레스가 있다. 안전거리가 48cm인 경우 급정지에 소요되는 시간은 최대 몇 초 이내일 때 안전한가? (단, 급정지에 소요되는 시간은 손이 광선을 차단한 순간부터 급정지 기구가 작동하여 슬라이드가 정지할 때까지의 시간을 의미한다.)

① 0.1초 ② 0.2초
③ 0.3초 ④ 0.5초

[해설] 광전자식 방호장치의 안전거리

안전거리 D(cm)= 160 × 프레스 작동 후 작업점까지의 도달시간(초)

급정지 소요시간 = $\frac{안전거리(cm)}{160}$
= $\frac{48}{160}$ = 0.3(초)

{분석} 실기까지 중요한 내용입니다.

57 프레스 및 전단기에서 양수조작식 방호장치의 일반 구조에 대한 설명으로 옳지 않은 것은?

① 누름 버튼(레버 포함)은 돌출형 구조로 설치할 것
② 누름 버튼의 상호 간 내측 거리는 300mm 이상일 것
③ 누름 버튼을 양손으로 동시에 조작하지 않으면 작동시킬 수 없는 구조일 것
④ 정상 동작 표시등은 녹색, 위험 표시등은 붉은색으로 하며, 쉽게 근로자가 볼 수 있는 곳에 설치할 것

[해설] ① 누름 버튼(레버 포함)은 매립형의 구조로 한다.

58 프레스기에 사용되는 손쳐내기식 방호장치의 일반 구조에 대한 설명으로 틀린 것은?

① 슬라이드 하행정거리의 1/4 위치에서 손을 완전히 밀어내야 한다.
② 방호판의 폭은 금형폭의 1/2 이상이어야 하고, 행정길이가 300mm 이상의 프레스기계에는 방호판 폭을 300mm로 해야 한다.
③ 부착볼트 등의 고정금속부분은 예리하게 돌출되지 않아야 한다.
④ 손쳐내기봉의 행정(Stroke) 길이를 금형의 높이에 따라 조절할 수 있고, 진동폭은 금형폭 이상이어야 한다.

[해설] ① 슬라이드 하행정거리의 3/4 위치에서 손을 완전히 밀어내야 한다.

정답 55 ② 56 ③ 57 ① 58 ①

59 연삭숫돌의 상부를 사용하는 것을 목적으로 하는 탁상용 연삭기 덮개의 노출각도는?

① 60° 이내   ② 65° 이내
③ 80° 이내   ④ 125° 이내

[해설] 탁상용 연삭기 상부 사용 덮개 노출 각도

{분석}
실기까지 중요한 내용입니다. 암기하세요.

60 다음 중 원통 보일러의 종류가 아닌 것은?

① 원형 보일러
② 노통 보일러
③ 연관 보일러
④ 관류 보일러

[해설] 1. 원통 보일러 : 본체가 지름이 큰 원통형 용기로 된 보일러
2. 관류 보일러 : 본체가 긴 관로로 구성되어 있는 보일러

제4과목 ▶ 전기 및 화학설비 안전 관리

61 10Ω의 저항에 10A의 전류를 1분간 흘렸을 때의 발열량은 몇 cal인가?

① 1800   ② 3600
③ 7200   ④ 14400

[해설] 줄의 법칙

$$Q = I^2 \times R \times T$$

여기서 Q : 전기발생열(에너지)(J)
I : 전류(A)
R : 전기저항(Ω)
T : 통전시간(S)

$Q = I^2 \times R \times T = 10^2 \times 10 \times 60$
$= 60000J \times 0.24 = 14400cal$
$(J \times 0.24 = cal)$

{분석}
실기까지 중요한 내용입니다.

62 다음 중 인입용 비닐 절연전선에 해당하는 약어로 옳은 것은?

① RE   ② IV
③ DV   ④ OW

[해설] 인입용 비닐 절연전선 : DV

63 작업장 내 시설하는 저압 전선에는 감전 등의 위험으로 나전선을 사용하지 않고 있지만, 특별한 이음에 의하여 사용할 수 있도록 규정된 곳이 있는데 이에 해당되지 않는 것은?

① 버스덕트 작업에 의한 시설 작업
② 애자사용 작업에 의한 전기로용 전선
③ 유희용 전차시설의 규정에 준하는 접촉 전선을 시설하는 경우
④ 애자사용 작업에 의한 전선의 피복 절연물이 부식되지 않는 장소에 시설하는 전선

[해설] ④ 애자사용 작업에 의한 전선의 피복 절연물이 부식되는 장소에 시설하는 전선

정답 59 ① 60 ④ 61 ④ 62 ③ 63 ④

64 다음 설명에 해당하는 위험장소의 종류로 옳은 것은?

> "공기 중에서 가연성 분진운의 형태가 연속적 또는 장기적 또는 단기적 자주 폭발성 분위기가 존재하는 장소"

① 0종 장소
② 1종 장소
③ 20종 장소
④ 21종 장소

해설 분진운의 형태가 연속적 또는 장기적으로 폭발성 분위기가 존재 → 20종 장소

참고 분진폭발 위험장소

20종 장소	• 분진운 형태의 가연성 분진이 폭발농도를 형성할 정도로 충분한 양이 정상작동 중에 연속적으로 또는 자주 존재하거나, 제어할 수 없을 정도의 양 및 두께의 분진 층이 형성될 수 있는 장소
21종 장소	• 20종 장소외의 장소로서, 분진운 형태의 가연성 분진이 폭발농도를 형성할 정도의 충분한 양이 정상작동 중에 존재할 수 있는 장소
22종 장소	• 21종 장소외의 장소로서, 가연성 분진운 형태가 드물게 발생 또는 단기간 존재할 우려가 있거나, 이상작동 상태 하에서 가연성 분진 운이 형성될 수 있는 장소

{분석} 실기에 자주 출제되는 내용입니다.

65 다음 중 전선이 연소될 때의 단계별 순서로 가장 적절한 것은?

① 착화 단계 → 순시용단 단계 → 발화 단계 → 인화 단계
② 인화 단계 → 착화 단계 → 발화 단계 → 순시용단 단계
③ 순시용단 단계 → 착화 단계 → 인화 단계 → 발화 단계
④ 발화 단계 → 순시용단 단계 → 착화 단계 → 인화 단계

해설 전선의 과대전류
• 인화 단계 : 40~43A/mm^2
• 착화 단계 : 43~60A/mm^2
• 발화 단계 : 60~120A/mm^2
• 순간용단 : 120A/mm^2 이상

66 절연물은 여러 가지 원인으로 전기저항이 저하되어 이른바 절연불량을 일으켜 위험한 상태가 되는데 절연불량의 주요 원인이 아닌 것은?

① 정전에 의한 전기적 원인
② 온도상승에 의한 열적 요인
③ 진동, 충격 등에 의한 기계적 요인
④ 높은 이상전압 등에 의한 전기적 요인

해설 절연불량의 주요 원인(절연저항 저하 원인)
① 높은 이상전압 등 전기적인 원인
② 온도상승에 의한 열적 원인
③ 진동, 충격 등 기계적 원인
④ 산화 등에 의한 화학적 원인

정답 64 ③ 65 ② 66 ①

67 접지극을 매설하는 방법으로 적당하지 않은 것은?

① 고압 이상의 전기설비와 변압기 중성점 접지에 시설하는 접지극의 매설깊이는 지표면으로부터 지하 0.5m 이상으로 한다.
② 접지극은 매설하는 토양을 오염시키지 않아야 하며, 가능한 다습한 부분에 설치한다.
③ 접지도체를 철주 기타의 금속체를 따라서 시설하는 경우에는 접지극을 철주의 밑면으로부터 0.3m 이상의 깊이에 매설하는 경우 이외에는 접지극을 지중에서 그 금속체로부터 1m 이상 떼어 매설하여야 한다.
④ 접지극은 동결 깊이를 감안하여 시설한다.

[해설] ① 고압 이상의 전기설비와 변압기 중성점 접지에 시설하는 접지극의 매설 깊이는 지표면으로부터 지하 0.75m 이상으로 한다.

{분석}
관련 규정의 변경으로 문제 일부를 수정하였습니다.

68 정전기 제전기의 분류 방식으로 틀린 것은?

① 고전압인가형
② 자기방전형
③ 연X선형
④ 접지형

[해설] 제전기 종류
① 전압인가식 제전기
② 자기 방전식 제전기
③ 이온식 스프레이식 제전기
④ 방사선식 제전기

69 전기기기의 과도한 온도 상승, 아크 또는 불꽃 발생의 위험을 방지하기 위하여 추가적인 안전조치를 통한 안전도를 증가시킨 방폭구조를 무엇이라 하는가?

① 충전 방폭구조
② 안전증 방폭구조
③ 비점화 방폭구조
④ 본질안전 방폭구조

[해설] 안전도를 증가시킨 방폭구조 → 안전증 방폭구조

[참고] 1. 충전 방폭구조(q) : 전기기기 주위를 충전재로 완전히 둘러쌈으로서 외부의 폭발성 가스 분위기를 점화시키지 않도록 하는 방폭구조
2. 비점화 방폭구조(n) : 전기기기가 정상작동 및 비정상상태에서 주위의 폭발성 가스 분위기를 점화시키지 못하도록 만든 방폭구조
3. 본질안전 방폭구조(ia, ib) : 아크, 불꽃, 고열에 의하여 폭발성 가스나 증기에 점화되지 않는 것이 확인된 구조

{분석}
실기에 자주 출제되는 내용입니다.

70 다음 중 정전기의 발생 요인으로 적절하지 않은 것은?

① 도전성 재료에 의한 발생
② 박리에 의한 발생
③ 유동에 의한 발생
④ 마찰에 의한 발생

[해설] ② 박리에 의한 발생 → 박리대전
③ 유동에 의한 발생 → 유동대전
④ 마찰에 의한 발생 → 마찰대전

정답 67 ① 68 ④ 69 ② 70 ①

71 다음 중 독성이 강한 순서로 옳게 나열된 것은?

① 일산화탄소 > 염소 > 아세톤
② 일산화탄소 > 아세톤 > 염소
③ 염소 > 일산화탄소 > 아세톤
④ 염소 > 아세톤 > 일산화탄소

해설
- 염소 허용농도 기준 : 0.5ppm
- 일산화탄소 허용농도 기준 : 30ppm
- 아세톤 허용농도 기준 : 500ppm

72 어떤 혼합가스의 구성성분이 공기는 50vol%, 수소는 20vol%, 아세틸렌은 30vol%인 경우 이 혼합가스의 폭발하한계는? (단, 폭발하한 값이 수소는 4vol%, 아세틸렌은 2.5vol%이다.)

① 2.50vol%   ② 2.94vol%
③ 4.76vol%   ④ 5.88vol%

해설 혼합 가스의 폭발 범위(르샤틀리에의 공식)

$$\frac{100}{L} = \frac{V_1}{L_1} + \frac{V_2}{L_2} + \frac{V_3}{L_3} \cdots \text{ (Vol\%)}$$

$$L = \frac{100}{\frac{V_1}{L_1} + \frac{V_2}{L_2} + \frac{V_3}{L_3} \cdots}$$

여기서,
L : 혼합가스의 폭발하한계(상한계)
L_1, L_2, L_3 : 단독가스의 폭발하한계(상한계)
V_1, V_2, V_3 : 단독가스의 공기 중 부피
$100 : V_1 + V_2 + V_3 + \cdots$

$$\frac{20+30}{L} = \frac{20}{4} + \frac{30}{2.5}$$

$$L = \frac{20+30}{\frac{20}{4} + \frac{30}{2.5}} = 2.94\,vol\%$$

{분석}
실기까지 중요한 내용입니다.

73 산업안전보건법령에서 규정한 위험 물질을 기준량 이상으로 제조 또는 취급하는 특수화학설비에 설치하여야 할 계측장치가 아닌 것은?

① 온도계   ② 유량계
③ 압력계   ④ 경보계

해설 특수화학설비의 계측장치
① 온도계
② 유량계
③ 압력계

참고 특수화학설비의 방호장치
① 계측장치
② 자동경보장치
③ 긴급차단장치
④ 예비동력원

74 부탄의 연소하한 값이 1.6vol%일 경우, 연소에 필요한 최소산소농도는 약 몇 vol%인가?

① 9.4   ② 10.4
③ 11.4   ④ 12.4

해설 최소 산소 농도(MOC 농도)

$$\text{폭발하한계} \times \frac{\text{산소의 몰수}}{\text{연료의 몰수}} \, (Vol\%)$$

1. 부탄의 연소식
   $1C_4H_{10} + 6.5O_2 = 4CO_2 + 5H_2O$
   (여기서 1,6.5,4,5는 몰수)

2. 부탄의 최소산소농도 $= 1.6 \times \frac{6.5}{1}$
   $= 10.4(vol\%)$

정답 71 ③ 72 ② 73 ④ 74 ②

75. LPG에 대한 설명으로 옳지 않은 것은?

① 강한 독성 가스로 분류된다.
② 질식의 우려가 있다.
③ 누설 시 인화, 폭발성이 있다.
④ 가스의 비중은 공기보다 크다.

[해설] ① LPG는 가연성 가스로 분류된다.

76. 배관설비 중 유체의 역류를 방지하기 위하여 설치하는 밸브는?

① 글로브 밸브 ② 체크 밸브
③ 게이트 밸브 ④ 시퀀스 밸브

[해설] 유체의 역류를 방지 밸브 → 체크 밸브

77. 인화점에 대한 설명으로 옳은 것은?

① 인화점이 높을수록 위험하다.
② 인화점이 낮을수록 위험하다.
③ 인화점과 위험성은 관계없다.
④ 인화점이 0℃ 이상인 경우만 위험하다.

[해설] 인화점이 낮을수록 인화의 위험이 커진다.

78. 응상 폭발에 해당되지 않는 것은?

① 수증기 폭발 ② 전선 폭발
③ 증기 폭발   ④ 분진 폭발

[해설] 폭발의 종류

응상 폭발	기상 폭발
• 수증기 폭발	• 가스 폭발
• 증기 폭발	• 분무 폭발
• 전선 폭발	• 분진 폭발

79. 다음은 산업안전보건 법령에 따른 위험물질의 종류 중 부식성 염기류에 관한 내용이다. ( )안에 알맞은 수치는?

> 농도가 ( )퍼센트 이상인 수산화나트륨, 수산화칼륨, 그 밖에 이와 같은 정도 이상의 부식성을 가지는 염기류

① 20 ② 40
③ 60 ④ 80

[해설] **부식성 염기류**
농도가 40퍼센트 이상인 수산화나트륨, 수산화칼륨, 그 밖에 이와 같은 정도 이상의 부식성을 가지는 염기류

[참고] 부식성 산류
① 농도가 20퍼센트 이상인 염산, 황산, 질산, 그 밖에 이와 같은 정도 이상의 부식성을 가지는 물질
② 농도가 60퍼센트 이상인 인산, 아세트산, 불산, 그 밖에 이와 같은 정도 이상의 부식성을 가지는 물질

{분석}
실기에 자주 출제되는 내용입니다.

80. 고압가스 용기에 사용되며 화재 등으로 용기의 온도가 상승하였을 때 금속의 일부분을 녹여 가스의 배출구를 만들어 압력을 분출시켜 용기의 폭발을 방지하는 안전장치는?

① 가용합금 안전밸브
② 방유제
③ 폭압방산공
④ 폭발 억제장치

[해설] 금속의 일부분을 녹여 가스의 배출구를 만들어 압력을 분출시켜 용기의 폭발을 방지 → 가용합금 안전밸브

정답 75① 76② 77② 78④ 79② 80①

제5과목 • 건설공사 안전 관리

81 다음과 같은 조건에서 방망사의 신품에 대한 최소 인장강도로 옳은 것은?
(단, 그물코의 크기는 10cm, 매듭방망)

① 240kg ② 200kg
③ 150kg ④ 110kg

[해설] 방망사의 신품에 대한 인장강도

그물코의 크기 (단위 : 센티미터)	방망의 종류(단위 : 킬로그램)	
	매듭 없는 방망	매듭방망
10	240	200
5		110

[참고] 방망사의 폐기 시 인장강도

그물코의 크기 (단위 : 센티미터)	방망의 종류(단위 : 킬로그램)	
	매듭 없는 방망	매듭방망
10	150	135
5		60

{분석} 필기에 자주 출제되는 내용입니다. 암기하세요.

82 굴착공사 표준 안전 작업지침에 따른 인력굴착 작업 시 굴착면이 높아 계단식 굴착을 할 때 소단의 폭은 수평거리로 얼마 정도로 하여야 하는가?

① 1m ② 1.5m
③ 2m ④ 2.5m

[해설] 굴착면이 높은 경우는 계단식으로 굴착하고 소단의 폭은 수평거리 2m 정도로 하여야 한다.

83 다음 빈칸에 알맞은 숫자를 옳게 나타낸 것은?

> 강관비계의 경우, 띠장 간격은 ( )m 이하로 설치한다.

① 1 ② 1.5
③ 2 ④ 3

[해설] 강관비계의 구조

① 비계기둥 간격 : 띠장방향에서는 1.85m 이하, 장선방향에서는 1.5m 이하로 할 것
다만, 다음 각 목의 어느 하나에 해당하는 작업의 경우에는 안전성에 대한 구조검토를 실시하고 조립도를 작성하면 띠장 방향 및 장선 방향으로 각각 2.7미터 이하로 할 수 있다.
가. 선박 및 보트 건조작업
나. 그 밖에 장비 반입 · 반출을 위하여 공간 등을 확보할 필요가 있는 등 작업의 성질상 비계기둥 간격에 관한 기준을 준수하기 곤란한 작업
② 띠장간격 : 2.0미터 이하로 할 것
③ 비계기둥의 제일 윗부분으로 부터 31m되는 지점 밑 부분의 비계기둥은 2본의 강관으로 묶어 세울 것
④ 비계기둥간의 적재하중은 400kg을 초과하지 않도록 할 것

{분석} 실기까지 중요한 내용입니다.

84 다음 건설기계 중 360° 회전 작업이 불가능한 것은?

① 타워 크레인
② 크롤러 크레인
③ 가이 데릭
④ 삼각 데릭

[해설] 삼각 데릭(triangle derrick)
마스터를 2개의 다리(leg)로 지지한 것으로서 2개의 다리가 있으므로 270°까지 회전한다.

정답 81 ② 82 ③ 83 ③ 84 ④

85 지내력 시험을 통하여 다음과 같은 하중 - 침하량 곡선을 얻었을 때 장기하중에 대한 허용 지내력도로 옳은 것은?
(단, 장기하중에 대한 허용지내력도 = 단기하중에 대한 허용지내력도 $\times \frac{1}{2}$)

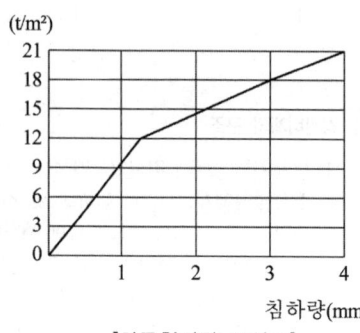
[하중침하량 곡선도]

① $6t/m^2$　② $7t/m^2$
③ $12t/m^2$　④ $14t/m^2$

[해설] 허용지지력 = $\frac{항복강도}{2} = \frac{12}{2} = 6t/m^2$

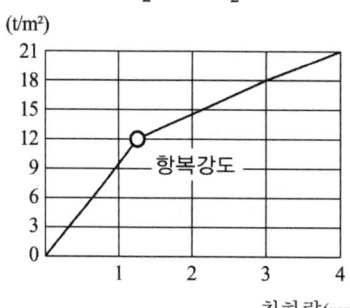
[하중침하량 곡선도]

{분석}
출제비중이 낮은 문제입니다.

86 앞 뒤 두 개의 차륜이 있으며(2축 2륜) 각각의 차축이 평행으로 배치된 것으로 찰흙, 점성토 등의 두꺼운 흙을 다짐하는 데는 적당하나 단단한 각재를 다지는 데는 부적당한 기계는?

① 머캐덤 롤러(Macadam Roller)
② 탠덤 롤러(Tandem Roller)
③ 레머(rammer)
④ 진동 롤러(Vibrating Roller)

[해설] 찰흙, 점성토 등의 두꺼운 흙을 다짐하는 데 적당
→ 탠덤 롤러(Tandem Roller)

87 다음은 건설현장의 추락재해를 방지하기 위한 사항이다. 빈칸에 들어갈 내용으로 옳은 것은?

> 사업주는 높이 또는 깊이가 (　)를 초과하는 장소에서 작업하는 경우 해당 작업에 종사하는 근로자가 안전하게 승강하기 위한 건설작업용 리프트 등의 설비를 설치하여야 한다. 다만, 승강설비를 설치하는 것이 작업의 성질상 곤란한 경우에는 그러하지 아니하다.

① 2m　② 3m
③ 4m　④ 5m

[해설] 높이 또는 깊이가 2미터를 초과하는 장소에서 작업하는 경우 해당 작업에 종사하는 근로자가 안전하게 승강하기 위한 건설작업용 리프트 등의 설비를 설치하여야 한다.

정답 85 ① 86 ② 87 ①

88 작업장의 바닥, 도로 및 통로 등에서 낙하물이 근로자에게 위험을 미칠 우려가 있는 경우의 필요한 조치 및 준수사항으로 옳지 않은 것은?

① 수직 보호망 또는 방호 선반 설치
② 출입금지구역의 설정
③ 낙하물방지망의 수평면과의 각도는 20° 이상 30° 이하 유지
④ 낙하물방지망을 높이 15m 이내마다 설치

[해설] 낙하물방지망 또는 방호선반을 설치 시 준수 사항
① 설치높이는 10미터 이내마다 설치하고, 내민길이는 벽면으로부터 2미터 이상으로 할 것
② 수평면과의 각도는 20도 내지 30도를 유지할 것

{분석} 실기까지 중요한 내용입니다.

89 화물 취급작업 중 화물적재 시 준수하여야 할 사항으로 옳지 않은 것은?

① 침하 우려가 없는 튼튼한 기반 위에 적재할 것
② 중량의 화물은 공간의 효율성을 고려하여 철물의 칸막이나 벽에 기대어 적재할 것
③ 불안정한 정도로 높이 쌓아 올리지 말 것
④ 하중이 한쪽으로 치우치지 않도록 쌓을 것

[해설] ② 건물의 칸막이나 벽 등이 화물의 압력에 견딜 만큼의 강도를 지니지 아니한 경우에는 칸막이나 벽에 기대어 적재하지 않도록 할 것

90 하루의 평균기온이 4℃ 이하로 될 것이 예상되는 기상조건에서 낮에도 콘크리트가 동결의 우려가 있는 경우에 사용되는 콘크리트는?

① 고강도 콘크리트
② 경량 콘크리트
③ 서중 콘크리트
④ 한중 콘크리트

[해설] 콘크리트 동결의 우려가 있는 경우에 사용되는 콘크리트 → 한중 콘크리트

91 건설현장에서 근로자가 안전하게 통행할 수 있도록 통로에 설치하는 조명의 조도 기준은?

① 65lux 이상   ② 75lux 이상
③ 85lux 이상   ④ 95lux 이상

[해설] 근로자가 안전하게 통행할 수 있도록 통로에 75럭스 이상의 채광 또는 조명시설을 하여야 한다.

92 리프트(Lift)의 안전장치에 해당하지 않는 것은?

① 권과방지장치
② 비상정지장치
③ 과부하방지장치
④ 조속기(속도조절기)

[해설] 리프트의 방호장치

리프트 (자동차정비용 리프트 제외)	• 권과방지장치 • 과부하방지장치 • 비상정지장치 • 제동장치 • 조작반(盤) 잠금장치

{분석} 실기까지 중요한 내용입니다. 암기하세요.

정답 88 ④ 89 ② 90 ④ 91 ② 92 ④

93 방망의 정기시험은 사용개시 후 몇 년 이내에 실시하는가?

① 1년 이내
② 2년 이내
③ 3년 이내
④ 4년 이내

[해설] 방망의 정기시험은 사용개시 후 1년 이내로 하고, 그 후 6개월마다 1회씩 정기적으로 시험용사에 대해서 등속인장시험을 하여야 한다.

94 거푸집 및 동바리 등을 조립하는 경우에 준수하여야 할 사항으로 옳지 않은 것은?

① 받침목이나 깔판의 사용, 콘크리트 타설, 말뚝박기 등 동바리의 침하를 방지하기 위한 조치를 할 것
② 동바리로 사용하는 파이프서포트는 높이가 3.5미터를 초과하는 경우에는 높이 2미터 이내마다 수평연결재를 2개 방향으로 만들고 수평연결재의 변위를 방지할 것
③ 동바리의 이음은 같은 품질의 재료를 피할 것
④ 거푸집이 곡면인 경우에는 버팀대의 부착 등 그 거푸집의 부상(浮上)을 방지하기 위한 조치를 할 것

[해설] ③ 동바리의 이음은 같은 품질의 재료를 사용할 것

95 다음 공사 규모를 가진 사업장 중 유해 위험 방지계획서를 제출해야 할 대상 사업장은?

① 최대 지간 길이가 40m인 교량 건설 공사
② 연면적 4,000m²인 종합병원 공사
③ 연면적 3,000m²인 종교시설 공사
④ 연면적 6,000m²인 지하도상가 공사

[해설] 연면적 5,000m² 이상인 지하도상가 공사는 유해위험방지계획서 제출대상 시험장에 해당한다.

[참고] 유해 위험 방지 계획서를 제출해야 될 건설공사

1. 다음 각 목의 어느 하나에 해당하는 건축물 또는 시설 등의 건설·개조 또는 해체공사
   가. 지상높이가 31미터 이상인 건축물 또는 인공구조물
   나. 연면적 3만제곱미터 이상인 건축물
   다. 연면적 5천제곱미터 이상인 시설로서 다음의 어느 하나에 해당하는 시설
      1) 문화 및 집회시설(전시장 및 동물원·식물원은 제외한다)
      2) 판매시설, 운수시설(고속철도의 역사 및 집배송시설은 제외한다)
      3) 종교시설
      4) 의료시설 중 종합병원
      5) 숙박시설 중 관광숙박시설
      6) 지하도상가
      7) 냉동·냉장 창고시설
2. 연면적 5천제곱미터 이상의 냉동·냉장창고시설의 설비공사 및 단열공사
3. 최대 지간길이(다리의 기둥과 기둥의 중심사이의 거리)가 50미터 이상인 교량 건설 등 공사
4. 터널 건설 등의 공사
5. 다목적댐, 발전용댐, 저수용량 2천만톤 이상의 용수 전용 댐, 지방상수도 전용 댐 건설 등의 공사
6. 깊이 10미터 이상인 굴착공사

특급 암기법

• 지상높이 31m, 연면적 3만m², 사람 많은 시설 연면적 5,000m²
• 연면적 5,000m² 냉동·냉장창고시설
• 최대 지간길이가 50미터 이상 교량
• 터널
• 저수용량 2천만 톤 이상 댐
• 10미터 이상인 굴착

{분석}
실기에도 자주 출제되는 내용입니다. 암기하세요.

정답 93 ① 94 ③ 95 ④

96 다음은 건설업 산업안전보건관리비 계상 및 사용 기준의 적용에 관한 사항이다. 빈칸에 들어갈 내용으로 옳은 것은?

> 「산업재해보상보험법」의 적용을 받는 공사 중 총 공사금액 (　) 이상인 공사에 적용한다.

① 2천만 원　　② 4천만 원
③ 8천만 원　　④ 1억 원

[해설] 「산업재해보상보험법」의 적용을 받는 공사 중 총 공사금액 2천만 원 이상인 공사에 적용한다. 다만, 다음 각 호의 어느 하나에 해당되는 공사 중 단가계약에 의하여 행하는 공사에 대하여는 총 계약금액을 기준으로 적용한다.
① 「전기공사업법」에 따른 전기공사로서 저압·고압 또는 특별고압 작업으로 이루어지는 공사
② 「정보통신공사업법」에 따른 정보통신공사

{분석}
관련 법규내용 변경으로 정답을 수정하였습니다.

97 거푸집 동바리 등을 조립하는 때 동바리로 사용하는 파이프서포트에 대하여는 다음 각목에서 정하는 바에 의해 설치하여야 한다. 빈칸에 들어갈 내용으로 옳은 것은?

> 가. 파이프서포트를 (　)개 이상이어서 사용하지 않도록 할 것
> 나. 파이프서포트를 이어서 사용하는 경우에는 (　)개 이상의 볼트 또는 전용철물을 사용하여 이을 것

① 가 : 1, 나 : 2　② 가 : 2, 나 : 3
③ 가 : 3, 나 : 4　④ 가 : 4, 나 : 5

[해설] 동바리로 사용하는 파이프서포트의 조립 시 준수사항
① 파이프서포트를 3개본 이상 이어서 사용하지 아니하도록 할 것
② 파이프서포트를 이어서 사용할 때에는 4개 이상의 볼트 또는 전용철물을 사용하여 이을 것
② 높이가 3.5미터를 초과할 때 높이 2미터 이내마다 수평연결재를 2개 방향으로 만들고 수평연결재의 변위를 방지할 것

{분석}
실기까지 중요한 내용입니다. 암기하세요.

98 터널 계측관리 및 이상 발견 시 조치에 관한 설명으로 옳지 않은 것은?

① 숏크리트가 벗겨지면 두께를 감소시키고 뿜어 붙이기를 금한다.
② 터널의 계측관리는 일상 계측과 대표 계측으로 나뉜다.
③ 록볼트의 축력이 증가하여 지압판이 휘게 되면 추가 볼트를 시공한다.
④ 지중 변위가 크게 되고 이완 영역이 이상하게 넓어지면 추가 볼트를 시공한다.

[해설] ① 접착 불량, 혼합 비율 불량 등 불량한 뿜어 붙이기 콘크리트(숏크리트)가 발견되었을 시 신속히 양호한 뿜어 붙이기 콘크리트로 대체하여 콘크리트 덩어리의 분리 낙하로 인한 재해를 예방하여야 한다.

정답 96 ① 97 ③ 98 ①

99 거푸집 해체작업 시 일반적인 안전 수칙과 거리가 먼 것은?

① 거푸집 동바리를 해체할 때는 작업책임자를 선임한다.
② 해체된 거푸집 재료를 올리거나 내릴 때는 달줄이나 달포대를 사용한다.
③ 보 밑 또는 슬라브 거푸집을 해체할 때는 동시에 해체하여야 한다.
④ 거푸집의 해체가 곤란한 경우 구조체에 무리한 충격이나 지렛대 사용은 금하여야 한다.

[해설] ③ 보 밑 또는 슬라브 거푸집을 해체할 때는 한쪽을 먼저 해체한 후 밧줄 등으로 고정하고 다른 쪽을 조심히 해체하여야 한다.

100 비계(달비계, 달대비계 및 말비계 제외)의 높이가 2m 이상인 작업 장소에 적합한 작업발판의 폭은 최소 얼마 이상이어야 하는가?

① 10cm ② 20cm
③ 30cm ④ 40cm

[해설] 비계(달비계·달대비계 및 말비계를 제외한다)의 높이가 2미터 이상인 작업 장소에 설치하는 작업발판 설치기준
① 발판 재료 : 작업 시의 하중을 견딜 수 있도록 견고한 것으로 할 것
② 발판의 폭 : 40cm 이상으로 하고, 발판 재료 간의 틈 : 3cm 이하로 할 것
③ 추락의 위험성이 있는 장소에는 안전난간을 설치할 것
(안전난간 설치가 곤란한 때, 추락방호망을 치거나 근로자가 안전대를 사용하도록 하는 등 추락에 의한 위험 방지 조치를 한 때에는 그러하지 아니하다)
④ 작업 발판의 지지물 : 하중에 의하여 파괴될 우려가 없는 것을 사용할 것
⑤ 작업 발판 재료는 뒤집히거나 떨어지지 아니하도록 2 이상의 지지물에 연결하거나 고정시킬 것
⑥ 작업에 따라 이동시킬 때에는 위험 방지 조치를 할 것

정답 99 ③ 100 ④

01회 2018년 산업안전 산업기사 최근 기출문제

2018년 3월 4일 시행

제1과목 · 산업재해 예방 및 안전보건교육

01 산업안전보건법령상 근로자 안전·보건교육 기준 중 다음 ( ) 안에 알맞은 것은?

교육과정	교육대상	교육시간
채용 시 교육	1) 일용근로자 및 근로계약기간이 1주일 이하인 기간제근로자	(㉠)시간 이상
	2) 근로계약기간이 1주일 초과 1개월 이하인 기간제근로자	4시간 이상
	3) 그 밖의 근로자	(㉡)시간 이상

① ㉠ 1, ㉡ 8
② ㉠ 2, ㉡ 8
③ ㉠ 1, ㉡ 2
④ ㉠ 3, ㉡ 6

[해설]

교육과정	교육대상	교육시간
채용 시 교육	1) 일용근로자 및 근로계약기간이 1주일 이하인 기간제근로자	1시간 이상
	2) 근로계약기간이 1주일 초과 1개월 이하인 기간제근로자	4시간 이상
	3) 그 밖의 근로자	8시간 이상

{분석}
실기에도 자주 출제되는 내용입니다. 암기하세요.

02 안전심리의 5대 요소에 해당하는 것은?

① 기질(temper)
② 지능(intelligence)
③ 감각(sense)
④ 환경(environment)

[해설] 산업안전 심리 5요소
① 동기(motive)
② 기질(temper)
③ 감정(emotion)
④ 습성(habits)
⑤ 습관(custom)

03 학습을 자극에 의한 반응으로 보는 이론에 해당하는 것은?

① 손다이크(Thorndike)의 시행착오설
② 쾰러(Kohler)의 통찰설
③ 톨만(Tolman)의 기호형태설
④ 레빈(Lewin)의 장이론

[해설] 자극과 반응이론(S-R이론)
① 손다이크(Thorndike)의 학습의 법칙(시행착오설)
② 파블로프의 조건반사설
③ 스키너의 조작적 조건화설(강화의 원리)
④ 반두라(Bandura)의 사회학습이론

정답 01 ① 02 ① 03 ①

04 학생이 마음속에 생각하고 있는 것을 외부에 구체적으로 실현하고 형상화하기 위하여 자기 스스로 계획을 세워 수행하는 학습활동으로 이루어지는 학습지도의 형태는?

① 케이스 메소드(Case method)
② 패널 디스커션(Panel discussion)
③ 구안법(Project method)
④ 문제법(Problem method)

[해설] 학습자가 마음속에 생각하고 있는 것(자신의 목표)을 구체적으로 실천하기 위하여 스스로 계획을 세워 수행하는 학습활동
→ 구안법(Project method)

05 헤드십(Headship)에 관한 설명으로 틀린 것은?

① 구성원과 사회적 간격이 좁다.
② 지휘의 형태는 권위주의적이다.
③ 권한의 부여는 조직으로부터 위임받는다.
④ 권한 귀속은 공식화된 규정에 의한다.

[해설] ① 헤드십(Headship)은 구성원과 사회적 간격이 넓다.

[참고] 리더십과 헤드십의 특성

구 분	리더십	헤드십
권한 행사	선출된 리더	임명적 헤드
권한 부여	밑으로 부터의 동의	위에서 위임
권한 귀속	집단 목표에 기여한 공로인정	공식화된 규정에 의함
상하, 부하 관계	개인적인 영향	지배적임
부하와의 관계	좁음	넓음
지휘형태	민주주의적	권위주의적
책임귀속	상사와 부하	상사
권한근거	개인적	법적, 공식적

06 추락 및 감전 위험방지용 안전모의 일반 구조가 아닌 것은?

① 착장체
② 충격흡수재
③ 선심
④ 모체

[해설] 추락 및 감전 위험방지용 안전모
→ 안전인증 대상 안전모

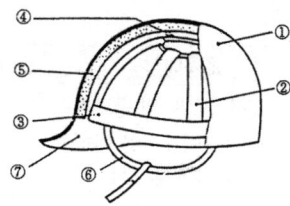

[안전인증 대상 안전모의 명칭]

번호	명칭	
①		모체
②	착	머리받침끈
③	장	머리고정대
④	체	머리받침고리
⑤		충격흡수재
⑥		턱끈
⑦		챙(차양)

정답 04 ③ 05 ① 06 ③

07 Safe-T-Score에 대한 설명으로 틀린 것은?

① 안전관리의 수행도를 평가하는데 유용하다.
② 기업의 산업재해에 대한 과거와 현재의 안전성적을 비교 평가한 점수로 단위가 없다.
③ Safe-T-Score가 +2.0 이상인 경우는 안전관리가 과거보다 좋아졌음을 나타낸다.
④ Safe-T-Score가 +2.0 ~ -2.0 사이인 경우는 안전관리가 과거에 비해 심각한 차이가 없음을 나타낸다.

[해설] Safe-T-Score(세이프 티 스코어)의 판정
- 계산 값이 -2 이하 : 과거보다 안전이 좋아졌다.
- 계산 값이 -2 ~ +2 사이 : 과거와 큰 차이가 없다.
- 계산 값이 +2 이상 : <u>과거보다 안전이 심각하게 나빠졌다.</u>

[참고] Safe-T-Score(세이프 티 스코어)
① 과거와 현재의 안전을 성적 내어 비교, 평가하는 기법이다.
② Safe-T-Score

$$= \frac{\text{현재빈도율} - \text{과거빈도율}}{\sqrt{\frac{\text{과거빈도율}}{(\text{현재})\text{총근로시간수}} \times 1,000,000}}$$

{분석}
실기까지 중요한 내용입니다.

08 매슬로(Maslow)의 욕구 단계 이론의 요소가 아닌 것은?

① 생리적 욕구
② 안전에 대한 욕구
③ 사회적 욕구
④ 심리적 욕구

[해설] 매슬로(Maslow A. H.)의 욕구단계 이론(인간의 욕구 5단계)
① 제1단계(생리적 욕구)
② 제2단계(안전 욕구)
③ 제3단계(사회적 욕구)
④ 제4단계(존경 욕구)
⑤ 제5단계(자아실현의 욕구)

{분석}
실기까지 중요한 내용입니다. 암기하세요.

09 산업안전보건 법령상 안전·보건표지 중 지시표지의 기본모형은?

① 사각형
② 원형
③ 삼각형
④ 마름모형

[해설] 지시표지의 기본모형
색상 : 바탕은 파란색, 관련 그림은 흰색

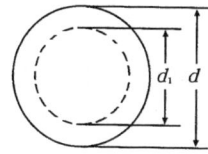

10 재해 발생 시 조치사항 중 대책수립의 목적은?

① 재해 발생 관련자 문책 및 처벌
② 재해 손실비 산정
③ 재해 발생 원인 분석
④ 동종 및 유사재해 방지

[해설] 대책 수립의 목적 → 동종 및 유사 재해 방지

정답 07 ③ 08 ④ 09 ② 10 ④

11 기업 내 정형교육 중 대상으로 하는 계층이 한정되어 있지 않고, 한번 훈련을 받은 관리자는 그 부하인 감독자에 대해 지도원이 될 수 있는 교육방법은?

① TWI(Training Within Industry)
② MTP(Management Training Program)
③ CCS(Civil Communication Section)
④ ATT(American Telephone & Telegram Co)

[해설] 한번 훈련을 받은 관리자는 그 부하인 감독자에 대해 지도원이 될 수 있는 교육 → ATT

[참고] ① TWI(Training Within Industry) : 일선 관리감독자 대상 교육
② MTP(Management Training Program) : 중간 계층관리자 대상 교육
③ CCS(Civil Communication Section) : 최고층 관리감독자 대상 교육

12 부하의 행동에 영향을 주는 리더십 중 조언, 설명, 보상조건 등의 제시를 통한 적극적인 방법은?

① 강요   ② 모범
③ 제언   ④ 설득

[해설] 조언, 설명, 보상조건 등의 제시를 통한 적극적인 방법 → 설득

13 사고예방대책의 기본 원리 5단계 중 제4단계의 내용으로 틀린 것은?

① 인사조정
② 작업분석
③ 기술의 개선
④ 교육 및 훈련의 개선

[해설] ② 작업분석 → 2단계 사실의 발견의 내용

[참고] 하인리히 사고방지 5단계

1단계 : 안전조직	• 안전목표 설정 • 안전관리자의 선임 • 안전조직 구성 • 안전활동 방침 및 계획수립 • 조직을 통한 안전 활동 전개
2단계 : 사실의 발견	• 작업분석 • 점검 • 사고조사 • 안전진단
3단계 : 분석	• 사고원인 및 경향성 분석 • 작업공정 분석 • 사고기록 및 관계자료 분석 • 인적·물적 환경 조건분석
4단계 : 시정방법 선정	• 기술적 개선 • 안전운동 전개 • 교육훈련 분석 • 안전행정의 개선 • 배치 조정 • 규칙 및 수칙 등 제도의 개선
5단계 : 시정책 적용 (3E 적용)	• 안전교육(Education) • 안전기술(Engineering) • 안전독려(Enforcement)

{분석} 실기까지 중요한 내용입니다.

14 주의(attention)의 특성 중 여러 종류의 자극을 받을 때 소수의 특정 한 것에만 반응하는 것은?

① 선택성   ② 방향성
③ 단속성   ④ 변동성

[해설] 소수의 특정 한 것에만 반응 → 선택성

[참고] 1. 방향성 : 시선에서 벗어난 부분은 무시되기 쉽다.
2. 변동성 : 주의는 리듬이 있어 일정한 수순을 지키지 못한다.
3. 단속성 : 고도의 주의는 장시간 집중이 곤란하다.
4. 주의력의 중복집중 곤란 : 동시에 두 개 이상의 방향을 잡지 못한다.

정답 11 ④ 12 ④ 13 ② 14 ①

15 재해예방의 4원칙이 아닌 것은?

① 원인계기의 원칙
② 예방가능의 원칙
③ 사실보존의 원칙
④ 손실우연의 원칙

[해설] 산업재해 예방의 4원칙
① 예방 가능의 원칙 : 재해는 원칙적으로 원인만 제거되면 예방이 가능하다.
② 손실 우연의 원칙 : 사고의 결과 생기는 상해의 종류와 정도는 사고 발생시 사고대상의 조건에 따라 우연히 발생한다.
③ 대책 선정의 원칙 : 사고의 원인에 대한 적합한 대책이 선정되어야 한다.
④ 원인 연계의 원칙 : 재해는 직접원인과 간접원인이 연계되어 일어난다.

{분석}
실기에도 자주 출제되는 내용입니다. 암기하세요.

16 산업안전보건 법령상 관리감독자의 업무의 내용이 아닌 것은?

① 해당 작업에 관련되는 기계·기구 또는 설비의 안전·보건점검 및 이상유무의 확인
② 해당 사업장 산업보건의 지도·조언에 대한 협조
③ 위험성평가를 위한 업무에 기인하는 유해·위험요인의 파악 및 그 결과에 따라 개선조치의 시행
④ 작성된 물질안전보건자료의 게시 또는 비치에 관한 보좌 및 조언·지도

[해설] 관리감독자의 업무
① 기계·기구 또는 설비의 안전·보건 점검 및 이상 유무의 확인
② 근로자의 작업복·보호구 및 방호장치의 점검과 그 착용·사용에 관한 교육·지도
③ 산업재해에 관한 보고 및 이에 대한 응급조치
④ 작업장 정리·정돈 및 통로확보에 대한 확인·감독
⑤ 산업보건의, 안전관리자(안전관리전문기관의 해당 사업장 담당자) 및 보건관리자(보건관리전문기관의 해당 사업장 담당자), 안전보건관리담당자(안전관리전문기관 또는 보건관리전문기관의 해당 사업장 담당자)의 지도·조언에 대한 협조
⑥ 위험성평가를 위한 유해·위험요인의 파악 및 개선조치의 시행에 대한 참여
⑦ 그 밖에 해당 작업의 안전·보건에 관한 사항으로서 고용노동부령으로 정하는 사항

{분석}
실기에도 자주 출제되는 내용입니다. 암기하세요.

17 400명의 근로자가 종사하는 공장에서 휴업일수 127일, 중대 재해 1건이 발생한 경우 강도율은? (단, 1일 8시간으로 연 300일 근무조건으로 한다.)

① 10   ② 0.1
③ 1.0   ④ 0.01

[해설] 강도율 = $\dfrac{\text{총 요양 근로손실일수}}{\text{연 근로시간 수}} \times 1,000$

* 근로손실일수 = 휴업일수, 요양일수, 입원일수 $\times \dfrac{300(\text{실제근로일수})}{365}$

강도율 = $\dfrac{127 \times \dfrac{300}{365}}{400 \times 8 \times 300} \times 1,000 = 0.1087$

{분석}
실기에도 자주 출제되는 내용입니다.

18 시행착오설에 의한 학습법칙이 아닌 것은?

① 효과의 법칙
② 준비성의 법칙
③ 연습의 법칙
④ 일관성의 법칙

[해설] 손다이크(Thorndike)의 학습의 법칙(시행착오설)
• 준비성의 법칙
• 연습 또는 반복의 법칙
• 효과의 법칙

{분석}
필기에 자주 출제되는 내용입니다.

정답 15 ③ 16 ④ 17 ② 18 ④

19 산업안전보건법령상 건설현장에서 사용하는 크레인, 리프트 및 곤돌라의 안전검사의 주기로 옳은 것은? (단, 이동식 크레인, 이삿짐운반용 리프트는 제외한다.)

① 최초로 설치한 날부터 6개월마다
② 최초로 설치한 날부터 1년마다
③ 최초로 설치한 날부터 2년마다
④ 최초로 설치한 날부터 3년마다

[해설] 안전검사대상 유해·위험기계 등의 검사 주기
1. 크레인(이동식 크레인은 제외한다), 리프트(이삿짐운반용 리프트는 제외한다) 및 곤돌라 : 사업장에 설치가 끝난 날부터 3년 이내에 최초 안전검사를 실시하되, 그 이후부터 2년마다(건설현장에서 사용하는 것은 최초로 설치한 날부터 6개월마다)
2. 이동식 크레인, 이삿짐운반용 리프트 및 고소작업대 : 신규등록 이후 3년 이내에 최초 안전검사를 실시하되, 그 이후부터 2년마다
3. 프레스, 전단기, 압력용기, 국소 배기장치, 원심기, 롤러기, 사출성형기, 컨베이어 및 산업용 로봇 : 사업장에 설치가 끝난 날부터 3년 이내에 최초 안전검사를 실시하되, 그 이후부터 2년마다(공정안전보고서를 제출하여 확인을 받은 압력용기는 4년마다)

{분석} 실기에 자주 출제되는 중요한 내용입니다. 암기하세요.

20 위험예지훈련 4R방식 중 각 라운드(Round)별 내용 연결이 옳은 것은?

① 1R – 목표설정   ② 2R – 본질추구
③ 3R – 현상파악   ④ 4R – 대책수립

[해설] 위험예지훈련 4R
1단계 : 현상 파악
2단계 : 요인조사(본질추구)
3단계 : 대책수립
4단계 : 행동목표 설정(합의요약)

{분석} 실기에 자주 출제되는 중요한 내용입니다. 암기하세요.

제2과목 · 인간공학 및 위험성 평가 · 관리

21 시각적 표시장치를 사용하는 것이 청각적 표시장치를 사용하는 것보다 좋은 경우는?

① 메시지가 후에 참고되지 않을 때
② 메시지가 공간적인 위치를 다룰 때
③ 메시지가 시간적인 사건을 다룰 때
④ 사람의 일이 연속적인 움직임을 요구할 때

[해설]

청각장치	시각장치
① 전언이 짧고, 간단할 때	① 전언이 길고, 복잡할 때
② 재참조 되지 않음	② 재참조 된다.
③ 시간적인 사상을 다룬다.	③ 공간적인 위치 다룬다.
④ 즉각적인 행동 요구할 때	④ 즉각적 행동 요구하지 않을 때
⑤ 시각계통 과부하일 때	⑤ 청각계통 과부하일 때
⑥ 주위가 너무 밝거나 암조응일 때	⑥ 주위가 너무 시끄러울 때
⑦ 자주 움직이는 경우	⑦ 한곳에 머무르는 경우

{분석} 필기에 자주 출제되는 내용입니다.

22 체계분석 및 설계에 있어서 인간공학의 가치와 가장 거리가 먼 것은?

① 성능의 향상
② 인력 이용률의 감소
③ 사용자의 수용도 향상
④ 사고 및 오용으로부터의 손실 감소

[해설] ② 인력 이용률의 감소 → 인력 이용률의 향상

[참고] 체계분석 및 설계의 인간공학의 가치
① 성능의 향상 : 적절한 유능한 운용자
② 훈련비용의 절감 : 숙련도

정답 19 ① 20 ② 21 ② 22 ②

③ 인력이용율의 향상 : 인력자원의 효과적 이용
④ 사고 및 오용으로부터의 손실감소 : 인간공학 원칙 적용
⑤ 생산 및 보전의 경제성 증대 : 설계 단순화 및 인간공학 원칙 적용
⑥ 사용자의 수용도 향상 : 운용 및 보전성 용이

23 휘도(luminance)의 척도 단위(unit)가 아닌 것은?

① fc
② fL
③ mL
④ cd/m^2

[해설] ① fc(foot-candle)은 조도의 단위이다.

24 신체 반응의 척도 중 생리적 스트레인의 척도로 신체적 변화의 측정 대상에 해당하지 않는 것은?

① 혈압
② 부정맥
③ 혈액성분
④ 심박수

[해설] ③ 혈액성분은 생화학적 측정요소에 해당한다.

[참고] **생리학적 측정방법** : 감각기능, 반사기능, 대사기능 등을 이용한 측정법
① EMG(electromyogram ; 근전도)
② ECG(electrocardiogram ; 심전도)
③ EEG(electroencephalogram ; 뇌전도)
④ EOG(electrooculogram ; 안전도)
⑤ 산소소비량
⑥ 에너지 소비량(RMR)
⑦ 피부전기반사(GSR)
⑧ 점멸 융합 주파수(플리커법)

25 안전성의 관점에서 시스템을 분석 평가하는 접근방법과 거리가 먼 것은?

① "이런 일은 금지한다."의 개인판단에 따른 주관적인 방법
② "어떻게 하면 무슨 일이 발생할 것인가?"의 연역적인 방법
③ "어떤 일은 하면 안 된다."라는 점검표를 사용하는 직관적인 방법
④ "어떤 일이 발생하였을 때 어떻게 처리하여야 안전한가?"의 귀납적인 방법

[해설] 개인 판단에 의한 주관적인 방법으로 시스템의 안전을 분석 평가해서는 안 된다. 객관적인 판단이 필요하다.

26 다음의 연산표에 해당하는 논리연산은?

입력		출력
X_1	X_2	
0	0	0
0	1	1
1	0	1
1	1	0

① XOR
② AND
③ NOT
④ OR

[해설] ① AND : 비교하는 두 비트가 똑같이 1인 경우에만 결과가 1
② OR : 비교하는 두 비트가 똑같이 0인 경우에만 결과가 0
③ XOR : 비교하는 두 비트가 서로 같을 경우에만 결과가 0
④ NOT : 0 이면 1로, 1 이면 0으로 바꿈

27 항공기 위치 표시장치의 설계원칙에 있어, 다음 보기의 설명에 해당하는 것은?

> 항공기의 경우 일반적으로 이동 부분의 영상은 고정된 눈금이나 좌표계에 나타내는 것이 바람직하다.

① 통합
② 양립적 이동
③ 추종표시
④ 표시의 현실성

[해설] ① 표시의 현실성 : 표시장치의 이미지(상하, 좌우, 깊이)는 현실 공간과 일치하게 표시한다.
② 통합 : 관련된 모든 정보를 통합하여 상호관계를 바로 인식할 수 있도록 한다.
③ 양립적 이동 : 항공기의 이동 부분의 영상은 고정된 눈금이나 좌표계에 나타내는 것이 바람직하다.
④ 추종표시 : 원하는 목표와 실제 지표가 공통 눈금이나 좌표계에서 이동하게 한다.

정답 23 ① 24 ③ 25 ① 26 ① 27 ②

28 근골격계 질환의 인간공학적 주요 위험 요인과 가장 거리가 먼 것은?

① 과도한 힘
② 부적절한 자세
③ 고온의 환경
④ 단순 반복 작업

[해설] 근골격계 질환은 저온의 환경에서 발생 위험이 높아진다.

[참고] 근골격계 질환(누적 외상성 질환, CTDs)의 발생 요인
① 반복적인 동작
② 부적절한 작업 자세
③ 무리한 힘의 사용
④ 날카로운 면과의 신체접촉
⑤ 진동 및 온도(저온)

29 산업현장에서 사용하는 생산설비의 경우 안전장치가 부착되어 있으나 생산성을 위해 제거하고 사용하는 경우가 있다. 이러한 경우를 대비하여 설계 시 안전장치를 제거하면 작동이 안 되는 구조를 채택하고 있다. 이러한 구조는 무엇인가?

① Fail Safe
② Fool Proof
③ Lock Out
④ Tamper Proof

[해설] 설계 시 안전장치를 제거하면 작동이 안 되는 구조
→ Tamper Proof

30 FTA의 활용 및 기대효과가 아닌 것은?

① 시스템의 결함 진단
② 사고원인 규명화의 간편화
③ 사고원인 분석의 정량화
④ 시스템의 결함 비용 분석

[해설] FTA의 활용 및 기대효과(장점)
① 사고원인 규명의 간편화
② 사고원인 분석의 일반화
③ 사고원인 분석의 정량화
④ 노력, 시간의 절감

⑤ 시스템의 결함 진단
⑥ 안전점검 Check List 작성

31 인간공학적 부품배치의 원칙에 해당하지 않는 것은?

① 신뢰성의 원칙
② 사용 순서의 원칙
③ 중요성의 원칙
④ 사용 빈도의 원칙

[해설] 부품배치의 원칙
① 중요성의 원칙
② 사용 빈도의 원칙
③ 사용 순서의 원칙
④ 기능별 배치의 원칙

{분석} 필기에 자주 출제되는 내용입니다.

32 시스템안전프로그램계획(SSPP)에서 "완성해야 할 시스템안전업무"에 속하지 않는 것은?

① 정성 해석
② 운용 해석
③ 경제성 분석
④ 프로그램 심사의 참가

[해설] 시스템안전프로그램계획(SSPP)에서 수행해야 하는 시스템 안전 업무활동
① 정성적 분석
② 정량적 분석
③ 운용 위험요인 분석 (OHA)
④ 업무활동 심사의 참가
⑤ 설계 심사에의 참가

33 선형 조종장치를 16cm 옮겼을 때, 선형 표시장치가 4cm 움직였다면, C/R 비는 얼마인가?

① 0.2   ② 2.5
③ 4.0   ④ 5.3

정답 28 ③ 29 ④ 30 ④ 31 ① 32 ③ 33 ③

해설

1. C / R 비 $= \dfrac{X}{Y}$

   X : 통제기기의 변위량(cm)
   Y : 표시계기 지침의 변위량(cm)

2. C / R 비 $= \dfrac{\dfrac{a}{360} \times 2\pi L}{Y}$

   a : 조종장치의 움직인 각도
   L : 조종장치의 반경

C / R 비 $= \dfrac{X}{Y} = \dfrac{16}{4} = 4$

{분석}
필기에 자주 출제되는 내용입니다.

34 자연습구온도가 20℃ 이고, 흑구온도가 30℃ 일 때, 실내의 습구흑구온도지수 (WBGT : wet-bulb globe temperature)는 얼마인가?

① 20℃ ② 23℃
③ 25℃ ④ 30℃

해설

습구흑구온도지수(WBGT)

1. 옥외(태양광선이 내리쬐는 장소)
   WBGT(℃) = 0.7×자연습구온도 + 0.2× 흑구온도 + 0.1×건구온도

2. 옥내 또는 옥외
   (태양광선이 내리쬐지 않는 장소)
   WBGT(℃) = 0.7×자연습구온도+0.3× 흑구온도

실내이므로
WBGT(℃) = 0.7 × 자연습구온도 + 0.3 × 흑구온도
= 0.7 × 20 + 0.3×30 = 23℃

35 소음을 방지하기 위한 대책으로 틀린 것은?

① 소음원 통제 ② 차폐장치 사용
③ 소음원 격리 ④ 연속 소음 노출

해설

소음 대책
① 소음원 통제
② 소음의 격리
③ 차폐장치, 흡음제 사용
④ 음향처리제 사용
⑤ 적절한 배치(Layout)
⑥ 배경음악
⑦ 보호구 사용(가장 소극적인 대책)

36 산업안전 분야에서의 인간공학을 위한 제반 언급 사항으로 관계가 먼 것은?

① 안전관리자와의 의사소통 원활화
② 인간과오 방지를 위한 구체적 대책
③ 인간행동 특성 자료의 정량화 및 축적
④ 인간 - 기계체계의 설계 개선을 위한 기금의 축적

해설

인간공학을 위한 제반 언급 사항
① 안전관리자와의 의사소통 원활화
② 인간과오 방지를 위한 구체적 대책
③ 인간행동 특성 자료의 정량화 및 축적

37 시스템 안전을 위한 업무 수행 요건이 아닌 것은?

① 안전 활동의 계획 및 관리
② 다른 시스템 프로그램과 분리 및 배제
③ 시스템 안전에 필요한 사항의 동일성 식별
④ 시스템 안전에 대한 프로그램 해석 및 평가

해설

시스템 안전관리
① 안전 활동의 계획 및 조직과 관리
② 다른 시스템 프로그램 영역과 조정
③ 시스템 안전에 필요한 사항의 동일성의 식별
④ 시스템 안전에 대한 프로그램의 해석과 검토 및 평가 등의 시스템 안전업무

정답 34 ② 35 ④ 36 ④ 37 ②

38 컷셋과 최소 패스셋을 정의한 것으로 맞는 것은?

① 컷셋은 시스템 고장을 유발시키는 필요 최소한의 고장들의 집합이며, 최소 패스셋은 시스템의 신뢰성을 표시한다.
② 컷셋은 시스템 고장을 유발시키는 필요 최소한의 고장들의 집합이며, 최소 패스셋은 시스템의 불신뢰도를 표시한다.
③ 컷셋은 그 속에 포함되어 있는 모든 기본사상이 일어났을 때 톱 사상을 일으키는 기본사상의 집합이며, 최소 패스셋은 시스템의 신뢰성을 표시한다.
④ 컷셋은 그 속에 포함되어 있는 모든 기본사상이 일어났을 때 톱 사상을 일으키는 기본사상의 집합이며, 최소 패스셋은 시스템의 성공을 유발하는 기본사상의 집합이다.

[해설]
(1) 컷셋(Cut Set)
  • 정상사상을 발생시키는 기본사상의 집합
  • 모든 기본사상이 일어났을 때 정상사상을 일으키는 기본사상들의 집합이다.

(2) 미니멀 컷(Minimal Cut Set)
  • 정상사상을 일으키기 위한 기본사상의 최소 집합(최소한의 컷)
  • 시스템의 위험성을 나타낸다.

(3) 패스셋(Path Set)
  • 시스템의 고장을 일으키지 않는 기본사상들의 집합
  • 포함된 기본사상이 일어나지 않을 때 처음으로 정상 사상이 일어나지 않는 기본사상들의 집합이다.

(4) 미니멀 패스(Minimal Path Set)
  • 시스템의 기능을 살리는 최소한의 집합(최소한의 패스)
  • 시스템의 신뢰성 나타낸다.

{분석} 필기에 자주 출제되는 내용입니다.

39 인체 측정치의 응용 원칙과 거리가 먼 것은?

① 극단치를 고려한 설계
② 조절 범위를 고려한 설계
③ 평균치를 기준으로 한 설계
④ 기능적 치수를 이용한 설계

[해설] 인체계측자료의 응용 3원칙
① 최대치수와 최소치수 설계(극단치 설계)
② 조절(조정)범위(조절식 설계)
③ 평균치를 기준으로 한 설계

{분석} 필기에 자주 출제되는 내용입니다.

40 10시간 설비 가동 시 설비고장으로 1시간 정지하였다면 설비고장 강도율은 얼마인가?

① 0.1%   ② 9%
③ 10%   ④ 11%

[해설]
$$설비고장강도율 = \frac{설비고장정지시간}{설비가동시간}$$

$설비고장강도율 = \frac{1}{10} = 0.1 \times 100 = 10\%$

제3과목 · 기계 · 기구 및 설비 안전 관리

41 500rpm으로 회전하는 연삭기의 숫돌 지름이 200mm일 때 원주속도(m/min)는?

① 628   ② 62.8
③ 314   ④ 31.4

해설 연삭기의 회전속도(원주속도) 계산

1. 원주속도(회전속도)

$$V = \frac{\pi \times D \times N}{1000} \text{ (m/min)}$$

D : 롤러의 직경(mm)
N : 회전수(rpm)

$$V = \frac{\pi \times D \times N}{1000} = \frac{\pi \times 200 \times 500}{1000}$$
$$= 314.16 \text{(m/min)}$$

{분석}
실기까지 중요한 내용입니다.

42 기계의 운동 형태에 따른 위험점의 분류에서 고정부분과 회전하는 동작 부분이 함께 만드는 위험점으로 교반기의 날개와 하우스 등에서 발생하는 위험점을 무엇이라 하는가?

① 끼임점
② 절단점
③ 물림점
④ 회전말림점

해설 고정부분과 회전부분이 함께 만드는 위험점
→ 끼임점

참고 1. 절단점 : 회전하는 운동부 자체, 운동하는 기계 부분 자체의 위험점
   예 날, 커터를 가진 기계
2. 물림점 : 회전하는 두 개의 회전체에 물려 들어가는 위험점
   예 롤러와 롤러, 기어와 기어 등
3. 회전 말림점 : 회전하는 물체에 작업복, 머리카락 등이 말려 들어가는 위험점
   예 회전축, 커플링 등

43 컨베이어 작업 시작 전 점검해야 할 사항으로 거리가 먼 것은?

① 원동기 및 풀리 기능의 이상 유무
② 이탈 등의 방지 장치 기능의 이상 유무
③ 비상정지 장치의 이상 유무
④ 자동전격방지장치의 이상 유무

해설 컨베이어 작업 시작 전 점검사항
① 원동기 및 풀리 기능의 이상 유무
② 이탈 등의 방지장치기능의 이상 유무
③ 비상정지장치 기능의 이상 유무
④ 원동기·회전축·기어 및 풀리 등의 덮개 또는 울 등의 이상 유무

{분석}
실기에도 자주 출제되는 중요한 내용입니다. 암기하세요.

44 아세틸렌 용접장치에서 아세틸렌 발생기실 설치 위치 기준으로 옳은 것은?

① 건물 지하층에 설치하고 화기 사용설비로부터 3미터 초과 장소에 설치
② 건물 지하층에 설치하고 화기 사용설비로부터 1.5미터 초과 장소에 설치
③ 건물 최상층에 설치하고 화기 사용설비로부터 3미터 초과 장소에 설치
④ 건물 최상층에 설치하고 화기 사용설비로부터 1.5미터 초과 장소에 설치

해설 아세틸렌 발생기실의 설치장소
① 아세틸렌 용접장치의 아세틸렌 발생기를 설치하는 경우에는 전용의 발생기실에 설치하여야 한다.
② 발생기실은 건물의 최상층에 위치하여야 하며, 화기를 사용하는 설비로부터 3미터를 초과하는 장소에 설치하여야 한다.
③ 발생기실을 옥외에 설치한 경우에는 그 개구부를 다른 건축물로부터 1.5미터 이상 떨어지도록 하여야 한다.

45 기계설비 방호에서 가드의 설치조건으로 옳지 않은 것은?

① 충분한 강도를 유지할 것
② 구조가 단순하고 위험점 방호가 확실할 것
③ 개구부(틈새)의 간격은 임의로 조정이 가능할 것
④ 작업, 점검, 주유 시 장애가 없을 것

정답 42 ① 43 ④ 44 ③ 45 ③

| 해설 | 가드의 구비 조건 |

- 기계의 운동부분(위험점)에 신체가 접촉하는 것을 방지하는 구조일 것
- 충분한 강도를 유지할 것
- 단순한 구조이며 조정이 용이할 것
- 일반작업, 점검, 주유 시 방해되지 않는 구조일 것

46 완전 회전식 클러치 기구가 있는 양수조작식 방호장치에서 확동 클러치의 봉합 개소가 4개, 분당 행정수가 200spm일 때, 방호장치의 최소 안전거리는 몇 mm 이상이어야 하는가?

① 80 ② 120
③ 240 ④ 360

| 해설 | 양수 기동식 방호 장치의 안전거리

1. $D_m(mm) = 1.6 \times T_m$
2. $D_m(mm) = 1.6 \times \left(\dfrac{1}{클러치개소수} + \dfrac{1}{2}\right) \times \left(\dfrac{60,000}{매분행정수}\right)$

여기서 T_m : 슬라이드가 하사점에 도달할 때까지의 시간(ms)

* $ms = \dfrac{1}{1000}$ 초

$D_m = 1.6 \times \left(\dfrac{1}{클러치개소수} + \dfrac{1}{2}\right) \times \left(\dfrac{60,000}{매분행정수}\right)$
$= 1.6 \times \left(\dfrac{1}{4} + \dfrac{1}{2}\right) \times \left(\dfrac{60,000}{200}\right) = 360mm$

{분석}
실기까지 중요한 내용입니다.

47 목재가공용 둥근톱의 두께가 3mm일 때, 분할날의 두께는 몇 mm 이상이어야 하는가?

① 3.3 mm 이상 ② 3.6 mm 이상
③ 4.5 mm 이상 ④ 4.8 mm 이상

| 해설 | 분할날 두께는 톱 두께의 1.1배 이상이며 치진폭보다 작을 것

$1.1 t_1 \leq t_2 < b$
여기서, t_1 : 톱 두께
t_2 : 분할날 두께
b : 치진폭

분할날 두께 $\geq 1.1 \times 3$
∴ 분할날 두께 ≥ 3.3

48 산업안전보건법령에 따라 타워크레인의 운전 작업을 중지해야 되는 순간풍속의 기준은?

① 초당 10m를 초과하는 경우
② 초당 15m를 초과하는 경우
③ 초당 30m를 초과하는 경우
④ 초당 35m를 초과하는 경우

| 해설 | 악천후 시 조치
① 순간풍속이 매초당 10미터를 초과하는 경우 : 타워크레인의 설치·수리·점검 또는 해체작업을 중지
② 순간풍속이 매초당 15미터를 초과하는 경우 : 타워크레인의 운전작업을 중지
③ 순간풍속이 초당 30미터를 초과하는 바람이 불거나 중진(中震) 이상 진도의 지진이 있은 후 : 옥외에 설치되어 있는 양중기를 사용하여 작업을 하는 경우에는 미리 기계 각 부위에 이상이 있는지를 점검
④ 순간풍속이 초당 30미터를 초과하는 경우 : 옥외에 설치되어 있는 주행 크레인에 대하여 이탈방지장치를 작동시키는 등 이탈 방지를 위한 조치
⑤ 순간풍속이 초당 35미터를 초과하는 경우 : 건설용 리프트(지하에 설치되어 있는 것은 제외) 및 승강기에 대하여 받침의 수를 증가시키는 등 승강기가 무너지는 것을 방지하기 위한 조치

정답 46 ④ 47 ① 48 ②

{분석} 실기까지 중요한 내용입니다. 암기하세요.

49 탁상용 연삭기에서 숫돌을 안전하게 설치하기 위한 방법으로 옳지 않은 것은?

① 숫돌바퀴 구멍은 축 지름보다 0.1mm 정도 작은 것을 선정하여 설치한다.
② 설치 전에는 육안 및 목재 해머로 숫돌의 흠, 균열을 점검한 후 설치한다.
③ 축의 턱에 내측 플랜지, 압지 또는 고무판, 숫돌 순으로 끼운 후 외측에 압지 또는 고무판, 플랜지, 너트 순으로 조인다.
④ 가공물 받침대는 숫돌의 중심에 맞추어 연삭기에 견고히 고정한다.

[해설] ① 숫돌바퀴 구멍은 축 지름보다 0.1mm 정도 큰 것을 선정하여 설치한다.

50 다음 중 근로자에게 위험을 미칠 우려가 있을 때 덮개 또는 울을 설치해야 하는 위치와 가장 거리가 먼 것은?

① 연삭기 또는 평삭기의 테이블, 형삭기 램 등의 행정 끝
② 선반으로부터 돌출하여 회전하고 있는 가공물 부근
③ 과열에 따른 과열이 예상되는 보일러의 버너 연소실
④ 띠톱기계의 위험한 톱날(절단부분 제외) 부위

[해설] ① 사업주는 연삭기 또는 평삭기의 테이블, 형삭기 램 등의 행정 끝이 근로자에게 위험을 미칠 우려가 있는 때에는 해당부위에 덮개 또는 울 등을 설치하여야 한다.
② 사업주는 선반 등으로부터 돌출하여 회전하고 있는 가공물이 근로자에게 위험을 미칠 우려가 있는 때에는 덮개 또는 울 등을 설치하여야 한다.
③ 사업주는 띠톱기계(목재가공용 띠톱기계를 제외한다)의 절단에 필요한 톱날부위외의 위험한 톱날부위에는 덮개 또는 울등을 설치하여야 한다.

51 산업안전보건 법령상 차량계 하역 운반기계를 이용한 화물 적재 시의 준수해야 할 사항으로 틀린 것은?

① 최대적재량의 10% 이상 초과하지 않도록 적재한다.
② 운전자의 시야를 가리지 않도록 적재한다.
③ 붕괴, 낙하 방지를 위해 화물에 로프를 거는 등 필요 조치를 한다.
④ 편하중이 생기지 않도록 적재한다.

[해설] 차량계 하역운반기계에 화물 적재 시의 조치
① 하중이 한쪽으로 치우치지 않도록 적재할 것
② 구내운반차 또는 화물자동차의 경우 화물의 붕괴 또는 낙하에 의한 위험을 방지하기 위하여 화물에 로프를 거는 등 필요한 조치를 할 것
③ 운전자의 시야를 가리지 않도록 화물을 적재할 것
④ 화물을 적재하는 경우에는 최대적재량을 초과해서는 아니 된다.

{분석} 실기까지 중요한 내용입니다.

52 롤러기의 급정지 장치 중 복부 조작식과 무릎 조작식의 조작부 위치 기준은? (단, 밑면과 상대거리를 나타낸다.) (순서대로 복부 조작식 / 무릎 조작식)

① 0.5 ~ 0.7[m] / 0.2 ~ 0.4[m]
② 0.8 ~ 1.1[m] / 0.4 ~ 0.6[m]
③ 0.8 ~ 1.1[m] / 0.6 ~ 0.8[m]
④ 1.1 ~ 1.4[m] / 0.8 ~ 1.0[m]

정답 49 ① 50 ③ 51 ① 52 ②

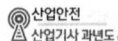

[해설] 롤러기의 급정지 장치 설치 기준

종류	설치 위치
손 조작식	밑면에서 1.8m 이내
복부 조작식	밑면에서 0.8m 이상 1.1m 이내
무릎 조작식	밑면에서 0.6m 이내(밑면으로부터 0.4m 이상 0.6m 이내)

비고 : 위치는 급정지장치의 조작부의 중심점을 기준

{분석}
실기까지 중요한 내용입니다. 암기하세요.

53 양수조작식 방호장치에서 2개의 누름버튼 간의 거리는 300mm 이상으로 정하고 있는데 이 거리의 기준은?

① 2개의 누름버튼 간의 중심거리
② 2개의 누름버튼 간의 외측거리
③ 2개의 누름버튼 간의 내측거리
④ 2개의 누름버튼 간의 평균 이동거리

[해설] 누름버튼의 상호 간 내측거리는 300mm 이상이어야 한다.

54 다음 중 프레스에 사용되는 광전자식 방호장치의 일반구조에 관한 설명으로 틀린 것은?

① 방호장치의 감지 기능은 규정한 검출 영역 전체에 걸쳐 유효하여야 한다.
② 슬라이드 하강 중 정전 또는 방호장치의 이상 시에는 1회 동작 후 정지할 수 있는 구조이어야 한다.
③ 정상 동작 표시램프는 녹색, 위험 표시램프는 붉은색으로 하며, 쉽게 근로자가 볼 수 있는 곳에 설치해야 한다.
④ 방호장치의 정상작동 중에 감지가 이루어지거나 공급전원이 중단되는 경우 적어도 두 개 이상의 독립된 출력신호 개폐장치가 꺼진 상태로 돼야 한다.

[해설] ② 정전 또는 방호장치의 이상 시에는 1회 동작 후 정지 → 슬라이드 하강 중 정전 또는 방호장치의 이상 시에 정지할 수 있는 구조이어야 한다.

55 보일러수에 불순물이 많이 포함되어 있을 경우, 보일러수의 비등과 함께 수면 부위에 거품을 형성하여 수위가 불안정하게 되는 현상은?

① 프라이밍(priming)
② 포밍(foaming)
③ 캐리오버(carry over)
④ 위터해머(water hammer)

[해설] 수면 부위에 거품을 형성 → 포밍(foaming)

[참고] 보일러 취급 시 이상 현상

① 포밍(foaming, 물거품 솟음)
  보일러수 중에 유지류, 용해 고형물, 부유물 등에 의해 보일러 수면에 거품이 생겨 올바른 수위를 판단하지 못하는 현상
② 프라이밍(priming, 비수 현상)
  보일러 부하의 급변, 수위 과상승 등에 의해 수분이 증기와 분리되지 않아 보일러 수면이 심하게 솟아올라 올바른 수위를 판단하지 못하는 현상
③ 캐리오버(carry over, 기수 공발)
  보일러수 중에 용해 고형분이나 수분이 발생, 증기 중에 다량 함유되어 증기의 순도를 저하시킴으로써 관내 응축수가 생겨 워터 해머의 원인이 되고 증기 과열기나 터빈 등의 고장 원인이 된다.
④ 수격 작용 : 물망치 작용
  (워터 해머, water hammer)
  고여 있던 응축수가 밸브를 급격히 개폐 시에 고온 고압의 증기에 이끌려 배관을 강하게 치는 현상으로 배관파열을 초래한다.

정답 53 ③ 54 ② 55 ②

56 다음 중 연삭기의 사용상 안전대책으로 적절하지 않은 것은?

① 방호장치로 덮개를 설치한다.
② 숫돌 교체 후 1분 정도 시운전을 실시한다.
③ 숫돌의 최고사용회전속도를 초과하여 사용하지 않는다.
④ 숫돌 측면을 사용하는 것을 목적으로 하는 연삭숫돌을 제외하고는 측면 연삭을 하지 않도록 한다.

[해설] ② 숫돌 교체 후 3분 정도 시운전을 실시한다.

57 다음 중 드릴 작업 시 가장 안전한 행동에 해당하는 것은?

① 장갑을 끼고 옷 소매가 긴 작업복을 입고 작업한다.
② 작업 중에 브러시로 칩을 털어낸다.
③ 가공할 구멍 지름이 클 경우 작은 구멍을 먼저 뚫고 그 위에 큰 구멍을 뚫는다.
④ 드릴을 먼저 회전시킨 상태에서 공작물을 고정한다.

[해설] ① 장갑은 착용을 금지하고, 옷 소매가 긴 작업복은 입지 않는다.
② 운전을 중지하고 브러시로 칩을 털어낸다.
④ 드릴 회전을 중지시킨 상태에서 공작물을 고정한다.

58 다음 중 산업안전보건 법령에 따라 비파괴 검사를 실시해야 하는 고속회전체의 기준은?

① 회전축중량 1톤 초과, 원주속도 120m/s 이상
② 회전축중량 1톤 초과, 원주속도 100m/s 이상
③ 회전축중량 0.7톤 초과, 원주속도 120m/s 이상
④ 회전축중량 0.7톤 초과, 원주속도 100m/s 이상

[해설] 고속회전체(회전축의 중량이 1톤을 초과하고 원주속도가 매초당 120미터 이상인 것에 한한다)의 회전시험을 하는 때에는 비파괴검사를 실시하여 결함 유무를 확인하여야 한다.

59 지게차의 안전장치에 해당하지 않는 것은?

① 후사경   ② 헤드가드
③ 백레스트   ④ 권과방지장치

[해설] 지게차의 방호장치
① 헤드가드   ② 백레스트
③ 전조등, 후미등 ④ 안전벨트

{분석} 실기까지 중요한 내용입니다.

60 다음 중 접근반응형 방호장치에 해당되는 것은?

① 양수조작식 방호장치
② 손쳐내기식 방호장치
③ 덮개식 방호장치
④ 광전자식 방호장치

[해설] 접근 반응형 방호장치
• 작업자의 신체 부위가 위험한계 또는 그 인접한 거리 내로 들어오면 이를 감지하여 그 즉시 기계의 동작을 정지시키고 경보 등을 발하는 방호장치
• 예 프레스의 광전자식 방호장치

정답 56 ② 57 ③ 58 ① 59 ④ 60 ④

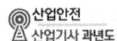

제4과목 • 전기 및 화학설비 안전 관리

61 저압 옥내 직류 전기 설비를 전로 보호 장치의 확실한 동작의 확보와 이상전압 및 대지전압의 억제를 위하여 접지를 하여야 하나 직류 2선식으로 시설할 때, 접지를 생략할 수 있는 경우로 옳은 것은?

① 접지 검출기를 설치하고, 특정구역 내의 산업용 기계·기구에만 공급하는 경우
② 사용전압이 110V 이상인 경우
③ 최대전류 30mA 이하의 직류화재경보 회로
④ 교류계통으로부터 공급을 받는 정류기에서 인출되는 직류계통

[해설] ② 사용전압이 직류 300V 또는 교류 대지전압이 150V 이하인 기계·기구를 건조한 곳에 시설하는 경우에만 접지를 생략할 수 있다.

62 감전에 의한 전격 위험을 결정하는 주된 인자와 거리가 먼 것은?

① 통전저항
② 통전전류의 크기
③ 통전경로
④ 통전시간

[해설] 1차적 감전 위험요소 및 영향력
통전전류 크기 > 통전시간 > 통전경로 > 전원의 종류(직류보다 교류가 더 위험)

{분석} 필기에 자주 출제되는 내용입니다.

63 폭발위험장소를 분류할 때 가스폭발위험장소의 종류에 해당하지 않는 것은?

① 0종 장소   ② 1종 장소
③ 2종 장소   ④ 3종 장소

[해설]

가스폭발 위험장소	분진폭발 위험장소
① 0종 장소	① 20종 장소
② 1종 장소	② 21종 장소
③ 2종 장소	③ 22종 장소

{분석} 실기까지 중요한 내용입니다. 암기하세요.

64 다음 중 정전기 재해의 방지대책으로 가장 적절한 것은?

① 절연도가 높은 플라스틱을 사용한다.
② 대전하기 쉬운 금속은 접지를 실시한다.
③ 작업장 내의 온도를 낮게 해서 방전을 촉진시킨다.
④ (+), (−)전하의 이동을 방해하기 위하여 주위의 습도를 낮춘다.

[해설] 정전기 재해 예방대책
① 접지(도체일 경우 효과 있으나 부도체는 효과 없다.)
② 습기 부여(공기 중 습도 60~70% 이상 유지한다.)
③ 도전성 재료 사용(절연성 재료는 절대 금한다.)
④ 대전 방지제 사용
⑤ 제전기 사용
⑥ 유속 조절(석유류 제품 1m/s 이하)

{분석} 실기까지 중요한 내용입니다.

65 전로의 과전류로 인한 재해를 방지하기 위한 방법으로 과전류 차단장치를 설치할 경우에 대한 설명으로 틀린 것은?

① 과전류 차단장치로는 차단기·퓨즈 또는 보호계전기 등이 있다.
② 차단기·퓨즈는 계통에서 발생하는 최대 과전류에 대하여 충분하게 차단할 수 있는 성능을 가져야 한다.

정답 61 ② 62 ① 63 ④ 64 ② 65 ③

③ 과전류 차단장치는 반드시 접지선에 병렬로 연결하여 과전류 발생 시 전로를 자동으로 차단하도록 설치하여야 한다.
④ 과전류 차단장치가 전기계통상에서 상호 협조·보완되어 과전류를 효과적으로 차단하도록 하여야 한다.

[해설] ③ 과전류 차단장치는 반드시 접지선이 아닌 전로에 직렬로 연결하여 과전류 발생 시 전로를 자동으로 차단하도록 설치할 것

66 인체의 저항이 500Ω이고, 440V 회로에 누전차단기(ELB)를 설치할 경우 다음 중 가장 적당한 누전차단기는?

① 30mA 이하, 0.1초 이하에 작동
② 30mA 이하, 0.03초 이하에 작동
③ 15mA 이하, 0.1초 이하에 작동
④ 15mA 이하, 0.03초 이하에 작동

[해설] 누전차단기는 정격감도전류가 30밀리암페어 이하이고 작동시간은 0.03초 이내일 것. 다만, 정격전부하전류가 50암페어 이상인 전기기계·기구에 접속되는 누전차단기는 오작동을 방지하기 위하여 정격감도전류는 200밀리암페어 이하로, 작동시간은 0.1초 이내로 할 수 있다.

{분석} 실기까지 중요한 내용입니다. 암기하세요.

67 다음 중 통전경로별 위험도가 가장 높은 경로는?

① 왼손 - 등
② 오른손 - 가슴
③ 왼손 - 가슴
④ 오른손 - 양발

[해설] 통전 경로별 위험도

통전 경로	위험도
왼손-가슴	1.5
오른손-가슴	1.3
왼손-한발 또는 양발	1.0
양손-양발	1.0
오른손-한발 또는 양발	0.8
왼손-등	0.7
한손 또는 양손-앉아있는 자리	0.7
왼손-오른손	0.4
오른손-등	0.3

특급 암기법
왼가, 오가 / 왼발, 손발, 오발 / 왼등, 손자리 / 손손, 오등

68 정전기 발생 종류가 아닌 것은?

① 박리   ② 마찰
③ 분출   ④ 방전

[해설] 정전기 발생 현상
① 마찰대전
② 유동대전
③ 박리대전
④ 충돌대전
⑤ 분출대전
⑥ 파괴 대전

69 다음 중 방폭구조의 종류와 기호를 올바르게 나타낸 것은?

① 안전증 방폭구조 : e
② 몰드 방폭구조 : n
③ 충전 방폭구조 : p
④ 압력 방폭구조 : o

[해설] ② 몰드 방폭구조 : m
③ 충전 방폭구조 : q
④ 압력 방폭구조 : p

정답 66 ② 67 ③ 68 ④ 69 ①

참고 위험장소별 방폭구조

가스 폭발 위험 장소	0종 장소	본질 안전 방폭구조(ia)
	1종 장소	내압 방폭구조(d) 압력 방폭구조(p) 충전 방폭구조(q) 유입 방폭구조(o) 안전증 방폭구조(e) 본질안전 방폭구조(ia, ib) 몰드 방폭구조(m)
	2종 장소	0종 장소 및 1종 장소에 사용 가능한 방폭구조 비점화 방폭구조(n)

{분석}
실기에도 자주 출제되는 내용입니다. 암기하세요.

70 일반적인 변압기의 중성점 접지 저항값으로 적당한 것은?

① $\dfrac{50}{1선지락전류}$ Ω 이하

② $\dfrac{600}{1선지락전류}$ Ω 이하

③ $\dfrac{300}{1선지락전류}$ Ω 이하

④ $\dfrac{150}{1선지락전류}$ Ω 이하

[해설] 변압기의 중성점 접지 저항값

① 일반적인 경우 : $\dfrac{150}{1선지락전류}$ Ω 이하

② 변압기의 고압·특고압측 전로 또는 사용전압이 35kV 이하의 특고압전로가 저압측 전로와 혼촉하고 저압전로의 대지전압이 150V를 초과하는 경우
  - 1초 초과 2초 이내에 고압·특고압 전로를 자동으로 차단하는 장치를 설치할 때 :

  $\dfrac{300}{1선지락전류}$ Ω 이하

  - 1초 이내에 고압·특고압 전로를 자동으로 차단하는 장치를 설치할 때 :

  $\dfrac{600}{1선지락전류}$ Ω 이하

{분석}
관련 법령의 변경으로 문제를 수정하였습니다.

71 다음 중 분진폭발의 가능성이 가장 낮은 물질은?

① 소맥분
② 마그네슘
③ 질석가루
④ 석탄

[해설]
1. 분진폭발을 일으키는 분진
   마그네슘, 티타늄 등의 분말, 곡물가루 등

2. 분진폭발을 일으키지 않는 물질
   석회석 가루(생석회), 시멘트 가루, 대리석 가루, 질석 가루, 탄산칼슘 등

72 인화성 가스, 불활성 가스 및 산소를 사용하여 금속의 용접·용단 또는 가열작업을 하는 경우 가스 등의 누출 또는 방출로 인한 폭발·화재 또는 화상을 예방하기 위하여 준수해야할 사항으로 옳지 않은 것은?

① 가스 등의 호스와 취관(吹管)은 손상·마모 등에 의하여 가스 등이 누출할 우려가 없는 것을 사용할 것
② 비상상황을 제외하고는 가스 등의 공급구의 밸브나 콕을 절대 잠그지 말 것
③ 용단작업을 하는 경우에는 취관으로부터 산소의 과잉방출로 인한 화상을 예방하기 위하여 근로자가 조절밸브를 서서히 조작하도록 주지시킬 것
④ 가스 등의 취관 및 호스의 상호 접촉부분은 호스밴드, 호스클립 등 조임기구를 사용하여 가스 등이 누출되지 않도록 할 것

[해설] ② 작업을 중단하거나 마치고 작업 장소를 떠날 경우에는 가스등의 공급구의 밸브나 콕을 잠글 것

정답 70 ④ 71 ③ 72 ②

73 산업안전보건기준에 관한 규칙상 섭씨 몇 ℃ 이상인 상태에서 운전되는 설비는 특수화학설비에 해당하는가? (단, 규칙에서 정한 위험물질의 기준량 이상을 제조하거나 취급하는 설비인 경우이다.)

① 150℃   ② 250℃
③ 350℃   ④ 450℃

[해설] 특수화학설비의 종류
① 발열반응이 일어나는 반응장치
② 증류·정류·증발·추출 등 분리를 행하는 장치
③ 가열시켜주는 물질의 온도가 가열되는 위험물질의 분해온도 또는 발화점 보다 높은 상태에서 운전되는 설비
④ 반응폭주 등 이상 화학반응에 의하여 위험물질이 발생할 우려가 있는 설비
⑤ 온도가 섭씨 350도 이상이거나 게이지 압력이 980킬로파스칼 이상인 상태에서 운전되는 설비
⑥ 가열로 또는 가열기

{분석} 실기까지 중요한 내용입니다.

74 점화원 없이 발화를 일으키는 최저온도를 무엇이라 하는가?

① 착화점   ② 연소점
③ 용융점   ④ 기화점

[해설] 점화원 없이 발화를 일으키는 최저온도 → 착화점

75 배관용 부품에 있어 사용되는 용도가 다른 것은?

① 엘보(elbow)   ② 티이(T)
③ 크로스(cross) ④ 밸브(valve)

[해설]
• 엘보(elbow), 티이(T), 크로스(cross)
  → 관로 방향 변경
• 밸브(valve) → 유로 차단

[참고] 관의 부속품
① 2개관의 연결 : 플랜지, 유니언, 니플, 소켓 사용
② 관의 지름 변경 : 리듀서, 부싱 사용
③ 관로방향 변경 : 엘보, Y형 관이음쇠, 티, 십자 사용
④ 유로차단 : 플러그, 밸브, 캡

{분석} 필기에 자주 출제되는 내용입니다.

76 에틸에테르(폭발하한 값 1.9vol%)와 에틸알콜(폭발하한 값 4.3vol%)이 4:1로 혼합된 증기의 폭발하한계(vol%)는 약 얼마인가? (단, 혼합증기는 에틸에테르가 80vol%, 에틸알콜이 20vol%로 구성되고, 르샤틀리에 법칙을 이용한다.)

① 2.14vol%   ② 3.14vol%
③ 4.14vol%   ④ 5.14vol%

[해설] 혼합 가스의 폭발 범위(르 샤틀리에의 공식)

$$\frac{100}{L} = \frac{V_1}{L_1} + \frac{V_2}{L_2} + \frac{V_3}{L_3} \cdots \text{ (Vol\%)}$$

$$L = \frac{100}{\frac{V_1}{L_1} + \frac{V_2}{L_2} + \frac{V_3}{L_3} \cdots}$$

여기서,
L : 혼합가스의 폭발하한계(상한계)
L_1, L_2, L_3 : 단독가스의 폭발하한계(상한계)
V_1, V_2, V_3 : 단독가스의 공기 중 부피
$100 : V_1 + V_2 + V_3 + \cdots$

$$\frac{(80+20)}{L} = \frac{80}{1.9} + \frac{20}{4.3}$$

$$L = \frac{80+20}{\frac{80}{1.9} + \frac{20}{4.3}} = 2.14\text{vol\%}$$

{분석} 실기까지 중요한 내용입니다.

정답 73 ③ 74 ① 75 ④ 76 ①

77 다음 중 산업안전보건기준에 관한 규칙에서 규정하는 급성 독성물질에 해당되지 않는 것은?

① 쥐에 대한 경구투입실험에 의하여 실험동물의 50%를 사망시킬 수 있는 물질의 양이 kg당 300mg-(체중) 이하인 화학물질
② 쥐에 대한 경피흡수실험에 의하여 실험동물의 50%를 사망시킬 수 있는 물질의 양이 kg당 1000mg-(체중) 이하인 화학물질
③ 토끼에 대한 경피흡수실험에 의하여 실험동물의 50%를 사망시킬 수 있는 물질의 양이 kg당 1000mg-(체중) 이하인 화학물질
④ 쥐에 대한 4시간 동안의 흡입실험에 의하여 실험동물의 50%를 사망시킬 수 있는 가스의 농도가 3000ppm 이상인 화학물질

[해설] **급성 독성 물질**
가. 쥐에 대한 경구투입실험에 의하여 실험동물의 50퍼센트를 사망시킬 수 있는 물질의 양, 즉 LD_{50}(경구, 쥐)이 킬로그램당 300밀리그램-(체중) 이하인 화학물질
나. 쥐 또는 토끼에 대한 경피흡수실험에 의하여 실험동물의 50퍼센트를 사망시킬 수 있는 물질의 양, 즉 LD_{50}(경피, 토끼 또는 쥐)이 킬로그램당 1000밀리그램-(체중) 이하인 화학물질
다. 쥐에 대한 4시간 동안의 흡입실험에 의하여 실험동물의 50퍼센트를 사망시킬 수 있는 물질의 농도, 즉 가스 LC_{50}(쥐, 4시간 흡입)이 2500ppm 이하인 화학물질, 증기 LC_{50}(쥐, 4시간 흡입)이 10mg/ℓ 이하인 화학물질, 분진 또는 미스트 1mg/ℓ 이하인 화학물질

{분석} 실기에도 자주 출제되는 중요한 내용입니다. 암기하세요.

78 연소의 3요소 중 1가지에 해당하는 요소가 아닌 것은?

① 메탄 ② 공기
③ 정전기 방전 ④ 이산화탄소

[해설]
① 메탄 → 가연물
② 공기 → 산소공급
③ 정전기 방전 → 점화원

[참고] **연소의 3요소**
① 가연물
② 산소(공기)
③ 점화원 또는 열

79 다음 물질이 물과 반응하였을 때 가스가 발생한다. 위험도 값이 가장 큰 가스를 발생하는 물질은?

① 칼륨
② 수소화나트륨
③ 탄화칼슘
④ 트리에틸 알루미늄

[해설] 탄화칼슘은 물과 반응하여 아세틸렌(폭발 3등급)을 발생시킨다.

80 다음 중 화재의 분류에서 전기화재에 해당하는 것은?

① A급 화재 ② B급 화재
③ C급 화재 ④ D급 화재

[해설]

A급 화재	B급 화재	C급 화재	D급 화재
백색	황색	청색	표시없음 (무색)
일반 화재	유류 화재	전기 화재	금속 화재

{분석} 실기까지 중요한 내용입니다. 암기하세요.

정답 77 ④ 78 ④ 79 ③ 80 ③

제5과목 • 건설공사 안전 관리

81 잠함 또는 우물통의 내부에서 근로자가 굴착작업을 하는 경우의 준수사항으로 옳지 않은 것은?

① 산소결핍 우려가 있는 경우에는 산소의 농도를 측정하는 사람을 지명하여 측정하도록 할 것
② 근로자가 안전하게 오르내리기 위한 설비를 설치할 것
③ 굴착 깊이가 20m를 초과하는 경우에는 해당 작업장소와 외부와의 연락을 위한 통신설비 등을 설치할 것
④ 잠함 또는 우물통의 급격한 침하에 의한 위험을 방지하기 위하여 바닥으로부터 천장 또는 보까지의 높이는 2m 이내로 할 것

[해설] ④ 잠함 또는 우물통의 급격한 침하에 의한 위험을 방지하기 위하여 바닥으로부터 천장 또는 보까지의 높이는 1.8m 이상으로 할 것

82 굴착작업 시 근로자의 위험을 방지하기 위하여 해당 작업, 작업장에 대한 사전조사를 실시하여야 하는데 이 사전조사 항목에 포함되지 않는 것은?

① 지반의 지하수위 상태
② 형상·지질 및 지층의 상태
③ 굴착기의 이상 유무
④ 매설물 등의 유무 또는 상태

[해설] 굴착작업 시 사전조사 내용
① 형상·지질 및 지층의 상태
② 균열·함수(含水)·용수 및 동결의 유무 또는 상태
③ 매설물 등의 유무 또는 상태
④ 지반의 지하수위 상태

{분석} 실기까지 중요한 내용입니다.

83 흙의 연경도(Consistency)에서 반고체 상태와 소성상태의 한계를 무엇이라 하는가?

① 액성한계
② 소성한계
③ 수축한계
④ 반수축한계

[해설] 반고체 상태와 소성상태의 한계 → 소성한계

84 화물을 적재하는 경우 준수하여야 할 사항으로 옳지 않은 것은?

① 침하 우려가 없는 튼튼한 기반 위에 적재할 것
② 화물의 압력 정도와 관계없이 건물의 벽이나 칸막이 등을 이용하여 화물을 기대에 적재할 것
③ 하중이 한쪽으로 치우치지 않도록 쌓을 것
④ 불안정할 정도로 높이 쌓아 올리지 말 것

[해설] ② 건물의 칸막이나 벽 등이 화물의 압력에 견딜 만큼의 강도를 지니지 아니한 경우에는 칸막이나 벽에 기대어 적재하지 않도록 할 것

85 발파공사 암질 변화구간 및 이상암질 출현 시 적용하는 암질 판별 방법과 거리가 먼 것은?

① R.Q.D
② RMR 분류
③ 탄성파 속도
④ 하중계(Load Cell)

{분석} 관련 법령에서 삭제된 내용입니다.

정답 81 ④ 82 ③ 83 ② 84 ② 85 정답 없음

86 철골작업을 중지하여야 하는 풍속과 강우량 기준으로 옳은 것은?

① 풍속 : 10m/sec 이상,
　강우량 : 1mm/h 이상
② 풍속 : 5m/sec 이상,
　강우량 : 1mm/h 이상
③ 풍속 : 10m/sec 이상,
　강우량 : 2mm/h 이상
④ 풍속 : 5m/sec 이상,
　강우량 : 2mm/h 이상

[해설] 철골작업을 중지해야 하는 조건
① 풍속이 초당 10미터 이상인 경우
② 강우량이 시간당 1밀리미터 이상인 경우
③ 강설량이 시간당 1센티미터 이상인 경우

{분석}
실기에도 자주 출제되는 중요한 내용입니다. 암기하세요.

87 근로자의 추락 등의 위험을 방지하기 위하여 안전난간을 설치하는 경우 안전난간은 구조적으로 가장 취약한 지점에서 가장 취약한 방향으로 작용하는 얼마 이상의 하중에 견딜 수 있는 튼튼한 구조이어야 하는가?

① 50kg
② 100kg
③ 150kg
④ 200kg

[해설] 안전난간은 구조적으로 가장 취약한 지점에서 가장 취약한 방향으로 작용하는 100kg 이상의 하중에 견딜 수 있는 튼튼한 구조이어야 한다.

{분석}
실기까지 중요한 내용입니다.

88 달비계(곤돌라의 달비계는 제외)의 최대 적재하중을 정하는 경우 달기와이어로프 및 달기강선의 안전계수 기준으로 옳은 것은?

① 5 이상
② 7 이상
③ 8 이상
④ 10 이상

{분석}
관련 법령에서 삭제된 내용입니다.

89 지반의 종류에 따른 굴착면의 기울기 기준으로 옳지 않은 것은?

① 모래 1 : 1.8
② 연암 1 : 0.7
③ 풍화암 1 : 1.0
④ 그 밖의 흙 1 : 1.2

[해설] 굴착면의 기울기 및 높이 기준

지반의 종류	굴착면의 기울기
모래	1 : 1.8
연암 및 풍화암	1 : 1.0
경암	1 : 0.5
그 밖의 흙	1 : 1.2

{분석}
실기에도 자주 출제되는 중요한 내용입니다. 암기하세요.

정답 86 ① 87 ② 88 정답 없음 89 ②

90 재료비가 30억 원, 직접노무비가 50억 원인 건설공사의 예정가격 상 안전 관리비로 옳은 것은? (단, 건축공사에 해당되며 계상기준은 1.97%임)

① 56,400,000원
② 94,000,000원
③ 150,400,000원
④ 157,600,000원

해설 안전관리비의 계상

1. 대상액이 5억 원 미만 또는 50억 원 이상
   안전관리비
   = 대상액(재료비 + 직접 노무비) × 비율
2. 대상액이 5억 원 이상 50억 원 미만
   안전관리비
   = 대상액(재료비 + 직접 노무비) × 비율
   + 기초액(C)

대상액 = 30억 원 + 50억 원 = 80억 원
안전관리비 = 80억 원 × 0.0197 = 157,600,000원

91 사질토지반에서 보일링(boiling)현상에 의한 위험성이 예상될 경우의 대책으로 옳지 않은 것은?

① 흙막이 말뚝의 밑둥넣기를 깊게 한다.
② 굴착 저면보다 깊은 지반을 불투수로 개량한다.
③ 굴착 밑 투수층에 만든 피트(pit)를 제거한다.
④ 흙막이벽 주위에서 배수시설을 통해 수두차를 적게 한다.

해설 ③ 굴착 밑 투수층에 피트(pit), 배수암거 등을 설치한다.

참고 보일링현상 방지책
• 지하수위 저하
• 지하수 흐름 변경
• 근입벽을 깊게 한다.
• 작업 중지

92 유해 · 위험 방지계획서 제출 시 첨부서류의 항목이 아닌 것은?

① 보호장비 폐기계획
② 공사개요서
③ 산업안전보건관리비 사용계획
④ 전체공정표

해설 유해 · 위험방지계획서 첨부서류
1. 공사 개요 및 안전보건관리계획
   가. 공사 개요서
   나. 공사현장의 주변 현황 및 주변과의 관계를 나타내는 도면(매설물 현황을 포함한다)
   다. 건설물, 사용 기계설비 등의 배치를 나타내는 도면
   라. 전체 공정표
   마. 산업안전보건관리비 사용계획
   바. 안전관리 조직표
   사. 재해 발생 위험 시 연락 및 대피방법
2. 작업 공사 종류별 유해 · 위험방지계획

93 다음 ( )안에 알맞은 수치는?

슬레이트, 선라이트(sunlight) 등 강도가 약한 재료로 덮은 지붕 위에서 작업을 할 때에 발이 빠지는 등 근로자가 위험해질 우려가 있는 경우 폭 ( ) 이상의 발판을 설치하거나 추락방호망을 치는 등 위험을 방지하기 위하여 필요한 조치를 하여야 한다.

① 30cm   ② 40cm
③ 50cm   ④ 60cm

해설 지붕 위에서의 위험 방지
사업주는 근로자가 지붕 위에서 작업을 할 때에 추락하거나 넘어질 위험이 있는 경우에는 다음 각 호의 조치를 해야 한다.
① 지붕의 가장자리에 안전난간을 설치할 것
② 채광창(skylight)에는 견고한 구조의 덮개를 설치할 것
③ 슬레이트 등 강도가 약한 재료로 덮은 지붕에는 폭 30센티미터 이상의 발판을 설치할 것

정답 90 ④ 91 ③ 92 ① 93 ①

94 다음 중 쇼벨계 굴착기계에 속하지 않는 것은?

① 파워쇼벨(power shovel)
② 크램쉘(clamshell)
③ 스크레이퍼(scraper)
④ 드래그라인(dragline)

[해설] ③ 스크레이퍼(scraper) → 트렉터계 기계

95 토사 붕괴의 내적 요인이 아닌 것은?

① 사면, 법면의 경사 증가
② 절토 사면의 토질구성 이상
③ 성토 사면의 토질구성 이상
④ 토석의 강도 저하

[해설] ① 사면, 법면의 경사 증가
→ 토사 붕괴의 외적 요인

[참고] 토석붕괴의 외적 원인
① 사면, 법면의 경사 및 기울기의 증가
② 절토 및 성토 높이의 증가
③ 공사에 의한 진동 및 반복 하중의 증가
④ 지표수 및 지하수의 침투에 의한 토사 중량의 증가
⑤ 지진, 차량, 구조물의 하중 작용
⑥ 토사 및 암석의 혼합층 두께

96 다음은 비계발판용 목재재료의 강도상의 결점에 대한 조사기준이다. ( )안에 들어갈 내용으로 옳은 것은?

> 발판의 폭과 동일한 길이 내에 있는 결점 지수의 총합이 발판 폭의 ( )을 초과하지 않을 것

① 1/2 ② 1/3
③ 1/4 ④ 1/6

[해설] 발판의 폭과 동일한 길이 내에 있는 결점지수의 총합이 발판 폭의 1/4을 초과하지 않을 것

97 다음은 산업안전보건법령에 따른 작업장에서의 투하설비 등에 관한 사항이다. 빈칸에 들어갈 내용으로 옳은 것은?

> 사업주는 높이가 ( ) 이상인 장소로부터 물체를 투하하는 때에는 적당한 투하설비를 설치하거나 감시인을 배치하는 등 위험방지를 위하여 필요한 조치를 하여야 한다.

① 2 ② 3
③ 5 ④ 10

[해설] 사업주는 높이가 3미터 이상인 장소로부터 물체를 투하하는 때에는 적당한 투하설비를 설치하거나 감시인을 배치하는 등 위험방지를 위하여 필요한 조치를 하여야 한다.

98 철골용접 작업자의 전격 방지를 위한 주의사항으로 옳지 않은 것은?

① 보호구와 복장을 구비하고, 기름기가 묻었거나 젖은 것은 착용하지 않을 것
② 작업 중지의 경우에는 스위치를 떼어 놓을 것
③ 개로전압이 높은 교류 용접기를 사용할 것
④ 좁은 장소에서의 작업에서는 신체를 노출시키지 않을 것

[해설] ③ 개로전압(2차 무부하전압)이 낮은 교류 용접기를 사용하여야 전격을 방지할 수 있다.

정답 94 ③ 95 ① 96 ③ 97 ② 98 ③

99 층고가 높은 슬래브 거푸집 하부에 적용하는 무지주 공법이 아닌 것은?

① 보우빔(bow beam)
② 철근일체형 데크플레이트(deck plate)
③ 페코빔(pecco beam)
④ 솔져시스템(soldier system)

[해설] 무지주 공법
① 보우빔(bow beam)
② 철근일체형 데크플레이트(deck plate)
③ 페코빔(pecco beam)

[참고] 무지주 공법
천장이 높을 경우 받침기둥 없이 보에 수평지지보를 걸어 거푸집을 지지하는 공법

100 도심지에서 주변에 주요시설물이 있을 때 침하와 변위를 적게 할 수 있는 가장 적당한 흙막이 공법은?

① 동결공법
② 샌드드레인 공법
③ 지하 연속벽 공법
④ 뉴매틱케이슨 공법

[해설] 지하 연속벽 공법
소음, 진동이 적어 도심지 공사, 기존 구조물 근접 지역에서 공사가 가능하다.

정답 99 ④ 100 ③

02회 2018년 산업안전 산업기사 최근 기출문제

2018년 4월 28일 시행

제1과목 • 산업재해 예방 및 안전보건교육

01 안전교육 방법 중 TWI의 교육과정이 아닌 것은?

① 작업지도 훈련
② 인간관계 훈련
③ 정책수립 훈련
④ 작업방법 훈련

[해설] **TWI 교육과정**
① 작업 방법 기법 (Job Method Training : JMT)
② 작업 지도 기법 (Job instruction Training : JIT)
③ 인간 관계관리 기법 or 부하통솔법 (Job Relations Training : JRT)
④ 작업 안전 기법 (Job Safety Training : JST)

{분석} 실기까지 중요한 내용입니다.

02 근로자가 작업대 위에서 전기공사 작업 중 감전에 의하여 지면으로 떨어져 다리에 골절상해를 입은 경우의 기인물과 가해물로 옳은 것은?

① 기인물 - 작업대, 가해물 - 지면
② 기인물 - 전기, 가해물 - 지면
③ 기인물 - 지면, 가해물 - 전기
④ 기인물 - 작업대, 가해물 - 전기

[해설] 1. 전기공사 작업 중 감전에 의하여 떨어짐 → 기인물 : 전기
2. 지면으로 떨어져 다리에 골절 → 가해물 : 지면

{분석} 실기까지 중요한 내용입니다.

03 산업재해에 있어 인명이나 물적 등 일체의 피해가 없는 사고를 무엇이라고 하는가?

① Near Accident
② Good Accident
③ True Accident
④ Original Accident

[해설] 인명이나 물적 등 일체의 피해가 없는 사고 → Near Accident(앗차사고, 사고 나기 직전의 순간)

04 내전압용 절연장갑의 성능 기준 상 최대 사용 전압에 따른 절연 장갑의 구분 중 00등급의 색상으로 옳은 것은?

① 노란색
② 흰색
③ 녹색
④ 갈색

[해설] **절연장갑의 등급**

등급	최대 사용 전압		등급별 색상
	교류(V, 실효값)	직류(V)	
00	500	750	• 00등급 : 갈색
0	1,000	1,500	• 0등급 : 빨간색
1	7,500	11,250	• 1등급 : 흰색
2	17,000	25,500	• 2등급 : 노란색
3	26,500	39,750	• 3등급 : 녹색
4	36,000	54,000	• 4등급 : 등색

실력이 되라! 합격이 되라! **특급 암기법**
공갈, 공적, 1백, 2황, 3녹, 4등

{분석} 실기까지 중요한 내용입니다.

정답 01 ③ 02 ② 03 ① 04 ④

05 점검시기에 의한 안전점검의 분류에 해당하지 않는 것은?

① 성능점검 ② 정기점검
③ 임시점검 ④ 특별점검

[해설] 안전점검의 종류
① 정기점검(계획점검) : 일정 기간마다 정기적으로 실시하는 점검을 말한다.
② 수시점검(일상점검) : 매일 작업 전, 중, 후에 실시하는 점검을 말한다.
③ 특별점검 : 기계·기구 또는 설비의 신설·변경 또는 고장·수리 등으로 비정기적인 특정 점검, 산업안전보건 강조기간, 악천후 시에도 실시한다.
④ 임시점검 : 기계·기구 또는 설비의 이상 발견 시에 임시로 점검하는 점검을 말한다.

{분석} 필기에 자주 출제되는 내용입니다.

06 재해율 중 재직 근로자 1,000명 당 1년간 발생하는 재해자 수를 나타내는 것은?

① 연천인율 ② 도수율
③ 강도율 ④ 종합재해지수

[해설] 연천인율
① 근로자 1,000명 중 재해자수 비율(1년간)
② 연천인율 = $\frac{\text{연간재해자수}}{\text{연평균 근로자수}} \times 1,000$
③ 연천인율 = 도수율 × 2.4

{분석} 실기에 자주 출제되는 내용입니다. 암기하세요.

07 파블로프(Pavlov)의 조건반사설에 의한 학습이론의 원리에 해당되지 않는 것은?

① 일관성의 원리
② 시간의 원리
③ 강도의 원리
④ 준비성의 원리

[해설] 파블로프의 조건반사설
(자극과 반응이론 : S - R이론)
• 일관성의 원리
• 계속성의 원리
• 시간의 원리
• 강도의 원리

{분석} 실기까지 중요한 내용입니다.

08 착오의 요인 중 인지과정의 착오에 해당하지 않는 것은?

① 정서불안정
② 감각차단 현상
③ 정보 부족
④ 생리·심리적 능력의 한계

[해설] 인간의 착오 요인

인지과정 착오 요인	• 정보량 저장의 한계 • 감각 차단 현상 • 정서적 불안정 • 생리, 심리적 능력의 한계 (정보 수용 능력의 한계)
판단과정 착오 요인	• 자기 합리화 • 능력 부족 • 정보 부족 • 자기 과신
조작과정의 착오 요인	• 작업자의 기능 미숙 (기술 부족) • 작업경험 부족 • 피로
심리적, 기타 요인	• 불안·공포·과로·수면 부족 등

정답 05 ① 06 ① 07 ④ 08 ③

09 산업안전보건 법령상 안전관리자가 수행하여야 할 업무가 아닌 것은?(단, 그 밖에 안전에 관한 사항으로서 고용노동부장관이 정하는 사항은 제외한다.)

① 위험성평가에 관한 보좌 및 조언·지도
② 물질안전보건자료의 게시 또는 비치에 관한 보좌 및 조언·지도
③ 사업장 순회점검·지도 및 조치의 건의
④ 산업재해에 관한 통계의 유지·관리·분석을 위한 보좌 및 조언·지도

【해설】 안전관리자 직무
① 사업장 안전교육계획의 수립 및 안전교육 실시에 관한 보좌 및 조언·지도
② 사업장 순회점검·지도 및 조치의 건의
③ 산업재해 발생의 원인 조사·분석 및 재발 방지를 위한 기술적 보좌 및 조언·지도
④ 산업재해에 관한 통계의 유지·관리·분석을 위한 보좌 및 조언·지도
⑤ 안전인증대상 기계·기구 등과 자율안전확인대상 기계·기구 등 구입 시 적격품의 선정에 관한 보좌 및 조언·지도
⑥ 위험성평가에 관한 보좌 및 조언·지도
⑦ 안전에 관한 사항의 이행에 관한 보좌 및 조언·지도
⑧ 산업안전보건위원회 또는 노사협의체, 안전보건관리규정 및 취업규칙에서 정한 직무
⑨ 업무수행 내용의 기록·유지
⑩ 그 밖에 안전에 관한 사항으로서 노동부장관이 정하는 사항

{분석} 실기에 자주 출제되는 내용입니다. 암기하세요.

10 모랄 서베이(Morale Survey)의 효용이 아닌 것은?

① 조직 또는 구성원의 성과를 비교·분석한다.
② 종업원의 정화(Catharsis)작용을 촉진시킨다.
③ 경영관리를 개선하는 자료를 얻는다.
④ 근로자의 심리 또는 욕구를 파악하여 불만을 해소하고, 노동 의욕을 높인다.

【해설】 모랄 서베이의 효과
① 근로자의 불만을 해소하고 노동 의욕을 높인다.
② 경영관리 개선 자료로 활용할 수 있다.
③ 종업원의 정화작용을 촉진시킨다.

【참고】 모랄 서베이 : 종업원의 근로의욕 등 태도조사법

11 부주의 현상 중 의식의 우회에 대한 예방대책으로 옳은 것은?

① 안전교육
② 표준작업제도 도입
③ 상담
④ 적성배치

【해설】 부주의의 원인과 대책
① 소질적 문제 : 적성 배치
② 의식의 우회 : 카운슬링(상담)
③ 경험, 미경험자 : 안전교육, 훈련
④ 작업환경 조건 불량 : 환경 정비
⑤ 작업순서의 부적당 : 작업순서 정비

{분석} 필기에 자주 출제되는 내용입니다.

12 산업안전보건 법령상 안전·보건표지의 색채, 색도 기준 및 용도 중 다음 (   ) 안에 알맞은 것은?

색채	색도 기준	용도	사용례
( )	5Y 8.5/12	경고	화학물질 취급 장소에서의 유해·위험경고 이외의 위험경고, 주의표지 또는 기계방호물

① 파란색
② 노란색
③ 빨간색
④ 검은색

정답 09 ② 10 ① 11 ③ 12 ②

[해설] 안전·보건표지의 색채, 색도 기준 및 용도

색채	색도 기준	용도	사용례
빨간색	7.5R 4/14 암기: 싫어 (7.5) 4/14	금지	정지신호, 소화설비 및 그 장소, 유해행위의 금지
		경고	화학물질 취급장소에서의 유해·위험 경고
노란색	5Y 8.5/12 암기: 오(5) 빨리와(8.5) 이리(12)	경고	화학물질 취급장소에서의 유해·위험경고 이외의 위험경고, 주의표지 또는 기계방호물
파란색	2.5PB 4/10 암기: 2.5×4 = 10	지시	특정 행위의 지시 및 사실의 고지
녹색	2.5G 4/10 암기: 2.5×4 = 10	안내	비상구 및 피난소, 사람 또는 차량의 통행표지
흰색	N9.5		파란색 또는 녹색에 대한 보조색
검은색	N0.5		문자 및 빨간색 또는 노란색에 대한 보조색

{분석}
실기에 자주 출제되는 내용입니다. 암기하세요.

13 보호구 안전인증 고시에 따른 안전화의 정의 중 다음 ( ) 안에 알맞은 것은?

> 경작업용 안전화란 (㉠)[mm]의 낙하높이에서 시험 했을 때 충격과 (㉡) ±0.1)[kN]의 압축하중에서 시험했을 때 압박에 대하여 보호해 줄 수 있는 선심을 부착하여, 착용자를 보호하기 위한 안전화를 말한다.

① ㉠ 500, ㉡ 10.0
② ㉠ 250, ㉡ 10.0
③ ㉠ 500, ㉡ 4.4
④ ㉠ 250, ㉡ 4.4

[해설] 사용장소에 따른 안전화의 등급

등급	용어 정의
중작업용	1,000밀리미터의 낙하높이에서 시험했을 때 충격과 (15.0±0.1)킬로뉴턴(KN)의 압축하중에서 시험했을 때 압박에 대하여 보호해 줄 수 있는 선심을 부착하여, 착용자를 보호하기 위한 안전화를 말한다.
보통작업용	500밀리미터의 낙하높이에서 시험했을 때 충격과 (10.0±0.1)킬로뉴턴(KN)의 압축하중에서 시험했을 때 압박에 대하여 보호해 줄 수 있는 선심을 부착하여, 착용자를 보호하기 위한 안전화를 말한다.
경작업용	250밀리미터의 낙하높이에서 시험했을 때 충격과 (4.4±0.1)킬로뉴턴(KN)의 압축하중에서 시험했을 때 압박에 대하여 보호해 줄 수 있는 선심을 부착하여, 착용자를 보호하기 위한 안전화를 말한다.

14 산업안전보건 법령상 특별안전·보건교육 대상 작업별 교육내용 중 밀폐공간에서의 작업별 교육내용이 아닌 것은?(단, 그 밖에 안전·보건관리에 필요한 사항은 제외한다.)

① 산소농도 측정 및 작업환경에 관한 사항
② 유해물질의 인체에 미치는 영향에 관한 사항
③ 보호구 착용 및 보호 장비 사용에 관한 사항
④ 사고 시의 응급처치 및 비상시 구출에 관한 사항

[해설] 밀폐공간에서의 작업
- 산소농도 측정 및 작업환경에 관한 사항
- 사고 시의 응급처치 및 비상시 구출에 관한 사항
- 보호구 착용 및 보호 장비 사용에 관한 사항
- 작업내용·안전작업방법 및 절차에 관한 사항
- 장비·설비 및 시설 등의 안전점검에 관한 사항
- 그 밖에 안전·보건관리에 필요한 사항

정답 13 ④ 14 ②

15 산업안전보건 법령상 근로자 안전·보건 교육 중 채용 시의 교육 및 작업내용 변경 시의 교육 사항으로 옳은 것은?

① 물질안전보건자료에 관한 사항
② 건강증진 및 질병 예방에 관한 사항
③ 유해·위험 작업환경 관리에 관한 사항
④ 표준안전 작업방법 및 지도 요령에 관한 사항

[해설] 근로자 채용 시의 교육 및 작업내용 변경 시의 교육 내용
① 산업안전 및 사고 예방에 관한 사항
② 산업보건 및 직업병 예방에 관한 사항
③ 산업안전보건법령 및 산업재해보상보험제도에 관한 사항
④ 직무스트레스 예방 및 관리에 관한 사항
⑤ 직장 내 괴롭힘, 고객의 폭언 등으로 인한 건강 장해 예방 및 관리에 관한 사항
⑥ 기계·기구의 위험성과 작업의 순서 및 동선에 관한 사항
⑦ 물질안전보건자료에 관한 사항
⑧ 작업 개시 전 점검에 관한 사항
⑨ 정리정돈 및 청소에 관한 사항
⑩ 사고 발생 시 긴급조치에 관한 사항
⑪ 위험성 평가에 관한 사항

공통 항목
1. 신규자는 법, 산재보상제도를 알자!
2. 신규자는 건강을 보존(산업보건)하고 직업병, 스트레스, 괴롭힘, 폭언 예방하자!
3. 신규자는 안전하고 사고예방하자!
4. 신규자는 위험성을 평가하자!

신규채용자는 회사에 처음 입사해서 처음 일을 하는 근로자, 안전하게 일하기 위한 기본내용을 교육한다.
1. 신규자는 기계·기구 위험성, 작업순서, 동선을 알자!
2. 신규자는 취급물질의 위험성(물질안전보건자료)을 알자!
3. 신규자는 작업 전 점검하자!
4. 신규자는 항상 정리정돈 청소하자!
5. 신규자는 사고 시 조치를 알자!

{분석} 실기에 자주 출제되는 내용입니다. 암기하세요.

16 지난 한 해 동안 산업재해로 인하여 직접 손실비용이 3조 1,600억 원이 발생한 경우의 총 재해코스트는?(단, 하인리히의 재해 손실비 평가방식을 적용한다.)

① 6조 3,200억 원
② 9조 4,800억 원
③ 12조 6,400억 원
④ 15조 8,000억 원

[해설]
하인리히의 총 재해비용 = 직접비 + 간접비
   (1 : 4)

하인리히의 총 재해코스트
= 3조 1,600억 원 + (4 × 3조 1,600억 원)
= 15조 8,000억 원

{분석} 실기까지 중요한 내용입니다.

17 안전모의 시험성능 기준 항목이 아닌 것은?

① 내관통성
② 충격흡수성
③ 내구성
④ 난연성

[해설] 안전인증 대상 안전모의 성능기준 항목
① 내관통성 시험   ② 충격흡수성 시험
③ 내전압성 시험   ④ 내수성 시험
⑤ 난연성 시험   ⑥ 턱끈풀림 시험

[참고] 자율안전 확인 안전모 성능 시험 종류
① 내관통성 시험
② 충격흡수성 시험
③ 난연성 시험
④ 턱끈풀림시험

{분석} 실기까지 중요한 내용입니다.

정답 15 ① 16 ④ 17 ③

18 인간관계의 메커니즘 중 다른 사람으로부터의 판단이나 행동을 무비판적으로 논리적, 사실적 근거 없이 받아들이는 것은?

① 모방(imitation)
② 투사(projection)
③ 동일화(identification)
④ 암시(suggestion)

[해설] 다른 사람으로부터의 판단이나 행동을 무비판적으로 논리적, 사실적 근거 없이 받아들이는 것
→ 암시(suggestion)

[참고] ① 모방(imitation) : 남의 행동이나 판단을 표본으로 하여 그것과 같거나 또는 그것에 가까운 행동 또는 판단을 취하려는 행동
② 투사(projection) : 자신의 불만이나 불안을 해소시키기 위해서 자신의 잘못을 남의 탓으로 돌리는 행동
③ 동일화(identification) : 다른 사람의 행동 양식이나 태도를 투입시키거나 다른 사람 가운데서 자기와 비슷한 점을 발견하는 것

{분석}
실기까지 중요한 내용입니다.

19 안전교육 훈련의 기법 중 하버드 학파의 5단계 교수법을 순서대로 나열한 것으로 옳은 것은?

① 총괄 → 연합 → 준비 → 교시 → 응용
② 준비 → 교시 → 연합 → 총괄 → 응용
③ 교시 → 준비 → 연합 → 응용 → 총괄
④ 응용 → 연합 → 교시 → 준비 → 총괄

[해설] 하버드학파의 교수법

1단계	준비시킨다.
2단계	교시시킨다.
3단계	연합한다.
4단계	총괄한다.
5단계	응용시킨다.

{분석}
실기까지 중요한 내용입니다.

20 매슬로(Maslow)의 욕구 단계 이론 중 제5단계 욕구로 옳은 것은?

① 안전에 대한 욕구
② 자아실현의 욕구
③ 사회적(애정적) 욕구
④ 존경과 긍지에 대한 욕구

[해설] 매슬로(Maslow A. H.)의 욕구 단계 이론
① 제1단계(생리적 욕구)
② 제2단계(안전 욕구)
③ 제3단계(사회적 욕구)
④ 제4단계(존경 욕구)
⑤ 제5단계(자아실현의 욕구)

{분석}
실기까지 중요한 내용입니다.

제2과목 · 인간공학 및 위험성 평가 · 관리

21 소음성 난청 유소견자로 판정하는 구분을 나타내는 것은?

① A
② C
③ D_1
④ D_2

정답 18 ④ 19 ② 20 ② 21 ③

해설

건강관리 구분		건강관리 구분 내용
A		건강관리상 사후관리가 필요 없는 근로자(건강한 근로자)
C	C_1	직업성 질병으로 진전될 우려가 있어 추적검사 등 관찰이 필요한 근로자(직업병 요관찰자)
	C_2	일반 질병으로 진전될 우려가 있어 추적관찰이 필요한 근로자 (일반 질병 요관찰자)
D_1		직업성 질병의 소견을 보여 사후관리가 필요한 근로자 (직업병 유소견자)
D_2		일반 질병의 소견을 보여 사후관리가 필요한 근로자 (일반 질병 유소견자)
R		건강진단 1차 검사결과 건강수준의 평가가 곤란하거나 질병이 의심되는 근로자 (제2차 건강진단 대상자)

{분석} 실기까지 중요한 내용입니다.

22 휴먼 에러의 배후 요소 중 작업방법, 작업순서, 작업정보, 작업환경과 가장 관련이 깊은 것은?

① man
② machine
③ media
④ management

해설 휴먼 에러의 배후요인(4M)
① Man(인간) : 본인 외의 사람, 직장의 인간관계 등
② Machine(기계) : 기계, 장치 등의 물적 요인
③ Media(매체) : 작업정보, 작업방법 등
④ Management(관리) : 작업관리, 법규준수, 단속, 점검 등

{분석} 실기까지 중요한 내용입니다.

23 시스템의 정의에 포함되는 조건 중 틀린 것은?

① 제약된 조건 없이 수행
② 요소의 집합에 의해 구성
③ 시스템 상호 간의 관계를 유지
④ 어떤 목적을 위하여 작용하는 집합체

해설 시스템(system)의 정의
① 요소의 집합에 의해 구성되고
② system 상호 간의 관계를 유지하면서
③ 정해진 조건 아래에서
④ 어떤 목적을 위하여 작용하는 집합체라 할 수 있다.

24 단위 면적당 표면을 나타내는 빛의 양을 설명한 것으로 맞는 것은?

① 휘도   ② 조도
③ 광도   ④ 반사율

해설
1. 단위 면적당 표면을 나타내는 빛의 양 → 조도
2. 조도(lux) = $\dfrac{광도}{(거리)^2}$

25 그림과 같은 시스템에서 전체 시스템의 신뢰도는 얼마인가?(단, 네모 안의 숫자는 각 부품의 신뢰도이다.)

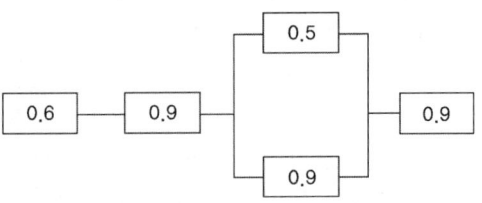

① 0.4104   ② 0.4617
③ 0.6314   ④ 0.6804

해설 $0.6 \times 0.9 \times \{1-(1-0.5) \times (1-0.9)\} \times 0.9 = 0.4617$

{분석} 필기에 자주 출제되는 내용입니다.

정답 22 ③ 23 ① 24 ② 25 ②

26 결함수분석법에서 일정 조합 안에 포함되어 있는 기본사상들이 모두 발생하지 않으면 틀림없이 정상사상(top event)이 발생되지 않는 조합을 무엇이라고 하는가?

① 컷셋(cut set)
② 패스셋(path set)
③ 결함수셋(fault tree set)
④ 부울대수(boolean algebra)

[해설] 정상사상(top event)이 발생되지 않는 조합(고장을 일으키지 않는 조합) → 패스셋(path set)

[참고] 컷셋(Cut Set) : 모든 기본사상이 일어났을 때 정상사상을 일으키는 기본사상들의 집합이다.

{분석} 필기에 자주 출제되는 내용입니다.

27 반경 10cm의 조종구(ball control)를 30° 움직였을 때, 표시장치가 2cm 이동하였다면 통제표시비(C/R 비)는 약 얼마인가?

① 1.3   ② 2.6
③ 5.2   ④ 7.8

[해설]
1. C/R 비 $= \dfrac{X}{Y}$

   X : 통제기기의 변위량(cm)
   Y : 표시계기 지침의 변위량(cm)

2. C/R 비 $= \dfrac{\dfrac{a}{360} \times 2\pi L}{Y}$

   a : 조종장치의 움직인 각도
   L : 조종장치의 반경

C/R 비 $= \dfrac{\dfrac{a}{360} \times 2\pi L}{Y} = \dfrac{\dfrac{30}{360} \times 2 \times \pi \times 10}{2} = 2.62$

{분석} 필기에 자주 출제되는 내용입니다.

28 건습지수로서 습구온도와 건구온도의 가중평균치를 나타내는 Oxford지수의 공식으로 맞는 것은?

① WD = 0.65WB + 0.35DB
② WD = 0.75WB + 0.25DB
③ WD = 0.85WB + 0.15DB
④ WD = 0.95WB + 0.05DB

[해설] Oxford 지수(습·건 지수)

$WD(℃) = 0.85 \times w + 0.15 \times d$

여기서, w : 습구온도
d : 건구온도

{분석} 필기에 자주 출제되는 내용입니다.

29 인간의 기대하는 바와 자극 또는 반응들이 일치하는 관계를 무엇이라 하는가?

① 관련성   ② 반응성
③ 양립성   ④ 자극성

[해설] 인간의 기대하는 바와 자극 또는 반응들이 일치하는 관계 → 양립성

[참고] 양립성 : 자극과 반응의 관계가 인간의 기대와 모순되지 않는 성질
① 개념적 양립성
 • 외부자극에 대해 인간의 개념적 현상의 양립성
 • 예 빨간 버튼은 온수, 파란 버튼은 냉수
② 공간적 양립성
 • 표시장치, 조종장치의 형태 및 공간적 배치의 양립성
 • 예 오른쪽 조리대는 오른쪽 조절장치로, 왼쪽 조리대는 왼쪽 조절장치로 조정한다.
③ 운동의 양립성
 • 표시장치, 조종장치 등의 운동 방향의 양립성
 • 예 조종장치를 오른쪽으로 돌리면 표시장치 지침이 오른쪽으로 이동한다.
④ 양식 양립성
 • 자극과 응답 양식의 존재에 대한 양립성
 • 예 청각적 자극 제시와 이에 대한 음성응답 과업에서 갖는 양립성

{분석} 필기에 자주 출제되는 내용입니다.

정답 26 ② 27 ② 28 ③ 29 ③

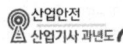

30 FTA에서 어떤 고장이나 실수를 일으키지 않으면 정상사상(Top event)은 일어나지 않는다고 하는 것으로 시스템의 신뢰성을 표시하는 것은?

① cut set
② minimal cut set
③ free event
④ minimal path set

[해설] 시스템의 신뢰성을 표시 → minimal path set

[참고]
1. 컷셋(Cut Set)
   - 정상사상을 발생시키는 기본사상의 집합
   - 모든 기본사상이 일어났을 때 정상사상을 일으키는 기본사상들의 집합이다.
2. 미니멀 컷(Minimal Cut Set)
   - 정상사상을 일으키기 위한 기본사상의 최소집합(최소한의 컷)
   - 시스템의 위험성을 나타낸다.
3. 패스셋(Path Set)
   - 시스템의 고장을 일으키지 않는 기본사상들의 집합
   - 포함된 기본사상이 일어나지 않을 때 처음으로 정상 사상이 일어나지 않는 기본 사상들의 집합이다.
4. 미니멀 패스(Minimal Path Set)
   - 시스템의 기능을 살리는 최소한의 집합(최소한의 패스)
   - 시스템의 신뢰성 나타낸다.

{분석} 필기에 자주 출제되는 내용입니다.

31 Chapanis의 위험수준에 의한 위험발생률 분석에 대한 설명으로 맞는 것은?

① 자주 발생하는(frequent) > 10^{-3}/day
② 가끔 발생하는(occasional) > 10^{-5}/day
③ 거의 발생하지 않는(remote) > 10^{-6}/day
④ 극히 발생하지 않는(impossible) > 10^{-8}/day

[해설] Chapanis의 위험 분석

발생빈도	평점	발생 확률
자주(때때로 발생)	6	> 10^{-2}/day
보통(수회 발생)	5	> 10^{-3}/day
가끔(드물게 발생)	4	> 10^{-4}/day
거의 발생하지 않음(일어날 것 같지 않음)	3	> 10^{-5}/day
극히 발생할 것 같지 않은(발생확률이 0에 가까움)	2	> 10^{-6}/day
전혀 발생하지 않는(발생 불가능)	1	> 10^{-8}/day

32 체계분석 및 설계에 있어서 인간공학적 노력의 효능을 산정하는 척도의 기준에 포함되지 않는 것은?

① 성능의 향상
② 훈련비용의 절감
③ 인력 이용률의 저하
④ 생산 및 보전의 경제성 향상

[해설] 체계분석 및 설계의 인간공학의 가치
① 성능의 향상 : 적절한 유능한 운용자
② 훈련비용의 절감 : 숙련도
③ 인력 이용률의 향상 : 인력자원의 효과적 이용
④ 사고 및 오용으로부터의 손실감소 : 인간공학 원칙 적용
⑤ 생산 및 보전의 경제성 증대 : 설계 단순화 및 인간공학 원칙 적용
⑥ 사용자의 수용도 향상 : 운용 및 보전성 용이

33 정보를 전송하기 위해 청각적 표시장치를 사용해야 효과적인 경우는?

① 전언이 복잡할 경우
② 전언이 후에 재참조될 경우
③ 전언이 공간적인 위치를 다룰 경우
④ 전언이 즉각적인 행동을 요구할 경우

정답 30 ④ 31 ④ 32 ③ 33 ④

[해설] 청각장치와 시각장치의 비교

청각장치	시각장치
① 전언이 짧고, 간단할 때	① 전언이 길고, 복잡할 때
② 재참조 되지 않음	② 재참조 된다.
③ 시간적인 사상을 다룬다.	③ 공간적인 위치 다룬다.
④ 즉각적인 행동 요구할 때	④ 즉각적 행동 요구하지 않을 때
⑤ 시각계통 과부하일 때	⑤ 청각계통 과부하일 때
⑥ 주위가 너무 밝거나 조응일 때	⑥ 주위가 너무 시끄러울 때
⑦ 자주 움직이는 경우	⑦ 한곳에 머무르는 경우

{분석}
필기에 자주 출제되는 내용입니다.

34 작업기억(working memory)에서 일어나는 정보코드화에 속하지 않는 것은?

① 의미 코드화
② 음성 코드화
③ 시각 코드화
④ 다차원 코드화

[해설] 작업기억(working memory)에서 일어나는 정보 코드화
① 의미 코드화
② 음성 코드화
③ 시각 코드화

[참고] 작업기억
감각기관을 통해 입력된 정보를 일시적으로 기억하고, 각종 인지적 과정을 계획하고 순서 지으며 실제로 수행하는 작업장으로서의 기능을 수행하는 단기적 기억을 말한다.

35 인체에서 뼈의 주요 기능으로 볼 수 없는 것은?

① 대사작용
② 신체의 지지
③ 조혈작용
④ 장기의 보호

[해설] 골격(뼈)의 주요 기능
① 신체를 지지하고 형상을 유지하는 역할
② 신체의 주요한 부분을 보호하는 역할
③ 신체활동을 수행하는 역할
④ 혈액을 생성하는 역할

36 인간의 눈에서 빛이 가장 먼저 접촉하는 부분은?

① 각막
② 망막
③ 초자체
④ 수정체

[해설] 눈에서 빛이 가장 먼저 접촉하는 부분 → 각막

[참고]
1. 망막 : 인간의 눈의 부위 중에서 실제로 빛을 수용하여 두뇌로 전달하는 역할을 한다.
2. 초자체 : 안구 중심부의 공간을 채우며 투명한 젤의 형태로 존재, 안구의 구조를 유지하는 데 중요한 역할을 한다.
3. 수정체 : 빛을 굴절시켜서 망막에 상이 맺히게 하는 역할을 한다.(카메라 렌즈 역할)

37 인간공학적인 의자 설계를 위한 일반적 원칙으로 적절하지 않은 것은?

① 척추의 허리 부분은 요부 전만을 유지한다.
② 허리 강화를 위하여 쿠션은 설치하지 않는다.
③ 좌판의 앞 모서리 부분은 5cm 정도 낮아야 한다.
④ 좌판과 등받이 사이의 각도는 90 ~ 105°를 유지하도록 한다.

[해설] 의자 설계의 일반 원리
① 요추의 전만 곡선을 유지할 것
② 디스크의 압력을 줄인다.
③ 등 근육의 정적부하를 감소시킨다.
④ 자세 고정을 줄인다.
⑤ 쉽게 조절할 수 있도록 설계할 것

[참고] 의자 설계의 원칙
① 체중 분포 : 의자에 앉았을 때 체중이 주로 좌골 결절에 실려야 한다.

정답 34 ④ 35 ① 36 ① 37 ②

② 의자 좌판의 높이
- 좌판 앞부분이 대퇴를 압박하지 않도록 오금 높이보다 높지 않아야 한다.
- 치수는 5% 오금높이로 한다.

③ 의자 좌판의 깊이(길이)와 폭
- 일반적으로 폭은 큰사람에게 맞도록 설계한다.
- 깊이는 장딴지 여유를 주고 대퇴를 압박하지 않도록 작은 사람에게 맞도록 설계한다.

④ 몸통의 안정
- 의자 좌판의 각도는 3°, 등판의 각도는 100°가 몸통에 안정적이다.

38 윤활관리 시스템에서 준수해야 하는 4가지 원칙이 아닌 것은?

① 적정량 준수
② 다양한 윤활제의 혼합
③ 올바른 윤활법의 선택
④ 윤활기간의 올바른 준수

[해설] 적정 윤활의 원칙
① 적량의 규정
② 윤활 기간의 올바른 준수
③ 올바른 윤활법의 채용
④ 올바른 윤활유의 선정

39 FT도에 사용되는 기호 중 "전이기호"를 나타내는 기호는?

①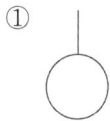
②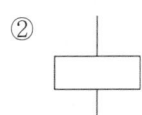
③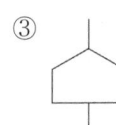
④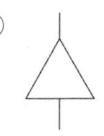

[해설]

기호	명명	기호 설명
△	전이기호	다른 부분과의 연결을 나타낸다.
▭	결함사상 (정상사상, 중간사상)	고장사상
⌂	통상사상	발생이 예상되는 사상
○	기본사상	더 이상 전개할 수 없는 사건의 원인

{분석} 필기에 자주 출제되는 내용입니다.

40 설비의 위험을 예방하기 위한 안전성 평가 단계 중 가장 마지막에 해당하는 것은?

① 재평가
② 정성적 평가
③ 안전대책
④ 정량적 평가

[해설] 안전성 평가 6단계
① 1단계 : 관계자료의 정비 검토(작성 준비)
② 2단계 : 정성적인 평가
③ 3단계 : 정량적인 평가
④ 4단계 : 안전대책 수립
⑤ 5단계 : 재해사례에 의한 평가
⑥ 6단계 : FTA에 의한 재평가

{분석} 필기에 자주 출제되는 내용입니다.

정답 38 ② 39 ④ 40 ①

제3과목 • 기계 · 기구 및 설비 안전 관리

41 산업안전보건법령에서 규정하는 양중기에 속하지 않는 것은?

① 호이스트 ② 이동식 크레인
③ 곤돌라 ④ 체인블록

[해설] 양중기의 종류(산업안전보건법 기준)
① 크레인[호이스트(hoist)를 포함]
② 이동식 크레인
③ 리프트(이삿짐운반용 리프트의 경우에는 적재하중이 0.1톤 이상인 것으로 한정)
④ 곤돌라
⑤ 승강기

{분석}
실기에 자주 출제되는 내용입니다. 암기하세요.

42 산업용 로봇에 사용되는 안전매트에 요구되는 일반 구조 및 표시에 관한 설명으로 옳지 않은 것은?

① 단선 경보장치가 부착되어 있어야 한다.
② 감응시간을 조절하는 장치는 부착되어 있지 않아야 한다.
③ 자율안전 확인의 표시 외에 작동 하중, 감응 시간, 복귀 신호의 자동 또는 수동 여부, 대소인 공용 여부를 추가로 표시해야 한다.
④ 감응도 조절장치가 있는 경우 봉인되어 있지 않아야 한다.

[해설] 안전매트의 일반구조
① 단선 경보장치가 부착되어 있어야 한다.
② 감응 시간을 조절하는 장치는 부착되어 있지 않아야 한다.
③ 감응도 조절장치가 있는 경우 봉인되어 있어야 한다.

43 금형 작업의 안전과 관련하여 금형 부품의 조립 시의 주의 사항으로 틀린 것은?

① 맞춤 핀을 조립할 때에는 헐거운 끼워맞춤으로 한다.
② 파일럿 핀, 직경이 작은 펀치, 핀 게이지 등의 삽입부품은 빠질 위험이 있으므로 플랜지를 설치하는 등 이탈 방지 대책을 세워둔다.
③ 쿠션 핀을 사용할 경우에는 상승 시 누름판의 이탈 방지를 위하여 단붙임 한 나사로 견고히 조여야 한다.
④ 가이드 포스트, 샹크는 확실하게 고정한다.

[해설] ① 맞춤 핀을 사용할 때에는 억지 끼워맞춤으로 한다.

44 선반 작업 시 주의사항으로 틀린 것은?

① 회전 중에 가공품을 직접 만지지 않는다.
② 공작물의 설치가 끝나면, 척에서 렌치류는 곧바로 제거한다.
③ 칩(chip)이 비산할 때는 보안경을 쓰고 방호판을 설치하여 사용한다.
④ 돌리개는 적정 크기의 것을 선택하고, 심압대 스핀들은 가능한 길게 나오도록 한다.

[해설] ④ 돌리개는 적정 크기의 것을 선택하고, 심압대 스핀들은 가능하면 짧게 나오도록 한다.

정답 41 ④ 42 ④ 43 ① 44 ④

45 다음 중 기계 고장률의 기본 모형이 아닌 것은?

① 초기 고장
② 우발 고장
③ 영구 고장
④ 마모 고장

해설 기계 고장률의 기본 모형
① 초기 고장
② 우발 고장
③ 마모 고장

{분석} 실기까지 중요한 내용입니다.

46 연삭숫돌의 덮개 재료 선정 시 최고속도에 따라 허용되는 덮개 두께가 달라지는데 동일한 최고속도에서 가장 얇은 판을 쓸 수 있는 덮개의 재료로 다음 중 가장 적절한 것은?

① 회주철
② 압연강판
③ 가단주철
④ 탄소강주강품

해설 동일한 최고속도에서 가장 얇은 판을 쓸 수 있는 덮개의 재료 → 압연강판

47 프레스의 양수조작식 방호장치에서 누름 버튼의 상호 간 내측 거리는 몇 mm 이상이어야 하는가?

① 200   ② 300
③ 400   ④ 500

해설 누름 버튼의 상호 간 내측 거리는 300mm 이상이어야 한다.(한 손으로 조작 금지)

48 와이어로프의 절단하중이 11,160N이고, 한 줄로 물건을 매달고자 할 때 안전계수를 6으로 하면 몇 N 이하의 물건을 매달 수 있는가?

① 1,860
② 3,720
③ 5,580
④ 66,960

해설 안전율 = $\dfrac{절단하중}{매다는 하중}$

매다는 하중 = $\dfrac{절단하중}{안전율} = \dfrac{11,160}{6} = 1,860N$

{분석} 실기까지 중요한 내용입니다.

49 지게차의 헤드가드가 갖추어야 할 조건에 대한 설명으로 틀린 것은?

① 강도는 지게차 최대하중의 2배 값(4톤을 넘는 값에 대해서는 4톤으로 한다)의 등분포정하중에 견딜 수 있을 것
② 상부 틀의 각 개구의 폭 또는 길이가 26cm 미만일 것
③ 운전자가 서서 조작하는 방식의 지게차의 헤드가드의 높이는 1.88m 이상일 것
④ 운전자가 앉아서 조작하는 방식의 지게차의 헤드가드의 높이는 0.903m 이상일 것

해설 ② 상부 틀의 각 개구의 폭 또는 길이가 16cm 미만일 것

{분석} 실기까지 중요한 내용입니다.

정답 45 ③ 46 ② 47 ② 48 ① 49 ②

50 작업자의 신체 움직임을 감지하여 프레스의 작동을 급정지시키는 광전자식 안전장치를 부착한 프레스가 있다. 안전거리가 32cm라면 급정지에 소요되는 시간은 최대 몇 초 이내이어야 하는가?(단, 급정지에 소요되는 시간은 손이 광선을 차단한 순간부터 급정지기구가 작동하여 하강하는 슬라이드가 정지할 때까지의 시간을 의미한다.)

① 0.1초 ② 0.2초
③ 0.5초 ④ 1초

해설) **광전자식 안전장치의 안전거리**

안전거리(cm) = 160 × 프레스 작동 후 작업점까지의 도달시간(초)

작업점까지 도달시간(초) = $\frac{안전거리}{160} = \frac{32}{160}$
= 0.2(초)

{분석} 실기까지 중요한 내용입니다.

51 위험한 작업점과 작업자 사이의 위험을 차단시키는 격리형 방호장치가 아닌 것은?

① 접촉반응형 방호장치
② 완전차단형 방호장치
③ 덮개형 방호장치
④ 안전방책

해설) **격리형 방호장치**
- 위험한 작업점과 작업자 사이에 서로 접근되어 일어날 수 있는 재해를 방지하기 위해 차단벽이나 망을 설치하는 방호장치
- 예 : 완전차단형 방호장치, 덮개형 방호장치, 방책 등

52 동력 프레스를 분류하는데 있어서 그 종류에 속하지 않는 것은?

① 크랭크 프레스
② 토글 프레스
③ 마찰 프레스
④ 터릿 프레스

해설) **동력 프레스의 종류**
① 크랭크 프레스
② 토글 프레스
③ 마찰 프레스
④ 너클 프레스
⑤ 스크류 프레스
⑥ 캠 프레스

53 선반에서 절삭가공 중 발생하는 연속적인 칩을 자동적으로 끊어 주는 역할을 하는 것은?

① 칩 브레이커
② 방진구
③ 보안경
④ 커버

해설) 칩을 자동적으로 끊어 주는 역할 → 칩 브레이커

참고) **선반의 안전 장치**
① 쉴드(Shield) : 칩 및 절삭유의 비산을 방지하기 위해 설치하는 플라스틱 덮개
② 칩 브레이커 : 칩을 짧게 절단하는 장치
③ 척 커버 : 기어 등을 복개하는 장치
④ 브레이크 : 선반의 일시 정지 장치

{분석} 필기에 자주 출제되는 내용입니다.

정답 50 ② 51 ① 52 ④ 53 ①

54 구멍이 있거나 노치(notch) 등이 있는 재료에 외력이 작용할 때 가장 현저하게 나타나는 현상은?

① 가공경화
② 피로
③ 응력집중
④ 크리프(creep)

해설 구멍, 노치(notch) 등이 있는 재료에 외력이 작용 → 응력집중 발생

참고 응력집중 : 재료에 하중을 가해졌을 때 어느 부분의 응력이 국부적으로 크게 되는 현상

55 근로자의 추락 등에 의한 위험을 방지하기 위하여 안전난간을 설치하는 경우, 이에 관한 구조 및 설치요건으로 틀린 것은?

① 상부난간대, 중간난간대, 발끝막이판 및 난간기둥으로 구성할 것
② 발끝막이판은 바닥면 등으로부터 5cm 이상의 높이를 유지할 것
③ 난간대는 지름 2.7cm 이상의 금속제 파이프나 그 이상의 강도를 가진 재료일 것
④ 안전난간은 구조적으로 가장 취약한 지점에서 가장 취약한 방향으로 작용하는 100kg 이상의 하중에 견딜 수 있을 것

해설 ② 발끝막이판은 바닥면 등으로부터 10cm 이상의 높이를 유지할 것

{분석} 실기까지 중요한 내용입니다.

56 휴대용 연삭기 덮개의 노출각도 기준은?

① 60° 이내   ② 90° 이내
③ 150° 이내   ④ 180° 이내

해설

탁상용 연삭기	① 상부를 사용하는 경우 : 60° 이내 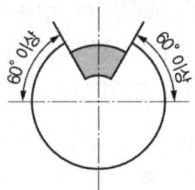
	② 수평면 이하에서 연삭할 경우 : 노출각도를 125°까지 증가시킬 수 있다. 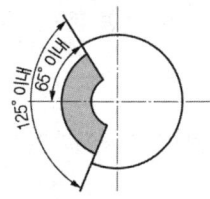
	①, ② 외의 탁상용연삭기 : 80° 이내 (주축면 위로 65°) 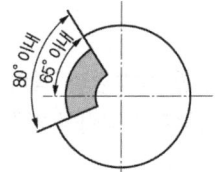
	③ 최대 원주 속도가 초당 50m 이하인 탁상용 연삭기 : 90° 이내(주축면 위로 50°) 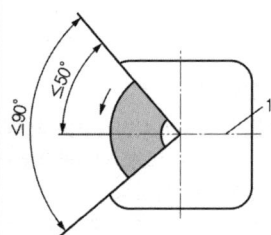

정답 54 ③ 55 ② 56 ④

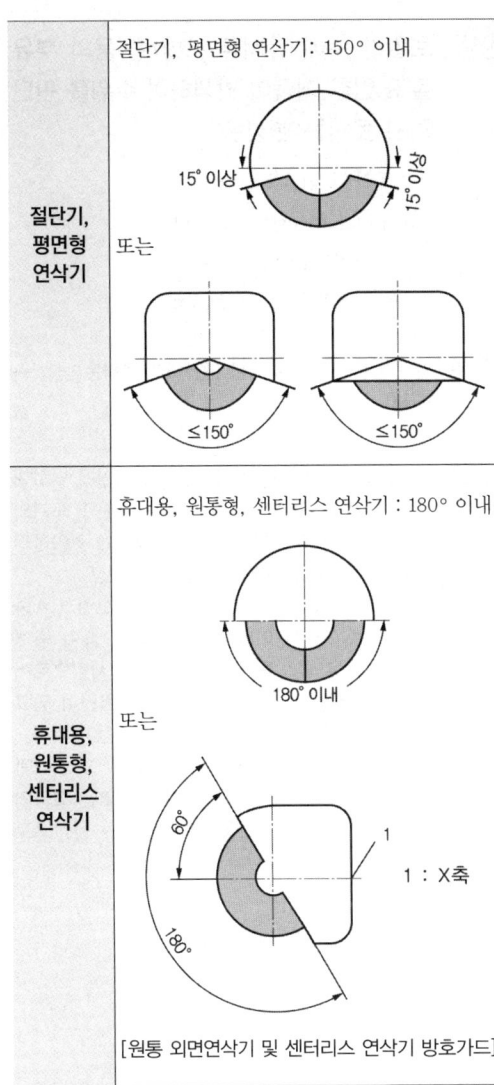

57 제철공장에서는 주괴(ingot)를 운반하는데 주로 컨베이어를 사용하고 있다. 이 컨베이어에 대한 방호조치의 설명으로 옳지 않은 것은?

① 근로자의 신체의 일부가 말려드는 등 근로자에게 위험을 미칠 우려가 있을 때 및 비상시에는 즉시 컨베이어의 운전을 정지시킬 수 있는 장치를 설치하여야 한다.
② 화물의 낙하로 인하여 근로자에게 위험을 미칠 우려가 있는 때에는 컨베이어에 덮개 또는 울을 설치하는 등 낙하방지를 위한 조치를 하여야 한다.
③ 수평 상태로만 사용하는 컨베이어의 경우 정전, 전압 강하 등에 의한 화물 또는 운반구의 이탈 및 역주행을 방지하는 장치를 갖추어야 한다.
④ 운전 중인 컨베이어 위로 근로자를 넘어가도록 하는 때에는 근로자의 위험을 방지하기 위하여 건널 다리를 설치하는 등 필요한 조치를 하여야 한다.

[해설] ③ 컨베이어 등을 사용하는 때에는 정전·전압강하 등에 의한 화물 또는 운반구의 이탈 및 역주행을 방지하는 장치를 갖추어야 한다. 다만, 무동력상태 또는 수평상태로만 사용하여 근로자가 위험해질 우려가 없는 경우에는 그러하지 아니하다.

58 목재가공용 둥근톱에서 둥근톱의 두께가 4mm일 때 분할날의 두께는 몇 mm 이상이어야 하는가?

① 4.0
② 4.2
③ 4.4
④ 4.8

정답 57 ③ 58 ③

[해설] 분할날 두께는 톱 두께의 1.1배 이상이며 치진 폭보다 작을 것

$$1.1t_1 \leq t_2 < b$$
여기서, t_1 : 톱 두께
t_2 : 분할날 두께
b : 치진 폭

분할날 두께는 톱 두께의 1.1배 이상 →
$1.1 \times 4 = 4.4mm$ 이상

{분석}
실기까지 중요한 내용입니다.

59 롤러기에서 손 조작식 급정지장치의 조작부 설치위치로 옳은 것은?(단, 위치는 급정지장치의 조작부의 중심점을 기준으로 한다.)

① 밑면으로부터 0.4m 이상, 0.6m 이내
② 밑면으로부터 0.8m 이상, 1.1m 이내
③ 밑면으로부터 0.8m 이내
④ 밑면으로부터 1.8m 이내

[해설] 조작부의 설치 위치에 따른 급정지장치의 종류

급정지장치 조작부의 종류	위치	비고
손으로 조작하는 것	밑면으로부터 1.8m 이내	위치는 급정지장치 조작부의 중심점을 기준으로 함
복부로 조작하는 것	밑면으로부터 0.8m 이상 1.1m 이내	
무릎으로 조작하는 것	밑면으로부터 0.4m 이상 0.6m 이내 (또는 밑면에서 0.6m 이내)	

{분석}
실기에 자주 출제되는 내용입니다. 암기하세요.

60 보일러 수에 유지류, 고형물 등의 부유물로 인한 거품이 발생하여 수위를 판단하지 못하는 현상은?

① 프라이밍(priming)
② 캐리오버(carry over)
③ 포밍(foaming)
④ 워터해머(water hammer)

[해설] 거품이 발생하여 수위를 판단하지 못하는 현상 → 포밍(foaming)

[참고]
1. 프라이밍(priming, 비수 현상) : 보일러 부하의 급변, 수위 과상승 등에 의해 수분이 증기와 분리되지 않아 보일러 수면이 심하게 솟아올라 올바른 수위를 판단하지 못하는 현상
2. 캐리오버(carry over, 기수 공발) : 보일러 수중에 용해 고형분이나 수분이 발생, 증기 중에 다량 함유되어 증기의 순도를 저하시킴으로써 관내 응축수가 생겨 워터 해머의 원인이 되고 증기 과열이나 터빈 등의 고장 원인이 된다.
3. 수격 작용(물망치 작용, 워터 해머) : 고여 있던 응축수가 밸브를 급격히 개폐시에 고온 고압의 증기에 이끌려 배관을 강하게 치는 현상으로 배관파열을 초래한다.

{분석}
필기에 자주 출제되는 내용입니다.

제4과목 ▶ 전기 및 화학설비 안전 관리

61 폭발위험장소의 분류 중 1종 장소에 해당하는 것은?

① 폭발성 가스 분위기가 연속적, 장기간 또는 빈번하게 존재하는 장소
② 폭발성 가스 분위기가 정상작동 중 조성되지 않거나 조성된다 하더라도 짧은 기간에만 존재할 수 있는 장소

정답 59 ④ 60 ③ 61 ③

③ 폭발성 가스 분위기가 정상작동 중 주기적 또는 빈번하게 생성되는 장소
④ 폭발성 가스 분위기가 장기간 또는 거의 조성되지 않는 장소

해설	
1종 장소	가. 통상의 상태에서 위험분위기가 쉽게 생성되는 곳 나. 운전·유지 보수 또는 누설에 의하여 자주 위험분위기가 생성되는 곳 다. 설비 일부의 고장시 가연성물질의 방출과 전기계통의 고장이 동시에 발생되기 쉬운 곳 라. 환기가 불충분한 장소에 설치된 배관 계통으로 배관이 쉽게 누설되는 구조의 곳 마. 주변 지역보다 낮아 가스나 증기가 체류할 수 있는 곳 바. 상용의 상태에서 위험분위기가 주기적 또는 간헐적으로 존재하는 곳

{분석} 실기까지 중요한 내용입니다.

62 인체저항을 5,000[Ω]으로 가정하면 심실세동을 일으키는 전류에서의 전기에너지는? (단, 심실세동전류는 $\frac{165}{\sqrt{T}}$[mA]이며 통전시간 T는 1초이고 전원은 교류 정현파이다.)

① 33[J] ② 130[J]
③ 136[J] ④ 142[J]

해설
1. 인체저항 500[Ω]일 때 에너지 → 13.61(J)
   인체저항 5,000[Ω]일 때 에너지 → 136.1(J)
2. $Q = I^2 \times R \times T = (\frac{165}{\sqrt{1}} \times 10^{-3})^2 \times 5000 \times 1$
   $= 136.1(J)$

{분석} 필기에 자주 출제되는 내용입니다.

63 전선 간에 가해지는 전압이 어떤 값 이상으로 되면 전선 주위의 전기장이 강하게 되어 전선 표면의 공기가 국부적으로 절연이 파괴되어 빛과 소리를 내는 것은?

① 표피 작용
② 페란티 효과
③ 코로나 현상
④ 근접 현상

해설 코로나 방전 : 전선 간에 가해지는 전압이 어떤 값 이상으로 되면 전선 주위의 전장이 강하게 되어 전선 표면의 공기가 국부적으로 절연이 파괴가 되어 빛과 소리를 내는 현상

64 누전에 의한 감전의 위험을 방지하기 위하여 반드시 접지를 하여야만 하는 부분에 해당되지 않는 것은?

① 절연대 위 등과 같이 감전 위험이 없는 장소에서 사용하는 전기 기계·기구의 금속체
② 전기 기계·기구의 금속제 외함, 금속제 외피 및 철대
③ 전기를 사용하지 아니하는 설비 중 전동식 양중기의 프레임과 궤도에 해당하는 금속체
④ 코드와 플러그를 접속하여 사용하는 휴대형 전동 기계·기구의 노출된 비충전 금속체

해설 접지를 시행하지 않아도 되는 경우
① 이중절연구조 또는 이와 동등 이상으로 보호되는 전기기계·기구
② 절연대 위 등과 같이 감전 위험이 없는 장소에서 사용하는 전기기계·기구
③ 비접지방식의 전로에 접속하여 사용되는 전기기계·기구

{분석} 실기까지 중요한 내용입니다.

정답 62 ③ 63 ③ 64 ①

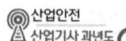

65 정전기 발생에 영향을 주는 요인이 아닌 것은?

① 물체의 특성
② 물체의 표면 상태
③ 접촉면적 및 압력
④ 응집 속도

[해설] 정전기 발생에 영향을 주는 요인

물체의 특성	대전서열에서 멀리 있는 물체들끼리 마찰할수록 발생량이 많다.
물체의 표면상태	표면이 거칠수록, 표면이 수분, 기름 등에 오염될수록 발생량이 많다.
물체의 이력	처음 접촉, 분리할 때 정전기 발생량이 최고이고, 반복될수록 발생량은 줄어든다.
접촉면적 및 압력	접촉면적이 넓을수록, 접촉압력이 클수록 발생량이 많다.
분리속도	분리속도가 빠를수록 발생량이 많다.

{분석} 실기까지 중요한 내용입니다.

66 전기기계·기구에 대하여 누전에 의한 감전위험을 방지하기 위하여 누전차단기를 전기기계·기구에 접속할 때 준수하여야 할 사항으로 옳은 것은?

① 누전차단기는 정격감도전류가 60[mA] 이하이고 작동시간은 0.1초 이내일 것
② 누전차단기는 정격감도전류가 50[mA] 이하이고 작동시간은 0.08초 이내일 것
③ 누전차단기는 정격감도전류가 40[mA] 이하이고 작동시간은 0.06초 이내일 것
④ 누전차단기는 정격감도전류가 30[mA] 이하이고 작동시간은 0.03초 이내일 것

[해설] 전기기계·기구에 설치되어 있는 누전차단기는 정격감도전류가 30밀리암페어 이하이고 작동시간은 0.03초 이내일 것. 다만, 정격전부하전류가 50암페어 이상인 전기기계·기구에 접속되는 누전차단기는 오작동을 방지하기 위하여 정격감도전류는 200밀리암페어 이하로, 작동시간은 0.1초 이내로 할 수 있다.

{분석} 실기에 자주 출제되는 내용입니다. 암기하세요.

67 방폭구조의 종류 중 방진방폭구조를 나타내는 표시로 옳은 것은?

① DDP
② tD
③ XDP
④ DP

[해설] 방폭구조의 기호

가스, 증기, 분진 방폭구조		기호
가스, 증기 방폭 구조	내압 방폭구조	d
	압력 방폭구조	p
	유입 방폭구조	o
	안전증 방폭구조	e
	본질안전 방폭구조	ia or ib
	충전 방폭구조	q
	비점화 방폭구조	n
	몰드 방폭구조	m
	특수 방폭구조	s
분진 방폭 구조	방진 방폭구조	tD

{분석} 실기에 자주 출제되는 내용입니다. 암기하세요.

정답 65 ④ 66 ④ 67 ②

68 고압 또는 특고압의 기계기구·모선 등을 옥외에 시설하는 발전소·변전소·개폐소 또는 이에 준하는 곳에는 구내에 취급자 이외의 자가 들어가지 못하도록 하기 위한 시설의 기준에 대한 설명으로 틀린 것은?

① 울타리·담 등의 높이는 1.5m 이상으로 시설하여야 한다.
② 출입구에는 출입금지의 표시를 하여야 한다.
③ 출입구에는 자물쇠장치 기타 적당한 장치를 하여야 한다.
④ 지표면과 울타리·담 등의 하단 사이의 간격은 15cm 이하로 하여야 한다.

해설 ① 울타리·담 등의 높이는 2m 이상으로 하고, 지표면과 울타리, 담 등의 하단 사이 간격을 15cm 이하로 하여야 한다.

69 전기기계·기구의 조작부분을 점검하거나 보수하는 경우에는 근로자가 안전하게 작업할 수 있도록 전기기계·기구로부터 최소 몇 [cm] 이상의 작업공간 폭을 확보하여야 하는가?(단, 작업공간을 확보하는 것이 곤란하여 절연용 보호구를 착용하도록 한 경우 제외)

① 60[cm]   ② 70[cm]
③ 80[cm]   ④ 90[cm]

해설 전기기계·기구의 조작부분을 점검하거나 보수하는 경우에는 근로자가 안전하게 작업할 수 있도록 전기 기계·기구로부터 폭 70센티미터 이상의 작업공간을 확보하여야 한다. 다만, 작업공간을 확보하는 것이 곤란하여 근로자에게 절연용 보호구를 착용하도록 한 경우에는 그러하지 아니하다.

70 과전류차단기로 시설하는 퓨즈 중 고압 전로에 사용하는 비포장 퓨즈에 대한 설명으로 옳은 것은?

① 정격 전류의 1.25배의 전류에 견디고 또한 2배의 전류로 2분 안에 용단되는 것이어야 한다.
② 정격 전류의 1.25배의 전류에 견디고 또한 2배의 전류로 4분 안에 용단되는 것이어야 한다.
③ 정격 전류의 2배의 전류에 견디고 또한 2배의 전류로 2분 안에 용단되는 것이어야 한다.
④ 정격 전류의 2배의 전류에 견디고 또한 2배의 전류로 4분 안에 용단되는 것이어야 한다.

해설 퓨즈 종류 및 용단 시간

퓨즈의 종류	정격 용량	용단 시간
고압용 포장 퓨즈	정격 전류의 1.3배	• 2배의 전류로 120분
고압용 비포장 퓨즈	정격 전류의 1.25배	• 2배의 전류로 2분

71 다음 중 물리적 공정에 해당되는 것은?

① 유화중합
② 축합중합
③ 산화
④ 증류

해설 ④ 증류는 끓는점 차를 이용하여 액체 혼합물을 각각의 성분으로 분리하는 물리적 공정에 해당한다.

정답 68 ① 69 ② 70 ① 71 ④

72 산화성 액체 중 질산의 성질에 관한 설명으로 옳지 않은 것은?

① 피부 및 의복을 부식시키는 성질이 있다.
② 쉽게 연소하는 가연성 물질이므로 화기에 극도로 주의한다.
③ 위험물 유출 시 건조사를 뿌리거나 중화제로 중화한다.
④ 물과 반응하면 발열반응을 일으키므로 물과의 접촉을 피한다.

[해설] ② 질산은 산화성 액체로 강산화제에 해당한다.

73 최소 착화에너지가 0.25[mJ], 극간 정전 용량이 10[pF]인 부탄가스 버너를 점화시키기 위해서 최소 얼마 이상의 전압을 인가하여야 하는가?

① 0.52×10^2[V]
② 0.74×10^3[V]
③ 7.07×10^3[V]
④ 5.03×10^5[V]

[해설] 정전기의 최소 착화에너지

$$E(J) = \frac{1}{2}CV^2$$

여기서, E : 정전기 에너지(J)
C : 도체의 정전 용량(F)
V : 대전 전위(V)

$E(J) = \frac{1}{2}CV^2$

$V^2 = \frac{E}{\frac{1}{2}C}$

$V = \sqrt{\frac{E}{\frac{1}{2}C}} = \sqrt{\frac{0.25 \times 10^{-3}}{\frac{1}{2} \times 10 \times 10^{-12}}} = 7071.07\,V$

$= 7.07 \times 10^3\,V$

($mJ = 10^{-3}J$, $pF = 10^{-12}F$)

{분석}
필기에 자주 출제되는 내용입니다.

74 다음 중 유류화재의 종류에 해당하는 것은?

① A급
② B급
③ C급
④ D급

[해설]

분류	A급 화재	B급 화재	C급 화재	D급 화재
구분 색	백색	황색	청색	표시없음 (무색)
가연물	일반 화재	유류 화재	전기 화재	금속 화재

{분석}
실기까지 중요한 내용입니다.

75 다음 중 가연성 가스의 폭발범위에 관한 설명으로 틀린 것은?

① 상한과 하한이 있다.
② 압력과 무관하다.
③ 공기와 혼합된 가연성 가스의 체적 농도로 표시된다.
④ 가연성 가스의 종류에 따라 다른 값을 갖는다.

[해설] 온도, 압력과의 관계
① 압력 상승 시 하한계는 불변, 상한계는 상승한다.
② 온도 상승 시 하한계는 약간 하강, 상한계는 상승한다.
③ 폭발하한계가 낮을수록, 폭발 상한계는 높을수록 폭발범위가 넓어져 위험하다.

76 산업안전보건 법령상 관리대상 유해물질의 운반 및 저장 방법으로 적절하지 않은 것은?

① 저장장소에는 관계 근로자가 아닌 사람의 출입을 금지하는 표시를 한다.
② 저장장소에서 관리대상 유해물질의 증기가 실외로 배출되지 않도록 적절한 조치를 한다.

정답 72 ② 73 ③ 74 ② 75 ② 76 ②

③ 관리대상 유해물질을 저장할 때 일정한 장소를 지정하여 저장하여야 한다.
④ 물질이 새거나 발산될 우려가 없는 뚜껑 또는 마개가 있는 튼튼한 용기를 사용한다.

[해설] ② 관리대상 유해물질의 증기를 실외로 배출시키는 설비를 설치하여야 한다.

77 어떤 물질 내에서 반응전파속도가 음속보다 빠르게 진행되고 이로 인해 발생된 충격파가 반응을 일으키고 유지하는 발열반응을 무엇이라 하는가?

① 점화(Ignition)
② 폭연(Deflagration)
③ 폭발(Explosion)
④ 폭굉(Detonation)

[해설] 폭굉파 : 충격파(shock wave)의 일종으로 화염의 전파속도가 음속 이상일 경우이며 그 속도가 1,000 ~ 3,500m/sec에 이른다.

78 산업안전보건 법령상의 위험물을 저장·취급하는 화학설비 및 그 부속설비를 설치하는 경우 폭발이나 화재에 따른 피해를 줄이기 위하여 단위공정시설 및 설비로부터 다른 단위공정시설 및 설비 사이의 안전거리는 얼마로 하여야 하는가?

① 설비의 안쪽 면으로부터 10m 이상
② 설비의 바깥쪽 면으로부터 10m 이상
③ 설비의 안쪽 면으로부터 5m 이상
④ 설비의 바깥 면으로부터 5m 이상

[해설] 화학설비의 안전거리 기준

구분	안전거리
1. 단위공정시설 및 설비로부터 다른 단위공정시설 및 설비의 사이	설비의 바깥 면으로부터 10미터 이상
2. 플레어스택으로부터 단위공정시설 및 설비, 위험물질 저장탱크 또는 위험물질 하역설비의 사이	플레어스택으로부터 반경 20미터 이상. 다만, 단위공정시설 등이 불연재로 시공된 지붕 아래에 설치된 경우에는 그러하지 아니하다.
3. 위험물질 저장탱크로부터 단위공정시설 및 설비, 보일러 또는 가열로의 사이	저장탱크의 바깥 면으로부터 20미터 이상. 다만, 저장탱크의 방호벽, 원격조종 소화설비 또는 살수설비를 설치한 경우에는 그러하지 아니하다.
4. 사무실·연구실·실험실·정비실 또는 식당으로부터 단위공정시설 및 설비, 위험물질 저장탱크, 위험물질 하역설비, 보일러 또는 가열로의 사이	사무실 등의 바깥 면으로부터 20미터 이상. 다만, 난방용 보일러인 경우 또는 사무실 등의 벽을 방호구조로 설치한 경우에는 그러하지 아니하다.

{분석}
실기까지 중요한 내용입니다.

79 다음 중 산업안전보건 법령상 위험물의 종류에서 인화성 가스에 해당하지 않는 것은?

① 수소
② 질산에스테르
③ 아세틸렌
④ 메탄

[해설] 인화성 가스
가. 수소
나. 아세틸렌
다. 에틸렌
라. 메탄
마. 에탄
바. 프로판
사. 부탄
아. 인화한계 농도의 최저한도가 13퍼센트 이하 또는 최고한도와 최저한도의 차가 12퍼센트 이상인 것으로서 표준압력(101.3kPa)하의 20℃에서 가스 상태인 물질

정답 77 ④ 78 ② 79 ②

• 폭발 1단계 : 메, 에, 프로, 부
• 폭발 2단계 : 에틸렌
• 폭발 3단계 : 수소, 아세틸렌

{분석}
실기에 자주 출제되는 내용입니다. 암기하세요.

80 산소용기의 압력계가 100[kgf/cm²]일 때 약 몇 psia인가?(단, 대기압은 표준대기압이다.)

① 1465　　② 1455
③ 1438　　④ 1423

[해설]
• 1[kgf/cm²] → 14.223(psi)
• 100[kgf/cm²] → 1422.3(psi) + 14.7 = 1437(psia)
※ psia = psi + 14.7

제5과목 · 건설공사 안전 관리

81 다음 중 유해·위험방지 계획서 제출 대상 공사에 해당하는 것은?

① 지상높이가 25[m]인 건축물 건설공사
② 최대 지간길이가 45[m]인 교량건설공사
③ 깊이가 8[m]인 굴착공사
④ 제방 높이가 50[m]인 다목적댐 건설공사

[해설] **유해 위험 방지 계획서를 제출해야 될 건설공사**
1. 다음 각 목의 어느 하나에 해당하는 건축물 또는 시설 등의 건설·개조 또는 해체공사
   가. 지상높이가 31미터 이상인 건축물 또는 인공구조물
   나. 연면적 3만제곱미터 이상인 건축물
   다. 연면적 5천제곱미터 이상인 시설로서 다음의 어느 하나에 해당하는 시설
      1) 문화 및 집회시설(전시장 및 동물원·식물원은 제외한다)
      2) 판매시설, 운수시설(고속철도의 역사 및 집배송시설은 제외한다)
      3) 종교시설
      4) 의료시설 중 종합병원
      5) 숙박시설 중 관광숙박시설
      6) 지하도상가
      7) 냉동·냉장 창고시설
2. 연면적 5천제곱미터 이상의 냉동·냉장창고시설의 설비공사 및 단열공사
3. 최대 지간길이(다리의 기둥과 기둥의 중심사이의 거리)가 50미터 이상인 교량 건설 등 공사
4. 터널 건설 등의 공사
5. 다목적댐, 발전용댐, 저수용량 2천만톤 이상의 용수 전용 댐, 지방상수도 전용 댐 건설 등의 공사
6. 깊이 10미터 이상인 굴착공사

• 지상높이 31m, 연면적 3만m², 사람 많은 시설 연면적 5,000m²
• 연면적 5,000m² 냉동·냉장창고시설
• 최대 지간길이가 50미터 이상 교량
• 터널
• 저수용량 2천만 톤 이상 댐
• 10미터 이상인 굴착

{분석}
실기에 자주 출제되는 내용입니다. 암기하세요.

82 차량계 하역운반기계 등을 사용하는 작업을 할 때, 그 기계가 넘어지거나 굴러떨어짐으로써 근로자에게 위험을 미칠 우려가 있는 경우에 이를 방지하기 위한 조치사항과 거리가 먼 것은?

① 유도자 배치
② 지반의 부동침하 방지
③ 상단부분의 안정을 위하여 버팀줄 설치
④ 갓길 붕괴 방지

[해설] **차량계 하역운반기계 넘어짐(전도) 방지 조치**
① 유도자 배치
② 지반의 부동침하 방지
③ 갓길의 붕괴 방지

[참고] **차량계 건설기계의 넘어짐(전도) 방지 조치**
① 유도자 배치
② 지반의 부동침하 방지

정답　80 ③　81 ④　82 ③

③ 갓길의 붕괴 방지
④ 도로의 폭 유지

{분석} 실기까지 중요한 내용입니다.

83 콘크리트 구조물에 적용하는 해체작업 공법의 종류가 아닌 것은?

① 연삭 공법
② 발파 공법
③ 오픈 컷 공법
④ 유압 공법

[해설] ③ 오픈 컷 공법 → 터파기 공법

84 달비계에 사용이 불가한 와이어로프의 기준으로 옳지 않은 것은?

① 이음매가 없는 것
② 지름의 감소가 공칭지름의 7%를 초과하는 것
③ 심하게 변형되거나 부식된 것
④ 와이어로프의 한 꼬임에서 끊어진 소선(素線)의 수가 10% 이상인 것

[해설] **와이어로프의 사용금지 기준**
① 이음매가 있는 것
② 와이어로프의 한 꼬임에서 끊어진 소선의 수가 10퍼센트 이상인 것
③ 지름의 감소가 공칭지름의 7퍼센트를 초과하는 것
④ 꼬인 것
⑤ 심하게 변형되거나 부식된 것
⑥ 열과 전기충격에 의해 손상된 것

{분석} 실기에 자주 출제되는 내용입니다. 암기하세요.

85 드럼에 다수의 돌기를 붙여 놓은 기계로 점토층의 내부를 다지는 데 적합한 것은?

① 탠덤 롤러
② 타이어 롤러
③ 진동 롤러
④ 탬핑 롤러

[해설] 탬핑 롤러는 고함 수비 지반, 점착력이 큰 진흙의 다짐, 흙의 간극수압 제거에 사용된다.

86 다음은 산업안전보건기준에 관한 규칙 중 가설통로의 구조에 관한 사항이다. ( )안에 들어갈 내용으로 옳은 것은?

> 수직갱에 가설된 통로의 길이가 15m 이상인 경우에는 10m 이내마다 ( )을/를 설치할 것

① 손잡이
② 계단참
③ 클램프
④ 버팀대

[해설] **계단참의 설치**
- **수직갱** : 길이가 15미터 이상인 때에는 10미터 이내마다 계단참을 설치할 것
- **사다리식 통로** : 길이가 10미터 이상인 경우에는 5미터 이내마다 계단참을 설치할 것
- **계단** : 높이가 3m를 초과하는 계단에는 높이 3m 이내마다 너비 1.2미터 이상의 계단참을 설치할 것
- **비계다리** : 높이가 8미터를 초과하는 비계다리에는 7미터 이내마다 계단참을 설치할 것

{분석} 실기에 자주 출제되는 내용입니다. 암기하세요.

87 다음 중 구조물의 해체작업을 위한 기계·기구가 아닌 것은?

① 쇄석기
② 데릭
③ 압쇄기
④ 철제 해머

[해설] ② 데릭 → 동력을 사용해 하물을 매달아 올리는 것을 목적으로 사용하는 하역용 기계로 철골 세우기에 사용된다.

정답 83 ③ 84 ① 85 ④ 86 ② 87 ②

88 근로자의 추락 위험이 있는 장소에서 발생하는 추락 재해의 원인으로 볼 수 없는 것은?

① 안전대를 부착하지 않았다.
② 덮개를 설치하지 않았다.
③ 투하설비를 설치하지 않았다.
④ 안전난간을 설치하지 않았다.

해설 ③ 투하설비를 설치하지 않았다. → 낙하·비래의 원인이 된다.

89 발파작업에 종사하는 근로자가 준수하여야 할 사항으로 옳지 않은 것은?

① 장전구는 마찰·충격·정전기 등에 의한 폭발의 위험이 없는 안전한 것을 사용할 것
② 발파공의 충진재료는 점토·모래 등 발화성 또는 인화성의 위험이 없는 재료를 사용할 것
③ 얼어붙은 다이나마이트는 화기에 접근시키거나 그 밖의 고열물에 직접 접촉시켜 단시간 안에 융해시킬 수 있도록 할 것
④ 전기뇌관에 의한 발파의 경우 점화하기 전에 화약류를 장전한 장소로부터 30m 이상 떨어진 안전한 장소에서 전선에 대하여 저항측정 및 도통시험을 할 것

해설 ③ 얼어붙은 다이나마이트는 화기에 접근시키거나 그 밖의 고열물에 직접 접촉시키는 등 위험한 방법으로 융해하지 아니하도록 할 것

90 다음은 산업안전보건법령에 따른 근로자의 추락위험 방지를 위한 추락방호망의 설치기준이다. ( )안에 들어갈 내용으로 옳은 것은?

> 추락방호망은 수평으로 설치하고, 망의 처짐은 짧은 변 길이의 ( ) 이상이 되도록 할 것

① 10[%] ② 12[%]
③ 15[%] ④ 18[%]

해설 **추락방호망의 설치**
① 추락방호망의 설치위치는 가능하면 작업면으로부터 가까운 지점에 설치하여야 하며, 작업면으로부터 망의 설치지점까지의 수직거리는 10미터를 초과하지 아니할 것
② 추락방호망은 수평으로 설치하고, 망의 처짐은 짧은 변 길이의 12퍼센트 이상이 되도록 할 것
③ 건축물 등의 바깥쪽으로 설치하는 경우 망의 내민 길이는 벽면으로부터 3미터 이상 되도록 할 것. 다만, 그물코가 20밀리미터 이하인 망을 사용한 경우 낙하물방지망을 설치한 것으로 본다.

{분석} 실기까지 중요한 내용입니다.

91 산업안전보건법령에 따른 중량물을 취급하는 작업을 하는 경우의 작업계획서 내용에 포함되지 않는 사항은?

① 추락위험을 예방할 수 있는 안전대책
② 낙하위험을 예방할 수 있는 안전대책
③ 전도위험을 예방할 수 있는 안전대책
④ 위험물 누출위험을 예방할 수 있는 안전대책

해설 **중량물 취급 작업의 작업계획서 내용**
가. 추락위험을 예방할 수 있는 안전대책
나. 낙하위험을 예방할 수 있는 안전대책
다. 전도위험을 예방할 수 있는 안전대책
라. 협착위험을 예방할 수 있는 안전대책
마. 붕괴위험을 예방할 수 있는 안전대책

정답 88 ③ 89 ③ 90 ② 91 ④

92 콘크리트 타설 작업 시 거푸집에 작용하는 연직하중이 아닌 것은?

① 콘크리트의 측압
② 거푸집의 중량
③ 굳지 않은 콘크리트의 중량
④ 작업원의 작업하중

[해설] ① 콘크리트의 측압 → 굳지 않은 콘크리트가 거푸집을 미는 수평하중에 해당한다.

93 추락재해 방호용 방망의 신품에 대한 인장강도는 얼마인가?(단, 그물코의 크기가 10cm이며, 매듭 없는 방망)

① 220kg
② 240kg
③ 260kg
④ 280kg

[해설] 방망사의 신품에 대한 인장강도

그물코의 크기 (단위 : 센티미터)	방망의 종류(단위 : 킬로그램)	
	매듭 없는 방망	매듭방망
10	240	200
5		110

[참고] 방망사의 폐기 시 인장강도

그물코의 크기 (단위 : 센티미터)	방망의 종류(단위 : 킬로그램)	
	매듭 없는 방망	매듭방망
10	150	135
5		60

{분석}
필기에 자주 출제되는 내용입니다. 암기하세요.

94 산업안전보건관리비 계상을 위한 대상액이 56억 원인 건축공사의 산업안전보건관리비는 얼마인가?

① 104,160천 원
② 110,320천 원
③ 144,800천 원
④ 150,400천 원

[해설] 안전관리비의 계상

1. 대상액이 5억 원 미만 또는 50억 원 이상
안전관리비 = 대상액(재료비 + 직접 노무비) × 비율

2. 대상액이 5억 원 이상 50억 원 미만
안전관리비 = 대상액(재료비 + 직접 노무비) × 비율 + 기초액(C)

[공사 종류 및 규모별 안전 관리비 계상기준표]

구분 공사 종류	대상액 5억 원 미만인 경우 적용비율(%)	대상액 5억 원 이상 50억 원 미만인 경우		대상액 50억 원 이상인 경우 적용비율(%)	보건관리자 선임 대상 건설공사의 적용비율(%)
		적용비율(%)	기초액		
건축공사	2.93(%)	1.86(%)	5,349천원	1.97(%)	2.15(%)
토목공사	3.09(%)	1.99(%)	5,499천원	2.10(%)	2.29(%)
중건설공사	3.43(%)	2.35(%)	5,400천원	2.44(%)	2.66(%)
특수건설공사	1.85(%)	1.20(%)	3,250천원	1.27(%)	1.38(%)

안전관리비 = 56억 원 × 0.0197 = 110,320천 원

95 기상상태의 악화로 비계에서의 작업을 중지시킨 후 그 비계에서 작업을 다시 시작하기 전에 점검해야 할 사항에 해당하지 않는 것은?

① 기둥의 침하·변형·변위 또는 흔들림 상태
② 손잡이의 탈락 여부
③ 격벽의 설치 여부
④ 발판 재료의 손상 여부 및 부착 또는 걸림 상태

정답 92 ① 93 ② 94 ② 95 ③

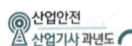

[해설] 비계의 점검 보수 항목
① 발판 재료의 손상 여부 및 부착 또는 걸림 상태
② 당해 비계의 연결부 또는 접속부의 풀림 상태
③ 연결 재료 및 연결철물의 손상 또는 부식 상태
④ 손잡이의 탈락 여부
⑤ 기둥의 침하·변형·변위 또는 흔들림 상태
⑥ 로프의 부착상태 및 매단 장치의 흔들림 상태

특급 암기법

비계(연결부, 연결철물) → 발판 → 손잡이 → 비계기둥

{분석} 실기까지 중요한 내용입니다.

96 강풍 시 타워크레인의 설치·수리·점검 또는 해체 작업을 중지하여야 하는 순간 풍속 기준으로 옳은 것은?

① 순간풍속이 초당 10m를 초과하는 경우
② 순간풍속이 초당 15m를 초과하는 경우
③ 순간풍속이 초당 20m를 초과하는 경우
④ 순간풍속이 초당 30m를 초과하는 경우

[해설] 악천후 시 조치
① 순간풍속이 매초당 10미터를 초과하는 경우 : 타워크레인의 설치·수리·점검 또는 해체작업을 중지
② 순간풍속이 매초당 15미터를 초과하는 경우 : 타워크레인의 운전작업을 중지
③ 순간풍속이 초당 30미터를 초과하는 바람이 불거나 중진(中震) 이상 진도의 지진이 있은 후 : 옥외에 설치되어 있는 양중기를 사용하여 작업을 하는 경우에는 미리 기계 각 부위에 이상이 있는지를 점검
④ 순간풍속이 초당 30미터를 초과하는 경우 : 옥외에 설치되어 있는 주행 크레인에 대하여 이탈방지장치를 작동시키는 등 이탈 방지를 위한 조치
⑤ 순간풍속이 초당 35미터를 초과하는 경우 : 건설용 리프트(지하에 설치되어 있는 것은 제외) 및 승강기에 대하여 받침의 수를 증가시키는 등 승강기가 무너지는 것을 방지하기 위한 조치

{분석} 실기까지 중요한 내용입니다.

97 사다리식 통로 등을 설치하는 경우 발판과 벽과의 사이는 최소 얼마 이상의 간격을 유지하여야 하는가?

① 5[cm]
② 10[cm]
③ 15[cm]
④ 20[cm]

[해설] 사다리식 통로의 구조
① 견고한 구조로 할 것
② 심한 손상·부식 등이 없는 재료를 사용할 것
③ 발판의 간격은 일정하게 할 것
④ 발판과 벽과의 사이는 15센티미터 이상의 간격을 유지할 것
⑤ 폭은 30센티미터 이상으로 할 것
⑥ 사다리가 넘어지거나 미끄러지는 것을 방지하기 위한 조치를 할 것
⑦ 사다리의 상단은 걸쳐놓은 지점으로부터 60센티미터 이상 올라가도록 할 것
⑧ 사다리식 통로의 길이가 10미터 이상인 경우에는 5미터 이내마다 계단참을 설치할 것
⑨ 사다리식 통로의 기울기는 75도 이하로 할 것. 다만, 고정식 사다리식 통로의 기울기는 90도 이하로 하고, 그 높이가 7미터 이상인 경우에는 다음 각 목의 구분에 따른 조치를 할 것
• 등받이울이 있어도 근로자 이동에 지장이 없는 경우 : 바닥으로부터 높이가 2.5미터 되는 지점부터 등받이울을 설치할 것
• 등받이울이 있으면 근로자가 이동이 곤란한 경우 : 한국산업표준에서 정하는 기준에 적합한 개인용 추락 방지 시스템을 설치하고 근로자로 하여금 한국산업표준에서 정하는 기준에 적합한 전신 안전대를 사용하도록 할 것
⑩ 접이식 사다리 기둥은 사용 시 접혀지거나 펼쳐지지 않도록 철물 등을 사용하여 견고하게 조치할 것

{분석} 실기까지 중요한 내용입니다.

정답 96 ① 97 ③

98 개착식 굴착공사에서 버팀보 공법을 적용하여 굴착할 때 지반 붕괴를 방지하기 위하여 사용하는 계측장치로 거리가 먼 것은?

① 지하 수위계
② 경사계
③ 변형률계
④ 록볼트응력계

[해설] ④ 록볼트응력계 → 터널굴착 공사에 사용하는 계측기

99 거푸집 동바리 등을 조립하는 경우의 준수사항으로 옳지 않은 것은?

① 동바리로 사용하는 파이프 서포트는 최소 3개 이상 이어서 사용하도록 할 것
② 동바리의 상하 고정 및 미끄러짐 방지 조치를 할 것
③ 동바리의 이음은 같은 품질의 재료를 사용할 것
④ 강재와 강재의 접속부 및 교차부는 볼트·클램프 등 전용철물을 사용하여 단단히 연결할 것

[해설] 동바리로 사용하는 파이프서포트의 조립 시 준수사항
- 파이프서포트를 3개본 이상 이어서 사용하지 아니하도록 할 것
- 파이프서포트를 이어서 사용할 때에는 4개 이상의 볼트 또는 전용철물을 사용하여 이을 것
- 높이가 3.5미터를 초과할 때 높이 2미터 이내마다 수평연결재를 2개 방향으로 만들고 수평연결재의 변위를 방지할 것

100 거푸집 공사에 관한 설명으로 옳지 않은 것은?

① 거푸집 조립 시 거푸집이 이동하지 않도록 비계 또는 기타 공작물과 직접 연결한다.
② 거푸집 치수를 정확하게 하여 시멘트 모르타르가 새지 않도록 한다.
③ 거푸집 해체가 쉽게 가능하도록 박리제 사용 등의 조치를 한다.
④ 측압에 대한 안전성을 고려한다.

[해설] ① 거푸집 조립 시 지주의 침하를 방지하고 각 부가 활동하지 않도록 조치하여야 하며, 강재와 강재의 접속 및 교차부는 클램프, 볼트, 철물로 연결하여야 한다.

정답 98 ④　99 ①　100 ①

03회 2018년 산업안전 산업기사 최근 기출문제

제1과목 · 산업재해 예방 및 안전보건교육

01 사고예방대책의 기본 원리 5단계 중 사실의 발견 단계에 해당하는 것은?

① 작업환경 측정
② 안전성 진단, 평가
③ 점검, 검사 및 조사 실시
④ 안전관리 계획수립

[해설] 하인리히 사고방지 5단계

1단계 : 안전조직	• 안전목표 설정 • 안전관리자의 선임 • 안전조직 구성 • 안전활동 방침 및 계획수립 • 조직을 통한 안전 활동 전개
2단계 : 사실의 발견	• 작업분석 • 점검 • 사고조사 • 안전진단 • 사고 및 활동기록의 검토
3단계 : 분석	• 사고원인 및 경향성 분석 (사고보고서 및 현장조사 분석) • 작업공정 분석 • 사고기록 및 관계자료 분석 • 인적·물적 환경 조건분석
4단계 : 시정방법 선정	• 기술적 개선 • 안전운동 전개 • 교육훈련 분석 • 안전행정의 개선 • 배치 조정 • 규칙 및 수칙 등 제도의 개선
5단계 : 시정책 적용 (3E 적용)	• 안전교육(Education) • 안전기술(Engineering) • 안전독려(Enforcement)

{분석} 필기에 자주 출제되는 내용입니다.

02 기업 내 교육방법 중 작업의 개선 방법 및 사람을 다루는 방법, 작업을 가르치는 방법 등을 주된 교육내용으로 하는 것은?

① CCS(Civil Communication Section)
② MTP(Management Training Program)
③ TWI(Training Within Industry)
④ ATT(American Telephone & Telegram Co)

[해설]

TWI 교육과정

① 작업 방법 기법
   (Job Method Training : JMT)
② 작업 지도 기법
   (Job instruction Training : JIT)
③ 인간 관계관리 기법 or 부하통솔법
   (Job Relations Training : JRT)
④ 작업 안전 기법 (Job Safety Training : JST)

{분석} 실기까지 중요한 내용입니다.

03 보호구 안전인증 고시에 따른 방독마스크 중 할로겐용 정화통 외부 측면의 표시 색으로 옳은 것은?

① 갈색
② 회색
③ 녹색
④ 노란색

정답 01 ③ 02 ③ 03 ②

[해설] 방독마스크 정화통 외부 측면의 표시 색

종류	표시 색
유기화합물용 정화통	갈 색
할로겐용 정화통	회 색
황화수소용 정화통	
시안화수소용 정화통	
아황산용 정화통	노란색
암모니아용 정화통	녹 색
복합용 및 겸용의 정화통	• 복합용의 경우 해당가스 모두 표시 (2층 분리) • 겸용의 경우 백색과 해당가스 모두 표시(2층 분리)

{분석}
실기에 자주 출제되는 내용입니다. 암기하세요.

04 OFF JT의 설명으로 틀린 것은?

① 다수의 근로자에게 조직적 훈련이 가능하다.
② 훈련에만 전념하게 된다.
③ 효과가 곧 업무에 나타나며 훈련의 좋고 나쁨에 따라 개선이 쉽다.
④ 교육훈련목표에 대해 집단적 노력이 흐트러질 수 있다.

[해설]

OJT의 특징	① 개개인에게 적절한 훈련이 가능하다. ② 직장의 실정에 맞는 훈련이 가능하다. ③ 교육효과가 즉시 업무에 연결된다. ④ 훈련에 대한 업무의 계속성이 끊어지지 않는다. ⑤ 상호 신뢰 이해도가 높다.
OFF JT의 특징	① 다수의 근로자들에게 훈련을 할 수 있다. ② 훈련에만 전념하게 된다. ③ 특별설비기구 이용이 가능하다. ④ 많은 지식이나 경험을 교류할 수 있다. ⑤ 교육 훈련 목표에 대하여 집단적 노력이 흐트러질 수 있다.

{분석}
실기까지 중요한 내용입니다.

05 산업 스트레스의 요인 중 직무 특성과 관련된 요인으로 볼 수 없는 것은?

① 조직구조 ② 작업속도
③ 근무시간 ④ 업무의 반복

[해설] ① 조직구조 → 조직의 특성

06 산업재해보상보험법에 따른 산업재해로 인한 보상비가 아닌 것은?

① 교통비 ② 장의비
③ 휴업금액 ④ 유족급여

[해설]

직접비	간접비
• 치료비 • 휴업급여 • 요양급여 • 유족급여 • 장해급여 • 간병급여 • 직업재활급여 • 상병(傷病)보상연금 • 장의비 등	• 인적 손실비 • 물적 손실비 • 생산 손실비 • 기계·기구 손실비 등

07 매슬로(A.H.Maslow) 욕구단계 이론의 각 단계별 내용으로 틀린 것은?

① 1단계 : 자아실현의 욕구
② 2단계 : 안전에 대한 욕구
③ 3단계 : 사회적(애정적) 욕구
④ 4단계 : 존경과 긍지에 대한 욕구

[해설] 매슬로(Maslow A. H.)의 욕구단계 이론
① 제1단계(생리적 욕구)
② 제2단계(안전 욕구)
③ 제3단계(사회적 욕구)
④ 제4단계(존경 욕구)
⑤ 제5단계(자아실현의 욕구)

{분석}
실기까지 중요한 내용입니다.

정답 04 ③ 05 ① 06 ① 07 ①

08 위험예지훈련의 방법으로 적절하지 않은 것은?

① 반복 훈련한다.
② 사전에 준비한다.
③ 자신의 작업으로 실시한다.
④ 단위 인원수를 많게 한다.

[해설] ④ 단위 인원수를 적게 한다.

[참고] "위험을 미리 알자"는 의미로 작업장에 잠재하고 있는 위험요인을 소집단 토의를 통해 미리 생각하여 행동에 앞서 위험요인 해결하는 것을 습관화하여 사고를 예방하기 위한 훈련이다.

09 일반적으로 교육이란 "인간행동의 계획적 변화"로 정의할 수 있다. 여기서 인간의 행동이 의미하는 것은?

① 신념과 태도
② 외현적 행동만 포함
③ 내현적 행동만 포함
④ 내현적, 외현적 행동 모두 포함

[해설] 인간의 행동 → 내현적, 외현적 행동 모두 포함

10 산업 심리의 5대 요소에 해당되지 않는 것은?

① 동기   ② 지능
③ 감정   ④ 습관

[해설] 산업안전 심리 5요소
① 동기(motive) : 능동적인 감각에 의한 자극에서 일어나는 사고의 결과로서 사람의 마음을 움직이는 원동력이다.
② 기질(temper) : 인간의 성격, 능력 등 개인적인 특성을 말한다.
③ 감정(emotion) : 희로애락 등의 의식을 말한다. 사람의 감정은 안전과 밀접한 관계를 가지고 사고를 일으키는 정신적 동기를 만든다.
④ 습성(habits) : 동기, 기질, 감정 등이 밀접한 연관관계를 형성하여 인간의 행동에 영향을 미칠 수 있도록 하는 것을 말한다.
⑤ 습관(custom) : 성장과정을 통해 형성된 특성 등이 자신도 모르게 습관화 된 현상을 말한다.

11 산업안전보건법령에 따른 안전검사대상 유해·위험 기계 등의 검사 주기 기준 중 다음 ( )안에 알맞은 것은?

> 크레인(이동식 크레인은 제외), 리프트, (이삿짐운반용 리프트는 제외) 및 곤돌라는 사업장에 설치가 끝난 날부터 3년 이내에 최초 안전검사를 실시하되, 그 이후부터 (㉠)년 마다 (건설현장에서 사용하는 것은 최초로 설치한 날부터 (㉡)개월마다)

① ㉠ 1, ㉡ 4
② ㉠ 1, ㉡ 6
③ ㉠ 2, ㉡ 4
④ ㉠ 2, ㉡ 6

[해설] 안전검사대상 유해·위험기계 등의 검사 주기
1. 크레인(이동식 크레인은 제외한다), 리프트(이삿짐운반용 리프트는 제외한다) 및 곤돌라 : 사업장에 설치가 끝난 날부터 3년 이내에 최초 안전검사를 실시하되, 그 이후부터 2년마다(건설현장에서 사용하는 것은 최초로 설치한 날부터 6개월마다)
2. 이동식 크레인, 이삿짐운반용 리프트 및 고소작업대 : 신규등록 이후 3년 이내에 최초 안전검사를 실시하되, 그 이후부터 2년마다
3. 프레스, 전단기, 압력용기, 국소 배기장치, 원심기, 롤러기, 사출성형기, 컨베이어 및 산업용 로봇 : 사업장에 설치가 끝난 날부터 3년 이내에 최초 안전검사를 실시하되, 그 이후부터 2년마다(공정안전보고서를 제출하여 확인을 받은 압력용기는 4년마다)

{분석} 실기에 자주 출제되는 내용입니다. 암기하세요.

정답 08 ④ 09 ④ 10 ② 11 ④

12 다음 중 교육의 3요소에 해당되지 않는 것은?

① 교육의 주체
② 교육의 기간
③ 교육의 매개체
④ 교육의 객체

해설 교육의 3요소

교육의 주체	교육의 객체	교육의 매개체
강사	학생(수강자)	교재(학습내용)

13 사업장의 도수율이 10.83이고, 강도율이 7.92일 경우의 종합재해지수(FSI)는?

① 4.63
② 6.42
③ 9.26
④ 12.84

해설 종합재해지수(FSI)
$= \sqrt{FR \times SR} = \sqrt{도수율 \times 강도율}$

종합재해지수(FSI)
$= \sqrt{10.83 \times 7.92} = 9.26$

{분석} 실기에 자주 출제되는 내용입니다.

14 산업안전보건법령에 따른 최소 상시 근로자 50명 이상 규모에 산업안전보건위원회를 설치·운영하여야 할 사업의 종류가 아닌 것은?

① 토사석 광업
② 1차 금속 제조업
③ 자동차 및 트레일러 제조업
④ 정보서비스업

해설 산업안전보건위원회를 설치·운영해야 할 사업의 종류 및 규모

사업의 종류	사업의 규모
1. 토사석 광업 2. 목재 및 나무제품 제조업 ; 가구 제외 3. 화학물질 및 화학제품 제조업 ; 의약품 제외(세제, 화장품 및 광택제 제조업과 화학섬유 제조업은 제외한다) 4. 비금속 광물제품 제조업 5. 1차 금속 제조업 6. 금속가공제품 제조업 ; 기계 및 가구 제외 7. 자동차 및 트레일러 제조업 8. 기타 기계 및 장비 제조업 (사무용 기계 및 장비 제조업은 제외한다) 9. 기타 운송장비 제조업(전투용 차량 제조업은 제외한다)	상시 근로자 50명 이상

특급 암기법
토사석 광업에서 캔 1차금속으로 금속가공제품, 비금속 광물제품 제조하여 나무, 화학물질 섞어서 기계장비, 자동차 트레일러 만들어 운송장비 위원회(산업안전보건위원회) 열자.

사업의 종류	사업의 규모
10. 농업 11. 어업 12. 소프트웨어 개발 및 공급업 13. 컴퓨터 프로그래밍, 시스템 통합 및 관리업 13의2. 영상·오디오물 제공 서비스업 14. 정보서비스업 15. 금융 및 보험업 16. 임대업 ; 부동산 제외 17. 전문, 과학 및 기술 서비스업(연구개발업은 제외한다) 18. 사업지원 서비스업 19. 사회복지 서비스업	상시 근로자 300명 이상

정답 12 ② 13 ③ 14 ④

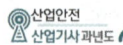

사업의 종류	사업의 규모
20. 건설업	공사금액 120억 원 이상 (토목공사업 : 150억 원 이상)
21. 제1호부터 제20호까지의 사업을 제외한 사업	상시 근로자 100명 이상

{분석}
실기까지 중요한 내용입니다.

15 직접 사람에게 접촉되어 위해를 가한 물체를 무엇이라 하는가?

① 낙하물 ② 비래물
③ 기인물 ④ 가해물

[해설] 사람에게 위해를 가한 물체 → 가해물

[참고] 재해의 원인이 된 물체 → 기인물

16 산업안전보건법령에 따른 근로자 안전 · 보건교육 중 채용 시의 교육내용이 아닌 것은? (단, 산업안전보건법령 및 산업재해보상보험제도에 관한 사항은 제외한다.)

① 사고 발생 시 긴급조치에 관한 사항
② 유해·위험 작업환경 관리에 관한 사항
③ 산업보건 및 직업병 예방에 관한 사항
④ 기계·기구의 위험성과 작업의 순서 및 동선에 관한 사항

[해설] 근로자 채용 시의 교육 및 작업내용 변경 시의 교육 내용
① 산업안전 및 사고 예방에 관한 사항
② 산업보건 및 직업병 예방에 관한 사항
③ 산업안전보건법령 및 산업재해보상보험제도에 관한 사항
④ 직무스트레스 예방 및 관리에 관한 사항
⑤ 직장 내 괴롭힘, 고객의 폭언 등으로 인한 건강장해 예방 및 관리에 관한 사항

⑥ 기계·기구의 위험성과 작업의 순서 및 동선에 관한 사항
⑦ 물질안전보건자료에 관한 사항
⑧ 작업 개시 전 점검에 관한 사항
⑨ 정리정돈 및 청소에 관한 사항
⑩ 사고 발생 시 긴급조치에 관한 사항
⑪ 위험성 평가에 관한 사항

공통 항목
1. 신규자는 법, 산재보상제도를 알자!
2. 신규자는 건강을 보존(산업보건)하고 직업병, 스트레스, 괴롭힘, 폭언 예방하자!
3. 신규자는 안전하고 사고예방하자!
4. 신규자는 위험성을 평가하자!

신규채용자는 회사에 처음 입사해서 처음 일을 하는 근로자, 안전하게 일하기 위한 기본내용을 교육한다.
1. 신규자는 기계·기구 위험성, 작업순서, 동선을 알자!
2. 신규자는 취급물질의 위험성(물질안전보건자료)을 알자!
3. 신규자는 작업 전 점검하자!
4. 신규자는 항상 정리정돈 청소하자!
5. 신규자는 사고 시 조치를 알자!

{분석}
실기에 자주 출제되는 내용입니다. 암기하세요.

17 피로에 의한 정신적 증상과 가장 관련이 깊은 것은?

① 주의력이 감소 또는 경감된다.
② 작업의 효과나 작업량이 감퇴 및 저하된다.
③ 작업에 대한 몸의 자세가 흐트러지고 지치게 된다.
④ 작업에 대한 무감각·무표정·경련 등이 일어난다.

[해설] ① → 정신적 증상
②, ③, ④ → 신체적 증상

정답 15 ④ 16 ② 17 ①

18 재해예방의 4원칙에 해당하지 않는 것은?

① 손실연계의 원칙
② 대책선정의 원칙
③ 예방가능의 원칙
④ 원인계기의 원칙

[해설] 산업재해 예방의 4원칙
① 예방가능의 원칙 : 재해는 원칙적으로 원인만 제거되면 예방이 가능하다.
② 손실우연의 원칙 : 사고의 결과 생기는 상해의 종류와 정도는 사고 발생시 사고대상의 조건에 따라 우연히 발생한다.
③ 대책선정의 원칙 : 사고의 원인에 대한 적합한 대책이 선정되어야 한다.
④ 원인계기의 원칙 : 재해는 직접원인과 간접원인이 연계되어 일어난다.

{분석}
실기까지 중요한 내용입니다.

19 산업안전보건법령에 따른 안전·보건 표지에 사용하는 색채기준 중 비상구 및 피난소, 사람 또는 차량의 통행 표지의 안내 용도로 사용하는 색채는?

① 빨간색   ② 녹색
③ 노란색   ④ 파란색

[해설] 안전·보건표지의 색채, 색도기준 및 용도

색채	색도기준	용도	사용례
빨간색	7.5R 4/14 암기 : 싫어(7.5) 4/14	금지	정지신호, 소화설비 및 그 장소, 유해행위의 금지
		경고	화학물질 취급장소에서의 유해·위험 경고
노란색	5Y 8.5/12 암기 : 오(5) 빨리와(8.5) 이리(12)	경고	화학물질 취급장소에서의 유해·위험경고 이외의 위험경고, 주의표지 또는 기계방호물
파란색	2.5PB 4/10 암기 : 2.5×4=10	지시	특정 행위의 지시 및 사실의 고지
녹색	2.5G 4/10 암기 : 2.5×4=10	안내	비상구 및 피난소, 사람 또는 차량의 통행표지
흰색	N9.5		파란색 또는 녹색에 대한 보조색
검은색	N0.5		문자 및 빨간색 또는 노란색에 대한 보조색

{분석}
실기에 자주 출제되는 내용입니다.

20 리더십(leadership)의 특성으로 볼 수 없는 것은?

① 민주주의적 지휘 형태
② 부하와의 넓은 사회적 간격
③ 밑으로부터의 동의에 의한 권한 부여
④ 개인적 영향에 의한 부하와의 관계

[해설] ② 부하와의 좁은 사회적 간격

[참고] 리더십과 헤드십의 특성

구 분	리더십	헤드십
권한 행사	선출된 리더	임명적 헤드
권한 부여	밑으로 부터의 동의	위에서 위임
권한 귀속	집단 목표에 기여한 공로인정	공식화된 규정에 의함
상하, 부하 관계	개인적인 영향	지배적임
부하와의 관계	좁음	넓음
지휘 형태	민주주의적	권위주의적
책임 귀속	상사와 부하	상사
권한 근거	개인적	법적, 공식적

{분석}
필기에 자주 출제되는 내용입니다.

정답 18 ① 19 ② 20 ②

제2과목 • 인간공학 및 위험성 평가 · 관리

21 인간 – 기계 시스템에 관련된 정의로 틀린 것은?

① 시스템이란 전체목표를 달성하기 위한 유기적인 결합체이다.
② 인간 – 기계 시스템이란 인간과 물리적 요소가 주어진 입력에 대해 원하는 출력을 내도록 결합되어 상호작용하는 집합체이다.
③ 수동 시스템은 입력된 정보를 근거로 자신의 신체적 에너지를 사용하여 수공구나 보조기구에 힘을 가하여 작업을 제어하는 시스템이다.
④ 자동화 시스템은 기계에 의해 동력과 몇몇 다른 기능들이 제공되며, 인간이 원하는 반응을 얻기 위해 기계의 제어장치를 사용하여 제어기능을 수행하는 시스템이다.

[해설] 기계가 동력 제공, 인간이 제어
→ 기계 시스템(반자동 시스템)

[참고] 인간 – 기계 통합시스템(man-machine system)의 유형
1. 수동 시스템
   • 사용자가 손공구나 기타 보조물 등을 사용하여 자기의 신체적 힘을 동력원으로 하여 작업을 수행하는 시스템이다.
2. 기계 시스템(반자동 시스템)
   • 여러 종류의 동력 공작 기계와 같이 고도로 통합된 부품들로 구성되어 있다.
   • 인간의 역할은 제어 기능을 담당하고, 힘에 대한 공급은 기계가 담당한다.
3. 자동 시스템
   • 기계가 감지, 정보 처리 및 의사 결정, 행동 기능 및 정보 보관 등 모든 임무를 미리 설계된 대로 수행하게 된다.
   • 인간은 감시, 감독, 보전 등의 역할을 담당하게 된다.

{분석}
필기에 자주 출제되는 내용입니다.

22 정보입력에 사용되는 표시장치 중 청각장치보다 시각장치를 사용하는 것이 더 유리한 경우는?

① 정보의 내용이 긴 경우
② 수신자가 직무상 자주 이동하는 경우
③ 정보의 내용이 즉각적인 행동을 요구하는 경우
④ 정보를 나중에 다시 확인하지 않아도 되는 경우

[해설] 청각 장치와 시각 장치의 비교

청각 장치	시각 장치
① 전언이 짧고, 간단할 때	① 전언이 길고, 복잡할 때
② 재참조 되지 않음	② 재참조 된다.
③ 시간적인 사상을 다룬다.	③ 공간적인 위치 다룬다.
④ 즉각적인 행동 요구할 때	④ 즉각적 행동 요구하지 않을 때
⑤ 시각계통 과부하일 때	⑤ 청각계통 과부하일 때
⑥ 주위가 너무 밝거나 암조응일 때	⑥ 주위가 너무 시끄러울 때
⑦ 자주 움직이는 경우	⑦ 한곳에 머무르는 경우

{분석}
필기에 자주 출제되는 내용입니다.

23 통신에서 잡음 중의 일부를 제거하기 위해 필터(filter)를 사용하였다면, 어느 것의 성능을 향상시키는 것인가?

① 신호의 양립성   ② 신호의 산란성
③ 신호의 표준성   ④ 신호의 검출성

[해설] 필터(filter)를 사용하여 잡음 제거
→ 신호의 검출성 향상

정답 21 ④ 22 ① 23 ④

24 시스템에 영향을 미치는 모든 요소의 고장을 형태별로 분석하여 그 영향을 검토하는 분석기법은?

① FTA
② CHECK LIST
③ FMEA
④ DECISION TREE

[해설] 모든 요소의 고장을 형태별로 분석하여 그 영향을 검토 → FMEA(고장형태별 영향분석)

[참고]
1. FTA : 장치 및 기기의 결함이나 작업자 오류 등을 연역적이며 정량적으로 평가하는 분석법
2. DT (dicision Trees) : 요소의 신뢰도를 이용하여 시스템의 신뢰도를 나타내는 기법으로 귀납적이고, 정량적인 분석 방법

{분석} 필기에 자주 출제되는 내용입니다.

25 톱사상 T를 일으키는 컷셋에 해당하는 것은?

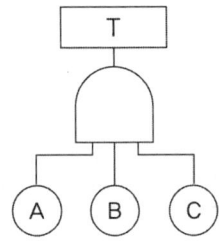

① {A}
② {A, B}
③ {A, B, C}
④ {B, C}

[해설] $T = (A, B, C)$
컷셋 : (A, B, C)

{분석} 필기에 자주 출제되는 내용입니다.

26 조도가 250럭스인 책상 위에 짙은 색 종이 A와 B가 있다. 종이 A의 반사율은 20%이고, 종이 B의 반사율은 15%이다. 종이 A에는 반사율 80%의 색으로, 종이 B에는 반사율 60%의 색으로 같은 글자를 각각 썼을 때의 설명으로 맞는 것은? (단, 두 글자의 크기, 색, 재질 등은 동일하다.)

① 두 종이에 쓴 글자는 동일한 수준으로 보인다.
② 어느 종이에 쓰인 글자가 더 잘 보이는지 알 수 없다.
③ A종이에 쓰인 글자가 B종이에 쓰인 글자보다 눈에 더 잘 보인다.
④ B종이에 쓰인 글자가 A종이에 쓰인 글자보다 눈에 더 잘 보인다.

[해설]
$$대비(\%) = \frac{배경반사율(Lb) - 표적물체반사율(Lt)}{배경반사율(Lb)} \times 100$$

1. A종이의 대비
$$대비(\%) = \frac{20-80}{20} \times 100 = -300\%$$

2. B종이의 대비
$$대비(\%) = \frac{15-60}{15} \times 100 = -300\%$$

∴ 두 종이에 쓴 글자는 동일한 수준으로 보인다.

{분석} 필기에 자주 출제되는 내용입니다.

27 사후 보전에 필요한 평균수리시간을 나타내는 것은?

① MDT   ② MTTF
③ MTBF   ④ MTTR

[해설] 평균수리시간 → MTTR

정답 24 ③ 25 ③ 26 ① 27 ④

참고 MTTR = $\dfrac{\text{수리시간 합계}}{\text{수리 횟수}}$ (시간)

28 작업상의 실효온도에 영향을 주는 인자 중 가장 관계가 먼 것은?

① 온도 ② 체온
③ 습도 ④ 공기유동

해설 실효온도의 결정요소 : 온도, 습도, 대류(공기 유동)

참고 실효온도(감각온도, effective temperature) : 실효온도는 온도, 습도 및 공기 유동이 인체에 미치는 열효과를 하나의 수치로 통합한 경험적 감각지수로 상대습도 100%일 때의 건구온도에서 느끼는 것과 동일한 온감(溫感)이다.

29 FTA 도표에서 사용하는 논리기호 중 기본사상을 나타내는 기호는?

①   ② ◯
③ ⌂ ④ ◇

해설

	결함사상 (정상사상, 중간사상)	고장사상
	기본사상	더 이상 전개할 수 없는 사건의 원인
⌂	통상사상	발생이 예상되는 사상
	생략사상	관련정보가 미비하여 계속 개발될 수 없는 사상

{분석} 필기에 자주 출제되는 내용입니다.

30 제품의 설계단계에서 고유 신뢰성을 증대시키기 위하여 일반적으로 많이 사용되는 방법이 아닌 것은?

① 병렬 및 대기 리던던시의 활용
② 부품과 조립품의 단순화 및 표준화
③ 제조 부문과 납품업자에 대한 부품 규격의 명세제시
④ 부품의 전기적, 기계적, 열적 및 기타 작동조건의 경감

해설 신뢰성 설계
① 중복(Redundancy)설계 : 일부에 고장이 발생해도 전체 고장이 일어나지 않도록 여력인 부분을 추가하여 중복 설계한다.(병렬 설계)
② 부품의 단순화와 표준화
③ 인간공학적 설계와 보전성 설계

31 인간실수의 주원인에 해당하는 것은?

① 기술 수준
② 경험 수준
③ 훈련 수준
④ 인간 고유의 변화성

해설 인간실수의 주원인 → 인간 고유의 변화성(인간의 주의집중 능력 등은 항상 일정하지 않고 변화한다.)

32 화학설비의 안전성을 평가하는 방법 5단계 중 제3단계에 해당하는 것은?

① 안전대책 ② 정량적 평가
③ 관계자료 검토 ④ 정성적 평가

해설 안전성 평가 6단계
① 1단계 : 관계자료의 정비검토(작성준비)
② 2단계 : 정성적인 평가
③ 3단계 : 정량적인 평가
④ 4단계 : 안전대책 수립
⑤ 5단계 : 재해사례에 의한 평가
⑥ 6단계 : FTA에 의한 재평가

{분석} 필기에 자주 출제되는 내용입니다.

정답 28 ② 29 ② 30 ③ 31 ④ 32 ②

33 러닝벨트 위를 일정한 속도로 걷는 사람의 배기가스를 5분간 수집한 표본을 가스 성분 분석기로 조사한 결과, 산소 16%, 이산화탄소 4%로 나타났다. 배기가스 전량을 가스미터에 통과시킨 결과, 배기량이 90리터였다면 분당 산소 소비량과 에너지가(에너지소비량)는 약 얼마인가?

① 0.95리터/분 - 4.75kcal/분
② 0.96리터/분 - 4.80kcal/분
③ 0.97리터/분 - 4.85kcal/분
④ 0.98리터/분 - 4.90kcal/분

해설 ① 분당 배기량 = $\frac{90}{5}$ = 18(ℓ/분)

② 분당 흡기량
= $\frac{100 - 배기 중 O_2 - 배기 중 CO_2}{100 - 흡기 중 O_2}$ × 분당 배기량
= $\frac{100 - 16 - 4}{100 - 21}$ × 18 = 18.227 ≒ 18.23(ℓ/분)

③ 분당 산소 소비량
= (분당 흡기량 × 21%) - (분당 배기량 × 16%)
= (18.23 × 0.21) - (18 × 0.16) = 0.95(ℓ/분)

④ 분당 에너지 소비량
= 0.95 × 5 = 4.75kcal/분

34 검사공정의 작업자가 제품의 완성도에 대한 검사를 하고 있다. 어느 날 10,000개의 제품에 대한 검사를 실시하여 200개의 부적합품을 발견하였으나, 이 로트에는 실제로 500개의 부적합품이 있었다. 이 때 인간과오확률(Human Error Probability)은 얼마인가?

① 0.02 ② 0.03
③ 0.04 ④ 0.05

해설 인간과오율
$HEP = \frac{실제과오의 수}{과오발생 전체기회수}$

$HEP = \frac{500 - 200}{10000} = 0.03$

35 시력 손상에 가장 크게 영향을 미치는 전신진동의 주파수는?

① 5Hz 미만
② 5 ~ 10Hz
③ 10 ~ 25Hz
④ 25Hz 초과

해설 시력 손상에 영향을 미치는 주파수 → 10~25Hz

36 청각적 자극 제시와 이에 대한 음성응답 과업에서 갖는 양립성에 해당하는 것은?

① 개념적 양립성
② 운동 양립성
③ 공간적 양립성
④ 양식 양립성

해설 양립성 : 자극과 반응의 관계가 인간의 기대와 모순되지 않는 성질
① 개념적 양립성 : 외부자극에 대해 인간의 개념적 현상의 양립성
② 공간적 양립성 : 표시장치, 조종장치의 형태 및 공간적배치의 양립성
③ 운동의 양립성 : 표시장치, 조종장치 등의 운동 방향의 양립성
④ 양식 양립성 : 자극과 응답양식의 존재에 대한 양립성

{분석} 필기에 자주 출제되는 내용입니다.

37 체계 설계 과정 중 기본설계 단계의 주요 활동으로 볼 수 없는 것은?

① 작업 설계
② 체계의 정의
③ 기능의 할당
④ 인간 성능 요건 명세

정답 33 ① 34 ② 35 ③ 36 ④ 37 ②

[해설] 체계 설계(인간 – 기계 시스템의 설계)의 주요 과정
① 목표 및 성능명세 결정
② 체계의 정의
③ 기본 설계
  • 작업설계
  • 직무분석
  • 기능할당
  • 인간 성능 요건 명세
④ 계면 설계(인간 – 기계 인터페이스설계)
⑤ 촉진물 설계(매뉴얼 및 성능 보조자료 작성)
⑥ 시험 및 평가

38 결함수분석(FTA) 결과 다음과 같은 패스셋을 구하였다. X_4 자 중복사상인 경우, 최소 패스셋(minimal path sets)으로 맞는 것은?

[다음]
$\{X_2, X_3, X_4\}$
$\{X_1, X_3, X_4\}$
$\{X_3, X_4\}$

① $\{X_3, X_4\}$
② $\{X_1, X_3, X_4\}$
③ $\{X_2, X_3, X_4\}$
④ $\{X_2, X_3, X_4\}$와 $\{X_3, X_4\}$

[해설] 최소 패스셋(minimal path sets) : $\{X_3, X_4\}$

[참고] 미니멀 패스(Minimal Path Set)
• 최소한의 패스
• 시스템의 신뢰성 나타낸다.

{분석}
필기에 자주 출제되는 내용입니다.

39 통제표시비를 설계할 때 고려해야 할 5가지 요소에 해당하지 않는 것은?
① 공차
② 조작시간
③ 일치성
④ 목측거리

[해설] 통제표시비 설계 시 고려사항
• 계기의 크기
• 목측거리(목시거리)
• 조작 시간
• 방향성
• 공차

{분석}
필기에 자주 출제되는 내용입니다.

40 작업공간에서 부품배치의 원칙에 따라 레이아웃을 개선하려 할 때, 부품배치의 원칙에 해당하지 않는 것은?
① 편리성의 원칙
② 사용 빈도의 원칙
③ 사용 순서의 원칙
④ 기능별 배치의 원칙

[해설] 부품배치의 원칙
1. 중요성의 원칙 : 부품을 작동하는 성능이 체계의 목표 달성에 중요한 정도에 따라 우선순위를 결정한다.
2. 사용빈도의 원칙 : 부품을 사용하는 빈도에 따라 우선순위를 결정한다.
3. 기능별 배치의 원칙 : 기능적으로 관련된 부품들(표시장치, 조정장치 등)을 모아서 배치한다.
4. 사용 순서의 원칙 : 사용 순서에 따라 장치들을 가까이에 배치한다.

{분석}
필기에 자주 출제되는 내용입니다.

정답 38 ① 39 ③ 40 ①

제3과목 • 기계 · 기구 및 설비 안전 관리

41 공작기계인 밀링작업의 안전사항이 아닌 것은?

① 사용 전에는 기계 기구를 점검하고 시운전을 한다.
② 칩을 제거할 때는 칩브레이커로 제거한다.
③ 회전하는 커터에 손을 대지 않는다.
④ 커터의 제거·설치 시에는 반드시 스위치를 차단하고 한다.

[해설] ② 칩브레이커는 칩을 짧게 절단하는 선반의 안전장치이다.

42 롤러의 위험점 전방에 개구 간격 16.5mm의 가드를 설치하고자 한다면, 개구부에서 위험점까지의 거리는 몇 mm 이상이어야 하는가? (단, 위험점이 전동체는 아니다.)

① 70   ② 80
③ 90   ④ 100

[해설]

가드의 개구간격	일방 평행 보호망, 위험점이 전동체인 경우의 개구간격
① X<160mm일 경우 Y = 6+0.15×X ② X≧160mm일 경우 Y = 30mm 여기서, X : 안전거리(<u>위험점에서 가드까지의 거리</u>)(mm) Y : 가드의 최대 개구 간격(mm)	① Y = 6+0.1×X 여기서, X : 안전거리(mm) Y : 가드의 최대 개구 간격(mm)

개구부에서 위험점까지의 거리 → 안전거리(X)
$Y = 6 + 0.15 \times X$
$Y - 6 = 0.15 \times X$
$X = \dfrac{Y-6}{0.15} = \dfrac{16.5-6}{0.15} = 70mm$

{분석} 실기에 자주 출제되는 내용입니다.

43 산업안전보건법령에 따라 컨베이어의 작업 시작 전 점검사항 중 틀린 것은?

① 원동기 및 풀리 기능의 이상 유무
② 이탈 등의 방지 장치 기능의 이상 유무
③ 과부하방지장치 기능의 이상 유무
④ 원동기, 회전축, 기어 및 풀리 등의 덮개 또는 울 등의 이상 유무

[해설] **컨베이어 작업 시작 전 점검사항**
① 원동기 및 풀리 기능의 이상 유무
② 이탈 등의 방지장치기능의 이상 유무
③ 비상정지장치 기능의 이상 유무
④ 원동기·회전축·기어 및 풀리 등의 덮개 또는 울 등의 이상 유무

{분석} 실기에 자주 출제되는 내용입니다. 암기하세요.

44 다음 중 보일러의 폭발사고 예방을 위한 장치로 가장 거리가 먼 것은?

① 압력 제한 스위치
② 압력방출장치
③ 고저 수위 고정장치
④ 화염 검출기

[해설] **보일러의 방호장치**
① 압력방출장치
② 압력 제한 스위치
③ 고저 수위 조절장치
④ 화염 검출기

{분석} 실기에 자주 출제되는 내용입니다. 암기하세요.

정답 41 ② 42 ① 43 ③ 44 ③

45 이동식 크레인과 관련된 용어의 설명 중 옳지 않은 것은?

① "정격하중"이라 함은 이동식 크레인의 지브나 붐의 경사각 및 길이에 따라 부하할 수 있는 최대 하중에서 인양기구(훅, 그래브 등)의 무게를 뺀 하중을 말한다.
② "정격 총하중"이라 함은 최대 하중(붐 길이 및 작업반경에 따라 결정)과 부가하중(훅과 그 이외의 인양 도구들의 무게)을 합한 하중을 말한다.
③ "작업반경"이라 함은 이동식크레인의 선회중심선으로부터 훅의 중심선까지의 수평거리를 말하며, 최대 작업반경은 이동식크레인으로 작업이 가능한 최대치를 말한다.
④ "파단하중"이라 함은 줄걸이 용구 1개를 가지고 안전율을 고려하여 수직으로 매달 수 있는 최대 무게를 말한다.

해설 ④ "파단하중"이라 함은 파단시험에서 시험편이 파단될 때까지의 최대하중을 말한다.

46 다음 중 욕조 형태를 갖는 일반적인 기계 고장 곡선에서의 기본적인 3가지 고장 유형에 해당하지 않는 것은?

① 피로고장
② 우발고장
③ 초기고장
④ 마모고장

해설 기계의 고장 유형
① 초기고장
② 우발고장
③ 마모고장

{분석}
실기까지 중요한 내용입니다.

47 프레스 작업 시 금형의 파손을 방지하기 위한 조치 내용 중 틀린 것은?

① 금형 맞춤핀은 억지 끼워맞춤으로 한다.
② 쿠션 핀을 사용할 경우에는 상승 시 누름판의 이탈방지를 위하여 단붙임한 나사로 견고히 조여야 한다.
③ 금형에 사용하는 스프링은 인장형을 사용한다.
④ 스프링 등의 파손에 의한 부품이 비산될 우려가 있는 부분에는 덮개를 설치한다.

해설 ③ 금형에 사용하는 스프링은 압축형을 사용한다.

48 탁상용 연삭기에서 일반적으로 플랜지의 지름은 숫돌 지름의 얼마 이상이 적정한가?

① $\dfrac{1}{2}$
② $\dfrac{1}{3}$
③ $\dfrac{1}{5}$
④ $\dfrac{1}{10}$

해설 플랜지 지름은 숫돌 지름의 $\dfrac{1}{3}$ 이상일 것

49 산업용 로봇에 지워지지 않는 방법으로 반드시 표시해야 하는 항목이 있는데 다음 중 이에 속하지 않는 것은?

① 제조자의 이름과 주소, 모델 번호 및 제조 일련번호, 제조 연월
② 머니퓰레이터 회전 반경
③ 중량
④ 이동 및 설치를 위한 인양 지점

해설 각 로봇에는 다음 각 목의 사항을 보기 쉬운 곳에 쉽게 지워지지 않는 방법으로 표시해야 해야 한다.
가. 제조자의 이름과 주소, 모델 번호 및 제조 일련번호, 제조 연월

정답 45 ④ 46 ① 47 ③ 48 ② 49 ②

나. 중량
다. 전기 또는 유·공압 시스템에 대한 공급 사양
라. 이동 및 설치를 위한 인양 지점
마. 부하 능력

50 다음 중 드릴링 작업에 있어서 공작물을 고정하는 방법으로 가장 적절하지 않은 것은?

① 작은 공작물은 바이스로 고정한다.
② 작고 길쭉한 공작물은 플라이어로 고정한다.
③ 대량 생산과 정밀도를 요구할 때는 지그로 고정한다.
④ 공작물이 크고 복잡할 때는 볼트와 고정구로 고정한다.

[해설] 드릴의 일감 고정 방법
① 일감이 작을 때 : 바이스로 고정
② 일감이 크고 복잡할 때 : 볼트와 고정구
③ 대량 생산과 정밀도를 요할 때 : 전용의 지그 사용

{분석} 필기에 자주 출제되는 내용입니다.

51 보일러의 안전한 가동을 위하여 압력방출 장치를 2개 설치한 경우에 작동 방법으로 옳은 것은?

① 최고 사용압력 이하에서 2개가 동시 작동
② 최고 사용압력 이하에서 1개가 작동되고 다른 것은 최고 사용압력 1.05배 이하에서 작동
③ 최고 사용압력 이하에서 1개가 작동되고 다른 것은 최고 사용압력 1.1배 이하에서 작동
④ 최고 사용압력 이하에서 1.1배 이하에서 2개가 동시 작동

[해설] 압력방출장치의 설치
① 압력방출장치를 1개 또는 2개 이상 설치하고 최고사용압력 이하에서 작동되도록 하여야 한다. 다만, 압력방출장치가 2개 이상 설치된 경우에는 최고사용압력 이하에서 1개가 작동되고, 다른 압력방출장치는 최고사용압력 1.05배 이하에서 작동되도록 부착하여야 한다.
② 압력방출장치는 매년 1회 이상 "국가교정기관"으로부터 교정을 받은 압력계를 이용하여 토출압력을 시험한 후 납으로 봉인하여 사용하여야 한다. 다만, 공정안전보고서 제출대상으로서 공정안전관리 이행수준 평가결과가 우수한 사업장의 압력방출장치에 대하여 4년마다 1회 이상 토출압력을 시험할 수 있다.

{분석} 실기까지 중요한 내용입니다.

52 프레스 및 전단기에서 양수조작식 방호장치 누름 버튼의 상호간 최소 내측 거리로 옳은 것은?

① 100mm   ② 150mm
③ 250mm   ④ 300mm

[해설] 양수조작식 방호장치 누름 버튼의 내측 거리
300mm 이상(한 손으로 조작을 금지하기 위한 목적)

{분석} 필기에 자주 출제되는 내용입니다.

53 산업안전보건법령상 회전 중인 연삭숫돌 지름이 최소 얼마 이상인 경우로서 근로자에게 위험을 미칠 우려가 있는 경우 해당 부위에 덮개를 설치하여야 하는가?

① 3cm 이상   ② 5cm 이상
③ 10cm 이상   ④ 20cm 이상

[해설] 숫돌 직경이 5cm 이상인 것부터 반드시 덮개를 설치하여야 한다.

{분석} 실기까지 중요한 내용입니다.

정답 50 ② 51 ② 52 ④ 53 ②

54 [보기]는 기계설비의 안전화 중 기능의 안전화와 구조의 안전화를 위해 고려해야 할 사항을 열거한 것이다. [보기] 중 기능의 안전화를 위해 고려해야 할 사항에 속하는 것은?

[보기]
㉠ 재료의 결함
㉡ 가공상의 잘못
㉢ 정전시의 오동작
㉣ 설계의 잘못

① ㉠ ② ㉡
③ ㉢ ④ ㉣

해설 기능적 안전화
① 전압 강하에 따른 오동작 방지
② 정전 및 단락에 따른 오동작 방지
③ 사용 압력 변동 시 등의 오동작 방지

참고 기계 설비의 안전조건(근원적 안전)
(1) 외관상 안전화
(2) 기능적 안전화
(3) 구조 부분 안전화(구조부분 강도적 안전화)
(4) 작업의 안전화
(5) 보수유지의 안전화(보전성 향상 위한 고려 사항)
(6) 표준화

55 산업안전보건법령에 따른 안전난간의 구조 및 설치요건에 대한 설명으로 옳은 것은?

① 상부 난간대, 중간 난간대, 발끝막이판 및 난간기둥으로 구성하여야 한다.
② 발끝막이판은 바닥면 등으로부터 5cm 이하의 높이를 유지하여야 한다.
③ 난간대는 지름 1.5cm 이상의 금속제 파이프를 사용하여야 한다.
④ 안전난간은 가장 취약한 지점에서 가장 취약한 방향으로 작용하는 70킬로그램 이상의 하중에 견딜 수 있어야 한다.

해설 안전난간의 구조 및 설치요건
① 상부 난간대, 중간 난간대, 발끝막이판 및 난간기둥으로 구성할 것
② 상부 난간대
• 상부 난간대는 바닥면 등으로부터 90센티미터 이상 지점에 설치
• 상부 난간대를 120센티미터 이하에 설치하는 경우 : 중간 난간대는 상부 난간대와 바닥면 등의 중간에 설치
• 120센티미터 이상 지점에 설치하는 경우 : 중간 난간대를 2단 이상으로 설치, 난간의 상하 간격은 60센티미터 이하가 되도록 할 것(다만, 난간기둥 간의 간격이 25센티미터 이하인 경우에는 중간 난간대를 설치하지 않을 수 있다.)
③ 발끝막이판은 바닥면 등으로부터 10센티미터 이상의 높이를 유지할 것
④ 난간기둥은 상부 난간대와 중간 난간대를 견고하게 떠받칠 수 있도록 적정한 간격을 유지할 것
⑤ 상부 난간대와 중간 난간대는 난간 길이 전체에 걸쳐 바닥면등과 평행을 유지할 것
⑥ 난간대는 지름 2.7센티미터 이상의 금속제 파이프나 그 이상의 강도가 있는 재료일 것
⑦ 안전난간은 구조적으로 가장 취약한 지점에서 가장 취약한 방향으로 작용하는 100킬로그램 이상의 하중에 견딜 수 있는 튼튼한 구조일 것

{분석} 실기까지 중요한 내용입니다.

56 프레스 방호장치 중 가드식 방호장치의 구조 및 선정조건에 대한 설명으로 옳지 않은 것은?

① 미동(Inching) 행정에서는 작업자 안전을 위해 가드를 개방할 수 없는 구조로 한다.
② 1행정, 1정지기구를 갖춘 프레스에 사용한다.
③ 가드 폭이 400mm 이하일 때는 가드 측면을 방호하는 가드를 부착하여 사용한다.
④ 가드 높이는 프레스에 부착되는 금형 높이 이상(최소 180mm)으로 한다.

해설 ① 미동(Inching) 행정에서는 가드를 개방할 수 있는 것이 작업성에 좋다.

정답 54 ③ 55 ① 56 ①

57 다음 지게차의 헤드가드에 관한 기준이다. ( ) 안에 들어갈 내용으로 옳은 것은?

> 지게차 사용 시 화물 낙하 위험의 방호조치 사항으로 헤드가드를 갖추어야 한다. 그 강도는 지게차 최대하중의 ( ) 값의 등분포정하중(等分布靜荷重)에 견딜 수 있어야 한다. 단, 그 값이 4톤을 넘는 것에 대하여서는 4톤으로 한다.

① 2배　　② 3배
③ 4배　　④ 5배

[해설] 헤드가드
지게차에는 최대하중의 <u>2배(4톤을 넘는 값에 대해서는 4톤으로 한다)</u>에 해당하는 등 분포정하중(等分布靜荷重)에 견딜 수 있는 강도의 헤드가드를 설치하여야 한다.

{분석} 실기까지 중요한 내용입니다.

58 크레인에서 훅걸이용 와이어로프 등이 훅으로부터 벗겨지는 것을 방지하기 위해 사용하는 방호장치는?

① 덮개
② 권과방지장치
③ 비상정지장치
④ 해지장치

[해설] 와이어로프 등이 훅으로부터 벗겨지는 것을 방지하기 위해 사용하는 방호장치 → 훅의 해지장치

{분석} 실기까지 중요한 내용입니다.

59 프레스 금형의 설치 및 조정 시 슬라이드 불시하강을 방지하기 위하여 설치해야 하는 것은?

① 인터록
② 클러치
③ 게이트 가드
④ 안전블럭

[해설] 금형을 부착, 해체, 조정 작업할 때 신체 일부가 위험점 내에서 슬라이드 불시 하강으로 인한 위험을 방지할 목적으로 안전블럭을 설치한다.

{분석} 실기까지 중요한 내용입니다.

60 급정지기구가 있는 1행정 프레스의 광전자식 방호장치에서 광선에 신체의 일부가 감지된 후로부터 급정지 기구의 작동 시까지의 시간이 40ms이고, 급정지기구의 작동 직후로부터 프레스기가 정지될 때까지의 시간이 20ms라면 안전거리는 몇 mm 이상이어야 하는가?

① 60　　② 76
③ 80　　④ 96

[해설] 광전자식 방호장치

> 안전거리(cm) = 160 × 프레스 작동 후 작업점까지의 도달시간(초)

안전거리 = $160 \times (\frac{40}{1000} + \frac{20}{1000})$
= 9.6cm × 10 = 96mm
(ms = $\frac{1}{1000}$ s)

{분석} 실기까지 중요한 내용입니다.

정답　57 ①　58 ④　59 ④　60 ④

제4과목 전기 및 화학설비 안전 관리

61 피뢰기의 제한전압이 800kV이고, 충격절연강도가 1000kV라면, 보호여유도는?

① 12% ② 25%
③ 39% ④ 43%

[해설] 피뢰기의 보호 여유도

여유도(%) = $\dfrac{\text{충격 절연 강도} - \text{제한 전압}}{\text{제한 전압}} \times 100$

여유도(%) = $\dfrac{1,000 - 800}{800} \times 100 = 25\%$

62 전기 기계·기구에 누전에 의한 감전 위험을 방지하기 위하여 설치한 누전차단기에 의한 감전 방지의 사항으로 틀린 것은?

① 정격감도전류가 30mA 이하이고 작동시간은 3초 이내일 것
② 분기회로 또는 전기기계·기구마다 누전차단기를 접속할 것
③ 파손이나 감전 사고를 방지할 수 있는 장소에 접속할 것
④ 지락보호전용 기능만 있는 누전차단기는 과전류를 차단하는 퓨즈나 차단기 등과 조합하여 접속할 것

[해설] ① 전기기계·기구에 설치되어 있는 누전차단기는 정격감도전류가 30밀리암페어 이하이고 작동시간은 0.03초 이내일 것. 다만, 정격전부하전류가 50암페어 이상인 전기기계·기구에 접속되는 누전차단기는 오작동을 방지하기 위하여 정격감도전류는 200밀리암페어 이하로, 작동시간은 0.1초 이내로 할 수 있다.

{분석} 실기까지 중요한 내용입니다.

63 다음 중 전압의 분류가 잘못된 것은?

① 1,000V 이하의 교류전압 – 저압
② 1,500V 이하의 직류전압 – 저압
③ 1,000V 초과 7,000V 이하의 교류전압 – 고압
④ 10kV를 초과하는 직류전압 – 초고압

[해설] 전압의 구분

전압의 종별	교류	직류
저압	1,000V 이하의 것	1,500V 이하의 것
고압	1,000V 초과 7,000V 이하	1,500V 초과 7,000V 이하
특별고압	7,000V 초과	7,000V 초과

{분석} 실기에 자주 출제되는 내용입니다. 암기하세요.

64 페인트를 스프레이로 뿌려 도장작업을 하는 작업 중 발생하는 수 있는 정전기 대전으로만 이루어진 것은?

① 유동대전, 충돌대전
② 유동대전, 마찰대전
③ 분출대전, 충돌대전
④ 분출대전, 유동대전

[해설] 1. 페인트가 분출구를 통과할 때 → 분출대전
2. 분출된 입자들끼리의 충돌 → 충돌대전

[참고] 정전기 발생 현상
① 마찰대전 : 두 물체사이의 마찰로 인한 접촉, 분리에서 발생한다.
② 유동대전 : 액체류가 파이프 등 내부에서 유동 시 관벽과 액체사이에서 발생한다.
③ 박리대전 : 밀착된 물체가 떨어지면서 자유전자의 이동으로 발생한다.
④ 충돌대전 : 입자와 다른 고체와의 충돌과 급속한 분리에 의해 발생한다.

정답 61 ② 62 ① 63 ④ 64 ③

⑤ 분출대전 : 기체, 액체, 분체류가 단면적이 작은 분출구를 통과할 때 발생한다.
⑥ 파괴 대전 : 고체, 분체류와 같은 물체가 파괴됐을 때 전하분리 또는 전하의 균형이 깨지면서 정전기가 발생한다.

{분석}
실기까지 중요한 내용입니다.

65 누설전류로 인해 화재가 발생될 수 있는 누전 화재의 3요소에 해당하지 않는 것은?

① 누전점   ② 인입점
③ 접지점   ④ 출화점

[해설] 누전 화재의 3요소
① 누전점
② 출화점
③ 접지점

66 작업장에서 꽂음접속기를 설치 또는 사용하는 때에 작업자의 감전 위험을 방지하기 위하여 필요한 준수사항으로 틀린 것은?

① 서로 다른 전압의 꽂음접속기는 상호 접속되는 구조의 것을 사용할 것
② 습윤한 장소에 사용되는 꽂음접속기는 방수형 등 해당 장소에 적합한 것을 사용할 것
③ 꽂음접속기를 접속시킬 경우 땀 등으로 젖은 손으로 취급하지 않도록 할 것
④ 꽂음접속기에 잠금장치가 있는 때에는 접속 후 잠그고 사용할 것

[해설] 꽂음접속기의 설치·사용 시 준수사항
① 서로 다른 전압의 꽂음접속기는 서로 접속되지 아니한 구조의 것을 사용할 것
② 습윤한 장소에 사용되는 꽂음 접속기는 방수형 등 그 장소에 적합한 것을 사용할 것
③ 근로자가 해당 꽂음 접속기를 접속시킬 경우 땀 등으로 젖은 손으로 취급하지 않도록 할 것
④ 해당 꽂음접속기에 잠금장치가 있는 때에는 접속 후 잠그고 사용할 것

67 방폭구조 중 전폐구조를 하고 있으며, 외부의 폭발성 가스가 내부로 침입하여 내부에서 폭발하더라도 용기는 그 압력에 견디고, 내부의 폭발로 인하여 외부의 폭발성 가스에 착화될 우려가 없도록 만들어진 구조는?

① 안전증방폭구조
② 본질안전방폭구조
③ 유입방폭구조
④ 내압방폭구조

[해설] 용기가 폭발 압력에 견디는 구조 → 내압방폭구조

[참고]
1. 내압 방폭구조(d) : 아크를 발생시키는 전기설비를 전폐용기에 넣고 용기 내부에 폭발이 일어날 경우에 용기가 폭발 압력에 견뎌 외부의 폭발성 가스에 인화될 위험이 없도록 한 구조의 방폭 구조
2. 압력 방폭구조(P) : 아크를 발생시키는 전기설비를 용기에 넣고 용기 내부에 불연성 가스(공기 또는 질소)를 압입하여 용기 내부로 폭발성 가스가 침입하는 것을 방지하는 구조
3. 유입 방폭구조(o) : 아크를 발생시키는 전기설비를 용기에 넣고 용기 내부에 보호액을 채워 외부의 폭발성 가스에 접촉시 점화의 우려가 없도록 한 방폭구조이다.
4. 안전증 방폭구조(e) : 정상운전 중의 내부에서 불꽃이 발생하지 않도록 전기적, 기계적, 구조적으로 온도상승에 대해 안전도를 증가시킨 구조이다.
5. 본질안전 방폭구조(ia, ib) : 정상 시 또는 단락, 단선, 지락 등의 사고 시에 발생하는 아크, 불꽃, 고열에 의하여 폭발성 가스나 증기에 점화되지 않는 것이 확인된 구조이다.
6. 비점화 방폭구조(n) : 전기기기가 정상작동 및 비정상상태에서 주위의 폭발성 가스 분위기를 점화시키지 못하도록 만든 방폭구조
7. 몰드 방폭구조(m) : 전기기기의 스파크 또는 열로 인해 폭발성 위험분위기에 점화되지 않도록 컴파운드를 충전해서 보호한 방폭구조
8. 충전 방폭구조(q) : 폭발성 가스 분위기를 점화시킬 수 있는 부품을 고정하여 설치하고, 그 주위를 충전재로 완전히 둘러쌈으로서 외부의 폭발성 가스 분위기를 점화시키지 않도록 하는 방폭구조

정답 65 ② 66 ① 67 ④

9. 특수 방폭구조(s) : 내압, 유입, 압력, 안전증, 본질안전 이외의 방폭구조로서 폭발성가스 또는 증기에 점화 또는 위험분위기로 인화를 방지할 수 있는 것이 시험, 기타에 의하여 확인된 구조
10. 방진 방폭구조(tD) : 분진 층이나 분진운의 점화를 방지하기 위하여 용기로 보호하는 전기기기에 적용되는 분진침투방지, 표면온도제한 등의 방법을 말한다.

{분석}
실기에 자주 출제되는 내용입니다. 암기하세요.

68 폭발위험장소 중 1종 장소에 해당하는 것은?

① 폭발성 가스 분위기가 연속적, 장기간 또는 빈번하게 존재하는 장소
② 폭발성 가스 분위기가 정상작동 중 주기적 또는 빈번하게 생성되는 장소
③ 폭발성 가스 분위기가 정상작동 중 조성되지 않거나 조성된다 하더라도 짧은 기간에만 존재할 수 있는 장소
④ 전기설비를 제조, 설치 및 사용함에 있어 특별한 주의를 요하는 정도의 폭발성 가스 분위기가 조성될 우려가 없는 장소

[해설] ① : 0종 장소
② : 1종 장소
③, ④ : 2종 장소

[참고] 위험장소의 분류

가스폭발 위험장소	
0종 장소	가. 설비의 내부 나. 인화성 또는 가연성 액체가 피트(PIT) 등의 내부 다. 인화성 또는 가연성의 가스나 증기가 지속적으로 또는 장기간 체류하는 곳
1종 장소	가. 통상의 상태에서 위험분위기가 쉽게 생성되는 곳 나. 운전, 유지 보수 또는 누설에 의하여 자주 위험분위기가 생성되는 곳 다. 설비 일부의 고장시 가연성물질의 방출과 전기계통의 고장이 동시에 발생되기 쉬운 곳
1종 장소	라. 환기가 불충분한 장소에 설치된 배관 계통으로 배관이 쉽게 누설되는 구조의 곳 마. 주변 지역보다 낮아 가스나 증기가 체류할 수 있는 곳 바. 상용의 상태에서 위험분위기가 주기적 또는 간헐적으로 존재하는 곳
2종 장소	가. 환기가 불충분한 장소에 설치된 배관계통으로 배관이 쉽게 누설되지 않는 구조의 곳 나. 가스켓(GASKET), 팩킹(PACKING) 등의 고장과 같이 이상상태에서만 누출될 수 있는 공정설비 또는 배관이 환기가 충분한 곳에 설치될 경우 다. 1종 장소와 직접 접하며 개방되어 있는 곳 또는 1종장소와 닥트, 트랜치, 파이프 등으로 연결되어 이들을 통해 가스나 증기의 유입이 가능한 곳 라. 강제 환기방식이 채용되는 곳으로 환기설비의 고장이나 이상 시에 위험분위기가 생성될 수 있는 곳

{분석}
실기에 자주 출제되는 내용입니다. 암기하세요.

69 정전기에 의한 재해 방지대책으로 틀린 것은?

① 대전방지제 등을 사용한다.
② 공기 중의 습기를 제거한다.
③ 금속 등의 도체를 접지시킨다.
④ 배관 내 액체가 흐를 경우 유속을 제한한다.

[해설] 정전기 재해 예방대책
① 접지(도체일 경우 효과 있으나 부도체는 효과 없다.)
② 습기부여(공기 중 습도 60~70% 이상 유지한다.)
③ 도전성 재료 사용(절연성 재료는 절대 금한다.)
④ 대전 방지제 사용
⑤ 제전기 사용
⑥ 유속 조절(석유류 제품 1m/s 이하)

{분석}
실기까지 중요한 내용입니다.

정답 68 ② 69 ②

70. SELV(비접지회로)의 절연저항 기준으로 옳은 것은?

① 1.5MΩ 이상 ② 1.0MΩ 이상
③ 0.3MΩ 이상 ④ 0.5MΩ 이상

해설 전로의 절연저항

전로의 사용전압(V)	DC 시험전압(V)	절연저항 (MΩ)
SELV(비접지회로) 및 PELV(접지회로)	250	0.5
FELV(1차와 2차가 전기적으로 절연되지 않은 회로), 500(V) 이하	500	1.0
500(V) 초과	1,000	1.0

* 특별저압(extra low voltage : 2차 전압이 AC 50V, DC 120V 이하)으로 SELV(비접지회로 구성) 및 PELV(접지회로 구성)은 1차와 2차가 전기적으로 절연된 회로, FELV는 1차와 2차가 전기적으로 절연되지 않은 회로

{분석} 관련 법령의 변경으로 문제의 일부를 수정하였습니다.

71. 공정별로 폭발을 분류할 때 물리적 폭발이 아닌 것은?

① 분해폭발
② 탱크의 감압폭발
③ 수증기 폭발
④ 고압용기의 폭발

해설
1. 물리적 폭발 : 물리변화를 주체로 한 폭발
   • 고압용기 파열
   • 탱크 감압 파손
   • 폭발적 증발 및 압력 방출에 의해 발생
2. 화학적 폭발 : 화학반응에 의하여 짧은 시간에 급격한 압력상승을 수반할 때 압력이 급격하게 방출되며 폭발이 일어난다.
   • 산화폭발
   • 분해폭발
   • 중합폭발
   • 촉매폭발

72. 폭발범위가 1.8 ~ 8.5vol%인 가스의 위험도를 구하면 얼마인가?

① 0.8 ② 3.7
③ 5.7 ④ 6.7

해설 위험도의 계산

$$위험도(H) = \frac{U_2 - U_1}{U_1}$$

여기서, U_1 : 폭발 하한계(%)
U_2 : 폭발 상한계(%)

$$위험도(H) = \frac{8.5 - 1.8}{1.8} = 3.7$$

{분석} 실기까지 중요한 내용입니다.

73. 다음 물질 중 가연성 가스가 아닌 것은?

① 수소 ② 메탄
③ 프로판 ④ 염소

해설 ④ 염소 : 맹독성, 산화성 가스

74. 황린의 저장 및 취급 방법으로 옳은 것은?

① 강산화제를 첨가하여 중화된 상태로 저장한다.
② 물 속에 저장한다.
③ 자연발화하므로 건조한 상태로 저장한다.
④ 강알칼리 용액 속에 저장한다.

해설 발화성 물질의 저장법
① 나트륨, 칼륨 : 석유 속 저장
② 황린 : 물 속에 저장
③ 적린, 마그네슘, 칼륨 : 격리 저장
④ 질산은 ($AgNO_3$) 용액 : 햇빛 피하여 저장(빛에 의해 광분해 반응 일으킴)
⑤ 벤젠 : 산화성물질과 격리 저장
⑥ 탄화칼슘(CaC_2, 카바이트) : 금수성물질로서 물과 격렬히 반응하므로 건조한 곳에 보관

{분석} 필기에 자주 출제되는 내용입니다.

정답 70 ④ 71 ① 72 ② 73 ④ 74 ②

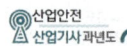

75 산업안전보건기준에 관한 규칙에서 정한 위험물질의 종류에서 인화성 액체에 해당하지 않는 것은?

① 적린
② 에틸에테르
③ 산화프로필렌
④ 아세톤

[해설] 적린 → 물반응성 물질 및 인화성 고체

[참고]

인화성 액체	가. 에틸에테르, 가솔린, 아세트알데히드, 산화프로필렌, 그 밖에 인화점이 섭씨 23도 미만이고 초기끓는점이 섭씨 35도 이하인 물질
	235 아세트알(아세트알데히드)샴푸(산화프로필렌)가 거슬린(가솔린) 에테르(에틸에테르)
	나. 노르말헥산, 아세톤, 메틸에틸케톤, 메틸알코올, 에틸알코올, 이황화탄소, 그 밖에 인화점이 섭씨 23도 미만이고 초기 끓는점이 섭씨 35도를 초과하는 물질
	아세톤(아세톤) 메에케(메틸에틸케톤) 해! 노(노르말헥산)! 이황화탄(이황화탄소) 알콜(메틸알콜, 에틸알콜)
	다. 크실렌, 아세트산아밀, 등유, 경유, 테레핀유, 이소아밀알코올, 아세트산, 하이드라진, 그 밖에 인화점이 섭씨 23도 이상 섭씨 60도 이하인 물질
	아세트산아(아세트산, 아세트산아밀)! 텔레비전(테레핀유) 켜실팬(크실렌) 2360 등(등유)을 경유 하이(하이드라진)소(이소아밀알콜)!

{분석}
실기에 자주 출제되는 내용입니다. 암기하세요.

76 사업주가 금속의 용접·용단 또는 가열에 사용되는 가스 등의 용기를 취급하는 경우에 준수하여야 하는 사항으로 틀린 것은?

① 용기의 온도를 섭씨 40도 이하로 유지할 것
② 전도의 위험이 없도록 할 것
③ 밸브의 개폐는 빠르게 할 것
④ 용해아세틸렌의 용기는 세워 둘 것

[해설] ③ 밸브의 개폐는 서서히 할 것

77 산업안전보건기준에 관한 규칙상 ( ) 안의 내용으로 알맞은 것은?

사업주는 급성 독성물질이 지속적으로 외부에 유출될 수 있는 화학설비 및 그 부속설비에 파열판과 안전밸브를 직렬로 설치하고 그 사이에는 ( )를 설치하여야 한다.

① 온도지시계 또는 과열방지장치
② 압력지시계 또는 자동경보장치
③ 유량지시계 또는 유속지시계
④ 액위지시계 또는 과압방지장치

[해설] **파열판 및 안전밸브의 직렬 설치**
사업주는 급성 독성물질이 지속적으로 외부에 유출될 수 있는 화학설비 및 그 부속설비에 파열판과 안전밸브를 직렬로 설치하고 그 사이에는 압력지시계 또는 자동경보장치를 설치하여야 한다.

{분석}
실기까지 중요한 내용입니다.

정답 75 ① 76 ③ 77 ②

78. 관로의 크기를 변경하고자 할 때 사용하는 관 부속품은?

① 밸브(valve)
② 엘보우(elbow)
③ 부싱(bushing)
④ 플랜지(flangr)

[해설] 관의 부속품
① 2개관의 연결 : 플랜지, 유니언, 니플, 소켓 사용
② 관의 지름 변경 : 리듀서, 부싱 사용
③ 관로방향 변경 : 엘보, Y형 관이음쇠, 티, 십자 사용
④ 유로차단 : 플러그, 밸브, 캡

{분석}
필기에 자주 출제되는 내용입니다.

79. 산업안전보건법령상 공정안전보고서의 내용 중 공정안전자료에 포함되지 않는 것은?

① 유해·위험설비의 목록 및 사양
② 폭발위험장소 구분도 및 전기단선도
③ 안전운전지침서
④ 각종 건물·설비의 배치도

[해설] 공정안전자료
- 취급·저장하고 있거나 취급·저장하려는 유해·위험물질의 종류 및 수량
- 유해·위험물질에 대한 물질안전보건자료
- 유해·위험설비의 목록 및 사양
- 유해·위험설비의 운전방법을 알 수 있는 공정도면
- 각종 건물·설비의 배치도
- 폭발위험장소 구분도 및 전기단선도
- 위험설비의 안전설계·제작 및 설치 관련 지침서

80. 최소점화에너지(MIE)와 온도, 압력 관계를 옳게 설명한 것은?

① 압력, 온도에 모두 비례한다.
② 압력, 온도에 모두 반비례한다.
③ 압력에 비례하고, 온도에 반비례한다.
④ 압력에 반비례하고, 온도에 비례한다.

[해설] 온도, 압력이 높을수록 최소점화에너지는 낮아진다. → 반비례

[참고] 최소점화에너지(MIE) : 점화에 필요한 최소한의 에너지

제5과목 건설공사 안전 관리

81. 철골 작업 시 위험 방지를 위하여 철골 작업을 중지하여야 하는 기준으로 옳은 것은?

① 강설량이 시간당 1mm 이상인 경우
② 강우량이 시간당 1mm 이상인 경우
③ 풍속이 초당 20m 이상인 경우
④ 풍속이 시간당 200m 이상인 경우

[해설] 철골 작업을 중지해야 하는 조건
① 풍속이 초당 10미터 이상인 경우
② 강우량이 시간당 1밀리미터 이상인 경우
③ 강설량이 시간당 1센티미터 이상인 경우

{분석}
실기에 자주 출제되는 내용입니다. 암기하세요.

정답 78 ③ 79 ③ 80 ② 81 ②

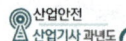

82 달비계의 최대 적재하중을 정하는 경우 달기와이어로프의 최대하중이 50kg일 때 안전계수에 의한 와이어로프의 절단하중은 얼마인가?

① 1000kg ② 700kg
③ 500kg   ④ 300kg

[해설]
1. 달비계 와이어로프의 안전율 : 10 이상
2. 안전율 = $\dfrac{\text{절단하중}}{\text{최대적재하중}}$

   절단하중 = 안전율 × 최대적재하중
   = 10 × 50 = 500kg

{분석}
관련 법규에서 삭제된 내용입니다.

83 차량계 하역운반기계의 운전자가 운전위치를 이탈하는 경우의 조치사항으로 부적절한 것은?

① 포크 및 버킷을 가장 높은 위치에 두어 근로자 통행을 방해하지 않도록 하였다.
② 원동기를 정지시키고 브레이크를 걸었다.
③ 시동키를 운전대에서 분리시켰다.
④ 경사지에서 갑작스러운 주행이 되지 않도록 바퀴에 블록 등을 놓았다.

[해설] 차량계 하역운반기계 운전자가 운전위치 이탈 시 조치
① 포크, 버킷, 디퍼 등의 장치를 가장 낮은 위치 또는 지면에 내려 둘 것
② 원동기를 정지시키고 브레이크를 확실히 거는 등 갑작스러운 이동을 방지하기 위한 조치를 할 것
③ 운전석을 이탈하는 경우에는 시동키를 운전대에서 분리시킬 것

{분석}
실기까지 중요한 내용입니다.

84 굴착면의 기울기 기준으로 옳지 않은 것은?

① 풍화암 - 1 : 1.0
② 연암 - 1 : 1.0
③ 경암 - 1 : 0.2
④ 그 밖의 흙 - 1 : 1.2

[해설] 굴착면의 기울기 및 높이 기준

지반의 종류	굴착면의 기울기
모래	1 : 1.8
연암 및 풍화암	1 : 1.0
경암	1 : 0.5
그 밖의 흙	1 : 1.2

{분석}
실기에 자주 출제되는 내용입니다. 암기하세요.

85 안전난간의 구조 및 설치요건과 관련하여 발끝막이판은 바닥면으로부터 얼마 이상의 높이를 유지하여야 하는가?

① 10cm 이상   ② 15cm 이상
③ 20cm 이상   ④ 30cm 이상

[해설] 발끝막이판은 바닥면 등으로부터 10센티미터 이상의 높이를 유지할 것

[참고] 안전난간의 구조 및 설치요건
① 상부 난간대, 중간 난간대, 발끝막이판 및 난간기둥으로 구성할 것
② 상부 난간대
  • 상부 난간대는 바닥면 등으로부터 90센티미터 이상 지점에 설치
  • 상부 난간대를 120센티미터 이하에 설치하는 경우 : 중간 난간대는 상부 난간대와 바닥면 등의 중간에 설치
  • 120센티미터 이상 지점에 설치하는 경우 : 중간 난간대를 2단 이상으로 설치, 난간의 상하 간격은 60센티미터 이하가 되도록 할 것(다만, 난간기둥 간의 간격이 25센티미터 이하인 경우에는 중간 난간대를 설치하지 않을 수 있다.)
③ 발끝막이판은 바닥면 등으로부터 10센티미터 이상의 높이를 유지할 것

정답 82 ③ 83 ① 84 ③ 85 ①

④ 난간기둥은 상부 난간대와 중간 난간대를 견고하게 떠받칠 수 있도록 적정한 간격을 유지할 것
⑤ 상부 난간대와 중간 난간대는 난간 길이 전체에 걸쳐 바닥면 등과 평행을 유지할 것
⑥ 난간대는 지름 2.7센티미터 이상의 금속제 파이프나 그 이상의 강도가 있는 재료일 것
⑦ 안전난간은 구조적으로 가장 취약한 지점에서 가장 취약한 방향으로 작용하는 100킬로그램 이상의 하중에 견딜 수 있는 튼튼한 구조일 것

{분석}
실기까지 중요한 내용입니다.

86 항타기 또는 항발기의 권상용 와이어로프의 안전계수 기준으로 옳은 것은?

① 3 이상 ② 5 이상
③ 8 이상 ④ 10 이상

[해설] 항타기 또는 항발기의 권상용 와이어로프의 안전계수가 5 이상이 아니면 이를 사용하여서는 아니 된다.

87 비탈면 붕괴를 방지하기 위한 방법으로 옳지 않은 것은?

① 비탈면 상부의 토사제거
② 지하 배수공 시공
③ 비탈면 하부의 성토
④ 비탈면 내부 수압의 증가 유도

[해설] ④ 비탈면 내부 수압의 증가는 붕괴의 원인이 된다. 내부 수압을 제거하여야 한다.

88 추락에 의한 위험 방지를 위해 해당 장소에서 조치해야 할 사항과 거리가 먼 것은?

① 추락방호망 설치
② 안전난간 설치
③ 덮개 설치
④ 투하설비 설치

[해설] ④ 투하설비 설치 → 낙하·비래 방지 조치

89 작업으로 인하여 물체가 떨어지거나 날아올 위험이 있는 경우에 조치 및 준수하여야 할 사항으로 옳지 않은 것은?

① 낙하물방지망, 수직보호망 또는 방호선반 등을 설치한다.
② 낙하물방지망의 내민 길이는 벽면으로부터 2m 이상으로 한다.
③ 낙하물방지망의 수평면과의 각도는 20° 이상 30° 이하를 유지한다.
④ 낙하물방지망은 높이 15m 이내마다 설치한다.

[해설] 낙하물방지망 또는 방호선반을 설치 시 준수사항
① 설치높이는 10미터 이내마다 설치하고, 내민 길이는 벽면으로부터 2미터 이상으로 할 것
② 수평면과의 각도는 20도 이상 30도 이하를 유지할 것

{분석}
실기까지 중요한 내용입니다.

90 철도공사 중 발생하는 비탈면 붕괴의 원인과 거리가 먼 것은?

① 함수비 고정으로 인한 균일한 흙의 단위중량
② 건조로 인하여 점성토의 점착력 상실
③ 점성토의 수축이나 팽창으로 균열 발생
④ 공사 진행으로 비탈면의 높이와 기울기 증가

[해설] ① 함수비의 증가로 인한 흙의 단위중량 증가가 붕괴의 원인이 된다.

정답 86 ② 87 ④ 88 ④ 89 ④ 90 ①

91 산업안전보건법령에 따라 안전관리자와 보건관리자의 직무를 분류할 때 안전관리자의 직무에 해당되지 않는 것은?

① 산업재해에 관한 통계의 유지·관리·분석을 위한 보좌 및 조언·지도
② 산업재해 발생의 원인 조사·분석 및 재발방지를 위한 기술적 보좌 및 조언·지도
③ 해당 사업장 안전교육계획의 수립 및 안전교육 실시에 관한 보좌 및 조언·지도
④ 작업장 내에서 사용되는 전체 환기장치 및 국소 배기장치 등에 관한 설비의 점검과 작업방법의 공학적 개선에 관한 보좌 및 조언·지도

[해설] ④ 작업장 내에서 사용되는 전체 환기장치 및 국소 배기장치 등에 관한 설비의 점검과 작업방법의 공학적 개선에 관한 보좌 및 조언·지도
→ 보건관리자의 직무

92 산업안전보건법령에서는 터널건설작업을 하는 경우에 해당 터널 내부의 화기나 아크를 사용하는 장소에는 필히 무엇을 설치하도록 규정하고 있는가?

① 소화설비
② 대피설비
③ 충전설비
④ 차단설비

[해설] 터널 내부의 화기나 아크를 사용하는 장소 → 소화설비

93 유해·위험 방지계획서 작성 대상 공사의 기준으로 옳지 않은 것은?

① 지상높이 31m 이상인 건축물 공사
② 저수용량 1천만톤 이상의 용수 전용 댐
③ 최대 지간길이 50m 이상인 교량 건설 등 공사
④ 깊이 10m 이상인 굴착공사

[해설] 유해·위험 방지계획서 작성 대상 건설공사
1. 다음 각 목의 어느 하나에 해당하는 건축물 또는 시설 등의 건설·개조 또는 해체공사
  가. 지상높이가 31미터 이상인 건축물 또는 인공구조물
  나. 연면적 3만제곱미터 이상인 건축물
  다. 연면적 5천제곱미터 이상인 시설로서 다음의 어느 하나에 해당하는 시설
    1) 문화 및 집회시설(전시장 및 동물원·식물원은 제외한다)
    2) 판매시설, 운수시설(고속철도의 역사 및 집배송시설은 제외한다)
    3) 종교시설
    4) 의료시설 중 종합병원
    5) 숙박시설 중 관광숙박시설
    6) 지하도상가
    7) 냉동·냉장 창고시설
2. 연면적 5천제곱미터 이상의 냉동·냉장창고시설의 설비공사 및 단열공사
3. 최대 지간길이(다리의 기둥과 기둥의 중심사이의 거리)가 50미터 이상인 교량 건설 등 공사
4. 터널 건설 등의 공사
5. 다목적댐, 발전용댐, 저수용량 2천만톤 이상의 용수 전용 댐, 지방상수도 전용 댐 건설 등의 공사
6. 깊이 10미터 이상인 굴착공사

특급 암기법
• 지상높이 31m, 연면적 3만m², 사람 많은 시설 연면적 5,000m²
• 연면적 5,000m² 냉동·냉장창고시설
• 최대 지간길이가 50미터 이상 교량
• 터널
• 저수용량 2천만 톤 이상 댐
• 10미터 이상인 굴착

{분석}
실기에 자주 출제되는 내용입니다. 암기하세요.

정답 91 ④ 92 ① 93 ②

94 높이 2m를 초과하는 말비계를 조립하여 사용하는 경우 작업발판의 최소 폭 기준으로 옳은 것은?

① 20cm 이상   ② 30cm 이상
③ 40cm 이상   ④ 50cm 이상

[해설] 말비계의 구조
① 지주부재의 하단에는 <u>미끄럼 방지장치를 하고, 양측 끝부분에 올라서서 작업하지 아니하도록 할 것</u>
② 지주부재와 <u>수평면과의 기울기를 75도 이하로 하고, 지주부재와 지주부재 사이를 고정시키는 보조부재를 설치할 것</u>
③ 말비계의 높이가 2미터를 초과할 경우에는 작업발판의 폭을 40센티미터 이상으로 할 것

{분석}
실기까지 중요한 내용입니다.

95 발파작업에 종사하는 근로자가 준수해야 할 사항으로 옳지 않은 것은?

① 얼어붙은 다이나마이트는 화기에 접근시키거나 그 밖의 고열물에 직접 접촉시키는 등 위험한 방법으로 융해되지 않도록 할 것
② 발파공의 충전재료는 점토·모래 등의 사용을 금할 것
③ 장전구(裝塡具)는 마찰·충격·정전기 등에 의한 폭발의 위험이 없는 안전한 것을 사용할 것
④ 전기뇌관에 의한 발파의 경우 점화하기 전에 화약류를 장전한 장소로부터 30m 이상 떨어진 안전한 장소에서 전선에 대하여 저항측정 및 도통(道通)시험을 할 것

[해설] ② <u>발파공의 충진재료는 점토·모래 등 발화성 또는 인화성의 위험이 없는 재료를 사용할 것</u>

96 산업안전보건법령에 따른 가설통로의 구조에 관한 설치기준으로 옳지 않은 것은?

① 경사가 25°를 초과하는 경우에는 미끄러지지 아니하는 구조로 할 것
② 경사는 30° 이하로 할 것
③ 수직갱에 가설된 통로의 길이가 15m 이상인 경우에는 10m 이내마다 계단참을 설치할 것
④ 건설공사에 사용하는 높이 8m 이상인 비계다리에는 7m 이내마다 계단참을 설치할 것

[해설] 가설통로의 구조
① 견고한 구조로 할 것
② 경사는 30도 이하로 할 것
③ 경사가 15도를 초과하는 때는 미끄러지지 아니하는 구조로 할 것
④ 추락의 위험이 있는 장소에는 안전난간을 설치할 것
⑤ 수직갱 : 길이가 15미터이상인 때에는 10미터 이내마다 계단참을 설치할 것
⑥ 건설공사에 사용하는 높이 8미터 이상인 비계다리 : 7미터 이내 마다 계단참을 설치할 것

{분석}
실기까지 중요한 내용입니다.

97 건설업 산업안전보건관리비 항목으로 사용가능한 내역은?

① 경비원, 청소원 및 폐자재 처리원의 인건비
② 외부인, 출입금지, 공사장 경계표시를 위한 가설울타리 설치 및 해체 비용
③ 원활한 공사수행을 위하여 사업장 주변 교통정리를 하는 신호자의 인건비
④ 해열제, 소화제 등 구급약품 및 구급용구 등의 구입 비용

정답 94 ③ 95 ② 96 ① 97 ④

[해설] ①, ③ → 「안전관리자를 선임한 건설공사 현장에서 산업재해 예방 업무만을 수행하는 작업지휘자, 유도자, 신호자 등의 임금」에 해당하지 않으므로 산업안전보건관리비로 사용할 수 없다.
② → 산업재해 예방을 위한 울타리가 아니므로 산업안전보건관리비로 사용할 수 없다.

[참고]

안전관리자 · 보건관리자의 임금 등	① 안전관리 또는 보건관리 업무만을 전담하는 안전관리자 또는 보건관리자의 임금과 출장비 전액 ② 안전관리 또는 보건관리 업무를 전담하지 않는 안전관리자 또는 보건관리자의 임금과 출장비의 각각 2분의 1에 해당하는 비용 ③ 안전관리자를 선임한 건설공사 현장에서 산업재해 예방 업무만을 수행하는 작업지휘자, 유도자, 신호자 등의 임금 전액 ④ 작업을 직접 지휘·감독하는 직·조·반장 등 관리감독자의 직위에 있는 자가 업무를 수행하는 경우에 지급하는 업무수당(임금의 10분의 1 이내)
안전시설비 등	① 산업재해 예방을 위한 안전난간, 추락방호망, 안전대 부착설비, 방호장치(기계·기구와 방호장치가 일체로 제작된 경우, 방호장치 부분의 가액에 한함) 등 안전시설의 구입·임대 및 설치를 위해 소요되는 비용 ② 스마트 안전장비 구입·임대 비용의 5분의 2에 해당하는 비용. 다만, 계상된 안전보건관리비 총액의 10분의 1을 초과할 수 없다. ③ 용접 작업 등 화재 위험작업 시 사용하는 소화기의 구입·임대비용

98 거푸집 동바리에 작용하는 횡하중이 아닌 것은?

① 콘크리트 측압
② 풍하중
③ 자중
④ 지진하중

[해설] ③ 콘크리트의 자중은 수직하중에 해당한다.

99 콘크리트 타설 시 거푸집의 측압에 영향을 미치는 인자들에 관한 설명으로 옳지 않은 것은?

① 슬럼프가 클수록 측압은 크다.
② 거푸집의 강성이 클수록 측압은 크다.
③ 철근량이 많을수록 측압은 작다.
④ 타설 속도가 느릴수록 측압은 크다.

[해설] **콘크리트의 측압**
① 외기온도가 낮을수록 측압이 크다.
② 습도가 낮을수록 측압이 크다.
③ 타설 속도가 빠를수록 측압이 크다.
④ 콘크리트 비중이 클수록 측압이 크다.
⑤ 철골 or 철근량 적을수록 측압이 크다.

{분석}
실기까지 중요한 내용입니다.

100 앞쪽에 한 개의 조향륜 롤러와 뒤축에 두 개의 롤러가 배치된 것으로(2축, 3륜), 하층 노반 다지기, 아스팔트 포장에 주로 쓰이는 장비의 이름은?

① 머캐덤 롤러
② 탬핑 롤러
③ 페이 로더
④ 래머

[해설] 하층 노반다지기, 아스팔트 포장에 사용 → 머캐덤 롤러

정답 98 ③ 99 ④ 100 ①

01회 2019년 산업안전 산업기사 최근 기출문제

2019년 3월 3일 시행

제1과목 · 산업재해 예방 및 안전보건교육

01 하인리히의 재해구성 비율에 따라 경상사고가 87건 발생하였다면 무상해 사고는 몇 건이 발생하였겠는가?

① 300건   ② 600건
③ 900건   ④ 1,200건

【해설】 하인리히 1 : 29 : 300의 법칙

> 총 330건의 사고를 분석했을 때
> • 중상 또는 사망 : 1건
> • 경상해 : 29건
> • 무상해사고 : 300건이 발생

1. 경상해가 87건 → 29×3 = 87건
2. 중상 또는 사망 → 1×3 = 3건
3. 무상해사고 → 300×3 = 900건

{분석}
필기에 자주 출제되는 내용입니다.

02 OJT(On the Job Training)의 특징이 아닌 것은?

① 훈련에 필요한 업무의 계속성이 끊어지지 않는다.
② 교육효과가 업무에 신속히 반영된다.
③ 다수의 근로자들을 대상으로 동시에 조직적 훈련이 가능하다.
④ 개개인에게 적절한 지도훈련이 가능하다.

【해설】

OJT의 특징	① 개개인에게 적절한 훈련이 가능하다. ② 직장의 실정에 맞는 훈련이 가능하다. ③ 교육효과가 즉시 업무에 연결된다. ④ 훈련에 대한 업무의 계속성이 끊어지지 않는다. ⑤ 상호 신뢰 이해도가 높다.
OFF JT의 특징	① 다수의 근로자들에게 훈련을 할 수 있다. ② 훈련에만 전념하게 된다. ③ 특별설비기구 이용이 가능하다. ④ 많은 지식이나 경험을 교류할 수 있다. ⑤ 교육 훈련 목표에 대하여 집단적 노력이 흐트러질 수 있다.

{분석}
필기에 자주 출제되는 내용입니다.

03 재해사례연구에 관한 설명으로 틀린 것은?

① 재해사례연구는 주관적이며 정확성이 있어야 한다.
② 문제점과 재해 요인의 분석은 과학적이고, 신뢰성이 있어야 한다.
③ 재해사례를 과제로 하여 그 사고와 배경을 체계적으로 파악한다.
④ 재해 요인을 규명하여 분석하고 그에 대한 대책을 세운다.

【해설】 ① 재해사례연구는 객관적이어야 한다.

▶) 정답 01 ③ 02 ③ 03 ①

04 산업안전보건법상 안전·보건 표지에서 기본모형의 색상이 빨강이 아닌 것은?

① 산화성물질 경고
② 화기금지
③ 탑승금지
④ 고온 경고

[해설] ④ 고온 경고 → 바탕은 노란색, 기본모형, 관련 부호 및 그림은 검은색

[참고]

분류	종류	색채

금지
표지
	1. 출입금지
	2. 보행금지
	3. 차량통행금지
	4. 사용금지
	5. 탑승금지
	6. 금연
	7. 화기금지
	8. 물체이동금지
		• 바탕 : 흰색
		• 기본모형 :
		  빨간색
		• 관련 부호 및
		  그림 : 검은색

경고
표지
	1. 인화성물질 경고
	2. 산화성물질 경고
	3. 폭발성물질 경고
	4. 급성독성물질 경고
	5. 부식성물질 경고
	6. 발암성·변이원성·
	  생식독성·전신독성·
	  호흡기과민성물질 경고
		• 바탕 : 무색
		• 기본모형 :
		  빨간색
		  (검은색도 가능)

	7. 방사성물질 경고
	8. 고압전기 경고
	9. 매달린물체 경고
	10. 낙하물 경고
	11. 고온 경고
	12. 저온 경고
	13. 몸균형 상실 경고
	14. 레이저광선 경고
	15. 위험장소 경고
		• 바탕 : 노란색,
		• 기본모형, 관련
		  부호 및 그림 :
		  검은색

지시 표지	1. 보안경 착용 2. 방독마스크 착용 3. 방진마스크 착용 4. 보안면 착용 5. 안전모 착용 6. 귀마개 착용 7. 안전화 착용 8. 안전장갑 착용 9. 안전복착용	• 바탕 : 파란색 • 관련 그림 : 흰색

분류	종류	색채

안내
표지
	1. 녹십자표지
	2. 응급구호표지
	3. 들것
	4. 세안장치
	5. 비상용기구
	6. 비상구
	7. 좌측비상구
	8. 우측비상구
		• 바탕 : 흰색
		• 기본모형 및
		  관련 부호 :
		  녹색
		• 바탕 : 녹색
		• 관련 부호 및
		  그림 : 흰색

출입 금지 표지	1. 허가대상유해물질 취급 2. 석면취급 및 해체·제거 3. 금지유해물질 취급	글자는 흰색바탕에 흑색 다음 글자는 적색 – ○○○제조/사용 /보관 중 – 석면취급/해체 중 – 발암물질 취급 중

{분석}
실기에 자주 출제되는 중요한 내용입니다.

05 모랄 서베이(Morale Survey)의 효용이 아닌 것은?

① 조직 또는 구성원의 성과를 비교·분석한다.
② 종업원의 정화(Catharsis)작용을 촉진시킨다.
③ 경영관리를 개선하는 데에 대한 자료를 얻는다.
④ 근로자의 심리 또는 욕구를 파악하여 불만을 해소하고, 노동 의욕을 높인다.

[해설] 모랄 서베이의 효과
① 근로자의 불만을 해소하고 노동 의욕을 높인다.
② 경영관리 개선 자료로 활용할 수 있다.
③ 종업원의 정화작용을 촉진시킨다.

[참고] 모랄 서베이[morale survey]
• 종업원의 근로 의욕·태도 등에 대한 측정으로 태도 조사라고도 한다.

정답 04 ④ 05 ①

06 주의(Attention)의 특징 중 여러 종류의 자극을 지각할 때, 소수의 특정한 것에 한하여 주의가 집중되는 것은?

① 선택성 ② 방향성
③ 변동성 ④ 검출성

[해설] 인간 주의특성의 종류
① 선택성 : 사람은 한 번에 여러 종류의 자극을 지각하거나 수용하지 못하며 소수의 특정한 것으로 한정해서 선택하는 기능을 말한다.
② 방향성 : 시선에서 벗어난 부분은 무시되기 쉽다.(주시점만 응시한다.)
③ 변동성 : 주의는 리듬이 있어 일정한 수순을 지키지 못한다.
④ 단속성 : 고도의 주의는 장시간 집중이 곤란하다.
⑤ 주의력의 중복집중 곤란 : 동시에 두개이상의 방향을 잡지 못한다.

{분석}
실기까지 중요한 내용입니다.

07 인간의 적응기제(適應機制)에 포함되지 않는 것은?

① 갈등(conflict)
② 억압(repression)
③ 공격(aggression)
④ 합리화(rationalization)

[해설] 인간의 적응기제
① 도피기제(갈등을 해결하지 않고 도망감)
② 방어기제(갈등을 이겨내려는 능동성과 적극성)
③ 공격기제

도피기제	방어기제
• 억압 • 퇴행 • 백일몽 • 고립(거부)	• 보상 • 합리화 • 승화 • 동일시 • 투사

08 산업안전보건법상 직업병 유소견자가 발생하거나 다수 발생할 우려가 있는 경우에 실시하는 건강진단은?

① 특별 건강진단
② 일반 건강진단
③ 임시 건강진단
④ 채용 시 건강진단

[해설] 건강진단의 종류
① 일반건강진단 : 상시 사용하는 근로자의 건강관리를 위하여 사업주가 주기적으로 실시하는 건강진단
② 특수건강진단

• "특수건강진단대상업무"에 종사하는 근로자
• 근로자건강진단 실시 결과 직업병 유소견자로 판정받은 후 작업 전환을 하거나 작업장소를 변경하고, 직업병 유소견 판정의 원인이 된 유해인자에 대한 건강진단이 필요하다는 의사의 소견이 있는 근로자

③ 배치 전 건강진단 : 특수건강진단대상업무에 종사할 근로자에 대하여 배치예정 업무에 대한 적합성 평가를 위하여 사업주가 실시하는 건강진단
④ 수시건강진단 : 특수건강진단 대상 업무로 인하여 해당 유해인자에 의한 직업성 천식, 직업성 피부염, 그 밖에 건강장해를 의심하게 하는 증상을 보이거나 의학적 소견이 있는 근로자에 대하여 사업주가 실시하는 건강진단
⑤ 임시건강진단 : 특수건강진단 대상 유해인자 또는 그 밖의 유해인자에 의한 중독 여부, 질병에 걸렸는지 여부 또는 질병의 발생 원인 등을 확인하기 위하여 지방고용노동관서의 장의 명령에 따라 사업주가 실시하는 건강진단

• 같은 부서에 근무하는 근로자 또는 같은 유해인자에 노출되는 근로자에게 유사한 질병의 자각 · 타각증상이 발생한 경우
• 직업병 유소견자가 발생하거나 여러 명이 발생할 우려가 있는 경우
• 그 밖에 지방고용노동관서의 장이 필요하다고 판단하는 경우

정답 06 ① 07 ① 08 ③

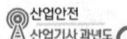

09 위험예지훈련 중 TBM(Tool Box Meeting)에 관한 설명으로 틀린 것은?

① 작업 장소에서 원형의 형태를 만들어 실시한다.
② 통상 작업 시작 전후 10분 정도 시간으로 미팅한다.
③ 토의는 다수인(30인)이 함께 수행한다.
④ 근로자 모두가 말하고 스스로 생각하고 "이렇게 하자"라고 합의한 내용이 되어야 한다.

[해설] ③ 토의는 작업자 3~5인이 조를 이뤄 수행한다.

[참고] T.B.M (Tool Box Meeting) : 단시간 즉시 적응법
- 재해를 방지하기 위해 현장에서 그때그때의 상황에 맞게 적응하여 실시하는 활동으로 단시간 미팅 즉시 적응훈련이라 한다.
- 작업 전 또는 종료 시 5~10분간 작업자 3~5인이 조를 이뤄 작업 시 위험요소에 대하여 말하는 방식이다.

10 제조업자는 제조물의 결함으로 인하여 생명·신체 또는 재산에 손해를 입은 자에게 그 손해를 배상하여야 하는데 이를 무엇이라 하는가? (단, 당해 제조물에 대해서만 발생한 손해는 제외한다.)

① 입증 책임
② 담보 책임
③ 연대 책임
④ 제조물 책임

[해설] 제조물 책임(PL : Product Liability)
유통된 제조물의 결함으로 인하여 고객이 사용자 또는 제3자의 생명이나 신체 또는 당해 제조물 이외의 재산에 손해가 발생한 경우 제조업자나 판매업자의 제조물 결함에 관한 과실 유무에 관계없이 제조업자나 판매업자가 손해배상책임을 부담하는 것을 말한다.

11 하버드 학파의 5단계 교수법에 해당되지 않는 것은?

① 교시(Presentation)
② 연합(Association)
③ 추론(Reasoning)
④ 총괄(Generalization)

[해설] 하버드 학파의 교수법

1단계	준비시킨다.
2단계	교시시킨다.
3단계	연합한다.
4단계	총괄한다.
5단계	응용시킨다.

{분석} 실기까지 중요한 내용입니다.

12 객관적인 위험을 자기 나름대로 판정해서 의지결정을 하고 행동에 옮기는 인간의 심리 특성은?

① 세이프 테이킹(safe taking)
② 액션 테이킹(action taking)
③ 리스크 테이킹(risk taking)
④ 휴먼 테이킹(human taking)

[해설] 객관적인 위험을 자기 나름대로 판정해서 행동에 옮김 → 리스크 테이킹(risk taking)

13 재해 예방의 4원칙에 해당하지 않는 것은?

① 예방 가능의 원칙
② 손실 우연의 원칙
③ 원인 계기의 원칙
④ 선취 해결의 원칙

정답 09 ③ 10 ④ 11 ③ 12 ③ 13 ④

해설 산업재해 예방의 4원칙
① 예방 가능의 원칙 : 재해는 원칙적으로 원인만 제거되면 예방이 가능하다.
② 손실 우연의 원칙 : 사고의 결과 생기는 상해의 종류와 정도는 사고 발생시 사고대상의 조건에 따라 우연히 발생한다.
③ 대책 선정의 원칙 : 사고의 원인에 대한 적합한 대책이 선정되어야 한다.
④ 원인 연계의 원칙 : 재해는 직접원인과 간접원인이 연계되어 일어난다.

{분석}
실기에 자주 출제되는 중요한 내용입니다.

14 방독마스크의 정화통 색상으로 틀린 것은?

① 유기화합물용 – 갈색
② 할로겐용 – 회색
③ 황화수소용 – 회색
④ 암모니아용 – 노란색

해설 방독마스크 정화통 외부 측면의 표시 색

종류	표시 색
유기화합물용 정화통	갈 색
할로겐용 정화통	회 색
황화수소용 정화통	
시안화수소용 정화통	
아황산용 정화통	노란색
암모니아용 정화통	녹 색
복합용 및 겸용의 정화통	• 복합용의 경우 해당가스 모두 표시 (2층 분리) • 겸용의 경우 백색 과 해당가스 모두 표시(2층 분리)

{분석}
실기에 자주 출제되는 중요한 내용입니다.

15 다음 중 스트레스(Stress)에 관한 설명으로 가장 적절한 것은?

① 스트레스는 나쁜 일에서만 발생한다.
② 스트레스는 부정적인 측면만 가지고 있다.
③ 스트레스는 직무 몰입과 생산성 감소의 직접적인 원인이 된다.
④ 스트레스 상황에 직면하는 기회가 많을수록 스트레스 발생 가능성은 낮아진다.

해설 ① 스트레스는 나쁜 일과 좋은 일 모두에서 발생한다.
② 스트레스는 긍정적인 측면과 부정적인 측면을 가지고 있다.
④ 스트레스 상황에 직면하는 기회가 많을수록 스트레스 발생 가능성은 높아진다.

16 누전차단장치 등과 같은 안전장치를 정해진 순서에 따라 작동시키고 동작 상황의 양부를 확인하는 점검은?

① 외관 점검   ② 작동 점검
③ 기술 점검   ④ 종합 점검

해설 정해진 순서에 따라 작동시키고 동작 상황의 양부를 확인 → 작동 점검

17 재해 발생 형태별 분류 중 물건이 주체가 되어 사람이 상해를 입는 경우에 해당되는 것은?

① 추락
② 전도
③ 충돌
④ 낙하·비래

해설 물건이 주체가 되어 사람이 상해를 입음
→ 맞음(낙하·비래)

정답 14 ④ 15 ③ 16 ② 17 ④

참고		
떨어짐 (추락)		• 높이가 있는 곳에서 사람이 떨어짐 • 사람이 인력(중력)에 의하여 건축물, 구조물, 가설물, 수목, 사다리 등의 높은 장소에서 떨어지는 것
깔림·뒤집힘 (전복)		• 물체의 쓰러짐이나 뒤집힘 • 기대어져 있거나 세워져 있는 물체 등이 쓰러져 깔린 경우 및 지게차 등의 건설기계 등이 운행 또는 작업 중 뒤집어진 경우
넘어짐 (전도)		• 사람이 미끄러지거나 넘어짐 • 사람이 거의 평면 또는 경사면, 층계 등에서 구르거나 넘어지는 경우
부딪힘·접촉 (충돌·접촉)		• 물체에 부딪힘, 접촉 • 재해자 자신의 움직임·동작으로 인하여 기인물에 접촉 또는 부딪히거나, 물체가 고정부에서 이탈하지 않은 상태로 움직임(규칙, 불규칙)등에 의하여 접촉한 경우

{분석} 실기까지 중요한 내용입니다.

18 산업안전보건법령상 특별안전·보건 교육의 대상 작업에 해당하지 않는 것은?

① 석면 해체·제거 작업
② 밀폐된 장소에서 하는 용접 작업
③ 화학설비 취급품의 검수·확인 작업
④ 2m 이상의 콘크리트 인공구조물의 해체 작업

해설 ③ "화학설비 중 반응기, 교반기·추출기의 사용 및 세척작업", "화학설비의 탱크 내 작업"이 특별안전·보건 교육의 대상 작업이다.

19 안전을 위한 동기부여로 틀린 것은?

① 기능을 숙달시킨다.
② 경쟁과 협동을 유도한다.
③ 상벌 제도를 합리적으로 시행한다.
④ 안전 목표를 명확히 설정하여 주지시킨다.

해설 동기유발(motivation) 방법
① 결과를 미리 알려준다.
② 안전의 근본이념을 인식시킨다.
③ 상벌제도를 효과적으로 활용한다.
④ 동기유발의 최적 수준을 유지한다.
⑤ 경쟁과 협동을 유도한다.
⑥ 안전 목표를 명확히 설정한다.

20 안전교육의 3단계에서 생활지도, 작업동작지도 등을 통한 안전의 습관화를 위한 교육은?

① 지식 교육   ② 기능 교육
③ 태도 교육   ④ 인성 교육

해설 생활지도, 작업동작지도 등을 통한 안전의 습관화 → 태도교육

제2과목 · 인간공학 및 위험성 평가·관리

21 인간-기계시스템에 대한 평가에서 평가 척도나 기준(criteria)으로서 관심의 대상이 되는 변수는?

① 독립변수   ② 종속변수
③ 확률변수   ④ 통제변수

해설 인간-기계시스템 → 종속변수

22 화학설비의 안전성 평가 과정에서 제3단계인 정량적 평가 항목에 해당되는 것은?

① 목록
② 공정계통도
③ 화학설비 용량
④ 건조물의 도면

정답 18 ③ 19 ① 20 ③ 21 ② 22 ③

정량적 평가항목	정성적 평가항목
① 취급물질 ② 화학설비의 용량 ③ 온도 ④ 압력 ⑤ 조작	① 입지 조건 ② 공장 내의 배치 ③ 소방설비 ④ 공정 기기 ⑤ 수송·저장 ⑥ 원재료 ⑦ 중간체 ⑧ 제품 ⑨ 건조물(건물) ⑩ 공정

{분석}
필기에 자주 출제되는 내용입니다.

23 다음 FTA 그림에서 a, b, c의 부품 고장률이 각각 0.01일 때, 최소 컷셋(minimal cut sets)과 신뢰도로 옳은 것은?

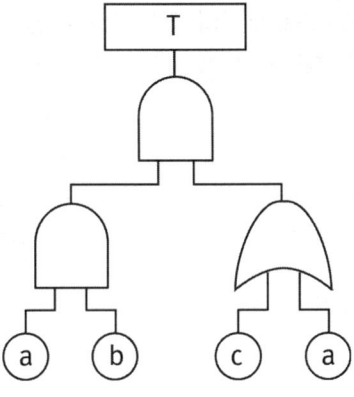

① $\{a, b\}$, $R(t) = 99.99\%$
② $\{a, b, c\}$, $R(t) = 98.99\%$
③ $\{a, c\}$, $R(t) = 96.99\%$
  $\{a, b\}$
④ $\{a, c\}$, $R(t) = 97.99\%$
  $\{a, b, c\}$

[해설] 1. 중복사상 a가 존재하므로 미니멀 컷의 신뢰도가 시스템의 신뢰도가 된다.

2. 미니멀 컷
$$T = (a, b)\binom{c}{a}$$
$$= (a, b, c)(a, b)$$
∴ 미니멀 컷 : (a, b)

3. 시스템의 고장률(미니멀 컷의 고장률)
$= a \times b = 0.01 \times 0.01 = 0.0001$

4. 시스템의 신뢰도(미니멀 컷의 신뢰도)
$= 1 - 0.0001 = 0.9999 \times 100 = 99.99(\%)$

{분석}
필기에 자주 출제되는 내용입니다.

24 FT도에 사용되는 기호 중 입력신호가 생긴 후, 일정 시간이 지속된 후에 출력이 생기는 것을 나타내는 것은?

① OR 게이트
② 위험 지속 기호
③ 억제 게이트
④ 배타적 OR 게이트

[해설] 입력신호가 생긴 후, 일정 시간이 지속된 후에 출력이 생기는 것 → 위험 지속 기호

[참고]

기호	명명	기호 설명
	OR 게이트	한 개 이상의 입력사상이 발생하면 출력사상이 발생하는 논리게이트
	억제 게이트	입력사상이 출력사상을 생성하기 전 특정조건을 만족하여하는 논리게이트
위험지속시간	위험지속 AND 게이트	입력이 생기고 일정시간이 지속될 때 출력이 생긴다.
또는/동시발생	배타적 OR게이트	입력사상 중 오직 한 개의 발생으로만 출력이 생김

{분석}
필기에 자주 출제되는 내용입니다.

정답 23 ① 24 ②

25. 자동차나 항공기의 앞 유리 혹은 차양판 등에 정보를 중첩 투사하는 표시장치는?
① CRT ② LCD
③ HUD ④ LED

해설 HUD
- 자동차나 항공기의 앞 유리 혹은 차양판 등에 정보를 중첩 투사하는 표시장치
- 도형과 숫자, 글자로 조종사에게 현재의 속도, 고도, 방향 등과 같은 다양한 정보들을 알려준다.

26. 암호체계 사용상의 일반적인 지침에 해당하지 않는 것은?
① 암호의 검출성
② 부호의 양립성
③ 암호의 표준화
④ 암호의 단일 차원화

해설 암호체계의 일반적 사항
① 암호의 검출성 : 암호화한 자극은 검출이 가능할 것
② 암호의 변별성 : 다른 암호 표시와 구별될 수 있을 것
③ 부호의 양립성 : 자극-반응의 관계가 인간의 기대와 모순되지 않는 성질
④ 부호의 의미 : 암호를 사용할 때는 그 사용자가 그 뜻을 분명히 알 수 있어야 한다.
⑤ 암호의 표준화 : 암호를 표준화하여 다른 상황으로 변화하더라도 쉽게 이용할 수 있어야 한다.
⑥ 다차원 암호의 사용 : 2가지 이상의 암호를 조합해서 사용하면 정보 전달이 촉진된다.

{분석}
필기에 자주 출제되는 내용입니다.

27. 일반적인 수공구의 설계원칙으로 볼 수 없는 것은?
① 손목을 곧게 유지한다.
② 반복적인 손가락 동작은 피한다.
③ 사용이 용이한 검지만 주로 사용한다.
④ 손잡이는 접촉 면적을 가능하면 크게 한다.

해설 수공구의 설계원칙
① 손목을 곧게 유지한다.
② 손바닥에 가해지는 압력을 줄인다.
③ 손가락의 반복 사용을 피한다.
④ 손잡이는 손바닥과의 접촉 면적이 크게 설계한다.
⑤ 공구의 무게를 줄이고 사용 시 균형이 유지되도록 한다.
⑥ 손잡이 단면은 원형 또는 타원형으로 한다.
⑦ 동력공구의 손잡이는 두 손가락 이상으로 작동하도록 한다.

28. 광원으로부터의 직사 휘광을 줄이기 위한 방법으로 적절하지 않은 것은?
① 휘광원 주위를 어둡게 한다.
② 가리개, 갓, 차양 등을 사용한다.
③ 광원을 시선에서 멀리 위치시킨다.
④ 광원의 수는 늘리고 휘도는 줄인다.

해설 ① 휘광원 주위를 밝게 한다.

{분석}
필기에 자주 출제되는 내용입니다.

29. 신뢰성과 보전성을 효과적으로 개선하기 위해 작성하는 보전기록 자료로서 가장 거리가 먼 것은?
① 자재관리표
② MTBF 분석표
③ 설비 이력카드
④ 고장원인 대책표

정답 25 ③ 26 ④ 27 ③ 28 ① 29 ①

[해설] 보전기록 자료
① MTBF 분석표
② 설비 이력카드
③ 고장원인 대책표

30 통제표시비(control/display ratio)를 설계할 때 고려하는 요소에 관한 설명으로 틀린 것은?

① 통제표시비가 낮다는 것은 민감한 장치라는 것을 의미한다.
② 목시거리(目示距離)가 길면 길수록 조절의 정확도는 떨어진다.
③ 짧은 주행 시간 내에 공차의 인정 범위를 초과하지 않는 계기를 마련한다.
④ 계기의 조절 시간이 짧게 소요되도록 계기의 크기(size)는 항상 작게 설계한다.

[해설] ④ 계기의 크기(size)는 적합한 크기로 설계하여야 한다.

31 다음 중 연마작업장의 가장 소극적인 소음 대책은?

① 음향 처리제를 사용할 것
② 방음 보호용구를 착용할 것
③ 덮개를 씌우거나 창문을 닫을 것
④ 소음원으로부터 적절하게 배치할 것

[해설] 가장 소극적인 소음 대책 → 보호구 착용

32 다음의 설명에서 ( ) 안의 내용을 맞게 나열한 것은?

40phon은 (㉠)sone을 나타내며, 이는 (㉡)dB의 (㉢)Hz 순음의 크기를 나타낸다.

① ㉠ 1, ㉡ 40, ㉢ 1000
② ㉠ 1, ㉡ 32, ㉢ 1000
③ ㉠ 2, ㉡ 40, ㉢ 2000
④ ㉠ 2, ㉡ 32, ㉢ 2000

[해설]
1. 1phone : 1000Hz, 1dB 음의 크기
2. 1sone : 1000Hz, 40dB 음의 크기
3. $S(sone) = 2^{\frac{(p-40)}{10}}$ (단, P = phone)
즉, 40phon = 1sone

33 위험 조정을 위해 필요한 기술은 조직 형태에 따라 다양하며 4가지로 분류하였을 때 이에 속하지 않는 것은?

① 전가(transfer)
② 보류(retention)
③ 계속(continuation)
④ 감축(reduction)

[해설] 위험처리기술
① 위험의 제거(위험 감축) : 위험 요소를 적극적으로 예방하고 경감하려는 것을 말한다.
② 위험의 회피 : 위험한 작업 자체를 하지 않거나 작업방법을 개선하는 것을 말한다.
③ 위험의 보유(위험 보류) : 위험의 일부 또는 전부를 스스로 인수하는 것을 말한다.
④ 위험의 전가 : 위험을 보험, 보증, 공제기금 제도 등으로 분산시키는 것을 말한다.

{분석} 필기에 자주 출제되는 내용입니다.

정답 30 ④ 31 ② 32 ① 33 ③

34 체내에서 유기물을 합성하거나 분해하는 데는 반드시 에너지의 전환이 뒤따른다. 이것을 무엇이라 하는가?

① 에너지 변환
② 에너지 합성
③ 에너지 대사
④ 에너지 소비

해설) 체내에서 유기물을 합성하거나 분해하는 에너지 전환과정 → 에너지 대사

35 전통적인 인간 – 기계(Man – Machine) 체계의 대표적 유형과 거리가 먼 것은?

① 수동체계
② 기계화체계
③ 자동체계
④ 인공지능체계

해설) 인간 – 기계(Man – Machine) 체계의 유형
1. 수동시스템
   • 사용자가 손공구나 기타 보조물 등을 사용하여 자기의 신체적 힘을 동력원으로 하여 작업을 수행하는 시스템이다.
2. 기계시스템(반자동 시스템)
   • 여러 종류의 동력 공작 기계와 같이 고도로 통합된 부품들로 구성되어 있다.
   • 인간의 역할은 제어 기능을 담당하고, 힘에 대한 공급은 기계가 담당한다.
3. 자동 시스템
   • 기계가 감지, 정보 처리 및 의사 결정, 행동 기능 및 정보 보관 등 모든 임무를 미리 설계된 대로 수행하게 된다.
   • 인간은 감시, 감독, 보전 등의 역할을 담당하게 된다.

{분석}
필기에 자주 출제되는 내용입니다.

36 다음 그림 중 형상 암호화된 조종 장치에서 단회전용 조종 장치로 가장 적절한 것은?

① 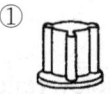   ②

③    ④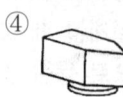

해설) ① : 단회전용 조종장치
②, ③ : 다회전용 조종장치
④ : 이산멈춤 위치용 조종장치

참고) 1. 양의 조절에 의한 통제 : 연속 조종장치(노브, 크랭크, 핸들, 레버, 페달 등)
2. 개폐에 의한 통제 : 단속 조종장치(푸시 버튼, 토글스위치, 로터리스위치 등)

37 작업장에서 구성요소를 배치하는 인간공학적 원칙과 가장 거리가 먼 것은?

① 중요도의 원칙
② 선입선출의 원칙
③ 기능성의 원칙
④ 사용빈도의 원칙

해설) 부품배치의 원칙
1. 중요성의 원칙 : 부품을 작동하는 성능이 체계의 목표 달성에 중요한 정도에 따라 우선순위를 결정한다.
2. 사용빈도의 원칙 : 부품을 사용하는 빈도에 따라 우선순위를 결정한다.
3. 기능별 배치의 원칙 : 기능적으로 관련된 부품들(표시장치, 조정장치 등)을 모아서 배치한다.
4. 사용 순서의 원칙 : 사용 순서에 따라 장치들을 가까이에 배치한다.

{분석}
필기에 자주 출제되는 내용입니다.

정답 34 ③ 35 ④ 36 ① 37 ②

38 동전던지기에서 앞면이 나올 확률 P(앞) = 0.6이고, 뒷면이 나올 확률 P(뒤) = 0.4 일 때, 앞면과 뒷면이 나올 사건의 정보량을 각각 맞게 나타낸 것은?

① 앞면 : 0.10bit, 뒷면 : 1.00bit
② 앞면 : 0.74bit, 뒷면 : 1.32bit
③ 앞면 : 1.32bit, 뒷면 : 0.74bit
④ 앞면 : 2.00bit, 뒷면 : 1.00bit

[해설]
> 정보량 $H = \log_2 \dfrac{1}{P}$
> 여기서, P : 각 대안의 실현 확률

1. 앞면이 나올 확률이 0.6이므로
   앞면의 정보량 $= \log_2\left(\dfrac{1}{0.6}\right) = 0.74(bit)$
2. 뒷면이 나올 확률이 0.4이므로
   뒷면의 정보량 $= \log_2\left(\dfrac{1}{0.4}\right) = 1.32(bit)$

39 어떤 결함수의 쌍대결함수를 구하고, 컷셋을 찾아내어 결함(사고)을 예방할 수 있는 최소의 조합을 의미하는 것은?

① 최대 컷셋
② 최소 컷셋
③ 최대 패스셋
④ 최소 패스셋

[해설] 결함(사고)을 예방할 수 있는 최소의 조합 → 최소 패스셋

[참고]
1. 컷셋(Cut Set)
   - 정상사상을 발생시키는 기본사상의 집합
   - 모든 기본사상이 일어났을 때 정상사상을 일으키는 기본사상들의 집합이다.
2. 미니멀 컷(Minimal Cut Set)
   - 정상사상을 일으키기 위한 기본사상의 최소집합(최소한의 컷)
   - 시스템의 위험성을 나타낸다.
3. 패스셋(Path Set)
   - 시스템의 고장을 일으키지 않는 기본사상들의 집합
   - 포함된 기본사상이 일어나지 않을 때 처음으로 정상 사상이 일어나지 않는 기본 사상들의 집합이다.
4. 미니멀 패스(Minimal Path Set)
   - 시스템의 기능을 살리는 최소한의 집합(최소한의 패스)
   - 시스템의 신뢰성 나타낸다.

40 인간 – 기계 시스템에서의 신뢰도 유지 방안으로 가장 거리가 먼 것은?

① lock system
② fail-safe system
③ fool-proof system
④ risk assessment system

[해설] 인간 – 기계 시스템에서의 신뢰도 유지 방안
① lock system
② fail-safe system
③ fool-proof system

제3과목 기계·기구 및 설비 안전 관리

41 금형 조정 작업 시 슬라이드가 갑자기 작동하는 것으로부터 근로자를 보호하기 위하여 가장 필요한 안전장치는?

① 안전블록
② 클러치
③ 안전 1행정 스위치
④ 광전자식 방호장치

[해설] 금형 조정 작업 시 슬라이드가 갑자기 작동하는 것으로부터 근로자를 보호 → 안전블록

{분석} 실기까지 중요한 내용입니다.

정답 38 ② 39 ④ 40 ④ 41 ①

42 프레스 작업 중 작업자의 신체 일부가 위험한 작업점으로 들어가면 자동적으로 정지되는 기능이 있는데, 이러한 안전 대책을 무엇이라고 하는가?

① 풀 프루프(fool proof)
② 페일 세이프(fail safe)
③ 인터록(inter lock)
④ 리미트 스위치(limit switch)

[해설] 작업자의 신체 일부가 위험한 작업점으로 들어가면 자동적으로 정지되는 기능 → 인간의 실수를 안전사고로 연결되지 않도록 통제하는 기능 → 풀 프루프(fool proof)

{분석}
실기까지 중요한 내용입니다.

43 다음 중 취급 운반 시 준수해야 할 원칙으로 틀린 것은?

① 연속 운반으로 할 것
② 직선 운반으로 할 것
③ 운반 작업을 집중화시킬 것
④ 생산을 최소로 하도록 운반할 것

[해설] ④ 생산을 최고로 하도록 운반할 것

44 프레스기에 사용하는 양수조작식 방호장치의 일반구조에 관한 설명 중 틀린 것은?

① 1행정 1정지 기구에 사용할 수 있어야 한다.
② 누름 버튼을 양 손으로 동시에 조작하지 않으면 작동시킬 수 없는 구조이어야 한다.
③ 양쪽 버튼의 작동 시간 차이가 최대 0.5초 이내일 때 프레스가 동작되도록 해야 한다.
④ 방호장치는 사용전원전압의 ±50%의 변동에 대하여 정상적으로 작동되어야 한다.

[해설] ④ 방호장치는 릴레이, 리미트스위치 등의 전기부품의 고장, 전원전압의 변동 및 정전에 의해 슬라이드가 불시에 동작하지 않아야 하며, 사용전원전압의 ±20%(100분의 20)의 변동에 대하여 정상으로 작동되어야 한다.

45 피복 아크 용접 작업 시 생기는 결함에 대한 설명 중 틀린 것은?

① 스패터(spatter) : 용융된 금속의 작은 입자가 튀어나와 모재에 묻어있는 것
② 언더컷(under cut) : 전류가 과대하고 용접 속도가 너무 빠르며, 아크를 짧게 유지하기 어려운 경우 모재 및 용접부의 일부가 녹아서 발생하는 홈 또는 오목하게 생긴 부분
③ 크레이터(crater) : 용착금속 속에 남아있는 가스로 인하여 생긴 구멍
④ 오버랩(overlap) : 용접봉의 운행이 불량하거나 용접봉의 용융온도가 모재보다 낮을 때 과잉 용착금속이 남아 있는 부분

[해설] ③ pit : 용착금속 속에 남아있는 가스로 인하여 생긴 구멍

46 다음 중 선반(lathe)의 방호장치에 해당하는 것은?

① 슬라이드(slide)
② 심압대(tail stock)
③ 주축대(head stock)
④ 척 가드(chuck guard)

정답 42 ① 43 ④ 44 ④ 45 ③ 46 ④

[해설] **선반의 안전장치**
① 쉴드(Shield) : 칩 및 절삭유의 비산을 방지하기 위해 설치하는 플라스틱 덮개
② 칩 브레이커 : 칩을 짧게 절단하는 장치
③ 척 커버 : 기어 등을 복개하는 장치
④ 브레이크 : 선반의 일시 정지장치

{분석} 필기에 자주 출제되는 내용입니다.

47 안전계수 5인 로프의 절단하중이 4000N 이라면 이 로프는 몇 N 이하의 하중을 매달아야 하는가?

① 500　　② 800
③ 1000　　④ 1600

[해설]
$$안전율 = \frac{절단하중}{최대사용하중}$$

$안전율 = \frac{절단하중}{최대사용하중}$

$최대사용하중 = \frac{절단하중}{안전율} = \frac{4000}{5} = 800(N)$

{분석} 실기까지 중요한 내용입니다.

48 산업안전보건법령에 따라 아세틸렌 발생 기실에 설치해야 할 배기통은 얼마 이상의 단면적을 가져야 하는가?

① 바닥면적의 $\frac{1}{16}$
② 바닥면적의 $\frac{1}{20}$
③ 바닥면적의 $\frac{1}{24}$
④ 바닥면적의 $\frac{1}{30}$

[해설] 바닥면적의 16분의 1 이상의 단면적을 가진 배기통을 옥상으로 돌출시키고 그 개구부를 창이나 출입구로부터 1.5미터 이상 떨어지도록 할 것

49 롤러기에서 앞면 롤러의 지름이 200mm, 회전속도가 30rpm인 롤러의 무부하 동작에서의 급정지거리로 옳은 것은?

① 66mm 이내
② 84mm 이내
③ 209mm 이내
④ 248mm 이내

[해설] 앞면 롤러의 표면속도에 따른 급정지거리

앞면 롤러의 표면속도 (m/min)	급정지거리
30 미만	앞면 롤러 원주의 1/3 이내 ($\pi \times d \times \frac{1}{3}$)
30 이상	앞면 롤러 원주의 1/2.5 이내 ($\pi \times d \times \frac{1}{2.5}$)

이때 표면속도의 산식은
$$V = \frac{\pi \times D \times N}{1000} (\text{m/min})$$

여기서 V : 표면속도
D : 롤러 원통의 직경(mm)
N : 1분간에 롤러기가 회전되는 수 (rpm)

1. 표면속도
$V = \frac{\pi \times 200 \times 30}{1000} = 18.85(\text{m/min})$

2. 속도가 30 미만이므로
급정지거리 $= \pi \times d \times \frac{1}{3}$
$= \pi \times 200 \times \frac{1}{3} = 209.44(\text{mm})$

{분석} 실기까지 중요한 내용입니다.

정답 47 ②　48 ①　49 ③

50 정(chisel) 작업의 일반적인 안전 수칙으로 틀린 것은?

① 따내기 및 칩이 튀는 가공에서는 보안경을 착용하여야 한다.
② 절단 작업 시 절단된 끝이 튀는 것을 조심하여야 한다.
③ 작업을 시작할 때는 가급적 정을 세게 타격하고 점차 힘을 줄여간다.
④ 담금질 된 철강 재료는 정 가공을 하지 않는 것이 좋다.

[해설] 정 작업 시 안전 수칙
① 작업을 할 때는 반드시 보안경을 착용할 것
② 정으로 담금질 된 재료를 가공하지 말 것
③ 자르기 시작할 때와 끝날 무렵에는 세게 치지 말 것
④ 철강재를 정으로 절단할 때에는 철편이 날아 튀는 것에 주의할 것

51 다음과 같은 작업 조건일 경우 와이어로프의 안전율은?

> 작업대에서 사용된 와이어로프 1줄의 파단하중이 100kN, 인양하중이 40kN, 로프의 줄 수가 2줄

① 2 ② 2.5
③ 4 ④ 5

[해설] 와이어로프의 안전율

$$S = \frac{N \times P}{Q}$$

여기서, S : 안전율
N : 로프 가닥수
P : 로프의 한 가닥의 파단강도 (kg/mm²)
Q : 허용응력(kg/mm²)

$$S = \frac{N \times P}{Q} = \frac{2 \times 100}{40} = 5$$

{분석} 필기에 자주 출제되는 내용입니다.

52 컨베이어 역전방지장치의 형식 중 전기식 장치에 해당하는 것은?

① 라쳇 브레이크
② 밴드 브레이크
③ 롤러 브레이크
④ 슬러스트 브레이크

[해설] 역회전 방지 장치 형식
① 라쳇휠식
② 웜기어식
③ 벤드식 브레이크
④ 전기 브레이크(슬러스트 브레이크)

53 공장 설비의 배치 계획에서 고려할 사항이 아닌 것은?

① 작업의 흐름에 따라 기계 배치
② 기계설비의 주변 공간 최소화
③ 공장 내 안전통로 설정
④ 기계설비의 보수점검 용이성을 고려한 배치

[해설] 기계설비의 Layout 시 유의사항
① 작업 흐름에 따라 배치한다.
② 통로를 확보한다.
③ 장래의 확장을 고려하여 설계, 배치한다.
④ 기계설비의 간격을 유지한다.
⑤ 유해, 위험공정으로부터 작업자를 격리한다.
⑥ 운반작업을 기계 작업화한다.
⑦ 원재료, 제품저장소 등의 공간을 확보한다.

정답 50 ③ 51 ④ 52 ④ 53 ②

54 다음 중 기계설비에 의해 형성되는 위험점이 아닌 것은?

① 회전 말림점
② 접선 분리점
③ 협착점
④ 끼임점

해설 기계의 위험점
① 협착점
② 끼임점
③ 절단점
④ 물림점
⑤ 접선 물림점
⑥ 회전 말림점

{분석}
실기에 자주 출제되는 중요한 내용입니다.

55 가스 용접에서 역화의 원인으로 볼 수 없는 것은?

① 토치 성능이 부실한 경우
② 취관이 작업 소재에 너무 가까이 있는 경우
③ 산소 공급량이 부족한 경우
④ 토치 팁에 이물질이 묻은 경우

해설 ③ 산소 공급량이 과잉일 경우 발생한다.

참고 역화의 원인
• 팁 끝이 막혔을 때
• 팁 끝이 과열되었을 때
• 가스 압력과 유량이 적당하지 않았을 때
• 팁의 조임이 풀어올 때
• 압력조정기 불량일 때
• 토치의 성능이 좋지 않을 때

56 위험기계에 조작자의 신체 부위가 의도적으로 위험점 밖에 있도록 하는 방호장치는?

① 덮개형 방호장치
② 차단형 방호장치
③ 위치제한형 방호장치
④ 접근반응형 방호장치

해설 위험장소에 따른 방호장치의 분류

격리형 방호장치	• 위험한 작업점과 작업자 사이에 서로 접근되어 일어날 수 있는 재해를 방지하기 위해 차단벽이나 망을 설치하는 방호장치 • 예 완전 차단형 방호장치, 덮개형 방호장치, 방책 등
위치 제한형 방호장치	• 작업자의 신체부위가 위험한계 밖에 있도록 기계의 조작장치를 위험한 작업점에서 안전거리 이상 떨어지게 하거나 조작장치를 양손으로 동시 조작하게 함으로써 위험한계에 접근하는 것을 제한하는 방호장치 • 예 프레스의 양수조작식 방호장치
접근 거부형 방호장치	• 작업자의 신체부위가 위험한계 내로 접근하였을 때 기계적인 작용에 의하여 접근을 못하도록 저지하는 방호장치 • 예 프레스의 수인식, 손쳐내기식 방호장치
접근 반응형 방호장치	• 작업자의 신체부위가 위험한계 또는 그 인접한 거리내로 들어오면 이를 감지하여 그 즉시 기계의 동작을 정지시키고 경보 등을 발하는 방호장치 • 예 프레스의 광전자식 방호장치

정답 54 ② 55 ③ 56 ③

57 선반 작업에 대한 안전 수칙으로 틀린 것은?

① 척 핸들은 항상 척에 끼워둔다.
② 베드 위에 공구를 올려놓지 않아야 한다.
③ 바이트를 교환할 때는 기계를 정지시키고 한다.
④ 일감의 길이가 외경과 비교하여 매우 길 때는 방진구를 사용한다.

[해설] ① 시동 전에 척 핸들을 빼둔다.

58 양중기 사용이 가능한 와이어로프에 해당하는 것은?

① 와이어로프의 한 꼬임에서 끊어진 소선의 수가 10%를 초과한 것
② 심하게 변형 또는 부식된 것
③ 지름의 감소가 공칭지름의 7% 이내인 것
④ 이음매가 있는 것

[해설] 와이어로프 등의 사용금지 사항
① 이음매가 있는 것
② 와이어로프의 한 꼬임에서 끊어진 소선의 수가 10퍼센트 이상인 것
③ 지름의 감소가 공칭지름의 7퍼센트를 초과하는 것
④ 꼬인 것
⑤ 심하게 변형되거나 부식된 것
⑥ 열과 전기충격에 의해 손상된 것

{분석}
실기에 자주 출제되는 중요한 내용입니다.

59 프레스의 방호장치 중 확동식 클러치가 적용된 프레스에 한해서만 적용 가능한 방호장치로만 나열된 것은? (단, 방호장치는 한 가지 종류만 사용한다고 가정한다.)

① 광전자식, 수인식
② 양수조작식, 손쳐내기식
③ 광전자식, 양수조작식
④ 손쳐내기식, 수인식

[해설] 확동식 클러치가 적용된 프레스에 한해서만 적용 가능 → 급정지장치를 가지지 않음 → 손쳐내기식, 수인식, 게이트가드식

[참고] 마찰클러치는 스트로크의 어느 위치에서도 슬라이드를 정지가 가능하고, 확동식 클러치는 일단 가동되면 1사이클이 끝나지 않은 상태에서 클러치의 분리가 불가능하므로 비상정지를 할 수가 없다.

60 산업안전보건법령에 따라 압력용기에 설치하는 안전밸브의 설치 및 작동에 관한 설명으로 틀린 것은?

① 다단형 압축기에는 각 단별로 안전밸브 등을 설치하여야 한다.
② 안전밸브는 이를 통하여 보호하려는 설비의 최저사용압력 이하에서 작동되도록 설정하여야 한다.
③ 화학공정 유체와 안전밸브의 디스크 또는 시트가 직접 접촉될 수 있도록 설치된 경우에는 매년 1회 이상 국가교정기관에서 교정을 받은 압력계를 이용하여 검사한 후 납으로 봉인하여 사용한다.
④ 공정안전보고서 이행 상태 평가 결과가 우수한 사업장의 안전밸브의 경우 검사 주기는 4년마다 1회 이상이다.

정답 57 ① 58 ③ 59 ④ 60 ②

[해설] ② 안전밸브는 이를 통하여 보호하려는 설비의 최고 사용압력 이하에서 작동되도록 설정하여야 한다.

{분석}
실기까지 중요한 내용입니다.

제4과목 · 전기 및 화학설비 안전 관리

61 다음 정의에 해당하는 방폭구조는?

> 전기기기의 과도한 온도 상승, 아크 또는 불꽃 발생의 위험을 방지하기 위하여 추가적인 안전조치를 통한 안전도를 증가시킨 방폭구조를 말한다.

① 내압 방폭구조
② 유입 방폭구조
③ 안전증 방폭구조
④ 본질안전 방폭구조

[해설] 안전도를 증가시킨 방폭구조 → 안전증 방폭구조

[참고] ① 내압 방폭구조 : 아크를 발생시키는 전기설비를 전폐용기에 넣고 용기 내부에 폭발이 일어날 경우에 용기가 폭발 압력에 견뎌 외부의 폭발성 가스에 인화될 위험이 없도록 한 구조의 방폭구조
② 유입 방폭구조 : 아크를 발생시키는 전기설비를 용기에 넣고 용기 내부에 보호액을 채워 외부의 폭발성 가스에 접촉시 점화의 우려가 없도록 한 방폭구조
③ 본질안전 방폭구조 : 정상시 또는 단락, 단선, 지락 등의 사고시에 발생하는 아크, 불꽃, 고열에 의하여 폭발성 가스나 증기에 점화되지 않는 것이 확인된 구조

{분석}
실기에 자주 출제되는 중요한 내용입니다.

62 근로자가 활선작업용 기구를 사용하여 작업할 경우 근로자의 신체 등과 충전전로 사이의 사용전압별 접근한계거리가 틀린 것은?

① 15kV 초과 37kV 이하 : 80cm
② 37kV 초과 88V 이하 : 110cm
③ 121kV 초과 145kV 이하 : 150cm
④ 242kV 초과 362kV 이하 : 380cm

[해설]

충전전로의 선간전압 (단위 : 킬로볼트)	충전전로에 대한 접근 한계거리 (단위 : 센티미터)
0.3 이하	접촉금지
0.3 초과 0.75 이하	30
0.75 초과 2 이하	45
2 초과 15 이하	60
15 초과 37 이하	90
37 초과 88 이하	110
88 초과 121 이하	130
121 초과 145 이하	150
145 초과 169 이하	170
169 초과 242 이하	230
242 초과 362 이하	380
362 초과 550 이하	550
550 초과 800 이하	790

{분석}
실기까지 중요한 내용입니다.

63 정전기 제거 방법으로 가장 거리가 먼 것은?

① 설비 주위를 가습한다.
② 설비의 금속 부분을 접지한다.
③ 설비의 구변에 적외선을 조사한다.
④ 정전기 발생 방지 도장을 실시한다.

정답 61 ③ 62 ① 63 ③

[해설] 정전기 재해 예방대책
① 접지(도체일 경우 효과 있으나 부도체는 효과 없다.)
② 습기부여(공기 중 습도 60~70% 이상 유지 한다.)
③ 도전성 재료 사용(절연성 재료는 절대 금한다.)
④ 대전 방지제 사용
 • 외부용 일시성 대전방지제 : 음이온계
 • 양이온계
 • 비이온계
⑤ 제전기 사용
⑥ 유속 조절(석유류 제품 1m/s 이하)

{분석}
실기까지 중요한 내용입니다.

64 활선작업 시 사용하는 안전장구가 아닌 것은?
① 절연용 보호구
② 절연용 방호구
③ 활선작업용 기구
④ 절연저항 측정기구

[해설] 활선작업 시 사용하는 안전장구
① 절연용 보호구
② 절연용 방호구
③ 활선작업용 기구
④ 활선작업용 장치

65 정상운전 중의 전기설비가 점화원으로 작용하지 않는 것은?
① 변압기 권선
② 개폐기 접점
③ 직류 전동기의 정류자
④ 권선형 전동기의 슬립링

[해설] 정상운전 중의 전기설비가 점화원으로 작용하지 않는 것 → 변압기 권선

66 인체가 전격을 당했을 경우 통전 시간이 1초라면 심실세동을 일으키는 전류값(mA)은?
(단, 심실세동 전류값은 Dalziel의 관계식을 이용한다.)
① 100   ② 165
③ 180   ④ 215

[해설] 심실세동 전류

$$I(\text{mA}) = \frac{165}{\sqrt{T}}$$

T : 통전시간(초)

$I = \dfrac{165}{\sqrt{1}} = 165(mA)$

{분석}
실기까지 중요한 내용입니다.

67 건설 현장에서 사용하는 임시 배선의 안전 대책으로 거리가 먼 것은?
① 모든 전기기기의 외함은 접지시켜야 한다.
② 임시 배선은 다심케이블을 사용하지 않아도 된다.
③ 배선은 반드시 분전반 또는 배전반에서 인출해야 한다.
④ 지상 등에서 금속관으로 방호할 때는 그 금속관을 접지해야 한다.

[해설] ② 임시 배선은 다심케이블을 사용하여야 한다.

▶) 정답 64 ④ 65 ① 66 ② 67 ②

68 접지극을 매설하는 방법으로 적당하지 않은 것은?

① 접지극은 동결 깊이를 감안하여 시설한다.
② 접지극은 매설하는 토양을 오염시키지 않아야 하며, 가능한 다습한 부분에 설치한다.
③ 접지도체를 철주 기타의 금속체를 따라서 시설하는 경우에는 접지극을 철주의 밑면으로부터 0.3m 이상의 깊이에 매설하는 경우 이외에는 접지극을 지중에서 그 금속체로부터 1m 이상 떼어 매설하여야 한다.
④ 고압 이상의 전기설비와 변압기 중성점 접지에 시설하는 접지극의 매설깊이는 지표면으로부터 지하 0.5m 이상으로 한다.

[해설] ④ 고압 이상의 전기설비와 변압기 중성점 접지에 시설하는 접지극의 매설깊이는 지표면으로부터 지하 0.75m 이상으로 한다.

{분석}
관련 규정의 변경으로 문제 일부를 수정하였습니다.

69 전기화재의 원인을 직접원인과 간접원인으로 구분할 때, 직접원인과 거리가 먼 것은?

① 애자의 오손
② 과전류
③ 누전
④ 절연열화

[해설]
• 애자의 오손 → 간접원인
• 과전류, 누전, 절연열화 → 직접원인

70 정전기의 발생에 영향을 주는 요인과 가장 거리가 먼 것은?

① 박리 속도
② 물체의 표면 상태
③ 접촉면적 및 압력
④ 외부 공기의 풍속

[해설] 정전기 발생에 영향을 주는 요인

물체의 특성	대전서열에서 멀리 있는 물체들끼리 마찰할수록 발생량이 많다.
물체의 표면 상태	표면이 거칠수록, 표면이 수분, 기름 등에 오염될수록 발생량이 많다.
물체의 이력	처음 접촉, 분리할 때 정전기 발생량이 최고이고, 반복될수록 발생량은 줄어든다.
접촉 면적 및 압력	접촉면적이 넓을수록, 접촉압력이 클수록 발생량이 많다.
분리 속도	분리속도가 빠를수록 발생량이 많다.

{분석}
실기까지 중요한 내용입니다.

71 알루미늄 금속 분말에 대한 설명으로 틀린 것은?

① 분진 폭발의 위험성이 있다.
② 연소 시 열을 발생한다.
③ 분진 폭발을 방지하기 위해 물 속에 저장한다.
④ 염산과 반응하여 수소가스를 발생한다.

[해설] ③ 알루미늄은 물과 반응하여 수소를 발생시키므로 보호액 속에 저장한다.

정답 68 ④ 69 ① 70 ④ 71 ③

72 다음 중 가연성가스가 아닌 것은?

① 이산화탄소
② 수소
③ 메탄
④ 아세틸렌

[해설] 이산화탄소 → 불연성 기체 → 소화기의 원료로 사용된다.(이산화탄소 소화기)

73 다음 중 벤젠(C_6H_6)이 공기 중에서 연소될 때의 이론혼합비(화학양론조성)는?

① 0.72vol%
② 1.22vol%
③ 2.72vol%
④ 3.22vol%

[해설] 완전연소조성농도(화학양론농도)

$$C_{st}(Vol\%) = \frac{100}{1+4.773\left(n+\frac{m-f-2\lambda}{4}\right)}$$

여기서, n : 탄소
m : 수소
f : 할로겐원소
λ : 산소의 원자 수
4.733 : 공기의 몰수

벤젠(C_6H_6)에서 C : 6, H : 6이므로

$$C_{st} = \frac{100}{1+4.773\left(6+\frac{6}{4}\right)} = 2.72(Vol\%)$$

{분석}
실기까지 중요한 내용입니다.

74 다음은 산업안전보건법령상 파열판 및 안전밸브의 직렬설치에 관한 내용이다. ( )에 알맞은 용어는?

> 사업주는 급성 독성물질이 지속적으로 외부에 유출될 수 있는 화학설비 및 그 부속설비에 파열판과 안전밸브를 직렬로 설치하고 그 사이에는 압력지시계 또는 ( )을(를) 설치하여야 한다.

① 자동경보장치
② 차단장치
③ 플레어헤드
④ 콕

[해설] 사업주는 급성 독성물질이 지속적으로 외부에 유출될 수 있는 화학설비 및 그 부속설비에 파열판과 안전밸브를 직렬로 설치하고 그 사이에는 압력지시계 또는 자동경보장치를 설치하여야 한다.

{분석}
실기까지 중요한 내용입니다.

75 산업안전보건법령상 용해아세틸렌의 가스집합용접장치의 배관 및 부속기구에는 구리나 구리 함유량이 몇 퍼센트 이상인 합금을 사용할 수 없는가?

① 40
② 50
③ 60
④ 70

[해설] 용해아세틸렌의 가스집합용접장치의 배관 및 부속기구는 동 또는 동을 70퍼센트이상 함유한 합금을 사용하여서는 아니 된다.

정답 72 ① 73 ③ 74 ① 75 ④

76 다음 중 분진 폭발의 발생 위험성을 낮추는 방법으로 적절하지 않은 것은?

① 주변의 점화원을 제거한다.
② 분진이 날리지 않도록 한다.
③ 분진과 그 주변의 온도를 낮춘다.
④ 분진 입자의 표면적을 크게 한다.

[해설] ④ 분진 입자의 표면적이 클수록 산소와의 접촉 면적이 넓어져 폭발위험이 커진다.

77 유해·위험물질 취급 시 보호구로서 구비 조건이 아닌 것은?

① 방호 성능이 충분할 것
② 재료의 품질이 양호할 것
③ 작업에 방해가 되지 않을 것
④ 외관이 화려할 것

[해설] 보호구 구비 조건
① 사용 목적에 적합해야 한다.
② 착용이 간편해야 한다.
③ 작업에 방해되지 않아야 한다.
④ 품질이 우수해야 한다.
⑤ 구조, 끝마무리가 양호해야 한다.
⑥ 겉모양, 보기가 좋아야 한다.
⑦ 유해, 위험에 대한 방호가 완전할 것
⑧ 금속성 재료는 내식성일 것

78 공기 중에 3ppm의 디메틸아민(demethylamine, TLV-TWA : 10ppm)과 20ppm의 시클로헥산올(cyclohexanol, TLV-TWA : 50ppm)이 있고, 10ppm의 산화플로필렌(propyleneoxide, TLV-TWA : 20ppm)이 존재한다면 혼합 TLV-TWA는 몇 ppm인가?

① 12.5 ② 22.5
③ 27.5 ④ 32.5

[해설]
1. 노출지수 $EI = \dfrac{C_1}{T_1} + \dfrac{C_2}{T_2} + ... + \dfrac{C_n}{T_n}$

   여기서 C : 화학물질 각각의 측정치
   T : 화학물질 각각의 노출기준
   판정 : $EI > 1$ 경우 노출기준을 초과함

2. 혼합물의 TLV-TWA
   $TLV-TWA = \dfrac{C_1 + C_2 + ... + C_n}{EI}$

1. 노출지수 $EI = \dfrac{3}{10} + \dfrac{20}{50} + \dfrac{10}{20} = 1.2$
2. 혼합물의 $TLV-TWA = \dfrac{3+20+10}{1.2}$
   $= 27.5(ppm)$

{분석} 실기까지 중요한 내용입니다.

79 건조설비의 사용에 있어 500~800℃ 범위의 온도에 가열된 스테인리스강에서 주로 일어나며, 탄화크롬이 형성되었을 때 결정경계면의 크롬 함유량이 감소하여 발생되는 부식 형태는?

① 전면부식
② 층상부식
③ 입계부식
④ 격간부식

[해설] 결정경계면의 크롬 함유량이 감소하여 발생
→ 입계부식

[참고] 입계부식 : 금속의 결정입자 경계에서 선택적으로 발생하는 부식

정답 76 ④ 77 ④ 78 ③ 79 ③

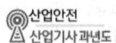

80. 위험물 안전 관리법령상 칼륨에 의한 화재에 적응성이 있는 것은?

① 건조사(마른 모래)
② 포소화기
③ 이산화탄소소화기
④ 할로겐화합물소화기

[해설] 칼륨(금속화재) → 건조사, 팽창질석, 팽창진주암

[참고] 화재의 분류 및 소화방법

분류	A급 화재	B급 화재	C급 화재	D급 화재
구분색	백색	황색	청색	표시없음(무색)
가연물	일반 화재	유류(가스) 화재	전기 화재	금속 화재
주된 소화 효과	냉각 효과	질식 효과	질식, 억제효과	질식 효과
적응 소화제	물, 강화액 소화기, 산, 알칼리 소화기	포말 소화기, CO_2 소화기, 분말 소화기	CO_2 소화기, 분말 소화기, 할로겐 화합물 소화기	건조사, 팽창 질석, 팽창 진주암

{분석} 실기까지 중요한 내용입니다.

제5과목 건설공사 안전 관리

81. 흙막이 가시설의 버팀대(Strut)의 변형을 측정하는 계측기에 해당하는 것은?

① Water-level meter
② Strain gauge
③ Piezometer
④ Load cell

[해설] 버팀대(Strut)의 변형을 측정하는 계측기
→ 변형률계(Strain-gauge)

[참고]

지하 수위계 (Water levelmeter)	지하수위 변화를 실측하여 각종 계측자료에 이용
변형률계 (Strain-gauge)	토류 구조물의 각 부재와 인근 구조물의 각 지점 및 타설 콘크리트 등의 응력변화를 측정
지주 하중계 (Strut load-cell)	Strut의 축 하중 변화상태를 측정
간극 수압계 (Piezometer)	굴착에 따른 과잉 간극수압의 변화를 측정

82. 사다리식 통로 등을 설치하는 경우 준수해야 할 기준으로 옳지 않은 것은?

① 접이식 사다리 기둥은 사용 시 접혀지거나 펼쳐지지 않도록 철물 등을 사용하여 견고하게 조치할 것
② 발판과 벽과의 사이는 25cm 이상의 간격을 유지할 것
③ 폭은 30cm 이상으로 할 것
④ 사다리식 통로의 길이가 10m 이상인 경우에는 5m 이내마다 계단참을 설치할 것

[해설] ② 발판과 벽과의 사이는 15센티미터 이상의 간격을 유지할 것

[참고] 사다리식 통로의 구조
① 견고한 구조로 할 것
② 심한 손상·부식 등이 없는 재료를 사용할 것
③ 발판의 간격은 일정하게 할 것
④ 발판과 벽과의 사이는 15센티미터 이상의 간격을 유지할 것
⑤ 폭은 30센티미터 이상으로 할 것
⑥ 사다리가 넘어지거나 미끄러지는 것을 방지하기 위한 조치를 할 것
⑦ 사다리의 상단은 걸쳐놓은 지점으로부터 60센티미터 이상 올라가도록 할 것
⑧ 사다리식 통로의 길이가 10미터 이상인 경우에는 5미터 이내마다 계단참을 설치할 것

정답 80 ① 81 ② 82 ②

⑨ 사다리식 통로의 기울기는 75도 이하로 할 것. 다만, 고정식 사다리식 통로의 기울기는 90도 이하로 하고, 그 높이가 7미터 이상인 경우에는 다음 각 목의 구분에 따른 조치를 할 것
- 등받이울이 있어도 근로자 이동에 지장이 없는 경우 : 바닥으로부터 높이가 2.5미터 되는 지점부터 등받이울을 설치할 것
- 등받이울이 있으면 근로자가 이동이 곤란한 경우 : 한국산업표준에서 정하는 기준에 적합한 개인용 추락 방지 시스템을 설치하고 근로자로 하여금 한국산업표준에서 정하는 기준에 적합한 전신 안전대를 사용하도록 할 것
⑩ 접이식 사다리 기둥은 사용 시 접혀지거나 펼쳐지지 않도록 철물 등을 사용하여 견고하게 조치할 것

{분석}
실기까지 중요한 내용입니다.

83
추락방호망의 달기로프를 지지점에 부착할 때 지지점의 간격이 1.5m인 경우 지지점의 강도는 최소 얼마 이상이어야 하는가?

① 200kg ② 300kg
③ 400kg ④ 500kg

[해설]
$$F = 200 \times B$$
여기서, F : 외력(단위 : 킬로그램)
B : 지지점간격(단위 : m)

$F = 200 \times 1.5 = 300(kg)$

84
가설통로를 설치하는 경우 준수해야 할 기준으로 옳지 않은 것은?

① 경사는 45° 이하로 할 것
② 경사가 15°를 초과하는 경우에는 미끄러지지 아니하는 구조로 할 것
③ 추락할 위험이 있는 장소에는 안전난간을 설치할 것
④ 수직갱에 가설된 통로의 길이가 15m 이상인 경우에는 10m 이내마다 계단참을 설치할 것

[해설] ① 경사는 30도 이하로 할 것

[참고] 가설통로의 구조
① 견고한 구조로 할 것
② 경사는 30도 이하로 할 것(계단을 설치하거나 높이 2미터 미만의 가설통로로서 튼튼한 손잡이를 설치한 때에는 그러하지 아니하다)
③ 경사가 15도를 초과하는 때는 미끄러지지 아니하는 구조로 할 것
④ 추락의 위험이 있는 장소에는 안전난간을 설치할 것(작업상 부득이한 때에는 필요한 부분에 한하여 임시로 이를 해체할 수 있다)
⑤ 수직갱 : 길이가 15미터이상인 때에는 10미터 이내마다 계단참을 설치할 것
⑥ 건설공사에 사용하는 높이 8미터 이상인 비계다리 : 7미터 이내 마다 계단참을 설치할 것

{분석}
실기까지 중요한 내용입니다.

85
유해위험방지계획서를 제출해야 하는 공사의 기준으로 옳지 않은 것은?

① 최대 지간길이 30m 이상인 교량 건설등 공사
② 깊이 10m 이상인 굴착공사
③ 터널 건설등의 공사
④ 다목적댐, 발전용 댐 및 저수용량 2천만톤 이상의 용수 전용 댐, 지방상수도 전용 댐 건설 등의 공사

[해설] 유해위험방지계획서 작성 대상 건설공사
1. 다음 각 목의 어느 하나에 해당하는 건축물 또는 시설 등의 건설·개조 또는 해체공사
   가. 지상높이가 31미터 이상인 건축물 또는 인공구조물
   나. 연면적 3만제곱미터 이상인 건축물
   다. 연면적 5천제곱미터 이상인 시설로서 다음의 어느 하나에 해당하는 시설
      1) 문화 및 집회시설(전시장 및 동물원·식물원은 제외한다)
      2) 판매시설, 운수시설(고속철도의 역사 및 집배송시설은 제외한다)
      3) 종교시설

정답 83 ② 84 ① 85 ①

4) 의료시설 중 종합병원
   5) 숙박시설 중 관광숙박시설
   6) 지하도상가
   7) 냉동·냉장 창고시설
2. 연면적 5천제곱미터 이상의 냉동·냉장창고 시설의 설비공사 및 단열공사
3. 최대 지간길이(다리의 기둥과 기둥의 중심사이의 거리)가 50미터 이상인 교량 건설 등 공사
4. 터널 건설 등의 공사
5. 다목적댐, 발전용댐, 저수용량 2천만톤 이상의 용수 전용 댐, 지방상수도 전용 댐 건설 등의 공사
6. 깊이 10미터 이상인 굴착공사

특급 암기법
- 지상높이 31m, 연면적 3만m², 사람 많은 시설 연면적 5,000m²
- 연면적 5,000m² 냉동·냉장창고시설
- 최대 지간길이가 50미터 이상 교량
- 터널
- 저수용량 2천만 톤 이상 댐
- 10미터 이상인 굴착

86 굴착이 곤란한 경우 발파가 어려운 암석의 파쇄굴착 또는 암석 제거에 적합한 장비는?

① 리퍼   ② 스크레이퍼
③ 롤러   ④ 드래그라인

[해설] **리퍼(Ripper)**
연암(軟岩)을 파쇄할 목적으로 트랙터 후부에 장착하는 파쇄 공구로서 아스팔트 포장도로의 노반의 파쇄 또는 토사 중에 있는 암석제거에 사용된다.

87 중량물의 취급작업 시 근로자의 위험을 방지하기 위하여 사전에 작성하여야 하는 작업계획서 내용에 해당되지 않는 것은?

① 추락위험을 예방할 수 있는 안전 대책
② 낙하위험을 예방할 수 있는 안전 대책
③ 전도위험을 예방할 수 있는 안전 대책
④ 침수위험을 예방할 수 있는 안전 대책

[해설] **중량물의 취급 작업의 작업계획서 내용**
가. 추락위험을 예방할 수 있는 안전대책
나. 낙하위험을 예방할 수 있는 안전대책
다. 전도위험을 예방할 수 있는 안전대책
라. 협착위험을 예방할 수 있는 안전대책
마. 붕괴위험을 예방할 수 있는 안전대책

{분석}
실기까지 중요한 내용입니다.

88 콘크리트 타설용 거푸집에 작용하는 외력 중 연직방향 하중이 아닌 것은?

① 고정하중   ② 충격하중
③ 작업하중   ④ 풍하중

[해설] ④ 풍하중 → 수평방향 하중

89 화물을 적재하는 경우에 준수하여야 하는 사항으로 옳지 않은 것은?

① 침하 우려가 없는 튼튼한 기반 위에 적재할 것
② 건물의 칸막이나 벽 등이 화물의 압력에 견딜 만큼의 강도를 지니지 아니한 경우에는 칸막이나 벽에 기대어 적재하지 않도록 할 것
③ 불안정할 정도로 높이 쌓아 올리지 말 것
④ 편하중이 발생하도록 쌓아 적재효율을 높일 것

[해설] ④ 편하중이 발생하지 않도록(하중이 한쪽으로 치우치지 않도록) 적재할 것

정답 86 ① 87 ④ 88 ④ 89 ④

90 핸드 브레이커 취급 시 안전에 관한 유의사항으로 옳지 않은 것은?

① 기본적으로 현장 정리가 잘되어 있어야 한다.
② 작업 자세는 항상 하향 45° 방향으로 유지하여야 한다.
③ 작업 전 기계에 대한 점검을 철저히 한다.
④ 호스의 교차 및 꼬임 여부를 점검하여야 한다.

[해설] ② 작업자세는 하향 수직방향으로 유지하도록 하여야 한다.

91 유한사면에서 사면기울기가 비교적 완만한 점성토에서 주로 발생되는 사면파괴의 형태는?

① 저부파괴 ② 사면선단파괴
③ 사면내파괴 ④ 국부전단파괴

[해설] 사면기울기가 완만한 점성토에서 주로 발생되는 사면파괴의 형태 → 저부파괴

92 산업안전보건관리비 중 안전시설비 등의 항목에서 사용 가능한 내역은?

① 외부인 출입금지, 공사장 경계표시를 위한 가설울타리
② 비계·통로·계단에 추가 설치하는 추락방지용 안전난간
③ 절토부 및 성토부 등의 토사 유실 방지를 위한 설비
④ 공사 목적물의 품질 확보 또는 건설장비 자체의 운행 감시, 공사 진척 상황 확인, 방범 등의 목적을 가진 CCTV 등 감시용 장비

[해설] ①, ③ → 산업재해 예방을 위한 시설이 아니므로 안전시설비로 사용할 수 없다.
④ → 스마트 안전장비 구입·임대 비용의 5분의 1에 해당하는 비용만을 안전시설비로 사용할 수 있다.

[참고] 안전시설비 등
① 산업재해 예방을 위한 안전난간, 추락방호망, 안전대 부착설비, 방호장치(기계·기구와 방호장치가 일체로 제작된 경우, 방호장치 부분의 가액에 한함) 등 안전시설의 구입·임대 및 설치를 위해 소요되는 비용
② 스마트 안전장비 구입·임대 비용의 5분의 2에 해당하는 비용. 다만, 계상된 안전보건관리비 총액의 10분의 1을 초과할 수 없다.
③ 용접 작업 등 화재 위험작업 시 사용하는 소화기의 구입·임대비용

{분석} 관련 법령의 변경으로 문제 일부를 수정하였습니다. 실기까지 중요한 내용입니다.

93 추락 방지용 방망을 구성하는 그물코의 모양과 크기로 옳은 것은?

① 원형 또는 사각으로서 그 크기는 10cm 이하이어야 한다.
② 원형 또는 사각으로서 그 크기는 20cm 이하이어야 한다.
③ 사각 또는 마름모로서 그 크기는 10cm 이하이어야 한다.
④ 사각 또는 마름모로서 그 크기는 20cm 이하이어야 한다.

[해설] 사각 또는 마름모로서 그 크기는 10센티미터 이하이어야 한다.

정답 90 ② 91 ① 92 ② 93 ③

94 지반조사의 방법 중 지반을 강관으로 천공하고 토사를 채취 후 여러 가지 시험을 시행하여 지반의 토질 분포, 흙의 층상과 구성 등을 알 수 있는 것은?

① 보링
② 표준관입시험
③ 베인테스트
④ 평판재하시험

[해설] 보링(Boring)
지중에 철판을 꽂아 천공하면서 토사를 채취, 지반조사를 하는 방법

95 말비계를 조립하여 사용하는 경우의 준수사항으로 옳지 않은 것은?

① 지주부재의 하단에는 미끄럼 방지 장치를 할 것
② 지주부재와 수평면과의 기울기는 85° 이하로
③ 말비계의 높이가 2m를 초과할 경우에는 작업 발판의 폭을 40cm 이상으로 할 것
④ 지주부재와 지주부재 사이를 고정시키는 보조부재를 설치할 것

[해설] 말비계의 구조
① 지주부재의 하단에는 미끄럼 방지장치를 하고, 양측 끝부분에 올라서서 작업하지 아니하도록 할 것
② 지주부재와 수평면과의 기울기를 75도 이하로 하고, 지주부재와 지주부재 사이를 고정시키는 보조부재를 설치할 것
③ 말비계의 높이가 2미터를 초과할 경우에는 작업발판의 폭을 40센티미터 이상으로 할 것

{분석} 실기까지 중요한 내용입니다.

96 철골작업을 중지하여야 하는 제한 기준에 해당되지 않는 것은?

① 풍속이 초당 10m 이상인 경우
② 강우량이 시간당 1mm 이상인 경우
③ 강설량이 시간당 1cm 이상인 경우
④ 소음이 65dB 이상인 경우

[해설] 철골작업을 중지해야 하는 조건
① 풍속이 초당 10미터 이상인 경우
② 강우량이 시간당 1밀리미터 이상인 경우
③ 강설량이 시간당 1센티미터 이상인 경우

{분석} 실기에 자주 출제되는 중요한 내용입니다.

97 강관틀비계의 높이가 20m를 초과하는 경우 주틀 간의 간격은 최대 얼마 이하로 사용해야 하는가?

① 1.0m   ② 1.5m
③ 1.8m   ④ 2.0m

[해설] 높이가 20미터를 초과하거나 중량물의 적재를 수반하는 작업을 할 경우에는 주틀 간의 간격이 1.8미터 이하로 할 것

[참고] 틀비계
① 밑둥에는 밑받침철물을 사용하여야 하며 밑받침에 고저차가 있는 경우에는 조절형 밑받침철물을 사용하여 항상 수평 및 수직을 유지하도록 할 것
② 높이가 20미터를 초과하거나 중량물의 적재를 수반하는 작업을 할 경우에는 주틀 간의 간격이 1.8미터 이하로 할 것
③ 주틀간에 교차가새를 설치하고 최상층 및 5층 이내마다 수평재를 설치할 것
④ 벽이음 간격(조립간격) : 수직방향 6m, 수평방향으로 8m미터 이내마다 할 것

정답 94 ① 95 ② 96 ④ 97 ③

⑤ 길이가 띠장방향으로 4m 이하이고 높이가 10m를 초과하는 경우에는 10m 이내마다 띠장방향으로 버팀기둥을 설치할 것(강관 틀비계) 조립 시 준수사항

{분석} 실기까지 중요한 내용입니다.

98. 철골공사에서 용접 작업을 실시함에 있어 전격 예방을 위한 안전조치 중 옳지 않은 것은?

① 전격 방지를 위해 자동전격방지기를 설치한다.
② 우천, 강설 시에는 야외작업을 중단한다.
③ 개로 전압이 낮은 교류 용접기는 사용하지 않는다.
④ 절연 홀더(Holder)를 사용한다.

[해설] ③ 무부하 전압(개로 전압)이 낮은 교류아크 용접기를 사용하여야 한다.

99. 타워크레인의 운전 작업을 중지하여야 하는 순간 풍속 기준으로 옳은 것은?

① 초당 10m 초과
② 초당 12m 초과
③ 초당 15m 초과
④ 초당 20m 초과

[해설] 악천후 시 조치
① 순간풍속이 초당 10미터를 초과 : 타워크레인의 설치·수리·점검 또는 해체작업을 중지
② 순간풍속이 초당 15미터를 초과 : 타워크레인의 운전작업을 중지
③ 순간풍속이 초당 30미터를 초과 : 옥외에 설치되어 있는 주행 크레인 이탈방지조치
④ 순간풍속이 초당 30미터를 초과하는 바람이 불거나 중진(中震) 이상 진도의 지진이 있은 후 : 옥외 양중기 각 부위 이상 점검
⑤ 순간풍속이 초당 35미터를 초과 : 옥외 승강기 및 건설용 리프트(지하에 설치되어 있는 것은 제외)에 대하여 받침의 수를 증가시키는 등 승강기가 무너지는 것을 방지하기 위한 조치

{분석} 실기에 자주 출제되는 중요한 내용입니다.

100. 흙막이지보공을 설치하였을 때 정기적으로 점검하고 이상을 발견하면 즉시 보수하여야 하는 사항으로 거리가 먼 것은?

① 부재의 손상 변형, 부식, 변위 및 탈락의 유무와 상태
② 부재의 접속부, 부착부 및 교차부의 상태
③ 침하의 정도
④ 발판의 지지 상태

[해설] 흙막이 지보공을 설치한 때 점검 사항
① 부재의 손상·변형·부식·변위 및 탈락의 유무와 상태
② 버팀대의 긴압의 정도
③ 부재의 접속부·부착부 및 교차부의 상태
④ 침하의 정도

{분석} 실기까지 중요한 내용입니다.

정답 98 ③ 99 ③ 100 ④

02회 2019년 산업안전 산업기사 최근 기출문제

2019년 4월 27일 시행

제1과목: 산업재해 예방 및 안전보건교육

01 다음 중 무재해 운동의 기본이념 3원칙에 포함되지 않는 것은?

① 무의 원칙
② 선취의 원칙
③ 참가의 원칙
④ 라인화의 원칙

[해설] 무재해 운동의 3대 원칙
① 무(無)의 원칙(ZERO의 원칙) : 사업장 내의 모든 잠재위험요인을 적극적으로 사전에 발견하고 파악·해결함으로써 산업재해의 근원적인 요소들을 없앤다는 것을 의미한다.
② 선취의 원칙(안전제일의 원칙) : 사업장 내에서 행동하기 전에 잠재위험요인을 발견하고 파악·해결하여 재해를 예방하는 것을 의미한다.
③ 참가의 원칙(참여의 원칙) : 전원이 일치 협력하여 각자의 위치에서 적극적으로 문제해결을 하겠다는 것을 의미한다.

{분석} 실기까지 중요한 내용입니다.

02 산업안전보건법령상 상시 근로자수의 산출내역에 따라, 연간 국내공사 실적액이 50억 원이고 건설업 평균임금이 250만 원이며, 노무비율은 0.06인 사업장의 상시 근로자수는?

① 10인 ② 30인
③ 33인 ④ 75인

[해설] 건설업체의 산업재해 발생률
다음의 계산식에 따른 사고사망만인율로 산출하되, 소수점 셋째자리에서 반올림한다.

1. 사고사망만인율(‰) = $\dfrac{\text{사고사망자수}}{\text{상시 근로자수}} \times 10{,}000$

2. 상시 근로자수 = $\dfrac{\text{연간국내공사 실적액} \times \text{노무비율}}{\text{건설업 월평균임금} \times 12}$

상시 근로자 수 = $\dfrac{5{,}000{,}000{,}000 \times 0.06}{2{,}500{,}000 \times 12} = 10(\text{인})$

{분석} 실기까지 중요한 내용입니다.

03 산업안전보건 법령상 산업재해 조사표에 기록되어야 할 내용으로 옳지 않은 것은?

① 사업장 정보
② 재해정보
③ 재해 발생 개요 및 원인
④ 안전교육 계획

[해설] 산업재해 조사표에 기록되어야 할 내용
① 사업장 정보
② 재해정보
③ 재해 발생 개요 및 원인
④ 재발 방지 계획

04 하인리히의 재해 발생 원인 도미노이론에서 사고의 직접원인으로 옳은 것은?

① 통제의 부족
② 관리 구조의 부적절
③ 불안전한 행동과 상태
④ 유전과 환경적 영향

정답 01 ④ 02 ① 03 ④ 04 ③

[해설] 1. 사고의 직접원인
　① 인적원인(불안전한 행동)
　② 물적원인(불안전한 상태)

2. 사고의 간접원인
　① 기술적 원인
　② 교육적 원인
　③ 신체적 원인
　④ 정신적 원인
　⑤ 작업 관리상 원인

{분석}
실기까지 중요한 내용입니다.

05 매슬로(Maslow)의 욕구단계 이론 중 제2단계의 욕구에 해당하는 것은?

① 사회적 욕구
② 안전에 대한 욕구
③ 자아실현의 욕구
④ 존경과 긍지에 대한 욕구

[해설] 매슬로(Maslow A. H.)의 욕구단계 이론(인간의 욕구 5단계)
① 제1단계(생리적 욕구) : 기아, 갈증, 호흡, 배설, 성욕 등 인간의 가장 기본적인 욕구
② 제2단계(안전 욕구) : 자기 보존 욕구
③ 제3단계(사회적 욕구) : 소속감과 애정 욕구
④ 제4단계(존경 욕구) : 인정받으려는 욕구
⑤ 제5단계(자아실현의 욕구) : 잠재적인 능력을 실현하고자 하는 욕구(성취 욕구)

{분석}
실기까지 중요한 내용입니다.

06 산업안전보건법령상 안전모의 종류(기호) 중 사용 구분에서 "물체의 낙하 또는 비래 및 추락에 의한 위험을 방지 또는 경감하고, 머리부위 감전에 의한 위험을 방지하기 위한 것"으로 옳은 것은?

① A
② AB
③ AE
④ ABE

[해설] 안전인증 안전모의 종류(추락, 감전방지용)

종류 (기호)	사용구분	비고
AB	물체의 낙하 또는 비래 및 추락에 의한 위험을 방지 또는 경감시키기 위한 것	
AE	물체의 낙하 또는 비래에 의한 위험을 방지 또는 경감하고, 머리부위 감전에 의한 위험을 방지하기 위한 것	내전압성
ABE	물체의 낙하 또는 비래 및 추락에 의한 위험을 방지 또는 경감하고, 머리부위 감전에 의한 위험을 방지하기 위한 것	내전압성

내전압성이란 7,000V 이하의 전압에 견디는 것을 말한다.

{분석}
실기에 자주 출제되는 중요한 내용입니다.

07 다음 중 산업심리의 5대 요소에 해당하지 않는 것은?

① 적성
② 감정
③ 기질
④ 동기

[해설] 산업안전심리 5요소
① 동기(motive) : 능동적인 감각에 의한 자극에서 일어나는 사고의 결과로서 사람의 마음을 움직이는 원동력이다.
② 기질(temper) : 인간의 성격, 능력 등 개인적인 특성을 말한다.
③ 감정(emotion) : 희로애락 등의 의식을 말한다. 사람의 감정은 안전과 밀접한 관계를 가지고 사고를 일으키는 정신적 동기를 만든다.
④ 습성(habits) : 동기, 기질, 감정 등이 밀접한 연관관계를 형성하여 인간의 행동에 영향을 미칠 수 있도록 하는 것을 말한다.
⑤ 습관(custom) : 성장과정을 통해 형성된 특성 등이 자신도 모르게 습관화 된 현상을 말한다.

정답 05 ② 06 ④ 07 ①

08 주의의 수준에서 중간 수준에 포함되지 않는 것은?

① 다른 곳에 주의를 기울이고 있을 때
② 가시 시야 내 부분
③ 수면 중
④ 일상과 같은 조건일 경우

[해설] 수면 중 → 주의의 수준은 가장 낮은 수준에 해당한다.

[참고] 인간 의식레벨의 분류

Phase 0	무의식, 실신	수면, 뇌발작	주의작용 0
Phase i	의식 흐림	피로, 단조로운 일	부주의
Phase ii	이완	안정기거, 휴식	안정기거, 휴식
Phase iii	상쾌	적극적	적극활동
Phase iv	과긴장	일점집중현상, 긴급방위	감정흥분

09 다음 중 안전 태도 교육의 원칙으로 적절하지 않은 것은?

① 청취위주의 대화를 한다.
② 이해하고 납득한다.
③ 항상 모범을 보인다.
④ 지적과 처벌 위주로 한다.

[해설] 태도 교육 실시 순서
① 청취한다.
② 이해, 납득시킨다.
③ 모범을 보인다.
④ 권장한다.
⑤ 평가한다.(상과 벌)

{분석} 필기에 자주 출제되는 내용입니다.

10 레윈(Lewin)은 인간행동과 인간의 조건 및 환경조건의 관계를 다음과 같이 표시하였다. 이 때 'f'의 의미는?

$$B = f(P \cdot E)$$

① 행동   ② 조명
③ 지능   ④ 함수

[해설] 레윈(K. Lewin)의 법칙

$$B = f(P \cdot E)$$

여기서, B : Behavior(인간의 행동)
f : function(함수관계)
P : Person(개체 : 연령, 경험, 심신 상태, 성격, 지능 등)
E : Environment(심리적 환경 : 인간관계, 작업환경 등)

{분석} 실기까지 중요한 내용입니다.

11 적응기제(Adjustment Mechanism)의 유형에서 "동일화(identification)"의 사례에 해당하는 것은?

① 운동 시합에 진 선수가 컨디션이 좋지 않았다고 한다.
② 결혼에 실패한 사람이 고아들에게 정열을 쏟고 있다.
③ 아버지의 성공을 자신의 성공인 것처럼 자랑하며 거만한 태도를 보인다.
④ 동생이 태어난 후 초등학교에 입학한 큰 아이가 손가락을 빨기 시작했다.

[해설] 동일화(Identification)
• 다른 사람의 행동 양식이나 태도를 투입시키거나 다른 사람 가운데서 자기와 비슷한 점을 발견하는 것
• 부모, 형, 주위의 중요한 인물들의 태도나 행동을 따라하는 것
• 예 고등학교 때 선생님이 멋있어서 열심히 그 과목을 공부하는 것, 아버지의 성공을 자신의 성공인 것처럼 자랑하며 거만한 태도를 보이는 것

정답 08 ③ 09 ④ 10 ④ 11 ③

12 특성에 따른 안전교육의 3단계에 포함되지 않는 것은?

① 태도교육
② 지식교육
③ 직무교육
④ 기능교육

[해설] 안전교육의 3단계
① 지식교육
② 기능교육
③ 태도교육

{분석}
필기에 자주 출제되는 내용입니다.

13 산업안전보건법령상 다음 그림에 해당하는 안전·보건표지의 종류로 옳은 것은?

① 부식성물질경고
② 산화성물질경고
③ 인화성물질경고
④ 폭발성물질경고

[해설]

부식성물질 경고	산화성물질 경고	인화성물질 경고	폭발성물질 경고

{분석}
실기에 자주 출제되는 중요한 내용입니다.

14 다음 중 작업표준의 구비조건으로 옳지 않은 것은?

① 작업의 실정에 적합할 것
② 생산성과 품질의 특성에 적합할 것
③ 표현은 추상적으로 나타낼 것
④ 다른 규정 등에 위배되지 않을 것

[해설] ③ 표현은 추상적이지 않을 것

15 다음 중 위험예지 훈련 4라운드의 순서가 올바르게 나열된 것은?

① 현상 파악 → 본질 추구 → 대책 수립 → 목표 설정
② 현상 파악 → 대책 수립 → 본질 추구 → 목표 설정
③ 현상 파악 → 본질 추구 → 목표 설정 → 대책 수립
④ 현상 파악 → 목표 설정 → 본질 추구 → 대책 수립

[해설] 위험예지 훈련 4단계
1단계 : 현상 파악
2단계 : 요인 조사(본질추구)
3단계 : 대책 수립
4단계 : 행동목표 설정(합의요약)

{분석}
실기까지 중요한 내용입니다.

16 산업안전보건법령상 특별안전·보건교육 대상 작업별 교육내용 중 밀폐공간에서의 작업 시 교육내용에 포함되지 않는 것은? (단, 그 밖에 안전·보건관리에 필요한 사항은 제외한다.)

① 산소농도측정 및 작업환경에 관한 사항
② 유해물질이 인체에 미치는 영향
③ 보호구 착용 및 보호 장비 사용에 관한 사항
④ 사고 시의 응급 처치 및 비상시 구출에 관한 사항

정답 12 ③ 13 ③ 14 ③ 15 ① 16 ②

[해설] 밀폐공간에서의 작업 시 특별교육 내용
① 산소 농도 측정 및 작업환경에 관한 사항
② 사고 시의 응급처치 및 비상 시 구출에 관한 사항
③ 보호구 착용 및 보호 장비 사용에 관한 사항
④ 작업 내용 · 안전 작업 방법 및 절차에 관한 사항
⑤ 장비 · 설비 및 시설 등의 안전점검에 관한 사항
⑥ 그 밖에 안전 · 보건관리에 필요한 사항

17 안전지식교육 실시 4단계에서 지식을 실제의 상황에 맞추어 문제를 해결해 보고 그 수법을 이해시키는 단계로 옳은 것은?

① 도입　　　　② 제시
③ 적용　　　　④ 확인

[해설] 지식을 실제의 상황에 맞추어 문제를 해결해 보고 그 수법을 이해시키는 단계 → 적용

[참고] 교육진행 4단계(교육훈련 지도 방법의 4단계 순서)
제1단계 : 도입(학습할 준비를 시킨다.)
제2단계 : 제시(작업을 설명한다.)
제3단계 : 적용(작업을 시켜본다.)
제4단계 : 확인(가르친 뒤 살펴본다.)

18 다음 중 산업재해 통계에 관한 설명으로 적절하지 않은 것은?

① 산업재해 통계는 구체적으로 표시되어야 한다.
② 산업재해 통계는 안전 활동을 추진하기 위한 기초자료이다.
③ 산업재해 통계만을 기반으로 해당 사업장의 안전수준을 추측한다.
④ 산업재해 통계의 목적은 기업에서 발생한 산업재해에 대하여 효과적인 대책을 강구하기 위함이다.

[해설] ③ 산업재해 통계만으로 해당 사업장의 안전수준을 추측하여서는 안 된다.

19 French와 Raven이 제시한 리더가 가지고 있는 세력의 유형이 아닌 것은?

① 전문세력(expert power)
② 보상세력(reward power)
③ 위임세력(entrust power)
④ 합법세력(legitimate power)

[해설] 리더의 세력
① 강압적 세력(coercive power) : 부하들이 바람직하지 않은 행동을 했을 때 처벌을 줄 수 있는 권한
② 보상적 세력(reward power) : 바람직한 행동을 했을 때 보상을 줄 수 있는 세력(승진, 휴가 등)
③ 합법적 세력(legitimate power) : 조직의 공식적 권력구조에 의해 주어진 권한
④ 전문적 세력(expert power) : 리더가 그 분야의 지식을 갖추고 있는 정도에 의해 전문적 권한이 결정된다.
⑤ 참조적 세력(referent power, attraction power) : 부하들이 리더의 생각과 목표를 동일시하거나 존경하고 매력을 느껴 리더를 참조하고픈데서 파행된 권한(진정한 리더십이라 할 수 있다)

20 산업안전보건 법령상 안전검사 대상 유해 · 위험기계의 종류에 포함되지 않는 것은?

① 전단기
② 리프트
③ 곤돌라
④ 교류아크용접기

[해설] 안전검사 대상 유해 · 위험 기계
① 프레스
② 전단기
③ 크레인[정격 하중이 2톤 미만인 것 제외]
④ 리프트
⑤ 압력용기
⑥ 곤돌라
⑦ 국소 배기장치(이동식은 제외)
⑧ 원심기(산업용만 해당)
⑨ 롤러기(밀폐형 구조는 제외한다)
⑩ 사출성형기[형 체결력 294킬로뉴턴(KN) 미만은 제외]

정답　17 ③　18 ③　19 ③　20 ④

⑪ 고소작업대
⑫ 컨베이어
⑬ 산업용 로봇

안전인증대상 중
손 다치는 기계 – 프레스, 전단기, 사출성형기, 롤러기
양중기 – 크레인, 리프트, 곤돌라
폭발 – 압력용기
추가 – 극소(국소) 로봇이 고소의 큰(컨) 원을 검사 (안전검사)

국소배기장치, 산업용 로봇, 고소작업대, 컨베이어, 원심기

{분석} 실기에 자주 출제되는 중요한 내용입니다.

제2과목 • 인간공학 및 위험성 평가 · 관리

21 체계 설계 과정의 주요 단계 중 가장 먼저 실시되어야 하는 것은?
① 기본설계
② 계면설계
③ 체계의 정의
④ 목표 및 성능 명세 결정

[해설] 체계 설계(인간 – 기계 시스템의 설계)의 주요 과정
① 목표 및 성능명세 결정
② 체계의 정의
③ 기본 설계
 • 작업설계
 • 직무분석
 • 기능할당
 • 인간 성능 요건 명세
④ 계면 설계(인간 – 기계 인터페이스설계)
⑤ 촉진물 설계(매뉴얼 및 성능보조자료 작성)
⑥ 시험 및 평가

22 고장형태 및 영향분석(FMEA : Failure Mode and Effect Analysis)에서 치명도 해석을 포함시킨 분석 방법으로 옳은 것은?
① CA
② ETA
③ FMETA
④ FMECA

[해설] 고장형태 및 영향분석(FMEA) + 치명도 분석(CA) → FMECA

23 그림과 같은 시스템의 신뢰도로 옳은 것은? (단, 그림의 숫자는 각 부품의 신뢰도이다.)

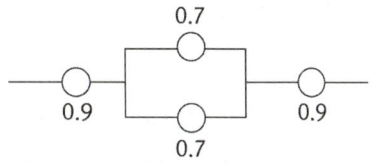

① 0.6261
② 0.7371
③ 0.8481
④ 0.9591

[해설] 신뢰도 $= 0.9 \times (1-(1-0.7) \times (1-0.7)) \times 0.9$
$= 0.7371$

{분석} 필기에 자주 출제되는 내용입니다.

24 인간의 시각 특성을 설명한 것으로 옳은 것은?
① 적응은 수정체의 두께가 얇아져 근거리의 물체를 볼 수 있게 되는 것이다.
② 시야는 수정체의 두께 조절로 이루어진다.
③ 망막은 카메라의 렌즈에 해당된다.
④ 암조응에 걸리는 시간은 명조응보다 길다.

정답 21 ④ 22 ④ 23 ② 24 ④

[해설] 암조응에 걸리는 시간은 대략 30분, 명조응은 3분 정도로 암조응에 걸리는 시간이 명조응보다 길다.

[참고]
1. 암조응 : 눈이 어두움에 적응하는 시
   (예: 밝은 곳에서 극장 안으로 들어갔을 때)
2. 명조응 : 눈이 빛에 적응하는 시간
   (예: 극장 안에서 밖으로 나왔을 때)

25 다음 중 생리적 스트레스를 전기적으로 측정하는 방법으로 옳지 않은 것은?

① 뇌전도(EEG)
② 근전도(EMG)
③ 전기 피부 반응(GSR)
④ 안구 반응(EOG)

[해설] 안구 반응(EOG)
안구운동을 전기적으로 기록하는 검사

26 레버를 10° 움직이면 표시장치는 1cm 이동하는 조종 장치가 있다. 레버의 길이가 20cm라고 하면 이 조종 장치의 통제표시비(C/D 비)는 약 얼마인가?

① 1.27   ② 2.38
③ 3.49   ④ 4.51

[해설]
① C/R 비 = $\frac{X}{Y}$
   X : 통제기기의 변위량(cm)
   Y : 표시계기 지침의 변위량(cm)

② C/R 비 = $\frac{\frac{a}{360} \times 2\pi L}{Y}$
   a : 조종장치의 움직인 각도
   L : 조종장치의 반경

C/R비 = $\frac{\frac{a}{360} \times 2\pi L}{Y} = \frac{\frac{10}{360} \times 2 \times \pi \times 20}{1} = 3.49$

{분석} 필기에 자주 출제되는 내용입니다.

27 서서 하는 작업의 작업대 높이에 대한 설명으로 옳지 않은 것은?

① 정밀작업의 경우 팔꿈치 높이보다 약간 높게 한다.
② 경작업의 경우 팔꿈치 높이보다 약간 낮게 한다.
③ 중작업의 경우 경작업의 작업대 높이보다 약간 낮게 한다.
④ 작업대의 높이는 기준을 지켜야 하므로 높낮이가 조절되어서는 안 된다.

[해설] 입식 작업대 높이
• 경(經)작업 시 작업대의 높이는 팔꿈치 높이보다 5~10cm정도 낮은 것이 적당하다.
• 중(重)작업 시 작업대의 높이는 팔꿈치 높이보다 10~20cm정도 낮은 것이 적당하다.
• 정밀작업 시 작업대의 높이는 팔꿈치 높이보다 5~10cm정도 높은 것이 적당하다.

28 작업장 내부의 추천반사율이 가장 낮아야 하는 곳은?

① 벽   ② 천장
③ 바닥   ④ 가구

[해설] 옥내 최적 반사율
• 천장(80-91%) 〉 벽(40-60%) 〉 가구(25-45%) 〉 바닥(20-40%)
• 옥내의 반사율은 천정으로 올라갈수록 높고 바닥으로 내려갈수록 낮아져야 한다.

{분석} 필기에 자주 출제되는 내용입니다.

29 인간의 정보 처리 기능 중 그 용량이 7개 내외로 작아, 순간적 망각 등 인적 오류의 원인이 되는 것은?

① 지각   ② 작업 기억
③ 주의   ④ 감각 보관

[해설] 순간적 망각 등 인적 오류의 원인이 되는 인간의 정보 처리 기능 → 작업 기업

정답 25 ④ 26 ③ 27 ④ 28 ③ 29 ②

참고 작업 기억은 감각기관을 통해 입력된 정보를 일시적으로 기억하고, 각종 인지적 과정을 계획하고 순서 지으며 실제로 수행하는 작업장으로서의 기능을 수행하는 단기적 기억을 말한다.

30 인간오류의 분류 중 원인에 의한 분류의 하나로, 작업자 자신으로부터 발생하는 에러로 옳은 것은?

① Command error
② Secondary error
③ Primary error
④ Third error

해설 **인간오류 원인의 레벨적 분류**
① primary error(1차 에러) : 작업자 자신으로부터 발생한 에러
② secondary error(2차에러) : 작업형태, 작업조건 중 문제가 생겨 필요한 사항을 실행할 수 없어 발생한 에러
③ command error : 실행하고자 하여도 필요한 물품, 정보, 에너지 등이 공급되지 않아서 작업자가 움직일 수 없는 상태에서 발생한 에러

{분석} 필기에 자주 출제되는 내용입니다.

31 일반적으로 인체에 가해지는 온·습도 및 기류 등의 외적변수를 종합적으로 평가하는 데에는 "불쾌지수"라는 지표가 이용된다. 불쾌지수의 계산식이 다음과 같은 경우, 건구온도와 습구온도의 단위로 옳은 것은?

> 불쾌지수
> = 0.72×(건구온도+습구온도)+40.6

① 실효온도
② 화씨온도
③ 절대온도
④ 섭씨온도

해설 건구온도와 습구온도의 단위 → 섭씨온도(℃)

32 FT도에 사용되는 논리기호 중 AND 게이트에 해당하는 것은?

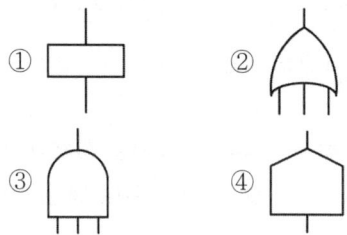

해설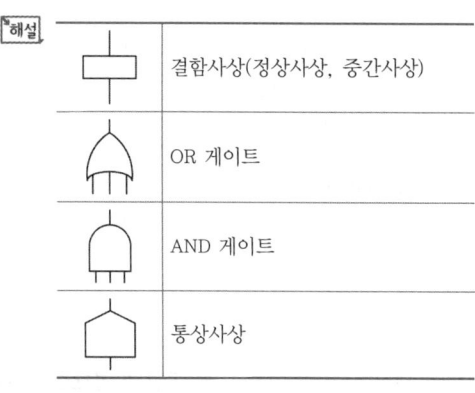

	결함사상(정상사상, 중간사상)
	OR 게이트
	AND 게이트
	통상사상

{분석} 필기에 자주 출제되는 내용입니다.

33 위팔은 자연스럽게 수직으로 늘어뜨린 채, 아래팔만을 편하게 뻗어 작업할 수 있는 범위는?

① 정상 작업역
② 최대 작업역
③ 최소 작업역
④ 작업 포락면

해설 **수평 작업대**
① 정상 작업역
• 상완을 자연스럽게 늘어뜨린 채 전완만으로 뻗어 파악 할 수 있는 구역
• 팔을 굽히고도 편하게 작업을 하면서 좌우의 손을 움직여 생기는 작은 원호형의 영역
② 최대 작업역
• 전완과 상완을 곧게 펴서 파악할 수 있는 구역
• 어깨로부터 팔을 펴서 수평면상에 원을 그릴 때 부채꼴 원호의 내부지역

정답 30 ③ 31 ④ 32 ③ 33 ①

34 음의 강약을 나타내는 기본 단위는?

① dB ② pont
③ hertz ④ diopter

[해설] 음의 단위 → dB

35 신뢰성과 보전성 개선을 목적으로 하는 효과적인 보전기록 자료에 해당하지 않는 것은?

① 설비이력카드
② 자재관리표
③ MTBF 분석표
④ 고장원인 대책표

[해설] 보전기록 자료
① 설비이력카드
② MTBF 분석표
③ 고장원인 대책표

36 예비위험분석(PHA)에 대한 설명으로 옳은 것은?

① 관련된 과거 안전점검결과의 조사에 적절하다.
② 안전관련 법규 조항의 준수를 위한 조사방법이다.
③ 시스템 고유의 위험성을 파악하고 예상되는 재해의 위험 수준을 결정한다.
④ 초기 단계에서 시스템 내의 위험요소가 어떠한 위험상태에 있는가를 정성적으로 평가하는 것이다.

[해설] 예비 위험 분석
(PHA : Preliminary Hazards Analysis)
모든 시스템 안전 프로그램의 최초 단계(설계단계, 구상단계)에서 실시하는 분석법으로서 시스템 내의 위험 요소가 얼마나 위험한 상태에 있는가를 정성적으로 평가하는 기법이다.

{분석}
필기에 자주 출제되는 내용입니다.

37 다음의 FT도에서 몇 개의 미니멀 패스셋(minimal path sets)이 존재하는가?

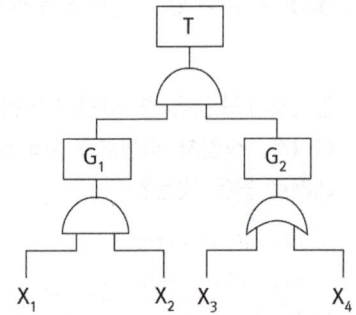

① 1개 ② 2개
③ 3개 ④ 4개

[해설] FT도의 AND게이트 → OR, OR게이트 → AND로 바꾸어 그려서 미니멀 컷을 구하면 원래 FT도의 미니멀 패스가 된다.

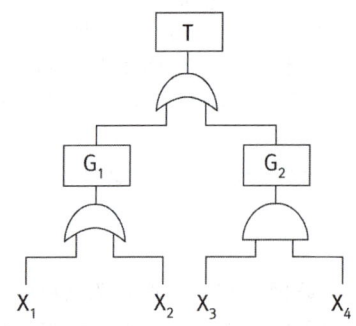

미니멀 컷 : (X1) 또는 (X2) 또는 (X3 X4)

∴ 미니멀 패스 = (X1) 또는 (X2) 또는 (X3 X4)
 총 3개

{분석}
필기에 자주 출제되는 내용입니다.

정답 34 ① 35 ② 36 ④ 37 ③

38 정보를 전송하기 위해 청각적 표시장치를 이용하는 것이 바람직한 경우로 적합한 것은?

① 전언이 복잡한 경우
② 전언이 이후에 재참조되는 경우
③ 전언이 공간적인 사건을 다루는 경우
④ 전언이 즉각적인 행동을 요구하는 경우

해설 청각장치와 시각장치의 비교

청각장치	시각장치
① 전언이 짧고, 간단할 때	① 전언이 길고, 복잡할 때
② 재참조 되지 않음	② 재참조 된다.
③ 시간적인 사상을 다룬다.	③ 공간적인 위치 다룬다.
④ 즉각적인 행동 요구할 때	④ 즉각적 행동 요구하지 않을 때
⑤ 시각계통 과부하일 때	⑤ 청각계통 과부하일 때
⑥ 주위가 너무 밝거나 암조응일 때	⑥ 주위가 너무 시끄러울 때
⑦ 자주 움직이는 경우	⑦ 한곳에 머무르는 경우

{분석} 필기에 자주 출제되는 내용입니다.

39 FTA에서 모든 기본사상이 일어났을 때 톱(top)사상을 일으키는 기본사상의 집합을 무엇이라 하는가?

① 컷셋(Cut set)
② 최소 컷셋(Minimal Cut set)
③ 패스셋(Path set)
④ 최소 패스셋(Minamal Path set)

해설 1. 컷셋(Cut Set)
 • 정상사상을 발생시키는 기본사상의 집합
 • 모든 기본사상이 일어났을 때 정상사상을 일으키는 기본사상들의 집합이다.

2. 미니멀 컷(Minimal Cut Set)
 • 정상사상을 일으키기 위한 기본사상의 최소 집합(최소한의 컷)
 • 시스템의 위험성을 나타낸다.

3. 패스셋(Path Set)
 • 시스템의 고장을 일으키지 않는 기본사상들의 집합
 • 포함된 기본사상이 일어나지 않을 때 처음으로 정상 사상이 일어나지 않는 기본 사상들의 집합이다.

4. 미니멀 패스(Minimal Path Set)
 • 시스템의 기능을 살리는 최소한의 집합(최소한의 패스)
 • 시스템의 신뢰성 나타낸다.

{분석} 필기에 자주 출제되는 내용입니다.

40 조종장치를 통한 인간의 통제 아래 기계가 동력원을 제공하는 시스템의 형태로 옳은 것은?

① 기계화 시스템   ② 수동 시스템
③ 자동화 시스템   ④ 컴퓨터 시스템

해설 인간의 통제 아래 기계가 동력원을 제공 → 기계화 시스템

참고 1. 수동 시스템
 • 사용자가 손공구나 기타 보조물 등을 사용하여 자기의 신체적 힘을 동력원으로 하여 작업을 수행하는 시스템이다.
2. 기계 시스템(반자동 시스템)
 • 여러 종류의 동력 공작 기계와 같이 고도로 통합된 부품들로 구성되어 있다.
 • 인간의 역할은 제어 기능을 담당하고, 힘에 대한 공급은 기계가 담당한다.
3. 자동 시스템
 • 기계가 감지, 정보 처리 및 의사 결정, 행동 기능 및 정보 보관 등 모든 임무를 미리 설계된 대로 수행하게 된다.
 • 인간은 감시, 감독, 보전 등의 역할을 담당하게 된다.

{분석} 필기에 자주 출제되는 내용입니다.

정답 38 ④ 39 ① 40 ①

제3과목 • 기계 · 기구 및 설비 안전 관리

41 선반에서 냉각재 등에 의한 생물학적 위험을 방지하기 위한 방법으로 틀린 것은?

① 냉각재가 기계에 잔류되지 않고 중력에 의해 수집탱크로 배유되도록 해야 한다.
② 냉각재 저장탱크에는 외부 이물질의 유입을 방지하기 위해 덮개를 설치해야 한다.
③ 특별한 경우를 제외하고는 정상 운전 시 전체 냉각재가 계통 내에서 순환되고 냉각재 탱크에 체류하지 않아야 한다.
④ 배출용 배관의 지름은 대형 이물질이 들어가지 않도록 작아야 하고, 지면과 수평이 되도록 제작해야 한다.

[해설] 냉각재 등에 의한 생물학적 위험을 방지하기 위해 다음 사항에 적합해야 한다.
1. 정상 운전 시 전체 냉각재가 계통 내에서 순환되고 냉각재 탱크에 체류하지 않을 것
2. 냉각재가 기계에 잔류되지 않고 중력에 의해 수집 탱크로 배유되도록 할 것
3. 배출용 배관의 직경은 슬러지의 체류를 최소화할 수 있을 정도의 충분한 크기이고, 적정한 기울기를 부여할 것
4. 필터 장치가 구비되어 있을 것
5. 전체 시스템을 비우지 않은 상태에서 코너 부위 등에 누적된 침전물을 제거할 수 있는 구조일 것
6. 냉각재 저장탱크에는 외부 이물질의 유입을 방지하기 위해 덮개를 설치할 것
7. 오일 또는 그리스 등 외부에서 유입된 물질에 의한 냉각재가 오염되는 것을 방지할 수 있도록 조치하고, 필요한 분리장치를 설치할 수 있는 구조일 것

42 산업용 로봇의 작동범위에서 그 로봇에 관하여 교시 등의 작업을 하는 경우 작업 시작 전 점검사항에 해당하지 않는 것은? (단, 로봇의 동력원을 차단하고 행하는 것을 제외한다.)

① 회전부의 덮개 또는 울의 부착 여부
② 제동장치 및 비상정지장치의 기능
③ 외부전선의 피복 또는 외장의 손상 유무
④ 매니퓰레이터(manipulator) 작동의 이상 유무

[해설] 로봇의 작업 시작 전 점검사항
① 외부전선의 피복 또는 외장의 손상 유무
② 매니퓰레이터(manipulator) 작동의 이상 유무
③ 제동장치 및 비상정지 장치의 기능

{분석}
실기에 자주 출제되는 중요한 내용입니다.

43 기계장치의 안전설계를 위해 적용하는 안전율 계산식은?

① 안전하중 ÷ 설계하중
② 최대 사용하중 ÷ 극한강도
③ 극한강도 ÷ 최대 설계응력
④ 극한강도 ÷ 파단하중

[해설] 안전율 = $\dfrac{극한강도}{허용응력}$ = $\dfrac{극한강도}{최대 설계응력}$ = $\dfrac{극한강도}{사용응력}$
= $\dfrac{파괴하중}{최대 사용하중}$ = $\dfrac{파단하중}{안전하중}$ = $\dfrac{극한하중}{정격하중}$

{분석}
실기까지 중요한 내용입니다.

정답 41 ④ 42 ① 43 ③

44 양수 조작식 방호장치에서 양쪽 누름버튼 간의 내측 거리는 몇 mm 이상이어야 하는가?

① 100　　② 200
③ 300　　④ 400

해설) 양수 조작식 방호장치에서 누름 버튼의 상호 간 내측거리는 300mm 이상이어야 한다.

{분석}
실기까지 중요한 내용입니다.

45 "가"와 "나"에 들어갈 내용으로 옳은 것은?

> 순간풍속이 (가)를 초과하는 경우에는 타워크레인의 설치, 수리, 점검 또는 해체작업을 중지하여야 하며, 순간풍속이 (나)를 초과하는 경우에는 타워크레인의 운전 작업을 중지하여야 한다.

① 가 : 10m/s, 나 : 15m/s
② 가 : 10m/s, 나 : 25m/s
③ 가 : 20m/s, 나 : 35m/s
④ 가 : 20m/s, 나 : 45m/s

해설) 악천후 시 조치
① 순간풍속이 매초당 10미터를 초과하는 경우 : 타워크레인의 설치·수리·점검 또는 해체작업을 중지
② 순간풍속이 매초당 15미터를 초과하는 경우 : 타워크레인의 운전작업을 중지
③ 순간풍속이 초당 30미터를 초과하는 바람이 불거나 중진(中震) 이상 진도의 지진이 있은 후 : 옥외에 설치되어 있는 양중기를 사용하여 작업을 하는 경우에는 미리 기계 각 부위에 이상이 있는지를 점검
④ 순간풍속이 초당 30미터를 초과하는 경우 : 옥외에 설치되어 있는 주행 크레인에 대하여 이탈방지장치를 작동시키는 등 이탈 방지를 위한 조치
⑤ 순간풍속이 초당 35미터를 초과하는 경우 : 건설용 리프트(지하에 설치되어 있는 것은 제외) 및 승강기에 대하여 받침의 수를 증가시키는 등 승강기가 무너지는 것을 방지하기 위한 조치

{분석}
실기에 자주 출제되는 중요한 내용입니다.

46 드릴 작업 시 올바른 작업 안전 수칙이 아닌 것은?

① 구멍을 뚫을 때 관통된 것을 확인하기 위해 손으로 만져서는 안 된다.
② 드릴을 끼운 후에 척 렌지(chuck wrench)를 부착한 상태에서 드릴 작업을 한다.
③ 작업모를 착용하고 옷소매가 긴 작업복은 입지 않는다.
④ 보호 안경을 쓰거나 안전덮개를 설치한다.

해설) ② 드릴을 끼운 후에 척 렌지(chuck wrench)를 제거하고 드릴 작업을 한다.

47 지게차 헤드가드의 안전기준에 관한 설명으로 틀린 것은?

① 상부틀의 각 개구의 폭 또는 길이가 20cm 이상일 것
② 강도는 지게차의 최대하중의 2배 값(4톤을 넘는 값에 대해서는 4톤으로 한다.)의 등분포정하중에 견딜 수 있을 것
③ 운전자가 서서 조작하는 방식의 지게차의 경우에는 운전석의 바닥면에서 헤드가드의 상부틀 하면까지의 높이가 2m 이상일 것
④ 운전자가 앉아서 조작하는 방식의 지게차의 경우에는 운전자의 좌석 윗면에서 헤드가드의 상부틀 아랫면까지의 높이가 1m 이상일 것

정답 44 ③ 45 ① 46 ② 47 ①, ③, ④

[해설] 헤드가드의 설치
① 지게차에는 최대하중의 2배(4톤을 넘는 값에 대해서는 4톤으로 한다)에 해당하는 등분포 정하중에 견딜 수 있는 강도의 헤드가드를 설치하여야 한다.
② 상부 틀의 각 개구의 폭 또는 길이는 16센티미터 미만일 것
③ 한국산업표준에서 정하는 높이 기준 이상일 것 (좌식 : 0.903m 이상, 입식 : 1.88m 이상)

{분석} 실기까지 중요한 내용입니다.

48 프레스 가공품의 이송방법으로 2차 가공용 송급 배출 장치가 아닌 것은?
① 다이얼 피더(dial feeder)
② 롤 피더(roll feeder)
③ 푸셔 피더(pusher feeder)
④ 트랜스퍼 피더(transfer feeder)

[해설] 롤 피더(roll feeder) → 1차 가공용 송급 장치

49 다음 중 연삭기를 이용한 작업의 안전대책으로 가장 옳은 것은?
① 연삭숫돌의 최고 원주 속도 이상으로 사용하여야 한다.
② 운전 중 연삭숫돌의 균열 확인을 위해 수시로 충격을 가해 본다.
③ 정밀한 작업을 위해서는 연삭기의 덮개를 벗기고 숫돌의 정면에 서서 작업한다.
④ 작업시작 전에는 1분 이상 시운전을 하고 숫돌의 교체 시에는 3분 이상 시운전을 한다.

[해설] 연삭기의 안전대책
① 숫돌에 충격을 가하지 말 것
② 작업 시작 전 1분 이상, 숫돌 교체 시 3분 이상 시운전할 것
③ 연삭숫돌 최고 사용 회전속도 초과 사용 금지
④ 작업 시에는 숫돌의 원주면을 이용하고, 작업자는 숫돌의 측면에서 작업할 것

50 압력용기에서 안전밸브를 2개 설치한 경우 그 설치방법으로 옳은 것은? (단, 해당하는 압력용기가 외부화재에 대한 대비가 필요한 경우로 한정한다.)
① 1개는 최고사용압력 이하에서 작동하고 다른 1개는 최고사용압력의 1.1배 이하에서 작동하도록 한다.
② 1개는 최고사용압력 이하에서 작동하고 다른 1개는 최고사용압력의 1.2배 이하에서 작동하도록 한다.
③ 1개는 최고사용압력의 1.05배 이하에서 작동하고 다른 1개는 최고사용압력의 1.1배 이하에서 작동하도록 한다.
④ 1개는 최고사용압력의 1.05배 이하에서 작동하고 다른 1개는 최고사용압력의 1.2배 이하에서 작동하도록 한다.

[해설] 안전밸브 등이 안전밸브 등을 통하여 보호하려는 설비의 최고사용압력 이하에서 작동되도록 하여야 한다. 다만, 안전밸브 등이 2개 이상 설치된 경우에 1개는 최고사용압력의 1.05배(외부화재를 대비한 경우에는 1.1배) 이하에서 작동되도록 설치할 수 있다.

{분석} 실기까지 중요한 내용입니다.

51 범용 수동 선반의 방호조치에 대한 설명으로 틀린 것은?
① 대형 선반의 후면 칩 가드는 새들의 전체 길이를 방호할 수 있어야 한다.
② 척 가드의 폭은 공작물의 가공작업에 방해되지 않는 범위에서 척 전체 길이를 방호해야 한다.
③ 수동 조작을 위한 제어장치는 정확한 제어를 위해 조작 스위치를 돌출형으로 제작해야 한다.

정답 48 ② 49 ④ 50 ① 51 ③

④ 스핀들 부위를 통한 기어박스에 접촉될 위험이 있는 경우에는 해당 부위에 잠금장치가 구비된 가드를 설치하고 스핀들 회전과 연동회로를 구성해야 한다.

[해설] ③ 수동 조작을 위한 제어장치에는 매입형 스위치의 사용 등 불시 접촉에 의한 기동을 방지하기 위한 조치를 해야 한다.

52 프레스에 금형 조정 작업 시 슬라이드가 갑자기 작동함으로써 근로자에게 발생할 우려가 있는 위험을 방지하기 위하여 사용하는 것은?

① 안전 블록
② 비상정지장치
③ 감응식 안전장치
④ 양수조작식 안전장치

[해설] 금형을 부착, 해체, 조정 작업할 때 신체 일부가 위험점 내에서 슬라이드 불시 하강으로 인한 위험을 방지할 목적으로 안전블럭을 설치한다.

{분석} 실기까지 중요한 내용입니다.

53 크레인 작업 시 300kg의 질량을 $10m/s^2$의 가속도로 감아올릴 때 로프에 걸리는 총 하중은 약 몇 N인가? (단, 중력가속도는 $9.81m/s^2$로 한다.)

① 2943
② 3000
③ 5943
④ 8886

[해설] 와이어로프에 걸리는 총 하중 계산

총 하중(w) = 정하중(w_1)+동하중(w_2)

동하중(w_2) = $\frac{w_1}{g} \times a$

여기서, w : 총 하중(kg_f)
w_1 : 정하중(kg_f)
w_2 : 동하중(kg_f)
g : 중력 가속도($9.8m/s^2$)
a : 가속도(m/s^2)
* 정하중 : 매단 물체의 무게

총 하중(w) = 정하중(w_1) + $\frac{w_1}{g} \times a$

$= 300 + \frac{300}{9.81} \times 10$

$= 605.81(kg) \times 9.81 = 5943(N)$

{분석} 실기까지 중요한 내용입니다.

54 사고 체인의 5요소에 해당하지 않는 것은?

① 함정(trap)
② 충격(impact)
③ 접촉(contact)
④ 결함(flaw)

[해설] 사고 체인의 5요소(재해의 원인이 되는 위험의 5요소)
① 함정(Trap)
② 충격(Impact)
③ 접촉(Contact)
④ 얽힘 또는 말림(Entanglement)
⑤ 튀어나옴(Ejection)

55 프레스 작업 시 왕복 운동하는 부분과 고정 부분 사이에서 형성되는 위험점은?

① 물림점
② 협착점
③ 절단점
④ 회전말림점

정답 52 ① 53 ③ 54 ④ 55 ②

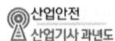

해설 **위험점의 분류**
① 협착점 : 왕복운동 부분과 고정부분 사이에서 형성되는 위험점
  예 프레스기, 전단기, 성형기 등
② 끼임점 : 고정부분과 회전하는 동작부분 사이에서 형성되는 위험점
  예 연삭숫돌과 덮개, 교반기 날개와 하우징 등
③ 절단점 : 회전하는 운동부 자체, 운동하는 기계부분 자체의 위험점
  예 날, 커터를 가진 기계
④ 물림점 : 회전하는 두 개의 회전체에 물려 들어가는 위험점
  예 롤러와 롤러, 기어와 기어 등
⑤ 접선 물림점 : 회전하는 부분의 접선 방향으로 물려 들어가는 위험점
  예 벨트와 풀리, 체인과 스프로킷, 랙과 피니언 등
⑥ 회전 말림점 : 회전하는 물체에 작업복, 머리카락 등이 말려 들어가는 위험점
  예 회전축, 커플링 등

{분석}
실기에 자주 출제되는 중요한 내용입니다.

56 기계설비의 안전화를 크게 외관의 안전화, 기능의 안전화, 구조적 안전화로 구분할 때, 기능의 안전화에 해당하는 것은?

① 안전율의 확보
② 위험 부위 덮개 설치
③ 기계 외관에 안전 색채 사용
④ 전압 강하 시 기계의 자동정지

해설 **기능적 안전화**
① 전압 강하에 따른 오동작 방지
② 정전 및 단락에 따른 오동작 방지
③ 사용 압력 변동 시 등의 오동작 방지

57 근로자에게 위험을 미칠 우려가 있는 원동기, 축이음, 풀리 등에 설치하여야 하는 것은?

① 덮개   ② 압력계
③ 통풍장치   ④ 과압방지기

해설 기계의 원동기·회전축·기어·풀리·플라이휠·벨트 및 체인 등 근로자가 위험에 처할 우려가 있는 부위에 덮개·울·슬리브 및 건널다리 등을 설치하여야 한다.

{분석}
실기까지 중요한 내용입니다.

58 컨베이어(conveyer)의 역전 방지 장치 형식이 아닌 것은?

① 램식   ② 라쳇식
③ 롤러식   ④ 전기브레이크식

해설 **역회전 방지 장치 형식**
① 라쳇휠식
② 웜기어식
③ 밴드식 브레이크
④ 전기 브레이크(슬러스트 브레이크)
⑤ 롤러휠식

59 롤러기의 급정지를 위한 방호장치를 설치하고자 한다. 앞면 롤러의 지름이 30cm이고, 회전수가 30rpm 일 때 요구되는 급정지 거리의 기준은?

① 급정지 거리가 앞면 롤러의 원주의 1/3 이상일 것
② 급정지 거리가 앞면 롤러의 원주의 1/3 이내일 것
③ 급정지 거리가 앞면 롤러의 원주의 1/2.5 이상일 것
④ 급정지 거리가 앞면 롤러의 원주의 1/2.5 이내일 것

정답 56 ④ 57 ① 58 ① 59 ②

해설 앞면 롤러의 표면속도에 따른 급정지거리

앞면 롤러의 표면속도 (m/min)	급정지거리
30 미만	앞면 롤러 원주의 1/3 이내 ($\pi \times d \times \frac{1}{3}$)
30 이상	앞면 롤러 원주의 1/2.5 이내 ($\pi \times d \times \frac{1}{2.5}$)

이때 표면속도의 산식은

$$V = \frac{\pi \times D \times N}{1000} \text{(m/min)}$$

여기서 V : 표면속도
D : 롤러 원통의 직경(mm)
N : 1분간에 롤러기가 회전되는 수 (rpm)

1. 표면속도
$V = \frac{\pi \times 300 \times 30}{1000} = 28.27$(m/min)

2. 표면속도가 30 미만이므로 → 급정지거리는 앞면 롤러 원주의 1/3 이내일 것 ($\pi \times d \times \frac{1}{3}$)

{분석}
실기까지 중요한 내용입니다.

60. 프레스의 작업 시작 전 점검사항으로 거리가 먼 것은?

① 클러치 및 브레이크의 기능
② 금형 및 고정볼트 상태
③ 전단기(剪斷機)의 칼날 및 테이블의 상태
④ 언로드 밸브의 기능

해설 프레스의 작업 시작 전 점검 사항
① 클러치 및 브레이크 기능
② 크랭크축·플라이 휠·슬라이드·연결 봉 및 연결 나사의 볼트 풀림 유무
③ 1행정 1정지 기구·급정지 장치 및 비상 정지 장치의 기능
④ 슬라이드 또는 칼날에 의한 위험 방지 기구의 기능
⑤ 프레스의 금형 및 고정 볼트 상태
⑥ 당해 방호 장치의 기능
⑦ 전단기의 칼날 및 테이블의 상태

{분석}
실기에 자주 출제되는 중요한 내용입니다.

제4과목 전기 및 화학설비 안전 관리

61. 혼촉방지판이 부착된 변압기를 설치하고 혼촉방지판을 접지시켰다. 이러한 변압기를 사용하는 주요 이유는?

① 2차측의 전류를 감소시킬 수 있기 때문에
② 누전전류를 감소시킬 수 있기 때문에
③ 2차 측에 비접지 방식을 채택하면 감전 시 위험을 감소시킬 수 있기 때문에
④ 전력의 손실을 감소시킬 수 있기 때문에

해설 고압 또는 특고압과 저압의 권선 사이에 혼촉 방지판을 마련하여 이것을 제2종 접지하면 저압측을 비접지식으로 사용할 수 있어 감전 위험을 감소시킬 수 있기 때문이다.

62. 인체가 현저히 젖어 있는 상태 또는 금속성의 전기·기계 장치나 구조물의 인체의 일부가 상시 접촉되어 있는 상태에서의 허용접촉전압으로 옳은 것은?

① 2.4V 이하   ② 25V 이하
③ 50V 이하   ④ 75V 이하

정답 60 ④ 61 ③ 62 ②

[해설] 허용접촉전압

종별	접촉 상태	허용 접촉 전압
제1종	• 인체의 대부분이 수중에 있는 상태	2.5V 이하
제2종	• 인체가 현저히 젖어 있는 상태 • 금속성의 전기·기계 장치나 구조물에 인체의 일부가 상시 접촉되어 있는 상태	25V 이하
제3종	• 제1종, 제2종 이외의 경우로서 통상의 인체 상태 있어서 접촉 전압이 가해지면 위험성이 높은 상태	50V 이하
제4종	• 제1종, 제2종 이외의 경우로서 통상의 인체 상태에 접촉 전압이 가해지더라도 위험성이 낮은 상태 • 접촉 전압이 가해질 우려가 없는 경우	제한 없음

{분석}
실기까지 중요한 내용입니다.

63 아크 용접 작업 시 감전재해 방지에 쓰이지 않는 것은?

① 보호면
② 절연장갑
③ 절연용접봉 홀더
④ 자동전격방지장치

[해설] 용접용 보안면은 용접작업 시 유해광선이나 분진 등으로부터 눈과 안면을 보호하는 역할을 한다.

64 산업안전보건법상 전기기계·기구의 누전에 의한 감전 위험을 방지하기 위하여 접지를 하여야 하는 사항으로 틀린 것은?

① 전기기계·기구의 금속제 내부 충전부
② 전기기계·기구의 금속제 외함
③ 전기기계·기구의 금속제 외피
④ 전기기계·기구의 금속제 철대

[해설] 접지를 하여야 하는 전기기계·기구

1. 전기기계·기구의 금속제 외함·금속제 외피 및 철대

2. 고정 설치되거나 고정배선에 접속된 전기기계·기구의 노출된 비충전 금속체 중 충전될 우려가 있는 다음 각목의 1에 해당하는 비충전 금속체
   • 지면이나 접지된 금속체로부터 수직거리 2.4미터, 수평거리 1.5미터 이내의 것
   • 물기 또는 습기가 있는 장소에 설치되어 있는 것
   • 금속으로 되어있는 기기접지용 전선의 피복·외장 또는 배선관 등
   • 사용전압이 대지전압 150볼트를 넘는 것

3. 전기를 사용하지 아니하는 설비 중 다음 각목의 1에 해당하는 금속체
   • 전동식 양중기의 프레임과 궤도
   • 전선이 붙어있는 비전동식 양중기의 프레임
   • 고압 이상의 전기를 사용하는 전기기계·기구 주변의 금속제 칸막이·망 및 이와 유사한 장치

4. 코드 및 플러그를 접속하여 사용하는 전기기계·기구 중 다음 각목의 1에 해당하는 노출된 비충전 금속체
   • 사용전압이 대지전압 150볼트를 넘는 것
   • 냉장고·세탁기·컴퓨터 및 주변기기 등과 같은 고정형 전기기계·기구
   • 고정형·이동형 또는 휴대형 전동기계·기구
   • 물 또는 도전성이 높은 곳에서 사용하는 전기기계·기구, 비접지형 콘센트
   • 휴대형 손전등

5. 수중펌프를 금속제 물탱크 등의 내부에 설치하여 사용하는 경우에, 그 탱크

정답 63 ① 64 ①

65 일반적인 변압기의 중성점 접지 저항값으로 적당한 것은?

① $\frac{50}{1선지락전류}$ Ω 이하

② $\frac{600}{1선지락전류}$ Ω 이하

③ $\frac{300}{1선지락전류}$ Ω 이하

④ $\frac{150}{1선지락전류}$ Ω 이하

[해설] 변압기의 중성점 접지 저항값

① 일반적인 경우 : $\frac{150}{1선지락전류}$ Ω 이하

② 변압기의 고압·특고압측 전로 또는 사용전압이 35kV 이하의 특고압전로가 저압측 전로와 혼촉하고 저압전로의 대지전압이 150V를 초과하는 경우
- 1초 초과 2초 이내에 고압·특고압 전로를 자동으로 차단하는 장치를 설치할 때 : $\frac{300}{1선지락전류}$ Ω 이하
- 1초 이내에 고압·특고압 전로를 자동으로 차단하는 장치를 설치할 때 : $\frac{600}{1선지락전류}$ Ω 이하

{분석} 관련 법령의 변경으로 문제를 수정하였습니다.

66 전폐형 방폭구조가 아닌 것은?

① 압력 방폭구조
② 내압 방폭구조
③ 유입 방폭구조
④ 안전증 방폭구조

[해설] 전기설비의 방폭화 방법

① 점화원의 방폭적 격리 : 내압, 압력, 유입 방폭구조
② 전기설비의 안전도 증강 : 안전증 방폭구조
③ 점화능력의 본질적 억제 : 본질안전 방폭구조

{분석} 실기까지 중요한 내용입니다.

67 방폭구조의 명칭과 표기기호가 잘못 연결된 것은?

① 안전증방폭구조 : e
② 유입(油入)방폭구조 : o
③ 내압(耐壓)방폭구조 : p
④ 본질안전방폭구조 : ia 또는 ib

[해설] 방폭구조의 기호

가스, 증기, 분진 방폭구조		기호
가스, 증기 방폭 구조	내압 방폭구조	d
	압력 방폭구조	p
	유입 방폭구조	o
	안전증 방폭구조	e
	본질안전 방폭구조	ia or ib
	충전 방폭구조	q
	비점화 방폭구조	n
	몰드 방폭구조	m
	특수 방폭구조	s
분진 방폭 구조	방진 방폭구조	tD

{분석} 실기에 자주 출제되는 중요한 내용입니다.

68 파이프 등에 유체가 흐를 때 발생하는 유동대전에 가장 큰 영향을 미치는 요인은?

① 유체의 이동거리
② 유체의 점도
③ 유체의 속도
④ 유체의 양

[해설] 유동대전
- 액체류가 파이프등 내부에서 유동시 관벽과 액체 사이에서 발생한다.
- 가솔린, 벤젠 등의 유속을 1m/sec 이하로 하여야 한다.

정답 65 ④ 66 ④ 67 ③ 68 ③

69 충전전로의 선간전압이 121kV 초과 145kV 이하의 활선 작업 시 충전전로에 대한 접근한계거리(cm)는?

① 130   ② 150
③ 170   ④ 230

해설 접근한계거리

충전전로의 선간전압 (단위 : 킬로볼트)	충전전로에 대한 접근한계거리 (단위 : 센티미터)
0.3 이하	접촉금지
0.3 초과 0.75 이하	30
0.75 초과 2 이하	45
2 초과 15 이하	60
15 초과 37 이하	90
37 초과 88 이하	110
88 초과 121 이하	130
121 초과 145 이하	150
145 초과 169 이하	170
169 초과 242 이하	230
242 초과 362 이하	380
362 초과 550 이하	550
550 초과 800 이하	790

{분석} 실기까지 중요한 내용입니다.

70 정전기 발생의 원인에 해당되지 않는 것은?

① 마찰   ② 냉장
③ 박리   ④ 충돌

해설 정전기 발생 현상
① 마찰대전 : 두 물체사이의 마찰로 인한 접촉, 분리에서 발생한다.
② 유동대전 : 액체류가 파이프 등 내부에서 유동 시 관벽과 액체사이에서 발생한다.
③ 박리대전 : 밀착된 물체가 떨어지면서 자유전자의 이동으로 발생한다
④ 충돌대전 : 입자와 다른 고체와의 충돌과 급속한 분리에 의해 발생한다.

⑤ 분출대전 : 기체, 액체, 분체류가 단면적이 작은 분출구를 통과할 때 발생한다.
⑥ 파괴 대전 : 고체, 분체류와 같은 물체가 파괴됐을 때 전하분리 또는 전하의 균형이 깨지면서 정전기가 발생한다.

{분석} 실기까지 중요한 내용입니다.

71 다음 중 분진폭발에 대한 설명으로 틀린 것은?

① 일반적으로 입자의 크기가 클수록 위험이 더 크다.
② 산소의 농도는 분진폭발 위험에 영향을 주는 요인이다.
③ 주위 공기의 난류확산은 위험을 증가시킨다.
④ 가스폭발에 비하여 불완전 연소를 일으키기 쉽다.

해설 ① 일반적으로 입자의 크기가 작을수록 위험이 더 크다.

72 다음 중 폭굉(detonation) 현상에 있어서 폭굉파의 진행 전면에 형성되는 것은?

① 증발열
② 충격파
③ 역화
④ 화염의 대류

해설 폭굉파의 진행 전면에 충격파가 형성된다.

정답 69 ② 70 ② 71 ① 72 ②

73 위험물안전관리법령상 제4류 위험물(인화성 액체)이 갖는 일반성질로 가장 거리가 먼 것은?

① 증기는 대부분 공기보다 무겁다.
② 대부분 물보다 가볍고 물에 잘 녹는다.
③ 대부분 유기화합물이다.
④ 발생증기는 연소하기 쉽다.

해설 ② 물보다 가볍고 물에 녹기 어렵다.

74 아세틸렌(C_2H_2)의 공기 중 완전연소 조성 농도(C_{st})는 약 얼마인가?

① 6.7vol%
② 7.0vol%
③ 7.4vol%
④ 7.7vol%

해설 완전연소 조성 농도(화학양론 농도)

$$C_{st}(Vol\%) = \frac{100}{1 + 4.773\left(n + \frac{m - f - 2\lambda}{4}\right)}(Vol\%)$$

여기서, n : 탄소
m : 수소
f : 할로겐원소
λ : 산소의 원자 수
4.733 : 공기의 몰수

$$C_{st} = \frac{100}{1 + 4.773 \times \left(2 + \frac{2}{4}\right)} = 7.73(Vol\%)$$

{분석} 실기까지 중요한 내용입니다.

75 산업안전보건기준에 관한 규칙에 따라 폭발성 물질을 저장·취급하는 화학설비 및 그 부속설비를 설치할 때, 단위공정시설 및 설비로부터 다른 단위공정시설 및 설비 사이의 안전거리는 설비 바깥 면으로부터 몇 m 이상 두어야 하는가? (단, 원칙적인 경우에 한한다.)

① 3 ② 5
③ 10 ④ 20

해설 화학설비의 안전거리 기준

구분	안전거리
1. 단위공정시설 및 설비로부터 다른 단위공정시설 및 설비의 사이	설비의 바깥 면으로부터 10미터 이상
2. 플레어스택으로부터 단위공정시설 및 설비, 위험물질 저장탱크 또는 위험물질 하역설비의 사이	플레어스택으로부터 반경 20미터 이상. 다만, 단위공정시설 등이 불연재로 시공된 지붕 아래에 설치된 경우에는 그러하지 아니하다.
3. 위험물질 저장탱크로부터 단위공정시설 및 설비, 보일러 또는 가열로의 사이	저장탱크의 바깥 면으로부터 20미터 이상. 다만, 저장탱크의 방호벽, 원격조종 소화설비 또는 살수설비를 설치한 경우에는 그러하지 아니하다.
4. 사무실·연구실·실험실·정비실 또는 식당으로부터 단위공정시설 및 설비, 위험물질 저장탱크, 위험물질 하역설비, 보일러 또는 가열로의 사이	사무실 등의 바깥 면으로부터 20미터 이상. 다만, 난방용 보일러인 경우 또는 사무실 등의 벽을 방호구조로 설치한 경우에는 그러하지 아니하다.

{분석} 실기까지 중요한 내용입니다.

정답 73 ② 74 ④ 75 ③

76 다음 중 가연성 가스가 아닌 것으로만 나열된 것은?

① 일산화탄소, 프로판
② 이산화탄소, 프로판
③ 일산화탄소, 산소
④ 산소, 이산화탄소

[해설]
- 산소 → 조연성 가스
- 이산화탄소 → 불연성가스

77 나트륨은 물과 반응할 때 위험성이 매우 크다. 그 이유로 적합한 것은?

① 물과 반응하여 지연성 가스 및 산소를 발생시키기 때문이다.
② 무과 반응하여 맹독성 가스를 발생시키기 때문이다.
③ 물과 발열반응을 일으키면서 가연성 가스를 발생시키기 때문이다.
④ 물과 반응하여 격렬한 흡열반응을 일으키기 때문이다.

[해설] 나트륨은 물과 반응하여 발열반응을 일으키며 가연성 가스인 수소를 발생시킨다.

$2Na + 2H_2O \rightarrow 2NaOH + H_2$

78 다음은 산업안전보건기준에 관한 규칙에서 정한 부식방지와 관련한 내용이다. ( )에 해당하지 않는 것은?

> 사업주는 화학설비 또는 그 배관(화학설비 또는 그 배관의 밸브나 콕은 제외한다) 중 위험물 또는 인화점이 섭씨 60도 이상인 물질이 접촉하는 부분에 대해서는 위험물질 등에 의하여 그 부분이 부식되어 폭발·화재 또는 누출되는 것을 방지하기 위하여 위험물질 등의 ( )·( )·( ) 등에 따라 부식이 잘되지 않는 재료를 사용하거나 도장(塗裝) 등의 조치를 하여야 한다.

① 종류   ② 온도
③ 농도   ④ 색상

[해설] 화학설비 또는 그 배관 중 위험물 또는 인화점이 섭씨 60도 이상인 물질이 접촉하는 부분에 대해서는 위험물질등에 의하여 그 부분이 부식되어 폭발·화재 또는 누출되는 것을 방지하기 위하여 위험물질 등의 종류·온도·농도 등에 따라 부식이 잘 되지 않는 재료를 사용하거나 도장(塗裝) 등의 조치를 하여야 한다.

79 메탄올의 연소반응이 다음과 같을 때 최소 산소농도(MOC)는 약 얼마인가? (단, 메탄올의 연소하한값(L)은 6.7vol%이다.)

$$CH_3OH + 1.5O_2 \rightarrow CO_2 + 2H_2O$$

① 1.5vol%
② 6.7vol%
③ 10vol%
④ 15vol%

정답 76 ④ 77 ③ 78 ④ 79 ③

> [해설]
> MOC 농도
> $= 폭발하한계 \times \dfrac{산소의\ 몰수}{연료의\ 몰수}(Vol\%)$
>
> MOC 농도 $= 6.7 \times \dfrac{1.5}{1} = 10.05\,(Vol\%)$
>
> {분석}
> 실기까지 중요한 내용입니다.

제5과목 건설공사 안전 관리

80 산업안전보건기준에 관한 규칙에서 부식성 염기류에 해당하는 것은?

① 농도 30퍼센트인 과염소산
② 농도 30퍼센트인 아세틸렌
③ 농도 40퍼센트인 디아조화합물
④ 농도 40퍼센트인 수산화나트륨

> [해설] **부식성 물질**
>
> 가. 부식성 산류
> ① 농도가 20퍼센트 이상인 염산, 황산, 질산, 그 밖에 이와 같은 정도 이상의 부식성을 가지는 물질
> ② 농도가 60퍼센트 이상인 인산, 아세트산, 불산, 그 밖에 이와 같은 정도 이상의 부식성을 가지는 물질
>
> 나. 부식성 염기류
> 농도가 40퍼센트 이상인 수산화나트륨, 수산화칼륨, 그 밖에 이와 같은 정도 이상의 부식성을 가지는 염기류
>
> {분석}
> 실기에 자주 출제되는 중요한 내용입니다.

81 근로자가 추락하거나 넘어질 위험이 있는 장소에서 추락방호망의 설치 기준으로 옳지 않은 것은?

① 망의 처짐은 짧은 변 길이의 10% 이상이 되도록 할 것
② 추락방호망은 수평으로 설치할 것
③ 건축물 등의 바깥쪽으로 설치하는 경우 추락방호망의 내민 길이는 벽면으로부터 3m 이상 되도록 할 것
④ 추락방호망의 설치위치는 가능하면 작업면으로 부터 가까운 지점에 설치하여야 하며, 작업면으로 부터 망의 설치지점까지의 수직거리는 10m를 초과하지 아니할 것

> [해설] **추락방호망의 설치**
> ① 추락방호망의 설치위치는 가능하면 작업면으로 부터 가까운 지점에 설치하여야하며, 작업면으로 부터 망의 설치지점까지의 수직거리는 10미터를 초과하지 아니할 것
> ② 추락방호망은 수평으로 설치하고, 망의 처짐은 짧은 변 길이의 12퍼센트 이상이 되도록 할 것
> ③ 건축물 등의 바깥쪽으로 설치하는 경우 망의 내민 길이는 벽면으로부터 3미터 이상 되도록 할 것
>
> {분석}
> 실기까지 중요한 내용입니다.

정답 80 ④ 81 ①

82 산업안전보건관리비에 관한 설명으로 옳지 않은 것은?

① 발주자는 수급인이 안전관리비를 다른 목적으로 사용한 금액에 대해서는 계약금액에서 감액 조정할 수 있다.
② 발주자는 수급인이 안전관리비를 사용하지 아니한 금액에 대하여는 반환을 요구할 수 있다.
③ 자기공사자는 원가계산에 의한 예정가격 작성 시 안전관리비를 계상한다.
④ 발주자는 설계변경 등으로 대상액의 변동이 있는 경우 공사 완료 후 정산하여야 한다.

[해설] ④ 발주자 또는 자기공사자는 설계변경 등으로 대상액의 변동이 있는 경우에 지체 없이 안전관리비를 조정 계상하여야 한다.

83 굴착면 붕괴의 원인과 가장 거리가 먼 것은?

① 사면경사의 증가
② 성토 높이의 감소
③ 공사에 의한 진동하중의 증가
④ 굴착높이의 증가

[해설] 토석 붕괴의 외적원인
① 사면, 법면의 경사 및 기울기의 증가
② 절토 및 성토 높이의 증가
③ 공사에 의한 진동 및 반복 하중의 증가
④ 지표수 및 지하수의 침투에 의한 토사 중량의 증가
⑤ 지진, 차량, 구조물의 하중작용
⑥ 토사 및 암석의 혼합층 두께

{분석} 실기까지 중요한 내용입니다.

84 다음 중 유해·위험방지계획서 작성 및 제출대상에 해당되는 공사는?

① 지상높이가 20m 인 건축물의 해체공사
② 깊이 9.5m인 굴착공사
③ 최대 지간거리가 50m인 교량건설공사
④ 저수용량 1천만톤인 용수전용 댐

[해설] 유해위험방지계획서 작성 대상 건설공사
1. 다음 각 목의 어느 하나에 해당하는 건축물 또는 시설 등의 건설·개조 또는 해체공사
  가. 지상높이가 31미터 이상인 건축물 또는 인공구조물
  나. 연면적 3만제곱미터 이상인 건축물
  다. 연면적 5천제곱미터 이상인 시설로서 다음의 어느 하나에 해당하는 시설
   1) 문화 및 집회시설(전시장 및 동물원·식물원은 제외한다)
   2) 판매시설, 운수시설(고속철도의 역사 및 집배송시설은 제외한다)
   3) 종교시설
   4) 의료시설 중 종합병원
   5) 숙박시설 중 관광숙박시설
   6) 지하도상가
   7) 냉동·냉장 창고시설
2. 연면적 5천제곱미터 이상의 냉동·냉장창고시설의 설비공사 및 단열공사
3. 최대 지간길이(다리의 기둥과 기둥의 중심사이의 거리)가 50미터 이상인 교량 건설 등 공사
4. 터널 건설 등의 공사
5. 다목적댐, 발전용댐, 저수용량 2천만톤 이상의 용수 전용 댐, 지방상수도 전용 댐 건설 등의 공사
6. 깊이 10미터 이상인 굴착공사

• 지상높이 31m, 연면적 3만m², 사람 많은 시설 연면적 5,000m²
• 연면적 5,000m² 냉동·냉장창고시설
• 최대 지간길이가 50미터 이상 교량
• 터널
• 저수용량 2천만 톤 이상 댐
• 10미터 이상인 굴착

{분석} 실기에 자주 출제되는 중요한 내용입니다.

정답 82 ④ 83 ② 84 ③

85 철근콘크리트 슬래브에 발생하는 응력에 대한 설명으로 옳지 않은 것은?

① 전단력은 일반적으로 단부보다 중앙부에서 크게 작용한다.
② 중앙부 하부에는 인장응력이 발생한다.
③ 단부 하부에는 압축응력이 발생한다.
④ 휨응력은 일반적으로 슬래브의 중앙부에서 크게 작용한다.

[해설] ① 전단력은 일반적으로 중앙부보다 단부에서 크게 작용한다.

[참고] 전단력은 부재를 그 부재의 축과 수직 방향으로 자르려고 하는 힘이며, 단부에서 최대가 되고 중앙부로 갈수록 작아진다.

86 연약지반을 굴착할 때, 흙막이벽 뒷쪽 흙의 중량이 바닥의 지지력보다 커지면, 굴착저면에서 흙이 부풀어 오르는 현상은?

① 슬라이딩(Sliding)
② 보일링(Boiling)
③ 파이핑(Piping)
④ 히빙(Heaving)

[해설] 히빙(Heaving)현상
① 연질점토 지반에서 굴착에 의한 흙막이 내·외면의 흙의 중량차이(토압)로 인해 굴착저면이 부풀어 올라오는 현상
② 흙막이 바깥 흙이 안으로 밀려든다.

[참고] 보일링(Boiling)현상
① 사질토 지반에서 굴착저면과 흙막이 배면과의 수위차로 인해 굴착저면에 흙과 물이 함께 위로 솟구쳐 오르는 현상
② 모래가 액상화되어 솟아오른다.

{분석}
실기까지 중요한 내용입니다.

87 철근콘크리트 공사 시 활용되는 거푸집의 필요조건이 아닌 것은?

① 콘크리트의 하중에 대해 뒤틀림이 없는 강도를 갖출 것
② 콘크리트 내 수분 등에 대한 물빠짐이 원활한 구조를 갖출 것
③ 최소한의 재료로 여러 번 사용할 수 있는 전용성을 가질 것
④ 거푸집은 조립·해체·운반이 용이하도록 할 것

[해설] ② 수분이나 모르타르 등의 누출을 방지할 수 있는 수밀성이 있을 것

88 말비계를 조립하여 사용하는 경우에 준수해야 하는 사항으로 옳지 않은 것은?

① 지주부재의 하단에는 미끄럼 방지장치를 한다.
② 근로자는 양측 끝부분에 올라서서 작업하도록 한다.
③ 지주부재와 수평면의 기울기를 75° 이하로 한다.
④ 말비계의 높이가 2m를 초과하는 경우에는 작업발판의 폭을 40cm 이상으로 한다.

[해설] 말비계의 구조
① 지주부재의 하단에는 미끄럼 방지장치를 하고, 양측 끝부분에 올라서서 작업하지 아니하도록 할 것
② 지주부재와 수평면과의 기울기를 75도 이하로 하고, 지주부재와 지주부재 사이를 고정시키는 보조부재를 설치할 것
③ 말비계의 높이가 2미터를 초과할 경우에는 작업발판의 폭을 40센티미터 이상으로 할 것

{분석}
실기까지 중요한 내용입니다.

정답 85 ① 86 ④ 87 ② 88 ②

89 슬레이트, 선라이트 등 강도가 약한 재료로 덮은 지붕 위에서 작업을 할 때 발이 빠지는 등 근로자의 위험을 방지하기 위하여 필요한 발판의 폭 기준은?

① 10cm 이상   ② 20cm 이상
③ 25cm 이상   ④ 30cm 이상

해설 지붕 위에서의 위험 방지
사업주는 근로자가 지붕 위에서 작업을 할 때에 추락하거나 넘어질 위험이 있는 경우에는 다음 각 호의 조치를 해야 한다.
① 지붕의 가장자리에 안전난간을 설치할 것
② 채광창(skylight)에는 견고한 구조의 덮개를 설치할 것
③ 슬레이트 등 강도가 약한 재료로 덮은 지붕에는 폭 30센티미터 이상의 발판을 설치할 것

{분석} 실기까지 중요한 내용입니다.

90 추락방지용 방망 그물코의 모양 및 크기의 기준으로 옳은 것은?

① 원형 또는 사각으로서 그 크기는 5cm 이하이어야 한다.
② 원형 또는 사각으로서 그 크기는 10cm 이하이어야 한다.
③ 사각 또는 마름모로서 그 크기는 5cm 이하이어야 한다.
④ 사각 또는 마름모로서 그 크기는 10cm 이하이어야 한다.

해설 그물코는 사각 또는 마름모로서 그 크기는 10센티미터 이하이어야 한다.

91 콘크리트를 타설할 때 안전상 유의하여야 할 사항으로 옳지 않은 것은?

① 콘크리트를 치는 도중에는 거푸집, 지보공 등의 이상 유무를 확인한다.
② 진동기 사용 시 지나친 진동은 거푸집 도괴의 원인이 될 수 있으므로 적절히 사용해야 한다.
③ 최상부의 슬래브는 되도록 이어붓기를 하고 여러 번에 나누어 콘크리트를 타설한다.
④ 타워에 연결되어 있는 슈트의 접속이 확실한지 확인한다.

해설 ③ 최상부의 슬래브는 되도록 이어붓기를 피하고 일시에 전체를 타설한다.

92 무한궤도식 장비와 타이어식(차륜식) 장비의 차이점에 관한 설명으로 옳은 것은?

① 무한궤도식은 기동성이 좋다.
② 타이어식은 승차감과 주행성이 좋다.
③ 무한궤도식은 경사지반에서의 작업에 부적당하다.
④ 타이어식은 땅을 다지는 데 효과적이다.

해설 ① 타이어식은 기동성이 좋다.
③ 무한궤도식은 경사지반에서의 작업에 적합하다.
④ 무한궤도식은 땅을 다지는 데 효과적이다.

93 사다리식 통로 등을 설치하는 경우 발판과 벽과의 사이는 최소 얼마 이상의 간격을 유지하여야 하는가?

① 10cm 이상   ② 15cm 이상
③ 20cm 이상   ④ 25cm 이상

해설 발판과 벽과의 사이는 15센티미터 이상의 간격을 유지할 것

참고 사다리식 통로의 구조
① 견고한 구조로 할 것
② 심한 손상·부식 등이 없는 재료를 사용할 것
③ 발판의 간격은 일정하게 할 것
④ 발판과 벽과의 사이는 15센티미터 이상의 간격을 유지할 것
⑤ 폭은 30센티미터 이상으로 할 것
⑥ 사다리가 넘어지거나 미끄러지는 것을 방지하기 위한 조치를 할 것

정답 89 ④ 90 ④ 91 ③ 92 ② 93 ②

⑦ 사다리의 상단은 걸쳐놓은 지점으로부터 60센티미터 이상 올라가도록 할 것
⑧ 사다리식 통로의 길이가 10미터 이상인 경우에는 5미터 이내마다 계단참을 설치할 것
⑨ 사다리식 통로의 기울기는 75도 이하로 할 것. 다만, 고정식 사다리식 통로의 기울기는 90도 이하로 하고, 그 높이가 7미터 이상인 경우에는 다음 각 목의 구분에 따른 조치를 할 것
  • 등받이울이 있어도 근로자 이동에 지장이 없는 경우 : 바닥으로부터 높이가 2.5미터 되는 지점부터 등받이울을 설치할 것
  • 등받이울이 있으면 근로자가 이동이 곤란한 경우 : 한국산업표준에서 정하는 기준에 적합한 개인용 추락 방지 시스템을 설치하고 근로자로 하여금 한국산업표준에서 정하는 기준에 적합한 전신 안전대를 사용하도록 할 것
⑩ 접이식 사다리 기둥은 사용 시 접혀지거나 펼쳐지지 않도록 철물 등을 사용하여 견고하게 조치할 것

{분석}
실기까지 중요한 내용입니다.

94
정기 안전점검 결과 건설공사의 물리적·기능적 결함 등이 발견되어 보수·보강 등의 조치를 하기 위하여 필요한 경우에 실시하는 것은?

① 자체 안전점검   ② 정밀 안전점검
③ 상시 안전점검   ④ 품질관리점검

[해설] "시설물의 안전관리에 관한 특별법"상의 용어 정의
① 안전점검 : 경험과 기술을 갖춘 자가 육안이나 점검기구 등으로 검사하여 시설물에 내재(內在)되어 있는 위험요인을 조사하는 행위를 말하며, 점검목적 및 점검수준을 고려하여 국토교통부령으로 정하는 바에 따라 정기안전점검 및 정밀안전점검으로 구분한다.
② 정밀안전진단 : 시설물의 물리적·기능적 결함을 발견하고 그에 대한 신속하고 적절한 조치를 하기 위하여 구조적 안전성과 결함의 원인 등을 조사·측정·평가하여 보수·보강 등의 방법을 제시하는 행위를 말한다.
③ 긴급안전점검 : 시설물의 붕괴·전도 등으로 인한 재난 또는 재해가 발생할 우려가 있는 경우에 시설물의 물리적·기능적 결함을 신속하게 발견하기 위하여 실시하는 점검을 말한다.

95
차량계 하역운반기계에 화물을 적재할 때의 준수사항과 거리가 먼 것은?

① 하중이 한쪽으로 치우지지 않도록 적재할 것
② 구내운반차 또는 화물자동차의 경우 화물의 붕괴 또는 낙하에 의한 위험을 방지하기 위하여 화물에 로프를 거는 등 필요한 조치를 할 것
③ 운전자의 시야를 가리지 않도록 화물을 적재할 것
④ 제동장치 및 조정장치 기능의 이상 유무를 점검할 것

[해설] 차량계 하역운반기계에 화물 적재 시의 조치
① 하중이 한쪽으로 치우치지 않도록 적재할 것
② 구내운반차 또는 화물자동차의 경우 화물의 붕괴 또는 낙하에 의한 위험을 방지하기 위하여 화물에 로프를 거는 등 필요한 조치를 할 것
③ 운전자의 시야를 가리지 않도록 화물을 적재할 것
④ 화물을 적재하는 경우에는 최대적재량을 초과해서는 아니 된다.

{분석}
실기까지 중요한 내용입니다.

96
시스템 비계를 사용하여 비계를 구성하는 경우에 준수하여야 할 사항으로 옳지 않은 것은?

① 수직재와 수직재의 연결철물은 이탈되지 않도록 견고한 구조로 할 것
② 수직재·수평재·가새재를 견고하게 연결하는 구조가 되도록 할 것
③ 수직재와 받침철물의 연결부 겹침길이는 받침철물 전체길이의 4분의 1 이상이 되도록 할 것
④ 수평재는 수직재와 직각으로 설치하여야 하며, 체결 후 흔들림이 없도록 견고하게 설치할 것

정답 94 ② 95 ④ 96 ③

해설 ③ 비계 밑단의 수직재와 받침철물은 밀착되도록 설치하고, 수직재와 받침철물의 연결부의 겹침길이는 받침철물 전체길이의 3분의 1 이상이 되도록 할 것

{분석}
실기까지 중요한 내용입니다.

97 공사현장에서 낙하물방지망 또는 방호선반을 설치할 때 설치 높이 및 벽면으로부터 내민 길이 기준으로 옳은 것은?

① 설치높이 : 10m 이내마다, 내민길이 2m 이상
② 설치높이 : 15m 이내마다, 내민길이 2m 이상
③ 설치높이 : 10m 이내마다, 내민길이 3m 이상
④ 설치높이 : 15m 이내마다, 내민길이 3m 이상

해설 낙하물방지망 또는 방호선반을 설치 시 준수사항
① 설치높이는 10미터 이내마다 설치하고, 내민 길이는 벽면으로부터 2미터 이상으로 할 것
② 수평면과의 각도는 20도 이상 30도 이하를 유지할 것

{분석}
실기까지 중요한 내용입니다.

98 가설구조물이 갖추어야 할 구비요건과 가장 거리가 먼 것은?

① 영구성   ② 경제성
③ 작업성   ④ 안전성

해설 가설구조물은 공사를 수행하기 위하여 설치했다가 공사가 완료된 후에 해체 또는 철거하는 구조물로 영구성은 필요치 않다.

99 가설통로를 설치하는 경우 준수하여야 할 기준으로 옳지 않은 것은?

① 견고한 구조로 할 것
② 경사는 30° 이하로 할 것
③ 경사가 30°를 초과하는 경우에는 미끄러지지 아니하는 구조로 할 것
④ 수직갱에 가설된 통로의 길이가 15m 이상인 경우에는 10m 이내마다 계단참을 설치할 것

해설 가설통로의 구조
① 견고한 구조로 할 것
② 경사는 30도 이하로 할 것(계단을 설치하거나 높이2미터 미만의 가설통로로서 튼튼한 손잡이를 설치한 때에는 그러하지 아니하다)
③ 경사가 15도를 초과하는 때는 미끄러지지 아니하는 구조로 할 것
④ 추락의 위험이 있는 장소에는 안전난간을 설치할 것(작업상 부득이한 때에는 필요한 부분에 한하여 임시로 이를 해체할 수 있다)
⑤ 수직갱 : 길이가 15미터이상인 때에는 10미터 이내마다 계단참을 설치할 것
⑥ 건설공사에 사용하는 높이 8미터 이상인 비계다리 : 7미터 이내 마다 계단참을 설치할 것

{분석}
실기까지 중요한 내용입니다.

100 산업안전보건기준에 관한 규칙에 따른 토사굴착 시 굴착면의 기울기 기준으로 옳지 않은 것은?

① 풍화암 1 : 1.0
② 연암 1 : 1.0
③ 경암 1 : 0.5
④ 모래 1 : 1.2

해설 굴착면의 기울기 및 높이 기준

지반의 종류	굴착면의 기울기
모래	1 : 1.8
연암 및 풍화암	1 : 1.0
경암	1 : 0.5
그 밖의 흙	1 : 1.2

{분석}
실기에 자주 출제되는 중요한 내용입니다.

정답 97 ① 98 ① 99 ③ 100 ④

03회 2019년 산업안전 산업기사 최근 기출문제

2019년 8월 4일 시행

제1과목 산업재해 예방 및 안전보건교육

01 산업안전보건법령상 안전·보건표지의 종류에 있어 "안전모 착용"은 어떤 표지에 해당하는가?

① 경고표지
② 지시표지
③ 안내표지
④ 관계자 외 출입 금지

[해설] "안전모 착용" → 지시표지

[참고] 지시표지의 종류
1. 보안경 착용
2. 방독마스크 착용
3. 방진마스크 착용
4. 보안면 착용
5. 안전모 착용
6. 귀마개 착용
7. 안전화 착용
8. 안전장갑 착용
9. 안전복 착용

{분석}
실기에 자주 출제되는 중요한 내용입니다.

02 산업안전보건법상 특별 안전·보건교육 대상 작업이 아닌 것은?

① 건설용 리프트·곤돌라를 이용한 작업
② 전압이 50볼트(V)인 정전 및 활선작업
③ 화학설비 중 반응기, 교반기·추출기의 사용 및 세척작업
④ 액화석유가스·수소가스 등 인화성 가스 또는 폭발성 물질 중 가스의 발생장치 취급 작업

[해설] ② "전압이 75볼트 이상인 정전 및 활선작업"이 특별교육 대상이다.

03 사고의 간접원인이 아닌 것은?

① 물적 원인   ② 정신적 원인
③ 관리적 원인 ④ 신체적 원인

[해설] ① 물적 원인(불안전한 상태) → 사고의 직접원인

[참고] 재해의 직·간접원인
(1) 직접원인
  ① 인적원인(불안전한 행동)
  ② 물적원인(불안전한 상태)
(2) 간접원인
  ① 기술적 원인
  ② 교육적 원인
  ③ 신체적 원인
  ④ 정신적 원인
  ⑤ 작업관리상 원인

{분석}
실기까지 중요한 내용입니다.

정답 01 ② 02 ② 03 ①

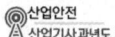

04 다음 재해손실 비용 중 직접 손실비에 해당하는 것은?

① 진료비
② 입원 중의 잡비
③ 당일 손실 시간손비
④ 구원, 연락으로 인한 부동 임금

[해설] ① 진료비 → 직접비

[참고]

직접비	간접비
• 치료비 • 휴업급여 • 요양급여 • 유족급여 • 장해급여 • 간병급여 • 직업재활급여 • 상병(傷病)보상연금 • 장례비 등	• 인적 손실비 • 물적 손실비 • 생산 손실비 • 기계, 기구 손실비 등

05 기업조직의 원리 중 지시 일원화의 원리에 대한 설명으로 가장 적절한 것은?

① 지시에 따라 최선을 다해서 주어진 임무나 기능을 수행하는 것
② 책임을 완수하는 데 필요한 수단을 상사로부터 위임받은 것
③ 언제나 직속 상사에게서만 지시를 받고 특정 부하 직원들에게만 지시하는 것
④ 가능한 조직의 각 구성원이 한 가지 특수 직무만을 담당하도록 하는 것

[해설] 지시 일원화의 원리 : 언제나 직속 상사에게서만 지시를 받고 특정 부하 직원들에게만 지시하는 것

06 안전모에 관한 내용으로 옳은 것은?

① 안전모의 종류는 안전모의 형태로 구분한다.
② 안전모의 종류는 안전모의 색상으로 구분한다.
③ A형 안전모 : 물체의 낙하, 비래에 의한 위험을 방지, 경감시키는 것으로 내전압성이다.
④ AE형 안전모 : 물체의 낙하, 비래에 의한 위험을 방지 또는 경감하고 머리부위의 감전에 의한 위험을 방지하기 위한 것으로 내전압성이다.

[해설] 안전인증 안전모의 종류(추락, 감전방지용)

종류 (기호)	사용 구분	비고
AB	물체의 낙하 또는 비래 및 추락에 의한 위험을 방지 또는 경감시키기 위한 것	
AE	물체의 낙하 또는 비래에 의한 위험을 방지 또는 경감하고, 머리부위 감전에 의한 위험을 방지하기 위한 것	내전압성
ABE	물체의 낙하 또는 비래 및 추락에 의한 위험을 방지 또는 경감하고, 머리부위 감전에 의한 위험을 방지하기 위한 것	내전압성

※ 내전압성이란 7,000V 이하의 전압에 견디는 것을 말한다.

{분석}
실기에 자주 출제되는 중요한 내용입니다.

정답 04 ① 05 ③ 06 ④

07 어느 공장의 연평균근로자가 180명이고, 1년간 사상자가 6명이 발생했다면, 연천인율은 약 얼마인가?
(단, 근로자는 하루 8시간씩 연간 300일을 근무한다.)

① 12.79　　② 13.89
③ 33.33　　④ 43.69

[해설]
$$\text{연천인율} = \frac{\text{연간재해자수}}{\text{연평균 근로자수}} \times 1,000$$

$$\text{연천인율} = \frac{6}{180} \times 1,000 = 33.33$$

{분석} 실기에 자주 출제되는 중요한 내용입니다.

08 교육의 기본 3요소에 해당하지 않는 것은?

① 교육의 형태
② 교육의 주체
③ 교육의 객체
④ 교육의 매개체

[해설] 교육의 3요소

교육의 주체	교육의 객체	교육의 매개체
강사	학생(수강자)	교재(학습내용)

09 안전교육 방법 중 TWI(Training Within Industry)의 교육과정이 아닌 것은?

① 작업지도 훈련
② 인간관계 훈련
③ 정책수립 훈련
④ 작업방법 훈련

[해설]

TWI 교육과정

① 작업 방법 기법 (Job Method Training : JMT)
② 작업 지도 기법 (Job instruction Training : JIT)
③ 인간 관계관리 기법 or 부하통솔법 (Job Relations Training : JRT)
④ 작업 안전 기법 (Job Safety Training : JST)

{분석} 실기까지 중요한 내용입니다.

10 안전 심리의 5대 요소 중 능동적인 감각에 의한 자극에서 일어난 사고의 결과로서, 사람의 마음을 움직이는 원동력이 되는 것은?

① 기질(temper)
② 동기(motive)
③ 감정(emotion)
④ 습관(custom)

[해설] 사람의 마음을 움직이는 원동력 → 동기

[참고] 산업안전 심리 5요소

① 동기(motive) : 능동적인 감각에 의한 자극에서 일어나는 사고의 결과로서 사람의 마음을 움직이는 원동력이다.
② 기질(temper) : 인간의 성격, 능력 등 개인적인 특성을 말한다.
③ 감정(emotion) : 희로애락 등의 의식을 말한다. 사람의 감정은 안전과 밀접한 관계를 가지고 사고를 일으키는 정신적 동기를 만든다.
④ 습성(habits) : 동기, 기질, 감정 등이 밀접한 연관관계를 형성하여 인간의 행동에 영향을 미칠 수 있도록 하는 것을 말한다.
⑤ 습관(custom) : 성장과정을 통해 형성된 특성 등이 자신도 모르게 습관화된 현상을 말한다.

정답 07 ③ 08 ① 09 ③ 10 ②

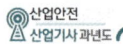

11 지적확인이란 사람의 눈이나 귀 등 오감의 감각기관을 총동원해서 작업의 정확성과 안전을 확인하는 것이다. 지적 확인과 정확도가 올바르게 짝지어진 것은?

① 지적 확인한 경우 - 0.3%
② 확인만 하는 경우 - 1.25%
③ 지적만 하는 경우 - 1.0%
④ 아무것도 하지 않은 경우 - 1.8%

[해설] 지적 확인과 정확도

지적 확인한 경우	0.80%
확인만 하는 경우	1.25%
지적만 하는 경우	1.50%
아무 것도 하지 않은 경우	2.85%

12 토의(회의)방식 중 참가자가 다수인 경우에 전원을 토의에 참가시키기 위하여 소집단으로 구분하고, 각각 자유토의를 행하여 의견을 종합하는 방식은?

① 포럼(forum)
② 심포지엄(symposium)
③ 버즈 세션(buzz session)
④ 패널 디스커션(panel discussion)

[해설] 다수인 경우에 소집단으로 구분, 각각 자유토의를 행하여 의견을 종합 → 버즈 세션(buzz session)

[참고]
1. 심포지엄(Symposium) : 몇 사람의 전문가에 의하여 과제에 관한 견해를 발표한 뒤 참가자로 하여금 의견이나 질문을 하게 하여 토의하는 방법
2. 패널 디스커션(Panel discussion) : 패널 멤버(교육과제에 정통한 전문가 4~5명)가 피교육자 앞에서 토의를 하고, 뒤에 피교육자 전원이 참가하여 사회자의 사회에 따라 토의하는 방법
3. 포럼(Forum) : 새로운 자료나 교재를 제시, 거기서의 문제점을 피교육자로 하여금 제기하게 하여 발표하고 토의하는 방법

13 매슬로(Maslow)의 욕구위계이론 5단계를 올바르게 나열한 것은?

① 생리적 욕구 → 안전의 욕구 → 사회적 욕구 → 존경의 욕구 → 자아 실현의 욕구
② 생리적 욕구 → 안전의 욕구 → 사회적 욕구 → 자아 실현의 욕구 → 존경의 욕구
③ 안전의 욕구 → 생리적 욕구 → 사회적 욕구 → 자아 실현의 욕구 → 존경의 욕구
④ 안전의 욕구 → 생리적 욕구 → 사회적 욕구 → 존경의 욕구 → 자아 실현의 욕구

[해설] 매슬로(Maslow A. H.)의 욕구단계 이론 (인간의 욕구 5단계)
① 제1단계(생리적 욕구) : 기아, 갈증, 호흡, 배설, 성욕 등 인간의 가장 기본적인 욕구
② 제2단계(안전 욕구) : 자기 보존 욕구
③ 제3단계(사회적 욕구) : 소속감과 애정 욕구
④ 제4단계(존경 욕구) : 인정받으려는 욕구
⑤ 제5단계(자아실현의 욕구) : 잠재적인 능력을 실현하고자 하는 욕구(성취 욕구)

{분석} 실기까지 중요한 내용입니다.

14 레빈(Lewin)의 법칙에서 환경조건(E)에 포함되는 것은?

$$B = f(P \cdot E)$$

① 지능
② 소질
③ 적성
④ 인간관계

정답 11 ② 12 ③ 13 ① 14 ④

해설 레윈(K. Lewin)의 법칙 : 인간의 행동은 개체의 자질과 심리적 환경의 함수관계이다.

$$B = f(P \cdot E)$$

여기서, B : Behavior(인간의 행동)
f : function(함수관계)
P : Person(개체 : 연령, 경험, 심신 상태, 성격, 지능 등)
E : Environment(심리적 환경 : 인간관계, 작업환경 등)

{분석}
필기에 자주 출제되는 내용입니다.

15 기기의 적정한 배치, 변형, 균열, 손상, 부식 등의 유무를 육안, 촉수 등으로 조사 후 그 설비별로 정해진 점검기준에 따라 양부를 확인하는 점검은?

① 외관 점검
② 작동 점검
③ 기능 점검
④ 종합 점검

해설 기기의 변형, 부식 등을 육안, 촉수 등으로 조사 → 외관 점검

16 재해누발자의 유형 중 작업이 어렵고, 기계설비에 결함이 있기 때문에 재해를 일으키는 유형은?

① 상황성 누발자
② 습관성 누발자
③ 소질성 누발자
④ 미숙성 누발자

해설 **상황성 누발자의 유형**
• 작업에 어려움이 많은 자
• 기계 설비의 결함이 있을 때
• 심신에 근심이 있는 자
• 환경상 주의력 집중이 혼란되기 쉬울 때

17 무재해운동의 3원칙에 해당되지 않은 것은?

① 참가의 원칙
② 무의 원칙
③ 예방의 원칙
④ 선취의 원칙

해설 **무재해 운동의 3대 원칙**
① 무(無)의 원칙(ZERO의 원칙) : 사업장 내의 모든 잠재위험요인을 적극적으로 사전에 발견하고 파악·해결함으로써 산업재해의 근원적인 요소들을 없앤다는 것을 의미한다.
② 선취의 원칙(안전제일의 원칙) : 사업장 내에서 행동하기 전에 잠재위험요인을 발견하고 파악·해결하여 재해를 예방하는 것을 의미한다.
③ 참가의 원칙(참여의 원칙) : 전원이 일치 협력하여 각자의 위치에서 적극적으로 문제해결을 하겠다는 것을 의미한다.

{분석}
실기까지 중요한 내용입니다.

18 적응기제(Adjustment Mechanism) 중 방어적 기제(Defence Mechanism)에 해당하는 것은?

① 고립(Isolation)
② 퇴행(Regression)
③ 억압(Suppression)
④ 합리화(Rationalization)

해설
도피기제		방어기제	
• 억압	• 퇴행	• 보상	• 합리화
• 백일몽	• 고립(거부)	• 승화	• 동일시
		• 투사	

{분석}
필기에 자주 출제되는 내용입니다.

정답 15 ① 16 ① 17 ③ 18 ④

19 안전관리 조직의 형태 중 참모식(Staff) 조직에 대한 설명으로 틀린 것은?

① 이 조직은 분업의 원칙을 고도로 이용한 것이며, 책임 및 권한이 직능적으로 분담되어 있다.
② 생산 및 안전에 관한 명령이 각각 별개의 계통에서 나오는 결함이 있어, 응급 처치 및 통제수속이 복잡하다.
③ 참모(Staff)의 특성상 업무관장은 계획안의 작성, 조사, 점검결과에 따른 조언, 보고에 머무는 것이다.
④ 참모(Staff)는 각 생산라인의 안전 업무를 직접 관장하고 통제한다.

[해설] 스태프(staff)형 or 참모형
① 중규모 사업장(100~1,000명 정도의 사업장)에 적용이 가능하다.
② 스태프형 장점 : 안전정보 수집이 용이하고 빠르다.
③ 스태프 단점 : 안전과 생산을 별개로 취급한다.
④ 안전 전문가(스태프)가 문제 해결방안을 모색한다.
⑤ 스태프는 경영자의 조언, 자문 역할을 한다.
⑥ 생산 부문은 안전에 대한 책임, 권한이 없다.
⑦ 사업장의 특수성에 적합한 기술연구를 전문적으로 할 수 있다.
⑧ 권한 다툼이나 조정 때문에 통제 수속이 복잡해지며, 시간과 노력이 소모된다.

{분석}
실기까지 중요한 내용입니다.

20 재해의 근원이 되는 기계장치나 기타의 물(物) 또는 환경을 뜻하는 것은?

① 상해 ② 가해물
③ 기인물 ④ 사고의 형태

[해설] 재해의 근원이 되는 기계장치나 기타의 물(物) 또는 환경 → 기인물

[참고] 1. 기인물 : 직접적으로 재해를 유발하거나 영향을 끼친 에너지원(운동, 위치, 열, 전기 등)을 지닌 기계·장치, 구조물, 물체·물질, 사람 또는 환경 등을 말한다.
2. 가해물 : 근로자(사람)에게 직접적으로 상해를 입힌 기계, 장치, 구조물, 물체 물질, 사람 또는 환경을 말한다.

제2과목 · 인간공학 및 위험성 평가 · 관리

21 정적자세 유지 시 진전(tremor)을 감소시킬 수 있는 방법으로 틀린 것은?

① 시각적인 참조가 있도록 한다.
② 손이 심장 높이에 있도록 유지한다.
③ 작업대상물에 기계적 마찰이 있도록 한다.
④ 손을 떨지 않으려고 힘을 주어 노력한다.

[해설] ④ 손을 떨지 않으려고 노력할수록 진전은 더 많이 발생한다.

22 인간의 과오를 정량적으로 평가하기 위한 기법으로, 인간 과오의 분류시스템과 확률을 계산하는 안전성 평가기법은?

① THERP
② FTA
③ ETA
④ HAZOP

[해설] 인간의 과오를 정량적으로 평가하기 위한 기법
→ THERP

정답 19 ④ 20 ③ 21 ④ 22 ①

> **[참고]**
> 1. FTA : 어떤 특정한 사고에 대하여 그 사고의 원인이 되는 장치 및 기기의 결함이나 작업자 오류 등을 연역적이며 정량적으로 평가하는 분석법
> 2. ETA : 사상의 안전도를 사용하여 시스템의 안전도 나타내는 귀납적, 정량적인 분석법
> 3. HAZOP : 각각의 장비에 대해 잠재된 위험이나 기능저하 등 시설에 미칠 수 있는 영향을 평가하기 위하여 공정이나 설계도 등에 체계적인 검토를 행하는 것

{분석}
필기에 자주 출제되는 내용입니다.

23
어떤 기기의 고장률이 시간당 0.002로 일정하다고 한다. 이 기기를 100시간 사용했을 때 고장이 발생할 확률은?

① 0.1813 ② 0.2214
③ 0.6253 ④ 0.8187

[해설]
> 1. 신뢰도 : 고장나지 않을 확률
> $$R(t) = e^{-\frac{t}{t_0}} = e^{-\lambda \times t}$$
> (t_0 : 평균고장시간 또는 평균수명,
> t : 앞으로 고장 없이 사용할 시간,
> λ : 고장률)
> 2. 불신뢰도 : 고장 날 확률
> 1 − 신뢰도

고장이 발생할 확률 = 불신뢰도

1. 신뢰도
$R(t) = e^{-0.002 \times 100} = e^{-0.2} = 0.8187$

2. 불신뢰도 : 고장 날 확률
1 − 신뢰도 = 1 − 0.8187 = 0.1813

{분석}
필기에 자주 출제되는 내용입니다.

24
시스템의 수명곡선에 고장의 발생형태가 일정하게 나타나는 기간은?

① 초기고장기간
② 우발고장기간
③ 마모고장기간
④ 피로고장기간

[해설] 고장 발생형태
1. 초기고장(감소형)
2. 우발고장(일정형)
3. 마모고장(증가형)

{분석}
필기에 자주 출제되는 내용입니다.

25
작업장에서 발생하는 소음에 대한 대책으로 가장 먼저 고려하여야 할 적극적인 방법은?

① 소음원의 통제
② 소음원의 격리
③ 귀마개 등 보호구의 착용
④ 덮개 등 방호장치의 설치

[해설] 소음에 대한 대책으로 가장 적극적인 방법
→ 소음원의 통제

[참고] 소음에 대한 대책으로 가장 소극적인 방법
→ 귀마개 등 보호구의 착용

26
반복적 노출에 따라 민감성이 가장 쉽게 떨어지는 표시장치는?

① 시각 표시장치
② 청각 표시장치
③ 촉각 표시장치
④ 후각 표시장치

[해설] 반복적 노출에 따라 민감성이 가장 쉽게 떨어지는 표시장치 → 후각 표시장치

정답 23 ① 24 ② 25 ① 26 ④

참고
① 냄새를 이용하는 표시장치로서 다른 표시장치의 보조 수단으로서 활용될 수 있다.
② 예 광부들에게 긴급대피를 알려주기 위하여 악취 시스템을 사용하는데 악취를 환기 계통에 주입하여 즉시 전체 갱내에 퍼지도록 한다.

27 Fussell의 알고리즘으로 최소 컷셋을 구하는 방법에 대한 설명으로 틀린 것은?

① OR 게이트는 항상 컷셋의 수를 증가시킨다.
② AND 게이트는 항상 컷셋의 크기를 증가시킨다.
③ 중복 및 반복되는 사건이 많은 경우에 적용하기 적합하고 매우 간편하다.
④ 톱(top)사상을 일으키기 위해 필요한 최소한의 컷셋이 최소 컷셋이다.

해설 ③ 중복 및 반복되는 사건이 많은 경우에 적용이 곤란하다.

28 FMEA 기법의 장점에 해당하는 것은?

① 서식이 간단하다.
② 논리적으로 완벽하다.
③ 해석의 초점이 인간에 맞추어져 있다.
④ 동시에 복수의 요소가 고장나는 경우의 해석이 용이하다.

해설

장점	• 서식이 간단하고 <u>적은 노력으로도 분석이 가능</u>하다.
단점	• 논리성이 부족하다. • 각 요소간의 영향을 분석하기 어렵기 때문에 <u>동시에 두 개 이상의 고장이 날 경우 해석이 곤란</u>하다. • 요소가 물체로 한정되어 있어 <u>인적 원인 분석이 곤란</u>하다.

참고 고장형태와 영향분석(FMEA) : 시스템에 영향을 미치는 모든 요소의 고장을 형태별로 분석하여 그 영향을 검토하는 정성적, 귀납적 분석법

29 60fL의 광도를 요하는 시각 표시장치의 반사율이 75%일 때, 소요조명은 몇 fc 인가?

① 75
② 80
③ 85
④ 90

해설

$$조명(f_c) = \frac{광속발산도(f_L)}{반사율(\%)} \times 100$$

$조명(f_c) = \frac{60}{75} \times 100 = 80(\%)$

30 FT에서 사용되는 사상기호에 대한 설명으로 맞는 것은?

① 위험지속기호 : 정해진 횟수 이상 입력이 될 때 출력이 발생한다.
② 억제게이트 : 조건부 사건이 일어나는 상황 하에서 입력이 발생할 때 출력이 발생한다.
③ 우선적 AND 게이트 : 사건이 발생할 때 정해진 순서대로 복수의 출력이 발생한다.
④ 배타적 OR 게이트 : 동시에 2개 이상의 입력이 존재하는 경우에 출력이 발생한다.

정답 27 ③ 28 ① 29 ② 30 ②

[해설]

기호	명명	기호 설명
	억제게이트	입력사상이 출력사상을 생성하기 전에 특정조건을 만족하여야 하는 논리게이트
	위험 지속 AND 게이트	입력이 생기고 일정시간이 지속될 때 출력이 생긴다.
	배타적 OR게이트	입력사상 중 오직 한 개의 발생으로만 출력이 생김
	우선적 AND게이트	입력사상이 특정 순서대로 발생하여야 출력이 발생

{분석}
필기에 자주 출제되는 내용입니다.

31 온도가 적정 온도에서 낮은 온도로 내려갈 때의 인체반응으로 옳지 않은 것은?

① 발한을 시작
② 직장온도가 상승
③ 피부온도가 하강
④ 혈액은 많은 양이 몸의 중심부를 순환

[해설] ① 발한(땀)은 더운 환경에서 시작된다.

32 인간공학의 연구 방법에서 인간-기계 시스템을 평가하는 척도의 요건으로 적합하지 않은 것은?

① 적절성, 타당성
② 무오염성
③ 주관성
④ 신뢰성

[해설] **체계 기준의 요건**
(인간공학 연구조사에 사용되는 기준의 구비조건)
- 적절성 : 의도된 목적에 적합하여야 한다.(타당성)
- 무오염성 : 측정하고자 하는 변수 외의 다른 변수의 영향을 받아서는 안 된다.
- 신뢰성 : 반복실험 시 재현성이 있어야 한다. (반복성)
- 민감도 : 예상차이점에 비례하는 단위로 측정하여야 한다.

{분석}
필기에 자주 출제되는 내용입니다.

33 NIOSH의 연구에 기초하여, 목과 어깨 부위의 근골격계질환 발생과 인과관계가 가장 적은 위험요인은?

① 진동
② 반복작업
③ 과도한 힘
④ 작업 자세

[해설] ① 진동 → 국소 진동에 지속적으로 노출 시에 말초혈관 장해로 손가락이 창백해지고 동통을 느끼는 레이노 병(Raynaud's phenomenon)을 일으킨다.

정답 31 ① 32 ③ 33 ①

34 인간-기계 시스템에서의 기본적인 기능에 해당하지 않는 것은?

① 행동 기능
② 정보의 설계
③ 정보의 수용
④ 정보의 저장

[해설] 인간-기계 통합시스템(man-machine system)의 정보처리 기능
① 감지 기능(정보의 수용)
② 정보보관 기능
③ 정보처리 및 의사결정 기능
④ 행동 기능

{분석} 필기에 자주 출제되는 내용입니다.

35 시력과 대비 감도에 영향을 미치는 인자에 해당하지 않는 것은?

① 노출시간
② 연령
③ 주파수
④ 휘도 수준

[해설] 시력과 대비 감도에 영향을 미치는 인자
① 노출시간
② 연령
③ 휘도 수준

36 조정장치를 3cm 움직였을 때 표시장치의 지침이 5cm 움직였다면, C/R 비는 얼마인가?

① 0.25
② 0.6
③ 1.6
④ 1.7

[해설]
1. C/R 비 $= \dfrac{X}{Y}$
   X : 통제기기의 변위량(cm)
   Y : 표시계기 지침의 변위량(cm)

2. C/R 비 $= \dfrac{\dfrac{a}{360} \times 2\pi L}{Y}$
   a : 조종장치의 움직인 각도
   L : 조종장치의 반경

C/R 비 $= \dfrac{X}{Y} = \dfrac{3}{5} = 0.6$

{분석} 필기에 자주 출제되는 내용입니다.

37 필요한 작업 또는 절차의 잘못된 수행으로 발생하는 과오는?

① 시간적 과오(time error)
② 생략적 과오(omission error)
③ 순서적 과오(sequential error)
④ 수행적 과오(commision error)

[해설] 필요한 작업 또는 절차의 잘못 → 수행적 과오(commision error)

[참고] 휴먼에러의 심리적 분류
(Swain의 분류, 독립행동에 관한 분류)
① omission error(누설오류, 생략오류, 부작위오류) : 필요한 작업 또는 절차를 수행하지 않는데 기인한 에러
② time error(시간오류) : 필요한 작업 또는 절차의 수행 지연으로 인한 에러
③ commission error(작위오류) : 필요한 작업 또는 절차의 불확실한 수행으로 인한 에러
④ sequential error(순서오류) : 필요한 작업 또는 절차의 순서 착오로 인한 에러
⑤ extraneous error(과잉행동오류) : 불필요한 작업 또는 절차를 수행함으로써 기인한 에러

정답 34 ② 35 ③ 36 ② 37 ④

원인의 레벨적 분류
① primary error(1차 에러) : 작업자 자신으로부터 발생한 에러
② secondary error(2차 에러) : 작업형태, 작업조건 중 문제가 생겨 필요한 사항을 실행할 수 없어 발생한 에러
③ command error : 실행하고자 하여도 필요한 물품, 정보, 에너지 등이 공급되지 않아서 작업자가 움직일 수 없는 상태에서 발생한 에러

{분석}
필기에 자주 출제되는 내용입니다.

38 일반적인 FTA기법의 순서로 맞는 것은?

㉠ FT의 작성   ㉡ 시스템의 정의
㉢ 정량적 평가   ㉣ 정성적 평가

① ㉠ → ㉡ → ㉢ → ㉣
② ㉠ → ㉡ → ㉣ → ㉢
③ ㉡ → ㉠ → ㉢ → ㉣
④ ㉡ → ㉠ → ㉣ → ㉢

[해설] FTA기법의 순서
1단계 : 시스템의 정의
2단계 : FT의 작성
3단계 : 정성적 평가
4단계 : 정량적 평가

[참고] FTA에 의한 재해사례 연구 순서
1단계 : 톱사상의 설정
2단계 : 재해 원인 규명
3단계 : FT도의 작성
4단계 : 개선계획의 작성

39 인체측정치를 이용한 설계에 관한 설명으로 옳은 것은?
① 평균치를 기준으로 한 설계를 제일 먼저 고려한다.
② 의자의 깊이와 너비는 모두 작은 사람을 기준으로 설계한다.
③ 자세와 동작에 따라 고려해야 할 인체측정치수가 달라진다.
④ 큰 사람을 기준으로 한 설계는 인체측정치의 5%tile을 사용한다.

[해설] ① 조절식 설계를 제일 먼저 고려한다.
② 의자의 깊이는 작은 사람을 기준으로, 폭은 큰 사람을 기준으로 설계한다.
④ 큰 사람을 기준으로 한 설계는 인체측정치의 95%tile을 사용한다.

40 제어장치와 표시장치에 있어 물리적 형태나 배열을 유사하게 설계하는 것은 어떤 양립성(compatibility)의 원칙에 해당하는가?
① 시각적 양립성(visual compatibility)
② 양식 양립성(modality compatibility)
③ 공간적 양립성(spatial compatibility)
④ 개념적 양립성(conceptual compatibility)

[해설] 물리적 형태나 배열을 유사하게 설계
→ 공간적 양립성

[참고] 양립성 : 자극과 반응의 관계가 인간의 기대와 모순되지 않는 성질
① 개념적 양립성 : 외부자극에 대해 인간의 개념적 현상의 양립성
② 공간적 양립성 : 표시장치, 조종장치의 형태 및 공간적배치의 양립성
③ 운동의 양립성 : 표시장치, 조종장치 등의 운동 방향의 양립성
④ 양식 양립성 : 자극과 응답양식의 존재에 대한 양립성

{분석}
필기에 자주 출제되는 내용입니다.

정답 38 ④ 39 ③ 40 ③

제3과목 • 기계 · 기구 및 설비 안전 관리

41 프레스기의 방호장치의 종류가 아닌 것은?

① 가드식 ② 초음파식
③ 광전자식 ④ 양수조작식

[해설] 프레스기의 방호장치

종류	분류	기 능
광전자식	A-1	프레스 또는 전단기에서 일반적으로 많이 활용하고 있는 형태로서 투광부, 수광부, 컨트롤 부분으로 구성된 것으로서 신체의 일부가 광선을 차단하면 기계를 급정지시키는 방호장치
	A-2	급정지기능이 없는 프레스의 클러치 개조를 통해 광선 차단 시 급정지시킬 수 있도록 한 방호장치
양수조작식	B-1 (유·공압 밸브식)	1행정 1정지식 프레스에 사용되는 것으로서 양손으로 동시에 조작하지 않으면 기계가 동작하지 않으며, 한 손이라도 떼어내면 기계를 정지시키는 방호장치
	B-2 (전기 버튼식)	
가드식	C	가드가 열려 있는 상태에서는 기계의 위험부분이 동작되지 않고 기계가 위험한 상태일 때에는 가드를 열 수 없도록 한 방호장치
손쳐내기식	D	슬라이드의 작동에 연동시켜 위험상태로 되기 전에 손을 위험 영역에서 밀어내거나 쳐내는 방호장치로서 프레스용으로 확동식 클러치형 프레스에 한해서 사용됨(다만, 광전자식 또는 양수조작식과 이중으로 설치 시에는 급정지 가능프레스에 사용 가능)
수인식	E	슬라이드와 작업자 손을 끈으로 연결하여 슬라이드 하강 시 작업자 손을 당겨 위험영역에서 빼낼 수 있도록 한 방호장치로서 프레스용으로 확동식 클러치형 프레스에 한해서 사용됨(다만, 광전자식 또는 양수조작식과 이중으로 설치 시에는 급정지가능 프레스에 사용 가능)

{분석}
실기까지 중요한 내용입니다.

42 다음 중 프레스의 안전작업을 위하여 활용하는 수공구로 가장 거리가 먼 것은?

① 브러시
② 진공 컵
③ 마그넷 공구
④ 플라이어(집게)

[해설] 금형작업 시 사용하는 수공구
① 집게류
② 핀셋트류
③ 진공컵류
④ 자석 공구(마그넷 공구)류
⑤ 누름봉 및 갈고리류

43 연삭기에서 숫돌의 바깥지름이 180mm 라면, 평형 플랜지의 바깥지름은 몇 mm 이상이어야 하는가?

① 30 ② 36
③ 45 ④ 60

[해설]
• 플랜지 지름은 숫돌 지름의 $\frac{1}{3}$ 이상일 것
• $180 \times \frac{1}{3} = 60$mm 이상

{분석}
실기까지 중요한 내용입니다.

44 산업안전보건법령에 따라 컨베이어에 부착해야 할 방호장치로 적합하지 않은 것은?

① 비상정지장치
② 과부하방지장치
③ 역주행방지장치
④ 덮개 또는 낙하방지용 울

정답 41 ② 42 ④ 43 ④ 44 ②

[해설] **컨베이어의 방호장치**

① 이탈 등의 방지장치 : 컨베이어 등을 사용하는 때에는 정전·전압강하 등에 의한 화물 또는 운반구의 이탈 및 역주행을 방지하는 장치를 갖추어야 한다.
② 비상정지장치 : 컨베이어 등에 근로자의 신체의 일부가 말려드는 등 근로자에게 위험을 미칠 우려가 있는 때 및 비상시에는 즉시 컨베이어 등의 운전을 정지시킬 수 있는 장치를 설치하여야 한다.
③ 덮개, 울의 설치 : 컨베이어 등으로 부터 화물이 떨어져 근로자가 위험해질 우려가 있는 경우에는 해당 컨베이어 등에 덮개 또는 울을 설치하는 등 낙하 방지를 위한 조치를 하여야 한다.

{분석} 실기에 자주 출제되는 중요한 내용입니다.

45 보일러의 방호장치로 적절하지 않은 것은?

① 압력방출장치
② 과부하방지장치
③ 압력제한 스위치
④ 고저수위 조절장치

[해설] **보일러의 방호장치**
① 압력방출장치
② 압력제한 스위치
③ 고저수위 조절 장치
④ 화염검출기

{분석} 실기에 자주 출제되는 중요한 내용입니다.

46 프레스의 손쳐내기식 방호장치에서 방호판의 기준에 대한 설명이다. ( )에 들어갈 내용으로 맞는 것은?

> 방호판의 폭은 금형 폭의 (㉠) 이상이어야 하고, 행정길이가 (㉡)mm 이상인 프레스 기계에서는 방호판의 폭을 (㉢)mm로 해야 한다.

① ㉠ 1/2, ㉡ 300, ㉢ 200
② ㉠ 1/2, ㉡ 300, ㉢ 300
③ ㉠ 1/3, ㉡ 300, ㉢ 200
④ ㉠ 1/3, ㉡ 300, ㉢ 300

[해설] 방호판의 폭은 금형 폭의 1/2 이상이어야 하고, 행정길이가 300mm 이상의 프레스기계에는 방호판 폭을 300mm로 해야 한다.

47 선반작업에서 가공물의 길이가 외경에 비하여 과도하게 길 때, 절삭저항에 의한 떨림을 방지하기 위한 장치는?

① 센터
② 심봉
③ 방진구
④ 돌리개

[해설] 공작물의 길이가 직경의 12~20배 이상일 때에는 방진구를 사용하여 재료를 고정할 것

[참고] 방진구 : 선반작업에서 가늘고 긴 공작물의 처짐이나 휨을 방지하는 부속장치

정답 45 ② 46 ② 47 ③

48 산업안전보건법령에 따라 목재가공용 기계에 설치하여야 하는 방호장치에 대한 내용으로 틀린 것은?

① 목재가공용 둥근톱기계에는 분할날 등 반발예방장치를 설치하여야 한다.
② 목재가공용 둥근톱기계에는 톱날접촉 예방장치를 설치하여야 한다.
③ 모떼기기계에는 가공 중 목재의 회전을 방지하는 회전방지장치를 설치하여야 한다.
④ 작업대상물이 수동으로 공급되는 동력식 수동대패기계에 날접촉예방장치를 설치하여야 한다.

[해설] ③ 모떼기기계(자동이송장치를 부착한 것을 제외한다)에는 날접촉예방장치를 설치하여야 한다.

{분석}
실기까지 중요한 내용입니다.

49 다음 중 산소-아세틸렌 가스용접 시 역화의 원인과 거리가 먼 것은?

① 토치의 과열
② 토치 팁의 이물질
③ 산소 공급의 부족
④ 압력조정기의 고장

[해설] ③ 산소 공급의 과잉이 역화의 원인이 된다.

[참고] 역화 : 아세틸렌 가스의 압력이 부족할 경우 팁 끝에서 "빵빵" 소리를 내면서 불꽃이 들어갔다, 나왔다 하는 현상

50 그림과 같은 지게차가 안정적으로 작업할 수 있는 상태의 조건으로 적합한 것은?

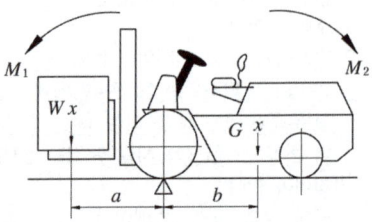

M_1 : 화물의 모멘트
M_2 : 차의 모멘트

① $M_1 < M_2$
② $M_1 > M_2$
③ $M_1 \geqq M_2$
④ $M_1 > 2M_2$

[해설]
지게차가 전도되지 않고 안정되기 위해서는 물체의 모멘트(M_1 = W × a)보다 지게차의 모멘트(M_2 = G × b)가 더 커야 한다.

$$W \times a < G \times b$$
$$(M_1 < M_2)$$

여기서 W : 화물중량
 a : 앞바퀴~화물중심까지 거리
 G : 지게차 자체 중량
 b : 앞바퀴~차 중심까지 거리

{분석}
실기까지 중요한 내용입니다.

정답 48 ③ 49 ③ 50 ①

51 그림과 같이 2줄의 와이어로프로 중량물을 달아 올릴 때, 로프에 가장 힘이 적게 걸리는 각도(θ)는?

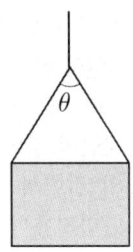

① 30° ② 60°
③ 90° ④ 12°

[해설] 매다는 각도가 작을수록 로프에 힘이 적게 걸린다.

52 기계 설비의 안전조건에서 구조적 안전화에 해당하지 않는 것은?

① 가공결함
② 재료결함
③ 설계상의 결함
④ 방호장치의 작동결함

[해설] 구조 부분 안전화(구조부분 강도적 안전화)
① 설계상의 결함 방지 : 사용 도중 재료의 강도가 열화될 것을 감안하여 설계하여야 한다.
② 재료의 결함 방지 : 재료 자체의 균열, 부식, 강도 저하 등 결함에 대하여 적절한 재료로 대체하여야 한다.
③ 가공 결함 방지 : 재료의 가공 도중에 발생되는 결함을 열처리 등을 통하여 사전에 예방하여야 한다.

[참고] 기계 설비의 안전조건(근원적 안전)
① 외관상 안전화
② 기능적 안전화
③ 구조 부분 안전화(구조부분 강도적 안전화)
④ 작업의 안전화
⑤ 보수유지의 안전화(보전성 향상 위한 고려 사항)
⑥ 표준화

53 2개의 회전체가 회전운동을 할 때에 물림점이 발생할 수 있는 조건은?

① 두 개의 회전체 모두 시계 방향으로 회전
② 두 개의 회전체 모두 시계 반대 방향으로 회전
③ 하나는 시계 방향으로 회전하고 다른 하나는 정지
④ 하나는 시계 방향으로 회전하고 다른 하나는 시계 반대 방향으로 회전

[해설] 물림점의 형성 조건 → 서로 반대방향으로 회전하는 두 개의 회전체

54 양수조작식 방호장치에서 누름버튼 상호 간의 내측 거리는 몇 mm 이상이어야 하는가?

① 250 ② 300
③ 350 ④ 400

[해설] 누름버튼의 상호간 내측거리는 300mm 이상이어야 한다.

{분석}
실기까지 중요한 내용입니다.

55 기계의 왕복운동을 하는 동작 부분과 움직임이 없는 고정 부분 사이에 형성되는 위험점으로 프레스 등에서 주로 나타나는 것은?

① 물림점
② 협착점
③ 절단점
④ 회전말림점

정답 51 ① 52 ④ 53 ④ 54 ② 55 ②

해설 **위험점의 분류**
① 협착점 : 왕복운동 부분과 고정부분 사이에서 형성되는 위험점
　예 프레스기, 전단기, 성형기 등
② 끼임점 : 고정부분과 회전하는 동작부분 사이에서 형성되는 위험점
　예 연삭숫돌과 덮개, 교반기 날개와 하우징 등
③ 절단점 : 회전하는 운동부 자체, 운동하는 기계 부분 자체의 위험점
　예 날, 커터를 가진 기계
④ 물림점 : 회전하는 두 개의 회전체에 물려 들어가는 위험점
　예 롤러와 롤러, 기어와 기어 등
⑤ 접선 물림점 : 회전하는 부분의 접선 방향으로 물려 들어가는 위험점
　예 벨트와 풀리, 체인과 스프로킷, 랙과 피니언 등
⑥ 회전 말림점 : 회전하는 물체에 작업복, 머리카락 등이 말려 들어가는 위험점
　예 회전축, 커플링 등

{분석}
실기에 자주 출제되는 중요한 내용입니다.

56 연삭기의 방호장치에 해당하는 것은?

① 주수 장치
② 덮개 장치
③ 제동 장치
④ 소화 장치

해설 숫돌 직경이 5cm 이상인 연삭기에는 덮개를 설치할 것

{분석}
실기까지 중요한 내용입니다.

57 산업안전보건법령에 따라 달기 체인을 달비계에 사용해서는 안 되는 경우가 아닌 것은?

① 균열이 있거나 심하게 변형된 것
② 달기 체인의 한 꼬임에서 끊어진 소선의 수가 10% 이상인 것
③ 달기 체인의 길이가 달기 체인이 제조된 때의 길이의 5%를 초과한 것
④ 링의 단면지름이 달기 체인이 제조된 때의 해당 링의 지름의 10% 초과하여 감소한 것

해설 **늘어난 달기 체인 등의 사용금지 사항**
① 달기 체인의 길이 증가가 달기 체인이 제조된 때의 길이의 5퍼센트를 초과한 것
② 링의 단면지름이 달기 체인이 제조된 때의 해당 링의 지름의 10퍼센트를 초과하여 감소한 것
③ 균열이 있거나 심하게 변형된 것

{분석}
실기까지 중요한 내용입니다.

58 연삭기의 원주 속도 V(m/s)를 구하는 식은? (단, D는 숫돌의 지름(m), n은 회전수(rpm)이다)

① $V = \dfrac{\pi D n}{16}$　② $V = \dfrac{\pi D n}{32}$

③ $V = \dfrac{\pi D n}{60}$　④ $V = \dfrac{\pi D n}{1000}$

해설 연삭기의 회전속도(원주속도) 계산

1. 원주속도(회전속도)
$$V = \dfrac{\pi \times D \times N}{1000} \text{(m/min)}$$
D : 직경(mm)
N : 회전수(rpm)

정답 56 ② 57 ② 58 ③

2. 원주속도(회전속도)

$$V = \pi \times D \times N \text{(m/min)}$$

D : 직경(m)
N : 회전수(rpm)

3. 원주속도(회전속도)

$$V = \frac{\pi \times D \times N}{60} \text{(m/sec)}$$

D : 직경(m)
N : 회전수(rpm)

59 산업용 로봇의 동작 형태별 분류에 해당하지 않는 것은?

① 관절 로봇
② 극좌표 로봇
③ 수치제어 로봇
④ 원통좌표 로봇

[해설] 산업용 로봇의 기구학적 형태(동작 형태)에 따른 분류
① 직각좌표형 로봇
② 원통좌표형 로봇
③ 극좌표형 로봇
④ 다관절형 로봇

60 기계설비 외형의 안전화 방법이 아닌 것은?

① 덮개
② 안전색채 조절
③ 가드(guard)의 설치
④ 페일세이프(fail safe)

[해설] 외관상 안전화
① 회전부에 덮개 설치
② 안전색채 사용
   예 기계의 시동 버튼 – 녹색, 정지 버튼 – 적색
③ 구획된 장소에 격리

제4과목 전기 및 화학설비 안전 관리

61 액체가 관내를 이동할 때에 정전기가 발생하는 현상은?

① 마찰대전 ② 박리대전
③ 분출대전 ④ 유동대전

[해설] 정전기 발생현상
① 마찰대전 : 두 물체사이의 마찰로 인한 접촉, 분리에서 발생한다.
② 유동대전 : 액체류가 파이프 등 내부에서 유동 시 관벽과 액체사이에서 발생한다.
③ 박리대전 : 밀착된 물체가 떨어지면서 자유전자의 이동으로 발생한다.
④ 충돌대전 : 입자와 다른 고체와의 충돌과 급속한 분리에 의해 발생한다.
⑤ 분출대전 : 기체, 액체, 분체류가 단면적이 작은 분출구를 통과할 때 발생한다.
⑥ 파괴 대전 : 고체, 분체류와 같은 물체가 파괴됐을 때 전하분리 또는 전하의 균형이 깨지면서 정전기가 발생한다.

{분석}
실기까지 중요한 내용입니다.

62 전기기계·기구의 누전에 의한 감전의 위험을 방지하기 위하여 코드 및 플러그를 접속하여 사용하는 전기기계·기구 중 노출된 비충전 금속체에 접지를 실시하여야 하는 것이 아닌 것은?

① 사용전압이 대지전압 110V인 기구
② 냉장고·세탁기·컴퓨터 및 주변기기 등과 같은 고정형 전기기계·기구
③ 고정형 이동형 또는 휴대형 전동기계·기구
④ 휴대형 손전등

정답 59 ③ 60 ④ 61 ④ 62 ①

[해설] 전기기계·기구 중 노출된 비충전 금속체에 접지를 실시하여야 하는 경우
① 지면이나 접지된 금속체로부터 수직거리 2.4미터, 수평거리 1.5미터 이내의 것
② 물기 또는 습기가 있는 장소에 설치되어 있는 것
③ 금속으로 되어있는 기기접지용 전선의 피복·외장 또는 배선관 등
④ 사용전압이 대지전압 150볼트를 넘는 것

63 도체의 정전용량 $C = 20\mu F$, 대전전위(방전 시 전압) $V = 3kV$ 일 때 정전에너지(J)는?

① 45　② 90　③ 180　④ 360

[해설]
$$E(J) = \frac{1}{2}CV^2$$
여기서, E : 정전기 에너지(J)
C : 도체의 정전 용량(F)
V : 대전 전위(V)
Q : 대전 전하량(C)

$$E(J) = \frac{1}{2} \times 20 \times 10^{-6} \times 3000^2 = 90(J)$$
$(\mu F = 10^{-6}F,\ kV = 10^3 V)$

{분석} 필기에 자주 출제되는 내용입니다.

64 고압 이상의 전기설비와 변압기 중성점 접지에 시설하는 접지극의 매설깊이는?

① 지하 30cm 이상
② 지하 50cm 이상
③ 지하 75cm 이상
④ 지하 90cm 이상

[해설] 고압 이상의 전기설비와 변압기 중성점 접지에 시설하는 접지극의 매설깊이는 지표면으로부터 지하 0.75m 이상으로 한다.

{분석} 관련 규정의 변경으로 문제 일부를 수정하였습니다.

65 산업안전보건기준에 관한 규칙에 따라 꽂음접속기를 설치 또는 사용하는 경우 준수하여야 할 사항으로 틀린 것은?

① 서로 다른 전압의 꽂음접속기는 서로 접속되지 아니한 구조의 것을 사용할 것
② 습윤한 장소에 사용되는 꽂음접속기는 방수형 등 그 장소에 적합한 것을 사용할 것
③ 근로자가 해당 꽂음접속기를 접속시킬 경우에는 땀 등으로 젖은 손으로 취급하지 않도록 할 것
④ 꽂음접속기에 잠금장치가 있을 때에는 접속 후 개방하여 사용할 것

[해설] ④ 해당 꽂음접속기에 잠금장치가 있는 때에는 접속 후 잠그고 사용할 것

66 인체가 현저히 젖어 있거나 인체의 일부가 금속성의 전기기구 또는 구조물에 상시 접촉되어 있는 상태의 허용접촉전압(V)는?

① 2.5V 이하
② 25V 이하
③ 50V 이하
④ 제한 없음

해설 **허용접촉전압**

종별	접촉 상태	허용 접촉 전압
제1종	• 인체의 대부분이 수중에 있는 상태	2.5V 이하
제2종	• 인체가 현저하게 젖어 있는 상태 • 금속성의 전기·기계 장치나 구조물에 인체의 일부가 상시 접촉되어 있는 상태	25V 이하
제3종	• 제1종, 제2종 이외의 경우로서 통상의 인체 상태 있어서 접촉 전압이 가해지면 위험성이 높은 상태	50V 이하
제4종	• 제1종, 제2종 이외의 경우로서 통상의 인체 상태에 접촉 전압이 가해지더라도 위험성이 낮은 상태 • 접촉 전압이 가해질 우려가 없는 경우	제한 없음

{분석}
실기까지 중요한 내용입니다.

67 방폭전기설비에서 1종 위험장소에 해당하는 것은?

① 이상상태에서 위험 분위기를 발생할 염려가 있는 장소
② 보통장소에서 위험 분위기를 발생할 염려가 있는 장소
③ 위험 분위기가 보통의 상태에서 계속해서 발생하는 장소
④ 위험 분위기가 장기간 또는 거의 조성되지 않는 장소

해설 ① 이상상태에서 위험 분위기를 발생할 염려가 있는 장소 → 2종 장소
② 보통장소에서 위험 분위기를 발생할 염려가 있는 장소 → 1종 장소
③ 위험분위기가 보통의 상태에서 계속해서 발생하는 장소 → 0종 장소
④ 위험 분위기가 장기간 또는 거의 조성되지 않는 장소 → 2종 장소

참고 **가스폭발 위험장소**

	가스폭발 위험장소
0종 장소	가. 설비의 내부 나. 인화성 또는 가연성 액체가 피트(PIT) 등의 내부 다. 인화성 또는 가연성의 가스나 증기가 지속적으로 또는 장기간 체류하는 곳
1종 장소	가. 통상의 상태에서 위험분위기가 쉽게 생성되는 곳 나. 운전, 유지 보수 또는 누설에 의하여 자주 위험분위기가 생성되는 곳 다. 설비 일부의 고장시 가연성물질의 방출과 전기계통의 고장이 동시에 발생되기 쉬운 곳 라. 환기가 불충분한 장소에 설치된 배관 계통으로 배관이 쉽게 누설되는 구조의 곳 마. 주변 지역보다 낮아 가스나 증기가 체류할 수 있는 곳 바. 상용의 상태에서 위험분위기가 주기적 또는 간헐적으로 존재하는 곳
2종 장소	가. 환기가 불충분한 장소에 설치된 배관계통으로 배관이 쉽게 누설되지 않는 구조의 곳 나. 가스켓(GASKET), 팩킹(PACKING) 등의 고장과 같이 이상상태에서만 누출될 수 있는 공정설비 또는 배관이 환기가 충분한 곳에 설치될 경우 다. 1종 장소와 직접 접하며 개방되어 있는 곳 또는 1종장소와 닥트, 트랜치, 파이프 등으로 연결되어 이들을 통해 가스나 증기의 유입이 가능한 곳 라. 강제 환기방식이 채용되는 곳으로 환기설비의 고장이나 이상 시에 위험분위기가 생성될 수 있는 곳

{분석}
실기에 자주 출제되는 중요한 내용입니다.

정답 67 ②

68 과전류차단기로 시설하는 퓨즈 중 고압 전로에 사용하는 포장 퓨즈는 정격전류의 몇 배를 견딜 수 있어야 하는가?

① 1.1배
② 1.3배
③ 1.6배
④ 2.0배

[해설] 퓨즈 종류 및 용단시간

퓨즈의 종류	정격 용량	용단 시간
고압용 포장 퓨즈	정격 전류의 1.3배	• 2배의 전류로 120분
고압용 비포장 퓨즈	정격 전류의 1.25배	• 2배의 전류로 2분

69 접지도체의 최소단면적의 기준으로 옳은 것은?

① 특고압·고압 전기설비용 접지도체는 단면적 2.5mm² 이상의 연동선
② 중성점 접지용 접지도체는 공칭단면적 6mm² 이상의 연동선
③ 7kV 이하의 전로의 접지도체는 16mm² 이상의 연동선
④ 사용전압이 25kV 이하인 특고압 가공 전선로의 접지도체는 6mm² 이상의 연동선

[해설] 접지도체의 최소단면적

① 특고압·고압 전기설비용 접지도체는 단면적 6mm² 이상의 연동선
② 중성점 접지용 접지도체는 공칭단면적 16mm² 이상의 연동선(다만, 다음의 경우에는 공칭단면적 6mm² 이상의 연동선)
  • 7kV 이하의 전로
  • 사용전압이 25kV 이하인 특고압 가공전선로

③ 이동하여 사용하는 전기기계·기구의 금속제 외함 등의 접지시스템
  • 특고압·고압 전기설비용 접지도체 및 중성점 접지용 접지도체 : 단면적이 10mm² 이상인 것
  • 저압 전기설비용 접지도체 : 단면적이 0.75mm² 이상인 것(다만, 기타 유연성이 있는 연동연선은 1개 도체의 단면적이 1.5mm² 이상인 것)

{분석} 관련 규정의 변경으로 문제 일부를 변경했습니다.

70 신선한 공기 또는 불연성가스 등의 보호 기체를 용기의 내부에 압입함으로써 내부의 압력을 유지하여 폭발성가스가 침입하지 않도록 하는 방폭구조는?

① 내압 방폭구조
② 압력 방폭구조
③ 안전증 방폭구조
④ 특수 방진 방폭구조

[해설] 내부의 압력을 유지하여 폭발성가스가 침입하지 않도록 하는 방폭구조 → 압력 방폭구조(P)

[참고]
1. 내압 방폭구조(d) : 아크를 발생시키는 전기설비를 전폐용기에 넣고 용기 내부에 폭발이 일어날 경우에 용기가 폭발 압력에 견뎌 외부의 폭발성 가스에 인화될 위험이 없도록 한 구조의 방폭 구조
2. 안전증 방폭구조(e) : 정상운전 중의 내부에서 불꽃이 발생하지 않도록 전기적, 기계적, 구조적으로 온도상승에 대해 안전도를 증가시킨 구조
3. 특수방진 방폭구조(SDP) : 전폐구조로 접합면 깊이를 일정치 이상으로 하든가 접합면에 일정치 이상의 깊이를 갖는 패킹을 사용하여 분진이 용기 내에 침입하지 않도록 한 구조

{분석} 실기에 자주 출제되는 중요한 내용입니다.

정답 68 ② 69 ④ 70 ②

71 연소의 3요소에 해당되지 않는 것은?
① 가연물 ② 점화원
③ 연쇄반응 ④ 산소공급원

[해설] 연소의 3요소
① 가연물
② 열 또는 점화원
③ 산소(공기)

72 산업안전보건법령에서 정한 위험물을 기준량 이상으로 제조하거나 취급하는 설비 중 특수화학설비에 해당하지 않는 것은?
① 발열반응이 일어나는 반응장치
② 증류·정류·증발·추출 등 분리를 하는 장치
③ 가열로 또는 가열기
④ 고로 등 점화기를 직접 사용하는 열교환기류

[해설] 특수화학설비의 종류
위험물질을 기준량 이상으로 제조 또는 취급하는 다음 각 호의 화학설비를 특수화학설비라 한다.
① 발열반응이 일어나는 반응장치
② 증류·정류·증발·추출 등 분리를 행하는 장치
③ 가열시켜주는 물질의 온도가 가열되는 위험물질의 분해온도 또는 발화점 보다 높은 상태에서 운전되는 설비
④ 반응폭주 등 이상 화학반응에 의하여 위험물질이 발생할 우려가 있는 설비
⑤ 온도가 섭씨 350도 이상이거나 게이지 압력이 980킬로파스칼 이상인 상태에서 운전되는 설비
⑥ 가열로 또는 가열기

{분석} 실기까지 중요한 내용입니다.

73 프로판(C_3H_8)의 완전연소 조성농도는 약 몇 vol%인가?
① 4.02vol%
② 4.19vol%
③ 5.05vol%
④ 5.19vol%

[해설] 완전연소조성농도(화학양론농도)

$$C_{st}(Vol\%) = \frac{100}{1 + 4.773\left(n + \frac{m-f-2\lambda}{4}\right)}$$

여기서, n : 탄소
m : 수소
f : 할로겐원소
λ : 산소의 원자 수
4.733 : 공기의 몰수

프로판(C_3H_8)에서 $n:3$, $m:8$, f, $\lambda = 0$이므로

$$C_{st} = \frac{100}{1 + 4.773\left(3 + \frac{8}{4}\right)} = 4.02(vol\%)$$

{분석} 실기까지 중요한 내용입니다.

74 물과의 반응 또는 열에 의해 분해되어 산소를 발생하는 것은?
① 적린
② 과산화나트륨
③ 유황
④ 이황화탄소

[해설] 1. 과산화나트륨은 물과 반응하여 산소를 발생시킨다.
$2Na_2O_2 + 2H_2O \rightarrow 4NaOH + O_2 + 열$
2. 과산화나트륨은 분해되어 산소를 발생시킨다.
$2Na_2O_2 \rightarrow 2Na_2O + O_2$

정답 71 ③ 72 ④ 73 ① 74 ②

75 위험물안전관리법령상 제3류 위험물이 아닌 것은?

① 황화린
② 금속나트륨
③ 황린
④ 금속칼륨

해설
1. 위험물안전관리법령상 제3류 위험물
  → 자연발화성, 금수성 물질
2. 제3류 위험물의 품명 및 지정수량

품명	지정수량
칼륨, 나트륨, 알킬알루미늄, 알킬리튬	10kg
황린	20kg
알칼리금속 및 알칼리토금속, 유기금속 화합물	50kg
칼슘 또는 알루미늄의 탄화물, 금속의 수소화물, 금속의 인화물	300kg

76 환풍기가 고장난 장소에서 인화성 액체를 취급할 때, 부주의로 마개를 막지 않았다. 여기서 작업자가 담배를 피우기 위해 불을 켜는 순간 인화성 액체에서 불꽃이 일어나는 사고가 발생하였다. 이와 같은 사고의 발생 가능성이 가장 높은 물질은?
(단, 작업현장의 온도는 20℃이다.)

① 글리세린
② 중유
③ 디에틸에테르
④ 경유

해설 인화점
① 글리세린 : 160℃
② 중유 : 40℃
③ 디에틸에테르 : -45℃
④ 경유 : 55℃ 이상
→ 작업현장의 온도는 20℃에서 인화의 가능성이 가장 높은 물질은 디에틸에테르이다.

77 유해물질의 농도를 c, 노출시간을 t 라 할 때 유해물지수(k)와의 관계인 Haber의 법칙을 바르게 나타낸 것은?

① $k = c + t$
② $k = \dfrac{c}{k}$
③ $k = c \times t$
④ $k = c - t$

해설 Haber의 법칙

유해지수(k)
= 유해물질의 농도(c) × 접촉시간(t)

78 20℃인 1기압의 공기를 압축비 3으로 단열압축 하였을 때, 온도는 약 몇 ℃가 되겠는가?

① 84
② 128
③ 182
④ 1091

해설 단열압축 현상의 관계식

$$\dfrac{T_2}{T_1} = \left(\dfrac{P_2}{P_1}\right)^{\frac{r-1}{r}}$$

r은 공기의 비열비(1.4)
T_1(°K) : 단열압축 전의 온도
  (°K = 273 + ℃)
T_2(°K) : 단열압축 후의 온도
P_1 : 단열압축 전의 압력
P_2 : 단열압축 후의 압력

$\dfrac{T_2}{T_1} = \left(\dfrac{P_2}{P_1}\right)^{\frac{r-1}{r}}$

$T_2 = T_1 \times \left(\dfrac{P_2}{P_1}\right)^{\frac{r-1}{r}}$

$T_2 = (273+20) \times \left(\dfrac{3}{1}\right)^{\frac{1.4-1}{1.4}}$

$= 401.04(K) - 273 = 128(℃)$

정답 75 ① 76 ③ 77 ③ 78 ②

79 절연성 액체를 운반하는 관에서 정전기로 인해 일어나는 화재 및 폭발을 예방하기 위한 방법으로 가장 거리가 먼 것은?

① 유속을 줄인다.
② 관을 접지시킨다.
③ 도전성이 큰 재료의 관을 사용한다.
④ 관의 안지름을 작게 한다.

[해설] ④ 관의 안지름을 크게 한다.

80 분진폭발에 대한 안전대책으로 적절하지 않은 것은?

① 분진의 퇴적을 방지한다.
② 점화원을 제거한다.
③ 입자의 크기를 최소화한다.
④ 불활성 분위기를 조성한다.

[해설] ③ 입자의 크기를 크게 한다.

[참고] 분진폭발에 영향을 미치는 인자

입도와 입도분포	입자가 작고 표면적이 클수록 폭발이 용이하다.
분진의 화학적 성분과 반응성	발열량이 클수록, 휘발성분이 많을수록 폭발이 용이하다.
입자의 형상과 표면의 상태	입자의 형상이 구형(求刑)일수록 폭발성이 약하고 입자의 표면이 산소에 대한 활성을 가질수록 폭발성이 높다.
분진 속의 수분	분진 속에 수분이 있으면 부유성 및 정전기 대전성을 감소시켜 폭발의 위험이 낮아진다.
분진의 부유성	분진의 부유성이 클수록 공기 중 체류시간이 길어져 폭발이 용이하다.

제5과목 • 건설공사 안전 관리

81 토석이 붕괴되는 원인을 외적요인과 내적요인으로 나눌 때 외적요인으로 볼 수 없는 것은?

① 사면, 법면의 경사 및 기울기의 증가
② 지진발생, 차량 또는 구조물의 중량
③ 공사에 의한 진동 및 반복하중의 증가
④ 절토 사면의 토질, 암질

[해설] ④ 절토 사면의 토질, 암질 → 토석붕괴의 내적요인

[참고] 토석붕괴의 외적 원인
① 사면, 법면의 경사 및 기울기의 증가
② 절토 및 성토 높이의 증가
③ 공사에 의한 진동 및 반복 하중의 증가
④ 지표수 및 지하수의 침투에 의한 토사 중량의 증가
⑤ 지진, 차량, 구조물의 하중작용
⑥ 토사 및 암석의 혼합층 두께

{분석}
실기까지 중요한 내용입니다.

82 건설용 양중기에 관한 설명으로 옳은 것은?

① 삼각데릭의 인접 시설에 장해가 없는 상태에서 360° 회전이 가능하다.
② 이동식크레인(crane)에는 트럭 크레인, 크롤러 크레인 등이 있다.
③ 휠 크레인에는 무한궤도식과 타이어식이 있으며 장거리 이동에 적당하다.
④ 크롤러 크레인은 휠 크레인보다 기동성이 뛰어나다.

정답 79 ④ 80 ③ 81 ④ 82 ②

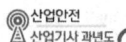

[해설] ① 삼각데릭은 270°까지 회전이 가능하다.
③ 무한궤도식은 크롤러 크레인에 해당한다.
④ 휠 크레인이 크롤러 크레인보다 기동성이 뛰어나다.

83 다음은 공사진척에 따른 안전관리비의 사용기준이다. ( )에 들어갈 내용으로 옳은 것은?

공정률	50% 이상 70% 미만	70% 이상 90% 미만	90% 이상
사용 기준	( )	70% 이상	90% 이상

① 30% 이상
② 40% 이상
③ 50% 이상
④ 60% 이상

[해설] 공사진척에 따른 안전관리비 사용기준

공정률	50% 이상 70% 미만	70% 이상 90% 미만	90% 이상
사용 기준	50% 이상	70% 이상	90% 이상

84 거푸집동바리 조립도에 명시해야 할 사항과 거리가 가장 먼 것은?

① 작업 환경 조건
② 부재의 재질
③ 단면규격
④ 설치간격

[해설] 조립도에는 동바리·멍에 등 부재(部材)의 재질·단면규격·설치 간격 및 이음 방법 등을 명시하여야 한다.

85 굴착공사 시 안전한 작업을 위한 사질지반(점토질을 포함하지 않은 것)의 굴착면 기울기와 높이 기준으로 옳은 것은?

① 1 : 1.5 이상, 5m 미만
② 1 : 0.5 이상, 5m 미만
③ 1 : 1.5 이상, 2m 미만
④ 1 : 0.5 이상, 2m 미만

[해설] 사질의 지반(점토질을 포함하지 않은 것)은 굴착면의 기울기를 1 : 1.5 이상으로 하고 높이는 5미터 미만으로 하여야 한다.

[참고] 발파 등에 의해서 붕괴하기 쉬운 상태의 지반 및 매립하거나 반출시켜야 할 지반의 굴착면의 기울기는 1 : 1 이하 또는 높이는 2미터 미만으로 하여야 한다.

86 철골공사 시 도괴의 위험이 있어 강풍에 대한 안전 여부를 확인해야 할 필요성이 가장 높은 경우는?

① 연면적당 철골량이 일반 건물보다 많은 경우
② 기둥에 H형강을 사용하는 경우
③ 이음부가 공장용접인 경우
④ 단면구조가 현저한 차이가 있으며 높이가 20m 이상인 건물

[해설] 외압에 대한 내력이 설계에 고려되었는지 확인하여야 할 대상(자립도 검토대상)
① 높이 20미터 이상의 구조물
② 구조물의 폭과 높이의 비가 1:4 이상인 구조물
③ 단면구조에 현저한 차이가 있는 구조물
④ 연면적당 철골량이 50킬로그램 / 평방미터 이하인 구조물
⑤ 기둥이 타이플레이트(tie plate)형인 구조물
⑥ 이음부가 현장용접인 구조물

{분석} 실기까지 중요한 내용입니다.

정답 83 ③ 84 ① 85 ① 86 ④

87 강관을 사용하여 비계를 구성하는 경우 준수해야 할 기준으로 옳지 않은 것은?

① 비계기둥 간격은 띠장방향에서는 1.85m 이하, 장선방향에서는 1.5m 이하로 할 것
② 띠장 간격은 1.5m 이하로 설치하되, 첫 번째 띠장은 지상으로부터 2.5m 이하의 위치에 설치할 것
③ 비계기둥의 제일 윗부분으로부터 31m 되는 지점 밑 부분의 비계기둥은 2개의 강관으로 묶어세울 것
④ 비계기둥 간의 적재하중은 400kg을 초과하지 않도록 할 것

[해설] 띠장간격은 2.0미터 이하로 할 것

[참고] 강관비계 조립 시의 준수사항
① 비계기둥 간격 : 띠장방향에서는 1.85m 이하, 장선방향에서는 1.5m 이하로 할 것
다만, 다음 각 목의 어느 하나에 해당하는 작업의 경우에는 안전성에 대한 구조검토를 실시하고 조립도를 작성하면 띠장 방향 및 장선방향으로 각각 2.7미터 이하로 할 수 있다.
가. 선박 및 보트 건조작업
나. 그 밖에 장비 반입·반출을 위하여 공간 등을 확보할 필요가 있는 등 작업의 성질상 비계기둥 간격에 관한 기준을 준수하기 곤란한 작업
② 띠장간격 : 2.0미터 이하로 할 것
③ 비계기둥의 제일 윗부분으로 부터 31m되는 지점 밑 부분의 비계기둥은 2본의 강관으로 묶어세울 것
④ 비계기둥 간의 적재하중은 400kg을 초과하지 않도록 할 것

{분석} 실기까지 중요한 내용입니다.

88 양중기의 와이어로프 등 달기구의 안전계수 기준으로 옳은 것은?
(단, 화물의 하중을 직접 지지하는 달기와이어로프 또는 달기 체인의 경우)

① 3 이상   ② 4 이상
③ 5 이상   ④ 6 이상

[해설] 양중기의 와이어로프 등 달기구의 안전계수
① 근로자가 탑승하는 운반구를 지지하는 달기와이어로프 또는 달기체인의 경우 : 10 이상
② 화물의 하중을 직접 지지하는 달기와이어로프 또는 달기체인의 경우 : 5 이상
③ 훅, 샤클, 클램프, 리프팅 빔의 경우 : 3 이상
④ 그 밖의 경우 : 4 이상

{분석} 실기까지 중요한 내용입니다.

89 옥내작업장에는 비상 시에 근로자에게 신속하게 알리기 위한 경보용 설비 또는 기구를 설치하여야 한다. 그 설치대상 기준으로 옳은 것은?

① 연면적이 400m² 이상이거나 상시 40명 이상의 근로자가 작업하는 옥내작업장
② 연면적이 400m² 이상이거나 상시 50명 이상의 근로자가 작업하는 옥내작업장
③ 연면적이 500m² 이상이거나 상시 40명 이상의 근로자가 작업하는 옥내작업장
④ 연면적이 500m² 이상이거나 상시 50명 이상의 근로자가 작업하는 옥내작업장

[해설] 연면적이 400제곱미터 이상이거나 상시 50명 이상의 근로자가 작업하는 옥내작업장에는 비상 시에 근로자에게 신속하게 알리기 위한 경보용 설비 또는 기구를 설치하여야 한다.

정답 87 ② 88 ③ 89 ②

90 비탈면 붕괴 방지를 위한 붕괴방지공법과 가장 거리가 먼 것은?

① 배토공법
② 압성토공법
③ 공작물의 설치
④ 언더피닝 공법

[해설] 언더피닝공법 : 기존 구조물에 근접하여 시공 시 기존 구조물을 보호하기 위한 공법으로 기초저면보다 깊은 구조물을 시공하거나 기존 구조물을 보호하기 위하여 기초하부를 보강하는 공법이다.

91 거푸집동바리 등을 조립하거나 해체하는 작업을 하는 경우에 준수해야 할 사항으로 옳지 않은 것은?

① 해당 작업을 하는 구역에는 관계 근로자가 아닌 사람의 출입을 금지할 것
② 비, 눈, 그 밖의 기상상태의 불안정으로 날씨가 몹시 나쁜 경우에는 그 작업을 중지할 것
③ 재료, 기구 또는 공구 등을 올리거나 내리는 경우에는 근로자 간 서로 직접 전달하도록 하고, 달줄·달포대 등의 사용을 금할 것
④ 낙하·충격에 의한 돌발적 재해를 방지하기 위하여 버팀목을 설치하고 거푸집동바리 등을 인양장비에 매단 후에 작업을 하도록 하는 등 필요한 조치를 할 것

[해설] ③ 재료·기구 또는 공구 등을 올리거나 내릴 때에는 근로자로 하여금 달줄·달포대 등을 사용하도록 할 것

92 철근의 가스절단 작업 시 안전상 유의해야 할 사항으로 옳지 않은 것은?

① 작업장에는 소화기를 비치하도록 한다.
② 호스, 전선 등은 다른 작업장을 거치는 곡선상의 배선이어야 한다.
③ 전선의 경우 피복이 손상되어 있는지를 확인하여야 한다.
④ 호스는 작업 중에 겹치거나 밟히지 않도록 한다.

[해설] ② 호스, 전선 등은 다른 작업장을 거치지 않는 직선상의 배선이어야 한다.

93 터널 등의 건설작업을 하는 경우에 낙반 등에 의하여 근로자가 위험해질 우려가 있는 경우, 그 위험을 방지하기 위하여 취해야 할 조치와 거리가 먼 것은?

① 터널지보공 설치
② 록볼트 설치
③ 부석의 제거
④ 산소의 측정

[해설] 터널건설 작업에서 낙반에 의한 위험 방지조치
① 터널지보공 및 록볼트의 설치
② 부석의 제거

94 철골공사 중 트랩을 이용해 승강할 때 안전과 관련된 항목이 아닌 것은?

① 수평구명줄
② 수직구명줄
③ 죔줄
④ 추락방지대

정답 90 ④ 91 ③ 92 ② 93 ④ 94 ①

[해설] 트랩을 이용해 승강할 때 안전과 관련된 항목
① 수직구명줄
② 죔줄
③ 추락방지대

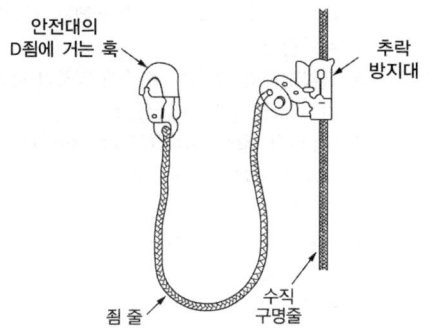
[추락방지대]

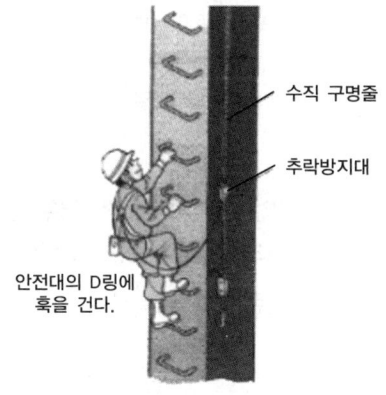
[추락방지대 사용 예]

95 거푸집 및 동바리 설계 시 적용하는 연직방향하중에 해당되지 않는 것은?

① 콘크리트의 측압
② 철근콘크리트의 자중
③ 작업하중
④ 충격하중

[해설] ① 콘크리트의 측압 → 수평방향 하중

[참고] 콘크리트의 측압 : 굳지 않은 콘크리트(생 콘크리트)에서 벽, 보 기둥 옆의 거푸집은 콘크리트를 타설함에 따라 거푸집을 미는 압력이 생기는데 이를 측압이라 한다.

96 철골작업 시의 위험방지와 관련하여 철골작업을 중지하여야 하는 강설량의 기준은?

① 시간당 1mm 이상인 경우
② 시간당 3mm 이상인 경우
③ 시간당 1cm 이상인 경우
④ 시간당 3cm 이상인 경우

[해설] 철골작업을 중지해야 하는 조건
① 풍속이 초당 10미터 이상인 경우
② 강우량이 시간당 1밀리미터 이상인 경우
③ 강설량이 시간당 1센티미터 이상인 경우

{분석}
실기에 자주 출제되는 중요한 내용입니다.

97 굴착공사의 경우 유해·위험방지계획서 제출대상의 기준으로 옳은 것은?

① 깊이 5m 이상인 굴착공사
② 깊이 8m 이상인 굴착공사
③ 깊이 10m 이상인 굴착공사
④ 깊이 15m 이상인 굴착공사

[해설] 유해위험방지계획서 작성 대상 건설공사
1. 다음 각 목의 어느 하나에 해당하는 건축물 또는 시설 등의 건설·개조 또는 해체공사
   가. 지상높이가 31미터 이상인 건축물 또는 인공구조물
   나. 연면적 3만제곱미터 이상인 건축물
   다. 연면적 5천제곱미터 이상인 시설로서 다음의 어느 하나에 해당하는 시설
      1) 문화 및 집회시설(전시장 및 동물원·식물원은 제외한다)
      2) 판매시설, 운수시설(고속철도의 역사 및 집배송시설은 제외한다)

정답 95 ① 96 ③ 97 ③

3) 종교시설
4) 의료시설 중 종합병원
5) 숙박시설 중 관광숙박시설
6) 지하도상가
7) 냉동·냉장 창고시설
2. 연면적 5천제곱미터 이상의 냉동·냉장창고시설의 설비공사 및 단열공사
3. 최대 지간길이(다리의 기둥과 기둥의 중심사이의 거리)가 50미터 이상인 교량 건설 등 공사
4. 터널 건설 등의 공사
5. 다목적댐, 발전용댐, 저수용량 2천만톤 이상의 용수 전용 댐, 지방상수도 전용 댐 건설 등의 공사
6. 깊이 10미터 이상인 굴착공사

- 지상높이 31m, 연면적 3만m², 사람 많은 시설 연면적 5,000m²
- 연면적 5,000m² 냉동·냉장창고시설
- 최대 지간길이가 50미터 이상 교량
- 터널
- 저수용량 2천만 톤 이상 댐
- 10미터 이상인 굴착

{분석}
실기에 자주 출제되는 중요한 내용입니다.

참고 작업발판 설치 기준
① 발판재료 : 작업 시의 하중을 견딜 수 있도록 견고한 것으로 할 것
② 발판의 폭 : 40cm 이상으로 하고, 발판재료 간의 틈 3cm 이하로 할 것
③ 추락의 위험성이 있는 장소에는 안전난간을 설치할 것
④ 작업발판의 지지물 : 하중에 의하여 파괴될 우려가 없는 것을 사용할 것
⑤ 작업발판재료는 뒤집히거나 떨어지지 아니하도록 2 이상의 지지물에 연결하거나 고정시킬 것
⑥ 작업에 따라 이동시킬 때에는 위험방지 조치를 할 것
⑦ 선박 및 보트 건조작업에서 선박블록 또는 엔진실 등의 좁은 작업공간에 작업발판을 설치하는 경우 : 작업발판의 폭을 30센티미터 이상으로 할 수 있고, 걸침비계의 경우 발판재료 간의 틈을 3센티미터 이하로 유지하기 곤란하면 5센티미터 이하로 할 수 있다.

{분석}
실기까지 중요한 내용입니다.

98 비계의 높이가 2m 이상인 작업 장소에 설치되는 작업발판의 구조에 관한 기준으로 옳지 않은 것은?

① 작업발판의 폭은 40cm 이상으로 할 것
② 발판재료 간의 틈은 5cm 이하로 할 것
③ 작업발판재료는 뒤집히거나 떨어지지 않도록 둘 이상의 지지물에 연결하거나 고정시킬 것
④ 작업발판을 작업에 따라 이동시킬 경우에는 위험 방지에 필요한 조치를 할 것

해설 ② 발판재료 간의 틈은 3cm 이하로 할 것

99 고소작업대를 사용하는 경우 준수해야 할 사항으로 옳지 않은 것은?

① 안전한 작업을 위하여 적정수준의 조도를 유지할 것
② 전로(電路)에 근접하여 작업을 하는 경우에는 작업감시자를 배치하는 등 감전사고를 방지하기 위하여 필요한 조치를 할 것
③ 작업대의 붐대를 상승시킨 상태에서 탑승자는 작업대를 벗어나지 말 것
④ 전환스위치는 다른 물체를 이용하여 고정할 것

해설 ④ 전환스위치는 다른 물체를 이용하여 고정하지 말 것

정답 98 ② 99 ④

100 계단의 개방된 측면에 근로자의 추락 위험을 방지하기 위하여 안전난간을 설치하고자 할 때 그 설치 기준으로 옳지 않은 것은?

① 안전난간은 상부 난간대, 중간 난간대, 발끝막이판 및 난간기둥으로 구성할 것
② 발끝막이판은 바닥면 등으로부터 10cm 이상의 높이를 유지할 것
③ 난간기둥은 상부 난간대와 중간 난간대를 견고하게 떠받칠 수 있도록 적정한 간격을 유지할 것
④ 난간대는 지름 3.8cm 이상의 금속제 파이프나 그 이상의 강도가 있는 재료일 것

해설 안전난간의 구조 및 설치요건
① 상부 난간대, 중간 난간대, 발끝막이판 및 난간기둥으로 구성할 것
② 상부 난간대
 • 상부 난간대는 바닥면 등으로부터 90센티미터 이상 지점에 설치
 • 상부 난간대를 120센티미터 이하에 설치하는 경우 : 중간 난간대는 상부 난간대와 바닥면 등의 중간에 설치
 • 120센티미터 이상 지점에 설치하는 경우 : 중간 난간대를 2단 이상으로 설치, 난간의 상하 간격은 60센티미터 이하가 되도록 할 것(다만, 난간기둥 간의 간격이 25센티미터 이하인 경우에는 중간 난간대를 설치하지 않을 수 있다.)
③ 발끝막이판은 바닥면 등으로부터 10센티미터 이상의 높이를 유지할 것
④ 난간기둥은 상부 난간대와 중간 난간대를 견고하게 떠받칠 수 있도록 적정한 간격을 유지할 것
⑤ 상부 난간대와 중간 난간대는 난간 길이 전체에 걸쳐 바닥면등과 평행을 유지할 것
⑥ 난간대는 지름 2.7센티미터 이상의 금속제 파이프나 그 이상의 강도가 있는 재료일 것
⑦ 안전난간은 구조적으로 가장 취약한 지점에서 가장 취약한 방향으로 작용하는 100킬로그램 이상의 하중에 견딜 수 있는 튼튼한 구조일 것

{분석} 실기까지 중요한 내용입니다.

정답 100 ④

1&2회 2020년 산업안전 산업기사 최근 기출문제

2020년 6월 6일 시행

제1과목 • 산업재해 예방 및 안전보건교육

01 상시 근로자 수가 75명인 사업장에서 1일 8시간씩 연간 320일을 작업하는 동안에 4건의 재해가 발생하였다면 이 사업장의 도수율은 약 얼마인가?

① 17.68 ② 19.67
③ 20.83 ④ 22.83

[해설]

$$도수율 = \frac{재해 건수}{연근로시간수} \times 10^6$$

$$도수율 = \frac{4}{75 \times 8 \times 320} \times 10^6 = 20.83$$

{분석} 실기에 자주 출제되는 중요한 내용입니다.

02 보호구 안전인증 고시에 따른 안전화의 정의 중 ( )안에 알맞은 것은?

경작업용 안전화란 (㉠) mm의 낙하 높이에서 시험했을 때 충격과 (㉡ ±) kN의 압축하중에서 시험했을 때 압박에 대하여 보호해 줄 수 있는 선심을 부착하며, 착용자를 보호하기 위한 안전화를 말한다.

① ㉠ 500, ㉡ 10.0
② ㉠ 250, ㉡ 10.0
③ ㉠ 500, ㉡ 4.4
④ ㉠ 250, ㉡ 4.4

[해설] 사용장소에 따른 안전화의 등급

등급	용어 정의
중작업용	1,000밀리미터의 낙하 높이에서 시험했을 때 충격과 (15.0±0.1) 킬로뉴턴(KN)의 압축하중에서 시험했을 때 압박에 대하여 보호해 줄 수 있는 선심을 부착하여, 착용자를 보호하기 위한 안전화를 말한다.
보통작업용	500밀리미터의 낙하 높이에서 시험했을 때 충격과 (10.0±0.1) 킬로뉴턴(KN)의 압축하중에서 시험했을 때 압박에 대하여 보호해 줄 수 있는 선심을 부착하여, 착용자를 보호하기 위한 안전화를 말한다.
경작업용	250밀리미터의 낙하 높이에서 시험했을 때 충격과 (4.4±0.1) 킬로뉴턴(KN)의 압축하중에서 시험했을 때 압박에 대하여 보호해 줄 수 있는 선심을 부착하여, 착용자를 보호하기 위한 안전화를 말한다.

03 산업안전보건 법령상 안전보건표지의 종류와 형태 중 그림과 같은 경고 표지는? (단, 바탕은 무색, 기본모형은 빨간색, 그림은 검은색이다.)

① 부식성물질 경고
② 폭발성물질 경고
③ 산화성물질 경고
④ 인화성물질 경고

정답 01 ③ 02 ④ 03 ④

해설

부식성 물질 경고	폭발성 물질 경고	산화성 물질 경고	인화성 물질 경고

{분석} 실기에 자주 출제되는 중요한 내용입니다.

04 일반적으로 사업장에서 안전 관리조직을 구성할 때 고려할 사항과 가장 거리가 먼 것은?

① 조직 구성원의 책임과 권한을 명확하게 한다.
② 회사의 특성과 규모에 부합되게 조직되어야 한다.
③ 생산조직과 동떨어진 특수조직으로 구성한다.
④ 조직의 기능이 충분히 발휘될 수 있는 제도적 체계가 갖추어져야 한다.

해설 **안전 관리조직을 구성할 때 고려할 사항**
① 조직 구성원의 책임과 권한을 명확하게 한다.
② 회사의 특성과 규모에 부합되게 조직되어야 한다.
③ 생산조직과 밀착된 조직이어야 한다.
④ 조직의 기능이 충분히 발휘될 수 있는 제도적 체계가 갖추어져야 한다.

05 주의의 특성으로 볼 수 없는 것은?

① 변동성 ② 선택성
③ 방향성 ④ 통합성

해설 **인간주의 특성의 종류**
① 선택성 : 사람은 한 번에 여러 종류의 자극을 지각하거나 수용하지 못하며 소수의 특정한 것으로 한정해서 선택하는 기능을 말한다.
② 방향성 : 시선에서 벗어난 부분은 무시되기 쉽다.(주시점만 응시한다.)
③ 변동성 : 주의는 리듬이 있어 일정한 수순을 지키지 못한다.
④ 단속성 : 고도의 주의는 장시간 집중이 곤란하다.
⑤ 주의력의 중복집중 곤란 : 동시에 두 개 이상의 방향을 잡지 못한다.

{분석} 실기까지 중요한 내용입니다.

06 테크니컬 스킬즈(technical skills)에 관한 설명으로 옳은 것은?

① 모럴(morale)을 앙양시키는 능력
② 인간을 사물에게 적응시키는 능력
③ 사물을 인간에게 유리하게 처리하는 능력
④ 인간과 인간의 의사소통을 원활히 처리하는 능력

해설 **테크니컬 스킬즈(technical skills)** : 사물을 처리함에 있어 인간의 목적에 유익하도록 처리하는 능력

참고 **소셜 스킬즈(Social Skills)** : 사람과 사람 사이의 커뮤니케이션을 양호하게 하고 사람의 요구를 충족시키면서 감정을 제고시키는 능력

07 산업재해 예방의 4원칙 중 "재해발생에는 반드시 원인이 있다."라는 원칙은?

① 대책 선정의 원칙
② 원인 계기의 원칙
③ 손실 우연의 원칙
④ 예방 가능의 원칙

해설 **산업재해 예방의 4원칙**
① 예방 가능의 원칙 : 재해는 원칙적으로 원인만 제거되면 예방이 가능하다.
② 손실 우연의 원칙 : 사고의 결과 생기는 상해의 종류와 정도는 사고 발생 시 사고대상의 조건에 따라 우연히 발생한다.

정답 04 ③ 05 ④ 06 ③ 07 ②

③ 대책 선정의 원칙 : 사고의 원인에 대한 적합한 대책이 선정되어야 한다.
④ 원인 연계의 원칙 : 재해는 원인이 있고, 직접원인과 간접원인이 연계되어 일어난다.

{분석}
실기에 자주 출제되는 중요한 내용입니다.

08 심리검사의 특징 중 "검사의 관리를 위한 조건과 절차의 일관성과 통일성"을 의미하는 것은?

① 규준화
② 표준화
③ 객관성
④ 신뢰성

[해설] 산업 심리검사의 구비요건
① 타당성(validity) : 측정하려고 하는 성능을 어느 정도 충실히 수행하고 있는가를 나타낸다.
② 신뢰성(reliability) : 동일한 검사를 동일한 사람에게 시간 간격을 두고 실시할 때 그 결과가 크게 다르지 않아야 한다.
③ 실용성(practicability) : 검사를 실시하고 채점하기 용이하다든지, 결과의 해석이나 이용의 방법이 간단하고 비용이 적게 들어야 한다.
④ 표준화 : 검사 관리를 위한 조건과 검사 절차가 일관성이 있어야 한다.

09 조직이 리더에게 부여하는 권한으로 볼 수 없는 것은?

① 보상적 권한
② 강압적 권한
③ 합법적 권한
④ 위임된 권한

[해설]
• 조직이 지도자에게 부여하는 권한 : 보상적 권한, 강압적 권한, 합법적 권한
• 지도자 자신이 자기에게 부여하는 권한 : 위임된 권한, 전문성의 권한

[참고] 리더십의 권한의 역할
(1) 보상적 권한 : 지도자가 부하에게 보상할 수 있는 능력
(2) 강압적 권한 : 지도자가 부하들을 처벌할 수 있는 권한
(3) 합법적 권한 : 조직의 규정에 의해 공식화된 권한
(4) 위임된 권한 : 부하직원들이 지도자를 따르고 지도자와 함께 일하는 것
(5) 전문성의 권한 : 지도자가 집단 목표수행에 전문적인 지식을 갖고 있는가와 관련한 권한

{분석}
필기에 자주 출제되는 내용입니다.

10 기억의 과정 중 과거의 학습경험을 통해서 학습된 행동이 현재와 미래에 지속되는 것을 무엇이라 하는가?

① 기명(memorizing)
② 파지(retention)
③ 재생(recall)
④ 재인(recognition)

[해설] 학습된 행동이 현재와 미래에 지속되는 것 → 인상이 보존됨 → 파지

[참고] 기억의 과정
기명 → 파지 → 재생 → 재인

① 기억 : 과거 행동이 미래 행동에 영향을 줌
② 기명 : 사물의 인상을 마음에 간직함
③ 파지 : 인상이 보존됨
④ 재생 : 보존된 인상이 떠오름
⑤ 재인 : 과거에 경험했던 것과 비슷한 상황에서 떠오르는 현상

11 하인리히 재해 발생 5단계 중 3단계에 해당하는 것은?

① 불안전한 행동 또는 불안전한 상태
② 사회적 환경 및 유전적 요소
③ 관리의 부재
④ 사고

정답 08 ② 09 ④ 10 ② 11 ①

[해설] 하인리히(H. W. Heinrich) 사고 발생 도미노 5단계

1단계	선천적 결함(사회, 환경, 유전적 결함)
2단계	개인적 결함
3단계	불안전 행동(인적결함), 불안전한 상태(물적결함)(제거 가능)
4단계	사고
5단계	재해(상해)

{분석}
실기에 자주 출제되는 중요한 내용입니다.

12 산업안전보건법령상 특별교육 대상 작업별 교육 작업 기준으로 틀린 것은?

① 전압이 75V 이상인 정전 및 활선작업
② 굴착면의 높이가 2m 이상이 되는 암석의 굴착작업
③ 동력에 의하여 작동되는 프레스 기계를 3대 이상 보유한 사업장에서 해당 기계로 하는 작업
④ 1톤 미만의 크레인 또는 호이스트를 5대 이상 보유한 사업장에서 해당 기계로 하는 작업

[해설] ③ 동력에 의하여 작동되는 프레스 기계를 5대 이상 보유한 사업장에서 해당 기계로 하는 작업

13 기계·기구 또는 설비의 신설, 변경 또는 고장 수리 등 부정기적인 점검을 말하며, 기술적 책임자가 시행하는 점검은?

① 정기 점검
② 수시 점검
③ 특별 점검
④ 임시 점검

[해설] 안전점검의 종류
① 정기점검(계획점검) : 일정 기간마다 정기적으로 실시하는 점검을 말한다.
② 수시점검(일상점검) : 매일 작업 전, 중, 후에 실시하는 점검을 말한다.
③ 특별점검 : 기계·기구 또는 설비의 신설·변경 또는 고장·수리 등으로 비정기적인 특정 점검, 산업안전보건 강조기간, 악천후 시에도 실시한다.
④ 임시점검 : 기계·기구 또는 설비의 이상 발견 시에 임시로 실시하는 점검을 말한다.

{분석}
필기에 자주 출제되는 내용입니다.

14 재해의 원인 분석법 중 사고의 유형, 기인물 등 분류 항목을 큰 순서대로 도표화하여 문제나 목표의 이해가 편리한 것은?

① 관리도(control chart)
② 파레토도(pareto diagram)
③ 클로즈분석(close analysis)
④ 특성요인도(cause-reason diagram)

[해설] ① 파레토도(Pareto Diagram) : 사고 유형, 기인물 등 데이터를 분류하여 그 항목 값이 큰 순서대로 정리하여 막대그래프로 나타낸다.
② 특성요인도(Characteristic Diagram) : 재해와 그 요인의 관계를 어골상으로 세분화하여 나타낸다.
③ 크로스(cross) 분석 : 2가지 또는 2개 항목 이상의 요인이 상호관계를 유지할 때 문제를 분석하는 데 사용된다.
④ 관리도(Control Chart) : 시간경과에 따른 재해 발생 건수 등 대략적인 추이 파악에 사용된다.

정답 12 ③ 13 ③ 14 ②

15 다음 중 매슬로(Masolw)가 제창한 인간의 욕구 5단계 이론을 단계별로 옳게 나열한 것은?

① 생리적 욕구 → 안전 욕구 → 사회적 욕구 → 존경의 욕구 → 자아실현의 욕구
② 안전 욕구 → 생리적 욕구 → 사회적 욕구 → 존경의 욕구 → 자아실현의 욕구
③ 사회적 욕구 → 생리적 욕구 → 안전 욕구 → 존경의 욕구 → 자아실현의 욕구
④ 사회적 욕구 → 안전 욕구 → 생리적 욕구 → 존경의 욕구 → 자아실현의 욕구

[해설] 매슬로(Maslow A. H.)의 욕구단계 이론(인간의 욕구 5단계)
① 제1단계(생리적 욕구) : 기아, 갈증, 호흡, 배설, 성욕 등 인간의 가장 기본적인 욕구
② 제2단계(안전 욕구) : 자기 보존 욕구
③ 제3단계(사회적 욕구) : 소속감과 애정 욕구
④ 제4단계(존경 욕구) : 인정받으려는 욕구
⑤ 제5단계(자아실현의 욕구) : 잠재적인 능력을 실현하고자 하는 욕구(성취 욕구)

{분석}
실기까지 중요한 내용입니다.

16 교육의 3요소 중 교육의 주체에 해당하는 것은?

① 강사
② 교재
③ 수강자
④ 교육 방법

[해설] 교육의 3요소

교육의 주체	교육의 객체	교육의 매개체
강사	학생(수강자)	교재 (학습 내용)

17 O.J.T(On the Training) 교육의 장점과 가장 거리가 먼 것은?

① 훈련에만 전념할 수 있다.
② 직장의 실정에 맞게 실제적 훈련이 가능하다.
③ 개개인의 업무능력에 적합한 자세한 교육이 가능하다.
④ 교육을 통하여 상사와 부하 간의 의사소통과 신뢰감이 깊게 된다.

[해설] ① 훈련에만 전념할 수 있다. → OFF.J.T

[참고]

OJT의 특징	① 개개인에게 적절한 훈련이 가능하다. ② 직장의 실정에 맞는 훈련이 가능하다. ③ 교육효과가 즉시 업무에 연결된다. ④ 훈련에 대한 업무의 계속성이 끊어지지 않는다. ⑤ 상호 신뢰 이해도가 높다.
OFF JT의 특징	① 다수의 근로자들에게 훈련을 할 수 있다. ② 훈련에만 전념하게 된다. ③ 특별설비기구 이용이 가능하다. ④ 많은 지식이나 경험을 교류할 수 있다. ⑤ 교육 훈련 목표에 대하여 집단적 노력이 흐트러질 수 있다.

{분석}
실기까지 중요한 내용입니다.

18 위험예지훈련 기초 4라운드(4R)에서 라운드별 내용이 바르게 연결된 것은?

① 1라운드 : 현상파악
② 2라운드 : 대책수립
③ 3라운드 : 목표설정
④ 4라운드 : 본질추구

[해설] 위험예지 훈련 4단계
1단계 : 현상 파악
2단계 : 요인조사(본질추구)
3단계 : 대책수립
4단계 : 행동목표 설정(합의요약)

{분석}
실기까지 중요한 내용입니다.

정답 15 ① 16 ① 17 ① 18 ①

19 산업안전보건 법령상 근로자 안전·보건 교육 중 채용 시의 교육 및 작업내용 변경 시의 교육 사항으로 옳은 것은?

① 물질안전보건자료에 관한 사항
② 건강증진 및 질병 예방에 관한 사항
③ 유해·위험 작업환경 관리에 관한 사항
④ 표준안전작업방법 및 지도 요령에 관한 사항

[해설] 근로자 채용 시의 교육 및 작업내용 변경 시의 교육 내용
① 산업안전 및 사고 예방에 관한 사항
② 산업보건 및 직업병 예방에 관한 사항
③ 산업안전보건법령 및 산업재해보상보험제도에 관한 사항
④ 직무스트레스 예방 및 관리에 관한 사항
⑤ 직장 내 괴롭힘, 고객의 폭언 등으로 인한 건강장해 예방 및 관리에 관한 사항
⑥ 기계·기구의 위험성과 작업의 순서 및 동선에 관한 사항
⑦ 물질안전보건자료에 관한 사항
⑧ 작업 개시 전 점검에 관한 사항
⑨ 정리정돈 및 청소에 관한 사항
⑩ 사고 발생 시 긴급조치에 관한 사항
⑪ 위험성 평가에 관한 사항

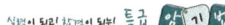

공통 항목
1. 신규자는 법, 산재보상제도를 알자!
2. 신규자는 건강을 보존(산업보건)하고 직업병, 스트레스, 괴롭힘, 폭언 예방하자!
3. 신규자는 안전하고 사고예방하자!
4. 신규자는 위험성을 평가하자!

신규채용자는 회사에 처음 입사해서 처음 일을 하는 근로자, 안전하게 일하기 위한 기본내용을 교육한다.
1. 신규자는 기계·기구 위험성, 작업순서, 동선을 알자!
2. 신규자는 취급물질의 위험성(물질안전보건자료)을 알자!
3. 신규자는 작업 전 점검하자!
4. 신규자는 항상 정리정돈 청소하자!
5. 신규자는 사고 시 조치를 알자!

{분석}
실기에 자주 출제되는 중요한 내용입니다.

20 산업재해의 발생 유형으로 볼 수 없는 것은?

① 지그재그형
② 집중형
③ 연쇄형
④ 복합형

[해설] 산업재해 발생형태(재해 발생의 매커니즘)
① 단순자극형(집중형): 상호 자극에 의하여 순간적으로 재해가 발생하는 유형으로 재해가 일어난 장소에, 그 시기에 일시적으로 요인이 집중한다는 유형이다.
② 연쇄형: 하나의 사고 요인이 또 다른 요인을 발생시키면서 재해가 발생하는 유형이다.
③ 복합형: 단순 자극형과 연쇄형의 복합적인 발생 유형이다.

제2과목 • 인간공학 및 위험성 평가·관리

21 모든 시스템 안전 프로그램 중 최초 단계의 분석으로 시스템 내의 위험요소가 어떤 상태에 있는지를 정성적으로 평가하는 방법은?

① CA
② FHA
③ PHA
④ FMEA

[해설] 모든 시스템 안전 프로그램 중 최초 단계의 분석 → 예비위험분석(PHA)

{분석}
필기에 자주 출제되는 내용입니다.

정답 19 ① 20 ① 21 ③

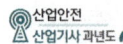

22 시스템의 성능 저하가 인원의 부상이나 시스템 전체에 중대한 손해를 입히지 않고 제어가 가능한 상태의 위험 강도는?

① 범주 Ⅰ : 파국적
② 범주 Ⅱ : 위기적
③ 범주 Ⅲ : 한계적
④ 범주 Ⅳ : 무시

해설 시스템 전체에 중대한 손해를 입히지 않고 제어가 가능한 상태의 위험 강도 → 한계적

참고 PHA 카테고리 분류
- Class 1 : 파국적(catastrophic)
  - 사망, 시스템 완전 손상
- Class 2 : 위기적(critical)
  - 심각한 상해, 시스템 중대 손상
- Class 3 : 한계적(marginal)
  - 경미한 상해, 시스템 성능 저하
- Class 4 : 무시(negligible)
  - 경미한 상해 및 시스템 저하 없음

23 결함수 분석법에서 일정 조합 안에 포함되는 기본사상들이 동시에 발생할 때 반드시 목표사상을 발생시키는 조합을 무엇이라 하는가?

① Cut set
② Decision tree
③ Path set
④ 불대수

해설 포함되는 기본사상들이 동시에 발생할 때 반드시 목표사상을 발생시키는 조합 → Cut set

참고
1. 컷셋(Cut Set)
   - 정상사상을 발생시키는 기본사상의 집합
   - 모든 기본사상이 일어났을 때 정상사상을 일으키는 기본사상들의 집합이다.
2. 미니멀 컷(Minimal Cut Set)
   - 정상사상을 일으키기 위한 기본사상의 최소 집합(최소한의 컷)
   - 시스템의 위험성을 나타낸다.

3. 패스셋(Path Set)
   - 시스템의 고장을 일으키지 않는 기본사상들의 집합
   - 포함된 기본사상이 일어나지 않을 때 처음으로 정상 사상이 일어나지 않는 기본 사상들의 집합이다.
4. 미니멀 패스(Minimal Path Set)
   - 시스템의 기능을 살리는 최소한의 집합(최소한의 패스)
   - 시스템의 신뢰성 나타낸다.

24 통제표시비(C / D비)를 설계할 때의 고려할 사항으로 가장 거리가 먼 것은?

① 공차
② 운동성
③ 조작시간
④ 계기의 크기

해설 통제표시비 설계 시 고려사항
① 계기의 크기
② 목측거리(목시거리)
③ 조작시간
④ 방향성
⑤ 공차

25 건구온도 38℃, 습구온도 32℃일 때의 Oxford 지수는 몇 ℃인가?

① 30.2
② 32.9
③ 35.3
④ 37.1

해설 Oxford 지수(습·건 지수)

$$WD(℃) = 0.85 \times w + 0.15 \times d$$

여기서, W : 습구온도
d : 건구온도

$WD(℃) = 0.85 \times 32 + 0.15 \times 38 = 32.9(℃)$

정답 22 ③ 23 ① 24 ② 25 ②

26 건강한 남성이 8시간 동안 특정 작업을 실시하고, 분당 산소 소비량이 1.1L / 분으로 나타났다면 8시간 총 작업시간에 포함될 휴식시간은 약 몇 분인가?
(단, Murrell의 방법을 적용하며, 휴식 중 에너지소비율은 1.5kcal/min이다.)

① 30분 ② 54분
③ 60분 ④ 75분

[해설]

$$R = \frac{60 \times (E-5)}{E - 1.5} [분]$$

- 1.5 : 휴식 중의 에너지 소비량
- 5(kcal/분) : 보통 작업에 대한 평균 에너지
- 60(분) : 작업시간
- E(kcal/분) : 문제에서 주어진 작업을 수행하는 데 필요한 에너지

$$R = \frac{60 \times (5.5-5)}{5.5 - 1.5} \times 8 = 60(분)$$

[E = 1.1L × 산소 1L의 에너지(5Kcal)
　 = 5.5(Kcal/min)]

{분석}
필기에 자주 출제되는 내용입니다.

27 점광원(point source)에서 표면에 비추는 조도(lux)의 크기를 나타내는 식으로 옳은 것은? (단, D는 광원으로부터의 거리를 말한다.)

① $\dfrac{광도(fc)}{D^2(m^2)}$　② $\dfrac{광도(lm)}{D(m)}$

③ $\dfrac{광도(cd)}{D^2(m^2)}$　④ $\dfrac{광도(fL)}{D(m)}$

[해설]

$$조도(lux) = \frac{광도(cd)}{(거리)^2}$$

28 인간공학적 수공구의 설계에 관한 설명으로 옳은 것은?

① 수공구 사용 시 무게 균형이 유지되도록 설계한다.
② 손잡이 크기를 수공구 크기에 맞추어 설계한다.
③ 힘을 요하는 수공구의 손잡이는 직경을 60mm 이상으로 한다.
④ 정밀 작업용 수공구의 손잡이는 직경을 5mm 이하로 한다.

[해설] 수공구의 설계 원칙
① 손목을 곧게 유지한다.
　(손목을 굽히면 수근관에서 건이 굽혀서 융기되고 건활막염으로 진전된다.)
② 손바닥에 가해지는 압력을 줄인다.
③ 손가락의 반복 사용을 피한다.
　(트리거 핑거를 유발할 수 있다.)
④ 손잡이는 손바닥과의 접촉 면적이 크게 설계한다.
⑤ 공구의 무게를 줄이고 사용 시 균형이 유지되도록 한다.
⑥ 손잡이 단면은 원형 또는 타원형으로 한다.
⑦ 동력 공구의 손잡이는 두 손가락 이상으로 작동하도록 한다.
⑧ 손잡이 직경은 30~45mm 크기가 적당하다.
　(정밀 작업 시는 5~12mm, 회전력이 필요한 대형 스크루드라이버 같은 공구는 50~60mm)

29 인간 – 기계 시스템에서 기계와 비교한 인간의 장점으로 볼 수 없는 것은?
(단, 인공지능과 관련된 사항은 제외한다.)

① 완전히 새로운 해결책을 찾아낸다.
② 여러 개의 프로그램된 활동을 동시에 수행한다.
③ 다양한 경험을 토대로 하여 의사결정을 한다.
④ 상황에 따라 변화하는 복잡한 자극 형태를 식별한다.

정답 26 ③　27 ③　28 ①　29 ②

[해설] 인간 - 기계의 기능 비교

구분	인간의 장점	기계의 장점
감지기능	• 저에너지 자극 감지 • 다양한 자극 식별 • 예기치 못한 사건 감지	• 인간의 감지 범위 밖의 자극 감지 • 인간·기계의 모니터 기능
정보처리 결정	• 많은 양의 정보 장시간 보관 • 귀납적, 다양한 문제 해결	• 정보 신속 대량 보관 • 연역적, 정량적
행동기능	• 과부하 상태에서는 중요한 일에만 집념할 수 있다.	• 과부하에서 효율적 작동 • 장시간 중량 작업, 반복, 동시 여러 가지 작업을 수행 가능

{분석} 필기에 자주 출제되는 내용입니다.

30 인터페이스 설계 시 고려해야 하는 인간과 기계와의 조화성에 해당되지 않는 것은?

① 지적 조화성
② 신체적 조화성
③ 감성적 조화성
④ 심미적 조화성

[해설] 인간과 기계의 조화성
① 신체적 조화성
② 지적 조화성
③ 감성적 조화성

31 반복되는 사건이 많이 있는 경우, FTA의 최소 컷셋과 관련이 없는 것은?

① Fussel Algorithm
② Booolean Algorithm
③ Monte Carlo Algorithm
④ Limnios & Ziani Algorithm

[해설] 결함수분석의 최소 컷셋과 관련된 알고리즘
① Boolean Algebra
② Fussell Algorithm
③ Limnios & Ziani Algorithm

32 다음 중 설비보전관리에서 설비 이력 카드, MTBF 분석표, 고장 원인 대책표와 관련이 깊은 관리는?

① 보전 기록 관리
② 보전 자재 관리
③ 보전 작업 관리
④ 예방 보전 관리

[해설] 설비 이력 카드, MTBF 분석표, 고장 원인 대책표 → 보전 기록 관리

33 공간 배치의 원칙에 해당되지 않는 것은?

① 중요성의 원칙
② 다양성의 원칙
③ 사용 빈도의 원칙
④ 기능별 배치의 원칙

[해설] 부품배치의 원칙
1. 중요성의 원칙 : 부품을 작동하는 성능이 체계의 목표 달성에 중요한 정도에 따라 우선순위를 결정한다.
2. 사용 빈도의 원칙 : 부품을 사용하는 빈도에 따라 우선순위를 결정한다.
3. 기능별 배치의 원칙 : 기능적으로 관련된 부품들(표시장치, 조정장치 등)을 모아서 배치한다.
4. 사용 순서의 원칙 : 사용 순서에 따라 장치들을 가까이에 배치한다.

{분석} 필기에 자주 출제되는 내용입니다.

정답 30 ④ 31 ③ 32 ① 33 ②

34 화학공장(석유화학사업장 등)에서 가동문제를 파악하는 데 널리 사용되며, 위험요소를 예측하고, 새로운 공정에 대한 가동문제를 예측하는 데 사용되는 위험성평가방법은?

① SHA ② EVP
③ CCFA ④ HAZOP

해설 HAZOP(위험 및 운전성 검토)
- 각각의 장비에 대해 잠재된 위험이나 기능 저하 등 시설에 결과적으로 미칠 수 있는 영향을 평가하기 위하여 공정이나 설계도 등에 체계적인 검토를 행하는 것으로 제품의 개발단계에서 실시한다.
- 화학공장(석유화학사업장 등)에서 가동문제를 파악하는 데 널리 사용되며, 위험요소를 예측하고, 새로운 공정에 대한 가동문제를 예측하는 데 사용된다.

{분석}
필기에 자주 출제되는 내용입니다.

35 다음은 1/100초 동안 발생한 3개의 음파를 나타낸 것이다. 음의 세기가 가장 큰 것과 가장 높은 음은 무엇인가?

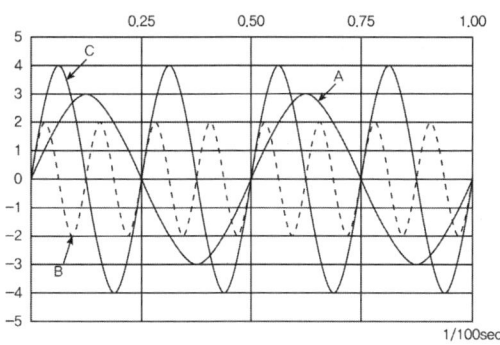

① 가장 큰 음의 세기 : A, 가장 높은 음 : B
② 가장 큰 음의 세기 : C, 가장 높은 음 : B
③ 가장 큰 음의 세기 : C, 가장 높은 음 : A
④ 가장 큰 음의 세기 : B, 가장 높은 음 : C

해설
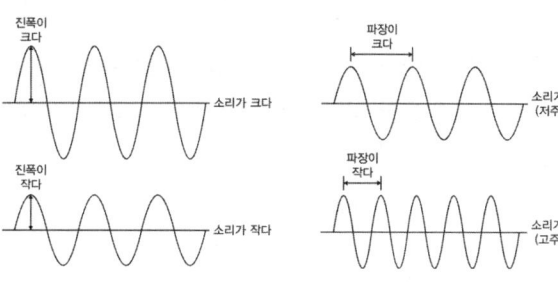

36 글자의 설계 요소 중 검은 바탕에 쓰여진 흰 글자가 번져 보이는 현상과 가장 관련 있는 것은?

① 획폭비
② 글자체
③ 종이 크기
④ 글자 두께

해설 광삼 현상(Irradiation)
- 흰 모양이 주위의 검은 배경으로 번지어 보이는 현상
- 검은 바탕에 흰 글자의 획 폭은 흰 바탕에 검은 글자보다 가늘어야 한다.

37 FTA에 사용되는 기호 중 다음 기호에 해당하는 것은?

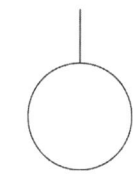

① 생략사상 ② 부정사상
③ 결함사상 ④ 기본사상

정답 34 ④ 35 ② 36 ① 37 ④

[해설]

생략사상	결함사상	기본사상
◇	□	○

{분석}
필기에 자주 출제되는 내용입니다.

38 휴먼 에러(human error)의 분류 중 필요한 임무나 절차의 순서 착오로 인하여 발생하는 오류는?

① ommission error
② sequential error
③ commission error
④ extraneous error

[해설]
휴먼에러의 심리적 분류
(Swain의 분류, 독립행동에 관한 분류)

① omission error(누설오류, 생략오류, 부작위오류) : 필요한 작업 또는 절차를 수행하지 않는데 기인한 에러
② time error(시간오류) : 필요한 작업 또는 절차의 수행 지연으로 인한 에러
③ commission error(작위오류, 실행오류) : 필요한 작업 또는 절차의 불확실한 수행으로 인한 에러
④ sequential error(순서오류) : 필요한 작업 또는 절차의 순서 착오로 인한 에러
⑤ extraneous error(과잉행동오류) : 불필요한 작업 또는 절차를 수행함으로써 기인한 에러

원인의 레벨적 분류

① primary error(1차 에러) : 작업자 자신으로부터 발생한 에러
② secondary error(2차 에러) : 작업형태, 작업조건 중 문제가 생겨 필요한 사항을 실행할 수 없어 발생한 에러
③ command error : 실행하고자 하여도 필요한 물품, 정보, 에너지 등이 공급되지 않아서 작업자가 움직일 수 없는 상태에서 발생한 에러

{분석}
필기에 자주 출제되는 내용입니다.

39 가청 주파수 내에서 사람의 귀가 가장 민감하게 반응하는 주파수 대역은?

① 20~20000Hz
② 50~15000Hz
③ 100~10000Hz
④ 500~3000Hz

[해설]
1. 인간의 가청 주파수 범위 : 20~20000Hz
2. 가청 주파수 내에서 사람의 귀가 가장 민감하게 반응하는 주파수 대역 : 500~3000Hz

40 작업자가 100개의 부품을 육안 검사하여 20개의 불량품을 발견하였다. 실제 불량품이 40개라면 인간에러(human error) 확률은 약 얼마인가?

① 0.2
② 0.3
③ 0.4
④ 0.5

[해설]
인간과오율

$$HEP = \frac{실제과오의수}{과오발생 전체기회 수}$$

$HEP = \dfrac{(40-20)}{100} = 0.2$

{분석}
필기에 자주 출제되는 내용입니다.

정답 38 ② 39 ④ 40 ①

제3과목 : 기계·기구 및 설비 안전 관리

41 작업장 내 운반을 주목적으로 하는 구내운반차가 준수해야 할 사항으로 옳지 않은 것은?

① 주행을 제동하거나 정지상태를 유지하기 위하여 유효한 제동장치를 갖출 것
② 경음기를 갖출 것
③ 핸들의 중심에서 자체 바깥 측까지의 거리가 65cm 이내일 것
④ 운전자석이 차 실내에 있는 것은 좌우에 한 개씩 방향지시기를 갖출 것

[해설] 구내운반차가 준수해야 할 사항
① 주행을 제동하고 또한 정지상태를 유지하기 위하여 유효한 제동장치를 갖출 것
② 경음기를 갖출 것
③ 운전석이 차 실내에 있는 것은 좌우에 한 개씩 방향지시기를 갖출 것
④ 전조등과 후미등을 갖출 것. 다만, 작업을 안전하게 하기 위하여 필요한 조명이 있는 장소에서 사용하는 구내 운반차에 대해서는 그러하지 아니하다.
⑤ 구내운반차가 후진 중에 주변의 근로자 또는 차량계 하역운반기계 등과 충돌할 위험이 있는 경우에는 구내운반차에 후진 경보기와 경광등을 설치할 것

42 다음 중 연삭기를 이용한 작업을 할 경우 연삭숫돌을 교체한 후에는 얼마 동안 시험운전을 하여야 하는가?

① 1분 이상   ② 3분 이상
③ 10분 이상 ④ 15분 이상

[해설] 작업시작 전 1분 이상, 숫돌 교체 시 3분 이상 시운전할 것

{분석} 실기까지 중요한 내용입니다.

43 프레스기가 작동 후 작업점까지의 도달시간이 0.2초 걸렸다면, 양수기동식 방호장치의 설치 거리는 최소 얼마인가?

① 3.2cm   ② 32cm
③ 6.4cm   ④ 64cm

[해설] 양수기동식 방호장치의 안전거리
(위험점과 버튼 간의 설치거리)

$$D_m (mm) = 1.6 \times T_m$$
$$= 1.6 \times \left(\frac{1}{클러치개소수} + \frac{1}{2}\right) \times \left(\frac{60,000}{매분행정수}\right)$$

여기서, T_m : 슬라이드가 하사점에 도달할 때까지의 시간(ms)

* $ms = \frac{1}{1000}$ 초
* 1.6m/s : 인간 손의 기준속도

$D_m (mm) = 1.6 \times (0.2 \times 1,000)$
$= 320(mm) \div 10 = 32(cm)$

※ 0.2초 = 0.2 × 1,000(ms)

{분석} 실기까지 중요한 내용입니다.

44 대패기계용 덮개의 시험 방법에서 날접촉 예방 장치인 덮개와 송급 테이블 면과의 간격 기준은 몇 mm 이하여야 하는가?

① 3   ② 5
③ 8   ④ 12

[해설]

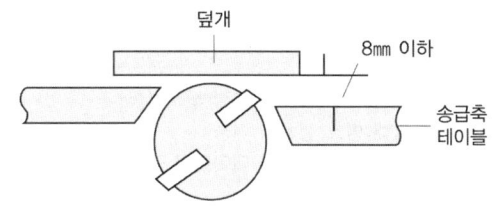

[덮개와 테이블과의 간격]

정답 41 ③ 42 ② 43 ② 44 ③

45 프레스 등의 금형을 부착·해체 또는 조정 작업 중 슬라이드가 갑자기 작동하여 근로자에게 발생할 수 있는 위험을 방지하기 위하여 설치하는 것은?

① 방호 울
② 안전블록
③ 시건장치
④ 게이트 가드

[해설] 금형을 부착, 해체, 조정 작업할 때 신체 일부가 위험점 내에서 슬라이드 불시 하강으로 인한 위험을 방지할 목적으로 안전블럭을 설치한다.

{분석} 실기까지 중요한 내용입니다.

46 산업안전보건법령상 프레스를 사용하여 작업을 할 때 작업 시작 전 점검 항목에 해당하지 않는 것은?

① 전선 및 접속부 상태
② 클러치 및 브레이크의 기능
③ 프레스의 금형 및 고정볼트 상태
④ 1행정 1정지기구·급정지장치 및 비상 정지 장치의 기능

[해설] 프레스의 작업 시작 전 점검 사항
① 클러치 및 브레이크 기능
② 크랭크축·플라이 휠·슬라이드·연결 봉 및 연결 나사의 볼트 풀림 유무
③ 1행정 1정지 기구·급정지 장치 및 비상 정지 장치의 기능
④ 슬라이드 또는 칼날에 의한 위험 방지 기구의 기능
⑤ 프레스의 금형 및 고정 볼트 상태
⑥ 당해 방호 장치의 기능
⑦ 전단기의 칼날 및 테이블의 상태

{분석} 실기에 자주 출제되는 중요한 내용입니다.

47 선반 작업의 안전사항으로 틀린 것은?

① 베드 위에 공구를 올려놓지 않아야 한다.
② 바이트를 교환할 때는 기계를 정지시키고 한다.
③ 바이트는 끝을 길게 장치한다.
④ 반드시 보안경을 착용한다.

[해설] ③ 바이트는 끝을 짧게 장치한다.

48 연삭기 숫돌의 파괴 원인으로 볼 수 없는 것은?

① 숫돌의 회전속도가 너무 빠를 때
② 숫돌 자체에 균열이 있을 때
③ 숫돌의 정면을 사용할 때
④ 숫돌에 과대한 충격을 주게 되는 때

[해설] 연삭기 숫돌 파괴 원인
① 숫돌의 회전속도가 너무 빠를 때
② 숫돌 자체에 균열이 있을 때
③ 숫돌의 측면을 사용하여 작업할 때
④ 숫돌에 과대한 충격을 가할 때
⑤ 플랜지가 현저히 작을 때
 (플랜지 지름은 숫돌 지름의 $\frac{1}{3}$ 이상일 것)
⑥ 숫돌 불균형, 베어링 마모에 의한 진동이 심할 때
⑦ 반지름 방향 온도변화 심할 때

{분석} 실기까지 중요한 내용입니다.

49 기계설비의 방호는 위험장소에 대한 방호와 위험원에 대한 방호로 분류할 때, 다음 위험원에 대한 방호장치에 해당하는 것은?

① 격리형 방호장치
② 포집형 방호장치
③ 접근거부형 방호장치
④ 위치제한형 방호장치

정답 45 ② 46 ① 47 ③ 48 ③ 49 ②

[해설] **위험원에 따른 분류**

포집형 방호장치	• 예 목재가공용 둥근톱의 반발예방장치, 연삭기의 덮개 등
감지형 방호장치	• 이상온도, 이상기압, 과부하 등 기계의 부하가 안전한계치를 초과하는 경우에 이를 감지하고 자동으로 안전상태가 되도록 조정하거나 기계의 작동을 중지시키는 방호장치

[참고] **위험장소에 따른 분류**

격리형 방호장치	• 예 완전 차단형 방호장치, 덮개형 방호장치, 방책 등
위치 제한형 방호장치	• 예 프레스의 양수조작식 방호장치
접근 거부형 방호장치	• 예 프레스의 수인식, 손쳐내기식 방호장치
접근 반응형 방호장치	• 예 프레스의 광전자식 방호장치

{분석} 실기까지 중요한 내용입니다.

50 산업용 로봇 작업 시 안전조치 방법으로 틀린 것은?

① 작업 중의 매니퓰레이터의 속도의 지침에 따라 작업한다.
② 로봇의 조작 방법 및 순서의 지침에 따라 작업한다.
③ 작업을 하고 있는 동안 해당 작업 근로자 이외에도 로봇의 기동스위치를 조작할 수 있도록 한다.
④ 2명 이상의 근로자에게 작업을 시킬 때는 신호 방법의 지침을 정하고 그 지침에 따라 작업한다.

[해설] ③ 작업을 하고 있는 동안 로봇의 기동스위치 등에 작업 중이라는 표시를 하는 등 작업에 종사하고 있는 근로자가 아닌 사람이 그 스위치 등을 조작할 수 없도록 필요한 조치를 할 것

51 크레인 작업 시 조치사항 중 틀린 것은?

① 인양할 하물은 바닥에서 끌어당기거나, 밀어내는 작업을 하지 아니할 것
② 유류드럼이나 가스통 등의 위험물 용기는 보관함에 담아 안전하게 매달아 운반할 것
③ 고정된 물체는 직접 분리, 제거하는 작업을 할 것
④ 근로자의 출입을 통제하여 하물이 작업자의 머리 위로 통과하지 않게 할 것

[해설] ③ 고정된 물체를 직접 분리·제거하는 작업을 하지 아니할 것

52 산업안전보건법령상 양중기에 사용하지 않아야 하는 달기 체인의 기준으로 틀린 것은?

① 심하게 변형된 것
② 균열이 있는 것
③ 달기 체인의 길이가 달기 체인이 제조된 때의 길이 3%를 초과한 것
④ 링의 단면지름이 달기 체인이 제조된 때의 해당 링의 지름의 10%를 초과하여 감소한 것

[해설] **늘어난 달기 체인 등의 사용금지 사항**
① 달기 체인의 길이 증가가 달기 체인이 제조된 때의 길이의 5퍼센트를 초과한 것
② 링의 단면지름이 달기 체인이 제조된 때의 해당 링의 지름의 10퍼센트를 초과하여 감소한 것
③ 균열이 있거나 심하게 변형된 것

{분석} 실기까지 중요한 내용입니다.

정답 50 ③ 51 ③ 52 ③

53 롤러기에 사용되는 급정지 장치의 종류가 아닌 것은?

① 손 조작식
② 발 조작식
③ 무릎 조작식
④ 복부 조작식

[해설] 조작부의 설치 위치에 따른 급정지 장치의 종류

종류	설치 위치
손 조작식	밑면에서 1.8m 이내
복부 조작식	밑면에서 0.8m 이상 1.1m 이내
무릎 조작식	밑면에서 0.6m 이내(또는 밑면으로부터 0.4m 이상 0.6m 이내)

비고 : 위치는 급정지장치의 조작부의 중심점을 기준

{분석} 실기까지 중요한 내용입니다.

54 드릴 작업의 안전조치 사항으로 틀린 것은?

① 칩은 와이어 브러시로 제거한다.
② 드릴 작업에서는 보안경을 쓰거나 안전 덮개를 설치한다.
③ 칩에 의한 자상을 방지하기 위해 면장갑을 착용한다.
④ 바이스 등을 사용하여 작업 중 공작물의 유동을 방지한다.

[해설] ③ 드릴 작업 시 면장갑 착용을 금지한다.

55 개구부에서 회전하는 롤러의 위험점까지 최단거리가 60mm일 때 개구부 간격은?

① 10mm
② 12mm
③ 13mm
④ 15mm

[해설]

가드의 개구간격	일방 평행 보호망, 위험점이 전동체인 경우
① X<160mm일 경우 Y = 6+0.15×X ② X≧160mm일 경우 Y = 30mm 여기서, X : 안전거리 (위험점에서 가드까지의 거리)(mm) Y : 가드의 최대 개구 간격(mm)	① Y = 6+0.1×X 여기서, X : 안전거리(mm) Y : 가드의 최대 개구 간격(mm)

$Y = 6+0.15 \times 60 = 15(mm)$

{분석} 실기까지 중요한 내용입니다.

56 연삭 숫돌과 작업받침대, 교반기의 날개, 하우스 등 기계의 회전 운동하는 부분과 고정부분 사이에 위험이 형성되는 위험점은?

① 물림점
② 끼임점
③ 절단점
④ 접선물림점

[해설] 위험점의 분류
① 협착점 : 왕복운동 부분과 고정부분 사이에서 형성되는 위험점
  예) 프레스기, 전단기, 성형기 등
② 끼임점 : 고정부분과 회전하는 동작부분 사이에서 형성되는 위험점
  예) 연삭숫돌과 덮개, 교반기 날개와 하우징 등
③ 절단점 : 회전하는 운동부 자체, 운동하는 기계 부분 자체의 위험점
  예) 날, 커터를 가진 기계
④ 물림점 : 회전하는 두 개의 회전체에 물려 들어가는 위험점
  예) 롤러와 롤러, 기어와 기어 등

정답 53 ② 54 ③ 55 ④ 56 ②

⑤ 접선 물림점 : 회전하는 부분의 접선 방향으로 물려 들어가는 위험점
  예) 벨트와 풀리, 체인과 스프로킷 등
⑥ 회전 말림점 : 회전하는 물체에 작업복, 머리카락 등이 말려 들어가는 위험점
  예) 회전축, 커플링 등

{분석}
실기에 자주 출제되는 중요한 내용입니다.

57 보일러의 연도(굴뚝)에서 버려지는 여열을 이용하여 보일러에 공급되는 급수를 예열하는 부속장치는?

① 과열기
② 절탄기
③ 공기예열기
④ 연소장치

[해설] 절탄기 : 연도(굴뚝)에서 버려지는 여열을 이용하여 보일러에 공급되는 급수를 예열하는 부속장치

58 다음 중 컨베이어의 안전장치가 아닌 것은?

① 이탈 및 역주행 방지 장치
② 비상정지 장치
③ 덮개 또는 울
④ 비상 난간

[해설] 컨베이어의 방호장치
① 이탈 등의 방지장치 : 컨베이어 등을 사용하는 때에는 정전·전압강하 등에 의한 화물 또는 운반구의 이탈 및 역주행을 방지하는 장치를 갖추어야 한다.
② 비상정지장치 : 컨베이어 등에 근로자의 신체의 일부가 말려드는 등 근로자에게 위험을 미칠 우려가 있는 때 및 비상시에는 즉시 컨베이어 등의 운전을 정지시킬 수 있는 장치를 설치하여야 한다.
③ 덮개, 울의 설치 : 컨베이어 등으로 부터 화물이 떨어져 근로자가 위험해질 우려가 있는 경우에는 해당 컨베이어 등에 덮개 또는 울을 설치하는 등 낙하 방지를 위한 조치를 하여야 한다.

{분석}
실기에 자주 출제되는 중요한 내용입니다.

59 밀링 머신의 작업 시 안전수칙에 대한 설명으로 틀린 것은?

① 커터의 교환 시는 테이블 위에 목재를 받쳐 놓는다.
② 강력 절삭 시에는 일감을 바이스에 깊게 물린다.
③ 작업 중 면장갑은 착용하지 않는다.
④ 커터는 가능한 컬럼(column)으로부터 멀리 설치한다.

[해설] ④ 커터는 가능한 컬럼(column)으로부터 가깝게 설치한다.

60 선반의 크기를 표시하는 것으로 틀린 것은?

① 양쪽 센터 사이의 최대 거리
② 왕복대 위의 스윙
③ 베드 위의 스윙
④ 주축에 물릴 수 있는 공작물의 최대 지름

[해설] 선반의 크기 표시
① 양쪽 센터 사이의 최대 거리
② 왕복대 위의 스윙
③ 베드 위의 스윙
④ 베드 길이

[참고]

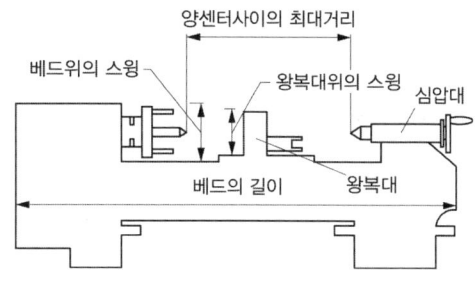

정답 57 ② 58 ④ 59 ④ 60 ④

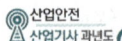

제4과목 · 전기 및 화학설비 안전 관리

61 최대안전틈새(MESG)의 특성을 적용한 방폭구조는?

① 내압 방폭구조
② 유입 방폭구조
③ 안전증 방폭구조
④ 압력 방폭구조

[해설] **내압 방폭구조(d)**
① 아크를 발생시키는 전기설비를 전폐용기에 넣고 용기 내부에 폭발이 일어날 경우에 용기가 폭발 압력에 견뎌 외부의 폭발성 가스에 인화될 위험이 없도록 한 구조의 방폭 구조
② 폭발한 고열 가스가 용기의 틈을 통하여 누설되더라도 틈의 냉각 효과(최대안전틈새 적용)로 인하여 폭발의 위험이 없도록 한다.

{분석} 실기에 자주 출제되는 중요한 내용입니다.

62 내전압용 절연장갑의 등급에 따른 최대 사용전압이 올바르게 연결된 것은?

① 00 등급 : 직류 750V
② 00 등급 : 교류 650V
③ 0 등급 : 직류 1,000V
④ 0 등급 : 교류 800V

[해설] **절연장갑의 등급**

등급	최대 사용 전압	
	교류(V, 실효값)	직류(V)
00	500	750
0	1,000	1,500
1	7,500	11,250
2	17,000	25,500
3	26,500	39,750
4	36,000	54,000

{분석} 실기까지 중요한 내용입니다.

63 선간전압이 6.6kV인 충전전로 인근에서 유자격자가 작업하는 경우, 충전전로에 대한 최소 접근한계거리(cm)는? (단, 충전부에 절연 조치가 되어있지 않고, 작업자는 절연장갑을 착용하지 않았다.)

① 20 ② 30
③ 50 ④ 60

[해설]

충전전로의 선간전압 (단위 : 킬로볼트)	충전전로에 대한 접근 한계거리 (단위 : 센티미터)
0.3 이하	접촉금지
0.3 초과 0.75 이하	30
0.75 초과 2 이하	45
2 초과 15 이하	60
15 초과 37 이하	90
37 초과 88 이하	110
88 초과 121 이하	130
121 초과 145 이하	150
145 초과 169 이하	170
169 초과 242 이하	230
242 초과 362 이하	380
362 초과 550 이하	550
550 초과 800 이하	790

{분석} 실기까지 중요한 내용입니다.

64 어떤 도체에 20초 동안에 100C의 전하량이 이동하면 이 때 흐르는 전류(A)는?

① 200 ② 50
③ 10   ④ 5

[해설]
전하량의 계산
$$Q = I \times T$$
여기서, Q : 전하량(C)
I : 전류(A)
T : 시간(초)

$Q = I \times T$
$I = \dfrac{Q}{T} = \dfrac{100}{20} = 5(A)$

정답 61 ① 62 ① 63 ④ 64 ④

65 피뢰기가 반드시 가져야 할 성능 중 틀린 것은?

① 방전 개시 전압이 높을 것
② 뇌전류 방전 능력이 클 것
③ 속류 차단을 확실하게 할 수 있을 것
④ 반복 동작이 가능할 것

해설 피뢰기가 구비해야 할 성능
① 반복 동작이 가능할 것
② 구조가 견고하며 특성이 변하지 않을 것
③ 점검, 보수가 간단할 것
④ 충격 방전 개시 전압과 제한 전압이 낮을 것
⑤ 뇌전류의 방전 능력이 크고, 속류의 차단이 확실하게 될 것

{분석}
필기에 자주 출제되는 내용입니다.

66 가스 또는 분진폭발위험장소에는 변전실·배전반실·제어실 등을 설치하여서는 아니 된다. 다만, 실내기압이 항상 양압을 유지하도록 하고, 별도의 조치를 한 경우에는 그러하지 않는데 이 때 요구되는 조치사항으로 틀린 것은?

① 양압을 유지하기 위한 환기설비의 고장 등으로 양압이 유지되지 아니한 때 정보를 할 수 있는 조치를 한 경우
② 환기설비가 정지된 후 재가동하는 경우 변전실 등에 가스 등이 있는지를 확인할 수 있는 가스검지기 등의 장비를 비치한 경우
③ 환기설비에 의하여 변전실 등에 공급되는 공기는 가스폭발 위험장소 또는 분진폭발위험장소가 아닌 곳으로부터 공급되도록 하는 조치를 한 경우
④ 실내기압이 항상 양압 10Pa 이상이 되도록 장치를 한 경우

해설 가스폭발 위험장소 또는 분진폭발 위험장소에는 변전실, 배전반실, 제어실, 그 밖에 이와 유사한 시설을 설치해서는 아니 된다. 다만, 변전실 등의 실내기압이 항상 양압(25파스칼 이상의 압력)을 유지하도록 하고 다음 각 호의 조치를 하거나, 가스폭발 위험장소 또는 분진폭발 위험장소에 적합한 방폭성능을 갖는 전기 기계·기구를 변전실 등에 설치·사용한 경우에는 그러하지 아니하다.
① 양압을 유지하기 위한 환기설비의 고장 등으로 양압이 유지되지 아니한 경우 경보를 할 수 있는 조치
② 환기설비가 정지된 후 재가동하는 경우 변전실 등에 가스 등이 있는지를 확인할 수 있는 가스검지기 등 장비의 비치
③ 환기설비에 의하여 변전실 등에 공급되는 공기는 가스폭발 위험장소 또는 분진폭발 위험장소가 아닌 곳으로부터 공급되도록 하는 조치

67 절연체에 발생한 정전기는 일정 장소에 축적되었다가 점차 소멸되는데 처음 값의 몇 %로 감소되는 시간을 그 물체의 "시정수" 또는 "완화시간"이라고 하는가?

① 25.8
② 36.8
③ 45.8
④ 67.8

해설 완화시간(시정수)
발생한 정전기가 처음 값의 36.8% 감소하는 시간을 말한다.

68 누전차단기의 선정 및 설치에 대한 설명으로 틀린 것은?

① 차단기를 설치한 전로에 과부하 보호장치를 설치하는 경우는 서로 협조가 잘 이루어지도록 한다.
② 정격부동작전류와 정격감도전류와의 차는 가능한 큰 차단기로 선정한다.

정답 65 ① 66 ④ 67 ② 68 ②

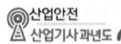

③ 감전방지 목적으로 시설하는 누전차단기는 고감도고속형을 선정한다.
④ 전로의 대지정전용량이 크면 차단기가 오동작하는 경우가 있으므로 각 분기회로마다 차단기를 설치한다.

[해설] ② 정격부동작전류가 정격감도전류의 50% 이상이어야 하고 이들의 전류 차가 가능한 한 작을 것

69 정전기 발생량과 관련된 내용으로 옳지 않은 것은?

① 분리속도가 빠를수록 정전기 발생량이 많아진다.
② 두 물질간의 대전서열이 가까울수록 정전기 발생량이 많아진다.
③ 접촉면적이 넓을수록, 접촉압력이 증가할수록 정전기 발생량이 많아진다.
④ 물질의 표면이 수분이나 기름 등에 오염되어 있으면 정전기 발생량이 많아진다.

[해설] 정전기 발생에 영향을 주는 요인

물체의 특성	대전서열에서 멀리 있는 물체들끼리 마찰할수록 발생량이 많다.
물체의 표면상태	표면이 거칠수록, 표면이 수분, 기름 등에 오염될수록 발생량이 많다.
물체의 이력	처음 접촉, 분리할 때 정전기 발생량이 최고이고, 반복될수록 발생량은 줄어든다.
접촉면적 및 압력	접촉 면적이 넓을수록, 접촉압력이 클수록 발생량이 많다.
분리속도	분리속도가 빠를수록 발생량이 많다.

70 전기설비 등에는 누전에 의한 감전의 위험을 방지하기 위하여 전기기계·기구에 접지를 실시하도록 하고 있다. 전기기계·기구의 접지에 대한 설명 중 틀린 것은?

① 특별고압의 전기를 취급하는 변전소·개폐소 그 밖에 이와 유사한 장소에서는 지락(地絡)사고가 발생할 경우 접지극의 전위상승에 의한 감전위험을 감소시키기 위한 조치를 하여야 한다.
② 코드 및 플러그를 접속하여 사용하는 전압이 대지전압 110V를 넘는 전기기계·기구가 노출된 비충전 금속체에는 접지를 반드시 실시하여야 한다.
③ 접지설비에 대하여는 상시 적정상태 유지여부를 점검하고 이상을 발견한 때에는 즉시 보수하거나 재설치하여야 한다.
④ 전기기계·기구의 금속제 외함·금속제 외피 및 철대에는 접지를 실시하여야 한다.

[해설] 코드 및 플러그를 접속하여 사용하는 전기기계·기구 중 접지를 하여야 하는 경우(다음 각목의 1에 해당하는 노출된 비충전 금속체)

• 사용전압이 대지전압 150볼트를 넘는 것
• 냉장고·세탁기·컴퓨터 및 주변기기 등과 같은 고정형 전기기계·기구
• 고정형·이동형 또는 휴대형 전동기계·기구
• 물 또는 도전성이 높은 곳에서 사용하는 전기기계·기구, 비접지형 콘센트
• 휴대형 손전등

정답 69 ② 70 ②

71 다음 가스 중 공기 중에서 폭발범위가 넓은 순서로 옳은 것은?

① 아세틸렌 > 프로판 > 수소 > 일산화탄소
② 수소 > 아세틸렌 > 프로판 > 일산화탄소
③ 아세틸렌 > 수소 > 일산화탄소 > 프로판
④ 수소 > 프로판 > 일산화탄소 > 아세틸렌

[해설]
- 아세틸렌 : 2.5~81%
- 수소 : 4.0~75%
- 일산화탄소 : 12~74%
- 프로판 : 2.1~9.5%

72 산업안전보건법상 물질안전보건자료 작성 시 포함되어야 하는 항목이 아닌 것은? (단, 참고사항은 제외한다.)

① 화학제품과 회사에 관한 정보
② 제조일자 및 유효기간
③ 운송에 필요한 정보
④ 환경에 미치는 영향

[해설] 물질안전보건자료의 작성 항목
(Data Sheet 16가지 항목)
1. 화학제품과 회사에 관한 정보
2. 유해·위험성
3. 구성성분의 명칭 및 함유량
4. 응급조치요령
5. 폭발·화재 시 대처방법
6. 누출사고 시 대처방법
7. 취급 및 저장방법
8. 노출방지 및 개인보호구
9. 물리화학적 특성
10. 안정성 및 반응성
11. 독성에 관한 정보
12. 환경에 미치는 영향
13. 폐기 시 주의사항
14. 운송에 필요한 정보
15. 법적규제 현황
16. 기타 참고사항

{분석}
실기까지 중요한 내용입니다.

73 물반응성 물질에 해당하는 것은?

① 니트로화합물
② 칼륨
③ 염소산나트륨
④ 부탄

[해설] 물반응성 물질(금수성 물질)의 종류
① 리튬
② 칼륨·나트륨
③ 알킬알루미늄·알킬리튬
④ 칼슘 탄화물(탄화칼슘), 알루미늄 탄화물(탄화알루미늄)

{분석}
실기까지 중요한 내용입니다.

74 위험물을 건조하는 경우 내용적이 몇 m^3 이상인 건조설비일 때 위험물 건조설비 중 건조실을 설치하는 건축물의 구조를 독립된 단층으로 해야 하는가? (단, 건축물은 내화구조가 아니며, 건조실을 건축물의 최상층에 설치한 경우가 아니다.)

① 0.1   ② 1
③ 10   ④ 100

[해설] 위험물 건조설비 중 건조실을 독립된 단층건물로 하여야 하는 경우
① 위험물 또는 위험물이 발생하는 물질을 가열·건조하는 경우 내용적이 1세제곱미터 이상인 건조설비
② 위험물이 아닌 물질을 가열·건조하는 경우
- 고체 또는 액체연료의 최대사용량이 시간당 10킬로그램 이상
- 기체연료의 최대사용량이 시간당 1세제곱미터 이상
- 전기사용 정격용량이 10킬로와트 이상

{분석}
실기까지 중요한 내용입니다.

정답 71 ③ 72 ② 73 ② 74 ②

75 다음 중 반응기의 운전을 중지할 때 필요한 주의사항으로 가장 적절하지 않은 것은?

① 급격한 유량 변화를 피한다.
② 가연성 물질이 새거나 흘러나올 때의 대책을 사전에 세운다.
③ 급격한 압력 변화 또는 온도 변화를 피한다.
④ 80~90℃의 염산으로 세정을 하면서 수소가스로 잔류가스를 제거한 후 잔류물을 처리한다.

[해설] 반응기의 운전을 중지할 때 필요한 주의사항
① 급격한 유량 변화를 피한다.
② 가연성 물질이 새거나 흘러나올 때의 대책을 사전에 세운다.
③ 급격한 압력 변화 또는 온도 변화를 피한다.

[참고] 반응기의 잔유물 제거
① 반응공정 운전 중에 생성 물질이 부착되거나 기기 개방 시에 배출 잔액과 세정 잔액 또는 잔류 공기 등이 있으면, 운전이 개시되거나 수리 시에 이상 반응이 일어나 화재폭발을 일으킬 수 있다.
② 설비 내에 탄화물이나 산화물과 같은 부생성물과 잔유물의 유무를 확인한다.
③ 잔존 물질이 취급물질에 대한 촉매작용이 있는 지를 확인하고 촉매물질로 될 수 있는 것은 이상반응 위험성이 있으므로 제거한다.
④ 잔유물을 확인한 경우에는 스팀 세정과 화학세정의 실시, 그리고 각 첨가제를 투입하여 물질의 변성 및 물질 치환을 통하여 제거하도록 한다. 이러한 방법을 사용할 수 없는 경우에는 에어펌프를 사용하고 가급적 탱크 내에 들어가지 않도록 한다.

76 어떤 물질 내에서 반응전파속도가 음속보다 빠르게 진행되며 이로 인해 발생된 충격파가 반응을 일으키고 유지하는 발열 반응을 무엇이라 하는가?

① 점화(Ignition)
② 폭연(Deflagration)
③ 폭발(Explosion)
④ 폭굉(Detonation)

[해설] 폭굉파
충격파(shock wave)의 일종으로 화염의 전파속도가 음속 이상일 경우이며 그 속도가 1,000~3,500m/sec에 이르는 경우를 말한다.

77 A가스의 폭발하한계가 4.1vol%, 폭발상한계가 62vol%일 때 이 가스의 위험도는 약 얼마인가?

① 8.94　② 12.75
③ 14.12　④ 16.12

[해설]
$$위험도(H) = \frac{U_2 - U_1}{U_1}$$
여기서, U_1 : 폭발 하한계(%)
U_2 : 폭발 상한계(%)

위험도$(H) = \frac{62 - 4.1}{4.1} = 14.12$

{분석} 실기까지 중요한 내용입니다.

78 사업장에서 유해·위험물질의 일반적인 보관방법으로 적합하지 않는 것은?

① 질소와 격리하여 저장
② 서늘한 장소에 저장
③ 부식성이 없는 용기에 저장
④ 차광막이 있는 곳에 저장

[해설] ① 산소와 격리하여 저장

정답 75 ④　76 ④　77 ③　78 ①

79 다음 중 분진폭발의 가능성이 가장 낮은 물질은?

① 소맥분
② 마그네슘분
③ 질석가루
④ 석탄가루

[해설]

분진폭발을 일으키는 물질	분진폭발을 일으키지 않는 물질
• 금속분(알루미늄, 마그네슘, 아연분말) • 플라스틱 • 농산물 • 황	• 시멘트 • 생석회(CaO) • 석회석 • 탄산칼슘($CaCO_3$) • 질석가루

80 산업안전보건기준에 관한 규칙에서 규정하는 급성 독성 물질의 기준으로 틀린 것은?

① 쥐에 대한 경구투입실험에 의하여 실험동물의 50%를 사망시킬 수 있는 물질의 양이 kg당 300mg-(체중) 이하인 화학물질
② 쥐에 대한 경피흡수실험에 의하여 실험동물의 50%를 사망시킬 수 있는 물질의 양이 kg당 1000mg-(체중) 이하인 화학물질
③ 토끼에 대한 경피흡수실험에 의하여 실험동물의 50%를 사망시킬 수 있는 물질의 양이 kg당 1000mg-(체중) 이하인 화학물질
④ 쥐에 대한 4시간 동안의 흡입실험에 의하여 실험동물의 50%를 사망시킬 수 있는 가스의 농도가 3000ppm 이상인 화학물질

[해설] 급성 독성 물질

가. 쥐에 대한 경구투입실험에 의하여 실험동물의 50퍼센트를 사망시킬 수 있는 물질의 양, 즉 LD_{50}(경구, 쥐)이 킬로그램 당 300밀리그램 -(체중) 이하인 화학물질
나. 쥐 또는 토끼에 대한 경피흡수실험에 의하여 실험동물의 50퍼센트를 사망시킬 수 있는 물질의 양, 즉 LD_{50}(경피, 토끼 또는 쥐)이 킬로그램 당 1000밀리그램 -(체중) 이하인 화학물질
다. 쥐에 대한 4시간 동안의 흡입실험에 의하여 실험동물의 50퍼센트를 사망시킬 수 있는 물질의 농도, 즉 가스 LC_{50}(쥐, 4시간 흡입)이 2500ppm 이하인 화학물질, 증기 LC_{50}(쥐, 4시간 흡입)이 10mg/ℓ 이하인 화학물질, 분진 또는 미스트 1mg/ℓ 이하인 화학물질

{분석} 실기에 자주 출제되는 중요한 내용입니다.

제5과목 건설공사 안전 관리

81 건설현장에서 계단을 설치하는 경우 계단의 높이가 최소 몇 미터 이상일 때 계단의 개방된 측면에 안전난간을 설치하여야 하는가?

① 0.8m   ② 1.0m
③ 1.2m   ④ 1.5m

[해설] 계단의 난간 : 높이 1미터 이상인 계단의 개방된 측면에 안전난간을 설치하여야 한다.

[참고] ① 계단의 강도 : 계단 및 계단참의 강도는 500kg/m² 이상이어야 하며 안전율은 4 이상으로 하여야 한다.
② 계단의 폭 : 1미터 이상으로 하여야 한다.
③ 계단참의 높이 : 높이가 3m를 초과하는 계단에는 높이 3m 이내마다 너비 1.2미터 이상의 계단참을 설치하여야 한다.

정답 79 ③ 80 ④ 81 ②

④ 천장의 높이 : 바닥면으로부터 높이 2미터 이내의 공간에 장애물이 없도록 하여야 한다.
⑤ 계단의 난간 : 높이 1미터 이상인 계단의 개방된 측면에 안전난간을 설치하여야 한다.

{분석}
실기까지 중요한 내용입니다.

82 산업안전보건관리비 중 안전 시설비의 항목에서 사용할 수 있는 항목에 해당하는 것은?

① 외부인 출입 금지, 공사장 경계 표시를 위한 가설울타리
② 작업 발판
③ 절토부 및 성토부 등의 토사 유실 방지를 위한 설비
④ 사다리 전도방지장치

[해설] ①, ②, ③ → 근로자 재해예방 외의 목적이 있는 시설로 안전시설비로 사용할 수 없다.
④ 사다리 전도방지장치 → 산업재해 예방을 위한 장치로 안전시설비로 사용할 수 있다.

[참고] 안전시설비 등
① 산업재해 예방을 위한 안전난간, 추락방호망, 안전대 부착설비, 방호장치(기계·기구와 방호장치가 일체로 제작된 경우, 방호장치 부분의 가액에 한함) 등 안전시설의 구입·임대 및 설치를 위해 소요되는 비용
② 스마트 안전장비 구입·임대 비용의 5분의 2에 해당하는 비용. 다만, 계상된 안전보건관리비 총액의 10분의 1을 초과할 수 없다.
③ 용접 작업 등 화재 위험작업 시 사용하는 소화기의 구입·임대비용

{분석}
실기까지 중요한 내용입니다.

83 포화도 80%, 함수비 28%, 흙 입자의 비중 2.7일 때 공극비를 구하면?

① 0.940
② 0.945
③ 0.950
④ 0.955

[해설] 비중×함수비 = 포화도×공극비

$$공극비 = \frac{비중 \times 함수비}{포화도} = \frac{2.7 \times 0.28}{0.8} = 0.945$$

{분석}
비중이 낮은 문제입니다.

84 다음 터널 공법 중 전단면 기계 굴착에 의한 공법에 속하는 것은?

① ASSM(American Steel Supported Method)
② NATM(New Austrian Tunneling Method)
③ TBM(Tunnel Boring Machine)
④ 개착식 공법

[해설] **TBM 공법**
발파를 하지 않고 tunnel boring machine의 회전 cutter에 의해 터널전단면을 절삭 또는 파쇄하는 기계식 굴착공법이다.

85 크레인 운전실을 통하는 통로의 끝과 건설물 등의 벽체와의 간격은 최대 얼마 이하로 하여야 하는가?

① 0.3m
② 0.4m
③ 0.5m
④ 0.6m

정답 82 ④ 83 ② 84 ③ 85 ①

해설 다음 각 호의 간격을 0.3미터 이하로 하여야 한다. 다만, 근로자가 추락할 위험이 없는 경우에는 그 간격을 0.3미터 이하로 유지하지 아니할 수 있다.
① 크레인의 운전실 또는 운전대를 통하는 통로의 끝과 건설물 등의 벽체의 간격
② 크레인 거더(girder)의 통로 끝과 크레인 거더의 간격
③ 크레인 거더의 통로로 통하는 통로의 끝과 건설물 등의 벽체의 간격

86 부두 등의 하역작업장에서 부두 또는 안벽의 선을 따라 설치하는 통로의 최소 폭 기준은?

① 30cm 이상 ② 50cm 이상
③ 70cm 이상 ④ 90cm 이상

해설 부두 또는 안벽의 선을 따라 통로를 설치하는 경우에는 폭을 90센티미터 이상으로 할 것

87 옹벽 축조를 위한 굴착작업에 관한 설명으로 옳지 않은 것은?

① 수평 방향으로 연속적으로 시공한다.
② 하나의 구간을 굴착하면 방치하지 말고 기초 및 본체구조물 축조를 마무리한다.
③ 절취경사면에 전석, 낙석의 우려가 있고 혹은 장기간 방치할 경우에는 숏크리트, 록볼트, 캔버스 및 모르타르 등으로 방호한다.
④ 작업위치 좌우에 만일의 경우에 대비한 대피 통로를 확보하여 둔다.

해설 ① 수평방향의 연속시공을 금하며, 블럭으로 나누어 단위시공 단면적을 최소화하여 분단시공을 한다.

88 가설통로 설치 시 경사가 몇 도를 초과하면 미끄러지지 않는 구조로 설치하여야 하는가?

① 15° ② 20°
③ 25° ④ 30°

해설 가설통로의 구조
① 견고한 구조로 할 것
② 경사는 30도 이하로 할 것(계단을 설치하거나 높이2미터 미만의 가설통로로서 튼튼한 손잡이를 설치한 때에는 그러하지 아니하다)
③ 경사가 15도를 초과하는 때는 미끄러지지 아니하는 구조로 할 것
④ 추락의 위험이 있는 장소에는 안전난간을 설치할 것(작업상 부득이한 때에는 필요한 부분에 한하여 임시로 이를 해체할 수 있다)
⑤ 수직갱 : 길이가 15미터 이상인 때에는 10미터 이내마다 계단참을 설치할 것
⑥ 건설공사에 사용하는 높이 8미터 이상인 비계다리 : 7미터 이내 마다 계단참을 설치할 것

{분석}
실기까지 중요한 내용입니다.

89 이동식 비계 작업 시 주의사항으로 옳지 않은 것은?

① 비계의 최상부에서 작업을 하는 경우에는 안전난간을 설치한다.
② 이동 시 작업지휘자가 이동식 비계에 탑승하여 이동하며 안전여부를 확인하여야 한다.
③ 비계를 이동시키고자 할 때는 바닥의 구멍이나 머리 위의 장애물을 사전에 점검한다.
④ 작업발판은 항상 수평을 유지하고 작업발판 위에서 안전난간을 딛고 작업을 하거나 받침대 또는 사다리를 사용하여 작업하지 않도록 한다.

해설 ② 작업자가 탄 채로 이동식 비계를 이동하여서는 아니 된다.

정답 86 ④ 87 ① 88 ① 89 ②

참고 이동식 비계의 구조
① 바퀴에는 갑작스러운 이동 또는 전도를 방지하기 위하여 브레이크·쐐기 등으로 바퀴를 고정시킨 다음 비계의 일부를 견고한 시설물에 고정하거나 아웃트리거를 설치하는 등 필요한 조치를 할 것
② 승강용사다리는 견고하게 설치할 것
③ 비계의 최상부에서 작업을 할 때에는 안전난간을 설치할 것
④ 작업발판은 항상 수평을 유지하고 작업발판 위에서 안전난간을 딛고 작업을 하거나 받침대 또는 사다리를 사용하여 작업하지 않도록 할 것
⑤ 작업발판의 최대적재하중은 250킬로그램을 초과하지 않도록 할 것

90 가설구조물의 특징이 아닌 것은?

① 연결재가 적은 구조로 되기 쉽다.
② 부재결합이 불완전 할 수 있다.
③ 영구적인 구조설계의 개념이 확실하게 적용된다.
④ 단면에 결함이 있기 쉽다.

해설 ③ 구조물이라는 개념이 확고하지 않아 조립의 정밀도가 낮다.

91 물체가 떨어지거나 날아올 위험 또는 근로자가 추락할 위험이 있는 작업 시 착용하여야 할 보호구는?

① 보안경
② 안전모
③ 방열복
④ 방한복

해설 작업조건에 적합한 보호구

작업	보호구
물체가 떨어지거나 날아올 위험 또는 근로자가 추락할 위험이 있는 작업	안전모
높이 또는 깊이 2미터 이상의 추락할 위험이 있는 장소에서 하는 작업	안전대 (安全帶)
물체의 낙하·충격, 물체에의 끼임, 감전 또는 정전기의 대전(帶電)에 의한 위험이 있는 작업	안전화
물체가 흩날릴 위험이 있는 작업	보안경
용접 시 불꽃이나 물체가 흩날릴 위험이 있는 작업	보안면
감전의 위험이 있는 작업	절연용 보호구
고열에 의한 화상 등의 위험이 있는 작업	방열복
선창 등에서 분진(粉塵)이 심하게 발생하는 하역작업	방진마스크
섭씨 영하 18도 이하인 급냉동 어창에서 하는 하역작업	방한모·방한복·방한화·방한장갑
물건을 운반하거나 수거·배달하기 위하여 이륜자동차를 운행하는 작업	승차용 안전모
물건을 운반하거나 수거·배달하기 위하여 자전거 등을 운행하는 작업	안전모

{분석}
실기에 자주 출제되는 중요한 내용입니다.

92 건설 현장에서 사용하는 공구 중 토공용이 아닌 것은?

① 착암기
② 포장 파괴기
③ 연마기
④ 점토 굴착기

해설 ③ 연마기는 금속, 석재 등의 표면을 숫돌 등을 이용하여 갈아내는 기계를 말한다.

정답 90 ③ 91 ② 92 ③

93 운반작업 중 요통을 일으키는 인자와 가장 거리가 먼 것은?

① 물건의 중량
② 작업 자세
③ 작업시간
④ 물건의 표면 마감 종류

[해설] 운반작업 중 요통을 일으키는 인자
① 물건의 중량 ② 작업 자세
③ 작업시간 ④ 작업 강도 등

94 콘크리트용 거푸집의 재료에 해당되지 않는 것은?

① 철재 ② 목재
③ 석면 ④ 경금속

[해설] 콘크리트용 거푸집의 재료
① 철재 ② 목재
③ 알루미늄 ④ 경금속

95 공사종류 및 규모별 안전관리비 계상 기준 표에서 공사 종류의 명칭에 해당되지 않는 것은?

① 건축공사
② 일반건설공사
③ 중건설공사
④ 토목공사

[해설] 공사종류 및 규모별 안전관리비 계상기준표

구분 공사 종류	대상액 5억 원 미만인 경우 적용 비율(%)	대상액 5억 원 이상 50억 원 미만인 경우		대상액 50억 원 이상인 경우 적용 비율(%)	보건관리자 선임 대상 건설공사의 적용비율 (%)
		적용 비율(%)	기초액		
건축공사	2.93(%)	1.86(%)	5,349 천원	1.97(%)	2.15(%)
토목공사	3.09(%)	1.99(%)	5,499 천원	2.10(%)	2.29(%)
중건설 공사	3.43(%)	2.35(%)	5,400 천원	2.44(%)	2.66(%)
특수 건설공사	1.85(%)	1.20(%)	3,250 천원	1.27(%)	1.38(%)

96 콘크리트 타설작업을 하는 경우에 준수해야 할 사항으로 옳지 않은 것은?

① 콘크리트를 타설하는 경우에는 편심을 유발하여 한쪽 부분부터 밀실하게 타설되도록 유도할 것
② 당일의 작업을 시작하기 전에 해당 작업에 관한 거푸집 동바리 등의 변형·변위 및 지반의 침하 유무 등을 점검하고 이상이 있으며 보수할 것
③ 작업 중에는 거푸집 동바리 등의 변형·변위 및 침하 유무 등을 감시할 수 있는 감시자를 배치하여 이상이 있으면 작업을 중지하고 근로자를 대피시킬 것
④ 설계도서상의 콘크리트 양생기간을 준수하여 거푸집 동바리 등을 해체할 것

[해설] ① 콘크리트를 한 곳에만 치우쳐서 타설할 경우 편심에 의한 거푸집의 변형 및 탈락 등의 붕괴사고가 발생되므로 타설 순서를 준수하여야 한다.

[참고] 콘크리트의 타설작업 시 준수 사항
① 당일의 작업을 시작하기 전에 해당 작업에 관한 거푸집 동바리 등의 변형·변위 및 지반의 침하 유무 등을 점검하고 이상이 있으면 보수할 것
② 작업 중에는 감시자를 배치하는 등의 방법으로 거푸집 및 동바리의 변형·변위 및 침하 유무 등을 확인해야 하며, 이상이 있으면 작업을 중지하고 근로자를 대피시킬 것
③ 콘크리트의 타설작업 시 거푸집 붕괴의 위험이 발생할 우려가 있으면 충분한 보강조치를 할 것
④ 설계도서상의 콘크리트 양생기간을 준수하여 거푸집 및 동바리를 해체할 것
⑤ 콘크리트를 타설하는 경우에는 편심이 발생하지 않도록 골고루 분산하여 타설할 것

정답 93 ④ 94 ③ 95 ② 96 ①

97 다음 그림은 풍화암에서 토사 붕괴를 예방하기 위한 기울기를 나타낸 것이다. x의 값은?

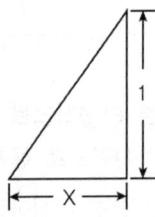

① 0.8 ② 1.0
③ 0.5 ④ 0.3

[해설] 풍화암의 기울기는 1 : 1.0이므로

$1 : 1.0 = \dfrac{1(높이)}{1.0(밑변)}$

$\dfrac{1}{1.0} = \dfrac{1}{x}$

$x = 1.0$

[참고] 굴착면의 기울기 및 높이 기준

지반의 종류	굴착면의 기울기
모래	1 : 1.8
연암 및 풍화암	1 : 1.0
경암	1 : 0.5
그 밖의 흙	1 : 1.2

98 지반의 사면파괴 유형 중 유한사면의 종류가 아닌 것은?

① 사면 내 파괴 ② 사면선단파괴
③ 사면저부파괴 ④ 직립사면파괴

[해설] 유한사면의 활동유형 : 급경사에서 급격히 변형하여 붕괴가 발생한다.

1. 원호활동
① 사면선단파괴 : 경사가 급하고 비점착성 토질
② 사면 내 파괴 : 견고한 지층이 얕은 경우
③ 사면저부파괴 : 경사가 완만하고 점착성인 경우

2. 대수나선활동 : 토층이 불균일할 때

3. 복합 곡선활동 : 연약한 토층이 얕은 곳에 존재할 때

99 철근 콘크리트 공사에서 거푸집동바리의 해체 시기를 결정하는 요인으로 가장 거리가 먼 것은?

① 시방서 상의 거푸집 존치 기간의 경과
② 콘크리트 강도시험 결과
③ 동절기일 경우 적산온도
④ 후속 공정의 착수 시기

[해설] 거푸집동바리의 해체 시기를 결정하는 요인
① 시방서 상의 거푸집 존치 기간의 경과
② 콘크리트 강도시험 결과
③ 동절기일 경우 적산온도

[참고] 거푸집 존치 기간의 결정요인
① 시멘트의 종류
② 콘크리트 배합
③ 하중
④ 평균기온
⑤ 구조물의 종류
⑥ 부재의 종류 및 크기

100 건설현장에서의 PC(precast Concrete) 조립 시 안전대책으로 옳지 않은 것은?

① 달아 올린 부재의 아래에서 정확한 상황을 파악하고 전달하여 작업한다.
② 운전자는 부재를 달아 올린 채 운전대를 이탈해서는 안 된다.
③ 신호는 사전 정해진 방법에 의해서만 실시한다.
④ 크레인 사용 시 PC판의 중량을 고려하여 아우트리거를 사용한다.

[해설] ① 매달린 부재 하부에는 모든 사람의 출입을 금지하여야 한다.

03회 2020년 산업안전 산업기사 최근 기출문제

2020년 8월 22일 시행

제1과목 산업재해 예방 및 안전보건교육

01 무재해 운동의 이념 가운데 직장의 위험 요인을 행동하기 전에 예지하여 발견, 파악, 해결하는 것을 의미하는 것은?

① 무의 원칙
② 선취의 원칙
③ 참가의 원칙
④ 인간 존중의 원칙

[해설] 무재해 운동의 3대 원칙
① 무(無)의 원칙(ZERO의 원칙) : 사업장 내의 모든 잠재위험요인을 적극적으로 사전에 발견하고 파악·해결함으로써 산업재해의 근원적인 요소들을 없앤다는 것을 의미한다.
② 선취의 원칙(안전제일의 원칙) : 사업장 내에서 행동하기 전에 잠재위험요인을 발견하고 파악·해결하여 재해를 예방하는 것을 의미한다.
③ 참가의 원칙(참여의 원칙) : 전원이 일치 협력하여 각자의 위치에서 적극적으로 문제해결을 하겠다는 것을 의미한다.

{분석} 실기까지 중요한 내용입니다.

02 산업안전보건 법령상 안전보건표지의 종류 중 인화성물질에 관한 표지에 해당하는 것은?

① 금지표지   ② 경고표지
③ 지시표지   ④ 안내표지

[해설] 인화성물질 경고

[참고]

경고표지의 종류	1. 인화성물질 경고 2. 산화성물질 경고 3. 폭발성물질 경고 4. 급성독성물질 경고 5. 부식성물질 경고 6. 발암성·변이원성·생식독성·전신독성·호흡기 과민성 물질 경고
	7. 방사성물질 경고 8. 고압전기 경고 9. 매달린 물체 경고 10. 낙하물 경고 11. 고온 경고 12. 저온 경고 13. 몸 균형 상실 경고 14. 레이저광선 경고 15. 위험장소 경고

{분석} 실기에 자주 출제되는 중요한 내용입니다.

03 인간관계의 메커니즘 중 다른 사람의 행동 양식이나 태도를 투입시키거나, 다른 사람 가운데서 자기와 비슷한 것을 발견하는 것을 무엇이라고 하는가?

① 투사(Projection)
② 모방(Imitation)
③ 암시(Suggestion)
④ 동일화(Identification)

[해설] 다른 사람 가운데서 자기와 비슷한 것을 발견 → 동일화

[참고]
1. 모방(Imitation) : 남의 행동이나 판단을 표본으로 하여 그것과 같거나 또는 그것에 가까운 행동 또는 판단을 취하려는 행동
2. 투사(Projection) : 자신의 불만이나 불안을 해소시키기 위해서 자신의 잘못을 남의 탓으로 돌리는 행동

정답 01 ② 02 ② 03 ④

3. 암시(Suggestion) : 다른 사람으로부터의 판단이나 행동을 무비판적으로 논리적·사실적 근거 없이 받아들이는 행동

{분석}
실기까지 중요한 내용입니다.

04 산업안전보건 법령상 근로자 안전보건교육 대상과 교육시간으로 옳은 것은?

① 정기교육인 경우 : 사무직 종사근로자 – 매반기 6시간 이상
② 정기교육인 경우 : 관리감독자 지위에 있는 사람 – 연간 10시간 이상
③ 채용 시 교육인 경우 : 일용근로자 – 4시간 이상
④ 작업내용 변경 시 교육인 경우 : 일용근로자를 제외한 근로자 – 1시간 이상

[해설]
1. 근로자 안전보건교육 시간

교육과정	교육대상		교육시간
가. 정기교육	1) 사무직 종사 근로자		매반기 6시간 이상
	2) 그 밖의 근로자	가) 판매업무에 직접 종사하는 근로자	매반기 6시간 이상
		나) 판매업무에 직접 종사하는 근로자 외의 근로자	매반기 12시간 이상
나. 채용 시 교육	1) 일용근로자 및 근로계약기간이 1주일 이하인 기간제 근로자		1시간 이상
	2) 근로계약기간이 1주일 초과 1개월 이하인 기간제 근로자		4시간 이상
	3) 그 밖의 근로자		8시간 이상
다. 작업내용 변경 시 교육	1) 일용근로자 및 근로계약기간이 1주일 이하인 기간제 근로자		1시간 이상
	2) 그 밖의 근로자		2시간 이상
라. 특별교육	1) 일용근로자 및 근로계약기간이 1주일 이하인 기간제 근로자(타워크레인 신호작업에 종사하는 근로자 제외)		2시간 이상
	2) 일용근로자 및 근로계약기간이 1주일 이하인 기간제 근로자 중 타워크레인 신호작업에 종사하는 근로자		8시간 이상
	3) 일용근로자 및 근로계약기간이 1주일 이하인 기간제 근로자를 제외한 근로자		가) 16시간 이상(최초 작업에 종사하기 전 4시간 이상 실시하고 12시간은 3개월 이내에서 분할하여 실시 가능) 나) 단기간 작업 또는 간헐적 작업인 경우에는 2시간 이상
마. 건설업 기초안전·보건교육	건설 일용근로자		4시간 이상

2. 관리감독자 안전보건교육

교육대상	교육시간
가. 정기교육	연간 16시간 이상
나. 채용 시 교육	8시간 이상
다. 작업내용 변경 시 교육	2시간 이상
라. 특별교육	16시간 이상(최초 작업에 종사하기 전 4시간 이상 실시하고, 12시간은 3개월 이내에서 분할하여 실시 가능)
	단기간 작업 또는 간헐적 작업인 경우에는 2시간 이상

{분석}
실기에 자주 출제되는 중요한 내용입니다.

정답 04 ①

05 위험예지훈련 4라운드 기법의 진행방법에 있어 문제점 발견 및 중요 문제를 결정하는 단계는?

① 대책수립 단계
② 현상파악 단계
③ 본질추구 단계
④ 행동목표설정 단계

[해설]

	위험예지훈련 4단계
1단계 : 현상파악	• 어떤 위험이 잠재하고 있는가? • 전원이 대화로써 도해 상황속의 잠재위험요인을 발견하고 그 요인이 초래할 수 있는 사고를 생각해내는 단계
2단계 : 요인조사 (본질추구)	• 이것이 위험의 포인트다. → 위험의 포인트를 지적확인 • 발견해 낸 위험 중 가장 위험한 것을 합의로서 결정하는 단계
3단계 : 대책수립	• 당신이라면 어떻게 할 것인가? • 중요위험요인을 해결하기 위한 대책을 세우는 단계
4단계 : 행동목표 설정 (합의요약)	• 우리들은 이렇게 하자! • 대책 중 중점 실시항목을 합의 요약해서 그것을 실천하기 위한 행동목표를 설정하는 단계

{분석}
필기에 자주 출제되는 내용입니다.

06 산업안전보건 법령상 안전모의 시험성능기준 항목이 아닌 것은?

① 난연성   ② 인장성
③ 내관통성   ④ 충격흡수성

[해설] 안전인증 대상 안전모의 성능 시험 종류
① 내관통성 시험
② 충격흡수성 시험
③ 내전압성 시험
④ 내수성 시험
⑤ 난연성 시험
⑥ 턱끈풀림 시험

[참고] 자율안전 확인 대상 안전모의 성능시험 종류
① 내관통성 시험
② 충격흡수성 시험
③ 난연성 시험
④ 턱끈풀림 시험

{분석}
실기까지 중요한 내용입니다.

07 O.J.T(On the Job Traning)의 특징 중 틀린 것은?

① 훈련과 업무의 계속성이 끊어지지 않는다.
② 직장의 실정에 맞게 실제적 훈련이 가능하다.
③ 훈련의 효과가 곧 업무에 나타나며, 훈련의 개선이 용이하다.
④ 다수의 근로자들에게 조직적 훈련이 가능하다.

[해설]

OJT의 특징	① 개개인에게 적절한 훈련이 가능하다. ② 직장의 실정에 맞는 훈련이 가능하다. ③ 교육효과가 즉시 업무에 연결된다. ④ 훈련에 대한 업무의 계속성이 끊어지지 않는다. ⑤ 상호 신뢰 이해도가 높다.
OFF JT의 특징	① 다수의 근로자들에게 훈련을 할 수 있다. ② 훈련에만 전념하게 된다. ③ 특별설비기구 이용이 가능하다. ④ 많은 지식이나 경험을 교류할 수 있다. ⑤ 교육 훈련 목표에 대하여 집단적 노력이 흐트러질 수 있다.

{분석}
실기까지 중요한 내용입니다.

정답 05 ③ 06 ② 07 ④

08 인지과정 착오의 요인이 아닌 것은?

① 정서 불안정
② 감각 차단 현상
③ 작업자의 기능 미숙
④ 생리·심리적 능력의 한계

[해설] 인간의 착오요인

인지과정 착오 요인	• 정보량 저장의 한계 • 감각 차단 현상 • 정서적 불안정 • 생리, 심리적 능력의 한계 (정보 수용 능력의 한계)
판단과정 착오 요인	• 자기 합리화 • 능력 부족 • 정보부족 • 자기과신
조작과정의 착오 요인	• 작업자의 기능 미숙 (기술 부족) • 작업경험 부족 • 피로
심리적, 기타 요인	• 불안·공포·과로·수면 부족 등

{분석}
필기에 자주 출제되는 내용입니다.

09 학습 성취에 직접적인 영향을 미치는 요인과 가장 거리가 먼 것은?

① 적성
② 준비도
③ 개인차
④ 동기유발

[해설] ① 적성 → 학습 성취의 간접요인

10 태풍, 지진 등의 천재지변이 발생한 경우나 이상상태 발생 시 기능상 이상 유·무에 대한 안전점검의 종류는?

① 일상점검   ② 정기점검
③ 수시점검   ④ 특별점검

[해설] 안전점검의 종류
① 정기점검(계획점검) : 일정 기간마다 정기적으로 실시하는 점검을 말한다.
② 수시점검(일상점검) : 매일 작업 전, 중, 후에 실시하는 점검을 말한다.
③ 특별점검 : 기계·기구 또는 설비의 신설·변경 또는 고장·수리 등으로 비정기적인 특정 점검, 산업안전보건 강조기간, 악천후 시에도 실시한다.
④ 임시점검 : 기계·기구 또는 설비의 이상 발견 시에 임시로 실시하는 점검을 말한다.

{분석}
필기에 자주 출제되는 내용입니다.

11 연간 근로자 수가 300명인 A 공장에서 지난 1년간 1명의 재해자(신체장해 등급 : Ⅰ급)가 발생하였다면 이 공장의 강도율은? (단, 근로자 1인당 1일 8시간씩 연간 300일을 근무하였다.)

① 4.27   ② 6.42
③ 10.05   ④ 10.42

[해설]

$$강도율 = \frac{총 요양근로손실 일수}{연 근로시간수} \times 1,000$$

* 근로손실일수 = 휴업일수, 요양일수,

$$입원일수 \times \frac{300(실제근로일수)}{365}$$

$$강도율 = \frac{7,500}{300 \times 8 \times 300} \times 1,000 = 10.42$$

정답 08 ③ 09 ① 10 ④ 11 ④

[참고]

신체 장해 등급	사망, 1,2,3 급	4급	5급	6급	7급	8급
손실 일수	7,500 일	5,500 일	4,000 일	3,000 일	2,200 일	1,500 일
신체 장해 등급	9급	10급	11급	12급	13급	14급
손실 일수	1,000 일	600일	400일	200일	100일	50일

{분석}
실기에 자주 출제되는 중요한 내용입니다.

12 재해예방의 4원칙에 해당하는 내용이 아닌 것은?

① 예방가능의 원칙
② 원인계기의 원칙
③ 손실우연의 원칙
④ 사고조사의 원칙

[해설] 산업재해 예방의 4원칙
① 예방 가능의 원칙 : 재해는 원칙적으로 원인만 제거되면 예방이 가능하다.
② 손실 우연의 원칙 : 사고의 결과 생기는 상해의 종류와 정도는 사고 발생 시 사고대상의 조건에 따라 우연히 발생한다.
③ 대책 선정의 원칙 : 사고의 원인에 대한 적합한 대책이 선정되어야 한다.
④ 원인 연계의 원칙 : 재해는 원인이 있고, 직접원인과 간접원인이 연계되어 일어난다.

{분석}
실기에 자주 출제되는 중요한 내용입니다.

13 알더퍼의 ERG(Existence Relation Growth) 이론에서 생리적 욕구, 물리적 측면의 안전 욕구 등 저차원적 욕구에 해당하는 것은?

① 관계 욕구 ② 성장 욕구
③ 존재 욕구 ④ 사회적 욕구

[해설] 알더퍼의 E.R.G 이론
① 생존 욕구(존재 욕구) : 의식주, 봉급, 직무 안전
② 관계 욕구 : 대인관계
③ 성장 욕구 : 개인적 발전

{분석}
실기까지 중요한 내용입니다.

14 상황성 누발자의 재해유발 원인과 거리가 먼 것은?

① 작업의 어려움
② 기계설비의 결함
③ 심신의 근심
④ 주의력의 산만

[해설]

상황성 누발자	• 작업에 어려움이 많은 자 • 기계 설비의 결함이 있을 때 • 심신에 근심이 있는 자 • 환경상 주의력 집중이 혼란되기 쉬울 때
소질성 누발자	• 주의력 산만 및 주의력 지속 불능 • 흥분성 • 저지능 • 비협조성 • 도덕성의 결여 • 소심한 성격 • 감각운동 부적합 등

{분석}
필기에 자주 출제되는 내용입니다.

15 리더십(leadership)의 특성에 대한 설명으로 옳은 것은?

① 지휘 형태는 민주적이다.
② 권한부여는 위에서 위임된다.
③ 구성원과의 관계는 지배적 구조이다.
④ 권한 근거는 법적 또는 공식적으로 부여된다.

정답 12 ④ 13 ③ 14 ④ 15 ①

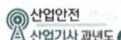

[해설] 리더십과 헤드십의 특성

구 분	리더십	헤드십
권한 행사	선출된 리더	임명적 헤드
권한 부여	밑으로 부터의 동의	위에서 위임
권한 귀속	집단 목표에 기여한 공로인정	공식화된 규정에 의함
상하, 부하 관계	개인적인 영향	지배적임
부하와의 관계	좁음	넓음
지휘 형태	민주주의적	권위주의적
책임 귀속	상사와 부하	상사
권한 근거	개인적	법적, 공식적

{분석} 필기에 자주 출제되는 내용입니다.

16 재해 원인을 통상적으로 직접원인과 간접원인으로 나눌 때 직접원인에 해당되는 것은?

① 기술적 원인
② 물적 원인
③ 교육적 원인
④ 관리적 원인

[해설] 재해의 직접원인
① 인적 원인(불안전한 행동)
② 물적 원인(불안전한 상태)

[참고] 재해의 간접원인
① 기술적 원인
② 교육적 원인
③ 신체적 원인
④ 정신적 원인
⑤ 작업 관리상 원인

{분석} 실기에 자주 출제되는 중요한 내용입니다.

17 안전교육 계획 수립 시 고려하여야 할 사항과 관계가 가장 먼 것은?

① 필요한 정보를 수집한다.
② 현장의 의견을 충분히 반영한다.
③ 법 규정에 의한 교육에 한정한다.
④ 안전교육 시행 체계와의 관련을 고려한다.

[해설] 안전교육 계획 수립 시 고려할 사항
① 자료 수집(필요한 정보 수집)
② 현장 의견의 충분한 반영
③ 교육 시행 체계와의 관계를 고려
④ 법 규정에 의한 교육과 그 이상의 교육을 계획

18 안전관리조직의 형태 중 라인스탭형에 대한 설명으로 틀린 것은?

① 대규모 사업장(1,000명 이상)에 효율적이다.
② 안전과 생산업무가 분리될 우려가 없기 때문에 균형을 유지할 수 있다.
③ 모든 안전관리 업무를 생산라인을 통하여 직선적으로 이루어지도록 편성된 조직이다.
④ 안전업무를 전문적으로 담당하는 스탭 및 생산라인의 각 계층에도 겸임 또는 전임의 안전담당자를 둔다.

[해설] 모든 안전관리 업무를 생산라인을 통하여 직선적으로 이루어지도록 편성된 조직이다.
→ 라인형 조직

[참고] [라인(Line)형 or 직계형]
① 소규모 사업장(100명 이하 사업장)에 적용이 가능하다.
② 라인형 장점 : 명령 및 지시가 신속, 정확하다.
③ 라인형 단점
 • 안전정보가 불충분하다.
 • 라인에 과도한 책임이 부여될 수 있다.
④ 생산과 안전을 동시에 지시하는 형태이다.

정답 16 ② 17 ③ 18 ③

[스태프(staff)형 or 참모형]
① 중규모 사업장(100 ~ 1,000명 정도의 사업장)에 적용이 가능하다.
② 스태프형 장점 : 안전정보 수집이 용이하고 빠르다.
③ 스태프 단점 : 안전과 생산을 별개로 취급한다.
④ 생산부문은 안전에 대한 책임, 권한이 없다.

[라인 스태프(Line Staff)형 or 혼합형]
① 대규모 사업장(1,000명 이상 사업장)에 적용이 가능하다.
② 라인 스태프형 장점
  • 안전전문가에 의해 입안된 것을 경영자가 명령하므로 명령이 신속, 정확하다.
  • 안전정보 수집이 용이하고 빠르다.
③ 라인 스태프형 단점
  • 명령계통과 조언, 권고적 참여의 혼돈이 우려된다.

{분석}
실기에 자주 출제되는 중요한 내용입니다.

19
기능(기술)교육의 진행방법 중 하버드학파의 5단계 교수법의 순서로 옳은 것은?

① 준비 → 연합 → 교시 → 응용 → 총괄
② 준비 → 교시 → 연합 → 총괄 → 응용
③ 준비 → 총괄 → 연합 → 응용 → 교시
④ 준비 → 응용 → 총괄 → 교시 → 연합

[해설] 하버드학파의 교수법

1단계	준비시킨다.
2단계	교시시킨다.
3단계	연합한다.
4단계	총괄한다.
5단계	응용시킨다.

{분석}
실기까지 중요한 내용입니다.

20
재해의 원인과 결과를 연계하여 상호 관계를 파악하기 위해 도표화하는 분석 방법은?

① 관리도   ② 파레토도
③ 특성요인도 ④ 크로스분류도

[해설] 원인과 결과를 연계하여 상호 관계를 파악
→ 특성요인도

[참고]
1. 관리도(Control Chart) : 시간경과에 따른 재해 발생 건수 등 대략적인 추이 파악에 사용된다.
2. 파레토도(Pareto Diagram) : 사고 유형, 기인물 등 데이터를 분류하여 그 항목값이 큰 순서대로 정리하여 막대그래프로 나타낸다.
3. 크로스(cross) 분석 : 2가지 또는 2개 항목 이상의 요인이 상호관계를 유지할 때 문제를 분석하는데 사용된다.

{분석}
실기까지 중요한 내용입니다.

제2과목 • 인간공학 및 위험성 평가 · 관리

21
산업안전보건법령상 정밀 작업 시 갖추어져야 할 작업면의 조도 기준은?
(단, 갱내 작업장과 감광재료를 취급하는 작업장은 제외한다.)

① 75럭스 이상   ② 150럭스 이상
③ 300럭스 이상 ④ 750럭스 이상

[해설] 법적 조도 기준
① 초정밀 작업 : 750 Lux 이상
② 정밀 작업 : 300 Lux 이상
③ 보통 작업 : 150 Lux 이상
④ 기타 작업 : 75 Lux 이상

{분석}
실기까지 중요한 내용입니다.

정답 19 ② 20 ③ 21 ③

22 시스템 수명주기 단계 중 이전 단계들에서 발생되었던 사고 또는 사건으로부터 축적된 자료에 대해 실증을 통한 문제를 규명하고 이를 최소화하기 위한 조치를 마련하는 단계는?

① 구상단계　　② 정의단계
③ 생산단계　　④ 운전단계

[해설] 실증을 통한 문제를 규명하고 이를 최소화하기 위한 조치를 마련하는 단계 → 운전단계(운용단계)

[참고] 운용단계
- 모든 운용, 보전 및 위급 시에 절차를 평가하여 그들이 설계 때에 고려된 바와 같은 타당성이 있느냐의 여부를 식별할 것
- 안전성에 손상이 일어나지 않도록 조작장치, 사용설명서의 변경과 수정을 요할 것
- 제조, 조립, 시험단계에서의 확립된 고장의 정보 피드백 시스템을 유지할 것
- 바람직한 운용 안전성 레벨의 유지를 보증하기 위하여 안전성 검사를 할 것
- 사고와 그 유발 사고를 조사하고 분석할 것
- 위험상태의 재발방지를 위해 적절한 개량조치를 강구할 것

23 FTA에 의한 재해사례 연구의 순서를 올바르게 나열한 것은?

A. 목표 사상 선정
B. FT도 작성
C. 사상마다 재해 원인 규명
D. 개선계획 작성

① A → B → C → D
② A → C → B → D
③ B → C → A → D
④ B → A → C → D

[해설] FTA에 의한 재해사례 연구 순서
1단계 : 톱사상의 설정
2단계 : 재해 원인 규명
3단계 : FT도의 작성
4단계 : 개선계획의 작성

{분석} 필기에 자주 출제되는 내용입니다.

24 반복되는 사건이 많이 있는 경우에 FTA의 최소 컷셋을 구하는 알고리즘이 아닌 것은?

① Fussel Allgorithm
② Boolean Allgorithm
③ Monte Carlo Allgorithm
④ Limnios & Ziani Allgorithm

[해설] 결함수분석의 최소 컷셋과 관련된 알고리즘
① Boolean Algebra
② Fussell Algorithm
③ Limnios & Ziani Algorithm

25 신뢰도가 0.4인 부품 5개가 병렬결합 모델로 구성된 제품이 있을 때 이 제품의 신뢰도는?

① 0.90　　② 0.91
③ 0.92　　④ 0.93

[해설] 부품 5개가 병렬이므로
$1-[(1-0.4)\times(1-0.4)\times(1-0.4)\times(1-0.4)\times(1-0.4)]$
$= 0.92$

[참고] 문제에서 주어진 값이 부품의 신뢰도이므로 공식에 대입한 값은 전체 제품의 신뢰도가 된다.

{분석} 필기에 자주 출제되는 내용입니다.

26 조작자 한 사람의 신뢰도가 0.9일 때 요원을 중복하여 2인 1조가 되어 작업을 진행하는 공정이 있다. 작업 기간 중 항상 요원 지원을 한다면 이 조의 인간 신뢰도는?

① 0.93　　② 0.94
③ 0.96　　④ 0.99

[해설] 요원을 중복하여 2인 1조가 되어 작업을 진행 → 병렬구조
$1-[(1-0.9)\times(1-0.9)]=0.99$

{분석} 필기에 자주 출제되는 내용입니다.

정답　22 ④　23 ②　24 ③　25 ③　26 ④

27 주물공장 A작업자의 작업지속시간과 휴식시간을 열압박지수(HSI)를 활용하여 계산하니 각각 45분, 15분이었다. A작업자의 1일 작업량(TW)은 얼마인가? (단, 휴식시간은 포함하지 않으며, 1일 근무시간은 8시간이다.)

① 4.5시간   ② 5시간
③ 5.5시간   ④ 6시간

[해설] 1일 작업량 $= \dfrac{\text{작업지속시간}}{\text{작업지속시간} + \text{휴식시간}} \times 8$

$= \dfrac{45분}{45분 + 15분} \times (8 \times 60분)$

$= 360분(6시간)$

{분석} 비중이 낮은 문제입니다.

28 다수의 표시장치(디스플레이)를 수평으로 배열할 경우 해당 제어장치를 각각의 표시장치 아래에 배치하면 좋아지는 양립성의 종류는?

① 공간 양립성   ② 운동 양립성
③ 개념 양립성   ④ 양식 양립성

[해설] 제어장치를 각각의 표시장치 아래에 배치 → 같은 공간 내에 배치 → 공간 양립성

[참고] 양립성 : 자극과 반응의 관계가 인간의 기대와 모순되지 않는 성질
① 개념적 양립성 : 외부자극에 대해 인간의 개념적 현상의 양립성
② 공간적 양립성 : 표시장치, 조종장치의 형태 및 공간적배치의 양립성
③ 운동의 양립성 : 표시장치, 조종장치 등의 운동방향의 양립성
④ 양식 양립성 : 자극과 응답양식의 존재에 대한 양립성

{분석} 필기에 자주 출제되는 내용입니다.

29 환경요소의 조합에 의해서 부과되는 스트레스나 노출로 인해서 개인에 유발되는 긴장(strain)을 나타내는 환경요소 복합지수가 아닌 것은?

① 카타온도(kata temperature)
② Oxford 지수(wet-dry index)
③ 실효온도(effective temperature)
④ 열 스트레스 지수(heat stress index)

[해설] 개인에 유발되는 긴장(strain)을 나타내는 환경요소 복합지수
1. Oxford 지수(wet-dry index) : 습건(WD) 지수라고도 하며, 습구·건구 온도의 가중 평균치를 말한다.
2. 실효온도(effective temperature) : 온도, 습도 및 공기 유동이 인체에 미치는 효과를 하나의 수치로 통합한 경험적 감각지수로서 상대습도 100%일 때의 건구온도에서 느끼는 것과 동일한 온감(溫感)이다.
3. 열 스트레스 지수(heat stress index) : 임의의 환경조건 아래에서 기대할 수 있는 최대 증산량에 대하여 신체를 열평형상태로 유지하기 위한 필요 증산량을 백분율로 나타낸 것

[참고] 카타온도(kata temperature) → 체감온도의 분석을 목적으로 카타온도계를 사용하여 측정한 온도

30 활동이 내용마다 "우·양·가·불가"로 평가하고 이 평가내용을 합하여 다시 종합적으로 정규화하여 평가하는 안전성 평가기법은?

① 평점척도법
② 쌍대비교법
③ 계층적 기법
④ 일관성 검정법

[해설] "우·양·가·불가"로 평가 → 평점척도법

[참고] 평점척도법 : 활동을 평가점수의 형태(평점척도)로 평가하는 방법

정답 27 ④ 28 ① 29 ① 30 ①

31 MIL-STD-882E에서 분류한 심각도(severity) 카테고리 범주에 해당하지 않는 것은?

① 재앙수준(catastrophic)
② 임계수준(critical)
③ 경계수준(precautionary)
④ 무시가능수준(negligible)

해설 "MIL-STD-882B"(미국방성의 위험성평가)의 위험도 분류
제1단계 : 파국적, 치명적(catastrophic)
제2단계 : 위기적, 위험(critical)
제3단계 : 한계적(marginal)
제4단계 : 무시(negligible)

32 다음 중 육체적 활동에 대한 생리학적 측정방법과 가장 거리가 먼 것은?

① EMG   ② EEG
③ 심박수   ④ 에너지소비량

해설 EEG(electroencephalogram ; 뇌전도) : 대뇌의 신경활동 전위차의 기록 → 정신활동에 대한 생리학적 측정방법

33 작업기억(working memory)과 관련된 설명으로 옳지 않은 것은?

① 오랜 기간 정보를 기억하는 것이다.
② 작업기억 내의 정보는 시간이 흐름에 따라 쇠퇴할 수 있다.
③ 작업기억의 정보는 일반적으로 시각, 음성, 의미 코드의 3가지로 코드화된다.
④ 리허설(rehearsal)은 정보를 작업기억 내에 유지하는 유일한 방법이다.

해설 작업기억은 감각기관을 통해 입력된 정보를 일시적으로 기억하고, 각종 인지적 과정을 계획하고 순서 지으며 실제로 수행하는 작업장으로서의 기능을 수행하는 단기적 기억을 말한다.

34 다음 형상 암호화 조종장치 중 이산 멈춤 위치용 조종장치는?

① 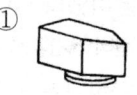   ②

③ 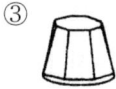   ④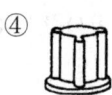

해설 ① : 이산멈춤 위치용 조종장치
②, ③ : 다회전용 조종장치
④ : 단회전용 조종장치

35 표시 값의 변화 방향이나 변화 속도를 나타내어 전반적인 추이의 변화를 관측할 필요가 있는 경우에 가장 적합한 표시장치 유형은?

① 계수형(digital)
② 묘사형(descriptive)
③ 동목형(moving scale)
④ 동침형(moving pointer)

해설 전반적인 추이의 변화를 관측할 필요가 있는 경우에 가장 적합한 표시장치 → 동침형(moving pointer)

참고 정량적 표시장치
① 정목동침형 : 눈금은 고정, 지침이 움직이는 형태
② 정침동목형 : 지침은 고정, 눈금이 움직이는 형태
③ 계수형 : 전력계, 택시요금 계기와 같이 숫자가 정확히 표시되는 형태

{분석}
필기에 자주 출제되는 내용입니다.

정답 31 ③ 32 ② 33 ① 34 ① 35 ④

36 사용자의 잘못된 조작 또는 실수로 인해 기계의 고장이 발생하지 않도록 설계하는 방법은?

① EMEA ② HAZOP
③ fail safe ④ fool proof

[해설] 풀프루프(Fool proof) : 인간의 실수가 있더라도 사고로 연결되지 않도록 2중, 3중으로 통제를 가한다.

[참고] 페일세이프(Fail-Safe) : 기계 설비에 결함이 발생되더라도 사고가 발생되지 않도록 2중, 3중으로 통제를 가한다.

{분석} 실기까지 중요한 내용입니다.

37 인간-기계 시스템을 설계하기 위해 고려해야 할 사항과 거리가 먼 것은?

① 시스템 설계 시 동작 경제의 원칙이 만족되도록 고려한다.
② 인간과 기계가 모두 복수인 경우, 종합적인 효과보다 기계를 우선적으로 고려한다.
③ 대상이 되는 시스템이 위치할 환경 조건이 인간에 대한 한계치를 만족하는가의 여부를 조사한다.
④ 인간이 수행해야 할 조작이 연속적인가 불연속적인가를 알아보기 위해 특성 조사를 실시한다.

[해설] ② 인간과 기계가 모두 복수인 경우 종합적인 효과보다 인간을 우선적으로 고려한다.

[참고] 인간-기계 시스템 설계 원칙
① 배열을 고려한 설계
② 양립성에 맞게 설계
③ 인체 특성에 적합한 설계

{분석} 필기에 자주 출제되는 내용입니다.

38 한국산업 표준상 결함 나무 분석(FTA) 시 다음과 같이 사용되는 사상기호가 나타내는 사상은?

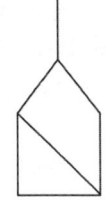

① 공사상
② 기본사상
③ 통상사상
④ 심층분석사상

[해설] 한국산업 표준상 결함 나무 분석(FTA) 시의 사상기호

공사상(Zero event) : 발생할 수 없는 사상	
심층분석사상 : 추후 다른 결함나무에서 심층분석되는 사상	
기본사상 : 세분될 수 없는 사상	
통상사상 : 확실히 발생하였거나, 발생할 사상	

정답 36 ④ 37 ② 38 ①

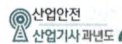

39 작업자의 작업공간과 관련된 내용으로 옳지 않은 것은?

① 서서 작업하는 작업공간에서 발바닥을 높이면 뻗침 길이가 늘어난다.
② 서서 작업하는 작업공간에서 신체의 균형에 제한을 받으면 뻗침 길이가 늘어난다.
③ 앉아서 작업하는 작업공간은 동적 팔뻗침에 의해 포락면(reach envelpoe)의 한계가 결정된다.
④ 앉아서 작업하는 작업공간에서 기능적 팔뻗침에 영향을 주는 제약이 적을수록 뻗침 길이가 늘어난다.

[해설] ② 서서 작업하는 작업공간에서 신체의 균형에 제한을 받으면 뻗침 길이가 줄어든다.

[참고] 작업공간
① 포락면 : 한 장소에 앉아서 수행하는 작업에서 작업하는 데 사용하는 공간
② 파악한계 : 앉은 작업자가 특정한 수작업 기능을 수행할 수 있는 공간의 외곽한계

40 조종장치의 촉각적 암호화를 위하여 고려하는 특성으로 볼 수 없는 것은?

① 형상
② 무게
③ 크기
④ 표면 촉감

[해설] 조종장치의 촉각적 암호화
① 형상 암호화
② 크기 암호화
③ 표면 촉감 암호화

{분석}
필기에 자주 출제되는 내용입니다.

제3과목 기계·기구 및 설비 안전 관리

41 크레인 작업 시 로프에 1톤의 중량을 걸어 20m/s²의 가속도로 감아올릴 때, 로프에 걸리는 총 하중(kgf)은 약 얼마인가? (단, 중력가속도는 10m/s²이다.)

① 1,000 ② 2,000
③ 3,000 ④ 3,500

[해설]

$$총 하중(w) = 정하중(w_1) + 동하중(w_2)$$
$$= w_1 + \frac{w_1}{g} \times a$$

여기서, w : 총 하중(kg$_f$)
w_1 : 정하중(kg$_f$)
w_2 : 동하중(kg$_f$)
g : 중력 가속도(9.8m/s²)
a : 가속도(m/s²)

총하중 $= 1,000 + \frac{1,000}{10} \times 20 = 3,000$(kg$_f$)

(1톤 = 1,000kg)

{분석}
실기까지 중요한 내용입니다.

42 다음 중 선반 작업 시 준수하여야 하는 안전 사항으로 틀린 것은?

① 작업 중 면장갑 착용을 금한다.
② 작업 시 공구는 항상 정리해 둔다.
③ 운전 중에 백기어를 사용한다.
④ 주유 및 청소를 할 때에는 반드시 기계를 정지시키고 한다.

[해설] ③ 기계를 정지하고 백기어를 사용한다.

정답 39 ② 40 ② 41 ③ 42 ③

43 기계설비의 안전조건 중 구조의 안전화에 대한 설명으로 가장 거리가 먼 것은?

① 기계재료의 선정 시 재료 자체에 결함이 없는지 철저히 확인한다.
② 사용 중 재료의 강도가 열화 될 것을 감안하여 설계 시 안전율을 고려한다.
③ 기계작동 시 기계의 오동작을 방지하기 위하여 오동작 방지 회로를 적용한다.
④ 가공 경화와 같은 가공결함이 생길 우려가 있는 경우는 열처리 등으로 결함을 방지한다.

[해설] ③ 기계작동 시 기계의 오동작을 방지하기 위하여 오동작 방지 회로를 적용한다. → 기능적 안전화

[참고] 구조부분 안전화(구조부분 강도적 안전화)
① 설계상의 결함 방지
② 재료의 결함 방지
③ 가공 결함 방지

{분석}
필기에 자주 출제되는 내용입니다.

44 산업안전보건 법령상 리프트의 종류로 틀린 것은?

① 건설용 리프트
② 자동차정비용 리프트
③ 이삿짐운반용 리프트
④ 간이 리프트

[해설]

	리프트의 종류 및 특징
건설용 리프트	동력을 사용하여 가이드레일(운반구를 지지하여 상승 및 하강 동작을 안내하는 레일)을 따라 상하로 움직이는 운반구를 매달아 사람이나 화물을 운반할 수 있는 설비 또는 이와 유사한 구조 및 성능을 가진 것으로 건설현장에서 사용하는 것
산업용 리프트	동력을 사용하여 가이드레일을 따라 상하로 움직이는 운반구를 매달아 화물을 운반할 수 있는 설비 또는 이와 유사한 구조 및 성능을 가진 것으로 건설현장 외의 장소에서 사용하는 것
자동차 정비용 리프트	동력을 사용하여 가이드레일을 따라 움직이는 지지대로 자동차 등을 일정한 높이로 올리거나 내리는 구조의 리프트로서 자동차 정비에 사용하는 것
이삿짐 운반용 리프트	연장 및 축소가 가능하고 끝단을 건축물 등에 지지하는 구조의 사다리형 붐에 따라 동력을 사용하여 움직이는 운반구를 매달아 화물을 운반하는 설비로서 화물자동차 등 차량 위에 탑재하여 이삿짐 운반 등에 사용하는 것

{분석}
실기까지 중요한 내용입니다.

45 보일러수 속에 불순물 농도가 높아지면서 수면에 거품이 형성되어 수위가 불안정하게 되는 현상은?

① 포밍   ② 서징
③ 수격현상   ④ 공동현상

[해설] 수면에 거품이 형성되어 수위가 불안정하게 되는 현상 → 포밍

[참고] 1. 프라이밍(priming, 비수 현상) : 보일러 부하의 급변, 수위 과상승 등에 의해 수분이 증기와 분리되지 않아 보일러 수면이 심하게 솟아올라 올바른 수위를 판단하지 못하는 현상

정답 43 ③ 44 ④ 45 ①

2. 수격 작용 : 물망치 작용(워터 해머, water hammer) 고여 있던 응축수가 밸브를 급격히 개폐 시에 고온 고압의 증기에 이끌려 배관을 강하게 치는 현상으로 배관파열을 초래한다.

{분석}
필기에 자주 출제되는 내용입니다.

46 산업안전보건법령상 연삭숫돌의 상부를 사용하는 것을 목적으로 하는 탁상용 연삭기 덮개의 노출각도는?

① 60° 이내 ② 65° 이내
③ 80° 이내 ④ 125° 이내

[해설] 숫돌 노출각도
① 탁상용
  • 상부를 사용하는 경우 : 60° 이내
  • 수평면 이하에서 연삭 : 125° 이내
  • 최대 원주 속도가 초당 50m 이하인 경우 : 90° 이내(주축면 위로 50°)
  • 그 외 탁상용 연삭기 : 80° 이내 (주축면 위로 65°)
② 절단기, 평면형 연삭기 : 150° 이내
③ 휴대용, 원통형 연삭기 : 180° 이내

{분석}
실기까지 중요한 내용입니다.

47 산업안전보건 법령상 위험기계·기구별 방호조치로 가장 적절하지 않은 것은?

① 산업용 로봇 - 안전매트
② 보일러 - 급정지장치
③ 목재가공용 둥근톱기계 - 반발예방장치
④ 산업용 로봇 - 광전자식 방호장치

[해설] 보일러의 방호장치
① 압력방출 장치
② 압력제한 스위치
③ 고저 수위조절 장치
④ 화염검출기

{분석}
실기에 자주 출제되는 중요한 내용입니다.

48 산업안전보건 법령상 연삭숫돌의 시운전에 관한 설명으로 옳은 것은?

① 연삭숫돌의 교체 시에는 바로 사용할 수 있다.
② 연삭숫돌의 교체 시 1분 이상 시운전을 하여야 한다.
③ 연삭숫돌의 교체 시 2분 이상 시운전을 하여야 한다.
④ 연삭숫돌의 교체 시 3분 이상 시운전을 하여야 한다.

[해설] 연삭숫돌은 작업 시작 전 1분 이상, 숫돌 교체 시 3분 이상 시운전할 것

{분석}
실기까지 중요한 내용입니다.

49 금형의 안전화에 대한 설명 중 틀린 것은?

① 금형의 틈새는 8mm 이상 충분하게 확보한다.
② 금형 사이에 신체 일부가 들어가지 않도록 한다.
③ 충격이 반복되어 부가되는 부분에는 완충장치를 설치한다.
④ 금형설치용 홈은 설치된 프레스의 홈에 적합한 형상의 것으로 한다.

[해설] ① 금형의 상, 하간의 틈새를 8mm 이하로 하여 손가락이 들어가지 않도록 한다.

50 컨베이어의 종류가 아닌 것은?

① 체인 컨베이어
② 스크류 컨베이어
③ 슬라이딩 컨베이어
④ 유체 컨베이어

정답 46 ① 47 ② 48 ④ 49 ① 50 ③

해설 컨베이어의 종류
① 벨트 컨베이어(belt conveyor)
② 체인 컨베이어(chain conveyor)
③ 스크루 컨베이어(screw conveyor)
④ 버킷 컨베이어(buket conveyor)
⑤ 롤러 컨베이어(roller conveyor)
⑥ 슬랫 컨베이어(slat conveyor)
⑦ 플라이트 컨베이어(flight conveyor)
⑧ 트롤리 컨베이어(trolley conveyor)
⑨ 유체(流體) 컨베이어(fluid conveyor)

해설

종류	분류
광전자식	A-1
	A-2
양수조작식	B-1 (유·공압 밸브식)
	B-2 (전기버튼식)
가드식	C
손쳐내기식	D
수인식	E

{분석} 실기까지 중요한 내용입니다.

51 산업안전보건 법령상 지게차 방호장치에 해당하는 것은?

① 포크
② 헤드가드
③ 호이스트
④ 힌지드 버킷

해설 지게차의 방호장치
① 헤드가드 : 지게차에는 최대하중의 2배(4톤을 넘는 값에 대해서는 4톤으로 한다)에 해당하는 등분포정하중(等分布靜荷重)에 견딜 수 있는 강도의 헤드가드를 설치하여야 한다.
② 백레스트 : 지게차에는 포크에 적재된 화물이 마스트의 뒤쪽으로 떨어지는 것을 방지하기 위한 백레스트(backrest)를 설치하여야 한다.
③ 전조등, 후미등 : 지게차에는 7천5백칸델라 이상의 광도를 가지는 전조등, 2칸델라 이상의 광도를 가지는 후미등을 설치하여야 한다.
④ 안전벨트 : 사용자가 쉽게 잠그고 풀 수 있는 구조일 것

{분석} 실기에 자주 출제되는 중요한 내용입니다.

52 프레스의 방호장치에 해당되지 않는 것은?

① 가드식 방호장치
② 수인식 방호장치
③ 롤 피드식 방호장치
④ 손쳐내기식 방호장치

53 산업안전보건 법령상 양중기에서 절단하중이 100톤인 와이어로프를 사용하여 화물을 직접적으로 지지하는 경우, 화물의 최대허용하중(톤)은?

① 20
② 30
③ 40
④ 50

해설
1. 화물을 직접적으로 지지하는 경우 와이어로프의 안전계수 → 5 이상
2. 안전계수(안전율) = $\dfrac{절단하중}{최대사용하중}$

최대사용하중 = $\dfrac{절단하중}{안전율} = \dfrac{100}{5} = 20$(톤)

참고 와이어로프 등의 안전계수
① 근로자가 탑승하는 운반구를 지지하는 달기와이어로프 또는 달기체인의 경우 : 10 이상
② 화물의 하중을 직접 지지하는 달기와이어로프 또는 달기체인의 경우 : 5 이상
③ 훅, 샤클, 클램프, 리프팅 빔의 경우 : 3 이상
④ 그 밖의 경우 : 4 이상

{분석} 실기까지 중요한 내용입니다.

정답 51 ② 52 ③ 53 ①

54 산업안전보건 법령상 기계 기구의 방호조치에 대한 사업주·근로자 준수사항으로 가장 적절하지 않은 것은?

① 방호 조치의 기능 상실에 대한 신고가 있을 시 사업주는 수리, 보수 및 작업 중지 등 적절한 조치를 할 것
② 방호조치 해체 사유가 소멸된 경우 근로자는 즉시 원상회복 시킬 것
③ 방호조치의 기능 상실을 발견 시 사업주에게 신고할 것
④ 방호조치 해체 시 해당 근로자가 판단하여 해체할 것

[해설] 사업주와 근로자는 방호조치를 해체하려는 경우 등 고용노동부령으로 정하는 경우에는 필요한 안전조치 및 보건조치를 하여야 한다.
① 방호조치를 해체하려는 경우 : 사업주의 허가를 받아 해체할 것
② 방호조치 해체 사유가 소멸된 경우 : 방호조치를 지체 없이 원상으로 회복시킬 것
③ 방호조치의 기능이 상실된 것을 발견한 경우 : 지체 없이 사업주에게 신고할 것

55 산업안전보건 법령상 프레스를 사용하여 작업을 할 때 작업 시작 전 점검 항목에 해당하지 않는 것은?

① 전선 및 접속부 상태
② 클러치 및 브레이크의 기능
③ 프레스의 금형 및 고정볼트 상태
④ 1행정 1정지기구·급정지장치 및 비상정지장치의 기능

[해설] 프레스의 작업시작 전 점검 사항
① 클러치 및 브레이크 기능
② 크랭크축·플라이 휠·슬라이드·연결 봉 및 연결 나사의 볼트 풀림 유무
③ 1행정 1정지 기구·급정지 장치 및 비상 정지 장치의 기능
④ 슬라이드 또는 칼날에 의한 위험 방지 기구의 기능
⑤ 프레스의 금형 및 고정 볼트 상태
⑥ 당해 방호장치의 기능
⑦ 전단기의 칼날 및 테이블의 상태

{분석} 실기에 자주 출제되는 중요한 내용입니다.

56 프레스의 분류 중 동력 프레스에 해당하지 않는 것은?

① 크랭크 프레스 ② 토글 프레스
③ 마찰 프레스   ④ 아버 프레스

[해설] 아버 프레스(arbor press) → 인력 프레스

◀참고▶

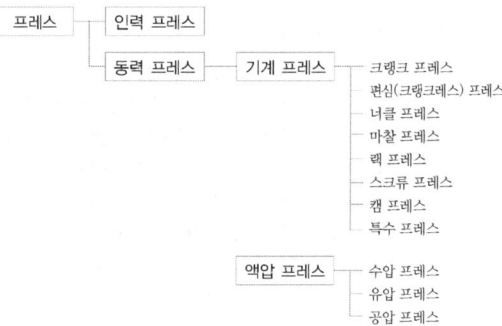

57 밀링작업 시 안전수칙에 해당되지 않는 것은?

① 칩이나 부스러기는 반드시 브러시를 사용하여 제거한다.
② 가공 중에는 가공면을 손으로 점검하지 않는다.
③ 기계를 가동 중에는 변속시키지 않는다.
④ 바이트는 가급적 길게 고정시킨다.

[해설] ④ 바이트는 가급적 짧게 고정시킨다.

{분석} 문제 오류로 전항 정답 처리된 문제이나 오류 부분 수정하여 정답은 4번입니다.

정답 54 ④ 55 ① 56 ④ 57 ④

58 산소 – 아세틸렌가스 용접에서 산소 용기의 취급 시 주의사항으로 틀린 것은?

① 산소 용기의 운반 시 밸브를 닫고 캡을 씌워서 이동할 것
② 기름이 묻은 손이나 장갑을 끼고 취급하지 말 것
③ 원활한 산소 공급을 위하여 산소 용기는 눕혀서 사용할 것
④ 통풍이 잘되고 직사광선이 없는 곳에 보관할 것

[해설] ③ 산소 용기는 세워서 사용할 것

59 가드(guard)의 종류가 아닌 것은?

① 고정식 ② 조정식
③ 자동식 ④ 반자동식

[해설] 가드의 종류
① 고정 가드
② 조정 가드
③ 연동 가드(인터록 가드)
④ 자동 가드

60 산업안전보건 법령상 롤러기의 무릎 조작식 급정지장치의 설치 위치 기준은? (단, 위치는 급정지장치 조작부의 중심점을 기준)

① 밑면에서 0.7~0.8m 이내
② 밑면에서 0.6m 이내
③ 밑면에서 0.8~1.2m 이내
④ 밑면에서 1.5m 이내

[해설]

종류	설치 위치
손 조작식	밑면에서 1.8m 이내
복부 조작식	밑면에서 0.8m 이상 1.1m 이내
무릎 조작식	밑면에서 0.6m 이내

비고 : 위치는 급정지장치의 조작부의 중심점을 기준

[참고]

급정지장치 조작부의 종류	위치
손으로 조작하는 것	밑면으로부터 1.8m 이내
복부로 조작하는 것	밑면으로부터 0.8m 이상 1.1m 이내
무릎으로 조작하는 것	밑면으로부터 0.4m 이상 0.6m 이내

비고 : 위치는 급정지장치 조작부의 중심점을 기준으로 함

{분석}
실기에 자주 출제되는 중요한 내용입니다.

제4과목 • 전기 및 화학설비 안전 관리

61 대전된 물체가 방전을 일으킬 때에 에너지 E(J)를 구하는 식으로 옳은 것은? (단, 도체의 정전용량을 C(F), 대전전위를 V(V), 대전전하량을 Q(C)라 한다.)

① $E = \sqrt{2CQ}$
② $E = \dfrac{1}{2}CV$
③ $E = \dfrac{Q^2}{2C}$
④ $E = \sqrt{\dfrac{2V}{C}}$

[해설]
$$E = \frac{1}{2}CV^2 = \frac{1}{2}QV = \frac{Q^2}{2C}(J)$$

여기서,
E : 정전기 에너지(J)
C : 도체의 정전 용량(F)
V : 대전 전위(V)
Q : 대전 전하량(C)

정답 58 ③ 59 ④ 60 ② 61 ③

62 인체의 대부분이 수중에 있는 상태에서의 허용접촉전압으로 옳은 것은?

① 2.5V 이하 ② 25V 이하
③ 50V 이하   ④ 100V 이하

[해설] 허용접촉전압

종 별	접촉 상태	허용 접촉 전압
제1종	• 인체의 대부분이 수중에 있는 상태	2.5V 이하
제2종	• 인체가 현저히 젖어 있는 상태 • 금속성의 전기·기계 장치나 구조물에 인체의 일부가 상시 접촉되어 있는 상태	25V 이하
제3종	• 제1종, 제2종 이외의 경우로서 통상의 인체 상태 있어서 접촉 전압이 가해지면 위험성이 높은 상태	50V 이하
제4종	• 제1종, 제2종 이외의 경우로서 통상의 인체 상태에 접촉 전압이 가해지더라도 위험성이 낮은 상태 • 접촉 전압이 가해질 우려가 없는 경우	제한 없음

{분석}
실기에 자주 출제되는 중요한 내용입니다.

63 일반적인 변압기의 중성점 접지 저항값으로 적당한 것은?

① $\dfrac{50}{1선지락전류}$ Ω 이하

② $\dfrac{600}{1선지락전류}$ Ω 이하

③ $\dfrac{300}{1선지락전류}$ Ω 이하

④ $\dfrac{150}{1선지락전류}$ Ω 이하

[해설] 변압기의 중성점 접지 저항값

① 일반적인 경우 : $\dfrac{150}{1선지락전류}$ Ω 이하

② 변압기의 고압·특고압측 전로 또는 사용전압이 35kV 이하의 특고압전로가 저압측 전로와 혼촉하고 저압전로의 대지전압이 150V를 초과하는 경우
  • 1초 초과 2초 이내에 고압·특고압 전로를 자동으로 차단하는 장치를 설치할 때 :
    $\dfrac{300}{1선지락전류}$ Ω 이하
  • 1초 이내에 고압·특고압 전로를 자동으로 차단하는 장치를 설치할 때 :
    $\dfrac{600}{1선지락전류}$ Ω 이하

{분석}
관련 법령의 변경으로 문제를 수정하였습니다.

64 저압 전선로 중 절연 부분의 전선과 대지 간 및 전선의 심선 상호 간의 절연저항은 사용 전압에 대한 누설전류가 최대 공급 전류의 얼마를 넘지 않도록 규정하고 있는가?

① 1/1000
② 1/1500
③ 1/2000
④ 1/2500

[해설] 저압의 전선로(인하선을 포함한다)중 절연 부분의 전선과 대지 간의 절연저항(다심 케이블, 인입용 비닐절연전선 또는 다심형 전선은 심선 상호 간 및 심선과 대지 간의 절연저항)은 사용전압에 대한 누설 전류가 최대 공급 전류의 2,000분의 1을 넘지 아니하도록 유지하여야 한다.

정답 62 ① 63 ④ 64 ③

65 방폭구조 전기기계·기구의 선정기준에 있어 가스폭발 위험장소의 제1종 장소에 사용할 수 없는 방폭구조는?

① 내압 방폭구조
② 안전증 방폭구조
③ 본질안전 방폭구조
④ 비점화 방폭구조

[해설] 비점화 방폭구조 → 2종 장소에만 사용 가능

[참고] 위험장소별 방폭구조

가스 폭발 위험 장소	0종 장소	본질 안전 방폭구조(ia)
	1종 장소	내압 방폭구조(d) 압력 방폭구조(p) 충전 방폭구조(q) 유입 방폭구조(o) 안전증 방폭구조(e) 본질안전 방폭구조(ia, ib) 몰드 방폭구조(m)
	2종 장소	0종 장소 및 1종 장소에 사용 가능한 방폭구조 비점화 방폭구조(n)
분진 폭발 위험 장소	20종 장소	밀폐 방진 방폭구조(DIP A20 또는 DIP B20)
	21종 장소	밀폐 방진 방폭구조(DIP A20 또는, DIP B20 또는 B21) 특수 방진 방폭구조(SDP)
	22종 장소	20종 장소 및 21종 장소에서 사용 가능한 방폭구조 일반 방진 방폭구조(DIP A22 또는 DIP B22) 보통 방진 방폭구조(DIP)

{분석}
실기에 자주 출제되는 중요한 내용입니다.

66 폭발성 가스가 전기기기 내부로 침입하지 못하도록 전기기기의 내부에 불활성 가스를 압입하는 방식의 방폭구조는?

① 내압 방폭구조
② 압력 방폭구조
③ 본질안전 방폭구조
④ 유입 방폭구조

[해설] 전기기기의 내부에 불활성가스(압력)를 압입하는 방식의 방폭구조 → 압력 방폭구조(P)

[참고]
1. 내압 방폭구조(d) : 아크를 발생시키는 전기설비를 전폐용기에 넣고 용기 내부에 폭발이 일어날 경우에 용기가 폭발 압력에 견뎌 외부의 폭발성 가스에 인화될 위험이 없도록 한 구조의 방폭구조
2. 본질안전 방폭구조(ia, ib) : 정상 시 또는 단락, 단선, 지락 등의 사고 시에 발생하는 아크, 불꽃, 고열에 의하여 폭발성 가스나 증기에 점화되지 않는 것이 확인된 구조
3. 유입 방폭구조(o) : 아크를 발생시키는 전기설비를 용기에 넣고 용기 내부에 보호액을 채워 외부의 폭발성 가스에 접촉 시 점화의 우려가 없도록 한 방폭구조

{분석}
실기에 자주 출제되는 중요한 내용입니다.

정답 65 ④ 66 ②

67 옥내배선에서 누전으로 인한 화재방지의 대책이 아닌 것은?

① 배선불량 시 재시공할 것
② 배선에 단로기를 설치할 것
③ 정기적으로 절연저항을 측정할 것
④ 정기적으로 배선시공 상태를 확인할 것

[해설] ② 누전으로 인한 화재방지를 위하여 누전차단기를 설치하여야 한다.

[참고] 단로기
- 무부하 상태의 전로를 개폐하는 역할을 한다.
- 전기 점검, 수리, 보수작업(정전작업) 시의 감전을 방지한다.

68 제전기의 설치 장소로 가장 적절한 것은?

① 대전물체의 뒷면에 접지 물체가 있는 경우
② 정전기의 발생원으로부터 5~20cm 정도 떨어진 장소
③ 오물과 이물질이 자주 발생하고 묻기 쉬운 장소
④ 온도가 150℃, 상대습도가 80% 이상인 장소

[해설] 제전기
- 이온을 이용하여 정전기를 중화시키는 기계
- 정전기의 발생원으로부터 5~20cm 정도 떨어진 장소에 설치한다.

69 전기적 불꽃 또는 아크에 의한 화상의 우려가 높은 고압 이상의 충전전로 작업에 근로자를 종사시키는 경우에는 어떠한 성능을 가진 작업복을 착용시켜야 하는가?

① 방충처리 또는 방수성능을 갖춘 작업복
② 방염처리 또는 난연성능을 갖춘 작업복
③ 방청처리 또는 난연성능을 갖춘 작업복
④ 방수처리 또는 방청성능을 갖춘 작업복

[해설] 전기기계·기구의 조작 시 등의 안전조치
① 전기기계·기구의 조작부분을 점검하거나 보수하는 경우에는 근로자가 안전하게 작업할 수 있도록 전기 기계·기구로부터 폭 70센티미터 이상의 작업공간을 확보하여야 한다.
② 전기적 불꽃 또는 아크에 의한 화상의 우려가 있는 고압 이상의 충전전로 작업에 근로자를 종사시키는 경우에는 방염처리된 작업복 또는 난연(難燃)성능을 가진 작업복을 착용시켜야 한다.

70 감전을 방지하기 위해 관계 근로자에게 반드시 주지시켜야 하는 정전작업 사항으로 가장 거리가 먼 것은?

① 전원설비 효율에 관한 사항
② 단락접지 실시에 관한 사항
③ 전원 재투입 순서에 관한 사항
④ 작업 책임자의 임명, 정전범위 및 절연용 보호구 작업 등 필요한 사항

[해설] 1. 정전작업 시 전로 차단은 다음 각 호의 절차에 따라 시행하여야 한다.
① 전기기기 등에 공급되는 모든 전원을 관련 도면, 배선도 등으로 확인할 것
② 전원을 차단한 후 각 단로기 등을 개방하고 확인할 것
③ 차단장치나 단로기 등에 잠금장치 및 꼬리표를 부착할 것

④ 개로된 전로에서 유도전압 또는 전기에너지가 축적되어 근로자에게 전기위험을 끼칠 수 있는 전기기기 등은 접촉하기 전에 잔류전하를 완전히 방전시킬 것
⑤ 검전기를 이용하여 작업 대상 기기가 충전되었는지를 확인할 것
⑥ 전기기기 등이 다른 노출 충전부와의 접촉, 유도 또는 예비동력원의 역송전 등으로 전압이 발생할 우려가 있는 경우에는 충분한 용량을 가진 단락 접지기구를 이용하여 접지할 것

2. 사업주는 정전작업 중 또는 작업을 마친 후 전원을 공급하는 경우에는 작업에 종사하는 근로자 또는 그 인근에서 작업하거나 정전된 전기기기 등과 접촉할 우려가 있는 근로자에게 감전의 위험이 없도록 다음 각 호의 사항을 준수하여야 한다.
① 작업기구, 단락 접지기구 등을 제거하고 전기기기 등이 안전하게 통전될 수 있는지를 확인할 것
② 모든 작업자가 작업이 완료된 전기기기 등에서 떨어져 있는지를 확인할 것
③ 잠금장치와 꼬리표는 설치한 근로자가 직접 철거할 것
④ 모든 이상 유무를 확인한 후 전기기기 등의 전원을 투입할 것

{분석}
실기까지 중요한 내용입니다.

71 위험물 안전 관리법령상 제3류 위험물의 금수성 물질이 아닌 것은?

① 과염소산염
② 금속나트륨
③ 탄화칼슘
④ 탄화알루미늄

[해설] 제3류 자연발화성, 금수성 물질의 품명 및 지정수량

칼륨, 나트륨, 알킬알루미늄, 알킬리튬	10kg
황린	20kg
알칼리금속 및 알칼리토금속, 유기금속 화합물	50kg
칼슘 또는 알루미늄의 탄화물, 금속의 수소화물, 금속의 인화물	300kg

72 이산화탄소 소화기에 관한 설명으로 옳지 않은 것은?

① 전기화재에 사용할 수 있다.
② 주된 소화 작용은 질식작용이다.
③ 소화약제 자체 압력으로 방출이 가능하다.
④ 전기전도성이 높아 사용 시 감전에 유의해야 한다.

[해설] ④ 전기 절연성이 우수하며 부식성이 없다.

73 낮은 압력에서 물질의 끓는점이 내려가는 현상을 이용하여 시행하는 분리법으로 온도를 높여서 가열할 경우 원료가 분해될 우려가 있는 물질을 증류할 때 사용하는 방법을 무엇이라 하는가?

① 진공증류   ② 추출증류
③ 공비증류   ④ 수증기증류

[해설] ① 진공증류(감압증류) : 끓는점이 비교적 높은 액체 혼합물을 분리하기 위하여 액체에 작용하는 압력을 감소시켜 증류 속도를 빠르게 하는 방법
② 추출증류 : 끓는점이 비슷한 성분의 혼합물에 사용되는 증류법으로 휘발성이 작은 제3의 성분을 첨가해 한 쪽의 증기압을 크게 내려 분리하는 방법
③ 공비증류 : 보통 증류로는 분리하기 어려운 혼합물을 분리할 때 제3의 성분을 첨가해 공비혼합물을 만들어 증류에 의해 분리하는 방법

정답 71 ① 72 ④ 73 ①

④ 수증기 증류 : 예를 들면 물과 테레빈유(油) 등의 혼합물에 가열수증기를 불어넣으면 두 성분의 혼합물이 기화하므로 이를 응축시켜 분리하는 방법

74 다음 중 폭발하한농도(vol%)가 가장 높은 것은?

① 일산화탄소   ② 아세틸렌
③ 디에틸에테르   ④ 아세톤

[해설] **폭발범위**
① 일산화탄소 : 12.5~74vol%
② 아세틸렌 : 2.5~81vol%
③ 디에틸에테르 : 1.0~36.0vol%
④ 아세톤 : 2.55~12.80vol%

75 다음 중 불연성 가스에 해당하는 것은?

① 프로판   ② 탄산가스
③ 아세틸렌   ④ 암모니아

[해설] **불연성 가스의 종류**
질소, 아르곤, 탄산가스(이산화탄소) 등

[참고] 불연성 가스 : 스스로 연소하지 못하며, 다른 물질을 연소시키는 성질도 갖지 않는 가스

76 염소산칼륨에 관한 설명으로 옳은 것은?

① 탄소, 유기물과 접촉 시에도 분해폭발 위험은 거의 없다.
② 열에 강한 성질이 있어서 500℃의 고온에서도 안정적이다.
③ 찬물이나 에탄올에도 매우 잘 녹는다.
④ 산화성 고체물질이다.

[해설] **염소산칼륨($KClO_3$)**
① 유기물·황·탄소 등이 혼입되면 폭발한다.
② 가열하면 산소를 방출하고 전부 염화칼륨이 된다.
③ 물에 녹고, 알코올에도 소량 녹는다.
④ 산화성 고체물질이다.

77 메탄 20vol%, 에탄 25vol%, 프로판 55vol%의 조성을 가진 혼합가스의 폭발하한계값(vol%)은 약 얼마인가? (단, 메탄, 에탄 및 프로판가스의 폭발하한 값은 각각 5vol%, 3vol%, 2vol% 이다.)

① 2.51   ② 3.12
③ 4.26   ④ 5.22

[해설] **혼합 가스의 폭발 범위(르 샤틀리에의 공식)**

$$\frac{100}{L} = \frac{V_1}{L_1} + \frac{V_2}{L_2} + \frac{V_3}{L_3} \dots \quad (Vol\%)$$

$$L = \frac{100}{\frac{V_1}{L_1} + \frac{V_2}{L_2} + \frac{V_3}{L_3} \dots}$$

여기서,
L : 혼합가스의 폭발하한계(상한계)
L_1, L_2, L_3 : 단독가스의 폭발하한계(상한계)
V_1, V_2, V_3 : 단독가스의 공기 중 부피
$100 : V_1 + V_2 + V_3 + \dots$

$$\frac{20+25+55}{L} = \frac{20}{5} + \frac{25}{3} + \frac{55}{2}$$

$$L = \frac{20+25+55}{\frac{20}{5} + \frac{25}{3} + \frac{55}{2}} = 2.51(Vol\%)$$

{분석} 실기에 자주 출제되는 중요한 내용입니다.

78 다음 중 증류탑의 원리로 거리가 먼 것은?

① 끓는점(휘발성) 차이를 이용하여 목적 성분을 분리한다.
② 열 이동은 도모하지만 물질이동은 관계하지 않는다.
③ 기-액 두 상의 접촉이 충분히 일어날 수 있는 접촉 면적이 필요하다.
④ 여러 개의 단을 사용하는 다단탑이 사용될 수 있다.

정답 74 ① 75 ② 76 ④ 77 ① 78 ②

해설: 증류는 혼합물을 가열, 기화시켜 증기로 만든 다음 그것을 응축시켜 각 성분으로 분리하는 조작으로 열 이동과 물질이동이 함께 도모된다.

79 물과 접촉할 경우 화재나 폭발의 위험성이 더욱 증가하는 것은?

① 칼륨
② 트리니트로톨루엔
③ 황린
④ 니트로셀룰로오스

해설:
1. 물과 접촉할 경우 화재나 폭발의 위험성이 증가하는 물질 → 물 반응성 물질(금수성 물질)

2. 물 반응성 물질(금수성 물질)의 종류
 ① 리튬
 ② 칼륨·나트륨
 ③ 알킬알루미늄·알킬리튬
 ④ 칼슘 탄화물(탄화칼슘), 알루미늄 탄화물(탄화알루미늄)

{분석} 실기까지 중요한 내용입니다.

80 다음 중 화재의 종류가 옳게 연결된 것은?

① A급 화재 – 유류화재
② B급 화재 – 유류화재
③ C급 화재 – 일반화재
④ D급 화재 – 일반화재

해설: 화재의 분류 및 소화방법

분류	A급 화재	B급 화재	C급 화재	D급 화재
구분색	백색	황색	청색	표시없음(무색)
가연물	일반화재	유류화재	전기화재	금속화재

분류	A급 화재	B급 화재	C급 화재	D급 화재
주된 소화 효과	냉각 효과	질식 효과	질식, 억제효과	질식 효과
적응 소화제	물, 강화액 소화기, 산, 알칼리 소화기	포말 소화기, CO_2 소화기, 분말 소화기	CO_2 소화기, 분말 소화기, 할로겐 화합물 소화기	건조사, 팽창 질석, 팽창 진주암

{분석} 실기에 자주 출제되는 중요한 내용입니다.

제5과목 · 건설공사 안전 관리

81 항타기 및 항발기를 조립하는 경우 점검하여야 할 사항이 아닌 것은?

① 과부하장치 및 제동장치의 이상 유무
② 권상장치의 브레이크 및 쐐기장치 기능의 이상 유무
③ 본체 연결부의 풀림 또는 손상의 유무
④ 권상기의 설치상태의 이상 유무

해설: 항타기, 항발기 조립하는 때 점검 사항
① 본체의 연결부의 풀림 또는 손상의 유무
② 권상용 와이어로프·드럼 및 도르래의 부착상태의 이상 유무
③ 권상장치의 브레이크 및 쐐기장치 기능의 이상 유무
④ 권상기의 설치상태의 이상 유무
⑤ 리더(leader)의 버팀 방법 및 고정상태의 이상 유무
⑥ 본체·부속장치 및 부속품의 강도가 적합한지 여부
⑦ 본체·부속장치 및 부속품에 심한 손상·마모·변형 또는 부식이 있는지 여부

{분석} 실기까지 중요한 내용입니다.

정답 79 ① 80 ② 81 ①

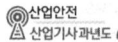

82 건설공사 유해위험방지계획서 제출 시 공통적으로 제출하여야 할 첨부서류가 아닌 것은?

① 공사개요서
② 전체 공정표
③ 산업안전보건관리비 사용계획서
④ 가설도로계획서

해설 유해위험방지계획서 제출 시 첨부서류

사업주가 건설공사에 해당하는 유해·위험방지계획서를 제출하려면 건설공사 유해·위험방지계획서 다음 각 호 서류를 첨부하여 해당 공사의 착공 전날까지 공단에 2부를 제출하여야 한다.

1. 공사 개요 및 안전보건관리계획
   가. 공사 개요서
   나. 공사현장의 주변 현황 및 주변과의 관계를 나타내는 도면(매설물 현황을 포함한다)
   다. 건설물, 사용 기계설비 등의 배치를 나타내는 도면
   라. 전체 공정표
   마. 산업안전보건관리비 사용계획
   바. 안전관리 조직표
   사. 재해 발생 위험 시 연락 및 대피방법
2. 작업 공사 종류별 유해·위험방지계획

{분석} 실기까지 중요한 내용입니다.

83 신축공사 현장에서 강관으로 외부비계를 설치할 때 비계기둥의 최고 높이가 45m라면 관련 법령에 따라 비계기둥을 2개의 강관으로 보강하여야 하는 높이는 지상으로부터 얼마까지인가?

① 14m ② 20m
③ 25m ④ 31m

해설
• 비계기둥의 제일 윗부분으로 부터 31m되는 지점 밑 부분의 비계기둥은 2본의 강관으로 묶어 세울 것
• 45 - 31 = 14(m)를 2본의 강관으로 묶어 세워야 한다.

84 철근콘크리트 현장타설 공법과 비교한 PC(precast concrete)공법의 장점으로 볼 수 없는 것은?

① 기후의 영향을 받지 않아 동절기 시공이 가능하고, 공기를 단축할 수 있다.
② 현장작업이 감소되고, 생산성이 향상되어 인력절감이 가능하다.
③ 공사비가 매우 저렴하다.
④ 공장 제작이므로 콘크리트 양생 시 최적 조건에 의한 양질의 제품생산이 가능하다.

해설 PC 공사

① PC 공사란 공장에서 제작된 P.C부재를 현장에서 조립, 접합하여 구조체를 만드는 공사를 말한다.
② PC공사의 장점
• 공장생산으로 품질이 균일(품질 우수)
• 공사기간 단축
• 인력 절감
• 대량생산 가능
• 기후에 영향받지 않음(동절기 시공 가능)

85 흙막이 지보공을 설치하였을 때 붕괴 등의 위험방지를 위하여 정기적으로 점검하고, 이상 발견 시 즉시 보수하여야 하는 사항이 아닌 것은?

① 침하의 정도
② 버팀대의 긴압의 정도
③ 지형·지질 및 지층상태
④ 부재의 손상·변형·변위 및 탈락의 유무와 상태

해설 흙막이 지보공을 설치한 때 점검 사항

① 부재의 손상·변형·부식·변위 및 탈락의 유무와 상태
② 버팀대의 긴압의 정도
③ 부재의 접속부·부착부 및 교차부의 상태
④ 침하의 정도

{분석} 실기까지 중요한 내용입니다.

정답 82 ④ 83 ① 84 ③ 85 ③

86 작업발판 및 통로의 끝이나 개구부로서 근로자가 추락할 위험이 있는 장소에서의 방호조치로 옳지 않은 것은?

① 안전난간 설치
② 와이어로프 설치
③ 울타리 설치
④ 수직형 추락방망 설치

[해설] 작업발판 및 통로의 끝이나 개구부로서 근로자가 추락할 위험이 있는 장소에는 안전난간, 울타리, 수직형 추락방망 또는 덮개 등의 방호조치를 충분한 강도를 가진 구조로 튼튼하게 설치하여야 하며, 덮개를 설치하는 경우에는 뒤집히거나 떨어지지 않도록 설치하여야 한다.

87 히빙(heaving) 현상이 가장 쉽게 발생하는 토질지반은?

① 연약한 점토 지반
② 연약한 사질토 지반
③ 견고한 점토 지반
④ 견고한 사질토 지반

[해설] 히빙(Heaving) 현상
① 연질점토 지반에서 굴착에 의한 흙막이 내·외면의 흙의 중량 차이(토압)로 인해 굴착저면이 부풀어 올라오는 현상을 말한다.
② 흙막이 바깥 흙이 안으로 밀려든다.

[참고] 보일링(Boiling) 현상
① 사질토 지반에서 굴착저면과 흙막이 배면과의 수위 차이로 인해 굴착저면의 흙과 물이 함께 위로 솟구쳐 오르는 현상(모래의 액상화 현상)을 말한다.
② 모래가 액상화되어 솟아오른다.

{분석} 실기까지 중요한 내용입니다.

88 암질 변화구간 및 이상 암질 출현 시 판별 방법과 가장 거리가 먼 것은?

① R.Q.D
② R.M.R
③ 지표침하량
④ 탄성파 속도

{분석} 관련 법령에서 삭제된 내용입니다.

89 블레이드의 길이가 길고 낮으며 블레이드의 좌우를 전후 25~30° 각도로 회전시킬 수 있어 흙을 측면으로 보낼 수 있는 도저는?

① 레이크 도저
② 스트레이트 도저
③ 앵글도저
④ 틸트도저

[해설]
1. 스트레이트 도저 : 블레이드가 수평이고, 불도저의 진행 방향에 직각으로 블레이드를 부착한 것으로서 주로 중굴착 작업에 사용된다.
2. 앵글 도저 : 블레이드의 방향이 20~30° 경사지게 부착된 것으로 흙을 측면으로 보낼 수 있다.
3. 틸트 도저 : 블레이드면 좌우의 높이를 변경할 수 있는 것으로서 단단한 흙의 도랑파기에 적당하다.

90 동바리로 사용하는 파이프 서포트에 관한 설치 기준으로 옳지 않은 것은?

① 파이프 서포트를 3개 이상 이어서 사용하지 않도록 할 것
② 파이프 서포트를 이어서 사용하는 경우에는 4개 이상의 볼트 또는 전용철물을 사용하여 이을 것
③ 높이가 3.5m를 초과하는 경우에는 높이 2m 이내마다 수평연결재를 2개 방향으로 만들고 수평연결재의 변위를 방지할 것
④ 파이프 서포트 사이에 교차가새를 설치하여 수평력에 대하여 보강 조치할 것

정답 86 ② 87 ① 88 정답 없음 89 ③ 90 ④

[해설] 동바리로 사용하는 파이프서포트의 조립 시 준수사항
- 파이프서포트를 3개본 이상 이어서 사용하지 아니하도록 할 것
- 파이프서포트를 이어서 사용할 때에는 4개 이상의 볼트 또는 전용철물을 사용하여 이을 것
- 높이가 3.5미터를 초과할 때 높이 2미터 이내마다 수평연결재를 2개 방향으로 만들고 수평연결재의 변위를 방지할 것

{분석} 실기에 자주 출제되는 중요한 내용입니다.

91 건물외부에 낙하물 방지망을 설치할 경우 벽면으로부터 돌출되는 거리의 기준은?

① 1m 이상　② 1.5m 이상
③ 1.8m 이상　④ 2m 이상

[해설] 낙하물방지망 또는 방호선반을 설치 시 준수사항
① 설치높이는 10미터 이내마다 설치하고, 내민길이는 벽면으로부터 2미터 이상으로 할 것
② 수평면과의 각도는 20도 이상 30도 이하를 유지할 것

[참고] 추락방호망의 설치
① 추락방호망의 설치위치는 가능하면 작업면으로부터 가까운 지점에 설치하여야 하며, 작업면으로부터 망의 설치지점까지의 수직거리는 10미터를 초과하지 아니할 것
② 추락방호망은 수평으로 설치하고, 망의 처짐은 짧은 변 길이의 12퍼센트 이상이 되도록 할 것
③ 건축물 등의 바깥쪽으로 설치하는 경우 망의 내민길이는 벽면으로부터 3미터 이상 되도록 할 것

{분석} 실기에 자주 출제되는 중요한 내용입니다.

92 콘크리트를 타설할 때 거푸집에 작용하는 콘크리트 측압에 영향을 미치는 요인과 가장 거리가 먼 것은?

① 콘크리트 타설 속도
② 콘크리트 타설 높이
③ 콘크리트의 강도
④ 기온

[해설] 콘크리트 타설 시 거푸집의 측압
① 외기온도가 낮을수록 측압이 크다.
② 습도가 낮을수록 측압이 크다.
③ 타설속도가 빠를수록 측압이 크다.
④ 콘크리트 비중이 클수록 측압이 크다.
⑤ 철골 or 철근량이 적을수록 측압이 크다.
⑥ 콘크리트 타설높이가 높을수록 측압이 크다.

{분석} 실기까지 중요한 내용입니다.

93 다음과 같은 조건에서 추락 시 로프의 지지점에서 최하단까지의 거리 h를 구하면 얼마인가?

- 로프 길이 150cm
- 로프 신율 30%
- 근로자 신장 170cm

① 2.8m　② 3.0m
③ 3.2m　④ 3.4m

[해설] h = 로프의 길이 + 로프의 신장길이 + 작업자 키의 $\frac{1}{2}$

h = 150 + (150 × 0.3) + (170 × $\frac{1}{2}$)

= 280cm(2.8m)

[참고] 로프를 지지한 위치에서 바닥면까지의 거리를 H라 하면 H > h가 되어야만 한다.

94 산업안전보건 법령에 따른 크레인을 사용하여 작업을 하는 때 작업시작 전 점검 사항에 해당되지 않는 것은?

① 권과방지장치·브레이크·클러치 및 운전장치의 기능
② 주행로의 상측 및 트롤리(trolley)가 횡행하는 레일의 상태
③ 원동기 및 풀리(pulley)기능의 이상 유무
④ 와이어로프가 통하고 있는 곳의 상태

정답　91 ④　92 ③　93 ①　94 ③

[해설] **크레인의 작업 시작 전 점검사항**
① 권과방지장치·브레이크·클러치 및 운전장치의 기능
② 주행로의 상측 및 트롤리가 횡행(橫行)하는 레일의 상태
③ 와이어로프가 통하고 있는 곳의 상태

[참고] **이동식 크레인의 작업 시작 전 점검사항**
① 권과방지장치 그 밖의 경보장치의 기능
② 브레이크·클러치 및 조정장치의 기능
③ 와이어로프가 통하고 있는 곳 및 작업장소의 지반상태

{분석}
실기에 자주 출제되는 중요한 내용입니다.

95 다음은 비계를 조립하여 사용하는 경우 작업발판 설치에 관한 기준이다. ( )에 들어갈 내용으로 옳은 것은?

> 사업주는 비계(달비계, 달대비계 및 말비계는 제외한다)의 높이가 ( ) 이상인 작업장소에 다음 각 호의 기준에 맞는 작업발판을 설치하여야 한다.
> 1. 발판재료는 작업할 때의 하중을 견딜 수 있도록 견고한 것으로 할 것
> 2. 작업발판의 폭은 40센티미터 이상으로 하고, 발판재료 간의 틈은 3센티미터 이하로 할 것.

① 1m ② 2m
③ 3m ④ 4m

[해설] 사업주는 비계(달비계·달대비계 및 말비계를 제외한다)의 높이가 2미터 이상인 작업장소에는 기준에 적합한 작업발판을 설치하여야 한다.

[참고] **작업발판 설치 기준**
① 발판재료 : 작업 시의 하중을 견딜 수 있도록 견고한 것으로 할 것
② 발판의 폭 : 40cm 이상으로 하고, 발판재료 간의 틈 : 3cm 이하로 할 것
③ 추락의 위험성이 있는 장소에는 안전난간을 설치할 것
④ 작업발판의 지지물 : 하중에 의하여 파괴될 우려가 없는 것을 사용할 것
⑤ 작업발판재료는 뒤집히거나 떨어지지 아니하도록 2 이상의 지지물에 연결하거나 고정시킬 것
⑥ 작업에 따라 이동시킬 때에는 위험방지 조치를 할 것
⑦ 선박 및 보트 건조작업에서 선박블록 또는 엔진실 등의 좁은 작업공간에 작업발판을 설치하는 경우 : 작업발판의 폭을 30센티미터 이상으로 할 수 있고, 걸침비계의 경우 발판재료 간의 틈을 3센티미터 이하로 유지하기 곤란하면 5센티미터 이하로 할 수 있다.

{분석}
실기까지 중요한 내용입니다.

96 다음은 산업안전보건법령에 따른 승강설비의 설치에 관한 내용이다. ( )에 들어갈 내용으로 옳은 것은?

> 사업주는 높이 또는 깊이가 ( )를 초과하는 장소에서 작업하는 경우 해당 작업에 종사하는 근로자가 안전하게 승강하기 위한 건설작업용 리프트 등의 설비를 설치하여야 한다. 다만, 승강설비를 설치하는 것이 작업의 성질상 곤란한 경우에는 그러하지 아니하다.

① 2m ② 3m
③ 4m ④ 5m

[해설] 사업주는 높이 또는 깊이가 2미터를 초과하는 장소에서 작업하는 경우 해당 작업에 종사하는 근로자가 안전하게 승강하기 위한 건설작업용 리프트 등의 설비를 설치하여야 한다. 다만, 승강설비를 설치하는 것이 작업의 성질상 곤란한 경우에는 그러하지 아니하다.

정답 95 ② 96 ①

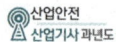

97 리프트(Lift)의 방호장치에 해당하지 않는 것은?

① 권과방지장치
② 비상정지장치
③ 과부하방지장치
④ 자동경보장치

[해설] 양중기의 방호장치

크레인	• 과부하방지장치
	• 권과방지장치(捲過防止裝置)
	• 비상정지장치
	• 제동장치
	  (기타 방호장치)
	  훅의 해지장치
	  안전밸브(유압식)

이동식
크레인
	• 과부하방지장치
	• 권과방지장치(捲過防止裝置)
	• 비상정지장치
	• 제동장치
	  (기타 방호장치)
	  훅의 해지장치
	  안전밸브(유압식)

리프트 (자동차정비용 리프트 제외)	• 권과방지장치 • 과부하방지장치 • 비상정지장치 • 제동장치 • 조작반(盤) 잠금장치
곤돌라	• 과부하방지장치 • 권과방지장치(捲過防止裝置) • 비상정지장치 • 제동장치
승강기	• 과부하방지장치 • 권과방지장치(捲過防止裝置) • 비상정지장치 • 제동장치 • 파이널리미트스위치 • 출입문인터록 • 조속기(속도조절기)

{분석} 실기에 자주 출제되는 중요한 내용입니다.

98 부두·안벽 등 하역작업을 하는 장소에서 부두 또는 안벽의 선을 따라 통로를 설치하는 경우 그 폭을 최소 얼마 이상으로 하여야 하는가?

① 60cm
② 90cm
③ 120cm
④ 150cm

[해설] 부두 또는 안벽의 선을 따라 통로를 설치하는 경우에는 폭을 90센티미터 이상으로 할 것

{분석} 필기에 자주 출제되는 내용입니다.

99 안전관리비의 사용 항목에 해당하지 않는 것은?

① 안전시설비
② 개인보호구 구입비
③ 접대비
④ 사업장의 안전·보건진단비

[해설] 산업안전보건관리비의 사용내역
① 안전·보건관리자 임금 등
② 안전시설비 등
③ 보호구 등
④ 안전보건진단비 등
⑤ 안전보건교육비 등
⑥ 근로자 건강장해 예방비 등
⑦ 건설재해예방전문지도기관 기술지도비
⑧ 본사 전담조직 근로자 임금 등
⑨ 위험성 평가 등에 따른 소요비용

{분석} 실기에 자주 출제되는 중요한 내용입니다.

정답 97 ④ 98 ② 99 ③

100 강관을 사용하여 비계를 구성하는 경우의 준수사항으로 옳지 않은 것은?

① 비계기둥의 간격은 띠장 방향에서는 1.85m 이하로 할 것
② 비계기둥의 간격은 장선(長線) 방향에서는 1.0m 이하로 할 것
③ 띠장 간격은 2.0m 이하로 할 것
④ 비계기둥 간의 적재하중은 400kg을 초과하지 않도록 할 것

해설 강관비계의 구조

① 비계기둥 간격 : 띠장방향에서는 1.85m 이하, 장선방향에서는 1.5m 이하로 할 것
  다만, 다음 각 목의 어느 하나에 해당하는 작업의 경우에는 안전성에 대한 구조검토를 실시하고 조립도를 작성하면 띠장 방향 및 장선 방향으로 각각 2.7미터 이하로 할 수 있다.
  가. 선박 및 보트 건조작업
  나. 그 밖에 장비 반입·반출을 위하여 공간 등을 확보할 필요가 있는 등 작업의 성질상 비계기둥 간격에 관한 기준을 준수하기 곤란한 작업
② 띠장간격 : 2.0미터 이하로 할 것
③ 비계기둥의 제일 윗부분으로부터 31m되는 지점 밑 부분의 비계기둥은 2본의 강관으로 묶어 세울 것
④ 비계기둥 간의 적재하중은 400kg을 초과하지 않도록 할 것

{분석} 실기까지 중요한 내용입니다.

정답 100 ②

MEMO

산업안전 산업기사

Industrial Engineer Industrial Safety

[모의고사]

노력하는 당신은 언제나 아름답습니다.
구민사가 당신의 합격을 기원합니다.

01회 산업안전 산업기사 모의고사

제1과목 · 산업재해 예방 및 안전보건교육

01 산업안전보건 법령상 안전보건표지의 종류와 형태 중 그림과 같은 경고 표지는? (단, 바탕은 무색, 기본 모형은 빨간색, 그림은 검은색이다.)

① 부식성물질 경고
② 폭발성물질 경고
③ 산화성물질 경고
④ 인화성물질 경고

[해설]

부식성 물질 경고	폭발성 물질 경고	산화성 물질 경고	인화성 물질 경고

{분석}
실기에 자주 출제되는 중요한 내용입니다.

02 일반적으로 사업장에서 안전 관리조직을 구성할 때 고려할 사항과 가장 거리가 먼 것은?

① 조직 구성원의 책임과 권한을 명확하게 한다.
② 회사의 특성과 규모에 부합되게 조직되어야 한다.
③ 생산조직과 동떨어진 특수조직으로 구성한다.
④ 조직의 기능이 충분히 발휘될 수 있는 제도적 체계가 갖추어져야 한다.

[해설] 안전 관리조직을 구성할 때 고려할 사항
① 조직 구성원의 책임과 권한을 명확하게 한다.
② 회사의 특성과 규모에 부합되게 조직되어야 한다.
③ 생산조직과 밀착된 조직이어야 한다.
④ 조직의 기능이 충분히 발휘될 수 있는 제도적 체계가 갖추어져야 한다.

03 산업재해 예방의 4원칙 중 "재해발생에는 반드시 원인이 있다."라는 원칙은?

① 대책 선정의 원칙
② 원인 계기의 원칙
③ 손실 우연의 원칙
④ 예방 가능의 원칙

[해설] 산업재해 예방의 4원칙
① 예방 가능의 원칙 : 재해는 원칙적으로 원인만 제거되면 예방이 가능하다.
② 손실 우연의 원칙 : 사고의 결과 생기는 상해의 종류와 정도는 사고 발생 시 사고대상의 조건에 따라 우연히 발생한다.

정답 01 ④ 02 ③ 03 ②

③ 대책 선정의 원칙 : 사고의 원인에 대한 적합한 대책이 선정되어야 한다.
④ 원인 연계의 원칙 : 재해는 원인이 있고, 직접원인과 간접원인이 연계되어 일어난다.

{분석}
실기에 자주 출제되는 중요한 내용입니다.

04 산업안전보건 법령상 근로자 안전보건 교육 대상과 교육시간으로 옳은 것은?

① 정기교육인 경우 : 사무직 종사근로자 – 매반기 6시간 이상
② 정기교육인 경우 : 관리감독자 지위에 있는 사람 – 연간 10시간 이상
③ 채용 시 교육인 경우 : 일용근로자 – 4시간 이상
④ 작업내용 변경 시 교육인 경우 : 일용근로자 및 근로계약 기간이 1주일 이하인 기간제 근로자를 제외한 근로자 – 1시간 이상

[해설] 1. 근로자 안전보건교육 시간

교육과정	교육대상		교육시간
가. 정기교육	1) 사무직 종사 근로자		매반기 6시간 이상
	2) 그 밖의 근로자	가) 판매업무에 직접 종사하는 근로자	매반기 6시간 이상
		나) 판매업무에 직접 종사하는 근로자 외의 근로자	매반기 12시간 이상
나. 채용 시 교육	1) 일용근로자 및 근로계약 기간이 1주일 이하인 기간제 근로자		1시간 이상
	2) 근로계약기간이 1주일 초과 1개월 이하인 기간제 근로자		4시간 이상
	3) 그 밖의 근로자		8시간 이상
다. 작업내용 변경 시 교육	1) 일용근로자 및 근로계약 기간이 1주일 이하인 기간제 근로자		1시간 이상
	2) 그 밖의 근로자		2시간 이상
라. 특별교육	1) 일용근로자 및 근로계약기간이 1주일 이하인 기간제 근로자(타워크레인 신호작업에 종사하는 근로자 제외)		2시간 이상
	2) 일용근로자 및 근로계약기간이 1주일 이하인 기간제 근로자 중 타워크레인 신호작업에 종사하는 근로자		8시간 이상
	3) 일용근로자 및 근로계약기간이 1주일 이하인 기간제 근로자를 제외한 근로자		가) 16시간 이상 (최초 작업에 종사하기 전 4시간 이상 실시하고 12시간은 3개월 이내에서 분할하여 실시 가능) 나) 단기간 작업 또는 간헐적 작업인 경우에는 2시간 이상
마. 건설업 기초안전· 보건교육	건설 일용근로자		4시간 이상

2. 관리감독자 안전보건교육

교육대상	교육시간
가. 정기교육	연간 16시간 이상
나. 채용 시 교육	8시간 이상
다. 작업내용 변경 시 교육	2시간 이상
라. 특별교육	16시간 이상(최초 작업에 종사하기 전 4시간 이상 실시하고, 12시간은 3개월 이내에서 분할하여 실시 가능) 단기간 작업 또는 간헐적 작업인 경우에는 2시간 이상

{분석}
실기에 자주 출제되는 중요한 내용입니다.

정답 04 ①

05 인지과정 착오의 요인이 아닌 것은?

① 정서 불안정
② 감각 차단 현상
③ 작업자의 기능 미숙
④ 생리·심리적 능력의 한계

[해설] 인간의 착오 요인

인지과정 착오 요인	• 정보량 저장의 한계 • 감각 차단 현상 • 정서적 불안정 • 생리, 심리적 능력의 한계 (정보 수용 능력의 한계)
판단과정 착오 요인	• 자기 합리화 • 능력 부족 • 정보부족 • 자기과신
조작과정의 착오 요인	• 작업자의 기능 미숙 (기술 부족) • 작업경험 부족 • 피로
심리적, 기타 요인	• 불안·공포·과로·수면 부족 등

{분석}
필기에 자주 출제되는 내용입니다.

06 산업안전보건법상 특별 안전·보건교육 대상 작업이 아닌 것은?

① 건설용 리프트·곤돌라를 이용한 작업
② 전압이 50볼트(V)인 정전 및 활선작업
③ 화학설비 중 반응기, 교반기·추출기의 사용 및 세척작업
④ 액화석유가스·수소가스 등 인화성 가스 또는 폭발성 물질 중 가스의 발생장치 취급 작업

[해설] ② "전압이 75볼트 이상인 정전 및 활선작업"이 특별교육 대상이다.

{분석}
필기에 자주 출제되는 중요한 내용입니다.

07 사고의 간접원인이 아닌 것은?

① 물적 원인   ② 정신적 원인
③ 관리적 원인 ④ 신체적 원인

[해설] ① 물적 원인(불안전한 상태) → 사고의 직접 원인

[참고] 재해의 직·간접원인
(1) 직접 원인
  ① 인적 원인(불안전한 행동)
  ② 물적 원인(불안전한 상태)
(2) 간접 원인
  ① 기술적 원인
  ② 교육적 원인
  ③ 신체적 원인
  ④ 정신적 원인
  ⑤ 작업 관리상 원인

{분석}
실기까지 중요한 내용입니다.

08 기업조직의 원리 중 지시 일원화의 원리에 대한 설명으로 가장 적절한 것은?

① 지시에 따라 최선을 다해서 주어진 임무나 기능을 수행하는 것
② 책임을 완수하는 데 필요한 수단을 상사로부터 위임받은 것
③ 언제나 직속 상사에게서만 지시를 받고 특정 부하 직원들에게만 지시하는 것
④ 가능한 조직의 각 구성원이 한 가지 특수 직무만을 담당하도록 하는 것

[해설] 지시 일원화의 원리 : 언제나 직속 상사에게서만 지시를 받고 특정 부하 직원들에게만 지시하는 것

09 안전심리의 5대 요소에 해당하는 것은?

① 기질(temper)
② 지능(intelligence)
③ 감각(sense)
④ 환경(environment)

정답 05 ③ 06 ② 07 ① 08 ③ 09 ①

[해설] **산업안전 심리 5요소**
① 동기(motive)
② 기질(temper)
③ 감정(emotion)
④ 습성(habits)
⑤ 습관(custom)

{분석}
필기에 자주 출제되는 내용입니다.

10 Safe – T – Score에 대한 설명으로 틀린 것은?

① 안전관리의 수행도를 평가하는데 유용하다.
② 기업의 산업재해에 대한 과거와 현재의 안전성적을 비교 평가한 점수로 단위가 없다.
③ Safe-T-Score가 +2.0 이상인 경우는 안전관리가 과거보다 좋아졌음을 나타낸다.
④ Safe-T-Score가 +2.0 ~ -2.0 사이인 경우는 안전관리가 과거에 비해 심각한 차이가 없음을 나타낸다.

[해설] **Safe – T – Score(세이프 티 스코어)의 판정**
- 계산 값이 -2 이하 : 과거보다 안전이 좋아졌다.
- 계산 값이 -2 ~ +2 사이 : 과거와 큰 차이 없다.
- 계산 값이 +2 이상 : <u>과거보다 안전이 심각하게 나빠졌다.</u>

[참고] **Safe – T – Score(세이프 티 스코어)**
① 과거와 현재의 안전을 성적 내어 비교, 평가하는 기법이다.
② Safe – T – Score

$$= \frac{\text{현재빈도율} - \text{과거빈도율}}{\sqrt{\frac{\text{과거빈도율}}{(\text{현재})\text{총근로시간수}} \times 1,000,000}}$$

{분석}
실기까지 중요한 내용입니다.

11 근로자가 작업대 위에서 전기공사 작업 중 감전에 의하여 지면으로 떨어져 다리에 골절상해를 입은 경우의 기인물과 가해물로 옳은 것은?

① 기인물 – 작업대, 가해물 – 지면
② 기인물 – 전기, 가해물 – 지면
③ 기인물 – 지면, 가해물 – 전기
④ 기인물 – 작업대, 가해물 – 전기

[해설]
1. 전기공사 작업 중 다침 → 기인물 : 전기
2. 지면으로 떨어져 다리에 골절 → 가해물 : 지면

{분석}
실기까지 중요한 내용입니다.

12 파블로프(Pavlov)의 조건반사설에 의한 학습이론의 원리에 해당되지 않는 것은?

① 일관성의 원리
② 시간의 원리
③ 강도의 원리
④ 준비성의 원리

[해설] **파블로프의 조건반사설**
(자극과 반응이론 : S – R이론)
- <u>일관성</u>의 원리
- <u>계속성</u>의 원리
- <u>시간</u>의 원리
- <u>강도</u>의 원리

{분석}
실기까지 중요한 내용입니다.

정답 10 ③ 11 ② 12 ④

13 모랄 서베이(Morale Survey)의 효용이 아닌 것은?

① 조직 또는 구성원의 성과를 비교·분석한다.
② 종업원의 정화(Catharsis)작용을 촉진시킨다.
③ 경영관리를 개선하는 자료를 얻는다.
④ 근로자의 심리 또는 욕구를 파악하여 불만을 해소하고, 노동 의욕을 높인다.

[해설] 모랄 서베이의 효과
① 근로자의 불만을 해소하고 노동 의욕을 높인다.
② 경영관리 개선 자료로 활용할 수 있다.
③ 종업원의 정화작용을 촉진시킨다.

14 보호구 안전인증 고시에 따른 방독마스크 중 할로겐용 정화통 외부 측면의 표시 색으로 옳은 것은?

① 갈색　② 회색
③ 녹색　④ 노란색

[해설] 방독마스크 정화통 외부 측면의 표시 색

종류	표시 색
유기화합물용 정화통	갈 색
할로겐용 정화통	회 색
황화수소용 정화통	
시안화수소용 정화통	
아황산용 정화통	노란색
암모니아용 정화통	녹 색
복합용 및 겸용의 정화통	• 복합용의 경우 해당가스 모두 표시 (2층 분리) • 겸용의 경우 백색과 해당가스 모두 표시(2층 분리)

{분석}
실기에 자주 출제되는 내용입니다. 암기하세요.

15 매슬로(A.H.Maslow) 욕구단계 이론의 각 단계별 내용으로 틀린 것은?

① 1단계 : 자아실현의 욕구
② 2단계 : 안전에 대한 욕구
③ 3단계 : 사회적(애정적) 욕구
④ 4단계 : 존경과 긍지에 대한 욕구

[해설] 매슬로(Maslow A. H.)의 욕구단계 이론
① 제1단계(생리적 욕구)
② 제2단계(안전 욕구)
③ 제3단계(사회적 욕구)
④ 제4단계(존경 욕구)
⑤ 제5단계(자아실현의 욕구)

{분석}
실기까지 중요한 내용입니다.

16 산업안전보건 법령에 따른 최소 상시 근로자 50명 이상 규모에 산업안전보건위원회를 설치·운영하여야 할 사업의 종류가 아닌 것은?

① 토사석 광업
② 1차 금속 제조업
③ 자동차 및 트레일러 제조업
④ 정보서비스업

[해설] 산업안전보건위원회를 설치·운영하여야 할 사업

사업의 종류	사업의 규모
1. 토사석 광업 2. 목재 및 나무제품 제조업 ; 가구 제외 3. 화학물질 및 화학제품 제조업 ; 의약품 제외(세제, 화장품 및 광택제 제조업과 화학섬유 제조업은 제외한다) 4. 비금속 광물제품 제조업 5. 1차 금속 제조업 6. 금속가공제품 제조업 ; 기계 및 가구 제외	상시 근로자 50명 이상

정답 13① 14② 15① 16④

7. 자동차 및 트레일러 제조업
8. 기타 기계 및 장비 제조업 (사무용 기계 및 장비 제조업은 제외한다)
9. 기타 운송장비 제조업(전투용 차량 제조업은 제외한다)

토사석 광업에서 캔 **1차금속**으로 **금속가공제품, 비금속 광물품** 제조하여 **나무, 화학물질** 섞어서 **기계 장비, 자동차 트레일러** 만들어 **운송장비 위원회**(산업안전보건위원회) 열자.

{분석}
실기까지 중요한 내용입니다.

17 산업안전보건법상 고용노동부장관이 산업재해 예방을 위하여 종합적인 개선조치를 할 필요가 있다고 인정할 때에 안전보건계획의 수립·시행을 명할 수 있는 대상 사업장이 아닌 것은?

① 산업재해율이 같은 업종의 규모별 평균 산업재해율보다 높은 사업장
② 사업주가 안전보건조치의무를 이행하지 아니하여 중대재해가 발생한 사업장
③ 고용노동부장관이 관보 등에 고시한 유해인자의 노출기준을 초과한 사업장
④ 경미한 재해가 다발로 발생한 사업장

[해설] 안전보건 개선계획 작성대상 사업장
① 산업재해율이 같은 업종의 규모별 평균 산업재해율 보다 높은 사업장
② 사업주가 안전·보건조치의무를 이행하지 아니하여 중대재해가 발생한 사업장
③ 직업성 질병자가 연간 2명 이상 발생한 사업장
④ 유해인자의 노출기준을 초과한 사업장

{분석}
실기에 자주 출제되는 중요한 내용입니다.

18 인간의 사회적 행동의 기본 형태가 아닌 것은?

① 대립 ② 도피
③ 모방 ④ 협력

[해설] 사회행동 기본 형태
① 협력 : 조력, 분업
② 대립 : 공격, 경쟁
③ 도피 : 고립, 정신병, 자살
④ 융합 : 강제 타협

{분석}
필기에 자주 출제되는 내용입니다.

19 맥그리거(McGregor)의 X이론에 따른 관리 처방이 아닌 것은?

① 목표에 의한 관리
② 권위주의적 리더십 확립
③ 경제적 보상체제의 강화
④ 면밀한 감독과 엄격한 통제

[해설] 맥그리거(McGregor)의 X, Y이론의 관리 처방

X이론(저차원)	Y이론(고차원)
• 경제적 보상체제의 강화 • 권위주의적 리더십의 확립 • 면밀한 감독과 엄격한 통제 • 상부 책임제도의 강화	• 분권화와 권한의 위임 • 직무확장 및 목표에 의한 관리 • 민주적 리더십의 확립 • 비공식적 조직의 활용 • 상호 신뢰감 • 책임과 창조력 • 인간관계 관리방식

{분석}
필기에 자주 출제되는 내용입니다.

정답 17 ④ 18 ③ 19 ①

20 연천인율 45인 사업장의 빈도율은 얼마인가?

① 18.75　　② 21.26
③ 25.43　　④ 31.52

[해설] 연천인율

- 연천인율 = $\dfrac{\text{연간재해자수}}{\text{연평균 근로자수}} \times 1{,}000$
- 연천인율 = 도수율 × 2.4

연천인율 = 도수율 × 2.4

도수율 = $\dfrac{\text{연천인율}}{2.4} = \dfrac{45}{2.4} = 18.75$

{분석} 실기에 자주 출제되는 중요한 내용입니다.

제2과목 • 인간공학 및 위험성 평가 · 관리

21 모든 시스템 안전 프로그램 중 최초 단계의 분석으로 시스템 내의 위험요소가 어떤 상태에 있는지를 정성적으로 평가하는 방법은?

① CA　　② FHA
③ PHA　　④ FMEA

[해설] 최초 단계의 분석법 → PHA

[참고]
1. 예비 위험 분석(PHA) : 모든 시스템 안전 프로그램의 최초 단계(설계단계, 구상단계)에서 실시하는 분석법으로서 시스템 내의 위험요소가 얼마나 위험한 상태에 있는가를 정성적으로 평가하는 기법
2. 결함위험분석(FHA) : 서브시스템(subsystem)의 해석에 사용되는 분석법

3. 고장형태와 영향분석(FMEA) : 시스템에 영향을 미치는 모든 요소의 고장을 형태별로 분석하여 그 영향을 검토하는 정성적, 귀납적 분석법
4. 치명도 분석(CA) : 고장이 직접 시스템의 손실과 인명의 사상에 연결되는 높은 위험도를 가진 요소나 고장의 형태에 따른 분석법

{분석} 필기에 자주 출제되는 내용입니다.

22 FTA에 의한 재해사례 연구의 순서를 올바르게 나열한 것은?

A. 목표사상 선정
B. FT도 작성
C. 사상마다 재해원인 규명
D. 개선계획 작성

① A → B → C → D
② A → C → B → D
③ B → C → A → D
④ B → A → C → D

[해설] FTA에 의한 재해사례 연구 순서
1단계 : 톱사상(목표사상)의 설정
2단계 : 재해 원인 규명
3단계 : FT도의 작성
4단계 : 개선계획의 작성

{분석} 필기에 자주 출제되는 내용입니다.

23 다음 중 소음에 의한 청력 손실이 가장 잘 발생하는 진동수는?

① 100Hz　　② 1000Hz
③ 2000Hz　　④ 4000Hz

[해설] 초기 청력 손실은 4000Hz에서 가장 크게 나타난다.

{분석} 필기에 자주 출제되는 내용입니다.

정답 20 ① 21 ③ 22 ② 23 ④

24 산업안전보건법에서 규정하는 근골격계 부담 작업의 범위에 해당하지 않는 것은?

① 단기간작업 또는 간헐적인 작업
② 하루에 10회 이상 25kg 이상의 물체를 드는 작업
③ 하루에 총 2시간 이상 쪼그리고 앉거나 무릎을 굽힌 자세에서 이루어지는 작업
④ 하루에 4시간 이상 집중적으로 자료 입력 등을 위해 키보드 또는 마우스를 조작하는 작업

[해설] 근골격계 부담 작업의 범위
① 하루에 4시간 이상 집중적으로 자료입력 등을 위해 키보드 또는 마우스를 조작하는 작업
② 하루에 총 2시간 이상 목, 어깨, 팔꿈치, 손목 또는 손을 사용하여 같은 동작을 반복하는 작업
③ 하루에 총 2시간 이상 머리 위에 손이 있거나, 팔꿈치가 어깨 위에 있거나, 팔꿈치를 몸통으로부터 들거나, 팔꿈치를 몸통 뒤쪽에 위치하도록 하는 상태에서 이루어지는 작업
④ 지지되지 않은 상태이거나 임의로 자세를 바꿀 수 없는 조건에서, 하루에 총 2시간 이상 목이나 허리를 구부리거나 트는 상태에서 이루어지는 작업
⑤ 하루에 총 2시간 이상 쪼그리고 앉거나 무릎을 굽힌 자세에서 이루어지는 작업
⑥ 하루에 총 2시간 이상 지지되지 않은 상태에서 1kg 이상의 물건을 한손의 손가락으로 집어 옮기거나, 2kg 이상에 상응하는 힘을 가하여 한 손의 손가락으로 물건을 쥐는 작업
⑦ 하루에 총 2시간 이상 지지되지 않은 상태에서 4.5kg 이상의 물건을 한손으로 들거나 동일한 힘으로 쥐는 작업
⑧ 하루에 10회 이상 25kg 이상의 물체를 드는 작업
⑨ 하루에 25회 이상 10kg 이상의 물건을 무릎 아래에서 들거나, 어깨 위에서 들거나, 팔을 뻗은 상태에서 드는 작업
⑩ 하루에 총 2시간 이상, 분당 2회 이상 4.5kg 이상의 물체를 드는 작업
⑪ 하루에 총 2시간 이상 시간당 10회 이상 손 또는 무릎을 사용하여 반복적으로 충격을 가하는 작업

25 작업원 2인이 중복하여 작업하는 공정에서 작업자의 신뢰도는 0.85로 동일하며, 작업 중 50%는 작업자 1인이 수행하고 나머지 50%는 중복 작업한다면 이 공정의 인간 신뢰도는 약 얼마인가?

① 0.6694 ② 0.7225
③ 0.9138 ④ 0.9888

[해설]
1. 작업원 2인이 중복하여 작업 → 중복작업을 하는 경우이므로 병렬관계에 해당한다.
2. 작업자의 신뢰도는 0.85로 동일하며, 작업 간의 50%만 중복작업을 지원 → 작업자 1명의 신뢰도는 0.85이고 다른 한사람의 신뢰도는 50%만 지원하므로 $0.85 \times 0.5 = 0.425$가 된다.
3. 신뢰도 $= 1-(1-0.85) \times (1-0.425) = 0.9138$

26 다음 중 인간공학의 연구조사에 사용되는 기준척도의 일반적 요건으로 볼 수 없는 것은?

① 적절성
② 무오염성
③ 민감도
④ 사용성

[해설] 체계 기준의 요건
- 적절성 : 의도된 목적에 적합하여야 한다. (타당성)
- 무오염성 : 측정하고자 하는 변수 외의 다른 변수의 영향을 받아서는 안 된다.
- 신뢰성 : 반복실험 시 재현성이 있어야 한다. (반복성)
- 민감도 : 예상차이점에 비례하는 단위로 측정하여야 한다.

{분석}
필기에 자주 출제되는 내용입니다.

27 일반적인 인간 – 기계 시스템의 형태 중 인간이 사용자나 동력원으로 기능하는 것은?

① 수동체계 ② 기계화체계
③ 자동체계 ④ 반자동체계

[해설] **수동시스템**
- 사용자가 손 공구나 기타 보조물 등을 사용하여 자기의 신체적 힘을 동력원으로 하여 작업을 수행하는 시스템이다.
- 가장 다양성이 높은 체계이다.
- [예] 장인과 공구

{분석}
필기에 자주 출제되는 내용입니다.

28 누적손상장애(CTDs)의 원인이 아닌 것은?

① 과도한 힘의 사용
② 높은 장소에서의 작업
③ 장시간 진동공구의 사용
④ 부적절한 자세에서의 작업

[해설] 근골격계 질환(누적 외상성 질환, CTDs)의 발생 요인
① 반복적인 동작
② 부적절한 작업 자세
③ 무리한 힘의 사용
④ 날카로운 면과의 신체접촉
⑤ 진동 및 온도(저온)

29 다음 중 정신적 작업 부하에 대한 생리적 측정치에 해당하는 것은?

① 에너지대사량
② 최대 산소 소비 능력
③ 근전도
④ 부정맥 지수

[해설] 정신적 작업 부하에 대한 생리적 측정치
→ 부정맥 지수

30 FT도에서 사용되는 다음 기호의 의미로 맞는 것은?

① 결함사상 ② 통상사상
③ 기본사상 ④ 제외사상

[해설]

기호	명명	기호 설명
○	기본사상	더 이상 전개할 수 없는 사건의 원인
◇	생략사상	관련정보가 미비하여 계속 개발될 수 없는 특정 초기 사상
⌂	통상사상	발생이 예상되는 사상
□	결함사상 (정상사상, 중간사상)	한 개 이상의 입력에 의해 발생된 고장사상

{분석}
필기에 자주 출제되는 내용입니다.

31 신체 반응의 척도 중 생리적 스트레인의 척도로 신체적 변화의 측정 대상에 해당하지 않는 것은?

① 혈압
② 부정맥
③ 혈액성분
④ 심박수

[해설] ③ 혈액성분은 생화학적 측정요소에 해당한다.

[참고] **생리학적 측정방법** : 감각기능, 반사기능, 대사기능 등을 이용한 측정법
① EMG(electromyogram ; 근전도)
② ECG(electrocardiogram ; 심전도)
③ EEG(electroencephalogram ; 뇌전도)
④ EOG(electrooculogram ; 안전도)

정답 27 ① 28 ② 29 ④ 30 ③ 31 ③

⑤ 산소소비량
⑥ 에너지 소비량(RMR)
⑦ 피부전기반사(GSR)
⑧ 점멸 융합 주파수(플리커법)

{분석}
필기에 자주 출제되는 내용입니다.

32 시스템안전프로그램계획(SSPP)에서 "완성해야 할 시스템안전업무"에 속하지 않는 것은?

① 정성 해석
② 운용 해석
③ 경제성 분석
④ 프로그램 심사의 참가

[해설] 시스템안전프로그램계획(SSPP)에서 수행해야 하는 시스템 안전 업무활동
① 정성적 분석
② 정량적 분석
③ 운용 위험요인 분석(OHA)
④ 업무활동 심사의 참가
⑤ 설계 심사에의 참가

33 시스템 안전을 위한 업무 수행 요건이 아닌 것은?

① 안전 활동의 계획 및 관리
② 다른 시스템 프로그램과 분리 및 배제
③ 시스템 안전에 필요한 사항의 동일성 식별
④ 시스템 안전에 대한 프로그램 해석 및 평가

[해설] 시스템 안전관리
① 안전 활동의 계획 및 조직과 관리
② <u>다른 시스템 프로그램 영역과 조정</u>
③ 시스템 안전에 필요한 사항의 동일성의 식별
④ 시스템 안전에 대한 프로그램의 해석과 검토 및 평가 등의 시스템 안전업무

{분석}
필기에 자주 출제되는 내용입니다.

34 인체 측정치의 응용 원칙과 거리가 먼 것은?

① 극단치를 고려한 설계
② 조절 범위를 고려한 설계
③ 평균치를 기준으로 한 설계
④ 기능적 치수를 이용한 설계

[해설] 인체 계측자료의 응용 3원칙
① 최대치수와 최소치수 설계(극단치 설계)
② 조절(조정)범위(조절식 설계)
③ 평균치를 기준으로 한 설계

{분석}
필기에 자주 출제되는 내용입니다.

35 톱사상 T를 일으키는 컷셋에 해당하는 것은?

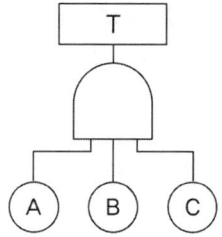

① {A}
② {A, B}
③ {A, B, C}
④ {B, C}

[해설] $T = (A, B, C)$
컷셋 : (A, B, C)

{분석}
필기에 자주 출제되는 내용입니다.

정답 32 ③ 33 ② 34 ④ 35 ③

36 시스템 안전의 수명주기에서 생산물의 적합성을 검토하는 단계는?

① 구상 단계
② 정의 단계
③ 생산 단계
④ 개발 단계

[해설] 생산물의 적합성을 검토하는 단계 → 사양 결정 단계(정의 단계)

[참고] 시스템 안전 프로그램의 5단계
① 제1단계 : 구상 단계
② 제2단계 : 사양 결정 단계(정의)
③ 제3단계 : 설계 단계
④ 제4단계 : 제작 단계
⑤ 제5단계 : 조업 단계

37 다음 시스템의 신뢰도는 얼마인가?

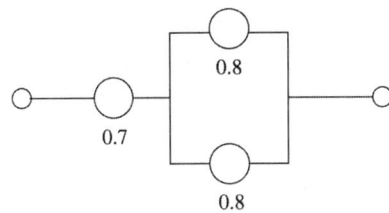

① 0.672
② 0.776
③ 0.885
④ 0.954

[해설] 신뢰도 $R = 0.7 \times \{1-(1-0.8) \times (1-0.8)\} = 0.672$

{분석}
필기에 자주 출제되는 내용입니다.

38 다음의 정량적 표시장치에 대한 설명으로 틀린 것은?

① 정목동침형은 대략적인 편차나 변화를 빨리 파악할 수 있다.
② 정침동목형은 조작상의 실수 없이 쉽게 조작할 수 있어 생산설비에 많이 사용되고 있다.
③ 계수형은 판독 오차가 적다.
④ 필요에 따라 계수형과 아날로그형을 혼합해서 사용할 수 있다.

[해설] ② 조작 상의 실수 없이 쉽게 조작할 수 있어 생산설비에 많이 사용되는 것은 정목동침형이다.

39 시각적 표시장치에서 지침 설계의 요령이 아닌 것은?

① 뾰족한 지침을 사용한다.
② 지침의 끝은 눈금과 겹치도록 한다.
③ 지침을 눈금면에 밀착시킨다.
④ 원형 눈금일 경우 지침의 색은 선단에서 눈금의 중심까지 칠한다.

[해설] 지침의 설계 요령
① 선각이 20도 정도되는 뾰족한 지침을 사용한다.
② 지침의 끝은 작은 눈금과 맞닿되, 겹쳐지지 않아야 한다.
③ 원형 눈금의 경우 지침의 색은 선단에서 눈금의 중심까지 칠한다.
④ 지침은 눈금과 밀착시킨다.

정답 36 ② 37 ① 38 ② 39 ②

40 가치척도의 신뢰성이란?

① 보편성을 뜻한다.
② 정확성을 뜻한다.
③ 객관성을 뜻한다.
④ 반복성을 뜻한다.

[해설] 신뢰성은 반복성을 뜻한다.

[참고] **체계 기준의 요건**
- 적절성 : 의도된 목적에 적합하여야 한다. (타당성)
- 무오염성 : 측정하고자 하는 변수 외의 다른 변수의 영향을 받아서는 안 된다.
- 신뢰성 : 반복 실험 시 재현성이 있어야 한다. (반복성)
- 민감도 : 예상 차이점에 비례하는 단위로 측정하여야 한다.

제3과목 • 기계 · 기구 및 설비 안전 관리

41 다음 중 프레스 작업에 대한 위험성의 특징과 거리가 먼 것은?

① 위험 부위에 노출되는 횟수가 많다.
② 오랜 작업시간과 많은 에너지가 필요하다.
③ 금형의 제작, 설계 시 안전의 고려가 미흡하다.
④ 작업 공정상 방호장치 설치가 곤란한 경우도 있다.

[해설] ② 프레스는 짧은 시간에 많은 에너지가 필요한 기계로 위험성이 더욱 크다.

42 직경 30mm인 연강을 선반에서 절삭할 때 스핀들 회전수는?
(단, 절삭속도는 20m/min이다.)

① 132rpm   ② 212rpm
③ 360rpm   ④ 418rpm

[해설]
$$V = \frac{\pi \times D \times N}{1{,}000} (\text{m/min})$$
D : 롤러의 직경(mm)
N : 회전수(rpm)

$$V = \frac{\pi \times D \times N}{1{,}000}$$

$$N = \frac{1{,}000 \times V}{\pi \times D} = \frac{1{,}000 \times 20}{\pi \times 30} = 212.21 rpm$$

{분석} 실기까지 중요한 내용입니다.

43 회전시험을 할 때, 미리 비파괴검사를 실시해야 하는 고속회전체는?

① 회전축의 중량이 1톤을 초과하고, 원주속도가 25m/s 이상인 것
② 회전축의 중량이 5톤을 초과하고, 원주속도가 25m/s 이상인 것
③ 회전축의 중량이 1톤을 초과하고, 원주속도가 120m/s 이상인 것
④ 회전축의 중량이 5톤을 초과하고, 원주속도가 120m/s 이상인 것

[해설] **비파괴검사의 실시**
고속회전체(회전축의 중량이 1톤을 초과하고 원주속도가 매 초당 120미터 이상인 것에 한한다)의 회전시험을 하는 때에는 미리 회전축의 재질 및 형상 등에 상응하는 종류의 비파괴검사를 실시하여 결함 유무를 확인하여야 한다.

{분석} 실기까지 중요한 내용입니다.

정답 40 ④ 41 ② 42 ② 43 ③

44 다음 중 물림점(nip point)를 가진 기계는?

① 롤분쇄기
② 밀링머신
③ 연삭기
④ 띠톱

해설 물림점

회전하는 <u>두 개의 회전체에 물려 들어가는 위험점</u>
예 롤러와 롤러, 기어와 기어 등

참고 위험점의 분류

협착점	<u>왕복운동 부분과 고정부분 사이</u>에서 형성되는 위험점 예 프레스기, 전단기, 성형기 등
끼임점	<u>고정부분과 회전하는 동작부분 사이</u>에서 형성되는 위험점 예 연삭숫돌과 덮개, 교반기 날개와 하우징 등
절단점	<u>회전하는 운동부 자체, 운동하는 기계부분 자체의 위험점</u> 예 날, 커터를 가진 기계
물림점	<u>회전하는 두 개의 회전체</u>에 물려 들어가는 위험점 예 롤러와 롤러, 기어와 기어 등
접선 물림점	회전하는 부분의 접선 방향으로 물려 들어가는 위험점 예 벨트와 풀리, 체인과 스프로킷, 랙과 피니언 등
회전 말림점	회전하는 물체에 작업복, 머리카락 등이 말려 들어가는 위험점 예 회전축, 커플링 등

{분석}
실기에 자주 출제되는 중요한 내용입니다.

45 기계설비의 방호 방법에서 위험원에 대한 방호 방법은?

① 덮개형 방호장치
② 접근반응형 방호장치
③ 위치 제한장치
④ 접근거부형 방호장치

해설 위험원에 따른 분류

포집형 방호장치	위험장소에 설치하여 위험원이 비산하거나 튀는 것을 포집하여 작업자로부터 위험원을 차단하는 방호장치 예 목재 가공용 둥근톱의 반발 예방 장치, 연삭기의 덮개 등
감지형 방호장치	이상 온도, 이상 기압, 과부하 등 기계의 부하가 안전 한계치를 초과하는 경우에 이를 감지하고 자동으로 안전상태가 되도록 조정하거나 기계의 작동을 중지시키는 방호장치

참고 위험 장소에 따른 분류

격리형 방호장치	위험한 작업점과 작업자 사이에 서로 접근되어 일어날 수 있는 재해를 방지하기 위해 <u>차단벽이나 망을 설치</u>하는 방호장치 예 <u>완전 차단형 방호장치, 덮개형 방호장치</u>, 방책 등
위치 제한형 방호장치	작업자의 신체 부위가 위험한계 밖에 있도록 <u>기계의 조작장치를 위험한 작업점에서 안전거리 이상 떨어지게 하거나 조작장치를 양손으로 동시 조작하게 함으로써 위험한계에 접근하는 것을 제한</u>하는 방호장치 예 프레스의 양수조작식 방호장치
접근 거부형 방호장치	작업자의 신체 부위가 위험한계 내로 접근하였을 때 기계적인 작용에 의하여 접근을 못하도록 저지하는 방호장치 예 프레스의 수인식, 손쳐내기식 방호장치
접근 반응형 방호장치	작업자의 신체 부위가 위험한계 또는 그 인접한 거리 내로 들어오면 이를 감지하여 그 즉시 기계의 동작을 정지시키고 경보 등을 발하는 방호장치 예 프레스의 광전자식 방호장치

정답 44 ① 45 ①

{분석} 필기에 자주 출제되는 내용입니다.

46 한계하중 이하의 하중이라도 일정 하중을 지속적으로 가하면 시간의 경과에 따라 변형이 증가하고 결국은 파괴에 이르게 되는 현상을 무엇이라 하는가?

① 크리이프(creep)
② 피로(fatigue)
③ 응력집중
④ 응력부식

[해설] 크리이프(creep)
일정 하중을 지속적으로 가할 때, 시간이 흐름에 따라 재료의 변형이 증대하고 결국 파괴에 이르는 현상

47 다음 중 공기압축기 작업 시작 전 점검 사항이 아닌 것은?

① 제동장치, 비상정지장치의 기능
② 드레인밸브의 조작 및 배수
③ 압력방출장치의 기능
④ 언로드밸브의 기능

[해설] 공기압축기 작업 시작 전 점검사항
① 공기저장 압력용기의 외관 상태
② 드레인밸브의 조작 및 배수
③ 압력방출장치의 기능
④ 언로드밸브의 기능
⑤ 윤활유의 상태
⑥ 회전부의 덮개 또는 울
⑦ 그 밖의 연결 부위의 이상 유무

{분석} 실기에 자주 출제되는 중요한 내용입니다.

48 다음 중 기동스위치를 활용한 안전장치는?

① 양수조작식
② 게이트가드식
③ 광전자식
④ 급정지장치

[해설] 양수조작식은 1행정 1정지식 프레스에 사용되는 것으로서 누름버튼(기동 스위치)을 양손으로 동시에 조작하지 않으면 기계가 동작하지 않으며, 한 손이라도 떼어내면 기계를 정지시키는 방호장치이다.

49 양중기에서 절단 하중이 100톤인 와이어로프를 사용하여 화물을 직접적으로 지지하는 경우, 화물의 최대허용하중으로 가장 적당한 것은?

① 20톤 ② 30톤
③ 40톤 ④ 50톤

[해설] 화물의 하중을 직접 지지하는 경우 와이어로프의 안전계수는 5이므로

$$안전계수 = \frac{절단하중}{최대사용하중}$$

$$최대사용하중 = \frac{절단하중}{안전계수} = \frac{100}{5} = 20톤$$

[참고] 와이어로프 등의 안전계수

안전계수 : 달기구 절단하중의 값을 그 달기구에 걸리는 하중의 최대 값으로 나눈 값
① 근로자가 탑승하는 운반구를 지지하는 달기와이어로프 또는 달기체인의 경우 : 10 이상
② 화물의 하중을 직접 지지하는 달기와이어로프 또는 달기체인의 경우 : 5 이상
③ 훅, 샤클, 클램프, 리프팅 빔의 경우 : 3 이상
④ 그 밖의 경우: 4 이상

{분석} 실기까지 중요한 내용입니다.

정답 46 ① 47 ① 48 ① 49 ①

50 선반 작업 시 주의사항으로 틀린 것은?

① 돌리개는 적정 크기의 것을 선택하고, 심압대 스핀들은 가능하면 길게 나오도록 한다.
② 칩(chip)이 비산할 때는 보안경을 쓰고 방호판을 설치 사용한다.
③ 공작물의 설치가 끝나면, 척에서 렌치류는 곧 제거한다.
④ 작업 중에 가공품을 직접 만지지 않는다.

[해설] ① 돌리개는 적당한 크기의 것을 선택하고 심압대 스핀들이 지나치게 나오지 않도록 한다.

51 목재 가공용 기계톱의 방호장치가 아닌 것은?

① 덮개
② 반발 예방 장치
③ 톱날 접촉 예방 장치
④ 과부하방지장치

[해설] 목재 가공용 둥근톱의 방호장치
① 날 접촉 예방 장치(덮개)
② 반발 예방 장치
  • 분할날
  • 반발 방지 기구(finger)
  • 반발 방지 롤러

{분석} 실기에 자주 출제되는 중요한 내용입니다.

52 프레스의 감응식 방호장치에서 손이 광선을 차단한 직후부터 급정지 장치가 작동을 개시한 시간이 0.03초이고, 급정지 장치가 작동을 시작하여 슬라이드가 정지한 때까지의 시간이 0.2초라면 광축의 설치 위치는 위험점에서 얼마 이상이어야 하는가?

① 153mm
② 279mm
③ 368mm
④ 451mm

[해설]

$$D = 1600 \times (T_C + T_S)$$

D : 안전거리(mm)
Tc : 방호장치의 작동시간[손이 광선을 차단했을 때부터 급정지기구가 작동을 개시할 때까지의 시간(초)]
Ts : 프레스의 최대 정지시간[급정지기구가 작동을 개시했을 때부터 슬라이드가 정지할 때까지의 시간(초)]

D = 1600 × (Tc + Ts) = 1600 × (0.03 + 0.2)
  = 368mm

{분석} 실기까지 중요한 내용입니다.

53 프레스 방호장치 중 가드식 방호장치의 구조 및 선정조건에 대한 설명으로 옳지 않은 것은?

① 미동(Inching) 행정에서는 작업자 안전을 위해 가드를 개방할 수 없는 구조로 한다.
② 1행정, 1정지기구를 갖춘 프레스에 사용한다.
③ 가드 폭이 400mm 이하일 때는 가드 측면을 방호하는 가드를 부착하여 사용한다.
④ 가드 높이는 프레스에 부착되는 금형 높이 이상(최소 180mm)으로 한다.

정답 50 ① 51 ④ 52 ③ 53 ①

해설 ① 미동(Inching) 행정에서는 가드를 개방할 수 있는 것이 작업성에 좋다.

54 다음 지게차의 헤드가드에 관한 기준이다. ( ) 안에 들어갈 내용으로 옳은 것은?

> 지게차 사용 시 화물 낙하 위험의 방호조치 사항으로 헤드가드를 갖추어야 한다. 그 강도는 지게차 최대하중의 ( ) 값의 등분포정하중(等分布靜荷重)에 견딜 수 있어야 한다. 단, 그 값이 4톤을 넘는 것에 대하여서는 4톤으로 한다.

① 2배 ② 3배
③ 4배 ④ 5배

해설 **헤드가드**
지게차에는 <u>최대하중의 2배(4톤을 넘는 값에 대해서는 4톤으로 한다)에 해당하는 등분포정하중(等分布靜荷重)에 견딜 수 있는 강도의 헤드가드를 설치</u>하여야 한다.

{분석}
실기까지 중요한 내용입니다.

55 프레스 금형의 설치 및 조정 시 슬라이드 불시하강을 방지하기 위하여 설치해야 하는 것은?

① 인터록
② 클러치
③ 게이트 가드
④ 안전블럭

해설 <u>금형을 부착, 해체, 조정 작업할 때 신체 일부가 위험점 내에서 슬라이드 불시 하강으로 인한 위험을 방지할 목적으로 안전블럭을 설치</u>한다.

{분석}
실기까지 중요한 내용입니다.

56 동력 프레스를 분류하는데 있어서 그 종류에 속하지 않는 것은?

① 크랭크 프레스
② 토글 프레스
③ 마찰 프레스
④ 터릿 프레스

해설 **동력 프레스의 종류**
① 크랭크 프레스
② 토글 프레스
③ 마찰 프레스
④ 너클 프레스
⑤ 스크류 프레스
⑥ 캠 프레스

57 목재가공용 둥근톱에서 둥근톱의 두께가 4mm일 때 분할날의 두께는 몇 mm 이상이어야 하는가?

① 4.0 ② 4.2
③ 4.4 ④ 4.8

해설 분할날 두께는 톱 두께의 1.1배 이상이며 치진 폭보다 작을 것

$$1.1t_1 \leq t_2 < b$$
여기서, t_1 : 톱 두께
t_2 : 분할날 두께
b : 치진 폭

분할날 두께는 톱 두께의 1.1배 이상 →
1.1 × 4 = 4.4mm 이상

{분석}
필기에 자주 출제되는 내용입니다.

정답 54 ① 55 ④ 56 ④ 57 ③

58 보일러 수에 유지류, 고형물 등의 부유물로 인한 거품이 발생하여 수위를 판단하지 못하는 현상은?

① 프라이밍(priming)
② 캐리오버(carry over)
③ 포밍(foaming)
④ 워터해머(water hammer)

[해설] 거품이 발생하여 수위를 판단하지 못하는 현상 → 포밍(foaming)

[참고]
1. 프라이밍(priming, 비수 현상) : 보일러 부하의 급변, 수위 과상승 등에 의해 수분이 증기와 분리되지 않아 보일러 수면이 심하게 솟아올라 올바른 수위를 판단하지 못하는 현상
2. 캐리오버(carry over, 기수 공발) : 보일러 수중에 용해 고형분이나 수분이 발생, 증기 중에 다량 함유되어 증기의 순도를 저하시킴으로써 관 내 응축수가 생겨 워터 해머의 원인이 되고 증기 과열이나 터빈 등의 고장 원인이 된다.
3. 수격 작용(물망치 작용, 워터 해머) : 고여 있던 응축수가 밸브를 급격히 개폐시에 고온 고압의 증기에 이끌려 배관을 강하게 치는 현상으로 배관파열을 초래한다.

{분석} 필기에 자주 출제되는 내용입니다.

59 산업안전보건 법령상 차량계 하역 운반기계를 이용한 화물 적재 시의 준수해야 할 사항으로 틀린 것은?

① 최대적재량의 10% 이상 초과하지 않도록 적재한다.
② 운전자의 시야를 가리지 않도록 적재한다.
③ 붕괴, 낙하 방지를 위해 화물에 로프를 거는 등 필요 조치를 한다.
④ 편하중이 생기지 않도록 적재한다.

[해설] 차량계 하역운반기계에 화물 적재 시의 조치
① 하중이 한쪽으로 치우치지 않도록 적재할 것
② 구내운반차 또는 화물자동차의 경우 화물의 붕괴 또는 낙하에 의한 위험을 방지하기 위하여 화물에 로프를 거는 등 필요한 조치를 할 것
③ 운전자의 시야를 가리지 않도록 화물을 적재할 것
④ 화물을 적재하는 경우에는 최대적재량을 초과해서는 아니 된다.

{분석} 실기까지 중요한 내용입니다.

60 아세틸렌 용접장치에서 아세틸렌 발생기실 설치 위치 기준으로 옳은 것은?

① 건물 지하층에 설치하고 화기 사용설비로부터 3미터 초과 장소에 설치
② 건물 지하층에 설치하고 화기 사용설비로부터 1.5미터 초과 장소에 설치
③ 건물 최상층에 설치하고 화기 사용설비로부터 3미터 초과 장소에 설치
④ 건물 최상층에 설치하고 화기 사용설비로부터 1.5미터 초과 장소에 설치

[해설] 아세틸렌 발생기실의 설치장소
① 아세틸렌 용접장치의 아세틸렌 발생기를 설치하는 경우에는 전용의 발생기실에 설치하여야 한다.
② 발생기실은 건물의 최상층에 위치하여야 하며, 화기를 사용하는 설비로부터 3미터를 초과하는 장소에 설치하여야 한다.
③ 발생기실을 옥외에 설치한 경우에는 그 개구부를 다른 건축물로부터 1.5미터 이상 떨어지도록 하여야 한다.

{분석} 필기에 자주 출제되는 내용입니다.

정답 58 ③ 59 ① 60 ③

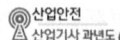

제4과목 • 전기 및 화학설비 안전 관리

61 작업장에서 꽂음접속기를 설치 또는 사용하는 때에 작업자의 감전 위험을 방지하기 위하여 필요한 준수사항으로 틀린 것은?

① 서로 다른 전압의 꽂음접속기는 상호 접속되는 구조의 것을 사용할 것
② 습윤한 장소에 사용되는 꽂음접속기는 방수형 등 해당 장소에 적합한 것을 사용할 것
③ 꽂음접속기를 접속시킬 경우 땀 등으로 젖은 손으로 취급하지 않도록 할 것
④ 꽂음접속기에 잠금장치가 있는 때에는 접속 후 잠그고 사용할 것

[해설] 꽂음접속기의 설치·사용 시 준수사항
① 서로 다른 전압의 꽂음접속기는 서로 접속되지 아니한 구조의 것을 사용할 것
② 습윤한 장소에 사용되는 꽂음 접속기는 방수형 등 그 장소에 적합한 것을 사용할 것
③ 근로자가 해당 꽂음 접속기를 접속시킬 경우 땀 등으로 젖은 손으로 취급하지 않도록 할 것
④ 해당 꽂음접속기에 잠금장치가 있는 때에는 접속 후 잠그고 사용할 것

62 다음 정의에 해당하는 방폭구조는?

> 전기기기의 과도한 온도 상승, 아크 또는 스파크 발생의 위험을 방지하기 위해 추가적인 안전조치를 통한 안전도를 증가시킨 방폭구조

① 내압 방폭구조
② 안전증 방폭구조
③ 본질안전 방폭구조
④ 유입 방폭구조

[해설] 안전도를 증강시킨 구조 → 안전증 방폭구조

[참고] (1) 내압 방폭구조(d)
① 아크를 발생시키는 전기설비를 전폐용기에 넣고 용기 내부에 폭발이 일어날 경우에 용기가 폭발 압력에 견뎌 외부의 폭발성 가스에 인화될 위험이 없도록 한 구조
② 폭발한 고열 가스가 용기의 틈을 통하여 누설되더라도 틈의 냉각 효과로 인하여 폭발의 위험이 없도록 한다.

(2) 압력 방폭구조(P)
아크를 발생시키는 전기설비를 용기에 넣고 용기 내부에 불연성 가스(공기 또는 질소)를 압입하여 용기 내부로 폭발성 가스나 침입하는 것을 방지하는 구조

(3) 유입 방폭구조(o)
아크를 발생시키는 전기설비를 용기에 넣고 용기 내부에 보호액을 채워 외부의 폭발성 가스에 접촉 시 점화의 우려가 없도록 한 방폭구조

(4) 안전증 방폭구조(e)
정상 운전 중의 내부에서 불꽃이 발생하지 않도록 전기적, 기계적, 구조적으로 온도상승에 대해 안전도를 증가시킨 구조

(5) 본질안전 방폭구조(ia, ib)
정상 시 또는 단락, 단선, 지락 등의 사고 시에 발생하는 아크, 불꽃, 고열에 의하여 폭발성 가스나 증기에 점화되지 않는 것이 확인된 구조

(6) 비점화 방폭구조(n)
① 전기기기가 정상작동 및 비정상상태에서 주위의 폭발성가스 분위기를 점화시키지 못하도록 만든 방폭구조
② 2종장소에만 사용할 수 있다.

(7) 몰드 방폭구조(m)
전기기기의 스파크 또는 열로 인해 폭발성 위험 분위기에 점화되지 않도록 컴파운드를 충전해서 보호한 방폭구조

(8) 충전 방폭구조(q)
폭발성 가스 분위기를 점화시킬 수 있는 부품을 고정하여 설치하고, 그 주위를 충전재로 완전히 둘러쌈으로서 외부의 폭발성 가스 분위기를 점화시키지 않도록 하는 방폭구조

(9) 특수 방폭구조(s)
내압, 유입, 압력, 안전증, 본질안전 이외의 방폭

정답 61 ① 62 ②

구조로서 폭발성가스 또는 증기에 점화 또는 위험 분위기로 인화를 방지할 수 있는 것이 시험, 기타에 의하여 확인된 구조

(10) 방진 방폭구조(tD)
분진 층이나 분진운의 점화를 방지하기 위하여 용기로 보호하는 전기기기에 적용되는 <u>분진침투 방지, 표면온도제한 등의 방법</u>을 말한다.

{분석}
실기에도 자주 출제되는 중요한 내용입니다.

63 특(별)고압 활선작업에서 근로자의 신체와 충전 전로 사이의 사용 전압에 따른 접근한계거리를 잘못 나열한 것은?

① 충전 전로의 선간전압 : 0.3kv 이하, 접근한계거리 : 접촉금지
② 충전 전로의 선간전압 : 0.3초과 0.75kv 이하, 접근한계거리 : 30cm
③ 충전 전로의 선간전압 : 0.75 초과 2kv 이하, 접근한계거리 : 45cm
④ 충전 전로의 선간전압 : 2 초과 15kv 이하, 접근한계거리 : 90cm

[해설]

충전 전로의 선간전압 (단위 : 킬로볼트)	충전 전로에 대한 접근 한계거리 (단위 : 센티미터)
0.3 이하	접촉금지
0.3 초과 0.75 이하	30
0.75 초과 2 이하	45
2 초과 15 이하	60
15 초과 37 이하	90
37 초과 88 이하	110
88 초과 121 이하	130
121 초과 145 이하	150
145 초과 169 이하	170
169 초과 242 이하	230
242 초과 362 이하	380
362 초과 550 이하	550
550 초과 800 이하	790

{분석}
실기에도 자주 출제되는 중요한 내용입니다.

64 다음 중 전선이 연소될 때의 단계별 순서로 가장 적절한 것은?

① 착화 단계 → 순시 용단 단계 → 발화 단계 → 인화 단계
② 인화 단계 → 착화 단계 → 발화 단계 → 순시 용단 단계
③ 순시 용단 단계 → 착화 단계 → 인화 단계 → 발화 단계
④ 발화 단계 → 순시 용단 단계 → 착화 단계 → 인화 단계

[해설] 전선의 과대전류에 의한 연소 단계
• 인화 단계 : 40 ~ 43A/mm²
• 착화 단계 : 43 ~ 60A/mm²
• 발화 단계 : 60 ~ 120A/mm²
• 순간 용단 : 120A/mm² 이상

65 다음 중 절연용 고무장갑과 가죽 장갑의 안전한 사용방법으로 가장 적합한 것은?

① 황산작업에는 가죽장갑만 사용한다.
② 황산작업에서는 고무장갑만 사용한다.
③ 먼저 가죽장갑을 끼고 그 위에 고무장갑을 낀다.
④ 먼저 고무장갑을 끼고 그 위에 가죽장갑을 낀다.

[해설] 고무장갑을 끼고 그 위에 가죽장갑을 착용한다.

66 다음 중 정전기로 인한 재해의 방지대책으로 틀린 것은?

① 접지
② 보호구의 착용
③ 배관 내 액체의 유속 증가
④ 습도가 일정 이상이 되도록 유지

[해설] 정전기 재해 예방대책
① 접지(도체일 경우 효과 있으나 부도체는 효과 없다.)

정답 63 ④ 64 ② 65 ④ 66 ③

② 습기 부여(공기 중 습도 60~70% 이상 유지한다.)
③ 도전성 재료 사용(절연성 재료는 절대 금한다.)
④ 대전 방지제 사용
⑤ 제전기 사용
⑥ 유속 조절(석유류 제품 1m/s 이하)

{분석}
실기까지 중요한 내용입니다.

67 다음 통전 경로 중 위험도가 가장 작은 것은?

① 왼손 – 가슴
② 오른손 – 가슴
③ 왼손 – 오른손
④ 왼손 – 한발 또는 양발

[해설] 통전 경로별 위험도

통전 경로	위험도
왼손-가슴	1.5
오른손-가슴	1.3
왼손-한발 또는 양발	1.0
양손-양발	1.0
오른손-한발 또는 양발	0.8
왼손-등	0.7
한손 또는 양손-앉아있는 자리	0.7
왼손-오른손	0.4
오른손-등	0.3

{분석}
필기에 자주 출제되는 내용입니다.

68 다음 중 정전기의 발생에 영향을 주는 요인과 가장 거리가 먼 것은?

① 접촉면적 및 압력
② 분리 속도
③ 물체의 표면 상태
④ 외부 공기의 풍속

[해설] 정전기 발생에 영향을 주는 요인

물체의 특성	대전서열에서 멀리 있는 물체들끼리 마찰할수록 발생량이 많다.
물체의 표면 상태	표면이 거칠수록, 표면이 수분, 기름 등에 오염될수록 발생량이 많다.
물체의 이력	처음 접촉, 분리할 때 정전기 발생량이 최고이고, 반복될수록 발생량은 줄어든다.
접촉 면적 및 압력	접촉면적이 넓을수록, 접촉압력이 클수록 발생량이 많다.
분리 속도	분리속도가 빠를수록 발생량이 많다.

{분석}
필기에 자주 출제되는 내용입니다.

69 폭발범위에 있는 가연성 가스 혼합물에 전압을 변화시키며 전기 불꽃을 주었더니 1000V가 되는 순간 폭발이 일어났다. 이 때 사용한 전기불꽃의 콘덴서 용량은 0.1μF을 사용하였다면 이 가스에 대한 최소 발화에너지는 몇 mJ 인가?

① 5   ② 10
③ 50   ④ 100

[해설]

$$E = \frac{1}{2}CV^2$$

여기서, C : 정전용량(F)
V : 전위(V)

$$E = \frac{1}{2} \times 0.1 \times 10^{-6} \times 1000^2$$
$$= 0.05J \times 1000 = 50mJ$$
$$(J = 1,000mJ, \mu F = 10^{-6}F)$$

{분석}
필기에 자주 출제되는 내용입니다.

정답 67 ③ 68 ④ 69 ③

70 동작 시 아크가 발생하는 고압 및 특고압용 개폐기·차단기의 이격거리(목재의 벽 또는 천장, 기타 가연성 물체로부터의 거리)외 기준으로 옳은 것은?
(단, 사용전압이 35kV 이하의 특고압용의 기구 등으로서 동작할 때에 생기는 아크의 방향과 길이를 화재가 발생할 우려가 없도록 제한하는 경우가 아니다.)

① 고압용 : 0.8m 이상, 특고압용 : 1.0m 이상
② 고압용 : 1.0m 이상, 특고압용 : 2.0m 이상
③ 고압용 : 2.0m 이상, 특고압용 : 3.0m 이상
④ 고압용 : 3.5m 이상, 특고압용 : 4.0m 이상

[해설] 아크를 발생하는 기구 시설 시 이격거리

고압용의 것	1m 이상
특고압용의 것	2m 이상(사용전압이 35kV 이하의 특고압용의 기구 등으로서 동작할 때에 생기는 아크의 방향과 길이를 화재가 발생할 우려가 없도록 제한하는 경우에는 1m 이상)

{분석} 실기까지 중요한 내용입니다.

71 다음 중 공정안전보고서에 관한 설명으로 틀린 것은?

① 사업주가 공정안전보고서를 작성한 후에는 별도의 심의과정이 없다.
② 공정안전보고서를 제출한 사업주는 정하는 바에 따라 고용노동부장관의 확인을 받아야 한다.
③ 고용노동부장관은 공정안전보고서의 이행 상태를 평가하고 그 결과에 따라 공정안전보고서를 다시 제출하도록 명할 수 있다.
④ 고용노동부장관은 공정안전보고서를 심사한 후 필요하다고 인정하는 경우에는 그 공정안전보고서의 변경을 명할 수 있다.

[해설] ① 공정안전보고서를 작성할 때에는 산업안전보건위원회의 심의를 거쳐야 한다. 다만, 산업안전보건위원회가 설치되어 있지 아니한 사업장의 경우에는 근로자대표의 의견을 들어야 한다.

{분석} 실기까지 중요한 내용입니다.

72 혼합가스의 조성이 다음 [표]와 같을 때 공기 중 폭발하한계는 약 몇 vol% 인가?

가스	조성 (vol%)	폭발하한계 (vol%)	폭발상한계 (vol%)
프로판	50%	2.2	9.5
이황화탄소	30%	1.2	44
일산화탄소	20%	12.5	74

① 1.20 ② 2.03
③ 3.67 ④ 5.30

정답 70 ② 71 ① 72 ②

해설

$$\frac{100}{L} = \frac{V_1}{L_1} + \frac{V_2}{L_2} + \frac{V_3}{L_3} \cdots (\text{Vol\%})$$

$$L = \frac{100}{\frac{V_1}{L_1} + \frac{V_2}{L_2} + \frac{V_3}{L_3} \cdots}$$

여기서,
L : 혼합가스의 폭발하한계(상한계)
L_1, L_2, L_3 : 단독가스의 폭발하한계(상한계)
V_1, V_2, V_3 : 단독가스의 공기 중 부피
$100 : V_1 + V_2 + V_3 + \cdots$

$$\frac{(50+30+20)}{L} = \frac{50}{2.2} + \frac{30}{1.2} + \frac{20}{12.5}$$

$$L = \frac{100}{\frac{50}{2.2} + \frac{30}{1.2} + \frac{20}{12.5}} = 2.03\text{vol\%}$$

{분석}
실기까지 중요한 내용입니다.

73 어떤 인화성 액체가 점화원의 존재 하에 지속적인 연소를 일으키는 최저 온도를 무엇이라고 하는가?

① 인화점 ② 발화점
③ 연소점 ④ 산화점

해설 점화원의 존재 하에 지속적인 연소를 일으키는 최저온도 → 연소점

참고 (1) 인화점(인화온도)
① 인화성 액체가 증발하여 공기 중에서 연소하한 농도 이상의 혼합기체를 생성할 수 있는 가장 낮은 온도
② 가연성 액체의 액면 가까이에서 인화하는데 충분한 농도의 증기를 발산하는 최저온도
③ 공기 중에서 그 액체의 표면부근에서 불꽃의 전파가 일어나기에 충분한 농도의 증기를 발생시키는 최저온도

(2) 발화점(발화온도)
① 착화원 없이 가연성 물질을 대기 중에서 가열함으로써 스스로 연소 혹은 폭발을 일으키는 최저온도

② 가연성물질을 공기나 산소 중에서 가열한 후 발화 또는 폭발을 일으키기 시작하는 최저온도

{분석}
필기에 자주 출제되는 내용입니다.

74 산업안전보건기준에 관한 규칙상 섭씨 몇 ℃ 이상인 상태에서 운전되는 설비는 특수화학설비에 해당하는가? (단, 규칙에서 정한 위험물질의 기준량 이상을 제조하거나 취급하는 설비인 경우이다.)

① 150℃ ② 250℃
③ 350℃ ④ 450℃

해설 특수화학설비의 종류
① 발열반응이 일어나는 반응장치
② 증류·정류·증발·추출 등 분리를 행하는 장치
③ 가열시켜주는 물질의 온도가 가열되는 위험물질의 분해온도 또는 발화점 보다 높은 상태에서 운전되는 설비
④ 반응폭주 등 이상 화학반응에 의하여 위험물질이 발생할 우려가 있는 설비
⑤ 온도가 섭씨 350도 이상이거나 게이지 압력이 980킬로파스칼 이상인 상태에서 운전되는 설비
⑥ 가열로 또는 가열기

{분석}
실기까지 중요한 내용입니다.

75 연소의 3요소 중 1가지에 해당하는 요소가 아닌 것은?

① 메탄
② 공기
③ 정전기 방전
④ 이산화탄소

해설 ① 메탄 → 가연물
② 공기 → 산소 공급
③ 정전기 방전 → 점화원

정답 73 ③ 74 ③ 75 ④

> [참고] 연소의 3요소
> ① 가연물
> ② 산소(공기)
> ③ 점화원 또는 열
>
> {분석}
> 필기에 자주 출제되는 내용입니다.

76 화학설비의 안전장치로서 파열판을 설치해야 하는 경우와 가장 거리가 먼 것은?

① 급격한 압력 상승의 우려가 있는 경우
② 진공에 의해 파손될 우려가 있는 경우
③ 방출량이 많고 순간적으로 많은 방출이 필요한 경우
④ 물질의 물리적 상태변화에 대응하기 위한 경우

> [해설] 파열판을 설치하여야 하는 경우
> ① 반응 폭주 등 급격한 압력 상승의 우려가 있는 경우
> ② 급성독성물질의 누출로 인하여 주위의 작업환경을 오염시킬 우려가 있는 경우
> ③ 운전 중 안전밸브에 이상 물질이 누적되어 안전밸브가 작동되지 아니할 우려가 있는 경우
>
> {분석}
> 실기에도 자주 출제되는 중요한 내용입니다.

77 공기 중에 3ppm의 디메틸아민(demethylamine, TLV – TWA : 10ppm)과 20ppm의 시클로헥산올(cyclohexanol, TLV – TWA : 50ppm)이 있고, 10ppm의 산화프로필렌(propyleneoxide, TLV – TWA : 20ppm)이 존재한다면 혼합 TLV – TWA는 몇 ppm인가?

① 12.5   ② 22.5
③ 27.5   ④ 32.5

> [해설]
> 1. 노출지수 $EI = \dfrac{C_1}{T_1} + \dfrac{C_2}{T_2} + \cdots + \dfrac{C_n}{T_n}$
>
> 여기서 C : 화학물질 각각의 측정치
> T : 화학물질 각각의 노출기준
> 판정 : $EI > 1$ 경우 노출기준을 초과함
>
> 2. 혼합물의 TLV-TWA
>
> $TLV-TWA = \dfrac{C_1 + C_2 + \cdots + C_n}{EI}$
>
> 1. 노출지수 $EI = \dfrac{3}{10} + \dfrac{20}{50} + \dfrac{10}{20} = 1.2$
> 2. 혼합물의 $TLV-TWA = \dfrac{3+20+10}{1.2}$
> $= 27.5(ppm)$
>
> {분석}
> 실기까지 중요한 내용입니다.

78 메탄올의 연소반응이 다음과 같을 때 최소산소농도(MOC)는 약 얼마인가? (단, 메탄올의 연소하한값(L)은 6.7vol%이다.)

$$CH_3OH + 1.5O_2 \rightarrow CO_2 + 2H_2O$$

① 1.5vol%   ② 6.7vol%
③ 10vol%   ④ 15vol%

> [해설]
> MOC 농도
> $= 폭발하한계 \times \dfrac{산소의\ 몰수}{연료의\ 몰수}\ (Vol\%)$
>
> MOC 농도 $= 6.7 \times \dfrac{1.5}{1} = 10.05\ (Vol\%)$
>
> {분석}
> 실기까지 중요한 내용입니다.

정답 76 ④ 77 ③ 78 ③

79 다음 중 폭굉 유도 거리에 대한 설명으로 틀린 것은?

① 압력이 높을수록 짧다.
② 점화원의 에너지가 강할수록 짧다.
③ 정상 연소속도가 큰 혼합일수록 짧다.
④ 관 속에 방해물이 없거나 관의 지름이 클수록 짧다.

[해설] 폭굉 유도 거리(DID)
① 점화에너지가 강할수록 짧다.
② 연소속도가 큰 가스일수록 짧다.
③ 관경이 가늘거나 관 속에 이물질이 있을 경우 짧다.
④ 압력이 높을수록 짧다.

[참고] 폭굉 유도 거리(DID)
완만한 연소가 격렬한 폭굉으로 발전되는 거리

80 다음 물질 중 가연성 가스가 아닌 것은?

① 수소   ② 메탄
③ 프로판   ④ 염소

[해설] ④ 염소 : 맹독성, 산화성 가스

제5과목 · 건설공사 안전 관리

81 달비계를 이용하여 작업을 하려고 한다. 달비계에 사용되는 달기 와이어로프 및 달기강선의 안전계수는?

① 5 이상   ② 7 이상
③ 8 이상   ④ 10 이상

{분석} 관련 법규에서 삭제된 내용입니다.

82 다음 중 양중기에 해당되지 않는 것은?

① 크레인
② 곤돌라
③ 항타기
④ 리프트

[해설] 양중기의 종류(산업안전보건법 기준)
① 크레인[호이스트(hoist)를 포함한다]
② 이동식 크레인
③ 리프트(이삿짐운반용 리프트의 경우에는 적재하중이 0.1톤 이상인 것으로 한정한다)
④ 곤돌라
⑤ 승강기

{분석} 실기에 자주 출제되는 중요한 내용입니다.

83 화물자동차에 짐을 싣는 작업 또는 내리는 작업을 하는 때에 추락에 의한 근로자의 위험을 방지하기 위하여 안전하게 상승 또는 하강하기 위한 설비를 설치하여야 하는 기준으로 옳은 것은?

① 바닥으로부터 짐 윗면까지의 높이가 2m 이상일 것
② 바닥으로부터 짐 아랫면까지의 높이가 2m 이상일 때
③ 바닥으로부터 짐 윗면까지의 높이가 1m 이상일 것
④ 바닥으로부터 짐 아랫면까지의 높이가 1m 이상일 때

[해설] 바닥으로부터 짐 윗면과의 높이가 2미터 이상인 화물자동차에 짐을 싣는 작업 또는 내리는 작업을 하는 때에는 추락에 의한 근로자의 위험을 방지하기 위하여 당해 작업에 종사하는 근로자가 바닥과 적재함의 짐 윗면과의 사이를 안전하게 상승 또는 하강하기 위한 설비를 설치하여야 한다.

{분석} 필기에 자주 출제되는 내용입니다.

정답 79 ④ 80 ④ 81 정답 없음 82 ③ 83 ①

84 흙의 안식각은 어느 각을 말하는가?

① 자연 경사각
② 비탈면각
③ 사공 경사각
④ 계획 경사각

[해설] 흙의 안식각
자연 상태의 흙을 외력을 가하지 않고 쌓을 경우 자연붕괴를 일으킨 후에 안정된 사면을 유지할 때 사면과 수평면 사이의 경사각(자연 경사각)을 말한다.

85 작업발판의 끝이나 개구부 등에서 추락을 방지하기 위한 설비로 가장 적합하지 않은 것은?

① 안전난간
② 덮개
③ 방호선반
④ 울타리

[해설] 작업발판 및 통로의 끝이나 개구부로서 근로자가 추락할 위험이 있는 장소에는 안전난간, 울타리, 수직형 추락방망 또는 덮개 등의 방호조치를 충분한 강도를 가진 구조로 튼튼하게 설치하여야 하며, 덮개를 설치하는 경우에는 뒤집히거나 떨어지지 않도록 설치하여야 한다. 이 경우 어두운 장소에서도 알아볼 수 있도록 개구부임을 표시하여야 한다.

{분석}
필기에 자주 출제되는 내용입니다.

86 건축물의 층고가 높아지면서 현장에서 고소작업대의 사용이 증가하고 있다. 고소작업대의 사용 및 설치기준에 대한 사항 중 맞는 것은?

① 작업대를 와이어로프로 상승 또는 하강시킬 때에는 와이어로프의 안전율은 10 이상 일 것
② 작업대를 상승시킨 상태에서 항상 작업자를 태우고 이동할 것
③ 바닥과 고소작업대는 가능한 한 수직을 유지하도록 할 것
④ 갑작스러운 이동을 방지하기 위하여 아웃트리거(Outrigger) 또는 브레이크 등을 확실히 사용할 것

[해설] ① 작업대를 와이어로프 또는 체인으로 상승 또는 하강시킬 때에는 와이어로프 또는 체인이 끊어져 작업대가 낙하하지 아니하는 구조이어야 하며, 와이어로프 또는 체인의 안전율은 5 이상 일 것
② 작업자를 태우고 이동하지 말 것. 다만, 이동 중 전도 등의 위험 예방을 위하여 유도하는 사람을 배치하고 짧은 구간을 이동하는 경우에는 작업대를 가장 낮게 내린 상태에서 작업자를 태우고 이동할 수 있다.
③ 바닥과 고소작업대는 가능한 한 수평을 유지하도록 할 것

{분석}
필기에 자주 출제되는 내용입니다.

87 굴착면의 안전 기울기 기준으로 틀린 것은?

① 모래 1 : 1.8
② 연암 1 : 1.0
③ 풍화암 1 : 1.0
④ 모래 1 : 1.2

정답 84 ① 85 ③ 86 ④ 87 ④

해설 | 굴착면의 기울기 및 높이 기준

지반의 종류	굴착면의 기울기
모래	1 : 1.8
연암 및 풍화암	1 : 1.0
경암	1 : 0.5
그 밖의 흙	1 : 1.2

{분석} 실기에 자주 출제되는 내용입니다.

88 아래에서 설명하는 불도저의 명칭은?

> 블레이드의 길이가 길고 낮으며 블레이드의 좌우를 전후로 25° ~ 30° 각도로 회전시킬 수 있어 흙을 측면으로 보낼 수 있는 불도저

① 틸트 도저
② 스트레이트 도저
③ 앵글 도저
④ 터나 도저

해설 | 블레이드의 좌우를 전후로 25° ~ 30° 각도로 회전 → 앵글도저

89 사질지반에 흙막이를 하고 터파기를 실시하면 지반 수위와 터파기 저면 과의 수위 차에 의해 보일링 현상이 발생할 수 있다. 이때 이 현상을 방지하는 방법이 아닌 것은?

① 흙막이 벽의 저면 타입 깊이를 크게 한다.
② 차수성이 높은 흙막이 벽을 사용한다.
③ 웰포인트로 지하수면을 낮춘다.
④ 주동토압을 크게 한다.

해설 | 보일링 현상 방지책
① 지하 수위 저하
② 지하수 흐름 변경
③ 근입벽을 깊게 한다.
④ 작업 중지

{분석} 실기까지 중요한 내용입니다.

90 철골 보 인양작업 시의 준수사항으로 옳지 않은 것은?

① 선회와 인양작업은 가능한 동시에 이루어지도록 한다.
② 인양용 와이어로프의 각도는 양변 60° 정도가 되도록 한다.
③ 유도로프로 방향을 잡으며 이동시킨다.
④ 철골 보의 와이어로프 체결지점은 부재의 1/3지점을 기준으로 한다.

해설 | ① 선회와 인양작업은 동시에 하여서는 아니 된다. 흔들리거나 선회하지 않도록 유도 로프로 유도하며 장애물에 닿지 않도록 주의하여야 한다.

91 높이 2m를 초과하는 말비계를 조립하여 사용하는 경우 작업발판의 최소 폭 기준으로 옳은 것은?

① 20cm 이상 ② 30cm 이상
③ 40cm 이상 ④ 50cm 이상

해설 | 말비계의 구조
① 지주부재의 하단에는 미끄럼 방지장치를 하고, 양측 끝부분에 올라서서 작업하지 아니하도록 할 것
② 지주부재와 수평면과의 기울기를 75도 이하로 하고, 지주부재와 지주부재 사이를 고정시키는 보조부재를 설치할 것
③ 말비계의 높이가 2미터를 초과할 경우에는 작업발판의 폭을 40센티미터 이상으로 할 것

{분석} 실기까지 중요한 내용입니다.

정답 88 ③ 89 ④ 90 ① 91 ③

92 개착식 굴착공사(Open cut)에서 설치하는 계측기기와 거리가 먼 것은?

① 수위계   ② 경사계
③ 응력계   ④ 내공변위계

[해설] ④ 내공변위계는 터널의 계측장치이다.

[참고] 깊이 10.5m 이상의 굴착작업 시 계측기기
① 수위계   ② 경사계
③ 하중 및 침하계   ④ 응력계

{분석} 필기에 자주 출제되는 내용입니다.

93 다음은 산업안전보건법령에 따른 작업장에서의 투하설비 등에 관한 사항이다. 빈칸에 들어갈 내용으로 옳은 것은?

> 사업주는 높이가 ( ) 이상인 장소로부터 물체를 투하하는 때에는 적당한 투하설비를 설치하거나 감시인을 배치하는 등 위험방지를 위하여 필요한 조치를 하여야 한다.

① 2   ② 3
③ 5   ④ 10

[해설] 사업주는 높이가 3미터 이상인 장소로부터 물체를 투하하는 때에는 적당한 투하설비를 설치하거나 감시인을 배치하는 등 위험방지를 위하여 필요한 조치를 하여야 한다.

{분석} 필기에 자주 출제되는 내용입니다.

94 사다리식 통로 등을 설치하는 경우 발판과 벽과의 사이는 최소 얼마 이상의 간격을 유지하여야 하는가?

① 5[cm]   ② 10[cm]
③ 15[cm]   ④ 20[cm]

[해설] 사다리식 통로의 구조
① 견고한 구조로 할 것
② 심한 손상·부식 등이 없는 재료를 사용할 것
③ 발판의 간격은 일정하게 할 것
④ 발판과 벽과의 사이는 15센티미터 이상의 간격을 유지할 것
⑤ 폭은 30센티미터 이상으로 할 것
⑥ 사다리가 넘어지거나 미끄러지는 것을 방지하기 위한 조치를 할 것
⑦ 사다리의 상단은 걸쳐놓은 지점으로부터 60센티미터 이상 올라가도록 할 것
⑧ 사다리식 통로의 길이가 10미터 이상인 경우에는 5미터 이내마다 계단참을 설치할 것
⑨ 사다리식 통로의 기울기는 75도 이하로 할 것. 다만, 고정식 사다리식 통로의 기울기는 90도 이하로 하고, 그 높이가 7미터 이상인 경우에는 다음 각 목의 구분에 따른 조치를 할 것
• 등받이울이 있어도 근로자 이동에 지장이 없는 경우 : 바닥으로부터 높이가 2.5미터 되는 지점부터 등받이울을 설치할 것
• 등받이울이 있으면 근로자가 이동이 곤란한 경우 : 한국산업표준에서 정하는 기준에 적합한 개인용 추락 방지 시스템을 설치하고 근로자로 하여금 한국산업표준에서 정하는 기준에 적합한 전신 안전대를 사용하도록 할 것
⑩ 접이식 사다리 기둥은 사용 시 접혀지거나 펼쳐지지 않도록 철물 등을 사용하여 견고하게 조치할 것

{분석} 실기까지 중요한 내용입니다.

95 산업안전보건관리비 계상을 위한 대상액이 56억 원인 건축공사의 산업안전보건관리비는 얼마인가?

① 104,160천 원
② 110,320천 원
③ 144,800천 원
④ 150,400천 원

정답 92 ④ 93 ② 94 ③ 95 ②

[해설] 안전관리비의 계상

1. 대상액이 5억 원 미만 또는 50억 원 이상
   안전관리비 = 대상액(재료비 + 직접 노무비) × 비율

2. 대상액이 5억 원 이상 50억 원 미만
   안전관리비 = 대상액(재료비 + 직접 노무비) × 비율 + 기초액(C)

[공사 종류 및 규모별 안전 관리비 계상기준표]

구분 공사 종류	대상액 5억 원 미만인 경우 적용 비율(%)	대상액 5억 원 이상 50억 원 미만인 경우 적용 비율(%)		대상액 50억 원 이상인 경우 적용 비율(%)	보건관리자 선임 대상 건설공사의 적용비율(%)
		적용 비율(%)	기초액		
건축공사	2.93(%)	1.86(%)	5,349 천원	1.97(%)	2.15(%)
토목공사	3.09(%)	1.99(%)	5,499 천원	2.10(%)	2.29(%)
중건설공사	3.43(%)	2.35(%)	5,400 천원	2.44(%)	2.66(%)
특수 건설공사	1.85(%)	1.20(%)	3,250 천원	1.27(%)	1.38(%)

안전관리비 = 56억 원 × 0.0197 = 110,320천 원

{분석}
실기까지 중요한 내용입니다.

96 드럼에 다수의 돌기를 붙여 놓은 기계로 점토층의 내부를 다지는 데 적합한 것은?

① 탠덤 롤러
② 타이어 롤러
③ 진동 롤러
④ 탬핑 롤러

[해설] 탬핑롤러는 고함 수비 지반, 점착력이 큰 진흙의 다짐, 흙의 간극 수압 제거에 사용된다.

{분석}
필기에 자주 출제되는 내용입니다.

97 건설용 양중기에 관한 설명으로 옳은 것은?

① 삼각데릭의 인접 시설에 장해가 없는 상태에서 360°회전이 가능하다.
② 이동식크레인(crane)에는 트럭 크레인, 크롤러 크레인 등이 있다.
③ 휠 크레인에는 무한궤도식과 타이어식이 있으며 장거리 이동에 적당하다.
④ 크롤러 크레인은 휠 크레인보다 기동성이 뛰어나다.

[해설] ① 삼각데릭은 270°까지 회전이 가능하다.
③ 무한궤도식은 크롤러 크레인에 해당한다.
④ 휠 크레인이 크롤러 크레인보다 기동성이 뛰어나다.

98 강관을 사용하여 비계를 구성하는 경우 준수해야 할 기준으로 옳지 않은 것은?

① 비계기둥 간격은 띠장방향에서는 1.85m 이하, 장선방향에서는 1.5m 이하로 할 것
② 띠장 간격은 1.5m 이하로 설치하되, 첫 번째 띠장은 지상으로부터 2.5m 이하의 위치에 설치할 것
③ 비계기둥의 제일 윗부분으로부터 31m 되는 지점 밑 부분의 비계기둥은 2개의 강관으로 묶어세울 것
④ 비계기둥 간의 적재하중은 400kg을 초과하지 않도록 할 것

[해설] 띠장간격은 2.0미터 이하로 할 것

[참고] **강관비계 조립 시의 준수사항**
① 비계기둥 간격 : 띠장방향에서는 1.85m 이하, 장선방향에서는 1.5m 이하로 할 것
다만, 다음 각 목의 어느 하나에 해당하는 작업의 경우에는 안전성에 대한 구조검토를 실시하고 조립도를 작성하면 띠장 방향 및 장선 방향으로 각각 2.7미터 이하로 할 수 있다.

정답 96 ④ 97 ② 98 ②

가. 선박 및 보트 건조작업
나. 그 밖에 장비 반입·반출을 위하여 공간 등을 확보할 필요가 있는 등 작업의 성질상 비계기둥 간격에 관한 기준을 준수하기 곤란한 작업
② 띠장간격 : 2.0미터 이하로 할 것
③ 비계기둥의 제일 윗부분으로 부터 31m되는 지점 밑 부분의 비계기둥은 2본의 강관으로 묶어 세울 것
④ 비계기둥 간의 적재하중은 400kg을 초과하지 않도록 할 것

{분석}
실기까지 중요한 내용입니다.

99 추락방지용 방망 그물코의 모양 및 크기의 기준으로 옳은 것은?

① 원형 또는 사각으로서 그 크기는 5cm 이하이어야 한다.
② 원형 또는 사각으로서 그 크기는 10cm 이하이어야 한다.
③ 사각 또는 마름모로서 그 크기는 5cm 이하이어야 한다.
④ 사각 또는 마름모로서 그 크기는 10cm 이하이어야 한다.

[해설] 그물코는 사각 또는 마름모로서 그 크기는 10센티미터 이하이어야 한다.

100 지반의 사면파괴 유형 중 유한사면의 종류가 아닌 것은?

① 사면 내 파괴
② 사면 선단 파괴
③ 사면 저부 파괴
④ 직립 사면 파괴

[해설] 유한사면의 활동 유형 : 급경사에서 급격히 변형하여 붕괴가 발생한다.

1. 원호 활동
① 사면 선단 파괴 : 경사가 급하고 비점착성 토질
② 사면 내 파괴 : 견고한 지층이 얕은 경우
③ 사변 저부 파괴 : 경사가 완만하고 점착성인 경우

2. 대수 나선 활동 : 토층이 불균일할 때

3. 복합 곡선 활동 : 연약한 토층이 얕은 곳에 존재할 때

정답 99 ④ 100 ④

02회 산업안전 산업기사 모의고사

제1과목 • 산업재해 예방 및 안전보건교육

01 A 사업장에서 발생한 990회의 사고 중 사망재해가 3건이었다면 하인리히의 재해 구성 비율에 따를 경우 경상은 몇 건 정도가 예상되겠는가?

① 60건　　② 87건
③ 120건　④ 330건

[해설]
하인리히 1 : 29 : 300의 법칙
: 총 330건의 사고를 분석했을 때
중상 또는 사망 : 1건
경상해 : 29건
무상해사고 : 300건이 발생함을 의미한다.

총 990건의 사고 시(3 : 87 : 900)
중상 또는 사망 : 1 × 3 = 3
경상해 : 29 × 3 = 87
무상해고 : 300 × 3 = 900

{분석}
실기까지 중요한 내용입니다.

02 다음 중 허츠버그(Herzberg)의 동기 및 위생 요인에 대한 설명으로 옳은 것은?

① 위생 요인으로는 직무의 내용이 해당된다.
② 위생 요인으로는 직무의 환경이 해당된다.
③ 동기 요인으로는 대인관계가 해당된다.
④ 동기 요인으로는 작업조건이 해당된다.

[해설]
가. 직무내용 → 동기 요인
나. 직무환경 → 위생 요인
다. 대인관계 → 위생 요인
라. 작업조건 → 위생 요인

[참고]

위생 요인(직무 환경)	동기 요인(직무 내용)
• 회사정책과 관리 • 개인 상호간의 관계 • 감독 • <u>임금</u> • 보수 • <u>작업조건</u> • 지위 • 안전	• <u>성취감</u> • <u>책임감</u> • <u>안정감</u> • 성장과 발전 • 도전감 • <u>일 그 자체</u>

{분석}
필기에 자주 출제되는 내용입니다.

03 상시근로자가 100명인 사업장에서 3개월 동안 재해 발생 건수가 5건, 불안전한 행동의 발견조치 건수가 10건, 안전 홍보 건수가 5건, 불안전한 상태의 지적이 20건이고, 안전 회의가 3건 있었다. 이 사업장의 안전 활동률은 약 얼마인가? (단, 근로자는 1일 8시간씩 월 25일을 근무하였다.)

① 0.63　　② 0.72
③ 633.33　④ 716.67

[해설]
안전 활동률
$$= \frac{\text{안전활동 건수}}{\text{연 근로시간수} \times \text{평균 근로자수}} \times 10^6$$

정답　01 ②　02 ②　03 ③

$$\text{안전활동률} = \frac{\text{안전활동 건수}}{\text{연 근로시간수} \times \text{평균 근로자수}} \times 10^6$$
$$= \frac{10+5+20+3}{100 \times 8 \times 25 \times 3} \times 10^6 = 633.33$$

04 안전지식교육 실시 4단계에서 지식을 실제의 상황에 맞추어 문제를 해결해 보고 그 수법을 이해시키는 단계로 옳은 것은?)

① 도입　　② 제시
③ 적용　　④ 확인

[해설] 지식을 실제의 상황에 맞추어 문제를 해결해 보고 그 수법을 이해시키는 단계 → 적용

[참고] **교육진행 4단계(교육훈련 지도방법의 4단계 순서)**
제 1단계 : 도입(학습할 준비를 시킨다.)
제 2단계 : 제시(작업을 설명한다.)
제 3단계 : 적용(작업을 시켜본다.)
제 4단계 : 확인(가르친 뒤 살펴본다.)

{분석} 필기에 자주 출제되는 내용입니다.

05 산업안전보건 법령상 안전·보건표지의 종류에 있어 "안전모 착용"은 어떤 표지에 해당하는가?

① 경고표지
② 지시표지
③ 안내표지
④ 관계자 외 출입 금지

[해설] "안전모 착용" → 지시표지

[참고] **지시표지의 종류**
1. 보안경 착용
2. 방독마스크 착용
3. 방진마스크 착용
4. 보안면 착용
5. 안전모 착용
6. 귀마개 착용
7. 안전화 착용
8. 안전장갑 착용
9. 안전복 착용

{분석} 실기에 자주 출제되는 중요한 내용입니다.

06 다음 재해손실 비용 중 직접 손실비에 해당하는 것은?

① 진료비
② 입원 중의 잡비
③ 당일 손실 시간 손비
④ 구원, 연락으로 인한 부동 임금

[해설] ① 진료비 → 직접비

[참고]

직접비	간접비
• 치료비 • 휴업급여 • 요양급여 • 유족급여 • 장해급여 • 간병급여 • 직업재활급여 • 상병(傷病)보상연금 • 장의비 등	• 인적 손실비 • 물적 손실비 • 생산 손실비 • 기계·기구 손실비 등

{분석} 실기에 자주 출제되는 중요한 내용입니다.

정답　04 ③　05 ②　06 ①

07 안전 심리의 5대 요소 중 능동적인 감각에 의한 자극에서 일어난 사고의 결과로서, 사람의 마음을 움직이는 원동력이 되는 것은?

① 기질(temper)
② 동기(motive)
③ 감정(emotion)
④ 습관(custom)

해설 사람의 마음을 움직이는 원동력 → 동기

참고 산업안전 심리 5요소
① 동기(motive) : 능동적인 감각에 의한 자극에서 일어나는 사고의 결과로서 사람의 마음을 움직이는 원동력이다.
② 기질(temper) : 인간의 성격, 능력 등 개인적인 특성을 말한다.
③ 감정(emotion) : 희로애락 등의 의식을 말한다. 사람의 감정은 안전과 밀접한 관계를 가지고 사고를 일으키는 정신적 동기를 만든다.
④ 습성(habits) : 동기, 기질, 감정 등이 밀접한 연관관계를 형성하여 인간의 행동에 영향을 미칠 수 있도록 하는 것을 말한다.
⑤ 습관(custom) : 성장과정을 통해 형성된 특성 등이 자신도 모르게 습관화 된 현상을 말한다.

{분석}
필기에 자주 출제되는 내용입니다.

08 기기의 적정한 배치, 변형, 균열, 손상, 부식 등의 유무를 육안, 촉수 등으로 조사 후 그 설비별로 정해진 점검기준에 따라 양부를 확인하는 점검은?

① 외관 점검
② 작동 점검
③ 기능 점검
④ 종합 점검

해설 기기의 변형, 부식 등을 육안, 촉수 등으로 조사 → 외관 점검

09 안전관리 조직의 형태 중 참모식(Staff) 조직에 대한 설명으로 틀린 것은?

① 이 조직은 분업의 원칙을 고도로 이용한 것이며, 책임 및 권한이 직능적으로 분담되어 있다.
② 생산 및 안전에 관한 명령이 각각 별개의 계통에서 나오는 결함이 있어, 응급처치 및 통제수속이 복잡하다.
③ 참모(Staff)의 특성상 업무관장은 계획안의 작성, 조사, 점검결과에 따른 조언, 보고에 머무는 것이다.
④ 참모(Staff)는 각 생산라인의 안전 업무를 직접 관장하고 통제한다.

해설 스태프(staff)형 or 참모형
① 중규모 사업장(100～1,000명 정도의 사업장)에 적용이 가능하다.
② 스태프형 장점 : 안전정보 수집이 용이하고 빠르다.
③ 스태프 단점 : 안전과 생산을 별개로 취급한다.
④ 안전 전문가(스태프)가 문제 해결방안을 모색한다.
⑤ 스태프는 경영자의 조언, 자문 역할을 한다.
⑥ 생산 부문은 안전에 대한 책임, 권한이 없다.
⑦ 사업장의 특수성에 적합한 기술연구를 전문적으로 할 수 있다.
⑧ 권한 다툼이나 조정 때문에 통제 수속이 복잡해지며, 시간과 노력이 소모된다.

{분석}
실기까지 중요한 내용입니다.

10 밀폐 작업 공간에서 유해물과 분진이 있는 상태에서 작업할 때 가장 적합한 보호구는?

① 방진마스크   ② 방독마스크
③ 송기마스크   ④ 보안경

해설 밀폐 작업 공간에서 작업할 경우 산소결핍에 의한 질식이 우려되므로 송기마스크를 착용하여야 한다.

정답 07 ② 08 ① 09 ④ 10 ③

참고 보호구 우선순위

송기마스크 > 방독마스크 > 방진마스크

{분석} 필기에 자주 출제되는 내용입니다.

11 재해예방대책의 기본 원리 5단계 중 제4단계의 내용으로 적절하지 않은 것은?

① 기술적인 개선
② 작업배치의 조정
③ 교육훈련의 개선
④ 작업 분석 및 평가

[해설] 하인리히 사고방지 5단계

1단계: 안전조직	• 안전목표 설정 • 안전관리자의 선임 • 안전조직 구성
2단계: 사실의 발견	• 작업분석 • 점검 • 사고조사 • 안전진단
3단계: 분석	• 사고원인 및 경향성 분석 • 작업공정 분석
4단계: 시정방법 선정	• 기술적 개선 • 안전운동 전개 • 교육훈련 분석 • 안전행정의 개선
5단계: 시정책 적용 (3E 적용)	• 안전교육(Education) • 안전기술(Engineering) • 안전독려(Enforcement)

{분석} 필기에 자주 출제되는 내용입니다.

12 작업을 하고 있을 때 걱정거리, 고민거리, 욕구불만 등에 의해 다른데 정신을 빼앗기는 부주의 현상은?

① 의식의 중단   ② 의식의 우회
③ 의식 수준의 저하 ④ 의식의 과잉

[해설] 걱정, 고민거리, 욕구불만에 정신을 빼앗기는 현상 → 의식의 우회

참고 부주의 원인

① 의식 단절 : 의식 흐름의 단절
② 의식 우회 : 걱정, 고뇌 등으로 의식이 빗나감
③ 의식 수준 저하 : 피로, 단조로운 작업의 연속으로 의식 수준이 저하됨
④ 의식 혼란 : 외부자극의 강·약에 의해 위험요인에 대응할 수 없을 때 발생
⑤ 의식 과잉 : 긴급상황 시 일점 집중 현상을 일으킨다.

{분석} 필기에 자주 출제되는 내용입니다.

13 산업안전보건법상 자율안전 확인 대상 보호구 중 사용 구분에 따른 보안경의 종류에 해당하지 않는 것은?

① 차광 보안경
② 유리 보안경
③ 플라스틱 보안경
④ 도수렌즈 보안경

[해설] 자율안전 확인에 따른 보안경의 종류

종류	사용 구분
유리보안경	비산물로부터 눈을 보호하기 위한 것으로 렌즈의 재질이 유리인 것
플라스틱 보안경	비산물로부터 눈을 보호하기 위한 것으로 렌즈의 재질이 플라스틱인 것
도수렌즈 보안경	비산물로부터 눈을 보호하기 위한 것으로 도수가 있는 것

정답 11 ④ 12 ② 13 ①

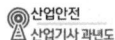

참고 차광보안경의 종류(안전인증 대상)

종류	사용 구분
자외선용	자외선이 발생하는 장소
적외선용	적외선이 발생하는 장소
복합용	자외선 및 적외선이 발생하는 장소
용접용	산소용접 작업 등과 같이 자외선, 적외선 및 강렬한 가시광선이 발생하는 장소

{분석}
실기까지 중요한 내용입니다.

14 다음 중 학습이론에 있어 S - R이론으로 볼 수 없는 것은?

① Pavlov의 조건반사설
② Tolman의 기호형태설
③ Thorndike의 시행착오설
④ Skinner의 도구적 조건화설

해설 자극과 반응이론(S-R이론)
① 돈다이크의 학습의 법칙(시행착오설)
② 파블로프의 학습이론(조건반사설, S-R이론)
③ 스키너의 조작적 조건화설
④ 반두라(Bandura)의 사회학습이론

{분석}
필기에 자주 출제되는 내용입니다.

15 다음 중 알더퍼(Alderfer)의 ERG 이론에 해당하지 않는 것은?

① 생존 욕구   ② 관계 욕구
③ 안전 욕구   ④ 성장 욕구

해설 알더퍼의 E.R.G이론
① 생존 욕구(존재 욕구) : 의식주, 봉급, 직무 안전
② 관계 욕구 : 대인관계
③ 성장 욕구 : 개인적 발전

참고 (1) 매슬로(Maslow A. H.)의 욕구 단계 이론(인간의 욕구 5단계)
① 제1단계(생리적 욕구)
② 제2단계(안전 욕구)
③ 제3단계(사회적 욕구)
④ 제4단계(존경 욕구)
⑤ 제5단계(자아실현의 욕구)

(2) 헤르츠버그(Herzberg)의 동기·위생 이론
① 위생 요인(유지 욕구) : 저차원의 욕구
② 동기 요인(만족 욕구) : 고차원의 욕구

(3) 맥그리거(McGregor)의 X, Y이론

X이론의 특징	Y이론의 특징
인간 불신감	상호 신뢰감
성악설	성선설
인간은 원래 게으르고 태만하여 남의 지배를 받기를 즐긴다.	인간은 부지런하고 적극적이며 자주적이다.
물질욕구(저차원 욕구)에 만족	정신욕구(고차원 욕구)에 만족
명령, 통제에 의한 관리 (권위주의형 리더십)	목표 통합과 자기통제에 의한 자율관리 (민주주의형 리더십)
저개발국형	선진국형

{분석}
실기까지 중요한 내용입니다.

16 산업안전보건법상 사업주가 근로자에게 실시해야 하는 안전·보건교육 중 채용 시의 교육 및 작업내용 변경 시의 교육 내용에 해당하는 것은?

① 물질안전보건자료에 관한 사항
② 건강증진 및 질병 예방에 관한 사항
③ 유해·위험 작업환경 관리에 관한 사항
④ 표준 안전 작업 방법 및 지도 요령에 관한 사항

정답 14 ② 15 ③ 16 ①

해설) 근로자 채용 시의 교육 및 작업내용 변경 시의 교육 내용
① 산업안전 및 사고 예방에 관한 사항
② 산업보건 및 직업병 예방에 관한 사항
③ 산업안전보건법령 및 산업재해보상보험제도에 관한 사항
④ 직무스트레스 예방 및 관리에 관한 사항
⑤ 직장 내 괴롭힘, 고객의 폭언 등으로 인한 건강장해 예방 및 관리에 관한 사항
⑥ 기계·기구의 위험성과 작업의 순서 및 동선에 관한 사항
⑦ 물질안전보건자료에 관한 사항
⑧ 작업 개시 전 점검에 관한 사항
⑨ 정리정돈 및 청소에 관한 사항
⑩ 사고 발생 시 긴급조치에 관한 사항
⑪ 위험성 평가에 관한 사항

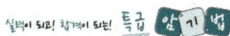

공통 항목
1. 신규자는 법, 산재보상제도를 알자!
2. 신규자는 건강을 보존(산업보건)하고 직업병, 스트레스, 괴롭힘, 폭언 예방하자!
3. 신규자는 안전하고 사고예방하자!
4. 신규자는 위험성을 평가하자!

신규채용자는 회사에 처음 입사해서 처음 일을 하는 근로자, 안전하게 일하기 위한 기본내용을 교육한다.
1. 신규자는 기계·기구 위험성, 작업순서, 동선을 알자!
2. 신규자는 취급물질의 위험성(물질안전보건자료)을 알자!
3. 신규자는 작업 전 점검하자!
4. 신규자는 항상 정리정돈 청소하자!
5. 신규자는 사고 시 조치를 알자!

참고) 관리감독자 정기교육 내용
① 산업안전 및 사고 예방에 관한 사항
② 산업보건 및 직업병 예방에 관한 사항
③ 유해·위험 작업환경 관리에 관한 사항
④ 산업안전보건법령 및 산업재해보상보험 제도에 관한 사항
⑤ 직무스트레스 예방 및 관리에 관한 사항
⑥ 직장 내 괴롭힘, 고객의 폭언 등으로 인한 건강장해 예방 및 관리에 관한 사항
⑦ 위험성평가에 관한 사항
⑧ 작업공정의 유해·위험과 재해 예방대책에 관한 사항

⑨ 표준안전 작업방법 결정 및 지도·감독 요령에 관한 사항
⑩ 비상 시 또는 재해 발생 시 긴급조치에 관한 사항
⑪ 사업장 내 안전보건관리체제 및 안전·보건조치 현황에 관한 사항
⑫ 현장근로자와의 의사소통능력 및 강의능력 등 안전보건교육 능력 배양에 관한 사항
⑬ 그 밖의 관리감독자의 직무에 관한 사항

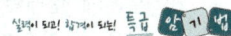

공통 항목(관리감독자, 근로자)
1. 관리자는 법, 산재보상제도를 알자.
2. 관리자는 건강을 보존(산업보건)하고 직업병, 스트레스, 괴롭힘, 폭언 예방하자!
3. 관리자는 유해위험 환경을 관리해서 안전하고 사고예방하자!
4. 관리자는 위험성을 평가하자!

관리감독자 정기교육의 특징
1. 관리자는 유해위험의 재해예방대책 세우자!
2. 관리자는 안전 작업방법 결정해서 감독하자!
3. 관리자는 재해발생 시 긴급조치하자!
4. 관리자는 안전보건 조치하자!
5. 관리자는 안전보건교육 능력 배양하자!

{분석}
실기에도 자주 출제되는 중요한 내용입니다.

17 다음 중 Super. D. E 의 역할이론에 포함되지 않는 것은?
① 역할 갈등
② 역할 기대
③ 역할 조성
④ 역할 유지

해설) 슈퍼(SUPER D.E)의 역할이론
① 역할 연기(Role playing) : 자아 탐색인 동시에 자아실현의 수단이다.
② 역할 기대(Role expection) : 자기 자신의 역할을 기대하고 감수하는 자는 자기 직업에 충실하다고 본다.
③ 역할 조성(Role shaping) : 여러 가지 역할이 발생 시 그 중 어떤 역할에는 불응 또는 거부감을 나타내거나 또 다른 역할에는 적응하여 실현키 위해 일을 구할 때 발생한다.
④ 역할 갈등(R. K trubling) : 작업 중 서로 상반된 역할이 기대될 경우 갈등이 발생한다.

{분석}
필기에 자주 출제되는 내용입니다.

정답 17 ④

18 적응기제(Adjustment Mechanism)의 유형에서 "동일화(identification)"의 사례에 해당하는 것은?

① 운동 시합에 진 선수가 컨디션이 좋지 않았다고 한다.
② 결혼에 실패한 사람이 고아들에게 정열을 쏟고 있다.
③ 아버지의 성공을 자신의 성공인 것처럼 자랑하며 거만한 태도를 보인다.
④ 동생이 태어난 후 초등학교에 입학한 큰 아이가 손가락을 빨기 시작했다.

[해설] 동일화(Identification)
- 다른 사람의 행동 양식이나 태도를 투입시키거나 다른 사람 가운데서 자기와 비슷한 점을 발견하는 것
- 부모, 형, 주위의 중요한 인물들의 태도나 행동을 따라하는 것
- 예 고등학교 때 선생님이 멋있어서 열심히 그 과목을 공부하는 것, 아버지의 성공을 자신의 성공인 것처럼 자랑하며 거만한 태도를 보이는 것

{분석}
필기에 자주 출제되는 내용입니다.

19 산업안전보건 법령상 안전검사 대상 유해·위험기계의 종류에 포함되지 않는 것은?

① 전단기
② 리프트
③ 곤돌라
④ 교류아크용접기

[해설] 안전검사 대상 유해·위험 기계
① 프레스
② 전단기
③ 크레인[정격 하중이 2톤 미만인 것 제외]
④ 리프트
⑤ 압력용기
⑥ 곤돌라
⑦ 국소 배기장치(이동식은 제외)
⑧ 원심기(산업용만 해당)
⑨ 롤러기(밀폐형 구조는 제외한다)
⑩ 사출성형기[형 체결력 294킬로뉴턴(KN) 미만은 제외]
⑪ 고소작업대
⑫ 컨베이어
⑬ 산업용 로봇

안전인증 대상 중
손 다치는 기계 - 프레스, 전단기, 사출성형기, 롤러기
양중기 - 크레인, 리프트, 곤돌라
폭발 - 압력용기
추가 - 국소(국소) 로봇이 고소(높은 곳)의 큰(컨)원을 검사(안전검사)

국소배기장치 산업용 로봇, 고소작업대, 컨베이어, 원심기

{분석}
실기에 자주 출제되는 중요한 내용입니다.

20 산업안전보건법에 따라 고용노동부장관이 산업재해 예방활동에 대한 참여와 지원을 촉진하기 위하여 근로자, 근로자 단체, 사업주 단체 및 산업재해 예방 관련 전문단체에 소속된 자 중에서 위촉할 수 있는 사람을 무엇이라 하는가?

① 산업재해조사관
② 관리감독자
③ 명예산업안전감독관
④ 근로감독관

[해설] 명예산업안전감독관
고용노동부장관은 산업재해 예방활동에 대한 참여와 지원을 촉진하기 위하여 근로자, 근로자 단체, 사업주단체 및 산업재해 예방 관련 전문단체에 소속된 자 중에서 명예산업안전감독관을 위촉할 수 있다.

정답 18 ③ 19 ④ 20 ③

제2과목 • 인간공학 및 위험성 평가 · 관리

21 통신에서 잡음 중의 일부를 제거하기 위해 필터(filter)를 사용하였다면, 어느 것의 성능을 향상시키는 것인가?

① 신호의 양립성
② 신호의 산란성
③ 신호의 표준성
④ 신호의 검출성

[해설] 필터(filter)를 사용하여 잡음 제거
→ 신호의 검출성 향상

22 광원의 밝기가 100cd이고, 10m 떨어진 곡면을 비출 때의 조도는 몇 Lux인가?

① 1
② 10
③ 100
④ 1000

[해설]

$$조도(lux) = \frac{광도}{(거리)^2} (lux)$$

$$조도 = \frac{광도}{(거리)^2} = \frac{100}{10^2} = 1\,Lux$$

{분석} 필기에 자주 출제되는 내용입니다.

23 청각적 표시장치에서 300m 이상의 장거리용 경보기에 사용하는 진동수로 가장 적절한 것은?

① 800Hz 전후
② 2200Hz 전후
③ 3500Hz 전후
④ 4000Hz 전후

[해설] 300m 이상 장거리용 신호는 1000Hz 이하의 진동수 사용

[참고] 경계 및 경보 신호 설계지침
① 귀는 중음역에 민감하므로 500~3000Hz의 진동수 사용
② 300m 이상 장거리용 신호는 1000Hz 이하의 진동수 사용
③ 장애물 및 칸막이 통과 시는 500Hz 이하의 진동수 사용
④ 주의를 끌기 위해서는 변조된 신호 사용
⑤ 배경 소음의 진동수와 구별되는 신호 사용
⑥ 경보효과를 높이기 위해서 개시 시간이 짧은 고감도 신호를 사용
⑦ 가능하면 확성기, 경적 등과 같은 별도의 통신 계통을 사용

{분석} 필기에 자주 출제되는 내용입니다.

24 다음 중 인간-기계 체계에 의해 수행되는 기본 기능의 유형이 아닌 것은?

① 감지
② 정보 보관
③ 궤환
④ 행동

[해설] 인간-기계 통합시스템(man-machine system)의 정보처리 기능
① 감지 기능
② 정보 보관 기능
③ 정보처리 및 의사결정 기능
④ 행동 기능

{분석} 필기에 자주 출제되는 중요한 내용입니다.

정답 21 ④ 22 ① 23 ① 24 ③

25 연속제어 조종장치에서 정확도보다 속도가 중요하다면 조종반응(C/R)의 비율은 어떻게 하여야 하는가?

① C/R 비율을 1로 조절하여야 한다.
② C/R 비율을 1보다 낮게 조절하여야 한다.
③ C/R 비율을 1보다 높게 조절하여야 한다.
④ C/R 비율을 조절할 필요가 없다.

[해설]

$$C/R \text{ 비} = \frac{X}{Y}$$

X : 통제기기의 변위량(cm)
Y : 표시계기 지침의 변위량(cm)

속도가 중요할 경우 : X < Y
∴ C/R 비율을 1보다 낮게 조절하여야 한다.

26 다음 중 높은 고장 등급을 갖고 고장모드가 기기 전체의 고장에 어느 정도 영향을 주는가를 정성적으로 평가하는 해석방법은?

① FTA   ② FMEA
③ HAZOP ④ FHA

[해설] 고장을 정성적으로 평가하는 해석법 → 고장형태와 영향분석 (FMEA)

[참고]
(1) 예비 위험 분석(PHA) : 모든 시스템 안전 프로그램의 최초 단계(설계단계, 구상단계)에서 실시하는 분석법
(2) 결함위험분석(FHA) : 서브시스템(subsystem)의 해석에 사용되는 분석법
(3) ETA : 사상의 안전도를 사용하여 시스템의 안전도 나타내는 귀납적. 정량적인 분석법
(4) DT(dicision Trees) : 요소의 신뢰도를 이용하여 시스템의 신뢰도를 나타내는 기법
(5) 치명도 분석(CA) : 높은 위험도를 가진 요소나 고장의 형태에 따른 분석법으로 고장을 정량적으로 분석하는 기법
(6) 인간에러율 예측기법(THERP) : 인간의 과오(human error)를 정량적으로 평가하기 위하여 개발된 기법
(7) MORT : 관리, 설계, 생산, 보전 등의 광범위한 안전을 도모하기 위한 분석법
(8) 운용 및 지원위험 분석(O&S 또는 OSHA) : 시스템의 모든 사용단계에서 안전요건을 결정하기 위한 분석법
(9) 고장형태와 영향분석 (FMEA) : 시스템에 영향을 미치는 모든 요소의 고장을 형태별로 분석하여 그 영향을 검토하는 정성적, 귀납적 분석법이다.

{분석}
필기에 자주 출제되는 내용입니다.

27 FTA(Fault Tree Analysis)에 사용되는 논리 중에서 입력 사상 중 어느 하나만이라도 발생하게 되면 출력사상이 발생하는 것은?

① AND GATE   ② OR GATE
③ 기본사상   ④ 통상사상

[해설]
1. OR GATE : 입력 사상 중 어느 하나만이라도 발생하게 되면 출력사상이 발생
2. AND GATE : 입력 사상이 모두 발생하는 경우에만 출력사상이 발생

[참고] FTA 논리기호

기호	명명	기호 설명
○	기본사상	더 이상 전개할 수 없는 사건의 원인
◇	생략사상	관련정보가 미비하여 계속 개발될 수 없는 특정 초기 사상
⌂	통상사상	발생이 예상되는 사상

정답 25 ② 26 ② 27 ②

기호	명칭	설명
▭	결함사상 (정상사상, 중간사상)	한 개 이상의 입력에 의해 발생된 고장사상
⌂	OR게이트	한 개 이상의 입력이 발생하면 출력사상이 발생하는 논리게이트
⌒	AND게이트	입력사상이 전부 발생하는 경우에만 출력사상이 발생하는 논리게이트
(또는 동시발생)	배타적 OR게이트	입력사상 중 오직 한 개의 발생으로만 출력사상이 생성되는 논리게이트
(또는 Ai, Aj, Ak 순으로)	우선적 AND게이트	입력사상이 특정 순서대로 발생한 경우에만 출력사상이 발생하는 논리게이트
(2개의 출력 Ai Aj Ak)	조합 AND게이트	3개 이상의 입력 중 2개가 일어나면 출력이 생긴다.
△	전이기호	다른 부분에 있는 게이트와의 연결관계를 나타내기 위한 기호
△(IN)	전이기호 (IN)	삼각형 정상의 선은 정보의 전입루트를 나타낸다.
△(OUT)	전이기호 (OUT)	삼각형 옆의 선은 정보의 전출루트를 나타낸다.
▽	전이기호 (수량이 다르다)	
⬡○	억제게이트	이 게이트의 출력사상은 한 개의 입력사상에 의해 발생하며, 입력사상이 출력사상을 생성하기 전에 특정조건을 만족하여야 하는 논리게이트
○	조건부사상	논리게이트에 연결되어 사용되며, 논리에 적용되는 조건이나 제약 등을 명시한다.
A	부정게이트	입력과 반대현상의 출력 생김
(위험지속기간)	위험지속 AND 게이트	입력이 생겨서 일정시간이 지속될 때 출력이 생긴다.

{분석}
필기에 자주 출제되는 내용입니다.

28 FTA의 용도와 거리가 먼 것은?

① 고장의 원인을 연역적으로 찾을 수 있다.
② 시스템의 전체적인 구조를 그림으로 나타낼 수 있다.
③ 시스템에서 고장이 발생할 수 있는 부분을 쉽게 찾을 수 있다.
④ 구체적인 초기사건에 대하여 상향식 (bottom-up) 접근방식으로 재해 경로를 분석하는 정량적 기법이다.

[해설] FTA는 하향식(Top-Down) 접근방식으로 재해 경로를 분석한다.

{분석}
필기에 자주 출제되는 내용입니다.

29 다음 중 일반적으로 작업장에서 구성요소를 배치할 때 배치의 원칙과 가장 거리가 먼 것은?

① 공정개선의 원칙
② 사용빈도의 원칙
③ 중요도의 원칙
④ 기능성의 원칙

정답 28 ④ 29 ①

[해설] **부품배치의 원칙**
(1) 중요성의 원칙 : 부품을 작동하는 성능이 체계의 목표 달성에 중요한 정도에 따라 우선순위를 결정한다.
(2) 사용빈도의 원칙 : 부품을 사용하는 빈도에 따라 우선순위를 결정한다.
(3) 기능별 배치의 원칙 : 기능적으로 관련된 부품들(표시장치, 조정장치 등)을 모아서 배치한다.
(4) 사용 순서의 원칙 : 사용 순서에 따라 장치들을 가까이에 배치한다.

{분석} 필기에 자주 출제되는 내용입니다.

30 다음 중 인간-기계 체계에서 인간실수가 발생하는 원인으로 적절하지 않은 것은?

① 학습 착오
② 처리 착오
③ 출력 착오
④ 입력 착오

[해설] **인간실수의 행동과정을 통한 분류**
① 입력 에러(input error) : 감각 또는 지각 입력의 에러
② 정보처리 에러(information processing error) : 중재(mediation) 또는 정보처리 절차의 에러
③ 출력 에러(output error) : 신체적 반응의 출력 에러
④ 피드백 에러(feedback error) : 인간 제어의 에러
⑤ 의사결정 에러(decision making error) : 주어진 의사결정 과정에서의 에러

31 다음 중 광원으로부터의 직사 휘광에 대한 대책으로 적절하지 않은 것은?

① 광원의 수는 늘리고 휘도는 줄인다.
② 광원을 시선에서 멀리 위치시킨다.
③ 휘광원 주위를 어둡게 한다.
④ 가리개, 갓, 차양 등을 사용한다.

[해설] **광원으로부터 직사휘광 처리법**
① 광원 휘도 줄이고 광원 수 늘인다.
② 광원을 시선에서 멀게 한다.
③ 휘광원 주위 밝게 하여 광속 발산비(휘도)를 줄인다.
④ 가리개, 갓, 차양을 사용한다.

{분석} 필기에 자주 출제되는 내용입니다.

32 다음 중 작업대에 관한 설명으로 틀린 것은?

① 경조립 작업은 팔꿈치 높이보다 0~10cm 정도 낮게 한다.
② 중조립 작업은 팔꿈치 높이보다 10~20cm 정도 낮게 한다.
③ 정밀 작업은 팔꿈치 높이보다 0~10cm 정도 높게 한다.
④ 정밀한 작업이나 장기간 수행하여야 하는 작업은 입식 작업대가 바람직하다.

[해설] ④ 정밀한 작업이나 장기간 수행하여야 하는 작업은 석식 작업대가 바람직하다.

33 다음 중 반복되는 사건이 많이 있는 경우에 FTA의 최소 컷셋을 구하는 알고리즘이 아닌 것은?

① Boolean Algorithm
② Monte Carlo Algorithm
③ Mocus Algorithm
④ Limnios & Ziani Algorithm

[해설] ② Monte Carlo Algorithm은 컴퓨터시뮬레이션을 이용한 시스템 분석기법이다.

정답 30 ① 31 ③ 32 ④ 33 ②

34 다음 중 연속조절 조종장치가 아닌 것은?

① 토글(Toggle)스위치
② 노브(Knob)
③ 페달(Pedal)
④ 핸들(Handle)

해설 ① 양의 조절에 의한 통제(연속 조종장치) : 노브, 크랭크, 핸들, 레버, 페달 등
② 개폐에 의한 통제(단속 조종장치, 불연속 조종장치) : 푸시 버튼, 토글스위치, 로터리스위치 등

35 다음 중 한 장소에 앉아서 수행하는 작업활동에 있어서의 작업에 사용하는 공간을 무엇이라 하는가?

① 작업 공간 포락면
② 정상작업 포락면
③ 작업 공간 파악한계
④ 정상작업 파악한계

해설 작업공간
① 포락면 : 한 장소에 앉아서 수행하는 작업에서 작업하는데 사용하는 공간
② 파악한계 : 앉은 작업자가 특정한 수작업 기능을 수행할 수 있는 공간의 외곽한계

{분석} 필기에 자주 출제되는 내용입니다.

36 다음 중 작업장의 조명 수준에 대한 설명으로 가장 적절한 것은?

① 작업환경의 추천 광도비는 5 : 1 정도이다.
② 천장은 80~90% 정도의 반사율을 가지도록 한다.
③ 작업영역에 따라 휘도의 차이를 크게 한다.
④ 실내표면의 반사율은 천장에서 바닥의 순으로 증가시킨다.

해설 ① 작업환경의 추천 광도비는 3 : 1 정도가 적합하다.
③ 작업영역에 따라 휘도의 차이를 작게 한다.
④ 실내표면의 반사율은 바닥에서 천장의 순으로 증가시킨다.

참고 옥내 최적 반사율
① 천장 : 바닥 반사율 비율 = 3 : 1 이상 유지
② 천장(80 ~ 91%) > 벽(40 ~ 60%) > 가구(25 ~ 45%) > 바닥(20 ~ 40%)
③ 옥내의 반사율은 천정으로 올라갈수록 높고 바닥으로 내려갈수록 낮아져야 한다.

{분석} 필기에 자주 출제되는 내용입니다.

37 한 사무실에서 타자기의 소리 때문에 말소리가 묻히는 현상을 무엇이라 하는가?

① dBA
② CAS
③ phone
④ masking

해설 타자기의 소리(큰 소리) 때문에 말소리(작은 소리)가 묻히는 현상 → 은폐현상(Masking 현상)

{분석} 필기에 자주 출제되는 내용입니다.

38 다음 중 조작자와 제어 버튼 사이의 거리, 조작에 필요한 힘 등을 정할 때 가장 일반적으로 적용되는 인체측정자료 응용원칙은?

① 평균치 설계원칙
② 최대치 설계원칙
③ 최소치 설계원칙
④ 조절식 설계원칙

정답 34 ① 35 ① 36 ② 37 ④ 38 ③

[해설]

최대치수 설계의 예	• 위험구역의 울타리 높이 • 출입문의 높이 • 그네줄의 인장강도
최소치수 설계의 예	• 물건을 올리는 선반의 높이 • 조정장치를 조정하는 힘 • 조정장치까지의 조정거리

{분석}
필기에 자주 출제되는 내용입니다.

39 각각 10,000시간의 수명을 가진 A, B 두 요소가 병렬로 이루고 있을 때 이 시스템의 수명은 얼마인가? (단, 요소 A, B의 수명은 지수분포를 따른다.)

① 5,000시간
② 1,000시간
③ 15,000시간
④ 20,000시간

[해설] ① 직렬계의 수명

$$MTTF(MTBF) \times \frac{1}{\text{요소갯수}(n)}$$

② 병렬계의 수명

$$MTTF(MTBF) \times \left(1 + \frac{1}{2} + \frac{1}{3} + \cdots + \frac{1}{n}\right)$$

n : 요소의 개수

수명 $= 10,000 \times (1 + \frac{1}{2}) = 15,000$시간

{분석}
필기에 자주 출제되는 내용입니다.

40 현장에서 인간공학의 적용분야로 가장 거리가 먼 것은?

① 설비관리
② 제품설계
③ 재해·질병 예방
④ 장비·공구·설비의 설계

[해설] 인간공학의 적용분야
① 제품설계
② 재해·질병 예방
③ 장비·공구·설비의 설계

[참고] 인간공학은 기계와 그 기계조작 및 환경조건을 인간의 특성에 맞추어 설계하기 위한 수단을 연구하는 학문이다.

제3과목· 기계·기구 및 설비 안전 관리

41 산업안전보건법령에 따라 양중기용 와이어로프의 사용금지 기준으로 옳은 것은?

① 지름의 감소가 공칭지름의 3%를 초과하는 것
② 지름의 감소가 공칭지름의 5%를 초과하는 것
③ 와이어로프의 한 꼬임에서 끊어진 소선(素線)의 수가 7% 이상인 것
④ 와이어로프의 한 꼬임에서 끊어진 소선(素線)의 수가 10% 이상인 것

[해설] 와이어로프 등의 사용금지 사항
① 이음매가 있는 것
② 와이어로프의 한 꼬임에서 끊어진 소선의 수가 10퍼센트 이상(비자전로프의 경우에는 끊어진 소선의 수가 와이어로프 호칭지름의 6배 길이 이내에서 4개 이상이거나 호칭지름 30배 길이 이내에서 8개 이상)인 것

정답 39 ③ 40 ① 41 ④

③ 지름의 감소가 공칭지름의 7퍼센트를 초과하는 것
④ 꼬인 것
⑤ 심하게 변형되거나 부식된 것
⑥ 열과 전기충격에 의해 손상된 것

{분석}
실기에 자주 출제되는 중요한 내용입니다.

42 다음 중 지름이 60cm이고, 20rpm으로 회전하는 롤러에 적합한 급정지 장치의 성능으로 옳은 것은?

① 앞면 롤러 원주의 1/1.5 거리에서 급정지
② 앞면 롤러 원주의 1/2 거리에서 급정지
③ 앞면 롤러 원주의 1/2.5 거리에서 급정지
④ 앞면 롤러 원주의 1/3 거리에서 급정지

[해설] 앞면 롤러의 표면속도에 따른 급정지거리

앞면 롤러의 표면속도 (m/min)	급정지거리
30 미만	앞면 롤러 원주의 $\frac{1}{3}$ 이내 ($\pi \times d \times \frac{1}{3}$)
30 이상	앞면 롤러 원주의 $\frac{1}{2.5}$ 이내 ($\pi \times d \times \frac{1}{2.5}$)

이때 표면속도의 산식은

$$V = \frac{\pi \times D \times N}{1,000} (m/min)$$

여기서, V : 표면속도
D : 롤러 원통의 직경(mm)
N : 1분간에 롤러기가 회전되는 수(rpm)

1. $V = \frac{\pi \times 600 \times 20}{1,000} = 37.70$ m/mim
2. 속도가 30 이상이므로
   급정지거리 $= \pi \times d \times \frac{1}{2.5}$
   (앞면 롤러 원주의 1/2.5 이내)

{분석}
실기까지 중요한 내용입니다.

43 다음 중 연삭숫돌의 이상 유·무를 확인하기 위한 시운전 시간으로 가장 적절한 것은?

① 작업 시작 전 3분 이상, 연삭숫돌 교체 후 1분 이상
② 작업 시작 전 30초 이상, 연삭숫돌 교체 후 1분 이상
③ 작업 시작 전 1분 이상, 연삭숫돌 교체 후 3분 이상
④ 작업 시작 전 1분 이상, 연삭숫돌 교체 후 1분 이상

[해설] 연삭기 안전대책
① 숫돌에 충격을 가하지 말 것
② 작업 시작 전 1분 이상, 숫돌 교체 시 3분 이상 시운전할 것
③ 연삭숫돌 최고 사용 회전속도 초과 사용 금지
④ 측면을 사용하는 것을 목적으로 제작된 연삭기 이외에는 측면 사용 금지
⑤ 작업 시에는 숫돌의 원주면을 이용하고, 작업자는 숫돌의 측면에서 작업할 것

{분석}
실기까지 중요한 내용입니다.

44 다음 중 산업안전보건 법령상 컨베이어에 부착해야 하는 안전장치와 가장 거리가 먼 것은?

① 해지장치 ② 비상정지장치
③ 덮개 또는 울 ④ 역주행방지장치

[해설] 컨베이어의 방호장치
① 이탈 등의 방지장치 : 화물 또는 운반구의 이탈 및 역주행을 방지하는 장치를 갖추어야 한다.
② 비상정지장치 : 컨베이어 등에 근로자의 신체의 일부가 말려드는 등 근로자에게 위험을 미칠 우려가 있는 때 및 비상시에는 즉시 컨베이어 등의 운전을 정지시킬 수 있는 장치를 설치하여야 한다.

정답 42 ③ 43 ③ 44 ①

③ 덮개, 울의 설치 : 컨베이어 등으로 부터 화물이 떨어져 근로자가 위험해질 우려가 있는 경우에는 해당 컨베이어 등에 덮개 또는 울을 설치하는 등 낙하 방지를 위한 조치를 하여야 한다.

{분석}
실기에 자주 출제되는 중요한 내용입니다.

45 기계의 기능적인 면에서 안전을 확보하기 위하여 반자동 및 자동제어장치의 경우에는 적극적으로 안전화 대책을 강구하여야 한다. 이때 2차적 적극적 대책에 속하는 것은?

① 울을 설치한다.
② 급정지장치를 누른다.
③ 회로를 개선하여 오동작을 방지한다.
④ 연동 장치된 방호장치가 작동되게 한다.

[해설] 기계의 기능적 안전화
① 전압 강하에 따른 오동작 방지
② 정전 및 단락에 따른 오동작 방지
③ 사용 압력 변동 시 등의 오동작 방지

{분석}
필기에 자주 출제되는 내용입니다.

46 산업안전보건 법령에 따라 아세틸렌 발생기실에 설치해야 할 배기통은 얼마 이상의 단면적을 가져야 하는가?

① 바닥면적의 $\frac{1}{16}$ ② 바닥면적의 $\frac{1}{20}$
③ 바닥면적의 $\frac{1}{24}$ ④ 바닥면적의 $\frac{1}{30}$

[해설] 바닥면적의 16분의 1 이상의 단면적을 가진 배기통을 옥상으로 돌출시키고 그 개구부를 창이나 출입구로부터 1.5미터 이상 떨어지도록 할 것

{분석}
필기에 자주 출제되는 내용입니다.

47 다음과 같은 작업 조건일 경우 와이어로프의 안전율은?

> 작업대에서 사용된 와이어로프 1줄의 파단하중이 100kN, 인양하중이 40kN, 로프의 줄 수가 2줄

① 2   ② 2.5
③ 4   ④ 5

[해설] 와이어로프의 안전율

$$S = \frac{N \times P}{Q}$$

여기서, S : 안전율
N : 로프 가닥수
P : 로프의 한 가닥의 파단강도(kg/mm²)
Q : 허용응력(kg/mm²)

$$S = \frac{N \times P}{Q} = \frac{2 \times 100}{40} = 5$$

{분석}
필기에 자주 출제되는 내용입니다.

48 다음 중 기계설비에 의해 형성되는 위험점이 아닌 것은?

① 회전 말림점
② 접선 분리점
③ 협착점
④ 끼임점

[해설] 기계의 위험점
① 협착점   ② 끼임점
③ 절단점   ④ 물림점
⑤ 접선 물림점 ⑥ 회전 말림점

{분석}
실기에 자주 출제되는 중요한 내용입니다.

정답 45 ③ 46 ① 47 ④ 48 ②

49 산업안전보건 법령에 따라 압력용기에 설치하는 안전밸브의 설치 및 작동에 관한 설명으로 틀린 것은?

① 다단형 압축기에는 각 단별로 안전밸브 등을 설치하여야 한다.
② 안전밸브는 이를 통하여 보호하려는 설비의 최저사용압력 이하에서 작동 되도록 설정하여야 한다.
③ 화학공정 유체와 안전밸브의 디스크 또는 시트가 직접 접촉될 수 있도록 설치된 경우에는 매년 1회 이상 국가교정기관에서 교정을 받은 압력계를 이용하여 검사한 후 납으로 봉인하여 사용한다.
④ 공정안전보고서 이행 상태 평가 결과가 우수한 사업장의 안전밸브의 경우 검사 주기는 4년마다 1회 이상이다.

해설 ② 안전밸브는 이를 통하여 보호하려는 설비의 최고사용압력 이하에서 작동되도록 설정하여야 한다.

{분석} 실기까지 중요한 내용입니다.

50 근로자에게 위험을 미칠 우려가 있는 원동기, 축이음, 풀리 등에 설치하여야 하는 것은?

① 덮개　　　② 압력계
③ 통풍장치　　④ 과압방지기

해설 기계의 원동기·회전축·기어·풀리·플라이 휠·벨트 및 체인 등 근로자가 위험에 처할 우려가 있는 부위에 덮개·울·슬리브 및 건널다리 등을 설치하여야 한다.

{분석} 실기까지 중요한 내용입니다.

51 컨베이어(conveyer)의 역전 방지 장치 형식이 아닌 것은?

① 램식
② 라쳇식
③ 롤러식
④ 전기브레이크식

해설 역회전 방지 장치 형식
① 라쳇휠식
② 웜기어식
③ 밴드식 브레이크
④ 전기 브레이크(슬러스트 브레이크)
⑤ 롤러휠식

52 크레인 작업 시 300kg의 질량을 $10m/s^2$의 가속도로 감아올릴 때 로프에 걸리는 총 하중은 약 몇 N인가? (단, 중력가속도는 $9.81m/s^2$로 한다.)

① 2943　　② 3000
③ 5943　　④ 8886

해설 와이어로프에 걸리는 총 하중 계산

총 하중(w) = 정하중(w_1)+동하중(w_2)
동하중$(w_2) = \dfrac{w_1}{g} \times a$
여기서, w : 총 하중(kg$_f$)
　　　　w_1 : 정하중(kg$_f$)
　　　　w_2 : 동하중(kg$_f$)
　　　　g : 중력 가속도($9.8m/s^2$)
　　　　a : 가속도(m/s^2)
* 정하중 : 매단 물체의 무게

총 하중(w) = 정하중$(w_1) + \dfrac{w_1}{g} \times a$
$= 300 + \dfrac{300}{9.81} \times 10$
$= 605.81(kg) \times 9.81 = 5943(N)$

{분석} 실기까지 중요한 내용입니다.

정답 49 ② 50 ① 51 ① 52 ③

53 드릴 작업 시 올바른 작업 안전 수칙이 아닌 것은?

① 구멍을 뚫을 때 관통된 것을 확인하기 위해 손으로 만져서는 안 된다.
② 드릴을 끼운 후에 척 렌지(chuck wrench)를 부착한 상태에서 드릴 작업을 한다.
③ 작업모를 착용하고 옷소매가 긴 작업복은 입지 않는다.
④ 보호 안경을 쓰거나 안전덮개를 설치한다.

[해설] ② 드릴을 끼운 후에 척 렌지(chuck wrench)를 제거하고 드릴 작업을 한다.

54 동력식 수동대패 기계의 덮개 하단과 송급측 테이블면과의 간격은 몇 mm 이하이어야 하나?

① 3mm ② 5mm
③ 8mm ④ 12mm

[해설] 덮개 하단과 송급측 테이블면과의 간격을 8mm 이하로 조정한다.

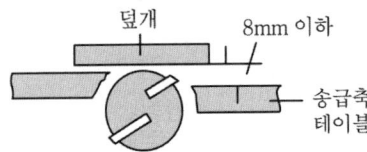

[덮개와 테이블과의 간격]

{분석} 필기에 자주 출제되는 내용입니다.

55 목재 가공용 둥근톱 기계의 방호장치에 관한 설명이다. ( )에 들어갈 내용으로 옳은 것은?

> 분할날의 두께는 톱날의 두께의 (①)(으)로 하고, (②)(으)로 하여야 한다.

① ① : 1.5배 이상 ② : 치진폭 이하
② ① : 1.1배 이상 ② : 치진폭 이하
③ ① : 1.5배 이하 ② : 치진폭 이상
④ ① : 1.1배 이상 ② : 치진폭 이상

[해설] 분할날 두께는 톱두께의 1.1배 이상이며 치진폭보다 작을 것

> $1.1\, t_1 \leq t_2 < b$
> (t_1 : 톱두께, t_2 : 분할날두께, b : 치진폭)

[참고] 분할날의 설치조건

① 분할날 두께는 톱두께의 1.1배 이상이며 치진폭보다 작을 것

> $1.1\, t_1 \leq t_2 < b$
> (t_1 : 톱두께, t_2 : 분할날두께, b : 치진폭)

② 톱날 후면과의 간격은 12mm 이내일 것
③ 후면날의 2/3 이상을 덮어 설치할 것
④ 분할날 최소길이

> $L = \dfrac{\pi \times D}{6}$ (mm)
> D : 톱날직경(mm)

⑤ 직경이 610mm를 넘는 둥근톱에는 현수식 분할날을 사용할 것

{분석} 필기에 자주 출제되는 내용입니다.

정답 53 ② 54 ③ 55 ②

56 다음 빈칸에 들어갈 용어로 알맞은 것은?

> 사업주는 가스용기가 발생기와 분리되어 있는 아세틸렌 용접장치에 대하여는 발생기와 가스용기 사이에 (　　)을(를) 설치하여야 한다.

① 격납실　　② 안전기
③ 안전밸브　　④ 소화설비

해설 안전기의 설치
① 아세틸렌 용접장치의 취관마다 안전기를 설치하여야 한다. 다만, 주관 및 취관에 가장 가까운 분기관마다 안전기를 부착한 경우에는 그러하지 아니하다.
② 가스용기가 발생기와 분리되어 있는 아세틸렌 용접장치에 대하여는 발생기와 가스용기 사이에 안전기를 설치하여야 한다.

{분석}
실기까지 중요한 내용입니다.

57 지게차로 20km/hr의 속력으로 주행할 때 좌·우 안정도는 몇 % 이내이어야 하는가? (단, 무부하상태를 기준으로 한다.)

① 37%　　② 39%
③ 40%　　④ 42%

해설
주행 시 좌, 우 안정도 = 15 + 1.1V(%)
V : 최고속도

안정도 = 15 + 1.1 × 20 = 37%

{분석}
실기까지 중요한 내용입니다.

58 선반에서 절삭 중 칩을 자동적으로 끊어주는 바이트에 설치된 안전장치는?

① 커버　　② 방진구
③ 보안경　　④ 칩 브레이커

해설 바이트에 설치하여 칩을 끊어주는 안전장치
→ 칩 브레이커

참고 선반의 안전 장치
① 쉴드(Shield) : 칩 및 절삭유의 비산을 방지하기 위해 설치하는 플라스틱 덮개
② 칩 브레이커 : 칩을 짧게 절단하는 장치
③ 척 커버 : 기어 등을 복개하는 장치
④ 브레이크 : 선반의 일시 정지장치

{분석}
필기에 자주 출제되는 내용입니다.

59 연삭숫돌이 변형되어 연삭 시 진동이 생길 경우 발생되는 현상 중 가장 관계가 깊은 것은?

① 글레이징(giazing) 현상이 생긴다.
② 숫돌이 경우에 따라 파손될 수 있다.
③ 로우딩(loading) 현상이 생긴다.
④ 숫돌 입자의 탈락이 잘 안 된다.

해설 연삭 시 진동이 있을 경우 숫돌파괴의 원인이 될 수 있다.

참고 연삭기 숫돌 파괴 원인
① 숫돌의 회전 속도가 너무 빠를 때
② 숫돌 자체에 균열이 있을 때
③ 숫돌의 측면을 사용하여 작업할 때
④ 숫돌에 과대한 충격을 가할 때
⑤ 플랜지가 현저히 작을 때(플랜지는 숫돌 지름의 1/3 이상일 것)
⑥ 숫돌 불균형, 베어링 마모에 의한 진동이 심할 때
⑦ 반지름 방향 온도변화 심할 때

정답 56 ② 57 ① 58 ④ 59 ②

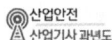

60 달기 체인의 사용 제한 조치로 부적당한 것은?

① 변형이 심한 것
② 균열이 있는 것
③ 길이의 증가가 제조 시보다 3%를 초과한 것
④ 링의 단면지름의 감소가 링 지름의 10%를 초과한 것

[해설] 늘어난 달기체인 등의 사용금지 사항
① 달기 체인의 길이 증가가 달기 체인이 제조된 때의 길이의 5퍼센트를 초과한 것
② 링의 단면지름이 달기 체인이 제조된 때의 해당 링의 지름의 10퍼센트를 초과하여 감소한 것
③ 균열이 있거나 심하게 변형된 것

{분석} 실기에 자주 출제되는 내용입니다.

제4과목 전기 및 화학설비 안전 관리

61 위험 분위기가 존재하는 장소의 전기기기에 방폭 성능을 갖추기 위한 일반적 방법으로 적절하지 않은 것은?

① 점화원의 격리
② 전기기기 안전도 증강
③ 점화능력의 본질적 억제
④ 점화원으로 되는 확률을 0으로 낮춤

[해설] 전기설비의 방폭화 방법
① 점화원의 방폭적 격리 : 내압, 압력, 유입 방폭 구조
② 전기설비의 안전도 증강 : 안전증 방폭구조
③ 점화능력의 본질적 억제 : 본질안전 방폭구조

{분석} 실기까지 중요한 내용입니다.

62 다음 중 화재의 분류에서 전기화재에 해당하는 것은?

① A급 화재　② B급 화재
③ C급 화재　④ D급 화재

[해설] 화재의 분류 및 소화방법

분류	A급 화재	B급 화재	C급 화재	D급 화재
구분색	백색	황색	청색	표시없음 (무색)
가연물	일반 화재	유류(가스) 화재	전기 화재	금속 화재
주된 소화 효과	냉각 효과	질식 효과	질식, 억제 효과	질식 효과
적응 소화제	물, 강화액 소화기, 산, 알칼리 소화기	포말 소화기, CO_2 소화기	CO_2 소화기, 분말 소화기, 할로겐화합물 소화기	건조사, 팽창 질석, 팽창 진주암

{분석} 실기에 자주 출제되는 중요한 내용입니다.

63 누전차단기의 선정 및 설치에 대한 설명으로 틀린 것은?

① 차단기를 설치한 전로에 과부하 보호장치를 설치하는 경우는 서로 협조가 잘 이루어지도록 한다.
② 정격부동작전류와 정격감도전류와의 차는 가능한 큰 차단기로 선정한다.
③ 감전방지 목적으로 시설하는 누전차단기는 고감도고속형을 선정한다.
④ 전로의 대지정전용량이 크면 차단기가 오동작하는 경우가 있으므로 각 분기회로마다 차단기를 설치한다.

[해설] ② 정격부동작전류가 정격감도전류의 50% 이상이어야 하고 이들의 전류차가 가능한 한 작을 것

정답 60 ③　61 ④　62 ③　63 ②

64 피뢰기가 반드시 가져야 할 성능 중 틀린 것은?

① 방전 개시 전압이 높을 것
② 뇌전류 방전 능력이 클 것
③ 속류 차단을 확실하게 할 수 있을 것
④ 반복 동작이 가능할 것

[해설] 피뢰기가 구비해야 할 성능
① 반복 동작이 가능할 것
② 구조가 견고하며 특성이 변하지 않을 것
③ 점검, 보수가 간단할 것
④ 충격 방전 개시 전압과 제한 전압이 낮을 것
⑤ 뇌전류의 방전 능력이 크고, 속류의 차단이 확실하게 될 것

{분석}
필기에 자주 출제되는 내용입니다.

65 300A의 전류가 흐르는 저압 가공전선로의 1선에서 허용 가능한 누설전류(mA)는?

① 600　　② 450
③ 300　　④ 150

[해설] 누전전류(누설전류)

$$누전전류 = 최대공급전류 \times \frac{1}{2000} (A)$$

누전전류 = $300 \times \frac{1}{2000}$ = 0.15(A) × 1,000
　　　　= 150(mA)

{분석}
필기에 자주 출제되는 내용입니다.

66 감전을 방지하기 위해 관계 근로자에게 반드시 주지시켜야 하는 정전작업 사항으로 가장 거리가 먼 것은?

① 전원설비 효율에 관한 사항
② 단락접지 실시에 관한 사항
③ 전원 재투입 순서에 관한 사항
④ 작업 책임자의 임명, 정전범위 및 절연용 보호구 작업 등 필요한 사항

[해설]
1. 정전작업 시 전로 차단은 다음 각 호의 절차에 따라 시행하여야 한다.
   ① 전기기기 등에 공급되는 모든 전원을 관련 도면, 배선도 등으로 확인할 것
   ② 전원을 차단한 후 각 단로기 등을 개방하고 확인할 것
   ③ 차단장치나 단로기 등에 잠금장치 및 꼬리표를 부착할 것
   ④ 개로된 전로에서 유도전압 또는 전기에너지가 축적되어 근로자에게 전기위험을 끼칠 수 있는 전기기기 등은 접촉하기 전에 잔류전하를 완전히 방전시킬 것
   ⑤ 검전기를 이용하여 작업 대상 기기가 충전되었는지를 확인할 것
   ⑥ 전기기기 등이 다른 노출 충전부와의 접촉, 유도 또는 예비동력원의 역송전 등으로 전압이 발생할 우려가 있는 경우에는 충분한 용량을 가진 단락 접지기구를 이용하여 접지할 것

2. 사업주는 정전작업 중 또는 작업을 마친 후 전원을 공급하는 경우에는 작업에 종사하는 근로자 또는 그 인근에서 작업하거나 정전된 전기기기등과 접촉할 우려가 있는 근로자에게 감전의 위험이 없도록 다음 각 호의 사항을 준수하여야 한다.
   ① 작업기구, 단락 접지기구 등을 제거하고 전기기기 등이 안전하게 통전될 수 있는지를 확인할 것
   ② 모든 작업자가 작업이 완료된 전기기기 등에서 떨어져 있는지를 확인할 것
   ③ 잠금장치와 꼬리표는 설치한 근로자가 직접 철거할 것
   ④ 모든 이상 유무를 확인한 후 전기기기 등의 전원을 투입할 것

{분석}
실기까지 중요한 내용입니다.

정답　64 ①　65 ④　66 ①

67 한국 전기 설비 규정에 따라 욕조나 샤워시설이 있는 욕실 등 인체가 물에 젖어있는 상태에서 전기를 사용하는 장소에 인체감전보호용 누전 차단기가 부착된 콘센트를 시설하는 경우 누전 차단기의 정격 감도전류 및 동작시간은?

① 15mA 이하, 0.01초 이하
② 15mA 이하, 0.03초 이하
③ 30mA 이하, 0.01초 이하
④ 30mA 이하, 0.03초 이하

[해설] 욕조나 샤워시설이 있는 욕실 또는 화장실 등 인체가 물에 젖어있는 상태에서 전기를 사용하는 장소에 콘센트를 시설하는 경우에는 다음에 따라 시설하여야 한다.
1. 인체감전보호용 누전 차단기(정격감도전류 15mA 이하, 동작시간 0.03초 이하의 전류동작형의 것) 또는 절연변압기(정격용량 3kVA 이하인 것)로 보호된 전로에 접속하거나, 인체감전보호용 누전 차단기가 부착된 콘센트를 시설하여야 한다.
2. 콘센트는 접지극이 있는 방적형 콘센트를 사용하여 접지하여야 한다.

68 다음 중 인체의 접촉상태에 따른 허용 접촉전압이 잘못 연결된 것은?

① 인체의 대부분이 수중에 있는 상태 : 2.5V 이하
② 인체가 현저하게 젖어 있는 상태 : 25V 이하
③ 금속성의 전기기계장치나 구조물에 인체의 일부가 상시 접촉되어 있는 상태 : 50V 이하
④ 접촉전압이 가해질 우려가 없는 경우 : 제한 없음

[해설] 허용접촉전압

종 별	접촉 상태	허용 접촉 전압
제1종	• 인체의 대부분이 수중에 있는 상태	2.5V 이하
제2종	• 인체가 현저히 젖어 있는 상태 • 금속성의 전기·기계 장치나 구조물에 인체의 일부가 상시 접촉되어 있는 상태	25V 이하
제3종	• 제1종, 제2종 이외의 경우로서 통상의 인체 상태에 있어서 접촉 전압이 가해지면 위험성이 높은 상태	50V 이하
제4종	• 제1종, 제2종 이외의 경우로서 통상의 인체 상태에 접촉 전압이 가해지더라도 위험성이 낮은 상태 • 접촉 전압이 가해질 우려가 없는 경우	제한 없음

{분석} 실기까지 중요한 내용입니다.

69 저항 20Ω인 전열기에 5A의 전류가 1시간 동안 흘렀다면 약 몇 kcal의 열량이 발생하겠는가?

① 100 ② 432
③ 861 ④ 14400

[해설]
$$Q = I^2 \times R \times T$$
여기서, Q : 전기발생열(에너지)(J)
I : 전류(A)
R : 전기저항(Ω)
T : 통전시간(S)

$Q = I^2 \times R \times T = 5^2 \times 20 \times 3{,}600 = 1{,}800{,}000 J$
$= 1{,}800{,}000 J \times 0.24 = 432{,}000 \div 1{,}000 = 432 Kcal$

{분석} 필기에 자주 출제되는 내용입니다.

정답 67 ② 68 ③ 69 ②

70 다음 중 산업안전보건법에 따른 방폭구조의 종류에 있어 방진 방폭구조를 나타내는 표시로 옳은 것은?

① tD ② DDP
③ XDP ④ DP

해설

가스, 증기, 분진 방폭구조		기호
가스, 증기 방폭구조	내압 방폭구조	d
	압력 방폭구조	p
	유입 방폭구조	o
	안전증 방폭구조	e
	본질안전 방폭구조	ia or ib
	충전 방폭구조	q
	비점화 방폭구조	n
	몰드 방폭구조	m
	특수 방폭구조	s
분진 방폭구조	방진 방폭구조	tD

{분석} 실기에 자주 출제되는 중요한 내용입니다.

71 산업안전보건법상 위험물질을 기준량 이상으로 제조 또는 취급하는 특수화학설비에 설치하여야 할 계측장치가 아닌 것은?

① 온도계 ② 유량계
③ 압력계 ④ 경보계

해설 특수화학설비의 방호장치
① 계측장치(온도계, 압력계, 유량계)
② 자동경보장치
③ 긴급차단장치
④ 예비동력원

{분석} 실기에도 자주 출제되는 중요한 내용입니다.

72 다음 [표]는 공기 중 표준상태에서 가연성 물질의 연소한계를 나타낸 것이다. 위험도가 가장 높은 것은?

물 질	상한계(vol%)	하한계(vol%)
프로판	9.5	2.1
메탄	15.0	5.0
헥산	7.4	1.2
톨루엔	6.7	1.4

① 프로판 ② 메탄
③ 헥산 ④ 톨루엔

해설

$$위험도(H) = \frac{U_2 - U_1}{U_1}$$

여기서, U_1 : 폭발 하한계(%)
U_2 : 폭발 상한계(%)

① 프로판 : $H = \frac{9.5 - 2.1}{2.1} = 3.52$

② 메탄 : $H = \frac{15.0 - 5.0}{5.0} = 2.0$

③ 헥산 : $H = \frac{7.4 - 1.2}{1.2} = 5.17$

④ 톨루엔 : $H = \frac{6.7 - 1.4}{1.4} = 3.79$

{분석} 실기까지 중요한 내용입니다.

73 다음 중 물에 보관이 가능한 것은?

① K ② P_4
③ NaH ④ Li

해설 황린(P_4)는 물속에 저장한다.

참고 발화성 물질의 저장법
① 나트륨, 칼륨 : 석유 속 저장
② 황린 : 물속에 저장
③ 적린, 마그네슘, 칼륨 : 격리저장

정답 70 ① 71 ④ 72 ③ 73 ②

④ 질산은 (AgNO₃) 용액 : 햇빛 피하여 저장(빛에 의해 광분해 반응 일으킴)
⑤ 벤젠 : 산화성물질과 격리저장
⑥ 탄화칼슘(CaC_2, 카바이트) : 금수성물질로서 물과 격렬히 반응하므로 건조한 곳에 보관

74
다음 중 프로판(C_3H_8)의 완전연소 조성 농도는 약 몇 vol%인가? (단, 공기의 몰 수는 4.733이다.)

① 4.05　　② 4.19
③ 5.05　　④ 5.19

해설 완전연소 조성 농도(화학양론 농도)

$$C_{st} = \frac{100}{1+4.773\left(n+\frac{m-f-2\lambda}{4}\right)} (\text{Vol}\%)$$

여기서, n : 탄소,　m : 수소,
　　　　f : 할로겐원소　λ : 산소의 원자 수
　　　　4.773 : 공기의 몰 수

프로판(C_3H_8)에서 n : 3, m : 8, f, $\lambda = 0$
문제에서 공기의 몰수가 4.733이므로

$$C_{st} = \frac{100}{1+4.733\left(3+\frac{8}{4}\right)} = 4.05(\text{vol}\%)$$

{분석}
실기까지 중요한 내용입니다.

75
공정안전보고서에 포함되어야 할 세부내용 중 공정안전 자료에 해당하는 것은?

① 각종 건물·설비의 배치도
② 결함수분석(FTA)
③ 도급업체 안전 관리계획
④ 비상조치계획에 따른 교육계획

해설 공정안전자료의 세부내용
① 취급·저장하고 있거나 취급·저장하려는 유해·위험물질의 종류 및 수량
② 유해·위험물질에 대한 물질안전보건자료
③ 유해·위험설비의 목록 및 사양
④ 유해·위험설비의 운전방법을 알 수 있는 공정도면
⑤ 각종 건물·설비의 배치도
⑥ 폭발위험장소 구분도 및 전기단선도
⑦ 위험설비의 안전설계·제작 및 설치 관련 지침서

76
다음 중 산업안전보건기준에 관한 규칙에서 규정하는 급성 독성물질에 해당되지 않는 것은?

① 쥐에 대한 경구투입실험에 의하여 실험동물의 50%를 사망시킬 수 있는 물질의 양이 kg당 300mg-(체중) 이하인 화학물질
② 쥐에 대한 경피흡수실험에 의하여 실험동물의 50%를 사망시킬 수 있는 물질의 양이 kg당 1000mg-(체중) 이하인 화학물질
③ 토끼에 대한 경피흡수실험에 의하여 실험동물의 50%를 사망시킬 수 있는 물질의 양이 kg당 1000mg-(체중) 이하인 화학물질
④ 쥐에 대한 4시간 동안의 흡입실험에 의하여 실험동물의 50%를 사망시킬 수 있는 가스의 농도가 3000ppm 이상인 화학물질

해설 급성 독성 물질
가. 쥐에 대한 경구투입실험에 의하여 실험동물의 50퍼센트를 사망시킬 수 있는 물질의 양, 즉 LD_{50}(경구, 쥐)이 킬로그램당 300밀리그램-(체중) 이하인 화학물질

정답 74 ① 75 ① 76 ④

나. 쥐 또는 토끼에 대한 경피흡수실험에 의하여 실험동물의 50퍼센트를 사망시킬 수 있는 물질의 양, 즉 LD_{50}(경피, 토끼 또는 쥐)이 킬로그램당 1000밀리그램-(체중) 이하인 화학물질

다. 쥐에 대한 4시간 동안의 흡입실험에 의하여 실험동물의 50퍼센트를 사망시킬 수 있는 물질의 농도, 즉 가스 LC_{50}(쥐, 4시간 흡입)이 2500ppm 이하인 화학물질, 증기 LC_{50}(쥐, 4시간 흡입)이 10mg/ℓ 이하인 화학물질, 분진 또는 미스트 1mg/ℓ 이하인 화학물질

{분석}
실기에도 자주 출제되는 중요한 내용입니다.

77 다음 중 분진 폭발의 발생 위험성을 낮추는 방법으로 적절하지 않은 것은?

① 주변의 점화원을 제거한다.
② 분진이 날리지 않도록 한다.
③ 분진과 그 주변의 온도를 낮춘다.
④ 분진 입자의 표면적을 크게 한다.

[해설] ④ 분진 입자의 표면적이 클수록 산소와의 접촉 면적이 넓어져 폭발위험이 커진다.

78 다음 중 폭굉(detonation) 현상에 있어서 폭굉파의 진행 전면에 형성되는 것은?

① 증발열
② 충격파
③ 역화
④ 화염의 대류

[해설] 폭굉파의 진행 전면에 충격파가 형성된다.

79 20℃인 1기압의 공기를 압축비 3으로 단열압축 하였을 때, 온도는 약 몇 ℃가 되겠는가?

① 84
② 128
③ 182
④ 1091

[해설] 단열압축

$$\frac{T_2}{T_1} = \left(\frac{P_2}{P_1}\right)^{\frac{r-1}{r}}$$

r은 공기의 비열비(1.4)
T_1(°K) : 단열압축 전의 온도
　　　　　(°K = 273 + ℃)
T_2(°K) : 단열압축 후의 온도
P_1 : 단열압축 전의 압력
P_2 : 단열압축 후의 압력

$$\frac{T_2}{T_1} = \left(\frac{P_2}{P_1}\right)^{\frac{r-1}{r}}$$

$$T_2 = T_1 \times \left(\frac{P_2}{P_1}\right)^{\frac{r-1}{r}}$$

$$T_2 = (273+20) \times \left(\frac{3}{1}\right)^{\frac{1.4-1}{1.4}}$$

$$= 401.04(K) - 273 = 128(℃)$$

80 산업안전보건 법령에 따라 인화성 액체를 저장·취급하는 대기압 탱크에 기압이나 진공 발생 시 압력을 일정하게 유지하기 위하여 설치하여야 하는 장치는?

① 통기밸브
② 체크밸브
③ 스팀트랩
④ 프레임어레스트

[해설] 대기밸브(통기밸브, breather valve)
① 인화성 액체를 저장·취급하는 대기압탱크에는 통기관 또는 통기밸브 등을 설치하여야 한다.
② 대기밸브(통기밸브)는 탱크 내의 압력을 대기압과 평행하게 유지하는 역할을 한다.

{분석}
실기까지 중요한 내용입니다.

정답 77 ④ 78 ② 79 ② 80 ①

제5과목 • 건설공사 안전 관리

81 터널 작업 중 낙반 등에 의한 위험 방지를 위해 취할 수 있는 조치사항이 아닌 것은?

① 터널지보공 설치
② 록볼트 설치
③ 부석의 제거
④ 산소의 측정

[해설] 터널 등의 건설작업에 있어서 낙반 등에 의하여 근로자가 위험해질 우려 있는 경우에
① 터널지보공 및 록볼트의 설치
② 부석의 제거 등 위험을 방지하기 위하여 필요한 조치를 하여야 한다.

{분석}
실기까지 중요한 내용입니다.

82 부두, 안벽 등 하역작업을 하는 장소에 대하여 부두 또는 안벽의 선을 따라 통로를 설치할 때 통로의 최소 폭은?

① 70cm
② 80cm
③ 90cm
④ 100cm

[해설] 부두 또는 안벽의 선을 따라 통로를 설치하는 경우에는 폭을 90센티미터 이상으로 할 것

{분석}
필기에 자주 출제되는 내용입니다.

83 거푸집 동바리의 수평 변위를 방지하기 위한 수평 연결재에 대한 기준으로 틀린 것은?

① 파이프서포트를 3개본 이상 이어서 사용하지 아니하도록 한다.
② 파이프서포트를 사용하는 경우 높이가 3.5미터를 초과하는 경우에는 높이 2미터 이내마다 수평연결재를 2개 방향으로 만들고 수평연결재의 변위를 방지한다.
③ 조립강주를 사용하는 경우 높이가 4m를 초과할 때 높이 4m 이내 마다 수평 연결재를 2개 방향으로 설치한다.
④ 시스템 동바리의 경우 동바리 최상단과 최하단의 수직재와 받침철물은 서로 밀착되도록 설치하고 수직재와 받침철물의 연결부의 겹침 길이는 받침 철물 전체 길이의 2분의 1 이상이 되도록 한다.

[해설] ④ 시스템 동바리의 경우 동바리 최상단과 최하단의 수직재와 받침철물은 서로 밀착되도록 설치하고 수직재와 받침철물의 연결부의 겹침 길이는 받침 철물 전체 길이의 3분의 1 이상이 되도록 한다.

[참고] 1. 동바리로 사용하는 파이프서포트의 조립 시 준수사항
- 파이프서포트를 3개본 이상 이어서 사용하지 아니하도록 할 것
- 파이프서포트를 이어서 사용할 때에는 4개 이상의 볼트 또는 전용 철물을 사용하여 이을 것
- 높이가 3.5미터를 초과할 때 높이 2미터 이내마다 수평연결재를 2개 방향으로 만들고 수평연결재의 변위를 방지할 것

2. 동바리로 사용하는 강관틀의 준수사항
- 강관틀과 강관틀 사이에 교차가새를 설치할 것
- 최상단 및 5단 이내마다 동바리의 측면과 틀면의 방향 및 교차가새의 방향에서 5개 이내마다 수평연결재를 설치하고 수평연결재의 변위를 방지할 것

정답 81 ④ 82 ③ 83 ④

- 최상단 및 5단 이내마다 동바리의 틀면의 방향에서 양단 및 5개틀 이내마다 교차가새의 방향으로 띠장틀을 설치할 것

3. 동바리로 사용하는 조립강주의 준수사항
   - 높이가 4미터를 초과할 때에는 높이 4미터 이내마다 수평연결재를 2개 방향으로 설치하고 수평연결재의 변위를 방지할 것

4. 시스템 동바리의 준수사항
   - 수평재는 수직재와 직각으로 설치해야 하며, 흔들리지 않도록 견고하게 설치할 것
   - 연결철물을 사용하여 수직재를 견고하게 연결하고, 연결 부위가 탈락 또는 꺾어지지 않도록 할 것
   - 수직 및 수평하중에 의한 동바리의 구조적 안전성이 확보되도록 조립도에 따라 수직재 및 수평재에는 가새재를 견고하게 설치할 것
   - 동바리 최상단과 최하단의 수직재와 받침철물은 서로 밀착되도록 설치하고 수직재와 받침철물의 연결부의 겹침 길이는 받침철물 전체 길이의 3분의 1 이상이 되도록 할 것

{분석} 실기까지 중요한 내용입니다.

84. 콘크리트 타설 시 거푸집의 측압에 영향을 미치는 인자에 대한 설명으로 틀린 것은?

① 부재의 단면이 클수록 크다.
② 슬럼프가 작을수록 크다.
③ 거푸집 속의 콘크리트 온도가 낮을수록 크다.
④ 붓는 속도가 빠를수록 크다.

[해설] 콘크리트의 측압
① 거푸집 부재 단면이 클수록 측압이 크다.
② 철골 or 철근량이 적을수록 측압이 크다.
③ 외기 온도가 낮을수록 측압이 크다.
④ 타설 속도가 빠를수록 측압이 크다.
⑤ 다짐이 좋을수록 측압이 크다.
⑥ 슬럼프가 클수록 측압이 크다.
⑦ 콘크리트 비중이 클수록 측압이 크다.
⑧ 습도가 낮을수록 측압이 크다.

{분석} 필기에 자주 출제되는 내용입니다.

85. 근로자가 추락하거나 넘어질 위험이 있는 장소 또는 기계·설비·선박 블록 등에서 작업을 할 때에 근로자가 위험해질 우려가 있는 경우 비계(飛階)를 조립하는 등의 방법으로 ( )을 설치하여야 한다. ( )에 적합한 용어는?

① 안전난간   ② 작업발판
③ 안전방망   ④ 안전대

[해설]
1. 근로자가 추락하거나 넘어질 위험이 있는 장소 또는 기계·설비·선박블록 등에서 작업을 할 때에 근로자가 위험해질 우려가 있는 경우 비계(飛階)를 조립하는 등의 방법으로 작업발판을 설치하여야 한다.
2. 작업발판을 설치하기 곤란한 경우 안전방망을 설치하여야 한다. 다만, 안전방망을 설치하기 곤란한 경우에는 근로자에게 안전대를 착용하도록 하는 등 추락 위험을 방지하기 위하여 필요한 조치를 하여야 한다.

{분석} 필기에 자주 출제되는 내용입니다.

86. 가설구조물의 특징적인 성격으로서 가장 거리가 먼 것은?

① 연결재가 적은 구조로 되기 쉽다.
② 부재의 결합이 복잡하다.
③ 조립의 정밀도가 낮다.
④ 사용 부재가 과소 단면이거나 결함 재료를 사용하기 쉽다.

[해설] ② 부재의 결합이 간략하여 불완전 결합이 되기 쉽다.

[참고] 가설구조물의 특징
① 연결재가 적은 구조로 되기 쉽다.
② 부재의 결합이 간략하여 불완전 결합이 되기 쉽다.
③ 조립의 정밀도가 낮다.
④ 사용 부재가 과소 단면이거나 결함재료를 사용하기 쉽다.

{분석} 필기에 자주 출제되는 내용입니다.

정답 84 ② 85 ② 86 ②

87 현장 안전점검 시 흙막이 지보공의 정기점검 사항과 가장 거리가 먼 것은?

① 부재의 손상·변형·부식·변위 및 탈락의 유무와 상태
② 부재의 설치방법과 순서
③ 버팀대의 긴압의 정도
④ 부재의 접속부·부착부 및 교차부의 상태

[해설] 흙막이 지보공을 설치한 때 점검 사항
① 부재의 손상·변형·부식·변위 및 탈락의 유무와 상태
② 버팀대의 긴압의 정도
③ 부재의 접속부·부착부 및 교차부의 상태

{분석} 실기까지 중요한 내용입니다.

88 강관틀비계를 조립하여 사용하는 경우 벽이음의 수직방향 조립간격은?

① 2m 이내마다
② 5m 이내마다
③ 6m 이내마다
④ 8m 이내마다

[해설] 비계 조립간격(벽이음 간격)

비계 종류		수직 방향	수평 방향
강관 비계	단관비계	5m	5m
	틀비계(높이 5m 미만인 것 제외)	6m	8m

{분석} 실기에 자주 출제되는 중요한 내용입니다.

89 다음 중 굴착기의 전부장치에 해당하지 않는 것은?

① 붐(Boom)
② 암(Arm)
③ 버킷(Bucket)
④ 블레이드(Blade)

[해설] 굴착기는 주행하는 하부 본체에 동력을 장착한 상부 회전체 및 교체 가능한 전부 장치로 구성되며 굴착기의 전부장치는 붐, 암, 버킷으로 구성되어 있다.

90 크레인의 와이어로프가 일정 한계 이상 감기지 않도록 작동을 자동으로 정지시키는 장치는?

① 훅해지장치
② 권과 방지장치
③ 비상 정지장치
④ 과부하 방지장치

[해설] 와이어로프가 일정 한계 이상 감기지 않도록 작동을 자동으로 정지시키는 장치 → 권과 방지장치

[참고] 권과방지장치는 훅·버킷 등 달기구의 윗면이 드럼, 상부 도르래, 트롤리프레임 등 권상장치의 아랫면과 접촉할 우려가 있는 경우에 그 간격이 0.25미터 이상[(직동식(直動式) 권과방지장치는 0.05미터 이상으로 한다)]이 되도록 조정하여야 한다.

{분석} 실기까지 중요한 내용입니다.

정답 87 ② 88 ③ 89 ④ 90 ②

91 산업안전보건관리비 중 안전관리자 등의 인건비 및 각종 업무수당 등의 항목에서 사용할 수 없는 내역은?

① 교통 통제를 위한 교통정리 신호수의 인건비
② 안전관리자를 선임한 건설공사 현장에서 공사장 내에서 양중기·건설기계 등의 움직임으로 인한 위험으로부터 주변 작업자를 보호하기 위한 유도자의 인건비
③ 안전관리자를 선임한 건설공사 현장에서의 건설용 리프트의 작업지휘자 인건비
④ 안전관리자를 선임한 건설공사 현장에서의 고소작업대 작업 시 낙하물 위험 예방을 위한 하부통제 등 공사현장의 특성에 따라 근로자 보호만을 목적으로 배치된 유도자의 인건비

[해설] ① 교통 통제를 위한 교통정리 신호수의 인건비 → 산업재해 예방 업무만을 수행하는 작업지휘자, 유도자, 신호자 등의 임금에 해당하지 않으므로 산업안전보건관리비로 사용할 수 없다.

[참고] 안전관리자·보건관리자의 임금 등
① 안전관리 또는 보건관리 업무만을 전담하는 안전관리자 또는 보건관리자의 임금과 출장비 전액
② 안전관리 또는 보건관리 업무를 전담하지 않는 안전관리자 또는 보건관리자의 임금과 출장비의 각각 2분의 1에 해당하는 비용
③ 안전관리자를 선임한 건설공사 현장에서 산업재해 예방 업무만을 수행하는 작업지휘자, 유도자, 신호자 등의 임금 전액
④ 작업을 직접 지휘·감독하는 직·조·반장 등 관리감독자의 직위에 있는 자가 업무를 수행하는 경우에 지급하는 업무수당(임금의 10분의 1 이내)

{분석} 필기에 자주 출제되는 내용입니다.

92 안전난간은 구조적으로 가장 취약한 지점에서 가장 취약한 방향으로 작용하는 최소 얼마 이상의 하중에 견딜 수 있는 구조이어야 하는가?

① 100kg ② 150kg
③ 200kg ④ 250kg

[해설] 안전난간은 구조적으로 가장 취약한 지점에서 가장 취약한 방향으로 작용하는 100킬로그램 이상의 하중에 견딜 수 있는 튼튼한 구조일 것

[참고] 안전난간의 구조 및 설치요건
① 상부 난간대, 중간 난간대, 발끝막이판 및 난간기둥으로 구성할 것.
② 상부 난간대
  • 상부 난간대는 바닥면 등으로부터 90센티미터 이상 지점에 설치
  • 상부 난간대를 120센티미터 이하에 설치하는 경우 : 중간 난간대는 상부 난간대와 바닥면 등의 중간에 설치
  • 120센티미터 이상 지점에 설치하는 경우 : 중간 난간대를 2단 이상으로 설치, 난간의 상하 간격은 60센티미터 이하가 되도록 할 것(다만, 난간기둥 간의 간격이 25센티미터 이하인 경우에는 중간 난간대를 설치하지 않을 수 있다.)
③ 발끝막이판은 바닥면 등으로 부터 10센티미터 이상의 높이를 유지할 것.
④ 난간기둥은 상부 난간대와 중간 난간대를 견고하게 떠받칠 수 있도록 적정한 간격을 유지할 것.
⑤ 상부 난간대와 중간 난간대는 난간 길이 전체에 걸쳐 바닥면 등과 평행을 유지할 것.
⑥ 난간대는 지름 2.7센티미터 이상의 금속제 파이프나 그 이상의 강도가 있는 재료일 것.
⑦ 안전난간은 구조적으로 가장 취약한 지점에서 가장 취약한 방향으로 작용하는 100킬로그램 이상의 하중에 견딜 수 있는 튼튼한 구조일 것.

{분석} 실기까지 중요한 내용입니다.

정답 91 ① 92 ①

93 다음 중 거푸집 동바리에 작용하는 횡하중이 아닌 것은?

① 콘크리트 측압
② 총 하중
③ 자중
④ 지진하중

[해설] ③ 거푸집, 동바리의 자중은 연직방향 하중에 해당한다.

[참고] **거푸집 및 지보공(동바리) 시공 시 고려해야 할 하중**
① 연직방향 하중 : 거푸집, 지보공(동바리), 콘크리트, 철근, 작업원, 타설용 기계·기구, 가설 설비등의 중량 및 충격하중
② 횡 방향 하중 : 작업할 때의 진동, 충격, 시공오차 등에 기인되는 횡 방향 하중 이외에 필요에 따라 풍압, 유수압, 지진 등
③ 콘크리트의 측압 : 굳지않은 콘크리트의 측압
④ 특수하중 : 시공 중에 예상되는 특수한 하중
⑤ 위의 ①~④ 항목의 하중에 안전율을 고려한 하중

{분석} 필기에 자주 출제되는 내용입니다.

94 차량계 건설기계를 사용하여 작업을 할 때 작업계획에 포함되어야 할 사항이 아닌 것은?

① 사용하는 차량계 건설기계의 종류 및 능력
② 차량계 건설기계의 운행 경로
③ 차량계 건설기계에 의한 작업방법
④ 제동장치 및 조정장치 기능의 이상 유무

[해설] **차량계 건설기계를 사용하는 작업의 작업계획서 내용**
① 사용하는 차량계 건설기계의 종류 및 성능
② 차량계 건설기계의 운행 경로
③ 차량계 건설기계에 의한 작업 방법

{분석} 실기까지 중요한 내용입니다.

95 발파작업에 종사하는 근로자로 하여금 발파 시 준수하도록 하여야 할 사항에 대한 기준으로 틀린 것은?

① 벼락이 떨어질 우려가 있는 경우에는 장약장전 작업을 중지시킨다.
② 근로자가 안전한 거리에 피난할 수 없을 때에는 전면과 상부를 견고하게 방호한 피난장소를 설치한다.
③ 전기뇌관 외의 것에 의하여 점화 후 장진된 화약류의 폭발 여부를 확인하기 곤란한 때에는 점화한 때부터 15분 이내에 신속히 확인하여 처리하여야 한다.
④ 얼어붙은 다이나마이트는 화기에 접근시키거나 기타의 고열물에 직접 접촉시키는 등 위험한 방법으로 융해하지 아니하도록 한다.

[해설] ③ 전기뇌관 외의 것에 의한 경우에는 점화한 때부터 15분 이상 경과한 후가 아니면 화약류의 장전장소에 접근시키지 않도록 할 것

[참고] **발파 작업 기준**
① 얼어붙은 다이너마이트는 화기에 접근시키거나 그 밖의 고열물에 직접 접촉시키는 등 위험한 방법으로 융해하지 아니하도록 할 것
② 화약이나 폭약을 장전하는 경우에는 그 부근에서 화기를 사용하거나 흡연을 하지 않도록 할 것
③ 장전구(裝塡具)는 마찰·충격·정전기 등에 의한 폭발의 위험이 없는 안전한 것을 사용할 것
④ 발파공의 충진 재료는 점토·모래 등 발화성 또는 인화성의 위험이 없는 재료를 사용할 것
⑤ 점화 후 장전된 화약류가 폭발하지 아니한 때 또는 장전된 화약류의 폭발 여부를 확인하기 곤란한 때에는 다음 각목의 사항을 따를 것
• 전기뇌관에 의한 경우에는 발파모선을 점화기에서 떼어 그 끝을 단락 시켜 놓는 등 재점화되지 않도록 조치하고 그때부터 5분 이상 경과한 후가 아니면 화약류의 장전 장소에 접근시키지 않도록 할 것
• 전기뇌관 외의 것에 의한 경우에는 점화한 때부터 15분 이상 경과한 후가 아니면 화약류의 장전 장소에 접근시키지 않도록 할 것

정답 93 ③ 94 ④ 95 ③

⑥ 전기뇌관에 의한 발파의 경우 점화하기 전에 화약류를 장전한 장소로부터 30미터 이상 떨어진 안전한 장소에서 전선에 대하여 저항 측정 및 도통(導通)시험을 할 것

{분석}
필기에 자주 출제되는 내용입니다.

96 다음 ( )안에 알맞은 수치는?

슬레이트, 선라이트(sunlight) 등 강도가 약한 재료로 덮은 지붕 위에서 작업을 할 때에 발이 빠지는 등 근로자가 위험해질 우려가 있는 경우 폭 ( ) 이상의 발판을 설치하거나 추락방호망을 치는 등 위험을 방지하기 위하여 필요한 조치를 하여야 한다.

① 30cm
② 40cm
③ 50cm
④ 60cm

[해설] 지붕 위에서의 위험 방지
사업주는 근로자가 지붕 위에서 작업을 할 때에 추락하거나 넘어질 위험이 있는 경우에는 다음 각호의 조치를 해야 한다.
① 지붕의 가장자리에 안전난간을 설치할 것
② 채광창(skylight)에는 견고한 구조의 덮개를 설치할 것
③ 슬레이트 등 강도가 약한 재료로 덮은 지붕에는 폭 30센티미터 이상의 발판을 설치할 것

{분석}
필기에 자주 출제되는 내용입니다.

97 기상상태의 악화로 비계에서의 작업을 중지시킨 후 그 비계에서 작업을 다시 시작하기 전에 점검해야 할 사항에 해당하지 않는 것은?

① 기둥의 침하·변형·변위 또는 흔들림 상태
② 손잡이의 탈락 여부
③ 격벽의 설치 여부
④ 발판 재료의 손상 여부 및 부착 또는 걸림 상태

[해설] 비계의 점검 보수 항목
① 발판 재료의 손상 여부 및 부착 또는 걸림 상태
② 당해 비계의 연결부 또는 접속부의 풀림 상태
③ 연결 재료 및 연결철물의 손상 또는 부식 상태
④ 손잡이의 탈락 여부
⑤ 기둥의 침하·변형·변위 또는 흔들림 상태
⑥ 로프의 부착상태 및 매단 장치의 흔들림 상태

비계(연결부, 연결철물) → 발판 → 손잡이 → 비계기둥

{분석}
실기까지 중요한 내용입니다.

98 산업안전보건법령에 따른 중량물을 취급하는 작업을 하는 경우의 작업계획서 내용에 포함되지 않는 사항은?

① 추락위험을 예방할 수 있는 안전대책
② 낙하위험을 예방할 수 있는 안전대책
③ 전도위험을 예방할 수 있는 안전대책
④ 위험물 누출위험을 예방할 수 있는 안전대책

정답 96 ① 97 ③ 98 ④

[해설] **중량물 취급 작업의 작업계획서 내용**
  가. 추락위험을 예방할 수 있는 안전대책
  나. 낙하위험을 예방할 수 있는 안전대책
  다. 전도위험을 예방할 수 있는 안전대책
  라. 협착위험을 예방할 수 있는 안전대책
  마. 붕괴위험을 예방할 수 있는 안전대책

  {분석}
  실기까지 중요한 내용입니다.

99 다음은 공사진척에 따른 안전관리비의 사용기준이다. ( )에 들어갈 내용으로 옳은 것은?

공정률	50% 이상 70% 미만	70% 이상 90% 미만	90% 이상
사용 기준	( )	70% 이상	90% 이상

① 30% 이상
② 40% 이상
③ 50% 이상
④ 60% 이상

[해설] **공사진척에 따른 안전관리비 사용기준**

공정률	50% 이상 70% 미만	70% 이상 90% 미만	90% 이상
사용 기준	50% 이상	70% 이상	90% 이상

100 거푸집동바리 등을 조립하거나 해체하는 작업을 하는 경우에 준수해야 할 사항으로 옳지 않은 것은?

① 해당 작업을 하는 구역에는 관계 근로자가 아닌 사람의 출입을 금지할 것
② 비, 눈, 그 밖의 기상상태의 불안정으로 날씨가 몹시 나쁜 경우에는 그 작업을 중지할 것
③ 재료, 기구 또는 공구 등을 올리거나 내리는 경우에는 근로자 간 서로 직접 전달하도록 하고, 달줄·달포대 등의 사용을 금할 것
④ 낙하·충격에 의한 돌발적 재해를 방지하기 위하여 버팀목을 설치하고 거푸집동바리 등을 인양장비에 매단 후에 작업을 하도록 하는 등 필요한 조치를 할 것

[해설] ③ 재료·기구 또는 공구 등을 올리거나 내릴 때에는 근로자로 하여금 달줄·달포대 등을 사용하도록 할 것

정답 99 ③ 100 ③

03회 산업안전 산업기사 모의고사

제1과목 · 산업재해 예방 및 안전보건교육

01 다음 중 학습지도의 원리에 해당하지 않는 것은?

① 자기활동의 원리
② 사회화의 원리
③ 직관의 원리
④ 분리의 원리

해설 학습지도의 원리
① 자발성의 원리(자기활동의 원리) : 학습자 스스로가 능동적으로 학습활동에 의욕을 가지고 참여하도록 하는 원리
② 개별화의 원리 : 학습자를 존중하고, 학습자 개개인의 능력, 소질, 성향 등 모든 발달 가능성을 신장시키려는 원리
③ 목적의 원리 : 학습자는 학습목표가 분명하게 인식되었을 때 자발적이고 적극적인 학습활동을 하게 된다.
④ 사회화의 원리 : 학교교육을 통하여 학생들이 사회화되어 유용한 사회인으로 육성시키고자 하는 교육이다.
⑤ 통합화의 원리 : 학습자를 전체적 인격체로 보고 그에게 내재하여 있는 모든 능력을 조화적으로 발달시키기 위한 생활 중심의 통합교육을 원칙으로 하는 원리
⑥ 직관의 원리(직접경험의 원리) : 학습에 있어 언어 위주로 설명을 하는 수업보다는 구체적인 사물을 학습자가 직접 경험해 봄으로써 학습의 효과를 높일 수 있는 원리

02 스트레스 주요 원인 중 마음속에서 일어나는 내적 자극 요인으로 볼 수 없는 것은?

① 자존심의 손상
② 업무상 죄책감
③ 현실에서의 부적응
④ 대인 관계상의 갈등

해설 ④ 대인 관계상의 갈등은 스트레스의 외적요인에 해당한다.

03 다음 중 산업안전보건법상 용어의 정의가 잘못 설명된 것은?

① "사업주"란 근로자를 사용하여 사업을 하는 자를 말한다.
② "근로자대표"란 근로자의 과반수로 조직된 노동조합이 없는 경우에는 사업주가 지정하는 자를 말한다.
③ "산업재해"란 노무를 제공하는 자가 업무에 관계되는 건설물·설비·원재료·가스·증기·분진 등에 의하거나 작업 또는 그 밖의 업무로 인하여 사망 또는 부상하거나 질병에 걸리는 것을 말한다.
④ "안전·보건진단"이란 산업재해를 예방하기 위하여 잠재적 위험성을 발견하고 그 개선대책을 수립할 목적으로 조사·평가하는 것을 말한다.

해설 ② "근로자대표"란 근로자의 과반수로 조직된 노동조합이 있는 경우에는 그 노동조합을, 근로자의 과반수로 조직된 노동조합이 없는 경우에는 근로자의 과반수를 대표하는 자를 말한다.

정답 01 ④ 02 ④ 03 ②

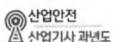

04 위험예지훈련 4R(라운드)의 진행 방법에서 3R(라운드)에 해당하는 것은?

① 목표 설정
② 본질 추구
③ 현상 파악
④ 대책 수립

[해설] **위험예지훈련 4단계**
1단계 : 현상 파악
2단계 : 요인 조사(본질 추구)
3단계 : 대책 수립
4단계 : 행동목표 설정(합의 요약)

{분석}
실기까지 중요한 내용입니다.

05 다음 중 산업안전보건법령상 사업주가 근로자에게 실시해야 하는 안전·보건교육에 있어 교육대상과 교육 시간이 잘못 연결된 것은?

① 사무직 종사 근로자의 정기교육 : 매반기 6시간 이상
② 일용근로자의 작업내용 변경 시의 교육 : 1시간 이상
③ 건설 일용근로자의 건설업 기초안전·보건교육 : 2시간 이상
④ 관리감독자의 지위에 있는 사람의 정기교육 : 연간 16시간 이상

[해설] ③ 건설 일용근로자의 건설업 기초안전·보건교육 : 4시간

[참고] 1. 근로자 안전보건교육 시간

교육과정	교육대상		교육시간
가. 정기교육	1) 사무직 종사 근로자		매반기 6시간 이상
	2) 그 밖의 근로자	가) 판매업무에 직접 종사하는 근로자	매반기 6시간 이상
		나) 판매업무에 직접 종사하는 근로자 외의 근로자	매반기 12시간 이상
나. 채용 시 교육	1) 일용근로자 및 근로계약기간이 1주일 이하인 기간제 근로자		1시간 이상
	2) 근로계약기간이 1주일 초과 1개월 이하인 기간제 근로자		4시간 이상
	3) 그 밖의 근로자		8시간 이상
다. 작업내용 변경 시 교육	1) 일용근로자 및 근로계약기간이 1주일 이하인 기간제 근로자		1시간 이상
	2) 그 밖의 근로자		2시간 이상
라. 특별교육	1) 일용근로자 및 근로계약기간이 1주일 이하인 기간제 근로자(타워크레인 신호작업에 종사하는 근로자 제외)		2시간 이상
	2) 일용근로자 및 근로계약기간이 1주일 이하인 기간제 근로자 중 타워크레인 신호작업에 종사하는 근로자		8시간 이상

정답 04 ④ 05 ③

교육과정	교육대상	교육시간
라. 특별교육	3) 일용근로자 및 근로계약기간이 1주일 이하인 기간제 근로자를 제외한 근로자	가) 16시간 이상 (최초 작업에 종사하기 전 4시간 이상 실시하고 12시간은 3개월 이내에서 분할하여 실시 가능) 나) 단기간 작업 또는 간헐적 작업인 경우에는 2시간 이상
마. 건설업 기초안전 · 보건교육	건설 일용근로자	4시간 이상

2. 관리감독자 안전보건교육

교육대상	교육시간
가. 정기교육	연간 16시간 이상
나. 채용 시 교육	8시간 이상
다. 작업내용 변경 시 교육	2시간 이상
라. 특별교육	16시간 이상(최초 작업에 종사하기 전 4시간 이상 실시하고, 12시간은 3개월 이내에서 분할하여 실시 가능) 단기간 작업 또는 간헐적 작업인 경우에는 2시간 이상

{분석} 실기에 자주 출제되는 중요한 내용입니다.

06 도수율이 12.57, 강도율이 17.45인 사업장에서 한 근로자가 평생 근무한다면 며칠의 근로손실이 발생하겠는가?
(단, 1인 근로자의 평생 근로시간은 10^5 시간이다.)

① 1,257일　　② 126일
③ 1,745일　　④ 175일

[해설] 환산 강도율(S)

① 일평생 근로하는 동안의 근로손실일수를 말한다.

②
$$환산\ 강도율(S) = \frac{총\ 요양\ 근로손실일수}{연\ 근로시간수} \times 평생근로시간수(100,000)$$

③
$$환산\ 강도율 = 강도율 \times 100$$

환산 강도율 = 강도율×100
= 17.45×100 = 1,745일

{분석} 실기에 자주 출제되는 중요한 내용입니다.

07 다음 중 산업안전보건 법령상 안전보건총괄책임자 지정 대상 사업이 아닌 것은?

① 수급인, 하수급인 포함 상시근로자 100명 이상인 사업
② 수급인, 하수급인 포함 공시금액 20억 원 이상인 건설업
③ 수급인, 하수급인 포함 상시근로자 50명 이상인 1차금속 제조업
④ 수급인, 하수급인 포함 상시근로자 20명 이상인 선박 및 보트건조업

[해설] 안전보건총괄책임자 지정 대상 사업

① 관계 수급인, 하수급인 포함 상시근로자 100명 이상인 사업(선박 및 보트 건조업, 1차 금속 제조업, 토사석 광업 : 50명 이상)
② 관계 수급인, 하수급인 포함 공사금액 20억 원 이상인 건설업

{분석} 실기까지 중요한 내용입니다.

정답 06 ③ 07 ④

08
버드(Bird)의 재해발생 비율에서 물적손해 만의 사고가 120건 발생하면 상해도 손해도 없는 사고는 몇 건 정도 발생하겠는가?

① 600건
② 1,200건
③ 1,800건
④ 2,400건

해설

버드의 1 : 10 : 30 : 600의 법칙 : 총 641건의 사고를 분석했을 때
- 중상 또는 폐질 : 1건
- 경상해 : 10건
- 무상해사고 (물적 손실) : 30건
- 무상해, 무사고 (위험 순간) : 600건이 발생함을 의미한다.

물적 손실이 120건 일 때
→ 무상해, 무사고 = 600×4 = 2,400건

참고

하인리히 1 : 29 : 300의 법칙 : 총 330건의 사고를 분석했을 때
- 중상 또는 사망 : 1건
- 경상해 : 29건
- 무상해사고 : 300건이 발생함을 의미한다.

{분석} 실기까지 중요한 내용입니다.

09
교육훈련의 효과는 5관을 최대한 활용하여야 하는데 다음 중 효과가 가장 큰 것은?

① 청각
② 시각
③ 촉각
④ 후각

해설

구분	시각	청각	촉각	미각	후각
교육효과	60%	20%	15%	3%	2%

10
인간관계 메커니즘 중에서 다른 사람으로부터의 판단이나 행동을 무비판적으로 논리적, 사실적 근거 없이 받아들이는 것을 무엇이라 하는가?

① 모방(imitaion)
② 암시(suggestion)
③ 투사(projection)
④ 동일화(identification)

해설 다른 사람의 판단이나 행동을 무비판적으로 받아들임 → 암시

참고
⊙ 모방 : 남의 행동이나 판단을 표본으로 하여 그것과 같거나 또는 그것에 가까운 행동 또는 판단을 취하려는 행동
ⓒ 투사 : 자기 속의 억압된 것을 다른 사람의 것으로 생각하는 것
ⓒ 동일화 : 다른 사람의 행동 양식이나 태도를 투입시키거나 다른 사람 가운데서 자기와 비슷한 점을 발견하는 것

{분석} 필기에 자주 출제되는 내용입니다.

11
다음 중 시행착오설에 의한 학습법칙에 해당하지 않은 것은?

① 효과의 법칙
③ 연습의 법칙
② 준비성의 법칙
④ 일관성의 법칙

해설 돈다이크의 학습의 법칙(시행착오설)
⊙ 준비성의 법칙
ⓒ 연습 또는 반복의 법칙
ⓒ 효과의 법칙

{분석} 실기까지 중요한 내용입니다.

정답 08 ④ 09 ② 10 ② 11 ④

12 다음 중 헤드십에 관한 내용으로 볼 수 없는 것은?

① 부하와의 사회적 간격이 좁다.
② 지휘의 형태는 권위주의적이다.
③ 권한의 부여는 조직으로부터 위임받는다.
④ 권한에 대한 근거는 법적 또는 규정에 의한다.

[해설] 리더십과 헤드십의 특성

구 분	리더십	헤드십
권한 행사	선출된 리더	임명적 헤드
권한 부여	밑으로 부터의 동의	위에서 위임
권한 귀속	집단 목표에 기여한 공로인정	공식화된 규정에 의함
상하, 부하 관계	개인적인 영향	지배적임
부하와의 관계	좁음	넓음
지휘형태	민주주의적	권위주의적
책임귀속	상사와 부하	상사
권한근거	개인적	법적, 공식적

{분석}
필기에 자주 출제되는 내용입니다.

13 적응기제(Adjustment Mechanism) 중 방어적 기제(Defence Mechanism)에 해당하는 것은?

① 고립(IsolatIon)
② 퇴행(Regression)
③ 억압(Suppression)
④ 합리화(Rationalization)

[해설]

도피기제	방어기제
• 억압 • 퇴행 • 백일몽 • 고립(거부)	• 보상 • 합리화 • 승화 • 동일시 • 투사

{분석}
필기에 자주 출제되는 내용입니다.

14 작업장에서 매일 작업자가 작업 전, 중, 후에 시설과 작업 동작 등에 대하여 실시하는 안전점검의 종류를 무엇이라 하는가?

① 정기 점검
② 일상 점검
③ 임시 점검
④ 특별 점검

[해설] 매일 작업 전, 중, 후에 실시 → 수시 점검(일상 점검)

[참고] 안전점검의 종류
① 정기 점검(계획 점검)
  • 일정 기간마다 정기적으로 실시하는 점검을 말한다.
② 수시 점검(일상 점검)
  • 매일 작업 전, 중, 후에 실시하는 점검을 말한다.
③ 특별 점검
  • 기계·기구 또는 설비의 신설·변경 또는 고장·수리 등으로 비정기적인 특정 점검을 말하며 기술 책임자가 실시한다.
  • 산업안전보건 강조 기간, 악천후 시에도 실시한다.
④ 임시 점검
  • 기계·기구 또는 설비의 이상 발견 시에 임시로 점검하는 점검을 말한다.
  • 정기 점검 실시 후 다음 점검기일 이전에 임시로 실시하는 점검의 형태이다.

{분석}
필기에 자주 출제되는 내용입니다.

정답 12 ① 13 ④ 14 ②

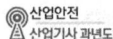

15 다음 중 무재해운동의 실천 기법에 있어 브레인스토밍(Brain storming)의 4원칙에 해당하지 않는 것은?

① 수정 발언   ② 비판 금지
③ 본질 추구   ④ 대량 발언

[해설] 브레인스토밍의 4원칙
- 비판금지 : 좋다, 나쁘다 비판은 하지 않는다.
- 자유분방 : 마음대로 자유로이 발언한다.
- 대량발언 : 무엇이든 좋으니 많이 발언한다.
- 수정발언 : 타인의 생각에 동참하거나 보충 발언해도 좋다.

{분석} 실기까지 중요한 내용입니다.

16 산업안전보건법령에 따라 작업장 내에 사용하는 안전보건표지의 종류에 관한 설명으로 옳은 것은?

① "위험장소"는 경고표지로서 바탕은 노란색, 기본모형은 검은색, 그림은 흰색으로 한다.
② "출입금지"는 금지표지로서 바탕은 흰색, 기본모형은 빨간색, 그림은 검은색으로 한다.
③ "녹십자 표지"는 안내표지로서 바탕은 흰색, 기본모형과 관련 부호는 녹색, 그림은 검은색으로 한다.
④ "안전모 착용"은 경고표지로서 바탕은 파란색, 관련 그림은 검은색으로 한다.

[해설] ① 위험장소 경고(경고표지) : 바탕은 노란색, 기본모형 검은색, 그림 검은색
③ 녹십자 표지(안내표지) : 바탕은 흰색, 그림 녹색
④ 안전모 착용(지시표지) : 바탕은 파란색, 그림 흰색

{분석} 실기에 자주 출제되는 중요한 내용입니다.

17 다음 중 칼날이나 뾰족한 물체 등 날카로운 물건에 찔린 상해를 무엇이라 하는가?

① 자상
② 창상
③ 절상
④ 찰과상

[해설] ① 칼날 등 날카로운 물건에 찔린 상해 → 자상
② 창·칼 등에 베인 상해 → 창상
③ 신체 부위가 절단된 상해 → 절상
④ 스치거나 문질러서 피부가 벗겨진 상해 → 찰과상

{분석} 필기에 자주 출제되는 내용입니다.

18 안전관리 4M 가운데 Media에 관한 내용으로 가장 올바른 것은?

㉮ 인간과 기계를 연결하는 매개체
㉯ 인간과 관리를 연결하는 매개체
㉰ 기계와 관리를 연결하는 매개체
㉱ 인간과 작업환경을 연결하는 매개체

[해설] Media(매체)는 인간과 기계를 연결하는 매개체이다.

[참고] 인간에러(휴먼 에러)의 배후요인(4M)
① Man(인간) : 본인 외의 사람, 직장의 인간관계 등
② Machine(기계) : 기계, 장치 등의 물적 요인
③ Media(매체) : 작업 정보, 작업 방법 등
④ Management(관리) : 작업관리, 법규 준수, 단속, 점검 등

{분석} 실기까지 중요한 내용입니다.

정답 15 ③ 16 ② 17 ① 18 ①

19 산업안전보건 법령상 안전 인증 대상 보호구에 해당하지 않는 것은?

① 보호복
② 방독마스크
③ 안전장갑
④ 보안면

[해설] 안전인증 대상 보호구의 종류
① 추락 및 감전 위험방지용 안전모
② 안전화
③ 안전장갑
④ 방진마스크
⑤ 방독마스크
⑥ 송기마스크
⑦ 전동식 호흡보호구
⑧ 보호복
⑨ 안전대
⑩ 차광 및 비산물 위험방지용 보안경
⑪ 용접용 보안면
⑫ 방음용 귀마개 또는 귀덮개

머리 : 안전모(추락 및 감전 위험방지용)
눈 : 차광 및 비산물 위험방지용 보안경
코, 입 : 방진마스크, 방독마스크, 송기마스크, 전동식 호흡보호구
얼굴 : 용접용 보안면
귀 : 방음용 귀마개 또는 귀덮개
손 : 안전장갑
허리 : 안전대
발 : 안전화
몸 : 보호복

{분석} 실기에 자주 출제되는 중요한 내용입니다.

20 산업안전보건법상 중대재해에 해당하지 않는 것은?

① 추락으로 인하여 1명이 사망한 재해
② 건물의 붕괴로 인하여 15명의 부상자가 동시에 발생한 재해
③ 화재로 인하여 4개월의 요양이 필요한 부상자가 동시에 3명 발생한 재해
④ 근로환경으로 인하여 직업성 질병자가 동시에 5명이 발생한 재해

[해설] 중대재해
① 사망자가 1인 이상 발생한 재해
② 3개월 이상 요양을 요하는 부상자가 동시에 2인 이상 발생한 재해
③ 부상자 또는 직업성 질병자가 동시에 10인 이상 발생한 재해

{분석} 실기까지 중요한 내용입니다.

제2과목 • 인간공학 및 위험성 평가 · 관리

21 다음과 같이 ①~④의 기본사상을 가진 FT도에서 minimal cut set으로 옳은 것은?

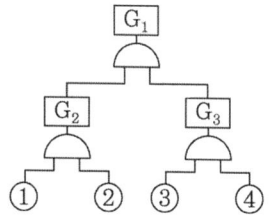

① {①, ②, ③, ④}
② {①, ③, ④}
③ {①, ②}
④ {③, ④}

정답 19 ④ 20 ④ 21 ①

[해설] $G_1 = G_2 \cdot G_3$
= (①,②)(③,④)
= (①,②,③,④)
컷셋 : (①, ②, ③, ④)
미니멀 컷셋 : (①, ②, ③, ④)

{분석}
필기에 자주 출제되는 내용입니다.

22 시스템이 저장되고, 이동되고, 실행됨에 따라 발생하는 작동 시스템의 기능이나 과업, 활동으로부터 발생되는 위험에 초점을 맞추어 진행하는 위험 분석방법은?

① FHA ② OHA
③ PHA ④ SHA

[해설] 작동시스템의 기능, 과업, 활동으로부터 발생되는 위험을 분석하는 기법 → 제품 사용과 함께 발생하는 위험을 분석하는 기법을 뜻한다. → 운용 및 지원위험 분석(OHA, OSHA)

23 다음 중 시스템의 수명 곡선(욕조 곡선)에서 우발고장기간에 발생하는 고장의 원인으로 볼 수 없는 것은?

① 사용자의 과오 때문에
② 안전계수가 낮기 때문에
③ 부적절한 설치나 시동 때문에
④ 최선의 검사 방법으로도 탐지되지 않는 결함 때문에

[해설] 우발고장(일정형) : 예측할 수 없을 때에 생기는 고장의 형태

우발고장의 원인
• 안전계수가 낮기 때문
• 사용자의 과오 때문
• 최선의 검사방법으로도 탐지되지 않는 결함 때문에

24 인간공학의 중요한 연구과제인 계면(interface) 설계에 있어서 다음 중 계면에 해당되지 않는 것은?

① 작업공간
② 표시장치
③ 조종장치
④ 조명시설

[해설] 작업공간, 표시장치, 조종장치 등이 계면에 해당되며, 계면설계를 위한 인간요소 관련자료는 상식과 경험, 정량적 자료, 전문가의 판단 등이다.

{분석}
필기에 자주 출제되는 내용입니다.

25 다음 중 통제표시비(control / display ratio)를 설계할 때 고려하는 요소에 관한 설명으로 틀린 것은?

① 계기의 조절시간이 짧게 소요되도록 계기의 크기(size)는 항상 작게 설계한다.
② 짧은 주행시간 내에 공차의 인정범위를 초과하지 않는 계기를 마련한다.
③ 목시거리(目示距離)가 길면 길수록 조절의 정확도는 떨어진다.
④ 통제표시비가 낮다는 것은 민감한 장치라는 것을 의미한다.

[해설] ① 계기의 크기가 너무 작을 경우 조절의 정확도는 떨어진다.

{분석}
필기에 자주 출제되는 내용입니다.

정답 22 ② 23 ③ 24 ④ 25 ①

26 다음 중 예비위험분석(PHA)에 대한 설명으로 가장 적합한 것은?

① 관련된 과거 안전점검결과의 조사에 적절하다.
② 안전관련 법규 조항의 준수를 위한 조사방법이다.
③ 시스템 고유의 위험성을 파악하고 예상되는 재해 위험 수준을 결정한다.
④ 초기의 단계에서 시스템 내의 위험요소가 어떠한 위험상태에 있는가를 정성적 평가하는 것이다.

[해설] 예비 위험 분석
(PHA : Preliminary Hazards Analysis)
모든 시스템 안전 프로그램의 최초 단계(설계단계, 구상단계)에서 실시하는 분석법으로서 시스템 내의 위험요소가 얼마나 위험한 상태에 있는가를 정성적으로 평가하는 기법이다.

{분석}
필기에 자주 출제되는 내용입니다.

27 다음 중 영상표시단말기(VDT)를 취급하는 작업장에서 화면의 바탕 색상이 검정색 계통일 경우 추천되는 조명수준으로 가장 적절한 것은?

① 100 ~ 200럭스(Lux)
② 300 ~ 500럭스(Lux)
③ 750 ~ 800럭스(Lux)
④ 850 ~ 950럭스(Lux)

[해설] 컴퓨터 단말기 작업 시 적정 실내조도
㉠ 바탕화면이 흰색계통일 경우 : 500~700Lux
㉡ 바탕화면이 검은색계통일 경우 : 300~500Lux

{분석}
필기에 자주 출제되는 내용입니다.

28 인간의 신뢰성 요인 중 경험 년수, 지식 수준, 기술 수준에 의존하는 요인은?

① 주의력
② 긴장 수준
③ 의식 수준
④ 감각 수준

[해설] 경험, 지식, 기술 수준 → 의식 수준 결정 요소

29 반경 7cm의 조종구를 30° 움직일 때 계기판의 표시가 3cm 이동하였다면 이 조종장치의 C/R비는 약 얼마인가?

① 0.22   ② 0.38
③ 1.22   ④ 1.83

[해설]
㉠ C/R 비 $= \dfrac{X}{Y}$
X : 통제기기의 변위량(cm)
Y : 표시계기 지침의 변위량(cm)

㉡ C/R 비 $= \dfrac{\dfrac{a}{360}\times 2\pi L}{Y}$
a : 조종장치의 움직인 각도
L : 조종장치의 반경

C/R 비 $= \dfrac{\dfrac{a}{360}\times 2\pi L}{Y}$
$= \dfrac{\dfrac{30}{360}\times 2\times\pi\times 7}{3} = 1.22$

{분석}
필기에 자주 출제되는 내용입니다.

정답 26 ④ 27 ② 28 ③ 29 ③

30 다음 중 결함수분석법에 관한 설명으로 틀린 것은?

① 잠재위험을 효율적으로 분석한다.
② 연역적 방법으로 원인을 규명한다.
③ 복잡하고 대형화된 시스템의 분석에 사용한다.
④ 정성적 평가보다 정량적 평가를 먼저 실시한다.

[해설] FTA기법의 절차
시스템의 정의 → FT작성 → 정성적 평가 → 정량적 평가

{분석}
필기에 자주 출제되는 내용입니다.

31 고열환경에서 심한 육체노동 후에 탈수와 체내 염분농도 부족으로 근육의 수축이 격렬하게 일어나는 장해는?

① 열경련(heat cramp)
② 열사병(heat stroke)
③ 열쇠약(heat prostration)
④ 열피로(heat exhaustion)

[해설] 열경련(Heat Cramp)
• 고온에서 지속적인 육체노동 시 수분 및 혈중 염분 손실로 인한 근육발작 및 경련을 일으킨다.
• 수분 및 Nacl을 보충한다.

32 FT도에서 입력현상이 발생하여 어떤 일정 시간이 지속된 후 출력이 발생하는 것을 나타내는 게이트나 기호로 옳은 것은?

① 위험 지속기호
② 조합 AND게이트
③ 시간 단축기호
④ 억제게이트

[해설] 위험 지속 AND 게이트 : 입력 현상이 생겨서 어떤 일정한 시간이 지속될 때 출력이 생긴다.

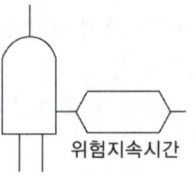
위험지속시간

{분석}
필기에 자주 출제되는 내용입니다.

33 시스템 수명주기에서 FMEA가 적용되는 단계는?

① 개발단계 ② 구상단계
③ 생산단계 ④ 운전단계

[해설] FMEA는 시스템의 개발단계에서 적용된다.

[참고] 시스템 수명주기 단계
① 구상(Concept) 단계
② 정의(Definition) 단계
③ 개발(Development) 단계
④ 제조(Production) 단계
⑤ 배치(Deployment) 단계, 운용 단계
⑥ 폐기(Disposal) 단계

34 사후보전에 필요한 수리시간의 평균치를 나타내는 것은?

① MTTF ② MTBF
③ MDT   ④ MTTR

[해설] 수리시간의 평균치 → MTTR

[참고] 1. MTBF(평균고장간격 : Mean Time Between Failures)
수리 가능한 제품에서 고장~다음 고장까지 시간의 평균치를 말한다.(신뢰도)

정답 30 ④ 31 ① 32 ① 33 ① 34 ④

2. MTTF(고장까지의 평균시간 : Mean Time to Failure)
수리가 불가능한 제품에서 처음 고장날 때까지의 시간을 말한다.(평균수명)
3. MTTR(Mean Time to Repair)
평균 수리에 소요되는 시간을 말한다.

{분석}
필기에 자주 출제되는 내용입니다.

35 신기술, 신공법을 도입함에 있어서 설계, 제조사용의 전 과정에 걸쳐서 위험성의 여부를 사전에 검토하는 관리기술은?

① 예비위험 분석
② 위험성 평가
③ 안전 분석
④ 안전성 평가

[해설] 안전성 평가 : 새로운 시스템이나 설비 등을 도입할 때, 사고 방지를 위해 설계나 계획단계에서 위험성의 여부를 평가하는 것

36 다음 중 귀의 구조에서 고막에 가해지는 미세한 압력의 변화를 증폭하는 곳은?

① 외이(Outer Ear)
② 중이(Middle Ear)
③ 내이(Inner Ear)
④ 달팽이관(Cochlea)

[해설] 고막에 가해지는 압력의 변화를 증폭 → 중이

[참고]
① 외이는 바깥의 귓바퀴(이개)와 귀구멍(외이도)으로 구성된다.
② 내이(미로) : 청각을 담당하는 와우와 몸의 평형을 담당하는 전정과 세반고리관의 세부분으로 구성되며 난원창, 청신경으로 이루어져 있다.
③ 달팽이관은 나선형으로 생긴 관으로 기저막이 진동한다.

37 시스템의 성능 저하가 인원의 부상이나 시스템 전체에 중대한 손해를 입히지 않고 제어가 가능한 상태의 위험 강도는?

① 범주 1 : 파국적
② 범주 2 : 위기적
③ 범주 3 : 한계적
④ 범주 4 : 무시

[해설] 중대한 손상 없이 제어가 가능한 상태의 위험 → 한계적

[참고] PHA 카테고리 분류
• Class 1 : 파국적(catastrophic) – 사망, 시스템 손상
• Class 2 : 위기적(critical) – 심각한 상해, 시스템 중대 손상
• Class 3 : 한계적(marginal) – 경미한 상해, 시스템 성능 저하
• Class 4 : 무시(negligible) – 경미한 상해 및 시스템 저하 없음

{분석}
필기에 자주 출제되는 내용입니다.

38 종이의 반사율이 50%이고, 종이 상의 글자 반사율이 10%일 때 종이에 의한 글자의 대비는 얼마인가?

① 10%   ② 40%
③ 60%   ④ 80%

[해설]

$$대비(\%) = \frac{배경반사율(Lb) - 표적물체반사율(Lt)}{배경반사율(Lb)} \times 100$$

$$대비(\%) = \frac{50-10}{50} \times 100 = 80\%$$

{분석}
필기에 자주 출제되는 내용입니다.

정답 35 ④ 36 ② 37 ③ 38 ④

39 FTA에서 사용되는 논리게이트 중 여러 개의 입력 사상이 정해준 순서에 따라 순차적으로 발생해야만 결과가 출력되는 것은?

① 억제 게이트
② 우선적 AND 게이트
③ 배타적 OR 게이트
④ 조합 AND 게이트

[해설] ① 억제 게이트 : 특정조건을 만족할 경우 출력이 발생
② 우선적 AND 게이트 : 입력사상이 특정 순서별로 발생한 경우 출력이 발생
③ 배타적 OR 게이트 : 입력사상 중 오직 한 개의 발생으로만 출력이 발생(2개 이상의 출력이 동시에 발생할 때는 출력이 생기지 않는다)
④ 조합 AND 게이트 : 3개의 입력 중 2개가 일어나면 출력이 발생

{분석} 필기에 자주 출제되는 내용입니다.

40 다음 중 시각적 표시장치에 있어 성격이 다른 것은?

① 디지털 온도계
② 자동차 속도 계기판
③ 교통 신호등의 좌회전 신호
④ 은행의 대기인원 표시등

[해설] ① 디지털 온도계 → 정량적 표시장치(계수형)
② 자동차 속도 계기판 → 정량적 표시장치(정목동침형)
③ 교통 신호등의 좌회전 신호 → 신호, 경고등
④ 은행의 대기 인권 표시등 → 정량적 표시장치(계수형)

[참고] 시각적 표시장치의 종류
(1) 정량적 표시장치 : 온도나 속도와 같이 동적으로 변화하는 변수나 자로 재는 길이와 같은 정적 변수의 계량값에 관한 정보를 제공하는데 사용된다.
① 정목동침형 : 눈금은 고정, 지침이 움직이는 형태
② 정침동목형 : 지침은 고정, 눈금이 움직이는 형태
③ 계수형 : 전력계, 택시요금 계기와 같이 숫자가 정확히 표시되는 형태
(2) 정성적 표시장치 : 온도, 압력, 속도와 같이 연속적으로 변하는 변수의 대략적인 값이나 변화 추세, 비율 등을 알고자 할 때 주로 사용한다.
(3) 상태 표시기(status indicator) : 체계의 상황이나 상태를 나타낸다.
(4) 신호, 경고등 : 비상 또는 위험 상황, 물체의 존재 유무 등을 나타낸다.

제3과목 · 기계 · 기구 및 설비 안전 관리

41 다음 중 산업안전보건법령에 따른 아세틸렌 용접장치에 관한 설명으로 옳은 것은?

① 아세틸렌 용접장치의 안전기는 취관마다 설치하여야 한다.
② 아세틸렌 용접장치의 아세틸렌 전용 발생기실은 건물의 지하에 위치하여야 한다.
③ 아세틸렌 전용의 발생기실은 화기를 사용하는 설비로부터 1.5m 초과하는 장소에 설치하여야 한다.
④ 아세틸렌 용접장치를 사용하여 금속의 용접 · 용단 작업을 하는 경우에는 게이지 압력이 205kPa을 초과하는 압력의 아세틸렌을 발생시켜 사용해서는 아니 된다.

[해설] ② 발생기실은 건물의 최상층에 위치하여야 한다.
③ 화기를 사용하는 설비로부터 3미터를 초과하는 장소에 설치하여야 한다.

정답 39 ② 40 ③ 41 ①

④ 아세틸렌 용접장치를 사용하여 금속의 용접·용단 또는 가열작업을 하는 경우에는 게이지 압력이 127킬로파스칼을 초과하는 압력의 아세틸렌을 발생시켜 사용해서는 아니 된다.

[참고] 1. 안전기의 설치
① 아세틸렌 용접장치의 <u>취관마다 안전기를 설치하여야 한다</u>. 다만, 주관 및 취관에 가장 가까운 분기관마다 안전기를 부착한 경우에는 그러하지 아니 하다.
② 가스용기가 발생기와 분리되어 있는 아세틸렌 용접장치에 대하여는 <u>발생기와 가스용기 사이에 안전기를 설치하여야 한다</u>.

2. 아세틸렌 발생기실의 설치장소
① 아세틸렌 용접장치의 아세틸렌 발생기를 설치하는 경우에는 <u>전용의 발생기실에 설치하여야 한다</u>.
② 발생기실은 <u>건물의 최상층에 위치하여야 하며, 화기를 사용하는 설비로부터 3미터를 초과하는 장소에 설치하여야 한다</u>.
③ 발생기실을 옥외에 설치한 경우에는 그 개구부를 다른 건축물로부터 1.5미터 이상 떨어지도록 하여야 한다.

{분석}
실기까지 중요한 내용입니다.

42 다음 중 금형의 설계 및 제작 시 안전화 조치와 가장 거리가 먼 것은?

① 펀치와 세장비가 맞지 않으면 길이를 짧게 조정한다.
② 강도 부족으로 파손되는 경우 충분한 강도를 갖는 재료로 교체한다.
③ 열처리 불량으로 인한 파손을 막기 위해 담금질(Quenching)을 실시한다.
④ 캠 및 기타 충격이 반복해서 가해지는 부분에는 완충장치를 한다.

[해설] ③ 담금질 : 금속을 고온에서 급랭하는 조작을 말하며 주로 금속의 강도와 경도를 올리기 위한 목적이다.

43 기계 고장률의 기본 모형 중 우발고장에 관한 사항으로 옳은 것은?

① 고장률이 시간에 따라 일정한 형태를 이룬다.
② 고장률이 시간이 갈수록 감소하는 형태이다.
③ 시스템의 일부가 수명을 다하여 발생하는 고장이다.
④ 마모나 노화에 의하여 어느 시점에 집중적으로 고장이 발생한다.

[해설] 우발 고장(일정형)
① <u>예측할 수 없을 때에 생기는 고장의 형태</u>
② <u>사용자의 실수, 천재지변, 우발적 사고 등이 원인이다.</u>
③ <u>기계마다 일정하게 발생되며 고장률이 가장 낮다.</u>

[참고] 기계설비 고장 유형
① 초기 고장(감소형)
② 우발 고장(일정형)
③ 마모 고장(증가형)

{분석}
필기에 자주 출제되는 내용입니다.

44 프레스작업의 안전을 위한 방호장치 중 투광부와 수광부를 구비하는 방호장치는?

① 양수조작식   ② 가드식
③ 광전자식   ④ 수인식

[해설] 광전자식 방호장치
<u>투광부, 수광부, 컨트롤 부분으로 구성된 것으로서 신체의 일부가 광선을 차단하면 기계를 급정지시키는 방호장치를 말한다.</u>

{분석}
필기에 자주 출제되는 내용입니다.

정답 42 ③ 43 ① 44 ③

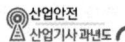

45 연삭숫돌의 파괴 원인이 아닌 것은?
① 숫돌 작업 시 측면 사용이 원인이 된다.
② 숫돌 작업 시 드레싱을 실시했을 때 원인이 된다.
③ 숫돌의 회전속도가 너무 빠를 때 원인이 된다.
④ 숫돌 회전중심이 잡히지 않았거나 베어링의 마모에 의한 진동이 원인이 된다.

[해설] 연삭기 숫돌 파괴 원인
① 숫돌의 회전 속도가 너무 빠를 때
② 숫돌 자체에 균열이 있을 때
③ 숫돌의 측면을 사용하여 작업할 때
④ 숫돌에 과대한 충격을 가할 때
⑤ 플랜지가 현저히 작을 때(플랜지는 숫돌 지름의 1/3 이상일 것)
⑥ 숫돌 불균형, 베어링 마모에 의한 진동이 심할 때
⑦ 반지름 방향 온도변화 심할 때

{분석}
실기까지 중요한 내용입니다.

46 롤러기의 방호장치 중 복부 조작식 급정지 장치의 설치 위치 기준에 해당하는 것은? (단, 위치는 급정지 장치의 조작부의 중심점을 기준으로 한다.)
① 밑면에서 1.8m 이상
② 밑면에서 0.8m 미만
③ 밑면에서 0.8m 이상 1.1m 이내
④ 밑면에서 0.4m 이상 0.8m 이내

[해설] 조작부의 설치 위치에 따른 급정지 장치의 종류

종류	설치 위치
손 조작식	밑면에서 1.8m 이내
복부 조작식	밑면에서 0.8m 이상 1.1m 이내
무릎 조작식	밑면에서 0.6m 이내 또는 밑면에서 0.4m 이상 0.6m 이내

비고 : 위치는 급정지장치의 조작부의 중심점을 기준

{분석}
실기까지 중요한 내용입니다.

47 선반 등으로부터 돌출하여 회전하고 있는 가공물이 근로자에게 위험을 미칠 우려가 있는 경우 설치할 방호 장치로 가장 적합한 것은?
① 덮개 또는 울
② 슬리브
③ 건널다리
④ 체인 블록

[해설] 선반 등으로부터 돌출하여 회전하고 있는 가공물이 근로자에게 위험을 미칠 우려가 있는 때에는 덮개 또는 울 등을 설치하여야 한다.

48 지게차의 헤드가드 상부 틀에 있어서 각 개구부의 폭 또는 길이의 크기는?
① 8cm 미만
② 10cm 미만
③ 16cm 미만
④ 20cm 미만

[해설] 지게차의 헤드 가드 구비 조건
① 상부 프레임의 각 개구의 폭 또는 길이는 16[cm] 미만일 것
② 강도는 포크 리프트의 최대하중의 2배 값(그 값이 4[t]을 넘을 경우에는 4[t])의 등분포 정하중에 견딜 것
③ 운전자가 앉아서 조작하거나 서서 조작하는 지게차의 헤드가드는 한국산업표준에서 정하는 높이 기준 이상일 것
(좌식 : 0.903m, 입식 : 1.88m)

{분석}
실기까지 중요한 내용입니다.

정답 45 ② 46 ③ 47 ① 48 ③

49 산업안전 법령상 크레인의 직동식 권과방지장치는 훅·버킷 등 달기구의 윗면이 드럼, 상부 도르래 등 권상장치의 아랫면과 접촉할 우려가 있을 때 그 간격이 얼마 이상이어야 하는가?

① 0.01m 이상
② 0.02m 이상
③ 0.03m 이상
④ 0.05m 이상

[해설] 권과방지장치는 훅·버킷 등 달기구의 윗면이 드럼, 상부 도르래 등 권상장치의 아랫면과 접촉할 우려가 있는 경우에 그 간격이 0.25미터 이상[직동식 권과방지장치는 0.05미터 이상]이 되도록 조정하여야 한다.

{분석} 실기까지 중요한 내용입니다.

50 산업안전보건법령에 따른 다음 설명에 해당하는 기계설비는?

> 동력을 사용하여 가이드레일을 따라 상하로 움직이는 운반구를 매달아 사람이나 화물을 운반할 수 있는 설비 또는 이와 유사한 구조 및 성능을 가진 것으로 건설현장에서 사용하는 것

① 크레인
② 건설용 리프트
③ 곤돌라
④ 이삿짐운반용 리프트

[해설]

리프트의 종류 및 특징	
건설용 리프트	동력을 사용하여 가이드레일(운반구를 지지하여 상승 및 하강 동작을 안내하는 레일)을 따라 상하로 움직이는 운반구를 매달아 사람이나 화물을 운반할 수 있는 설비 또는 이와 유사한 구조 및 성능을 가진 것으로 건설현장에서 사용하는 것
산업용 리프트	동력을 사용하여 가이드레일을 따라 상하로 움직이는 운반구를 매달아 화물을 운반할 수 있는 설비 또는 이와 유사한 구조 및 성능을 가진 것으로 건설현장 외의 장소에서 사용하는 것
자동차 정비용 리프트	동력을 사용하여 가이드레일을 따라 움직이는 지지대로 자동차 등을 일정한 높이로 올리거나 내리는 구조의 리프트로서 자동차 정비에 사용하는 것
이삿짐 운반용 리프트	연장 및 축소가 가능하고 끝단을 건축물 등에 지지하는 구조의 사다리형 붐에 따라 동력을 사용하여 움직이는 운반구를 매달아 화물을 운반하는 설비로서 화물자동차 등 차량 위에 탑재하여 이삿짐 운반 등에 사용하는 것

{분석} 필기에 자주 출제되는 내용입니다.

51 다음 중 작업장 내의 안전을 확보하기 위한 행위로 볼 수 없는 것은?

① 통로의 주요 부분에는 통로표시를 하였다.
② 통로에는 50럭스 정도의 조명시설을 하였다.
③ 비상구의 너비는 1.0m로 하고, 높이는 2.0m로 하였다.
④ 통로면으로부터 높이 2m 이내에는 장애물이 없도록 하였다.

[해설] ② 근로자가 안전하게 통행할 수 있도록 통로에 75럭스 이상의 채광 또는 조명시설을 하여야 한다.

{분석} 필기에 자주 출제되는 내용입니다.

정답 49 ④ 50 ② 51 ②

52 아세틸렌 용접장치를 사용하여 금속의 용접·용단 또는 가열작업을 하는 경우 게이지 압력으로 얼마를 초과하는 압력의 아세틸렌을 발생시켜 사용해서는 아니 되는가?

① 85kPa
② 107kPa
③ 127kPa
④ 150kPa

[해설] 아세틸렌 용접장치를 사용하여 금속의 용접·용단 또는 가열작업을 하는 경우에는 게이지 압력이 127kPa을 초과하는 압력의 아세틸렌을 발생시켜 사용해서는 아니 된다.

{분석}
실기까지 중요한 내용입니다.

53 다음 중 취급운반의 5원칙으로 틀린 것은?

① 연속 운반으로 할 것
② 직선 운반으로 할 것
③ 운반 작업을 집중화시킬 것
④ 생산을 최소로 하는 운반을 생각할 것

[해설] 취급·운반의 5원칙
① 직선 운반을 할 것
② 연속 운반을 할 것
③ 운반 작업을 집중화시킬 것
④ 생산을 최고로 하는 운반을 생각할 것
⑤ 최대한 시간과 경비를 절약할 수 있는 운반 방법을 고려할 것

{분석}
필기에 자주 출제되는 내용입니다.

54 다음 중 컨베이어(conveyer)의 역전방지장치 형식이 아닌 것은?

① 라쳇식
② 전기 브레이크식
③ 램식
④ 로울러식

[해설] 컨베이어의 역회전 방지 장치 형식
① 라쳇휠식
② 웜기어식
③ 벤드식 브레이크
④ 전기 브레이크(슬러스트 브레이크)
⑤ 롤러휠식

55 산업안전보건 법령상 연삭숫돌의 상부를 사용하는 것을 목적으로 하는 탁상용 연삭기 덮개의 노출 각도는?

① 60° 이내
② 65° 이내
③ 80° 이내
④ 125° 이내

[해설] 숫돌 노출각도
① 탁상용
  • 상부를 사용하는 경우 : 60° 이내
  • 수평면 이하에서 연삭 : 125° 이내
  • 최대 원주 속도가 초당 50m 이하인 경우 : 90° 이내(주축면 위로 50°)
  • 그 외 탁상용 연삭기 : 80° 이내 (주축면 위로 65°)
② 절단기, 평면형 연삭기 : 150° 이내
③ 휴대용, 원통형 연삭기 : 180° 이내

{분석}
실기까지 중요한 내용입니다.

정답 52 ③ 53 ④ 54 ③ 55 ①

56 크레인 작업 시 로프에 1톤의 중량을 걸어 20m/s²의 가속도로 감아올릴 때, 로프에 걸리는 총 하중(kgf)은 약 얼마인가? (단, 중력가속도는 10m/s²이다.)

① 1,000
② 2,000
③ 3,000
④ 3,500

[해설]
총 하중(w) = 정하중(w_1) + 동하중(w_2)
$$= w_1 + \frac{w_1}{g} \times a$$

여기서, w : 총 하중(kgf)
w_1 : 정하중(kgf)
w_2 : 동하중(kgf)
g : 중력 가속도(9.8m/s²)
a : 가속도(m/s²)

총하중 $= 1,000 + \frac{1,000}{10} \times 20 = 3,000$(kgf)

(1톤 = 1,000kg)

{분석}
실기까지 중요한 내용입니다.

57 산업용 로봇 작업 시 안전조치 방법으로 틀린 것은?

① 작업 중의 매니퓰레이터의 속도의 지침에 따라 작업한다.
② 로봇의 조작 방법 및 순서의 지침에 따라 작업한다.
③ 작업을 하고 있는 동안 해당 작업 근로자 이외에도 로봇의 기동스위치를 조작할 수 있도록 한다.
④ 2명 이상의 근로자에게 작업을 시킬 때는 신호 방법의 지침을 정하고 그 지침에 따라 작업한다.

[해설] ③ 작업을 하고 있는 동안 로봇의 기동스위치 등에 작업 중이라는 표시를 하는 등 작업에 종사하고 있는 근로자가 아닌 사람이 그 스위치 등을 조작할 수 없도록 필요한 조치를 할 것

58 작업장 내 운반을 주목적으로 하는 구내 운반차가 준수해야 할 사항으로 옳지 않은 것은?

① 주행을 제동하거나 정지상태를 유지하기 위하여 유효한 제동장치를 갖출 것
② 경음기를 갖출 것
③ 핸들의 중심에서 차체 바깥 측까지의 거리가 65cm 이내일 것
④ 운전자석이 차 실내에 있는 것은 좌우에 한 개씩 방향지시기를 갖출 것

[해설] 구내 운반차가 준수해야 할 사항
① 주행을 제동하고 또한 정지상태를 유지하기 위하여 유효한 제동장치를 갖출 것
② 경음기를 갖출 것
③ 운전석이 차 실내에 있는 것은 좌우에 한 개씩 방향지시기를 갖출 것
④ 전조등과 후미등을 갖출 것. 다만, 작업을 안전하게 하기 위하여 필요한 조명이 있는 장소에서 사용하는 구내 운반차에 대해서는 그러하지 아니하다.
⑤ 구내 운반차가 후진 중에 주변의 근로자 또는 차량계 하역운반기계 등과 충돌할 위험이 있는 경우에는 구내운반차에 후진 경보기와 경광등을 설치할 것

{분석}
필기에 자주 출제되는 내용입니다.

59 밀링 머신의 작업 시 안전 수칙에 대한 설명으로 틀린 것은?

① 커터의 교환 시는 테이블 위에 목재를 받쳐 놓는다.
② 강력 절삭 시에는 일감을 바이스에 깊게 물린다.
③ 작업 중 면장갑은 착용하지 않는다.
④ 커터는 가능한 컬럼(column)으로부터 멀리 설치한다.

[해설] ④ 커터는 가능한 컬럼(column)으로부터 가깝게 설치한다.

정답 56 ③ 57 ③ 58 ③ 59 ④

60 연삭기의 원주 속도 V(m/s)를 구하는 식은? (단, D는 숫돌의 지름(m), n은 회전수(rpm)이다)

① $V = \dfrac{\pi Dn}{16}$ ② $V = \dfrac{\pi Dn}{32}$

③ $V = \dfrac{\pi Dn}{60}$ ④ $V = \dfrac{\pi Dn}{1000}$

[해설] 연삭기의 회전속도(원주속도) 계산

1. 원주속도(회전속도)

$$V = \dfrac{\pi \times D \times N}{1000} (m/min)$$

D : 직경(mm)
N : 회전수(rpm)

2. 원주속도(회전속도)

$$V = \pi \times D \times N (m/min)$$

D : 직경(m)
N : 회전수(rpm)

3. 원주속도(회전속도)

$$V = \dfrac{\pi \times D \times N}{60} (m/sec)$$

D : 직경(m)
N : 회전수(rpm)

{분석} 필기에 자주 출제되는 내용입니다.

제4과목 · 전기 및 화학설비 안전 관리

61 인체에 전격을 당했을 경우 통전시간이 1초라면 심실세동을 일으키는 전류 값은 얼마인가?

① 100mA ② 165mA
③ 30mA ④ 215mA

[해설] 심실세동전류의 계산

$$I(mA) = \dfrac{165}{\sqrt{T}}$$

T : 통전시간(초)

$I = \dfrac{165}{\sqrt{1}} = 165mA$

{분석} 실기까지 중요한 내용입니다.

62 다음 중 인화성 액체의 증기 또는 가연성 가스에 의한 가스폭발 위험장소의 분류에 해당되지 않는 것은?

① 0종 장소
② 1종 장소
③ 2종 장소
④ 3종 장소

[해설] 가스폭발 위험장소 : 0종, 1종, 2종 장소
분진폭발 위험장소 : 20종, 21종, 22종 장소

{분석} 실기까지 중요한 내용입니다.

정답 60 ③ 61 ② 62 ④

63 전기기계·기구 중 대지전압이 몇 V를 초과하는 이동형 또는 휴대형의 것에 대하여 누전에 의한 감전 위험을 방지하기 위하여 감전방지용 누전차단기를 접속 하여야 하는가?

① 110V ② 150V
③ 220V ④ 380V

[해설] 누전차단기를 설치해야 하는 기계·기구
① 대지전압이 150볼트를 초과하는 이동형 또는 휴대형 전기기계·기구
② 물 등 도전성이 높은 액체가 있는 습윤장소에서 사용하는 저압(1.5천볼트 이하 직류전압이나 1천볼트 이하의 교류전압)용 전기기계·기구
③ 철판·철골 위 등 도전성이 높은 장소에서 사용하는 이동형 또는 휴대형 전기기계·기구
④ 임시배선의 전로가 설치되는 장소에서 사용하는 이동형 또는 휴대형 전기기계·기구

{분석} 실기에도 자주 출제되는 중요한 내용입니다.

64 다음 중 방폭구조의 종류와 기호를 올바르게 나타낸 것은?

① 몰드방폭구조 : n
② 안전증방폭구조 : e
③ 충전방폭구조 : p
④ 압력방폭구조 : o

[해설] 방폭구조의 기호

가스, 증기, 분진 방폭구조		기호
가스, 증기 방폭구조	내압 방폭구조	d
	압력 방폭구조	p
	유입 방폭구조	o
	안전증 방폭구조	e
	본질안전 방폭구조	ia or ib
	충전 방폭구조	q
	비점화 방폭구조	n
	몰드 방폭구조	m
	특수 방폭구조	s

| 분진 방폭구조 | 방진 방폭구조 | tD |

{분석} 실기에 자주 출제되는 중요한 내용입니다.

65 60Hz 정현파 교류에 의해 인체가 감전되었을 때 다른 손의 도움 없이 자력으로 감전에서 벗어날 수 있는 최대 전류(가수전류 또는 마비한계전류)의 크기로 가장 적절한 것은?

① 10~15mA
② 20~35mA
③ 30~35mA
④ 40~45mA

[해설]

종류	내용	비고
최소 감지 전류	짜릿함을 느끼는 최소의 전류치	1~2mA (성인 남자, 상용 주파수 60Hz 기준)
고통 감지 전류	참을 수 있으나 고통을 느끼는 전류치	2~8mA
이탈 가능 감지 전류 (가수전류)	전원으로부터 떨어질 수 있는 최대 전류치	8~15mA
이탈 불능 전류	근육수축이 격렬하여 전원으로부터 떨어질 수 없는 전류치	15~50mA
심실세동 전류	심장박동 불규칙으로 심장마비를 일으켜 수분 내 사망할 수 있는 전류치	100mA 이상

{분석} 필기에 자주 출제되는 내용입니다.

정답 63 ② 64 ② 65 ①

66 어떤 도체에 20초 동안에 100 쿨롱(C)의 전하량이 이동하면 이때 흐르는 전류(A)는?

① 200 ② 50
③ 10 ④ 5

[해설]
$$Q = I \times T$$
여기서, Q : 전하량(C)
I : 전류(A)
T : 시간(초)

$Q = I \times T$
$I = \dfrac{Q}{T} = \dfrac{100}{20} = 5\,\text{A}$

67 다음 중 전압의 분류가 잘못된 것은?

① 1,000V 이하의 교류전압 - 저압
② 1,500V 이하의 직류전압 - 저압
③ 1,000V 초과 7,000V 이하의 교류전압 - 고압
④ 10kV를 초과하는 직류전압 - 초고압

[해설] 전압의 구분

전압의 종별	교류	직류
저압	1,000V 이하의 것	1,500V 이하의 것
고압	1,000V 초과 7,000V 이하	1,500V 초과 7,000V 이하
특별고압	7,000V 초과	7,000V 초과

{분석}
실기까지 중요한 내용입니다.

68 교류아크용접기의 자동전격방지기는 대상으로 하는 용접기의 주회로를 제어하는 장치를 가지고 있어, 용접봉의 조작에 따라 용접할 때에만 용접기의 주회로를 형성하고, 그 외에는 용접기의 출력측의 무부하전압을 얼마 이하로 저하시키도록 동작하는 장치를 말하는가?

① 15V ② 25V
③ 30V ④ 50V

[해설] 자동 전격 방지기의 성능
용접을 중단하고 1.0초 내에 용접기의 홀더, 어스선에 흐르는 무부하 전압을 안전전압 25V 이하로 내려준다.

{분석}
실기까지 중요한 내용입니다.

69 전기기계·기구에 대하여 누전에 의한 감전 위험을 방지하기 위하여 누전차단기를 전기기계·기구에 접속할 때 준수하여야 할 사항으로 옳은 것은?

① 누전차단기는 정격감도전류가 60[mA] 이하이고 작동시간은 0.1초 이내일 것
② 누전차단기는 정격감도전류가 50[mA] 이하이고 작동시간은 0.08초 이내일 것
③ 누전차단기는 정격감도전류가 40[mA] 이하이고 작동시간은 0.06초 이내일 것
④ 누전차단기는 정격감도전류가 30[mA] 이하이고 작동시간은 0.03초 이내일 것

[해설] 전기기계·기구에 설치되어 있는 누전차단기는 정격감도전류가 30밀리암페어 이하이고 작동시간은 0.03초 이내일 것. 다만, 정격전부하전류가 50암페어 이상인 전기기계·기구에 접속되는 누전차단기는 오작동을 방지하기 위하여 정격감도전류는 200밀리암페어 이하로, 작동시간은 0.1초 이내로 할 수 있다.

{분석}
실기에 자주 출제되는 내용입니다.

정답 66 ④ 67 ④ 68 ② 69 ④

70
내압(耐壓) 방폭구조에서 방폭 전기기기의 폭발등급에 따른 최대 안전 틈새의 범위(mm) 기준으로 옳은 것은?

① IIA – 0.65 이상
② IIA – 0.5 초과 0.9 미만
③ IIC – 0.25 미만
④ IIC – 0.5 이하

[해설]

폭발성 가스의 분류	A	B	C
화염일주한계	0.9mm 이상	0.5mm 초과 0.9mm 미만	0.5mm 이하
내압방폭구조의 전기기기의 분류	IIA	IIB	IIC

{분석}
실기까지 중요한 내용입니다.

71
다음 중 폭발한계에 영향을 주는 요소에 관한 설명으로 틀린 것은?

① 일반적으로 폭발범위는 온도상승에 의해서 넓게 된다.
② 폭발하한 값은 일반적으로 압력상승에 따라 증가한다.
③ 폭발상한 값은 산소농도가 증가하면 현저히 증가한다.
④ 폭발범위는 위쪽으로 전파하는 화염에서 측정할 경우 가장 넓은 값이 나온다.

[해설] 폭발한계와 온도, 압력과의 관계
① 압력 상승 시 하한계는 불변, 상한계는 상승한다.
② 온도 상승 시 하한계는 약간 하강, 상한계는 상승한다.
③ 폭발하한계가 낮을수록, 폭발 상한계는 높을수록 폭발범위가 넓어져 위험하다.

{분석}
필기에 자주 출제되는 내용입니다.

72
다음 설명에 해당하는 소화의 종류는?

"가연성 가스와 지연성 가스가 섞여있는 혼합기체의 농도를 조절하여 혼합기체의 농도를 연소 범위 밖으로 벗어나게 하여 연소를 중지시키는 방법"

① 냉각 소화
② 질식 소화
③ 제거 소화
④ 억제 소화

[해설] 질식 소화
가연물이 연소할 때 공기 중의 산소농도를 21%에서 15% 이하로 낮추어(연소범위 밖으로 벗어나게 함) 소화하는 방법

예)
• 분말소화기
• 포소화기
• 이산화탄소(CO_2)소화기
• 물의 분무 등

{분석}
필기에 자주 출제되는 내용입니다.

73
다음 중 건조설비의 사용상 주의사항으로 적절하지 않은 것은?

① 건조설비 가까이 가연성 물질을 두지 말 것
② 고온으로 가열 건조한 물질은 즉시 격리 저장할 것
③ 위험물 건조설비를 사용할 때는 미리 내부를 청소하거나 환기시킨 후 사용할 것
④ 건조 시 발생하는 가스·증기 또는 분진에 의한 화재·폭발의 위험이 있는 물질은 안전한 장소로 배출할 것

정답 70 ④ 71 ② 72 ② 73 ②

해설 건조설비의 사용 시 주의사항
① 위험물건조설비를 사용하는 때에는 <u>미리 내부를 청소하거나 환기할 것</u>
② 위험물건조설비를 사용하는 때에는 건조로 인하여 발생하는 가스·증기 또는 분진에 의하여 폭발·화재의 위험이 있는 물질을 안전한 장소로 배출시킬 것
③ 위험물건조설비를 사용하여 가열 건조하는 <u>건조물은 쉽게 이탈되지 아니 하도록 할 것</u>
④ <u>고온으로 가열 건조한 인화성 액체는 발화의 위험이 없는 온도로 냉각한 후에 격납시킬 것</u>
⑤ 건조설비(바깥 면이 현저히 고온이 되는 설비만 해당한다)에 가까운 장소에는 인화성 액체를 두지 않도록 할 것

{분석}
필기에 자주 출제되는 내용입니다.

74 인화성 가스, 불활성 가스 및 산소를 사용하여 금속의 용접·용단 또는 가열작업을 하는 경우 가스 등의 누출 또는 방출로 인한 폭발·화재 또는 화상을 예방하기 위하여 준수해야할 사항으로 옳지 않은 것은?

① 가스 등의 호스와 취관(吹管)은 손상·마모 등에 의하여 가스 등이 누출될 우려가 없는 것을 사용할 것
② 비상상황을 제외하고는 가스 등의 공급구의 밸브나 콕을 절대 잠그지 말 것
③ 용단작업을 하는 경우에는 취관으로부터 산소의 과잉방출로 인한 화상을 예방하기 위하여 근로자가 조절밸브를 서서히 조작하도록 주지시킬 것
④ 가스 등의 취관 및 호스의 상호 접촉부분은 호스밴드, 호스클립 등 조임기구를 사용하여 가스 등이 누출되지 않도록 할 것

해설 ② 작업을 중단하거나 마치고 <u>작업장소를 떠날 경우에는 가스등의 공급구의 밸브나 콕을 잠글 것</u>

75 배관용 부품에 있어 사용되는 용도가 다른 것은?

① 엘보(elbow)   ② 티이(T)
③ 크로스(cross) ④ 밸브(valve)

해설
• 엘보(elbow), 티이(T), 크로스(cross)
  → 관로 방향 변경
• 밸브(valve) → 유로 차단

참고 관의 부속품
① 2개관의 연결 : 플랜지, 유니언, 니플, 소켓 사용
② 관의 지름 변경 : 리듀서, 부싱 사용
③ 관로 방향 변경 : 엘보, Y형 관이음쇠, 티, 십자 사용
④ 유로 차단 : 플러그, 밸브, 캡

{분석}
필기에 자주 출제되는 내용입니다.

76 산화성 액체 중 질산의 성질에 관한 설명으로 옳지 않은 것은?

① 피부 및 의복을 부식시키는 성질이 있다.
② 쉽게 연소하는 가연성 물질이므로 화기에 극도로 주의한다.
③ 위험물 유출 시 건조사를 뿌리거나 중화제로 중화한다.
④ 물과 반응하면 발열반응을 일으키므로 물과의 접촉을 피한다.

해설 ② 질산은 산화성 액체로 강산화제에 해당한다.

77 다음 중 산업안전보건 법령상 위험물의 종류에서 인화성 가스에 해당하지 않는 것은?

① 수소
② 질산에스테르
③ 아세틸렌
④ 메탄

정답 74 ② 75 ④ 76 ② 77 ②

[해설] 인화성 가스
가. 수소
나. 아세틸렌
다. 에틸렌
라. 메탄
마. 에탄
바. 프로판
사. 부탄
아. 인화한계 농도의 최저한도가 13퍼센트 이하 또는 최고한도와 최저한도의 차가 12퍼센트 이상인 것으로서 표준압력(101.3kPa)하의 20℃에서 가스 상태인 물질

실력이 되고! 합격이 되는! 특급 암기법
- 폭발1단계 : 메, 에, 프로, 부
- 폭발2단계 : 에틸렌
- 폭발3단계 : 수소, 아세틸렌

{분석}
실기에 자주 출제되는 내용입니다.

78
사업주가 금속의 용접·용단 또는 가열에 사용되는 가스 등의 용기를 취급하는 경우에 준수하여야 하는 사항으로 틀린 것은?

① 용기의 온도를 섭씨 40도 이하로 유지할 것
② 전도의 위험이 없도록 할 것
③ 밸브의 개폐는 빠르게 할 것
④ 용해아세틸렌의 용기는 세워 둘 것

[해설] ③ 밸브의 개폐는 서서히 할 것

{분석}
필기에 자주 출제되는 내용입니다.

79
다음은 산업안전보건 법령상 파열판 및 안전밸브의 직렬 설치에 관한 내용이다. ( )에 알맞은 용어는?

사업주는 급성 독성물질이 지속적으로 외부에 유출될 수 있는 화학설비 및 그 부속설비에 파열판과 안전밸브를 직렬로 설치하고 그 사이에는 압력지시계 또는 ( )을(를) 설치하여야 한다.

① 자동경보장치
② 차단장치
③ 플레어헤드
④ 콕

[해설] 사업주는 급성 독성물질이 지속적으로 외부에 유출될 수 있는 화학설비 및 그 부속설비에 파열판과 안전밸브를 직렬로 설치하고 그 사이에는 압력지시계 또는 자동경보장치를 설치하여야 한다.

{분석}
실기까지 중요한 내용입니다.

80
위험물 안전 관리법령상 칼륨에 의한 화재에 적응성이 있는 것은?

① 건조사(마른 모래)
② 포소화기
③ 이산화탄소소화기
④ 할로겐화합물소화기

[해설] 칼륨(금속화재) → 건조사, 팽창질석, 팽창진주암

정답 78 ③ 79 ① 80 ①

참고 화재의 분류 및 소화방법

분류	A급 화재	B급 화재	C급 화재	D급 화재
구분색	백색	황색	청색	표시없음 (무색)
가연물	일반 화재	유류(가스) 화재	전기 화재	금속 화재
주된 소화 효과	냉각 효과	질식 효과	질식, 억제효과	질식 효과
적응 소화제	물, 강화액 소화기, 산, 알칼리 소화기	포말 소화기, CO_2 소화기, 분말 소화기	CO_2 소화기, 분말 소화기, 할로겐 화합물 소화기	건조사, 팽창 질석, 팽창 진주암

{분석} 실기까지 중요한 내용입니다.

제5과목: 건설공사 안전 관리

81 다음 중 철골공사를 중지하여야 하는 기준에 따라 공사를 중지하여야 하는 경우에 해당하는 것은?

① 풍속이 6m/s인 경우
② 풍속이 9m/s인 경우
③ 강우량이 0.5mm/hr인 경우
④ 강우량이 1mm/hr인 경우

해설 철골작업을 중지해야 하는 조건
① 풍속이 초당 10미터 이상인 경우
② 강우량이 시간당 1밀리미터 이상인 경우
③ 강설량이 시간당 1센티미터 이상인 경우

{분석} 실기에 자주 출제되는 내용입니다.

82 작업으로 인하여 물체가 낙하 또는 비래할 위험이 있는 경우 위험방지를 위해 취해야 할 조치사항으로 가장 거리가 먼 것은?

① 낙하물방지망 또는 방호선반의 설치
② 출입금지구역의 설정
③ 보호구의 착용
④ 감시인 배치

해설 낙하·비래 위험방지 조치
① 낙하물방지망·수직보호망 또는 방호선반의 설치
② 출입금지구역의 설정
③ 보호구의 착용

{분석} 실기까지 중요한 내용입니다.

83 다음 중 사전조사 및 작업계획서를 작성하여야 하는 대상 작업이 아닌 것은?

① 타워크레인을 설치·조립·해체하는 작업
② 차량계 건설기계를 사용하는 작업
③ 채석작업
④ 굴착면의 높이가 1.5미터 이상이 되는 지반의 굴착작업

해설 사전조사 및 작업계획서를 작성하여야 하는 작업
① 타워크레인을 설치·조립·해체하는 작업
② 차량계 하역운반기계 등을 사용하는 작업(화물자동차를 사용하는 도로상의 주행작업은 제외)
③ 차량계 건설기계를 사용하는 작업
④ 화학설비와 그 부속설비를 사용하는 작업
⑤ 전기작업(해당 전압이 50볼트를 넘거나 전기에너지가 250볼트암페어를 넘는 경우로 한정)
⑥ 굴착면의 높이가 2미터 이상이 되는 지반의 굴착작업
⑦ 터널굴착작업

정답 81 ④ 82 ④ 83 ④

⑧ 교량(상부구조가 금속 또는 콘크리트로 구성되는 교량으로서 그 높이가 5미터 이상이거나 교량의 최대 지간 길이가 30미터 이상인 교량으로 한정)의 설치·해체 또는 변경 작업
⑨ 채석작업
⑩ 구축물, 건축물, 그 밖의 시설물 등의 해체작업
⑪ 중량물의 취급작업
⑫ 궤도나 그 밖의 관련 설비의 보수·점검작업
⑬ 열차의 교환·연결 또는 분리 작업(입환작업)

{분석}
실기까지 중요한 내용입니다.

84 철근콘크리트 공사 시 활용되는 거푸집의 필요조건이 아닌 것은?

① 콘크리트의 하중에 대해 뒤틀림이 없는 강도를 갖출 것
② 콘크리트 내 수분 등에 대한 물빠짐이 원활한 구조를 갖출 것
③ 최소한의 재료로 여러 번 사용할 수 있는 전용성을 가질 것
④ 거푸집은 조립·해체·운반이 용이하도록 할 것

[해설] ② 수분이나 모르타르 등의 누출을 방지할 수 있는 수밀성이 있을 것

85 비계 등을 조립하는 경우 강재와 강재의 접속부 또는 교차부를 연결시키기 위한 전용 철물은?

① 클램프
② 가새
③ 턴버클
④ 샤클

[해설] 강재와 강재의 접속부 또는 교차부를 연결시키기 위한 전용철물 → 클램프

86 유해 위험 방지 계획서 제출대상공사에 해당하는 것은?

① 지상높이가 21m인 건축물 해체공사
② 최대지간 거리가 50m인 교량의 건설공사
③ 연면적 5,000m²인 동물원 건설공사
④ 깊이가 9m인 굴착공사

[해설] 유해 위험 방지 계획서를 제출해야 될 건설공사

1. 지상높이가 31미터 이상인 건축물 또는 인공구조물, 연면적 3만제곱미터 이상인 건축물 또는 연면적 5천제곱미터 이상의 문화 및 집회시설(전시장 및 동물원·식물원은 제외한다), 판매시설, 운수시설(고속철도의 역사 및 집배송시설은 제외한다), 종교시설, 의료시설 중 종합병원, 숙박시설 중 관광숙박시설, 지하도상가 또는 냉동·냉장창고시설의 건설·개조 또는 해체
2. 연면적 5천제곱미터 이상의 냉동·냉장창고시설의 설비공사 및 단열공사
3. 최대 지간길이가 50미터 이상인 교량 건설 등 공사
4. 터널 건설 등의 공사
5. 다목적댐, 발전용댐, 저수용량 2천만톤 이상의 용수 전용 댐, 지방상수도 전용 댐 건설 등의 공사
6. 깊이 10미터 이상인 굴착공사

특급 암기법
• 지상높이 31m, 연면적 3만m², 사람 많은 시설 연면적 5,000m²
• 연면적 5,000m² 냉동·냉장창고시설
• 최대 지간길이가 50미터 이상 교량
• 터널
• 저수용량 2천만 톤 이상 댐
• 10미터 이상인 굴착

{분석}
실기에도 자주 출제되는 내용입니다.

정답 84 ② 85 ① 86 ②

87 지반에서 발생하는 히빙현상의 직접적인 대책과 가장 거리가 먼 것은?

① 굴착 주변의 상재하중을 제거한다.
② 토류벽의 배면토압을 경감시킨다.
③ 굴착 저면에 토사 등 인공중력을 가중시킨다.
④ 수밀성 있는 흙막이 공법을 채택한다.

[해설] 히빙현상 방지책
① 양질의 재료로 지반을 개량한다(흙의 전단강도 높인다.).
② 어스앵커 설치
③ 시트파일 등의 근입심도 검토(흙막이 벽체의 근입 깊이를 깊게 한다.)
④ 굴착 주변에 웰포인트 공법을 병행한다.
⑤ 소단을 두면서 굴착한다.
⑥ 굴착 주변의 상재하중을 제거한다.
⑦ 굴착 저면에 토사 등의 인공중력을 가중시킨다.
⑧ 토류벽의 배면토압을 경감시키고, 약액주입 공법 및 탈수공법을 적용한다.

{분석}
필기에 자주 출제되는 내용입니다.

88 추락재해 방지용 방망의 신품에 대한 인장강도는 얼마인가? (단, 그물코의 크기가 10cm이며, 매듭 없는 방망)

① 220kg   ② 240kg
③ 260kg   ④ 280kg

[해설] 방망사의 신품에 대한 인장강도

그물코의 크기 (단위 : 센티미터)	방망의 종류(단위 : 킬로그램)	
	매듭 없는 방망	매듭방망
10	240	200
5		110

[참고] 방망사의 폐기 시 인장강도

그물코의 크기 (단위 : 센티미터)	방망의 종류(단위 : 킬로그램)	
	매듭 없는 방망	매듭방망
10	150	135
5		60

{분석}
필기에 자주 출제되는 내용입니다.

89 현장에서 가설통로의 설치 시 준수사항으로 옳지 않은 것은?

① 건설공사에 사용하는 높이 8m 이상인 비계다리에는 10m 이내마다 계단참을 설치하는 것
② 수직갱에 가설된 통로의 길이가 15m 이상인 때에는 10m 이내마다 계단참을 설치할 것
③ 경사가 15°를 초과하는 때에는 미끄러지지 아니하는 구조로 할 것
④ 경사는 30° 이하로 할 것

[해설] ㉮ 건설공사에 사용하는 높이 8미터 이상인 비계다리에는 7미터 이내 마다 계단참을 설치할 것

[참고] 가설통로의 구조
① 견고한 구조로 할 것
② 경사는 30도 이하로 할 것
③ 경사가 15도를 초과하는 때는 미끄러지지 아니하는 구조로 할 것
④ 추락의 위험이 있는 장소에는 안전난간을 설치할 것
⑤ 수직갱 : 길이가 15미터 이상인 때에는 10미터 이내마다 계단참을 설치할 것
⑥ 건설공사에 사용하는 높이 8미터 이상인 비계다리 : 7미터 이내 마다 계단참을 설치할 것

{분석}
실기까지 중요한 내용입니다.

정답 87 ④ 88 ② 89 ①

90 흙막이지보공을 설치한 때에 정기적으로 점검하고 이상을 발견한 때에 즉시 보수하여야 하는 사항으로 거리가 먼 것은?

① 부재의 손상 변형, 부식, 변위 및 탈락의 유무와 상태
② 발판의 지지 상태
③ 부재의 접속부, 부착부 및 교차부의 상태
④ 침하의 정도

해설 흙막이 지보공을 설치한 때 점검 사항
① 부재의 손상·변형·부식·변위 및 탈락의 유무와 상태
② 버팀대의 긴압의 정도
③ 부재의 접속부·부착부 및 교차부의 상태
④ 침하의 정도

{분석} 실기까지 중요한 내용입니다.

91 도심지에서 주변에 주요시설물이 있을 때 침하와 변위를 적게 할 수 있는 가장 적당한 흙막이 공법은?

① 동결 공법
② 샌드드레인 공법
③ 지하 연속벽 공법
④ 뉴매틱케이슨 공법

해설 지하 연속벽 공법
소음, 진동이 적어 도심지 공사, 기존 구조물 근접 지역에서 공사가 가능하다.

92 토사 붕괴의 내적 요인이 아닌 것은?

① 사면, 법면의 경사 증가
② 절토 사면의 토질구성 이상
③ 성토 사면의 토질구성 이상
④ 토석의 강도 저하

해설 ① 사면, 법면의 경사 증가
→ 토사 붕괴의 외적 요인

참고 토석 붕괴의 외적 원인
① 사면, 법면의 경사 및 기울기의 증가
② 절토 및 성토 높이의 증가
③ 공사에 의한 진동 및 반복 하중의 증가
④ 지표수 및 지하수의 침투에 의한 토사 중량의 증가
⑤ 지진, 차량, 구조물의 하중작용
⑥ 토사 및 암석의 혼합층 두께

{분석} 실기까지 중요한 내용입니다.

93 강풍 시 타워크레인의 설치·수리·점검 또는 해체 작업을 중지하여야 하는 순간풍속 기준으로 옳은 것은?

① 순간풍속이 초당 10m를 초과하는 경우
② 순간풍속이 초당 15m를 초과하는 경우
③ 순간풍속이 초당 20m를 초과하는 경우
④ 순간풍속이 초당 30m를 초과하는 경우

해설 악천후 시 조치
① 순간풍속이 초당 10미터를 초과 : 타워크레인의 설치·수리·점검 또는 해체작업을 중지
② 순간풍속이 초당 15미터를 초과 : 타워크레인의 운전작업을 중지
③ 순간풍속이 초당 30미터를 초과 : 옥외에 설치되어 있는 주행 크레인 이탈방지조치

정답 90 ② 91 ③ 92 ① 93 ①

④ 순간풍속이 초당 30미터를 초과하는 바람이 불거나 중진(中震) 이상 진도의 지진이 있은 후 : 옥외 양중기 각 부위 이상 점검
⑤ 순간풍속이 초당 35미터를 초과 : 옥외 승강기 및 건설용 리프트(지하에 설치되어 있는 것은 제외)에 대하여 받침의 수를 증가시키는 등 승강기가 무너지는 것을 방지하기 위한 조치

{분석}
실기까지 중요한 내용입니다.

94 다음은 산업안전보건법령에 따른 근로자의 추락위험 방지를 위한 추락방호망의 설치기준이다. ( )안에 들어갈 내용으로 옳은 것은?

> 추락방호망은 수평으로 설치하고, 망의 처짐은 짧은 변 길이의 ( ) 이상이 되도록 할 것

① 10[%] ② 12[%]
③ 15[%] ④ 18[%]

[해설] **추락방호망의 설치**
① 추락방호망의 설치 위치는 가능하면 작업면으로부터 가까운 지점에 설치하여야 하며, 작업면으로부터 망의 설치지점까지의 수직거리는 10미터를 초과하지 아니할 것
② 추락방호망은 수평으로 설치하고, 망의 처짐은 짧은 변 길이의 12퍼센트 이상이 되도록 할 것
③ 건축물 등의 바깥쪽으로 설치하는 경우 망의 내민 길이는 벽면으로부터 3미터 이상 되도록 할 것. 다만, 그물코가 20밀리미터 이하인 망을 사용한 경우 낙하물방지망을 설치한 것으로 본다.

{분석}
실기까지 중요한 내용입니다.

95 철골공사 시 도괴의 위험이 있어 강풍에 대한 안전 여부를 확인해야 할 필요성이 가장 높은 경우는?

① 연면적당 철골량이 일반 건물보다 많은 경우
② 기둥에 H형강을 사용하는 경우
③ 이음부가 공장 용접인 경우
④ 단면 구조가 현저한 차이가 있으며 높이가 20m 이상인 건물

[해설] 외압에 대한 내력이 설계에 고려되었는지 확인하여야 할 대상(자립도 검토대상)
① 높이 20미터 이상의 구조물
② 구조물의 폭과 높이의 비가 1:4 이상인 구조물
③ 단면구조에 현저한 차이가 있는 구조물
④ 연면적당 철골량이 50킬로그램/평방미터 이하인 구조물
⑤ 기둥이 타이플레이트(tie plate)형인 구조물
⑥ 이음부가 현장용접인 구조물

{분석}
실기까지 중요한 내용입니다.

96 비계의 높이가 2m 이상인 작업 장소에 설치되는 작업발판의 구조에 관한 기준으로 옳지 않은 것은?

① 작업발판의 폭은 40cm 이상으로 할 것
② 발판재료 간의 틈은 5cm 이하로 할 것
③ 작업발판재료는 뒤집히거나 떨어지지 않도록 둘 이상의 지지물에 연결하거나 고정시킬 것
④ 작업발판을 작업에 따라 이동시킬 경우에는 위험 방지에 필요한 조치를 할 것

[해설] ② 발판재료 간의 틈은 3cm 이하로 할 것

[참고] **작업발판 설치 기준**
① 발판재료 : 작업 시의 하중을 견딜 수 있도록 견고한 것으로 할 것

정답 94 ② 95 ④ 96 ②

② 발판의 폭 : 40cm 이상으로 하고, 발판재료 간의 틈 3cm 이하로 할 것
③ 추락의 위험성이 있는 장소에는 안전난간을 설치할 것
④ 작업발판의 지지물 : 하중에 의하여 파괴될 우려가 없는 것을 사용할 것
⑤ 작업발판재료는 뒤집히거나 떨어지지 아니하도록 2 이상의 지지물에 연결하거나 고정시킬 것
⑥ 작업에 따라 이동시킬 때에는 위험방지 조치를 할 것
⑦ 선박 및 보트 건조작업에서 선박블록 또는 엔진실 등의 좁은 작업공간에 작업발판을 설치하는 경우 : 작업발판의 폭을 30센티미터 이상으로 할 수 있고, 걸침비계의 경우 발판재료 간의 틈을 3센티미터 이하로 유지하기 곤란하면 5센티미터 이하로 할 수 있다.

{분석}
실기까지 중요한 내용입니다.

97. 시스템 비계를 사용하여 비계를 구성하는 경우에 준수하여야 할 사항으로 옳지 않은 것은?

① 수직재와 수직재의 연결철물은 이탈되지 않도록 견고한 구조로 할 것
② 수직재·수평재·가새재를 견고하게 연결하는 구조가 되도록 할 것
③ 수직재와 받침철물의 연결부 겹침길이는 받침철물 전체길이의 4분의 1 이상이 되도록 할 것
④ 수평재는 수직재와 직각으로 설치하여야 하며, 체결 후 흔들림이 없도록 견고하게 설치할 것

[해설] ② 비계 밑단의 수직재와 받침철물은 밀착되도록 설치하고, 수직재와 받침철물의 연결부의 겹침길이는 받침철물 전체길이의 3분의 1 이상이 되도록 할 것

{분석}
실기까지 중요한 내용입니다.

98. 산업안전보건관리비에 관한 설명으로 옳지 않은 것은?

① 발주자는 수급인이 안전관리비를 다른 목적으로 사용한 금액에 대해서는 계약금액에서 감액 조정할 수 있다.
② 발주자는 수급인이 안전관리비를 사용하지 아니한 금액에 대하여는 반환을 요구할 수 있다.
③ 자기공사자는 원가계산에 의한 예정가격 작성 시 안전관리비를 계상한다.
④ 발주자는 설계변경 등으로 대상액의 변동이 있는 경우 공사 완료 후 정산하여야 한다.

[해설] ④ 발주자 또는 자기공사자는 설계변경 등으로 대상액의 변동이 있는 경우에 지체 없이 안전관리비를 조정 계상하여야 한다.

99. 이동식 비계 작업 시 주의사항으로 옳지 않은 것은?

① 비계의 최상부에서 작업을 하는 경우에는 안전난간을 설치한다.
② 이동 시 작업지휘자가 이동식 비계에 탑승하여 이동하며 안전 여부를 확인하여야 한다.
③ 비계를 이동시키고자 할 때는 바닥의 구멍이나 머리 위의 장애물을 사전에 점검한다.
④ 작업발판은 항상 수평을 유지하고 작업발판 위에서 안전난간을 딛고 작업을 하거나 받침대 또는 사다리를 사용하여 작업하지 않도록 한다.

[해설] ② 작업자가 탄 채로 이동식 비계를 이동하여서는 아니 된다.

정답 97 ③ 98 ④ 99 ②

참고 **이동식 비계의 구조**
① 바퀴에는 갑작스러운 이동 또는 전도를 방지하기 위하여 브레이크·쐐기 등으로 바퀴를 고정시킨 다음 비계의 일부를 견고한 시설물에 고정하거나 아웃트리거를 설치하는 등 필요한 조치를 할 것
② 승강용사다리는 견고하게 설치할 것
③ 비계의 최상부에서 작업을 할 때에는 안전난간을 설치할 것
④ 작업발판은 항상 수평을 유지하고 작업발판 위에서 안전난간을 딛고 작업을 하거나 받침대 또는 사다리를 사용하여 작업하지 않도록 할 것
⑤ 작업발판의 최대적재하중은 250킬로그램을 초과하지 않도록 할 것

{분석}
실기까지 중요한 내용입니다.

100 건설 현장에서 계단을 설치하는 경우 계단의 높이가 최소 몇 미터 이상일 때 계단의 개방된 측면에 안전난간을 설치하여야 하는가?

① 0.8m ② 1.0m
③ 1.2m ④ 1.5m

해설 계단의 난간
높이 1미터 이상인 계단의 개방된 측면에 안전난간을 설치하여야 한다.

참고 ① 계단의 강도 : 계단 및 계단참의 강도는 500kg/m² 이상이어야 하며 안전율은 4 이상으로 하여야 한다.
② 계단의 폭 : 1미터 이상으로 하여야 한다.
③ 계단참의 높이 : 높이가 3m를 초과하는 계단에는 높이 3m 이내마다 너비 1.2미터 이상의 계단참을 설치하여야 한다.
④ 천장의 높이 : 바닥면으로부터 높이 2미터 이내의 공간에 장애물이 없도록 하여야 한다.
⑤ 계단의 난간 : 높이 1미터 이상인 계단의 개방된 측면에 안전난간을 설치하여야 한다.

{분석}
실기까지 중요한 내용입니다.

정답 100 ②

제4회

자격종목	시험시간	문제수	문제형별
산업안전산업기사	2시간 30분	100	A

| 수험번호 | | 성명 | |

[수험자 유의사항]

1. 시험 도중 수험자 PC 장애발생 시 손을 들어 시험감독관에게 알리면 긴급 장애 조치 또는 자리 이동을 할 수 있습니다.
2. 시험이 끝나면 채점결과(점수)를 바로 확인할 수 있습니다.
3. 부정행위가 발각될 경우 감독관의 지시에 따라 퇴실 조치되고 시험은 무효로 처리되며, 3년간 국가기술자격검정에 응시할 자격이 정지됩니다.

▨ 정답 및 해설은 문제 뒤편에 있습니다

제1과목 : 산업재해 예방 및 안전보건교육

1. 다음 중 산업안전보건법상 안전보건관리 규정에 반드시 포함되어야 할 내용이 아닌 것은?
   ① 안전·보건교육에 관한 사항
   ② 생산성과 품질향상에 관한 사항
   ③ 작업장 안전관리에 관한 사항
   ④ 안전·보건 관리조직과 그 직무에 관한 사항

2. 다음 중 리더가 가지고 있는 세력의 유형이 아닌 것은?
   ① 보상세력(reward power)
   ② 합법세력(legitimate power)
   ③ 전문세력(expert power)
   ④ 위임세력(entrust power)

3. 안전검사 대상 유해·위험기계 중 크레인의 경우 사업장에 설치가 끝난 날부터 몇 년 이내에 최초 안전검사를 실시하여야 하는가?
   ① 6개월
   ② 1년
   ③ 2년
   ④ 3년

4. 의식수준 5단계 중 의식수준이 가장 적극적인 상태이며 신뢰성이 가장 높은 상태로 주의집중이 가장 활성화되는 단계는?
   ① Phase 0
   ② Phase Ⅰ
   ③ Phase Ⅱ
   ④ Phase Ⅲ

5. 산업안전보건법상 안전·보건표지에 사용하는 색채 가운데 비상구 및 피난소, 사람 또는 차량의 통행표지 등에 사용하는 색채는?
   ① 흰색
   ② 노란색
   ③ 녹색
   ④ 파란색

6. 재해의 원인 중 간접 원인에 속하지 않는 것은?
   ① 교육적 원인   ② 관리적 원인
   ③ 기술적 원인   ④ 물적 원인

7. 인간의 착각현상 중 버스나 전동차의 움직임으로 인하여 자신이 승차하고 있는 정지된 자가용이 움직이는 것 같은 느낌을 받거나 구름 사이의 달 관찰 시 구름이 움직일 때 구름은 정지되어 있고, 달이 움직이는 것처럼 느껴지는 현상을 무엇이라 하는가?
   ① 자동운동   ② 유도운동
   ③ 가현운동   ④ 플리커현상

8. 하인리히(Heinrich)가 제시한 사고연쇄 반응이론의 각 단계가 다음과 같을 때 올바른 순서대로 나열한 것은?

   ① 사고
   ② 사회적 환경 및 유전적 요소
   ③ 재해
   ④ 개인적 결함
   ⑤ 불안전한 행동 및 상태

   ① ②→④→⑤→①→③
   ② ④→②→⑤→①→③
   ③ ④→②→⑤→③→①
   ④ ②→⑤→④→③→①

9. 다음 중 재해조사에 있어 재해의 발생 형태에 해당하지 않는 것은?
   ① 중독·질식
   ② 넘어짐
   ③ 깔림·뒤집힘
   ④ 이상온도에의 노출

10. 산업재해 예방의 4원칙 중 "재해발생은 반드시 원인이 있다."라는 원칙은 무엇에 해당하는가?
    ① 대책선정의 원칙
    ② 원인연계의 원칙
    ③ 손실우연의 원칙
    ④ 예방가능의 원칙

11. 산업안전보건법상 사업주는 산업재해로 사망자가 발생한 경우 해당 산업재해가 발생한 날부터 얼마 이내에 산업재해조사표를 작성하여 관할 지방고용노동청장에게 제출하여야 하는가?
    ① 1일
    ② 7일
    ③ 15일
    ④ 1개월

12. 다음 중 산업안전보건법상 안전·보건표지에서 기본 모형의 색상이 빨강이 아닌 것은?
    ① 산화성물질 경고
    ② 화기금지
    ③ 탑승금지
    ④ 고온경고

13. 재해는 크게 4가지 방법으로 분류하고 있는데 다음 중 분류방법에 해당되지 않는 것은?

① 통계적 분류
② 상해 종류에 의한 분류
③ 관리적 분류
④ 재해 형태별 분류

14. 산업안전보건법상 안전관리자의 직무에 해당하는 것은?

① 해당 작업과 관련된 기계·기구 또는 설비의 안전·보건 점검 및 이상 유무의 확인
② 소속된 근로자의 작업복·보호구 및 방호장치의 점검과 그 착용·사용에 관한 교육·지도
③ 사업장 순회점검·지도 및 조치의 건의
④ 해당 작업의 작업장 정리·정돈 및 통로확보에 대한 확인·감독

15. 어느 공정의 연평균근로자가 180명이고, 1년간 발생한 사상자의 수가 6명이 발생했다면 연천인율은 약 얼마인가? (단, 근로자는 하루 8시간씩 연간 300일을 근무한다)

① 13.89
② 33.33
③ 43.69
④ 12.79

16. 다음 중 산업안전보건법상 사업주가 근로자에게 실시해야 하는 안전·보건 교육 과정의 종류에 해당되지 않는 것은?

① 정기교육
② 안전관리자 신규교육
③ 건설업 기초안전·보건교육
④ 작업내용 변경 시 교육

17. 다음 중 산업안전보건법에 따라 안전·보건진단을 받아 안전보건개선계획을 수립·제출하도록 명할 수 있는 사업장에 해당하지 않는 것은?

① 직업병에 걸린 사람이 연간 1명 발생한 사업장
② 산업재해발생률이 같은 업종 평균 산업재해발생률의 3배인 사업장
③ 작업환경 불량, 화재·폭발 또는 누출사고 등으로 사업장 주변까지 피해가 확산된 사업장
④ 산업재해율이 같은 업종의 규모별 평균 산업재해율보다 높은 사업장 중 사업주가 안전·보건조치의무를 이행하지 아니하여 발생한 중대재해 발생 사업장

18. 다음 중 인간이 자기의 실패나 약점을 그럴듯한 이유를 들어 남의 비난을 받지 않도록 하며 또한 자기행위도 정당화하는 방어기제를 무엇이라 하는가?

① 보상
② 투사
③ 합리화
④ 전이

19. 다음 중 안전보건관리책임자에 대한 설명과 거리가 먼 것은?

① 해당 사업장에서 사업을 실질적으로 총괄 관리하는 자이다.
② 해당 사업장의 안전교육 계획을 수립 및 실시한다.
③ 선임사유가 발생한 때에는 지체 없이 선임하고 지정하여야 한다.
④ 안전관리자와 보건관리자를 지휘, 감독하는 책임을 가진다.

20. 위험예지훈련 4R(라운드)의 진행방법에서 3R(라운드)에 해당하는 것은?

① 목표설정
② 본질추구
③ 현상파악
④ 대책수립

제2과목 : 인간공학 및 위험성 평가·관리

21. 다음 중 시스템 안전 분석 방법에 대한 설명으로 틀린 것은?

① 해석의 수리적 방법에 따라 정성적, 정량적 방법이 있다.
② 해석의 논리적 방법에 따라 귀납적, 연역적 방법이 있다.
③ FTA는 연역적, 정량적 분석이 가능한 방법이다.
④ PHA는 운용사고해석이라고 말할 수 있다.

22. 다음 중 연속조절 조종장치가 아닌 것은?

① 토글(Toggle) 스위치
② 노브(Knob)
③ 페달(Pedal)
④ 핸들(Handle)

23. 다음 중 작업대에 관한 설명으로 틀린 것은?

① 경조립 작업은 팔꿈치 높이보다 0~10cm 정도 낮게 한다.
② 중조립 작업은 팔꿈치 높이보다 10~20cm 정도 낮게 한다.
③ 정밀 작업은 팔꿈치 높이보다 0~10cm 정도 높게 한다.
④ 정밀한 작업이나 장기간 수행하여야 하는 작업은 입식 작업대가 바람직하다.

24. 다음 중 보전효과 측정을 위해 사용하는 설비고장 강도율의 식으로 옳은 것은?

① 설비고장 정지시간 / 설비가동시간
② 설비고장건수 / 설비가동시간
③ 총 수리시간 / 설비가동시간
④ 부하시간 / 설비가동시간

25. 다음 그림과 같은 시스템의 신뢰도는 약 얼마인가?(단, P_i는 부품 i의 신뢰도이다)

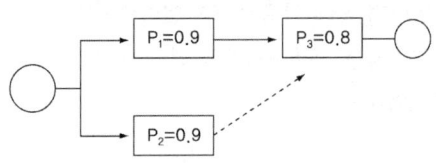

① 97.2% ② 94.4%
③ 86.4% ④ 79.2%

26. 다음 중 예방보전을 수행함으로써 기대되는 이점이 아닌 것은?

① 정지시간 감소로 유휴손실 감소
② 신뢰도 향상으로 인한 제조원가의 감소
③ 납기 엄수에 따른 신용 및 판매기회 증대
④ 돌발고장 및 보전비용의 감소

27. 다음 내용에 해당하는 양립성의 종류는?

> 자동차를 운전하는 과정에서 우측으로 회전하기 위하여 핸들을 우측으로 돌린다.

① 개념의 양립성 ② 운동의 양립성
③ 공간의 양립성 ④ 감성의 양립성

28. 다음 중 조도에 관한 설명으로 틀린 것은?

① 조도는 거리에 비례하고, 광도에 반비례한다.
② 어떤 물체나 표면에 도달하는 광의 밀도를 말한다.
③ 1lux란 1촉광의 점광원으로부터 1m 떨어진 곡면에 비추는 광의 밀도를 말한다.
④ 1fc란 1촉광의 점광원으로부터 1foot 떨어진 곡면에 비추는 광의 밀도를 말한다.

29. 다음 중 사고나 위험, 오류 등의 정보를 근로자의 직접 면접, 조사 등을 사용하여 수집하고, 인간-기계 시스템 요소들의 관계 규명 및 중대작업 필요조건 확인을 통한 시스템 개선을 수행하는 기법은?

① 직무 위급도 분석
② 인간 실수율 예측기법
③ 위급사건기법
④ 인간 실수 자료 은행

30. [그림]의 결함수에서 최소 컷셋(Minimal Cut Sets)과 신뢰도를 올바르게 나타낸 것은? (단, 각각의 부품 고장률은 0.01이다)

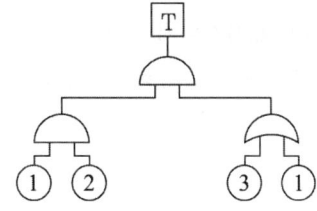

① (1, 3)
  (1, 2), $R(t) = 96.99\%$
② (1, 3)
  (1, 2, 3), $R(t) = 97.99\%$
③ (1, 2, 3), $R(t) = 98.99\%$
④ (1, 2), $R(t) = 99.99\%$

31. 건구온도 38℃, 습구온도 32℃일 때의 Oxford 지수는 몇 ℃인가?

① 30.2℃   ② 32.9℃
③ 35.0℃   ④ 37.1℃

32. 고열환경에서 심한 육체노동 후에 탈수와 체내 염분농도 부족으로 근육의 수축이 격렬하게 일어나는 장해는?

① 열경련(heat cramp)
② 열사병(heat stroke)
③ 열쇠약(heat prostration)
④ 열피로(heat exhaustion)

33. 안전성 평가의 기본원칙을 6단계로 나누었을 때 다음 중 가장 먼저 수행해야 되는 것은?

① 정성적 평가
② 작업조건 측정
③ 정량적 평가
④ 관계자료의 정비검토

34. 다음 중 청각적 표시장치에서 300m 이상의 장거리용 경보기에 사용하는 진동수로 가장 적절한 것은?

① 800Hz 전후
② 2200Hz 전후
③ 3500Hz 전후
④ 4000Hz 전후

35. 다음 중 아날로그(analog) 표시장치의 선택 시 고려해야 할 사항으로 가장 적절한 것은?

① 일반적으로 고정눈금에서 지침이 움직이는 것이 좋다.
② 온도계나 고도계에 사용되는 눈금이나 지침은 수평표시가 바람직하다.
③ 눈금의 증가는 시계반대 방향이 적합하다.
④ 이동요소의 수동조절이 필요할 때에는 지침보다 눈금을 조절할 수 있어야 한다.

36. 인간 오류의 분류에 있어 원인에 의한 분류 중 작업자가 기능을 움직이려 해도 필요한 물건, 정보, 에너지 등의 공급이 없는 것처럼 작업자가 움직이려 해도 움직일 수 없어서 발생하는 오류는?

① primary error
② secondary error
③ command error
④ omission error

37. 조도가 400럭스인 위치에 놓인 흰색 종이 위에 짙은 회색의 글자가 씌어져 있다. 종이의 반사율은 80%이고, 글자의 반사율은 40%라 할 때 종이와 글자의 대비는 얼마인가?

① -100%
② -50%
③ 50%
④ 100%

38. FTA(Fault Tree Analysis)에 사용되는 논리 중에서 입력사상 중 어느 하나만이라도 발생하게 되면 출력사상이 발생하는 것은?

① AND GATE
② OR GATE
③ 기본사상
④ 통상사상

39. 다음 중 시스템의 수명곡선(욕조곡선)에서 안전진단 및 적당한 보수에 의해 방지할 수 있는 고장의 형태는?

① 초기고장
② 우발고장
③ 마모고장
④ 설계고장

40. 다음 중 기계설비 안전화의 기본 개념으로서 적절하지 않은 것은?
   ① fail-safe의 기능을 갖추도록 한다.
   ② fool proof의 기능을 갖추도록 한다.
   ③ 안전상 필요한 장치는 단일 구조로 한다.
   ④ 안전 기능은 기계 장치에 내장되도록 한다.

제3과목 : 기계·기구 및 설비 안전 관리

41. 아세틸렌 용접장치에 대하여 취관마다 설치하여야 하는 것은? (단, 주관 및 취관에 근접한 분기관마다 이것을 부착한 때는 부착하지 않아도 된다)
   ① 압력조정기
   ② 안전기
   ③ 토치크리너
   ④ 자동전격 방지기

42. 500rpm으로 회전하는 연삭기의 숫돌 지름이 200mm일 때, 원주 속도는 약 몇 m/min인가?
   ① 31400
   ② 3140
   ③ 314
   ④ 31.4

43. 프레스 금형의 설치 및 조정 시 슬라이드 불시하강을 방지하기 위하여 설치해야 하는 것은?
   ① 인터록
   ② 클러치
   ③ 게이트 가드
   ④ 안전블럭

44. 크레인에 설치하는 방호장치의 종류가 아닌 것은?
   ① 과부하방지장치
   ② 권과방지장치
   ③ 브레이크해지장치
   ④ 비상정지장치

45. 다음과 같은 작업조건일 경우 와이어 로프의 안전율은?

   작업조건 : 작업대에서 사용된 와이어 로프 1줄의 파단하중이 10톤, 인양하중이 4톤, 로프의 줄 수가 2줄

   ① 2
   ② 3
   ③ 4
   ④ 5

46. 밀링작업의 안전사항으로서 잘못된 것은?
   ① 측정 시에는 반드시 기계를 정지시킨다.
   ② 절삭중의 칩 제거는 칩브레이커로 한다.
   ③ 일감을 풀어내거나 고정할 때에는 기계를 정지시킨다.
   ④ 상하 이송장치의 핸들은 사용 후 반드시 빼 두어야 한다.

47. 목재가공용 기계별 방호장치가 틀린 것은?
① 목재가공용 둥근톱기계 - 반발예방장치
② 동력식 수동대패기계 - 날접촉예방장치
③ 목재가공용 띠톱기계 - 날접촉예방장치
④ 모떼기기계 - 반발예방장치

48. 전단기 개구부의 가드 간격이 12mm일 때 가드와 전단 지점 간의 거리는?
① 30mm 이상
② 40mm 이상
③ 50mm 이상
④ 60mm 이상

49. 기계설비에 있어서 방호의 기본 원리가 아닌 것은?
① 위험 제거
② 덮어씌움
③ 위험도 분석
④ 위험에 적응

50. 산업안전보건법에 따라 순간풍속이 몇 m/s를 초과하는 바람이 불거나 중진(中震) 이상 진도의 지진이 있은 후에 옥외에 설치되어 있는 양중기를 사용하여 작업을 하는 경우에는 미리 기계 각 부위에 이상이 있는지를 점검하여야 하는가?
① 25
② 30
③ 35
④ 40

51. 산업안전보건법상 양중기가 아닌 것은?
① 곤돌라
② 이동식 크레인
③ 적재하중이 0.05톤인 이삿짐 운반용 리프트
④ 최대하중이 0.2톤인 승강기

52. 다음 중 컨베이어에 대한 안전조치 사항으로 틀린 것은?
① 컨베이어에서 화물의 낙하로 인하여 근로자에게 위험을 미칠 우려가 있을 때에는 덮개 또는 울을 설치하여야 한다.
② 정전이나 전압강하 등에 의한 화물 또는 운반구의 이탈 및 역주행을 방지할 수 있어야 한다.
③ 컨베이어에는 벨트 부위에 근로자가 접근할 때의 위험을 방지하기 위하여 권과방지장치 및 과부하방지장치를 설치하여야 한다.
④ 컨베이어에 근로자의 신체 일부가 말려들 위험이 있을 때는 운전을 즉시 정지시킬 수 있어야 한다.

53. 다음 중 목재 가공용 둥근톱 기계에서 분할날의 설치에 관한 사항으로 옳지 않은 것은?
① 분할날 조임볼트는 이완방지 조치가 되어 있어야 한다.
② 분할날과 톱날 원주면과의 거리는 12mm 이내로 조정, 유지할 수 있어야 한다.

③ 둥근톱의 두께가 1.20mm이라면 분할날의 두께는 1.32mm 이상이어야 한다.
④ 분할날은 표준 테이블면(승강반에 있어서도 테이블을 최하로 내릴 때의 면)상의 톱 뒷날의 1/3 이상을 덮도록 하여야 한다.

54. 어떤 부재의 사용하중은 200kgf이고, 이의 파괴하중은 400kgf이다. 정격하중을 100kgf로 가정하고 설계한다면 안전율은 얼마인가?

① 0.25 ② 0.5
③ 2   ④ 4

55. 산업안전보건법령상 프레스기의 방호장치에 표시해야 될 사항이 아닌 것은?

① 제조자명
② 규격 또는 등급
③ 프레스기의 사용 범위
④ 제조번호 및 제조연월

56. 산업안전보건법령상 양중기의 달기 체인에 대한 사용금지 사항으로 틀린 것은?

① 달기 체인의 한 꼬임에서 끊어진 소선의 수가 10% 이상인 것
② 링의 단면지름이 달기 체인이 제조된 때의 해당 링의 지름의 10%를 초과하여 감소한 것
③ 달기 체인의 길이가 달기 체인이 제조된 때의 길이의 5%를 초과한 것
④ 균열이 있거나 심하게 변형된 것

57. 다음 중 프레스에 사용되는 광전자식 방호장치의 일반구조에 관한 설명으로 틀린 것은?

① 방호장치의 감지기능은 규정한 검출영역 전체에 걸쳐 유효하여야 한다.
② 슬라이드 하강 중 정전 또는 방호장치의 이상 시에는 1회 동작 후 정지할 수 있는 구조이어야 한다.
③ 정상동작 표시램프는 녹색, 위험 표시 램프는 붉은색으로 하며, 쉽게 근로자가 볼 수 있는 곳에 설치해야 한다.
④ 방호장치의 정상작동 중에 감지가 이루어지거나 공급 전원이 중단되는 경우 적어도 두 개 이상의 출력신호 개폐장치가 꺼진 상태로 돼야 한다.

58. 체인과 스프로킷, 랙과 피니언, 풀리와 V벨트 등에서 형성되는 위험점은?

① 끼임점
② 회전 말림점
③ 접선 물림점
④ 협착점

59. 드릴로 구멍을 뚫는 작업 중 공작물이 드릴과 함께 회전할 우려가 가장 큰 경우는?

① 처음 구멍을 뚫을 때
② 중간쯤 뚫었을 때
③ 거의 구멍이 뚫렸을 때
④ 완전히 뚫렸을 때

60. 다음 중 와이어로프 구성기호 "6×19"의 표기에서 "6"의 의미에 해당하는 것은?

① 소선 수
② 소선의 직경(mm)
③ 스트랜드 수
④ 로프의 인장강도

제4과목 : 전기 및 화학설비 안전 관리

61. 다음 중 전폐형 구조의 방폭구조가 아닌 것은?

① 내압 방폭구조
② 유입 방폭구조
③ 압력 방폭구조
④ 안전증 방폭구조

62. 다음 중 분진폭발에 대한 안전대책으로 가장 적절하지 않은 것은?

① 분진의 퇴적을 방지한다.
② 수분의 함량을 증가시킨다.
③ 입자의 크기를 최소화한다.
④ 불활성 분위기를 조성한다.

63. 다음 중 전압을 구분하는데 있어 고압에 해당하는 것은?

① 직류 450V
② 직류 1000V
③ 교류 1200V
④ 교류 10000V

64. 감전사고의 사망경로에 해당되지 않는 것은?

① 전류가 뇌의 호흡중추부로 흘러 발생한 호흡기능 미비
② 전류가 흉부에 흘러 발생한 흉부근육 수축으로 인한 질식
③ 전류가 심장부로 흘러 심실세동에 의한 혈액순환기능 장애
④ 전류가 인체에 흐를 때 인체의 저항으로 발생한 주울열에 의한 화상

65. Dalziel의 심실세동전류와 통전시간과의 관계식에 의하면 인체 전격 시의 통전시간이 4초였다고 했을 때 심실세동전류의 크기는 약 몇 mA인가?

① 42
② 83
③ 165
④ 185

66. 산업안전보건법상 누전에 의한 감전의 위험을 방지하기 위하여 접지를 하여야 하는 부분으로 고정 설치되거나 고정배선에 접속된 전기기계·기구의 노출된 비충전 금속체 중 충전될 우려가 있는 접지 대상에 해당하지 않는 것은?

① 사용전압이 대지전압 75볼트를 넘는 것
② 물기 또는 습기가 있는 장소에 설치되어 있는 것
③ 금속으로 되어 있는 기기접지용 전선의 피복·외장 또는 배선관
④ 지면이나 접지된 금속체로부터 수직거리 2.4m, 수평거리 1.5m 이내인 것

67. 저압전로의 절연성능 시험에서 전로의 사용전압이 350V인 경우 전로의 전선 상호 간 및 전로와 대지 사이의 절연저항은 최소 몇 MΩ 이상이어야 하는가?

① 0.1
② 0.3
③ 0.5
④ 1

68. 큰 고장전류가 구리 소재의 접지도체를 통하여 흐르지 않을 경우 접지도체의 최소단면적은 몇 (mm²) 이상이어야 하는가?(단, 접지도체에 피뢰시스템이 접속된 경우이다)

① 0.75
② 2.5
③ 6
④ 16

69. 다음 중 방폭구조의 종류와 기호를 올바르게 나타낸 것은?

① 안전증 방폭구조 : e
② 몰드 방폭구조 : n
③ 충전 방폭구조 : p
④ 압력 방폭구조 : o

70. 다음 중 전기기기의 절연의 종류와 최고 허용온도가 잘못 연결된 것은?

① Y : 90℃
② A : 105℃
③ B : 130℃
④ F : 180℃

71. 산업안전보건법령에서 규정한 위험 물질을 기준량 이상으로 제조 또는 취급하는 특수화학설비에 설치하여야 할 계측장치가 아닌 것은?

① 온도계
② 유량계
③ 압력계
④ 경보계

72. 가정에서 요리를 할 때 사용하는 가스렌지에서 일어나는 가스의 연소형태에 해당되는 것은?

① 자기연소
② 분해연소
③ 표면연소
④ 확산연소

73. 대기 중에 대량의 가연성 가스가 유출되거나 대량의 가연성 액체가 유출하여 그것으로부터 발생하는 증기가 공기와 혼합해서 가연성 혼합기체를 형성하고, 점화원에 의하여 발생하는 폭발을 무엇이라 하는가?
   ① UVCE ② BLEVE
   ③ Detonation ④ Boil over

74. 다음 중 B급 화재에 해당되는 것은?
   ① 유류에 의한 화재
   ② 전기장치에 의한 화재
   ③ 일반 가연물에 의한 화재
   ④ 마그네슘 등에 의한 금속화재

75. 산업안전보건법령에서 정한 위험물질의 종류에서 "물반응성 물질 및 인화성 고체"에 해당하는 것은?
   ① 니트로화합물
   ② 과염소산
   ③ 아조화합물
   ④ 칼륨

76. 산업안전보건법령상의 위험물을 저장·취급하는 화학설비 및 그 부속설비를 설치하는 경우 폭발이나 화재에 따른 피해를 줄이기 위하여 단위공정시설 및 설비로부터 다른 단위공정시설 및 설비 사이의 안전거리는 얼마로 하여야 하는가?
   ① 설비의 안쪽 면으로부터 10m 이상
   ② 설비의 바깥쪽 면으로부터 10m 이상
   ③ 설비의 안쪽 면으로부터 5m 이상
   ④ 설비의 바깥쪽 면으로부터 5m 이상

77. 다음 중 분해폭발을 일으키기 가장 어려운 물질은?
   ① 아세틸렌 ② 에틸렌
   ③ 이산화질소 ④ 암모니아

78. 점화원 없이 발화를 일으키는 최저온도를 무엇이라 하는가?
   ① 착화점 ② 연소점
   ③ 용융점 ④ 기화점

79. 다음 중 F, Cl, Br 등 산화력이 큰 할로겐원소의 반응을 이용하여 소화(消火)시키는 방식을 무엇이라 하는가?
   ① 희석식 소화
   ② 냉각에 의한 소화
   ③ 연료 제거에 의한 소화
   ④ 연소 억제에 의한 소화

80. 다음 중 산업안전보건법령상의 위험물질의 종류에 있어 산화성 액체 및 산화성 고체에 해당하지 않는 것은?
   ① 요오드산
   ② 브롬산 및 그 염류
   ③ 유기과산화물
   ④ 염소산 및 그 염류

제5과목 : 건설공사 안전 관리

81. 말비계를 조립하여 사용할 때의 준수 사항으로 옳지 않은 것은?

① 지주부재의 하단에는 미끄럼 방지 장치를 한다.
② 양측 끝부분에 올라서서 작업하여야 한다.
③ 지주부재와 수평면과의 기울기를 75° 이하로 한다.
④ 말비계의 높이가 2m를 초과할 경우에는 작업발판의 폭을 40cm 이상으로 한다.

82. 추락방지용 10cm 그물코의 매듭 방망사 신품의 인장강도 기준은 얼마 이상인가?

① 120kg ② 135kg
③ 200kg ④ 240kg

83. 양중기의 분류에서 고정식 크레인에 해당되지 않는 것은?

① 천정 크레인
② 지브 크레인
③ 타워 크레인
④ 트럭 크레인

84. 다음은 낙하물방지망 또는 방호선반을 설치하는 경우에 준수하여야 할 사항이다. ( ) 안에 알맞은 내용은?

> 높이 (①)m 이내마다 설치하고, 내민 길이는 벽면으로부터 (②)m 이상으로 할 것

① ① : 5   ② : 1
② ① : 5   ② : 2
③ ① : 10 ② : 1
④ ① : 10 ② : 2

85. 콘크리트를 타설할 때 안전상 유의하여야 할 사항으로 옳지 않은 것은?

① 콘크리트를 치는 도중에는 거푸집, 지보공 등의 이상 유무를 확인한다.
② 진동기 사용 시 지나친 진동은 거푸집 도괴의 원인이 될 수 있으므로 적절히 사용해야 한다.
③ 최상부의 슬래브는 되도록 이어붓기를 하고 여러 번에 나누어 콘크리트를 타설한다.
④ 타워에 연결되어 있는 슈트의 접속은 확실한지 확인한다.

86. 와이어로프 안전계수 중 화물의 하중을 직접 지지하는 경우에 안전계수 기준으로 옳은 것은?

① 3 이상
② 4 이상
③ 5 이상
④ 6 이상

87. 주행크레인 및 선회크레인과 건설물 사이에 통로를 설치하는 경우, 그 폭은 최소 얼마 이상으로 하여야 하는가? (단, 건설물의 기둥에 접촉하지 않는 부분인 경우)

① 0.3m ② 0.4m
③ 0.5m ④ 0.6m

88. 지반개량공법 중 고결안정공법에 해당하지 않는 것은?

① 생석회 말뚝공법
② 동결공법
③ 동다짐공법
④ 소결공법

89. 화물을 적재하는 경우에 준수하여야 하는 사항으로 옳지 않은 것은?

① 침하 우려가 없는 튼튼한 기반 위에 적재할 것
② 건물의 칸막이나 벽 등이 화물의 압력에 견딜 만큼의 강도를 지니지 아니한 경우에는 칸막이나 벽에 기대어 적재하지 않도록 할 것
③ 불안정할 정도로 높이 쌓아 올리지 말 것
④ 편하중이 발생하도록 쌓을 것

90. 리프트(Lift)의 안전장치에 해당하지 않는 것은?

① 권과방지장치
② 비상정지장치
③ 과부하방지장치
④ 조속기(속도조절기)

91. 수중굴착 공사에 가장 적합한 건설장비는?

① 백호   ② 어스드릴
③ 항타기 ④ 클램쉘

92. 잠함, 우물통, 수직갱, 그 밖에 이와 유사한 건설물 또는 설비의 내부에서 굴착작업을 하는 경우에 준수해야 할 기준으로 옳지 않은 것은?

① 산소 결핍 우려가 있는 경우에는 산소의 농도를 측정하는 사람을 지명하여 측정하도록 할 것
② 근로자가 안전하게 오르내리기 위한 설비를 설치할 것
③ 굴착 깊이가 10m를 초과하는 경우에는 해당 작업장소와 외부와의 연락을 위한 통신설비 등을 설치할 것
④ 굴착 깊이가 20m를 초과하는 경우에는 송기를 위한 설비를 설치하여 필요한 양의 공기를 공급할 것

93. 화물용 승강기를 설계하면서 와이어로프의 안전하중이 10ton이라면 로프의 가닥수를 얼마로 하여야 하는가? (단, 와이어로프 한 가닥의 파단강도는 4ton이며, 화물용 승강기의 와이어로프의 안전율은 6으로 한다)

① 10가닥   ② 15가닥
③ 20가닥   ④ 30가닥

94. 터널 지보공을 설치한 경우에 수시로 점검하여야 할 사항에 해당하지 않는 것은?

① 기둥침하의 유무 및 상태
② 부재의 긴압 정도
③ 매설물 등의 유무 또는 상태
④ 부재의 접속부 및 교차부의 상태

95. 버팀대(Strut)의 축하중 변화상태를 측정하는 계측기는?

① 경사계(Inclino meter)
② 수위계(Water level meter)
③ 침하계(Extension)
④ 하중계(Load cell)

96. 콘크리트 측압에 관한 설명으로 옳지 않은 것은?

① 대기의 온도가 높을수록 크다.
② 콘크리트의 타설 속도가 빠를수록 크다.
③ 콘크리트의 타설 높이가 높을수록 크다.
④ 콘크리트 비중이 클수록 크다.

97. 방망의 정기시험은 사용개시 후 몇 년 이내에 실시하는가?

① 1년 이내
② 2년 이내
③ 3년 이내
④ 4년 이내

98. 유해·위험방지계획서 제출 시 첨부 서류의 항목이 아닌 것은?

① 보호 장비 폐기계획
② 공사개요서
③ 산업안전보건관리비 사용계획
④ 전체 공정표

99. 재료비가 30억 원, 직접노무비가 50억 원인 건설공사의 예정가격상 안전관리비로 옳은 것은? (단, 건축공사에 해당되며 계상기준은 1.97%임)

① 56,400,000원
② 94,000,000원
③ 150,400,000원
④ 157,600,000원

100. 건설업 산업안전보건관리비 항목으로 사용가능한 내역은?

① 경비원, 청소원 및 폐자재 처리원의 인건비
② 외부인, 출입 금지, 공사장 경계 표시를 위한 가설울타리 설치 및 해체비용
③ 원활한 공사 수행을 위하여 사업장 주변 교통정리를 하는 신호자의 인건비
④ 해열제, 소화제 등 구급약품 및 구급용구 등의 구입비용

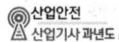

>> 제4회 정답 및 해설

제1과목 산업재해 예방 및 안전보건교육

01 ②

[해설] 안전보건관리규정의 포함사항
① 안전·보건 관리조직과 그 직무에 관한 사항
② 안전·보건교육에 관한 사항
③ 작업장의 안전 및 보건관리에 관한 사항
④ 사고 조사 및 대책 수립에 관한 사항
⑤ 그 밖에 안전·보건에 관한 사항

[참고] 안전관리규정의 작성
① 안전보건관리규정을 작성하여야 할 사업은 상시 근로자 100명 이상을 사용하는 사업으로 한다.
② 사업주는 안전보건관리규정을 작성하여야 할 사유가 발생한 날부터 30일 이내에 안전보건관리규정을 작성하여야 한다.

02 ④

[해설] 리더의 세력
① 강압적 세력(coercive power) : 부하들이 바람직하지 않은 행동을 했을 때 처벌을 줄 수 있는 권한
② 보상적 세력(reward power) : 바람직한 행동을 했을 때 보상을 줄 수 있는 세력(승진, 휴가 등)
③ 합법적 세력(legitimate power) : 조직의 공식적 권력구조에 의해 주어진 권한
④ 전문적 세력(expert power) : 리더가 그 분야의 지식을 갖추고 있는 정도에 의해 전문적 권한이 결정된다.
⑤ 참조적 세력(referent power, attraction power) : 부하들이 리더의 생각과 목표를 동일시하거나 존경하고 매력을 느껴 리더를 참조하고픈데서 파행된 권한(진정한 리더십이라 할 수 있다)

03 ④

[해설] 안전검사대상 유해·위험기계 등의 검사 주기
1. 크레인(이동식 크레인은 제외한다), 리프트(이삿짐운반용 리프트는 제외한다) 및 곤돌라 : 사업장에 설치가 끝난 날부터 3년 이내에 최초 안전검사를 실시하되, 그 이후부터 2년마다(건설현장에서 사용하는 것은 최초로 설치한 날부터 6개월마다)
2. 이동식 크레인, 이삿짐운반용 리프트 및 고소작업대 : 신규등록 이후 3년 이내에 최초 안전검사를 실시하되, 그 이후부터 2년마다
3. 프레스, 전단기, 압력용기, 국소 배기장치, 원심기, 롤러기, 사출성형기, 컨베이어 및 산업용 로봇 : 사업장에 설치가 끝난 날부터 3년 이내에 최초 안전검사를 실시하되, 그 이후부터 2년마다(공정안전보고서를 제출하여 확인을 받은 압력용기는 4년마다)

04 ④

[해설] 인간 의식레벨의 분류

Phase 0	무의식, 실신	수면, 뇌발작	주의작용 0
Phase i	의식 흐림	피로, 단조로운 일	부주의
Phase ii	이완	안정기거, 휴식	안정기거, 휴식
Phase iii	상쾌	적극적	적극활동
Phase iv	과긴장	일점집중현상, 긴급방위	감정흥분

05 ③

[해설] 안전·보건표지의 색채, 색도기준 및 용도

색채	색도 기준	용도	사용례
빨간색	7.5R 4/14 암기 : 싫어 (7.5) 4/14	금지	정지신호, 소화설비 및 그 장소, 유해행위의 금지
		경고	화학물질 취급장소에서의 유해·위험 경고

색채	색도 기준	용도	사용례
노란색	5Y 8.5/12 암기 : 오(5) 빨리와(8.5) 이리(12)	경고	화학물질 취급장소에서의 유해·위험경고 이외의 위험경고, 주의표지 또는 기계방호물
파란색	2.5PB 4/10 암기 : 2.5×4=10	지시	특정 행위의 지시 및 사실의 고지
녹색	2.5G 4/10 암기 : 2.5×4=10	안내	비상구 및 피난소, 사람 또는 차량의 통행표지
흰색	N9.5		파란색 또는 녹색에 대한 보조색
검은색	N0.5		문자 및 빨간색 또는 노란색에 대한 보조색

06 ④

[해설] 재해의 간접 원인

① 기술적 원인
② 교육적 원인
③ 신체적 원인
④ 정신적 원인
⑤ 작업관리상 원인

[참고] 재해의 직접 원인

① 인적 원인(불안전한 행동)
② 물적 원인(불안전한 상태)

07 ②

[해설]

가현운동 (β운동)	• 정지하고 있는 대상물이 급속히 나타나던가 소멸하는 것으로 인하여 일어나는 운동으로 마치 대상물이 운동하는 것처럼 인식되는 현상을 말한다. • 예 : 영화의 영상
유도운동	• 움직이지 않는 것이 움직이는 것처럼 느껴지는 현상 • 예 : 상행선 열차를 타고 가며 정지하고 있는 하행선 열차를 보면 마치 하행선 열차가 움직이는 것처럼 느껴지는 현상
자동운동	• 암실에서 정지된 소광점을 응시하면 광점이 움직이는 것처럼 보이는 현상 • 안구의 불규칙한 운동 때문에 생기는 현상이다.

08 ①

[해설] 하인리히(H. W. Heinrich) 사고발생 도미노 5단계

1단계	선천적 결함(사회, 환경, 유전적 결함)
2단계	개인적 결함
3단계	불안전 행동(인적 결함), 불안전한 상태(물적 결함)(제거 가능)
4단계	사고
5단계	재해(상해)

09 ①

[해설] ① 중독·질식은 상해의 종류에 해당한다.

[참고] 재해발생 형태

분류 항목	세부 항목
떨어짐	• 높이가 있는 곳에서 사람이 떨어짐 • 사람이 인력(중력)에 의하여 건축물, 구조물, 가설물, 수목, 사다리 등의 높은 장소에서 떨어지는 것
넘어짐	• 사람이 미끄러지거나 넘어짐 • 사람이 거의 평면 또는 경사면, 층계 등에서 구르거나 넘어지는 경우
깔림·뒤집힘	• 물체의 쓰러짐이나 뒤집힘 • 기대어져 있거나 세워져 있는 물체 등이 쓰러져 깔린 경우 및 지게차 등의 건설기계 등이 운행 또는 작업 중 뒤집어진 경우
부딪힘·접촉	• 물체에 부딪힘, 접촉 • 재해자 자신의 움직임·동작으로 인하여 기인물에 접촉 또는 부딪히거나, 물체가 고정부에서 이탈하지 않은 상태로 움직임(규칙, 불규칙) 등에 의하여 접촉한 경우

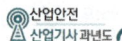

분류 항목	세부 항목
이상온도 노출·접촉	• 고·저온 환경 또는 물체에 노출·접촉된 경우
맞음	• 날아오거나 떨어진 물체에 맞음 • 고정되어 있던 물체가 고정부에서 이탈하거나 또는 설비 등으로부터 물질이 분출되어 사람을 가해하는 경우
끼임	• 기계설비에 끼이거나 감김 • 두 물체 사이의 움직임에 의하여 일어난 것으로 직선 운동하는 물체 사이의 끼임, 회전부와 고정체 사이의 끼임, 롤러 등 회전체 사이에 물리거나 또는 회전체·돌기부 등에 감긴 경우
무너짐	• 건축물이나 쌓여진 물체가 무너짐 • 토사, 건축물, 가설물 등이 전체적으로 허물어져 내리거나 또는 주요 부분이 꺾어져 무너지는 경우
감전	• 충전부 등에 신체의 일부가 직접 접촉하거나 유도전류의 통전으로 근육의 수축, 호흡곤란, 심실세동 등이 발생한 경우 또는 특별고압 등에 접근함에 따라 발생한 섬락 접촉, 합선·혼촉 등으로 인하여 발생한 아아크에 접촉된 경우

10 ②

[해설] 재해발생은 원인이 있다. → 원인연계의 원칙

[참고] **산업재해 예방의 4원칙**
① 예방가능의 원칙 : 재해는 원칙적으로 원인만 제거되면 예방이 가능하다.
② 손실우연의 원칙 : 사고의 결과 생기는 상해의 종류와 정도는 사고 발생 시 사고대상의 조건에 따라 우연히 발생한다.
③ 대책선정의 원칙 : 사고의 원인에 대한 적합한 대책이 선정되어야 한다.
④ 원인연계의 원칙 : 재해는 직접원인과 간접원인이 연계되어 일어난다.

11 ④

[해설] **산업재해 발생 보고**
사업주는 산업재해로 사망자가 발생, 3일 이상의 휴업이 필요한 부상 또는 질병에 걸린 자가 발생 시 산업재해가 발생한 날부터 1개월 이내에 산업재해조사표를 작성, 관할 지방고용노동관서장에게 제출하여야 한다.

[참고] "중대재해"가 발생한 때는 지체 없이 다음 각 호의 사항을 관할 지방고용노동관서의 장에게 전화·팩스, 또는 그 밖에 적절한 방법으로 보고하여야 한다.
• 발생 개요 및 피해 상황
• 조치 및 전망
• 그 밖의 중요한 사항
• 산업재해조사표에 근로자대표의 확인을 받아야 하며, 그 기재 내용에 대하여 근로자대표의 의견이 있는 경우에는 그 내용을 첨부하여야 한다. 다만, 근로자대표가 없는 경우에는 재해자 본인의 확인을 받아 제출할 수 있다.

12 ④

[해설]

① 산화성물질 경고		• 바탕 : 무색 • 기본 모형 : 빨간색 (검은색도 가능)
② 화기금지		• 바탕 : 흰색 • 기본 모형 : 빨간색 • 관련 부호, 그림 : 검은색
③ 탑승금지		
④ 고온경고		• 바탕 : 노란색 • 기본 모형, 관련 부호, 그림 : 검은색

13 ③

[해설] 재해분류 방법
① 통계적 분류
② 개별적 분류
③ 상해 종류별 분류
④ 재해 형태별 분류

14 ③

[해설] 안전관리자 직무
① 사업장 안전교육계획의 수립 및 안전교육 실시에 관한 보좌 및 조언·지도
② 사업장 순회점검·지도 및 조치의 건의
③ 산업재해 발생의 원인 조사·분석 및 재발 방지를 위한 기술적 보좌 및 조언·지도
④ 산업재해에 관한 통계의 유지·관리·분석을 위한 보좌 및 조언·지도
⑤ 안전인증대상 기계·기구 등과 자율안전확인 대상 기계·기구 등 구입 시 적격품의 선정에 관한 보좌 및 조언·지도
⑥ 위험성평가에 관한 보좌 및 조언·지도
⑦ 안전에 관한 사항의 이행에 관한 보좌 및 조언·지도
⑧ 산업안전보건위원회 또는 노사협의체, 안전보건관리규정 및 취업규칙에서 정한 직무
⑨ 업무수행 내용의 기록·유지
⑩ 그 밖에 안전에 관한 사항으로서 노동부장관이 정하는 사항

[참고] 관리감독자 직무
① 기계·기구 또는 설비의 안전·보건 점검 및 이상 유무의 확인
② 근로자의 작업복·보호구 및 방호장치의 점검과 그 착용·사용에 관한 교육·지도
③ 산업재해에 관한 보고 및 이에 대한 응급조치
④ 작업장 정리·정돈 및 통로확보에 대한 확인·감독
⑤ 산업보건의, 안전관리자(안전관리전문기관의 해당 사업장 담당자) 및 보건관리자(보건관리전문기관의 해당 사업장 담당자), 안전보건관리담당자(안전관리전문기관 또는 보건관리전문기관의 해당 사업장 담당자)의 지도·조언에 대한 협조
⑥ 위험성평가를 위한 유해·위험요인의 파악 및 개선조치의 시행에 대한 참여
⑦ 그 밖에 해당 작업의 안전·보건에 관한 사항으로서 고용노동부령으로 정하는 사항

15 ②

[해설] 연천인율

㉮ 연천인율 = $\frac{\text{연간재해자수}}{\text{연평균 근로자수}} \times 1{,}000$

㉯ 연천인율 = 도수율 × 2.4

연천인율 = $\frac{\text{연간재해자수}}{\text{연평균 근로자수}} \times 1{,}000$

= $\frac{6}{180} \times 1{,}000 = 33.33$

16 ②

[해설] 근로자 안전보건교육 시간

교육과정	교육대상		교육시간
가. 정기교육	1) 사무직 종사 근로자		매반기 6시간 이상
	2) 그 밖의 근로자	가) 판매업무에 직접 종사하는 근로자	매반기 6시간 이상
		나) 판매업무에 직접 종사하는 근로자 외의 근로자	매반기 12시간 이상
나. 채용 시 교육	1) 일용근로자 및 근로계약기간이 1주일 이하인 기간제 근로자		1시간 이상
	2) 근로계약기간이 1주일 초과 1개월 이하인 기간제 근로자		4시간 이상
	3) 그 밖의 근로자		8시간 이상
다. 작업내용 변경 시 교육	1) 일용근로자 및 근로계약기간이 1주일 이하인 기간제 근로자		1시간 이상
	2) 그 밖의 근로자		2시간 이상

교육과정	교육대상	교육시간
라. 특별교육	1) 일용근로자 및 근로계약기간이 1주일 이하인 기간제 근로자(타워크레인 신호작업에 종사하는 근로자 제외)	2시간 이상
	2) 일용근로자 및 근로계약기간이 1주일 이하인 기간제 근로자 중 타워크레인 신호작업에 종사하는 근로자	8시간 이상
	3) 일용근로자 및 근로계약기간이 1주일 이하인 기간제 근로자를 제외한 근로자	가) 16시간 이상 (최초 작업에 종사하기 전 4시간 이상 실시하고 12시간은 3개월 이내에서 분할하여 실시 가능)
		나) 단기간 작업 또는 간헐적 작업인 경우에는 2시간 이상
마. 건설업 기초안전 · 보건교육	건설 일용근로자	4시간 이상

17 ①

해설 안전 · 보건진단을 받아 안전보건개선계획을 수립 · 제출하도록 명할 수 있는 사업장

1. 산업재해율이 같은 업종 평균 산업재해율의 2배 이상인 사업장
2. 사업주가 필요한 안전조치 또는 보건조치를 이행하지 아니하여 중대재해가 발생한 사업장
3. 직업성 질병자가 연간 2명 이상(상시근로자 1천명 이상 사업장의 경우 3명 이상) 발생한 사업장
4. 그 밖에 작업환경 불량, 화재 · 폭발 또는 누출 사고 등으로 사업장 주변까지 피해가 확산된 사업장으로서 고용노동부령으로 정하는 사업장

평균의 2배 이상, 직업성 질병 2명 이상 (1,000명 이상 3명) 진단받아 개선!
중대재해 발생하면 진단받아 개선!

18 ③

해설 합리화
- 자기행위는 합리적이고 정당하며 실제보다 훌륭하게 평가함
- 원하는 목표 행동을 하지 못하였을 경우 그에 대하여 그럴듯한 이유나 변명을 들어 자신의 실패를 정당화하는 방어기제이다.

19 ②

해설 ② "사업장의 안전교육 계획을 수립 및 실시"는 안전관리자의 역할이다.

20 ④

해설 위험예지훈련 4단계
1단계 : 현상파악
2단계 : 요인조사(본질추구)
3단계 : 대책수립
4단계 : 행동목표 설정(합의요약)

제2과목 인간공학 및 위험성 평가 · 관리

21 ④

해설 ④ 예비위험분석(PHA) : 모든 시스템 안전 프로그램의 최초단계(설계단계, 구상단계)에서 실시하는 분석법

22 ①

23 ④

해설 ④ 정밀한 작업이나 장기간 수행하여야 하는 작업은 석식 작업대가 바람직하다.

24 ①

해설 설비고장 강도율 = $\dfrac{\text{설비고장 정지시간}}{\text{설비 가동시간}}$

25 ④

해설

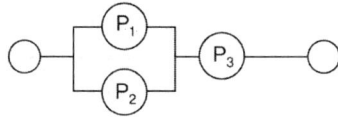

P_1과 P_2는 병렬의 관계이고, P_3는 직렬의 관계 이므로

신뢰도 = $\{1-(1-P_1) \times (1-P_2)\} \times P_3$
= $\{1-(1-0.9) \times (1-0.9)\} \times 0.8$
= $0.792 = 79.2\%$

26 ④

해설 ④ 예방보전은 정기 점검, 조기 수리로 고장 발생을 방지 및 설비를 정상 상태로 유지하는 활동으로 보전비용이 감소되지는 않는다.

27 ②

해설 자동차를 우측으로 회전하기 위하여 핸들을 우측으로 돌린다. → 운동의 양립성

28 ①

해설 ① 조도는 거리 제곱에 반비례하고 광도에 비례한다.

참고 조도(lux) = $\dfrac{\text{광도}}{(\text{거리})^2}$

29 ③

해설 위급사건기법(CIT)

인간 - 기계 시스템의 엔지니어로 하여금 사고, 위기 인발, 조작 실수 등의 정보를 수집하기 위해 면접하는 방법

30 ④

해설
1. $T = (1,2)\binom{3}{1}$
   = $(1,2,3)(1,2)$

   최소 컷셋 : (1, 2)

2. 중복 사상 ①이 존재하므로 미니멀 컷의 확률이 시스템의 확률(고장확률)이 된다.

   • 시스템의 확률(고장확률) = 0.01×0.01
   = 0.0001

   • 신뢰도 = 1 - 고장확률
   = $1 - 0.0001$
   = $0.9999(99.99\%)$

31 ②

해설 Oxford 지수

$$WD(℃) = 0.85 \times w + 0.15 \times d$$

여기서, w : 습구온도
d : 건구온도

WD = $0.85 \times 32 + 0.15 \times 38 = 32.9(℃)$

32 ①

해설 열경련(Heat Cramp)
• 고온에서 지속적인 육체노동 시 수분 및 혈중 염분 손실로 인한 근육 발작 및 경련을 일으킨다.
• 수분 및 Nacl을 보충한다.

33 ④

해설 안전성 평가 6단계
① 1단계 : 관계자료의 정비검토(작성준비)
② 2단계 : 정성적인 평가
③ 3단계 : 정량적인 평가
④ 4단계 : 안전대책 수립
⑤ 5단계 : 재해사례에 의한 평가
⑥ 6단계 : FTA에 의한 재평가

34 ①

[해설] 300m 이상 장거리용 신호는 1,000Hz 이하의 진동수 사용

[참고] 경계 및 경보 신호 설계지침
① 귀는 중음역에 민감하므로 500~3,000Hz의 진동수 사용
② 300m 이상 장거리용 신호는 1,000Hz 이하의 진동수 사용
③ 장애물 및 칸막이 통과 시는 500Hz 이하의 진동수 사용
④ 주의를 끌기 위해서는 변조된 신호 사용
⑤ 배경 소음의 진동수와 구별되는 신호 사용
⑥ 경보효과를 높이기 위해서 개시시간이 짧은 고감도 신호를 사용
⑦ 가능하면 확성기, 경적 등과 같은 별도의 통신 계통을 사용

35 ①

[해설]
② 온도계나 고도계에 사용되는 눈금이나 지침은 수직표시가 바람직하다.
③ 눈금의 증가는 시계 방향이 적합하다.
④ 수동조절이 필요할 때는 지침을 조절할 수 있어야 한다.

36 ③

[해설] 휴먼 에러 원인의 레벨적 분류
① primary error(1차 에러) : 작업자 자신으로부터 발생한 에러
② secondary error(2차 에러) : 작업형태, 작업조건 중 문제가 생겨 필요한 사항을 실행할 수 없어 발생한 에러
③ command error : 실행하고자 하여도 필요한 물품, 정보, 에너지 등이 공급되지 않아서 작업자가 움직일 수 없는 상태에서 발생한 에러

37 ③

[해설]
$$대비(\%) = \frac{배경반사율(L_b) - 표적물체반사율(L_t)}{배경반사율(L_b)} \times 100$$

$$대비(\%) = \frac{80-40}{80} \times 100 = 50\%$$

38 ②

[해설]

기호	명명	기호 설명
⌂	OR 게이트 (OR gate)	한 개 이상의 입력사상이 발생하면 출력사상이 발생하는 논리게이트
⌂	AND 게이트 (AND gate)	입력사상이 전부 발생하는 경우에만 출력사상이 발생하는 논리게이트

39 ③

[해설] 기계설비 고장 유형
① 초기 고장(감소형)
  - 설계상, 구조상 결함, 불량 제조·생산 과정 등의 품질관리 미비로 생기는 고장 형태
  - 점검 작업이나 시운전 작업 등으로 사전에 방지할 수 있는 고장
② 우발고장(일정형)
  - 예측할 수 없을 때에 생기는 고장의 형태
  - 사용자의 실수, 천재지변, 우발적 사고 등이 원인이다.
  - 기계마다 일정하게 발생되며 고장률이 가장 낮다.
③ 마모고장(증가형)
  - 기계적 요소나 부품의 마모, 사람의 노화 현상 등에 의해 고장률이 상승하는 형이다.
  - 고장이 일어나기 직전에 교환, 안전 진단 및 적당한 보수에 의해서 방지할 수 있는 고장이다.

40 ③

[해설] 기계설비의 본질안전 조건
㉠ 안전기능을 기계설비 내에 내장할 것
㉡ 풀 프루프(fool proof) 기능을 가질 것
㉢ 페일세이프(fail safe) 기능을 가질 것

제3과목 기계·기구 및 설비 안전 관리

41 ②

[해설] **안전기의 설치**
① 아세틸렌 용접장치의 취관마다 안전기를 설치하여야 한다. 다만, 주관 및 취관에 가장 가까운 분기관마다 안전기를 부착한 경우에는 그러하지 아니하다.
② 가스용기가 발생기와 분리되어 있는 아세틸렌 용접장치에 대하여는 발생기와 가스용기 사이에 안전기를 설치하여야 한다.

42 ③

[해설] **원주속도(회전속도)**

$$V = \frac{\pi \times D \times N}{1{,}000} \text{ (m/min)}$$

D : 롤러의 직경(mm)
N : 회전수(rpm)

$V = \frac{\pi \times D \times N}{1{,}000} = \frac{\pi \times 200 \times 500}{1{,}000}$
$= 314.16 \text{m/min}$

43 ④

[해설] 금형을 부착, 해체, 조정 작업할 때 신체 일부가 위험점 내에서 슬라이드 불시 하강으로 인한 위험을 방지할 목적으로 안전블록을 설치한다.
(금형 수리작업은 해당되지 않는다.)

44 ③

[해설]

크레인	① 과부하방지장치 ② 권과방지장치(捲過防止裝置) ③ 비상정지장치 ④ 제동장치 ⑤ 훅의 해지장치 ⑥ 안전밸브(유압식)

45 ④

[해설] **와이어로프의 안전율 계산**

$$S = \frac{N \times P}{Q}$$

여기서, S : 안전율
N : 로프 가닥수
P : 로프의 파단강도(kg/mm²)
Q : 허용응력(kg/mm²)

$S = \frac{N \times P}{Q} = \frac{2 \times 10}{4} = 5$

46 ②

[해설] ② 칩 제거는 기계를 정지시킨 후 브러시를 사용한다.

47 ④

[해설] ④ 모떼기 기계 - 날 접촉 예방장치

[참고] **목재가공용 기계의 방호장치**
(1) 둥근톱기계의 반발예방장치
(2) 둥근톱기계의 톱날접촉예방장치
(3) 띠톱기계의 덮개
(4) 띠톱기계의 날접촉예방장치
(5) 대패기계의 날접촉예방장치
(6) 모떼기기계의 날접촉예방장치

48 ②

[해설]

가드의 개구간격	일방 평행 보호망, 위험점이 전동체인 경우의 개구간격
① X<160mm일 경우 $Y = 6 + 0.15 \times X$ ② X≧160mm일 경우 Y = 30mm 여기서, X : 안전거리(위험점에서 가드까지의 거리)(mm) Y : 가드의 최대 개구 간격(mm)	① $Y = 6 + 0.1 \times X$ 여기서, X : 안전거리(mm) Y : 가드의 최대 개구 간격(mm)

$$Y = 6 + 0.15 \times X$$

$$0.15 \times X = Y - 6$$

$$X = \frac{Y-6}{0.15} = \frac{12-6}{0.15} = 40\text{mm}$$

49 ③

[해설] 방호의 기본 원리

① 위험 제거 : 위험원을 제거하여 위험요인을 원칙적으로 없앤다.
② 덮어씌움 : 사람과 기계가 격리될 수 없는 경우 사람, 기계 중 한쪽을 덮어 씌운다.
　예) 방호 덮개, 보호구
③ 차단 : 기계와 사람을 격리하여 위험을 차단한다.
④ 위험에 적응 : 사람이 위험에 적응하도록 위험에 대한 정보를 제공하거나 안전행동에 대한 동기부여를 한다.
　예) 안전교육 훈련 등

50 ②

[해설] 악천후 시 조치

① 순간풍속이 초당 10미터를 초과 : 타워크레인의 설치·수리·점검 또는 해체작업을 중지
② 순간풍속이 초당 15미터를 초과 : 타워크레인의 운전작업을 중지
③ 순간풍속이 초당 30미터를 초과하는 바람이 불거나 중진(中震) 이상 진도의 지진이 있은 후 : 옥외 양중기 각 부위 이상 점검
④ 순간풍속이 초당 30미터를 초과 : 옥외에 설치되어 있는 주행 크레인 이탈방지조치
⑤ 순간풍속이 초당 35미터를 초과 : 옥외 승강기 및 건설용 리프트(지하에 설치되어 있는 것은 제외)에 대하여 받침의 수를 증가시키는 등 승강기가 무너지는 것을 방지하기 위한 조치

51 ③

[해설] 양중기의 종류

① 크레인[호이스트(hoist)를 포함]
② 이동식 크레인
③ 리프트(이삿짐운반용 리프트의 경우에는 적재하중이 0.1톤 이상인 것으로 한정)
④ 곤돌라
⑤ 승강기

52 ③

[해설] ③ 컨베이어에 근로자의 신체의 일부가 말려드는 등 근로자에게 위험을 미칠 우려가 있는 때에는 비상정지장치를 설치하여야 한다.

[참고] 컨베이어의 방호장치

① 이탈 등의 방지장치 : 컨베이어 등을 사용하는 때에는 정전·전압강하 등에 의한 화물 또는 운반구의 이탈 및 역주행을 방지하는 장치를 갖추어야 한다. 다만, 무동력상태 또는 수평상태로만 사용하여 근로자가 위험해질 우려가 없는 경우에는 그러하지 아니하다.
② 비상정지장치 : 컨베이어 등에 근로자의 신체의 일부가 말려드는 등 근로자에게 위험을 미칠 우려가 있는 때 및 비상시에는 즉시 컨베이어 등의 운전을 정지시킬 수 있는 장치를 설치하여야 한다. 다만, 무동력상태로만 사용하여 근로자가 위험해질 우려가 없는 경우에는 그러하지 아니하다.
③ 덮개, 울의 설치 : 컨베이어 등으로부터 화물이 떨어져 근로자가 위험해질 우려가 있는 경우에는 해당 컨베이어 등에 덮개 또는 울을 설치하는 등 낙하 방지를 위한 조치를 하여야 한다.

53 ④

[해설] ④ 분할날은 후면 날(톱 뒷날)의 2/3 이상을 덮어 설치할 것

[참고] 분할날의 설치조건

① 분할날 두께는 톱두께의 1.1배 이상이며 치진폭보다 작을 것

$$1.1\ t_1 \leq t_2 < b$$
$$(t_1 : 톱두께,\ t_2 : 분할날두께,\ b : 치진폭)$$

② 톱날 후면과의 간격은 12mm 이내일 것
③ 후면날의 2/3 이상을 덮어 설치할 것
④ 분할날 최소길이

$$L = \frac{\pi \times D}{6} \text{(mm)}$$
$$D : 톱날직경(\text{mm})$$

⑤ 직경이 610mm를 넘는 둥근톱에는 현수식 분할날을 사용할 것

54 ④

[해설] 안전율 = $\dfrac{\text{파괴하중}}{\text{정격하중}} = \dfrac{400}{100} = 4$

55 ③

[해설]
1. 프레스기의 방호장치는 안전인증 대상에 해당한다.
2. 안전인증 대상 합격표시
   ① 형식 또는 모델명
   ② 규격 또는 등급 등
   ③ 제조자명
   ④ 제조번호 및 제조연월
   ⑤ 안전인증 번호

56 ①

[해설] 늘어난 달기 체인 등의 사용금지 사항
① 달기 체인의 길이가 달기 체인이 제조된 때의 길이의 5퍼센트를 초과한 것
② 링의 단면지름이 달기 체인이 제조된 때의 해당 링의 지름의 10퍼센트를 초과하여 감소한 것
③ 균열이 있거나 심하게 변형된 것

[참고]

화물자동차의 짐걸이 등으로 사용하는 섬유로프	① 꼬임이 끊어진 것 ② 심하게 손상되거나 부식된 것
달비계에 사용하는 섬유로프 또는 안전대의 섬유벨트	① 꼬임이 끊어진 것 ② 심하게 손상되거나 부식된 것 ③ 2개 이상의 작업용 섬유로프 또는 섬유벨트를 연결한 것 ④ 작업높이보다 길이가 짧은 것
와이어로프	① 이음매가 있는 것 ② 와이어로프의 한 꼬임에서 끊어진 소선의 수가 10퍼센트 이상인 것 ③ 지름의 감소가 공칭지름의 7퍼센트를 초과하는 것 ④ 꼬인 것 ⑤ 심하게 변형되거나 부식된 것 ⑥ 열과 전기충격에 의해 손상된 것

57 ②

[해설] ② 슬라이드 하강 중 정전 또는 방호장치의 이상 시에 정지할 수 있는 구조이어야 한다.

[참고] 광전자식 방호장치의 일반구조
㉠ 정상 동작 표시램프는 녹색, 위험표시램프는 붉은색으로 하며, 쉽게 근로자가 볼 수 있는 곳에 설치해야 한다.
㉡ 방호장치는 릴레이, 리미트 스위치 등의 전기부품의 고장, 전원전압의 변동 및 정전에 의해 슬라이드가 불시에 동작하지 않아야 하며, 사용전원전압의 ±(100분의 20)의 변동에 대하여 정상으로 작동되어야 한다.
㉢ 방호장치의 정상작동 중에 감지가 이루어지거나 공급전원이 중단되는 경우 적어도 두 개 이상의 출력신호개폐장치가 꺼진 상태로 돼야 한다.
㉣ 방호장치의 감지기능은 규정한 검출영역 전체에 걸쳐 유효하여야 한다.(다만, 블랭킹 기능이 있는 경우 그렇지 않다)
㉤ 연속 차광폭 30mm 이하(다만, 12광축 이상으로 광축과 작업점과의 수평거리가 500mm를 초과하는 프레스에 사용하는 경우는 40mm 이하)

58 ③

[해설] 접선 물림점 : 회전하는 부분의 접선방향으로 물려 들어가는 위험점
[예] 벨트와 풀리, 체인과 스프로킷, 랙과 피니언 등

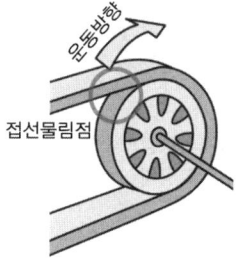

59 ③

[해설] 구멍이 거의 다 뚫렸을 때 공작물이 드릴과 함께 회전할 위험이 있다.

60 ③

해설 와이어로프의 표시

> "6 × 19"
>
> 여기서, 6 : 꼬임(스트랜드)의 수
> 19 : 소선의 수량

제4과목 전기 및 화학설비 안전 관리

61 ④

해설 전기설비의 방폭화 방법
① 점화원의 방폭적 격리(전폐형 방폭구조) : 내압, 압력, 유입 방폭구조
② 전기설비의 안전도 증강 : 안전증 방폭구조
③ 점화능력의 본질적 억제 : 본질안전 방폭구조

62 ③

해설 ③ 입자의 크기가 작을수록 분진폭발의 위험은 커진다.

참고 분진폭발에 영향을 미치는 인자

① 입도와 입도분포	입자가 작고 표면적이 클수록 폭발이 용이하다.
② 분진의 화학적 성분과 반응성	발열량이 클수록, 휘발성분이 많을수록 폭발이 용이하다.
③ 입자의 형상과 표면의 상태	입자의 형상이 구형(求刑)일수록 폭발성이 약하고 입자의 표면이 산소에 대한 활성을 가질수록 폭발성이 높다.
④ 분진 속의 수분	분진 속에 수분이 있으면 부유성 및 정전기 대전성을 감소시켜 폭발의 위험이 낮아진다.
⑤ 분진의 부유성	분진의 부유성이 클수록 공기 중 체류시간이 길어져 폭발이 용이하다.

63 ③

해설 전압의 구분

전압의 종별	교류	직류
저압	1,000V 이하의 것	1,500V 이하의 것
고압	1,000V 초과 7,000V 이하	1,500V 초과 7,000V 이하
특별고압	7,000V 초과	7,000V 초과

64 ④

해설 감전에 의한 사망의 주요 원인
① 심장부에 전류가 흘러 심실세동이 발생하여 혈액순환 기능이 상실되어 사망
② 뇌의 호흡중추 신경에 전류가 흘러 호흡 기능이 정지되어 사망
③ 흉부에 전류가 흘러 흉부수축에 의한 질식으로 사망

65 ②

해설 심실세동전류

> ㉮ $I(\text{mA}) = \dfrac{165}{\sqrt{T}}$, T : 통전시간(초)
>
> ㉯ $I(A) = \dfrac{V}{R}$

$I = \dfrac{165}{\sqrt{T}} = \dfrac{165}{\sqrt{4}} = 82.5\text{mA}$

66 ①

해설 고정 설치되거나 고정배선에 접속된 전기기계·기구의 노출된 비충전 금속체 중 충전될 우려가 있는 접지 대상
① 지면이나 접지된 금속체로부터 수직거리 2.4미터, 수평거리 1.5미터 이내의 것
② 물기 또는 습기가 있는 장소에 설치되어 있는 것
③ 금속으로 되어있는 기기접지용 전선의 피복·외장 또는 배선관 등
④ 사용전압이 대지전압 150볼트를 넘는 것

67 ④

해설 전로의 절연저항

전로의 사용전압(V)	DC 시험전압(V)	절연저항 (MΩ)
SELV(비접지회로) 및 PELV(접지회로)	250	0.5
FELV(1차와 2차가 전기적으로 절연되지 않은 회로), 500(V) 이하	500	1.0
500(V) 초과	1,000	1.0

68 ④

해설 접지도체의 최소단면적(mm²)

구리	철
6	50
접지도체에 피뢰시스템이 접속된 경우	
16	50

69 ①

해설
② 몰드 방폭구조 : m
③ 충전 방폭구조 : q
④ 압력 방폭구조 : p

참고 위험장소별 방폭구조

가스 폭발 위험 장소	0종 장소	본질 안전 방폭구조(ia)
	1종 장소	내압 방폭구조(d) 압력 방폭구조(p) 충전 방폭구조(q) 유입 방폭구조(o) 안전증 방폭구조(e) 본질안전 방폭구조(ia, ib) 몰드 방폭구조(m)
	2종 장소	0종 장소 및 1종 장소에 사용 가능한 방폭구조 비점화 방폭구조(n)

70 ④

해설 절연물의 종류와 최고 허용온도

- Y종 절연 : 90℃
- A종 절연 : 105℃
- E종 절연 : 120℃
- B종 절연 : 130℃
- F종 절연 : 155℃
- H종 절연 : 180℃
- C종 절연 : 180℃ 초과

71 ④

해설 특수화학설비의 계측장치
① 온도계
② 유량계
③ 압력계

참고 특수화학설비의 방호장치
① 계측장치
② 자동경보장치
③ 긴급차단장치
④ 예비동력원

72 ④

해설 확산연소
가연성 가스가 공기 중에 확산되어 연소하는 형태
예 대부분 가스의 연소

참고 기체, 액체, 고체의 연소의 형태

기체의 연소	확산 연소	가연성 가스가 공기 중에 확산되어 연소하는 형태 **예** 대부분 가스의 연소
액체의 연소	증발 연소	액체 자체가 연소되는 것이 아니라 액체 표면에서 발생하는 증기가 연소하는 형태 **예** 대부분 액체의 연소
고체의 연소	표면 연소	가연성 가스를 발생하지 않고 물질 그 자체가 연소하는 형태 **예** 코크스, 목탄, 금속분 등
	분해 연소	가열 분해에 의해 발생된 가연성 가스가 공기와 혼합되어 연소하는 형태 **예** 목재, 종이, 석탄, 플라스틱 등 일반 가연물

고체의 연소	증발 연소	고체가연물의 가열에 의해 발생한 가연성 증기가 연소하는 형태 예 황, 나프탈렌
	자기 연소	자체 내 산소를 함유하고 있어 공기 중 산소를 필요치 않고 연소하는 형태 예 니트로 화합물, 다이너마이트 등

73 ①

해설 대량의 가연성 가스가 유출, 증기가 공기와 혼합해서 가연성 혼합기체를 형성, 점화원에 의하여 발생하는 폭발 → 개방계증기운폭발(UVCE)

74 ①

해설 B급 화재 → 유류화재

참고 화재의 분류 및 소화방법

분류	A급 화재	B급 화재	C급 화재	D급 화재
구분색	백색	황색	청색	표시없음(무색)
가연물	일반 화재	유류(가스) 화재	전기 화재	금속 화재
주된 소화 효과	냉각 효과	질식 효과	질식, 억제 효과	질식 효과
적응 소화제	물, 강화액 소화기, 산·알칼리 소화기	포말 소화기, CO_2 소화기, 분말소화기	CO_2 소화기, 분말소화기, 할로겐 화합물 소화기	건조사, 팽창 질석, 팽창 진주암

75 ④

해설
① 니트로화합물 : 폭발성 물질 및 유기과산화물
② 과염소산 : 산화성 액체 및 산화성 고체
③ 아조화합물 : 폭발성 물질 및 유기과산화물
④ 칼륨 : 물반응성 물질 및 인화성 고체

76 ②

해설 화학설비의 안전거리 기준

구 분	안전거리
1. 단위공정시설 및 설비로부터 다른 단위공정시설 및 설비의 사이	설비의 바깥 면으로부터 10미터 이상
2. 플레어스택으로부터 단위공정시설 및 설비, 위험물질 저장탱크 또는 위험물질 하역설비의 사이	플레어스택으로부터 반경 20미터 이상. 다만, 단위공정시설 등이 불연재로 시공된 지붕 아래에 설치된 경우에는 그러하지 아니하다.
3. 위험물질 저장탱크로부터 단위공정시설 및 설비, 보일러 또는 가열로의 사이	저장탱크의 바깥 면으로부터 20미터 이상. 다만, 저장탱크의 방호벽, 원격조종 소화설비 또는 살수설비를 설치한 경우에는 그러하지 아니하다.
4. 사무실·연구실·실험실·정비실 또는 식당으로부터 단위공정시설 및 설비, 위험물질 저장탱크, 위험물질 하역설비, 보일러 또는 가열로의 사이	사무실 등의 바깥 면으로부터 20미터 이상. 다만, 난방용 보일러인 경우 또는 사무실 등의 벽을 방호구조로 설치한 경우에는 그러하지 아니하다.

77 ④

해설 분해폭발을 일으키는 물질 : 산화에틸렌, 아세틸렌, 에틸렌, 이산화질소 등

78 ①

해설 점화원 없이 발화를 일으키는 최저온도 → 착화점

79 ④

해설 ④ 할로겐 원소(부촉매)에 의하여 연소반응을 억제하는 억제소화에 해당한다.

80 ③

해설 산화성 액체 및 산화성 고체
① 차아염소산 및 그 염류
② 아염소산 및 그 염류
③ 염소산 및 그 염류
④ 과염소산 및 그 염류

⑤ 브롬산 및 그 염류
⑥ 요오드산 및 그 염류
⑦ 과산화수소 및 무기 과산화물
⑧ 질산 및 그 염류
⑨ 과망간산 및 그 염류
⑩ 중크롬산 및 그 염류

제5과목 건설공사 안전 관리

81 ②

[해설] **말비계의 구조**
① 지주부재의 하단에는 미끄럼 방지장치를 하고, 양측 끝부분에 올라서서 작업하지 아니하도록 할 것
② 지주부재와 수평면과의 기울기를 75도 이하로 하고, 지주부재와 지주부재 사이를 고정시키는 보조부재를 설치할 것
③ 말비계의 높이가 2미터를 초과할 경우에는 작업발판의 폭을 40센티미터 이상으로 할 것

82 ③

[해설] **방망사의 신품에 대한 인장강도**

그물코의 크기 (단위 : 센티미터)	방망의 종류(단위 : 킬로그램)	
	매듭 없는 방망	매듭방망
10	240	200
5		110

[참고] **방망사의 폐기 시 인장강도**

그물코의 크기 (단위 : 센티미터)	방망의 종류(단위 : 킬로그램)	
	매듭 없는 방망	매듭방망
10	150	135
5		60

83 ④

[해설] ④ 트럭 크레인은 이동식 크레인에 해당한다.

84 ④

[해설] **낙하물방지망 또는 방호선반을 설치 시 준수사항**
① 설치높이는 10미터 이내마다 설치하고, 내민 길이는 벽면으로부터 2미터 이상으로 할 것
② 수평면과의 각도는 20도 내지 30도를 유지할 것

85 ③

[해설] ③ 최상부의 슬래브는 이어붓기를 피하고 일시에 전체를 타설하여야 한다.

86 ③

[해설] **와이어로프 등 달기구의 안전계수**
양중기의 와이어로프 등 달기구의 안전계수(달기구 절단하중의 값을 그 달기구에 걸리는 하중의 최대값으로 나눈 값을 말한다)가 다음 각 호의 구분에 따른 기준에 맞지 아니한 경우에는 이를 사용해서는 아니된다.
① 근로자가 탑승하는 운반구를 지지하는 달기와 이어로프 또는 달기 체인의 경우 : 10 이상
② 화물의 하중을 직접 지지하는 달기 와이어로프 또는 달기 체인의 경우 : 5 이상
③ 혹, 샤클, 클램프, 리프팅 빔의 경우 : 3 이상
④ 그 밖의 경우 : 4 이상

87 ④

[해설] 주행크레인 또는 선회크레인과 건설물 또는 설비와의 사이에 통로를 설치하는 경우 그 폭을 0.6미터 이상으로 하여야 한다. 다만, 그 통로 중 건설물의 기둥에 접촉하는 부분에 대해서는 0.4미터 이상으로 할 수 있다.

88 ③

[해설] **고결안정공법**
연약지반을 고결(단단하게 뭉치게 함)시켜 지내력을 증강시키는 공법
① 시멘트주입공법
② 약액주입법
③ 동결공법
④ 소결공법
⑤ 생석회말뚝공법

89 ④

해설 화물의 적재 시의 준수 사항
① 침하 우려가 없는 튼튼한 기반 위에 적재할 것
② 건물의 칸막이나 벽 등이 화물의 압력에 견딜 만큼의 강도를 지니지 아니한 경우에는 칸막이나 벽에 기대어 적재하지 않도록 할 것
③ 불안정할 정도로 높이 쌓아 올리지 말 것
④ 하중이 한쪽으로 치우치지 않도록 쌓을 것 (편하중이 생기지 않도록 적재)

90 ④

해설

리프트 (자동차정비용 리프트 제외)	• 과부하방지장치 • 권과방지장치 • 비상정지장치 • 제동장치 • 조작반(盤) 잠금장치

91 ④

해설 클램셸(clam shell)
• 수중굴착 및 가장 협소하고 깊은 굴착이 가능하며 호퍼(hopper)에 적당하다.
• 연약지반이나 수중굴착 및 자갈 등을 싣는데 적합하다.

92 ③

해설 잠함 등 내부에서의 굴착작업 시 준수사항
① 산소결핍의 우려가 있는 때에는 산소의 농도를 측정하는 자를 지명하여 측정하도록 할 것
② 근로자가 안전하게 오르내리기 위한 설비를 설치할 것
③ 굴착 깊이가 20미터를 초과하는 때에는 당해작업장소와 외부와의 연락을 위한 통신설비 등을 설치할 것
④ 산소농도 측정결과 산소의 결핍이 인정되거나 굴착깊이가 20미터를 초과하는 때에는 송기를 위한 설비를 설치하여 필요한 양의 공기를 송급하여야 한다.

93 ②

해설 와이어로프의 안전율 계산

$$S = \frac{N \times P}{Q}$$

여기서, S : 안전율
N : 로프 가닥수
P : 로프의 파단강도(kg/mm^2)
Q : 허용응력(kg/mm^2)

$$S = \frac{N \times P}{Q}$$
$$N = \frac{S \times Q}{P} = \frac{6 \times 10}{4} = 15 가닥$$

94 ③

해설 터널 지보공 설치 시 점검 항목
① 부재의 손상·변형·부식·변위 탈락의 유무 및 상태
② 부재의 긴압의 정도
③ 부재의 접속부 및 교차부의 상태
④ 기둥침하의 유무 및 상태

95 ④

해설 축하중 변화 측정 → 하중계(Load cell)

96 ①

해설 ① 대기의 온도가 낮을수록 크다.

참고 ① 철골 또는 철근량이 적을수록 측압이 크다.
② 외기온도가 낮을수록 측압이 크다.
③ 타설속도가 빠를수록 측압이 크다.
④ 슬럼프가 클수록 측압이 크다.
⑤ 콘크리트 비중이 클수록 측압이 크다.
⑥ 습도가 낮을수록 측압이 크다.

97 ①

해설 방망의 정기시험은 사용개시 후 1년 이내로 하고, 그 후 6개월마다 1회씩 정기적으로 시험용사에 대해서 등속인장시험을 하여야 한다.

98 ①

[해설] 유해·위험방지계획서 첨부서류

1. 공사 개요 및 안전보건관리계획
   가. 공사개요서
   나. 공사현장의 주변 현황 및 주변과의 관계를 나타내는 도면(매설물 현황을 포함한다)
   다. 건설물, 사용 기계설비 등의 배치를 나타내는 도면
   라. 전체 공정표
   마. 산업안전보건관리비 사용계획
   바. 안전관리 조직표
   사. 재해 발생 위험 시 연락 및 대피방법
2. 작업 공사 종류별 유해·위험방지계획

99 ④

[해설] 안전관리비의 계상

1. 대상액이 5억 원 미만 또는 50억 원 이상
   안전관리비
   = 대상액(재료비 + 직접 노무비) × 비율

2. 대상액이 5억 원 이상 50억 원 미만
   안전관리비
   = 대상액(재료비 + 직접 노무비) × 비율
   + 기초액(C)

대상액 = 30억 원 + 50억 원 = 80억 원
안전관리비 = (80억 원 × 0.0197) = 157,600,000원

100 ④

[해설] 산업안전보건관리비의 사용 항목

안전관리자·보건관리자의 임금 등	① 안전관리 또는 보건관리 업무만을 전담하는 안전관리자 또는 보건관리자의 임금과 출장비 전액 ② 안전관리 또는 보건관리 업무를 전담하지 않는 안전관리자 또는 보건관리자의 임금과 출장비의 각각 2분의 1에 해당하는 비용 ③ 안전관리자를 선임한 건설공사 현장에서 산업재해 예방 업무만을 수행하는 작업지휘자, 유도자, 신호자 등의 임금 전액 ④ 작업을 직접 지휘·감독하는 직·조·반장 등 관리감독자의 직위에 있는 자가 업무를 수행하는 경우에 지급하는 업무수당(임금의 10분의 1 이내)
안전시설비 등	① 산업재해 예방을 위한 안전난간, 추락방호망, 안전대 부착설비, 방호장치(기계·기구와 방호장치가 일체로 제작된 경우, 방호장치 부분의 가액에 한함) 등 안전시설의 구입·임대 및 설치를 위해 소요되는 비용 ② 스마트 안전장비 구입·임대 비용의 5분의 2에 해당하는 비용. 다만, 계상된 안전보건관리비 총액의 10분의 1을 초과할 수 없다. ③ 용접 작업 등 화재 위험작업 시 사용하는 소화기의 구입·임대비용
근로자 건강장해 예방비 등	① 법에서 정하거나 그에 준하여 필요한 각종 근로자의 건강장해 예방에 필요한 비용 ② 중대재해 목격으로 발생한 정신질환을 치료하기 위해 소요되는 비용 ③ 「감염병의 예방 및 관리에 관한 법률」에 따른 감염병의 확산 방지를 위한 마스크, 손소독제, 체온계 구입비용 및 감염병병원체 검사를 위해 소요되는 비용 ④ 휴게시설을 갖춘 경우 온도, 조명 설치·관리기준을 준수하기 위해 소요되는 비용 ⑤ 건설공사 현장에서 근로자 심폐소생을 위해 사용되는 자동심장충격기(AED) 구입에 소요되는 비용

제5회

자격종목	시험시간	문제수	문제형별
산업안전산업기사	2시간 30분	100	A

| 수험번호 | | 성명 | |

[수험자 유의사항]

1. 시험 도중 수험자 PC 장애발생 시 손을 들어 시험감독관에게 알리면 긴급 장애 조치 또는 자리 이동을 할 수 있습니다.
2. 시험이 끝나면 채점결과(점수)를 바로 확인할 수 있습니다.
3. 부정행위가 발각될 경우 감독관의 지시에 따라 퇴실 조치되고 시험은 무효로 처리되며, 3년간 국가기술자격검정에 응시할 자격이 정지됩니다.

정답 및 해설은 문제 뒤편에 있습니다

제1과목 : 산업재해 예방 및 안전보건교육

1. 다음은 사고연쇄이론에 관한 사항이다. 사고를 가져오기 전 단계는?

   ① 사회 환경
   ② 개인적 결함
   ③ 불안전한 행동과 불안전한 상태
   ④ 상해

2. 스트레스 주요 원인 중 마음속에서 일어나는 내적 자극 요인으로 틀린 것은?

   ① 자존심의 손상
   ② 업무상의 죄책감
   ③ 현실에서의 부적응
   ④ 직장에서의 대인 관계상의 갈등과 대립

3. 안전교육 학습지도법의 단계 중 그 순서가 옳게 나열된 것은?

   ① 준비 - 교시 - 연합 - 총괄 - 응용
   ② 준비 - 연합 - 교시 - 응용 - 총괄
   ③ 총괄 - 연합 - 교시 - 응용 - 준비
   ④ 응용 - 준비 - 연합 - 총괄 - 교시

4. 다음의 안전관리 조직의 유형 중 참모식 조직의 특성이 아닌 것은?

   ① 모든 명령은 생산계통을 따라 이루어진다.
   ② 100명 이상의 사업장에 적합하다.
   ③ 안전 업무가 전담 기능에 의거해 수행되므로 발전적이다.
   ④ 라인식 조직보다 비경제적인 조직이며 안전기술 축적이 용이하다.

5. 그림의 착시현상 중 Herling 착시현상에 해당되는 것은?

① a가 b보다 길게 보인다.

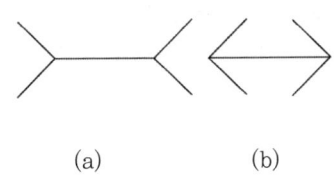

② a는 세로로 길어 보이고, b는 가로로 길어 보인다.

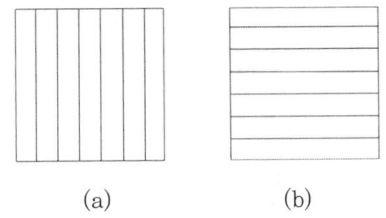

③ a는 양단이 벌어져 보이고, b는 중앙이 벌어져 보인다.

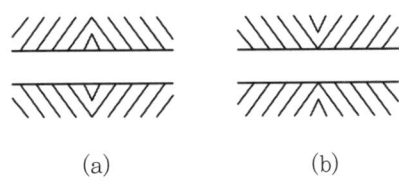

④ a와 c가 일직선으로 보인다.

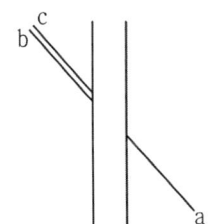

6. 안전교육 방법 중 실연법의 설명으로 맞는 것은?

① 시설 유지비가 적게 든다.
② 학생들의 참여가 제약된다.
③ 학생들의 사회성이 결여되기 쉽다.
④ 다른 방법보다 교사 대 학습자 수의 비율이 높다.

7. 인간성에 대한 "사람은 남에게 지휘받는 것을 좋아하고, 스스로 책임지는 것을 싫어하며 무엇보다도 안전을 추구한다." 라는 가설과 관계가 깊은 이론은?

① ERG이론
② X이론
③ Y이론
④ 성취동기이론

8. 다음 재해분석 중 불안전한 행동에 관한 분석내용과 거리가 먼 것은?

① 위험한 장소의 접근
② 복장 보호구의 미착용
③ 감독 및 연락 불충분
④ 작업환경의 결함

9. 어떤 작업에 대한 평균에너지값이 4.7kcal/분일 경우 1시간의 총 작업시간 내에 포함시켜야만 하는 휴식 시간은 약 얼마인가? (단, 작업에 대한 평균에너지값의 상한은 4kcal/분이다.)

① 3.86분
② 7.23분
③ 10.11분
④ 13.13분

10. 상시 50인이 근로하는 공장에서 1일 8시간, 연 근로일수 300일에 1년간 3건의 부상자를 낸 공장의 강도율이 1.5였다면 총 휴업일수는 얼마인가?

   ① 180일   ② 190일
   ③ 208일   ④ 219일

11. 안전 보건표지의 색채의 사용례에서 빨강으로 표시해야 하는 항목이 아닌 것은?

   ① 소화설비   ② 위험경고
   ③ 정지신호   ④ 유해행위의 금지

12. 강의식 교육지도에서 가장 많은 시간이 할당되는 단계는?

   ① 도입단계   ② 제시단계
   ③ 적용단계   ④ 확인단계

13. 안전 동기를 유발시킬 수 있는 방법과 거리가 먼 것은?

   ① 경쟁과 협동심을 유발시킨다.
   ② 안전 목표를 명확히 설정한다.
   ③ 포상 조건만을 강조한다.
   ④ 동기유발의 최적 수준을 유지토록 한다.

14. 다음 중 산업안전보건법상 자율안전확인대상 기계·기구 및 설비에 해당하지 않는 것은?

   ① 산업용 로봇   ② 컨베이어
   ③ 고소작업대   ④ 혼합기

15. 다음 중 산업안전보건법령상 안전관리자를 증원하거나 교체해야 하는 경우가 아닌 것은?

   ① 당해 사업장의 연간 재해율이 동일 업종 평균재해율의 3배인 경우
   ② 작업환경불량, 화재, 폭발 또는 누출사고 등으로 사회적 물의를 일으킨 경우
   ③ 중대재해가 연간 3건 발생한 경우
   ④ 안전관리자가 질병의 이유로 6개월 동안 직무를 수행할 수 없게 된 경우

16. 다음 그림에 해당하는 산업안전보건법상 안전·보건표지의 종류로 옳은 것은?

   ① 인화성물질 경고
   ② 금연
   ③ 화기금지
   ④ 폭발성물질 경고

17. 다음 중 사고예방 대책의 기본원리를 단계적으로 나열한 것은?

   ① 조직 → 사실의 발견 → 평가분석 → 시정책의 적용 → 시정책의 선정
   ② 조직 → 사실의 발견 → 평가분석 → 시정책의 선정 → 시정책의 적용
   ③ 사실의 발견 → 조직 → 평가분석 → 시정책의 적용 → 시정책의 선정
   ④ 사실의 발견 → 조직 → 평가분석 → 시정책의 선정 → 시정책의 적용

18. 산업안전보건법상 관리감독자의 직무에 해당하지 않는 것은?

① 해당 작업과 관련된 기계·기구 또는 설비의 안전·보건 점검 및 이상 유무의 확인
② 소속된 근로자의 작업복·보호구 및 방호장치의 점검과 그 착용·사용에 관한 교육·지도
③ 사업장 순회점검·지도 및 조치의 건의
④ 해당 작업의 작업장 정리·정돈 및 통로 확보에 대한 확인·감독

19. 안전보건개선계획서에 포함되어야 할 사항이 아닌 것은?

① 안전·보건교육
② 안전보건관리예산
③ 안전·보건관리체계
④ 산업재해예방 및 작업환경의 개선을 위하여 필요한 사항

20. 다음 중 기억과정에 있어 "파지(retention)"에 대한 설명으로 가장 적절한 것은?

① 사물의 인상을 마음속에 간직하는 것
② 사물의 보존된 인상을 다시 의식으로 떠오르는 것
③ 과거의 경험이 어떤 형태로 미래의 행동에 영향을 주는 작용
④ 과거의 학습 경험을 통하여 학습된 행동이나 내용이 지속되는 것

제2과목 : 인간공학 및 위험성 평가·관리

21. 입식작업장에서 작업대의 높이를 결정하는데 있어 고려하지 않아도 되는 것은?

① 작업자의 신장
② 작업의 빈도
③ 작업물의 크기
④ 작업물의 무게

22. 시스템 신뢰도를 증가시킬 수 있는 방법이 아닌 것은?

① 페일세이프 설계
② 풀프루프 설계
③ 중복 설계
④ Lock System 설계

23. 제어장치에서 제어장치의 변위를 3cm 움직였을 때 표시계의 지침이 5cm 움직였다면 이 기기의 통제표시비는 얼마인가?

① 0.6 ② 0.20
③ 0.25 ④ 4.0

24. 인간의 기대하는 바와 자극 또는 반응들이 일치하는 관계를 무엇이라 하는가?

① 관련성
② 반응성
③ 자극성
④ 양립성

25. 인간이 앉아서 작업대 위에 손을 움직여 나타나는 평면작업 중 팔을 굽히고도 편하게 작업을 하면서 좌우의 손을 움직여 생기는 작은 원호형의 영역을 무엇이라 하는가?

① 최대작업역　② 평면작업역
③ 작업공간 포락면　④ 정상작업역

26. 다음 중 택시요금 계기와 같이 숫자로 표시되는 정량적인 동적 표시장치를 무엇이라 하는가?

① 계수형　② 동목형
③ 동침형　④ 수평형

27. 안전성 평가를 위해 제출하는 유해위험 방지계획서의 제출대상 사업장의 전기 사용설비의 정격용량은?

① 150kW 이상
② 300kW 이상
③ 450kW 이상
④ 1,000kW 이상

28. Energy 대사율인 RMR(Relative Metabolic Rate)에 대한 설명 중 틀린 것은?

① 작업대사량 = 작업 시 소비에너지 - 안정 시 소비에너지
② RMR = 작업대사량 ÷ 기초대사량
③ 산소의 소모량을 측정키 위한 용기는 더글라스 백(Douglas Bag)을 이용한다.
④ 기초대사량은 의자에 앉아서 호흡하는 동안에 소비한 산소의 소비량으로 측정한다.

29. 88dB의 소음을 내는 방적기 두 대가 있다. 이 방적기 두 대가 내는 복합소음은 몇 dB인가?

① 88dB　② 91dB
③ 120dB　④ 176dB

30. 어떤 상황 하에서 정보를 전송하기 위해 표시장치를 선택하거나 설계할 때, 청각장치를 사용하는 사례로 올바른 것은?

① 전언이 길다.
② 전언이 후에 재 참조된다.
③ 전언이 시간적인 사상을 다룬다.
④ 직무상 수신자가 한 곳에 머무르는 경우

31. 기계의 신뢰도가 고장률이 일정한 지수분포를 나타내며, 고장률이 0.04일 때 이 기계가 10시간 동안 만족스럽게 작동할 확률은?

① 0.40　② 0.67
③ 0.84　④ 0.96

32. 촉각적 표시장치에서 기본 정보 수용기로 주로 사용되는 것은?

① 귀　② 손
③ 눈　④ 코

33. 고장의 발생상황 중 불량제조, 생산과정에서의 품질관리 미비, 설계미숙 등으로 일어나는 고장은?

① 마모고장　② 우발고장
③ 초기고장　④ 품질관리고장

34. 인간이 기계를 조종하여 임무를 수행하여야 하는 인간 – 기계체계가 있다. 만일 인간 – 기계 통합체계의 신뢰도가 0.8 이상이어야 하며, 인간의 신뢰도는 0.9라 한다면, 기계의 신뢰도는 얼마 이상이어야 하는가?

① 0.57
② 0.62
③ 0.73
④ 0.89

35. 다음 시스템 안전해석 방법 중 틀린 것은?

① THERP : 정량적 해석방법
② ETA : 귀납적, 정량적 해석방법
③ PHA : 정성적 해석방법
④ FMEA : 연역적, 정량적 해석방법

36. 다음 중 인간 실수확률에 대한 추정기법이 아닌 것은?

① 계층분석모델
② 위급사건기법
③ 직무 위급도 분석
④ 조작자 행동나무

37. 기계의 통제를 위한 통제기기의 선택 조건이 아닌 것은?

① 계기의 지침은 일치성이 있어야 한다.
② 식별이 어려운 통제기기를 선택해야 한다.
③ 특정 목적에 사용되는 통제기기는 여러 개를 조합하여 사용하는 것이 좋다.
④ 통제기기가 복잡하고 정밀한 조절이 필요한 때에는 멀티로테이션 컨트롤 기기를 사용하는 것이 좋다.

38. 일반적으로 인체계측자료를 설계에 응용할 때의 내용으로 잘못된 것은?

① 선반 높이의 설계를 위하여 5%의 하위 백분위 수를 사용하였다.
② 조종 위치까지의 거리 설계를 위하여 5%의 하위 백분위 수를 사용하였다.
③ 출입문의 설계를 위하여 5%의 하위 백분위 수를 사용하였다.
④ 비상벨의 위치 설계를 위하여 5%의 하위 백분위 수를 사용하였다.

39. 평균고장시간(MTTF)이 6×10^5 시간인 요소 3개가 직렬계를 이루었을 때의 계(system)의 수명은?

① 2×10^5 시간
② 3×10^5 시간
③ 9×10^5 시간
④ 18×10^5 시간

40. 시스템이나 서브시스템 위험분석을 위하여 일반적으로 사용되는 전형적인 정성적, 귀납적 분석기법으로 시스템에 영향을 미치는 모든 요소의 고장을 형태별로 분석하여 그 영향을 검토하는 분석기법은?

① PHA
② FMEA
③ SSHA
④ ETA

제3과목 : 기계·기구 및 설비 안전 관리

41. 보일러에서 압력제한 스위치의 역할은?

① 최고 사용압력과 상용압력 사이에서 보일러의 버너연소를 차단
② 최고 사용압력과 상용압력 사이에서 급수펌프 작동을 제한
③ 최고 사용압력 도달 시 과열된 공기를 대기에 방출하여 압력 조절
④ 위험압력 시 버너, 급수펌프 및 고저 수위조절장치 등을 통제하여 일정 압력 유지

42. 파단하중(절단하중)이 220kg이고, 안전계수가 5인 와이어로프의 안전하중은?

① 24kg
② 34kg
③ 44kg
④ 54kg

43. 방호울을 설치하여야 하는 공작기계는?

① 세이퍼
② 선반
③ 드릴
④ 밀링

44. 지게차로 20km/hr의 속력으로 주행할 때 좌우안정도는 얼마인가?

① 37%
② 39%
③ 40%
④ 42%

45. 공작기계에서 일감을 고정할 때 적당하지 않는 방법은?

① 볼트-너트로 고정한다.
② 손으로 잡는다.
③ 지그로 고정한다.
④ 바이스로 고정한다.

46. 컨베이어에 설치하는 안전장치 중 가장 거리가 먼 것은?

① 이탈 및 역주행 방지장치
② 과부하방지장치
③ 비상정지장치
④ 건널다리

47. 지게차의 안전장치에 해당하지 않는 것은?

① 백미러
② 후방접근 경보장치
③ 백 레스트
④ 권과방지장치

48. 기계의 안전조건 중 외관적 안전화(安全化)와 가장 거리가 먼 것은?

① 급정지장치
② 안전색채 조절
③ 가드(Guard)의 설치
④ 구획된 장소에 격리

49. 프레스에 대한 안전장치 중 금형 안에 손이 들어가지 않는 구조(No Hand in Die Type)인 것은?

① 자동송급식
② 양수조작식
③ 손쳐내기식
④ 감응식

50. 아세틸렌 용접장치의 역화 원인으로 거리가 먼 것은?

① 토치 팁에 이물질이 묻었을 때
② 팁이 과열되었을 때
③ 산소 공급이 부족할 때
④ 압력 조정기가 고장일 때

51. 롤러기의 급정지장치는 무부하에서 최대 속도로 회전시킨 상태에서 규정된 정지 거리 이내에 당해 롤러기를 정지시킬 수 있어야 한다. 앞면 롤러의 직경이 30cm, 원주속도가 20m/min이라면 급정지거리는 얼마 이내이어야 하는가?

① 앞면 롤러 원주의 1/4
② 앞면 롤러 원주의 1/3
③ 앞면 롤러 원주의 1/2.5
④ 앞면 롤러 원주의 1/2

52. 기계의 동작상태가 설정된 순서, 조건에 따라 진행되어, 한 가지 상태의 종류가 다음 상태를 생성하는 제어 시스템을 가진 로봇은?

① 플레이백 로봇
② 학습 제어 로봇
③ 수치 제어 로봇
④ 스퀀스 로봇

53. 다음 중 목재가공용 둥근톱 기계의 방호장치인 반발예방장치가 아닌 것은?

① 반발방지발톱(finger)
② 분할날(spreader)
③ 반발방지롤(roll)
④ 가동식 접촉예방장치

54. 가스집합장치의 위험방지를 위하여 사업주는 화기를 사용하는 설비로부터 몇 m 이상 떨어진 장소에 가스집합장치를 설치하여야 하는가?

① 20
② 10
③ 7
④ 5

55. 용접장치의 산업안전기준에 관한 내용으로 옳은 것은?

① 아세틸렌 발생기실 출입구의 문은 목재로 한다.
② 게이지 압력이 매 제곱센티미터당 1.3 킬로그램을 초과하는 압력의 아세틸렌을 발생시켜 사용한다.
③ 아세틸렌 용접장치에는 취관마다 안전기를 설치하여야 한다(단, 근접한 분기관마다 안전기를 부착했음.)
④ 아세틸렌 발생기실은 건물의 최상층에 위치하게 하여야 한다.

56. 크레인의 작업시작 전 점검 사항이 아닌 것은?

① 권과방지장치·브레이크·클러치 및 운전장치의 기능
② 와이어로프가 통하고 있는 곳의 상태
③ 주행로의 상측 및 트롤리가 횡행(橫行)하는 레일의 상태
④ 접합상태 이상 유무

57. 기계설비기구의 위험점에서 고정부분과 회전부분이 만드는 위험점이 아니고, 회전하는 운동부 자체의 위험이나 운동하는 기계부분 자체의 위험에서 초래되는 위험점은?(예를 들면 밀링커터, 둥근 톱의 톱날 등)

① 물림점 ② 절단점
③ 끼임점 ④ 협착점

58. 프레스의 안전장치가 아닌 것은?

① 스위프 가드(Sweep guard)
② 풀 아웃(pull out)
③ 게이트 가드(gate guard)
④ 로울 피더(roll feeder)

59. 지게차 운전 중의 주의사항으로 적합하지 않는 것은?

① 견인 시는 반드시 견인봉을 사용할 것
② 정해진 하중을 초과하여 적재하지 말 것
③ 운전자 외에 한 사람 이상 필히 탑승할 것
④ 급격한 후퇴는 피할 것

60. 클러치 맞물림 개소가 4개, 200SPM (Stroke Per Minute) 동력 프레스의 양수조작식 안전장치의 거리는?

① 80(mm)   ② 120(mm)
③ 200(mm) ④ 360(mm)

제4과목 : 전기 및 화학설비 안전 관리

61. 변전소 등에 고장전류가 유입되었을 때 두 다리가 대지에 접촉하고 있다. 한 손을 도전성 구조물에 접촉했을 때, 심실세동전류를 I_k, 인체저항을 R_b, 지표상 저항률(고유저항)을 ρ_s라 하면 다음 중 허용접촉전압(E)을 구하는 식으로 옳은 것은?

① $E=(R_b+3\rho_s) \times I_k$
② $E=(R_b+\dfrac{3\rho_s}{2}) \times I_k$
③ $E=(R_b+6\rho_s) \times I_k$
④ $E=(R_b+\dfrac{6\rho_s}{2}) \times I_k$

62. 절연성 액체를 운반하는 관에 있어서 정전기로 인해 화재 및 폭발을 예방하기 위한 방법이 될 수 없는 것은?

① 유속을 줄인다.
② 관을 접지시킨다.
③ 도전성이 큰 재료의 관을 사용한다.
④ 관의 안지름이 작게 한다.

63. 전기설비의 안전도 증강에 의거하여 제작된 전기기기의 방폭구조는?

① 안전증 방폭구조 전기기기
② 내압 방폭구조 전기기기
③ 본질안전 방폭구조 전기기기
④ 압력 방폭구조 전기기기

64. 누전차단기의 사용기준에 해당하지 않는 것은?

① 해당 부하에 적합한 정격전류를 갖출 것
② 해당 부하에 적합한 차단용량을 갖출 것
③ 해당 전로의 공칭전압의 90~110% 이내의 정격전압일 것
④ 정격 감도전류 30mA 이하, 동작시간이 0.3초 이내일 것

65. 법령상 사업주가 실시해야 할 정전작업 시의 작업 전 조치사항과 거리가 먼 것은?

① 개폐기에 잠금장치를 함
② 잔류전하의 방전
③ 절연용 방호장치의 설치
④ 단락접지 시행

66. 이산화탄소 및 할로겐화합물 소화설비의 특징과 거리가 먼 것은?

① 소화속도가 빠르다.
② 전기기기류 화재에 사용된다.
③ 변질 우려가 있어 장기간 저장이 어렵다.
④ 소화할 때 주변을 오염시키지 않아 부식성이 없다.

67. 인체가 충전전로 등에 접촉할 경우 전기 저항은 여러 가지 조건에 따라 다르나, 일반적으로 최악의 경우 인체저항은 몇 [Ω]으로 설정하여야 하는가?

① 300
② 500
③ 700
④ 900

68. 산업안전보건법에서 정하는 폭발위험 장소의 분류 중 1종 장소에 해당하는 것은?

① 용기, 장치, 배관 등의 내부
② 맨홀, 벤트, 피트 등의 주위
③ 개스킷, 패킹 등의 주위
④ 호퍼, 분진저장소 등의 내부

69. 접지의 종류와 목적에 대한 설명으로 틀린 것은?

① 계통 접지 : 고압 전로와 저압 전로가 혼촉되었을 때 감전 및 화재 방지
② 피뢰 접지 : 낙뢰로부터 전기기기의 손상 방지
③ 기기 접지 : 누전되고 있는 기기에 접촉 시의 감전 방지
④ 등전위 접지 : 정전기의 축적에 의한 폭발 방지

70. 가스 또는 분진폭발위험장소에는 변전실·배전반실·제어실을 설치하여서는 아니된다. 다만, 실내기압이 항상 양압을 유지하도록 하고, 별도의 조치를 한 경우에는 그러하지 아니한데 이때 요구되는 조치사항으로 적합하지 않은 것은?

① 항상 유지해야 하는 실내기압의 양압은 15Pa 이상으로 유지
② 양압을 유지하기 위한 환기설비의 고장 등으로 양압이 유지되지 아니한 때 경보를 할 수 있는 조치
③ 환기설비에 의하여 변전실 등에 공급되는 공기는 가스 또는 분진폭발위험장소 외의 장소로부터 공급되도록 하는 조치
④ 환기설비가 정지된 후 재가동할 때 변전실 등의 가스 등의 유무를 확인할 수 있는 가스검지기 등 장비의 비치

71. 다음 중 물과의 접촉을 금지하여야 하는 물질은?

① 황린
② 칼슘
③ 히드라진
④ 니트로셀룰로오스

72. 다음 중 산업안전보건법상 물질안전보건자료(MSDS) 작성 시 포함되어야 하는 항목이 아닌 것은? (단, 참고사항은 제외한다.)

① 화학제품과 회사에 관한 정보
② 제조일자 및 유효기간
③ 운송에 필요한 정보
④ 환경에 미치는 영향

73. 다음 중 반응기를 구조형식에 의하여 분류할 때 이에 해당하지 않는 것은?

① 탑형
② 회분식
③ 교반조형
④ 유동층형

74. 가연성인 기체, 액체 또는 고체 등이 공기 속에서 연소를 할 때의 연소 형식이 아닌 것은?

① 증발연소
② 분해연소
③ 한계연소
④ 표면연소

75. 다음 중 특수 화학설비란 섭씨 몇도 이상인 상태에서 운전되는 설비를 말하는가?

① 150℃
② 250℃
③ 350℃
④ 450℃

76. 가열·마찰·충격 또는 다른 화학물질과의 접촉 등으로 인하여 산소나 산화제의 공급이 없더라도 폭발 등 격렬한 반응을 일으킬 수 있는 물질은?

① 알코올류
② 무기과산화물
③ 니트로화합물
④ 과망간산칼륨

77. 가연성가스의 조성과 연소하한 값이 다음 [표]와 같을 때 혼합가스의 연소하한 값은 약 몇 vol% 인가?

성분	조성(vol%)	연소하한값(vol%)
C_1 가스	2.0	1.1
C_2 가스	3.0	5.0
C_3 가스	2.0	15.0
공기	93.0	–

① 1.74
② 2.16
③ 2.74
④ 3.16

78. 반응기의 이상압력 상승으로부터 반응기를 보호하기 위해 파열판과 안전밸브를 설치하고자 한다. 다음 중 반응폭주 현상이 일어났을 때 반응기 내부의 과압을 가장 잘 분출할 수 있는 방법은?

① 파열판, 안전밸브의 순서대로 반응기 상부에 직렬로 설치한다.
② 안전밸브, 파열판의 순서대로 반응기 상부에 직렬로 설치한다.
③ 파열판과 안전밸브를 병렬로 반응기 상부에 설치한다.
④ 반응기 내부의 압력이 낮을 때는 직렬 연결이 좋고, 압력이 높을 때는 병렬 연결이 좋다.

79. 윤활유를 닦은 기름걸레를 햇빛이 잘 드는 작업장의 구석에 모아 두었을 때 가장 가능성이 높은 재해는?

① 분진폭발
② 자연발화에 의한 화재
③ 정전기 불꽃에 의한 화재
④ 기계의 마찰열에 의한 화재

80. 다음 중 분진 폭발의 발생 위험성을 낮추는 방법으로 적절하지 않은 것은?

① 주변의 점화원을 제거한다.
② 분진이 날리지 않도록 한다.
③ 분진과 그 주변의 온도를 낮춘다.
④ 분진 입자의 표면적을 크게 한다.

제5과목 : 건설공사 안전 관리

81. 가설구조물이 갖추어야 할 구비요건이 아닌 것은?

① 영구성
② 경제성
③ 작업성
④ 안전성

82. 현장에서 양중작업 중 와이어로프의 사용금지 기준이 아닌 것은?

① 이음매가 없는 것
② 와이어로프의 한 꼬임에서 끊어진 소선의 수가 10% 이상인 것
③ 지름의 감소가 공칭지름의 7%를 초과하는 것
④ 심하게 변형 또는 부식된 것

83. 강관비계기둥 간의 적재하중은 몇 kg을 초과해서는 안 되는가?

① 100kg
② 200kg
③ 300kg
④ 400kg

84. 해체작업용 기구와 직접적으로 관계가 없는 것은?

① 대형 브레이크
② 압쇄기
③ 핸드브레이크
④ 착암기

85. 건축물의 층고가 높아지면서 현장에서 고소작업대의 사용이 증가하고 있다. 고소작업대의 사용 및 설치기준에 대한 사항 중 맞는 것은?

① 작업대를 와이어로프로 상승 또는 하강 시킬 때에는 와이어로프의 안전율은 10 이상일 것
② 작업대를 상승시킨 상태에서 항상 작업자를 태우고 이동할 것
③ 바닥과 고소작업대는 가능한 한 수직을 유지하도록 할 것
④ 갑작스러운 이동을 방지하기 위하여 아웃트리거(Outrigger) 또는 브레이크 등을 확실히 사용할 것

86. 작업장에 설치하는 계단에 대한 설명 중 옳은 것은?

① 계단 및 계단참은 400kg/m² 이상의 하중에 견딜 수 있어야 한다.
② 계단참은 그 높이가 2.5m를 초과하여 설치해서는 안 된다.
③ 높이 1m 이상인 계단의 개방된 측면에는 안전난간을 설치하여야 한다.
④ 계단을 설치할 때 그 폭을 50cm 이상으로 하여야 한다.

87. 항타기 또는 항발기를 조립할 때 점검하여야 하는 사항과 거리가 먼 것은?

① 권상기의 설치 상태의 이상 유무
② 본체 연결부의 풀림 또는 손상의 유무
③ 이동 제동장치 기능의 이상 유무
④ 권상장치의 브레이크 및 쐐기장치 기능의 이상 유무

88. 지게차의 작업시작 전 점검사항이 아닌 것은?

① 권과방지장치, 브레이크, 클러치 및 운전장치 기능의 이상 유무
② 하역장치 및 유압장치 기능의 이상 유무
③ 제동장치 및 조종장치 기능의 이상 유무
④ 전조등, 후미등, 방향지시기 및 경보장치 기능의 이상 유무

89. 다음 중 옹벽 안정조건의 검토사항이 아닌 것은?

① 활동(sliding)에 대한 안전검토
② 전도(overtering)에 대한 안전검토
③ 지반 지지력(settlement)에 대한 안전검토
④ 보일링(boiling)에 대한 안전검토

90. 거푸집 해체 작업 시의 안전수칙과 거리가 먼 것은?

   ① 거푸집 동바리를 해체할 때는 작업책임자를 선임한다.
   ② 해체된 거푸집 재료를 올리거나 내릴 때는 달줄이나 달포대를 사용한다.
   ③ 보 밑 또는 슬래브 거푸집을 해체할 때는 동시에 해체하여야 한다.
   ④ 거푸집의 해체가 곤란한 경우 구조체에 무리한 충격이나 지렛대 사용은 금하여야 한다.

91. 근로자가 추락하거나 넘어질 위험이 있는 장소 또는 기계·설비·선박블록 등에서 작업을 할 때에 근로자가 위험해질 우려가 있는 경우 비계(飛階)를 조립하는 등의 방법으로 (   )을 설치하여야 한다. (   )에 적합한 용어는?

   ① 안전난간   ② 작업발판
   ③ 추락방호망   ④ 안전대

92. 거푸집 동바리 설치 기준을 잘못 설명한 것은?

   ① 파이프서포트는 3본 이상 이어서 사용하지 않는다.
   ② 파이프서포트를 사용하는 경우 높이가 3.5미터를 초과하는 경우에는 높이 2미터 이내마다 수평연결재를 2개 방향으로 만들고 수평연결재의 변위를 방지한다.
   ③ 조립강주를 지주로 사용할 때에는 높이 5m 이내마다 수평 연결재를 2방향으로 설치한다.
   ④ 강관 틀을 지주로 사용할 때는 강관 틀과 강관 틀의 사이에 교차가새를 설치한다.

93. 지면을 절삭하여 평활하게 다듬는 장비로서 노면의 성형과 정지작업에 가장 적당한 장비는?

   ① 모터 그레이더   ② 백호
   ③ 트랜처   ④ 클램쉘

94. 달비계에 설치되는 작업발판의 폭에 대한 기준으로 옳은 것은?

   ① 20cm 이상   ② 40cm 이상
   ③ 60cm 이상   ④ 80cm 이상

95. 느슨하게 쌓여 있는 모래지반이 물로 포화되어 있을 때 지진이나 충격을 받으면 일시적으로 전단강도를 잃어버리는 현상은?

   ① 모관 현상
   ② 보일링 현상
   ③ 틱소트로피
   ④ 액상화 현상

96. 거푸집 동바리 구조검토 시 고려해야 할 연직하중에 해당하지 않는 것은?

   ① 콘크리트 중량
   ② 작업자 중량
   ③ 적재되는 시공기계 등의 중량
   ④ 풍압

97. 지반보다 6m 정도 깊은 경질 지반의 기초파기에 적합한 굴착 기계는?

① Drag Line
② Tractor Shovel
③ BackHoe
④ Power Shovel

98. 공사용 가설도로의 일반적으로 허용되는 최고 경사도는 얼마인가?

① 5%
② 10%
③ 20%
④ 30%

99. 토석이 붕괴되는 원인에는 외적 요인과 내적인 요인이 있으므로 굴착작업 전, 중, 후에 유념하여 토석이 붕괴되지 않도록 조치를 취해야 한다. 다음 중 외적인 요인이 아닌 것은?

① 사면, 법면의 경사 및 기울기의 증가
② 지진, 차량, 구조물의 중량
③ 공사에 의한 진동 및 반복 하중의 증가
④ 절토 사면의 토질, 암질

100. 유해·위험방지계획서를 작성하여 제출하여야 할 규모의 사업에 대한 기준으로 옳지 않은 것은?

① 연면적 20,000m² 이상인 건축물 공사
② 최대경간 길이가 50m 이상인 교량건설 등 공사
③ 다목적댐·발전용댐 건설공사
④ 깊이 10m 이상인 굴착공사

제5회 정답 및 해설

제1과목 산업재해 예방 및 안전보건교육

01 ③

해설 하인리히(H. W. Heinrich) 사고 발생 도미노 5단계

1단계	선천적 결함(사회, 환경, 유전적 결함)
2단계	개인적 결함
3단계	불안전 행동(인적 결함), 불안전한 상태(물적 결함)(제거 가능)
4단계	사고
5단계	재해(상해)

02 ④

해설 직무 스트레스의 내·외적 요인

내적 요인	외적 요인
• 자존심의 손상 • 업무상의 죄책감 • 현실에서의 부적응 • 지나친 경쟁심 및 재물에 대한 욕심 • 가족 간의 대화 단절 및 의견 불일치 • 출세욕의 좌절감과 자만심의 상충	• 경제적 빈곤 • 가족관계의 갈등 심화 • 직장에서의 대인 관계상의 갈등과 대립 • 가족의 죽음, 질병 • 자신의 건강 문제

03 ①

해설 하버드학파의 교수법

04 ①

해설 ① 라인식 조직의 특성이다.

참고

라인형 (Line) or 직계형	① 소규모 사업장(100명 이하 사업장)에 적용이 가능하다. ② 라인형 장점 : 명령 및 지시가 신속, 정확하다. ③ 라인형 단점 • 안전정보가 불충분하다. • 라인에 과도한 책임이 부여될 수 있다. ④ 생산과 안전을 동시에 지시하는 형태이다.
스태프형 (staff) or 참모형	① 중규모 사업장(100~1,000명 정도의 사업장)에 적용이 가능하다. ② 스태프형 장점 : 안전정보 수집이 용이하고 빠르다. ③ 스태프 단점 : 안전과 생산을 별개로 취급한다. ④ 생산부문은 안전에 대한 책임, 권한이 없다.
라인 스태프형 (Line Staff) or 혼합형	① 대규모 사업장(1,000명 이상 사업장)에 적용이 가능하다. ② 라인 스태프형 장점 • 안전전문가에 의해 입안된 것을 경영자가 명령하므로 명령이 신속, 정확하다. • 안전정보 수집이 용이하고 빠르다. ③ 라인 스태프형 단점 • 명령계통과 조언, 권고적 참여의 혼돈이 우려된다.

05 ③

해설 ① Müller Lyer의 착시
② Helmholz의 착시
③ Herling의 착시
④ Poggendorf의 착시

06 ④

해설 **실연법**
학습자가 이미 설명을 듣거나 시범을 보고 알게 된 지식이나 기능을 강사의 감독 아래 직접적으로 연습해 적용케 하는 교육 방법으로 다른 방법보다 교사 대 학습자 수의 비율이 높다.

07 ②

해설 맥그리거(McGregor)의 X, Y 이론

X 이론의 특징	Y 이론의 특징
인간 불신감	상호 신뢰감
성악설	성선설
인간은 원래 게으르고 태만하여 남의 지배를 받기를 즐긴다.	인간은 부지런하고 적극적이며 자주적이다.
물질욕구(저차원 욕구)에 만족	정신욕구(고차원 욕구)에 만족
명령, 통제에 의한 관리	목표 통합과 자기통제에 의한 자율관리
저개발국형	선진국형

08 ④

해설

인적 원인 (불안전한 행동)	물적 원인 (불안전한 상태)
• 위험장소 접근 • 안전장치의 기능 제거 • 복장, 보호구의 잘못 사용 • 기계기구 잘못 사용 • 운전 중인 기계장치의 손질 • 불안전한 속도 조작 • 위험물 취급 부주의 • 불안전한 상태 방치 • 불안전한 자세·동작 • 감독 및 연락 불충분	• 물 자체의 결함 • 안전 방호장치의 결함 • 복장, 보호구의 결함 • 물의 배치 및 작업장소 불량 • 작업환경의 결함 • 생산공정의 결함 • 경계표시, 설비의 결함

09 ④

해설

휴식시간 (R) = $\dfrac{60 \times (E-5)}{E-1.5}$ [분]

• 1.5 : 휴식 중의 에너지 소비량
• 5(kcal/분) : 보통작업에 대한 평균 에너지 (4로 주어질 경우 4를 대입한다.)
• 60(분) : 작업시간
• E(kcal/분) : 문제에서 주어진 작업 시 필요한 에너지

휴식시간(R) = $\dfrac{60 \times (4.7-4)}{4.7-1.5}$ = 13.13(분)

10 ④

해설

1. 강도율 = $\dfrac{총 요양근로손실 일수}{연근로시간수} \times 1,000$

   총 요양 근로손실 일수 = $\dfrac{강도율 \times 연근로시간수}{1,000}$

   = $\dfrac{50 \times 8 \times 300 \times 1.5}{1000}$ = 180일

2. 총 요양 근로손실 일수 = 휴업일수 × $\dfrac{300}{365}$

   휴업일수 = $\dfrac{총 요양 근로손실 일수 \times 365}{300}$

   = $\dfrac{180 \times 365}{300}$ = 219일

11 ②

해설 ② 위험경고 → 노란색

참고 안전·보건표지의 색채, 색도기준 및 용도

색채	색도 기준	용도	사용례
빨간색	7.5R 4/14 암기 : 싫어(7.5) 4/14	금지	정지신호, 소화설비 및 그 장소, 유해행위의 금지
		경고	화학물질 취급장소에서의 유해·위험 경고

색채	색도 기준	용도	사용례
노란색	5Y 8.5/12 암기 : 오(5) 빨리와(8.5) 이리(12)	경고	화학물질 취급장소에서의 유해·위험경고 이외의 위험경고, 주의표지 또는 기계방호물
파란색	2.5PB 4/10 암기 : 2.5×4=10	지시	특정 행위의 지시 및 사실의 고지
녹색	2.5G 4/10 암기 : 2.5×4=10	안내	비상구 및 피난소, 사람 또는 차량의 통행표지
흰색	N9.5		파란색 또는 녹색에 대한 보조색
검은색	N0.5		문자 및 빨간색 또는 노란색에 대한 보조색

12 ②

[해설]
① 강의식 교육에서 가장 많은 시간이 소요되는 단계 : 제시(설명)
② 토의식 교육에서 가장 많은 시간이 소요되는 단계 : 적용(시켜봄)

13 ③

[해설] 동기유발 방법
① 경쟁과 협동을 유발한다.
② 안전 목표를 명확히 설정하고 결과를 알려준다.
③ 상과 벌을 준다.
④ 동기유발의 최적 수준을 유지한다.

14 ③

[해설] 자율안전확인 대상 기계·기구 및 설비
① 연삭기 및 연마기(휴대형 제외)
② 산업용 로봇
③ 혼합기
④ 파쇄기 or 분쇄기
⑤ 식품가공용 기계(파쇄, 절단, 혼합, 제면기만 해당)
⑥ 컨베이어
⑦ 자동차정비용 리프트
⑧ 공작기계(선반, 드릴, 평삭·형삭기, 밀링만 해당)
⑨ 고정형 목재가공용 기계(둥근톱, 대패, 루타기, 띠톱, 모떼기 기계만 해당)
⑩ 인쇄기

공작기계로 철판 잘라서 연삭기, 연마기로 갈고, 고정형 목재가공용기계로 나무 자르고, 식품가공용 기계로 식품 파쇄, 분쇄하여 혼합기로 혼합한 후 컨베이어로 운반해서 자동차 리프트에 올려놓고 인 기 있는 산업용 로봇 만들자.

15 ②

[해설] 안전관리자의 증원·교체임명 명령 대상 사업장
① 해당 사업장의 연간 재해율이 같은 업종의 평균 재해율의 2배 이상인 경우
② 중대재해가 연간 2건 이상 발생한 경우(다만, 해당 사업장의 전년도 사망만인율이 같은 업종의 평균 사망만인율 이하인 경우는 제외)
③ 관리자가 질병이나 그 밖의 사유로 3개월 이상 직무를 수행할 수 없게 된 경우
④ 화학적 인자로 인한 직업성질병자가 연간 3명 이상 발생한 경우

평균의 2배 이상, 중대재해 2건 이상 증원!
직업성 질병 3명 이상, 3개월 이상 일안하면 교체!

16 ③

[해설]

인화성물질 경고	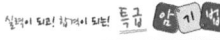
금연	
화기금지	
폭발성물질 경고	

17 ②

해설 하인리히 사고방지 5단계

1단계 : 안전 조직	• 안전목표 설정 • 안전관리자의 선임 • 안전조직 구성 • 안전목표 설정 • 안전관리자의 선임 • 안전조직 구성 • 안전활동 방침 및 계획수립 • 조직을 통한 안전활동 전개
2단계 : 사실의 발견	• 작업분석 • 점검 • 사고조사 • 안전진단
3단계 : 분석	• 사고원인 및 경향성 분석 • 작업공정 분석 • 사고기록 및 관계자료분석 • 인적 · 물적 환경 조건분석
4단계 : 시정방법 선정	• 기술적 개선 • 안전운동 전개 • 교육훈련 분석 • 안전행정의 개선 • 배치 조정 • 규칙 및 수칙 등 제도의 개선
5단계 : 시정책 적용 (3E 적용)	• 안전교육(Education) • 안전기술(Engineering) • 안전독려(Enforcement)

18 ③

해설 1. 안전관리자 직무

① 사업장 안전교육계획의 수립 및 안전교육 실시에 관한 보좌 및 조언 · 지도
② 사업장 순회점검 · 지도 및 조치의 건의
③ 산업재해 발생의 원인 조사 · 분석 및 재발 방지를 위한 기술적 보좌 및 조언 · 지도
④ 산업재해에 관한 통계의 유지 · 관리 · 분석을 위한 보좌 및 조언 · 지도
⑤ 안전인증대상 기계 · 기구 등과 자율안전확인대상 기계 · 기구 등 구입 시 적격품의 선정에 관한 보좌 및 조언 · 지도
⑥ 위험성평가에 관한 보좌 및 조언 · 지도
⑦ 안전에 관한 사항의 이행에 관한 보좌 및 조언 · 지도
⑧ 산업안전보건위원회 또는 노사협의체, 안전보건관리규정 및 취업규칙에서 정한 직무
⑨ 업무수행 내용의 기록. 유지
⑩ 그 밖에 안전에 관한 사항으로서 노동부장관이 정하는 사항

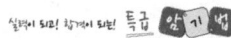

안전교육, 사업장 점검, 재해 원인조사, 재해통계 관리, 적격품 선정, 위험성 평가, 업무내용 기록

2. 관리감독자의 직무

① 기계 · 기구 또는 설비의 안전 · 보건 점검 및 이상 유무의 확인
② 근로자의 작업복 · 보호구 및 방호장치의 점검과 그 착용 · 사용에 관한 교육 · 지도
③ 산업재해에 관한 보고 및 이에 대한 응급조치
④ 작업장 정리 · 정돈 및 통로확보에 대한 확인 · 감독
⑤ 산업보건의, 안전관리자(안전관리전문기관의 해당 사업장 담당자) 및 보건관리자(보건관리전문기관의 해당 사업장 담당자), 안전보건관리담당자(안전관리전문기관 또는 보건관리전문기관의 해당 사업장 담당자)의 지도 · 조언에 대한 협조
⑥ 위험성평가를 위한 유해.위험요인의 파악 및 개선조치의 시행에 대한 참여
⑦ 그 밖에 해당 작업의 안전 · 보건에 관한 사항으로서 고용노동부령으로 정하는 사항

19 ②

해설 안전보건개선계획서 포함사항

① 시설
② 안전 · 보건관리체제
③ 안전 · 보건교육
④ 산업재해예방 및 작업환경의 개선을 위하여 필요한 사항

20 ④

[해설]
① 기명
② 재생
③ 기억
④ 파지

[참고] 기억의 과정

기명 → 파지 → 재생 → 재인
① 기억 : 과거 행동이 미래 행동에 영향을 줌
② 기명 : 사물의 인상을 마음에 간직함
③ 파지 : 인상이 보존됨
④ 재생 : 보존된 인상이 떠오름
⑤ 재인 : 과거에 경험했던 것과 비슷한 상황에서 떠오르는 현상

제2과목 인간공학 및 위험성 평가·관리

21 ②

[해설] 입식 작업대 높이는 작업자의 신장, 작업물의 크기, 작업물의 무게를 고려하여 설계하여야 한다.

[참고] 석식 작업대 높이는 의자 높이, 작업대 두께, 대퇴 여유 등을 고려하여 설계하여야 한다.

22 ④

[해설] 신뢰성 설계
① 중복(Redundancy) 설계 : 일부에 고장이 발생해도 전체 고장이 일어나지 않도록 여력인 부분을 추가하여 중복 설계한다.(병렬설계)
② 부품의 단순화와 표준화
③ 인간공학적 설계와 보전성 설계
④ 페일세이프 설계와 풀프루프 설계

23 ①

[해설] 통제표시비(C / R 비)

① $C/R \text{ 비} = \dfrac{X}{Y}$

X : 통제기기의 변위량(cm)
Y : 표시계기 지침의 변위량(cm)

② $C/R \text{ 비} = \dfrac{\frac{a}{360} \times 2\pi L}{Y}$

a : 조종장치의 움직인 각도
L : 조종장치의 반경

$C/R \text{ 비} = \dfrac{X}{Y} = \dfrac{3}{5} = 0.6$

24 ④

[해설] 양립성 : 자극과 반응의 관계가 인간의 기대와 모순되지 않는 성질

개념적 양립성	외부 자극에 대해 인간의 개념적 현상의 양립성 예) 빨간 버튼은 온수, 파란 버튼은 냉수
공간적 양립성	표시장치, 조종장치의 형태 및 공간적 배치의 양립성 예) 오른쪽 조리대는 오른쪽 조절장치로, 왼쪽 조리대는 왼쪽 조절장치로 조정한다.
운동의 양립성	표시장치, 조종장치 등의 운동 방향의 양립성 예) 조종장치를 오른쪽으로 돌리면 표시장치 지침이 오른쪽으로 이동한다.
양식 양립성	자극과 응답 양식의 존재에 대한 양립성 예) 청각적 자극 제시와 이에 대한 음성 응답 과업에서 갖는 양립성

25 ④

[해설] 수평 작업대

① 정상 작업역
- 상완을 자연스럽게 늘어뜨린 채 전완만으로 뻗어 파악할 수 있는 구역
- 팔을 굽히고도 편하게 작업을 하면서 좌우의 손을 움직여 생기는 작은 원호형의 영역

② 최대 작업역
- 전완과 상완을 곧게 펴서 파악할 수 있는 구역
- 어깨로부터 팔을 펴서 수평면상에 원을 그릴 때 부채꼴 원호의 내부지역

26 ①

[해설] 정량적 표시장치

① 정목동침형 : 눈금은 고정, 지침이 움직이는 형태
② 정침동목형 : 지침은 고정, 눈금이 움직이는 형태
③ 계수형 : 전력계, 택시요금 계기와 같이 숫자가 정확히 표시되는 형태

27 ②

[해설] 다음 각 호의 어느 하나에 해당하는 사업으로서 전기사용설비의 정격용량의 합이 300킬로와트(kW) 이상인 사업을 말한다.

유해위험방지계획서 작성 대상 제조업

① 금속가공제품(기계 및 가구는 제외한다) 제조업
② 비금속 광물제품 제조업
③ 기타 기계 및 장비 제조업
④ 자동차 및 트레일러 제조업
⑤ 식료품 제조업
⑥ 고무제품 및 플라스틱 제품 제조업
⑦ 목재 및 나무제품 제조업
⑧ 기타 제품 제조업
⑨ 1차 금속 제조업
⑩ 가구 제조업
⑪ 화학물질 및 화학제품 제조업
⑫ 반도체 제조업
⑬ 전자부품 제조업

> 1차 금속으로 금속가공제품, 비금속 광물제품 제조하여 나무, 화학물질 섞어서 기계장비, 자동차 트레일러 만들고, 고무풀(고무 및 플라스틱)로 기타 식료품 만들었더니 도대체(반도체)가(가구)전부(전자부품) 유해·위험하다.

다음 각 호의 어느 하나에 해당하는 기계·기구 및 설비를 말한다.

유해위험방지계획서 작성 대상 기계·기구 및 설비

① 금속이나 그 밖의 광물의 용해로
② 화학설비
③ 건조설비
④ 가스집합 용접장치
⑤ 근로자의 건강에 상당한 장해를 일으킬 우려가 있는 물질로서 고용노동부령으로 정하는 물질의 밀폐·환기·배기를 위한 설비

28 ④

[해설] 에너지 대사율(RMR)

① 작업강도는 에너지 대사율로 나타낸다.

$$RMR = \frac{노동대사량(작업대사량)}{기초대사량} = \frac{작업\ 시의\ 소비\ energy - 안정\ 시의\ 소비\ energy}{기초대사량}$$

② 작업 시의 소비에너지는 작업 중에 소비한 산소의 소모량으로 측정한다.
③ 안정 시의 소비에너지는 의자에 앉아서 호흡하는 동안에 소비한 산소의 소모량으로 측정한다.

[참고] 산소소비량의 측정

더글라스 백을 사용하여 배기를 수집하고 백(bag)에서 배기의 표본을 취하여 가스분석장치로 분석하고 가스메터를 통과시켜 배기량을 측정한다.

29 ②

해설. 복합소음은 같은 소음 수준의 기계가 2대 일 때 3dB 소음이 증가하는 현상을 말한다.
$88 + 3 = 91 dB$

참고. 복합소음(합성소음)

① 두 소음 수준차가 10dB 이내일 때 : 복합소음 발생
② 같은 소음 수준의 기계 2대일 때 : 3dB 소음이 증가하는 현상을 말한다.
③ 합성소음도(전체 소음, 여러 소음원이 동시 가동 시의 소음도)

$$L = 10 \times \log(10^{\frac{L_1}{10}} + 10^{\frac{L_2}{10}} + \cdots + 10^{\frac{L_n}{10}})(dB)$$

여기서, L : 합성소음도(dB)
$L_1 \sim L_2$: 각각 소음원의 소음(dB)

30 ③

해설. 청각장치와 시각장치의 비교

청각 장치	① 전언이 짧고, 간단할 때 ② 재참조되지 않음 ③ 시간적인 사상을 다룬다. ④ 즉각적인 행동 요구할 때 ⑤ 시각계통 과부하일 때 ⑥ 주위가 너무 밝거나 암조응일 때 ⑦ 자주 움직이는 경우
시각 장치	① 전언이 길고, 복잡할 때 ② 재참조된다. ③ 공간적인 위치 다룬다. ④ 즉각적 행동 요구하지 않을 때 ⑤ 청각계통 과부하일 때 ⑥ 주위가 너무 시끄러울 때 ⑦ 한곳에 머무르는 경우

31 ②

해설.
신뢰도 : 고장나지 않을 확률

신뢰도 $R(t) = e^{-\frac{t}{t_0}} = e^{-\lambda \times t}$

여기서, t_0 : 평균 고장시간 or 평균 수명
t : 앞으로 고장 없이 사용할 시간
λ : 고장률

$R(t) = e^{-\lambda \times t} = e^{-0.04 \times 10} = e^{-0.4} = 0.67$

32 ②

해설. 촉각적 표시장치에서 손과 손가락을 기본 정보 수용기로 이용한다.

33 ③

해설. 불량제조, 생산과정에서의 품질관리 미비, 설계 미숙 등으로 일어나는 고장 → 초기고장

참고. 기계설비 고장 유형

① 초기고장(감소형)
- 설계상, 구조상 결함, 불량 제조·생산 과정 등의 품질 관리미비로 생기는 고장 형태
- 점검 작업이나 시운전 작업 등으로 사전에 방지할 수 있는 고장

② 우발고장(일정형)
- 예측할 수 없을 때에 생기는 고장의 형태
- 사용자의 실수, 천재지변, 우발적 사고 등이 원인이다.
- 기계마다 일정하게 발생되며 고장률이 가장 낮다.

③ 마모고장(증가형)
- 기계적 요소나 부품의 마모, 사람의 노화 현상 등에 의해 고장률이 상승하는 형이다.
- 고장이 일어나기 직전에 교환, 안전 진단 및 적당한 보수에 의해서 방지할 수 있는 고장이다.

34 ④

[해설] 인간-기계체계에서 인간과 기계는 직렬의 관계이므로
신뢰도 = 인간의 신뢰도 × 기계의 신뢰도
$0.8 = 0.9 \times x$
$x = \dfrac{0.8}{0.9} = 0.89$
∴ 기계의 신뢰도는 0.89 이상이어야 한다.

35 ④

[해설] ④ FMEA : 귀납적, 정성적 해석방법

[참고] FTA : 연역적, 정량적
FMEA : 귀납적, 정성적
ETA, DT : 귀납적, 정량적

36 ①

[해설] 인간실수 확률에 대한 추정기법
(1) 위급사건기법(CIT) : 인간-기계 엔지니어로 하여금 사고, 위기 인발, 조작 실수 등 정보를 수집하기 위해 면접하는 방법
(2) 인간에러율 예측 기법(THERP) : 인간의 과오율을 예측하기 위한 기법

인간과오율
$HEP = \dfrac{\text{실제 과오의 수}}{\text{과오발생 전체 기회 수}}$

(3) 직무 위급도 분석 : 안전, 경미, 중대, 파국적으로 위험을 구분한다.
(4) 결함수 분석(FTA) : 결함을 연역적, 정량적으로 분석하는 기법
(5) 조작자 행동 나무(OAT) : 제품 사용 중에 발생할 수 있는 여러 가지 상황을 그려본다.

37 ②

[해설] ② 식별이 쉬운 통제기기를 선택해야 한다.

38 ③

[해설] ③ 출입문의 설계 : 95%의 상위 백분위 수를 사용하여야 한다.

[참고] ① 최대 집단치 설계 : 정규분포도 상에 95% 이상의 최대치를 적용하여 설계하는 방법
② 최소 집단치 설계 : 정규분포도 상에 5% 이하의 최소치를 적용하여 설계하는 방법

최대 치수 설계의 예	• 위험구역의 울타리 높이 • 출입문의 높이 • 그네줄의 인장강도
최소 치수 설계의 예	• 물건을 올리는 선반의 높이 • 조정장치를 조정하는 힘 • 조정장치까지의 조정거리

39 ①

[해설] 계의 수명

① 직렬계의 수명
$\text{MTTF(MTBF)} \times \dfrac{1}{\text{요소갯수}(n)}$

② 병렬계의 수명
$\text{MTTF(MTBF)} \times \left(1 + \dfrac{1}{2} + \dfrac{1}{3} + \cdots + \dfrac{1}{n}\right)$
여기서, n : 요소의 개수

직렬계의 수명
$\text{MTTF(MTBF)} \times \dfrac{1}{\text{요소갯수}(n)}$
$= 6 \times 10^5 \times \dfrac{1}{3} = 2 \times 10^5 \text{시간}$

40 ②

[해설] 고장형태와 영향분석 (FMEA) : 시스템에 영향을 미치는 모든 요소의 고장을 형태별로 분석하여 그 영향을 검토하는 정성적, 귀납적 분석법이다.

참고
(1) 예비 위험 분석(PHA) : 모든 시스템 안전 프로그램의 최초 단계(설계단계, 구상단계)에서 실시하는 분석법
(2) 결함위험분석(FHA) : 서브시스템(subsystem)의 해석에 사용되는 분석법
(3) ETA : 사상의 안전도를 사용하여 시스템의 안전도를 나타내는 귀납적. 정량적인 분석법
(4) DT(dicision Trees) : 요소의 신뢰도를 이용하여 시스템의 신뢰도를 나타내는 기법
(5) 치명도 분석(CA) : 높은 위험도를 가진 요소나 고장의 형태에 따른 분석법으로 고장을 정량적으로 분석하는 기법
(6) 인간에러율 예측 기법(THERP) : 인간의 과오(human error)를 정량적으로 평가하기 위하여 개발된 기법
(7) MORT : 관리, 설계, 생산, 보전 등의 광범위한 안전을 도모하기 위한 분석법
(8) 운용 및 지원위험 분석(O&S 또는 OSHA) : 시스템의 모든 사용단계에서 안전요건을 결정하기 위한 분석법

제3과목 기계·기구 및 설비 안전 관리

41 ①

해설 압력제한 스위치의 설치 : 보일러의 과열을 방지하기 위하여 최고사용압력과 상용압력 사이에서 보일러의 버너연소를 차단할 수 있도록 압력제한 스위치를 부착하여야 한다.

42 ③

해설

안전율
$= \dfrac{극한강도}{허용응력} = \dfrac{극한강도}{최대설계응력} = \dfrac{극한강도}{사용응력}$
$= \dfrac{파괴하중}{최대사용하중} = \dfrac{파단하중}{안전하중} = \dfrac{극한하중}{정격하중}$

안전율 $= \dfrac{파단하중}{안전하중}$

안전하중 $= \dfrac{파단하중}{안전율} = \dfrac{220}{5} = 44\text{kg}$

43 ①

해설 플레이너, 세이퍼의 운동범위에 방책(방호울)을 설치하여야 한다.

44 ①

해설 주행 시의 좌우안정도 $= 15 + 1.1 \times V$
$= 15 + 1.1 \times 20$
$= 37\%$

참고 지게차 작업 시의 안정도

안정도	지게차의 상태
하역작업 시의 전·후 안정도 : 4% 이내(5t 이상 : 3.5%)	(위에서 본 경우)
주행 시의 전·후 안정도 : 18% 이내	
하역작업 시의 좌·우 안정도 : 6% 이내	(밑에서 본 경우)
주행 시의 좌·우 안정도 : $(15+1.1V)\%$ 이내 최대 40%(V : 최고속도 km/h)	

안정도 $= \dfrac{h}{l} \times 100(\%)$

45 ②

해설 일감 고정 방법
① 일감이 작을 때 : 바이스로 고정
② 일감이 크고 복잡할 때 : 볼트와 고정구
③ 대량 생산과 정밀도를 요할 때 : 전용의 지그 사용

46 ②

[해설] 컨베이어의 방호장치
① 이탈 등의 방지장치 : 컨베이어 등을 사용하는 때에는 정전·전압 강하 등에 의한 화물 또는 운반구의 이탈 및 역주행을 방지하는 장치를 갖추어야 한다.
② 비상정지장치 : 컨베이어 등에 근로자의 신체의 일부가 말려드는 등 근로자에게 위험을 미칠 우려가 있는 때 및 비상시에는 즉시 컨베이어 등의 운전을 정지시킬 수 있는 장치
③ 덮개, 울의 설치 : 컨베이어 등으로부터 화물이 떨어져 근로자가 위험해질 우려가 있는 경우에는 해당 컨베이어 등에 덮개 또는 울을 설치하는 등 낙하 방지를 위한 조치를 하여야 한다.

47 ④

[해설] ④ 권과방지장치는 양중기의 방호장치이다.

48 ①

[해설] 외관상 안전화
① 회전부에 덮개 설치
② 안전색채 사용
[예] 기계의 시동 버튼 – 녹색, 정지 버튼 – 적색
③ 구획된 장소에 격리

49 ①

[해설] 프레스의 본질안전 조건(No-hand in die 방식, 금형 내 손이 들어가지 않는 구조)
① 안전울을 부착한 프레스
② 안전한 금형 사용
③ 전용 프레스 도입
④ 자동 프레스 도입

50 ③

[해설] ③ 역화는 아세틸렌 압력이 부족할 경우 발생한다.

[참고]

역류	역화
① 산소가 아세틸렌 호스 쪽으로 흘러가는 현상	① 아세틸렌 가스의 압력이 부족할 경우 팁 끝에서 "빵빵" 소리를 내면서 불꽃이 들어갔다, 나왔다 하는 현상
② 원인 • 팁의 끝이 막혔을 때, • 산소의 압력이 아세틸렌 압력보다 높을 때	② 원인 • 팁 끝이 막혔을 때 • 팁 끝이 과열되었을 때 • 가스 압력과 유량이 적당하지 않았을 때 • 팁의 조임이 풀려올 때 발생 ③ 방지 • 팁을 물에 담갔다 냉각시키면 방지된다.

51 ②

[해설] 앞면 롤러의 표면 속도에 따른 급정지 거리

앞면 롤러의 표면속도 (m/min)	급정지거리
30 미만	앞면 롤러 원주의 $\frac{1}{3}$ 이내 ($\pi \times d \times \frac{1}{3}$)
30 이상	앞면 롤러 원주의 $\frac{1}{2.5}$ 이내 ($\pi \times d \times \frac{1}{2.5}$)

52 ④

[해설] 한 가지 상태의 종류가 다음 상태를 생성하는 제어 시스템을 가진 로봇 → 시퀀스 로봇

[참고] 1. 기억재생 로봇(Playback Robot) : 여러 가지 작업의 순서, 조건, 위치를 사용자가 기억시키고, 필요에 따라 기억을 재생시켜 반복작업을 할 수 있는 로봇

2. 수치 제어 로봇(Nummerical Control Robot) : 작업의 순서, 조건, 위치 정보를 저장하여 저장된 수치 데이터로 지령하여 작업을 수행하는 로봇
3. 학습 제어 로봇 : 작업 경험 등을 반영시켜 적절한 작업을 수행하는 학습 제어기능을 갖는 로봇

53 ④

[해설] 반발예방장치의 종류
① 분할날(spreader)
② 반발방지기구(반발방지발톱: finger)
③ 반발방지롤러(roll)

54 ④

[해설] 가스집합장치는 화기를 사용하는 설비로부터 5미터 이상 떨어진 장소에 설치하여야 한다.

[참고] 아세틸렌 발생기에서 5미터 이내 또는 발생기실에서 3미터 이내의 장소에서는 흡연, 화기의 사용 또는 불꽃이 발생할 위험한 행위를 금지시킬 것

55 ④

[해설] ① 출입구의 문은 불연성 재료로 하고 두께 1.5밀리미터 이상의 철판이나 그 밖에 그 이상의 강도를 가진 구조로 할 것
② 아세틸렌 용접장치를 사용하여 금속의 용접·용단 또는 가열 작업을 하는 경우에는 게이지 압력이 127킬로파스칼을 초과하는 압력의 아세틸렌을 발생시켜 사용해서는 아니 된다.
③ 아세틸렌 용접장치의 취관마다 안전기를 설치하여야 한다. 다만, 주관 및 취관에 가장 가까운 분기관마다 안전기를 부착한 경우에는 그러하지 아니하다.

[참고] 아세틸렌 발생기실의 설치 장소
① 아세틸렌 용접장치의 아세틸렌 발생기를 설치하는 경우에는 전용의 발생기실에 설치하여야 한다.
② 발생기실은 건물의 최상층에 위치하여야 하며, 화기를 사용하는 설비로부터 3미터를 초과하는 장소에 설치하여야 한다.
③ 발생기실을 옥외에 설치한 경우에는 그 개구부를 다른 건축물로부터 1.5미터 이상 떨어지도록 하여야 한다.

56 ④

[해설] 크레인의 작업 시작 전 점검
① 권과방지장치·브레이크·클러치 및 운전장치의 기능
② 주행로의 상측 및 트롤리가 횡행(橫行)하는 레일의 상태
③ 와이어로프가 통하고 있는 곳의 상태

57 ②

[해설] 회전하는 운동부 자체, 운동하는 기계 부분 자체의 위험점 → 절단점

[참고] 위험점의 분류
① 협착점 : 왕복운동 부분과 고정 부분 사이에서 형성되는 위험점
 예 프레스기, 전단기, 성형기 등

② 끼임점 : 고정 부분과 회전하는 동작 부분 사이에서 형성되는 위험점
 예 연삭숫돌과 덮개, 교반기 날개와 하우징 등

③ 절단점 : 회전하는 운동부 자체, 운동하는 기계 부분 자체의 위험점
 예 날, 커터를 가진 기계

④ 물림점 : 회전하는 두 개의 회전체에 물려 들어가는 위험점
 예 롤러와 롤러, 기어와 기어 등

⑤ 접선 물림점 : 회전하는 부분의 접선 방향으로 물려 들어가는 위험점
 예 벨트와 풀리, 체인과 스프로킷, 랙과 피니언 등

⑥ 회전 말림점 : 회전하는 물체에 작업복, 머리카락 등이 말려 들어가는 위험점
 예 회전축, 커플링 등

58 ④

[해설] 프레스 방호장치의 종류
① 양수 조작식 방호장치 : 1행정 1정지식 프레스에 사용되는 것으로서 누름버튼을 양손으로 동시에 조작하지 않으면 기계가 동작하지 않으며, 한손이라도 떼어내면 기계를 정지시키는 방호장치
② 광전자식 방호장치 : 투광부, 수광부, 컨트롤 부분으로 구성된 것으로서 신체의 일부가 광선을 차단하면 기계를 급정지시키는 방호장치
③ 손쳐내기식(Sweep Guard식) 방호장치 : 슬라이드의 작동에 연동시켜 위험상태로 되기 전에 손을 위험 영역에서 밀어내거나 쳐내는 방호장치
④ 수인식(Pull Out식) 방호장치 : 슬라이드와 작업자 손을 끈으로 연결하여 슬라이드 하강 시 작업자 손을 당겨 위험영역에서 빼낼 수 있도록 한 방호장치
⑤ 게이트가드식 방호장치 : 가드가 열려 있는 상태에서는 기계의 위험부분이 동작되지 않고 기계가 위험한 상태일 때에는 가드를 열 수 없도록 한 방호장치

59 ③

[해설] 지게차 운전 중 주의 사항
① 정해진 하중 및 높이를 초과하여 적재를 금지한다.
② 운전자 이외에는 절대 탑승을 금지한다.
③ 급격한 후퇴를 피해야 한다.
④ 정해진 구역 외는 운전을 금지한다.
⑤ 견인 시 견인봉을 사용한다.
⑥ 짐을 싣고 비탈길을 내려갈 때에는 후진한다.

60 ④

[해설] 양수기동식의 안전거리

$$D_m(\text{mm}) = 1.6 \times T_m$$
$$= 1.6 \times \left(\frac{1}{\text{클러치개소수}} + \frac{1}{2}\right) \times \left(\frac{60,000}{\text{매분행정수}}\right)$$

여기서, T_m : 슬라이드가 하사점에 도달할 때까지의 시간(ms)

* $\text{ms} = \frac{1}{1,000}$ 초

$$D_m = 1.6 \times \left(\frac{1}{\text{클러치개소수}} + \frac{1}{2}\right) \times \left(\frac{60,000}{\text{매분행정수}}\right)$$
$$= 1.6 \times \left(\frac{1}{4} + \frac{1}{2}\right) \times \left(\frac{60,000}{200}\right) = 360\text{mm}$$

제4과목 전기 및 화학설비 안전 관리

61 ②

[해설] 허용접촉전압

$$E = \left(R_b + \frac{3\rho_S}{2}\right) \times I_k$$

여기서, R_b : 인체의 저항(Ω)
ρ_S : 지표상승 저항률($\Omega \cdot m$)
I_k : 심실세동전류(A)

62 ④

[해설] ④ 관의 안지름을 크게 한다.

[참고] 정전기 재해 예방대책
① 접지(도체일 경우 효과 있으나 부도체는 효과 없다.)
② 습기 부여(공기 중 습도 60~70% 이상 유지한다.)

③ 도전성 재료 사용(절연성 재료는 절대 금한다.)
④ 대전 방지제 사용
⑤ 제전기 사용
⑥ 유속 조절(석유류 제품 1m/s 이하)

63 ①

해설 전기설비의 방폭화 방법
① 점화원의 방폭적 격리 : 내압, 압력, 유입 방폭구조
② 전기설비의 안전도 증강 : 안전증 방폭구조
③ 점화능력의 본질적 억제 : 본질안전 방폭구조

64 ④

해설 ④ 전기기계·기구에 설치되어 있는 누전차단기는 정격감도전류가 30밀리암페어 이하이고 작동시간은 0.03초 이내일 것. 다만, 정격전부하전류가 50암페어 이상인 전기기계·기구에 접속되는 누전차단기는 오작동을 방지하기 위하여 정격감도전류는 200밀리암페어 이하로, 작동시간은 0.1초 이내로 할 수 있다.

참고 누전차단기의 사용 기준
① 당해 부하에 적합한 정격전류를 갖출 것
② 당해 부하에 적합한 차단용량을 갖출 것
③ 정격 부동작 전류가 정격감도전류의 50% 이상이어야 하고 이들의 전류 차가 가능한 한 작을 것
④ 절연저항이 5MΩ 이상일 것
⑤ 누전차단기의 정격전압은 당해 누전차단기를 설치할 전로의 공칭전압의 90~110% 이내이어야 한다.

65 ③

해설 정전작업 시 전로 차단 절차(정전작업 전 조치사항)
① 전기기기 등에 공급되는 모든 전원을 관련 도면, 배선도 등으로 확인할 것
② 전원을 차단한 후 각 단로기 등을 개방하고 확인할 것
③ 차단장치나 단로기 등에 잠금장치 및 꼬리표를 부착할 것
④ 개로된 전로에서 유도전압 또는 전기에너지가 축적되어 근로자에게 전기 위험을 끼칠 수 있는 전기기기 등은 접촉하기 전에 잔류전하를 완전히 방전시킬 것

⑤ 검전기를 이용하여 작업 대상 기기가 충전되었는지를 확인할 것
⑥ 전기기기 등이 다른 노출 충전부와의 접촉, 유도 또는 예비동력원의 역송전 등으로 전압이 발생할 우려가 있는 경우에는 충분한 용량을 가진 단락 접지기구를 이용하여 접지할 것

66 ③

해설 이산화탄소 및 할로겐화합물 소화약제의 특징
① 소화 속도가 빠르다.
② 전기 절연성이 우수하며 부식성이 없다.
③ 저장에 의한 변질이 없어 장기간 저장이 용이하다.
④ 밀폐공간에서는 질식 및 중독의 위험성 때문에 사용이 제한된다.

67 ②

해설 인체저항은 보통 5,000Ω이나 근로환경, 피부가 젖은 정도, 인가전압에 따라 최악의 상태에는 500Ω까지 감소한다.

68 ②

해설 가. 0종 장소
나. 1종 장소
다. 2종 장소
라. 20종 장소

참고 위험장소의 분류

가스 폭발 위험 장소	0종 장소	가. 설비의 내부 나. 인화성 또는 가연성 액체가 피트(PIT) 등의 내부 다. 인화성 또는 가연성의 가스나 증기가 지속적으로 또는 장기간 체류하는 곳
	1종 장소	가. 통상의 상태에서 위험분위기가 쉽게 생성되는 곳 나. 운전·유지 보수 또는 누설에 의하여 자주 위험 분위기가 생성되는 곳

가스 폭발 위험 장소	1종 장소	다. 설비 일부의 고장 시 가연성물질의 방출과 전기계통의 고장이 동시에 발생되기 쉬운 곳 라. 환기가 불충분한 장소에 설치된 배관 계통으로 배관이 쉽게 누설되는 구조의 곳 마. 주변 지역보다 낮아 가스나 증기가 체류할 수 있는 곳 바. 상용의 상태에서 위험 분위기가 주기적 또는 간헐적으로 존재하는 곳
	2종 장소	가. 환기가 불충분한 장소에 설치된 배관계통으로 배관이 쉽게 누설되지 않는 구조의 곳 나. 가스켓(GASKET), 팩킹(PACKING) 등의 고장과 같이 이상 상태에서만 누출될 수 있는 공정설비 또는 배관이 환기가 충분한 곳에 설치될 경우 다. 1종 장소와 직접 접하며 개방되어 있는 곳 또는 1종 장소와 덕트, 트랜치, 파이프 등으로 연결되어 이들을 통해 가스나 증기의 유입이 가능한 곳 라. 강제 환기방식이 채용되는 곳으로 환기설비의 고장이나 이상 시에 위험분위기가 생성될 수 있는 곳
분진 폭발 위험 장소	20종 장소	분진운 형태의 가연성 분진이 폭발 농도를 형성할 정도로 충분한 양이 정상작동 중에 연속적으로 또는 자주 존재하거나, 제어할 수 없을 정도의 양 및 두께의 분진층이 형성될 수 있는 장소
	21종 장소	20종 장소 외의 장소로서, 분진운 형태의 가연성 분진이 폭발농도를 형성할 정도의 충분한 양이 정상작동 중에 존재할 수 있는 장소
	22종 장소	21종 장소 외의 장소로서, 가연성 분진운 형태가 드물게 발생 또는 단기간 존재할 우려가 있거나, 이상 작동상태 하에서 가연성 분진운이 형성될 수 있는 장소

69 ④

[해설]

접지의 종류	목 적
계통 접지	고압 전로와 저압 전로의 혼촉으로 인한 감전이나 화재를 방지하기 위해 변압기의 중성점을 접지하는 방식이다.
기기 접지	누전되고 있는 기기에 접촉되었을 때의 감전을 방지한다.
피뢰기 접지	낙뢰로부터 전기기기의 손상을 방지한다.
정전기 장해	정전기 축척에 의한 폭발 재해를 방지한다.
지락 검출용 접지	누전 차단기의 동작을 확실하게 한다.
등전위 접지	병원에 있어서의 의료기기 사용 시의 안전을 위해 설치한다.
잡음 대책용 접지	잡음에 의한 Electronics 장치의 파괴나 오동작을 방지한다.
기능용 접지	건축물 내에 설치된 전자기기의 안정적 가동을 확보하기 위한 목적으로 설치한다.

70 ①

[해설] ① 변전실 등의 실내기압이 항상 양압(25파스칼 이상의 압력)을 유지하도록 하여야 한다.

[참고] 가스폭발 위험장소 또는 분진폭발 위험장소에는 변전실 등을 설치하여서는 아니된다. 다만, 변전실 등의 실내 기압이 항상 양압(25파스칼 이상의 압력)을 유지하도록 하고 다음 각 호의 조치를 하거나, 가스폭발 위험장소 또는 분진폭발 위험장소에 적합한 방폭성능을 갖는 전기기계·기구를 변전실 등에 설치·사용한 경우에는 그러하지 아니하다.
① 양압을 유지하기 위한 환기설비의 고장 등으로 양압이 유지되지 아니한 경우 경보를 할 수 있는 조치
② 환기설비가 정지된 후 재가동하는 경우 변전실 등에 가스 등이 있는지를 확인할 수 있는 가스검지기 등 장비의 비치
③ 환기설비에 의하여 변전실 등에 공급되는 공기는 가스 또는 분진폭발위험장소가 아닌 곳으로부터 공급되도록 하는 조치

71 ②

[해설]
1. 물과의 접촉을 금지하여야 하는 물질
   → 금수성물질

2. 금수성물질의 종류
   ① 리튬
   ② 칼륨·나트륨
   ③ 알킬알루미늄·알킬리튬
   ④ 칼슘 탄화물(탄화칼슘), 알루미늄 탄화물(탄화알루미늄)

72 ②

[해설] 물질안전보건자료의 작성 항목
1. 화학제품과 회사에 관한 정보
2. 유해·위험성
3. 구성 성분의 명칭 및 함유량
4. 응급조치 요령
5. 폭발·화재 시 대처방법
6. 누출사고 시 대처방법
7. 취급 및 저장방법
8. 노출 방지 및 개인보호구
9. 물리화학적 특성
10. 안정성 및 반응성
11. 독성에 관한 정보
12. 환경에 미치는 영향
13. 폐기 시 주의사항
14. 운송에 필요한 정보
15. 법적 규제 현황
16. 기타 참고사항

73 ②

[해설] 반응기의 구조에 의한 분류
① 관형반응기
② 탑형반응기
③ 교반기형 반응기
④ 유동층형 반응기

[참고] 운전방식(조작방식)에 의한 분류
① 회분식 반응기(Batch Reactor)
② 반회분식 반응기(semi-batch reactor)
③ 연속 반응기(plug flow reactor)

74 ③

[해설] 기체, 액체, 고체의 연소의 형태

기체의 연소	확산 연소	가연성 가스가 공기 중에 확산되어 연소하는 형태 예 대부분 가스의 연소
액체의 연소	증발 연소	액체 자체가 연소되는 것이 아니라 액체 표면에서 발생하는 증기가 연소하는 형태 예 대부분 액체의 연소
고체의 연소	표면 연소	가연성 가스를 발생하지 않고 물질 그 자체가 연소하는 형태 예 코크스, 목탄, 금속분 등
	분해 연소	가열 분해에 의해 발생된 가연성 가스가 공기와 혼합되어 연소하는 형태 예 목재, 종이, 석탄, 플라스틱 등 일반 가연물
	증발 연소	고체가연물의 가열에 의해 발생한 가연성 증기가 연소하는 형태 예 황, 나프탈렌
	자기 연소	자체 내 산소를 함유하고 있어 공기 중 산소를 필요치 않고 연소하는 형태 예 니트로 화합물, 다이너마이트

75 ③

[해설] 특수화학설비의 종류

위험 물질을 기준량 이상으로 제조 또는 취급하는 다음 각호의 1에 해당하는 화학설비를 특수화학설비라 한다.
① 발열반응이 일어나는 반응장치
② 증류·정류·증발·추출 등 분리를 행하는 장치
③ 가열시켜 주는 물질의 온도가 가열되는 위험물질의 분해온도 또는 발화점 보다 높은 상태에서 운전되는 설비
④ 반응폭주 등 이상 화학반응에 의하여 위험물질이 발생할 우려가 있는 설비
⑤ 온도가 섭씨 350도 이상이거나 게이지 압력이 980킬로파스칼 이상인 상태에서 운전되는 설비
⑥ 가열로 또는 가열기

76 ③

[해설] 산소, 산화제의 공급이 없더라도 폭발을 일으키는 물질 → 폭발성물질로서 니트로 화합물이 해당된다.

[참고] 폭발성 물질 및 유기과산화물의 종류
가. 질산에스테르류
나. 니트로화합물
다. 니트로소화합물
라. 아조화합물
마. 디아조화합물
바. 하이드라진 유도체
사. 유기과산화물
아. 그 밖에 가목부터 사목까지의 물질과 같은 정도의 폭발 위험이 있는 물질
자. 가목부터 아목까지의 물질을 함유한 물질

특급 암기법
폭발하는(폭발성 물질) 질산에(질산에스테르)
니태아조?(니트로, 니트로소, 아조, 디아조)
하더라유!(하이드라진유도체, 유기과산화물)

77 ③

[해설]

$$\frac{100}{L} = \frac{V_1}{L_1} + \frac{V_2}{L_2} + \frac{V_3}{L_3} \cdots (\text{Vol\%})$$

$$L = \frac{100}{\frac{V_1}{L_1} + \frac{V_2}{L_2} + \frac{V_3}{L_3} \cdots}$$

여기서,
L : 혼합가스의 폭발하한계(상한계)
L_1, L_2, L_3 : 단독가스의 폭발하한계(상한계)
V_1, V_2, V_3 : 단독가스의 공기 중 부피
$100 : V_1 + V_2 + V_3 + \cdots$

$$\frac{(2.0+3.0+2.0)}{L} = \frac{2.0}{1.1} + \frac{3.0}{5.0} + \frac{2.0}{15.0}$$

$$L = \frac{7}{\frac{2.0}{1.1} + \frac{3.0}{5.0} + \frac{2.0}{15.0}} = 2.74 \text{vol\%}$$

78 ③

[해설] 이상압력 상승으로부터 반응기를 보호하고자 할 때에는 파열판과 안전밸브를 병렬로 반응기 상부에 설치하는 것이 압력 방출에 효과적이다.

79 ②

[해설] 기름걸레를 햇빛이 잘 드는 곳에 두었을 경우 자연발화에 의한 화재가 우려된다.

[참고] 자연발화
외부 점화원 없이 자체의 열에 의해 발화하는 현상

80 ④

[해설] ④ 분진 입자의 표면적이 클수록 산소와 접촉 면적이 넓어져 폭발위험은 더 커진다.

제5과목 건설공사 안전 관리

81 ①

[해설] 가설구조물은 본 구조물 시공을 위하여 설치하는 임시구조물로 영구성을 갖출 필요는 없다.

[참고] 가설구조물의 구비요건
① 작업성
② 안전성
③ 경제성

82 ①

[해설] 와이어로프의 사용금지 기준
① 이음매가 있는 것
② 와이어로프의 한 꼬임에서 끊어진 소선의 수가 10퍼센트 이상인 것
③ 지름의 감소가 공칭지름의 7퍼센트를 초과하는 것
④ 꼬인 것
⑤ 심하게 변형되거나 부식된 것
⑥ 열과 전기충격에 의해 손상된 것

83 ④

[해설] ④ 비계기둥 간의 적재하중은 400킬로그램을 초과하지 아니하도록 할 것

[참고] 강관비계의 구조
① 비계기둥 간격 : 띠장방향에서는 1.85m 이하, 장선방향에서는 1.5m 이하로 할 것
다만, 다음 각 목의 어느 하나에 해당하는 작업의 경우에는 안전성에 대한 구조검토를 실시하고 조립도를 작성하면 띠장 방향 및 장선방향으로 각각 2.7미터 이하로 할 수 있다.
　가. 선박 및 보트 건조작업
　나. 그 밖에 장비 반입·반출을 위하여 공간 등을 확보할 필요가 있는 등 작업의 성질상 비계기둥 간격에 관한 기준을 준수하기 곤란한 작업
② 띠장 간격 : 1.5미터 이하로 설치하되, 첫번째 띠장은 지상으로부터 2미터 이하의 위치에 설치할 것
③ 비계기둥의 제일 윗부분으로부터 31m되는 지점 밑부분의 비계기둥은 2본의 강관으로 묶어 세울 것
④ 비계기둥 간의 적재하중은 400킬로그램을 초과하지 아니하도록 할 것

84 ④

[해설] ④ 착암기는 광산 및 건설 현장에서 암반 천공(구멍 뚫기) 작업에 사용하는 기계이다.

85 ④

[해설] ① 작업대를 와이어로프 또는 체인으로 상승 또는 하강시킬 때에는 와이어로프 또는 체인이 끊어져 작업대가 낙하하지 아니하는 구조이어야 하며, 와이어로프 또는 체인의 안전율은 5 이상일 것
② 작업자를 태우고 이동하지 말 것. 다만, 이동 중 전도 등의 위험 예방을 위하여 유도하는 사람을 배치하고 짧은 구간을 이동하는 경우에는 작업대를 가장 낮게 내린 상태에서 작업자를 태우고 이동할 수 있다.
③ 바닥과 고소작업대는 가능한 한 수평을 유지하도록 할 것

86 ③

[해설] 계단의 설치
① 계단의 강도
　• 계단 및 계단참의 강도는 500kg/m² 이상이어야 하며 안전율은 4 이상으로 하여야 한다.
　• 계단 및 승강구 바닥을 구멍이 있는 재료로 만드는 경우 렌치나 그 밖의 공구 등이 낙하할 위험이 없는 구조로 하여야 한다.
② 계단의 폭
　• 1미터 이상으로 하여야 한다.
　• 계단에 손잡이 외의 다른 물건 등을 설치하거나 쌓아 두어서는 아니 된다.
③ 계단참의 높이
　• 높이가 3m를 초과하는 계단에는 높이 3m 이내마다 너비 1.2미터 이상의 계단참을 설치하여야 한다.
④ 천장의 높이
　• 바닥면으로부터 높이 2미터 이내의 공간에 장애물이 없도록 하여야 한다.
⑤ 계단의 난간
　• 높이 1미터 이상인 계단의 개방된 측면에 안전난간을 설치하여야 한다.

87 ③

[해설] 항타기, 항발기 조립하는 때 점검 사항
① 본체의 연결부의 풀림 또는 손상의 유무
② 권상용 와이어로프·드럼 및 도르래의 부착상태의 이상 유무
③ 권상장치의 브레이크 및 쐐기장치 기능의 이상 유무
④ 권상기의 설치상태의 이상 유무
⑤ 리더(leader)의 버팀 방법 및 고정상태의 이상 유무
⑥ 본체·부속장치 및 부속품의 강도가 적합한지 여부
⑦ 본체·부속장치 및 부속품에 심한 손상·마모·변형 또는 부식이 있는지 여부

88 ①

[해설] 지게차의 작업시작 전 점검
① 하역장치 및 유압장치 기능의 이상 유무
② 제동장치 및 조종장치 기능의 이상 유무
③ 바퀴의 이상 유무
④ 전조등, 후미등, 방향지시기, 경보장치 기능의 이상 유무

89 ④

[해설] 콘크리트 옹벽의 안정성 검토사항
① 전도에 대한 안정
② 활동에 대한 안정
③ 침하에 대한 안정

90 ③

[해설] ③ 보 밑 또는 슬라브 거푸집을 제거할 때에는 한쪽 먼저 해체한 다음 밧줄 등을 이용하여 묶어두고 다른 한쪽을 서서히 해체한 다음 천천히 달아내려 거푸집 보호는 물론 거푸집의 낙하 충격으로 인한 작업원의 돌발적 재해를 방지한다.

[참고] 거푸집 해체계획
① 거푸집 지보공 해체 시에는 작업 책임자를 선임한다.
② 거푸집 해체작업장 주위에는 관계자를 제외하고는 출입을 금지한다.
③ 강풍, 폭우, 폭설 등 악천후 시에는 작업을 중지한다.
④ 해체된 거푸집, 기타 각목 등을 올리거나 내릴 때에는 달줄 또는 달포대 등을 사용한다.
⑤ 해체된 거푸집 또는 각목 등이 박혀 있는 못 또는 날카로운 돌출물은 즉시 제거한다.
⑥ 해체된 거푸집 또는 각목은 재사용 가능한 것과 보수하여야 할 것을 선별, 분리하여 적치하고 정리 정돈을 한다.
⑦ 거푸집의 해체는 순서에 입각하여 실시한다.
⑧ 해체 시 작업원은 안전모와 안전화를 착용하고 고소에서 해체할 때는 반드시 안전대를 사용한다.
⑨ 보 밑 또는 슬라브 거푸집을 제거할 때에는 한쪽을 먼저 해체한 다음 밧줄 등을 이용하여 묶어두고 다른 한쪽을 서서히 해체한 다음 천천히 달아내려 거푸집 보호는 물론 거푸집의 낙하 충격으로 인한 작업원의 돌발적 재해를 방지한다.
⑩ 거푸집 해체가 용이하지 않다고 구조체에 무리한 충격 또는 큰 힘에 의한 지렛대 사용을 금한다.
⑪ 제3자에 대한 보호는 완전히 한다.
⑫ 상하에서 동시 작업할 때에는 상하가 긴밀히 연락을 취한다.

91 ②

[해설] 1. 근로자가 추락하거나 넘어질 위험이 있는 장소 [작업발판의 끝·개구부 등을 제외한다] 또는 기계·설비·선박 블록 등에서 작업을 할 때에 근로자가 위험해질 우려가 있는 경우 비계를 조립하는 등의 방법으로 작업발판을 설치하여야 한다.
2. 작업발판을 설치하기 곤란한 경우 다음 각 호의 기준에 맞는 추락방호망을 설치하여야 한다. 다만, 추락방호망을 설치하기 곤란한 경우에는 근로자에게 안전대를 착용하도록 하는 등 추락위험을 방지하기 위하여 필요한 조치를 하여야 한다.

92 ③

[해설] ③ 높이가 4미터를 초과할 때에는 높이 4미터 이내마다 수평연결재를 2개 방향으로 설치하고 수평연결재의 변위를 방지할 것

[참고] 1. 동바리로 사용하는 파이프서포트의 조립 시 준수사항
• 파이프서포트를 3개본 이상 이어서 사용하지 아니하도록 할 것
• 파이프서포트를 이어서 사용할 때에는 4개 이상의 볼트 또는 전용철물을 사용하여 이을 것
• 높이가 3.5미터를 초과할 때 높이 2미터 이내마다 수평연결재를 2개 방향으로 만들고 수평연결재의 변위를 방지할 것

2. 동바리로 사용하는 강관틀의 준수사항
- 강관틀과 강관틀 사이에 교차가새를 설치할 것
- 최상단 및 5단 이내마다 동바리의 측면과 틀면의 방향 및 교차가새의 방향에서 5개 이내마다 수평연결재를 설치하고 수평연결재의 변위를 방지할 것
- 최상단 및 5단 이내마다 동바리의 틀면의 방향에서 양단 및 5개틀 이내마다 교차가새의 방향으로 띠장틀을 설치할 것

93 ①

해설 모터 그레이더(Motor grader)
토공판을 작동시켜 지면의 정지작업(땅을 깎아 고르는 작업)을 하는데 사용된다.

94 ②

해설 작업발판의 폭은 40cm 이상으로 하고, 발판 재료 간의 틈은 3cm 이하로 할 것

참고 작업발판 설치 기준
① 발판재료 : 작업 시의 하중을 견딜 수 있도록 견고한 것으로 할 것
② 발판의 폭 : 40cm 이상으로 하고, 발판재료 간의 틈은 3cm 이하로 할 것
③ 추락의 위험성이 있는 장소에는 안전난간을 설치할 것
④ 작업발판의 지지물 : 하중에 의하여 파괴될 우려가 없는 것을 사용할 것
⑤ 작업발판 재료는 뒤집히거나 떨어지지 아니하도록 2 이상의 지지물에 연결하거나 고정시킬 것
⑥ 작업에 따라 이동시킬 때에는 위험방지 조치를 할 것
⑦ 선박 및 보트 건조작업에서 선박블록 또는 엔진실 등의 좁은 작업공간에 작업발판을 설치하는 경우 : 작업발판의 폭을 30센티미터 이상으로 할 수 있고, 걸침비계의 경우 발판재료 간의 틈을 3센티미터 이하로 유지하기 곤란하면 5센티미터 이하로 할 수 있다.

95 ④

해설 액상화 현상
모래 지반이 물로 포화되어 있을 때 지진이나 충격을 받으면 일시적으로 전단강도를 잃어버리고 흙이 액체처럼 되는 현상을 말한다.

96 ④

해설 거푸집 및 지보공(동바리) 시공 시 고려해야 할 하중
① 연직방향 하중 : 거푸집, 지보공(동바리), 콘크리트, 철근, 작업원, 타설용 기계·기구, 가설설비 등의 중량 및 충격하중
② 횡방향 하중 : 작업할 때의 진동, 충격, 시공오차 등에 기인되는 횡방향 하중 이외에 필요에 따라 풍압, 유수압, 지진 등
③ 콘크리트의 측압 : 굳지 않은 콘크리트의 측압
④ 특수 하중 : 시공 중에 예상되는 특수한 하중
⑤ 위의 ① ~ ④ 항목의 하중에 안전율을 고려한 하중

97 ③

해설 드래그 셔블(drag shovel, 백호)
① 기계가 서 있는 지면보다 낮은 장소의 굴착 및 수중굴착이 가능하다.
② 지하층이나 기초의 굴착에 사용된다.
③ 굳은 지반의 토질도 정확한 굴착이 된다.

98 ②

해설 공사용 가설도로의 최고 허용 경사도는 부득이한 경우를 제외하고는 10%를 넘어서는 안 된다.

99 ④

[해설] (1) 토석붕괴의 외적 원인
① 사면, 법면의 경사 및 기울기의 증가
② 절토 및 성토 높이의 증가
③ 공사에 의한 진동 및 반복 하중의 증가
④ 지표수 및 지하수의 침투에 의한 토사 중량의 증가
⑤ 지진, 차량, 구조물의 하중작용
⑥ 토사 및 암석의 혼합층 두께

(2) 토석붕괴의 내적 원인
① 절토 사면의 토질·암질
② 성토 사면의 토질구성 및 분포
③ 토석의 강도 저하

100 ①

[해설] 유해위험방지계획서를 제출해야 될 건설공사
① 지상높이가 31미터 이상인 건축물 또는 인공구조물, 연면적 3만제곱미터 이상인 건축물 또는 연면적 5천제곱미터 이상의 문화 및 집회시설(전시장 및 동물원·식물원은 제외한다), 판매시설, 운수시설(고속철도의 역사 및 집배송시설은 제외한다), 종교시설, 의료시설 중 종합병원, 숙박시설 중 관광숙박시설, 지하도상가 또는 냉동·냉장창고시설의 건설·개조 또는 해체
② 연면적 5천제곱미터 이상의 냉동·냉장창고시설의 설비공사 및 단열공사
③ 최대 지간길이가 50미터 이상인 교량 건설 등 공사
④ 터널 건설 등의 공사
⑤ 다목적댐, 발전용댐, 저수용량 2천만톤 이상의 용수 전용 댐, 지방상수도 전용 댐 건설 등의 공사
⑥ 깊이 10미터 이상인 굴착공사

자격종목	시험시간	문제수	문제형별
산업안전산업기사	2시간 30분	100	A

수험번호   성명

[수험자 유의사항]

1. 시험 도중 수험자 PC 장애발생 시 손을 들어 시험감독관에게 알리면 긴급 장애 조치 또는 자리 이동을 할 수 있습니다.
2. 시험이 끝나면 채점결과(점수)를 바로 확인할 수 있습니다.
3. 부정행위가 발각될 경우 감독관의 지시에 따라 퇴실 조치되고 시험은 무효로 처리되며, 3년간 국가 기술자격검정에 응시할 자격이 정지됩니다.

정답 및 해설은 문제 뒤편에 있습니다

제1과목 : 산업재해 예방 및 안전보건교육

1. 사고의 간접원인이 아닌 것은?

   ① 물적 원인   ② 정신적 원인
   ③ 관리적 원인 ④ 신체적 원인

2. 보호구 안전인증 고시에 따른 안전모의 일반 구조 중 턱 끈의 최소 폭 기준은?

   ① 5mm 이상   ② 7mm 이상
   ③ 10mm 이상   ④ 12mm 이상

3. 재해 발생의 주요 원인 중 불안전한 상태에 해당하지 않는 것은?

   ① 기계설비 및 장비의 결함
   ② 부적절한 조명 및 환기
   ③ 작업장소의 정리·정돈 불량
   ④ 보호구 미착용

4. O.J.T(On the Job Traning)의 특징 중 틀린 것은?

   ① 훈련과 업무의 계속성이 끊어지지 않는다.
   ② 직장의 실정에 맞게 실제적 훈련이 가능하다.
   ③ 훈련의 효과가 곧 업무에 나타나며, 훈련의 개선이 용이하다.
   ④ 다수의 근로자들에게 조직적 훈련이 가능하다.

5. 비통제의 집단행동 중 폭동과 같은 것을 말하며, 군중보다 합의성이 없고, 감정에 의해서만 행동하는 특성은?

   ① 패닉(Panic)
   ② 모브(Mob)
   ③ 모방(Imitation)
   ④ 심리적 전염(Mental Epidemic)

6. 보호구 안전인증 고시에 따른 안전화의 정의 중 ( )안에 알맞은 것은?

> 경작업용 안전화란 (㉠) mm의 낙하 높이에서 시험했을 때 충격과 (㉡ ±) kN의 압축하중에서 시험했을 때 압박에 대하여 보호해 줄 수 있는 선심을 부착하며, 착용자를 보호하기 위한 안전화를 말한다.

① ㉠ 500, ㉡ 10.0
② ㉠ 250, ㉡ 10.0
③ ㉠ 500, ㉡ 4.4
④ ㉠ 250, ㉡ 4.4

7. 심리검사의 특징 중 "검사의 관리를 위한 조건과 절차의 일관성과 통일성"을 의미하는 것은?

① 규준화
② 표준화
③ 객관성
④ 신뢰성

8. 산업안전보건법령상 상시 근로자수의 산출내역에 따라, 연간 국내공사 실적액이 50억 원이고 건설업 평균임금이 250만 원이며, 노무비율은 0.06인 사업장의 상시 근로자수는?

① 10인   ② 30인
③ 33인   ④ 75인

9. 주의의 수준에서 중간 수준에 포함되지 않는 것은?

① 다른 곳에 주의를 기울이고 있을 때
② 가시 시야 내 부분
③ 수면 중
④ 일상과 같은 조건일 경우

10. 산업안전보건법령에 따른 안전검사대상 유해·위험 기계 등의 검사 주기 기준 중 다음 ( )안에 알맞은 것은?

> 크레인(이동식 크레인은 제외), 리프트, (이삿짐운반용 리프트는 제외) 및 곤돌라는 사업장에 설치가 끝난 날부터 3년 이내에 최초 안전검사를 실시하되, 그 이후부터 (㉠)년 마다 (건설현장에서 사용하는 것은 최초로 설치한 날부터 (㉡)개월마다)

① ㉠ 1, ㉡ 4
② ㉠ 1, ㉡ 6
③ ㉠ 2, ㉡ 4
④ ㉠ 2, ㉡ 6

11. 사업장의 도수율이 10.83이고, 강도율이 7.92일 경우의 종합재해지수(FSI)는?

① 4.63   ② 6.42
③ 9.26   ④ 12.84

12. 지난 한 해 동안 산업재해로 인하여 직접 손실비용이 3조 1,600억 원이 발생한 경우의 총 재해코스트는?(단, 하인리히의 재해 손실비 평가방식을 적용한다.)

    ① 6조 3,200억 원
    ② 9조 4,800억 원
    ③ 12조 6,400억 원
    ④ 15조 8,000억 원

13. 산업안전보건 법령상 안전·보건표지의 색채, 색도 기준 및 용도 중 다음 (   ) 안에 알맞은 것은?

색채	색도 기준	용도	사용례
( )	5Y 8.5/12	경고	화학물질 취급 장소에서의 유해·위험경고 이외의 위험경고, 주의표지 또는 기계방호물

    ① 파란색   ② 노란색
    ③ 빨간색   ④ 검은색

14. 산업안전보건 법령상 관리감독자의 업무의 내용이 아닌 것은?

    ① 해당 작업에 관련되는 기계·기구 또는 설비의 안전·보건점검 및 이상유무의 확인
    ② 해당 사업장 산업보건의 지도·조언에 대한 협조
    ③ 위험성평가를 위한 업무에 기인하는 유해·위험요인의 파악 및 그 결과에 따라 개선조치의 시행
    ④ 작성된 물질안전보건자료의 게시 또는 비치에 관한 보좌 및 조언·지도

15. 학생이 마음속에 생각하고 있는 것을 외부에 구체적으로 실현하고 형상화하기 위하여 자기 스스로 계획을 세워 수행하는 학습활동으로 이루어지는 학습지도의 형태는?

    ① 케이스 메소드(Case method)
    ② 패널 디스커션(Panel discussion)
    ③ 구안법(Project method)
    ④ 문제법(Problem method)

16. 허즈버그(Herzberg)의 동기·위생이론 중 위생요인에 해당하지 않는 것은?

    ① 보수   ② 책임감
    ③ 작업조건   ④ 감독

17. 인간의 착각 현상 중 버스나 전동차의 움직임으로 인하여 자신이 승차하고 있는 정지된 차량이 움직이는 것 같은 느낌을 받는 현상은?

    ① 자동운동   ② 유도운동
    ③ 가현운동   ④ 플리커현상

18. 안전관리 조직의 형태 중 라인·스탭형에 대한 설명으로 틀린 것은?

    ① 안전 스탭은 안전에 관한 기획·입안·조사·검토 및 연구를 행한다.
    ② 안전 업무를 전문적으로 담당하는 스탭 및 생산라인의 각 계층에도 겸임 또는 전임의 안전담당자를 둔다.
    ③ 모든 안전 관리 업무를 생산라인을 통하여 직선적으로 이루어지도록 편성된 조직이다.
    ④ 대규모 사업장(1,000명 이상)에 효율적이다.

19. 다음 ( ) 안에 들어갈 내용으로 알맞은 것은?

> 산업안전보건법상 사업주는 안전보건관리 규정을 작성 또는 변경할 때에는 (㉠)의 심의 의결을 거쳐야 한다. 다만, (㉠)가 설치되어 있지 아니한 사업장에 있어서는 (㉡)의 동의를 받아야 한다.

① ㉠ 안전보건관리규정위원회
　㉡ 노사대표
② ㉠ 안전보건관리규정위원회
　㉡ 근로자대표
③ ㉠ 산업안전보건위원회
　㉡ 노사대표
④ ㉠ 산업안전보건위원회
　㉡ 근로자대표

20. 산업안전보건법상의 안전보건교육 중 관리감독자의 채용 시 교육 및 작업내용 변경 시 교육 내용이 아닌 것은?

① 기계·기구의 위험성과 작업의 순서 및 동선에 관한 사항
② 직무스트레스 예방 및 관리에 관한 사항
③ 비상시 또는 재해 발생 시 긴급조치에 관한 사항
④ 작업공정의 유해·위험과 재해 예방 대책에 관한 사항

제2과목 : 인간공학 및 위험성 평가·관리

21. 설비에 부착된 안전장치를 제거하면 설비가 작동되지 않도록 하는 안전설계는?

① Fail safe
② Fool proof
③ Lock out
④ Temper proof

22. 후각적 표시장치에 대한 설명으로 틀린 것은?

① 냄새의 확산을 통제하기 힘들다.
② 코가 막히면 민감도가 떨어진다.
③ 복잡한 정보를 전달하는데 유용하다.
④ 냄새에 대한 민감도의 개인차가 있다.

23. 60폰(phon)의 소리에 해당하는 손(sone)의 값은?

① 1
② 2
③ 4
④ 8

24. 인간의 가청 주파수 범위는?

① 2 ~ 10,000HZ
② 20 ~ 20,000HZ
③ 200 ~ 30,000HZ
④ 200 ~ 40,000HZ

25. 다음 그림은 C/R비와 시간과의 관계를 나타낸 그림이다. ㉠ ~ ㉣에 들어갈 내용이 맞는 것은?

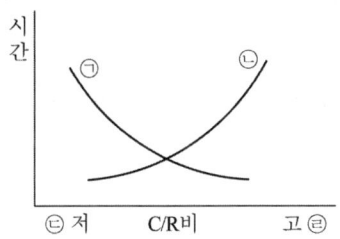

① ㉠ 이동시간 ㉡ 조정시간
   ㉢ 민감   ㉣ 둔감
② ㉠ 이동시간 ㉡ 조정시간
   ㉢ 둔감   ㉣ 민감
③ ㉠ 조정시간 ㉡ 이동시간
   ㉢ 민감   ㉣ 둔감
④ ㉠ 조정시간 ㉡ 이동시간
   ㉢ 둔감   ㉣ 민감

26. 어떤 전자기기의 수명은 지수분포를 따르며, 그 평균수명이 1,000시간이라고 할 때, 500시간 동안 고장 없이 작동할 확률은 약 얼마인가?

① 0.1353   ② 0.3935
③ 0.6065   ④ 0.8647

27. 작업 기억과 관련된 설명으로 틀린 것은?

① 단기기억이라고도 한다.
② 오랜 기간 정보를 기억하는 것이다.
③ 작업 기억 내의 정보는 시간이 흐름에 따라 쇠퇴할 수 있다.
④ 리허설(rehearsal)은 정보를 작업 기억 내에 유지하는 유일한 방법이다.

28. 불대수(Boolean algebra)의 관계식으로 맞는 것은?

① A(A · B)=B
② A+ B=A · B
③ A+A · B=A · B
④ A+B · C=(A+B)(A+C)

29. 다음 중 육체적 활동에 대한 생리학적 측정방법과 가장 거리가 먼 것은?

① EMG   ② EEG
③ 심박수   ④ 에너지소비량

30. 일반적인 조종장치의 경우, 어떤 것을 켤 때 기대되는 운동방향이 아닌 것은?

① 레버를 앞으로 민다.
② 버튼을 우측으로 민다.
③ 스위치를 위로 올린다.
④ 다이얼을 반시계 방향으로 돌린다.

31. 글자의 설계 요소 중 검은 바탕에 쓰여진 흰 글자가 번져 보이는 현상과 가장 관련 있는 것은?

① 획폭비
② 글자체
③ 종이 크기
④ 글자 두께

32. 컷셋과 최소 패스셋을 정의한 것으로 맞는 것은?

   ① 컷셋은 시스템 고장을 유발시키는 필요 최소한의 고장들의 집합이며, 최소 패스셋은 시스템의 신뢰성을 표시한다.
   ② 컷셋은 시스템 고장을 유발시키는 필요 최소한의 고장들의 집합이며, 최소 패스셋은 시스템의 불신뢰도를 표시한다.
   ③ 컷셋은 그 속에 포함되어 있는 모든 기본사상이 일어났을 때 톱 사상을 일으키는 기본사상의 집합이며, 최소 패스셋은 시스템의 신뢰성을 표시한다.
   ④ 컷셋은 그 속에 포함되어 있는 모든 기본사상이 일어났을 때 톱 사상을 일으키는 기본사상의 집합이며, 최소 패스셋은 시스템의 성공을 유발하는 기본사상의 집합이다.

33. 소음성 난청 유소견자로 판정하는 구분을 나타내는 것은?

   ① A ② C
   ③ D_1 ④ D_2

34. 그림과 같은 시스템에서 전체 시스템의 신뢰도는 얼마인가?(단, 네모 안의 숫자는 각 부품의 신뢰도이다.)

   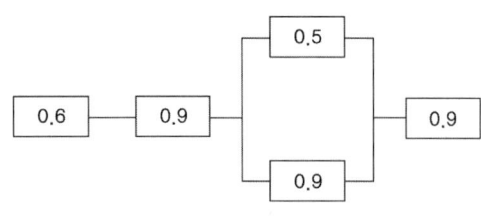

   ① 0.4104 ② 0.4617
   ③ 0.6314 ④ 0.6804

35. 인체에서 뼈의 주요 기능으로 볼 수 없는 것은?

   ① 대사작용 ② 신체의 지지
   ③ 조혈작용 ④ 장기의 보호

36. FT도에 사용되는 기호 중 "전이기호"를 나타내는 기호는?

   ① 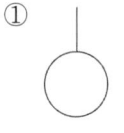 ②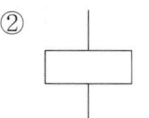
   ③ 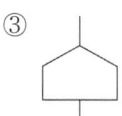 ④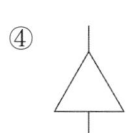

37. 일반적인 수공구의 설계원칙으로 볼 수 없는 것은?

   ① 손목을 곧게 유지한다.
   ② 반복적인 손가락 동작은 피한다.
   ③ 사용이 용이한 검지만 주로 사용한다.
   ④ 손잡이는 접촉 면적을 가능하면 크게 한다.

38. 고장형태 및 영향분석(FMEA : Failure Mode and Effect Analysis)에서 치명도 해석을 포함시킨 분석 방법으로 옳은 것은?

   ① CA
   ② ETA
   ③ FMETA
   ④ FMECA

39. NIOSH의 연구에 기초하여, 목과 어깨 부위의 근골격계질환 발생과 인과관계가 가장 적은 위험요인은?

① 진동
② 반복작업
③ 과도한 힘
④ 작업 자세

40. 필요한 작업 또는 절차의 잘못된 수행으로 발생하는 과오는?

① 시간적 과오(time error)
② 생략적 과오(omission error)
③ 순서적 과오(sequential error)
④ 수행적 과오(commision error)

제3과목 : 기계 · 기구 및 설비 안전 관리

41. 가드(guard)의 종류가 아닌 것은?

① 고정식
② 조정식
③ 자동식
④ 반자동식

42. 산업안전보건 법령상 기계 기구의 방호 조치에 대한 사업주 · 근로자 준수사항으로 가장 적절하지 않은 것은?

① 방호 조치의 기능 상실에 대한 신고가 있을 시 사업주는 수리, 보수 및 작업 중지 등 적절한 조치를 할 것
② 방호조치 해체 사유가 소멸된 경우 근로자는 즉시 원상회복 시킬 것
③ 방호조치의 기능 상실을 발견 시 사업주에게 신고할 것
④ 방호조치 해체 시 해당 근로자가 판단하여 해체할 것

43. 기계설비의 본질적 안전화를 위한 방식 중 성격이 다른 것은?

① 고정가드
② 인터록 기구
③ 압력용기 안전밸브
④ 양수조작식 조작기구

44. 공기압축기의 작업시작 전 점검사항이 아닌 것은?

① 윤활유의 상태
② 언로드 밸브의 기능
③ 비상정지장치의 기능
④ 압력방출장치의 기능

45. 가스집합용접장치에서 가스장치실에 대한 안전조치로 틀린 것은?

① 가스가 누출될 때에는 해당 가스가 정체되지 않도록 한다.
② 지붕 및 천장은 콘크리트 등의 재료로 폭발을 대비하여 견고히 한다.
③ 벽에는 불연성 재료를 사용한다.
④ 가스장치실에는 관계근로자가 아닌 사람의 출입을 금지시킨다.

46. 다음 중 컨베이어의 안전장치가 아닌 것은?

① 이탈 및 역주행 방지 장치
② 비상정지 장치
③ 덮개 또는 울
④ 비상 난간

47. 산업안전보건법령에 따라 목재가공용 기계에 설치하여야 하는 방호장치에 대한 내용으로 틀린 것은?

① 목재가공용 둥근톱기계에는 분할날 등 반발예방장치를 설치하여야 한다.
② 목재가공용 둥근톱기계에는 톱날접촉예방장치를 설치하여야 한다.
③ 모떼기계에는 가공 중 목재의 회전을 방지하는 회전방지장치를 설치하여야 한다.
④ 작업대상물이 수동으로 공급되는 동력식 수동대패기계에 날접촉예방장치를 설치하여야 한다.

48. 그림과 같은 지게차가 안정적으로 작업할 수 있는 상태의 조건으로 적합한 것은?

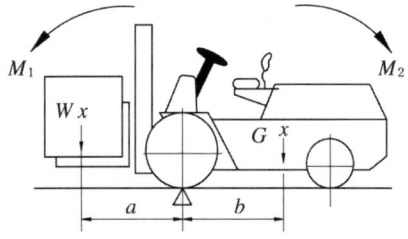

M_1 : 화물의 모멘트
M_2 : 차의 모멘트

① $M_1 < M_2$
② $M_1 > M_2$
③ $M_1 \geqq M_2$
④ $M_1 > 2M_2$

49. 양수조작식 방호장치에서 누름버튼 상호 간의 내측 거리는 몇 mm 이상이어야 하는가?

① 250 ② 300
③ 350 ④ 400

50. "가"와 "나"에 들어갈 내용으로 옳은 것은?

순간풍속이 (가)를 초과하는 경우에는 타워크레인의 설치, 수리, 점검 또는 해체작업을 중지하여야 하며, 순간풍속이 (나)를 초과하는 경우에는 타워크레인의 운전 작업을 중지하여야 한다.

① 가 : 10m/s, 나 : 15m/s
② 가 : 10m/s, 나 : 25m/s
③ 가 : 20m/s, 나 : 35m/s
④ 가 : 20m/s, 나 : 45m/s

51. 기계장치의 안전설계를 위해 적용하는 안전율 계산식은?

① 안전하중 ÷ 설계하중
② 최대 사용하중 ÷ 극한강도
③ 극한강도 ÷ 최대 설계응력
④ 극한강도 ÷ 파단하중

52. 정(chisel) 작업의 일반적인 안전 수칙으로 틀린 것은?

① 따내기 및 칩이 튀는 가공에서는 보안경을 착용하여야 한다.
② 절단 작업 시 절단된 끝이 튀는 것을 조심하여야 한다.
③ 작업을 시작할 때는 가급적 정을 세게 타격하고 점차 힘을 줄여간다.
④ 담금질 된 철강 재료는 정 가공을 하지 않는 것이 좋다.

53. 가스 용접에서 역화의 원인으로 볼 수 없는 것은?

① 토치 성능이 부실한 경우
② 취관이 작업 소재에 너무 가까이 있는 경우
③ 산소 공급량이 부족한 경우
④ 토치 팁에 이물질이 묻은 경우

54. 이동식 크레인과 관련된 용어의 설명 중 옳지 않은 것은?

① "정격하중"이라 함은 이동식 크레인의 지브나 붐의 경사각 및 길이에 따라 부하할 수 있는 최대 하중에서 인양기구(훅, 그래브 등)의 무게를 뺀 하중을 말한다.
② "정격 총하중"이라 함은 최대 하중(붐 길이 및 작업반경에 따라 결정)과 부가하중(훅과 그 이외의 인양 도구들의 무게)을 합한 하중을 말한다.
③ "작업반경"이라 함은 이동식크레인의 선회중심선으로부터 훅의 중심선까지의 수평거리를 말하며, 최대 작업반경은 이동식크레인으로 작업이 가능한 최대치를 말한다.
④ "파단하중"이라 함은 줄걸이 용구 1개를 가지고 안전율을 고려하여 수직으로 매달 수 있는 최대 무게를 말한다.

55. 다음 중 드릴링 작업에 있어서 공작물을 고정하는 방법으로 가장 적절하지 않은 것은?

① 작은 공작물은 바이스로 고정한다.
② 작고 길쭉한 공작물은 플라이어로 고정한다.
③ 대량 생산과 정밀도를 요구할 때는 지그로 고정한다.
④ 공작물이 크고 복잡할 때는 볼트와 고정구로 고정한다.

56. 작업자의 신체 움직임을 감지하여 프레스의 작동을 급정지시키는 광전자식 안전장치를 부착한 프레스가 있다. 안전거리가 32cm라면 급정지에 소요되는 시간은 최대 몇 초 이내이어야 하는가?
(단, 급정지에 소요되는 시간은 손이 광선을 차단한 순간부터 급정지기구가 작동하여 하강하는 슬라이드가 정지할 때까지의 시간을 의미한다.)

① 0.1초   ② 0.2초
③ 0.5초   ④ 1초

57. 목재가공용 둥근톱에서 둥근톱의 두께가 4mm일 때 분할날의 두께는 몇 mm 이상이어야 하는가?

① 4.0   ② 4.2
③ 4.4   ④ 4.8

58. 지게차의 안전장치에 해당하지 않는 것은?
   ① 후사경   ② 헤드가드
   ③ 백레스트 ④ 권과방지장치

59. 연삭숫돌의 상부를 사용하는 것을 목적으로 하는 탁상용 연삭기 덮개의 노출각도는?
   ① 60° 이내   ② 65° 이내
   ③ 80° 이내   ④ 125° 이내

60. 다음 중 원심기에 적용하는 방호장치는?
   ① 회전체 접촉 예방장치
   ② 권과방지장치
   ③ 리미트 스위치
   ④ 과부하 방지장치

제4과목 : 전기 및 화학설비 안전 관리

61. 다음 중 전기화재의 직접적인 발생요인과 가장 거리가 먼 것은?
   ① 누전, 열의 축적
   ② 피뢰기의 손상
   ③ 지락 및 접속불량으로 인한 과열
   ④ 과전류 및 절연의 손상

62. 다음 중 전류밀도, 통전전류, 접촉면적과 피부저항과의 관계를 설명한 것으로 옳은 것은?
   ① 같은 크기의 전류가 흘러도 접촉면적이 커지면 피부저항은 작게 된다.
   ② 같은 크기의 전류가 흘러도 접촉면적이 커지면 전류밀도는 커진다.
   ③ 전류밀도와 접촉면적은 비례한다.
   ④ 전류밀도와 전류는 반비례한다.

63. 금속도체 상호간 혹은 대지에 대하여 전기적으로 절연되어 있는 2개 이상의 금속도체를 전기적으로 접속하여 서로 같은 전위를 형성하여 정전기 사고를 예방하는 기법을 무엇이라 하는가?
   ① 본딩
   ② 1종 접지
   ③ 대전 분리
   ④ 특별 접지

64. 다음 중 교류 아크 용접기에 의한 용접 작업에 있어 용접이 중지된 때 감전방지를 위해 설치해야 하는 방호 장치는?
   ① 누전차단기
   ② 단로기
   ③ 리미트스위치
   ④ 자동전격방지장치

65. 충전전로의 선간전압이 121kV 초과 145kV 이하의 활선 작업 시 충전전로에 대한 접근한계거리는?
   ① 130cm   ② 150cm
   ③ 170cm   ④ 230cm

66. 인체가 전격을 받았을 때 가장 위험한 경우는 심실세동이 발생하는 경우이다. 정현파 교류에 있어 인체의 전기저항이 500Ω 일 경우 다음 중 심실세동을 일으키는 전기에너지의 한계로 가장 적합한 것은?

① 18.0~30.0J ② 15.0~27.0J
③ 6.5~17.0J   ④ 2.5~8.0J

67. 다음 중 전기기기의 불꽃 또는 열로 인해 폭발성 위험 분위기에 점화되지 않도록 컴파운드를 충전해서 보호한 방폭구조는?

① 몰드 방폭구조
② 비점화 방폭구조
③ 안전증 방폭구조
④ 본질안전 방폭구조

68. 일반적인 변압기의 중성점 접지 저항 값으로 적당한 것은?

① $\frac{50}{1선지락전류}$ Ω 이하
② $\frac{600}{1선지락전류}$ Ω 이하
③ $\frac{300}{1선지락전류}$ Ω 이하
④ $\frac{150}{1선지락전류}$ Ω 이하

69. 산업안전보건법상 다음 내용에 해당하는 폭발위험장소는?

> 20종 장소 외의 장소로서, 분진운 형태의 가연성 분진이 폭발농도를 형성할 정도의 충분한 양이 정상작동 중에 존재할 수 있는 장소

① 0종 장소   ② 1종 장소
③ 21종 장소 ④ 22종 장소

70. 다음 중 전기화재 시 부적합한 소화기는?

① 분말 소화기   ② CO_2 소화기
③ 할론 소화기   ④ 산알칼리 소화기

71. 다음 중 폭발이나 화재 방지를 위하여 물과의 접촉을 방지하여야 하는 물질에 해당하는 것은?

① 칼륨
② 트리니트로톨루엔
③ 황린
④ 니트로셀룰로오스

72. 다음 중 자연발화에 대한 설명으로 가장 적절한 것은?

① 습도를 높게 하면 자연발화를 방지할 수 있다.
② 점화원을 잘 관리하면 자연발화를 방지할 수 있다.
③ 윤활유를 닦은 걸레의 보관 용기로는 금속재료보다는 플라스틱 제품이 더 좋다.
④ 자연발화는 외부로 방출하는 열보다 내부에서 발생하는 열의 양이 많은 경우에 발생한다.

73. 산화성 액체의 성질에 관한 설명으로 틀린 것은?

① 피부 및 의복을 부식시키는 성질이 있다.
② 가연성 물질이 많으므로 화기에 극도로 주의한다.
③ 위험물 유출시 건조사를 뿌리거나 중화제로 중화한다.
④ 물과 반응하면 발열반응을 일으키므로 물과의 접촉을 피한다.

74. 이산화탄소 소화기의 사용에 관한 설명으로 옳지 않은 것은?

① B급 화재 및 C급 화재의 적용에 적절하다.
② 이산화탄소의 주된 소화작용은 질식작용이므로 산소의 농도가 15% 이하가 되도록 약제를 살포한다.
③ 액화탄산가스가 공기 중에서 이산화탄소로 기화하면 체적이 급격하게 팽창하므로 질식에 주의한다.
④ 이산화탄소는 반도체설비와 반응을 일으키므로 통신기기나 컴퓨터 설비에 사용을 해서는 아니된다.

75. 다음 중 산업안전보건법상 화학설비 또는 그 배관의 덮개·플랜지·밸브 및 콕의 접합부에 대하여 당해 접합부에서의 위험물질 등의 누출로 인한 폭발·화재 또는 위험물의 누출을 방지하기 위한 가장 적절한 조치는?

① 개스킷의 사용
② 코르크의 사용
③ 호스 밴드의 사용
④ 호스 스크립의 사용

76. 산업안전보건기준에 관한 규칙에서 정한 위험물질 종류 중 부식성 물질에서 부식성 염기류에 해당하는 것은?

① 농도 40% 이상인 염산
② 농도 40% 이상인 불산
③ 농도 40% 이상인 아세트산
④ 농도 40% 이상인 수산화칼륨

77. 공정 중에서 발생하는 미연소가스를 연소하여 안전하게 밖으로 배출시키기 위하여 사용하는 설비는 무엇인가?

① 증류탑
② 플레어스텍
③ 흡수탑
④ 인화방지망

78. 다음 중 물분무소화설비의 주된 소화 효과에 해당하는 것으로만 나열한 것은?

① 냉각효과, 질식효과
② 희석효과, 제거효과
③ 제거효과, 억제효과
④ 억제효과, 희석효과

79. 다음 중 가연성 분진의 폭발 메커니즘으로 옳은 것은?

① 퇴적분진 → 비산 → 분산 → 발화원 발생 → 폭발
② 발화원 발생 → 퇴적분진 → 비산 → 분산 → 폭발
③ 퇴적분진 → 발화원 발생 → 분산 → 비산 → 폭발
④ 발화원 발생 → 비산 → 분산 → 퇴적분진 → 폭발

80. 화염의 전파속도가 음속보다 빨라 파면 선단에 충격파가 형성되며 보통 그 속도가 1,000 ~ 3,500m/s에 이르는 현상을 무엇이라 하는가?

① 폭발 현상
② 폭굉 현상
③ 파괴 현상
④ 발화 현상

제5과목 : 건설공사 안전 관리

81. 지반의 조사방법 중 지질의 상태를 가장 정확히 파악할 수 있는 보링방법은?

① 충격식 보링(percussion boring)
② 수세식 보링(wash boring)
③ 회전식 보링(rotary boring)
④ 오거 보링(auger boring)

82. 철근의 인력 운반 방법에 관한 설명으로 옳지 않은 것은?

① 긴 철근은 두 사람이 1조가 되어 같은 쪽의 어깨에 메고 운반한다.
② 양 끝은 묶어서 운반한다.
③ 1회 운반 시 1인당 무게는 50kg 정도로 한다.
④ 공동작업 시 신호에 따라 작업한다.

83. 차량계 하역운반기계 등을 이송하기 위하여 자주(自走) 또는 견인에 의하여 화물자동차에 싣거나 내리는 작업을 할 때 발판·성토 등을 사용하는 경우 기계의 전도 또는 전락에 의한 위험을 방지하기 위하여 준수하여야 할 사항으로 옳지 않은 것은?

① 싣거나 내리는 작업은 견고한 경사지에서 실시할 것
② 가설대 등을 사용하는 경우에는 충분한 폭 및 강도와 적당한 경사를 확보할 것
③ 발판을 사용하는 경우에는 충분한 길이·폭 및 강도를 가진 것을 사용할 것
④ 지정운전자의 성명·연락처 등을 보기 쉬운 곳에 표시하고 지정운전자 외에는 운전하지 않도록 할 것

84. 리프트(Lift)의 안전장치에 해당하지 않는 것은?

① 권과방지장치
② 비상정지장치
③ 과부하방지장치
④ 조속기(속도조절기)

85. 방망의 정기시험은 사용개시 후 몇 년 이내에 실시하는가?

① 1년 이내
② 2년 이내
③ 3년 이내
④ 4년 이내

86. 다음은 건설업 산업안전보건관리비 계상 및 사용 기준의 적용에 관한 사항이다. 빈칸에 들어갈 내용으로 옳은 것은?

> 「산업재해보상보험법」의 적용을 받는 공사 중 총 공사금액 (   ) 이상인 공사에 적용한다.

① 2천만 원 ② 4천만 원
③ 8천만 원 ④ 1억 원

87. 거푸집 해체작업 시 일반적인 안전 수칙과 거리가 먼 것은?

① 거푸집동바리를 해체할 때는 작업책임자를 선임한다.
② 해체된 거푸집 재료를 올리거나 내릴 때는 달줄이나 달포대를 사용한다.
③ 보 밑 또는 슬라브 거푸집을 해체할 때는 동시에 해체하여야 한다.
④ 거푸집의 해체가 곤란한 경우 구조체에 무리한 충격이나 지렛대 사용은 금하여야 한다.

88. 지반의 종류에 따른 굴착면의 기울기 기준으로 옳지 않은 것은?

① 모래 1 : 1.8 ② 연암 1 : 0.7
③ 풍화암 1 : 1.0 ④ 그 밖의 흙 1 : 1.2

89. 흙의 동상 현상을 지배하는 인자가 아닌 것은?

① 흙의 마찰력
② 동결 지속시간
③ 모관 상승고의 크기
④ 흙의 투수성

90. 유해·위험방지계획서 검토자의 자격 요건에 해당되지 않는 것은?

① 건설안전분야 산업안전 지도사
② 건설안전기사로서 실무경력 3년인 자
③ 건설안전 산업기사 이상으로서 실무경력 7년인 자
④ 건설안전기술사

91. 안전난간의 구조 및 설치요건과 관련하여 발끝막이판의 바닥으로부터 설치높이 기준으로 옳은 것은?

① 10cm 이상 ② 15cm 이상
③ 20cm 이상 ④ 30cm 이상

92. 흙막이 가시설 공사 중 발생할 수 있는 히빙(Heaving) 현상에 관한 설명으로 틀린 것은?

① 흙막이 벽체 내·외의 토사의 중량차에 의해 발생한다.
② 연약한 점토지반에서 굴착면의 융기로 발생한다.
③ 연약한 사질토 지반에서 주로 발생한다.
④ 흙막이 벽의 근입장 깊이가 부족할 경우 발생한다.

93. 거푸집의 일반적인 조립순서를 옳게 나열한 것은?

① 기둥 → 보받이 내력벽 → 큰보 → 작은보 → 바닥판 → 내벽 → 외벽
② 외벽 → 보받이 내력벽 → 큰보 → 작은보 → 바닥판 → 내벽 → 기둥
③ 기둥 → 보받이 내력벽 → 작은보 → 큰보 → 바닥판 → 내벽 → 외벽
④ 기둥 → 보받이 내력벽 → 바닥판 → 큰보 → 작은보 → 내벽 → 외벽

94. 건설기계에 관한 설명 중 옳은 것은?

   ① 백호는 장비가 위치한 지면보다 높은 곳의 땅을 파는 데에 적합하다.
   ② 바이브레이션 롤러는 노반 및 소일시멘트 등의 다지기에 사용된다.
   ③ 파워쇼벨은 지면에 구멍을 뚫어 낙하해머 또는 디젤해머에 의해 강관말뚝, 널말뚝 등을 박는데 이용된다.
   ④ 가이데릭은 지면을 일정한 두께로 깎는 데에 이용된다.

95. 추락방지를 위한 추락방호망 설치기준으로 옳지 않은 것은?

   ① 작업면으로 부터 망의 설치지점까지의 수직거리는 10m를 초과하지 않도록 한다.
   ② 추락방호망은 수평으로 설치한다.
   ③ 망의 처짐은 짧은 변 길이의 10% 이하가 되도록 한다.
   ④ 건축물 등의 바깥쪽으로 설치하는 경우 망의 내민 길이는 벽면으로부터 3m 이상이 되도록 한다.

96. 높이 2m를 초과하는 말비계를 조립하여 사용하는 경우 작업발판의 최소 폭 기준으로 옳은 것은?

   ① 20cm 이상   ② 30cm 이상
   ③ 40cm 이상   ④ 50cm 이상

97. 모래질 지반에서 포화된 가는 모래에 충격을 가하면 모래가 약간 수축하여 정(+)의 공극수압이 발생하며, 이로 인하여 유효응력이 감소하여 전단강도가 떨어져 순간침하가 발생하는 현상은?

   ① 동상 현상   ② 연화 현상
   ③ 리칭 현상   ④ 액상화 현상

98. 점성토 지반의 개량공법으로 적합하지 않은 것은?

   ① 바이브로 플로테이션 공법
   ② 프리로딩 공법
   ③ 치환공법
   ④ 페이퍼 드레인공법

99. 철골공사에서 부재의 건립용 기계로 거리가 먼 것은?

   ① 타워크레인   ② 가이데릭
   ③ 삼각데릭   ④ 항타기

100. 다음 중 통로의 설치 기준으로 옳지 않은 것은?

   ① 근로자가 안전하게 통행할 수 있도록 통로의 조명은 50lux 이상으로 할 것
   ② 통로 면으로부터 높이 2m 이내에 장애물이 없도록 할 것
   ③ 추락의 위험이 있는 곳에는 안전난간을 설치할 것
   ④ 건설공사에 사용하는 높이 8m 이상인 비계다리는 7m 이내마다 계단참을 설치할 것

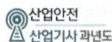

제6회 정답 및 해설

제1과목 산업재해 예방 및 안전보건교육

01 ①

[해설] ① 물적 원인(불안전한 상태) → 사고의 직접원인

[참고] 재해의 직·간접원인
(1) 직접원인
① 인적원인(불안전한 행동)
② 물적원인(불안전한 상태)

(2) 간접원인
① 기술적 원인
② 교육적 원인
③ 신체적 원인
④ 정신적 원인
⑤ 작업관리상 원인

{분석} 실기까지 중요한 내용입니다.

02 ③

[해설] 턱 끈의 폭은 10mm 이상일 것

03 ④

[해설] ④ 보호구 미착용 → 불안전한 행동

[참고]

인적원인 (불안전한 행동)	• 위험장소 접근 • 안전장치의 기능 제거 • 복장, 보호구의 잘못 사용 • 기계기구 잘못 사용 • 운전 중인 기계장치의 손질 • 불안전한 속도 조작 • 위험물 취급 부주의 • 불안전한 상태 방치 • 불안전한 자세·동작 • 감독 및 연락 불충분

물적원인 (불안전한 상태)	• 물 자체의 결함 • 안전 방호장치의 결함 • 복장, 보호구의 결함 • 물의 배치 및 작업 장소 불량 • 작업환경의 결함 • 생산공정의 결함 • 경계표시, 설비의 결함

{분석} 필기에 자주 출제되는 내용입니다.

04 ④

[해설]

OJT의 특징	① 개개인에게 적절한 훈련이 가능하다. ② 직장의 실정에 맞는 훈련이 가능하다. ③ 교육효과가 즉시 업무에 연결된다. ④ 훈련에 대한 업무의 계속성이 끊어지지 않는다. ⑤ 상호 신뢰 이해도가 높다.
OFF JT의 특징	① 다수의 근로자들에게 훈련을 할 수 있다. ② 훈련에만 전념하게 된다. ③ 특별설비기구 이용이 가능하다. ④ 많은 지식이나 경험을 교류할 수 있다. ⑤ 교육 훈련 목표에 대하여 집단적 노력이 흐트러질 수 있다.

{분석} 실기까지 중요한 내용입니다.

05 ②

[해설] 비통제적 집단행동
① 군중(Crowd) : 공통된 규범이나 조직성 없이 우연히 조직된 인간의 일시적 집합
② 모브(Mob) : 비통제의 집단행동 중 폭동과 같은 것을 의미하며 군중보다 합의성이 없고 감정에 의해서만 행동하는 특성을 가진다.
③ 패닉(Panic) : 위협을 회피하기 위해서 일어나는 집합적인 도주 현상
④ 심리적 전염

06 ④

해설 사용장소에 따른 안전화의 등급

등급	용어 정의
중작업용	1,000밀리미터의 낙하 높이에서 시험했을 때 충격과 (15.0±0.1)킬로뉴턴(KN)의 압축하중에서 시험했을 때 압박에 대하여 보호해 줄 수 있는 선심을 부착하여, 착용자를 보호하기 위한 안전화를 말한다.
보통 작업용	500밀리미터의 낙하 높이에서 시험했을 때 충격과 (10.0±0.1)킬로뉴턴(KN)의 압축하중에서 시험했을 때 압박에 대하여 보호해 줄 수 있는 선심을 부착하여, 착용자를 보호하기 위한 안전화를 말한다.
경작업용	250밀리미터의 낙하 높이에서 시험했을 때 충격과 (4.4±0.1)킬로뉴턴(KN)의 압축하중에서 시험했을 때 압박에 대하여 보호해 줄 수 있는 선심을 부착하여, 착용자를 보호하기 위한 안전화를 말한다.

{분석} 실기까지 중요한 내용입니다.

07 ②

해설 산업 심리검사의 구비요건

① 타당성(validity) : 측정하려고 하는 성능을 어느 정도 충실히 수행하고 있는가를 나타낸다.
② 신뢰성(reliability) : 동일한 검사를 동일한 사람에게 시간 간격을 두고 실시할 때 그 결과가 크게 다르지 않아야 한다.
③ 실용성(practicability) : 검사를 실시하고 채점하기 용이하다든지, 결과의 해석이나 이용의 방법이 간단하고 비용이 적게 들어야 한다.
④ 표준화 : 검사 관리를 위한 조건과 검사 절차가 일관성이 있어야 한다.

08 ①

해설 건설업체의 산업재해 발생률

다음의 계산식에 따른 사고사망만인율로 산출하되, 소수점 셋째자리에서 반올림한다.

1. 사고사망만인율(‰) = $\dfrac{\text{사고사망자수}}{\text{상시 근로자수}} \times 10,000$

2. 상시 근로자 수 = $\dfrac{\text{연간 국내공사 실적액} \times \text{노무비율}}{\text{건설업 월평균임금} \times 12}$

상시 근로자 수 = $\dfrac{5,000,000,000 \times 0.06}{2,500,000 \times 12}$ = 10(인)

{분석} 실기까지 중요한 내용입니다.

09 ③

해설 수면 중 → 주의의 수준은 가장 낮은 수준에 해당한다.

참고 인간 의식레벨의 분류

Phase 0	무의식, 실신	수면, 뇌발작	주의작용 0
Phase i	의식 흐림	피로, 단조로운 일	부주의
Phase ii	이완	안정기거, 휴식	안정기거, 휴식
Phase iii	상쾌	적극적	적극활동
Phase iv	과긴장	일점집중현상, 긴급방위	감정흥분

10 ④

해설 안전검사대상 유해·위험기계 등의 검사 주기

1. 크레인(이동식 크레인은 제외한다), 리프트(이삿짐운반용 리프트는 제외한다) 및 곤돌라 : 사업장에 설치가 끝난 날부터 3년 이내에 최초 안

전검사를 실시하되, 그 이후부터 2년마다(건설현장에서 사용하는 것은 최초로 설치한 날부터 6개월마다)
2. 이동식 크레인, 이삿짐운반용 리프트 및 고소작업대 : 신규등록 이후 3년 이내에 최초 안전검사를 실시하되, 그 이후부터 2년마다
3. 프레스, 전단기, 압력용기, 국소 배기장치, 원심기, 롤러기, 사출성형기, 컨베이어 및 산업용 로봇 : 사업장에 설치가 끝난 날부터 3년 이내에 최초 안전검사를 실시하되, 그 이후부터 2년마다(공정안전보고서를 제출하여 확인을 받은 압력용기는 4년마다)

{분석}
실기에 자주 출제되는 내용입니다. 암기하세요.

11 ③

[해설]

종합재해지수(FSI)
$= \sqrt{FR \times SR} = \sqrt{도수율 \times 강도율}$

종합재해지수(FSI)
$= \sqrt{10.83 \times 7.92} = 9.26$

{분석}
실기에 자주 출제되는 내용입니다.

12 ④

[해설]

하인리히의 총 재해비용 = 직접비 + 간접비
(1 : 4)

하인리히의 총 재해코스트
= 3조 1,600억 원 + (4 × 3조 1,600억 원)
= 15조 8,000억 원

{분석}
실기까지 중요한 내용입니다.

13 ②

[해설] 안전·보건표지의 색채, 색도 기준 및 용도

색채	색도 기준	용도	사용례
빨간색	7.5R 4/14 암기 : 싫어 (7.5) 4/14	금지	정지신호, 소화설비 및 그 장소, 유해행위의 금지
		경고	화학물질 취급장소에서의 유해·위험 경고
노란색	5Y 8.5/12 암기 : 오(5) 빨리와(8.5) 이리(12)	경고	화학물질 취급장소에서의 유해·위험경고 이외의 위험경고, 주의표지 또는 기계방호물
파란색	2.5PB 4/10 암기 : 2.5×4 = 10	지시	특정 행위의 지시 및 사실의 고지
녹색	2.5G 4/10 암기 : 2.5×4 = 10	안내	비상구 및 피난소, 사람 또는 차량의 통행표지
흰색	N9.5		파란색 또는 녹색에 대한 보조색
검은색	N0.5		문자 및 빨간색 또는 노란색에 대한 보조색

{분석}
실기에 자주 출제되는 내용입니다.

14 ④

[해설] 관리감독자의 업무

① 기계·기구 또는 설비의 안전·보건 점검 및 이상 유무의 확인
② 근로자의 작업복·보호구 및 방호장치의 점검과 그 착용·사용에 관한 교육·지도
③ 산업재해에 관한 보고 및 이에 대한 응급조치
④ 작업장 정리·정돈 및 통로확보에 대한 확인·감독
⑤ 산업보건의, 안전관리자(안전관리전문기관의 해당 사업장 담당자) 및 보건관리자(보건관리전문기관의 해당 사업장 담당자), 안전보건관리담당자(안전관리전문기관 또는 보건관리전문

기관의 해당 사업장 담당자)의 지도·조언에 대한 협조
⑥ 위험성평가를 위한 유해·위험요인의 파악 및 개선조치의 시행에 대한 참여
⑦ 그 밖에 해당 작업의 안전·보건에 관한 사항으로서 고용노동부령으로 정하는 사항

{분석}
실기에도 자주 출제되는 내용입니다.

15 ③

[해설] 학습자가 마음속에 생각하고 있는 것(자신의 목표)을 구체적으로 실천하기 위하여 스스로 계획을 세워 수행하는 학습활동
→ 구안법(Project method)

16 ②

[해설]

위생 요인(직무 환경)	동기 요인(직무 내용)
• 회사정책과 관리 • 개인 상호 간의 관계 (대인관계) • 감독 • 임금 • 보수 • 작업조건 • 지위 • 안전	• 성취감 • 책임감 • 안정감 • 성장과 발전 • 도전감 • 일 그 자체

{분석}
필기에 자주 출제되는 내용입니다.

17 ②

[해설] 착각 현상

가현운동 (β운동)	• 정지하고 있는 대상물이 급속히 나타나던가 소멸하는 것으로 인하여 일어나는 운동으로 마치 대상물이 운동하는 것처럼 인식되는 현상을 말한다. • 예 영화의 영상
유도운동	• 움직이지 않는 것이 움직이는 것처럼 느껴지는 현상 • 예 상행선 열차를 타고 가며 정지하고 있는 하행선 열차를 보면 마치 하행선 열차가 움직이는 것처럼 느껴지는 현상
자동운동	• 암실에서 정지된 소광점을 응시하면 광점이 움직이는 것처럼 보이는 현상 • 안구의 불규칙한 운동 때문에 생기는 현상이다.

{분석}
필기에 자주 출제되는 내용입니다.

18 ②

[해설] ③ 라인·스탭형에서 스태프는 안전을 입안, 계획, 평가, 조사하고 라인을 통하여 생산기술, 안전대책이 전달되는 관리방식이다.

[참고] 라인 스태프형(Line Staff) or 혼합형
① 대규모 사업장(1,000명 이상 사업장)에 적용이 가능하다.
② 라인 스태프형 장점
  • 안전전문가에 의해 입안된 것을 경영자가 명령하므로 명령이 신속, 정확하다.
  • 안전정보 수집이 용이하고 빠르다.
③ 라인 스태프형 단점
  • 명령계통과 조언, 권고적 참여의 혼돈이 우려된다.
  • 스태프의 월권행위가 우려되고 지나치게 스태프에게 의존할 수 있다.
  • 라인이 스탭에 의존 또는 활용하지 않는 경우가 있다.

{분석}
실기까지 중요한 내용입니다.

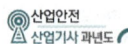

19 ④

[해설] 안전보건관리규정을 작성하거나 변경할 때에는 <u>산업안전보건위원회</u>의 심의·의결을 거쳐야 한다. 다만, 산업안전보건위원회가 설치되어 있지 아니한 사업장의 경우에는 <u>근로자대표</u>의 동의를 받아야 한다.

{분석}
실기까지 중요한 내용입니다.

20 ④

[해설]
1. 관리감독자 정기안전·보건교육
① 산업안전 및 사고 예방에 관한 사항
② 산업보건 및 직업병 예방에 관한 사항
③ 유해·위험 작업환경 관리에 관한 사항
④ 산업안전보건법령 및 산업재해보상보험 제도에 관한 사항
⑤ 직무스트레스 예방 및 관리에 관한 사항
⑥ 직장 내 괴롭힘, 고객의 폭언 등으로 인한 건강장해 예방 및 관리에 관한 사항
⑦ 위험성평가에 관한 사항
⑧ 작업공정의 유해·위험과 재해 예방대책에 관한 사항
⑨ 표준안전 작업방법 결정 및 지도·감독 요령에 관한 사항
⑩ 비상 시 또는 재해 발생 시 긴급조치에 관한 사항
⑪ 사업장 내 안전보건관리체제 및 안전·보건조치 현황에 관한 사항
⑫ 현장근로자와의 의사소통능력 및 강의능력 등 안전보건교육 능력 배양에 관한 사항
⑬ 그 밖의 관리감독자의 직무에 관한 사항

공통 항목(관리감독자, 근로자)
1. 관리자는 법, 산재보상제도를 알자.
2. 관리자는 건강을 보존(산업보건)하고 직업병, 스트레스, 괴롭힘, 폭언 예방하자!
3. 관리자는 유해위험 환경을 관리해서 안전하고 사고예방하자!
4. 관리자는 위험성을 평가하자!

관리감독자 정기교육의 특징
1. 관리자는 유해위험의 재해예방대책 세우자!
2. 관리자는 안전 작업방법 결정해서 감독하자!
3. 관리자는 재해발생 시 긴급조치하자!
4. 관리자는 안전보건 조치하자!
5. 관리자는 안전보건교육 능력 배양하자!

2. 관리감독자 채용 시의 교육 및 작업내용 변경 시의 교육
① 산업안전 및 사고 예방에 관한 사항
② 산업보건 및 직업병 예방에 관한 사항
③ 산업안전보건법령 및 산업재해보상보험 제도에 관한 사항
④ 직무스트레스 예방 및 관리에 관한 사항
⑤ 직장 내 괴롭힘, 고객의 폭언 등으로 인한 건강장해 예방 및 관리에 관한 사항
⑥ 위험성평가에 관한 사항
⑦ 기계·기구의 위험성과 작업의 순서 및 동선에 관한 사항
⑧ 작업 개시 전 점검에 관한 사항
⑨ 물질안전보건자료에 관한 사항
⑩ 사업장 내 안전보건관리체제 및 안전·보건조치 현황에 관한 사항
⑪ 표준안전 작업방법 결정 및 지도·감독 요령에 관한 사항
⑫ 비상 시 또는 재해 발생 시 긴급조치에 관한 사항
⑬ 그 밖의 관리감독자의 직무에 관한 사항

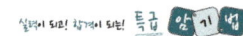

공통 항목 - 채용 시 근로자 교육과 동일
1. 신규 관리자는 법, 산재보상제도를 알자!
2. 신규 관리자는 건강을 보존(산업보건)하고 직업병, 스트레스, 괴롭힘, 폭언 예방하자!
3. 신규 관리자는 안전하고 사고예방하자!
4. 신규 관리자는 위험성을 평가하자!

채용 시 근로자 교육 중 "정리정돈 청소"제외
1. 신규 관리자는 기계·기구 위험성, 작업순서, 동선을 알자!
2. 신규 관리자는 취급물질의 위험성(물질안전보건자료)을 알자!
3. 신규 관리자는 작업 전 점검하자!

신규 관리자 내용 추가
1. 신규 관리자는 <u>안전보건 조치</u>하자!
2. 신규 관리자는 <u>안전 작업방법 결정해서 감독</u>하자!
3. 신규 관리자는 <u>재해 시 긴급조치</u>하자!

{분석}
실기까지 중요한 내용입니다.

제2과목 인간공학 및 위험성 평가·관리

21 ④

해설 Temper proof

안전장치를 제거하는 경우 제품이 작동되지 않도록 하는 설계

{분석}
필기에 자주 출제되는 내용입니다.

22 ③

해설 ③ 복잡한 정보를 전달하는데 유용하지 못하다.

참고 후각적 표시장치

냄새를 이용하는 표시장치로서 <u>다른 표시장치의 보조수단으로서</u> 활용될 수 있다.
예 광부들에게 긴급 대피를 알려주기 위하여 악취 시스템을 사용하는데 악취를 환기계통에 주입하여 즉시 전체 갱내에 퍼지도록 한다.

23 ③

해설
$$S(sone) = 2^{\frac{(p-40)}{10}}$$
(단, P = phone)

$S(sone) = 2^{\frac{(60-40)}{10}} = 2^{\frac{20}{10}} = 2^2 = 4(sone)$

{분석}
필기에 자주 출제되는 내용입니다.

24 ②

해설 인간의 가청 주파수 범위 : 20 ~ 20,000HZ

25 ③

해설

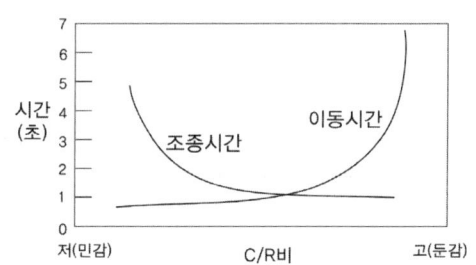

{분석}
필기에 자주 출제되는 내용입니다.

26 ③

해설 고장나지 않을 확률 = 신뢰도

$$R(t) = e^{-\frac{t}{t_0}} = e^{-\lambda \times t}$$

(t_0 : 평균고장시간 or 평균수명
t : 앞으로 고장 없이 사용할 시간
λ : 고장률)

신뢰도 $R(t) = e^{-\frac{500}{1000}} = e^{-0.5} = 0.6065$

{분석}
필기에 자주 출제되는 내용입니다.

27 ②

해설 작업 기억은 감각기관을 통해 입력된 정보를 일시적으로 기억하고, 각종 인지적 과정을 계획하고 순서 지으며 실제로 수행하는 작업장으로서의 기능을 수행하는 <u>단기적 기억</u>을 말한다.

28 ④

[해설]
① $A(A \cdot B) = (AA)B = AB$
② $A + B = B + A$
③ $A + A \cdot B = A \cup (A \cap B) = (A \cup A) \cap (A \cup B)$
$= A \cap (A \cup B) = A$

{분석}
필기에 자주 출제되는 내용입니다.

29 ②

[해설] EEG(electroencephalogram ; 뇌전도) : 대뇌의 신경활동 전위차의 기록 → 정신활동에 대한 생리학적 측정방법

{분석}
필기에 자주 출제되는 내용입니다.

30 ④

[해설] ④ 다이얼을 시계 방향으로 돌린다.

31 ①

[해설] 광삼 현상(Irradiation)
- 흰 모양이 주위의 검은 배경으로 번지어 보이는 현상
- 검은 바탕에 흰 글자의 획 폭은 흰 바탕에 검은 글자보다 가늘어야 한다.

32 ③

[해설]
(1) 컷셋(Cut Set)
- 정상사상을 발생시키는 기본사상의 집합
- 모든 기본사상이 일어났을 때 정상사상을 일으키는 기본사상들의 집합이다.

(2) 미니멀 컷(Minimal Cut Set)
- 정상사상을 일으키기 위한 기본사상의 최소 집합(최소한의 컷)
- 시스템의 위험성을 나타낸다.

(3) 패스셋(Path Set)
- 시스템의 고장을 일으키지 않는 기본사상들의 집합
- 포함된 기본사상이 일어나지 않을 때 처음으로 정상 사상이 일어나지 않는 기본사상들의 집합이다.

(4) 미니멀 패스(Minimal Path Set)
- 시스템의 기능을 살리는 최소한의 집합(최소한의 패스)
- 시스템의 신뢰성 나타낸다.

{분석}
필기에 자주 출제되는 내용입니다.

33 ③

[해설]

건강관리 구분		건강관리 구분 내용
A		건강관리상 사후관리가 필요 없는 근로자(건강한 근로자)
C	C_1	직업성 질병으로 진전될 우려가 있어 추적검사 등 관찰이 필요한 근로자 (직업병 요관찰자)
	C_2	일반 질병으로 진전될 우려가 있어 추적관찰이 필요한 근로자 (일반 질병 요관찰자)
D_1		직업성 질병의 소견을 보여 사후관리가 필요한 근로자 (직업병 유소견자)
D_2		일반 질병의 소견을 보여 사후관리가 필요한 근로자 (일반 질병 유소견자)
R		건강진단 1차 검사결과 건강수준의 평가가 곤란하거나 질병이 의심되는 근로자 (제2차 건강진단 대상자)

{분석}
실기까지 중요한 내용입니다.

34 ②

[해설] $0.6 \times 0.9 \times \{1-(1-0.5) \times (1-0.9)\} \times 0.9 = 0.4617$

{분석}
필기에 자주 출제되는 내용입니다.

35 ①

[해설] 골격(뼈)의 주요 기능
① 신체를 지지하고 형상을 유지하는 역할
② 신체의 주요한 부분을 보호하는 역할
③ 신체활동을 수행하는 역할
④ 혈액을 생성하는 역할

{분석}
필기에 자주 출제되는 내용입니다.

36 ④

[해설]

기호	명명	기호 설명
△	전이기호	다른 부분과의 연결을 나타낸다.
▭	결함사상 (정상사상, 중간사상)	고장사상
⌂	통상사상	발생이 예상되는 사상
○	기본사상	더 이상 전개할 수 없는 사건의 원인

{분석}
필기에 자주 출제되는 내용입니다.

37 ③

[해설] 수공구의 설계원칙
① 손목을 곧게 유지한다.
② 손바닥에 가해지는 압력을 줄인다.
③ 손가락의 반복 사용을 피한다.
④ 손잡이는 손바닥과의 접촉 면적이 크게 설계한다.
⑤ 공구의 무게를 줄이고 사용 시 균형이 유지되도록 한다.
⑥ 손잡이 단면은 원형 또는 타원형으로 한다.
⑦ 동력공구의 손잡이는 두 손가락 이상으로 작동하도록 한다.

{분석}
필기에 자주 출제되는 내용입니다.

38 ④

[해설] 고장형태 및 영향분석(FMEA) + 치명도 분석(CA) → FMECA

{분석}
필기에 자주 출제되는 내용입니다.

39 ①

[해설] ① 진동 → 국소 진동에 지속적으로 노출 시에 말초혈관 장해로 손가락이 창백해지고 동통을 느끼는 레이노 병(Raynaud's phenomenon)을 일으킨다.

40 ④

[해설] 필요한 작업 또는 절차의 잘못 → 수행적 과오 (commision error)

{참고} 1. 휴먼에러의 심리적 분류
(Swain의 분류, 독립행동에 관한 분류)
① omission error(누설오류, 생략오류, 부작위오류) : 필요한 작업 또는 절차를 수행하지 않는데 기인한 에러

② time error(시간오류) : 필요한 작업 또는 절차의 수행 지연으로 인한 에러
③ commission error(작위오류) : 필요한 작업 또는 절차의 불확실한 수행으로 인한 에러
④ sequential error(순서오류) : 필요한 작업 또는 절차의 순서 착오로 인한 에러
⑤ extraneous error(과잉행동오류) : 불필요한 작업 또는 절차를 수행함으로써 기인한 에러

2. 원인의 레벨적 분류
① primary error(1차 에러) : 작업자 자신으로부터 발생한 에러
② secondary error(2차 에러) : 작업형태, 작업조건 중 문제가 생겨 필요한 사항을 실행할 수 없어 발생한 에러
③ command error : 실행하고자 하여도 필요한 물품, 정보, 에너지 등이 공급되지 않아서 작업자가 움직일 수 없는 상태에서 발생한 에러

{분석}
필기에 자주 출제되는 내용입니다.

제3과목 기계·기구 및 설비 안전 관리

41 ④

해설 가드의 종류
① 고정 가드
② 조정 가드
③ 연동 가드(인터록 가드)
④ 자동 가드

{분석}
필기에 자주 출제되는 내용입니다.

42 ④

해설 사업주와 근로자는 방호조치를 해체하려는 경우 등 고용노동부령으로 정하는 경우에는 필요한 안전조치 및 보건조치를 하여야 한다.
① 방호조치를 해체하려는 경우 : 사업주의 허가를 받아 해체할 것
② 방호조치 해체 사유가 소멸된 경우 : 방호조치를 지체 없이 원상으로 회복시킬 것
③ 방호조치의 기능이 상실된 것을 발견한 경우 : 지체 없이 사업주에게 신고할 것

{분석}
필기에 자주 출제되는 내용입니다.

43 ③

해설 ① 고정가드 – 풀프루프(fool proof) 기능
② 인터록 기구 – 풀프루프(fool proof) 기능
③ 압력용기 안전밸브 – 페일세이프(fail safe) 기능
④ 양수조작식 조작기구 – 풀프루프(fool proof) 기능

참고 기계 설비의 본질 안전
(1) 안전기능을 기계설비 내에 내장할 것
(2) 풀프루프(fool proof) 기능 가질 것
(3) 페일세이프(fail safe) 기능 가질 것

{분석}
필기에 자주 출제되는 내용입니다.

44 ③

해설 공기압축기 작업시작 전 점검사항
① 공기저장 압력용기의 외관상태
② 드레인 밸브의 조작 및 배수
③ 압력방출장치의 기능
④ 언로드 밸브의 기능
⑤ 윤활유의 상태
⑥ 회전부의 덮개 또는 울
⑦ 그 밖의 연결 부위의 이상 유무

{분석}
실기에 자주 출제되는 내용입니다.

45 ②

[해설] 가스장치실의 구조
① 가스가 누출된 때에는 당해 가스가 정체되지 아니하도록 할 것
② 지붕 및 천장에는 가벼운 불연성의 재료를 사용할 것
③ 벽에는 불연성의 재료를 사용할 것

{분석}
필기에 자주 출제되는 내용입니다.

46 ④

[해설] 컨베이어의 방호장치
① 이탈 등의 방지장치 : 컨베이어 등을 사용하는 때에는 정전·전압강하 등에 의한 화물 또는 운반구의 이탈 및 역주행을 방지하는 장치를 갖추어야 한다.
② 비상정지장치 : 컨베이어 등에 근로자의 신체의 일부가 말려드는 등 근로자에게 위험을 미칠 우려가 있는 때 및 비상시에는 즉시 컨베이어 등의 운전을 정지시킬 수 있는 장치를 설치하여야 한다.
③ 덮개, 울의 설치 : 컨베이어 등으로 부터 화물이 떨어져 근로자가 위험해질 우려가 있는 경우에는 해당 컨베이어 등에 덮개 또는 울을 설치하는 등 낙하 방지를 위한 조치를 하여야 한다.

{분석}
실기에 자주 출제되는 중요한 내용입니다.

47 ③

[해설] ③ 모떼기기계(자동이송장치를 부착한 것을 제외한다)에는 날접촉예방장치를 설치하여야 한다.

{분석}
실기까지 중요한 내용입니다.

48 ①

[해설]
지게차가 전도되지 않고 안정되기 위해서는 물체의 모멘트($M_1 = W \times a$)보다 지게차의 모멘트($M_2 = G \times b$)가 더 커야 한다.

$$W \times a < G \times b$$
$$(M_1 < M_2)$$

여기서 W : 화물중량
 a : 앞바퀴~화물중심까지 거리
 G : 지게차 자체 중량
 b : 앞바퀴~차 중심까지 거리

{분석}
실기까지 중요한 내용입니다.

49 ②

[해설] 누름버튼의 상호간 내측거리는 300mm 이상이어야 한다.

{분석}
실기까지 중요한 내용입니다.

50 ①

[해설] 악천후 시 조치
① 순간풍속이 매초당 10미터를 초과하는 경우 : 타워크레인의 설치·수리·점검 또는 해체작업을 중지
② 순간풍속이 매초당 15미터를 초과하는 경우 : 타워크레인의 운전작업을 중지
③ 순간풍속이 초당 30미터를 초과하는 바람이 불거나 중진(中震) 이상 진도의 지진이 있은 후 : 옥외에 설치되어 있는 양중기를 사용하여 작업을 하는 경우에는 미리 기계 각 부위에 이상이 있는지를 점검
④ 순간풍속이 초당 30미터를 초과하는 경우 : 옥외에 설치되어 있는 주행 크레인에 대하여 이탈방지장치를 작동시키는 등 이탈 방지를 위한 조치

⑤ 순간풍속이 초당 35미터를 초과하는 경우 : 건설용 리프트(지하에 설치되어 있는 것은 제외) 및 승강기에 대하여 받침의 수를 증가시키는 등 승강기가 무너지는 것을 방지하기 위한 조치

{분석}
실기에 자주 출제되는 중요한 내용입니다.

51 ③

[해설] 안전율 = $\dfrac{\text{극한강도}}{\text{허용응력}}$ = $\dfrac{\text{극한강도}}{\text{최대 설계응력}}$ = $\dfrac{\text{극한강도}}{\text{사용응력}}$

= $\dfrac{\text{파괴하중}}{\text{최대 사용하중}}$ = $\dfrac{\text{파단하중}}{\text{안전하중}}$ = $\dfrac{\text{극한하중}}{\text{정격하중}}$

{분석}
필기에 자주 출제되는 내용입니다.

52 ③

[해설] 정 작업 시 안전 수칙
① 작업을 할 때는 반드시 보안경을 착용할 것
② 정으로 담금질 된 재료를 가공하지 말 것
③ 자르기 시작할 때와 끝날 무렵에는 세게 치지 말 것
④ 철강재를 정으로 절단할 때에는 철편이 날아 튀는 것에 주의할 것

{분석}
필기에 자주 출제되는 내용입니다.

53 ③

[해설] ③ 산소 공급량이 과잉일 경우 발생한다.

[참고] 역화의 원인
- 팁 끝이 막혔을 때
- 팁 끝이 과열되었을 때
- 가스 압력과 유량이 적당하지 않았을 때
- 팁의 조임이 풀려올 때
- 압력조정기 불량일 때
- 토치의 성능이 좋지 않을 때

{분석}
필기에 자주 출제되는 내용입니다.

54 ④

[해설] ④ "파단하중"이라 함은 파단시험에서 시험편이 파단될 때까지의 최대하중을 말한다.

55 ②

[해설] 드릴의 일감 고정 방법
① 일감이 작을 때 : 바이스로 고정
② 일감이 크고 복잡할 때 : 볼트와 고정구
③ 대량 생산과 정밀도를 요할 때 : 전용의 지그 사용

{분석}
필기에 자주 출제되는 내용입니다.

56 ②

[해설] 광전자식 안전장치의 안전거리

안전거리(cm)= 160 × 프레스 작동 후 작업점까지의 도달시간(초)

작업점까지 도달시간(초) = $\dfrac{\text{안전거리}}{160}$ = $\dfrac{32}{160}$

= 0.2(초)

{분석}
실기까지 중요한 내용입니다.

57 ③

[해설] 분할날 두께는 톱 두께의 1.1배 이상이며 치진 폭보다 작을 것

$1.1t_1 \leq t_2 < b$
여기서, t_1 : 톱 두께
t_2 : 분할날 두께
b : 치진 폭

분할날 두께는 톱 두께의 1.1배 이상 →
1.1 × 4 = 4.4mm 이상

{분석}
실기까지 중요한 내용입니다.

58 ④

[해설] 지게차의 방호장치
① 헤드가드
② 백레스트
③ 전조등, 후미등
④ 안전벨트

{분석}
실기까지 중요한 내용입니다.

59 ①

[해설] 탁상용 연삭기 상부 사용 덮개 노출 각도

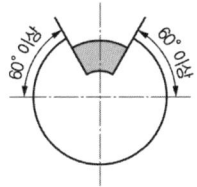

{분석}
실기까지 중요한 내용입니다. 암기하세요.

60 ①

[해설] 원심기의 방호장치 : 회전체 접촉 예방장치(덮개)
① 회전통에 설치되는 덮개는 내부 물질이 비산되어 충격이 가해지더라도 변형 또는 파손되지 않을 정도의 충분한 강도일 것
② 개방 시 회전운동이 정지되며, 덮개를 닫은 후 자동으로 작동되지 않고 별도의 조작에 의하여 회전통이 작동되도록 회로를 구성할 것

{분석}
실기까지 중요한 내용입니다.

제4과목 전기 및 화학설비 안전 관리

61 ②

[해설] 전기화재의 원인
① 단락에 의한 발화
② 누전에 의한 발화
③ 과전류에 의한 발화
④ 스파크에 의한 발화
⑤ 접촉부의 과열에 의한 발화
⑥ 절연열화 또는 탄화에 의한 발화
⑦ 지락에 의한 발화
⑧ 낙뢰에 의한 발화
⑨ 정전기 스파크에 의한 발화

62 ①

[해설] 같은 크기의 전류라도 전기와의 접촉면적이 커질수록 피부저항이 작게 되고 감전되기 쉽다.

63 ①

[해설] 2개 이상의 금속도체를 전기적으로 접속하여 서로 같은 전위를 형성하여 정전기 사고를 예방하는 기법 → 본딩

64 ④

[해설] 자동전격방지기의 성능 : 용접을 중단하고 1.0초 내에 용접기의 홀더, 어스선에 흐르는 무부하 전압을 안전전압 25V 이하로 내려준다.

{분석}
실기까지 중요한 내용입니다.

65 ②

[해설] 접근한계거리

충전전로의 선간전압 (단위 : 킬로볼트)	충전전로에 대한 접근 한계거리 (단위 : 센티미터)
0.3 이하	접촉금지
0.3 초과 0.75 이하	30
0.75 초과 2 이하	45
2 초과 15 이하	60
15 초과 37 이하	90
37 초과 88 이하	110
88 초과 121 이하	130
121 초과 145 이하	150
145 초과 169 이하	170
169 초과 242 이하	230
242 초과 362 이하	380
362 초과 550 이하	550
550 초과 800 이하	790

{분석}
실기까지 중요한 내용입니다.

66 ③

[해설] ① 인체 전기저항이 500[Ω]일 때의 에너지
→ 13.61J

② $Q = I^2RT = (\frac{165}{\sqrt{}} \times 10^{-3})^2 \times 500 \times 1$
  $= 13.61(J)$

{분석}
필기에 자주 출제되는 내용입니다.

67 ①

[해설] 몰드 방폭구조(m) : 폭발성분위기에 점화를 유발할 수 있는 부분에 컴파운드를 충전함으로써 설치 및 운전 조건에서 폭발성분위기에 점화가 일어나지 아니하도록 한 방폭구조

[참고] (1) 비점화 방폭구조(n)
  ① 정상작동 및 특정 이상상태에서 주위의 폭발성분위기를 점화시키지 아니하는 전기기계 및 기구에 적용하는 방폭구조를 말한다.
  ② 2종장소에만 사용할 수 있다.

(2) 안전증 방폭구조(e) : 정상작동상태 중 또는 특정한 비정상상태에서 가연성가스의 점화원이 될 수 있는 전기 불꽃 아크 또는 고온부분의 발생을 방지하기 위하여 안전도를 증가시킨 방폭구조

(3) 본질안전 방폭구조(ia, ib) : 폭발성분위기에 노출되는 기기 및 연결 배선 내의 에너지를 스파크 또는 가열효과에 의하여 점화를 유발할 수 있는 수준 이하로 제한하는 방폭구조

{분석}
실기에 자주 출제되는 내용입니다.

68 ④

[해설] 변압기의 중성점 접지 저항값

① 일반적인 경우 : $\frac{150}{1선지락전류}$ Ω 이하

② 변압기의 고압·특고압측 전로 또는 사용전압이 35kV 이하의 특고압전로가 저압측 전로와 혼촉하고 저압전로의 대지전압이 150V를 초과하는 경우

- 1초 초과 2초 이내에 고압·특고압 전로를 자동으로 차단하는 장치를 설치할 때는 300을 나눈 값 이하 :

  $\frac{300}{1선지락전류}$ Ω 이하

- 1초 이내에 고압·특고압 전로를 자동으로 차단하는 장치를 설치할 때는 600을 나눈 값 이하 :

  $\frac{600}{1선지락전류}$ Ω 이하

{분석}
실기까지 중요한 내용입니다.

69 ③

[해설] 분진운 형태의 <u>가연성 분진</u>이 폭발농도를 형성할 정도의 충분한 양이 <u>정상작동 중에 존재할 수 있는 장소 → 21종 장소</u>

[참고] 분진폭발 위험장소

20종 장소	• 분진운 형태의 가연성 분진이 폭발농도를 형성할 정도로 충분한 양이 정상작동 중에 연속적으로 또는 자주 존재하거나, 제어할 수 없을 정도의 양 및 두께의 분진 층이 형성될 수 있는 장소
21종 장소	• 20종 장소 외의 장소로서, 분진운 형태의 <u>가연성 분진이 폭발농도를 형성할 정도의 충분한 양이 정상작동 중에 존재할 수 있는 장소</u>
22종 장소	• 21종 장소 외의 장소로서, 가연성 <u>분진운 형태가 드물게 발생 또는 단기간 존재할 우려가 있거나, 이상작동 상태 하에서 가연성 분진 운이 형성</u>될 수 있는 장소

{분석} 실기에 자주 출제되는 내용입니다.

70 ③

[해설] 전기화재 시 적합한 소화기
㉠ CO_2 소화기
㉡ 분말소화기
㉢ 할로겐 화합물 소화기

{분석} 실기까지 중요한 내용입니다.

71 ①

[해설] <u>금수성</u> : 물과 반응하여 발화하거나 가연성가스를 발생시키는 성질

금수성물질의 종류
① 리튬
② 칼륨·나트륨
③ 알킬알루미늄·알킬리튬
④ 칼슘 탄화물(탄화칼슘), 알루미늄 탄화물 (탄화알루미늄)

{분석} 실기까지 중요한 내용입니다.

72 ④

[해설]
가. 자연발화의 예방을 위해 습도를 낮추어야 한다.
나. 자연발화는 점화원 없이 자체 열에 의한 발화로 점화원 관리로 방지할 수 없다.
다. 플라스틱의 경우 열전도율이 낮아 열의 축적에 의한 자연발화 위험이 더 크다.

[참고]
1. <u>자연발화</u> : 외부 <u>점화원 없이 자체의 열에 의해 발화</u>하는 현상
2. <u>자연발화 방지법</u>
   ① 저장소의 온도를 낮출 것
   ② 산소와의 접촉을 피할 것
   ③ 통풍 및 환기를 철저히 할 것
   ④ 습도가 높은 곳에는 저장하지 말 것

{분석} 필기에 자주 출제되는 내용입니다.

73 ②

[해설] ② 산화성 액체는 자신은 불연성이지만 조연성을 갖고 있어 연소속도를 빠르게 한다.

74 ④

[해설] ④ 이산화탄소 소화기는 소화 후 찌꺼기가 남지 않아 전기설비, 반도체, 통신설비 및 컴퓨터 설비에 가장 적합한 소화기이다.

{분석} 필기에 자주 출제되는 내용입니다.

75 ①

[해설] 화학설비 또는 그 배관의 덮개·플랜지·밸브 및 콕의 접합부에 대하여 위험물질 등의 누출로 인한 폭발·화재 또는 위험물의 누출을 방지하기 위하여 적절한 개스킷(gasket)을 사용하고 접합면을 상호 밀착시키는 등 적절한 조치를 하여야 한다.

{분석} 필기에 자주 출제되는 내용입니다.

76 ④

[해설] 부식성 염기류 : 농도가 40퍼센트 이상인 수산화나트륨, 수산화칼륨

[참고] 부식성 산류
① 농도가 20퍼센트 이상인 염산, 황산, 질산, 그 밖에 이와 같은 정도 이상의 부식성을 가지는 물질
② 농도가 60퍼센트 이상인 인산, 아세트산, 불산, 그 밖에 이와 같은 정도 이상의 부식성을 가지는 물질

{분석} 실기에 자주 출제되는 내용입니다.

77 ②

[해설] 플레어스텍(Flare stack) : 가스, 고휘발성 액체의 증기를 연소하여 대기 중에 방출하는 장치이다. Seal Drum을 통해 점화버너에 착화 연소하여 가연성, 독성, 냄새 제거 후 대기 중에 방출한다.

{분석} 실기까지 중요한 내용입니다.

78 ①

[해설]
1. 다량의 물 : 냉각소화
2. 물의 분무 : 산소면 차단에 의한 질식소화

{분석} 필기에 자주 출제되는 내용입니다.

79 ①

[해설] 퇴적분진 → 비산 → 분산 → 점화원 → 1차 폭발 → 2차 폭발

{분석} 필기에 자주 출제되는 내용입니다.

80 ②

[해설] 폭굉파 : 충격파(shock wave)의 일종으로 화염의 전파속도가 음속 이상일 경우이며 그 속도가 1,000~3,500m/sec에 이른다.

{분석} 필기에 자주 출제되는 내용입니다.

제5과목   건설공사 안전 관리

81 ③

[해설] 지질의 상태를 가장 정확히 파악할 수 있는 보링방법 → 회전식 보링(rotary boring)

[참고] 보링의 종류
- 회전식 보링(rotary boring) : 천공날을 회전시켜 천공하는 공법으로 가장 많이 사용되는 방법이며, 지질의 상태를 가장 정확히 파악할 수 있다.
- 수세식 보링(wash boring) : 보링 내 선단에서 물을 뿜어내어 나온 진흙물을 침전시켜 토질을 분석하는 방법으로 깊은 지층조사가 가능하다.

- 충격식 보링(percussion boring) : 낙하, 충격에 의해 파쇄되는 토사나 암석을 이용하여 분석하는 방법이다.
- 오거 보링(auger boring) : 송곳(auger)을 이용해 깊이 10[m] 이내의 시추에 사용되며 얕은 점토층의 분석에 사용된다.

{분석}
필기에 자주 출제되는 내용입니다.

82 ③

[해설] 철근의 인력 운반 시 준수사항
① 1인당 무게는 25킬로그램 정도가 적절하며, 무리한 운반을 삼가하여야 한다.
② 2인 이상이 1조가 되어 어깨메기로 하여 운반하는 등 안전을 도모하여야 한다.
③ 긴 철근을 부득이 한 사람이 운반할 때에는 한쪽을 어깨에 메고 한쪽 끝을 끌면서 운반하여야 한다.
④ 운반할 때에는 양끝을 묶어 운반하여야 한다.
⑤ 내려 놓을 때는 천천히 내려놓고 던지지 않아야 한다.
⑥ 공동 작업을 할 때에는 신호에 따라 작업을 하여야 한다.

{분석}
필기에 자주 출제되는 내용입니다.

83 ①

[해설] ① 싣거나 내리는 작업을 평탄하고 견고한 장소에서 할 것

84 ④

[해설] 리프트의 방호장치

리프트 (자동차정비용 리프트 제외)	• 권과방지장치 • 과부하방지장치 • 비상정지장치 • 제동장치 • 조작반(盤) 잠금장치

{분석}
실기에 자주 출제되는 내용입니다.

85 ①

[해설] 방망의 정기시험은 사용개시 후 1년 이내로 하고, 그 후 6개월마다 1회씩 정기적으로 시험용사에 대해서 등속인장시험을 하여야 한다.

{분석}
실기까지 중요한 내용입니다.

86 ①

[해설] 「산업재해보상보험법」의 적용을 받는 공사 중 총 공사금액 2천만 원 이상인 공사에 적용한다. 다만, 다음 각 호의 어느 하나에 해당되는 공사 중 단가계약에 의하여 행하는 공사에 대하여는 총 계약금액을 기준으로 적용한다.

① 「전기공사업법」에 따른 전기공사로서 저압·고압 또는 특별고압 작업으로 이루어지는 공사
② 「정보통신공사업법」에 따른 정보통신공사

{분석}
실기까지 중요한 내용입니다.

87 ③

[해설] ③ 보 밑 또는 슬래브 거푸집을 해체할 때는 한쪽을 먼저 해체한 후 밧줄 등으로 고정하고 다른 쪽을 조심히 해체하여야 한다.

88 ②

[해설] 굴착면의 기울기 및 높이 기준

지반의 종류	굴착면의 기울기
모래	1 : 1.8
연암 및 풍화암	1 : 1.0
경암	1 : 0.5
그 밖의 흙	1 : 1.2

{분석}
실기에 자주 출제되는 내용입니다.

89 ①

[해설] 흙의 동상 현상 결정인자
- ㉮ 흙의 투수성
- ㉯ 모관 상승고의 크기
- ㉰ 동결 지속시간

[참고] 흙의 동상(frost heaving)현상 : 물이 결빙되는 위치로 지속적으로 유입되는 조건에서 온도가 하강함에 따라 토중수가 얼어 생성된 결빙 크기가 계속 커져 지표면이 부풀어 오르는 현상

{분석}
필기에 자주 출제되는 내용입니다.

90 ②

[해설] 유해·위험방지계획서 작성 자격을 갖춘 자
- ㉮ 건설안전 분야 산업안전 지도사
- ㉯ 건설안전기술사 또는 토목·건축 분야 기술사
- ㉰ 건설안전 산업기사 이상으로서 건설안전 관련 실무경력이 7년(기사는 5년) 이상인 사람

91 ①

[해설] 발끝막이판은 바닥면 등으로부터 10센티미터 이상의 높이를 유지할 것

[참고] 안전난간의 구조 및 설치 요건
① 상부 난간대, 중간 난간대, 발끝막이판 및 난간기둥으로 구성할 것
② 상부 난간대
- 상부 난간대는 바닥면 등으로부터 90센티미터 이상 지점에 설치
- 상부 난간대를 120센티미터 이하에 설치하는 경우 : 중간 난간대는 상부 난간대와 바닥면 등의 중간에 설치
- 120센티미터 이상 지점에 설치하는 경우 : 중간 난간대를 2단 이상으로 설치, 난간의 상하 간격은 60센티미터 이하가 되도록 할 것(다만, 난간기둥 간의 간격이 25센티미터 이하인 경우에는 중간 난간대를 설치하지 않을 수 있다.)

③ 발끝막이판은 바닥면 등으로부터 10센티미터 이상의 높이를 유지할 것
④ 난간기둥은 상부 난간대와 중간 난간대를 견고하게 떠받칠 수 있도록 적정한 간격을 유지할 것
⑤ 상부 난간대와 중간 난간대는 난간 길이 전체에 걸쳐 바닥면 등과 평행을 유지할 것
⑥ 난간대는 지름 2.7센티미터 이상의 금속제 파이프나 그 이상의 강도가 있는 재료일 것
⑦ 안전난간은 구조적으로 가장 취약한 지점에서 가장 취약한 방향으로 작용하는 100킬로그램 이상의 하중에 견딜 수 있는 튼튼한 구조일 것

{분석}
실기까지 중요한 내용입니다.

92 ③

[해설] ③ 연역한 점토 지반에서 발생한다.

[참고] 히빙(Heaving) 현상
① 연질점토 지반에서 굴착에 의한 흙막이 내·외면의 흙의 중량차이(토압)로 인해 굴착저면이 부풀어 올라오는 현상을 말한다.
② 흙막이 바깥 흙이 안으로 밀려든다.

{분석}
실기까지 중요한 내용입니다.

93 ①

[해설] 거푸집 조립 및 해체 순서
㉠ 조립순서 : 기둥 → 보받이 내력벽 → 큰보 → 작은보 → 바닥 → (내벽) → (외벽)
㉡ 해체순서 : 바닥 → 보 → 벽 → 기둥

94 ②

[해설]
- ㉮ 지면보다 높은 곳의 땅파기 → 파워쇼벨
- ㉯ 강관말뚝, 널말뚝의 항타작업 → 항타기
- ㉰ 가이데릭 → 철골 세우기용 장비

{분석}
필기에 자주 출제되는 내용입니다.

95 ③

해설: 추락방호망은 수평으로 설치하고, 망의 처짐은 짧은 변 길이의 12퍼센트 이상이 되도록 할 것

참고 추락방호망의 설치
① 추락방호망의 설치위치는 가능하면 작업면으로 부터 가까운 지점에 설치하여야 하며, 작업면으로 부터 망의 설치지점까지의 수직거리는 10미터를 초과하지 아니할 것
② 추락방호망은 수평으로 설치하고, 망의 처짐은 짧은 변 길이의 12퍼센트 이상이 되도록 할 것
③ 건축물 등의 바깥쪽으로 설치하는 경우 망의 내민 길이는 벽면으로부터 3미터 이상 되도록 할 것. 다만, 그물코가 20밀리미터 이하인 망을 사용한 경우에는 낙하물방지망을 설치한 것으로 본다.

{분석}
실기까지 중요한 내용입니다.

96 ③

해설: 높이가 2미터를 초과할 경우에는 작업발판의 폭을 40센티미터 이상으로 할 것

참고 말비계의 구조
① 지주부재의 하단에는 미끄럼 방지장치를 하고, 양측 끝부분에 올라서서 작업하지 아니하도록 할 것
② 지주부재와 수평면과의 기울기를 75도 이하로 하고, 지주부재와 지주부재 사이를 고정시키는 보조부재를 설치할 것
③ 말비계의 높이가 2미터를 초과할 경우에는 작업발판의 폭을 40센티미터 이상으로 할 것

{분석}
실기까지 중요한 내용입니다.

97 ④

해설: 공급수압이 발생, 침하 발생 → 액상화 현상

참고 액상화 현상 : 모래지반이 물로 포화되어 있을 때 지진이나 충격을 받으면 일시적으로 전단강도를 잃어버리는 현상

98 ①

해설: ① 바이브로 플로테이션은 모래지반의 개량공법이다.

참고 점토의 개량공법
① 치환공법
② 탈수공법
③ 재하공법
 • 프리로딩 공법 : 선행재하공법
④ 압성토공법
⑤ 생석회말뚝공법

{분석}
필기에 자주 출제되는 내용입니다.

99 ④

해설: ④ 항타기는 붐에 어스 드릴용 장치를 부착하여 땅속에 규모가 큰 구멍을 파서 기초공사에 사용하는 굴착기계이다.

{분석}
필기에 자주 출제되는 내용입니다.

100 ①

[해설] 통로의 설치

① 작업장으로 통하는 장소 또는 작업장내에는 근로자가 사용하기 위한 안전한 통로를 설치하고 항상 사용가능한 상태로 유지하여야 한다.
② 통로의 주요한 부분에는 통로표시를 하고, 근로자가 안전하게 통행할 수 있도록 하여야 한다.
③ 근로자가 안전하게 통행할 수 있도록 통로에 75럭스 이상의 채광 또는 조명시설을 하여야 한다.
④ 통로면으로 부터 높이 2미터 이내에는 장애물이 없도록 하여야 한다.

{분석}
필기에 자주 출제되는 내용입니다.

MEMO

MEMO

산업안전산업기사 과년도 문제해설

초 판 인쇄	2016년 1월 5일
초 판 발행	2016년 1월 10일
개정 1판 발행	2017년 1월 10일
개정 2판 발행	2018년 1월 10일
개정 3판 발행	2019년 1월 10일
개정 4판 1쇄 발행	2020년 1월 6일
개정 4판 2쇄 발행	2020년 8월 5일
개정 4판 3쇄 발행	2021년 1월 5일
개정 5판 발행	2022년 1월 20일
개정 6판 발행	2023년 1월 5일
개정 7판 발행	2024년 1월 25일
개정 8판 발행	2025년 1월 15일

지 은 이 | 최윤정
발 행 인 | 조규백
발 행 처 | 도서출판 구민사
(07293) 서울특별시 영등포구 문래북로 116, 604호(문래동3가 46, 트리플렉스)
전 화 | (02) 701-7421(~2)
팩 스 | (02) 3273-9642
홈페이지 | www.kuhminsa.co.kr

신고번호 | 제2012-000055호 (1980년 2월 4일)
I S B N | 979-11-6875-429-4   13500

값 38,000원

※ 낙장 및 파본은 구입하신 서점에서 바꿔드립니다.
※ 본서를 허락없이 부분 또는 전부를 무단복제, 게재행위는 저작권법에 저촉됩니다.